有机化学思维进阶

第二季

Logical Reasoning in Organic Chemistry:

500 Questions & 517 Problems

吕萍 裴坚 编著

·北京·

内容简介

《有机化学思维进阶　第二季》分两个部分以问题和解析的形式把有机化学基本知识和解题技巧呈现给读者，第一部分为题目，共4章，第一章基础篇以500个问题的形式梳理了基础有机化学的知识点，旨在以问题为导向，通过“快问快答”让读者理解和掌握有机化学基本内容，第二章~第四章由517个机理题和合成题组成，机理题注意以反应条件和反应的选择性为切入点设计题目，以帮助读者理解反应条件、反应底物等因素对反应选择性的影响，合成题均析自文献，注意体现新反应、新试剂、新方法，旨在让读者在掌握单元有机反应机理、有机反应选择性的基础上，理解多步骤有机合成中的综合问题，提高读者有机化学的综合能力。第二部分为题目解析，第五章~第八章对应第一部分的第一章~第四章题目逐一进行了解析。解析过程中，注意强调电子转移过程在有机反应中的决定性作用，注意强调反应条件、底物结构变化、反应过程中轨道方向性对反应选择性的影响。

本书可供讲授有机化学的教师、学习有机化学的本科生、参加中学化学奥林匹克竞赛的高中生参考。

图书在版编目（CIP）数据

有机化学思维进阶．第二季 / 吕萍，裴坚编著．北京 ：化学工业出版社，2025. 5(2025.11 重印). -- ISBN 978-7-122-47588-6

Ⅰ. O6

中国国家版本馆CIP数据核字第20256AV206号

责任编辑：宋林青　李　琰　　　装帧设计：关　飞

责任校对：李露洁

出版发行：化学工业出版社（北京市东城区青年湖南街13号　邮政编码100011）

印　　装：河北鑫兆源印刷有限公司

880mm×1230mm　1/16　印张31　字数944千字　2025年11月北京第1版第3次印刷

购书咨询：010-64518888　　　售后服务：010-64518899

网　　址：http://www.cip.com.cn

凡购买本书，如有缺损质量问题，本社销售中心负责调换。

定　　价：88.00元

前言

三十多年来，我国的有机化学教与学从内容和形式上都经历了很大的变化。二十世纪八九十年代，有机化学无论是教学还是教材基本上是以官能团转化为主线进行的。有机反应通常是以原料在什么条件下转化为产物的简单方式出现在教材和教学过程中，学生在学习中需要记忆的内容比较多，而且在很多情况下对各类问题的解释采用自说自话、自圆其说的方式，这使得有机化学甚至被误认为是一种“玄学”。实际上，现代仪器技术的发展使得有机化合物结构鉴定从试管鉴定逐渐转为仪器分析，如同给大家戴上了一副能洞察有机结构的眼镜，使得有机化合物的结构清晰可见。与此相对应的，有机化学的教学内容也不断丰富，对有机反应的认识也不再停留在有机化合物的转化上，而是强调有机反应之本质，强调原子轨道、杂化轨道、分子轨道、共振论等结构基础知识，强调反应过程中有机物种势能变化及其带来的化学选择性和区域选择性，强调轨道重叠基础之上有效电子转移及其带来的立体选择性；同时，结合有机化学学科的发展，大量新反应、新试剂、新方法、有机小分子和过渡金属配合物催化的有机反应等科研成果成了有机化学教学中的经典案例。教学内容的不断更新给每一位讲授和学习有机化学的师生带来了挑战，也为有机化学的教学思路、教学方法和教材建设带来了新的契机。

基础有机化学的重要性不仅体现在日新月异的理论体系上，更在于其强大的有机合成指导意义上。学生们只有通过系统的思维训练，才能真正掌握有机化学的精髓，提高分析和解决复杂化学问题的能力，为精准有机合成提供思路和方法。基于这样的认识，2020 年我们编写出版了《有机化学思维进阶》，此书推出后除了在化学竞赛生中反响良好外，很多学习有机化学的本科生及年轻的一线教师也对本书颇为认可，这让我们坚定了思维训练的重要性，萌发续写“第二季”的想法。由此，基于多年教学工作的积累，按学生循序渐进的认知规律、结合目前有机化学教与学的发展情况，我们编写了“第二季”，仍以问题和解析的形式把有机化学基本知识和解题技巧呈现给读者。第二季延续了第一季的结构安排，基础篇的题目更加丰富，以期读者对有机化学有一个全面的回顾，升华篇的题目更加综合和前沿，以方便读者了解有机化学发展动态。

第一部分为题目，分为4章，第一章基础篇以500个问题的形式梳理了基础有机化学的知识点，一问接一问，环环相扣，学过基础有机化学的学生可以通过这样一个“快问快答”的方式评估和考察自己的能力，进行查漏补缺，第二章～第四章由517个机理题和合成题组成，问题均来自文献中的新反应、新试剂、新方法，由浅入深，给喜欢有机化学的学生提供一个“自测自评”的平台。第二部分为题目解析，第五章～第八章对应第一部分的第一章～第四章题目逐一进行了解析。解析过程中，我们强调以有机结构理论为基础，以精准合成为导向，学生们可以通过对问题的思考进一步加深对有机化学基本知识的理解，与此同时还可以了解学科前沿动态，培养科研思维能力。

在本书编写过程中，在题目设计或解析时，我们使用了一些必要的英语专业词汇，读者通过我们给出的中文描述应能很方便获知这些英语词汇的含义，希望这样的安排能提高读者的专业英语水平，为日后工作打下基础。

本书可供讲授有机化学的教师、学习有机化学的本科生、参加中学化学奥林匹克竞赛的高中生参考。

本书虽经编者的交叉审稿，由于自身认知的不足，难免存在疏漏之处，敬请读者提出宝贵的意见。

编 者

2025年1月15日

目　录

第一部分　问题

第一章　基础篇　001

来源于多年教学过程中积累的500个问题，以问题形式梳理了基础有机化学的知识点并按基础有机化学的知识体系安排内容，涉及有机结构、杂化轨道理论、分子轨道理论、分子间相互作用、烷烃的结构、共轭和超共轭、芳香性、立体异构、酸碱性、波谱分析、有机反应机理、碳碳重键、芳香烃亲电取代反应、自由基化学、碳杂原子单键、碳杂原子双键、羧酸及其衍生物、杂环化合物、碳水化合物、氨基酸、肽、碱基、核苷酸、周环反应、过渡金属有机化学等，旨在给初入门或感到困惑和迷茫的学生提供一个学习有机化学的新方法，以问题为导向，通过“快问快答”达到理解和掌握有机化学基本内容、提高分析问题和解决问题能力的目的。

第二章　入门篇　023

由196个机理题和33个合成题组成，机理题按反应条件（酸性、碱性、光或热）进行分类，旨在帮助学生理解有机化合物的转变过程，正确书写有机反应机理，并运用逆合成策略合成有机化合物。

第三章　巩固篇　049

由139个机理题组成，以有机反应的选择性为切入点设计题目，以帮助读者理解反应条件、反应底物等因素对反应选择性的影响，旨在帮助读者掌握结构相对稳定性、反应势能和反应区域选择性的关系，掌握轨道重叠、电子转移和立体选择性的关系，达到高效合成有机化合物的目的。

第四章　升华篇　090

由149个析自文献的多步骤合成题组成，旨在让读者在掌握单元有机反应机理、有机反应选择性的基础上，理解多步骤有机合成中的综合问题，分析解惑复杂分子的合成。

第二部分　问题解析

第五章　基础篇问题解析 ▸▸▸ 169

针对基础篇中的 500 个常见问题，给出了准确并简练的解析。读者通过阅读问题解析，可以全面了解有机化学知识体系，对所学知识进行有效的自测自评，为后续理解有机反应及机理打下扎实的基础。

第六章　入门篇问题解析 ▸▸▸ 284

针对入门篇的 229 个问题提供了点评和讨论，题目解析时注意强调有机化合物的结构及结构的稳定性对反应产物的影响，注意强调电子转移过程在有机反应中的决定性作用，注重通过原料和产物的结构特点分析来引导读者书写合理的反应机理。

第七章　巩固篇问题解析 ▸▸▸ 357

针对巩固篇中的 139 个机理问题，给出了合理的解析。问题解析强调了反应条件、底物结构变化、反应过程中轨道方向性对反应选择性的影响等，为后续理解多步骤有机反应打下基础。

第八章　升华篇问题解析 ▸▸▸ 418

针对升华篇中的 149 个多步骤有机合成问题，给出了合理的解析。问题解析强调单元有机反应在多步有机反应中的应用，强调反应选择性在复杂分子有机合成中的应用，提高读者有机化学的综合能力。

1 第一部分 问题

第一章 基础篇

有机化合物种类繁多，有机反应形形色色，给学习基础有机化学的学生们带来很大的困惑。本篇章以问题的形式对基础有机化学知识进行了梳理，通过“快问快答”的方式，提升学生自主学习的能力，为后续理解反应、书写机理做好准备。

认识有机结构

1. 什么是 Lewis 结构式和 Kekulé 结构式？画出甲烷、氨、水、甲醇、乙烯、乙炔、乙醛、乙酸的 Lewis 结构式和 Kekulé 结构式。

2. 什么是元素的电负性？有机化学中常见元素如碳、氢、氧、氮、氟、氯、硅、锂、钠、钾等的电负性，分别是多少？

3. 什么是八隅规则？

4. 什么是式电荷？画出臭氧、叠氮负离子和硝基甲烷的 Kekulé 式，并标出式电荷。

5. 对于乙基三甲基铵阳离子，正电荷分布在氮原子上还是碳原子上？当亲核试剂（nucleophile, Nu）靠近的时候，进攻的是氮原子还是碳原子？当碱（base, B）进攻的时候，攫取的是哪一个质子？

6. 什么是不饱和度？如何计算分子的不饱和度？

7. 什么是官能团？写出常见官能团及它们的中、英文名称及代表性化合物。

原子轨道和杂化轨道理论

8. 什么是原子轨道？ s、p、d 轨道是什么形状？

9. 核外电子排布原则是什么？写出碳原子的核外电子排布。

10. 什么是杂化轨道理论？碳原子杂化类型分别有哪些？它们分别代表什么样的几何形状？

11. 对于不同杂化的碳原子，它们的电负性有没有差别？

12. 如何从杂化轨道理论理解甲烷的成键？

13. 什么是孤对电子？水中氧原子有几对孤对电子？氨中氮原子有几对孤对电子？水和氨的空间结构是什么样的？

14. 乙醇和乙胺中，氧原子和氮原子是什么杂化？

15. 苯酚和苯胺中，氧原子和氮原子是什么杂化？和乙醇、乙胺中氧原子、氮原子的杂化有哪些不同？

16. 杂原子的孤对电子有哪些作用？

17. 什么是价键理论？共价键和离子键的定义是什么？它们之间的最大差别是什么？

18. 共价键的三要素是什么？

19. 碳碳双键的键能小于碳碳单键键能的 2 倍，碳碳叁键的键能小于碳碳单键键能的 3 倍，但对于氮原子而言，氮氮叁键的键能远大于氮氮单键键能的 3 倍。为什么？

20. 碳碳单键、双键和叁键的键长、键能、键角有什么特点？它们的空间取向和结构是什么样的？

21. 碳氧单键和碳氧双键的键长和键角有什么特点？它们的空间取向是什么样的？

22. 碳氮单键、双键和叁键有什么特点？它们的空间取向是什么样的？

23. 比较乙烯和甲醛的结构，哪个双键更长？哪个∠ HCH 更大？

分子轨道理论

24. 什么是分子轨道理论？ 两个原子轨道组成两个分子轨道时，反键轨道上升的能量和成键轨道下降的能量，哪个值更大些？

25. 什么是相位？什么是节点？什么是能级？什么是简并轨道？

26. 分子轨道的电子排布规则是什么？

27. 碳碳单键的成键轨道和反键轨道能级和形状是什么样的？

28. 碳卤单键的成键轨道和反键轨道能级和形状是什么样的？

29. 碳碳双键中 π 键的成键轨道和反键轨道能级和形状是什么样的？

30. 碳氧双键中 π 键的成键轨道和反键轨道能级和形状是什么样的？

31. 苯环分子中 π 键的分子轨道能级图是什么样子的？

分子间相互作用

32. 什么是键偶极矩？什么是分子偶极矩？

33. 为什么二甲醚的偶极矩（1.30）比水（1.85）和环氧乙烷（1.89）都要小？

34. 什么是分子间相互作用力？

35. 分子极性和分子极化度有什么区别？

36. 如何理解乙烷的极化度（4.45 $cm^3/10^{-24}$）大于乙烯（4.25）和乙炔（3.6）？环己烷的极化度（11.0）大于环己烯（10.7）和苯（10.32）？

37. C、Cl、I 的电负性分别为 2.5、3.0 和 2.5，C—Cl 键具有更大的极性，但发生 S_N2 和 E_2 反应的时候，为什么 C—I 键具有更好的反应性？

38. 正辛烷和 2,2,3,3-四甲基丁烷具有相同的分子式，它们的沸点分别为 126 ℃和 106 ℃，但它们的熔点分别为−57 ℃和 +100 ℃，为什么？

39. 什么是氢键？氢键的受体和氢键的给体分别指的是什么？

40. 以六氟异丙醇为例，分子中有多少氢键给体？多少氢键受体？

41. 什么是疏水亲酯相互作用？

42. 肥皂洗涤油污的原理是什么？临界胶束浓度（CMC）的含义是什么？

43. 相转移催化剂的种类有哪些？相转移催化剂的原理是什么？

44. 溶剂的介电常数指的是什么？和分子偶极矩有什么关系？

45. 溶剂的种类有哪些？什么是非极性溶剂？什么是极性溶剂？什么是极性质子性溶剂？什么是极性非质子性溶剂。举例说明。

46. 什么是溶剂化作用？举例说明。

47. 什么是卤键？举例说明。

48. 什么是 π-π 堆积？举例说明。

烷烃的结构

49. 什么是构造异构体？

50. 烷烃结构中，碳有伯碳、仲碳、叔碳和季碳之分，氢有伯氢、仲氢、叔氢之分，它们分别代表的是什么？

51. 烃基结构中分别有正、异、新和伯、仲、叔基团之分，它们分别代表的是什么？

52. 什么是构象异构体？产生的原因是什么？

53. 什么是楔形式？什么是木架式？什么是 Newman 投影式？什么是 Fischer 投影式？它们之间是如何转化的？

54. 乙烷分子中，碳碳单键自由旋转产生的极限构象异构体有哪些？

55. 影响乙烷重叠式构象的不稳定因素有哪些？扭转力、排斥力分别指的是什么？

56. 影响乙烷交叉式构象稳定性的因素有哪些？超共轭效应指的是什么？

57. 对于 A/B 双组分平衡体系，势能差和 A、B 的占比呈什么关系？

58. 丁烷分子中 C2—C3 键旋转有几种极限构象异构体？

59. 画出正戊烷的极限构象异构体，分析它们的相对稳定性。

60. 分析 2,3-二甲基丁烷的构象异构，哪个更稳定？偕二甲基效应是如何产生的？

61. 在成环过程中，偕二甲基起到了什么作用？

62. 以 1,2-二氯乙烷为例说明偶极作用力是如何影响卤代烃的构象稳定的？

63. 1,2-二氟乙烷存在邻位交叉效应（gauche effect），即邻位交叉式比对位交叉式更稳定，为什么？

64. 什么是端基效应？

65. 分析 1,1-二甲氧基甲烷的构象异构，用 Newman 投影式画出其最稳定的构象异构体。

66. 1,2-乙二醇中，邻位交叉式比对位交叉式更稳定，为什么？质子化后，稳定性差别是增大的还是减弱的？

67. 环丙烷结构中不稳定因素有哪些？碳碳键的键级是多少？为什么环丙烷容易和溴发生加成反应？

68. 环丙烷结构中稳定因素有哪些？环丙烷的氢核磁共振有哪些特征？

69. 画出甲基环丁烷的最稳定构象。

70. 画出甲基环戊烷的最稳定构象。

71. 环己烷环翻转过程中存在无数个构象异构体，经典构象异构体有哪些？分析它们的相对稳定性，并按照稳定性的次序进行排列。

72. 环己烷椅式构象中 C—C—C—C 的二面角为 55°，而并非 60°，为什么？

73. 环己烷构象中 1,3-双直立键相互作用指的是什么？单取代环己烷应采用的稳定构象是什么？

74. 取代环己烷构象中，甲基、乙基、甲氧基、异丙基和叔丁基的 1,3-双直立键作用力分别为 1.8、1.8、0.6、2.2 和 4.7 kcal/mol，甲基、乙基、甲氧基、异丙基和氢之间的 1,3-双直立键作用力差别不是很大，而叔丁基和氢之间的 1,3-双直立键排斥力陡增，为什么？

75. 画出顺-1,4-二叔丁基环己烷的稳定构象。

76. 甲基在如下所示六元环的直立键上，2-甲基-1,3-二氧六环中 1,3-双直立键作用力最大，为什么？

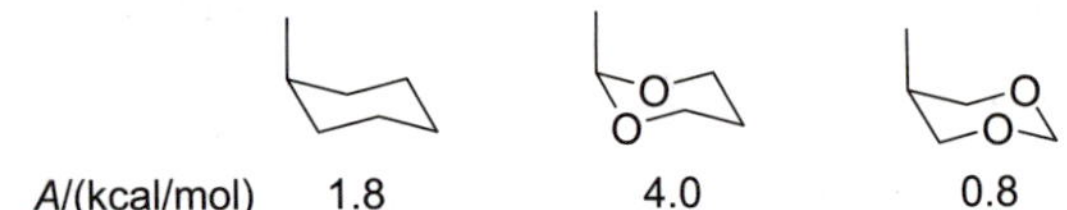

77. 解释下列构象的相对稳定性：

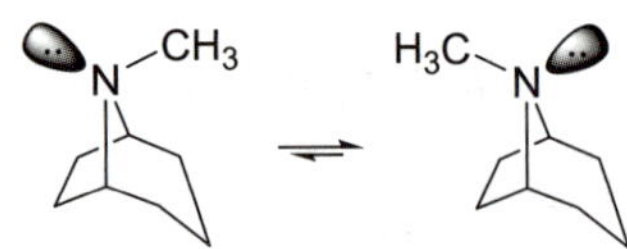

78. 画出反-1,2-二氟环己烷的稳定构象。

79. 分别用木架式和 Newman 投影式画出顺-十氢萘和反-十氢萘的构象。

80. 若丁烷中 C2—C3 之间单键旋转引起的邻位交叉比对位交叉不稳定 3.8 kJ/mol，估算顺-、反-十氢萘的能量差是多少？顺-、反-9-甲基十氢萘的能量差是多少？甲基取代后，能量差是增加了还是减少了？

81. 双环化合物中，*endo* 和 *exo* 是如何定义的？

共轭和超共轭

82. σ 键和 π 键的差别在哪里？什么是定域电子？什么是离域电子？

83. 什么是立体异构体？*Z*/*E* 和 *cis*/*trans* 分别指的是什么？

84. 什么是共轭？什么是共振？

85. 常见的共轭体系有哪些？

86. 判断电子能否发生离域的依据是什么？

87. 什么是共振式和共振杂化体？书写共振式和共振杂化体的要点有哪些？

88. 如何判断共振式对分子的贡献大小，即共振式的相对稳定性？

89. 以 σ 成键电子、孤电子对、π 成键电子为给体，以空的 p 轨道、σ* 反键和 π* 反键轨道为电子受体，画出它们在相邻状态下的电子离域形式，指出共轭和超共轭的区别。

90. 什么是立体电子效应？

91. 判断 σ 键给出电子能力的主要依据有哪些？

92. 通常情况下，为什么 C—Si 单键给电子能力强于 C—H 单键的给电子能力？

93. 基团的诱导效应指的是什么？有哪些特点？

94. 基团的共轭效应指的是什么？有哪些特点？

95. 基团的体积效应指的是什么？有哪些特点？

96. 影响碳正离子相对稳定性的因素有哪些？

97. 为什么叔碳正离子比仲碳正离子、伯碳正离子稳定？

98. 什么是 β-硅基效应、γ-硅基效应和 δ-硅基效应？画出它们超共轭效应的轨道重叠和电子离域形式。

99. 高烯丙基正离子和环丙基甲基正离子的结构稳定性因素分别有哪些？

100. 环丙基甲基正离子具有一定的稳定性，而环丙基甲基自由基为什么倾向于开环？

101. 什么是非经典碳正离子？举例说明。

102. 影响碳自由基中间体稳定性的因素有哪些？为什么吸电子基（如 N≡C—）和给电子基（如 CH_3O—）都能起到稳定自由基的作用？

103. 三苯基甲基自由基采用什么样的形状？发生二聚时的反应位点在哪里？

104. 影响碳负离子相对稳定性的因素有哪些？

105. 卡宾的种类有哪些？通过哪些途径可以获得？

106. 丙烯的构象异构体有哪些？它们的相对稳定性如何判断？

107. 丁-1-烯的构象异构体有哪些？它们的相对稳定性如何判断？

108. 分析乙醛和丙醛的构象，判断相对稳定性。

109. 二氟乙烯有几个异构体？它们的相对稳定性如何判断？

芳香性

110. 什么是 Hückel 规则？根据 Hückel 规则，哪些结构具有芳香性？

111. 为什么核磁共振氢谱也可以作为芳香性的判断依据？

112. 什么是反芳香性、非芳香性、同芳香性、σ-芳香性？举例说明。

113. 环丁二烯和丁-1,3-二烯相比，更不稳定，为什么？

114. [10] 轮烯具有什么样的形状？有没有共振稳定化能？

115. [18] 轮烯具有什么样的形状？有没有共振稳定化能？

116. 薁是极性分子，分子偶极矩的方向是什么样的？

117. 和苯相比，吡咯、呋喃和噻吩的共振稳定化能逐渐下降，说明了什么？它们的分子偶极矩的方向又是如何？

118. 氮杂卡宾（NHC）指的是什么？它是如何共振稳定的？

119. 为什么说 NHC 既有亲核进攻的能力，又有接受电子的能力？

立体异构

120. 什么是光学活性？物质的光学活性是如何评价的？

121. 什么是平面偏振光？旋光仪由哪几个部分组成？

122. 什么是左旋？什么是右旋？如何确定样品是右旋 15°还是左旋 345°？

123. 比旋光度的影响因素有哪些？

124. 什么是对称元素？判断分子有无手性的因素有哪些？

125. 什么是手性碳原子？手性中心除了碳原子以外，还可以有哪些元素？

126. 什么是绝对构型？什么是相对构型？

127. 什么是 Cahn-Ingold-Prelog 次序规则？叙述它的等级规则。

128. 手性中心的绝对构型（*R* 和 *S*）是如何判断的？

129. 苏式和赤式的定义是什么样的？

130. 分子含有 *n* 个手性碳原子时，异构体的数目最多可以达到多少？

131. 什么是对映异构体？什么是非对映异构体？

132. 什么是内消旋体？什么是外消旋体？外消旋体的拆分有几种方法？

133. 什么是手性面？如何命名？

134. 什么是潜手性面？ *re* 和 *ri* 面是如何判断的？

135. 什么是手性轴？如何命名？

136. 什么是螺手性？如何命名？

酸碱性

137. Brønsted 酸碱理论和 Lewis 酸碱理论分别指的是什么？

138. pK_a 值指的是什么？ pK_a 值和酸性的关系是什么？

139. 有机分子的酸性通常指的是 C—H 的酸性，结构是如何影响酸碱性的？

140. 如下所示，溶剂不同，有机酸的 pK_a 值不同。溶剂由水换成二甲基亚砜、乙腈，pK_a 值逐渐变大，为什么？

	苯甲酸	苯酚	乙酸
pK_a (H_2O)	4.2	9.99	4.8
pK_a (DMSO)	11.1	18.0	12.8
pK_a (CH_3CN)	21.51	29.14	22.3

141. 有机化合物的碱性用其共轭酸的 pK_a 值来衡量，共轭酸的 pK_a 值受溶剂的影响。如下所示，和溶剂对酸性影响不同的是，在 H_2O、DMSO 和 CH_3CN 中，共轭酸的 pK_a 值在 H_2O 和 DMSO 中相差不大，在乙腈中有较大的值。为什么？

	$Et_3N{-}H^+$	质子化 DBU	质子化 2,6-二甲基吡啶
pK_a (H_2O)	10.75	12	6.75
pK_a (DMSO)	9.0	12	4.45
pK_a (CH_3CN)	18.5	24.3	14

142. 三乙胺和乙酸在水中发生快速质子转移，形成酸根阴离子和季铵阳离子。当两个化合物在 DMSO 中混合时，几乎不发生质子的转移。为什么？

143. 比较乙烷、乙烯、乙炔分子，哪一个分子中 C—H 键最容易发生异裂形成碳负离子和质子？哪一个酸性最强？

144. 比较环丙烯、环戊二烯、环庚三烯，哪一个酸性最强？

145. 比较环戊二烯、茚和芴，哪一个酸性最强？

146. 为什么吡咯具有一定的酸性，而吡啶具有一定的碱性？吡咯的酸性和哪些化合物相当，吡啶的碱性和哪些化合物相当？

147. 吡咯、吲哚和咔唑相比，哪一个酸性更强？为什么？

148. *p*-环丙基苯甲酸和 *p*-甲基苯甲酸相比，哪一个酸性更弱？

149. 甲氧基和羟基，哪一个的共轭给电子能力更强？比较 *p*-甲氧基苯甲酸和 *p*-羟基苯甲酸，哪一个酸性更强？

150. 4-羟基-3,5-二甲基苯甲酸甲酯和 4-羟基-2,6-二甲基苯甲酸甲酯相比较，哪个酸性更强？为什么？

151. 比较甲醇、乙醇、异丙醇、叔丁醇，哪一个在气相中的酸性更强？哪一个在水相中的酸性更强？为什么？

152. 三氟乙醇和三氯乙醇的 pK_a 值分别为 12.37 和 12.24，而三氟乙酸和三氯乙酸的 pK_a 值分别为 0.52 和 0.64，为什么？

153. 比较甲胺、二甲胺和三甲胺，哪一个在气相中的碱性更强？哪一个在水相中的碱性更强？

154. 氮原子和氧原子相比较，哪个电负性更大？水和氨质子化时，哪个更容易接受质子？

155. 苯甲酸接受质子时，哪个氧原子容易质子化？是羟基氧原子还是羰基氧原子？

156. 对于酰胺分子而言，哪一个杂原子更容易接受质子？

157. 4-(*N*, *N*-二甲基氨基) 吡啶（DMAP）质子化时，哪一个氮原子更容易接受质子？

158. 1,8-二氮杂二环十一碳-7-烯（DBU）质子化时，哪一个氮原子更容易接受质子？

159. *N*, *N*-二甲基-2,4,6-三硝基苯胺和 2,4,6-三硝基苯胺相比较，哪个是更强的碱？

160. 4-吡喃酮质子化时，哪一个氧原子更容易接受质子？

161. 氟正试剂有哪些？

162. 氯正试剂有哪些？

163. 吖丙啶和哌啶相比，哪一个碱性更大？为什么？

164. 碱性和亲核性的区别是什么？判断碱性的依据是什么？判断亲核性的依据又是什么？

165. 水和硫化氢相比，哪一个酸性更强？羟基负离子和巯基负离子相比，哪一个碱性更强？哪一个亲核性更强？

166. 水和双氧水，哪一个酸性更强？羟基负离子和过氧氢根负离子相比，哪一个碱性更强？哪一个亲核性更强？

167. 氨和肼相比，哪一个具有更强的碱性？哪一个具有更强的亲核性？

168. 羟胺分子中，氮原子和氧原子相比，哪一个具有更强的亲核性？

波谱分析

169. 光是电磁波，其频率、波长和能量的关系如何？

170. 什么样的核可以有核磁共振信息？

171. 外加磁场强度和分裂能之间有何关系？

172. 为什么做一个氢谱几秒钟就可以了，而做一个碳谱需要比较长的时间？

173. 氢谱的横坐标和纵坐标分别代表什么？

174. 可以从氢谱中得到哪些信息？

175. 化学位移值是如何得到的？

176. 四甲基硅烷通常作为氢谱和碳谱的内标，为什么？

177. 氢谱化学位移的范围大致是多少？影响氢化学位移的因素有哪些？

178. 等同氢、非等同氢、对映异位氢、非对映异位氢分别指的是什么？它们拥有什么样的氢谱特征？如何利用氢谱识别对映异位氢？

179. 碳谱的范围大致是多少？影响碳化学位移的因素有哪些？

180. 氢谱和碳谱中溶剂峰是如何产生的？常用溶剂如氘代氯仿、氘代丙酮和氘代二甲基亚砜的溶剂峰在氢谱和碳谱中的位置分别在哪里？它们的峰形是什么样的？

181. 什么是旋转边带峰？如何区分旋转边带峰和三重峰？

182. 如何判断分子中是否含有活泼氢？醇、酚和酸上的活泼质子大致的化学位移值是多少？

183. 和炔烃上的氢相比，烯烃上的氢具有更大的化学位移，为什么？

184. 耦合裂分是如何产生的？常见的AB、AB_2和AB_3裂分是什么样的？

185. 乙氧基出现两组氢，它们的峰形如何？面积比如何？异丙氧基的峰形和面积比如何？

186. 如何快速鉴别乙酸乙酯和丙酸甲酯？

187. 氢谱中氢和氢之间的耦合常数受哪些因素的影响？

188. 二面角是如何影响耦合常数的？

189. 质谱仪由哪些部分构成？质谱图中横坐标和纵坐标分别代表什么？

190. 质谱的电离方式有哪几种？ EI 源指的是什么？化学电离指的是什么？

191. 可以从质谱中得到哪些信息？什么是分子离子峰？什么是基峰？质谱的主要碎裂方式有几种？同位素峰又指的是什么？

192. 基峰为 43 时，分子中通常含有什么样的基团？

193. 基峰为 91 时，分子中通常含有什么样的基团？

194. 高分辨质谱的含义是什么？为什么可以用于确认元素组成？

195. 红外图谱的横坐标和纵坐标分别代表什么？

196. 可以从红外图谱中得到哪些信息？

197. 键的振动模式有几种？是不是所有振动都有红外吸收？

198. 红外吸收的频率和什么因素有关？折合质量如何计算？

199. 红外光谱中，碳氮单键、双键和叁键的伸缩振动峰频率是如何变化的？当羟基被氘代时，红外吸收的波数变大还是变小？

200. 红外光谱的选择性规律指的是什么？什么是基峰，什么是倍频峰？为什么倍频峰的频率小于基峰的 2 倍？什么是指纹区？

201. 分子中含有 n 个原子时，分子振动最多有多少种方式？

202. 做固体红外的时候，通常选用 KBr 做基质进行压片，为什么用 KBr？为什么要用干燥的 KBr？样品制备时，为什么要在红外灯下戴口罩进行研磨？

203. 羰基的红外吸收峰大致是多少？

204. 环丙酮、环丁酮、环戊酮和环己酮中羰基的红外吸收是如何改变的？

205. 红外光谱能否区别伯胺、仲胺和叔胺？

206. 红外光谱中 2200 cm^{-1} 左右有吸收，表明分子中可能含有哪些基团？

207. 紫外光谱的横坐标和纵坐标分别代表什么？

208. 从紫外光谱中可以得到哪些信息？

209. 紫外光谱中有哪几种吸收？

210. 共轭二烯烃上加一个甲氧基或一个二甲氨基，哪一个基团对紫外最大吸收波长影响比较大？它们分别红移多少纳米？

211. 有三种物质，分别是邻硝基甲苯、间硝基甲苯和对硝基甲苯，如何快速做出判断？

212. 如何迅速判断相同 CH 组成的氟代烃、氯代烃、溴代烃和碘代烃？

213. 醛和酮是同分异构体的情况下，如何做出快速判断？

214. 对共轭二烯烃和炔烃的同分异构体，如何进行快速判断？

215. 环己烷构象中有六个直立键氢和六个平伏键氢，在环己烷环的翻转受到抑制时（如低温条件），哪种氢具有更大的化学位移值？

216. 和环丁烷、环戊烷、环己烷相比，环丙烷上的氢具有最大的屏蔽效应、最小的化学位移值，为什么？

有机反应机理

217. 共价键断裂的方式有几种？

218. 四大有机反应类型分别指的是什么？

219. 用什么样的箭头描述电子对的转移？用什么样的箭头描述单电子转移？

220. 如何书写有机反应方程式？原料、产物、试剂、条件分别在方程式中什么位置？

221. 什么是亲核试剂？什么是亲电试剂？

222. 什么是反应进程图？什么是反应的中间体？什么是反应的过渡态？

223. 常见的反应中间体有哪些？

224. 过渡态是如何书写的？

225. 前过渡态和后过渡态分别指的是什么？过渡态的相对稳定性是如何判断的？

226. 什么是平衡常数？如何计算？

227. 熵变是如何影响平衡反应的方向的？

228. 什么是反应速率常数？反应速率常数和什么因素有关？ 什么是反应速率？什么是动力学和热力学？

229. 什么是活化能？其和哪些因素有关？温度升高，活化能是降低了还是升高了？

230. 什么是放能反应？什么是吸能反应？

231. 反应机理的研究方法有哪些？

232. 什么是同位素效应？

233. 反应的选择性有哪些？化学选择性、区域选择性和立体选择性分别指的是什么？

234. 什么是对映选择性？对映体过量如何计算？

235. 什么是非对映选择性？非对映体过量如何计算？

碳碳重键

236. 烯烃和炔烃相比，哪一个更容易给出 π 电子？为什么？

237. 双键亲电加成反应中，常用的亲电试剂有哪些？

238. 为什么 *cis*-丁-2-烯和溴加成得到一对对映体？而 *trans*-丁-2-烯和溴加成得到一个内消旋体？

239. 为什么环己烯和溴发生亲电加成反应时选择 1,2-反式双直立键加成的模式？

240. 反应过程中采用“构象改变为最小”的模式进行，为什么？

241. 双键通过羟汞化 / 还原水合时，需要用等量的汞盐及等量的硼氢化钠。为什么叁键通过羟汞化水合时，只需要催化量的汞盐，后续也不需要硼氢化钠？

242. 双键通过硼氢化 / 氧化水合时，如何理解反应的立体选择性和区域选择性？

243. 什么是“邻基参与”？其对轨道方向性有没有要求？可以发生邻基参与的基团通常指的是能给出电子的基团，它们有哪些？

244. 什么是碳正离子的 Meerwein 重排？重排的动力是什么？

245. [1,2]-H 迁移和 [1,2]-R 迁移分别指的是什么？烷基链上伯、仲、叔烷基的相对迁移能力如何？

246. 发生在环烃上的 [1,2]-迁移和发生烷基链上的 [1,2]-迁移，有什么本质的区别？

247. 立体选择性和立体专一性的区别是什么？为什么说 [1,2]-R 迁移是立体专一性的？

248. 发生 [1,2]-Ar 迁移时，迁移的速度和芳基上的取代基有密切的关系。*p*-硝基苯基和 *p*-甲氧基苯基，哪一个更容易发生迁移，为什么？

249. 双键容易在酸性条件下发生异构化，为什么？

250. 什么是均相催化？什么是异相催化？

251. 什么是 Lindlar 催化剂？它对炔烃还原的立体选择性如何？

252. Na/NH_3 和 $NaNH_2$，哪一个是还原剂，哪一个是碱？

253. 用溶解金属还原炔烃得到的是反式烯烃？为什么？

254. 烯烃和炔烃相比，哪一个更容易得到单电子形成阴离子自由基？为什么？

255. 用稀的高锰酸钾氧化双键时，过渡态的结构是什么样子的？得到什么样的产物？

256. 用 *m*-CPBA 氧化双键时，双键的电子云密度是如何影响反应速率的？

257. 对环己烯进行双羟基化，如何得到顺式双羟基化产物？如何得到反式双羟基化产物？

258. 臭氧对双键进行氧化断裂，不同的后处理方式得到不一样的产物。

还原后处理和氧化后处理分别指的是什么？

259. 高碘酸氧化断裂邻二醇，对邻二醇有何空间要求？

260. 4-叔丁基环己-1,2-二醇有几个立体异构体？用高碘酸氧化这些邻二醇时，哪几个可以被高碘酸氧化？

261. 共轭二烯的亲电加成将得到1,2-加成和1,4-加成产物。为什么说1,2-加成是动力学控制的？1,4-加成是热力学有利的？产物选择性受什么因素控制？

262. 丙二烯和溴化氢发生亲电加成主要得到2-溴丙烯而不是烯丙基溴，为什么？如何得到烯丙基溴？

芳香烃亲电取代反应

263. 芳香烃亲电取代反应的机理是什么？形成什么样的中间体？

264. 发生芳香烃亲电取代反应的亲电试剂通常有哪些？它们是如何产生的？

265. 芳香烃亲电取代反应的反应速率取决于什么？什么是致活基？什么是致钝基？

266. 甲苯、苯、氯苯进行硝化反应时，其相对反应速率如何？为什么？

267. 芳香烃亲电取代反应的定位效应取决于什么？什么是邻、对位定位基？什么是间位定位基？

268. 常见的致活基有哪些？致钝基有哪些？邻、对位定位基有哪些？常见的间位定位基有哪些？

269. 当苯环上有两个取代基时，两个取代基的定位效应冲突的时候，如何定位？

270. 为什么说卤素是致钝基，但又是邻、对位定位基？1-溴-2-乙基苯发生单硝化反应时，主要产物是什么？

271. 苯酚的氢谱有四组峰，从低场到高场，四组峰的面积比为2:1:2:1，加重水后，三组峰消失。哪三组峰消失？为什么？

272. 苯酚和溴发生反应，最多可以上4个亲电的溴，产物的结构是什么？含4个溴的产物是如何形成的？

273. 如何降低苯酚中羟基的活性，得到单取代的产物？

274. 如何降低苯胺中氨基的活性，得到单取代的产物？

275. 什么是基团的保护和去保护？合成中保护和去保护的意义何在？

276. 为什么磺化反应可以作为芳基C—H键的保护基？而硝化反应则不行？

277. 硝化反应在有机合成上的主要用途是什么？

278. 亚硝基是致活基还是致钝基？亚硝基的定位取向又是如何？

279. *N*-亚硝基苯胺在HCl中可以重排成*p*-亚硝基苯胺。如果体系中含有*N*, *N*-二甲基苯胺，主要产物为*p*-亚硝基-*N*, *N*-二甲基苯胺。重排反应是分子内的还是分子间的？

280. 用 HCl 处理 *N*-氯代乙酰苯胺得到 *o*-氯乙酰苯胺和 *p*-氯乙酰苯胺，试解释之（有 Cl_2 产生）。

281. 硝基正离子和亚硝基正离子相比，哪一个是更强的亲电试剂？

282. *N*,*N*-二甲基苯胺进行硝化反应时，质子酸的酸性过强将得到间位硝化的产物，为什么？

283. 对于芳烃的 Friedel-Crafts 烷基化 / 酰基化反应，芳烃上取代基的限制性条件是什么？两个反应的合成意义何在？

284. 用三氟醋酸铊和苯反应，继而和 KI 的水溶液反应，是制备碘代苯的方法之一。用苯甲醇做底物得到 100% 的 *o*-碘苯甲醇；用正丙基苯做底物得到 *o*-、*m*-和*p*-碘代正丙苯的比例为 3∶6∶91。试解释之。

285. 如果反应试剂和反应条件许可，为什么苯发生乙基化会形成 1,3,5-三乙基苯？

286. 氟代杜烯（3-氟-1,2,4,5-四甲基苯）在 30 ℃ 乙酸介质中发生溴代反应的速率是杜烯（1,2,4,5-四甲基苯）的 2.31 倍，为什么？

287. 萘和蒽分别进行亲电取代反应时，容易发生在哪一个位置？

288. 苯、吡咯、吡啶相比较，哪一个最富电子，最容易发生亲电取代？

289. 吡咯、呋喃和噻吩进行亲电取代时，容易发生在哪个位点？

290. 吲哚发生亲电取代时，最容易发生在哪个位点？当 3 位上有取代基时，亲电取代反应将如何发生？

291. 苯环发生 Birch 还原经过哪几个中间体？取代基是如何影响 Birch 还原的区域选择性的？

自由基化学

292. 产生自由基的方式有哪些？

293. 常用的自由基引发剂有哪些？

294. 常见的自由基反应有哪些？

295. 烷烃发生自由基卤代反应时，叔氢、仲氢、伯氢的相对反应性如何？

296. 烷烃发生自由基卤代反应时，溴代反应和氯代反应相比，哪一个反应速度快？哪一个选择性好？为什么？

297. 什么是过氧效应？为什么过氧化物存在下，烯烃和 HBr 有过氧效应，而和 HCl 及 HI 没有过氧效应？

298. NBS 在什么反应条件下做亲电试剂？什么反应条件下做自由基溴代？

299. 在光照条件下，末端烯烃和一溴三氯化碳发生自由基加成的区域选择性是什么样的？

300. 在自由基引发剂存在下，用三丁基锡氢还原卤代烃时，自由基的链引发、链增长是如何进行的？如何避免使用等摩尔量的三丁基锡氢？

301. 当用三丁基锡氢还原卤代烃，继而对丙烯腈发生加成时，三丁基锡自由基先攫取溴还是先对丙烯腈发生共轭加成？为什么丙烯腈需要大大过量？

302. 当用三丁基锡氢还原含有不饱和键的卤代烃时，将发生自由基环化，通常情况下以小环产物为主？为什么？当链的长度足够时，反应的区域选择性又取决于什么？

303. 三乙基硼常用作自由基的引发剂，引发的机制如何？

304. 为了证明自由基反应机理，通常加顺-1,2-二苯基乙烯或 TEMPO，为什么？

碳卤单键

305. 氟代烃、氯代烃、溴代烃和碘代烃中，哪一个 C—X 键最不容易发生异裂？哪一个 C—X 键最不容易发生均裂？

306. 饱和卤代烃双分子亲核取代反应（S_N2）对底物和亲核试剂的要求是什么？

307. 饱和卤代烃单分子亲核取代反应（S_N1）对底物和亲核试剂的要求是什么？

308. 什么是好的离去基团？如何判断基团的离去能力？

309. 溶剂极性是如何影响 S_N2 和 S_N1 反应的？

310. Walden 翻转指的是什么？为什么 S_N2 反应具有立体专一性？

311. 卤代环己烷进行 S_N2 反应的立体化学需求是什么样的？

312. 离子对理论指的是什么？为什么 S_N1 反应产物中，构型翻转产物始终大于构型保持产物？

313. 什么是 S_N2' 反应？ S_N2' 反应的立体化学需求是什么样的？

314. 什么是 Baldwin 规则？分子内亲核取代成环有没有轨道方向性的要求？

315. α-消除反应和 β-消除反应分别指的是什么？

316. 如下所示的卤代烃在不同碱性环境中有着很好的消除选择性，为什么？

D D Cl → D D + D H

MeONa:	100%	0%
PhNa:	6%	94%

317. 双分子消除反应（E2）指的是什么？对底物结构和碱的要求如何？

318. 单分子消除反应（E1）指的是什么？对底物结构和碱的要求如何？

319. 共轭碱单分子消除反应（E1cB）指的是什么？对底物结构有何要求？

320. 什么是 Saytzeff 烯烃？什么是 Hofmann 烯烃？为什么通常情况下得到的都是 Saytzeff 烯烃？什么情况下将得到 Hofmann 烯烃？

321. 反式共平面消除和顺式共平面消除有什么区别？分别适合什么样的底物？

322. 卤代环己烷进行 E2 反应的立体化学需求是什么样的？

323. 取代和消除是竞争反应，什么情况下取代占优势？什么情况下消除占优势？

324. 什么是 Bredt's 规则？

325. 芳基卤代烃亲核取代的种类有哪些？

326. 底物结构和试剂是如何影响芳基卤代烃的亲核加成 / 消除（S_NAr AE）反应的？

327. 底物结构和试剂是如何影响芳基卤代烃的亲核消除 / 加成（S_NAr EA）反应的？

328. 苯炔作为 S_NAr EA 反应的中间体，其结构是怎么样的？ S_NAr EA 反应的区域选择性如何解释？

329. 苯炔的形成方式有哪些？

330. 苯炔可以被哪些单键所捕获？能不能和二烯烃发生 Diels-Alder 反应？

331. 间接芳香烃亲核取代（VNS）机理是什么样的？

332. 画出卤代烃和还原金属发生氧化加成的机理。

333. 氯代烃、溴代烃和碘代烃，哪一个最容易和镁发生氧化加成？

334. 什么是极性反转？为什么说卤代烃形成格氏试剂的反应是极性反转的反应？

335. C—M 键的性质取决于什么？二甲基汞、二甲基锌和二甲基镁，哪一个离子性最强？哪一个离子性最弱？

336. 二甲基镁、甲基溴化镁和溴化镁，哪一个 Lewis 酸性最强？

337. 金属试剂的制备方法有哪几种？

338. 叔丁基锂、仲丁基锂和正丁基锂，哪一个碱性最强？和 LDA 相比，相对碱性如何？

碳氮单键

339. 胺、氨和铵分别指的是什么？

340. 含氮化合物有哪些？

341. 常见的胺的制备方法有哪些？

342. 伯胺、仲胺和叔胺的结构是什么样的？如何利用 Hinsberg 反应区别伯胺、仲胺和叔胺？

343. 烷基伯胺、仲胺和叔胺与亚硝酸的反应性如何？

344. 芳基伯胺、仲胺和叔胺与亚硝酸的反应性如何？

345. 芳基重氮盐被各种卤负离子取代时的反应条件是什么样的？对应的人名反应有哪些？

346. 芳基重氮盐是弱的亲电试剂，可以和苯酚、苯甲醚、吡咯、吲哚等富电子芳烃偶联形成偶氮化合物，它们的反应条件应如何加以控制？

347. 芳胺通过重氮化可以发生去氨化反应，得到 Ar—H 键，常用的还原剂有哪些？

348. 应用重氮化策略，可以合成多取代苯，尤其是当取代基的定位规则发生冲突时，本方法的优越性突显。如何以苯为原料，合成 1,2,3-三溴苯和 1,3,5-三溴苯？

349. 叔胺氧化合物进行 Cope 消除时，为什么采用同面消除的方式？

350. 季铵碱化合物进行消除时，为什么得到以 Hofmann 烯烃为主的产物？

351. 活化 C—N 键有哪些常用的方法？

352. 胺和膦相比，它们的相对碱性和相对亲核性是什么样的？

碳氧单键

353. 酸性条件下醇脱水成醚或烯烃，为什么温度越高越有利于成烯？

354. 醇具有一定的酸性，合成过程中通常需要对它进行保护和去保护。常用的醇保护基有哪些？如何上保护？

355. 酚羟基有哪几种保护方法？

356. 伯醇、仲醇和叔醇的结构是什么样的？如何利用 Lucas 试剂区别伯醇、仲醇和叔醇？

357. Williamson 醚合成法通常用来合成不对称醚，甲基叔丁基醚应如何制备？茴香醚如何制备？苯基叔丁基醚又是如何制备的？

358. 醚键断裂的时候，酸碱性不同断裂的方式是不同的，它们的依据是什么？环氧化合物开环的区域选择性是如何判断的？

359. 18-冠-6、15-冠-5 和 12-冠-4 能络合的阳离子分别是什么？

360. 活化 C—O 键有哪些常用的方法？

361. HOTs（对甲苯磺酸）、HOMs（甲磺酸）、HOTf（三氟甲磺酸）、HOBs（对溴苯磺酸）、HONs（对硝基苯磺酸）的相对酸性如何？它们的阴离子相对离去能力又是如何？

362. 氯铬酸吡啶盐（PCC 氧化剂）和 Jones 试剂相比，哪个氧化性更强？

363. 硫醇、次磺酸、亚磺酸、磺酸、亚硫酸酯、硫酸酯、硫醚、二硫醚、亚砜、砜等结构分别是什么样的？它们的氧化态又是如何？

364. 用硫脲制备硫醇的优势在哪里？

365. 对于 Swern 氧化，关键的中间体有哪些？为什么要形成锍盐后再发生消除，而不是直接消除得到羰基？

碳氧双键

366. 什么是互变异构现象？以烯醇和酮互变异构为例，影响平衡方向的因素有哪些？

367. 羰基与烯醇互变和亚胺与烯胺互变相比较，哪一个更容易以 C═X 双键的形式存在？

368. 醛羰基和酮羰基相比，哪一个羰基更容易接受亲核试剂的进攻？芳香醛和芳香酮相比，哪一个羰基更容易接受亲核试剂的进攻？

369. 为什么偕二醇不稳定？什么情况下偕二醇可以稳定存在？

370. 不对称羰基化合物发生 Baeyer-Villiger 氧化反应时，哪个基团先发生迁移？迁移过程中，迁移基团的立体化学是保留的还是翻转的？

371. 重排到缺电子性氧原子上的反应有哪些特征？

372. 常用的过氧化物氧化剂有哪些？三氟过氧乙酸（TFPAA）、间氯过氧苯甲酸（*m*-CPBA）、过氧苯甲酸（PBA）和过氧乙酸（PAA）的相对氧化性如何？

373. 环己酮和亲核试剂发生亲核加成的时候，亲核试剂有哪几种进攻方式？什么样的亲核试剂以直立键进攻为主？什么样的亲核试剂以平伏键进攻为主？

374. 羰基和伯胺、羟胺及肼反应，分别得到什么？

375. 羰基化合物在酸性条件下的存在形式有几种？在碱性条件下的存在形式有几种？哪几种具有亲核性，可以作为亲核试剂？

376. 羰基 α-H 具有一定的酸性，为什么？

377. 烯醇含量和羰基 α-H 的酸性有什么样的关系？

378. 2,4-戊二酮在水中的烯醇比例为 20%，在正己烷中的比例为 92%，为什么？

379. 不对称羰基化合物形成烯醇负离子时，有哪几种选择性？

380. 什么是动力学酸性氢？什么是热力学酸性氢？

381. 烯醇锂盐和烯醇钾盐相比，哪个M—O键具有更多的离子键特性？如何影响烯醇负离子形成的区域选择性？

382. 什么是烯醇负离子的 *C*-烷基化和 *O*-烷基化？

383. 烯醇负离子发生烷基化反应，对碱的需求是什么样的？

384. 烯醇负离子容易和酰氯发生 *O*-酰基化，和卤代烃发生 *C*-烷基化，为什么？

385. 烯醇负离子容易和碘甲烷发生 *C*-烷基化，和三甲基氯硅烷发生 *O*-烷基化，为什么？

386. 极性非质子性溶剂能够增加 *O*-烷基化产物的比例，为什么？

387. 烯醇负离子的合成等当体有哪些？

388. 酸性条件下羰基化合物 α-H 卤代反应的区域选择性和碱性条件下羰基化合物 α-H 卤代反应的区域选择性相比，有什么不同？为什么？

389. 碘仿反应指的是什么？

390. 烯醇负离子和羰基化合物发生亲核加成时，非对映选择性是如何控制的？

391. Cannizzaro 反应对底物的要求有哪些？有 α-H 存在时，能否发生 Cannizzaro 反应？不同醛之间发生 Cannizzaro 反应的选择性如何？

392. Cannizzaro 反应能不能发生在分子内？

393. Cannizzaro 反应能不能在酸性条件下发生？

394. 多组分反应的特点有哪些？

395. 什么是 Mannich 反应？相应的原料和产物是什么？

396. 什么是 Streker 反应？相应的原料和产物是什么？

397. 什么是还原胺化？相应的原料和产物是什么？

398. 鏻叶立德和羰基发生亲核加成消除是制备双键的常用方法。双键的构型可以通过鏻叶立德的种类得到控制，为什么？

399. 对于 Mitsunobu 反应，C—O 键是如何被活化的？反应的立体专一性又是如何得到控制的？

400. 常见的羰基的保护方法有几种？

401. 为什么用硫醇保护羰基的时候，通常选用 1,3-二硫醇，而不是 1,2-二硫醇？

402. 如何用软硬酸碱理论解释亲核试剂和 α,β-不饱和羰基化合物作用时的区域选择性？

403. 和 α,β-不饱和羰基化合物作用时，为什么吡咯容易发生 Michael 加成，而呋喃容易发生 Diels-Alder 反应？

羧酸及其衍生物

404. 影响羧酸 pK_a 值的因素有哪些？

405. 相同取代基条件下，为什么邻位取代苯甲酸的酸性总是比对位取代苯甲酸的酸性强？

406. 和对羟基苯甲酸相比，为什么邻羟基苯甲酸的一级电离常数较大，而二级电离常数较小？

407. 什么是插烯作用？

408. 酯和羧酸共存时，硼烷能选择性还原羧酸，氢化铝锂能选择性还原酯，为什么？画出硼烷还原羧酸的机理。

409. 羧酸衍生物有哪些？

410. 酰氯、酸酐、酯、酰胺和亲核试剂发生酰基取代反应时，相对反应性如何？

411. 酰氯和羧酸相比，哪个更容易发生羰基 α-H 的卤代反应？

412. 酰基化试剂有哪些？

413. 二环己基碳化二亚胺（DCC）是如何促进酸和醇脱水成酯的？

414. 羰基二咪唑（CDI）是如何活化羧基的？

415. 考虑到酯水解反应可以是酸或碱催化、单分子或双分子动力学、酰氧断裂或烷氧断裂，酯水解机理可以有几种？最常见的是哪两种？

416. 为什么说酰胺结构中，碳氮具有部分双键的性质？

417. 氘代氯仿溶剂中，室温条件下，DMF 中的两个甲基具有不同的化学位移值，为什么？什么情况下，这两个甲基峰可以成为一个单峰？

418. 常见的活化酰胺的方法有几种？

419. 三氟甲磺酸酐和吡啶是如何活化酰胺键的？

420. 三氯氧磷和 DMF 是如何成为甲酰化试剂的？

421. 烯酮具有什么样的结构？又是如何获得的？

422. 活泼亚甲基指的是什么样的结构？常用的活泼亚甲基有哪些？

423. 乙酰乙酸乙酯是如何制备的？在合成中通常是如何被应用的？

424. 丙二酸酯是如何制备的？在合成中通常是如何被应用的？

425.Reformasky 反应和 Darzen 反应的区别在哪里？

426. 酰胺的 Hofmann 重排，常用的亲电试剂有哪些？

427. 重排到缺电子性氮原子上的人名反应有哪些？

428. 腈和异腈在结构上有什么区别？用什么方法可以快速测定是腈还是异腈？

429. 什么是两可离子？

430. 异腈是如何获得的？

431. 写出 Passerini 三组分反应的机理。

432. 写出 Ugi 四组分反应的机理。

杂环化合物

433. 列举一些含氮脂环化合物，写出它们的结构。

434. 列举一些含氮芳香化合物，写出它们的结构。

435. 氮原子在杂环化合物里有哪两种连接方式？吡咯和吡啶相比较，哪个具有更强的碱性？

436. 为什么 1,8-双（二甲氨基）萘被称为质子海绵？写出其质子化后的共振式。

437. 2-氟吡啶、2,5-二氟吡啶和 2-氟-5-三氟甲基吡啶在乙醇和乙醇钠溶液中发生亲核取代的相对反应速度为 1∶0.67∶3100，其中三氟甲基的作用是显著的，为什么？

碳水化合物

438. 碳水化合物有哪些结构特征？含有的主要官能团有哪些？

439. 画出 D-(+)-甘油醛的 Fischer 投影式。

440. 画出赤藓糖和苏阿糖的 Fischer 投影式。

441. 画出核糖、2-脱氧核糖的 Fischer 投影式。

442. D-己醛糖共有多少个异构体？

443. 葡萄糖可以以半缩醛的环状结构存在，写出 α-D-(+)-吡喃葡萄糖和 α-D-(+)-呋喃葡萄糖的结构。

444. 如何通过化学方法测定糖的环状结构是吡喃环还是呋喃环？

445. 什么是端基异构？写出吡喃葡萄糖的两个端基异构体，哪一个更稳定？

446. 写出甲基吡喃葡萄糖苷的两个端基异构体，哪一个更稳定？

447. 为什么甲基-α-吡喃葡萄糖苷比甲基-β-吡喃葡萄糖苷稳定，而β-吡喃葡萄糖比α-吡喃葡萄糖稳定？

448. 什么是糖的变旋作用？

449. 什么是差向异构体？分别画出葡萄糖的C2、C3、C4差向异构体？它们分别叫什么？

450. 葡萄糖、甘露糖和果糖分别和苯肼作用得到同一种脎，为什么？

451. 通过哪些步骤可以实现糖的碳数递升和递降？

452. 常见的二糖有纤维二糖、麦芽糖、乳糖、蔗糖，分别画出它们的结构，并指出糖苷键的连接方式。

453. 什么是还原性糖、非还原性糖？上述四个二糖中，哪些是还原性糖？哪些是非还原性糖？

454. 为什么说蔗糖是转化糖？

氨基酸、肽、碱基、核苷酸

455. 常见的氨基酸有哪些？写出符合下列描述的氨基酸结构：一个没有手性的氨基酸；一个绝对构型为*R*型的氨基酸；一个仲胺氨基酸；两个碱性氨基酸；两个酸性氨基酸。

456. 画出L-丙氨酸的Fischer投影式，氨基酸相对构型是如何确定的？

457. 什么是氨基酸的等电点？pH等于等电点的时候，氨基酸具有哪些性质？

458. 氨基是如何保护和去保护的？羧基是如何保护和去保护的？

459. 酰胺键是如何形成的？画出用DCC做脱水剂形成酰胺键的机理。

460. 肽链的氨基酸顺序是如何测定的？

461. 肽链的一级结构、二级结构、三级结构、四级结构分别指的是什么？

462. 常见的碱基有哪些？通过氢键如何配对？

周环反应

463. 周环反应的特点有哪些？四个代表性的周环反应指的是什么？

464. 周环反应通常是可逆的，反应以原料为主还是产物为主，取决于什么？

465. 什么是前线分子轨道理论？HOMO轨道、LUMO轨道和SOMO轨道分别指的是什么？

466. HOMO和LUMO的能级差取决于什么？

467. 用前线分子轨道理论解释4电子环化。

468. 什么是分子轨道对称守恒原理。用分子轨道对称守恒原理解释4电子环化的立体专一性。

469. Nazarov关环反应对底物结构的要求是什么？反应的区域选择性是

如何得到控制的？

470. 环加成反应的种类有哪些？

471. [2+2] 环加成反应最多可以有多少种异构体？

472. 用前线分子轨道理论解释 [2+2] 环加成反应的立体专一性。

473. 光照条件下 [2+2] 环加成反应的立体专一性是如何解释的？区域选择性又是如何解释的？

474. Diels-Alder 反应对二烯烃的立体结构有什么要求？反应经过的过渡态是椅式的还是船式的？反应的立体专一性如何？为什么是同面-同面加成？

475. 什么是正常电子需求的 Diels-Alder 反应？什么是逆电子需求的 Diels-Alder 反应？对于一个正常电子需求的 Diels-Alder 反应来讲，反应的区域选择性如何？

476. 当环状二烯烃用于 Diels-Alder 反应的底物时，将产生双环化合物，反应的立体选择性如何？

477. 如何理解并书写非环二烯烃发生 Diels-Alder 反应时的立体选择性？

478. 什么是 Imine Diels-Alder（IDA）反应？有几种类型？

479. IDA 反应的区域选择性和立体选择性是如何控制的？

480. 什么是 1,3-偶极子？常见的 1,3-偶极子有哪些？

481. 为什么炔烃和叠氮的 1,3-偶极环加成称为 Click 反应？

482. σ-迁移反应是如何命名的？

483. 为什么在加热条件下 H[1,3] 迁移反应同面对称性禁阻，H[1,5] 迁移反应同面对称性允许？

484. 为什么 C[1,3] 迁移反应中是碳原子构型翻转，而在 C[1,5] 迁移反应中是构型保持的？

485. [3,3] 迁移反应中，过渡态采用椅式构象还是船式构象？

486. 烯丙基亚砜可经过 σ-[2,3] 迁移生成次磺酸酯，通过该反应，手性的烯丙基亚砜可以发生外消旋化，为什么？

487. Ene 反应指的是什么？如何理解它的立体专一性？

过渡金属有机化学

488. 过渡金属配合物的特征有哪些？

489. 试列举三例和过渡金属催化相关的 Nobel 奖。

490. 过渡金属氧化态是如何定义的？

491. 过渡金属配合物的几何构型和中心金属的杂化类型有什么关系？

492. 常用的配体有哪些类型？

493. 双键和过渡金属配位后，双键的伸缩振动频率是变小了还是增大了？

494. 双键和中心金属是如何配位成键的？

495. 什么是 18 电子规则？

496. 什么是过渡金属有机化学的四大基元反应？

497. 什么是配体的配位和解离？

498. 什么是氧化加成和还原消除？氧化加成和还原消除过程中有什么样的立体要求？

499. 什么是插入反应和反插入反应？什么是 1,2-迁移插入？什么是 1,1-迁移插入？插入反应和反插入反应过程中有什么样的立体要求？

500. 什么是配体的反应？

第二章　入门篇

基础有机化学主要讨论两个主题，一是有机化合物是如何制备的，即有机合成；二是有机单元反应是如何转化的，即反应机理。理解有机化合物结构及结构的相对稳定性是理解有机化合物如何转变的基础，也是书写合理有机反应机理的基础。只有理解了有机化合物的转变过程，才能更高效、更有选择性地合成目标分子。本篇由两个部分组成，一是对已知的反应提出合理的机理；二是从指定原料出发合成目标分子。

I　反应机理

有机化合物在一定反应条件下从不稳定到稳定的变化过程是有章可循的。一定的反应条件包括酸性条件、碱性条件、加热或光照等等，下面就从这三种反应条件入手展开讨论。

一、酸性条件下的反应机理

酸性条件下的反应通俗一点讲就是"挖一个缺电子的坑，然后用其他电子填补上"。分子内的填补总是优先于分子间的"填补"，这种"填补"用专业的语言讲就是电子转移。所有的电子转移都是建立在轨道重叠的基础上的，即给出电子所占的轨道（HOMO）和得到电子所占的轨道（LUMO）不仅要能级上匹配，而且在空间上要有一定程度的重叠，这样，电子才能发生有效的转移，才能发生旧键的断裂和新键的形成，给反应的选择性一个合理的解释。下面列举的反应均在酸性条件下进行，为其提出合理的反应机理。

1.

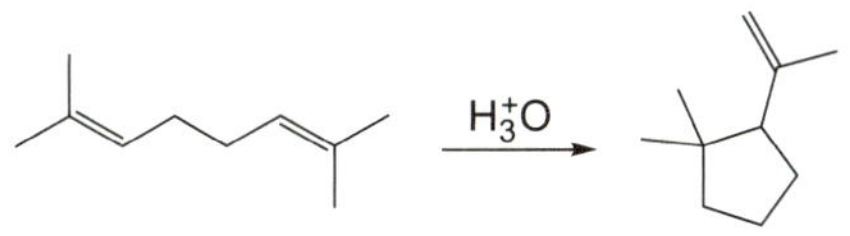

$\xrightarrow{H_3^+O}$

解答参见 P284

2. 2 HCHO + 1 （异丁烯） $\xrightarrow{25\%\ H_2SO_4,\ r.t.}$

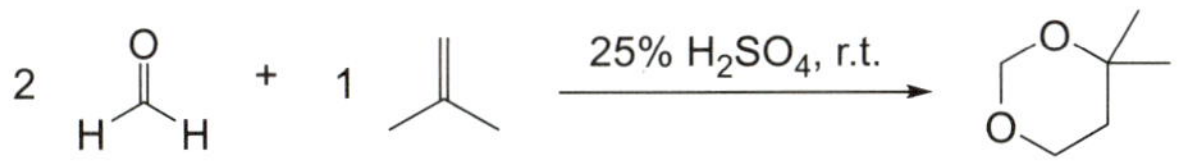

解答参见 P284

3. Br，O，NH_2 ＋ → O，N H $\xrightarrow{H^+}$ N H

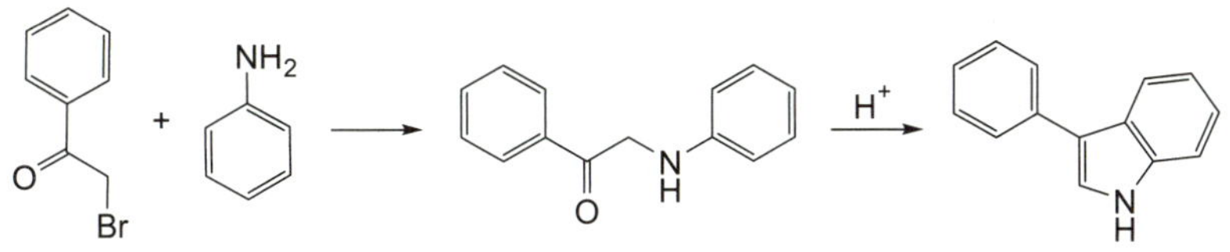

解答参见 P284

4. PhCN, conc. H_2SO_4, 5 ℃

解答参见 P285

5. Ac_2O, H^+

解答参见 P285

6. 1. BH_3 2. H_2O_2/HO^-; H_3^+O

解答参见 P285

7. H_3^+O

解答参见 P285

8. $AlCl_3$, 130 ℃, 35min, 90%

解答参见 P286

9. H^+

解答参见 P286

10. H^+, HCOOH; H_2O

解答参见 P286

11. H_2SO_4, SO_3

解答参见 P287

12. R_2AlCl, toluene, −20 ℃

解答参见 P287

13. NH_2OH; H^+, H_2O

解答参见 P287

14. 1. NH_2OH/HCl, NaOAc 2. $MesSO_2Cl$, LiOH

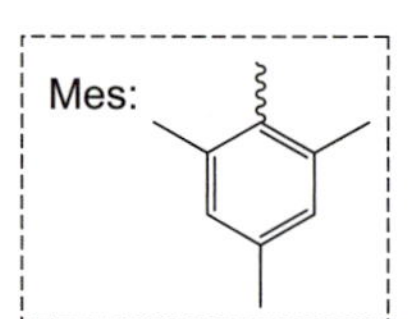

解答参见 P288

15.

R

H^+

R

+

O

OH

OH R

解答参见 P288

16.

H_2SO_4

r.t.

O

OH

解答参见 P288

17.

N_2

O

CF_3COOH

MeO

O

O

解答参见 P289

18.

H

N

NH_2

O

HOAc, H_3O^+

heat

H

N

+

H

N

A

B

解答参见 P289

19.

NO_2

+

O

AcOH

$ZnCl_2$

NO_2

Ph

$NHNH_2$

N

H

解答参见 P289

20.

H

N

O

$POCl_3$

benzene reflux

N

N

H

N

H

解答参见 P290

21.

H_2N

Ar

N^+

N

N^+

O^-

CF_3COO^-

Ar

H

N

N

N

N

O

解答参见 P290

22.

HO

H_2O_2

H^+

OH

O

解答参见 P291

23.

OH

O

OH

O

H^+

△

O

O

解答参见 P291

24.

CH_3COOH

H$_3$CO

解答参见 P292

25.

TfOH (3 equiv.), P_4O_{10}

CH_2Cl_2, microwave

40 ℃, 8 h, 57%

解答参见 P292

26.

OBn

MeO

Ph

NBS (1.1 equiv.)

CF_3CH_2OH

r.t.,10 min then 50 ℃ 4 h

PMP=对甲氧基苯基

PMP

Ph

解答参见 P292

27.

MeO

Cl

S

CN

N

Cl

$AlCl_3$

CH_2Cl_2

0 ℃

解答参见 P293

28.

Me

R

Ph

MeO

H^+

H_2O

NH_2

HO

OMe

Ph

解答参见 P293

29.

H^+

解答参见 P294

30.

H_2SO_4, MeCN-hexane

H_2O, reflux

OH

NH_2

解答参见 P294

31.

1. Cl−S(=O)(=O)−N=C=O

甲苯，r.t.

2. DMF, r.t.

CN

解答参见 P294

32.

OH

$NaHSO_3$, NH_3, 423 K, 6 atm

$NaHSO_3$, OH^-

NH_2

解答参见 P295

33. HCl/H_2O, Py

解答参见 P295

34. $POCl_3$

解答参见 P295

35. $(MeCO)_2O$ (1.2 equiv.), $AlCl_3$ (2.2 equiv.), $ClCH_2CH_2Cl$, 60 °C

30%　　70%

解答参见 P296

36. 5 mol%$[CuCl(cod)]_2$, CH_3CN, 70 °C

解答参见 P296

37.

解答参见 P297

38. $Me_2NH_2^+Cl^-$, HCHO

解答参见 P297

39. Ar−CHO + … + …　heat, HCl, EtOH

解答参见 P297

40. 1. $(COCl)_2$ (excess); 2. MeOH

解答参见 P297

41. $FeBr_2$(20 mol%), Ar, 100 °C, DMF

解答参见 P298

42. dry Al_2O_3, NH_2OH HCl, $MeSO_2Cl$, 100 °C

解答参见 P298

43. Br_2 → KOH → H^+

解答参见 P298

44.

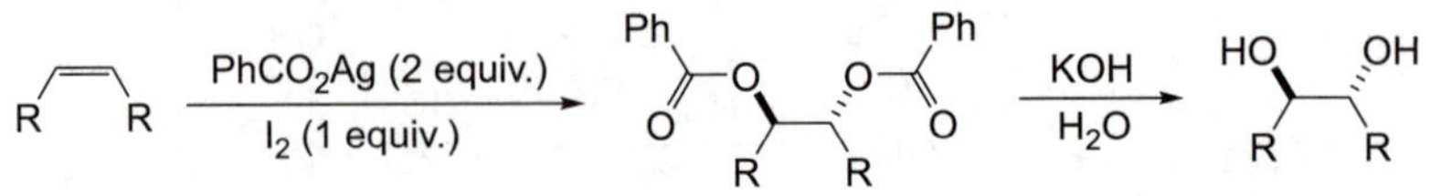

PhCO$_2$Ag (2 equiv.), I$_2$ (1 equiv.); KOH, H$_2$O

解答参见 P299

45.

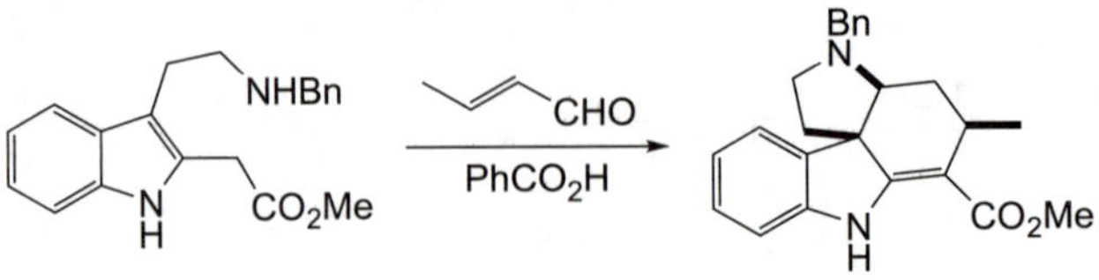

NHBn, CO$_2$Me; CHO; PhCO$_2$H; Bn, N, H, CO$_2$Me

解答参见 P299

46.

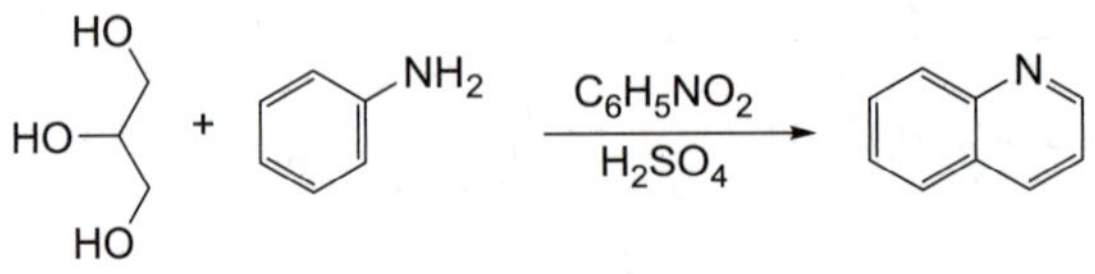

HO, HO, HO + NH$_2$; C$_6$H$_5$NO$_2$, H$_2$SO$_4$; N

解答参见 P299

47.

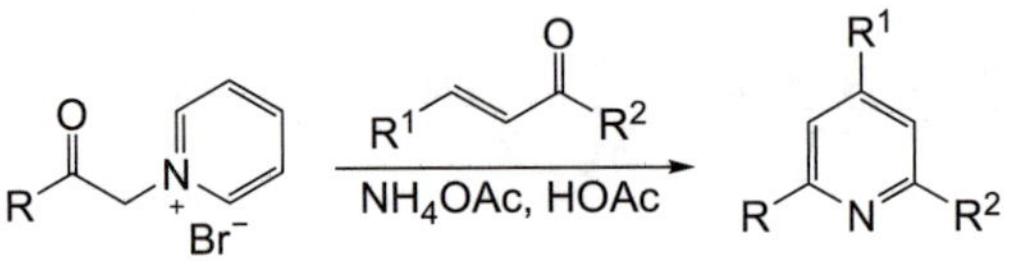

O, R, N$^+$, Br$^-$; R^1, O, R^2; NH$_4$OAc, HOAc; R^1, R, N, R^2

解答参见 P300

48.

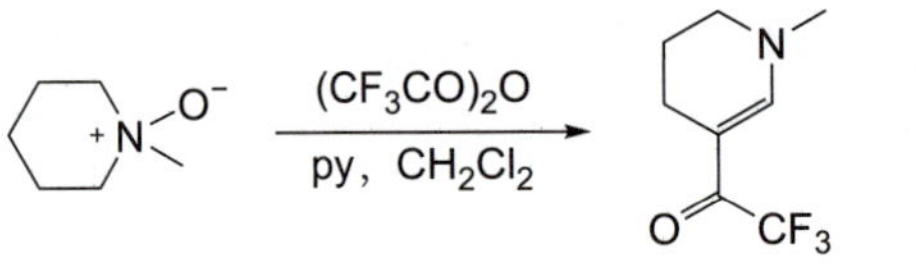

$^+$N, O$^-$; (CF$_3$CO)$_2$O; py，CH$_2$Cl$_2$; N, O, CF$_3$

解答参见 P301

49.

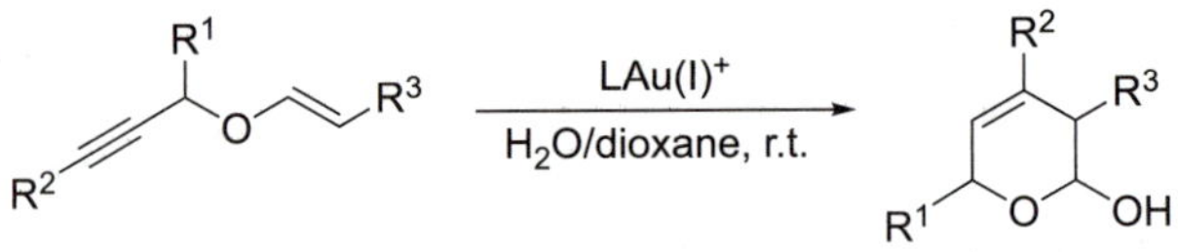

R^1, O, R^3, R^2; LAu(I)$^+$; H$_2$O/dioxane, r.t.; R^2, R^3, R^1, O, OH

解答参见 P301

50.

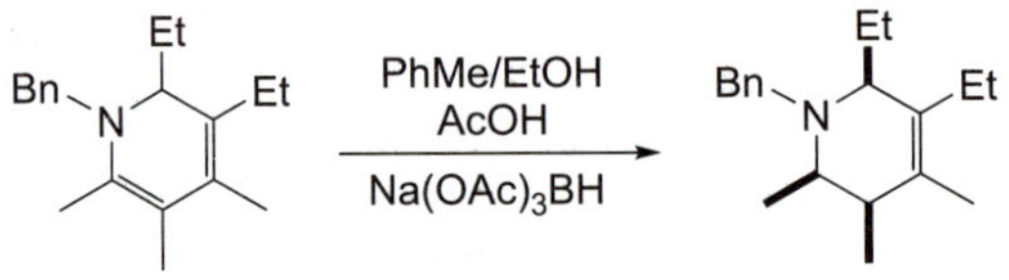

Bn, N, Et, Et; PhMe/EtOH, AcOH; Na(OAc)$_3$BH; Bn, N, Et, Et

解答参见 P301

51.

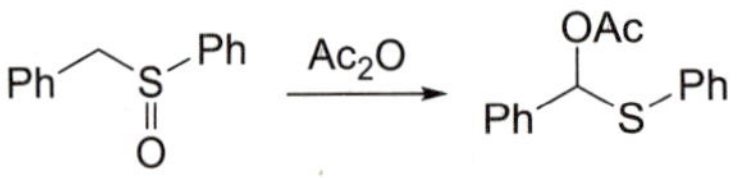

Ph, S, Ph, O; Ac$_2$O; OAc, Ph, S, Ph

解答参见 P301

52.

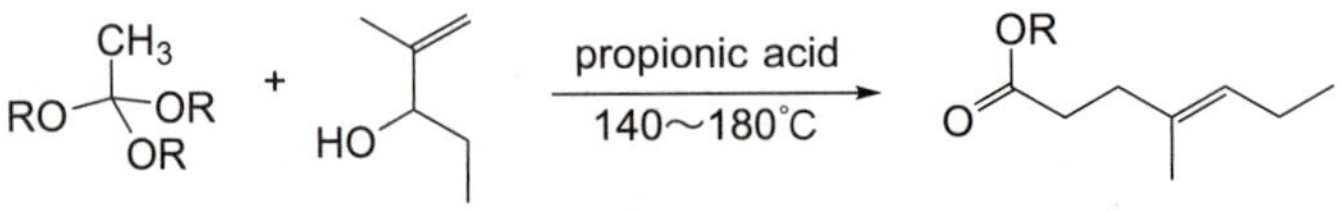

CH$_3$, RO, OR, OR + HO; propionic acid; 140～180℃; OR, O

解答参见 P302

53.

N$_2^+$BF$_4^-$ + N$_2$, O, OR^2 + R^3, O, R^4, O; cat.Co$_3$(PO$_4$)$_2$; CH$_3$CN, r.t.; O, R^4, R^3, N, N, OR^2, O

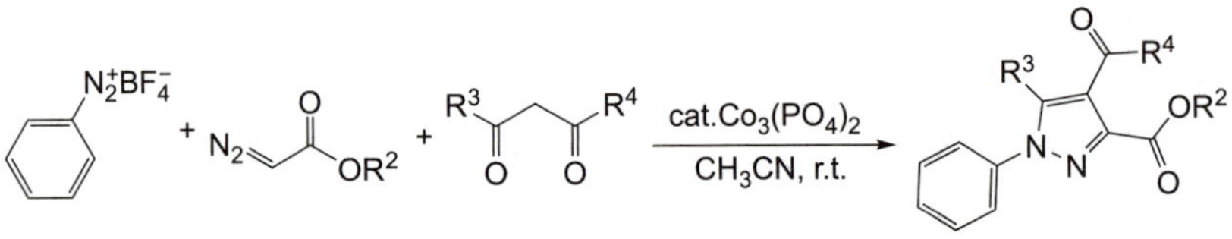

解答参见 P302

54.

MeO, PMP; In^{3+}(30 mol%), DCM, r.t.; MeO, OH, R; MeO, R

PMP: —OMe

解答参见 P303

55.

OMe, OMe; $POCl_3$; OMe, OMe, Cl^-; MeO, OMe, Cl^-

A, 35%　**B,** 28%

解答参见 P303

56.

Ph + $BocNH_2$ (1 equiv.) + $B(OPr\text{-}i)_2$, Ph (1.5 equiv.); BF_3OEt_2 (10 mol%), CH_2Cl_2, r.t., 24 h; HN–Boc, Ph, Ph, 82%

解答参见 P304

57.

tol–S(O)(O)–N, Ph + Ph–CHO; $[Fe(TPP)]SbF_6$(1 %), CH_2Cl_2, 25 ℃, 1 h; Ph, N, S, tol, O, Ph

TPP: Ph, N, HN, Ph, NH, N, Ph, Ph

解答参见 P304

58.

OH + Me, N, Ts; $BF_3\cdot Et_2O$(5 mol%), Cl–CH2CH2–Cl; N–Me, Ts

解答参见 P304

59.

Br, OMe, N_2 + styrene; cat. $B(C_6F_5)_3$, 16 h; MeO, O, Br

解答参见 P305

60.

O, O, N, O, OHC; HCOOH, reflux; O, O, N, O, O

解答参见 P305

61.

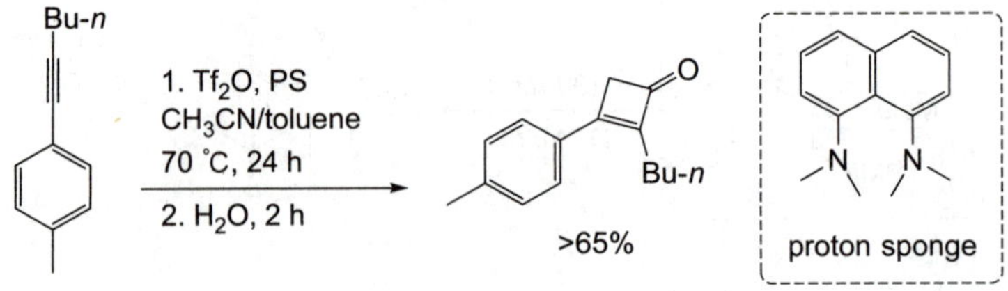

Bu-*n*

1. Tf_2O, PS
CH_3CN/toluene
70 ℃, 24 h
2. H_2O, 2 h

Bu-*n*

>65%

proton sponge

解答参见 P306

62.

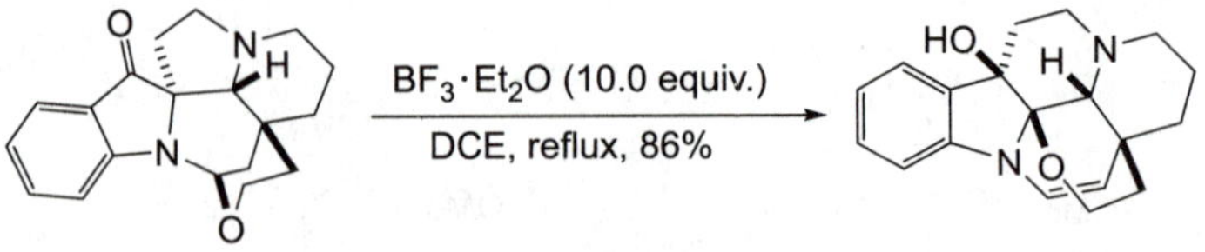

$BF_3 \cdot Et_2O$ (10.0 equiv.)
DCE, reflux, 86%

O N H HO H N N O

解答参见 P306

63.

O NEt$_2$ +

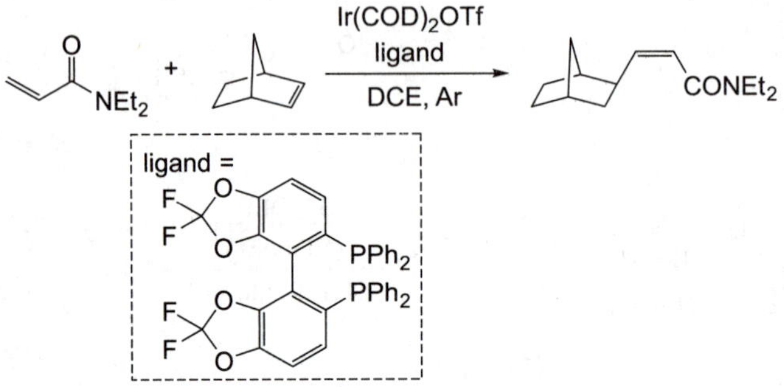

$Ir(COD)_2OTf$
ligand
DCE, Ar

$CONEt_2$

ligand =
F F O O PPh_2
F F O O PPh_2

解答参见 P306

64.

O Ph

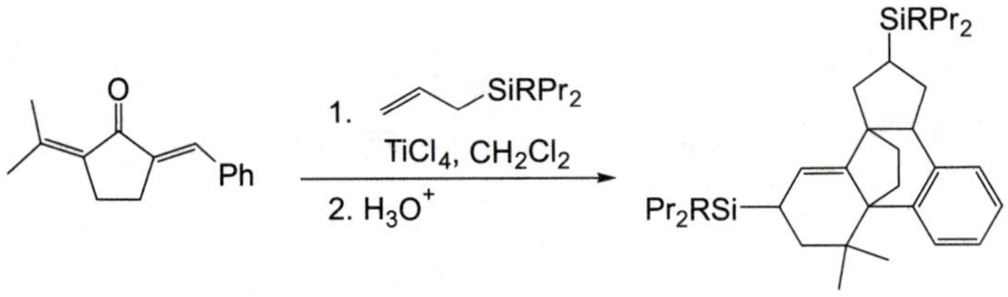

1. $SiRPr_2$
$TiCl_4$, CH_2Cl_2
2. H_3O^+

$SiRPr_2$
Pr_2RSi

解答参见 P307

65.

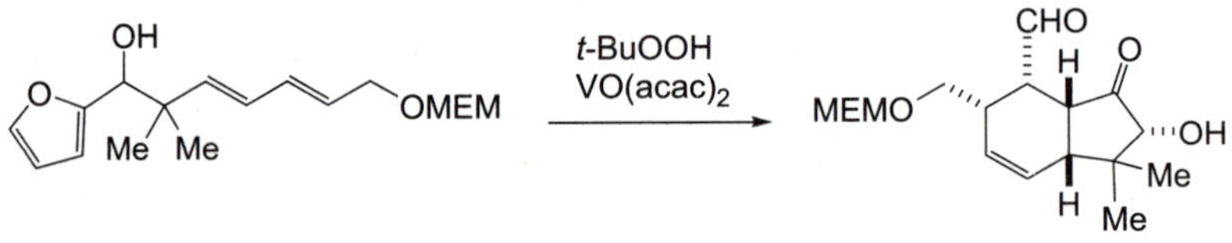

OH O Me Me OMEM

t-BuOOH
$VO(acac)_2$

CHO H O MEMO OH Me H Me

解答参见 P307

66.

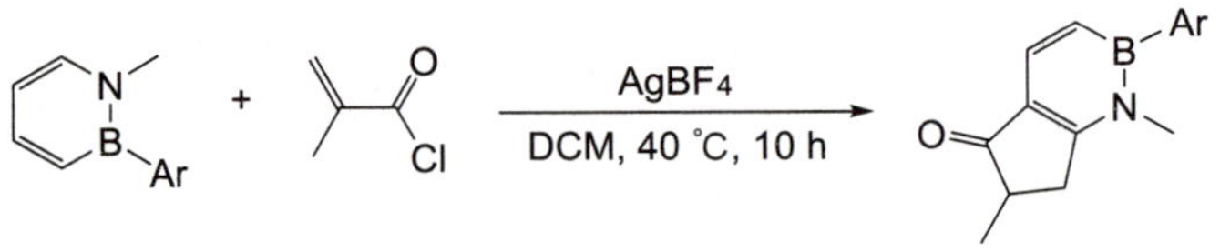

N B Ar + O Cl

$AgBF_4$
DCM, 40 ℃, 10 h

Ar B N O

解答参见 P308

67.

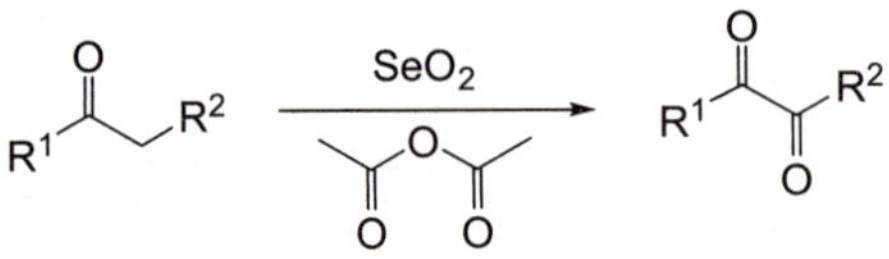

O R^1 R^2

SeO_2
Ac_2O

O R^1 R^2 O

解答参见 P308

68.

N^- N^+ OH O

$B(C_6F_5)_3$
258 K
CH_2Cl_2

O

70%

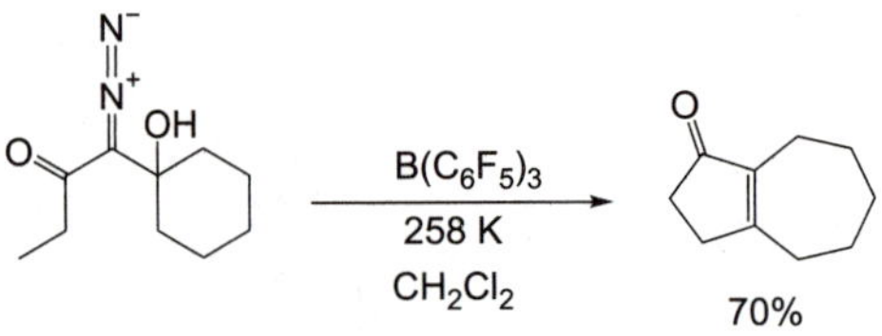

解答参见 P308

69. $Sc(OTf)_3$

17%　　24%

解答参见 P309

70. $B(C_6F_5)_3$

解答参见 P309

71. cat. $B(C_6F_5)_3$, cat. base

cat. M—L*

解答参见 P309

72. 1. Tf_2O, DC(O)NMe_2

2. H_2O

解答参见 P310

73. $BF_3 \cdot Et_2O$ (0.75 equiv.)

CH_2Cl_2, 50 ℃, 45 h

dr > 15:1

解答参见 P310

74. + PhCHO　TfOH (20 mol%)

DMF, r.t.

解答参见 P310

75. Li⁀⁀$SiMe_3$　$TiCl_4$

解答参见 P311

76. $(CF_3SO_2)_2O$

CH_2Cl_2, −78 ℃

90% (dr: 10/1)

解答参见 P311

77. Ac_2O

reflux

解答参见 P311

78.

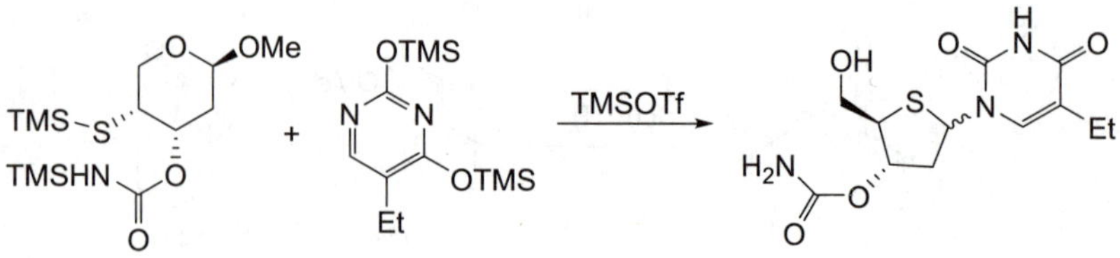

TMSOTf

解答参见 P312

79.

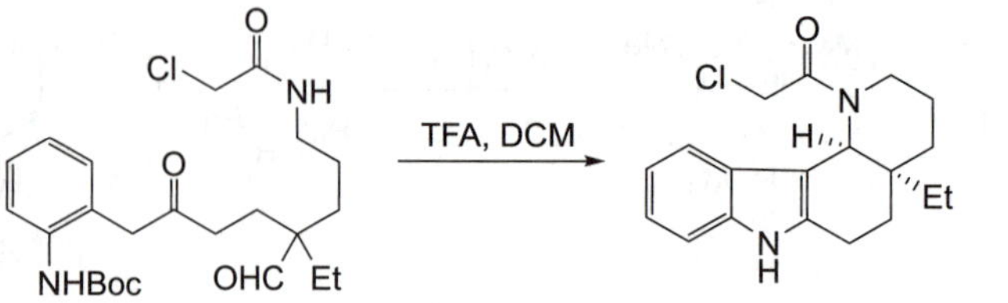

TFA, DCM

解答参见 P312

80.

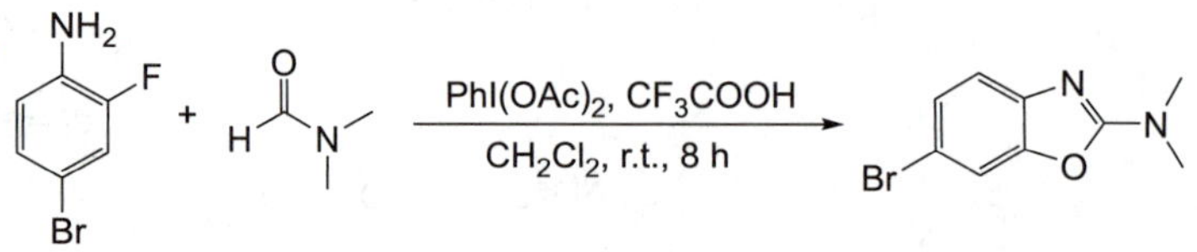

$PhI(OAc)_2$, CF_3COOH

CH_2Cl_2, r.t., 8 h

解答参见 P312

81.

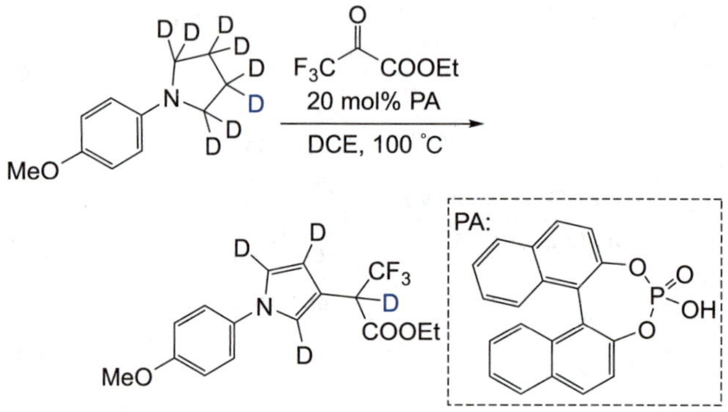

20 mol% PA

DCE, 100 ℃

解答参见 P313

82.

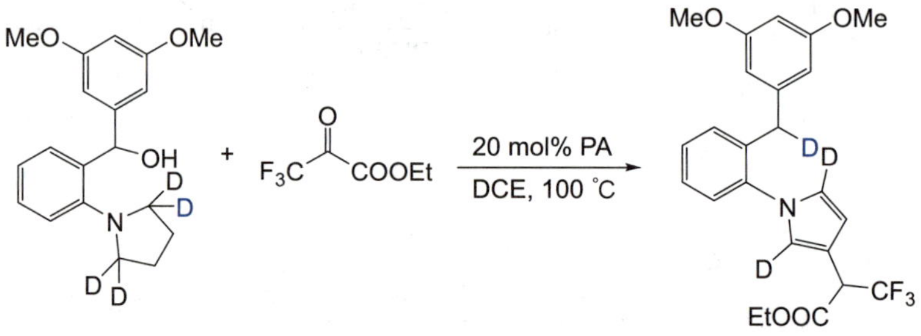

20 mol% PA

DCE, 100 ℃

解答参见 P313

二、碱性条件下的反应机理

大部分碱性条件下的反应都是从碱夺质子开始的，因此正确判断质子的相对酸性，尤其是 C—H 的相对酸性是非常重要的。体系中有多个活泼质子的时候，最后拔除质子的位点反应性最强。以下的反应在碱性条件下进行，提出合理的机理。

83.

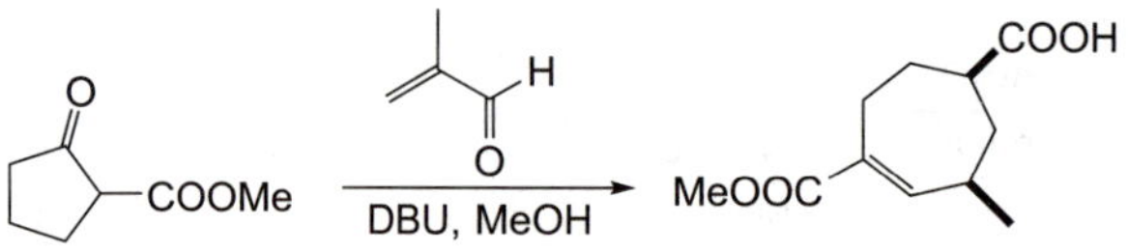

DBU, MeOH

解答参见 P314

84. $\xrightarrow[CH_3OH]{CH_3ONa}$ $\xrightarrow{H^+}$

解答参见 P314

85. $\underset{H_2O}{\overset{OH^-}{\rightleftharpoons}}$ Me Me Me

解答参见 P314

86. OMe OMe + R Cl $\xrightarrow{NaOMe}$ $\xrightarrow{heat}$ R

解答参见 P315

87. H Cl + OEt $\xrightarrow{\text{pyridine}}$ r.t. to 50 ℃, 4 h then r.t., overnight 86% COOEt

解答参见 P315

88. CN CN COOEt COOEt $\xrightarrow[\text{cat. NaH}]{}$ CN CN COOEt COOEt COMe

解答参见 P315

89. CHO $\xrightarrow{t\text{-BuOK}}$ OHC

解答参见 P316

90. $\xrightarrow{C_2H_5ONa}$

解答参见 P316

91. Br $\xrightarrow{NaOH}$ CO_2Na

解答参见 P316

92. H OCC_6H_5 $\xrightarrow[t\text{-BuOH}]{t\text{-BuO}^-}$ C_6H_5 CH_2CH_2COOH

解答参见 P316

93. 1. H_2O_2, OH^- 2. H_2NNHSO_2Ar, H^+ 3. OH^-

解答参见 P317

94. H_2O_2, NaOH

解答参见 P317

95. R^1COONa

解答参见 P317

96. base

解答参见 P318

97. DBU, tol., reflux, 20 h, 16%

解答参见 P318

98. 5 mol/L NaOH

解答参见 P318

99. Et_3N (cat.)

解答参见 P318

100. + CH_3NO_2 $\xrightarrow{OH^-}$

解答参见 P319

101. 1. NaOH 2. H_2SO_4 → + 1/2N_2O + 1/2H_2O

解答参见 P319

102.

解答参见 P319

103. $NaNH_2$

解答参见 P319

104.

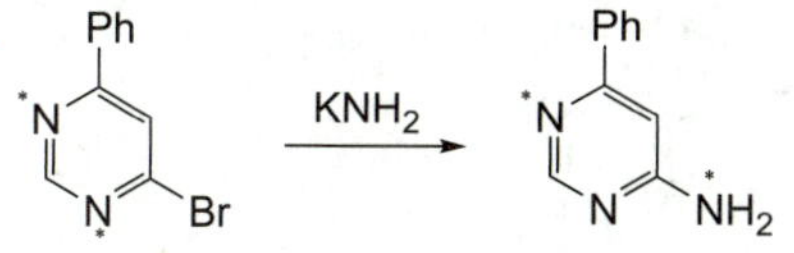

解答参见 P320

105.

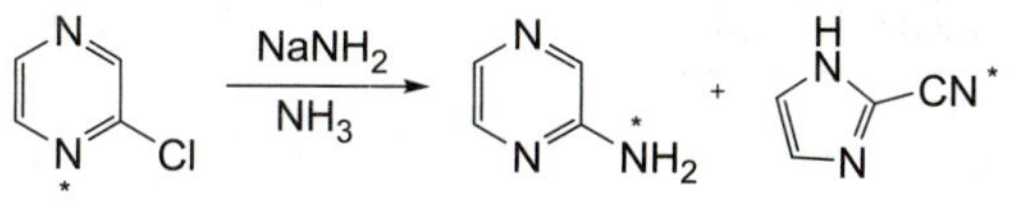

解答参见 P320

106.

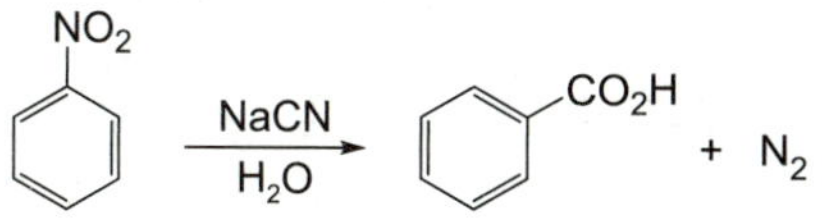

解答参见 P320

107.

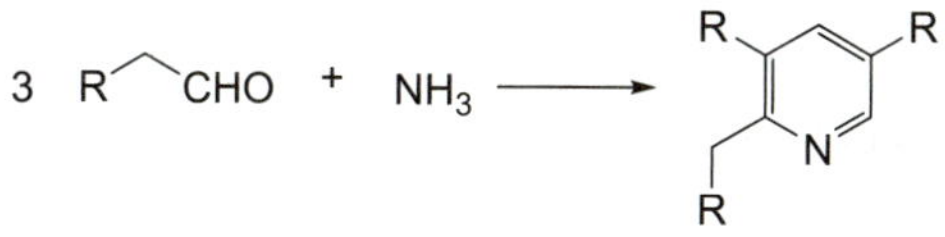

解答参见 P320

108.

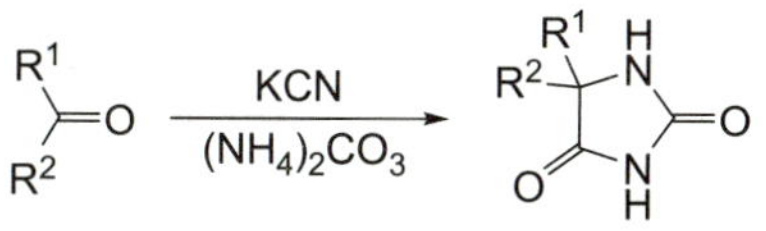

解答参见 P321

109.

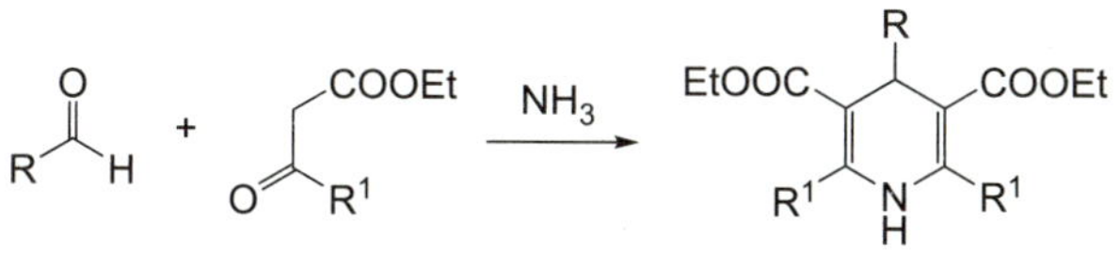

解答参见 P321

110.

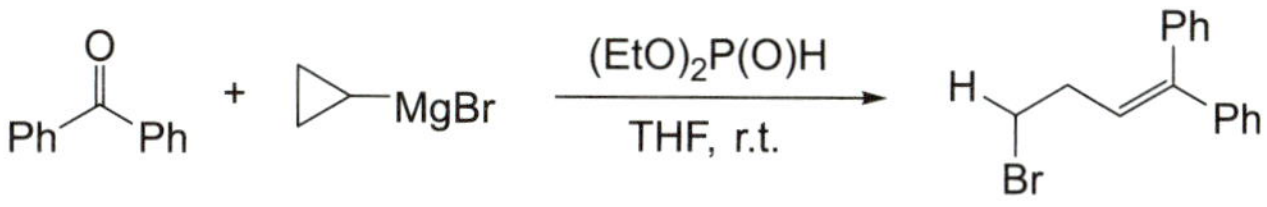

解答参见 P321

111.

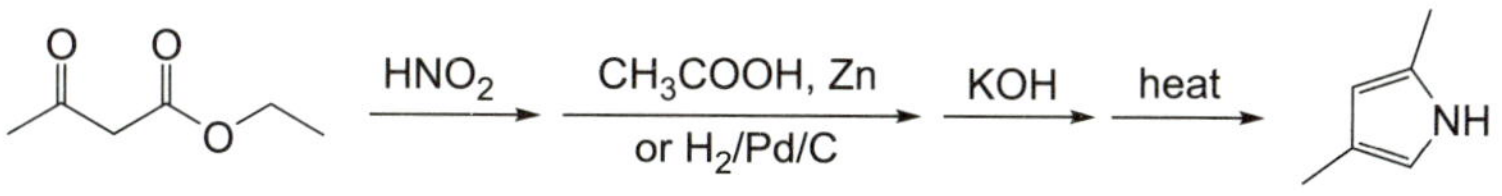

解答参见 P322

112.

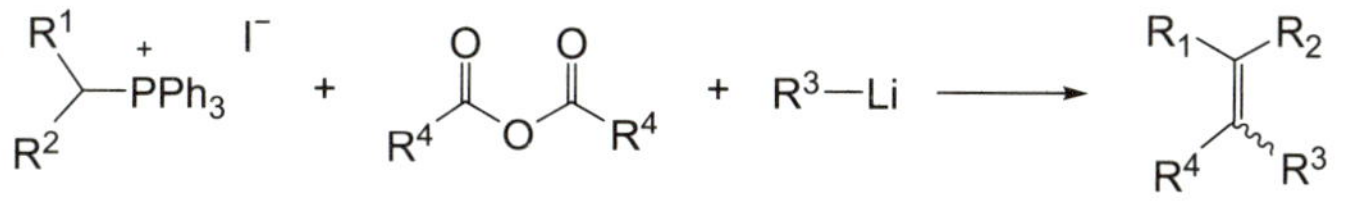

解答参见 P322

113.

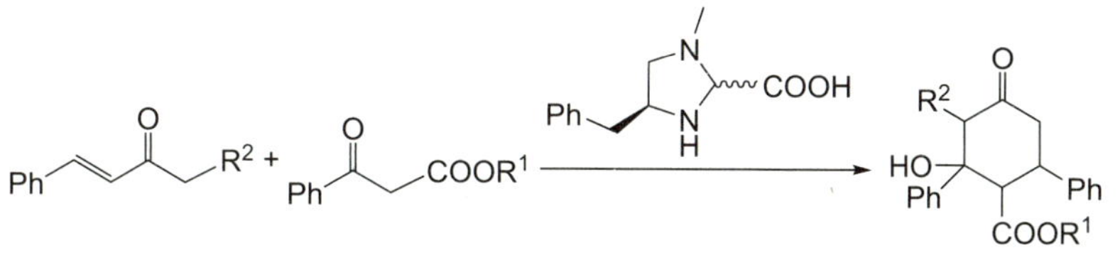

解答参见 P322

114.

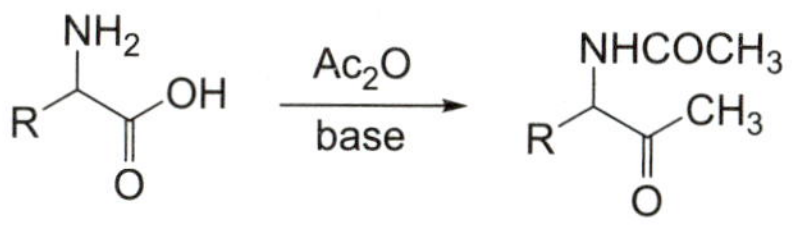

解答参见 P323

115. NO_2 R 1. MgBr 2. H_3O^+ N H R

解答参见 P323

116. N OH R^1 R^2 1. excess R^3MgX 2. HCl H N R^1 R^3 R^2

解答参见 P323

117. OMe Br OMe NH O 2 LDA MeO OMe O N

解答参见 P323

118. O MeN N O O N Me N NH 2 Br CO_2-Bu-*t* 2 K_2CO_3 O CO_2-Bu-*t* MeN N O O N Me N N CO_2-Bu-*t*

解答参见 P324

119. O_2N O CN N Ph CH_3 Cl EtONa O_2N O N−Me NC Ph

解答参见 P324

120. O_2N—$SO_2CH_2CH_2NH_2$ HO^- O_2N—$NHCH_2CH_2OH$

解答参见 P324

121. O R O H + O O DMAP (cat.) CH_2Cl_2, r.t. R = C≡CPh R O minor product + OH O R 72%

解答参见 P325

122. 2 O R H Na R^1CH_2OH O R O R + R^1 O^- Na^+

解答参见 P325

123. OMe OMe BnO Cl $KN(TMS)_2$ OMe OMe BnO

解答参见 P325

124. O O R R + NC O OR_1 NH_3 R CN R N H O

解答参见 P326

125.

NaCN

EtOH, H_2O, reflux

O OH

解答参见 P326

126.

CHO N + CN

NaCN (cat.)

DMF

O CN N

解答参见 P326

127.

O CHO + CN

NaCN

DMF

O CN O

解答参见 P326

128.

Br OR O

persistent carbene

K_3PO_4

THF

O OR

persistent carbene: Ar N Ph N N Ar

解答参见 P327

129.

O Me + O H Ph

N N

OH O Ph

解答参见 P327

130.

COOMe + O Ph + $^-$SPh

THF

SPh O MeOOC Ph

解答参见 P328

131.

Ph N O S OH

1. py · F_3C O O O CF_3

2. H_2N NH

N $COCF_3$ Ph N NH_2

解答参见 P328

132.

Br R^1 O + BR_3

base

R R^1 O

解答参见 P328

133.

R^1 O R^2 + N O OR^3

S_8

base

R^2 O OR^3 R^1 S NH_2

解答参见 P328

134.

Ph O OH

1. ClCOOEt, Et_3N

acetone, 0 ℃

NaN_3, H_2O

2. toluene reflux

Ph N=C=O

解答参见 P329

135.

$H_3C\text{-}\overset{+}{P}Ph_3Br^-$ (4.0 equiv.), t-BuOK (4.5 equiv.), THF, 0 ℃, 3 h, 88% → $C_{10}H_{11}N$

E—≡—E (E = COOMe), DMSO, r.t., 3 h, 70% → Ph

解答参见 P329

136. NHTs, R^1 + $COOR^2$, OBoc — PCy_3 (20 mol%), $CHCl_3$, 100 ℃, 1 h → R^1 Ts N, O, $COOR^2$

解答参见 P329

137. O, R^1, NH_2 + R^2CHO + $MeNO_2$ —DBU→ O, R^1, NO_2, N H, R^2

解答参见 P330

138. R−CHO + $CH_2(COOR^1)_2$ —(pyrrolidine, N H)→ R^1O_2C, CO_2R^1, R —^-OH→ R, CO_2H

解答参见 P330

139. O, R^1, R^2 + O, $COOCH_2CH_3$ —(pyrrolidine NH), $Cu(OTf)_2$→ O, R^1, CH_3, R^2, $COCH_3$

解答参见 P330

140. O, O, NH_2 + O, R^1, $\overset{+}{N}$, Br^- + O, R^2, H —Et_3N, toluene, reflux→ OH, O, R^1, R^2, N H, OH

(R^1, R^2 = Ar)

解答参见 P331

141. TMSO, O — 1. Li (isopropenyllithium); 2. $NaHCO_3$ → O, H, OH

解答参见 P331

142. 2 O, H, $\overset{+}{N}$, O^-, O —2 (acetone), OH^-→ H N, O, O, N H

解答参见 P331

143. Br, O + O, D_3C S CD_3 —NR_3→ CHO, O + D_3C S CD_3

解答参见 P332

144.

NR_3

解答参见 P332

145.

base

解答参见 P332

146.

1.

2. strong base in aprotic solvents

解答参见 P332

147.

$P(4\text{-}ClC_6H_4)_3$ (20 mol%)

H_2O (1.2 equiv.), CH_2Cl_2, r.t.

解答参见 P333

148.

EtOH, air

Cs_2CO_3

r.t.,12 h

extend to 48 h

解答参见 P333

149.

Et_3N

CH_2Cl_2

解答参见 P334

150.

1. Bu_2BOTf, R_3N
2. PhCHO, −78 ℃
3. H_3O^+

解答参见 P334

151.

1 equiv.

2 equiv.

t-BuOK

DMSO

解答参见 P334

152.

1. NaOH

DMSO

2. H_3O^+

解答参见 P335

153.

0.75 mmol　0.25 mmol

(15 mol%)
NaOH (50 mol%)
toluene (2 mL)
12 h, 120 ℃, N_2

95% (D)
63% yield
dr: 98:2

解答参见 P335

154.

D_2O (10 equiv.)
DABCO (100 mol%)
$CHCl_3$, 60 ℃ 24 h
61%

解答参见 P335

155.

Lewis base (20 mol%)
$HSiCl_3$(1.5 equiv.)
CH_2Cl_2 0 ℃ 1 h

LB = DMF:77% yield, dr=99/1
HMPA:83% yield, dr=99/1
不加LB:68% yield, dr=99/1

解答参见 P335

156.

Na
NH_3
EtOH

解答参见 P336

157.

KCN
$(NH_4)_2CO_3$
EtOH/H_2O
70 ℃, 50%

not found

解答参见 P336

158.

HO^-, CH_3I

解答参见 P337

159.

$ArB(OH)_2$
Na_2CO_3

解答参见 P337

160.

1. NaOH, H_2O
2. HCl

解答参见 P337

161.

OMe; N; OMe; DMF, heat, 86%; NO_2; N; NO_2; 1. H_2/Pd/C; 2. HCl; N H

解答参见 P337

162.

Br; CHO; + N=O; cat (20 mol%); DBU (20 mol%); THF, −5 ℃

Br; H N; O; O; cat:; N+; N; Cl^-

解答参见 P338

三、加热或光照条件下的反应机理

除了酸、碱条件下的反应以外，很多反应在加热或光照条件下进行。加热和光照条件下的反应有两类，一类是周环反应，一类是自由基反应。周环反应有一个特点，反应一步完成，具有非常好的立体选择性，此类反应共有四类，分别为电环化反应、环加成反应、σ-迁移反应和 ene 反应。自由基反应是经过自由基中间体的反应，反应分步进行。根据反应条件等信息，提出下列反应的机理。

163.

△

解答参见 P339

164.

O; O; O; 180 ℃; Cl; Cl; O; O; O

解答参见 P339

165.

OBu; H_3CO; 180 ℃; H^+; OH; H; H; H; H_3CO

解答参见 P339

166.

O; Cl; Et_3N; benzene; reflux; O; O; $h\nu$; CH_2Cl_2

解答参见 P340

167.

R^4—≡—OR

heat

解答参见 P340

168.

+

$h\nu$

CO_2Me

解答参见 P340

169.

+

解答参见 P340

170.

+

503 K

102 mmHg

2:3

解答参见 P341

171.

$PhI(OCOCF_3)_2$

THF r.t.

mesitylene, 200 ℃

解答参见 P341

172.

R_2NH, DMSO

70 ℃, 2 h

PhN_3

解答参见 P342

173.

heat

解答参见 P342

174.

+

heat

解答参见 P342

175.

PhSCl, Et_3N
CH_2Cl_2
−78°C to r.t.

解答参见 P342

176.

LiHMDS
R, R^1 = EWG, n=1～3

解答参见 P343

177.

heat

解答参见 P343

178.

NCS, Et_2O
$h\nu$

解答参见 P343

179.

+ $Se(OH)_2$

解答参见 P343

180.

1. heat
2. H^+, H_2O

解答参见 P344

181.

$CHCl_3$
CH_3O^-

解答参见 P344

182.

$Mn(OAc)_3$

解答参见 P344

183.

PPh_3
toluene
reflux

解答参见 P345

184.

△
Tol.

by products

解答参见 P345

185.

AIBN, Bu_3SnH

toluene, 110 ℃

74%

解答参见 P345

186.

MeOH, 0 ℃ (or r.t.)

1 **2**

解答参见 P346

187.

cat. (2.0 equiv.)

DME, N_2, reflux, 2 h

cat.:

解答参见 P346

188.

toluene

80 ℃, 12 h

89%

解答参见 P346

189.

+ $(RSe)_2$

$TMSN_3$, PIDA

EtOAc, 60 ℃, 6 h

PIDA: $I(OAc)_2$

解答参见 P347

190.

150 ℃

解答参见 P347

191.

NaOH (10 mol%)

$MeOH/H_2O$ (10:1, 0.15 mol/L)

(+)Pt/(−)Pt, cc 23 mA

voltage 10～15 V, r.t., air, 1.8 h

解答参见 P347

192.

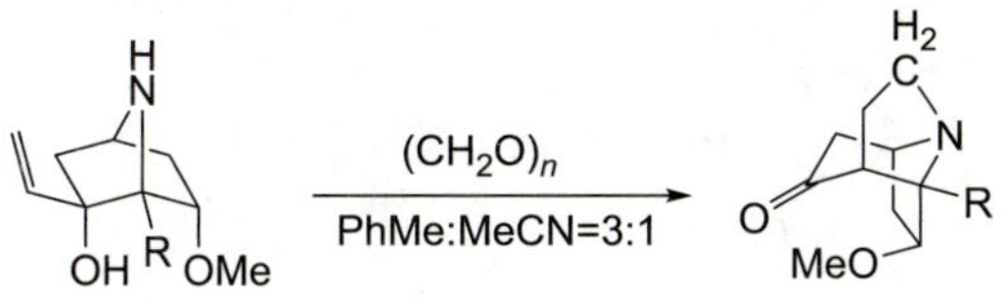

$(CH_2O)_n$

PhMe:MeCN=3:1

解答参见 P347

193.

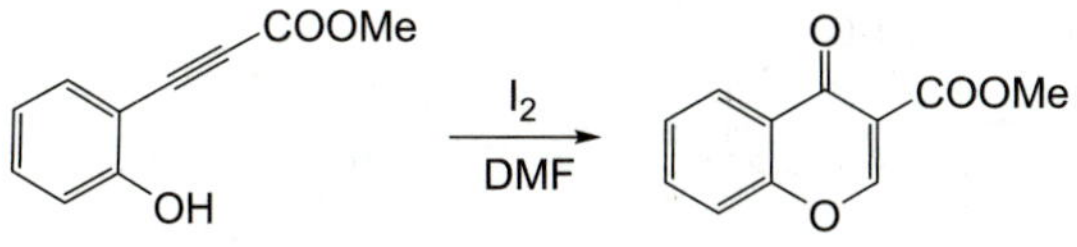

I_2

DMF

解答参见 P347

194.

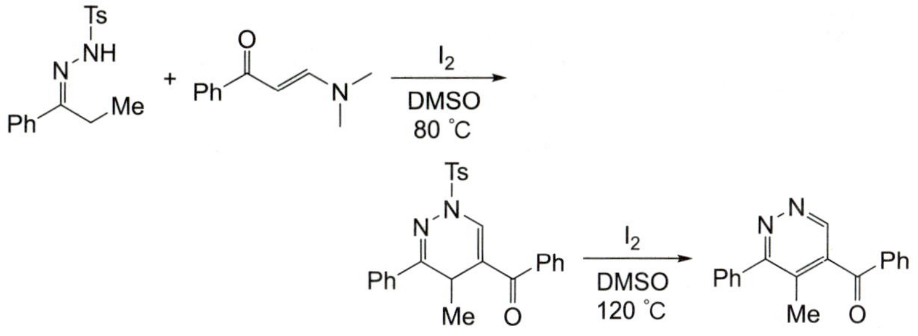

I_2

DMSO

80 °C

I_2

DMSO

120 °C

解答参见 P348

195.

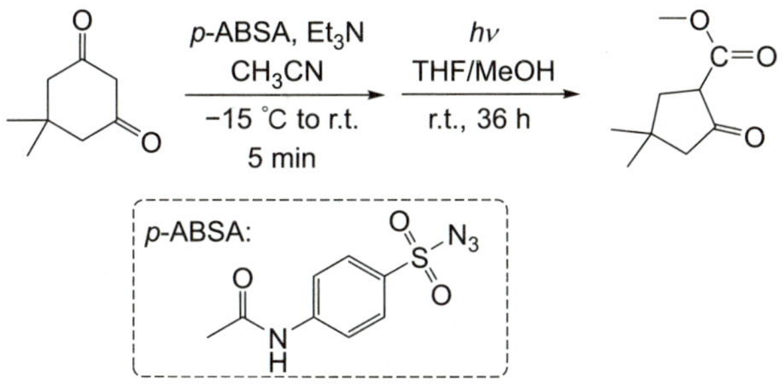

p-ABSA, Et_3N

CH_3CN

−15 °C to r.t.

5 min

hν

THF/MeOH

r.t., 36 h

p-ABSA:

解答参见 P348

196.

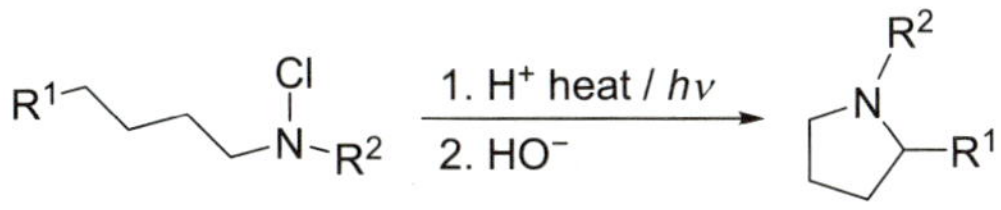

1. H^+ heat / *hν*

2. HO^-

解答参见 P348

Ⅱ 有机合成

高效合成目标分子，实现过程的选择性控制，减少合成过程中的污染，是学习基础有机化学的根本所在。下面从两个方面进行讨论。

一、从指定原料出发，实现下列转化：

197.

解答参见 P349

198.

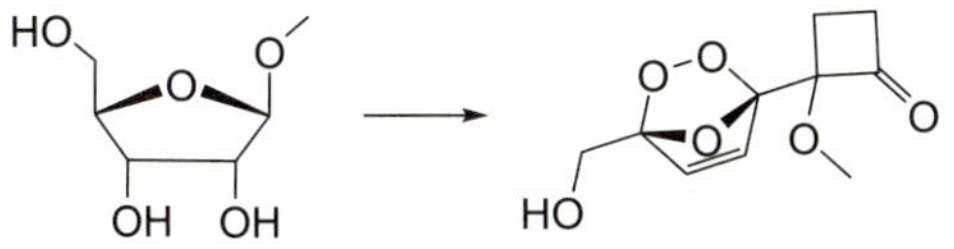

解答参见 P349

199.

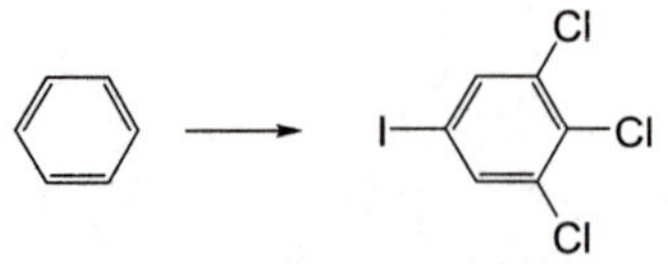

Cl, I, Cl, Cl

解答参见 P349

200.

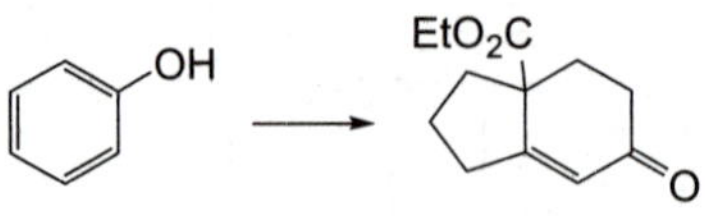

OH, EtO_2C, O

解答参见 P350

201.

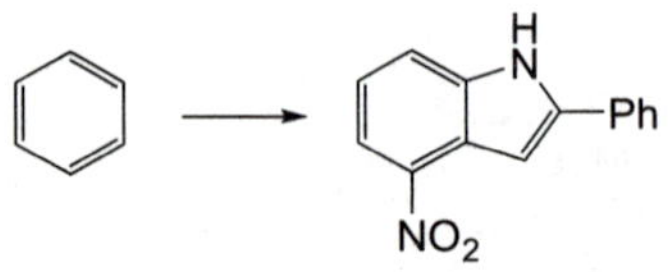

H, N, Ph, NO_2

解答参见 P350

202.

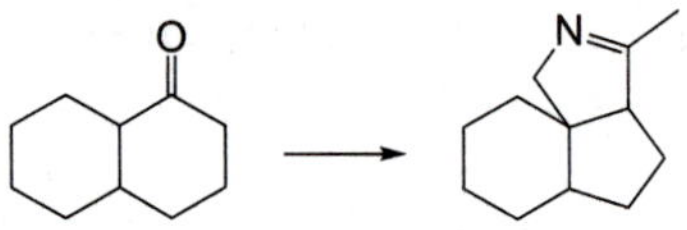

O, N

解答参见 P350

203.

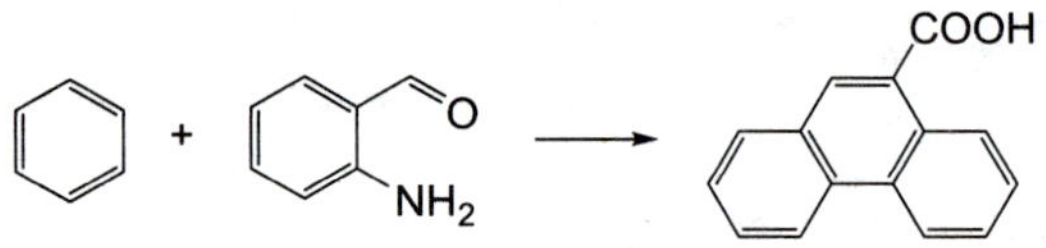

\+ O, NH_2, COOH

解答参见 P350

204.

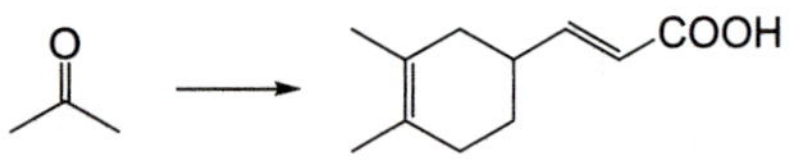

O, COOH

解答参见 P351

205.

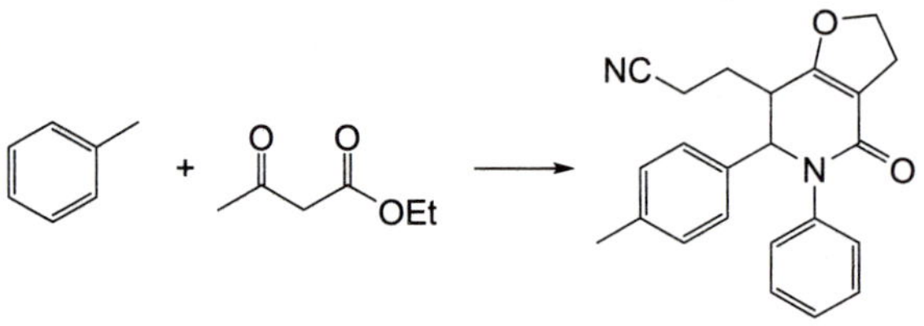

\+ O, O, OEt, NC, O, O, N

解答参见 P351

206.

OEt, O, O, N

解答参见 P351

207.

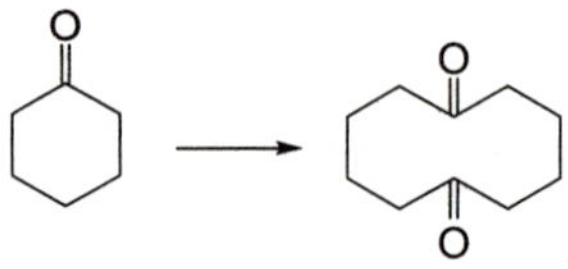

O, O, O

解答参见 P351

208.

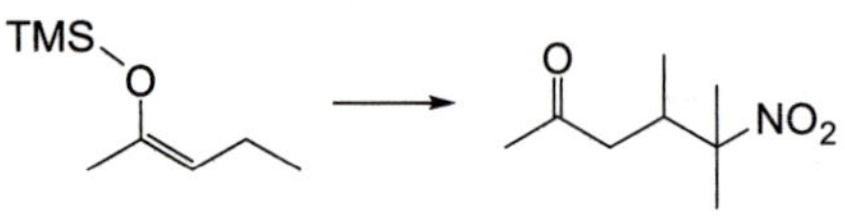

TMS, O, O, NO_2

解答参见 P351

209. 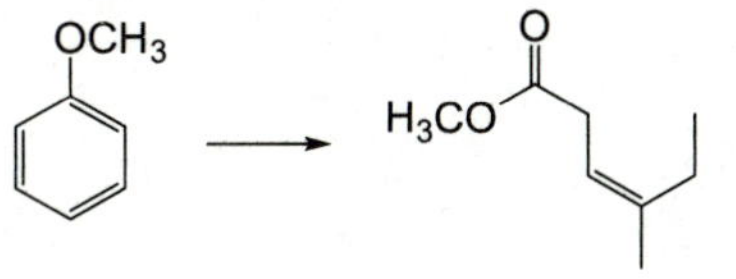 OCH_3 (benzene) → H_3CO (ester)

解答参见 P351

210. 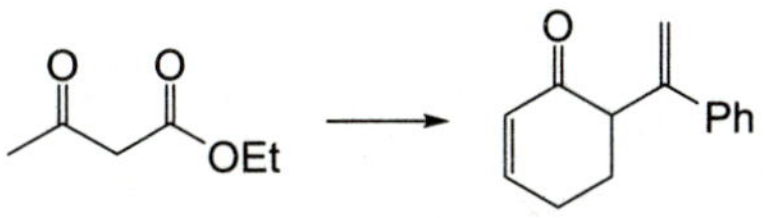 (ethyl acetoacetate, OEt) → (O, Ph)

解答参见 P352

211. 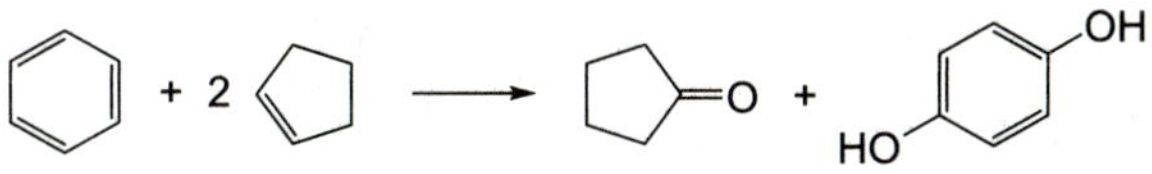 + 2 → =O + HO, OH

解答参见 P352

二、从苯、甲苯、不大于四个碳原子的有机原料及必要的无机试剂提出下列目标分子的合成路线：

212. 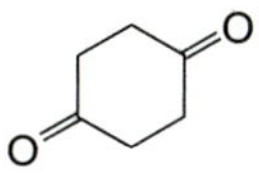 O, O

解答参见 P352

213. 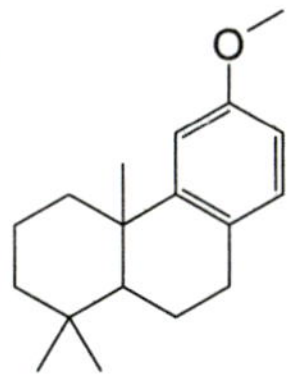 O

解答参见 P352

214. 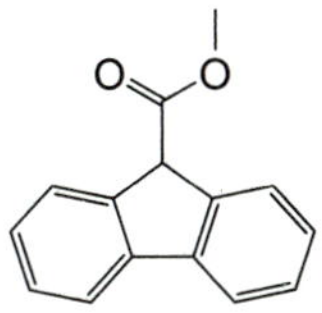 O, O

解答参见 P352

215. 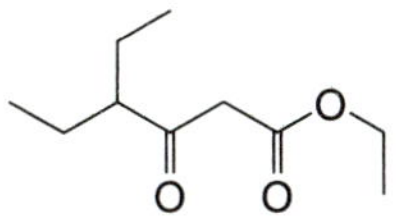 O, O, O

解答参见 P353

216. 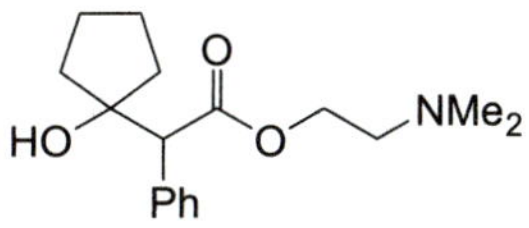 HO, O, O, NMe_2, Ph

解答参见 P353

217. 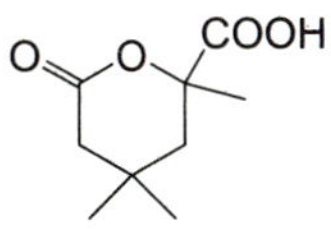 O, O, COOH

解答参见 P353

218. 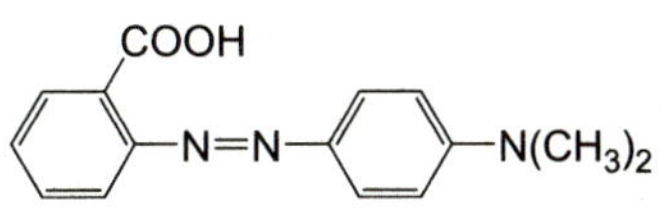 COOH, N=N, $N(CH_3)_2$

解答参见 P353

219.

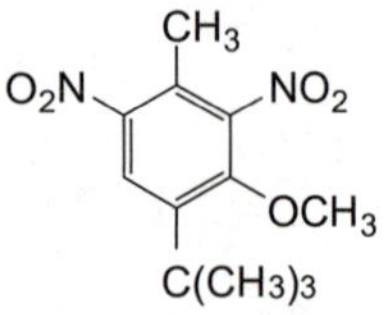

解答参见 P354

220.

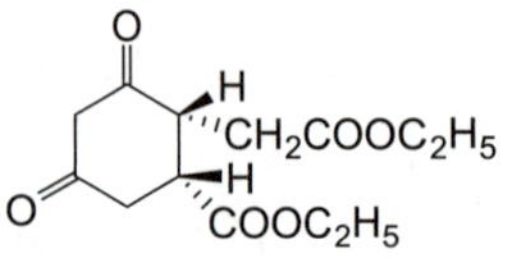

解答参见 P354

221.

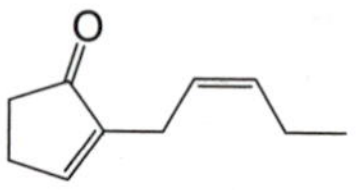

解答参见 P354

222.

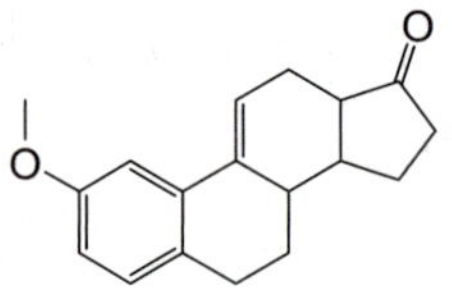

解答参见 P354

223.

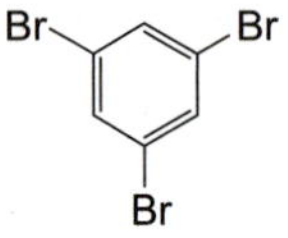

解答参见 P354

224.

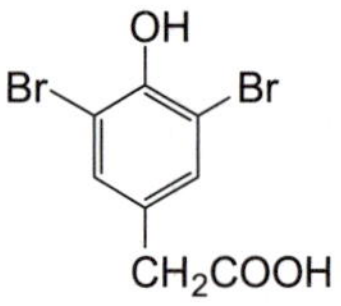

解答参见 P355

225.

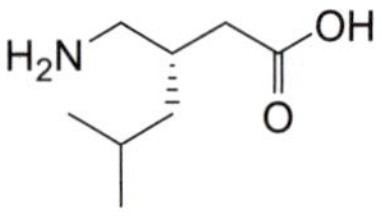

解答参见 P355

226.

解答参见 P355

227.

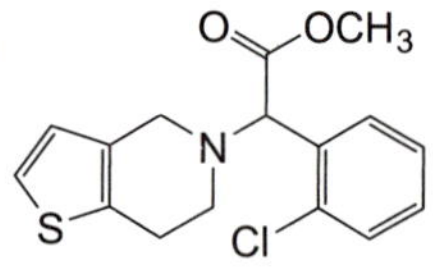

解答参见 P356

228.

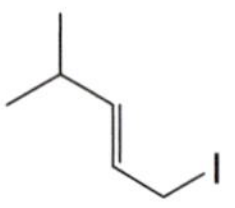

解答参见 P356

229.

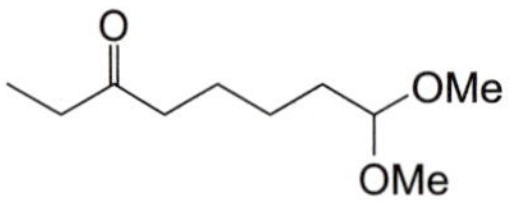

解答参见 P356

第三章　巩固篇

正确判断有机反应的选择性是学习有机化学的关键，选择性是如何产生的？只有理解选择性产生的根本原因，才能更有效地控制反应的选择性，实现高效的有机合成。

1. 分子内烯基硅酰基化反应是构筑环状骨架的方法之一，成环的大小取决于底物的结构，解释如下反应的结果。

$AlCl_3$, CH_2Cl_2, 0～25 ℃; E/Z = 80/20; 95%, E

$AlCl_3$, CH_2Cl_2, 0～25 ℃; 76%

解答参见 P357

2. 下列螺 [4,5] 葵二烯酮是利用分子内烯基硅酰基化反应构筑的。给出中间产物 **A** 和 **B** 的结构，并提出反应的机理。

MeO; 1. TMS/Li 2. aq. HCl → **A** ($C_{13}H_{22}OSi$); 1. $LiAlH_4$ 2. vinyl ethyl ether $Hg(OAc)_2$ 3. heat 4. H_2CrO_4 → **B** ($C_{15}H_{26}O_2Si$); 1. $(COCl)_2$ PhH, 25 ℃ 2. $TiCl_4$, CH_2Cl_2 −35 ℃ to 25 ℃

解答参见 P357

3. Prins 反应指双键捕获质子化的羰基形成新的碳正离子的反应，如果是分子内的捕获，得到 Prins 环化产物。硫缩酮是羰基的变种，可有效促进 Prins 环化。试提出如下反应的机理。

$SiMe_3$; MeS SMe; DMTSF → MeS; 68%

DMTSF: S^+ S; F−B^-−F (F, F)

解答参见 P358

4. 将 Prins 环化和片哪醇重排相结合构筑了如下双环化合物，试提出如下反应的机理。

R^2 R^1 OTMS SMe SMe; DMTSF → O R^1 R^2 SMe H

DMTSF: S^+ S; F−B^-−F (F, F)

解答参见 P358

5. 如下反应很好地诠释了硅基效应，提出如下反应的机理：

TMS; OTMS; 1. HCOOH; 2. KOH; 76%; O

CH_3; OTMS; HCOOH; 83%; OCHO

解答参见 P358

6. 下列反应显示了硅基导向的 Nazarov 关环，提出机理，解释关环的选择性。

O; $FeCl_3$, 0 ℃; 78%; O; +; O; 78:22

O; TMS; $FeCl_3$, 0 ℃; 84%; O; only

解答参见 P359

7. *trans*-氢化异喹啉可以通过 Prins 关环的方式制备，提出合理的机理。

OTIPS; Cbz; N; OH; MsCl, Et_3N; CH_2Cl_2, r.t.; H; O; Cbz; N; H

解答参见 P359

8. *β*-sulfenyl enol triflates 的热解以很好的产率形成了 *α*-sulfenyl enones，提出中间体 **A** 的结构，给出反应的机理。

O; SMe; KHDMS; $PhNTf_2$; **A** (95%); 2,6-lutidine; DMSO, 80℃; O; SMe; 78%

解答参见 P359

9. 给 Tishchenko 反应提出合理的机理：

R^1; O; H; R^2; catalyst; R^2; O; O; R^1; R^1; R^2

catalyst = $Al(OR)_3$; NaOR.

解答参见 P359

10. 给 Evans-Tishchenko 反应提出合理的机理，解释非对映选择性。

OH; O; R^4; R^5; +; R^1; O; H; R^2; SmI_2; R^2; O; O; R^1; R^4; H; OH; R^5

解答参见 P360

11. 回答下列问题：

（1）溶剂对反应有很大的影响，不仅可以改变反应的选择性，还可以作为亲核试剂参与到反应中。如下所示的反应，用水或甲醇捕获汞鎓离子，分别得到醇或醚，提出反应的机理。

R1 R3 R2 R4 —1. $Hg(OAc)_2$,H_2O / 2. $NaBH_4$→ R1 R4 H OH R2 R3

R1 R3 R2 R4 —1. $Hg(OAc)_2$,MeOH / 2. $NaBH_4$→ R1 R4 H OCH_3 R2 R3

（2）若萘环的 1,8-位上有两个叁键，由于 π 电子的排斥，两个叁键并不完全平行，且易受亲核、亲电试剂的进攻，得到产物。如下图所示，化合物 **A** 在不同溶剂中和碘反应得到不同的化合物，提出合理的机理。

A —I_2, CH_3OH→ B；A —I_2, MeCN→ C；A —I_2, ether→ D

解答参见 P360

12. 金属卡宾是一类碳原子与金属原子以双键相连的有机分子，其性质与碳卡宾性质相近，在有机合成中应用较为广泛。

（1）大部分的金属卡宾合成需要经过重氮中间体，试推测下面反应的机理，并解释重氮化合物易转化为金属卡宾的原因（M 代表过渡金属）。

O —NH_2NH_2, M / oxidant→ M

（2）试类比碳卡宾的性质，完成下面的反应。

R1(R2)C=N–NHTs —HN(R3)(R4) / $Cu(acac)_2$, Cs_2CO_3, dioxane, 100 ℃→

R–CH=CH2 —EtOOC(H)C=S(Ph)2 / DCE, $Cu(semicorrin)_2$, 82 ℃→

R1(R2)C=N–NHTs —1. NaH (1.02 equiv.), PhMe, 0 ℃ to r.t., 0.5 h / 2. NuH (3 equiv.), $Pd_2(dba)_3$ (2.5 mol%), PTC (5 mol%), CO balloon, 60 ℃→

CN

Cu(semicorrin)$_2$

解答参见 P361

13. 铑卡宾（Rh=C）是缺电子性的，可以接受亲核试剂的进攻，发生类似于羰基的亲核加成反应。给出下列反应的机理。

N_2 CO_2Me Et cat. $Rh_2(OAc)_4$ Et CO_2Me

解答参见 P361

14. 叔胺可以通过下列方式制备，条件控制实验表明叔碘代烃是反应的中间体。提出合理的反应机理：

COOH R^1 R^2 R^3 1. $PhI(OAc)_2$, I_2 2. MeCN, H_2O 32 W compact fluorecent lamp NHAc R^1 R^2 R^3 I R^1 R^2 R^3

解答参见 P361

15. 根据下列反应，回答下列问题：

H_2O **6** $N_3-P(O)(OPh)_2$ **7** $-N_2$ **8** KOH COOH

（1）给出 **6**、**7** 和 **8** 的结构。

（2）写出 **7** 到 **8** 的机理。

解答参见 P361

16. 两种 Lewis 酸相结合，会有特殊的催化效果，提出下列反应提出合理的机理（$R^1 = i$-Pr）。

R^1 + OMe In(ftacac)$_3$ TMSBr H_2O, CH_2Cl_2 0 ℃～r.t. Br Br H R^1 R^1 H COOMe + MeOOC H Br R^1 H COOMe

解答参见 P362

17. 提出下列反应的机理。

Me O Me OBz O Me Me Me K_2CO_3(10.0 equiv.) MeOH, 65 ℃ Me OH OMe Me Me Me 3.5 : + Me OH OMe Me Me Me 1

解答参见 P362

18. 根据如下反应条件，给出 **A** 的结构和由 **A** 转变成产物的反应机理。

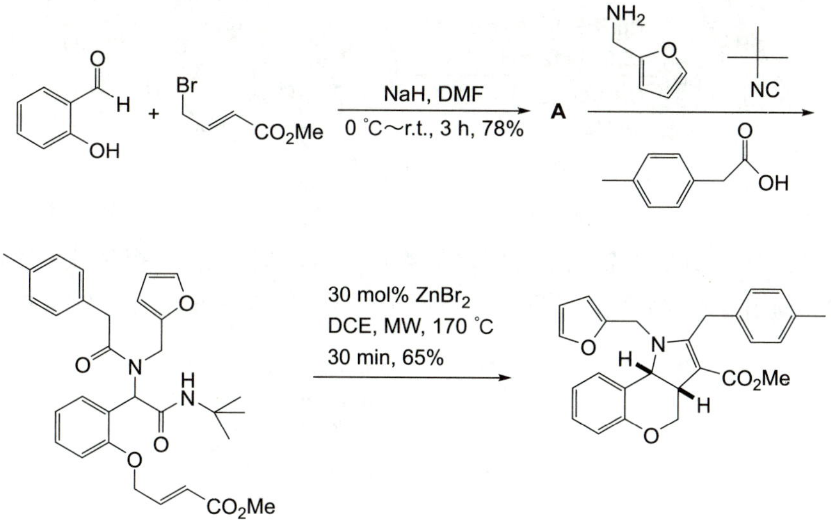

解答参见 P363

19. 试给出下列反应的机理。

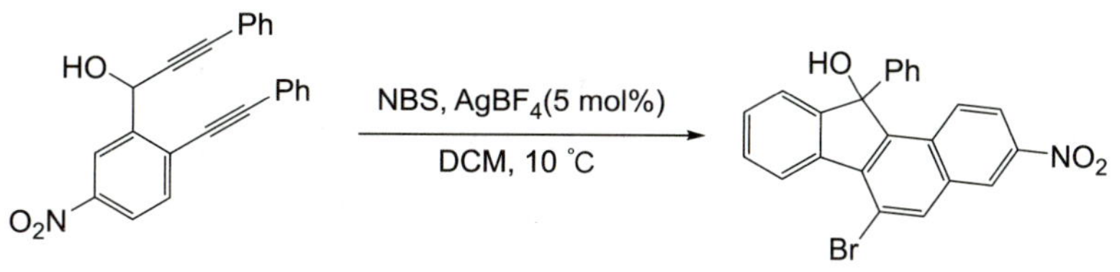

解答参见 P363

20. β-氨基酸是 β-肽链的重要结构单元，利用如下所示的方法制备 β-内酰胺即可获得 β-氨基酸：

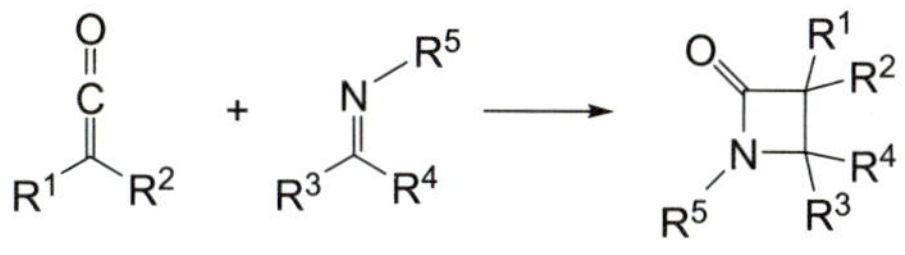

根据以上反应，提出下列三组分反应的机理：

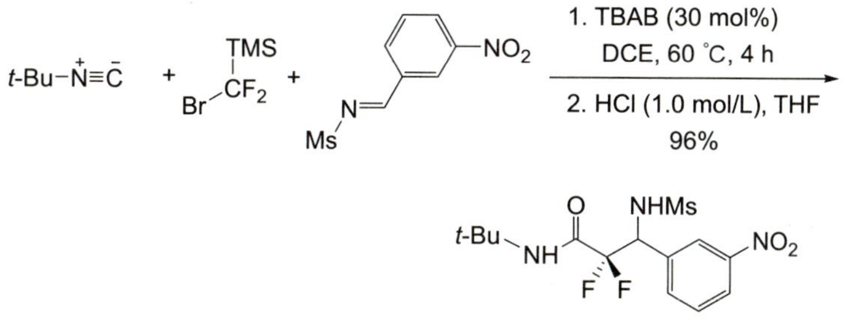

解答参见 P363

21. 给下列反应提出合理的机理。

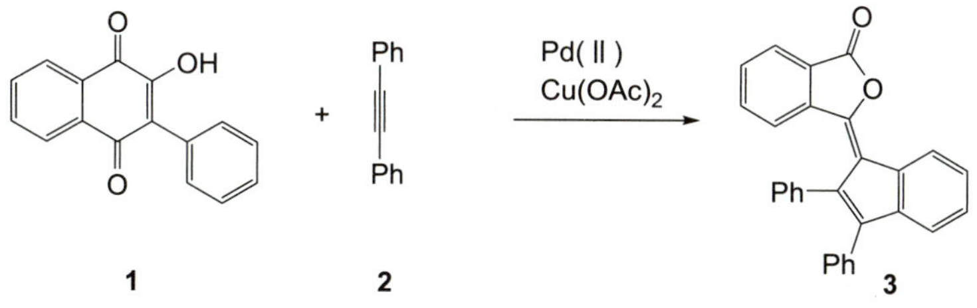

解答参见 P364

22. 试解释下列反应的对映选择性。

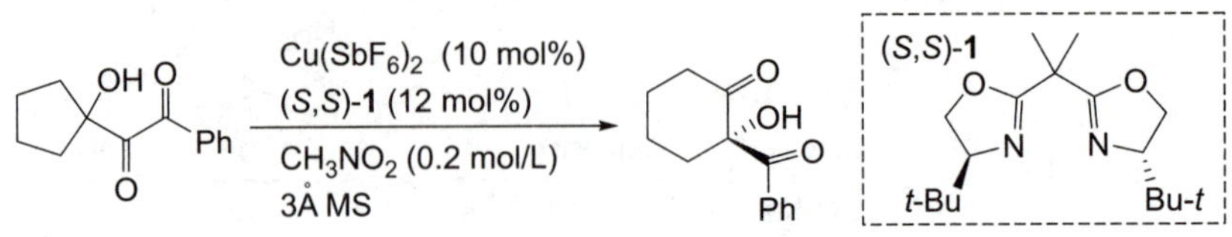
OH
O
Ph
O
Cu(SbF6)2 (10 mol%)
(S,S)-1 (12 mol%)
CH3NO2 (0.2 mol/L)
3Å MS
O
OH
O
Ph
(S,S)-1
O
N
N
O
t-Bu
Bu-t

65% yield, 87% ee

解答参见 P364

23. 化合物 **1** 和 **2** 在手性催化剂 **4** 和 Ag_2O 的催化下，得到轴手性化合物 **3**。提出反应的机理，并利用这一反应由化合物 **5** 和 **6** 合成化合物 **7**。

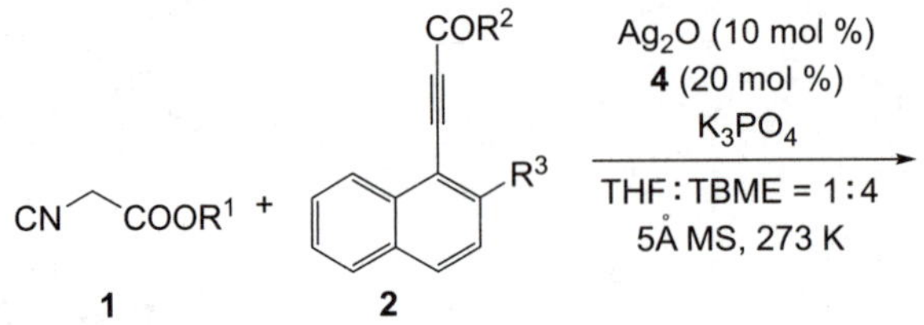
COR2
Ag2O (10 mol %)
4 (20 mol %)
K3PO4
CN
COOR1
+
R3
THF : TBME = 1 : 4
5Å MS, 273 K
1
2

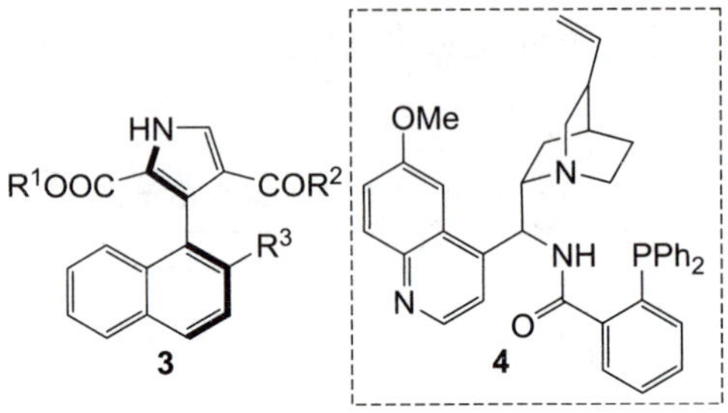
HN
R1OOC
COR2
R3
3
OMe
N
N
NH
PPh2
O
4

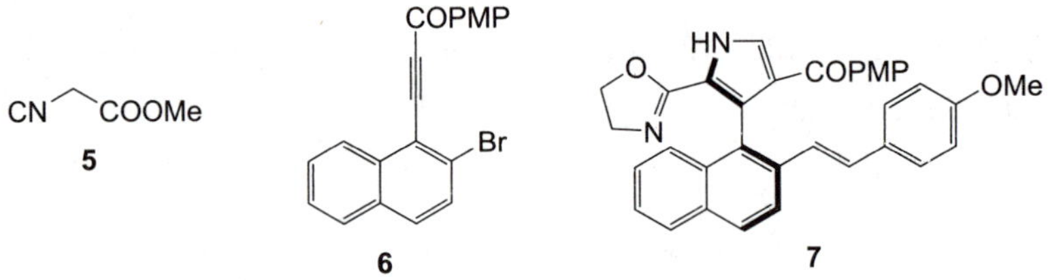
COPMP
CN
COOMe
5
Br
6
HN
O
N
COPMP
OMe
7

解答参见 P364

24. 提出反应的机理。

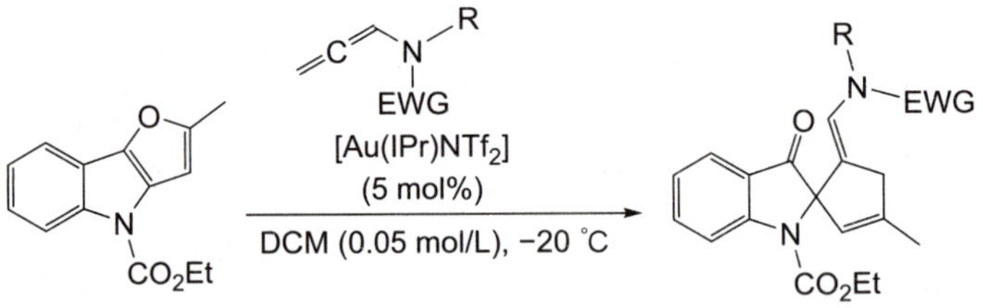
O
N
CO2Et
R
N
EWG
[Au(IPr)NTf2]
(5 mol%)
DCM (0.05 mol/L), −20 ℃
R
N
EWG
O
N
CO2Et

解答参见 P365

25. 提出下列三氟甲基化的反应机理，指出二氧六环的作用。

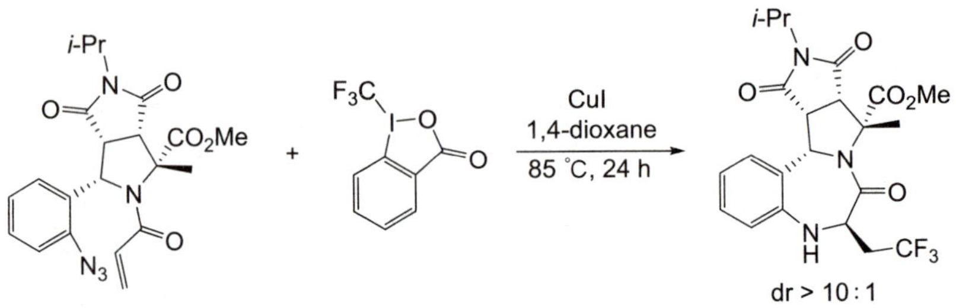
i-Pr
N
O
O
CO2Me
N
N3
O
+
F3C
I
O
O
CuI
1,4-dioxane
85 ℃, 24 h
i-Pr
N
O
O
CO2Me
N
O
N
H
CF3
dr > 10 : 1

解答参见 P365

26. 提出下列反应的机理：

解答参见 P365

27. 正常 Beckmann 重排是由酮制备 *N*-取代酰胺的重要途径之一，在工业上如生产 Nylon-6 中发挥着重要的作用。非正常 Beckmann 重排（abnormal Beckmann Rearrangement）在反应过程中发生消除得到腈。

（1）试提出以下反应的机理并解释没有生成酰胺的原因。

（2）基团合适时，非正常 Beckmann 重排还可以与其他反应串联。依据本提示试提出以下反应的机理。

解答参见 P366

28. 氰基是有机化学中一个重要的官能团，腈的 C ≡ N 叁键可以被共轭加成；腈的 *α*-H 有一定的酸性，在碱性条件下能形成碳负离子具有亲核性；腈的氮原子含有孤对电子，具有一定的碱性和亲核性。

（1）写出以下反应的机理，已知中间发生了 1,2-硅基迁移。

（2）写出以下反应的一个关键中间体以及最终产物。

解答参见 P367

29. 请写出如下反应两种条件下的反应机理并解释原因。

（1）

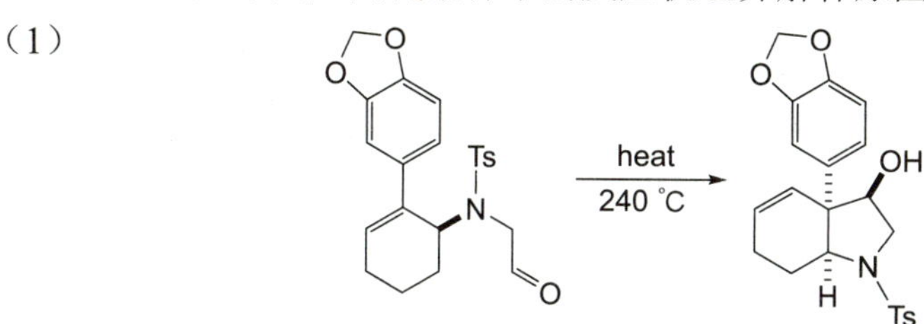

（2）

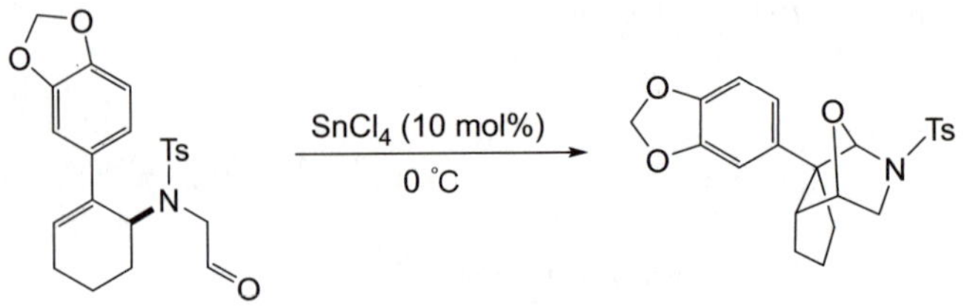

解答参见 P367

30. 写出下列反应的机理：

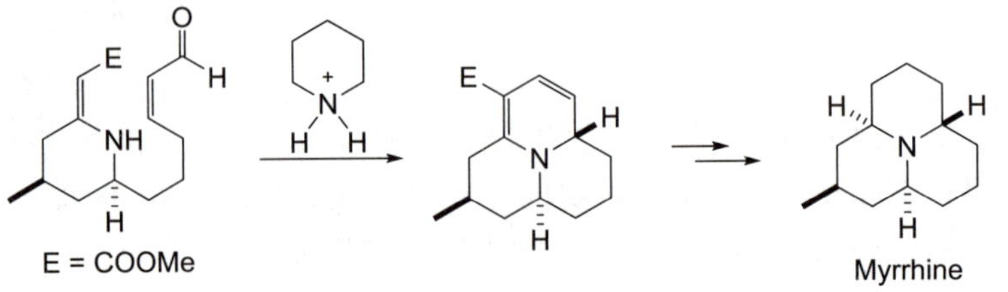

解答参见 P367

31. 七元环的 Azepines 是很重要的自然产物结构之一。以下为一种碘介导的吡啶环扩环反应形成 Azepines 结构的过程，写出反应的机理。

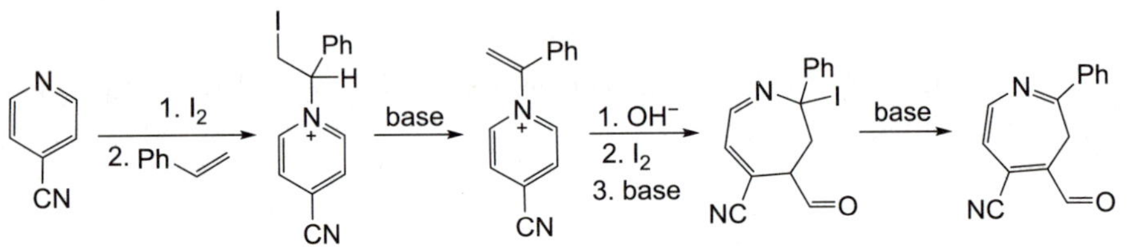

解答参见 P368

32. 溴二氟甲基三甲基硅烷（$TMSCF_2Br$）是中国科学院上海有机化学研究所胡金波课题组于 2011 年开发的一类新型二氟卡宾试剂，它可以在多种温和条件下释放二氟卡宾，具有广泛的用途。近日，课题组再次利用该试剂实现了醛的氟化—胺羰基化反应，开发了一种操作简单、原料易得、模块化一步合成 α-氟代酰胺的新方法。写出该反应的机理（机理研究表明，反应涉及原位形成的 TMS 保护的氨基二氟甲基甲醇物种的 1,2-氟迁移和氧迁移，该过程展示了一类新的脱氧氟化反应）。

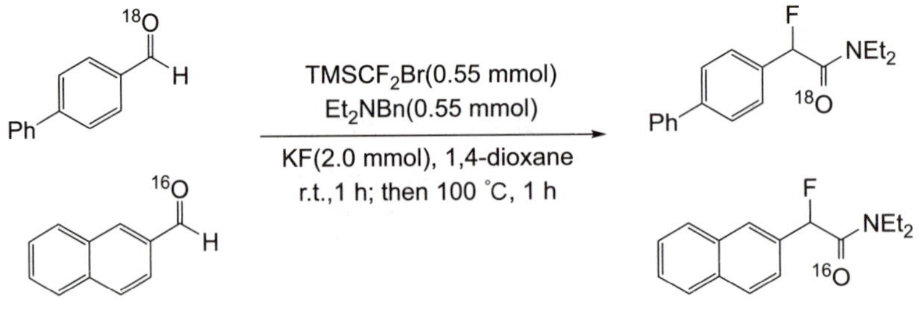

解答参见 P368

33. 有机高价碘试剂作为一类具有氧化性的亲电试剂广泛应用于氧化反应、碳-碳键和碳-杂原子键成键等反应；此外，高价碘试剂具有毒性低、易于制备、通常条件下稳定等优点，使其越来越多地应用于合成化学的不同领域。南开大学张弛教授课题组使用新发展的有机单氟三价碘试剂促进了未活化环丙烷的扩环氟化反应。

（1）请写出中间产物 **A** 的结构：

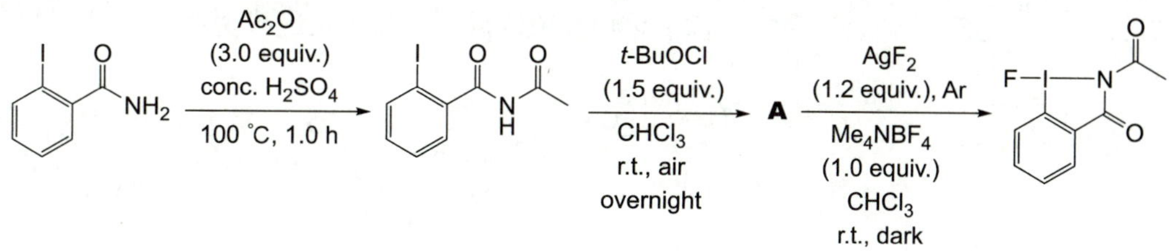

（2）得到的高价碘试剂在 $BF_3 \cdot Et_2O$ 作用下，可以活化环丙烷底物中的碳-碳键。反应过程中碳正离子中间体与氟负离子结合并继而发生分子内环合反应生成产物 4-位氟化哌啶。据此提出下列反应的机理。

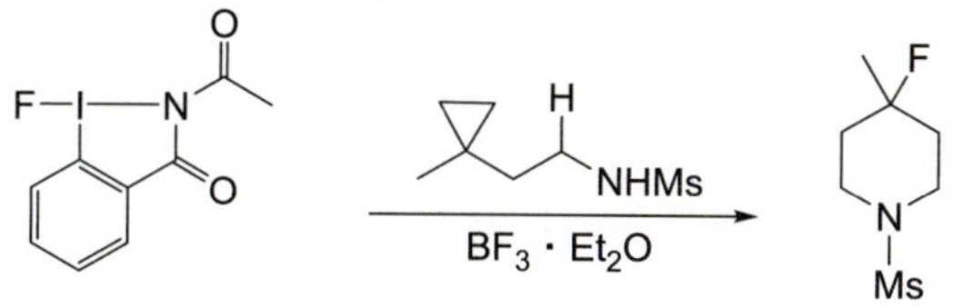

解答参见 P369

34. 以手性亚磺酸酯为原料，通过两步反应可以制备手性烯基亚砜衍生物：

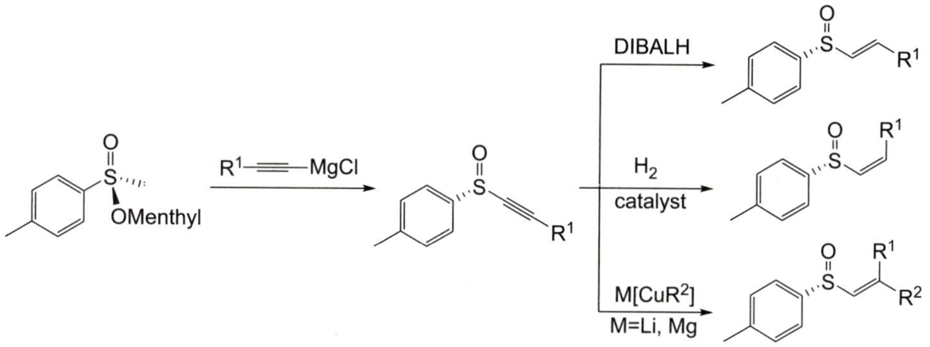

从手性烯基亚砜出发，可以实现 1,4-二羰基化合物的 2,3-碳手性的立体选择性合成，提出如下反应的机理：

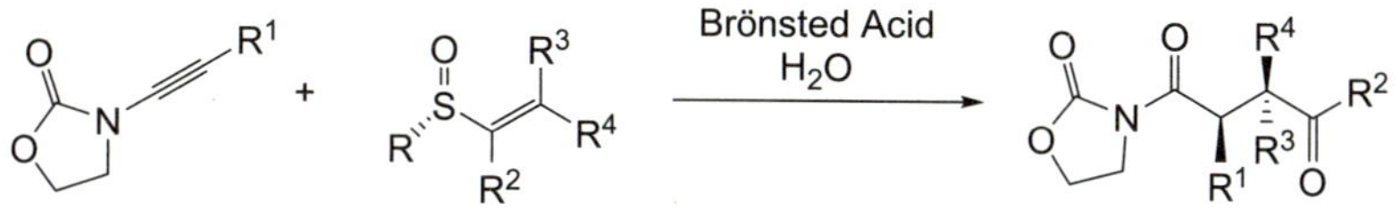

手性烯基亚砜还可以和二氯代烯酮进行加成反应，提出如下反应的机理：

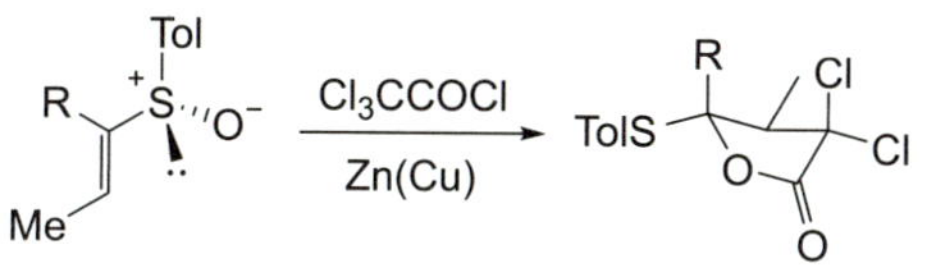

解答参见 P369

35. 写出下列反应的机理：

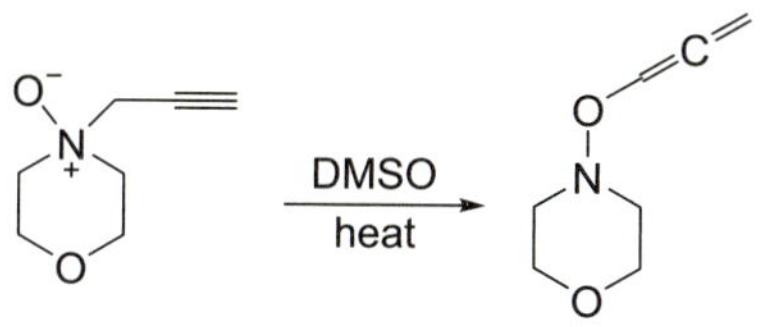

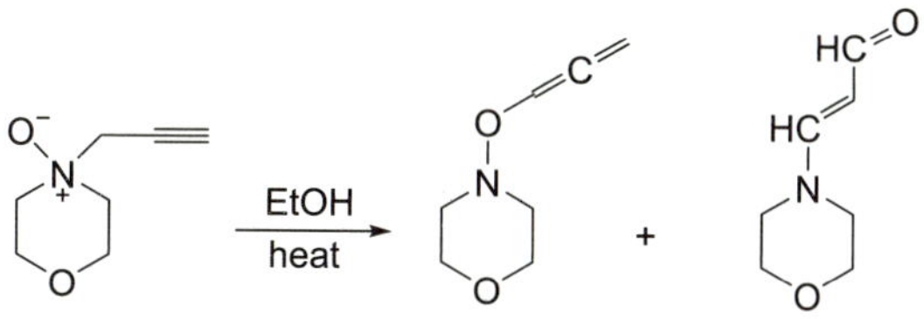

解答参见 P369

36. 已知金配合物可以活化炔烃或联烯，有如下反应模型：

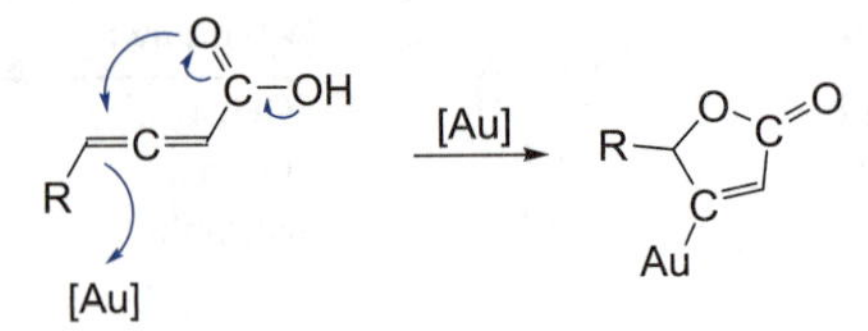

试提出下列可逆反应的机理：

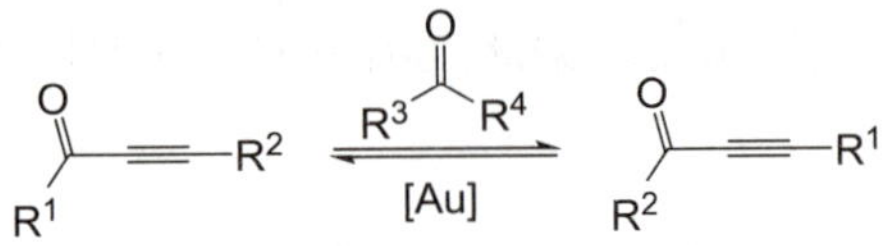

解答参见 P370

37. 提出如下合成路线中化合物 **2** 到 **3**，**3** 到 **4** 的反应机理。

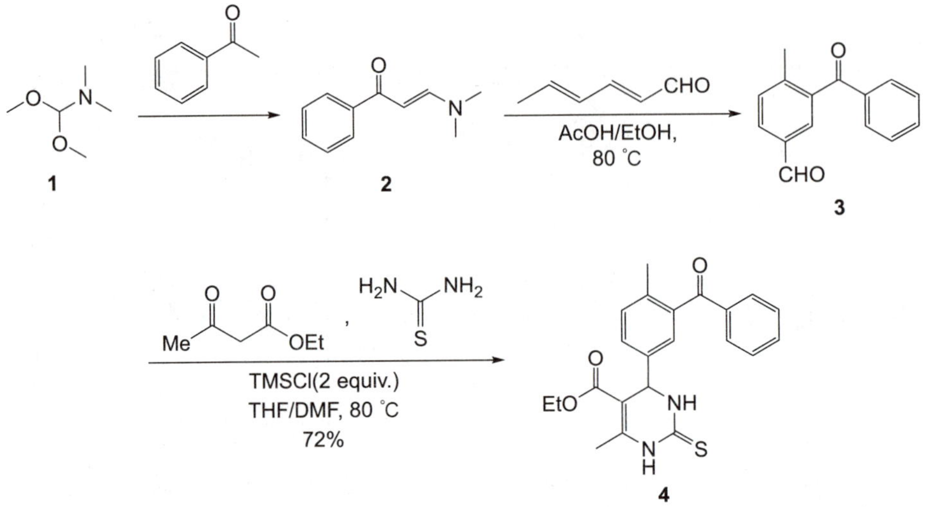

解答参见 P370

38. 在分子内和分子间的羟醛缩合反应中，*N*-取代双吡啉衍生物的单盐是一种有效的有机催化剂。在分子内羟醛缩合反应中，*i*-Pr 取代的双酚啉催化剂表现出良好的立体选择性，其对映选择性高达 95%，给出 **A** 的结构式，并写出化合物 **3** 至化合物 **4** 的可能机理。

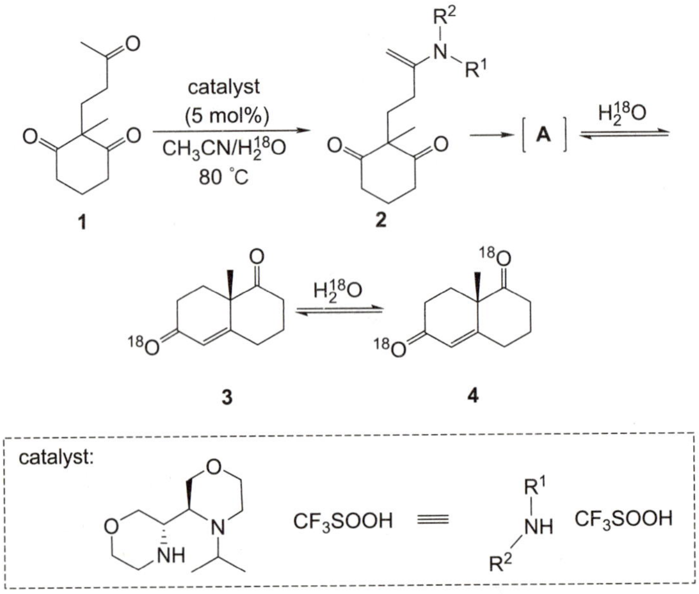

解答参见 P370

39. 给下列转化提出一个合理的机理：

$$PhCHO + NC\text{-}CH_2\text{-}CN \xrightarrow[\text{heat}]{\text{EtOH}} \text{2-amino-6-ethoxy-4-phenylpyridine-3,5-dicarbonitrile}$$

解答参见 P371

40. 提出 Meyer-Schuster 重排反应的机理。

$$Ph-C\equiv C-C(Ph)_2OH \xrightarrow[\text{conc.}H_2SO_4]{SOCl_2} PhC(=O)CH=CPh_2$$

如果参加反应的炔丙醇含有 α-H，如下所示，不会得到预期的醛，而是生成 α,β-不饱和甲基酮，试解释之。

$$HC\equiv C-C(R)(OH)CH_2R' \xrightarrow[\text{conc.}H_2SO_4]{SOCl_2} CH_3C(=O)C(R)=CHR'$$

解答参见 P371

41. 重排反应在有机合成中有广泛的应用。举例如下：

底物（OMe, OTIPS, OMOM 取代的芳基 1,1-二甲基炔丙基醚） $\xrightarrow[140\ ^\circ C]{\text{xylene}}$ **A** $\xrightarrow[\text{THF}]{\text{TBAF}}$ $\xrightarrow[CuCl_2,\ \text{base}]{HC\equiv C-C(CH_3)_2OH}$ **B**

$\xrightarrow{\mathbf{c}}$ $\xrightarrow[120\ ^\circ C]{\text{DMF}}$ 产物（OMe, OH, OMOM 及异戊烯基取代的 2,2-二甲基色烯）

（1）写出中间产物 **A**、**B**，注明 **c** 的反应条件；

（2）TBAF 的作用是什么，为何有此作用？说出此步反应机理的名称；

（3）写出由底物到 **A** 以及由 **B** 到产物的反应机理。

解答参见 P372

42. 提出下列反应的机理：

$$R^1R^2R^3B + CO \xrightarrow[100\sim125\ ^\circ C]{HOCH_2CH_2OH} \xrightarrow[NaOH]{H_2O_2} R^1R^2R^3C-OH$$

解答参见 P373

43. 写出反应中间产物 **A**，提出反应的机理。

$$R^1R^2C{=}O + X-CH(R)CO_2Et \xrightarrow{^-OEt} \mathbf{A} \xrightarrow[H_2O,EtOH]{NaOH} \xrightarrow[\text{heat}]{HCl} R^1R^2CH-C(=O)R$$

解答参见 P373

44. 提出下列反应的机理

$$PhN(NO)R \xrightarrow{\text{HCl/ether}} p\text{-}ON-C_6H_4-NHR$$

若体系中存在已被亚硝基化的化合物，会形成交叉的亚硝基化合物：

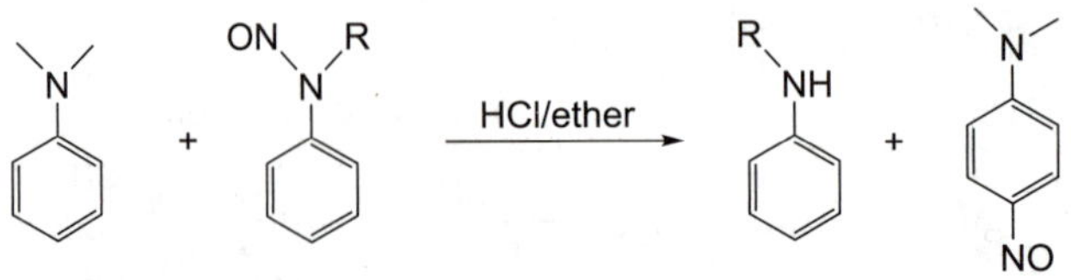

解答参见 P373

45. 醛或酮在叠氮酸作用下生成酰胺的反应称为 Schmidt 重排。叠氮酸的分子式为 HN_3，在常温常压下为一种无色、具挥发性、有刺激性气味、高爆炸性的液体。

（1）请写出下面 Schmidt 重排反应的机理。

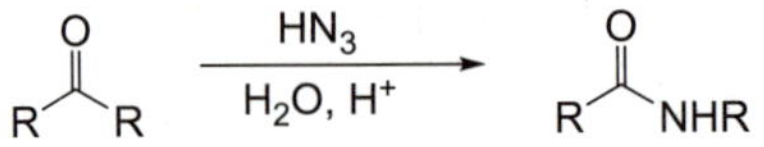

（2）一些实验结果表明，烯基叠氮化物质子化后，产生一种中间体，从该中间体出发，得到与Schmidt重排相同的产物，请写出这种中间体及生成过程。

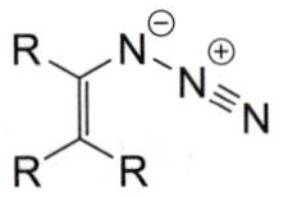

（3）叠氮酸是在 1890 年首先由德国化学家 Theodor Curtius 分离出来的，这位化学家在当时还有一个重要的成就，就是提出了 Curtius 重排，请写出 Curtius 重排的反应机理。

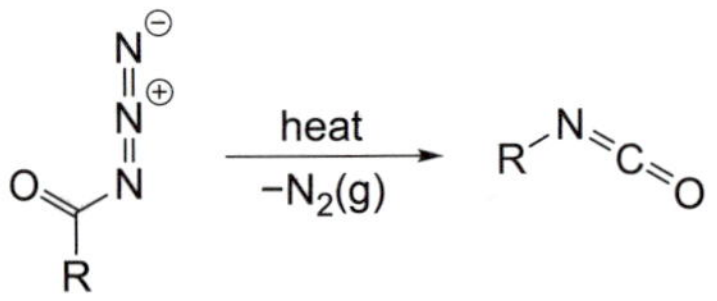

解答参见 P374

46. *β*-咔啉衍生物也能通过 Pictet-Spengler 反应得到，它可看作一种特殊的 Mannich 反应，在工业中常用于异喹啉类生物碱和药物的合成。写出下面 Mannich 反应的机理。

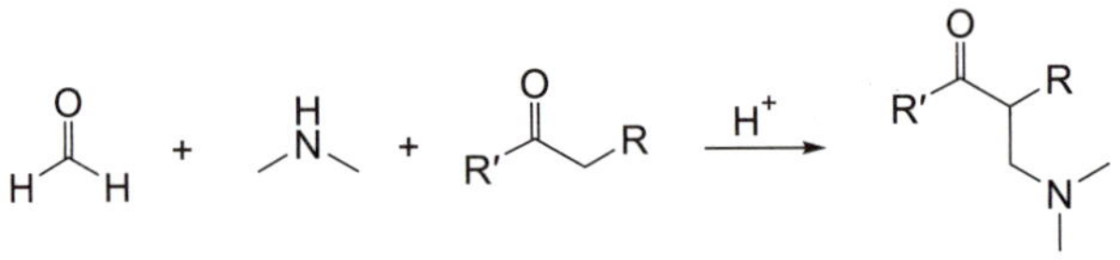

模仿 Mannich 反应的机理尝试写出 Pictet-Spengler 反应的机理。

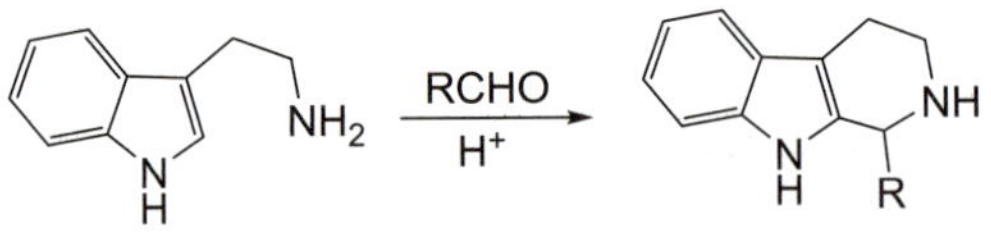

Pictet-Spengler 反应在有机合成中有着广泛的应用，常用于异喹啉类生物碱和药物的合成中。下面给出由 *D*-色氨酸甲酯盐酸盐合成一种 PDE5 抑制剂他达那非的工艺流程，请写出每步的产物并完成其反应机理。

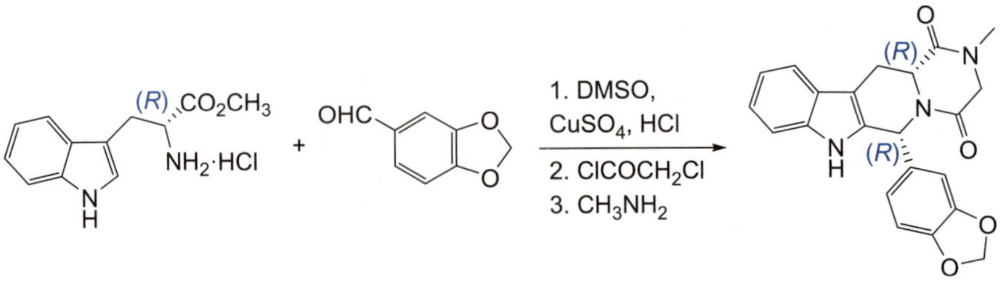

解答参见 P375

47. 给下面的 Corey-Winter 烯烃合成法提出合理的机理（Im：咪唑）。

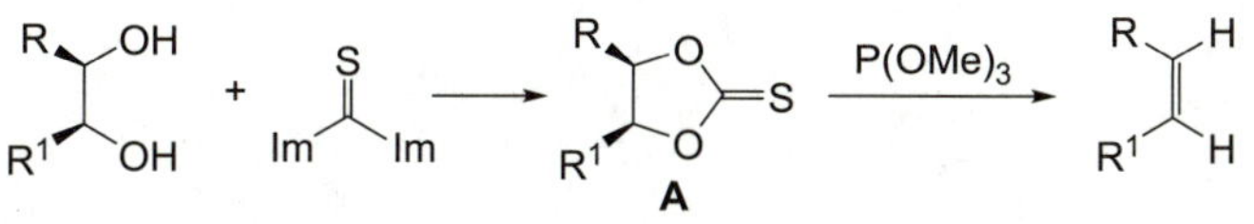

解答参见 P376

48. 根据以下反应，试写出 **A**、**B**、**C**、**D** 的结构式。

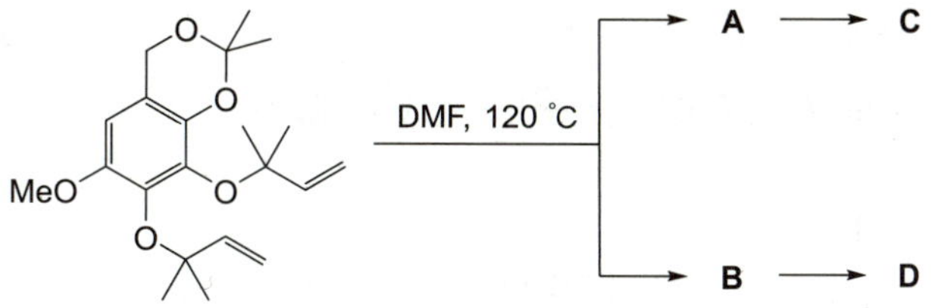

解答参见 P376

49. 如下反应所示，Zn 与 $ClCOCCl_3$ 先反应生成一种同时含有碳碳双键和碳氧双键的产物 **C**，后与 **A** 发生 [2+2] 环加成反应生成了 **D**，最后在碱的处理下得到 **B**。

（1）试写出 **C** 和 **D** 的结构式。

（2）试写出 **D** 到 **B** 的机理。

（3）**B** 中甲氧基和甲基呈顺式，试解释形成此构型的原因。

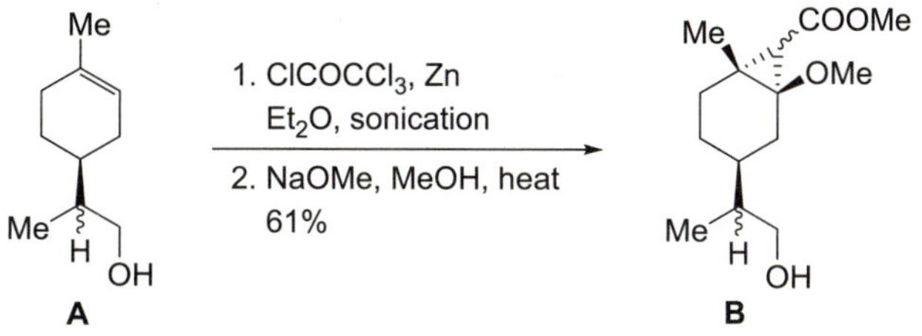

解答参见 P376

50. 以下反应只产生了 **2**，完全没有 **3** 的生成。试根据产物的区域选择性给出一个合理的氧化机理，并解释选择性的来源。

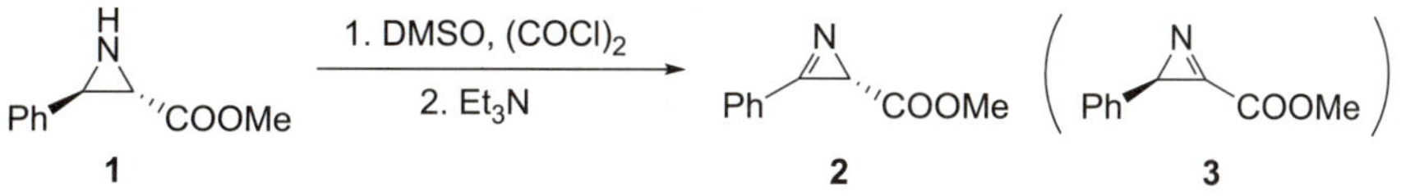

解答参见 P377

51. 如下所示，由 **A** 到 **B** 为 Hemetsberger 吲哚环合成法。

（1）写出 **A**、**B** 结构式；

（2）根据下面反应式，提出反应机理。

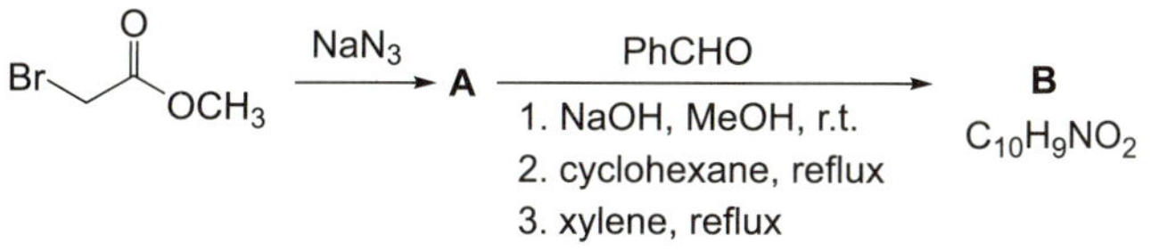

解答参见 P377

52. 根据下列反应，（1）写出 **A** 和 **B** 的结构；（2）写出第二步反应的机理。

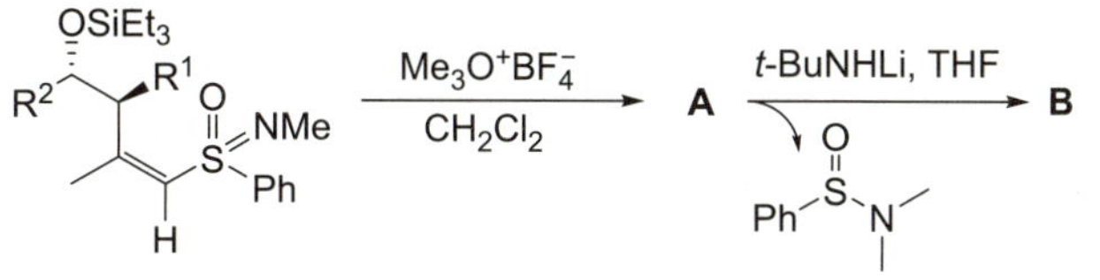

解答参见 P378

53. 根据下列反应，（1）写出化合物 **A** 和 **B** 的结构；（2）写出第一步反应的机理。

解答参见 P378

54. 写出中间体 **A** 和 **B** 的结构及反应的机理。

解答参见 P378

55. 提出下列反应的机理：

解答参见 P379

56. 利伐沙班是一种口服 Xa 因子直接抑制剂，临床上主要用于预防髋或膝关节置换术患者静脉血栓。利伐沙班有一个 *S* 构型的手性中心，合成的关键为中间体 4-(4-氨基苯基)-3-吗啉酮的合成。以下是一种合成该中间体的路线，请补全合成路线图。

解答参见 P379

57. 下面为立方烷合成的重要前体——立方烷-1,4-二羧酸的合成路线，请给出 **A** ~ **E** 的结构，写出 **A** 生成的机理。

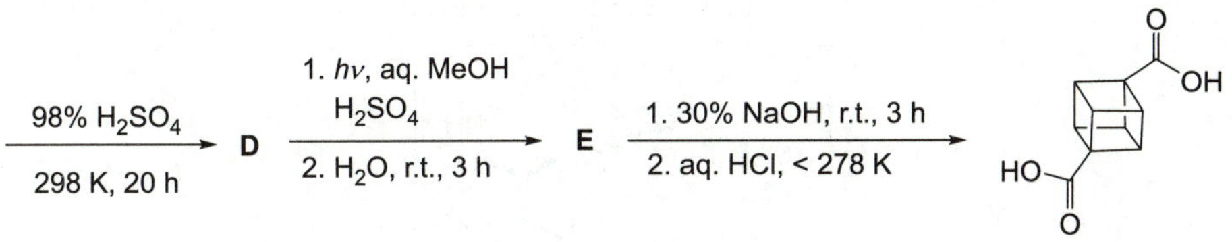
98% H2SO4
298 K, 20 h
D
1. hv, aq. MeOH
H2SO4
2. H2O, r.t., 3 h
E
1. 30% NaOH, r.t., 3 h
2. aq. HCl, < 278 K
O
OH
HO
O

解答参见 P379

58. 下面有机合成以 1,3-丁二烯和顺丁烯二酸酐为原料合成目标产物，请写出 **A**、**B**、**C** 和 **D** 的结构式。

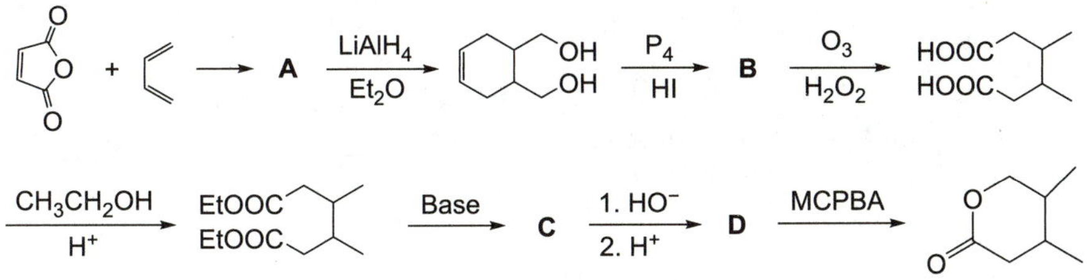
O
O
O
+
A
LiAlH4
Et2O
OH
OH
P4
HI
B
O3
H2O2
HOOC
HOOC
CH3CH2OH
H+
EtOOC
EtOOC
Base
C
1. HO−
2. H+
D
MCPBA
O
O

解答参见 P380

59. Moxisylyte，又名 thymoxamine，是一种重要的治疗心血管疾病的药物。其结构式如下，如何选择性地将不同官能团上在两个酚羟基上？试用必要的有机、无机试剂，拟定合理的合成路线（原料和前两步反应条件已给出）。

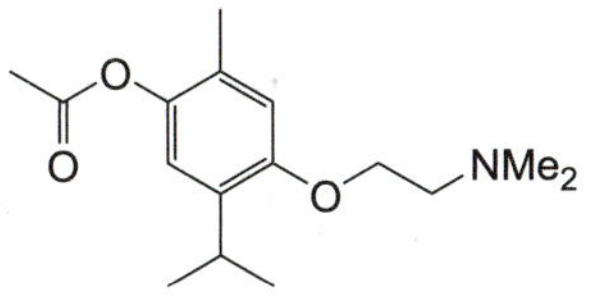
O
O
O
NMe2

thymoxamine

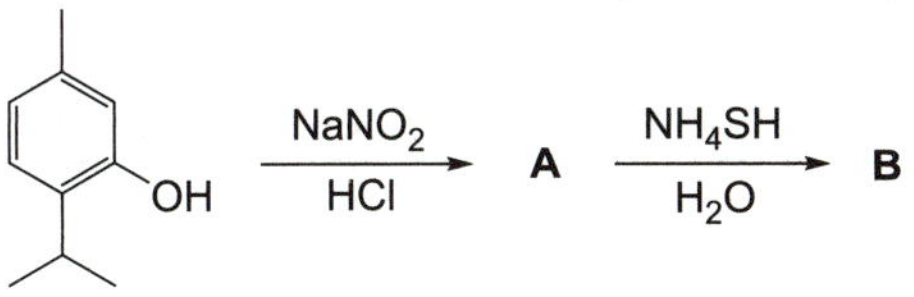
OH
NaNO2
HCl
A
NH4SH
H2O
B

解答参见 P380

60. 观察以下合成（Paal-Knorr 呋喃合成），以碳原子数小于等于 6 的化合物为原料合成化合物 **K**。

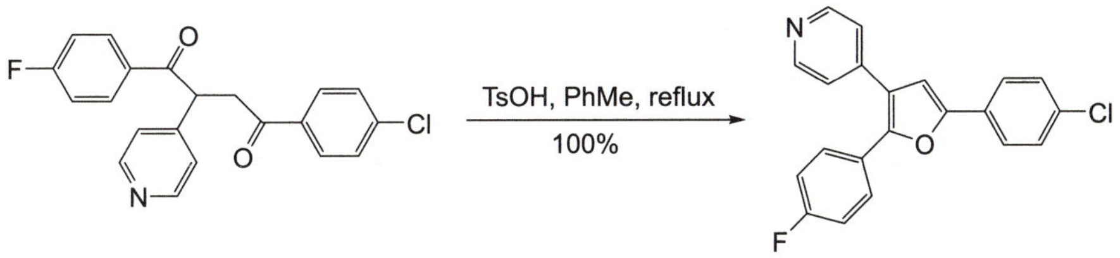
F
O
O
N
Cl
TsOH, PhMe, reflux
100%
N
O
Cl
F

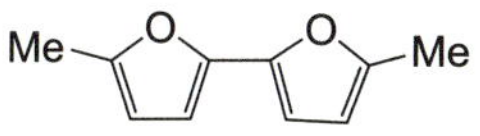
Me
O
O
Me

K

解答参见 P380

61. 在手性二级胺催化下，由醛形成的烯胺可依次与两种不同的亚胺发生不对称的双 Mannich 反应，生成二氨基醛，通过过渡态解释反应的立体选择性。并说明 Boc 基团和 PMP 基团在该反应中的作用。

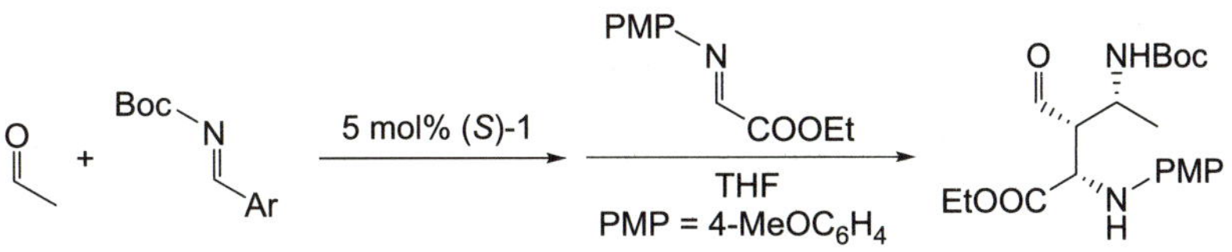
O
+
Boc
N
Ar
5 mol% (S)-1
PMP
N
COOEt
THF
PMP = 4-MeOC6H4
O
NHBoc
EtOOC
N
H
PMP

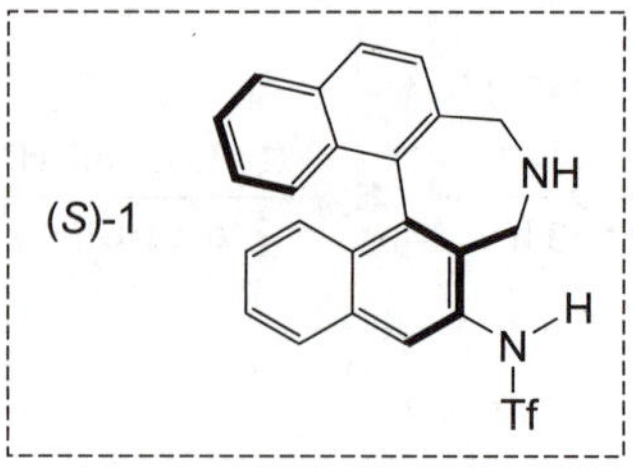

(S)-1

解答参见 P380

62. 已知以下反应：

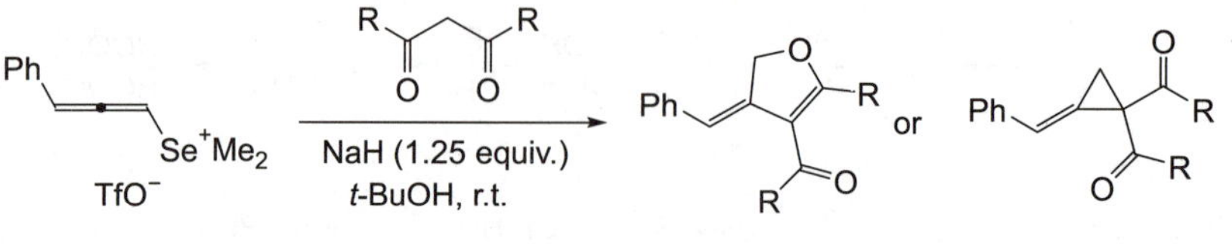

R 基团不同时，得到 **A** 和 **B** 的比例不同：

R	yield A	yield B
Me	42%	—
OBn	—	50%

试写出生成两种产物的反应机理，并根据机理解释为什么在 R 基团为甲基或苄氧基时，会专一性生成 **A** 或 **B**。

解答参见 P381

63. 螺环丁烷的重排是构筑多环化合物的一种方法。

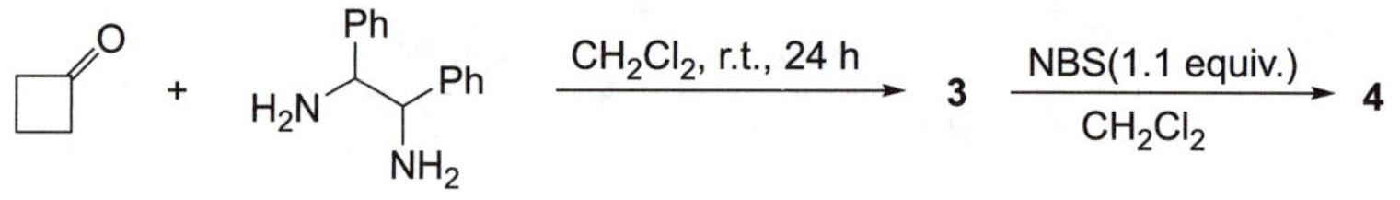

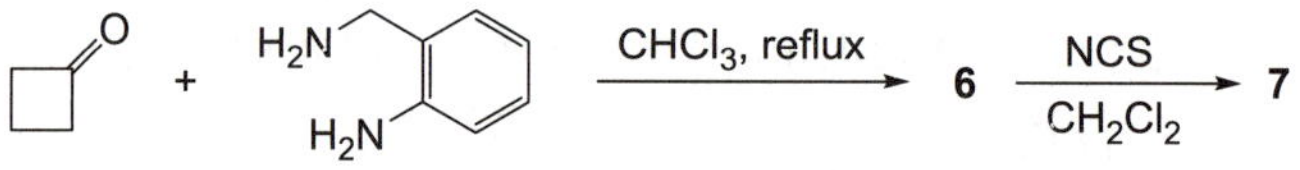

(1) 写出 **3**、**4**、**6**、**7** 的结构。

(2) **3** 到 **4** 的过程经历了一步重排反应。试写出由 **3** 生成 **4** 的机理（Hint：**3** 中含有类似于缩醛的结构，**4** 含有 2 个五元环）。

(3) 请推测 **6** 到 **7** 过程中主要副产物的结构。

解答参见 P381

64. 请写出中间产物 **A** 的结构，及下列各步反应的反应机理：

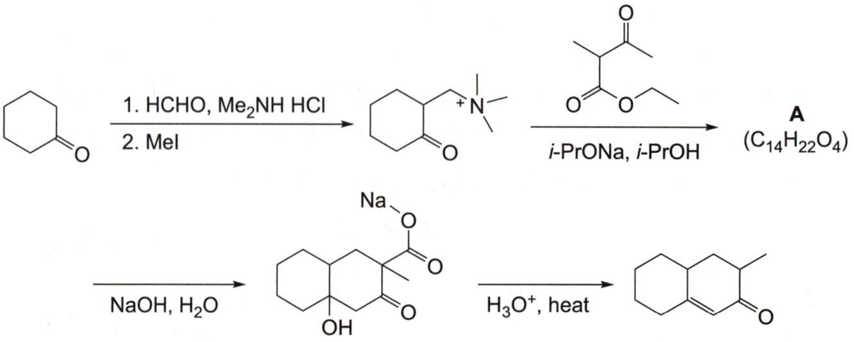

解答参见 P382

65. 有如下反应：

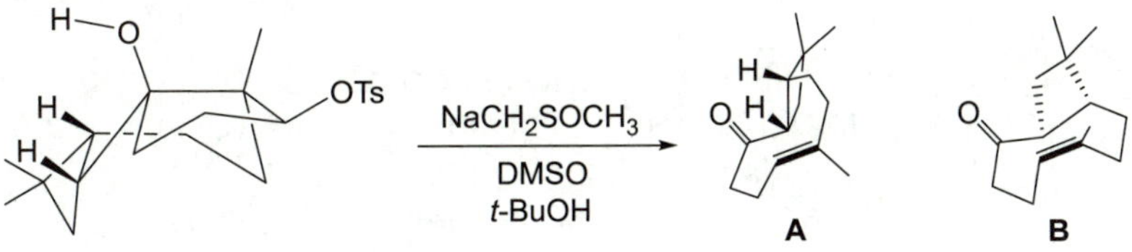

H
O
H
H
OTs
$NaCH_2SOCH_3$
DMSO
t-BuOH
O
H
H
A
O
B

（1）$NaCH_2SOCH_3$ 的作用是什么？

（2）产物是 **A**/**B** 中的哪一个？产物中碳碳双键是什么样的构型？请写出该反应的机理。

解答参见 P382

66. 如下所示的反应：

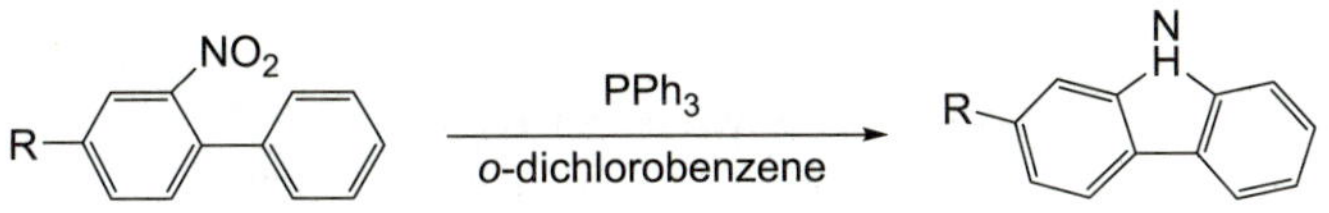

NO_2
R
PPh_3
o-dichlorobenzene
N
H
R

（1）写出上述反应的机理。

（2）什么类型的 R 基团可能对该反应有利？

（3）当 R=*t*-BuNHCO 时，该反应产率较高，但提纯后产率极低，试解释其原因。

解答参见 P383

67. 写出如下合成路线中的中间产物。

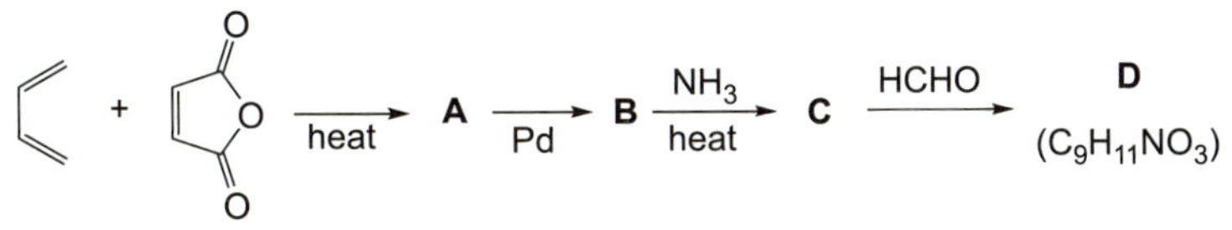

+
O
O
O
heat
A
Pd
B
NH_3
heat
C
HCHO
D
$(C_9H_{11}NO_3)$

解答参见 P383

68. 写出中间体 **A** 的结构，并提出合理的机理：

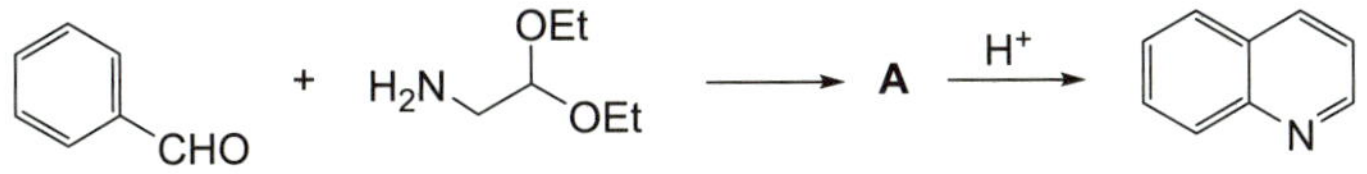

CHO
+
H_2N
OEt
OEt
A
H^+
N

解答参见 P383

69. 提出如下反应可能的机理，解释立体选择性。

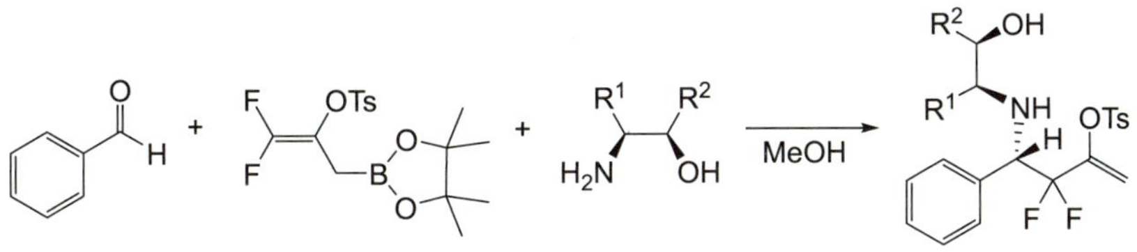

O
H
+
F
F
OTs
B
O
O
+
R^1
R^2
H_2N
OH
MeOH
R^2
OH
R^1
NH
H
OTs
F
F

解答参见 P383

70. 为下列反应提出可能的机理

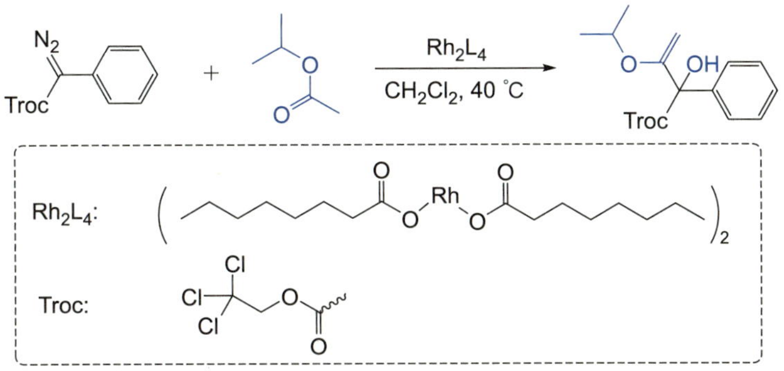

N_2
Troc
+
O
O
Rh_2L_4
CH_2Cl_2, 40 °C
O
OH
Troc
Rh_2L_4:
O
O
Rh
O
O
2
Troc:
Cl
Cl
Cl
O
O

解答参见 P384

71. 提出下列反应可能的机理：

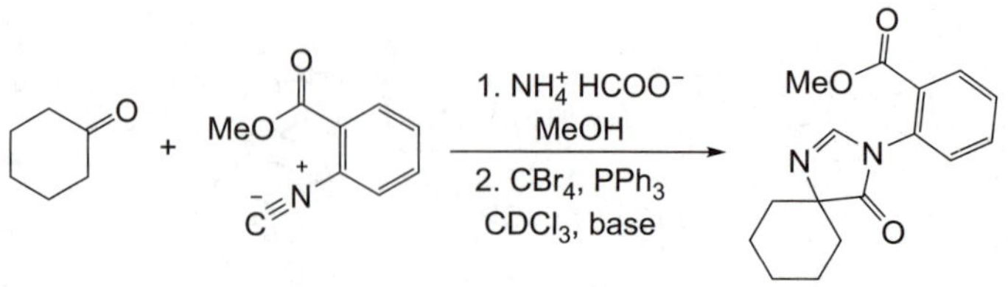

1. $NH_4^+ HCOO^-$ MeOH
2. CBr_4, PPh_3 $CDCl_3$, base

解答参见 P384

72. 写出下列反应的机理，并解释两个反应的差异。

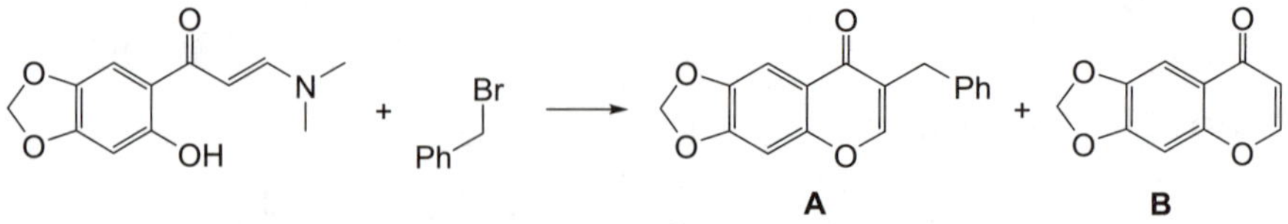

1. DMF, 80 ℃, 5 h: **A** (54%), **B** (26%)
2. NaI, acetone, 80 ℃, 5 h: **A** (80%), **B** (trace)

解答参见 P384

73. Zincke 醛（5-氨基-2,4-戊二烯醛）的制备方法如下所示：

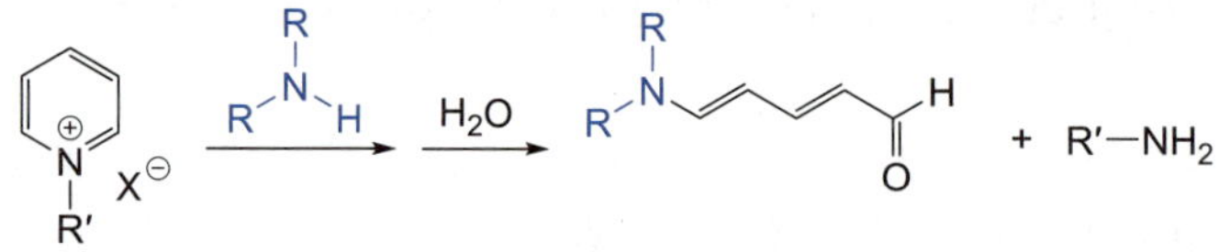

H_2O + R′—NH_2

用 Zincke 醛作原料可以制备 Z-$\alpha,\beta,\gamma,\delta$-不饱和酰胺，机理如下：

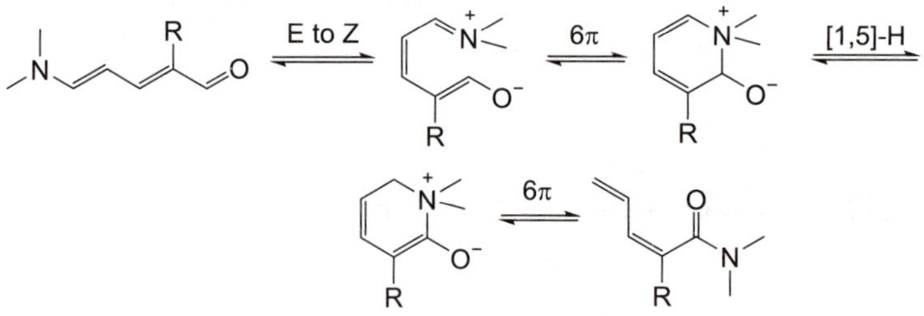

E to Z　6π　[1,5]-H　6π

2009 年，有文献报道 Zincke 醛的另一周环反应。在 200 ℃微波反应器中加热 Zincke 醛（**1**）得到双环内酰胺（**2**）和二氢吡啶酮（**3**）。提出反应的机理。

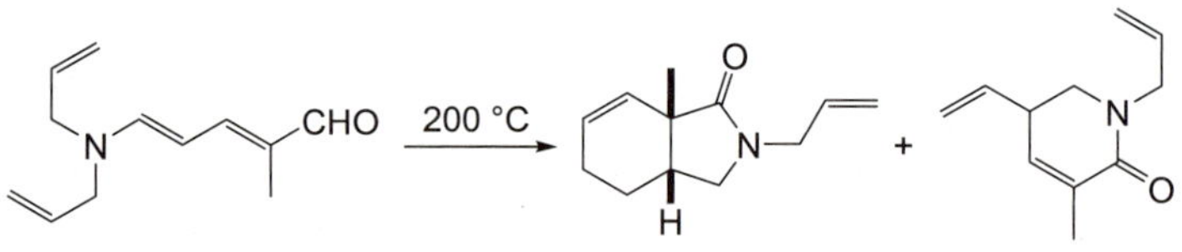

200 °C

1　**2**: 60%　**3**: 15%

解答参见 P385

74. 写出以下合成过程的中间产物，并写出 **A** 到 **C** 的反应机理。

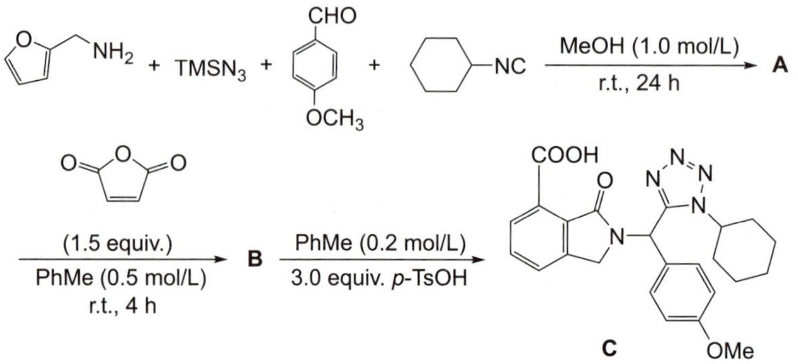

MeOH (1.0 mol/L), r.t., 24 h → **A**

(1.5 equiv.), PhMe (0.5 mol/L), r.t., 4 h → **B**

PhMe (0.2 mol/L), 3.0 equiv. p-TsOH → **C**

解答参见 P385

75. 写出下列 NHC 催化的反应机理：

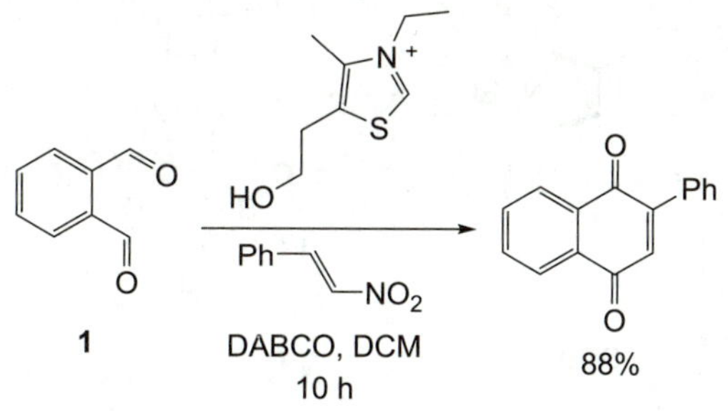

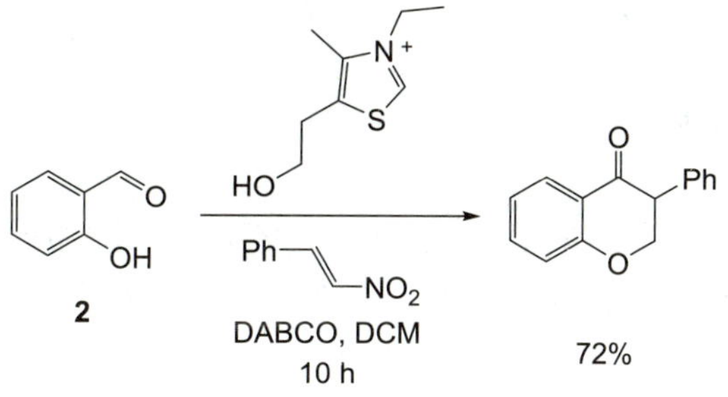

解答参见 P385

76. 预测下列反应的产物。

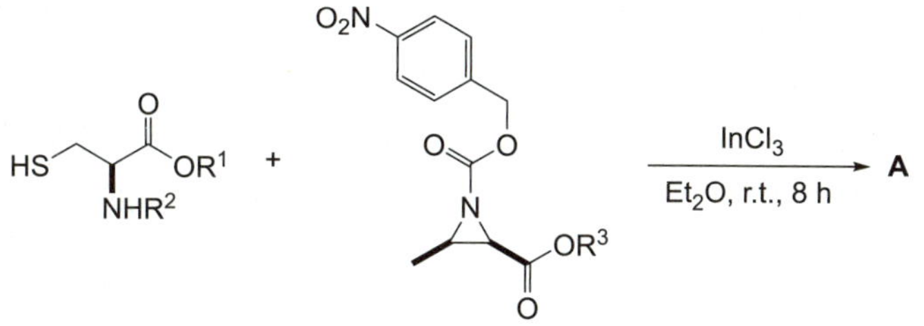

解答参见 P386

77. 提出下列反应的可能机理：

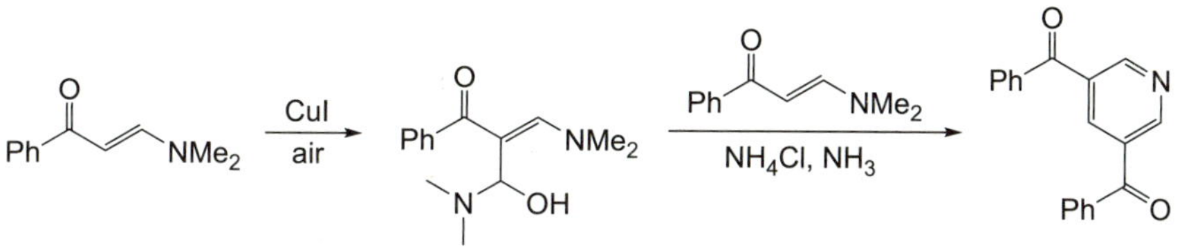

解答参见 P386

78. 氯磺酰异氰酸酯（CSI）的高反应性来源于强吸电子性的氯磺酰基对累积双键的极化，使得它较易发生离子型的反应。如下所示，CSI 和烯烃得到主产物 **1** 和副产物 **2**：

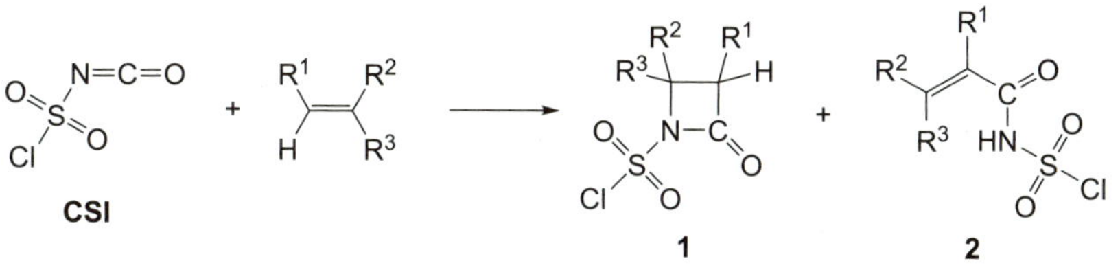

然而，**3** 和 CSI 反应没有得到预期的 **4**、**5**，只得到了产物 **6**。试写出 **6** 生成的机理。

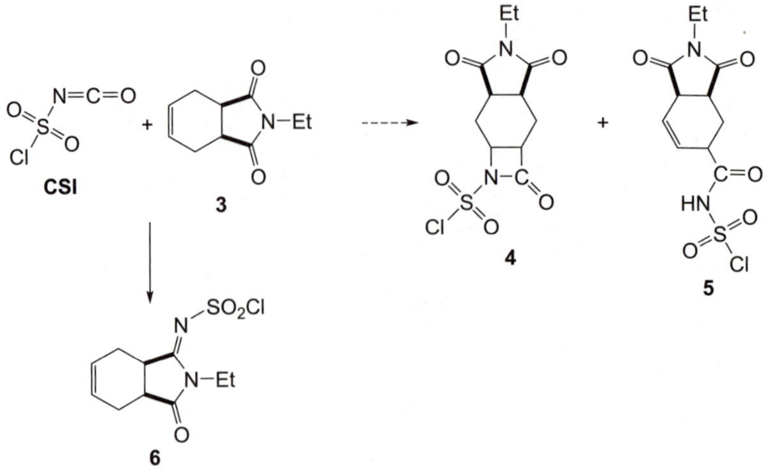

解答参见 P387

79. 三亚甲基甲烷（TMM）是由四个交叉 p 轨道组成的中性四碳结构，它不稳定，通常通过原位反应生成。1942 年，文献报道重氮甲烷与丙二烯生成了加合物 **A**，然后可以原位生成 TMM。

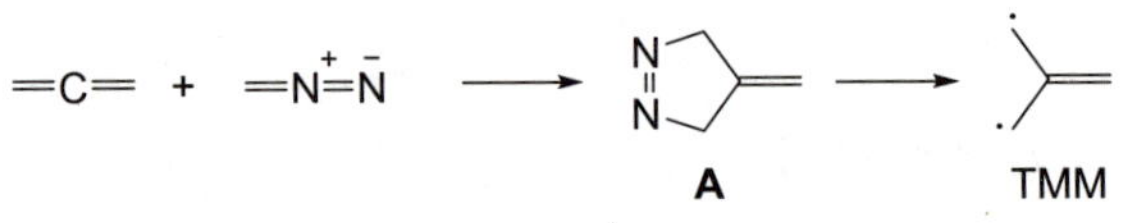

（1）**A** 物质对水敏感，会重排成一个芳香性物质 **D**，推断 **D** 的结构。

（2）给出 TMM 基态轨道能级以及基态电子排布。

（3）给出 TMM 激发态电子排布，它对化学反应性有什么影响？

（4）TMM 容易自己环化丧失活性。经过多年摸索实践，科学家开发出了 3 种获得稳定 TMM 的方法：一是使用双环二氮烷作为前体，二是使用亚甲基环丙烷缩酮作为前体，三是使用过渡金属络合稳定。如下列所示，尝试说明前两种方法为什么能稳定 TMM 衍生物？

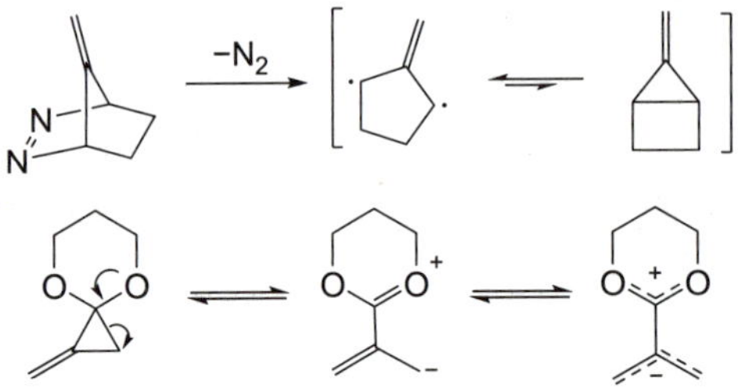

解答参见 P387

80. 2018 年，文献报道了一种苯并噻吩衍生物的合成方法：利用巴豆酸衍生的硫叶立德和苯并硫杂环经过 domino 反应得到。

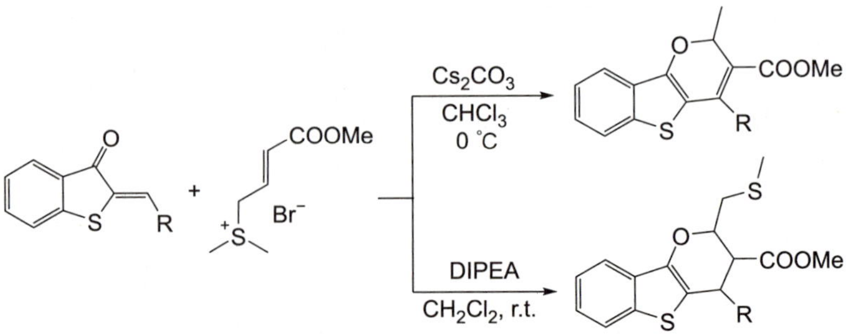

（1）写出如下叶立德的共振式。

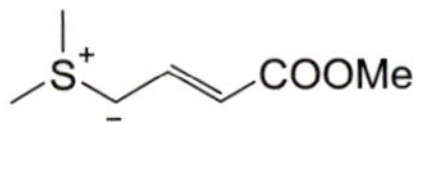

（2）写出上述反应的机理，解释为什么会有这样的区别（DIPEA 为 *N*, *N*-二异丙基乙胺）。

（3）写出下列反应的机理。

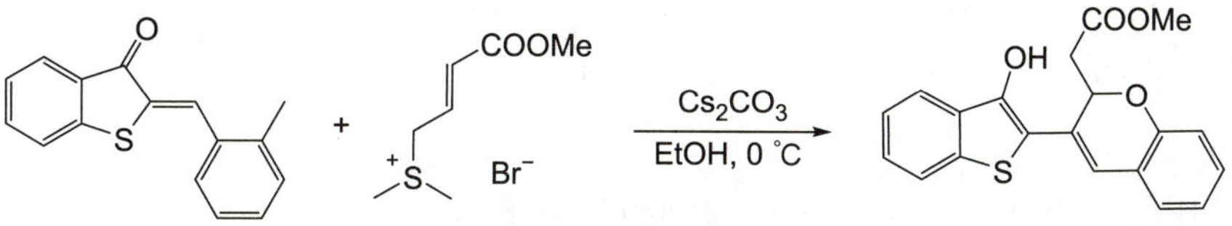

解答参见 P387

81. 根据提供的红外光谱和核磁共振氢谱、碳谱的信息，写出下列反应的产物，并给出可能的反应机理。

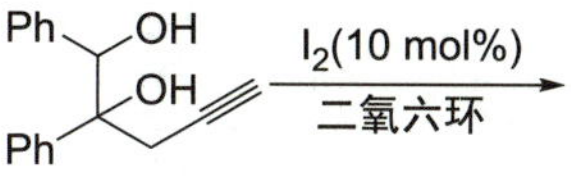

Chemical Formula: $C_{17}H_{14}O$

IR 3057, 3029, 2920, 2852, 1601, 1559, 1502, 1444, 1274, 1242, 1128, 1070, 1026, 998, 952, 912, 808, 762, 695, 672 cm^{-1};

^1H NMR (400 MHz, $CDCl_3$)：

δ 7.50(dd, J=8.0, 1.0Hz, 2H), 7.41～7.39(m, 2H), 7.36～7.32(m, 2H), 7.29～7.26(m, 2H), 7.25～7.18(m, 2H), 6.16(d, J=1.0Hz, 1H), 2.39(d, J=1.0Hz, 3H)；

^{13}C NMR (100 MHz, $CDCl_3$)：

δ 151.4 (C), 146.9 (C), 134.9 (C),131.6 (C), 128.7 (CH), 128.6 (CH), 128.4 (CH), 127.2 (CH), 127.1 (CH), 126.1 (CH), 123.3(C), 110.3 (CH), 13.7 (CH_3)。

解答参见 P388

82. 回答下列问题

（1）该反应基于一个条件较为温和的多组分反应，试提出合理的反应机理。

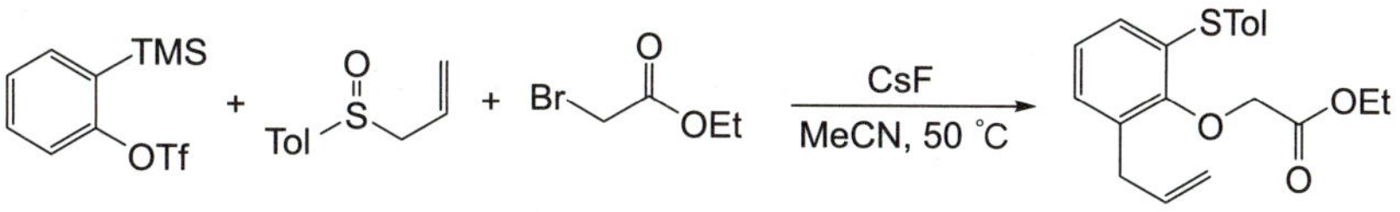

（2）写出如下合成得到的产物。

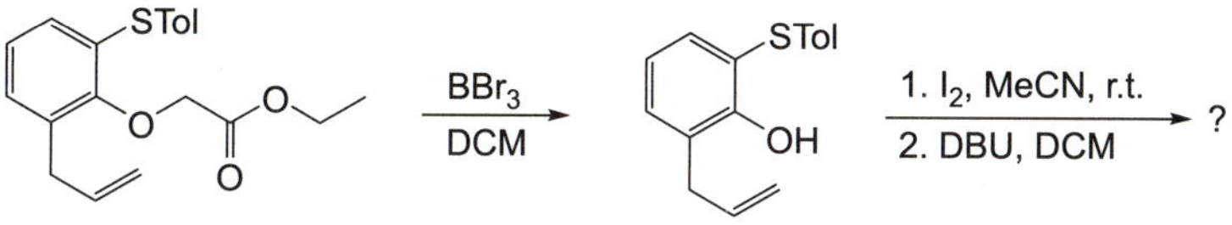

解答参见 P388

83. NHC 是一类绿色、高效的有机催化剂，常用于极性反转。手性的 NHC 催化剂可以诱导生成手性中心。

（1）写出以下 NHC 催化剂的共振式。

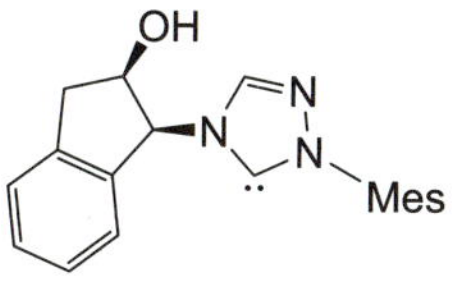

（2）写出下列反应可能的机理。

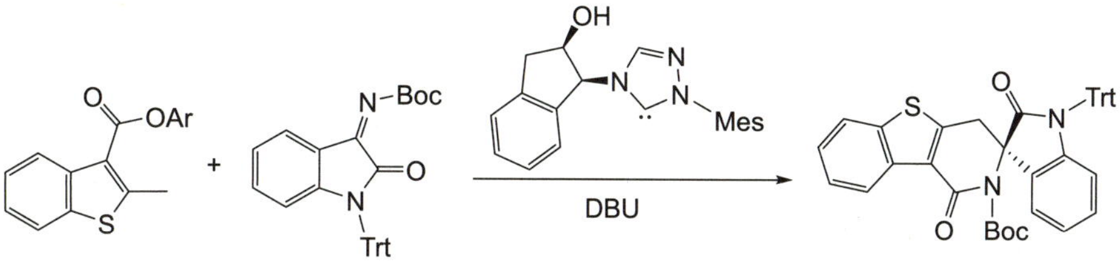

解答参见 P389

84. 鏻叶立德和羰基的反应是构筑碳碳键的主要反应，在有机合成中起着重要的作用。

（1）ylide 试剂通式为：

$$R_3P=C(R^1)(R^2)$$

比较并排序以下三类 ylide 试剂的稳定性：

a. R^1 为烷基，R^2=H　　b. R^1 为芳基，R^2=H　　c. R^1 为酰基，R^2=H

（2）Wittig 反应中观测到鏻内盐的存在，加入锂盐会改变 Wittig 反应的立体选择性，如下所示，试解释原因。

$$Ph_3P=CHPh + C_2H_5CHO \longrightarrow (E)\text{-}PhCH=CHEt + (Z)\text{-}PhCH=CHEt$$

PhH: 74%　26%

PhH+LiBr: 9%　91%

（3）实验观测到，高反应活性的 ylide 试剂在没有锂盐的条件下进行 Wittig 反应时，会生成 *Z* 构型和 *E* 构型的混合产物。如下所示的在 DMF 中的反应，是在室温且无光照条件下进行的，反应过程中存在折叠型过渡态。试通过分子轨道理论结合空间效应解释如下反应中 *Z* 构型比例增多的原因。

$$Ph_3P=CHPh + C_2H_5CHO \longrightarrow (E)\text{-}PhCH=CHEt + (Z)\text{-}PhCH=CHEt$$

DMF: 35%　65%

（4）在质子溶剂中，Wittig 反应的机理会发生改变。已知如下反应中反应物与一分子的溶剂形成了六元环状过渡态，之后又经过一步分子内亲核取代才生成四元环中间体，试通过分子轨道理论分析有质子溶剂参与的 Wittig 反应是如何进行的，并解释 *E* 构型稍多但二者比例相近的原因：

$$Ph_3P=CHPh + C_2H_5CHO \longrightarrow (E)\text{-}PhCH=CHEt + (Z)\text{-}PhCH=CHEt$$

EtOH: 53%　47%

解答参见 P389

85. 若在低温条件下向质子性溶剂中加入顺式四元环中间体和溶剂的共轭碱，那么会得到 *Z* 式和 *E* 式的混合物；并且低温处理的时间增长，*E* 构型的比例也随之增加，完成下列机理图，并解释为什么构型比例随低温处理的时间改变而改变（**B** 为电荷分离式）。

cis-oxaphosphetane (Ph_3P–O, R^1, R^2) ⇌ (−78 ℃, +MeOH) **A** ⇌ **B**; **B** ⇌ (−MeOH) **C**; **C** ⇌ trans-oxaphosphetane (Ph_3P–O, R^1, R^2) → (−78 ℃ to r.t.) (E)-R^1CH=CHR^2; cis-oxaphosphetane → (−78 ℃ to r.t.) (Z)-R^1CH=CHR^2

解答参见 P390

86. 试写出以下反应的机理

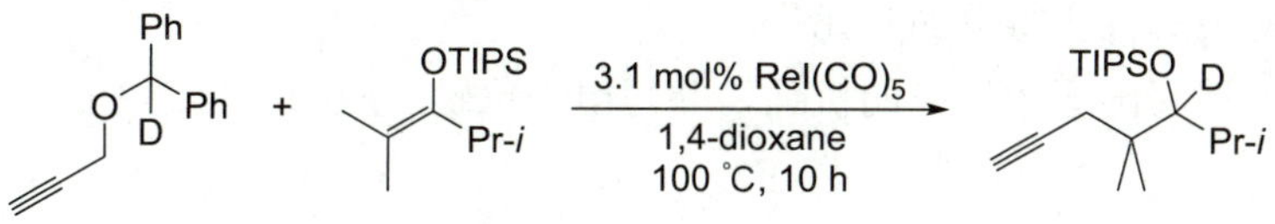

解答参见 P390

87. 联烯拥有独特的结构，使得其有非常独特的反应性能。硅基取代的联烯与羰基化合物反应，是制备五元杂环化合物的一种常见方法。

（1）写出下列反应 **A**、**B** 的结构：

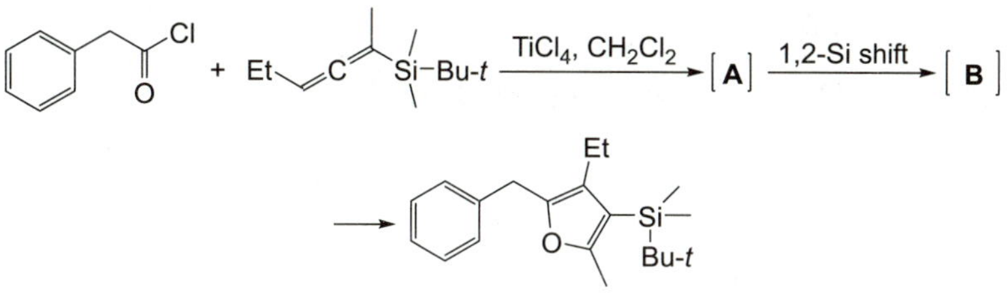

（2）预测下列反应的产物，并写出反应机理。

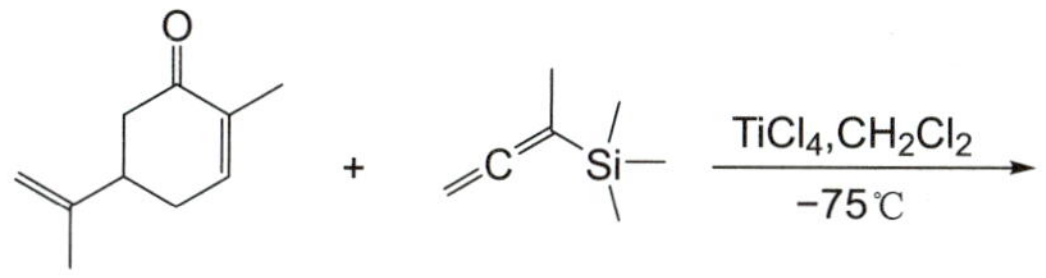

解答参见 P391

88. 在杂环化合物中引入氟原子，可能发现新的生物活性产品。Tebufenpyrad 是一种可商购的、具有杀螨活性的杂环衍生物，以下是它的一种合成路线：

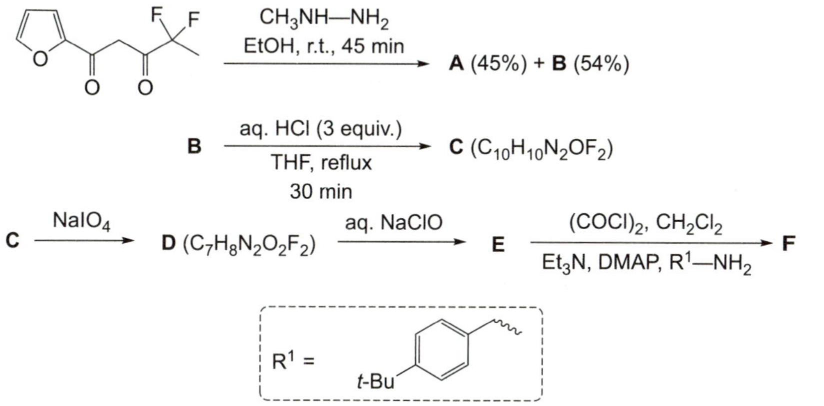

（1）已知 **B** 的分子量为 230.1，现给出化合物 **A**、**B** 的核磁共振氢谱，试画出化合物 **B** ～ **F** 的结构；

A: ^{1}H NMR (300 MHz, $CDCl_3$): δ 1.95 (t, J_{HF} = 18.5 Hz, 3H; CF_2CH_3), 3.98 (s, 3H; CH_3), 6.45 (dd, J_1 = 3.4 Hz, J_2 = 1.7 Hz, 1H; CH), 6.52 (dd, J_1 = 3.4 Hz, J_2 = 0.8 Hz, 1H; CH), 6.57 (s, 1H; CH), 7.46 (dd, J_1 = 1.7 Hz, J_2 = 0.8 Hz, 1H; CH);

B: ^{1}H NMR (300 MHz, $CDCl_3$): δ 1.67 (t, J = 19.0 Hz, 3H; CF_2CH_3), 2.90 (s, 3H; CH_3), 3.03 (dt, J_1 = 17.7 Hz, $^2J_{HF}$ = 1.3 Hz, 1H; CH), 3.25 (d, J = 17.7 Hz, 1H; CH), 6.39 (dd, J_1 = 3.5 Hz, J_2 = 1.7 Hz, 1H; CH), 6.45 (dd, J_1 = 3.5 Hz, J_2 = 0.6 Hz, 1H; CH), 7.39 (dd, J_1 = 1.7 Hz, J_2 = 0.6 Hz, 1H; CH);

（2）试写出化合物 **A** 和 **B** 的生成机理；

（3）解释化合物 **B** 生成的原因。

解答参见 P391

89. 利用氧化去芳构化反应是合成中常见的策略。随着研究的不断深入，反应模式也变得更加多元化。

（1）请写出下述反应的机理，并写出高价碘对应的产物。

OH COOH R OAc I O I OAc $CHCl_3$,−50 ℃ O O O R

（2）请写出 **B**、**C** 的结构，并推测 **C→D** 的机理。

HO Br CHO OH **A** —R Sonogashira Coupling **B** $Au(OAc)_3$ (5 mol%), r.t. $ClCH_2CH_2Cl$/TFA (10:1) **C** $OCOCF_3$ I $OCOCF_3$, r.t. then NaS_2O_3

O R I O O **D**

解答参见 P392

90. 下面的两个反应可通过去芳构化策略构筑有机分子的骨架。

（1）写出下列反应的机理：

OH O HO OH OAc CHO KHDMS, THF 0 ℃, 4 h OH O O O O

（2）写出下面两个反应的产物并解释选择性的不同。

R I R R R R = Et *t*-BuLi (2 equiv.) Et_2O, −78～0 ℃ then cyclohexanone Et_2O, 0 ℃

Ph Ph O N *s*-BuLi (3.0 equiv.) DMPU THF, −78 ℃ then, CH_3I THF, −78 ℃ to r.t.

解答参见 P392

91. 复杂稠环分子的合成，特别是在一步反应中构建多个环体系，是合成化学中的重点研究课题，烯炔底物是高效构建稠环化合物的重要起始原料。然而，基于此类底物的反应通常依赖于过渡金属催化剂或苛刻的反应条件。碘作为一种廉价的非金属试剂，由于反应体系简单，操作便捷以及官能团兼容性高等优点，碘作用下的亲电环化在构建各类环体系中具有明显的优势。近期，某课题组设计了基于 1-烯-6,11-二炔底物的碘串联环化反应：

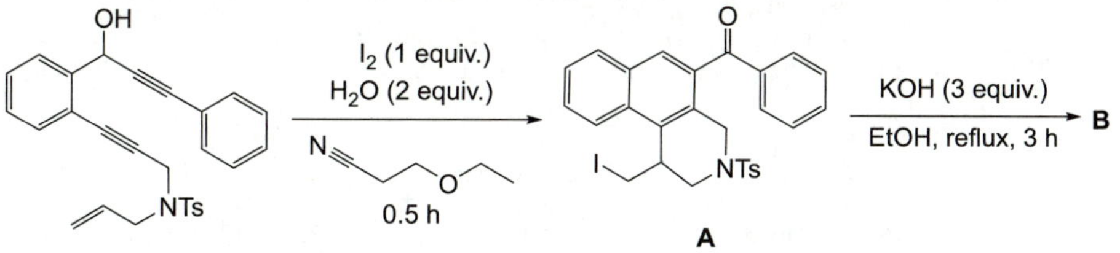
OH
NTs
I2 (1 equiv.)
H2O (2 equiv.)
N
O
0.5 h
O
I
NTs
A
KOH (3 equiv.)
EtOH, reflux, 3 h
B

（1）产物 **B** 是许多天然产物和药物活性分子的关键骨架结构，写出 **B** 的结构；

（2）试推测反应底物到 **A** 的亲电环化反应机理。

解答参见 P393

92. 糖类化学在日常生活中有广泛的应用，而它们的醇类衍生物也非常重要。由糠醛为原料合成麦芽醇（落叶松酸）的过程中有一步应用到了 Achmatowicz 重排反应，反应式如下：

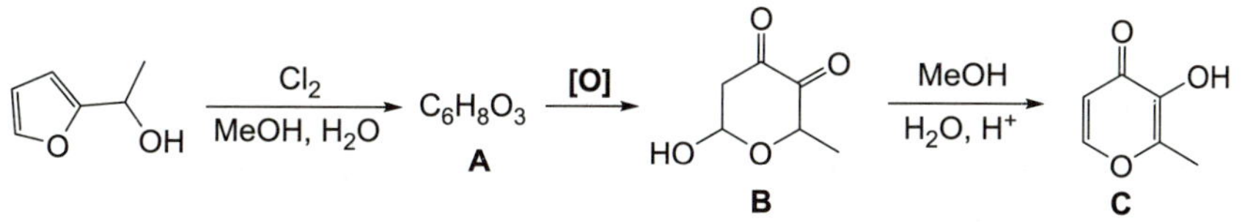
O
OH
Cl2
MeOH, H2O
C6H8O3
A
[O]
O
O
HO
O
B
MeOH
H2O, H+
O
OH
O
C

试推断出 **A** 的结构，并写出反应机理。

解答参见 P393

93. 手性磷化合物在作为手性配体或催化剂催化不对称反应时有着优异的性能，如下反应就是其中的一个应用。其中催化剂和 CB 会先形成一个中间体 **A**。试推断反应机理并解释对映选择性。

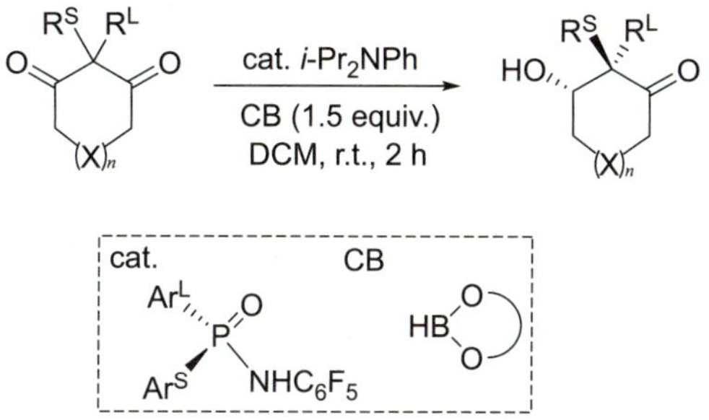
RS RL
O
O
(X)n
cat. i-Pr2NPh
CB (1.5 equiv.)
DCM, r.t., 2 h
RS RL
HO
O
(X)n
cat.
CB
ArL
O
P
ArS
NHC6F5
HB
O
O

解答参见 P394

94. 中氮茚是体外抑制脂质过氧化的高活性抗氧化剂，已知中氮茚在空气或光照条件下易被氧化，下面是中氮茚在光催化下的自敏化反应。试推出中氮茚在甲醇和乙腈环境下反应的机理（已知与中氮茚反应的为单线态氧气）。

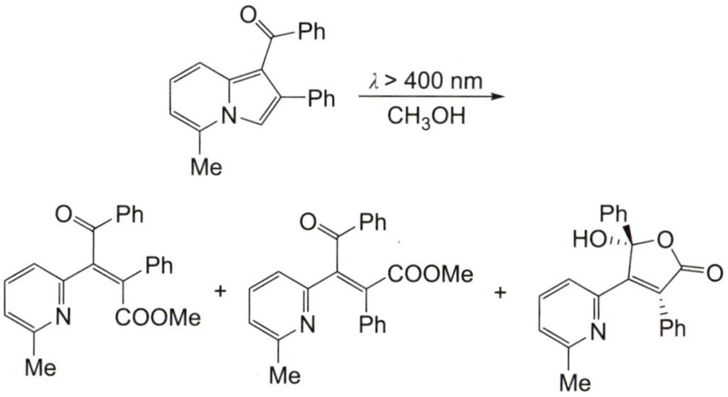
O
Ph
N
Ph
Me
λ > 400 nm
CH3OH
O
Ph
Ph
N
COOMe
Me
+
O
Ph
COOMe
N
Ph
Me
+
Ph
HO
O
O
N
Ph
Me

(*E*, 10%)　　(*Z*, 58%)　　(25%)

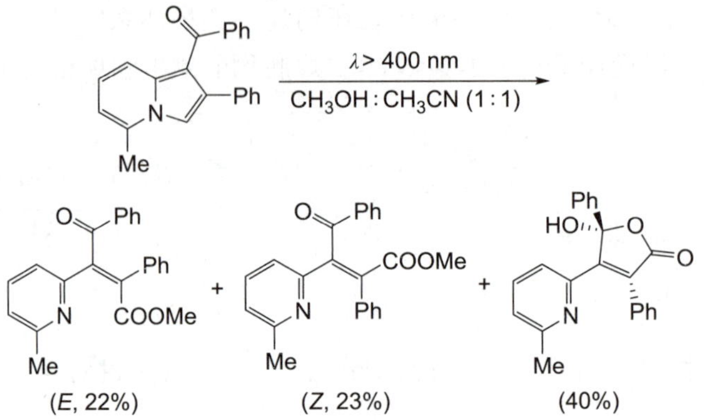

λ > 400 nm
$CH_3OH : CH_3CN$ (1 : 1)

(*E*, 22%)　(*Z*, 23%)　(40%)

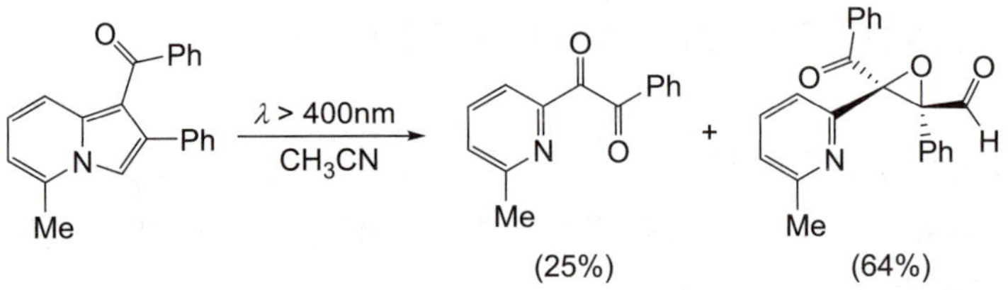

λ > 400nm
CH_3CN

(25%)　(64%)

解答参见 P394

95. 在柠檬酸循环之前，丙酮酸被代谢为乙酰辅酶 A（Ac-CoA），请回答以下问题。

（1）焦磷酸硫胺素（TPP）是丙酮酸脱氢酶（酶 1）的重要反应物之一，其能够在三种酶（酶 1、酶 2、酶 3）组成的多酶体系中循环，其结构如下左；二氢硫辛酸转乙酰基酶（酶 2）的活性位点为连接了硫辛酸的赖氨酸残基，结构如下中。二氢硫辛酸脱氢酶（酶 3）利用 NAD^+ 使酶 2 复原。丙酮酸脱二氧化碳后，生成的乙醛进入催化路径，请写出辅酶 A（CoA-SH，具有一个巯基亲核位点）经过多酶体系催化捕获乙醛生成 Ac-CoA 的机理，要求机理可以体现催化循环（TPP 与酶 2 活性中心的结构可以省略表示）。

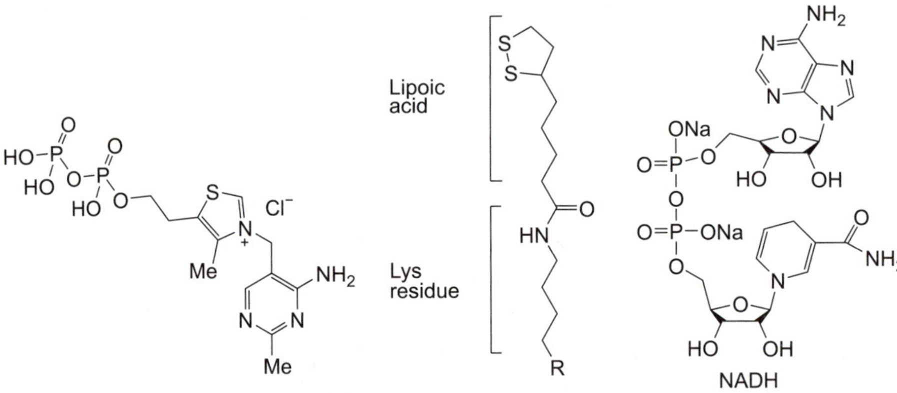

Lipoic acid
Lys residue
NADH

（2）NADH（烟酰胺腺嘌呤二核苷酸，辅酶 I 的还原形式）的结构如上右，写出 NAD^+ 的结构及 NADH 生成其氧化形式 NAD^+ 的机理。

解答参见 P395

96. 如下是一种硫醇参与的吲哚串联扩环反应，回答以下问题。

（1）其代表性反应如下，写出该反应的机理。

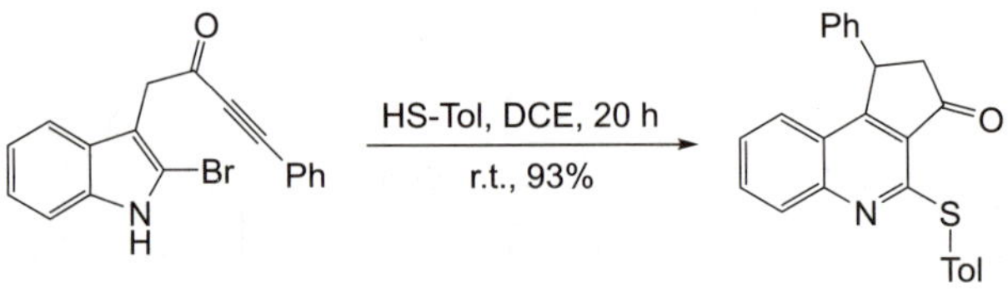

HS-Tol, DCE, 20 h
r.t., 93%

（2）虽然酚类化合物的结构与硫酚较为相似，但如果在该反应中使用酚类化合物代替硫酚，则无法得到想要的扩环产物。以苯酚（PhOH）为例，其他条件相同，室温或60℃下均观察不到反应发生。加入1equiv.的TFA后，可以在室温下得到主产物**A**和一个副产物**B**，但是产物表征表明苯酚并没有参与反应，已知主产物**A**没有发生扩环反应，观察不到溴的存在；**B**发生了一步扩环反应生成了具有芳香性的物种。写出**A**和**B**的结构；和硫酚相比较，使用苯酚无法发生反应的原因是什么？为什么加入TFA后就可以发生反应？如果想提高扩环产物的比例，可以采取什么办法？

解答参见P395

97. 苯并稠合的杂环具有强大的生物活性，在药物化学中有广泛的应用，如抗癌、抗菌、免疫调节、抗氧化和抗炎剂。现有一种在铜催化条件下构建2-三氟乙基取代的苯并呋喃的新合成方法，试写出其机理：

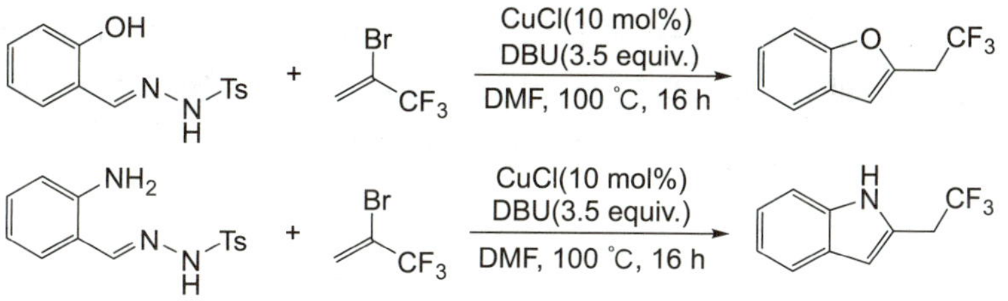

CuCl(10 mol%), DBU(3.5 equiv.), DMF, 100 °C, 16 h

解答参见P396

98. Hunsdiecker反应指的是脱羧卤化反应，是制备卤代烃的一种方法，卤素通常用的是溴。当用碘时，反应的结果依赖于底物的摩尔比。以下是一个脱羧卤化反应，当银盐和碘的比例为3:2时，将等摩尔量生成酯和碘代烃，提高碘和银盐的比例为1:1或甚至更高，将极大提高碘代烃的产率。试写出以下反应的机理。

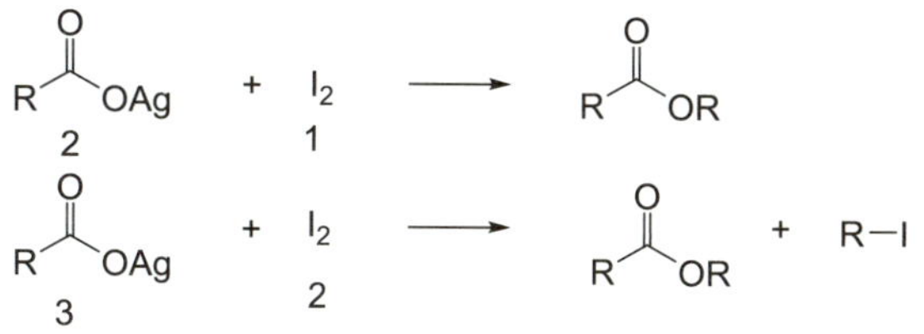

$$2\ \mathrm{RCOOAg} + \mathrm{I_2}\ (1) \longrightarrow \mathrm{RCOOR}$$

$$3\ \mathrm{RCOOAg} + \mathrm{I_2}\ (2) \longrightarrow \mathrm{RCOOR} + \mathrm{R{-}I}$$

解答参见P396

99. 氟化吡唑在药物化学、农业化学、配位化学和有机金属化学中起重要作用。Selectfluor是一种氟正供体，结构如下，其可用于氟代吡唑的制备，试回答以下问题。

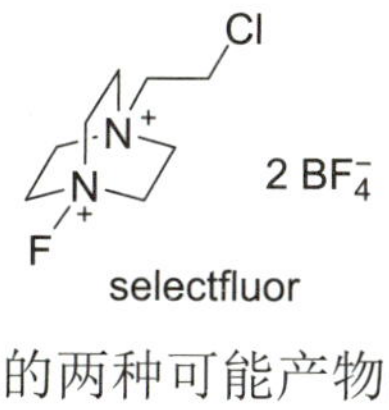

$2\ BF_4^-$

selectfluor

（1）请直接写出以下反应的两种可能产物：

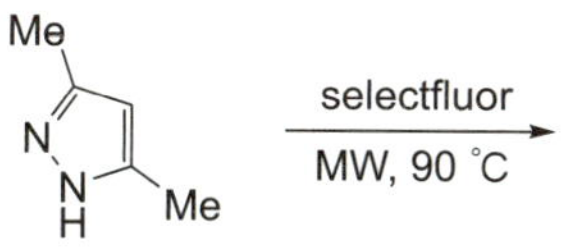

selectfluor, MW, 90 °C

（2）请写出关键中间体**A**和**B**的结构。

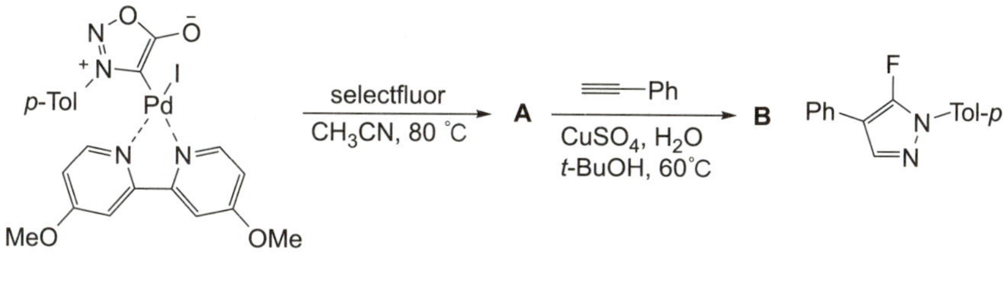

selectfluor, CH_3CN, 80 °C → **A**; ≡—Ph, $CuSO_4$, H_2O, *t*-BuOH, 60°C → **B**

（3）以下为另一种氟代吡唑的制备反应，已知生成 **C** 的同时会有 **D** 的生成，请根据以上条件写出 **C** 形成的机理。

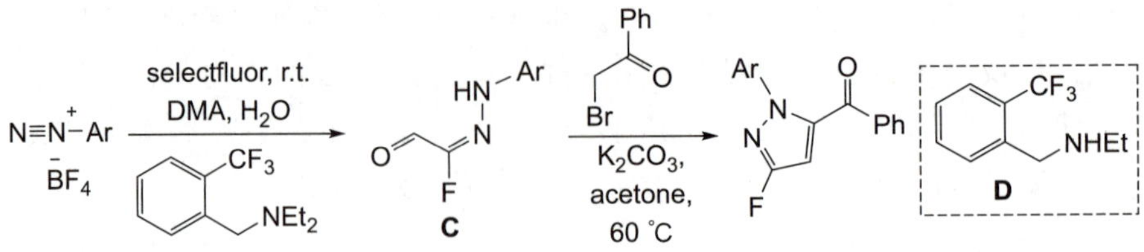

解答参见 P397

100. 苯炔是一类非常活泼的中间体，在苯环的官能团化反应中有着广泛的应用。

（1）相较普通炔烃的叁键而言，苯炔的碳碳叁键具有更强的亲电性，因此许多物质能够通过亲核串联过程得到苯炔插入产物。如下图 **A**、**B** 反应所示。请解释苯炔叁键反应性的来源，并给出反应 **A**、**B** 的机理。

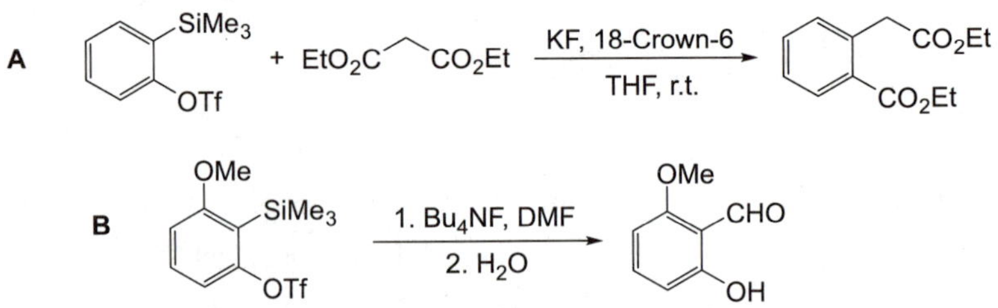

（2）由于拥有极高的反应活性，苯炔还可以参与许多三组分反应，如下图 **C**、**D**、**E** 反应所示，请分别写出它们的反应机理。

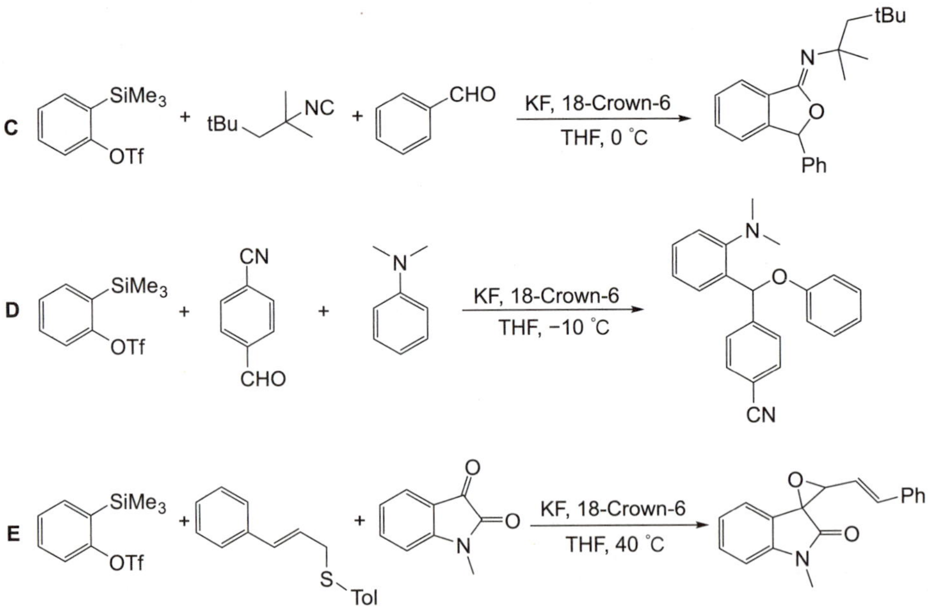

解答参见 P397

101. 炔丙醇与苯炔反应会发生特殊的重排反应从而生成苯并呋喃结构，如下图所示（R 为正丙基），请写出该反应的机理。

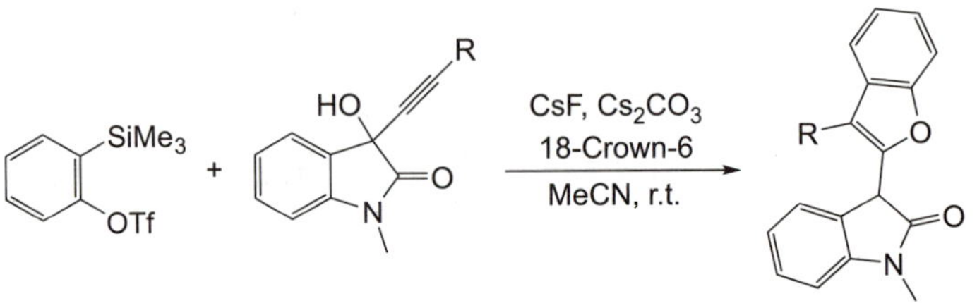

若 R 为苯基时则会生成副产物（如下所示），请写出生成副产物的机理。

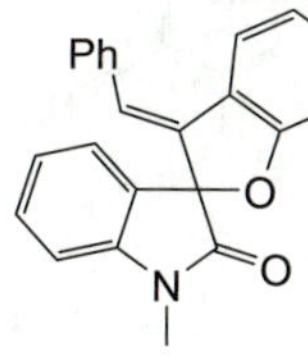
Ph
O
O
N

解答参见 P398

102. 氮杂环丙烯（2*H*-azirine）是一类比较活泼的原料，其反应类型独特，能有效构筑各式各样的产物。

（1）三元环带来的环张力活化了碳氮双键，请推测 **A**、**B** 的结构。

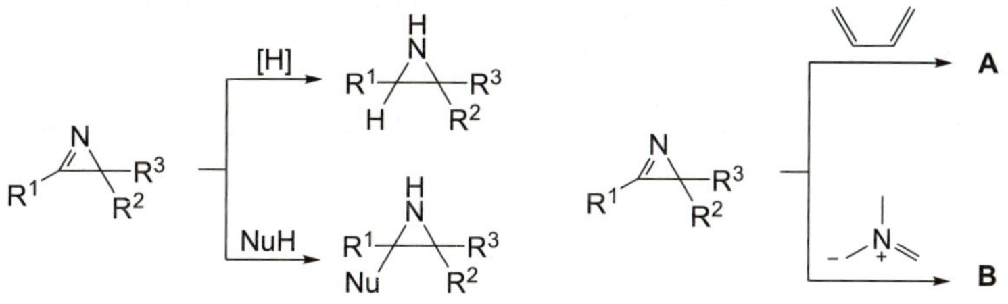
[H]
NuH
A
B

（2）条件合适时，三元环会开环或扩环，请推测 **C**、**D**、**E** 的结构。

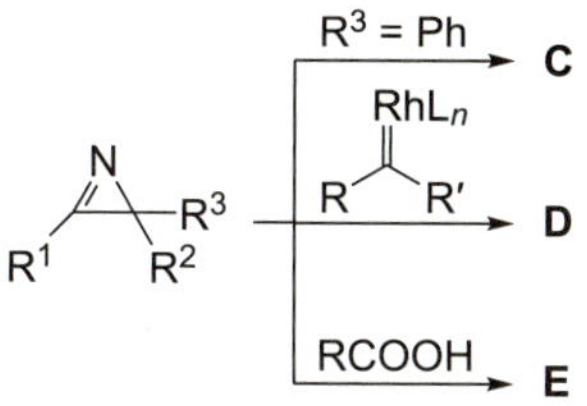
R3 = Ph
RhLn
RCOOH
C
D
E

（3）写出下列循环催化反应的可能机理

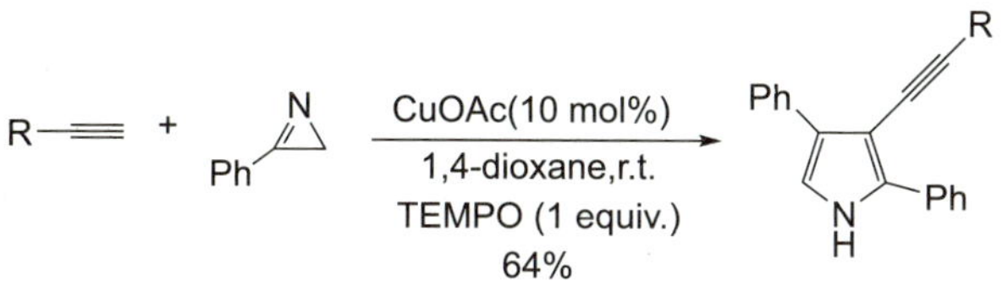
CuOAc(10 mol%)
1,4-dioxane,r.t.
TEMPO (1 equiv.)
64%

解答参见 P399

103. 提出 Cu(Ⅰ) 催化下 Huisgen 反应的机理，并完成下列反应方程式：

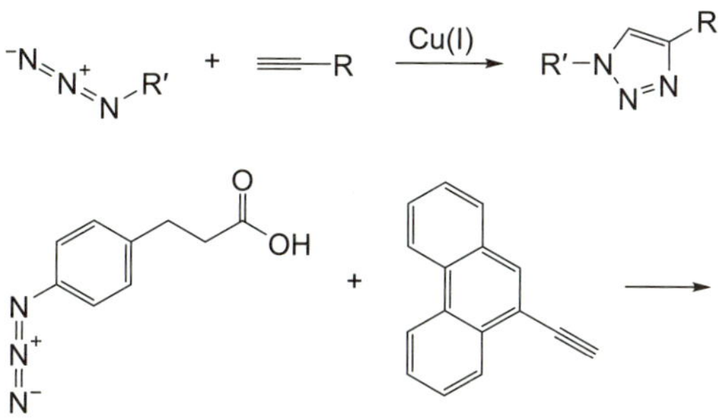
Cu(I)
OH

解答参见 P400

104. 写出如下反应的机理：

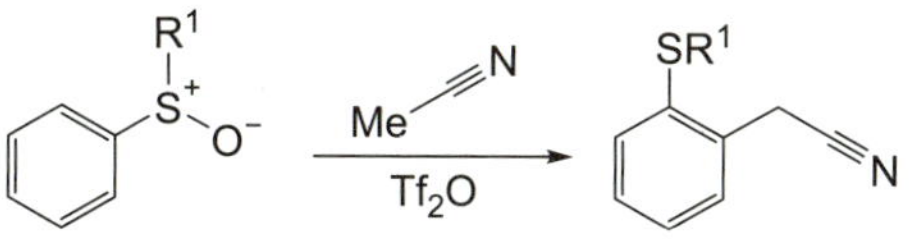
Me
Tf2O

并结合机理，设计合成如下目标分子：

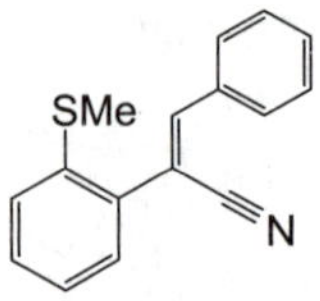

解答参见 P400

105. 早在 1921 年，时年 30 岁的 M. Passerini 发表文章，提出以异腈等为原料，进行三组分缩合反应可得到 α-酰氧基酰胺化物，其通式如下：

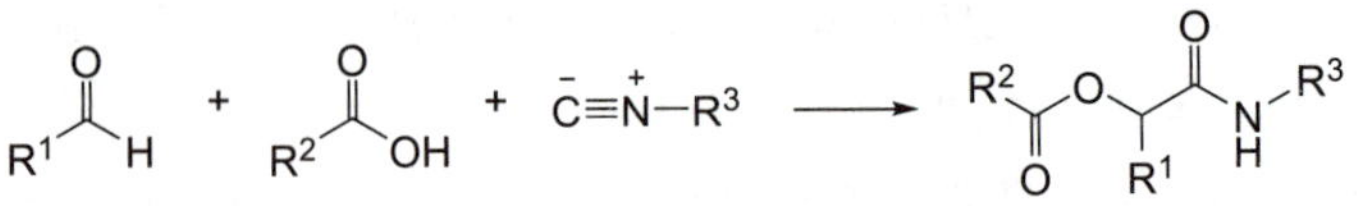

（1）在正式得到产物前，该反应首先形成了产物的同分异构体 **X**，请写出反应历程，并解释为什么 **X** 会转变为产物；

（2）受此影响，R. Bossio 和他的同事将此反应应用于有机合成中，写出 **A** 与 **B** 的结构简式，并指出从 **A** 到 **B** 的反应机理；

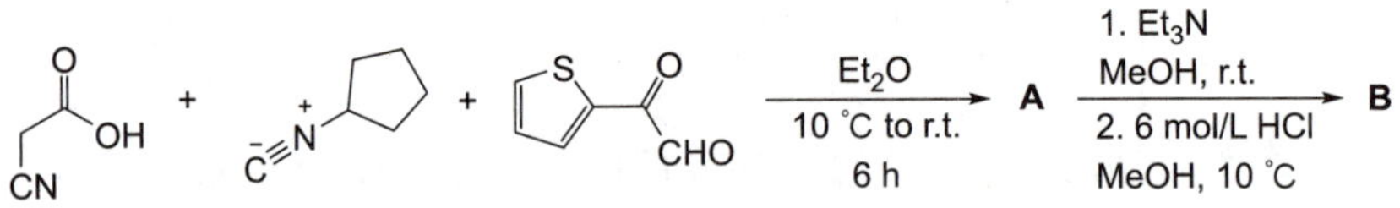

（3）事实上，异腈在多组分反应中的应用十分广泛，已知有反应如下，请尝试写出其反应历程。

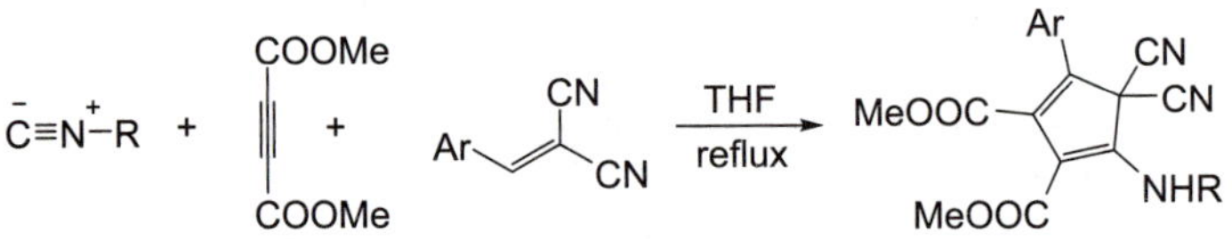

（4）几十年后，Ugi 将 Passerini 反应进一步推广到四组分反应，但其内容基本一致。写出 **Y** 的结构简式：

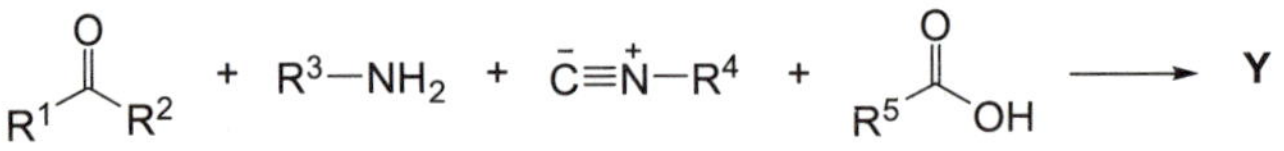

（5）利用 Ugi 反应合成如下分子：

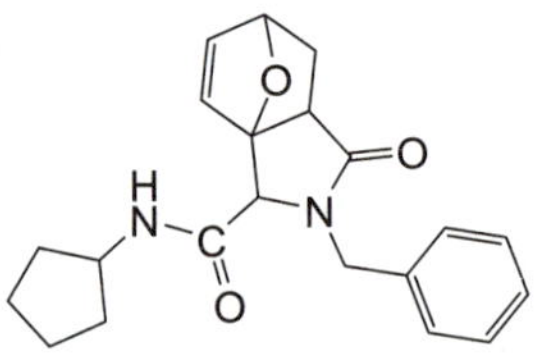

解答参见 P401

106. 在叔丁醇钾作用下，烯丙基膦酸酯 **1** 与芳香醛反应，以 85% ～ 93% 的收率立体选择性地得到 vinylogous HWE 反应产物 **2** 以及微量的 HWE 反应产物 **3**（＜ 4%），试写出形成反应产物 **2** 的机理。

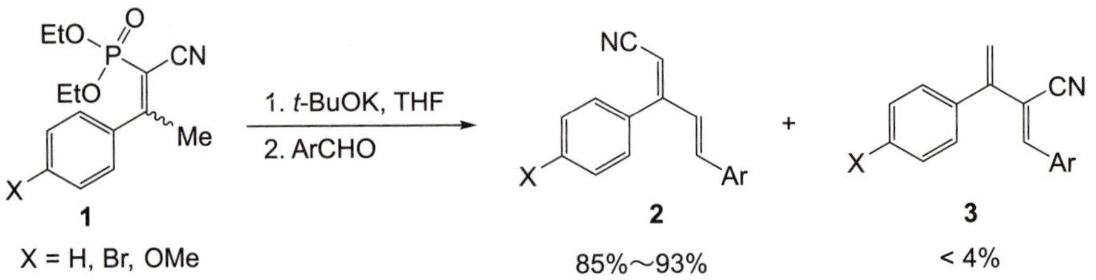

解答参见 P402

107. 写出 **A** 和 **B** 的结构，完成下列反应，并提出反应的机理。

SO_2Cl_2 / benzene；HCl, $AlCl_3$ / toluene → **A**；K_2CO_3 / $(C_4H_9)_4NBr$ → **B**；SO_2Cl_2 / CH_2Cl_2

解答参见 P402

108. 以下反应是异腈、联烯羧酸酯与靛红衍生物参与的三组分双环化反应，提出该反应合理的机理。

COOEt；R^1；N；Bn；toluene / reflux；R^1；N−Bu-*t*；OEt；O；N；Bn

解答参见 P403

109. 回答下列问题。

（1）为下述反应提出合理的反应机理

NC；N；Ar；NC；R；N H；EtOH, piperidine；H_2N；R；CN；N H；N；Ar

（2）判断下述反应的主产物，写出生成主要产物的反应机理并解释反应的选择性。

NC；N；Ar；NaN_3, $CHCl_3$ / conc. H_2SO_4；HO；NH；N；Ar；+；HO；H N；N；Ar

解答参见 P403

110. 糖类在维持生物体机能正常运转方面具有重要的作用，糖苷键的化学合成也是科学家们持续关注的热点课题。因此，如何简单高效地通过一锅法得到准确排列的多糖，成了有机合成学家们追求的目标。1999 年，Jeff 等人报道了一种利用含硫化合物一锅法合成糖苷键的方法，如下所示：

SPh；OPMB；HO；**A**；Tf_2O, DTBMP / DCM, −78 ℃；SPh；OPMB；OAc；**B**；−78 ℃；SPh；OPMB；OPMB；AcO；**C** 33%

DTBMP =　N　　PMB =

问题：

（1）试写出该反应的可能机理。

（2）反应不可避免地得到了一系列杂点。为了进一步提高产率，Jeff 等人将底物 **A** 的巯基保护基从苯基换成了 2,6-二氯苯基。试分析 2,6-二氯苯基在此反应中较苯基而言的优势，并由此推测杂点产生的可能原因。

（3）令人意外的是，Jeff 等人在一系列杂点中发现了一种具有两个糖苷键的产物 **D**，结构如下所示。他们认为该化合物可能是产物 **C** 进一步反应得到的。试提出由 **C** 转变 **D** 的可能机理。

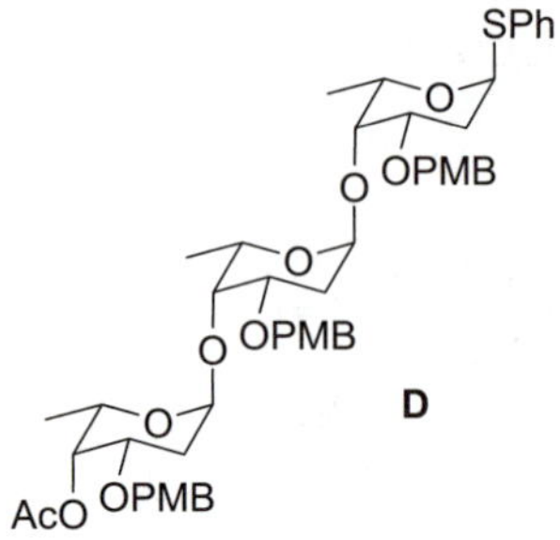

SPh
OPMB
OPMB
D
AcO OPMB

（4）事实上该反应是合成 Ciclamycin 0 的重要反应。Jeff 等人发现，DDQ 可以非常温和且高效地将保护基 PMB 脱去，这解决了原先有机合成化学家们使用 Bn 保护羟基时困扰已久的脱不掉保护基的困难。试写出 DDQ 脱去 PMB 的机理，并解释该条件无法将 Bn 脱去的原因。

解答参见 P404

111. 如何高效且简单地在催化反应中实现精准合成，是有机合成化学中一个长期存在的重要课题。2016 年，Cheng 等报道了一系列相似条件下由 Cu(Ⅰ) 催化剂控制的反应。他们发现，在 **A** 和 **B** 的反应中，当催化剂为 $Cu(MeCN)_4BF_4$ 时，体系能以 61% 的产率选择性地得到 **C**；而当催化剂为 $CuOTf\cdot Tol_{1/2}$ 时，体系能以 88% 的产率得到意料之外的产物 **D** 和痕量的 **C**。

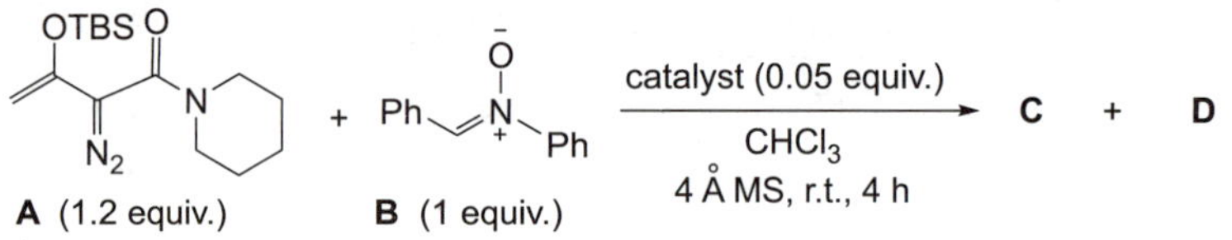

OTBS O
N
N_2
A (1.2 equiv.)
+ Ph N Ph O
B (1 equiv.)
catalyst (0.05 equiv.)
$CHCl_3$
4 Å MS, r.t., 4 h
C + **D**

化合物 **C** 和 **D** 的波谱分析结果如下：

化合物 **C** ^{1}H NMR (500 MHz, $CDCl_3$): δ 7.41 (d, J = 7.2 Hz, 2H), 7.23 ～ 7.03 (m, 7H), 6.85 (t, J = 7.2 Hz, 1H), 5.64 (s, 1H), 4.36 (d, J = 14.9 Hz, 1H), 4.25 (d, J = 13.3 Hz, 1H), 4.20 (d, J = 14.9 Hz, 1H), 3.49 (d, J = 13.3 Hz, 1H), 2.97 (t, J = 11.8 Hz, 1H), 2.68 (t, J = 11.8 Hz, 1H), 1.51 ～ 1.45 (m, 2H), 1.33 ～ 1.22 (m, 2H), 1.18 ～ 1.10 (m, 1H), 0.89 (s, 9H), 0.30 ～ 0.22 (m, 1H), 0.08 (s, 3H), 0.07 (s, 3H). ^{13}C NMR (126 MHz, $CDCl_3$): δ 165.72, 147.58, 144.16, 138.52, 128.95, 128.59, 128.01, 127.31, 121.73, 116.67, 113.70, 67.45, 62.24, 47.49, 42.48, 25.88, 25.43, 25.36, 24.43, 17.90, −4.29, −4.42.

化合物 **D** ^{1}H NMR (500 MHz, $CDCl_3$): δ 7.26 ～ 7.10 (m, 7H), 7.06 (d, J = 7.5 Hz, 2H), 6.99 (t, J = 7.5 Hz, 1H), 4.87 (dd, J = 8.6, 5.7 Hz, 1H), 3.47 ～ 3.04 (m, 6H), 1.63 ～ 1.47 (m, 6H), 0.91 (s, 9H), −0.11 (s, 3H), −0.45 (s, 3H). ^{13}C NMR (126 MHz, $CDCl_3$): δ 159.77, 152.23, 137.70, 129.73, 128.07, 127.75, 127.68, 123.90, 120.78, 70.29, 70.24, 46.49, 38.99, 26.16, 25.75, 24.33, 17.99, −4.88, −5.67.

（1）试结合给出的 ^{1}H NMR 谱、^{13}C NMR 谱以及反应条件，写出 **C** 和 **D** 的结构。

（2）提出生成产物 **C** 和 **D** 的可能机理，分别指出两种 Cu(Ⅰ) 催化剂在两个反应中的作用，并解释 Cheng 等对得到化合物 **D** 感到意外的主要原因。

解答参见 P404

112. 二茂铁是 1951 年发现的，次年通过 X 射线衍射法测定出结构。由于其结构特殊，又有很好的稳定性，所以二茂铁常常被用于制备不对称催化反应的手性配体。下面的二茂铁噁唑啉 **1** 就是合成这类配体的原料。

Fe O N **1**

（1）判断下面的化合物有没有手性：

a. 1-乙酰基-2-甲基二茂铁；b. 1,3-二乙酰基二茂铁；c. 1,1′-二乙酰基二茂铁

（2）化合物 **1** 的茂环可以被仲丁基锂拔去一个质子。在以下条件下可以得到化合物 **2**。**2** 的结构是什么？解释一下 ^{1}H NMR 谱中各种峰的归属。

1 —— 1. *s*-BuLi, TMEDA, Et_2O, −78 ℃；2. benzophenone, 0 ℃ to r.t., 10 min → **2** 83% de>99%

化合物 **2** 的 ^{1}H NMR (400 MHz, $CDCl_3$): δ 9.21 (s, 1H), 7.49 ～ 7.42 (m, 2H), 7.26 ～ 7.11 (m, 3H), 7.11 ～ 6.98 (m, 5H), 4.61 (s, 1H), 4.20 (s, 5H), 4.13 (s, 1H), 3.60 (s, 1H), 2.71 (d, J = 9.0 Hz, 1H), 1.79 ～ 1.65 (m, 1H), 1.25 (s, 3H), 1.19 (s, 3H), 1.01 (d, J = 6.5 Hz, 3H), 0.82 (d, J = 6.6 Hz, 3H)。

解答参见 P405

113. 经微生物氧化异丁酸可得旋光纯的羟基酸 **A**，从另一天然产物蒲勒酮（Pulegone）可制得旋光性的醛 **B**。利用它们来合成 **C**，**C** 是合成妊娠醇即维生素 E 的原料。其合成路线如下：

A (HO–CH₂–C(H)(CH₃)–COOH) —— H_3PO_4/BF_3 → **1** —— **2** → (t-BuO–CH₂–C(H)(CH₃)–CH₂OH) —— **3** → Mg/THF →

(t-BuO–CH₂–C(H)(CH₃)–CH₂MgBr) + OHC–CH₂–C(H)(CH₃)–CH₂CH₂CH₂CH(CH₃)₂ (**B**) → **4** —— **5** → CF_3COOH →

HO–CH₂–C(H)(CH₃)–CH₂–CO–CH₂–C(H)(CH₃)–CH₂CH₂CH₂CH(CH₃)₂ —— Zn/HCl → PBr_3 → **C**

（1）确定化合物 **C** 的结构。

（2）写出由阿拉伯数字所代表的化合物结构或反应条件。

解答参见 P405

114. 试写出中间产物的结构，并为该反应提出一个合理的反应机理。

(4-CH₃C₆H₄–CO–CH(Cl)CH₃) —— $h\nu$, H_2O, acetone → carboxylic acid $C_{10}H_{12}O_2$ —— 1. $SOCl_2$, benzene, Et_3N, allyl amine；2. PPh_3, CCl_4, Et_3N, CH_3CN → (4-CH₃C₆H₄–C(CN)(CH₃)–CH₂CH=CH₂)

解答参见 P405

115. 给下列转化提出一个合理的机理。

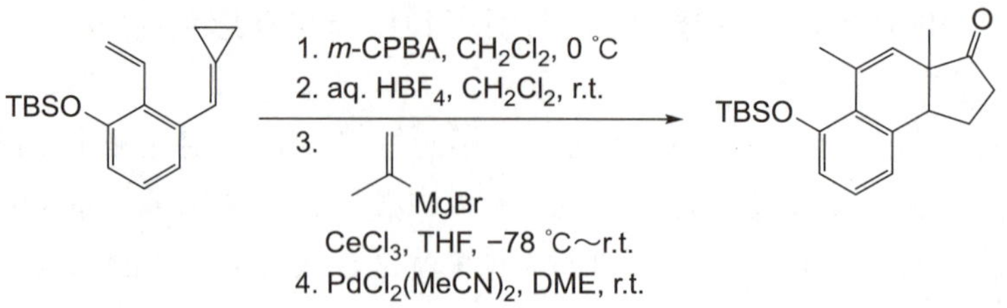

1. m-CPBA, CH_2Cl_2, 0 ℃
2. aq. HBF_4, CH_2Cl_2, r.t.
3. (isopropenyl)MgBr, $CeCl_3$, THF, −78 ℃~r.t.
4. $PdCl_2(MeCN)_2$, DME, r.t.

解答参见 P406

116. 给下列转化提出一个合理的机理。

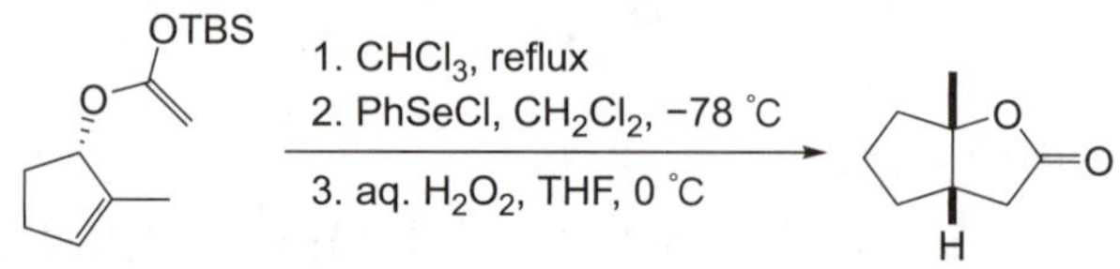

1. $CHCl_3$, reflux
2. PhSeCl, CH_2Cl_2, −78 ℃
3. aq. H_2O_2, THF, 0 ℃

解答参见 P406

117. 给下列转化提出一个合理的机理。

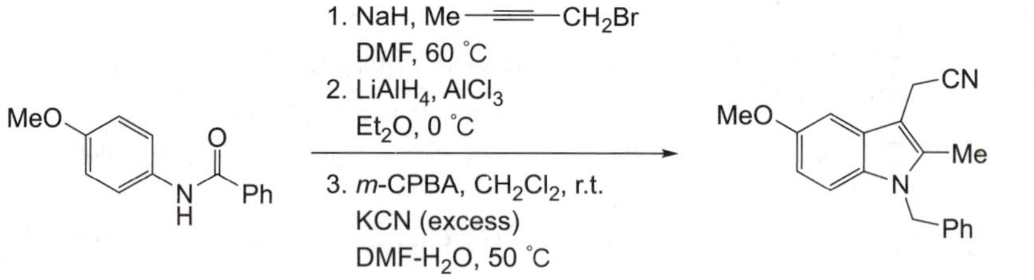

1. NaH, Me—≡—CH_2Br, DMF, 60 ℃
2. $LiAlH_4$, $AlCl_3$, Et_2O, 0 ℃
3. m-CPBA, CH_2Cl_2, r.t.; KCN (excess), DMF-H_2O, 50 ℃

解答参见 P407

118. 写出中间产物 **A** 和 **B** 的结构，提出反应的机理。

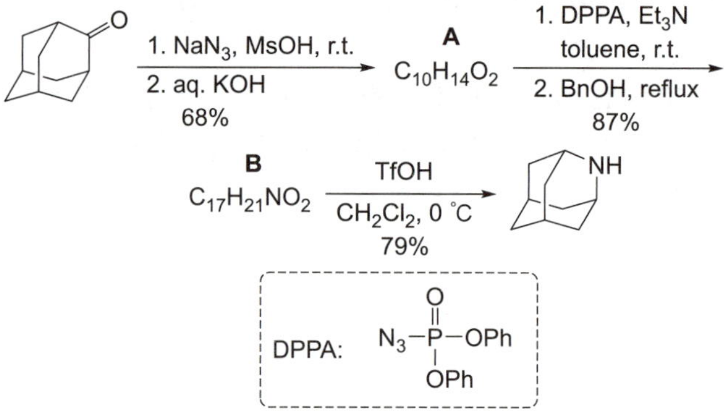

1. NaN_3, MsOH, r.t.
2. aq. KOH
68%

A $C_{10}H_{14}O_2$

1. DPPA, Et_3N, toluene, r.t.
2. BnOH, reflux
87%

B $C_{17}H_{21}NO_2$

TfOH, CH_2Cl_2, 0 ℃
79%

DPPA: $N_3-P(=O)(OPh)-OPh$

解答参见 P407

119. 将等摩尔的 RNCS（R = c-C_6H_{11}）与 Cp_2MH_2（M = Zr、Hf）在 THF 中混合搅拌，283 K 下反应 30 min 得到最终产物。反应历程为 Cp_2MH_2（M = Zr、Hf）先通过 Step a 生成重要加合物中间体 **B**。当 M = Zr 时，**B** 通过 Step c 生成 Schiff 碱型化合物 **C** 和一种双硫桥配合物，未发现有通过 Step b 得到的产物；而当 M = Hf 时，**B** 却可通过 Step b 或 Step c 两个平行反应生成双插入产物 **A** 或 Schiff 碱型化合物 **C**。

Step a Cp_2MH_2 + RNCS ⟶ **B**

Step b **B** + RNCS ⟶ **A**

Step c **B** ⟶ **C** + $(Cp_2MS)_2$

问题：

（1）写出形成加成物中间体 **B** 的 Step a 的可能反应机理。

（2）解释为什么 M = Hf 时能够形成双插入产物，而 M = Zr 时几乎只有 Schiff 碱型化合物生成。

解答参见 P407

120. 请写出 **4** 的结构及 **4→6** 的可能机理。

解答参见 P408

121. 推测下列合成过程中 **A**、**B** 化合物的结构，写出反应的机理。

解答参见 P409

122. 为下列反应提供合理的机理：

解答参见 P409

123. 在合成 (+)-acutiphycin 路线的第十步，作者引入了二碘化钐与 Martin 硫化物脱水试剂，并借助三乙基硅基与 OTBDPS 基团，实现了高效专一的反应。由于 SmI_2 具有较高的还原电位 $[E^{\ominus}(aq)(Sm^{3+}/Sm^{2+}) = -1.55\ V]$，且能溶于四氢呋喃 (THF) 等有机溶剂，$SmI_2$ 已迅速成为广泛使用的单电子转移还原偶联剂，在有机合成中得到了广泛的应用。试提出下列反应的机理。

解答参见 P409

124. 2-氨基噻吩类化合物是一类重要的医药中间体，在抗生素的合成中有广泛的应用。Gewald 反应是一种合成 2-氨基噻吩类化合物的常见方法，该反应的试剂易得、条件温和、适用范围广泛。

（1）试写出中间产物 **A** 的结构，并提出反应机理。

（2）已知中间产物 **A** 会发生 Diels-Alder 反应生成二聚体副产物 **B**，试推测 **B** 的结构。（提示：产物中含有氨基）

解答参见 P410

125. 螺 [4.5] 癸烷及其结构衍生物在许多具有生物活性的天然产物中被发现，下面是光催化合成该骨架的一种方法。

fac-Ir(ppy)$_3$

blue LED

DMA, H_2O, Na_2CO_3

Ⅰ Ⅱ

（1）下图是化合物 **Ⅰ** 的生成过程，完成框中的内容。已知 **A**、**B**、**C** 均为自由基。

$Ir^{Ⅲ*}$ → **A** → **B** → **C** → **D** → **E** (H_2O); $Ir^{Ⅳ}$ ← visible light ← $Ir^{Ⅲ}$

（2）试提出由 **D** 生成化合物Ⅱ的过程。

解答参见 P411

126. 提出青蒿素合成的机理。

O_2, $h\nu$ / rose bengal; TfOH / air; H^+

青蒿素

解答参见 P411

127. 根据下列反应，回答下列问题：

1 → **A** (1 equiv.), μW (300 W), CH_2Cl_2, 20 min → acrolein (1 equiv.), μW, 80 °C, 20 min, Grubbs-Hoveyda precatalyst → **2**, 73% (E/Z > 20/1) + **3**, 7%

2 → K_2CO_3 (1.5 equiv.), acetone, 60 °C, 20 h → **4** → IBX (3 equiv.), EtOAc, 60 °C, 24 h → **5**, 69% from **2**

Grubbs-Hoveyda precatalyst

2 → DBU (1 equiv.), MeOH, r.t., 37 h → aq HCl → **6a** + **6b**

62 %, **6a** : **6b**= 7 : 1

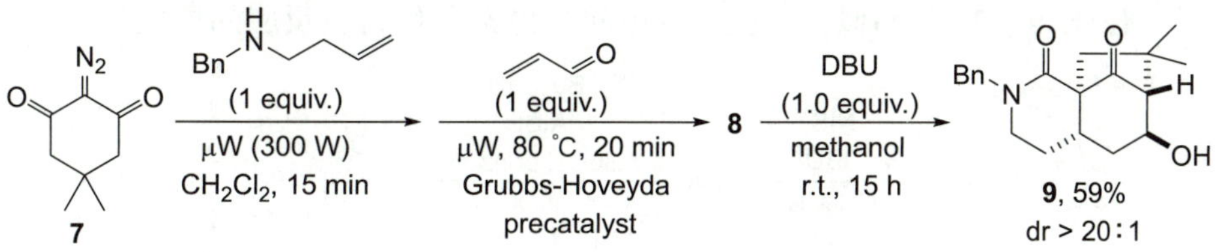

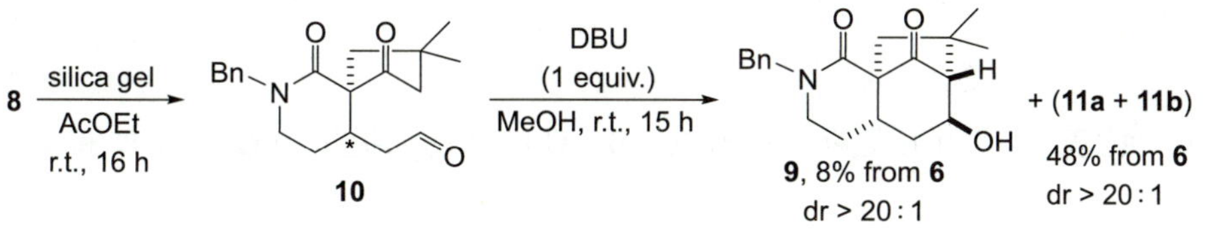

（1）给出试剂 **A** 和产物 **4** 的结构。

（2）提出由 **1** 转变成 **2** 和 **3** 的机理。

（3）提出由 **2** 转变成 **5** 的机理，解释非对映选择性。

（4）提出由 **2** 转变成 **6** 的机理，解释非对映选择性。

（5）当重氮化合物 **7** 和高烯丙基苄胺分别代替 **1** 和高烯丙醇进行反应时，以 59% 的产率、高非对映选择性得到了化合物 **9**，提出 **8** 的结构。

（6）用硅胶处理化合物 **8** 得到螺环化合物 **10**，继而用碱处理得到主要产物 **11** 和副产物 **9**，提出反应的机理。

（7）给出主要产物 **11a** 和 **11b** 的结构。

解答参见 P411

128. 由 2-norbornenone (**A**) 的衍生物出发，人们发现 **B** 要通过四步反应转化成 **C** 后，才能发生后续的 anionic oxy-Cope rearrangements (AOC) 重排，得到双环 [4.3.0] 骨架：

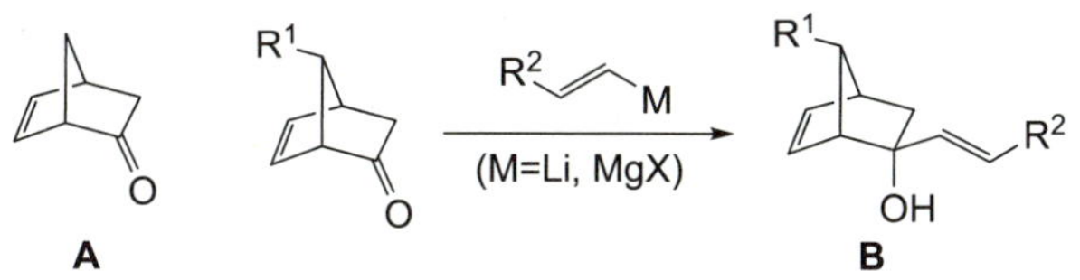

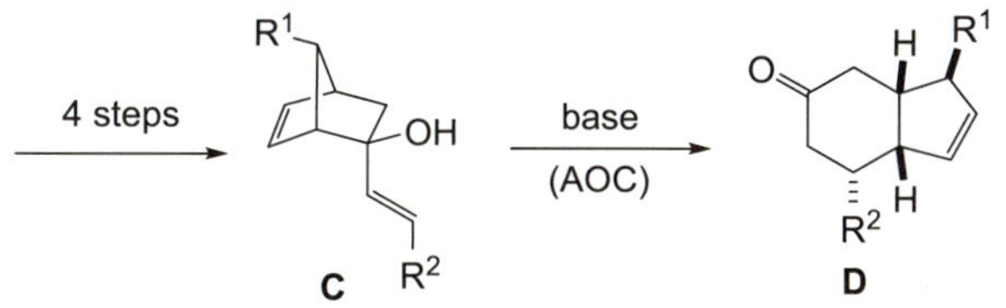

通过自由基机理，可以避免这一多步骤的构型翻转。在亲电试剂作用下，**B** 转化成 **E**，在自由基引发剂的作用下，就可以获得双环 [4.3.0] 骨架 **F**。当 X 为氧原子的时候，**G** 是反应的副产物。

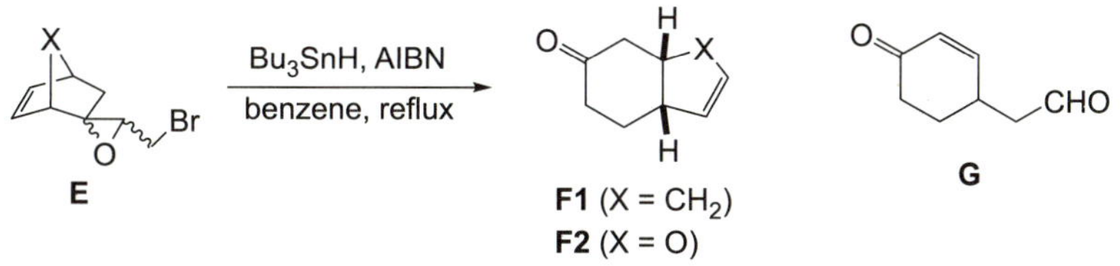

（1）写出由 **C** 到 **D** 的机理。

（2）写出由 **E** 到 **F** 的机理。

（3）写出由 **F2** 到 **G** 的机理。

解答参见 P413

129. 和 128 题相似，写出关键中间产物 **A** 的结构及反应的机理。

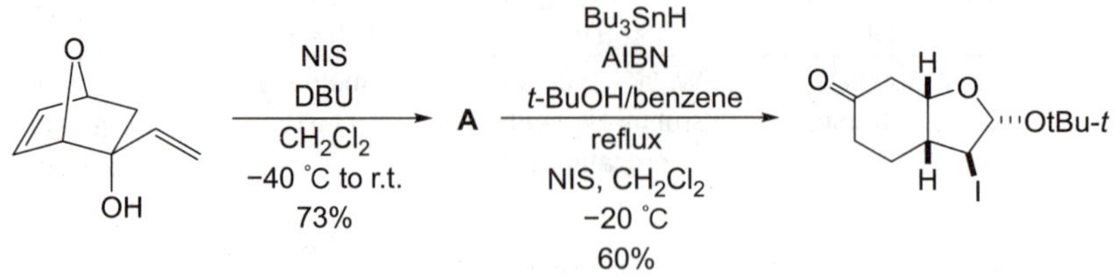

$\xrightarrow[\text{CH}_2\text{Cl}_2,\ -40\ ^\circ\text{C to r.t., } 73\%]{\text{NIS, DBU}}$ **A** $\xrightarrow[\text{reflux, NIS, CH}_2\text{Cl}_2,\ -20\ ^\circ\text{C, } 60\%]{\text{Bu}_3\text{SnH, AIBN, } t\text{-BuOH/benzene}}$

解答参见 P413

130. 根据如下反应，写出 **A**、**B**、**C** 的结构，提出由 **C** 转成 **D** 和 **E** 的机理。

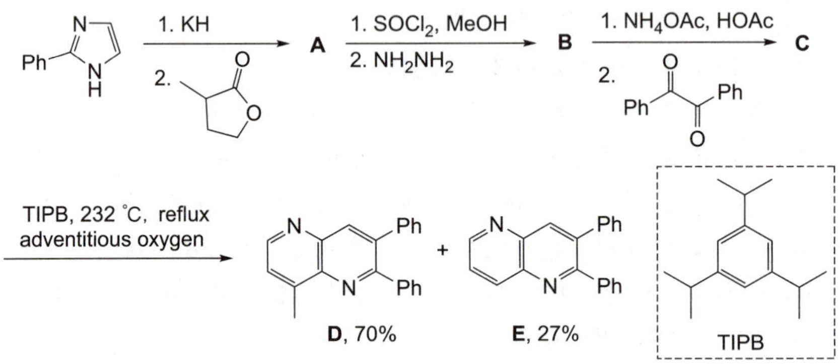

1. KH；2. → **A**；1. $SOCl_2$, MeOH；2. NH_2NH_2 → **B**；1. NH_4OAc, HOAc；2. → **C**

TIPB, 232 ℃, reflux, adventitious oxygen → **D**, 70% + **E**, 27%

TIPB

解答参见 P414

131. 根据下列反应，写出 **A** ～ **D** 的结构，提出由 **C** 到产物的转变过程。

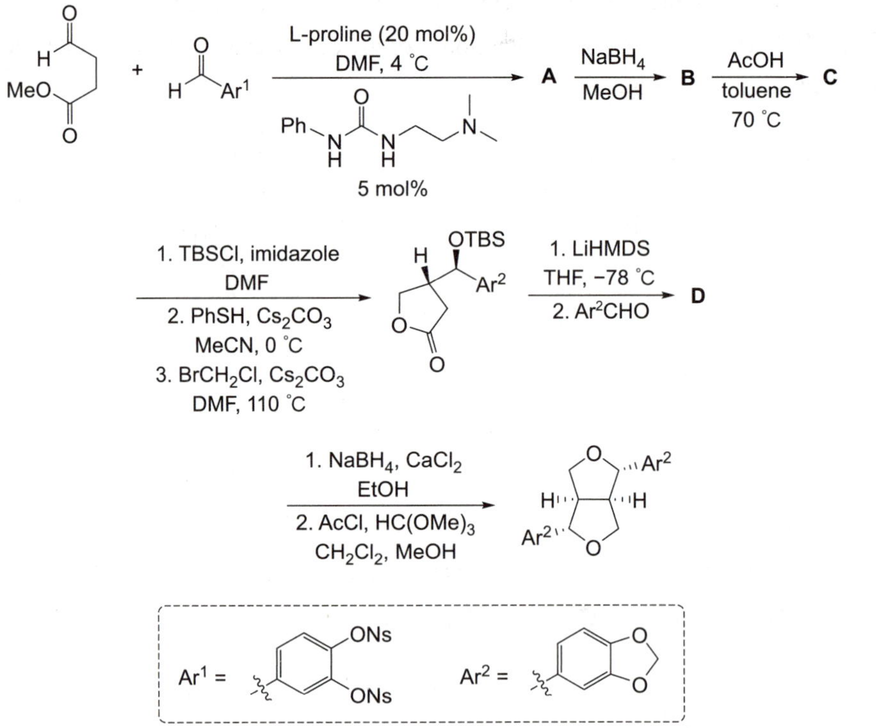

L-proline (20 mol%), DMF, 4 ℃, 5 mol% → **A**；$NaBH_4$, MeOH → **B**；AcOH, toluene, 70 ℃ → **C**

1. TBSCl, imidazole, DMF；2. PhSH, Cs_2CO_3, MeCN, 0 ℃；3. $BrCH_2Cl$, Cs_2CO_3, DMF, 110 ℃ →；1. LiHMDS, THF, −78 ℃；2. Ar^2CHO → **D**

1. $NaBH_4$, $CaCl_2$, EtOH；2. AcCl, $HC(OMe)_3$, CH_2Cl_2, MeOH →

Ar^1 = ；Ar^2 =

解答参见 P414

132. 亚烃基环丙烷类化合物（alkylidenecyclopropanes, ACPs）在有机合成中是一种通用且容易获得的结构模块。此类结构极大的环张力导致其极易发生开环反应，不同底物的不同开环方式可以用于构建不同的分子结构。通过过渡金属催化、Lewis 酸催化、自由基诱导等方式进行的 ACPs 开环反应正逐渐发展成熟。近期，国内的研究团队开发出了有机膦催化的 ACPs 开环反应，并发现含不同取代基的 ACPs 底物所发生的开环反应存在差异。下图展示了三种不同开环反应的结果。

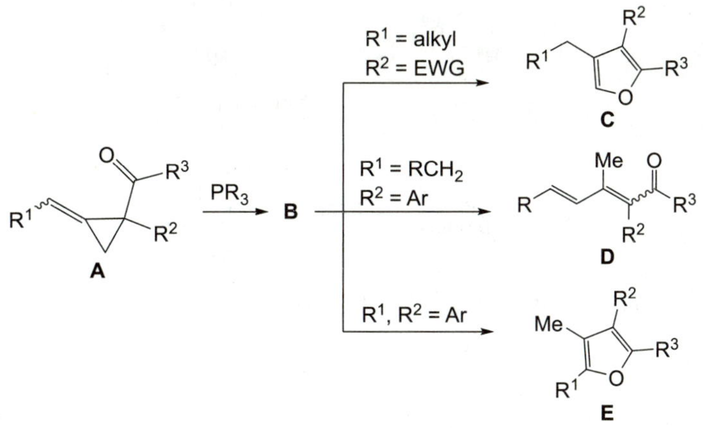

(1) 写出三种反应路径的共同中间体 **B**.(用含 R^1、R^2、R^3 的结构表示)。

(2) 分别写出由 **B** 生成 **C**、**D**、**E** 的反应机理 [要求同 (1),**D** 中的 R^1 用 RCH_2 代替]。

解答参见 P415

133. 溴化反应是有机合成中最重要的一类反应之一,写出下列反应产物的结构式;

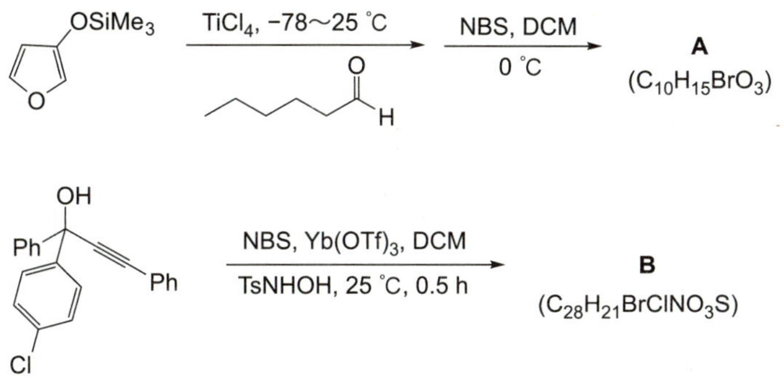

解答参见 P415

134. 写出下列反应的关键中间体 **C** 和 **D**,并解释该反应的区域选择性和立体选择性;

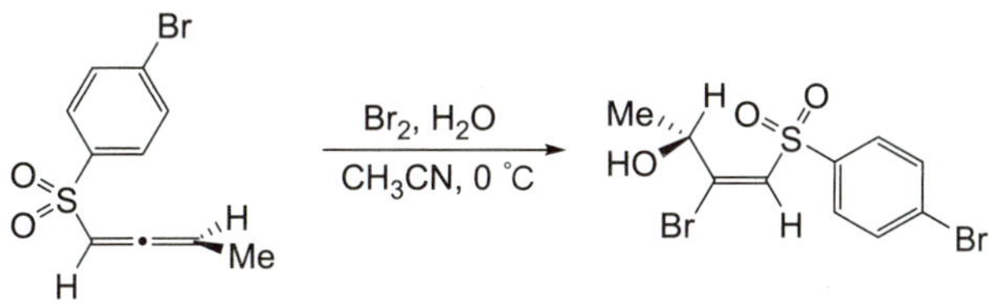

解答参见 P415

135. 写出下列多组分反应的关键中间体 **E**、**F** 和 **G**。

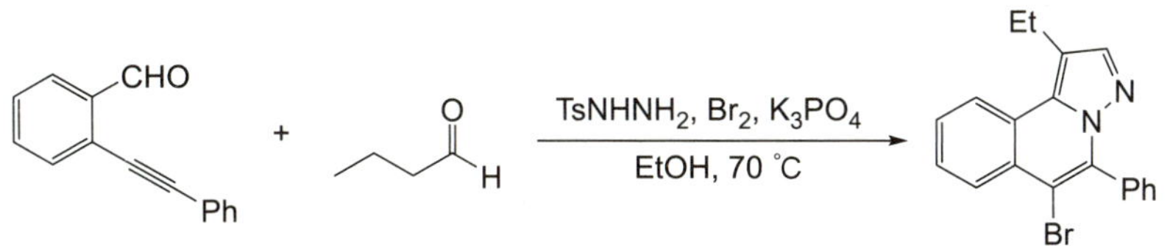

解答参见 P416

136. 如下所示,烯丙基亚砜的 [2,3]-σ 重排形成烯丙基次磺酸盐是一个可逆过程,通常向亚砜转移;在亲硫试剂存在的情况下,次磺酸盐被捕获,在温和条件下得到烯丙醇。

thiophile

natural products

（1）写出如下 [2,3]-σ 重排反应的产物：

$P(OMe)_3$ → **A**

1. *m*-CPBA, CH_2Cl_2, −78 ℃ 2. H_2O → **B**

1. LDA, HMPA, THF, −78 ℃ 2. *n*-BuI, −40 ℃ → $P(OMe)_3$, Me_2NH_2Cl THF/MeOH → **C**

（2）烯丙基亚砜的 [2,3]-σ 重排与其他反应串联在有机合成中有着重要的作用，写出下列反应的机理。

Bu_3SnH, AIBN toluene, 110 ℃

$SOCl_2$, imidazole CH_2Cl_2, −78℃ - r.t. → 1. PhMgBr 2. $P(OMe)_3$

THF, 100 ℃

解答参见 P416

137. 异腈与 2-叠氮基苯氧基丙烯酸酯在铑催化剂作用下生成碳化二亚胺中间体 **C**，在不同碱性条件下得到了两种关环的产物，如下所示。写出 **C** 的结构，提出关环反应的机理。

R−NC →[Rh] R−N≡−RhL$_n$ (**A**) → **B** →($-N_2$) **C**

C
DBU
X=O, S
D
E
X=O
$NaHCO_3$, H_2O
F
G

解答参见 P416

138. 提出下列反应的机理。

$FeCl_3 \cdot 6H_2O$ (3 mol%)
DCM, r.t., 3 h
1
5a
5b

解答参见 P417

139. 写出中间体 **A** 的结构，提出反应的机理。

OH^-
heat

解答参见 P417

第四章　升华篇

在掌握了有机单元反应的机理，理解了反应选择性如何控制以后，如何进一步提高综合能力？综合能力的提高是建立在多看文献、多分析问题的基础之上的，只有当阅读文献的数量积累到一定的程度，综合能力才能得到质的飞跃。本篇以多步反应为主，强调的是多步反应的逻辑性和全合成策略。

1. 提出下列多步反应的机理：

O, CO_2Me, N_2; OH; cat. $Rh_2(OAc)_4$; HO, CO_2Me, O; $BF_3 \cdot OEt_2$; O, CO_2Me, HO

O_3; Me_2S; O, CO_2Me, HO, O; MeOH; cat. TsOH; MeO, O, OMe, MeO_2C, OH

解答参见 P418

2. 以下是心环烯（corannulene）的一种合成路线：

A; a; Cl; B; KCN; acetone; C; H_3O^+; $SOCl_2$; D

b; O; E; SeO_2; O, O; F; c; OH^-; O; G

H; d; Br, Br, Br, Br, Br, Br, Br, Br; I; $TiCl_4$; Zn; J

（1）写出 **a** ～ **d** 代表的试剂和条件，写出 **C**、**D** 的结构；

（2）写出 **G** 到 **H** 的机理。

解答参见 P419

3. 以下是 (+)-Epoxyquinol A/B 全合成的部分过程：

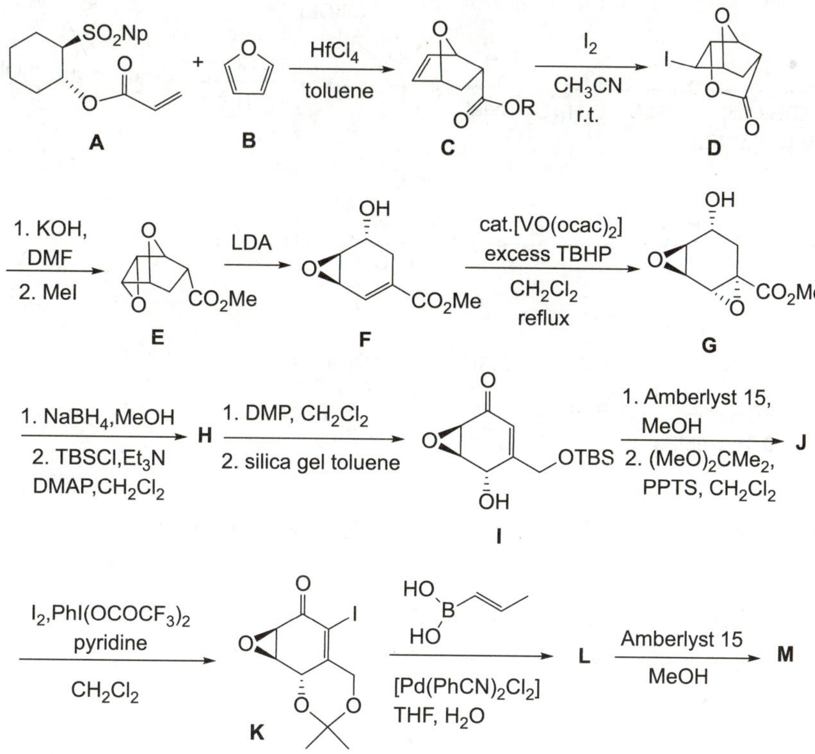

（1）推测 **H**、**J**、**L**、**M** 的结构。

（2）写出 **C** 到 **D**、**D** 到 **E** 的机理。

解答参见 P419

4. 制备 TTX 的合成路线如下：

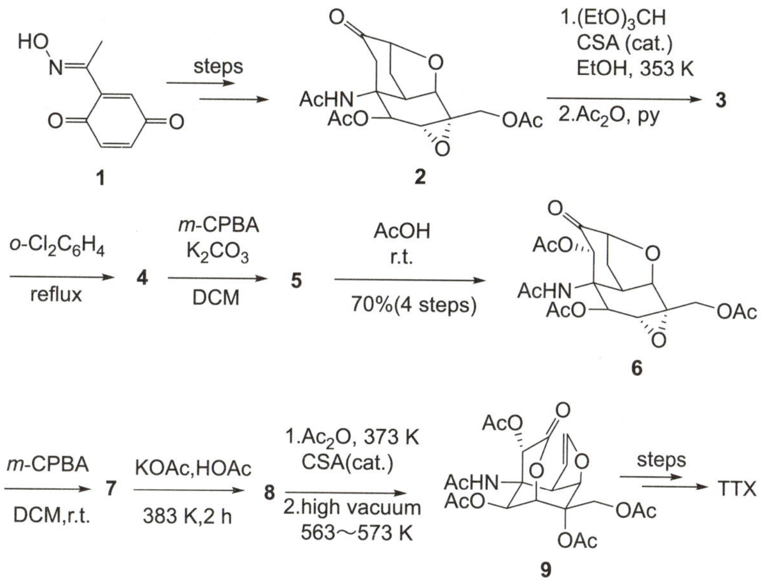

（1）请写出 **3**, **4**, **5**, **7**, **8** 的结构，注意产物的立体化学；

（2）**2** 到 **3** 的过程为什么要乙酰化？

（3）写出 **4** 到 **5** 和 **7** 到 **8** 的反应机理。

解答参见 P420

5. 杀虫剂是一类杀灭、驱逐害虫或减缓虫害的物质。20 世纪农业生产力的提高很大程度上归功于杀虫剂的使用。部分植物会合成一些天然的杀虫剂，例如尼古丁或菊酸酯等。和天然产物尼古丁相反，菊酸酯对人畜无害。历史上科学界曾提出过许多合成菊酸酯的方法，下图给出了其中两种。写出图中所有化合物的结构式（其中 **A** 是一种密度比空气小的碳氢化合物）。

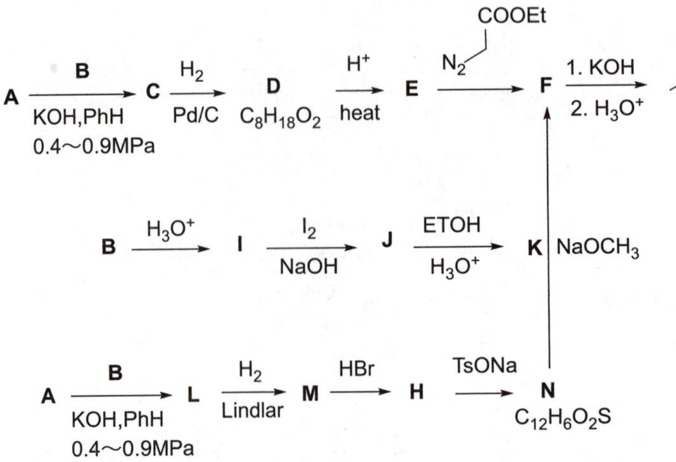

$$A \xrightarrow[\text{KOH,PhH } 0.4\sim0.9\text{MPa}]{B} C \xrightarrow[\text{Pd/C}]{H_2} D\ (C_8H_{18}O_2) \xrightarrow[\text{heat}]{H^+} E \xrightarrow{N_2CHCOOEt} F \xrightarrow[2.\ H_3O^+]{1.\ KOH}$$

$$B \xrightarrow{H_3O^+} I \xrightarrow[\text{NaOH}]{I_2} J \xrightarrow[H_3O^+]{\text{ETOH}} K \xrightarrow{\text{NaOCH}_3} F$$

$$A \xrightarrow[\text{KOH,PhH } 0.4\sim0.9\text{MPa}]{B} L \xrightarrow[\text{Lindlar}]{H_2} M \xrightarrow{\text{HBr}} H \xrightarrow{\text{TsONa}} N\ (C_{12}H_6O_2S) \rightarrow K$$

解答参见 P420

6. **X** 是一种具有特殊性质和较高价值的工业产品，被广泛用于各种材料与化合物的合成之中，年产量可达到数百万吨。传统工业合成法为由苏联科学家 R. Udris 于 1942 年发明的，即 **A**+**B** 到 **C** 再由空气氧化即可得 **X** 与 **D**（注 :**G** 的对称性高于 **H**，**X**+**D** 在酸作用下生成双酚 **A**，**M** 为阿司匹林），写出 **A** 到 **O** 及 **X** 的结构式。

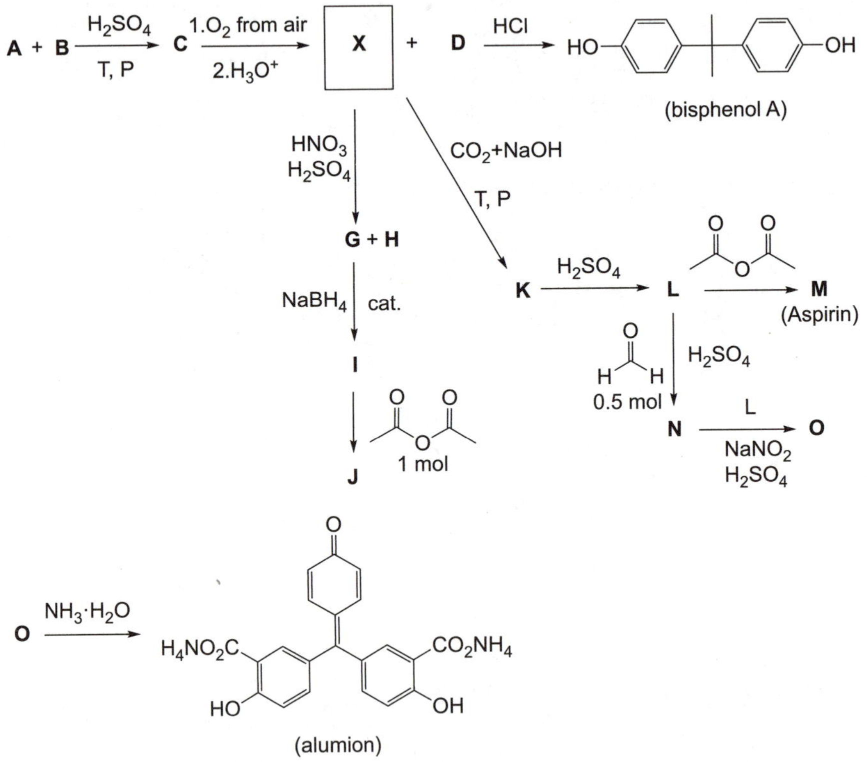

$$A + B \xrightarrow[\text{T, P}]{H_2SO_4} C \xrightarrow[2.H_3O^+]{1.O_2\text{ from air}} X + D \xrightarrow{\text{HCl}} \text{HO-C}_6\text{H}_4\text{-C(CH}_3)_2\text{-C}_6\text{H}_4\text{-OH}$$

(bisphenol A)

$$X \xrightarrow[H_2SO_4]{HNO_3} G + H \xrightarrow[\text{NaBH}_4]{\text{cat.}} I \xrightarrow{(CH_3CO)_2O,\ 1\text{ mol}} J$$

$$X \xrightarrow[\text{T, P}]{CO_2+NaOH} K \xrightarrow{H_2SO_4} L \xrightarrow{(CH_3CO)_2O} M\ \text{(Aspirin)}$$

$$L \xrightarrow[\text{HCHO } 0.5\text{ mol}]{H_2SO_4} N \xrightarrow[\text{NaNO}_2,\ H_2SO_4]{L} O$$

$$O \xrightarrow{NH_3\cdot H_2O} \text{(alumion)}$$

(alumion)

解答参见 P420

7. 合成 Grandisol 的途径如下所示：

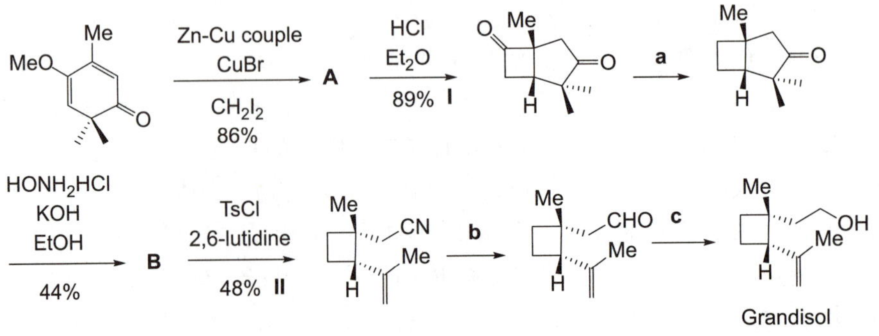

$$\xrightarrow[\text{CH}_2\text{I}_2\ 86\%]{\text{Zn-Cu couple, CuBr}} A \xrightarrow[89\%\ \text{I}]{\text{HCl, Et}_2\text{O}} \xrightarrow{a}$$

$$\xrightarrow[44\%]{\text{HONH}_2\text{HCl, KOH, EtOH}} B \xrightarrow[48\%\ \text{II}]{\text{TsCl, 2,6-lutidine}} \xrightarrow{b} \xrightarrow{c} \text{Grandisol}$$

问题：

（1）写出 **A** 和 **B** 的结构；

（2）写出 **a**、**b**、**c** 的反应条件；

（3）提出 **I** 和 **II** 的反应机理。

解答参见 P421

8. 合成 **H** 的路线如下：

H_2O_2, 6 mol/L NaOH, MeOH, 75%; 30% $HClO_4$, THF, 69% → **A**; $Pb(OAc)_4$, PhH/MeOH, PTSA, 55%

AcOH, H_2O, 92% → **B**; $NaBH_4$, MeOH, 91% → **C**; 1.TsCl 2.NaI → **D**; LDA HMPA THF, 78% → **E**; LDA, MeI THF, 83%

2 mol/L NaOH, MeOH, 94% → **F**; KI-I_2, $NaHCO_3$, CH_2Cl_2, 78%; Zn,NH_4Cl, EtOH, 98% → **G** → **H**

问题：

（1）请写出 **A** ～ **F** 的结构；

（2）提出 **G** 到 **H** 的合成路线。

解答参见 P421

9. 根据下列反应，写出 **A**、**B**、**C**、**D**、**E**、**F**、**H** 和 **I** 的结构。

CH_3AlCl_2 → **A**; NaOH, H_2O,H_2O_2 → + **B**

B ($NaHCO_3$, KI,I_2) → **C**($C_9H_{13}IO_2$) (DBU) → **D**($C_9H_{12}O_2$) (1.$LiAlH_4$ 2.H_2O)

E($C_9H_{16}O_2$) (PCC) → **F**($C_9H_{14}O_2$) (Me_3SiCl, Et_3N) → CHO, $OSi(CH_3)_3$

Cl_2HC–CO–Cl, Et_3N → **H** + **I**

解答参见 P422

10. 完成下列方程式：

$COOCH_3$; TMSCl,Et_3N, DMF,130 ℃, 68 h → **A** $C_{15}H_{28}O_3Si$; 1. $LiAlH_4$, THF 2.BzCl, py, CH_2Cl_2 →

Pd(OAc)$_2$, DMSO, O$_2$ / 80℃, 15 h → **B** $C_{18}H_{22}O_3$ → (MgBr, CuCN, THF, −78 ℃, 1 h) → **C** $C_{20}H_{26}O_3$ + $C_{20}H_{26}O_3$

TFAA → (1. TMSCH$_2$MgBr, Pd(PPh$_3$)$_4$, THF, reflux, 1 h; 2. 3 mol/L NaOH, THF/MeOH/DMF, reflux, 15 min, 94%) → **D** $C_{24}H_{36}O_2Si$ →

解答参见 P422

11. 根据如下反应，回答下列问题：

steps → **A** → (BrZnCH$_2$CO$_2$C$_2$H$_5$, PhH, Et$_2$O, reflux, 15 min) → **B** $C_{15}H_{19}NO_4$ → (1. 0.5 mol/L MeONa; 2. HCl, H$_2$O) → **C**

C → (1. BH$_3$, THF, 273 K; 2. Ac$_2$O, pyridine, r.t.) → **D** $C_{16}H_{21}NO_4$ → (1. NBS, CCl$_4$, reflux, 30 min; 2. LiBr, Li$_2$CO$_3$, DMF, 403 K, 20 min; 3. K$_2$CO$_3$, CH$_3$OH, 273 K, 2 h) →

E →[O]→ **F** → (NEt$_3$, *i*-PrOH, 353 K, 67%) → **G**

steps →

（1）写出中间产物 **B**、**D**、**E** 的结构。

（2）推测 **F** → **G** 可能的反应机理；

（3）推测 **C** → **D** 可能的反应机理。

解答参见 P422

12. 柔红酮（Daunomycinone）是一种抗肿瘤药物，A. S. Kende 于 1975 年合成了其衍生物 9-脱氧柔红酮（9-deoxy Daunomycinone），试根据以下合成路线，回答下列问题：

A → **D** → (NaOH, 338 K) → **E** → HF →

F → (BBr$_3$, DCM, 195 K to 273 K, 76%) → **G** → (乙二醇, TsOH, 91%) → **H**

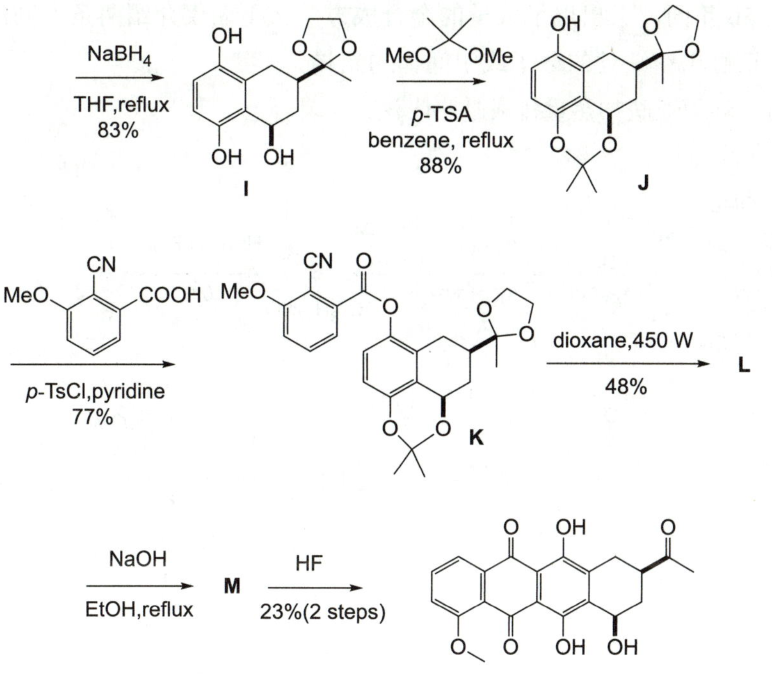

N(9-deoxy daunomycinone)

（1）以 **A**（2,5-二甲氧基苯甲醛）、不超过 5 个碳的有机试剂和必要的无机试剂三步合成 **D**。

（2）试给出 **D** 到 **E** 的反应机理（提示：此反应中水解步骤速率约为 2,5-二甲氧基正苯丁酸乙酯的 10^5 倍）。

（3）写出 **L**、**M** 的结构。

解答参见 P423

13. 下面是天然产物喜树碱的合成路线，写出 **C**、**D**、**E** 的结构，并写出 **A** 到 **B** 的机理。

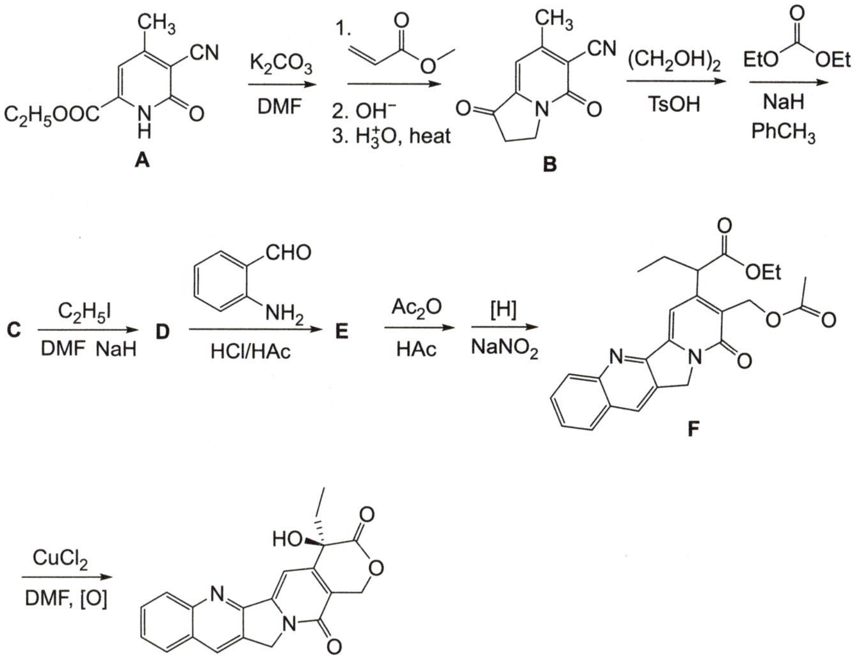

解答参见 P424

14. 番杏科生物碱——(−)-Mesembrine 具有抗焦虑、抗成瘾等生理活性，其分子结构中具有典型的手性环状季碳中心结构单元，一直是有机合成的热点目标分子之一。1965 年 Shamma 等人首次全合成了 Mesembrine 分子，此后的 50 年间，又出现了大量的全合成方法。下面仅介绍两条不同的合成路线，请画出空缺处的分子或中间体的结构。

（1）环丙亚胺加热重排成吡咯啉法：

OMe OMe CN

Br Br base → A → 1. DIBAL-H/Et_2O 2.H_2O 3.CH_3NH_2 → B $C_{13}H_{17}NO_2$ → HBr(g) / Et_2O 120˚C → OMe OMe N

→ [C] → [D] → OMe OMe N H O

DIBALH: Al H

（2）Birch 还原-Cope 重排反应法：

I O OH OMe → → Ar O OMe N OMe → 1.K, NH_3 / THF 2.$BrCH_2CH{=}CH_2$ → E → 1.6 mol / LHCl 2.heat →

Ar O OMe N OMe → 1.O_3 / Me_2S 2.$MeNH_2$ / $NaBH_3CN$ → F → MeNHOH EtOH / heat → Ar N O N O

解答参见 P424

15. 烟霉醇是单环倍半萜的衍生物，是烟霉素的水解产物，下面是其全合成过程，请写出 **A** ～ **F** 的结构式。

O O O + Br → $NaOCH_3$ → A → 1. $NaOC_2H_5$ 2. work up → B → SeO_2 → C $C_8H_{12}O_3$

PPh_3 → D → Br O → Br CHO O O → 1. $NaBH_4$ 2. TMSCl → E

m-CPBA → F → 1. NH_4F 2. CH_3ONa → O H O O O

解答参见 P425

16. [4.4.5.5] 窗格烷的合成如下：

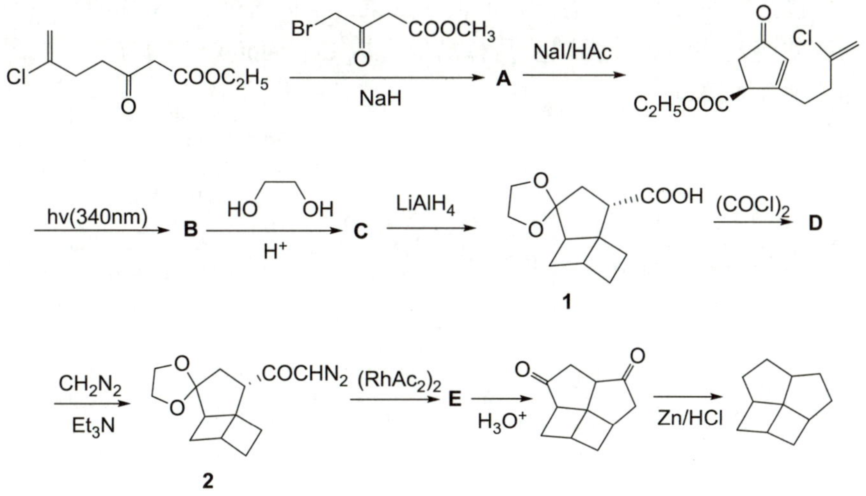

问题：

（1）写出上述合成路线中 **A** ～ **E** 的结构；

（2）写出由 **1** 生成 **2** 的机理。

解答参见 P425

17. 提出 **4** 和 **5** 的结构及反应的机理：

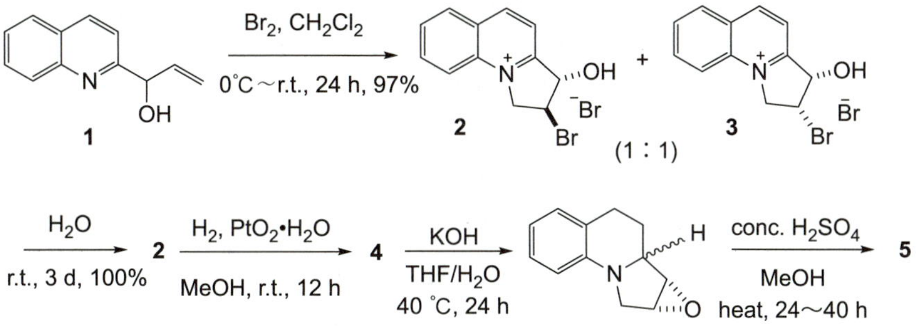

解答参见 P425

18. 茎生物碱是一类合成化学家们十分感兴趣的化合物，以下路线提供了一种合成茎生物碱中间体的方法：

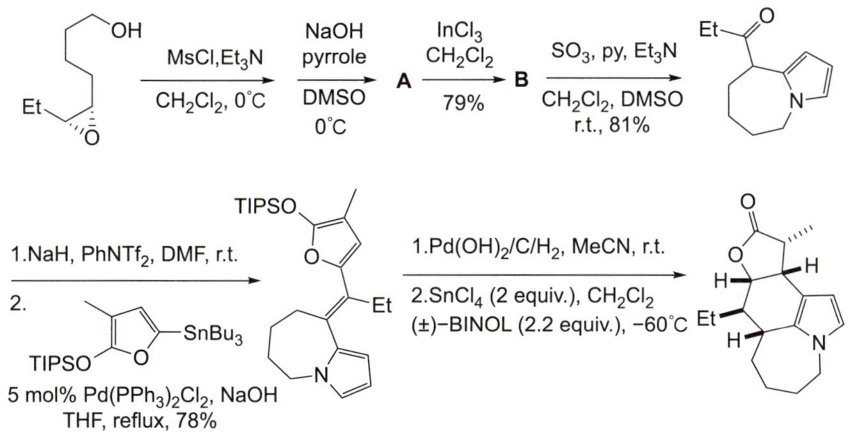

（1）试写出 **A**、**B** 的结构；

（2）提出最后一步反应的机理；

（3）最后一步反应用了 2 equiv. 的 LBA（Lewis acid-Brønsted acid），试解释 LBA 的作用。

解答参见 P426

19. Cephalotaxine 是一系列天然产物的母体，具有较好的抗癌效果，甚至对于慢性髓系白血病也有一定的治疗效果。人们通过 X-ray 探明了该物质手性碳的绝对构型，并尝试了几种高效合成 Cephalotaxine 的方法。下图所示为一种合成线路：

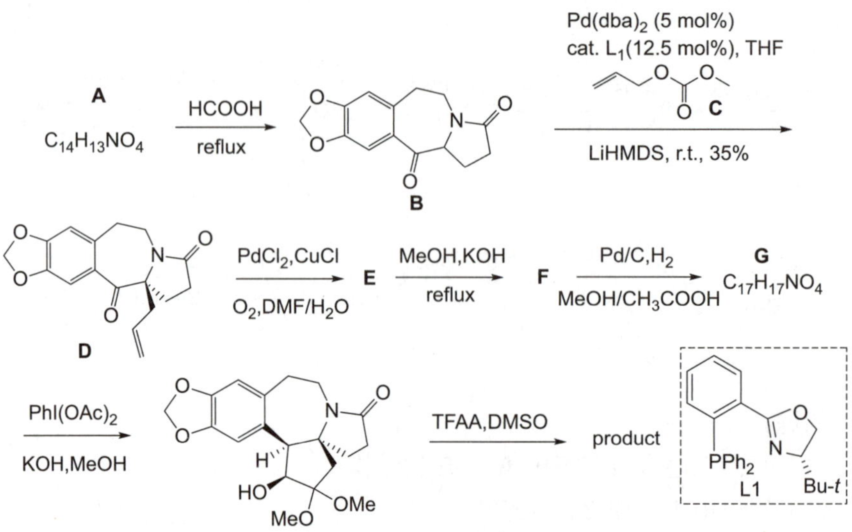

A
$C_{14}H_{13}NO_4$
HCOOH
reflux
B
Pd(dba)$_2$ (5 mol%)
cat. L$_1$(12.5 mol%), THF
C
LiHMDS, r.t., 35%
D
PdCl$_2$,CuCl
O$_2$,DMF/H$_2$O
E
MeOH,KOH
reflux
F
Pd/C,H$_2$
MeOH/CH$_3$COOH
G
$C_{17}H_{17}NO_4$
PhI(OAc)$_2$
KOH,MeOH
TFAA,DMSO
product
PPh$_2$
L1
Bu-t

（1）物质 **A** 分子中不含七元环，含有两个六元环、两个五元环和一个醛基，请给出物质 **A** 的结构，并写出物质 **A** 到物质 **B** 的反应机理。

（2）请给出物质 **E**、**F**、**G** 以及最终产物的结构。

（3）化合物 **G** 会逐渐发生外消旋化，试解释其原因。

解答参见 P426

20. 在 (±)-Preussomerins G 和 I 的合成路线中，由 **F** 生成中间体 **D** 的一步反应是关键。重排的驱动力主要来自将萘环转化成两个分离的苯环后共振能的增加，请根据已知信息给出 **A**、**B**、**C**、**D** 的结构。

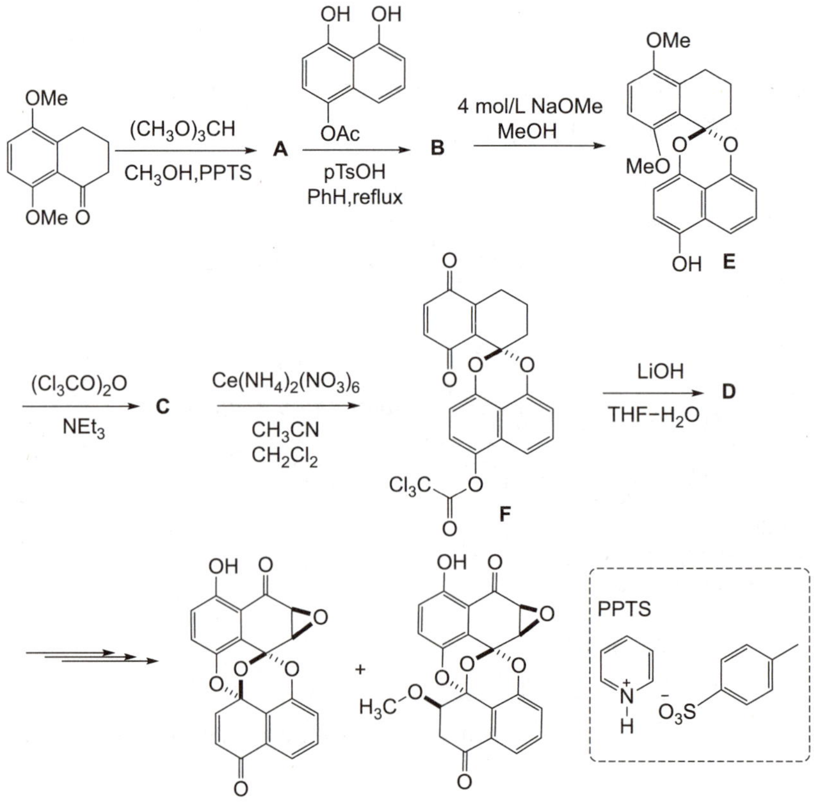

(CH$_3$O)$_3$CH
CH$_3$OH,PPTS
A
pTsOH
PhH,reflux
B
4 mol/L NaOMe
MeOH
E
(Cl$_3$CO)$_2$O
NEt$_3$
C
Ce(NH$_4$)$_2$(NO$_3$)$_6$
CH$_3$CN
CH$_2$Cl$_2$
F
LiOH
THF−H$_2$O
D
PPTS

解答参见 P427

21. 2003 年，Stephanie H. Chanteau 和 James M. Tour 为化学世界创造了许多小人（Nanokid）。以下分别是 NanoKid 的全身照、上身照、下身照：

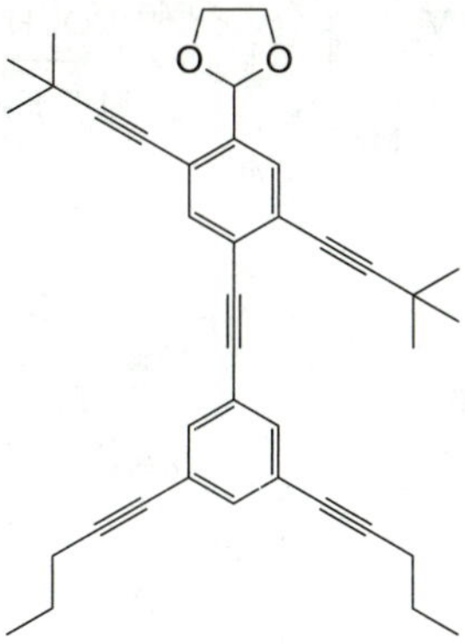

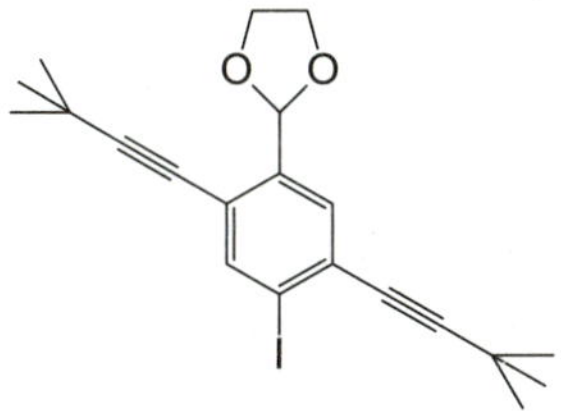

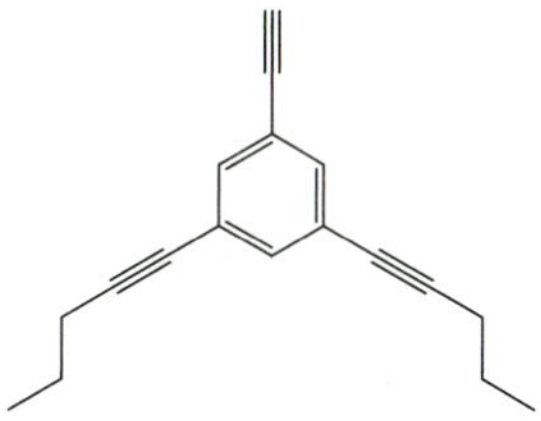

（1）NanoKid 可分为上半身和下半身。请从对二溴苯出发，设计一条合成路线合成小人的上半身；

（2）请从对硝基苯胺出发，设计一条合成路线合成小人的下半身；

（3）你已经学会了制作小人的上半身和下半身，下面我们需要把它们拼成一个完整的小人。以下是 NanoBalletDancer 的上半身和下半身以及部分合成路线，请写出化合物 **B**、**C** 的结构式。

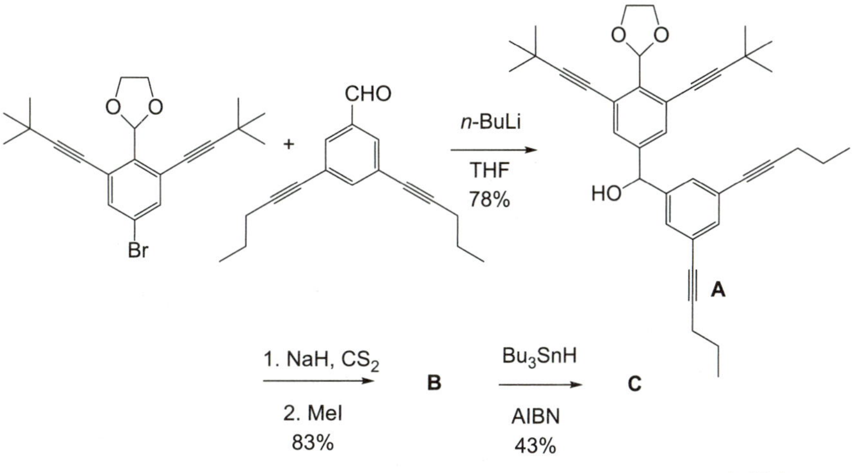

Br　+　CHO　$\xrightarrow[\text{THF, 78\%}]{n\text{-BuLi}}$　HO　**A**

$\xrightarrow[\text{2. MeI, 83\%}]{\text{1. NaH, }CS_2}$ **B** $\xrightarrow[\text{AIBN, 43\%}]{Bu_3SnH}$ **C**

解答参见 P427

22. 请写出 **A** 和 **B** 的结构式：

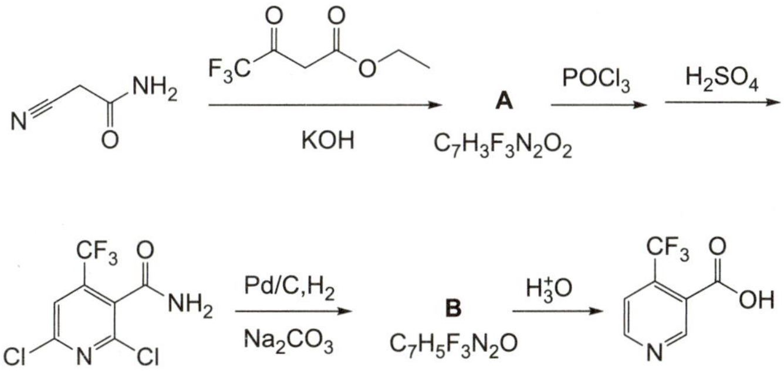

NH$_2$ (N≡C–CH$_2$–CONH$_2$) $\xrightarrow[\text{KOH}]{F_3C\text{–CO–CH}_2\text{–COOEt}}$ **A** ($C_7H_3F_3N_2O_2$) $\xrightarrow{POCl_3}$ $\xrightarrow{H_2SO_4}$

CF$_3$ O NH$_2$ Cl N Cl $\xrightarrow[Na_2CO_3]{Pd/C, H_2}$ **B** ($C_7H_5F_3N_2O$) $\xrightarrow{H_3^+O}$ CF$_3$ O OH N

解答参见 P428

23. 秋水仙素（Colchicine）的全合成路线如下，回答下列问题：

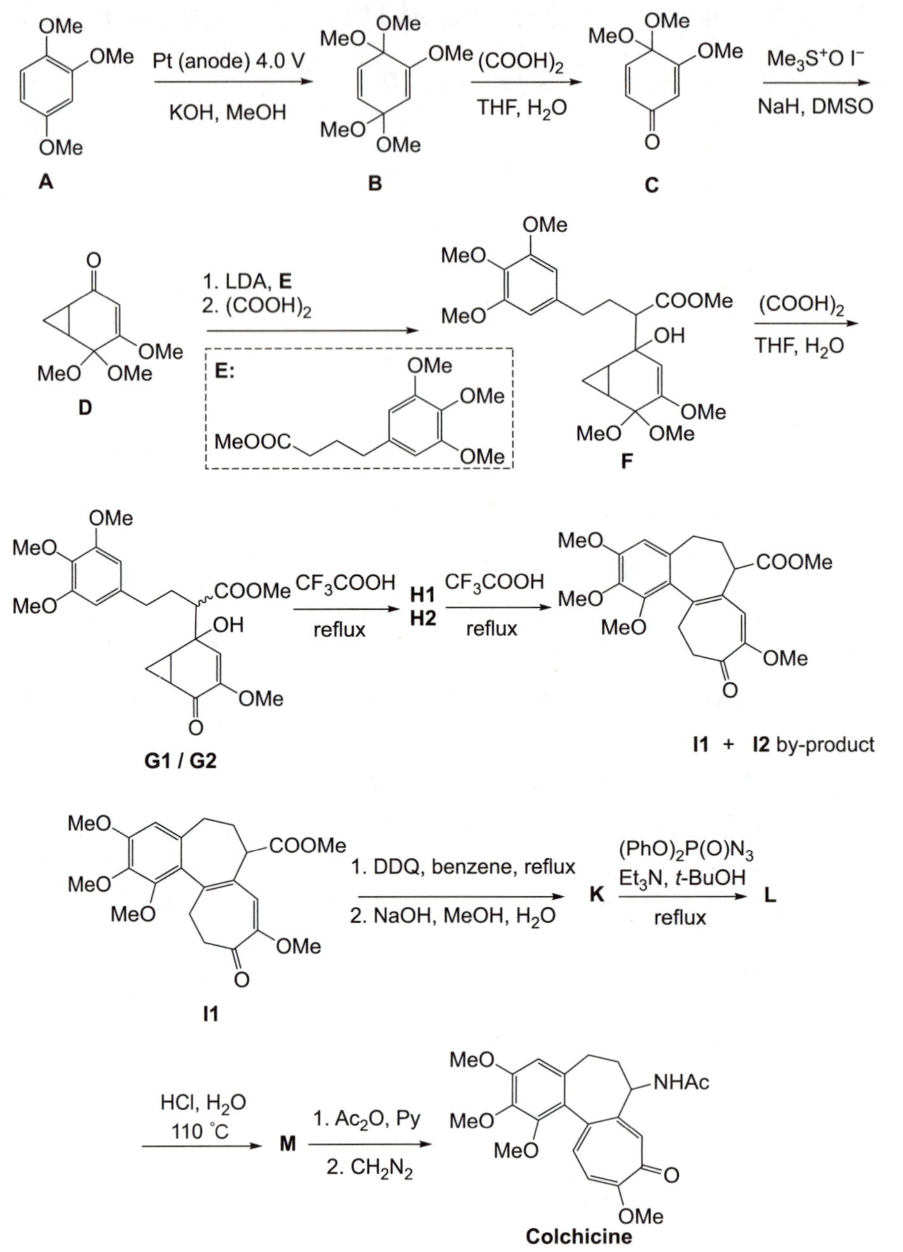

（1）写出 **C** 到 **D** 的反应机理；

（2）**G1**、**G2** 为一对非对映体，在三氟乙酸回流的条件下分别生成可分离的中间体 **H1** 和 **H2**，在相同条件下继续反应生成 **I1** 和 **I2**，其中 **I2** 为副产物。请写出 **G1**、**G2**、**H1**、**H2** 和 **I2** 的结构，并提出相应的转化机理；

（3）写出 **K**、**L**、**M** 的结构以及 **K** 到 **L** 的机理。

解答参见 P428

24. (−)-Brunsvigine 的合成路线如下（其中 DEAD 为偶氮二甲酸二乙酯，DIAD 为偶氮二甲酸二异丙酯）：

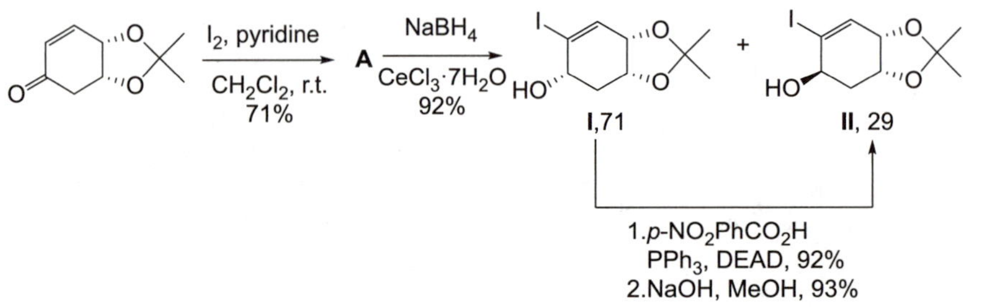

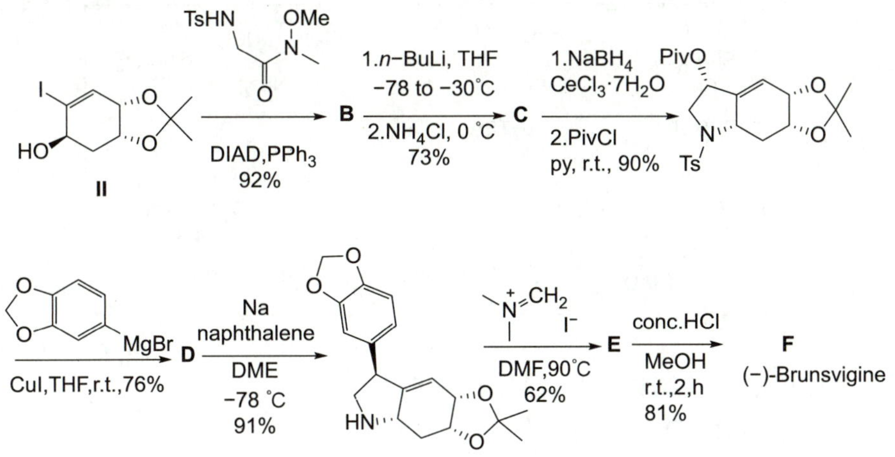

（1）化合物 **E**、**F** 中含有七元环，**F** 仅含有两个羟基，Piv-为*t*-BuCO—，请写出 **A** ～ **F** 的结构式（注意立体化学）；

（2）写出形成 **A** 的机理和 **B** 到 **C** 的机理。

解答参见 P429

25. 一课题组通过以下途径合成了六环十四烷，请画出 **A**、**B**、**C**、**D**、**E** 的结构，并提出从 **B** 到 **C** 的反应机理。

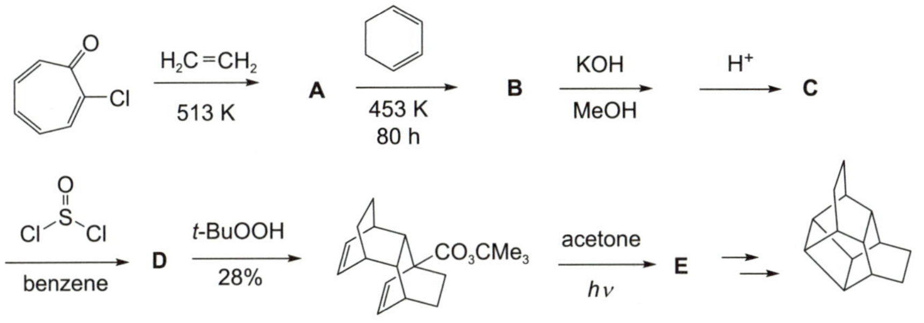

解答参见 P430

26. 下面是一种 6-*β*-Fluoroaristeromycin 新合成路线的一部分，试写出 **A** ～ **E** 的结构（TBAF：四丁基氟化胺）。

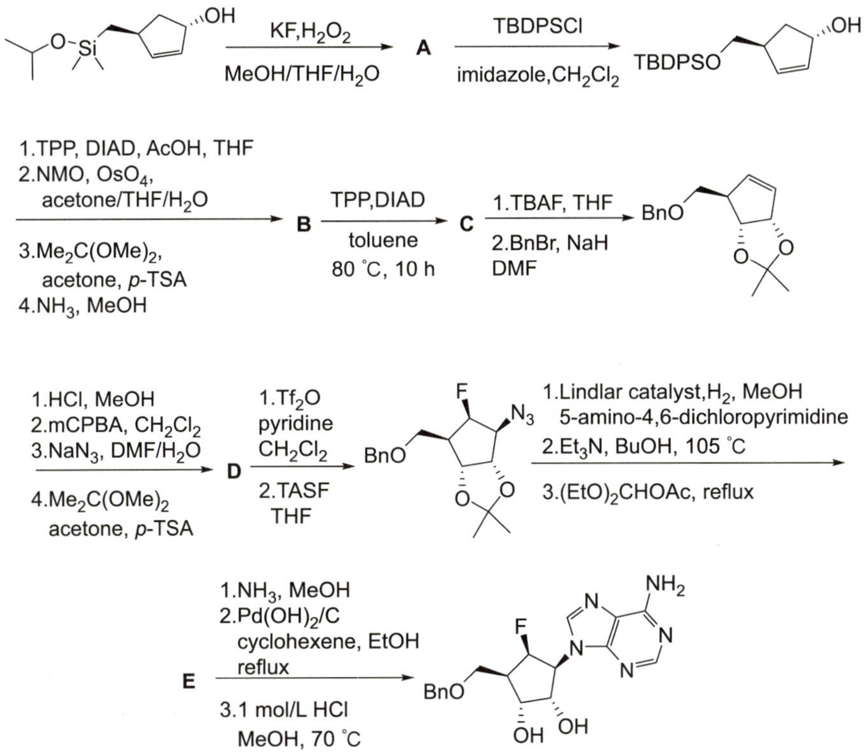

TBDPSCl　p-TSA　TASF

DIAD　NMO　TPP

解答参见 P430

27. 根据如下合成路线，回答下列问题。

（1）给出 **B**、**D** 和 **F** 的结构。

（2）给出 **D** 到 **E**, **G** 到 **H** 的转化机理。

A → (LDA, THF, −30 ℃, 65%) → **B** → (1.Swern oxidation 2.$(CH_2OH)_2$, p-TSA, benzene, reflux, 94%, two steps) → **C**

1. $LiAlH_4$ 2. (2-溴-4-氯丁酰氯), CH_2Cl_2, py, H_3O^+, 96%, two steps → **D** → (Zn, $ZnCl_2$, THF, reflux, 67%) → **E** → ($LiAlH_4$, THF, 95%) → **F**

Swern oxidation → **G** → (CH_3NH_2 then HOAc, 55 ℃, 63%, two steps) → **H**

解答参见 P430

28. 以下几步反应包含在 Propindilactone G 的全合成中，回答下列问题：

1.**A**, TFA, toluene,7h, 88% (98%ee)

2.$AlMe_3$ (2equiv.), MeMgBr, CH_2Cl_2

3.DMP, $NaHCO_3$

4.MeMgCl, THF

Propindilactone G

A:　DMP:

（1）试画出能够解释反应立体选择性的过渡态。

（2）解释反应 **2** 中三甲基铝的作用，以及为何二氯甲烷可以作为这一格氏试剂反应的溶剂？

（3）试写出反应 **3** 的机理。

解答参见 P431

29. Germine 是许多生物碱的母体结构。2017 年，有文献报道了它的全合成路线。其中中间步骤如下：

A —(m-CPBA, $NaHCO_3$, CH_2Cl_2, 0 °C)→ B —($(COCl)_2$, DMSO, Et_3N, CH_2Cl_2, low temperature)→ C

—(TBSCl, imidazole, 60 °C, 24 h)→ D —(H_2, 10% Pd/C, NaOAc, EtOAc, r.t.)→ E

（1）写出 **B** 和 **D** 的结构，并解释产生 **B** 的立体选择性。

（2）**B** → **C** 的步骤中运用了 Swern 氧化的策略，试写出这步反应的机理。

解答参见 P431

30. Paucidirinine 的全合成工作于 2018 年报道。以下是其中最具特色的几步反应，回答下列问题。

A —(cascade enamination [4+2] cycloaddition)→ [B] → C

⟶⟶ D —(SmI_2-promoted radical cyclization)→ E

A 到 **C** 的过程生成了一个中间体 **B**，试写出 **B** 的结构，并解释 **C** 生成的立体选择性。写出 **E** 的结构。

解答参见 P432

31. 根据下列合成路线回答问题：

—(1. succinic acid, Et_3N, DCM; 2. $SOCl_2$ then $AlCl_3$, DCM, 80% for 2 steps)→ A —(TFA, Et_3SiH, 86%)→

⟶⟶ —(KCN, DMSO, 160 °C, 96%)→ B —(1. **D**, K_2CO_3, CH_3CN, 80 °C, 65%; 2. t-BuOK, THF, 92%)→

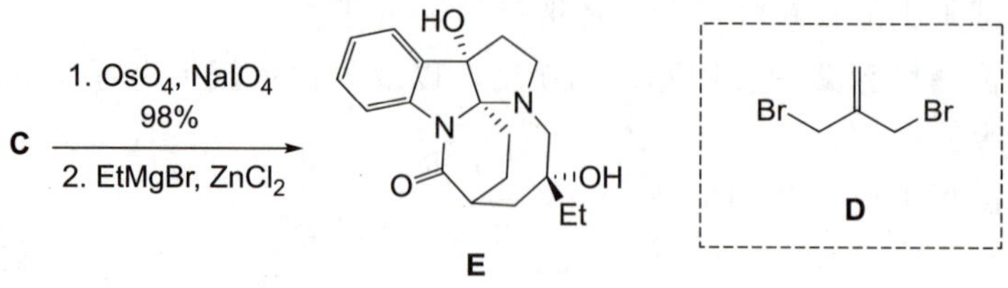

（1）写出 **A**、**B**、**C** 的结构简式（注意立体化学）。

（2）写出由底物到 **A** 的反应机理

（3）研究人员利用化合物 **D′** 合成了 **E** 的立体异构体 **E′**，并最终合成了目标产物 colonutinine。请写出 colonutinine 的结构简式并给出 **C′** 到 **E′** 的关键中间体。

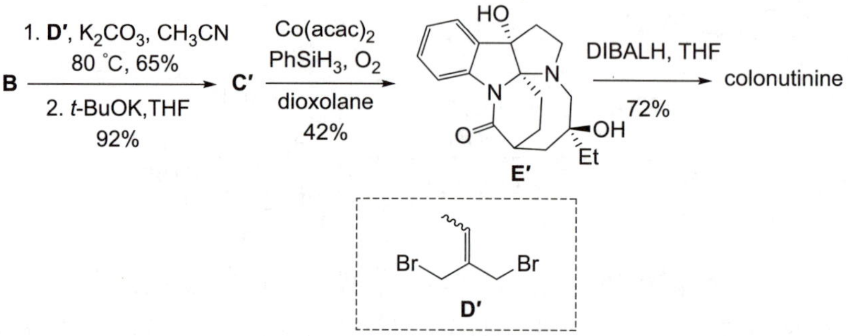

解答参见 P432

32. 下面是某实验室提出的工业全合成 CoQ10 路线，请将合成路线补充完整。

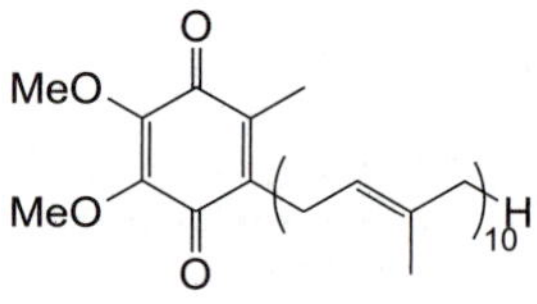

Coenzyme Q10

（1）侧链砌块的合成路线：

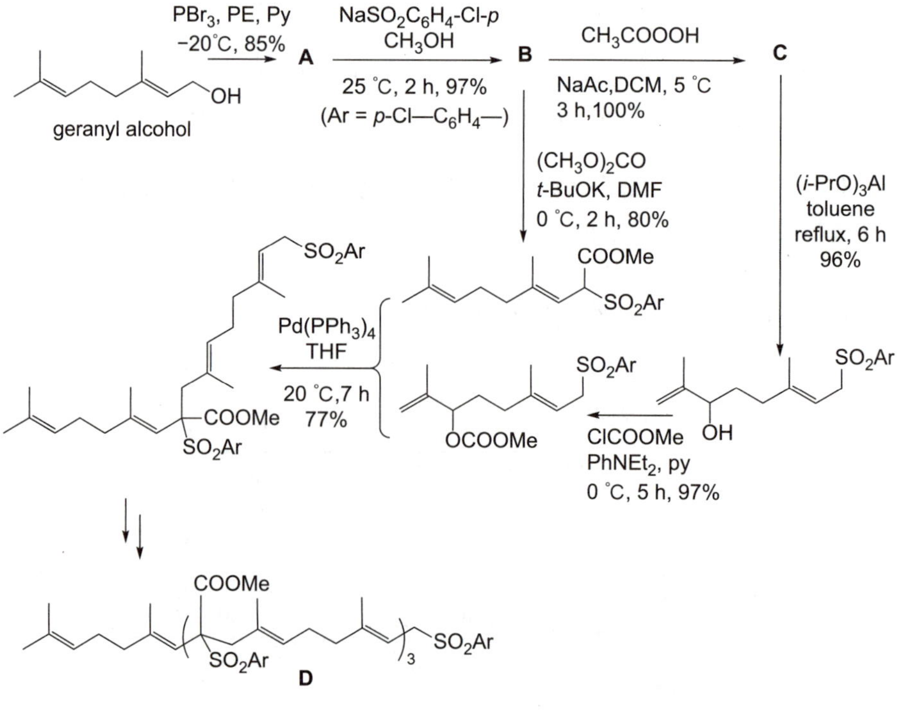

（2）母体的合成路线：

CoQ0 →(AcOH, r.t.,24 h, 99%) E →(t-BuOK,**B**, THF,DMF, −25 ℃) F →(100 ℃ / 6 torr, 91%) **CoQ2** →(1. $Na_2S_2O_4$, H_2O, acetone, 0.5 h, r.t.; 2. NaOH, $(CH_3)_2SO_4$, 2 h, r.t.,96%)

→(NBS, THF, H_2O, 4 h, 10 ℃) →(K_2CO_3, CH_3OH,10 ℃, 76%) **G**

→($Al(OPr\text{-}i)_3$, toluene, 110 ℃, 92%) →(MeOCOCl, diethylaniline, pyridine, benzene, 93%)

D - - - → Coenzyme Q10

解答参见 P433

33. 大戟科二萜因其广谱的生物活性和多样的分子结构而备受合成化学家的青睐。迄今为止，已有超过 750 个二萜类化合物，同时超过 20 个骨架类型被发现。近期，文献报道了 Pepluanol B (3) 的首次消旋及不对称全合成。

Pepluanol B (3)

（1）以下是 Pepluanol B (3) 骨架的合成路线，请推测出 **A**、**B**、**C**、**D** 各自的结构。

→(1. NaH, PMBCl, TBAI; 2. $(COCl)_2$, DMSO, Et_3N, 80% over two steps) **A** →(1. LDA,TMSCl; 2. $[(CH_3)_2NCH_2]^+I^-$; 3. CH_3I, Al_2O_3(basic), 65% over three steps) **B** →(5 mol% $RhCl_3 \cdot 3H_2O$, 86%)

→(1. LDA, −78 ℃; 2. Et_3N, TMSOTf, 78% over two steps) **C** →($CeCl_3$, AllylMgBr, 72%) **D** →(5 mol% Grubbs (2nd), CH_2Cl_2, reflux, 88%)

（2）后续步骤中涉及手性碳的生成，请写出下面步骤中的关键中间体构象。

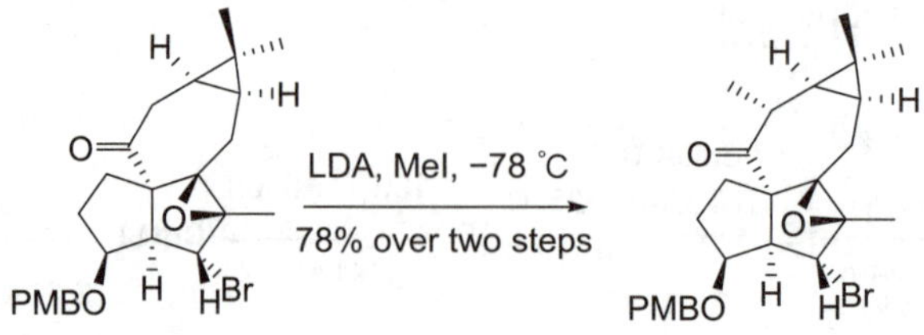

LDA, MeI, −78 ℃

78% over two steps

解答参见 P433

34. 八角属（*Illicium*）倍半萜华丽结构的人工合成，几十年来一直挑战着化学家的创造力。2019 年有文献报告了 Illisimonin A 的全合成，其部分合成步骤如下：

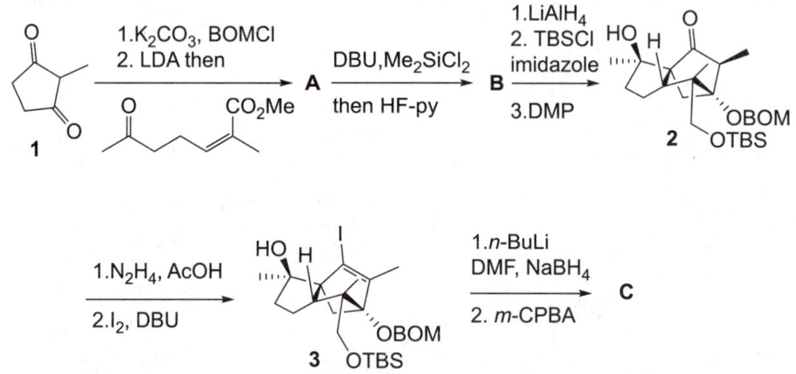

1. K_2CO_3, BOMCl 2. LDA then → **A** → DBU, Me_2SiCl_2 then HF-py → **B** → 1. $LiAlH_4$ 2. TBSCl imidazole 3. DMP → **2**

1. N_2H_4, AcOH 2. I_2, DBU → **3** → 1. *n*-BuLi DMF, $NaBH_4$ 2. *m*-CPBA → **C**

（1）写出 **A**、**B**、**C** 的结构。

（2）作者曾尝试过另一种方法，将 **2** 的羟基完全脱保护并将酮的 *α*-H 溴化后，再用高氯酸银处理，但并未得到预期的 **D**，而是得到了 **E**，试写出形成 **E** 的机理。

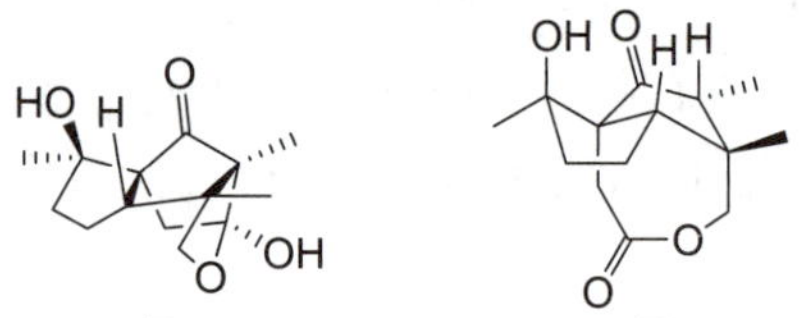

D　　**E**

解答参见 P434

35. Porantherine 是矮木本灌木 *Poranthera* 伞房草的主要生物碱。1974 年，Corey 通过逆合成分析发现，这样一个复杂分子的合成其实异常简单，经过 15 步就可以高效地将 Porantherine 合成出来。

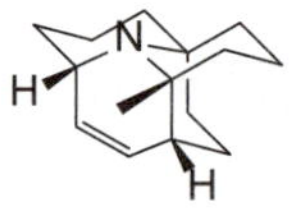

Porantherine

Corey 的合成路线大致如下：

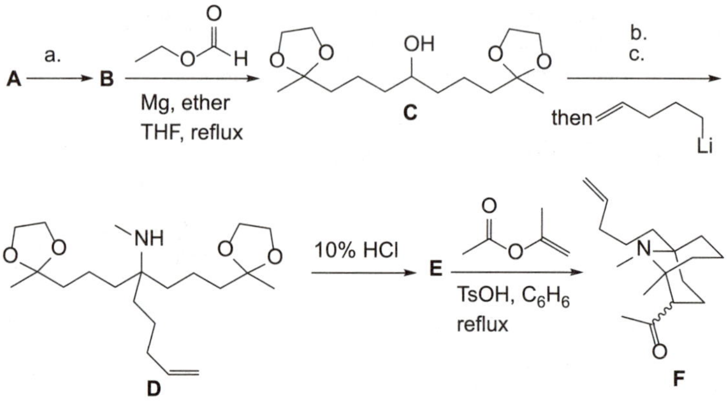

A —a.→ **B** → Mg, ether THF, reflux → **C** → b. c. then (Li reagent) →

D → 10% HCl → **E** → TsOH, C_6H_6 reflux → **F**

$CrO_3 \cdot Py$, CH_2Cl_2 → G → d.; 2. p-Ts, HO OH → H → 3 mol/L KOH, EtOH, 110 ℃ → i → 10% HCl → J

p-TsOH, $CH_3C_6H_5$, reflux → K → e., then $SOCl_2$, Py → Poranthering

（1）原料 **A** 的核磁共振氢谱图如下所示，峰面积之比从左到右依次为 2∶2∶3∶2，其分子量为 120.58，存在四种原子且没有成环，其中 C 占 49.8%，H 占 7.5%，试推出它的结构式。

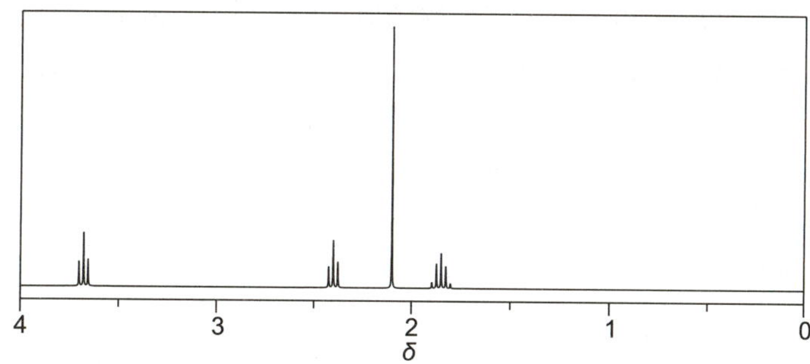

（2）已知 **E** 中存在一个六元环，**J** 中存在三个六元环且具有较好的立体选择性，请写出 **B**、**E**、**H**、**J** 的结构式；并请写出 **a**、**b**、**c**、**d**、**e** 所使用的试剂（每空只有一步反应）。

（3）请写出 **E** 到 **F** 一步的机理。

（4）请解释为什么 **J** 具有较好的立体选择性。

解答参见 P434

36. 具有生物学活性的有机化合物 Vinigrol 的全合成挑战截至 2009 年已经困扰有机全合成化学家长达 20 余年，直到 2009 年 Baran 首次将 Vinigrol 分子全合成。Baran 在全合成分析中的设计思路相当巧妙，仅用 23 步，以 3% 的产率卓有成效地解决了 Vinigrol 分子中八个相邻立体中心该如何处理的难题。Baran 的合成路线大致如下：

A → TBSOTf, Et_3N, THF, 0 ℃ → B → (OMe enoate), $AlCl_3$, DCM, −78 to −45 ℃ → C → LDA, Tf_2O, THF → D → Bu_3Sn(vinyl), $Pd(PPh_3)_4$, LiCl, THF, reflux → E

→ a., then DMP → F → (allyl)MgCl, toluene, −78 to 105 ℃ → G → 1.DMP 2. b. 3.TBAF, THF → H → $NaBH(OAc)_3$, THF, then c. →

I → KHMDS, THF → J → $Br_2C{=}NOH$, $KHCO_3$, EtOAc → K → 1.DIBAL, CH_2Cl_2, −78 ℃ 2.H_2, DCE, 80 ℃ → L → 1. NaH, CS_2, MeI, THF 2.180 ℃ → M

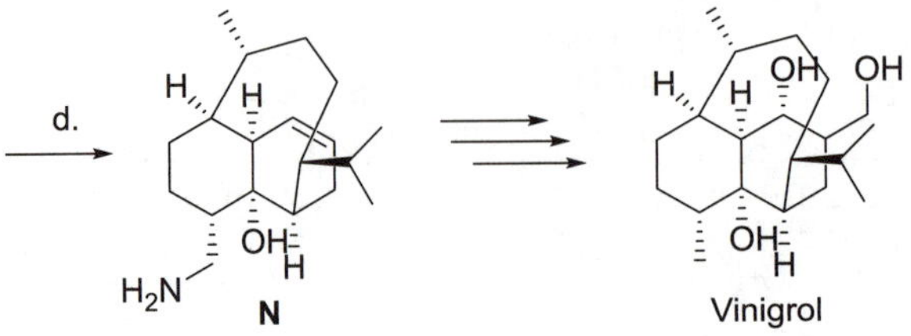
d.
H
H
OH
H
H₂N
N
H
H
OH
OH
OH
H
Vinigrol

已知：DMP 试剂为 $C_{13}H_{13}IO_8$，可将末端醇氧化为醛。其结构为：

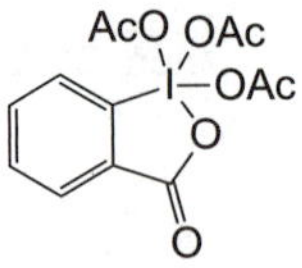
AcO
OAc
I
OAc
O
O

（1）原料 **A** 的分子式为 $C_6H_8O_2$，分子内只有一种官能团，只存在 3 种氢原子，其个数比为 1∶2∶1，且已知一种二取代苯经过钠汞齐还原可以高效地得到原料 **A**。请只使用苯和不超过三个碳的原料以及其它无机试剂合成原料 **A**。

（2）已知从 **F** 到 **G** 的过程中新生成了两个六元环，且 **K**、**L**、**M** 三者结构式中五元环结构都相同，试写出 **B**、**D**、**G**、**J**、**L**、**M** 的分子结构式。

（3）请写出 a、b、c、d 分别对应使用的试剂。

（4）请写出 **I** 到 **J** 的反应机理。

（5）已知上述合成过程中存在四次周环反应，请分别写出它们的位置，并写出属于周环反应中的哪一种类型。

（6）已知 **K** 具有良好的立体选择性，请解释 **K** 立体选择性的原因。

解答参见 P435

37. 多甲藻素（Peridinin）是一种于 1893 年就分离得到的类胡萝卜素，然而直到 100 年后其合成方法才被伊藤等报道，以下是改进的合成路线中的一部分。

（1）试给出中间产物 **A**、**B**、**C** 的结构；

（2）解释 **B** 中手性轴的形成原因。

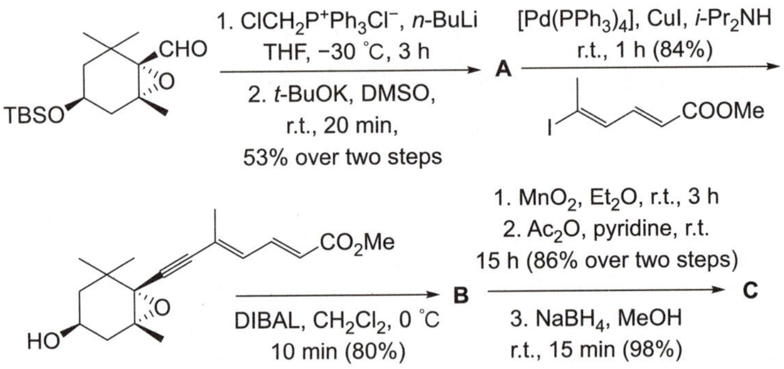
CHO
O
TBSO
1. ClCH₂P⁺Ph₃Cl⁻, n-BuLi
THF, −30 ℃, 3 h
2. t-BuOK, DMSO,
r.t., 20 min,
53% over two steps
A
[Pd(PPh₃)₄], CuI, i-Pr₂NH
r.t., 1 h (84%)
I
COOMe
CO₂Me
O
HO
DIBAL, CH₂Cl₂, 0 ℃
10 min (80%)
B
1. MnO₂, Et₂O, r.t., 3 h
2. Ac₂O, pyridine, r.t.
15 h (86% over two steps)
3. NaBH₄, MeOH
r.t., 15 min (98%)
C

解答参见 P436

38. 以下是反式-*β*-榄香烯合成中的部分步骤，试写出 **A**、**B**、**C** 的结构，并给出得到 **B** 的机理。

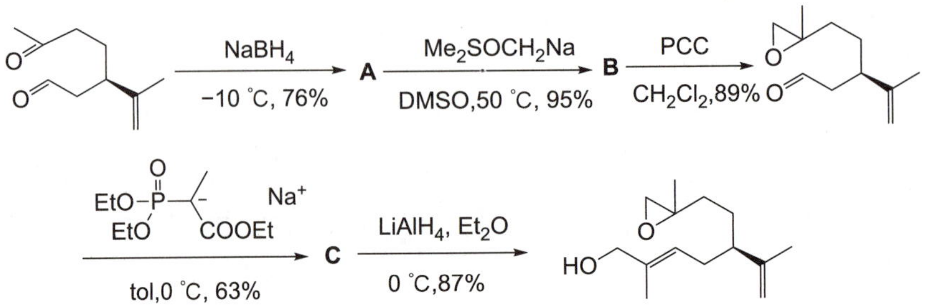
O
O
NaBH₄
−10 ℃, 76%
A
Me₂SOCH₂Na
DMSO,50 ℃, 95%
B
PCC
CH₂Cl₂,89%
O
O
O
EtO
P
EtO
COOEt
Na⁺
tol,0 ℃, 63%
C
LiAlH₄, Et₂O
0 ℃,87%
O
HO

解答参见 P436

39. Cortistatin A（化合物 **1**）是从一种名叫 Corticium simplex 的海绵里分离出来的生物碱，低剂量下可以抑制血管生长，被认为可用于抑制癌细胞生长。

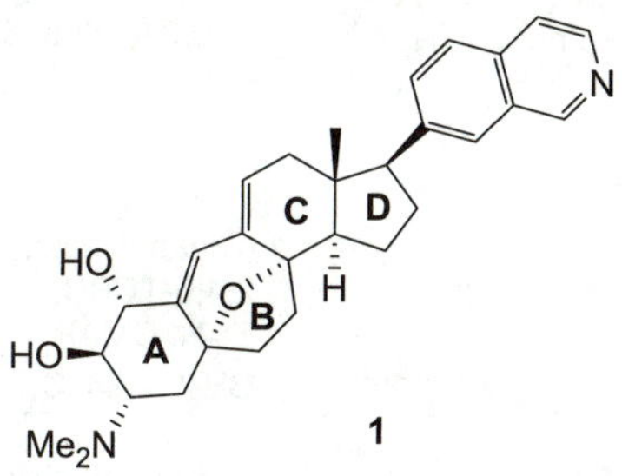

Philip Magnus 的团队通过在分子内构造环丙烯与呋喃结构，再使它们发生分子内 [2+4] 环加成，来构造其 **B**、**C**、**D** 环。部分路线如下图：

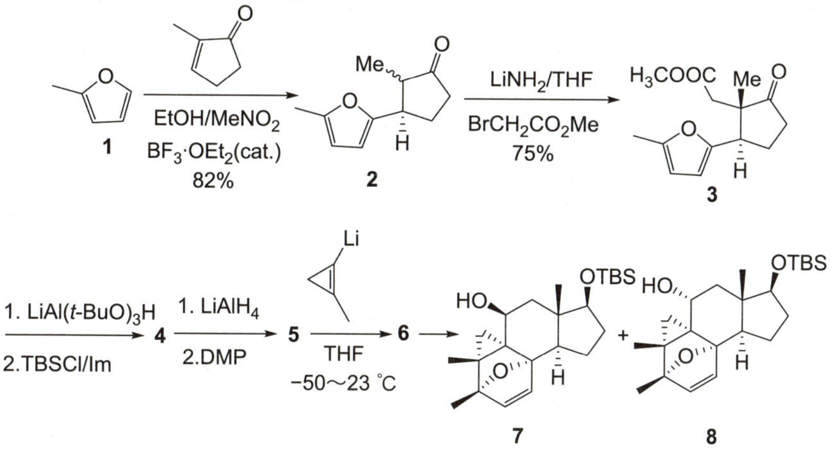

（1）第一步反应为什么需要三氟化硼？

（2）写出化合物 **4**、**5** 以及中间体 **6** 的结构。

（3）要将化合物 **7** 和 **8** 变成所需的环结构，显然需要酸催化。如下所示，在使用氯化二甲基铝处理后，只有一种异构体得到了所需的环状结构，试解释。

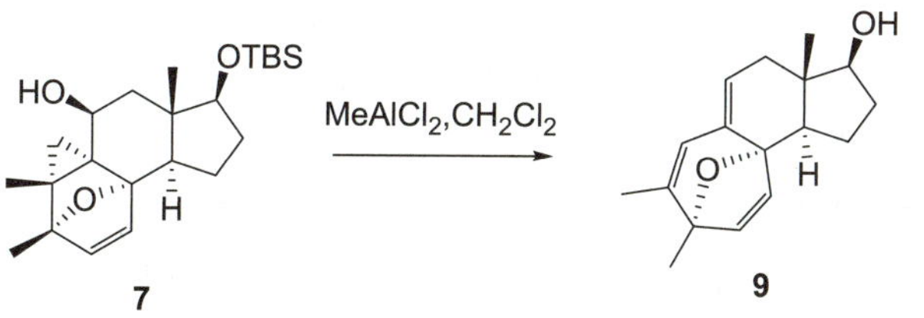

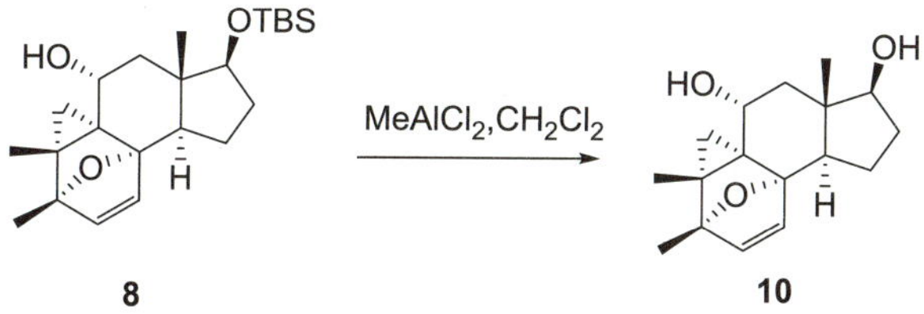

（4）如果把甲基二氯化铝换成 Tf_2O（三氟甲磺酸酐），那么 **7**、**8** 都能顺利转化成产物 **9**。与上述反应相比，该反应有何不同？

解答参见 P436

40. 半合成工作中，往往会使用微生物进行生物合成。武汉大学药学院刘天罡团队用微生物实现了倍半萜骨架 guaia-6,10(14)-diene 的合成，并以此为底物，用半合成手段得到了抗癌药物 Englerin A：

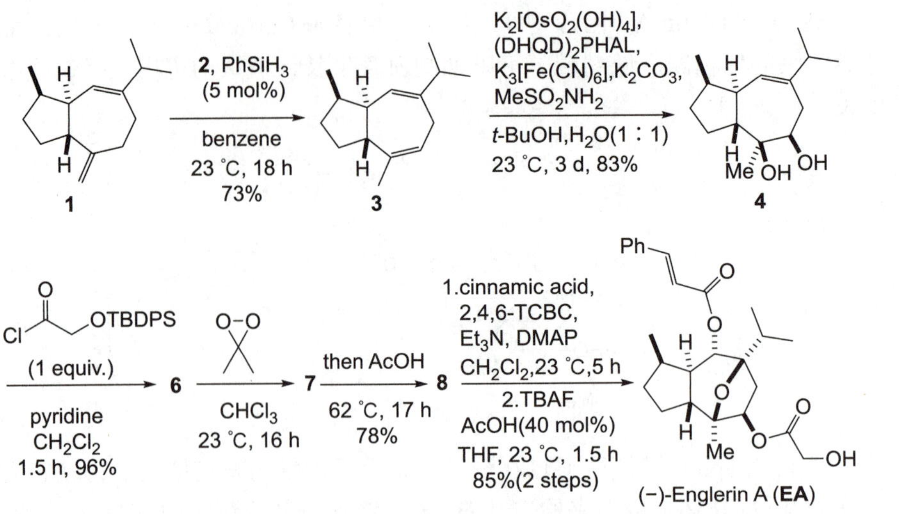

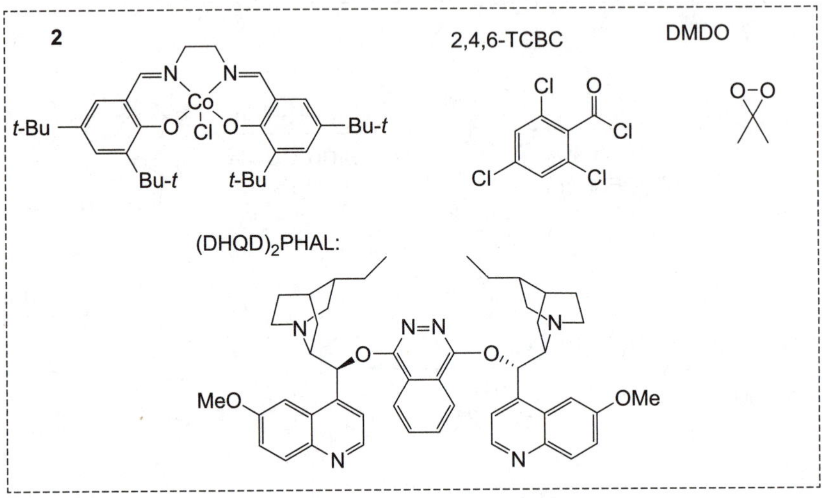

（1）**3** 到 **4** 的过程是一个 Sharpless 不对称双羟基化反应，铁氰化钾的作用是什么？

（2）写出化合物 **6**、**7**、**8** 的结构，其中 **7** 是一个中间体。化合物 **6** 经 DMOD 氧化以后，向体系中原位加入乙酸并加热，就能得到 **8**，试写出 **6** 到 **8** 的机理。

（3）由化合物 **8** 到最终产物的过程中，2,4,6-三氯苯甲酰氯 (2,4,6-TCBC) 起到了什么作用？

（4）化合物 **1** 如果直接用 DMDO 氧化，会得到化合物 **9a** 与 **9b**。**9a** 经过以下步骤可以得到另外一种天然产物 (+)-Orientatol E。解释一下 **1** 变为 **9a**、**9b** 中的非对映选择性。化合物 **10** 是什么结构？

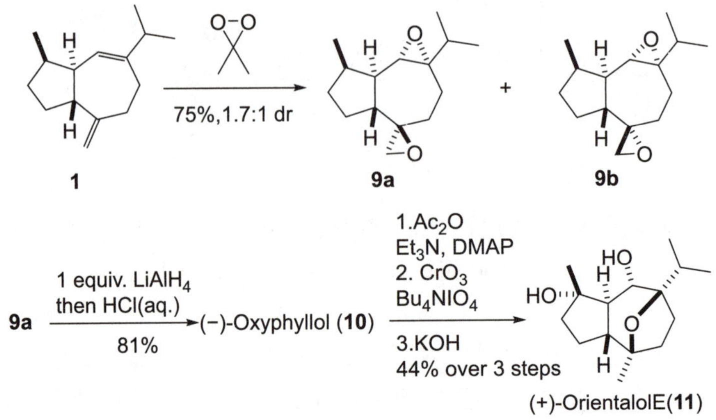

解答参见 P437

41. Dinesh J. Paymode 小组报道了一种利用铑催化邻重氮醌与呋喃或吡喃的反应，来合成呋喃苯并呋喃或吡喃苯并呋喃的方法。该法对于黄曲霉毒素类化合物的全合成有很大的帮助。利用该反应，J. Paymode 小组亦创新了一种黄曲霉毒素 B2 的全合成路线。请写出下列路线中 **1**、**2**、**3** 的结构式，并提出由 **2** 到 **3** 经过的中间体结构简式。

BnOH, DEAD; PPh_3, THF; 0 ℃, 12 h; 52%
Zn, AcOH; 60 ℃, 12 h; 94%
1. conc. HCl, $NaNO_2$; EtOH/H_2O, 0 ℃, 2 h; then K_2CO_3, CH_2Cl_2/ice; 10 min, 89%
2. **A**, $Rh_2(TPA)_4$, CH_2Cl_2; 60 ℃, 12
3 ($C_{18}H_{18}O_4$)
$AlCl_3$, CH_2Cl_2; r.t., 2 h, 82%
A

解答参见 P438

42. 头孢菌素 C 的全合成路线于 1966 年由 R. B. Woodward 发表在 JACS 上。请阅读全合成路线，完成下列问题。写出试剂 **a**、**b** 和中间体 **A** ~ **D** 的结构。

MeOOC, BocN, S —**a**→ **A** → MeOOC, HN–COOMe, N–COOMe, BocN, S
1. $Pb(OAc)_4$; 2.NaOAc MeOH → MeOOC, OH, BocN, S
1.MsCl DIPEA; 2. NaN_3; 3.Al-Hg MeOH → **B** —i-Bu_3Al→ **C** —**b**, 80 ℃→ CHO, CHO, BocN, S —TFA→ **D** → CHO, H_2N, S

解答参见 P438

43. 根据如下所示的反应：

（1）推断 **A** ~ **E** 的结构；

（2）写出 **C** 到 **D** 的机理；

（3）写出 (**1**) 到 **E** 的机理。

OH, NO_2, OH
1. NaH, MOMCl; THF,0～22 ℃,82%
2. H_2,10%Pd/C; MeOH/EtOAc, 22 ℃, 99%
3. $(t\text{-}BuOCO)_2O$,40 ℃,99%
→ **A**
1. i) n-BuLi, TMSCl; −78 ℃, 15 min; ii) n-BuLi, NCCOOMe; THF, −78 ℃, 30 min; iii) 1 mol/L HCl; 22 ℃, 30 min
2. Cl, Cl, 205 ℃,5 min
→ **B**

O, EtO
1. LDA, Br, OTBS; THF −78～22 ℃,6 h
2. LDA, Br; THF, −78～22 ℃,13 h
→ **C**
1. i) Al, H, −78～20 ℃,2 h; ii) MeOH,HCl,−20～22 ℃,2 h
2. TBSCl, N, N H; DMF, 22 ℃, 20 min
→ **D** →

Me$_3$NO
THF, 65 ℃, 2 h
H_2O (trace)
(1) → E → + B → HOOC ... OH, H, N, OH, O

解答参见 P438

44. 作者尝试用 cationic aza-Cope-Mannich cyclization (CACM) 的方法对 **D** 进行环合构筑 Gelsemine 骨架，却得到了 **E**：

OCH_3 —Birch reduction→ **A** —(COOMe)→ OMe, COOMe —KOH, MeOH→ **B**

—1.EtOCOCl 2. NaN_3 3.EtOH→ **C** (OMe, NHCOOEt) —AlH_3→ **D** (OMe, $NHCH_3$) —$(CH_2O)_n$, CSA, Na_2SO_4→ **E** (OMe, NCH_3)

考虑到 **D** 结构中甲基的取代基效应，改为酯基后重新进行了尝试，却得到了 **G**：

F (OMe, NHCOOEt, MeOOC) —$(CH_2O)_n$, TFA→ **G** (MeO, MeOOC, N, $OCOCF_3$, COOEt)

最后，使用 base-promoted aza-Cope-Mannich (BACM) 的方法，终于得到了三环化合物 **J**：

H (OH, H_3C, $NHCH_2CN$) —KH→ —HCN→ **I** (HN, NC, H, O) —$MeSO_3Me$→ —HCl, MeOH→ **J** (N, O)

（1）给出 **A** 和 **B** 的结构；
（2）提出 **B** 到 **C** 和 **D** 到 **E** 的合理机理；
（3）提出 **F** 到 **G** 的合理机理；
（4）提出 **I** 到 **J** 的合理机理。

解答参见 P438

45. 1993 年，Larry E. Overman 报道了 (–)-Morphine 的全合成，路线如下：

1 —(H, Ph, Ph, N–B–O, H; catecholborane BH), 93%→ **A** —PhNCO, 93%→ **B** —1. OsO_4, R_3NO 2. MeCOMe, H^+→ **2**, >97% ee (O, NHPh, O, O)

—n-BuLi, CuI$(PPh_3)_2$, $PhMe_2SiLi$→ **3**, 81% ($SiMe_2Ph$) —1. p-TsOH, MeOH, $NaIO_4$ 2. DBS-NH_2, $NaCNBH_3$→ **4**, 82% ($SiMe_2Ph$, H, N, DBS)

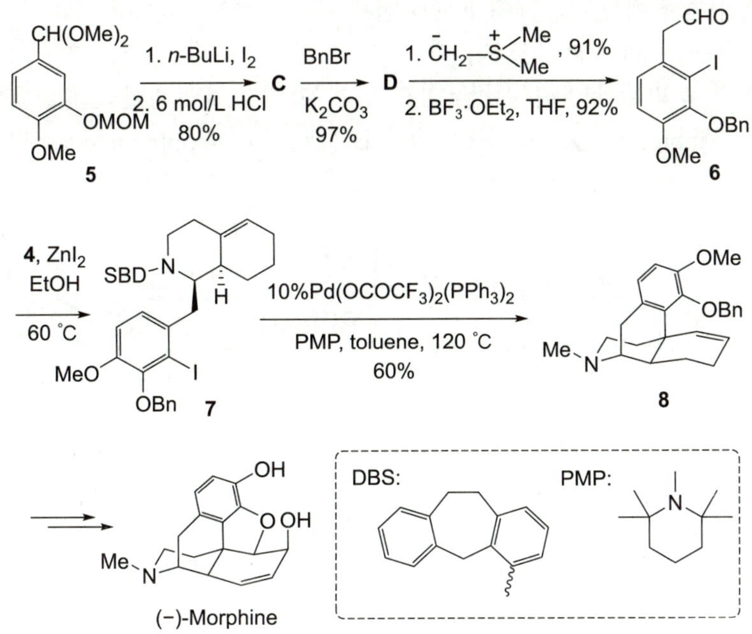

相似的合成方法被应用于含吡啶的甾族化合物：

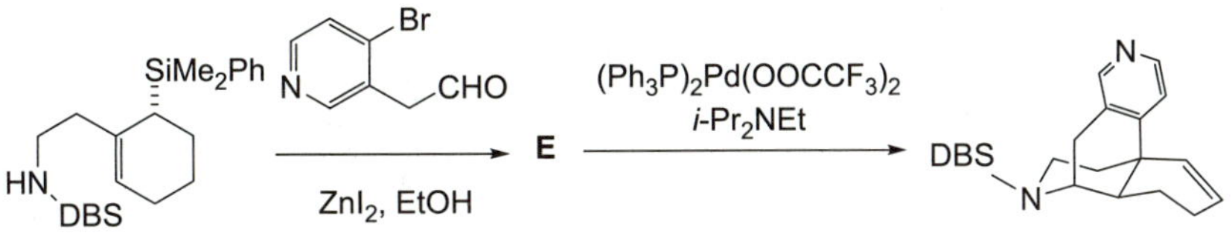

（1）给出 **A** ～ **D** 的结构；

（2）提出 **3** 到 **4** 的合理机理；

（3）提出 **6** 到 **7** 的合理机理；

（4）给出 **E** 的结构，并提出形成的机理。

解答参见 P439

46. 天然产物 (–)-Mitrephorone A 于 2005 年分离得到，以下的合成步骤包括在其全合成中。根据反应，写出 **A** ～ **D** 的结构，画出由 **B** 到 **C** 的过渡态结构。

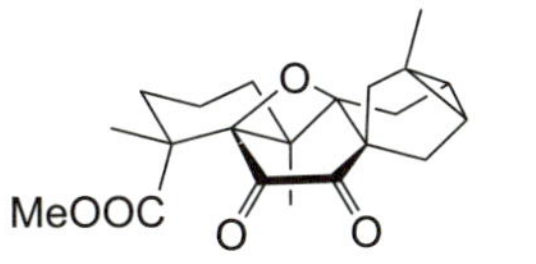

(−)-Mitrephorone A

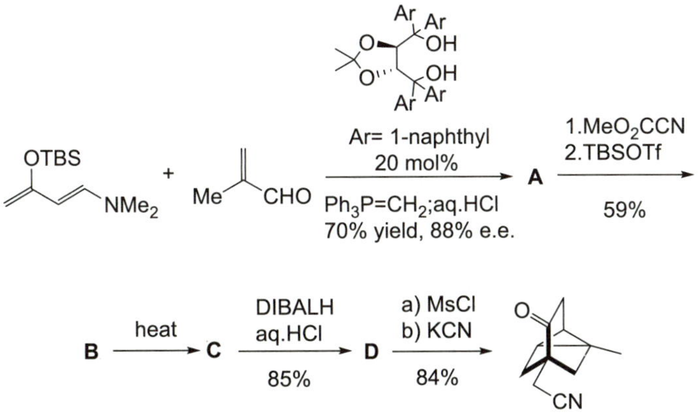

解答参见 P440

47. 根据下列反应，回答下列问题：

（1）写出中间体 **A** 的结构；

（2）作者初始计划溴代化合物 **B** 的 C-23 位，继而通过过渡金属催化氰基化得到 Ambiguine Q，但溴代化合物 **B** 得到了 (−)-Ambiguine P。提出合理的机理。

KHMDS, THF, −78 ℃, then Comins' reagent (89%)

OEt / $SnBu_3$, $Pd(dppf)Cl_2$, CuI, LiCl, DMF, 40 ℃, then 2 mol/L HCl, DCM, r.t. (81%)

KHMDS, TBSCl, THF, −78 ℃ → **A**

D, TMSOTf, DCM, −78 ℃ (57%)

$NaAuCl_4 \cdot 2H_2O$, 1-propanol, r.t. (56%) → **C**

$BF_3 \cdot OEt_2$, MeOH, DCM, 0 ℃ (81%)

5 steps → **B**

NBS, H_2O, DCM/pyridine(1:1), −40 ℃ (62%, 2.0:1 dr) → (−)-Ambiguine P

Ambiguine Q

解答参见 P440

48. 根据下列反应路线，回答下列问题：

A → $NaClO_2$, NaH_2PO_4, 2-methyl-2-butene, t-BuOH-THF-H_2O, 0 ℃, 87% → **B**

B → DPPA, Et_3N, toluene; MeOH, 75 ℃, 78% → **C**

C → LHMDS, THF, −78 ℃; $BrCH_2CO_2Bu$-t, −78 ℃, 82% → **D**

D → Zn, AcOH, EtOH, 0 ℃ to r.t. → **E**

E → DEPC, Et_3N, CH_2Cl_2, r.t., 60% (2 steps) → **F**

F → 1. $LiAlH(OBu\text{-}t)_3$, THF, 0 ℃; 2. PPTS, MeOH, 0 ℃, 79% (2 steps) → **G**

G → TMSCN, $BF_3 \cdot OEt_2$, CH_2Cl_2, −60 ℃, dr = 3 : 1 → **H**

H → NaOH, H_2O, reflux, recryst, 69% (2 steps) → **I**

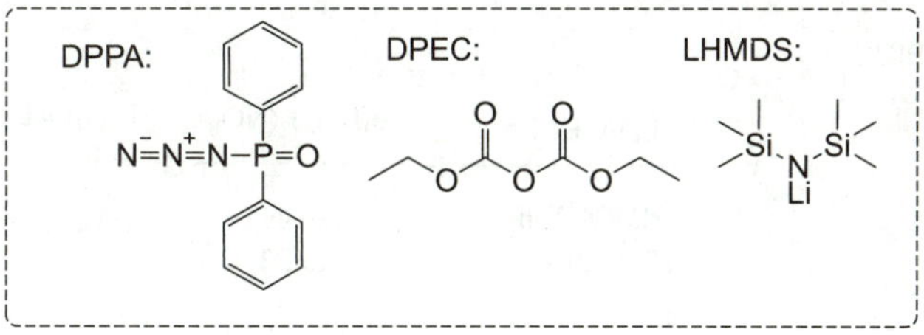

（1）给出 **C**，**F**，**H** 的结构；
（2）提出由 **B** 到 **C** 的机理。

解答参见 P441

49. 根据下列反应路线，回答下列问题（HFIP 为六氟异丙醇）：

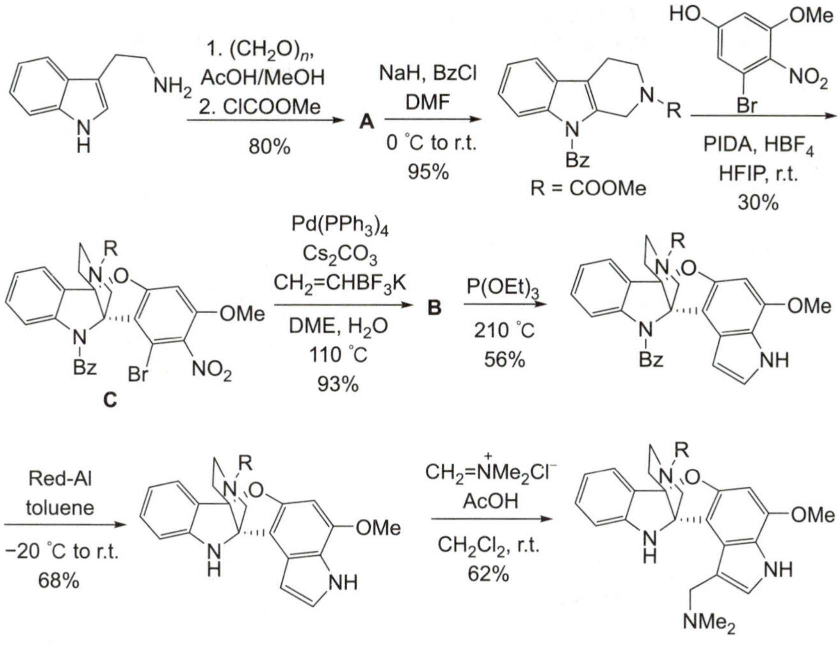

Phalarine

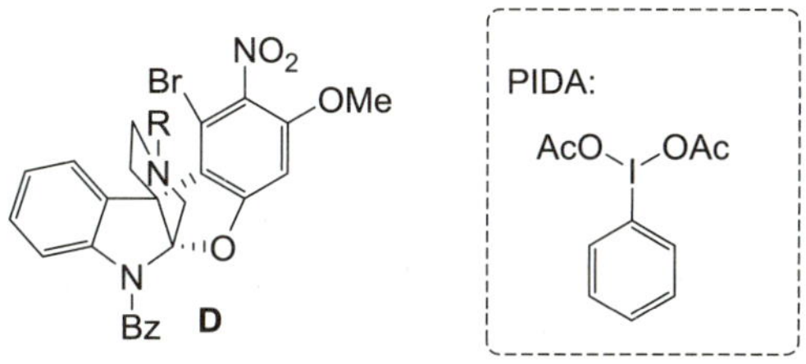

（1）给出 **A** 和 **B** 的结构；
（2）解释为什么 **C** 优于 **D** 而形成。

解答参见 P441

50. 根据如下反应路线，给出中间产物的结构。

Part A

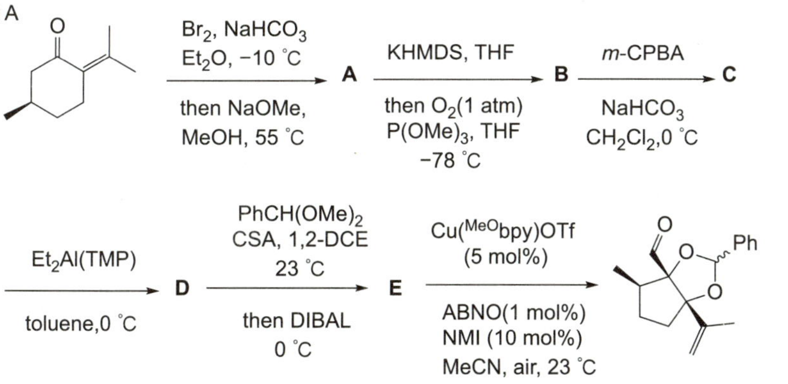

Part B

EtO ... O

+

I

$\xrightarrow[\text{HMPA, THF}\ -78\ ^\circ C\ \text{to}\ 23\ ^\circ C]{\text{LDA, } Et_2Zn}$ **F** $\xrightarrow[\text{MeCN}\ 0\ ^\circ C\ \text{to}\ 23\ ^\circ C]{I_2,\ Ce(NH_4)_2(NO_3)_6}$ **G** $\xrightarrow[\text{1,4-dioxane:MeOH (1:1), 23 } ^\circ C]{\text{1.0 mol/L NaOH (aq.)}}$ **H**

$\xrightarrow[DMF, CH_2Cl_2,\ 0\ ^\circ C\ \text{to}\ 23\ ^\circ C]{(COBr)_2}$ **I** $\xrightarrow[BH_3\cdot NEt_2Ph\ (0.7\ \text{equiv.}),\ CH_2Cl_2,\ 23\ ^\circ C]{(R)\text{-}(+)\text{-2-Me-CBS-catalyst (0.4 equiv)}}$ (OH, I, Br) $\xrightarrow[]{CSA(0.2\ \text{equiv.}),\ CH_2Cl_2, 23\ ^\circ C}$ (OPMB, I, Br)

CH_3

PMBO N

Part C

O, O, Ph

+

OPMB, I, Br

$\xrightarrow[THF,\ -78\ ^\circ C\ \text{to}\ -50\ ^\circ C]{n\text{-BuLi (1.25 equiv.)}}$ **J** $\xrightarrow[N\text{-formylsaccharin, KF, } Et_3N,\ \text{1,4-dioxane, } 100\ ^\circ C]{Pd(PPh_3)_4\ (50\ \text{mol\%})}$ (H, Me, O, O, OPMB, H, H, Ph, O, O, Me, H) $\xrightarrow[CH_2Cl_2:\text{pH 7 buffer (5:1), } 0\ ^\circ C]{DDQ}$ **K**

$\xrightarrow[Na_2SO_4,\ \text{acetone, } 23\ ^\circ C]{DMDO(3.0\ \text{equiv.})}$ (Me, O, O, O, H, HO, Me, H, Ph, O, O)

3:1 regioselective ratio

$\xrightarrow[CeCl_3\cdot 2LiCl,\ THF,\ 0\ ^\circ C]{MeMgCl(2.0\ \text{equiv.})}$ **L** $\xrightarrow[CH_2Cl_2, 0\ ^\circ C]{TFA}$ **M** $\xrightarrow[\text{1,4-dioxane, } 100\ ^\circ C]{SeO_2}$ **N**

$\xrightarrow[TBHP, \text{toluene, } 60\ ^\circ C]{VO(OPr\text{-}n)_3}$ **O** $\xrightarrow[\text{benzene:THF(1:1), } 10\ ^\circ C]{\text{LiPhNap (4.5 equiv.)}}$ **P** $\xrightarrow[H_2(1\ \text{atm}),\ MeOH,\ 23^\circ C]{Pd(OH)_2/C}$ (OH, Me, O, H, Me, HO, HO, Me, OH, HO, H)

TMP: N H

CSA: O, SO_3H

MeObpy: N, N, O, O

ABNO: O·, N

NMI: N, N

LiPhNap: [Ph]·− Li^+

DDQ: NC, CN, O, O, Cl, Cl

DMDO: O–O

解答参见 P442

51. 2012 年，在对一株云南紫溪山的地衣内生真菌 *Preussia Africana* 的活性成分进行了分离纯化时，获得了六个新结构 Preussochromones A ～ F，其中 Preussochromone A 为首次发现的 Thiopyranchromenone 类天然产物。以下是天然产物 (−)-Preussochromone A 的一种非对映选择性全合成途径。

1 →(1. LiHMDS, CS_2; 2. MeI)→ 2 →(KOH, 68%)→ 3 →(m-CPBA, 90%)→ 4 →(K_2CO_3)→ 5 →(TESCl, imidazole, 98%)→ 6 →($(COCl)_2$, DMSO, Et_3N, 90%)→ 7 →(1. $NaClO_2$, NaH_2PO_4, 2-methyl-2-butene; 2. $TMSCHN_2$, 49%)→ 8 →(DMP)→ 9 →($SnCl_4$)→ 10 →(BCl_3)→ (−)-Preussochromone A

（1）给出 **3** 和 **5** 的结构式；

（2）提出由化合物 **1** 至化合物 **3** 的反应机理；

（3）解释 **9** 到 **10** 反应生成非对映异构体的原因。

解答参见 P442

52. 安沙霉素 Ansamycin 能抑制细菌产生 RNA，导致细菌功能紊乱，继而死亡。另外，安沙霉素还具有抗病毒活性，是一种可靠的抗生素。以下是一条 Microansamycin I 全合成途径片段。

1 →(NaH, THF, *E*:*Z* > 10:1)→ 2 →(1. Zn, AcOH, EtOH, 0 ℃; 2. AcCl, Et_3N, CH_2Cl_2)→ 3 →($AlCl_3$ (10 equiv.))→ Microansamycin I

（1）写出 **3** 的结构；

（2）提出反应的机理。

解答参见 P443

53. 六氢吡咯吲哚是吲哚类生物碱天然产物中的关键结构单元，组成了一些结构多样和独特生物学合成途径的天然产物。具有吡咯吲哚结构单元的生物碱广泛存在于自然界中，并表现出丰富多样的生物活性，如抗菌和抗癌活性。下面是六氢吡啶吲哚生物碱天然产物 Esermethole 的合成路径，给出 **3**、**6**、**8**、**9** 化合物的结构。

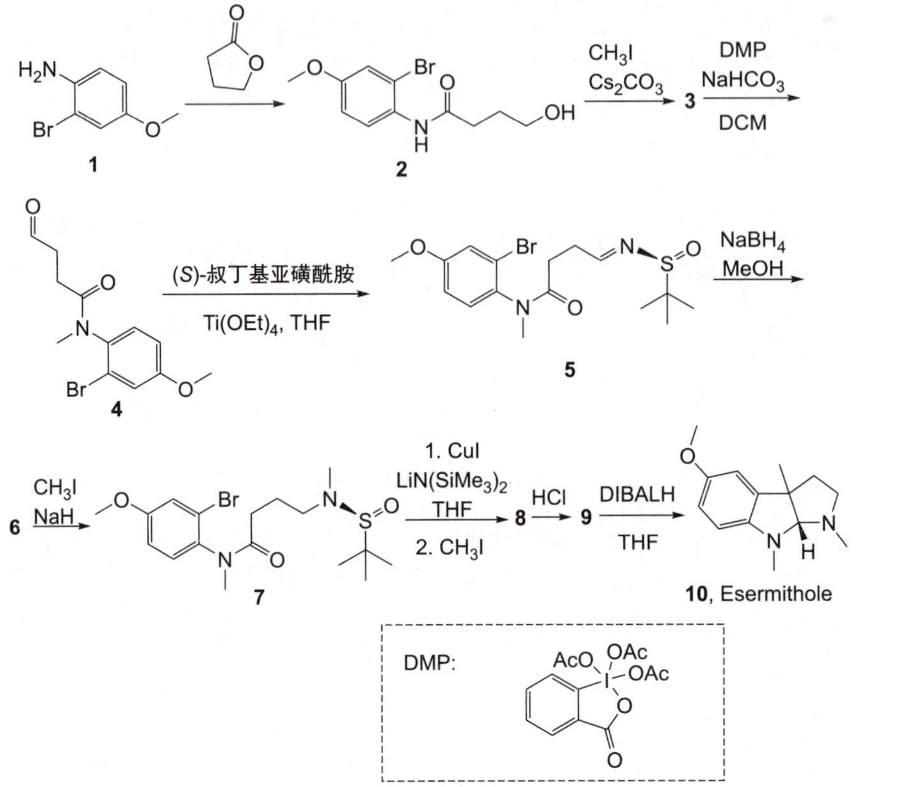

解答参见 P444

54. 海洋是天然产物的宝库，目前已经从海洋中分离出数以万计的天然产物，其中很多表现出抗病毒、抗肿瘤和抗心脑血管病等活性。2009 年 Fusetani 小组从日本南部的深海海绵 *Agelas gracilis* 中分离得到具有多种抗疟疾活性的天然产物 Gracilioethers。2014 年由 Brown 小组报道了 Gracilioether F 的首次全合成。

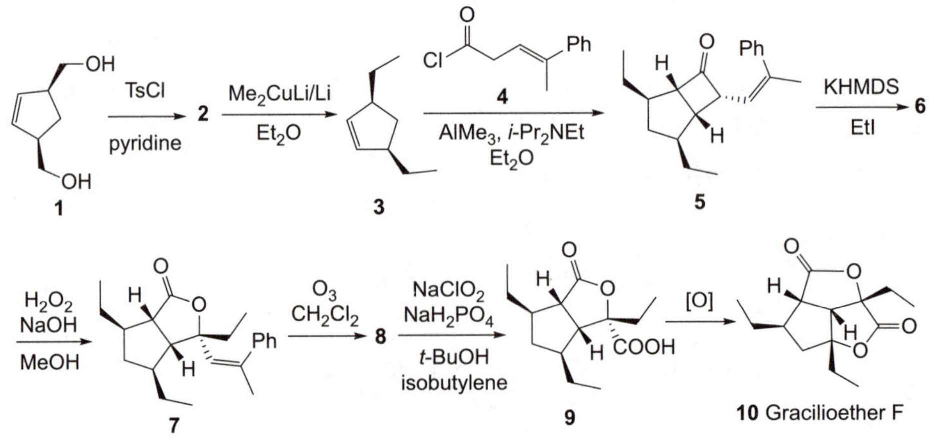

（1）给出化合物 **2**、**6**、**8** 的结构；

（2）提出 **8** 到 **9** 的机理。

解答参见 P444

55. 真菌次生代谢产物单萜 Myrotheciumone A 对 L5178Y 小鼠淋巴瘤细胞系表现出抗癌活性，通过诱导靶向癌细胞而非正常细胞的凋亡来显示特异性细胞毒性，并促进细胞色素 C 从线粒体中释放。以下是其中一种全合成途径的片段，试写出试剂 **2**、化合物 **5**、**6**、**7** 的结构，并写出化合物 **3** 至 **4** 的反应机理。

1 —(2, 0 ℃～r.t.)→ 3 + 3′

3 —(PhCH(OMe)$_2$, CSA, DCM)→ 4 —($(COCl)_2$, DMSO, Et_3N, DCM, −78 ℃)→ 5

—($(PhO)_2P(O)CH(CH_3)CO_2Et$, NaH, THF, −78 ℃～0 ℃, 4 h)→ 6 —(PPTS, MeOH, 0 ℃～45 ℃, 6 h)→ 7 —(*m*-CPBA, DCM, 0 ℃～r.t., 24 h)→ 8

CSA　PPTS

解答参见 P444

56. 孢子丝菌内酯最初是从孢子丝菌属中分离出来的一种真菌代谢物，可通过七个步骤从市售的 β,γ-不饱和羧酸中以 21% 的总产率实现孢子丝内酯的对映选择性全合成。以下是其中一种全合成途径的片段，试写出化合物 **3**、**5**、**6**、**7** 的结构，解释化合物 **3** 至 **5** 的立体选择性，并写出化合物 **7** 至 **8** 的反应机理。

1 (R=*n*−C_6H_{13}) —(PivCl, Et_3N, THF, 0 ℃, 2 h; 2, −30℃～r.t., 16 h)→ 3 —(*n*−BuLi, THF, −78 ℃, 40 min; 4, −78℃, 15 h)→ 5

—(OsO_4, $(DHQD)_2PHAL$, NMO, H_2O/丙酮/THF, 0 ℃～r.t., 84 h)→ 6 —(TESCl, 咪唑, DMF, 0 ℃, 17 h)→ 7 —(1. $RuCl_3 \cdot xH_2O$, $NaIO_4$, H_2O/MeCN/CCl_4, r.t., 24 h; 2. conc.HCl, MeCN, r.t., 72 h)→ 8

PivCl　TESCl　$(DHQD)_2PHAL$

解答参见 P445

57. 自 1961 年首次从新西兰贝壳杉叶精油中发现 ent-kaurene（一种二萜化合物）以来，已经从不同的植物中分离和鉴定了超过一千种二萜，特别是 *Isodon* 属。在初步生物学研究中，已发现这些二萜类化合物具有广泛的生物活性，从抗肿瘤、抗感染和免疫抑制作用到抑制血管平滑肌收缩。以下是其中一种全合成途径的片段，试完成空缺处的结构式（**3**、**5**、**9** 和 **10**）并写出化合物 **6** 至化合物 **7** 的反应机理。

OEt; LDA,THF; 3; 4 OTBDPS; 5; $Pd_2(dba)_3$ THF; Cs_2CO_3 CH_3CN; (*S*)-*t*-Bu-Phox 40 °C; 1. DIBALH toluene; 2. HCl, MeOH; 1; 2; 6; TBDPSO

TBSOTf,Et_3N; $Pd(OAc)_2$,O_2 DMSO; HO; PPTS benzene; 9; TBAF THF; 10; TPAP NMO; 7; 8; 11; TBDPSO

TPAP: NMO:

解答参见 P445

58. Eburnane 吲哚生物碱是 *Kopsia* 属植物中的主要生物碱，主要分布在东南亚和中国。含有这些生物碱的 *Kopsia* 提取物历来被用于解毒和作为传统中药的抗炎剂。下面是该化合物全合成路径的片段，试写出化合物 **3**、**4** 和 **7** 的结构，并写出化合物 **4** 到 **5** 以及 **5** 到 **6** 的反应机理。

COOMe; CHO; NO_2; NC; OBn; $NBoc_2$; 1.TFA, CH_2Cl_2; 2.PhMe, AcOH; 3; 1.Zn, NH_4Cl; 2. TsCl, py; 4; 1; 2

$Ir(dtbbpy)(ppy)_2PF_6$; $NaHCO_3$,THF; 30 W blue OLED; N; Ts; BnO; CN; 5; 1.Mg, MeOH, r.t.; 2.$(PhSeO)_2O$; NH; 6

$PhSiH_3$; $Rh(CO)(H)(PPh_3)_3$; 7; 1.conc.HCl, MeOH; 2.Dess-Martin condition; 8

解答参见 P446

59. 紫杉醇是一种非常优秀的抗癌药物，其结构复杂，完成全合成是一件非常困难的事。请结合所学知识，回答下列问题。

（1）下面是一条紫杉醇全合成的部分内容，完成下面反应（NMO 指 N-甲基吗啉氮氧化物）。

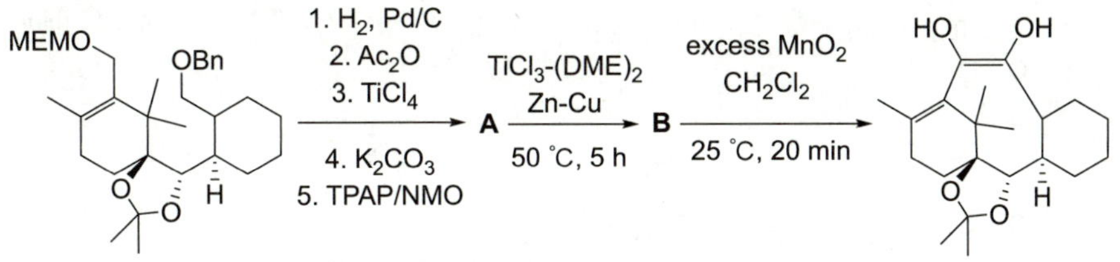

1. H_2, Pd/C 2. Ac_2O 3. $TiCl_4$ 4. K_2CO_3 5. TPAP/NMO → A；$TiCl_3$-$(DME)_2$, Zn-Cu, 50 ℃, 5 h → B；excess MnO_2, CH_2Cl_2, 25 ℃, 20 min

（2）已知下面反应产物有羟基的生成，写出反应产物。

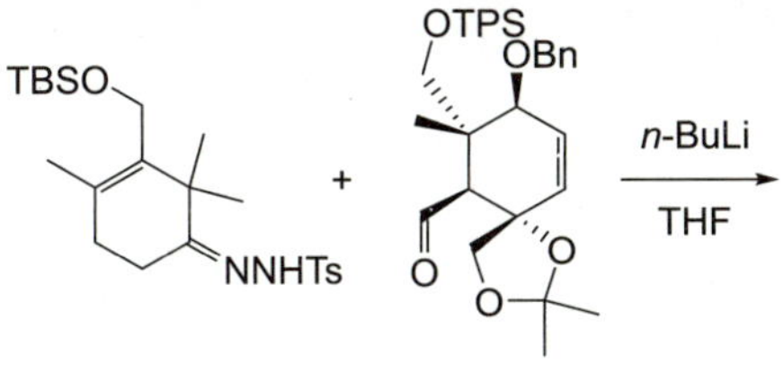

n-BuLi, THF

（3）试解释羟基构型的由来。

解答参见 P446

60. 1987 年，科学家们从塔斯马尼亚东海岸采集的海洋苔藓虫 *Hincksinoflustra* 中分离出了一种化学物质 Hinckdentine A，该物质具有独特的结构，其特征是三溴化的吲哚 [1,2-c]-喹唑啉融合成七元内酰胺。由于其框架内含有重要的生物学基序，包括吲哚啉和喹唑啉亚基，因此引起了合成化学家和药物化学家的广泛关注。以下是其全合成途径的片段，试完成空缺处的结构式（**3**、**5** 和 **6**）并给出 **3** 到 **4** 以及 **8** 到 **9** 的反应机理。

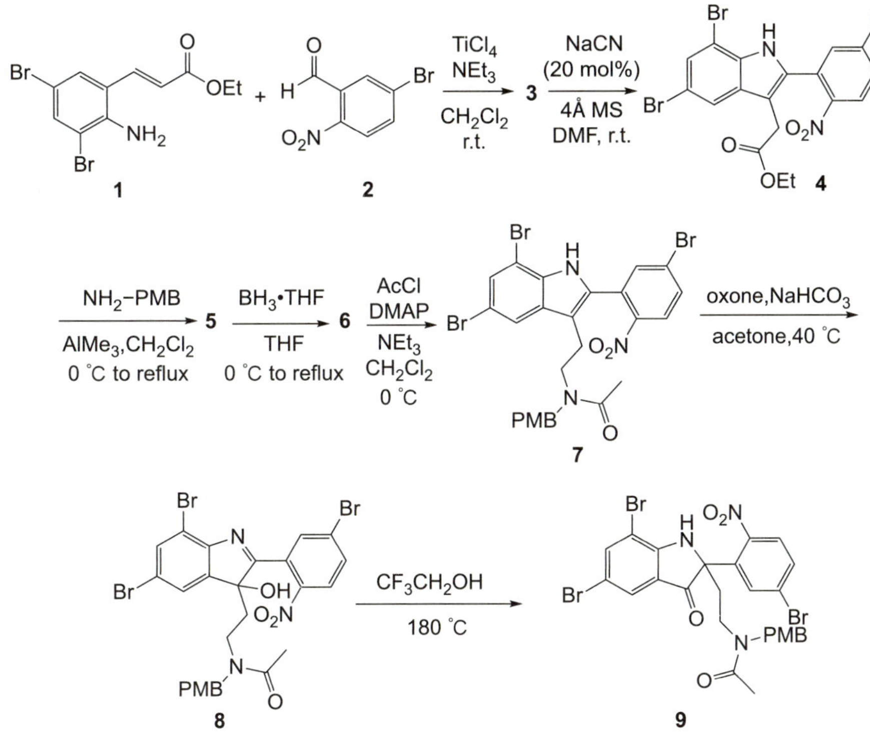

1 + **2**：$TiCl_4$, NEt_3, CH_2Cl_2, r.t. → **3**；NaCN (20 mol%), 4Å MS, DMF, r.t. → **4**

NH_2-PMB, $AlMe_3$, CH_2Cl_2, 0 ℃ to reflux → **5**；BH_3•THF, THF, 0 ℃ to reflux → **6**；AcCl, DMAP, NEt_3, CH_2Cl_2, 0 ℃ → **7**；oxone, $NaHCO_3$, acetone, 40 ℃

8：CF_3CH_2OH, 180 ℃ → **9**

解答参见 P447

61. Gombamide A，一种从海绵笼形藻（*Clathria gombawuiensis*）产生的细胞毒性环状硫肽，其对 K562 慢性粒细胞白血病和 A549 上皮性肺癌细胞系具有适度的细胞毒活性。以下是其全合成途径的片段，请写出化合物 **2**、**4**、**7** 的结构，给出 **6** 到 **7** 的机理并解释化合物 **4** 的区域选择性（hint：PIDA 是自由基引发剂）。

解答参见 P447

62. 毒胡萝卜素以其高氧化态著称，可应用于治疗前列腺癌、肝癌和脑癌的临床研究。给出 **1**、**2** 的结构，写出反应中 Burgess 脱水反应的机理。

解答参见 P448

63. Lairdinol A 是一种选择性植物毒素，可以通过 D-A 反应等一系列过程合成。给出化合物 **1** ～ **3** 的结构，提出 Dess-Martin 反应的机理。

TMSO + (diene/enone) → 1. $EtAlCl_2$,toluene 2. NaOH,MeOH → **1** → 1. LDA(xs),TMSCl 2. *m*-CPBA, CH_2Cl_2 → **2**

→→ (epoxy ketone) → 1. PhI(OAC) NaOH,MeOH 2. HCl(aq),THF 85% → (OH, H) → $(NH_2)_2$ AcOH 90% → **3**

(Dess-Martin periodinane: AcO, OAc, AcO—I) 91% → (O, H, OH) → 1. $[CuH(PPh_3)]_6$ $PhMe_2SiH$ 2. $NaBH_4$ → (OH, H, OH)

解答参见 P449

64. 给出下列合成路线中 **A** ～ **H** 化合物的结构。

(OH, H) → $VO(acac)_2$ TBAP benzene → (O, OH, H) → $Pb(OAc)_4$ benzene reflux → (OAc, O, H)

TMSO—OTMS → TMSOTf, DCM → **A** → 4mol/L LiOH THF → **B** → periodinane DCM → **C** → KHMDS MeI THF/HMPA → **D** → (O, N) LHMDS Bu_3SnCl $Bu_4N^+Br^-$ →

(N, O, O, O, O, H) → $TMSCH_2Li$ THF → **E** → KH THF → **F** → PPTS acetone/H_2O → **G** → TMS, Tf_2NH DCM →

(N, O, O, H) → $PdCl_2$, CuCl, O_2 DMF/H_2O → (N, O, O, O, H) → 1.LHMDS, THF 2.Ac_2O , pyridine → **H**

解答参见 P449

65. 以下是β-韦惕酮全合成的路径，给出中间产物**7**、**9**、**13**、**16**的结构，提出化合物**4**至化合物**5**的反应机理。

1 → (CrO_3, $HOAc, Ac_2O$, 64%) → 2 → (HCOOMe, NaOEt, toluene, 20 ℃, 66%) → 3 → (MeI, *t*-BuOK, *t*-BuOH, toluene, 20 ℃, 29%) → 4 → (acetone, piperidine, AcOH, refulx, 32%) → 5 → ($h\nu$, dioxane) → 6 → ($AcOH, Ac_2O$, H_2SO_4, 55%(2 steps)) → 7 → (H_2, Pd/C, NaOH, EtOH) → 8 → (HCOOEt, NaH, benzene, Claisen condensation) → 9 → (BuSH, $BF_3\cdot OEt_2$) → 10 → ($NaBH_4$, MeOH) → 11 → ($HgCl_2, H_2O$, HCl, acetone, 73% (5 steps)) → 12 → ($MeLi, Et_2O$) → 13 → (DDQ, 69%(2 steps)) → 14 → (Li, NH_3, EtOH) → 15 → (CrO_3) → 16 → (MeLi) → 17 → (Ac_2O, NaOAc) → 18 → (CrO_3, $HOAc, Ac_2O$) → 19 → ($BF_3\cdot OEt_2$) → 20

解答参见 P449

66. 以下是 Avenaciolide（燕麦曲菌素）的全合成路径，试完成空缺处的结构式（**4**、**5**、**7**）并写出化合物**1**至**2**的反应机理。

1 → ($(RCO)_2O$, NaOAc, 49%, (R= C_8H_{17}−*n*)) → 2 → ($NaBH_4$, aq KOH, 91%) → 3 → ($SOCl_2$, pyrrolidine, 81%) → 4 → (MeOCOOMe, NaH, 82%) → 5 → (NaOCl, Et_2O) → 6 → (HBr, aq dioxane, 57%) → 7 → ($(CH_2O)_n$, Et_2NH, NaOAc, AcOH, r.t., 66%) → 8

解答参见 P450

67. 生物碱 Aspidosperma 最初是从生长在南美洲的野生植物 *Aspidosperma* 属中分离出来的，是单萜吲哚生物碱的最大家族（>250 个成员）。由于其独特的药理和生物活性，它们长期以来被作为抗疟药、镇痛药、抗炎药、抗癌药和精神药物。而具有 Aspidosperma 生物碱标志性的五环骨架的 Aspidospermidine 在合成界引起了相当多的关注。以下是 Aspidospermidine 的一种全合成方案，试写出化合物 **4**、**5**、**11** 的结构式并写出化合物 **7** 到化合物 **8** 的机理。

1. NaH, BnBr, THF, 0 ℃～r.t.; 2. LDA, EtI, THF, −78 ℃

3, LDA, THF, −78 ℃

$Pd_2(dba)_3$, PhMe, 70 ℃

PPh$_2$, Bu-*t*

1. 9-BBN, THF; 2. H_2O_2, NaOAc, 0 ℃～r.t.

DMP, $NaHCO_3$, DCM, r.t.

$BnNH_2$, $NaBH(OAc)_3$, AcOH, THF

1. Na/NH_3(l), −78 ℃; 2. Pd/C, HCO_2NH_4, MeOH, reflux

10, Et_3N, DCM, 0 ℃～r.t.

1. NaI, acetone, reflux; 2. AgOTf, THF, r.t.; 3. $LiAlH_4$

$Pd_2(dba)_3$:

解答参见 P450

68. 卤夫酮能抑制促炎 Th17 细胞的发育、I 型前胶原基因表达和细胞外基质沉积，因此，它可能对治疗自身免疫性疾病、纤维化或癌症有效。卤夫酮的全合成引起了许多化学家的关注。以下为卤夫酮的全合成路线，试回答以下问题：

K_2CO_3, cat. KI, cat. TBAB → **1** → HCl aq → H_2SO_4, DEC, EtOH

1. Br/COOEt, Na_2CO_3, cat. TBAI; 2. Cbz-Cl → **2** → *t*-BuONa → **3** → LiCl, DMF, H_2O → **A** → $NaBH_4$

aq HCl → Fmoc−Cl → NBS, MeCN-H_2O → **4** → 1. (7-bromo-6-chloroquinazolin-4(3H)-one), LiOH 2.diethylamine →

in refluxing EtOH →

Cbz−Cl= Fmoc−Cl=

（1）给出 **1** ～ **4** 的结构；

（2）写出从 **2** 到 **A** 的机理（无水参与）。

解答参见 P451

69. 从易于获得的原料麦芽酚出发，建立了一种实用、可扩展的、大规模的多洛特格拉韦钠合成方法。该合成方法包括麦芽酚和钯催化酰胺化的可扩展氧化过程，以引入酰胺部分，从而在短合成步骤中实现实用的制造方法。以下为多洛特格拉韦钠的合成路线。

BnBr → **1** → 1. LiN$(SiMe_3)_2$ 2. PhCHO → **A** → 1. MsCl 2. DBU → **B** → 1. $RuCl_3$ $NaIO_4$ 2. TEMPO NaClO → **2**

→ Me_2SO_4 → $NaIO_4$ → **C** → H_2N (OH) → **D**

NBS → **E** → Pd$(PPh_3)_4$ CO → 1. Pd-C, H_2 2. NaOH →

回答以下问题：

（1）给出 **A** ～ **D** 的结构；

（2）写出由 **C** 生成 **D** 的反应机理；

（3）**1** 到 **2** 本可以通过 SeO_2 将甲基氧化为醛基进而氧化为羧基，为何改为使用 3 步需要多种反应试剂的过程。

（4）**C** 生成 **D** 过程中的环化反应非对映选择性很高，试解释之。

解答参见 P451

70. 马钱子碱是一种剧毒的吲哚类生物碱化合物，自从伍德沃德第一次确定其结构并完成其全合成以来，马钱子碱一直都是应用新反应与开发新合成策略的热门对象。以下是日本科学家开发的马钱子碱的高效合成方法中的片段。

1 (HOOC-苯) —[Na, NH_3-EtOH, −78 ℃]→ —[1.AcCl, MeOH, r.t. 2.NaOMe]→ 2 —[1.NBS 2.H_2O]→ 3 (racemic)

—[lipase AYS, 醋酸乙烯酯, 40 ℃]→ 4 —[DIBAL, CH_2Cl_2, 0 ℃]→ 5 —[1.NaOMe, MeOH, r.t. 2.TBSCl, imidazole, CH_2Cl_2, r.t.]→

6 + 7 —[$Pd_2(dba)_3$, P(2-furyl)$_3$, toluene, r.t.]→ 8 —[1.MOMCl, *i*-Pr_2NEt, CH_2Cl_2, r.t. 2.LiI, collidine, 80 ℃. 3.Boc_2O, DMAP, MeCN, r.t. 4.NH_4F, HF, DMF-NMP, r.t.]→

9 —[$NsNH_2$, PPh_3, DEAD, toluene, r.t.]→ 10 —[1.DBU, toluene, 100 ℃. 2.aq HCl, THF, 50 ℃. 3.Dess-Martin periodinane, CH_2Cl_2, 0 ℃.]→ 11

—[1.TMSOTf, Et_3N, CH_2Cl_2, 0 ℃. 2.*m*-CPBA, aq $NaHCO_3$-CH_2Cl_2, 0 ℃. 3.aq HCl, MeOH, r.t.]→ 12

DIBAL　　lipase AYS: 拆分试剂　　DEAD

TBSO⁻　　Boc_2O　　Dess-Martin reagent:

MOMCl　　$NsNH_2$

（1）写出中间产物 **2**、**3**、**4**、**5**、**10**、**11** 的结构。

（2）写出 **9** 到 **10** 合理的反应机理。

（3）保护基团是有机合成中常见的策略，**8** 到 **9** 的转化过程中涉及到了三种常见保护基团的保护与脱保护过程，简单说明这三种保护基团的性质。

解答参见 P452

71. Nepetalactones 是由薄荷科中荆芥属植物产生的一类单萜类化合物中的精油。已知 Nepetalactones 会使猫感到愉悦，并且也是蚜虫性信息素的成分以及驱虫剂和驱蚊剂。如图，通常 (7*S*)-Nepetalactones 存在于天然来源中，取自不同的荆芥属物种和来源的该物质，会以不同量的非对映异构体的混合物存在，主要以 **1a** 和 **1b** 为主。

1a **1b** **1c** **1d**

以下流程为一种仅通过一步氧化、使用 NHC 催化合成、特异性地合成 (7*S*)-Nepetalactones 对映体的合成路线：

（1）以下是 NHC 前体的合成，给出 **N** 和 **A** 的结构。

Ph N Ar^1 H —1.$SOCl_2$ / 2.Ar_2—$NHNH_2$, NMM, r.t.→ **N** —$CH(OEt)_3$ / HCl→ **A**

Ar^1 = Mes/Dipp
M

（2）以下是 (7*S*)-Nepetalactones 催化合成的路线，给出 **B**、**C** 和 **F** 及中间体 **E** 的结构，并且给出 **B** → **C** 的机理。

X —(Ar, N, N, Ph, N, Ar 卡宾)→ **B** —(O, I, OH, O, O) / DMSO→ **C**

—base→ **D** (Ar, N, N+, Ph, N, Ar, O, CHO) → [**E**] → **1a** (O, H, O, H) + **F**

解答参见 P452

72. 研究表明，从珊瑚来源的放线菌 *Nesterenkonia halobia* 中分离得到的结构新颖的笼状聚酮类化合物 Nesteretal A 显示出一定的 RXRα 转录激活作用。由于 RXRα 是抗肿瘤药物研究的热门靶点之一，这一发现表明该分子在抗肿瘤药物研发方面具有较好的潜在应用价值。以下是 Nesteretal A 全合成途径的片段。试完成空缺处的结构式（**3**、**5**、**7**、**9** 和 **11**），写出化合物 **8** 至化合物 **9** 的反应机理并解释 $CH(OMe)_3$ 的作用。

1 —AD-mix-β, *t*-BuOH/H_2O→ **2** (OH, OH) —1.IBX, CH_3CN / 2.MOMCl, DIPEA, $ClCH_2CH_2Cl$→ **3** →→ **4** (HO, OMOM)

—$Pd(OAc)_2$, PPh_3 / AcOH, toluene→ **5** —*i*-PrOH, cat.CBr_4→ **6** (HO, OH) —TBHP, cat.$Mo(CO)_6$→ **7**

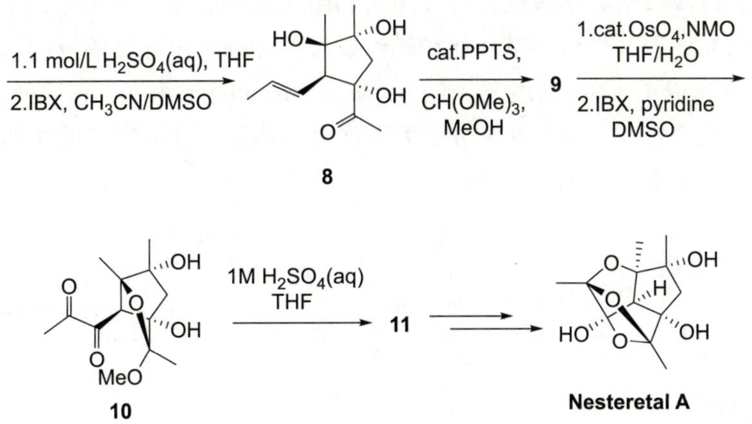

解答参见 P453

73. Bifidenone 是一种新型的天然微管蛋白聚合抑制剂，下面是该化合物全合成路径的片段，给出 **2**、**5**、**6**、**8** 和 **10** 的结构。

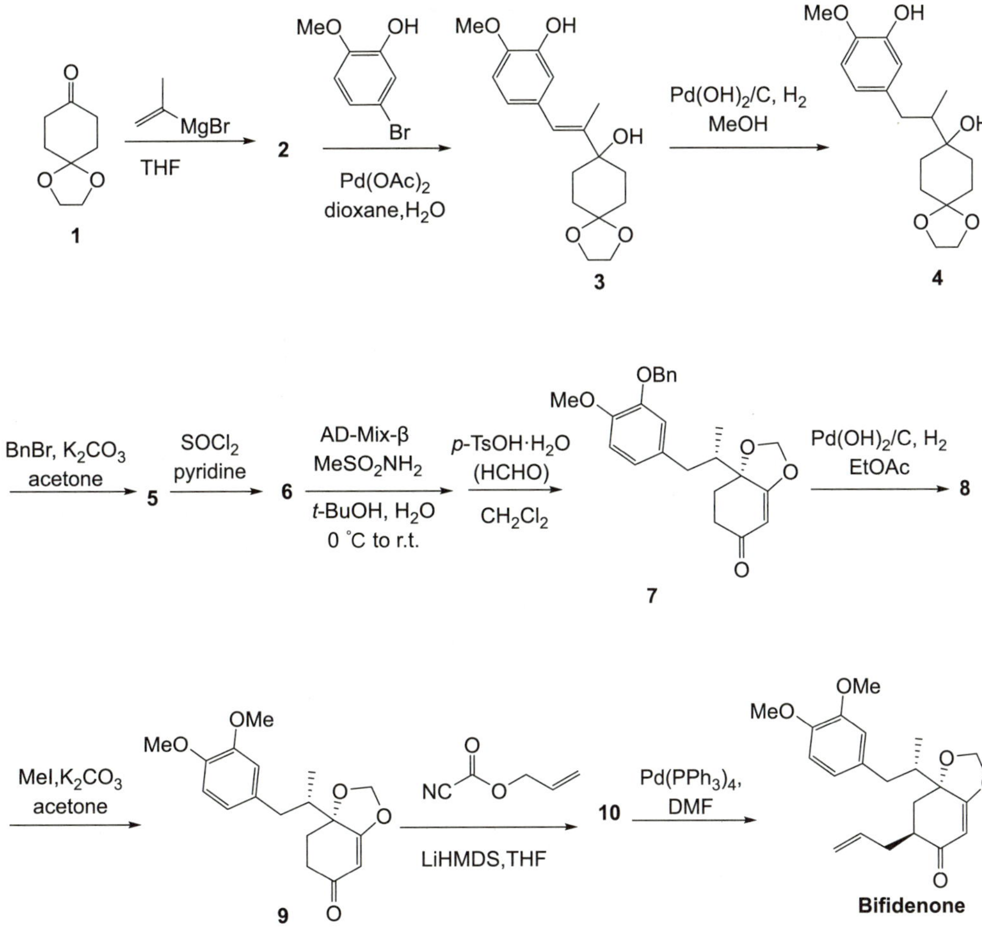

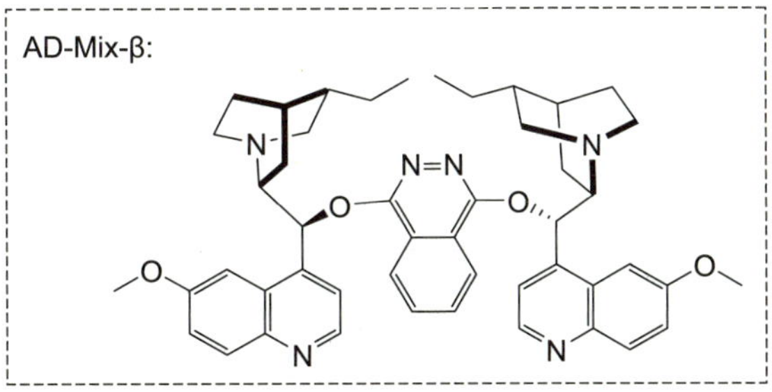

AD-Mix-β:

解答参见 P454

74. 近日，云南大学张洪彬教授团队利用 Mannich 型串联环化、二碘化钐介导的高立体选择性自由基环化和碘鎓诱导的吲哚亲电环化等反应为关键步骤高效地完成了 14 个高度复杂的 Sarpagine-Ajamaline-Koumine 型吲哚生物碱的集群式全合成，其中 8 个分子为首次全合成。试完成空缺处 **1** 和 **2** 的结构式，并画出 **3** 到 **4** 的反应机理。

OPMB; PMB; $Ti(OEt)_4$, THF, 88%; **1**; LiHMDS, THF, $BF_3 \cdot Et_2O$, dr=4.5:1; OPMB, NH, H, PMB; DDQ, DCM/H_2O, 82%

HO; N-PMB; HN; I_2, THF, H_2O; **2**; Boc_2O, NaOAc, THF/H_2O; OH; NHBoc; PMB; IBX, MeCN

NHBoc; PMB; **3**; $BF_3 \cdot OEt_2$, DCM, 57% from 3d; H; N; Boc; PMB; H; **4**

解答参见 P454

75. 有机合成大师 E. J. Corey 利用逆合成分析策略，从双环出发，巧妙利用分子内 Micheal 加成构筑桥环体系，最终以 15 步实现了长叶烯 (+)-Longifolene 的全合成，该策略的特点是在合成后期引入目标分子的大部分拓扑复杂性。近日，UC Berkeley 化学系的 Goh Sennari 博士和 Richmond Sarpong 教授等人发现了一种拓扑复杂性在一开始就被引入的正交策略，实现了 9 种 Longiborneol 倍半萜类化合物的简洁全合成。以下为具体全合成过程，给出中间产物 **3** 和中间体 **5** 的结构，标出中间体 **5** 到 **6** 的电子转移（S-O *β*-scission，涉及金属氢化物氢原子转移），并写出 **1** 到 **2** 的反应机理。

OH; OH; **1**; 1. TsOH(10 mol%), DCE, 60 ℃(83%); 2. TEMPO(10 mol%), PIDA, AcOH, DCM, r.t.(>99%); **2**; PPh_3Br, *n*-BuLi, THF, r.t.; **3**; NaHMDS, THF, −78 ℃ to r.t., then $(PhSO_2)_2O$, −78 ℃ (97%)

PhO_2SO; **4**; $Fe(acac)_3$(30 mol%), $PhSiH_3$, NaH_2PO_4, Na_2HPO_4; $EtOH/(CH_2OH)_2$, 60 ℃ (85%), Fe-H HAT; [**5**]; **6**

解答参见 P454

76. Rucaparib（**F**）是一种新兴抗癌药物，由辉瑞制药公司研发，对卵巢癌有突破性治疗效果。下面是从商业可得的原料 **A** 合成 Rucaparib 的一条路径。

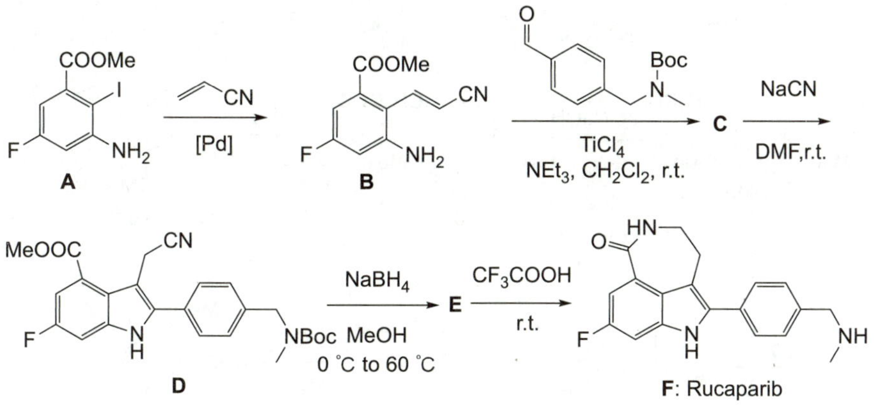

（1）推测路径中 **C** 和 **E** 的结构。

（2）写出 **B** 到 **C** 再到 **D** 两步转换的机理。

解答参见 P455

77. 以下为马鞭草查尔酮（Verbenachalcone）的一种全合成路线，给出化合物 **3**、**5**、**8** 的结构，并写出从化合物 **4** 到化合物 **6** 的机理。

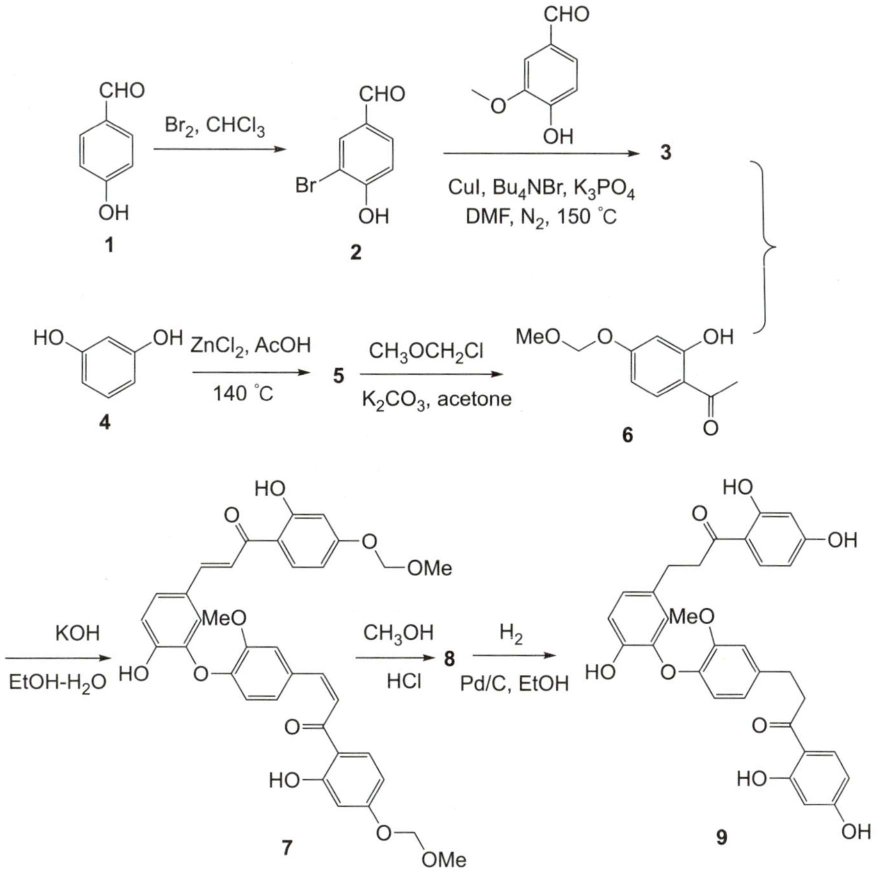

解答参见 P455

78. 以下为鲁戈西酮（Rugosinone）的一种全合成路线，给出化合物 **2**、**5**、**12** 的结构，并写出从化合物 **10** 到化合物 **11** 的机理。

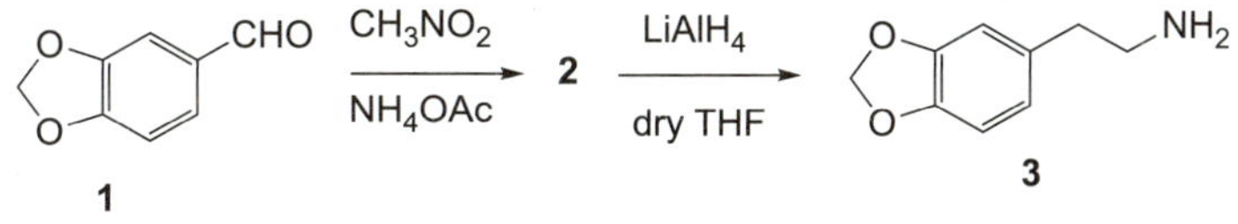

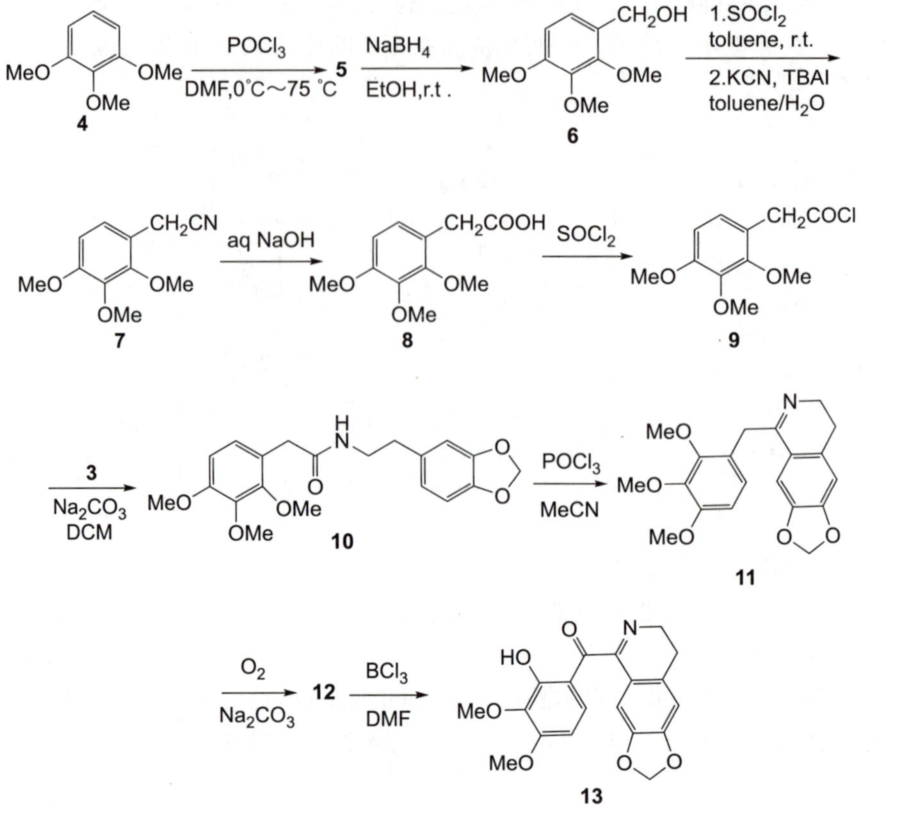

解答参见 P456

79. 以下为复杂抗生素天然产物 Amycolamicin/Kibdelomycin 中部分片段的合成，给出中间产物 **2**、**5** 和 **8** 的结构，提出 **1** 到 **2** 的机理。

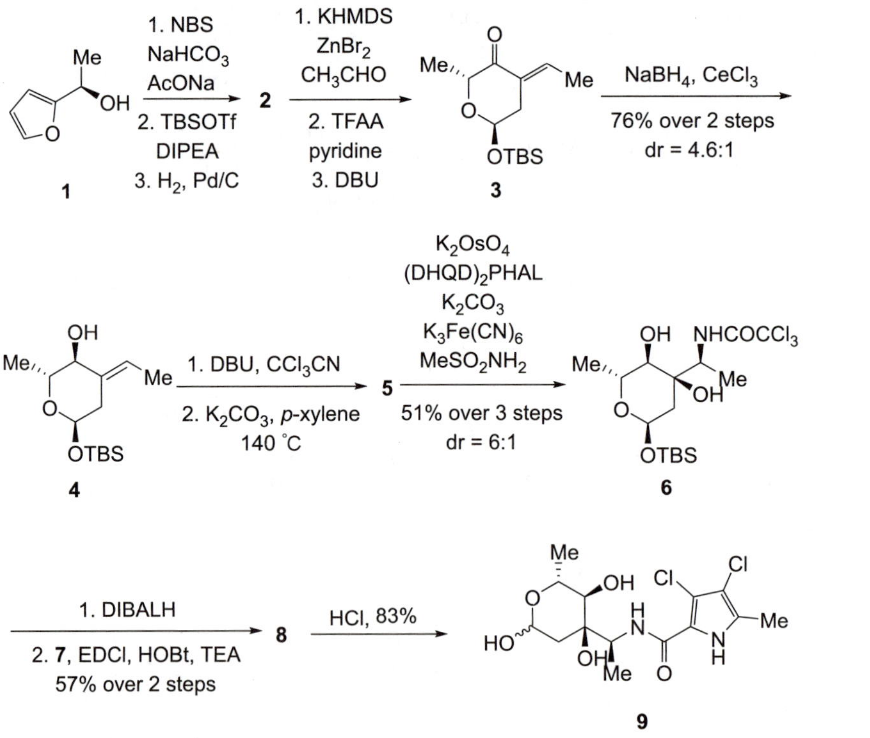

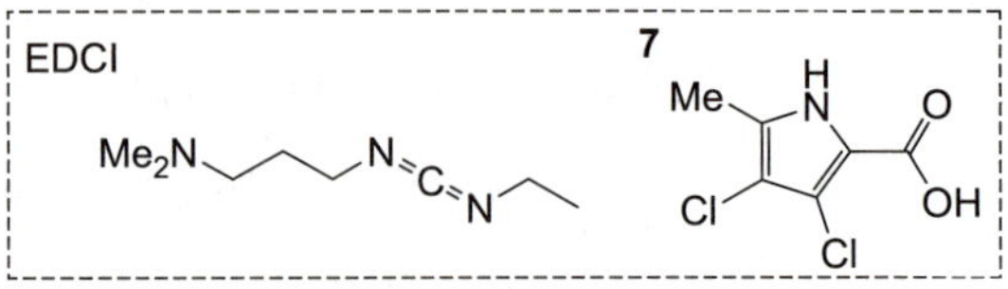

解答参见 P456

80. 以下为 tricyclic-PGDM 甲酯的全合成路线，给出中间产物 **2**、**4** 和 **8** 的结构，并写出化合物 **3** 至化合物 **4** 的反应机理。

1.NIS, 乙基乙烯基醚 (OEt); DCM; −20 ℃ to 0 ℃; 89%

AIBN, n-Bu_3SnCl, $NaCNBH_3$, t-BuOH, 丙烯酸甲酯; 85 ℃, 72 h; 61% (10.0 g scale)

EtMgBr, $ClTi(OPr$-$i)_3$, THF; 0 ℃ to 23 ℃; 86% (3.7g scale)

TBAF, THF; 0 ℃ to 23 ℃; 78% (2.7g scale)

HCl, THF, 23 ℃

KHMDS, CH_3PPh_3Br, THF; 0 ℃, 55% (2 steps; 0.5 g scale)

$Pd(OAc)_2$, DDQ, CO; PhH, 23 ℃; 53%, 200 mg scale

Ru-Z-DIPP (15 mol%), DCE, 40 ℃, 3-丁烯酸甲酯 (OMe); 52% (>95% Z; 35% SM)

1 (TBSO, OH) → **2** → **3** (OEt, O, OTBS, CO_2Me) → **4** → **5** (OEt, O, OH, OH) → **6** (OH, O, HO, OH) → **7** (HO, OH, OH) → **8** → **9** (HO, CO_2Me, O, O, O) tricyclic-PGDM methyl ester

解答参见 P456

81. Aspidosperma 家族是单萜类吲哚生物碱的代表类，具有特征性的五环骨架。由于其多样化和复杂的骨架结构以及有价值的药理活性，引起了合成化学家的广泛关注。最近，已经开发了几种优雅的方法，用于这些天然产物的几个成员的不同总合成。题目中提到的是其中一种方法，试根据条件和产物写出 **2**、**4**、**9**，并写出 **2** 到 **3** 和 **5** 到 **6** 的机理。

1 (O, N, Me, SO_2Ph) —($NH_2S(O)Bu$-t, $Ti(OEt)_4$)→ **2** —(2-乙基丙烯酸甲酯 (CO_2Me), LiHMDS, 烯丙基溴 (Br))→ **3** (O, S, Bu-t, N, CO_2Me, N, SO_2Ph, Me) —(1.DIBALH 2.DMP)→

4 —(1.$Ph_3P=CH_2$ 2.Hoveyda-Grubbs II cat.)→ **5** (O, t-Bu, S, N, N, SO_2Ph, Me) —(1.HCl 2.$Br(CH_2)_2OH$, Na_2CO_3 3.t-BuOK)→ **6** (N, N, Me)

6 —(PtO_2, H_2)→ **7** (N, NH, H, H, Me)

6 —(LDA, $NCCO_2Me$)→ **9** —(PtO_2, H_2)→ **8** (N, NH, Me, CO_2Me)

解答参见 P457

82. 请试着写出化合物 **5** 与化合物 **7** 的结构，已知 **4** 与 **5** 官能团均相同，并写出 **1** 到 **2**、**3** 到 **4** 的机理。

1. CrO_3
2. Bu_4NOH, $TrisN_3$

$Bi(OTf)_3$

1.BnOH
2.$LiAlH_4$
3.DMP

[O]

K_2CO_3

TMSOTf

1.$K_2OsO_2(OH)_4$, NMO
2.BBr_3, CAN, NaS_2O_4

1.$Pb(OAc)_2$
2.BBr_3, CAN, NaS_2O_4

BBr_3, air

解答参见 P457

83. 从石榴果皮中提取出来的 Punicagranine 是具有较高治疗潜力的天然生物碱，以下是 Punicagranine 的两条全合成路径。

Route A: 1 → 2 (CH_2O_2, Ac_2O, r.t., 1 h, 99%); 2 + 3 → 4 (Ac_2O, 120 ℃, 16 h, 39%); 4 + 5 → 6 ($AlCl_3$, $ClCH_2CH_2Cl$, r.t., 2 h, 36%)

Route B: 7 + 5 → 8 ($AlCl_3$, $ClCH_2CH_2Cl$, r.t., 2 h, 63%); 8 → 9 (1. $BrCH_2CH_2Br$, KOH, DMF, r.t., 16 h, 57%; 2. NaI, acetone, 60 ℃, 1.5 h, 86%); 9 → 6 (10 mol% $Pd(PPh_3)_4$, K_3PO_4, t-BuC_6H_5, 130 ℃, 16 h, 40%)

6 → Punicagranine (2 mol/L NaOH, EtOH, 60 ℃, 1 h, 87%)

（1）请推断化合物 **2**，**4**，**6**，**8**，**9** 的结构

（2）请写出化合物 **2** 到化合物 **4** 的反应机理

解答参见 P458

84. Denbinobin 是一种从金钗石斛中提取出来的菲醌类物质，它已经被证实具有抗肿瘤和抗炎功能。以下是 Denbinobin 的一条全合成路线。

H_3CO COOH OCH_3 **2** + **3** 1.Ac_2O, Et_3N 2.MeOH, H_2SO_4 61% two steps → $COOCH_3$ OCH_3 **4** $FeCl_3$ CH_2Cl_2, r.t. 70% →

5 1 mol/L NaOH MeOH 90% → **6** Cu_2O, 1,10-Phenanthroline NMP, quinoline, MW, 190 ℃ 99% → OCH_3 **7** CAN,ACN, H_2O, r.t. 68% → **8**

MeOH, $Fe_2(SO_4)_3\cdot 7H_2O$, r.t. 90% → OCH_3 **9** TMSI,CH_2Cl_2, 0 ℃ to r.t. 42% → OH OCH_3 **1**

（1）从化合物 **7** 到化合物 **8** 是什么反应类型？

（2）请推断化合物 **3**、**5**、**6**、**8** 的结构。

（3）请写出从化合物 **3** 到化合物 **4** 的反应机理。

解答参见 P458

85. 环辛四烯是重要的有机合成前体，科学家们利用环辛四烯的特殊性质合成了许多有趣的化合物。下面是金刚酸 A 的合成流程：

COT 3 equiv. N_2 MeO_2C CO_2Me $Rh_2(esp)_2$ 0.1 mol% DCE,80 ℃ → MeO_2C CO_2Me (piperonyl)MgCl CuCN,Et_2O/Me_2S −78 ℃ to −50 ℃ then LiOH THF/MeOH/H_2O r.t. → **A** CDI THF or DCM RT then DIBAL −78 ℃ → **B**

EtO PPh_3 DCE 55 ℃ → EtO H H H H PhMe, 110 ℃ → **C**

(piperonyl)MgCl: ClMg

（1）请给出 **A**、**B**、**C** 的结构

（2）写出由 **A** 转化到 **C** 的机理

解答参见 P459

86. C_{20}-二萜生物碱主要从乌头属、实草属、飞燕草属和螺旋线菊属中分离得到，是一个复杂的天然产物大家族，具有丰富的生物活性。下面是 (+)-Davisinol 和 (+)-18-Benzoyldavisinol 合成的部分流程，请给出 **A**、**B**、**C**、**D** 的结构。

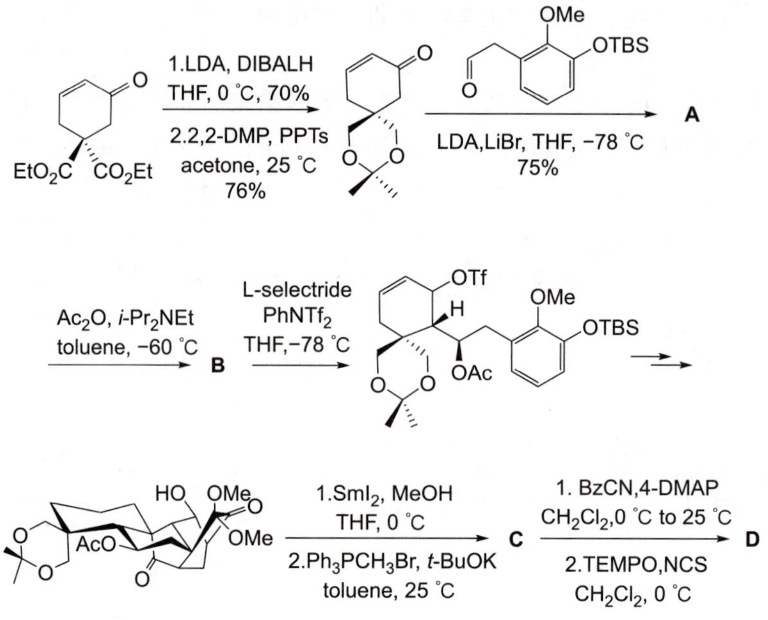

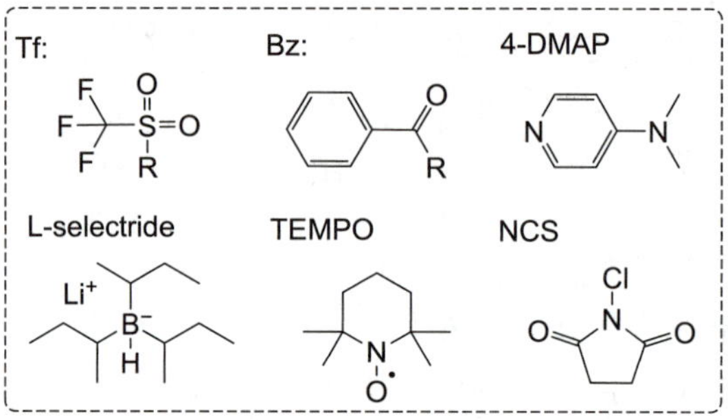

1.LDA, DIBALH
THF, 0 ℃, 70%
2.2,2-DMP, PPTs
acetone, 25 ℃
76%

LDA,LiBr, THF, −78 ℃
75%

Ac$_2$O, *i*-Pr$_2$NEt
toluene, −60 ℃

L-selectride
PhNTf$_2$
THF,−78 ℃

1.SmI$_2$, MeOH
THF, 0 ℃
2.Ph$_3$PCH$_3$Br, *t*-BuOK
toluene, 25 ℃

1. BzCN,4-DMAP
CH$_2$Cl$_2$,0 ℃ to 25 ℃
2.TEMPO,NCS
CH$_2$Cl$_2$, 0 ℃

Tf: Bz: 4-DMAP
L-selectride TEMPO NCS

解答参见 P459

87. 以下为 (+)-Anglemarin 的全合成，写出 **B**、**C**、**F** 的结构式，并写出 **D** 到 **E** 的反应机理。

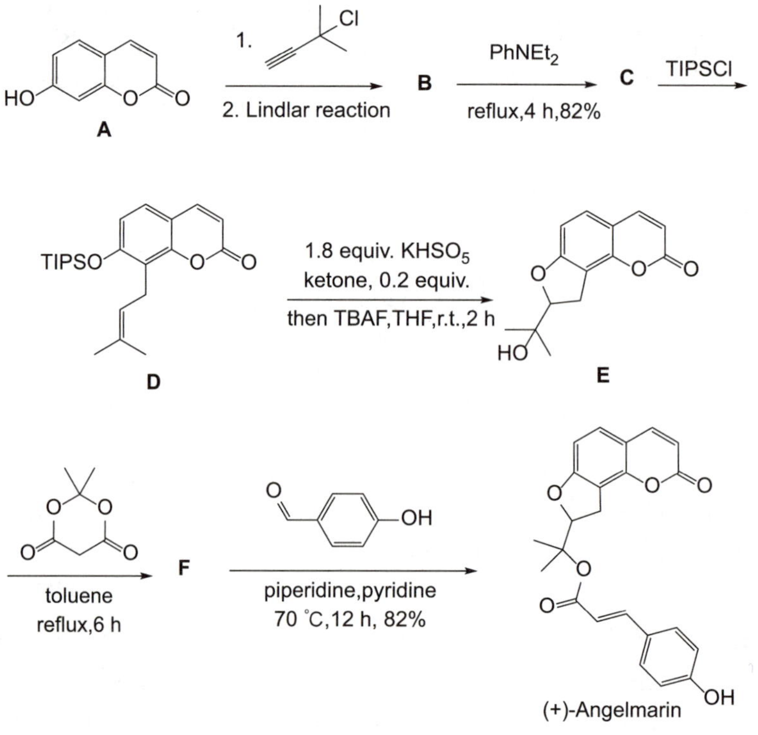

1. 2. Lindlar reaction

PhNEt$_2$
reflux,4 h,82%

TIPSCl

1.8 equiv. KHSO$_5$
ketone, 0.2 equiv.
then TBAF,THF,r.t.,2 h

toluene
reflux,6 h

piperidine,pyridine
70 ℃,12 h, 82%

(+)-Angelmarin

解答参见 P460

88. 如下是 Rucaparib 的全合成。给出 **C**、**D**、**F** 的结构，写出 **B** 到 **C** 的反应机理。

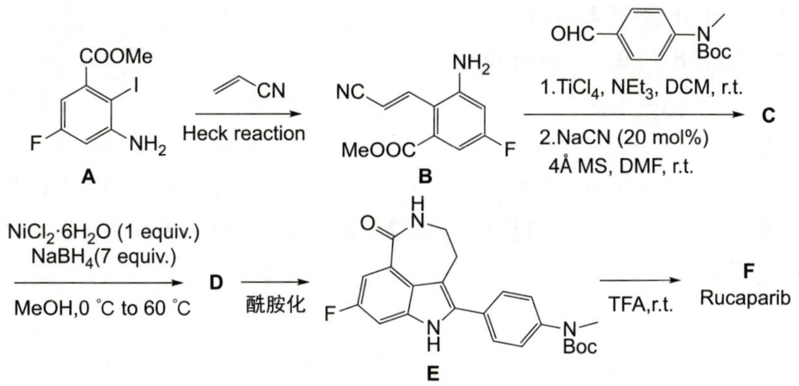

解答参见 P460

89. 如下是从化合物 **1** 出发合成苯并呋喃衍生物 **4** 的两种方法。

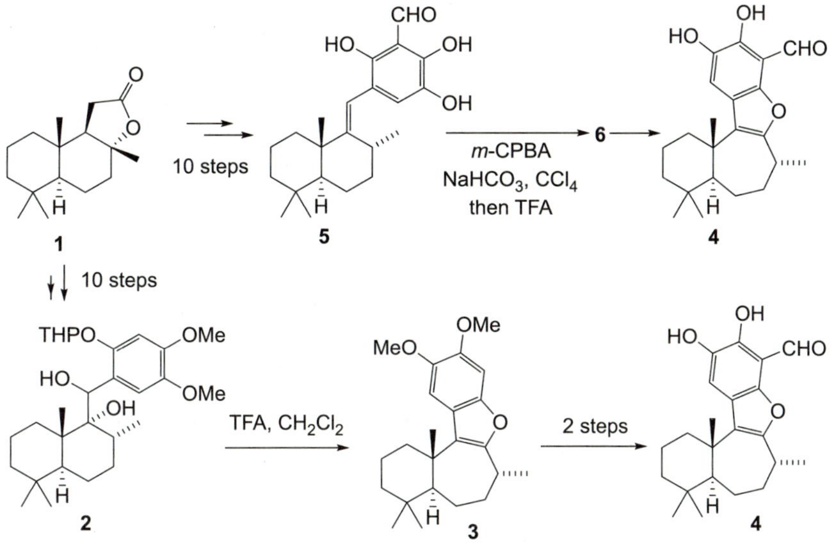

（1）给出中间产物 **6** 的结构式；

（2）提出化合物 **2**→**3** 的反应机理；

（3）以 **3** 为原料，试通过两步合成化合物 **4**。

解答参见 P461

90. 以下是 Verrubenzospirolactone 仿生全合成中截取的某一片段，回答下列问题：

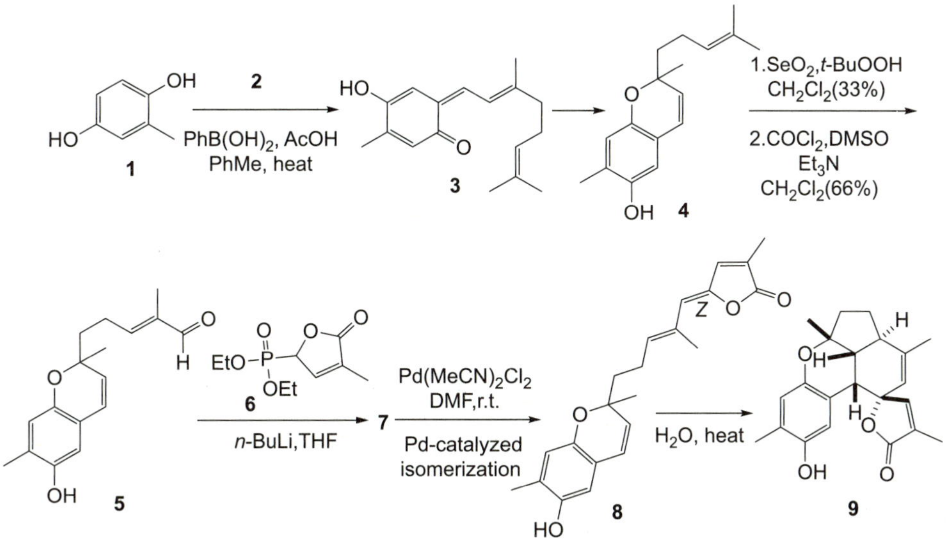

（1）给出化合物 **2** 的结构；

（2）提出 **4** 到 **5** 第二步转化的反应机理；

（3）给出化合物 **7** 的结构；

（4）写出 **8** 到 **9** 的过渡态。

解答参见 P461

91. 2,3-*α*-亚甲基-2 取代-5-(*S*)-羟甲基四氢呋喃易于生成各种新型的四氢呋喃糖基 C-糖苷（如化合物 **4**、**8**、**9** 等）。其中一种四氢呋喃糖基 *C*-糖苷的合成与衍生如下图所示，给出化合物 **2**、**5**、**6**、**7** 的结构，提出 **3** → **4** 以及 **7** → **8** 的反应机理。

1 —(TBDPSCl; ImH, DMF)→ 2 —(LiHMDS, THF; then, Me_3SnCH_2I, THF)→ 3 (OTBDPS, $SnMe_3$) —(≡—Li; then, TFA)→ 4 (OTBDPS)

—(*n*-BuLi, ClCOOMe; THF)→ 5

5 —(1. H_2 (balloon), Lindlar, EtOAc; 2. TBAF, THF)→ 6

5 —(DIBALH; CH_2Cl_2)→ 7 —(DPPA, DBU; THF)→ 8 (OTBDPS, N_3)

DPPA: PhO−P(=O)(N$_3$)−OPh

化合物 **3** 还可以经若干步反应以得到 **10** 和 **12**，提出 **11** → **12** 的反应机理。

3 (OTBDPS, $SnMe_3$) → 9 (OTBDPS, N_3) —(heat; $PhCH_3$)→ 10 (OTBDPS, N=N, N)

3 → 11 (OH, Ph) —(H^+, TMSCl; MeOH)→ 12 (Me, O, Ph, O)

解答参见 P462

92. 以下是 (+)-Sieboldine A 的一种全合成途径的片段。给出化合物 **3**、**5** 和 **9** 的结构，给出 **a** ～ **e** 的反应类型，给出并提出 **9** → **10** 以及 **11** → **12** 的反应机理。

1 (H, O, HO, OPMB) —a→ 2 (H, O, HO, OPMB) —(1. Br〰〰OEt, CSA, PPTS, r.t.; 2.*n*-Bu_3SnH, AIBN)→ 3 —(Ac_2O, DMAP; Et_3N, 40%)→

4 (H, OAc, O, EtO, OPMB) —(1.*m*-CPBA, CH_2Cl_2; 2.K_2CO_3, CH_3OH/H_2O(10：1))→ 5 —(K-Selectride; THF)→ 6 (H, OH, OH, O, EtO, OPMB)

b → 7 → c → 8 → 1.$BH_3 \cdot SMe_2$, THF; 2.$NaBO_3 \cdot 4H_2O$, H_2O → 9

NsNH-OMOM, DEAD, PPh_3, toluene → 10 → d → 11 → Cl_3CCN, DBU, CH_2Cl_2 → 12 → e → 13

解答参见 P462

93. 下面是 5-Chloromethylidene 全合成路径的片段。已知化合物 A 中存在三个不饱和键，给出 A 的结构，提出其制备路线，并写出 **REACTION 1**、**REACTION 2** 和 **REACTION 3** 的反应机理。

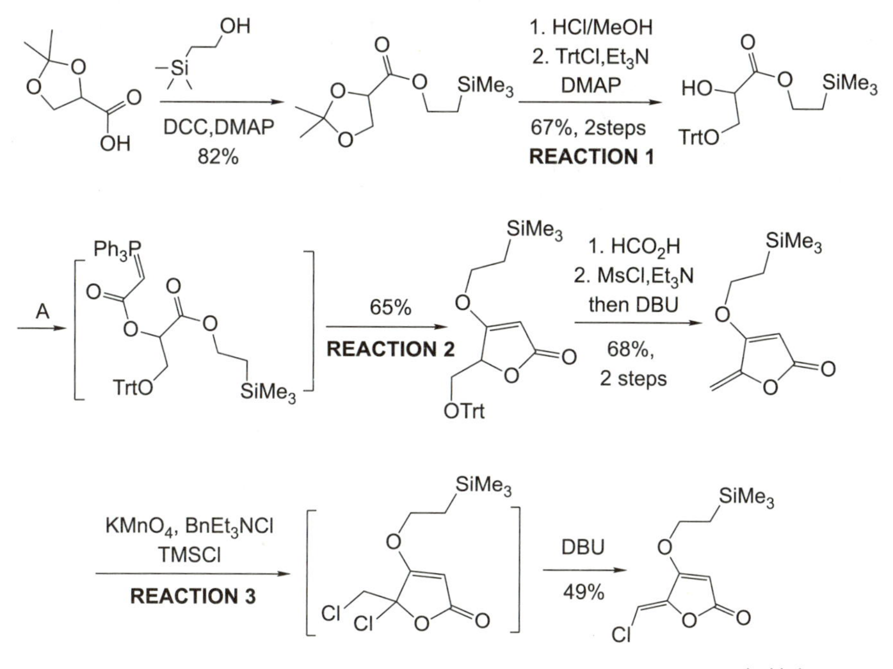

解答参见 P463

94. Dysiherbols A ～ C 在结构上有一个空间紧凑的 6/6/5/6/6 五环核心。近日，Liu 及其同事通过分子内的 [2+2] 和 Pd 催化的半频哪醇重排 /C_{sp^2}—H 芳香偶联反应来实现关键环系的构建，合成了 Dysiherbols A ～ C 的关键前体。以下为他们采用合成线路。

A → 1.DMP, $NaHCO_3$, DCM; 2. MgBr,THF; 3.TBDPSCl, imidazole, DMF; 4.NaI, acetone; 35% over four steps → B

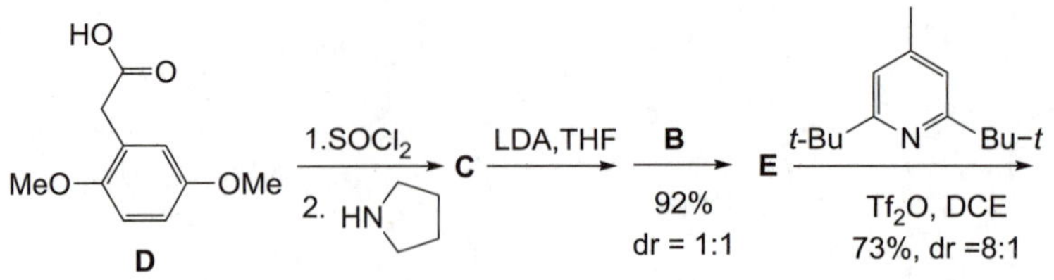

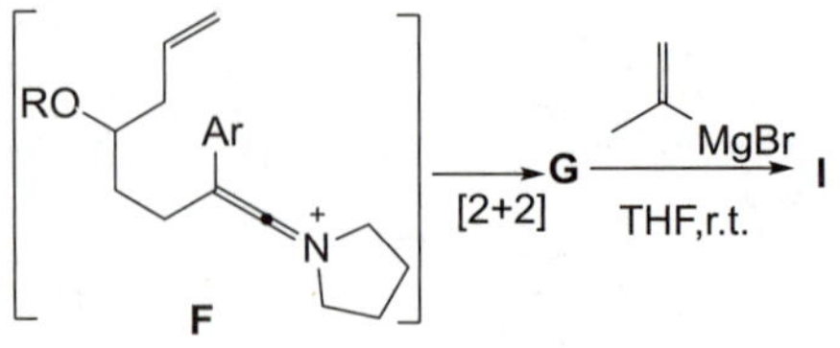

（1）给出 **B**、**C**、**E**、**G**、**I** 的结构（注意立体化学）。

（2）在 **G** 生成 **I** 的反应过程中，会同时几乎等量的生成 **H**。在实验中，**H** 可以发生如下反应，试写出 **H** 的结构。

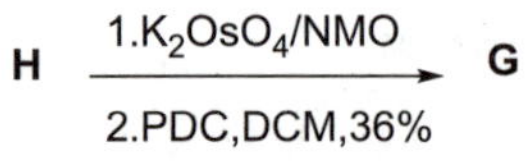

H —(1. K_2OsO_4/NMO；2. PDC, DCM, 36%)→ G

解答参见 P464

95. 最近 Lu 及其同事利用分子内酰胺烯醇化物烷基化 (IAEA) 完成了 Jimenzin 关键环系的构建，下面是他们采用的合成步骤。

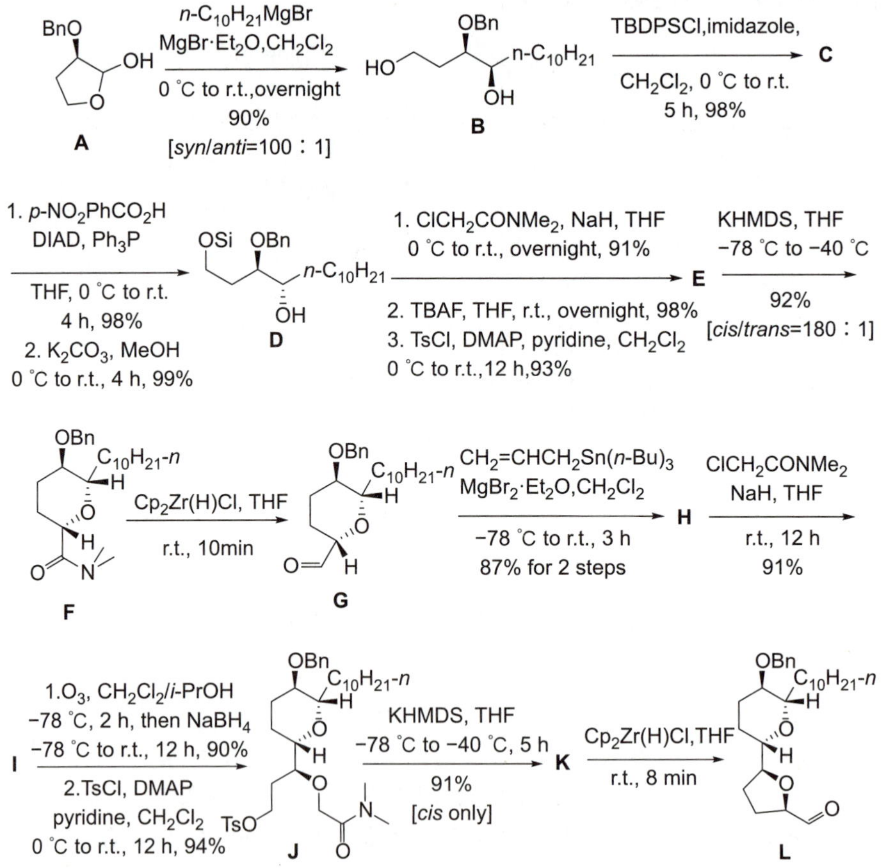

注：DIAD 为偶氮二甲酸二异丙酯

（1）给出 **C**、**E**、**H**、**I**、**K** 的结构式（注意立体化学）。

（2）推测 **E** 生成 **F** 的机理，并解释通过分子内酰胺烯醇化物烷基化（IAEA）构建手性氧杂环的原理。

解答参见 P464

96. 以下是紫杉醇的全合成路线，其中二碘化钐介导的频哪醇偶联构建八元环是该合成的关键。

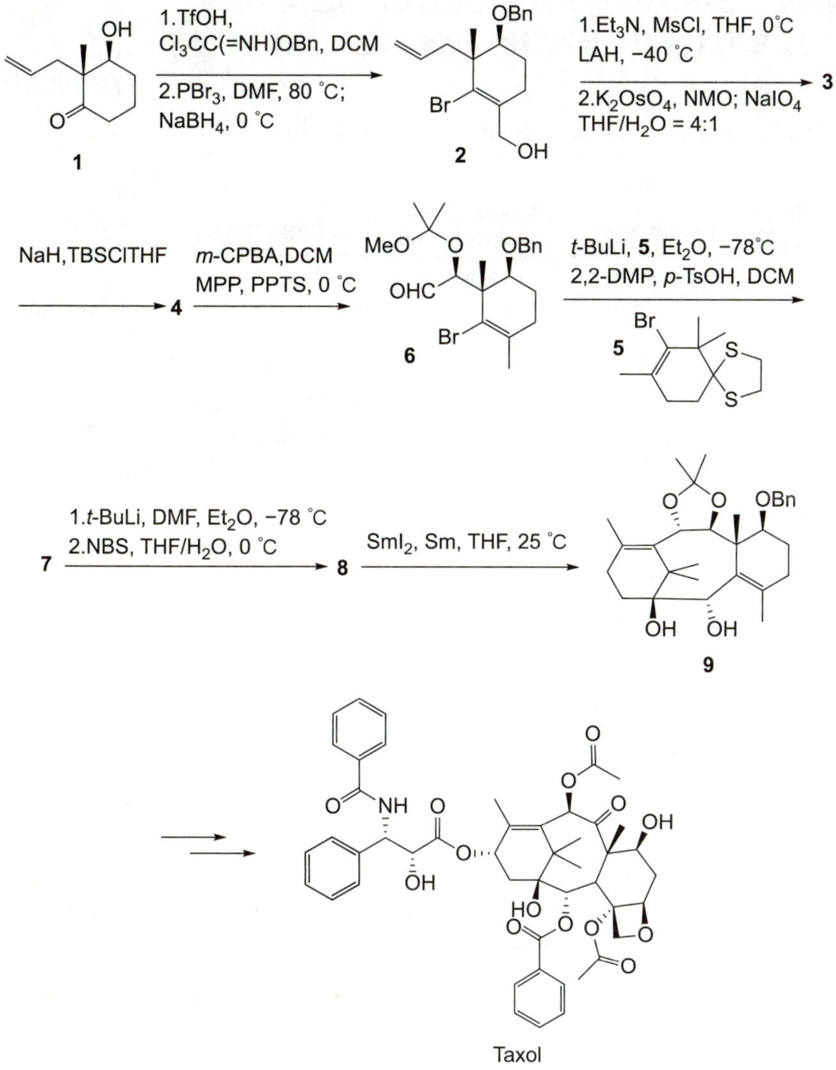

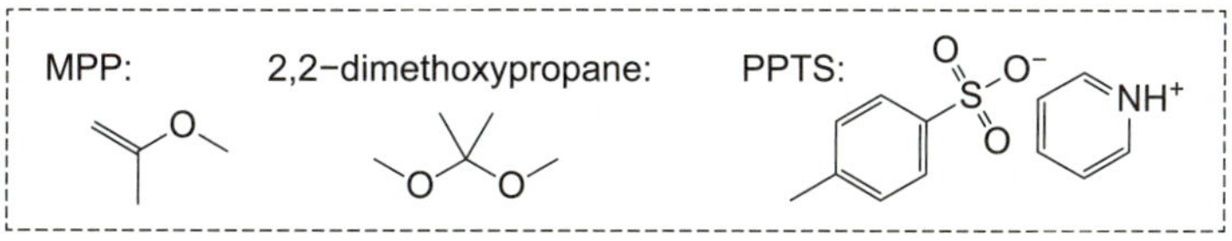

1 → (1.TfOH, $Cl_3CC(=NH)OBn$, DCM; 2.PBr_3, DMF, 80 °C; $NaBH_4$, 0 °C) → 2 → (1.Et_3N, MsCl, THF, 0°C; LAH, −40 °C; 2.K_2OsO_4, NMO; $NaIO_4$, THF/H_2O = 4:1) → 3

→ (NaH, TBSCl THF) → 4 → (m-CPBA, DCM; MPP, PPTS, 0 °C) → 6 → (t-BuLi, 5, Et_2O, −78°C; 2,2-DMP, p-TsOH, DCM) →

7 → (1.t-BuLi, DMF, Et_2O, −78 °C; 2.NBS, THF/H_2O, 0 °C) → 8 → (SmI_2, Sm, THF, 25 °C) → 9

→ → Taxol

MPP:　2,2−dimethoxypropane:　PPTS:

（1）给出 **3**、**4**、**7**、**8** 的结构；

（2）给出 **6** 到 **7** 转化的机理。

解答参见 P465

97. 根据以下合成路径，回答下列问题。

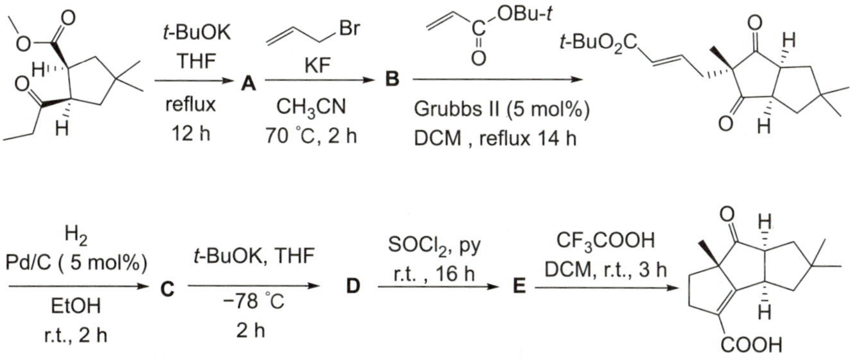

→ (t-BuOK, THF, reflux, 12 h) → A → (KF, CH_3CN, 70 °C, 2 h) → B → (Grubbs II (5 mol%), DCM, reflux 14 h) →

→ (H_2, Pd/C (5 mol%), EtOH, r.t., 2 h) → C → (t-BuOK, THF, −78 °C, 2 h) → D → ($SOCl_2$, py, r.t., 16 h) → E → (CF_3COOH, DCM, r.t., 3 h) →

（1）写出 **A** ～ **E** 的结构简式

（2）由 **A** 生成 **B** 的过程中有一副产物 **B′**，是 **B** 的同分异构体，写出其结构简式，它在 DMF 中加热会转化为 **B**，写出反应类型。

（3）**B** 的生成有立体选择性，请解释之。

解答参见 P465

98. 以下是一种 Isoschizogamine 全合成的片段：

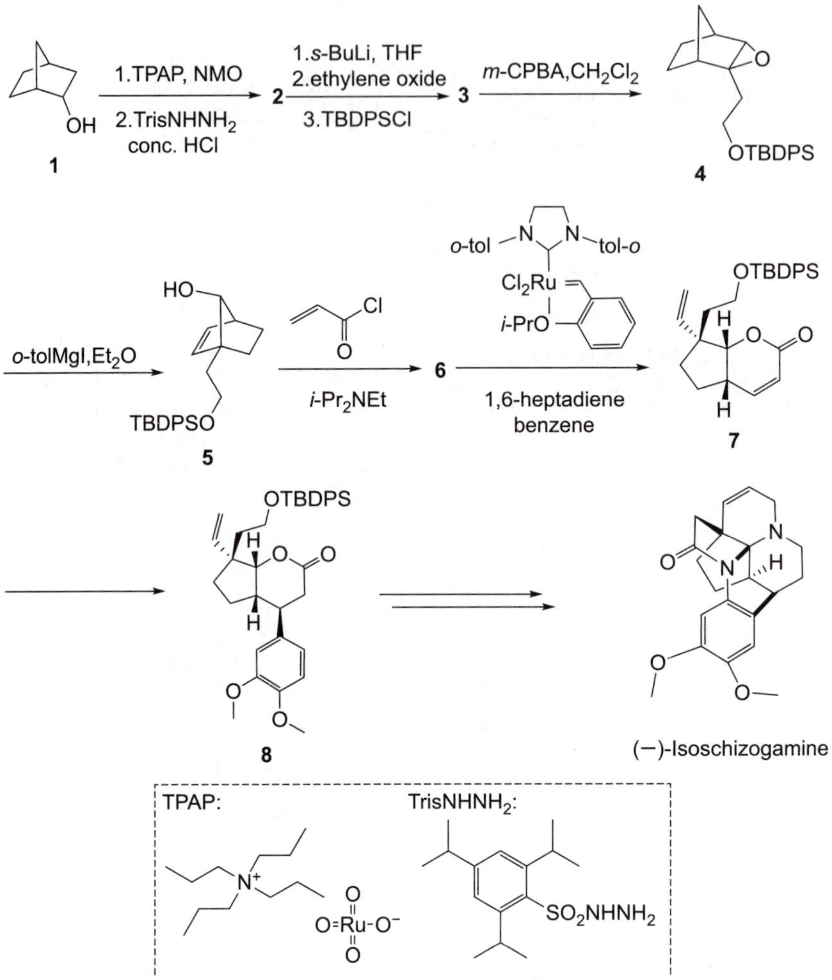

1.TPAP, NMO
2.TrisNHNH2
conc. HCl
1.s-BuLi, THF
2.ethylene oxide
3.TBDPSCl
m-CPBA,CH2Cl2
OTBDPS
o-tolMgI,Et2O
HO
TBDPSO
i-Pr2NEt
o-tol
tol-o
Cl2Ru
i-PrO
1,6-heptadiene
benzene
OTBDPS
(−)-Isoschizogamine
TPAP:
TrisNHNH2:
SO2NHNH2

（1）试完成空缺处的结构式（**2**、**3** 和 **6**）。

（2）写出化合物 **4** 至 **5** 的反应机理。

解答参见 P466

99. 虎皮楠生物碱（Daphniphyllum alkaloids）是从虎皮楠属中草药中分离得到的一大类天然产物，具有抗癌、抗病毒、抗氧化、调控神经生长因子等多种生物活性。几十年来，虎皮楠生物碱受到了多个化学研究团队的关注。以下是其中一种全合成途径的片段：

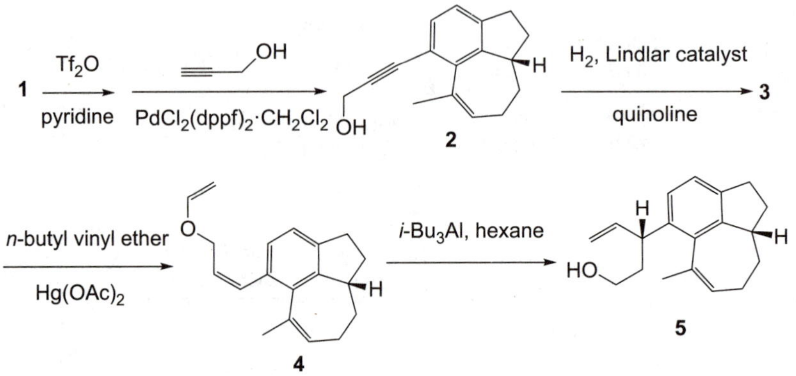

Tf2O
pyridine
PdCl2(dppf)2·CH2Cl2
H2, Lindlar catalyst
quinoline
n-butyl vinyl ether
Hg(OAc)2
i-Bu3Al, hexane
HO

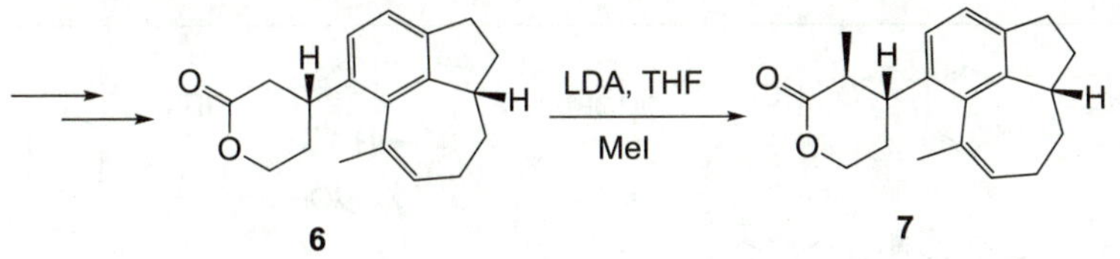

LDA, THF

MeI

6 **7**

（1）试给出 **1** 和 **3** 的结构；

（2）写出化合物 **4** 至化合物 **5** 的反应机理，并解释其立体选择性。

解答参见 P466

100. 虎皮楠类生物碱具有紧密和高张力的多环系笼状结构以及丰富多样的生物活性（如抗肿瘤和抗 HIV 等），近半个世纪以来，吸引了一大批有机合成化学家的持续关注。以下是近期发表的一篇关于虎皮楠类生物碱 Daphgraciline 的全合成路线，请回答下列问题：

（1）写出反应路线中的空缺的化合物 **B**、**F**、**I** 和 **L** 的结构式；

（2）写出化合物 **C** 转化为化合物 **D** 的机理；

（3）写出化合物 **G** 转化为化合物 **H** 的机理；

（4）写出化合物 **J** 转化为化合物 **K** 的过程中，经步骤 17、步骤 18 后得到的中间产物 **M** 和 **N** 以及步骤 19 反应过程的中间体 **P**。

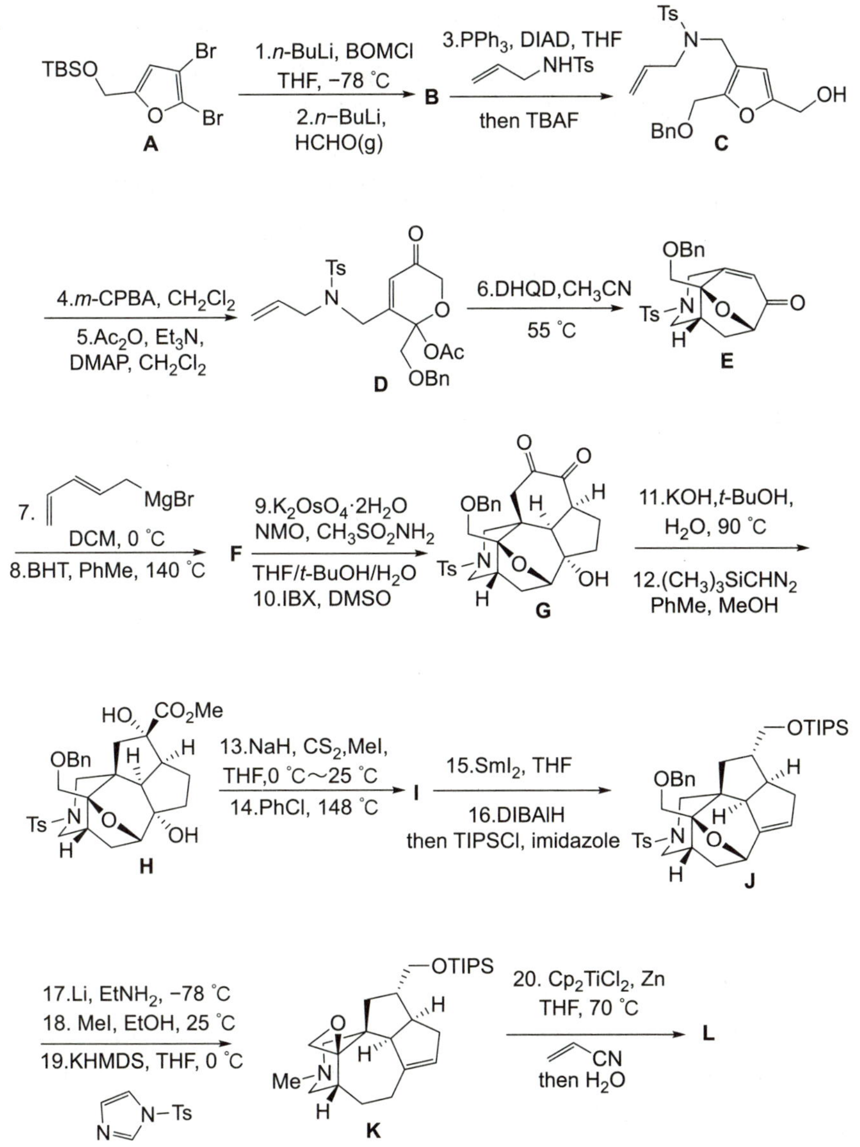

A —1.*n*-BuLi, BOMCl, THF, −78 ˚C; 2.*n*-BuLi, HCHO(g)→ **B** —3.PPh_3, DIAD, THF, (allyl)NHTs; then TBAF→ **C**

—4.*m*-CPBA, CH_2Cl_2; 5.Ac_2O, Et_3N, DMAP, CH_2Cl_2→ **D** —6.DHQD, CH_3CN, 55 ˚C→ **E**

—7. (pentadienyl)MgBr, DCM, 0 ˚C; 8.BHT, PhMe, 140 ˚C→ **F** —9.$K_2OsO_4·2H_2O$, NMO, $CH_3SO_2NH_2$, THF/*t*-BuOH/H_2O; 10.IBX, DMSO→ **G** —11.KOH, *t*-BuOH, H_2O, 90 ˚C; 12.$(CH_3)_3SiCHN_2$, PhMe, MeOH→

H —13.NaH, CS_2, MeI, THF, 0 ˚C～25 ˚C; 14.PhCl, 148 ˚C→ **I** —15.SmI_2, THF; 16.DIBAlH then TIPSCl, imidazole→ **J**

—17.Li, $EtNH_2$, −78 ˚C; 18. MeI, EtOH, 25 ˚C; 19.KHMDS, THF, 0 ˚C, (N-Ts imidazole)→ **K** —20. Cp_2TiCl_2, Zn, THF, 70 ˚C; (acrylonitrile) CN; then H_2O→ **L**

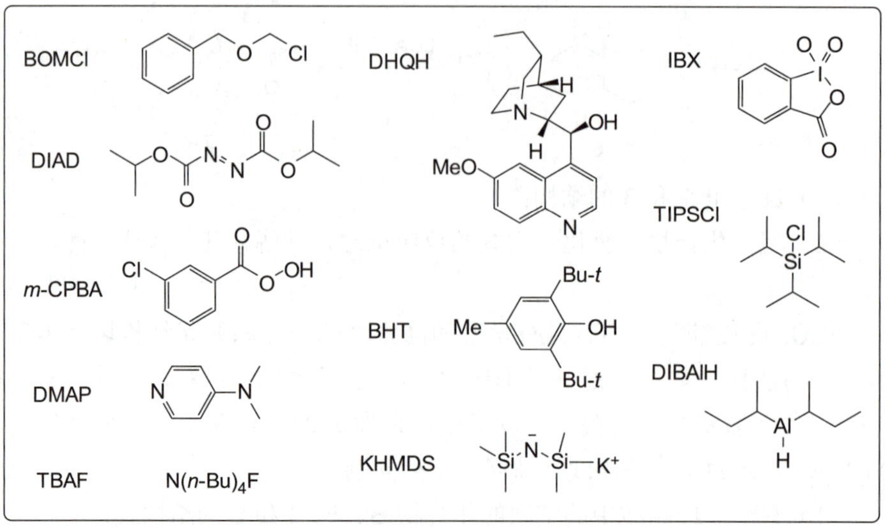

BOMCl DHQH IBX

DIAD

TIPSCl

m-CPBA

BHT

DMAP DIBAlH

TBAF $N(n\text{-}Bu)_4F$ KHMDS

解答参见 P466

101. 天然产物Salimabromide是首个由盐水黏细菌*Plesiocystis*/*Enhygromyxa*属分离得到的次级代谢产物，然而天然来源极低（从 64 L 原料仅得到 0.5 mg），大大限制了其相关生物学研究，加之其独特的分子骨架（相连季碳中心、苯并 [4.3.1] 桥环骨架、内酯、烯酮、苯环双溴代等），Salimabromide引起了合成化学家的研究兴趣。德国 Menche 课题组首先通过 17 步反应完成了其不对称合成，利用了基于四氢萘衍生物的分子内 [2+2] 环化反应来构建关键苯并 [4.3.1] 独特桥环骨架。其合成路线部分截取如下：

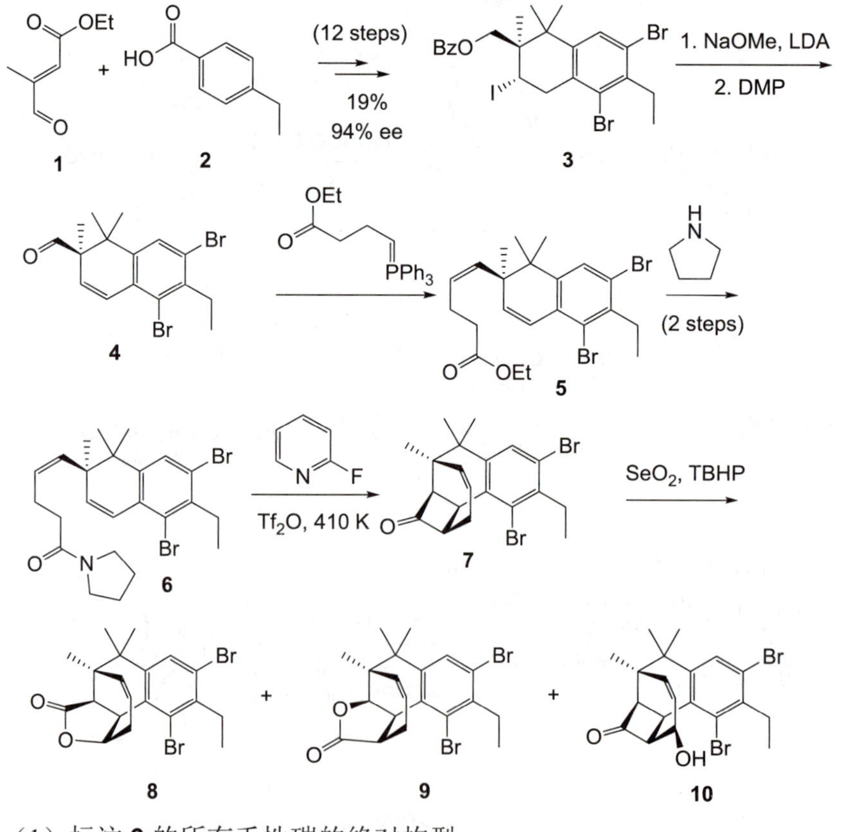

1 + 2 →(12 steps; 19%, 94% ee) 3 →(1. NaOMe, LDA; 2. DMP) 4 → 5 →(pyrrolidine, 2 steps) 6 →(2-fluoropyridine, Tf_2O, 410 K) 7 →(SeO_2, TBHP) 8 + 9 + 10

（1）标注 **9** 的所有手性碳的绝对构型。

（2）写出 **4** 转化为 **5** 的反应机理，并解释产物 **5** 中双键的构型。

（3）化合物 **7** 转化为化合物 **8** 和 **9** 的反应为 Baeyer-Villiger 氧化的变种，请尝试写出化合物 **7** 转化为化合物 **8** 的机理。

解答参见 P467

102. 来源于夹竹桃科植物的 Echitamine/Akuammiline 类吲哚生物碱具有复杂而有趣的化学结构以及抗炎、抗菌和抗肿瘤等多种生物活性，引起了合成化学家的密切关注。其中，Kam 及其同事从 *Kopsia* 植物中分离出的 Mersicarpine，具有非典型四环结构，包括三个杂环，特别是吲哚啉、环亚胺和 δ-内酰胺，它们在叔醇周围相互稠合。这些有趣的结构特征在合成有机化学中引起了人们的广泛关注。以下是 Tohru Fukuyama 首次报道的关于 Mersicarpine 的不对称合成路线部分。

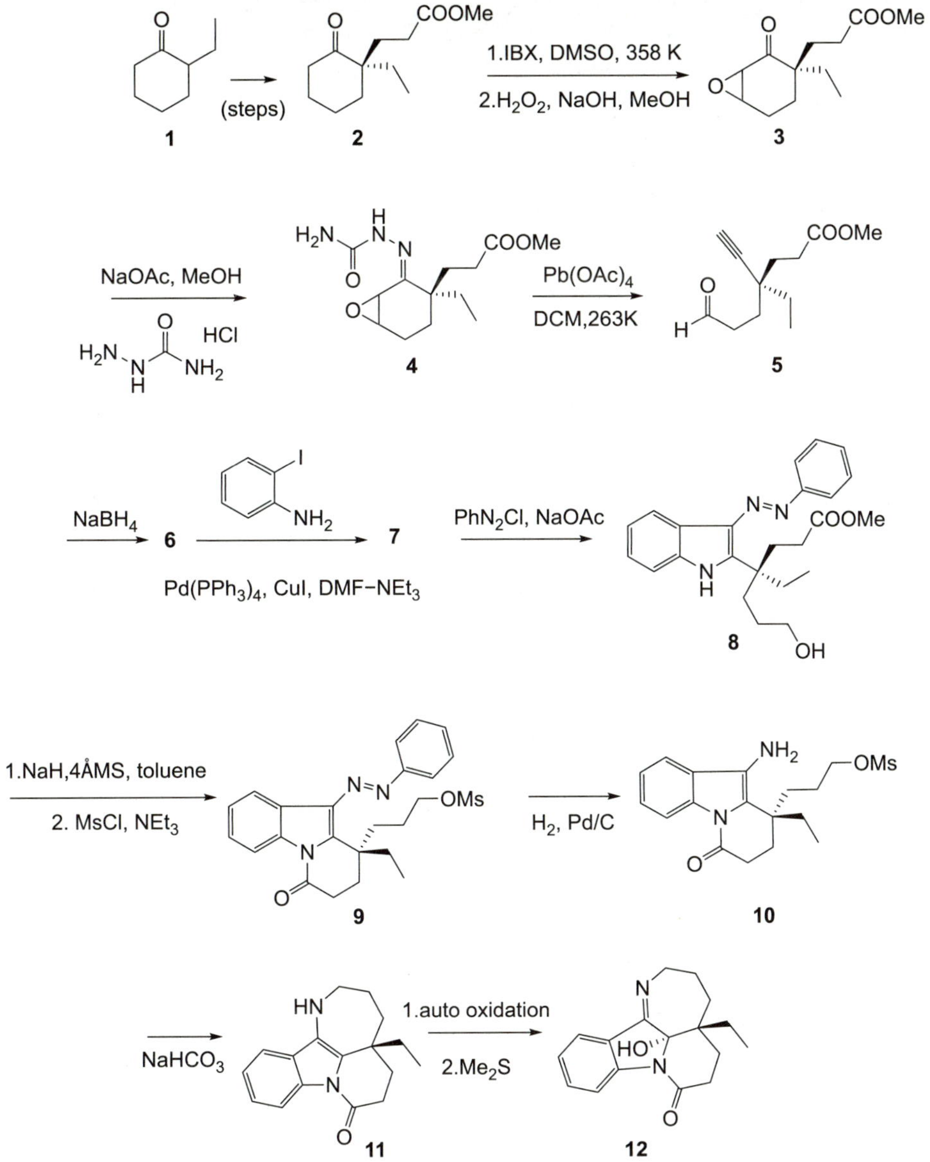

1 → (steps) → 2；2 → 1.IBX, DMSO, 358 K；2.H_2O_2, NaOH, MeOH → 3

3 → NaOAc, MeOH，$H_2N-NH-C(O)-NH_2$·HCl → 4 → $Pb(OAc)_4$，DCM,263K → 5

5 → $NaBH_4$ → 6 → 2-碘苯胺（I, NH_2），$Pd(PPh_3)_4$, CuI, DMF−NEt_3 → 7 → PhN_2Cl, NaOAc → 8

8 → 1.NaH,4ÅMS, toluene；2. MsCl, NEt_3 → 9 → H_2, Pd/C → 10

10 → $NaHCO_3$ → 11 → 1.auto oxidation；2.Me_2S → 12

（1）请写出化合物 **6** 和 **7** 的结构式。

（2）请写出化合物 **4** 转化为化合物 **5** 的反应机理。

（3）自化合物 **7** 以后的氨基化与还原化至化合物 **10** 中，为何先使用了重氮盐？将其与酯还原调换顺序是否会对合成造成影响？为什么？

解答参见 P468

103. 罗卡酰胺是一种以环戊基 [b] 苯并呋喃体系为特征的抗白血病天然产物，这种天然产物可以从椭圆叶中分离出来，属于黄苷一类的天然产物。来自罗切斯特大学的 Alison J. Frontier 等人，设计了一条从间苯三酚开始的全合成路径。下面是该化合物全合成路径的片段，试完成空缺的化合物 **3**、**4** 和 **6** 的结构式，并写出化合物 **1**、**2** 到 **3** 以及 **6** 到 **7** 的反应机理。

1. HCl (g), Et_2O, 0 ℃ then 0.1 mol/L HCl (aq)
2. Me_2SO_4, K_2CO_3 acetone (degassed)
3 $C_{17}H_{16}O_5$
$CeCl_3$, MgBr, THF, then 1 mol/L HCl → 4
10 mol% $PdCl_2$, O_2, CuCl, $DMF/H_2O = 7:1$ → 5
NaH/KH, MeOCOOMe, THF, 65 ℃ → 6
AcOH, piperidine, PhCHO, Dean-Stark, benzene, 110 ℃ → 7

解答参见 P468

104. 研究人员从红曲霉中分离出一种具有抗菌和细胞毒性活性的酰基间苯二酚-环萜化合物，即 Tomentosenol A，同时还得到了一对 Focifolidione 的异构体。为了确认新分离化合物的绝对构型和生物合成途径，研究人员开发了一种仿生全合成方法来获取这些分子。下面是他们从间苯三酚开始的合成途径，试完成空缺处的结构式 **2**、**3**、**4**、**5** 并写出化合物 **4** 到 **5** 的反应机理，以及化合物 **5** 到 **7**、**8** 的反应关键中间体并解释异构体产生的原因。

1 → $AlCl_3$, AcCl, $MeNO_2/CH_2Cl_2$ → 2 → MeI, NaOMe → 3 $C_{12}H_{16}O_4$ → 3 mol/L HCl reflux → 4 → Proline, CH_2Cl_2 → 5
neat, 24 h → 6 Tomentosenol A + 7 (4*S*)-Focifolidione + 8 (4*R*)-Focifolidione

解答参见 P469

105. 紫杉醇是目前已发现的非常优秀的天然抗癌药物，在临床上已广泛用于乳腺癌、卵巢癌和部分头颈癌和肺癌的治疗。作为世界上优秀的植物抗癌药，这种从红豆杉树皮中分离出的微量单体成分，已成为全合成领域中举世瞩目的研究重点。以下是紫杉醇早年全合成的部分路径，试写出 **2**，**5**，**6** 以及紫杉醇产物的结构。

1 → 1. TBSOTf 2. $LiAlH_4$ → 2 → 1. CSA 2. TPSCl 3. $PhCH_2Br$, KH → 3 → → 4

$\xrightarrow[\text{DMAP}]{Ac_2O}$ **5** $\xrightarrow{\text{PhLi}}$ **6** $\xrightarrow{\text{PCC}}$ **7** $\xrightarrow{NaBH_4}$ **8**

$\xrightarrow{NaN(SiMe_3)_2}$ (**9**) **10** $\xrightarrow[\text{Py}]{\text{HF}}$ 紫杉醇

解答参见 P469

106. 泽兰素因其抗肿瘤、抗抑郁、抗炎和抗病毒等多样活性而备受关注。但由于其在天然产物中的含量低，其全合成方法成为相关研究的重点。近年来国内外主要有酰基苯并呋喃衍生化法、水杨醛环化法、烯炔偶联环化法和炔醇偶联环化法等 4 种合成路线。以下为苯并呋喃衍生化法合成泽兰素的方法：

1 $\xrightarrow[80\%]{CH_3MgI / THF}$ **A** $\xrightarrow[80\%]{H_2 / Ni}$ **B** $\xrightarrow[H^+ / 82\%]{H_3C(OCH_3)C{=}CH_2}$ **2** $\xrightarrow[91\%]{Tf_2O, HAc}$ **C** $\xrightarrow[87\%]{1.NaOH\ 2.HCl}$ **3** $\xrightarrow[82\%]{SOCl_2 / py}$ **D**

（1）试写出产物 **A** ～ **D** 的结构；

（2）试写出 **3** 到 **D** 的机理。

解答参见 P469

107. 单萜类吲哚生物碱主要分布在茼蒿科植物中，蟆螈科由 100 多个成员组成。它们表现出从抗高血压和抗炎到抗癌的重要药理活性。

（1）试完成空缺处的结构（化合物 **B** 和 **D**）；

（2）试写出 **E** 到 **F** 转化的机理。

A $\xrightarrow[\text{PhMe, 80 °C, 65\%}]{DMBNH_2,\ AcOH, 4\ Å\ MS}$ **B** $\xrightarrow[\text{2. TsCl, pyridine, } CH_2Cl_2\text{, r.t., 65\%}]{1.\ Zn, NH_4Cl,\ MeOH, r.t.}$ **C**

$\xrightarrow[Ir(dtbbpy)(ppy)_2PF_6,\ KHCO_3\text{, blue LEDs, DME, 30 °C, 62\%}]{\text{OHC-CH=CH}_2}$ **D** $\xrightarrow[\text{THF, 0 °C to r.t., 81\%}]{t\text{-BuOK},\ CH_3PPh_3Br}$ **E**

$ClTi(O—Pr\text{-}i)_3$, THF

MgBr

0 °C

then O_2 and workup 52%

DMBNH$_2$ Ir(dtbbpy)(ppy)$_2$PF$_6$ DME

解答参见 P470

108. Fissistig-matin 是一类从传统草药排骨灵提取物中分离到的由类黄酮和桉叶烷型倍半萜通过 C4-C1″ 键杂二聚得到的结构新颖的倍半萜杂黄酮类天然产物。

（1）试完成空缺处的结构（化合物 **C**、**D**、和 **F**）；

（2）试写出 **E** 到 **F** 的转化机理。

A + **B** —(10mol% **a**, 10 mol% *R*-TRIP, Et_2O, 24W CFL)→ **C** —(1.DIBALH, CH_2Cl_2; 2. MsCl, DMAP, Et_3N; 3. KCN, DMSO)→ **D**

—(1. LDA, MeI, THF, 97%; 2. LDA, THF, **b**, 50%)→ **E** —(1.HCl, THF, 73% (seperable); 2. DMP, $NaHCO_3$, CH_2Cl_2, 85%; 3.K_2CO_3, MeOH, 85%, **c**)→ **F**

R =

a **b** **c**

DMP *R*-TRIP

解答参见 P470

109. 树脂毒素（Resiniferatoxin，RTX）是辣椒中活性成分辣椒素的一种超强类似物，也有着较好的药性，以下是 RTX 的合成路径。写出 **4**、**5**、**6** 的结构式；已知 SmI_2 可以在碳基的 α 位生成自由基，请写出 **9** 到 **10** 的转化机理。

DIBAL, DCM, −78 ℃; LHMDS, THF, −78 ℃ then TMSCl, Et_3N; DBU; MgBr, THF, −78 ℃ then HCl, Et_3N; then add $Pd(PPh_3)_4$, MeCN, 75 ℃; TMSCl, imidazole then SiO_2, DMP $NaHCO_3$ then *m*-CPBA; CuCl, B_2pin_2, NaOBu-*t*, THF/H_2O then $NaBO_3$; DATMP, PhMe, 0 ℃, TBSCl, imid; LHMDS, THF, 78 ℃ then AcOH; SmI_2, THF/H_2O, 0 ℃; 5 steps

解答参见 P471

110. 氨基糖苷 (AGs) 是一大类假糖苷天然产物，其中几个不同的糖基被利用到氨基环糖醇核心。它是一类主要的抗生素，对许多病原体的原核核糖体有着较好的抑制作用，以下是它的合成路线，写出 **2**、**3**、**4**、**5** 的结构式。

Boc_2O, DMAP then $NaHCO_3$, *m*-CPBA; Na_2CO_3, MeOH then BnBr, NaH; NBS, H_2O then K_2CO_3, MeOH; *n*-BuLi

解答参见 P471

111. 2018 年报道了一种含有 δ-内酯的灯盏花素的全合成路径，以下是其合成片段。请写出化合物 **3**、**4**、**7** 的结构式，并给出化合物 **4** 到化合物 **5** 的反应机理（已知化合物 **4** 含有一个五元环）。

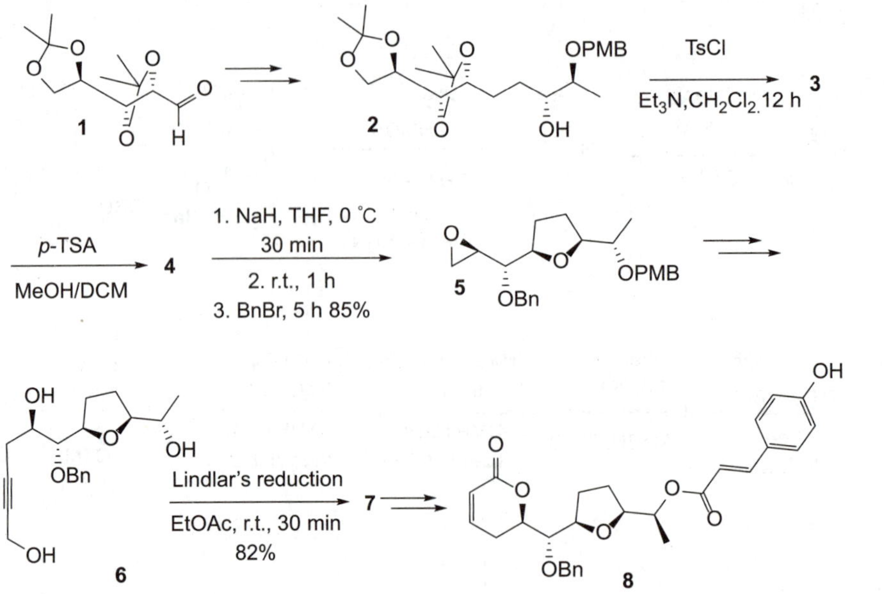

1 → 2 (OPMB, OH) $\xrightarrow[Et_3N, CH_2Cl_2, 12\ h]{TsCl}$ 3

$\xrightarrow[MeOH/DCM]{p\text{-TSA}}$ 4 $\xrightarrow[\text{2. r.t., 1 h; 3. BnBr, 5 h 85\%}]{\text{1. NaH, THF, 0 °C, 30 min}}$ 5 (OBn, OPMB) →

6 (OH, OBn, OH, OH) $\xrightarrow[\text{EtOAc, r.t., 30 min, 82\%}]{\text{Lindlar's reduction}}$ 7 → 8 (O, OBn, OH)

解答参见 P471

112. 向日葵叶酸（Sundiversifolide）在浓度为 30 mg/L 时，对番茄、蟹、谷仓草等各种试验植物的茎和根生长表现出物种选择活性。由于其有趣的结构特征，有趣的生物特性和有限的可用性，向日葵叶酸是全合成的一个有吸引力的目标。下面为其全合成部分步骤：

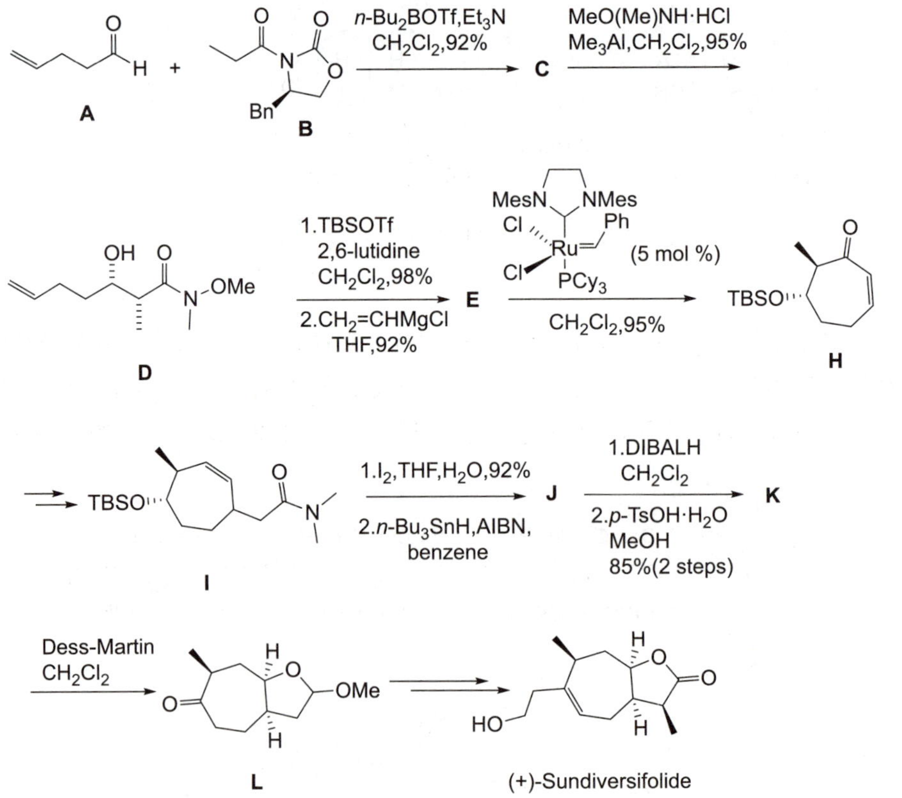

A + B (Bn) $\xrightarrow[CH_2Cl_2, 92\%]{n\text{-}Bu_2BOTf, Et_3N}$ C $\xrightarrow[Me_3Al, CH_2Cl_2, 95\%]{MeO(Me)NH\cdot HCl}$

D (OH, O, N-OMe) $\xrightarrow[\text{2. } CH_2{=}CHMgCl, THF, 92\%]{\text{1. TBSOTf, 2,6-lutidine, } CH_2Cl_2, 98\%}$ E $\xrightarrow[CH_2Cl_2, 95\%]{\text{MesN, NMes, Cl, Ph, Ru, Cl, }PCy_3\text{ (5 mol \%)}}$ H (TBSO, O)

→ I (TBSO, O, N) $\xrightarrow[\text{2. } n\text{-}Bu_3SnH, AIBN, benzene]{\text{1. } I_2, THF, H_2O, 92\%}$ J $\xrightarrow[\text{2. } p\text{-TsOH}\cdot H_2O, MeOH, 85\%\text{(2 steps)}]{\text{1. DIBALH, } CH_2Cl_2}$ K

$\xrightarrow[CH_2Cl_2]{\text{Dess-Martin}}$ L (H, O, OMe, O, H) → (+)-Sundiversifolide (H, O, O, HO, H)

（1）请给出中间体 **C**、**E**、**J**、**K** 的结构式，注意立体化学；

（2）请解释 **A**、**B** 生成 **C** 的立体化学。

解答参见 P472

113. 螺桨烷是一种具有有趣骨架的化合物，下面是其中螺桨烷 **A** 衍生物的全合成路线：

A

B → (1. NBS; 2. CH_3OH, p-TSA) → C → (1. C_4H_7MgBr, $CeCl_3$; 2. H_3O^+) → D (Br) → (1. $NaBH_4$, $CeCl_3$; 2. $((CH_3)_2CHCO)_2O$) → E

→ (1. Ireland/Claisen; 2. CH_2N_2) → F → (0.04 equiv. Bu_3SnH (0.002 mol/L); 0.05 equiv. AIBN; 3 equiv. $NaBH_3CN$; t-butanol,reflux) → G (OMe) (α:β = 5:1) → H (OMe)

→ (1. LAH,79%; 2. Swern oxid,93%) → I → (CBr_4/PPh_3, 71%) → J → (Bu_3SnH(0.005 mol/L)) → K

（1）请补全反应流程中的中间体。

（2）为了提高 **F** 生成 **G** 步骤中的立体选择性，合成组提出了新的方案，如下所示。请写出反应的关键中间体或者过渡态以解释该反应具有较好立体选择性的原因。

L ($SnMe_3$, Br, R) → (0.3 equiv. Bu_3SnH; 0.1 equiv. AIBN) → M (R) (90%)

解答参见 P472

114. 含有 *cis-anti-cis* 的 5/5/5 三环骨架在自然界中广泛存在，其中典型代表为三奎烷类倍半萜。这些分子的合成一直受到合成化学家的广泛关注，主要原因是这些天然产物中有许多分子具有良好的生物活性，有可能成为药物发现的先导化合物。另一方面 5/5/5 三环骨架的构建十分具有挑战性。北京大学余志祥教授一直致力于发展成环反应构筑不同的环系骨架，并将其应用于天然产物和药物分子的合成中。其中，他们课题组发展的 [5+2+1] 反应可以用于八元环的合成，以下为其全合成中部分反应路线，试完成空缺处的结构式。

(cyclopropyl)–Br → (Li; Et_2O, 0 ℃) → A → (1.CuI,THF; 2.Me—≡—CO_2Me, −78 ℃) → B → (DIBAL) → (OH, Me, cyclopropyl) → (MnO_2; DCM,r.t.) →

C → (CN; LiDBB; THF, −78 ℃) → D → (MOMBr) → E → ($[Rh(CO)_2Cl_2]_2$, CO; dioxane,95 ℃; 49%) → (H, O, MOMO, H, Me) → (m-CPBA, $NaHCO_3$; DMC; 87%) → F

DBB:

LiDBB
THF, −78 °C

CN

Li

OH

解答参见 P472

115. 南方科技大学李闯创团队采用课题组首创的、特色鲜明的 Type Ⅱ [5+2] 环加成反应为关键策略，实现了虎皮楠类生物碱 Daphgracilline 的首次全合成，以下是部分合成路线。补充 **A** ～ **D** 的结构；给出 **C** 到 **1** 的机理；根据目标产物推断化合物 **E** 的结构。

Br, Br, O; DIBAL, DCM, TBSCl, Im, DCM, 93% → **A**; n-BuLi, THF, −78 °C, n-BuLi, HCHO(g), THF, −78 °C, 73% → **B**; PPh_3, DIAD, TsHN, THF; TBAF → **C**

m-CPBA, DCM, Ac_2O, Et_3N, DMAP, DCM → **1** (Ts, N, O, OAc, OBn); DHQD, MeCN, 55 °C, 75% → BnO, NTs, H, O

MgBr, DCM, 0 °C → **D**; PhMe, BHT, 140 °C, 85% → **E**; 1. $K_2OsO_4 \cdot 2H_2O$, NMO, $MeSO_2NH_2$, THF/t-BuOH/H_2O; 2. IBX, DMSO → BnO, NTs, H, O, O, OH

解答参见 P472

116. 根据以下反应，回答下列问题：

A (O, H, CO_2Me, N, O) + **B** (O, N) → Cs_2CO_3(0.5 equiv.), DCM, r.t. → **C** (O, N, N, CO_2Me)

（1）写出产物 **E** 的结构。

D (O, H, CO_2Me, N, O) + **B** → Cs_2CO_3(0.5 equiv.), DCM, r.t. → **E**

（2）将 **D** 中的 C—C 共轭双键去除得到 **F**，**F** 与 **B** 的反应无法得到类似于 **E** 的产物，而是生成了化合物 **G**，写出该反应的机理。

F (O, H, CO_2Me, N, O) + **B** → Cs_2CO_3(0.5 equiv.), DCM, r.t. → **G** (HO, O, NPh, N, CO_2Me, O)

（3）**A+B→C** 的反应也经过了类似于 **G** 的中间体，写出该反应的机理。

（4）写出如下反应序列的中间产物 **J**、**K**、**L** 结构：

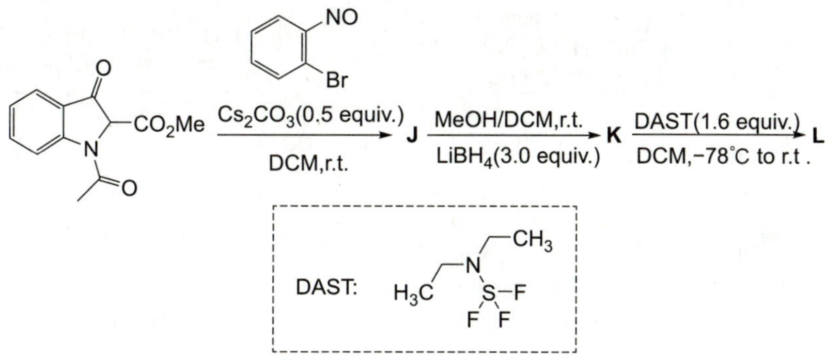

NO; Br; O; CO_2Me; N; O; Cs_2CO_3(0.5 equiv.); DCM,r.t.; **J**; MeOH/DCM,r.t.; $LiBH_4$(3.0 equiv.); **K**; DAST(1.6 equiv.); DCM,−78℃ to r.t .; **L**

DAST: CH_3; N; H_3C; S−F; F F

解答参见 P473

117. 对药物 Sidenafil 的全合成研究非常多，根据以下合成路线，回答下列问题：

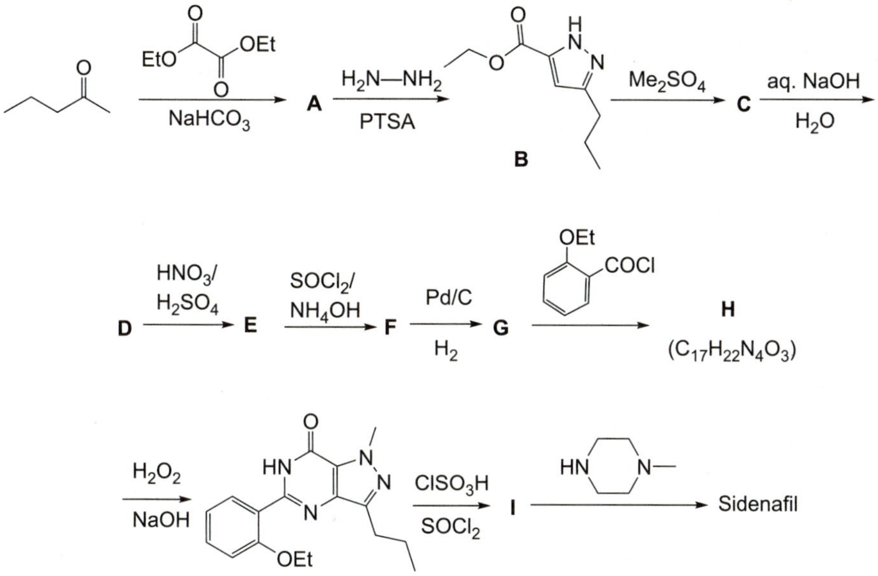

O; EtO; OEt; O; O; $NaHCO_3$; **A**; $H_2N—NH_2$; PTSA; O; O; H; N; N; **B**; Me_2SO_4; **C**; aq. NaOH; H_2O

D; HNO_3/H_2SO_4; **E**; $SOCl_2$/NH_4OH; **F**; Pd/C; H_2; **G**; OEt; COCl; **H** ($C_{17}H_{22}N_4O_3$)

H_2O_2; NaOH; O; HN; N; N; N; OEt; $ClSO_3H$; $SOCl_2$; **I**; HN; N—; Sidenafil

（1）给出路线图中 **A** ～ **I** 和合成产物 Sidenafil 的结构。

（2）以苯酚为起点，设计简单合成路线合成由 **G** 到 **H** 时使用的 2-乙氧基苯甲酰氯试剂。

解答参见 P474

118. 请写出如下反应序列中 **C**、**D**、**E** 的结构，并给出 **F→G** 的机理。

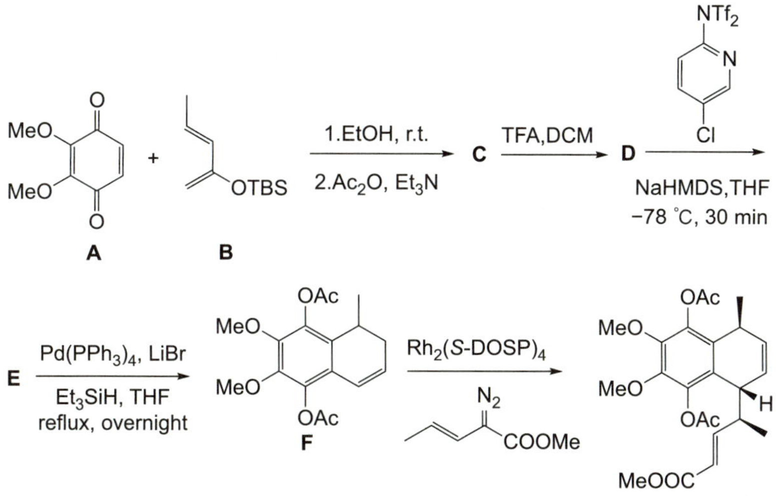

MeO; MeO; O; O; **A**; +; OTBS; **B**; 1.EtOH, r.t.; 2.Ac_2O, Et_3N; **C**; TFA,DCM; **D**; NTf_2; N; Cl; NaHMDS,THF; −78 ℃, 30 min

E; $Pd(PPh_3)_4$, LiBr; Et_3SiH, THF; reflux, overnight; OAc; MeO; MeO; OAc; **F**; $Rh_2(S\text{-}DOSP)_4$; N_2; COOMe; OAc; MeO; MeO; OAc; H; MeOOC

解答参见 P474

119. **E** 是全合成具有抗结核和抗疟疾活性的海洋环庚肽环马素 A 的底物之一，请写出 **C**、**D** 的结构，并解释 **B** 的立体选择性。

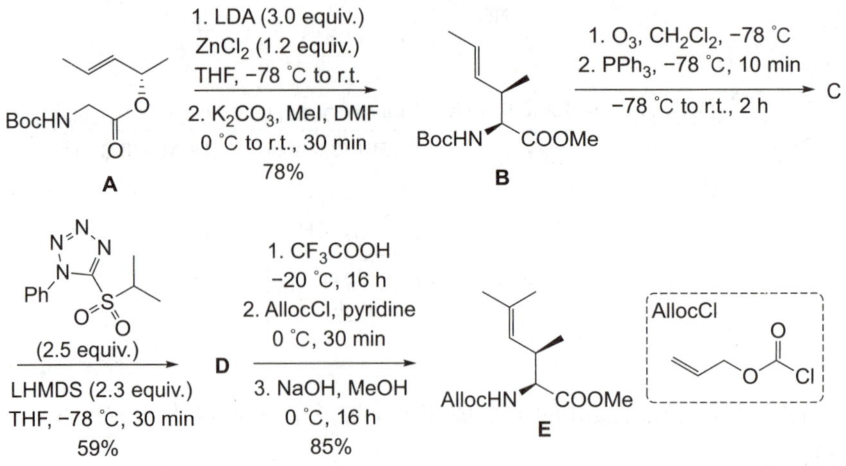

1. LDA (3.0 equiv.) $ZnCl_2$ (1.2 equiv.) THF, −78 ℃ to r.t.
2. K_2CO_3, MeI, DMF 0 ℃ to r.t., 30 min 78%

BocHN, A, B, COOMe

1. O_3, CH_2Cl_2, −78 ℃
2. PPh_3, −78 ℃, 10 min −78 ℃ to r.t., 2 h → C

(2.5 equiv.) LHMDS (2.3 equiv.) THF, −78 ℃, 30 min 59% → D

1. CF_3COOH −20 ℃, 16 h
2. AllocCl, pyridine 0 ℃, 30 min
3. NaOH, MeOH 0 ℃, 16 h 85%

AllocHN, COOMe, E; AllocCl

解答参见 P474

120. 二甲亚砜（DMSO）可作为多功能合成试剂，其作为甲基化试剂的研究也受到了越来越多的关注。观察以下反应，推测其反应发生的机理；此反应中 Pd 催化剂起到怎样的作用？

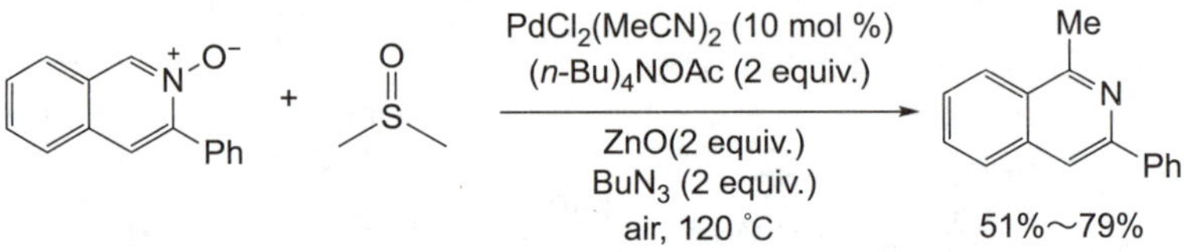

$PdCl_2(MeCN)_2$ (10 mol %) $(n\text{-}Bu)_4NOAc$ (2 equiv.) ZnO(2 equiv.) BuN_3 (2 equiv.) air, 120 ℃

51%~79%

解答参见 P475

121. 赤霉素（Gibberellins, GAs）家族是一类重要的植物激素，可以调节植物的生长并影响其发育过程。此前已有不少关于 C19 类赤霉素的合成报道，但 C20 类赤霉素的合成报道较少。埃默里大学的代明骥课题组首次完成了 C20 类赤霉素 (−)-GA18 甲酯的高效合成，反应过程如下。请补全产物 **4** 和 **8** 的结构，并写出 **5a** 和 **5b**（**5a** 为主要产物）立体选择性差异原因。

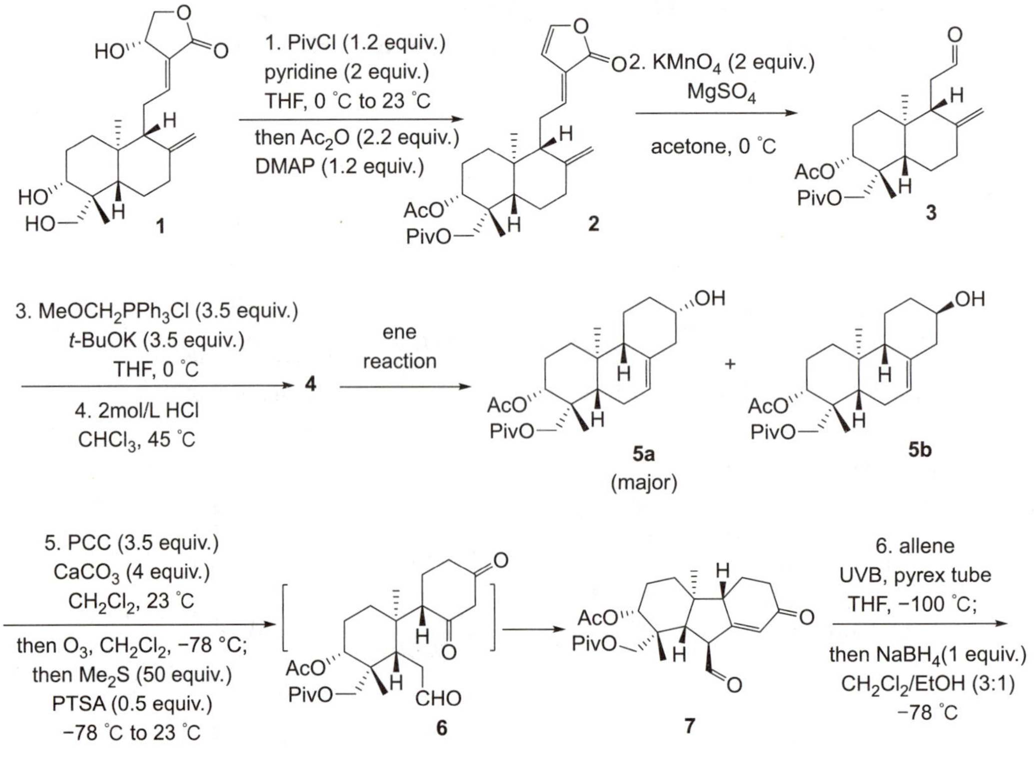

1. PivCl (1.2 equiv.) pyridine (2 equiv.) THF, 0 ℃ to 23 ℃ then Ac_2O (2.2 equiv.) DMAP (1.2 equiv.)

2. $KMnO_4$ (2 equiv.) $MgSO_4$ acetone, 0 ℃

3. $MeOCH_2PPh_3Cl$ (3.5 equiv.) t-BuOK (3.5 equiv.) THF, 0 ℃
4. 2mol/L HCl $CHCl_3$, 45 ℃ → 4 → ene reaction → 5a (major) + 5b

5. PCC (3.5 equiv.) $CaCO_3$ (4 equiv.) CH_2Cl_2, 23 ℃ then O_3, CH_2Cl_2, −78 °C; then Me_2S (50 equiv.) PTSA (0.5 equiv.) −78 ℃ to 23 ℃ → [6] → 7

6. allene UVB, pyrex tube THF, −100 ℃; then $NaBH_4$(1 equiv.) CH_2Cl_2/EtOH (3:1) −78 ℃

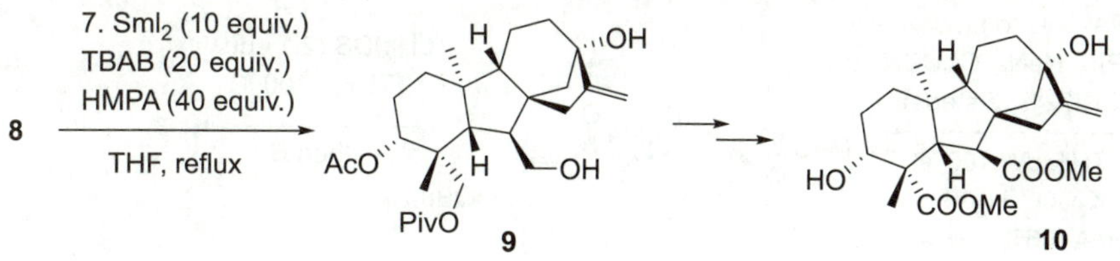

解答参见 P475

122. (+)-Tubelactomicin 的全合成部分流程如下图所示，请补全产物 **2** 和 **3** 的结构。

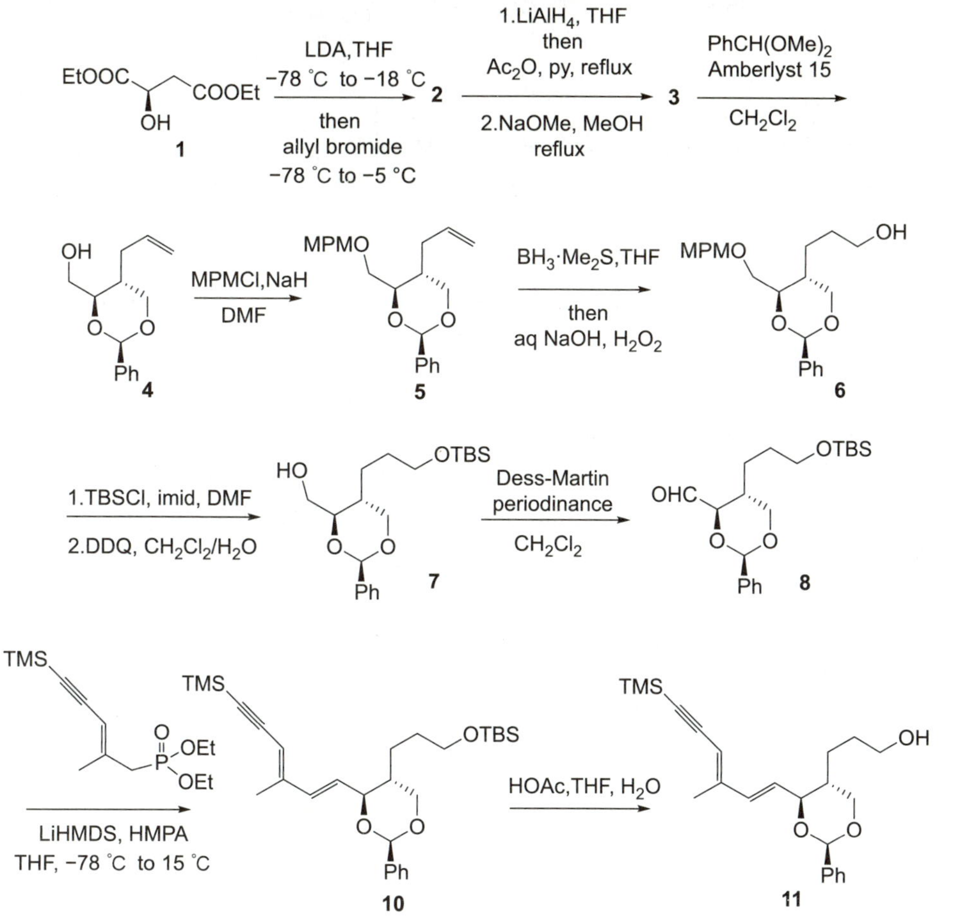

解答参见 P476

123. 山梨酸甘油酯类天然产物为生物活性分子家族，已从陆地和海洋环境中发现的真菌物种中分离出来。该家族的不同成员已证明在清除自由基、抗癌和肿瘤坏死因子 R 抑制筛选等方面具有活性。下面是一种山梨醇内酯 Sorbicillactone A 的全合成路线示意，试据此回答以下问题：

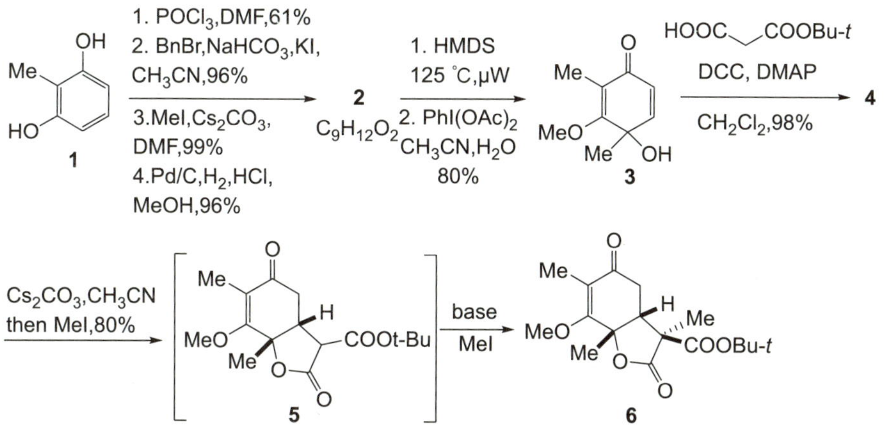

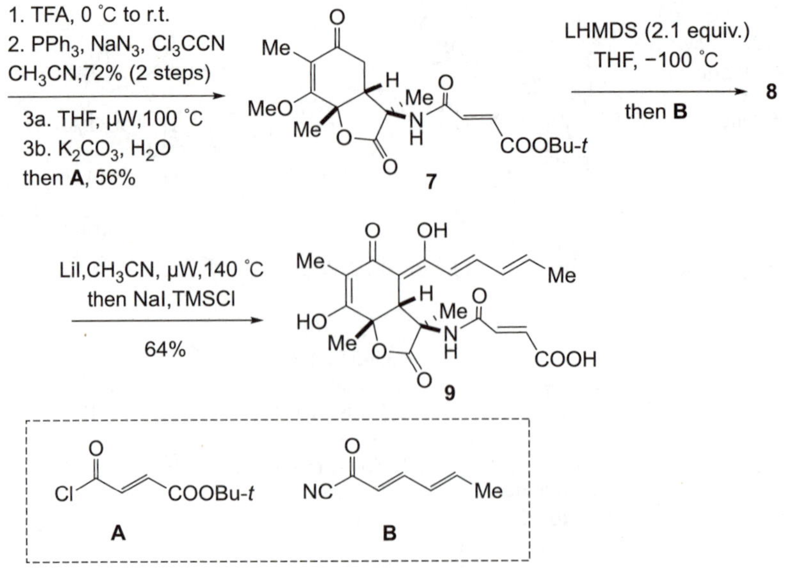

（1）写出化合物**2**、**4**、**6**的结构

（2）尝试画出化合物**3**至化合物**4**与化合物**6**至化合物**7**的反应机理（不必考虑立体化学）。

解答参见 P476

124. 萜类化合物的生物合成扩大了类异戊二烯途径的多样性，并允许组装具有高度独特结构特性的天然产物。特别是真菌界的生物，它们已经熟练地利用这个广泛的化学合成平台来生成复杂的代谢产物。以下是一条 Meroterpene Berkeleyone A 的全合成路线示意，试据此回答以下问题：

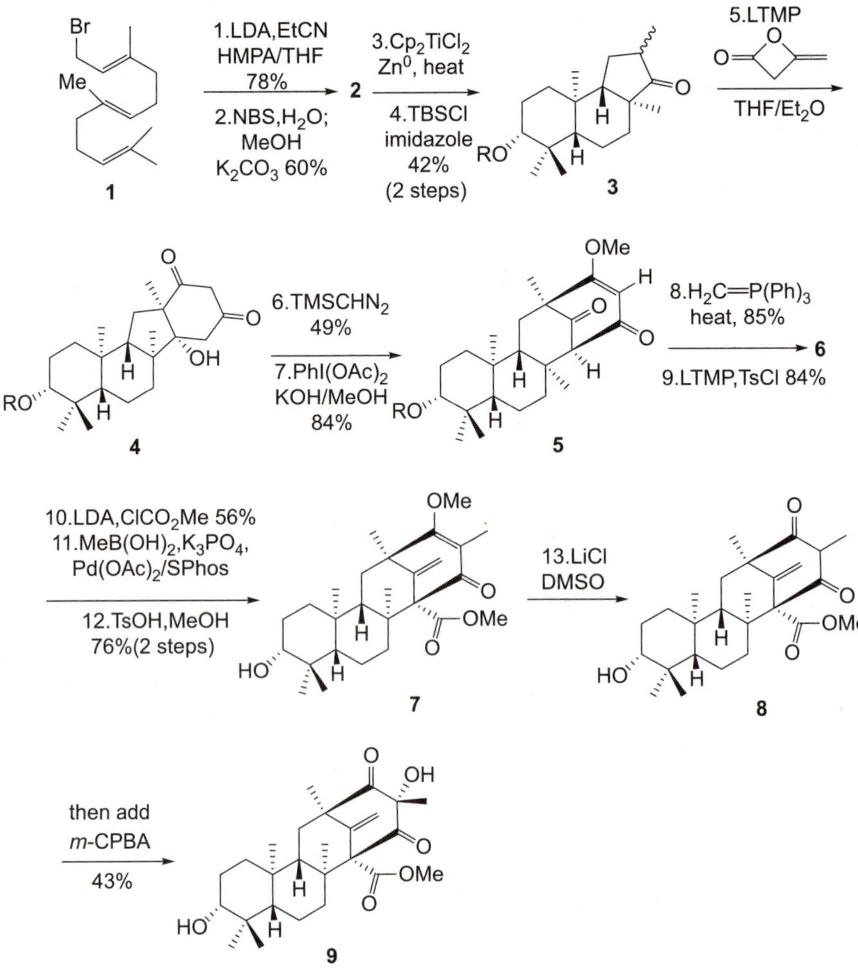

（1）写出化合物 **2**、**6** 的结构。

（2）写出化合物 **3** 至化合物 **5** 的反应机理（不必考虑立体化学）。

解答参见 P477

125. 葎草烯的合成—请补充合成路线中空缺的化合物

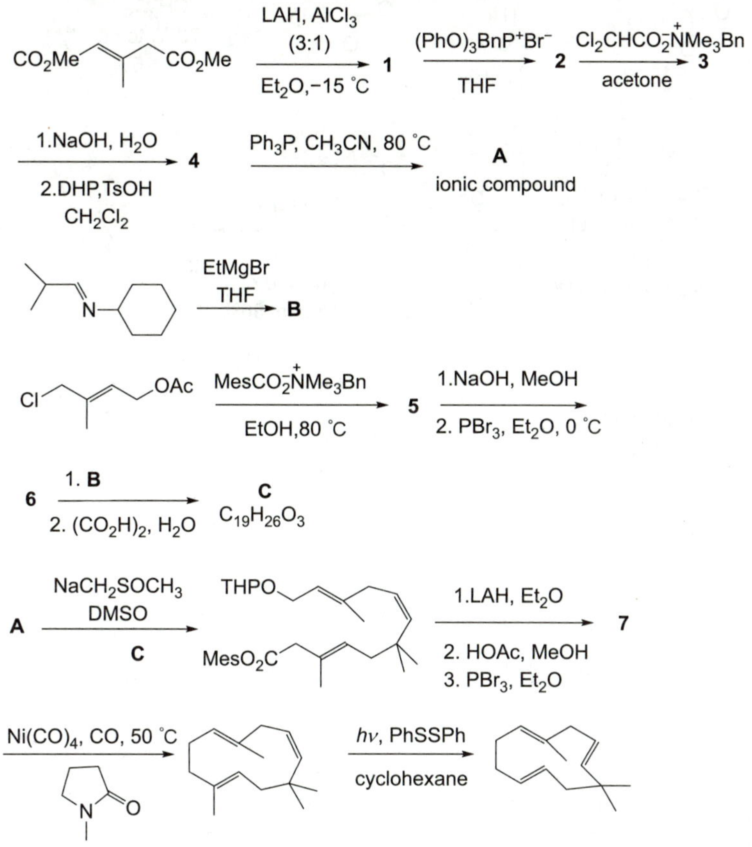

CO2Me
CO2Me
LAH, AlCl3
(3:1)
Et2O,−15 °C
1
(PhO)3BnP+Br−
THF
2
Cl2CHCO2−N+Me3Bn
acetone
3
1.NaOH, H2O
2.DHP,TsOH
CH2Cl2
4
Ph3P, CH3CN, 80 °C
A
ionic compound
N
EtMgBr
THF
B
Cl
OAc
MesCO2−N+Me3Bn
EtOH,80 °C
5
1.NaOH, MeOH
2. PBr3, Et2O, 0 °C
6
1. B
2. (CO2H)2, H2O
C
C19H26O3
A
NaCH2SOCH3
DMSO
C
THPO
MesO2C
1.LAH, Et2O
2. HOAc, MeOH
3. PBr3, Et2O
7
Ni(CO)4, CO, 50 °C
N
O
hν, PhSSPh
cyclohexane

解答参见 P477

126. 补充 *dl*-异石竹烯合成路线中空缺的化合物（**5** 为内酯），写出从 **6** 至 **7** 的反应机理。

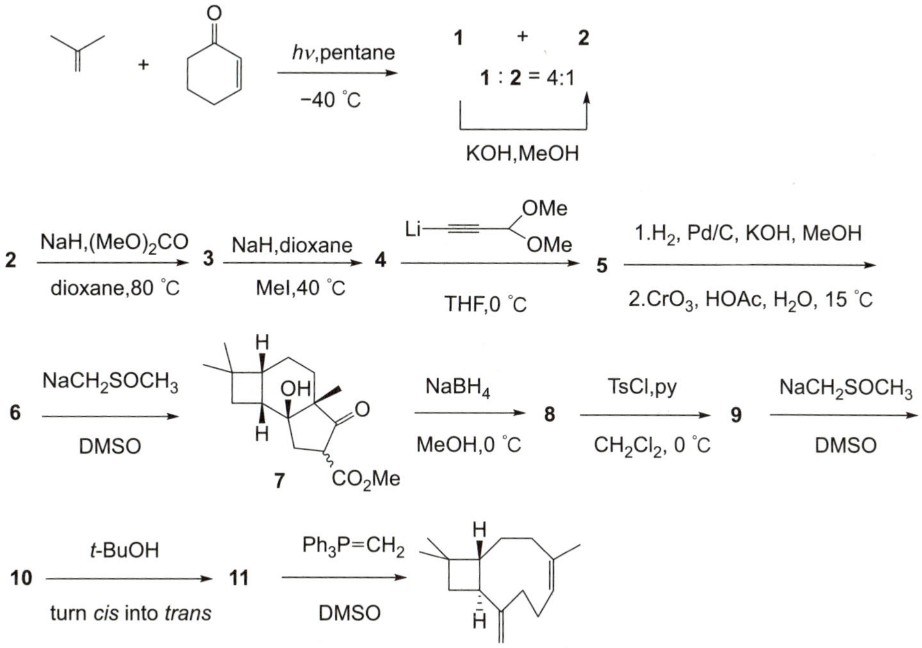

O
hν,pentane
−40 °C
1 + 2
1 : 2 = 4:1
KOH,MeOH
2
NaH,(MeO)2CO
dioxane,80 °C
3
NaH,dioxane
MeI,40 °C
4
Li
OMe
OMe
THF,0 °C
5
1.H2, Pd/C, KOH, MeOH
2.CrO3, HOAc, H2O, 15 °C
6
NaCH2SOCH3
DMSO
H
OH
O
H
7
CO2Me
NaBH4
MeOH,0 °C
8
TsCl,py
CH2Cl2, 0 °C
9
NaCH2SOCH3
DMSO
10
t-BuOH
turn cis into trans
11
Ph3P=CH2
DMSO
H
H

Isocaryophyllene

解答参见 P478

127. 下面是莫维诺林全合成路径的片段，尝试完成空缺的化合物（**3**，**6**，**8**）结构书写，并写出化合物 **5** 到 **6** 的反应机理。

Bn, **1** —— i-Pr_2NLi, AllylBr / THF / −78 ℃ to r.t. / 4 h, 74% → Bn, **2** —— 1. O_3 2. Ph_3P / CH_2Cl_2 / −78 ℃ to r.t. / 4 h, 96% → **3**

TsOH, $(CH_2OH)_2$ / 4Å MS, Soxhlet / PhH / reflux, 4.5 h, 87% → Bn, **4** —— $LiAlH_4$ / THF / 0 ℃ to r.t. / 45 min, 96% → HO, **5**

Et_3N, DMSO $(COCl)_2$ / CH_2Cl_2 / 78 ℃ to r.t. / 110 min, 90% → **6** —— $Ph_3P^+CH_3Br^-$, n-BuLi / −15 ℃ to 0 ℃ / 95 min, 72% → **7** —— H_2O, HCl / Et_2O / r.t., 23 h, 69% → **8**

解答参见 P478

128. 下面是士的宁合成的底物之一的合成路线，尝试完成空缺化合物 **2**、**4**、**6**、**7** 的结构式，并用机理解释化合物 **6** 到 **7** 形成过程中产生副产物 **9** 的原因。

COOH, **1** —— Na / EtOH, NH_3 / −78 ℃ → **2** —— NaOMe, $HC(OMe)_3$, AcCl / MeOH / 0 ℃ to r.t., 22 h → COOMe, **3**

NBS / DMSO, H_2O / r.t., 10 min / 62% (3 steps) → **4** —— VinylOAc, Lipase AYS / 40 ℃, 12 h, 46% → Br, OAc, COOMe, **5** —— i-Bu_2AlH / CH_2Cl_2 / −78 ℃, 5 min / 73% → **6**

NaOMe / MeOH / r.t., 5 min → **7** —— imidazole, TBSCl / CH_2Cl_2 / r.t., 5 min / 61% (2 steps) → O, OTBS, **8**

解答参见 P478

129. 根据所学知识及合理推测，回答下列问题：

Br, N H, **1** —— KOH, TsCl, n-Bu_4N^+ HSO_4^- / H_2O, PhMe / r.t., 4 h, 98% → **2** —— $Hg(OAc)_2$, $HClO_4$ / AcOH, H_2O / r.t., 24 h, 99% → **3**

1. BH_3 THF 2. H_2O THF / r.t., 60min, 85% → **4** —— **5** (N, I, Br, N, OMe) / Na_2CO_3, $Pd(PPh_3)_4$ / H_2O, MeOH, PhH / r.t., 72 h, 71% → **6**

（1）完成流程图，写出 **2**、**3**、**4** 和 **6** 的结构。

（2）推测由 **4**、**5** 到 **6** 的可能机理。

解答参见 P479

130. 最新开发了一种简练且可扩展的双环 [5.3.0] 癸烷体系合成法，用于棘皮苷的全合成。通过分子内 1,3-偶极环加成和环收缩策略，有效构建了天然产物的核心。下面是合成流程的一部分，根据所学知识及合理推测，回答下列问题：

1 →（OHC~~~NO_2, i-Pr_2NLi THF, −78 ℃, r.t., 2.5 h）→ 2 →（DMSO, Et_3N, py·SO_3 CH_2Cl_2, r.t., 25%）→ 3 →（$(CH_2OH)_2$, TsOH, PhMe, reflux, 96%）→ 4

→（H_2, Pd/C, 1atm, MeOH, r.t., 10 h, 99%）→ 5 →（$(CO_2H)_2$, $NaNO_2$, H_2O, r.t., 12 h, 77%）→ 6 →（n-BuLi, $Ph_3P^+CH_3Br^-$, 0 ℃, r.t., 2.5 h, 53%）→ 7

→（NHMeOMe·HCl, i-PrMgBr, THF, −20 ℃, 1 h, 94%）→ 8 →（MeMgBr, THF, −30 ℃ ～5 ℃, 1 h, 98%）→ 9

（1）完成下列流程，填写空缺的有机物结构。

（2）写出 **5** ～ **6** 的反应机理。

解答参见 P479

131. 甾体生物碱已被证明具有广泛的生物活性，与人类健康密切相关。下面是甾体生物碱类化合物(+)-Heilonine 合成路线的片段，请回答以下问题：

（1）写出中间产物 **5**、**6** 的结构，写出反应 **4→5** 的机理。

（2）写出反应 **1+2→3** 可能的机理，并解释其立体选择性。

1 + 2 (MeOOC~~~CHO) →（Bu_2BOTf, i-Pr_2NEt, CH_2Cl_2）→ 3

→（PPh_3, DIAD, DPPA, THF）→（LiOBn, THF）→ 4 →（PPh_3, H_2O, THF, 60 ℃）→ 5

→（$LiBH_4$, MeOH, THF）→（DMP, CH_2Cl_2）→ 6 →（Bestmann-Ohira reagent, KOEt, THF, −78 ℃）→ 7

解答参见 P480

132. 根据给出的合成路线片段，回答下列问题。

（1）写出化合物 **8**、**10** 的结构。

（2）写出反应 **3→4** 可能的机理。

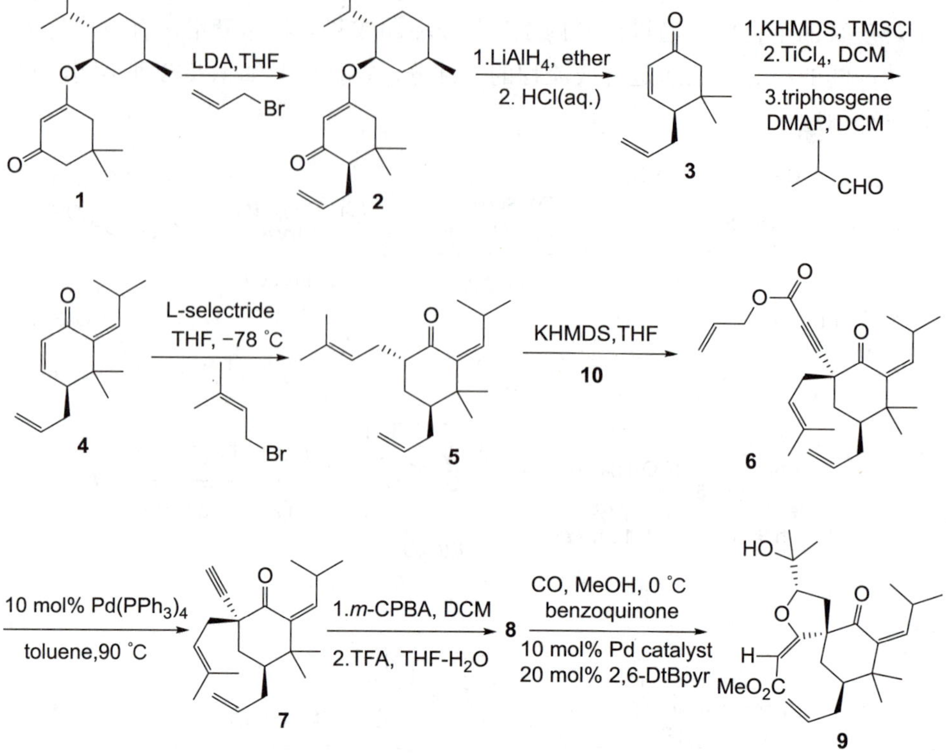

1 —LDA,THF; allyl bromide→ 2 —1.$LiAlH_4$, ether; 2. HCl(aq.)→ 3 —1.KHMDS, TMSCl; 2.$TiCl_4$, DCM; 3.triphosgene, DMAP, DCM; isobutyraldehyde (CHO)→ 4

4 —L-selectride, THF, −78 ℃; prenyl bromide (Br)→ 5 —KHMDS,THF; 10→ 6

6 —10 mol% $Pd(PPh_3)_4$, toluene,90 ℃→ 7 —1.*m*-CPBA, DCM; 2.TFA, $THF-H_2O$→ 8 —CO, MeOH, 0 ℃, benzoquinone, 10 mol% Pd catalyst, 20 mol% 2,6-DtBpyr→ 9 (HO, H, MeO_2C)

2,6-DtBpyr:2,6-di-tert-butylpyridine

解答参见 P480

133. 利血平是过去用于治疗高血压及精神病的一种吲哚类生物碱药物，最初于萝芙木属植物蛇根木中提取而成。茶酚胺类（属于单胺类神经递质）物质对心率、心肌收缩力和外周阻力的调控上起着极大作用，而利血平则通过消耗外周交感神经末梢的儿茶酚胺起到降压作用。以下片段节选自利血平的合成：

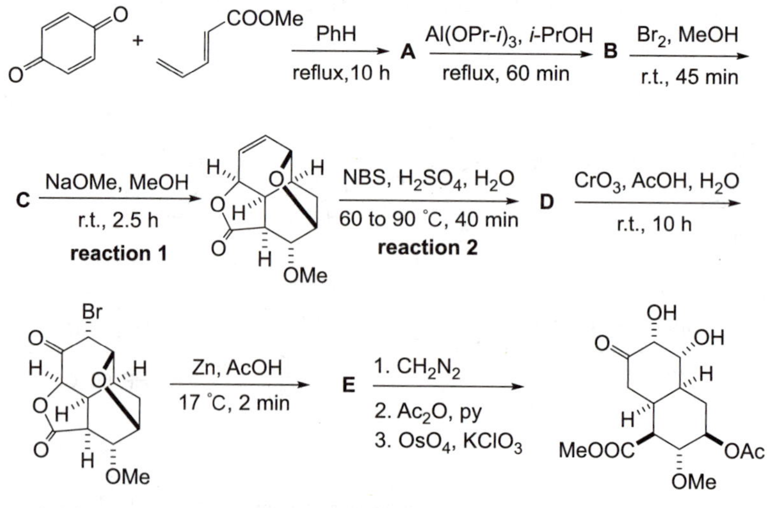

benzoquinone + COOMe diene —PhH, reflux,10 h→ A —Al(OPr-*i*)$_3$, *i*-PrOH, reflux, 60 min→ B —Br_2, MeOH, r.t., 45 min→ C

C —NaOMe, MeOH, r.t., 2.5 h (reaction 1)→ (H, O, H, OMe) —NBS, H_2SO_4, H_2O, 60 to 90 ℃, 40 min (reaction 2)→ D —CrO_3, AcOH, H_2O, r.t., 10 h→ (Br, O, H, OMe)

(Br, O, H, OMe) —Zn, AcOH, 17 ℃, 2 min→ E —1. CH_2N_2; 2. Ac_2O, py; 3. OsO_4, $KClO_3$→ (OH, OH, H, MeOOC, OAc, OMe)

（1）写出 **A**、**B**、**C**、**D**、**E** 的结构简式。

（2）解释反应 **1** 的立体选择性与反应 **2** 的区域选择性。

（3）画出 **A → B** 的反应机理。

解答参见 P481

134. 以下是以 Mannich 型串联环化、二碘化钐介导的高立体选择性自由基环化和碘鎓诱导的吲哚亲电环化等反应为关键步骤的、高度复杂的 Sarpagine-Ajmaline-Koumine 型吲哚生物碱的集群式全合成的合成途径片段。试完成空缺处的结构式，并写出化合物 **7** 至化合物 **8** 的反应机理。

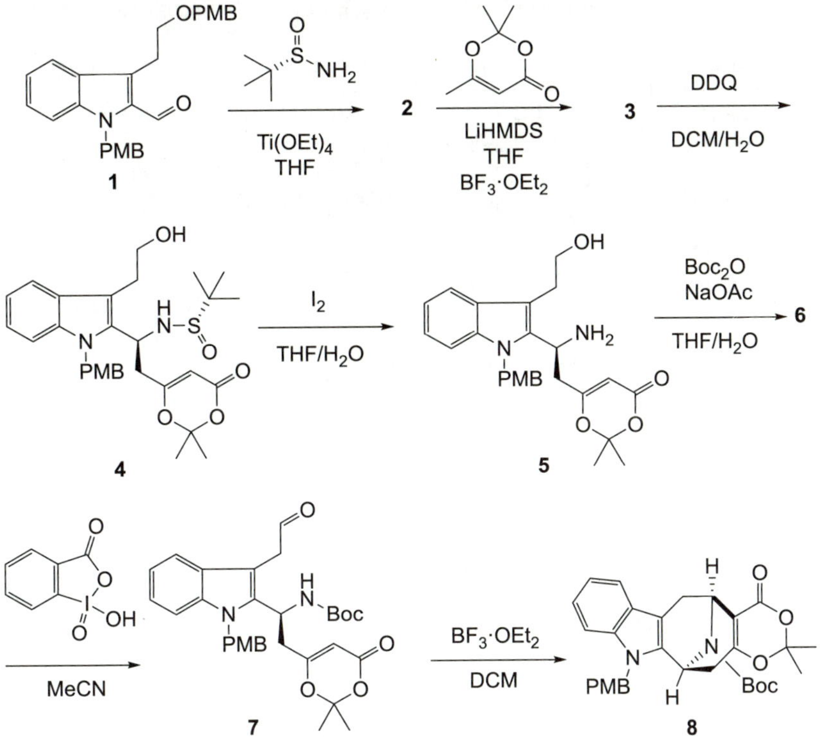

解答参见 P481

135. 以下合成途径片段来自经过一个新颖的氧化 Nazarov 电环化反应而首次完成 Calyciphylline A 型虎皮楠生物碱 (−)-10-Deoxydaphnipaxianine A 的不对称全合成工作。试完成空缺处的结构式，并写出化合物 **3** 至化合物 **4** 的反应机理。

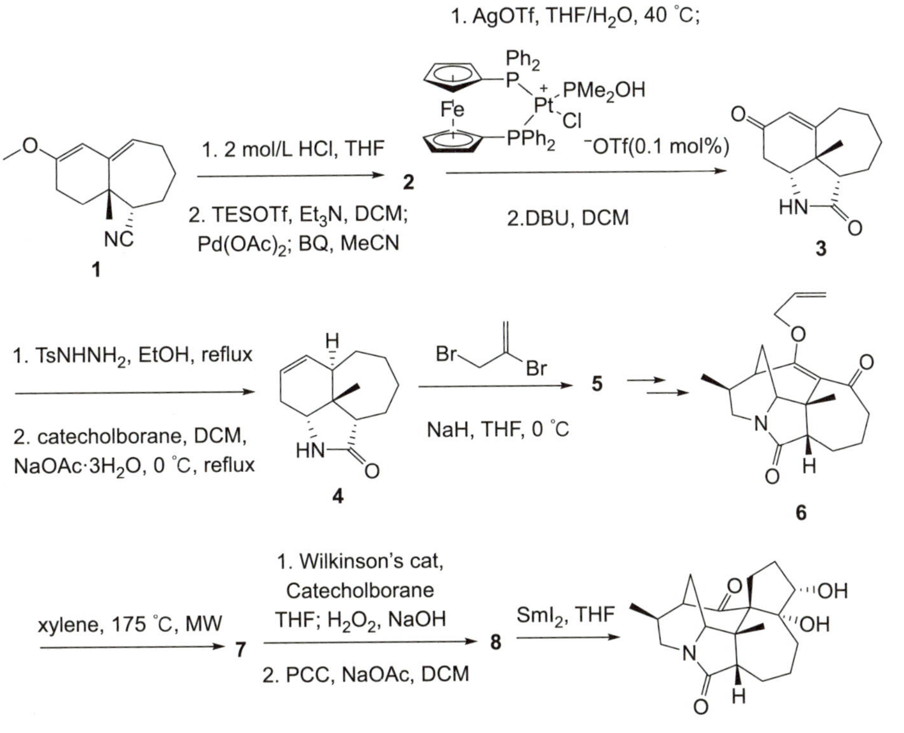

解答参见 P482

136. 根据以下反应，回答问题。

CHO $\xrightarrow[\text{SnCl}_2\text{, PhH}]{\text{N}_2\text{CHCOOEt}}$ **A** $\xrightarrow{\text{NaH, PhH}}$ **B** $\xrightarrow[\text{NaOEt, EtOH}]{\text{HCl}}$ **C**

$\xrightarrow[\text{2.NaBH}_4\text{, MeOH}]{\text{1.TFA}}$ **D** $\xrightarrow[\text{2.Tf}_2\text{O, pyridine, CH}_2\text{Cl}_2]{\text{1.NaOEt, EtOH}}$ **E** $\xrightarrow[\text{MeOH}]{\text{NaN}_3\text{, NH}_4\text{Cl}}$ **F** $\xrightarrow[\text{EtOH}]{\text{HCOOH, Pd/C}}$

EtOOC OH NH$_2$ N H $\xrightarrow{\text{NaOH}}$ HOOC OH NH$_2$ N H

C $\xrightarrow[\text{EtOH}]{\text{NaOEt}}$ **G** $\xrightarrow[\text{pyridine}]{\text{N}_2\text{H}_4\cdot\text{2HCl}}$ **H** $\xrightarrow{\text{Na, NH}_3}$ N NH HN HN O

（1）写出 **A** ～ **F** 的结构。

（2）写出 **G**、**H** 的结构，并写出 **H** 的还原机理。

解答参见 P482

137. 科学家发现了如下合成萘衍生物的反应。根据该反应，回答以下问题。

O O O N $\xrightarrow{\text{pyrrolidine}}$ (NH)

（1）写出该产物的结构。

（2）产物是否有手性，为什么？

（3）若采用下图的手性的四氢吡咯衍生物 **1** 作为催化剂，试写出该反应的机理。

H N H N N N N N **1**

（4）根据以上信息，完成以下合成路线。

OH $\xrightarrow[\text{then AlCl}_3]{\text{(COCl)}_2}$ **A** $\xrightarrow[\text{2.Tf}_2\text{O, Et}_3\text{N, CH}_2\text{Cl}_2]{\text{1. }i\text{-Pr}_2\text{NH, toluene}}$ **B** $\xrightarrow[\text{Pd(PPh}_3)_4\text{, CuI, }i\text{-Pr}_2\text{NH, DMF}]{\text{OH}}$ **C**

$\xrightarrow[\text{2. DMP, CDCl}_3]{\text{1. Pd/C, H}_2\text{, pyridine}}$ **D** $\xrightarrow[\text{then NaBH}_4]{\text{1}}$ **E**

解答参见 P483

138. Drak2，即 DAP 激酶相关的细胞凋亡诱导蛋白激酶是一种信号分子，参与调节 T 细胞的活化。小分子 Drak2 抑制剂非常稀缺，主要源自合成。2019 年，从 Alstonia Scholaris 中分离出一种新型单萜类吲哚生物碱 Alstonlarsine A，在微摩尔范围内显示出 Drak2 抑制活性。以下是 Alstonlarsine A 的一种全合成路径的一部分。

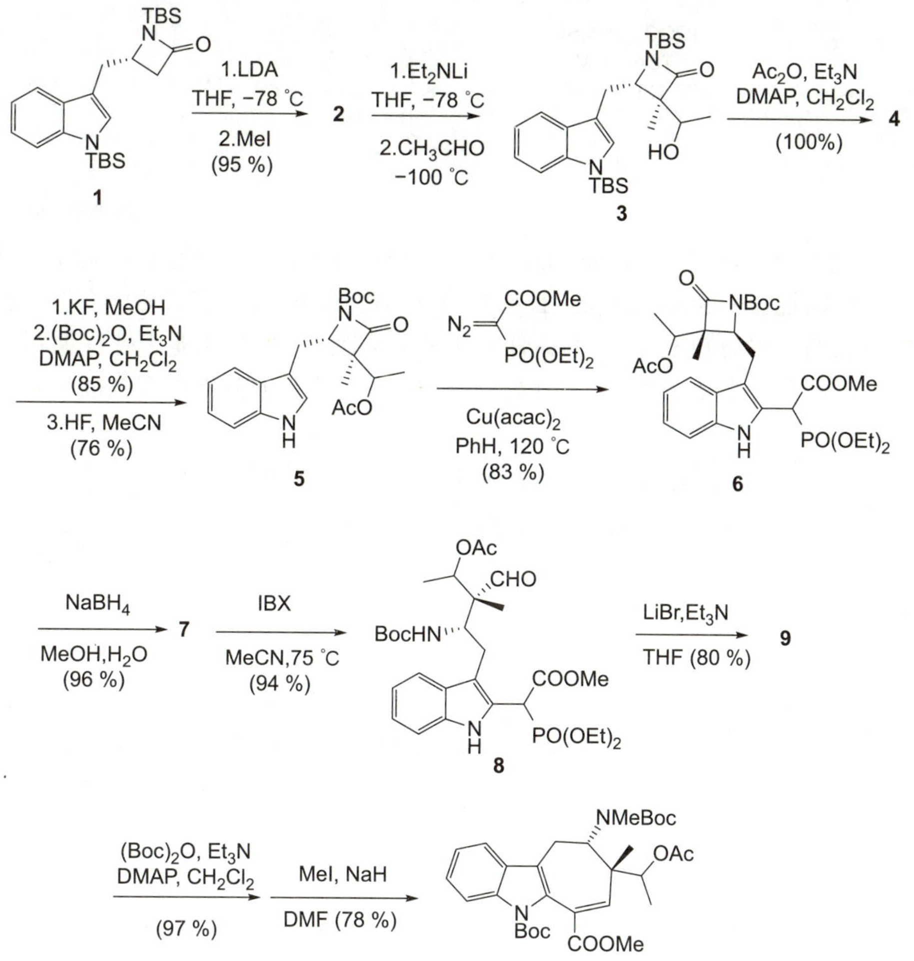

1.LDA THF, −78 ℃ 2.MeI (95 %) → 2；1.Et_2NLi THF, −78 ℃ 2.CH_3CHO −100 ℃ → 3；Ac_2O, Et_3N DMAP, CH_2Cl_2 (100%) → 4

1.KF, MeOH 2.$(Boc)_2O$, Et_3N DMAP, CH_2Cl_2 (85 %) 3.HF, MeCN (76 %) → 5；$N_2C(COOMe)PO(OEt)_2$，$Cu(acac)_2$ PhH, 120 ℃ (83 %) → 6

$NaBH_4$ MeOH, H_2O (96 %) → 7；IBX MeCN, 75 ℃ (94 %) → 8；LiBr, Et_3N THF (80 %) → 9

$(Boc)_2O$, Et_3N DMAP, CH_2Cl_2 (97 %)；MeI, NaH DMF (78 %)

（1）试给出空缺处化合物 **2**、**4**、**7**、**9** 的结构。

（2）写出化合物 **6** 到 **7** 的反应机理。

解答参见 P483

139. 化合物 Waihoensene 被认为是从月桂烯的扩展生物合成途径衍生而来的产物，并且具有与月桂烯一样具有挑战性的结构，具有四个高度拥挤的四环结构的连续季碳中心。因此，在最近的一篇评论中，Waihoensene 被认为是等待创造性合成策略来征服其全合成的天然产物之一，并且尚未被合成有机化学界探索太多。以下是 Wailhoensene 的一种合成策略中的一部分。写出空缺处化合物 **2**、**4**、**7** 的结构。

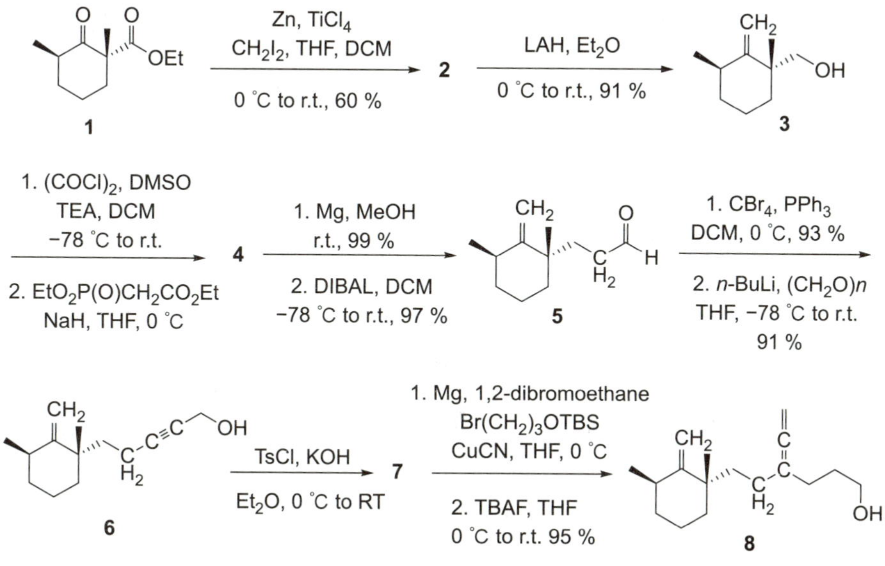

1 → Zn, $TiCl_4$ CH_2I_2, THF, DCM 0 ℃ to r.t., 60 % → 2；LAH, Et_2O 0 ℃ to r.t., 91 % → 3

1. $(COCl)_2$, DMSO TEA, DCM −78 ℃ to r.t. 2. $EtO_2P(O)CH_2CO_2Et$ NaH, THF, 0 ℃ → 4；1. Mg, MeOH r.t., 99 % 2. DIBAL, DCM −78 ℃ to r.t., 97 % → 5；1. CBr_4, PPh_3 DCM, 0 ℃, 93 % 2. *n*-BuLi, $(CH_2O)n$ THF, −78 ℃ to r.t. 91 % → 6

6 → TsCl, KOH Et_2O, 0 ℃ to RT → 7；1. Mg, 1,2-dibromoethane $Br(CH_2)_3OTBS$ CuCN, THF, 0 ℃ 2. TBAF, THF 0 ℃ to r.t. 95 % → 8

$(COCl)_2$, DMSO
TEA, DCM
−78 °C to r.t., 94 %

9

解答参见 P484

140. 天然产物(±)-Steenkrotin A是2008年Hussein课题组从大戟科巴豆属植物Croton Steenkampianus树叶中分离得到的一种新型二萜化合物，含有复杂的高张力[3,5,5,6,7]五环骨架和8个手性中心。以下是丁寒锋课题组全合成途径的片段，试完成空缺处的结构式并写出从**4**到**5**的反应机理。

1 → (1. n-BuLi, $MeP(O)(OMe)_2$; 2. CrO_3, H_2SO_4) → 2 → (O_3, Me_2S; then DBU) → 3 → ($TBSOTf$, Et_3N; then oxone, $KHCO_3$) → 4

→ (1. allyBr, Li; 2. PCC, SiO_2) → 5 → (TMSOTf, Et_3N; then $C(Me)_2Br_2$, n-BuLi) → 6 → ($Rh_2(OAc)_4$, $MeO_2C(C=N_2)CO_2Me$) → 7

→ (1. MeI, NaH; 2. $LiAlH_4$) → 8 → (Ac_2O, NEt_3) → 9 → (1. DMP, $NaHCO_3$; 2. HF, py) → 10

解答参见 P484

141. Cynaropicrin是一种愈创木内酯倍半萜内酯，是洋蓟（*Cynara scolymus*）中发现的天然产物，是洋蓟苦味的来源，在化妆品和制药行业中被认为是重要的分子。以下是其中一种全合成途径的片段，试完成空缺处的结构式并写出从**4**到**5**的反应机理。

1 → (H_2O_2) → 2 → (LiCl) → 3 → (1. ethoxy-ethene; 2. MsCl) → 4 → (NaOMe)

5 → (1. HCl; 2. CBr_4, PPh_3) → 6 → (Ph_2Se_2; $NaBH_4$, H_2O_2) → 7

→ (DMP) → 8 → (1. $CeCl_3$, $NaBH_4$; 2. PMBTCA) → 9 → (1. $LiAlH_4$; 2. DMP) → 10

PMBTCA: *p*-methoxybenzyl trichloroacetimidate

解答参见 P484

142. 南方科技大学李闯创教授发展了新策略，以世界上最短的合成路线，实现了有机合成历史上最难分子之一紫杉醇（重要抗癌药）的高效全合成。以下是其合成路线中其中一个简单环 **10** 的合成路线，试完成空缺处的结构式（**3**，**7**），并写出化合物 **3** 至化合物 **5** 和化合物 **7** 至化合物 **8** 的反应机理，说明化合物 **6** 的作用。

1 —(2, $TiCl_4$,PhH)→ 3 —(1. 4, PhH; 2. H_2O)→ 5

—(*p*-TsOH, $CH(OEt)_3$, 6 HO~OH)→ 7 —(NH_2NH_2; I_2,DBN)→ 8 —(9 HS~SH)→ 10

DBN:1,5-二氮杂双环[4.3.0]-5-壬烯

解答参见 P485

143. 根据下列反应，写出 **A** 和 **B** 及副产物的结构，提出 **A** 到 **B** 的机理：

—(Et$_3$N, EtOH, r.t., 3 h)→ **A** —(THF, 17 h)→

—($NaBH_4$)→ **B + B1 + B2**

解答参见 P485

144. 如下扩环反应可能存在两种机理，氟负离子做碱（path a）和氟负离子做亲核试剂（path b）。提出氟负离子做亲核试剂时中间体 **A** 的结构，及 **B** 生成扩环产物的机理。

1 —(TBAF, THF,70 ℃, 36 h)→ path b: $Bu_4N^+F^-$ → [**A**] → **B**; path a: $2Bu_4N^+F^-$, $-Bu_4N^+HF_2^-$ → **B** → **2**

当底物为如下结构时，以 99% 的收率回收了化合物 **1**，没有得到扩环的产物 **2**。这个控制性实验可以得出什么样的结论？

比较如下底物的结构，哪个反应速率更快？

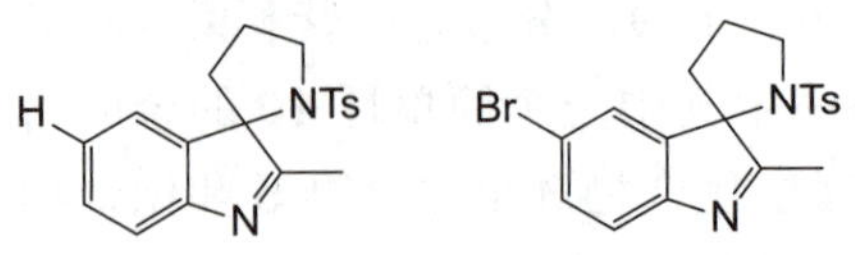

解答参见 P486

145. Caldoramide 是一种具有细胞毒性的线性五肽，来自于海洋蓝细菌 *Caldora penicilate*. 以下是其中一种全合成途径的片段，写出化合物 **2** 和化合物 **4** 的结构，以及化合物 **2** 至化合物 **4** 的反应机理。

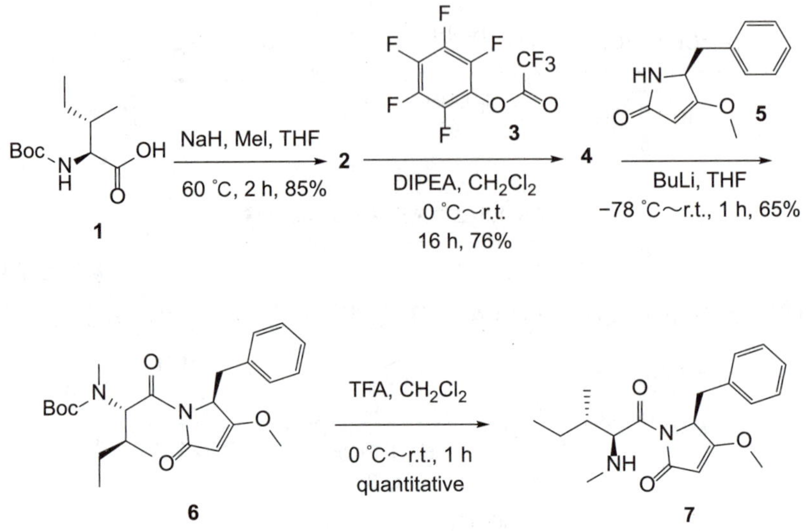

解答参见 P486

146. 鲁卡帕尼是 FDA 批准的卵巢癌和前列腺癌药物，以下是一条从市售的醛衍生物 4 和 3-氨基-5-氟-2-碘苯甲酸甲酯（5）开发的一种高度简洁的鲁卡帕尼全合成方法。请给出 **2** 的结构，并写出 **1** 到 **2** 和 **2** 到 **3** 的机理。

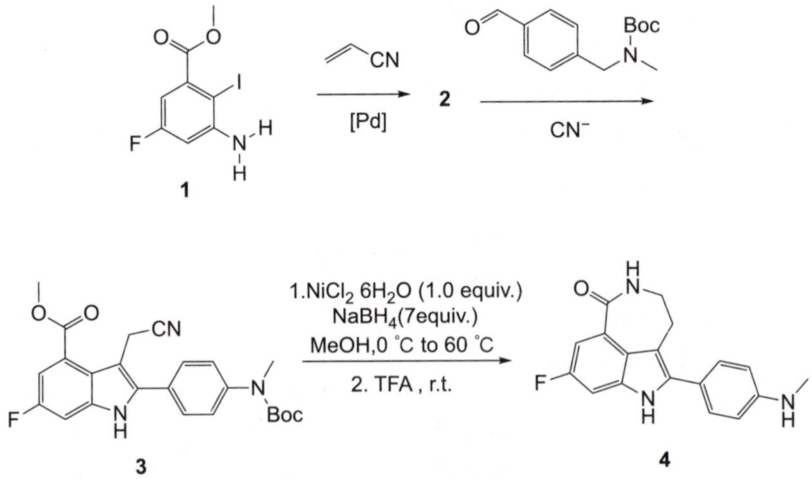

解答参见 P486

147. 芍药被证明具有有趣的生物活性，包括免疫调节、抗炎特性降血糖作用。其活性成分去甲萜天然产物 Paeoveitol 在 2014 年被分离得到。如下是 Paeoveitol 的全合成路线，给出 **4** 和 **6** 的结构，并写出 **2** 到 **3** 以及 **4** 和 **6** 反应生成 **7** 的机理。

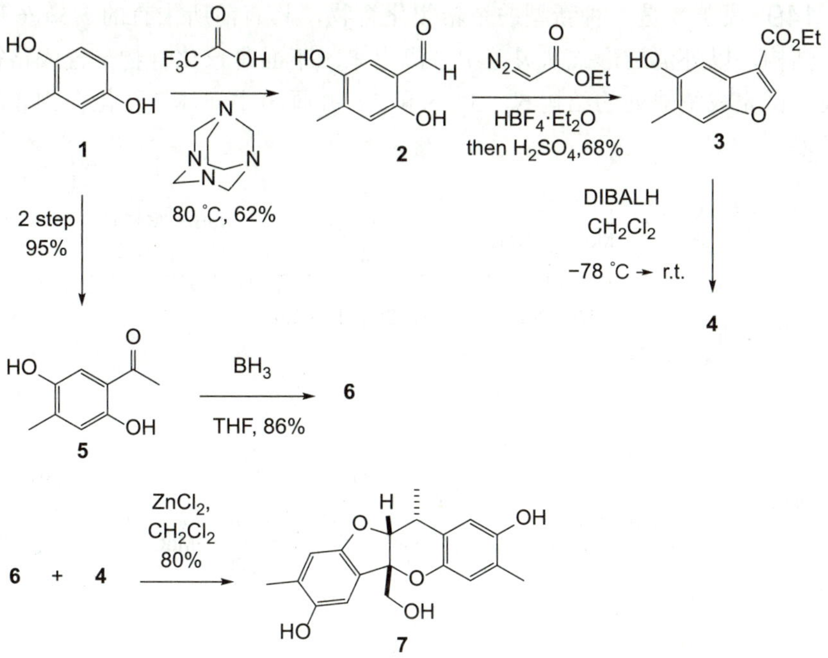

解答参见 P487

148. Chloraholide A 是一种高度复杂的倍半萜类二聚物，于 2007 年从中国南方的全缘金粟兰中分离出来。下面是该化合物全合成路径的片段，试完成空缺处的结构式（**4**、**6**、**8** 和 **10**）并写出化合物 **3** 至化合物 **5** 的反应机理。

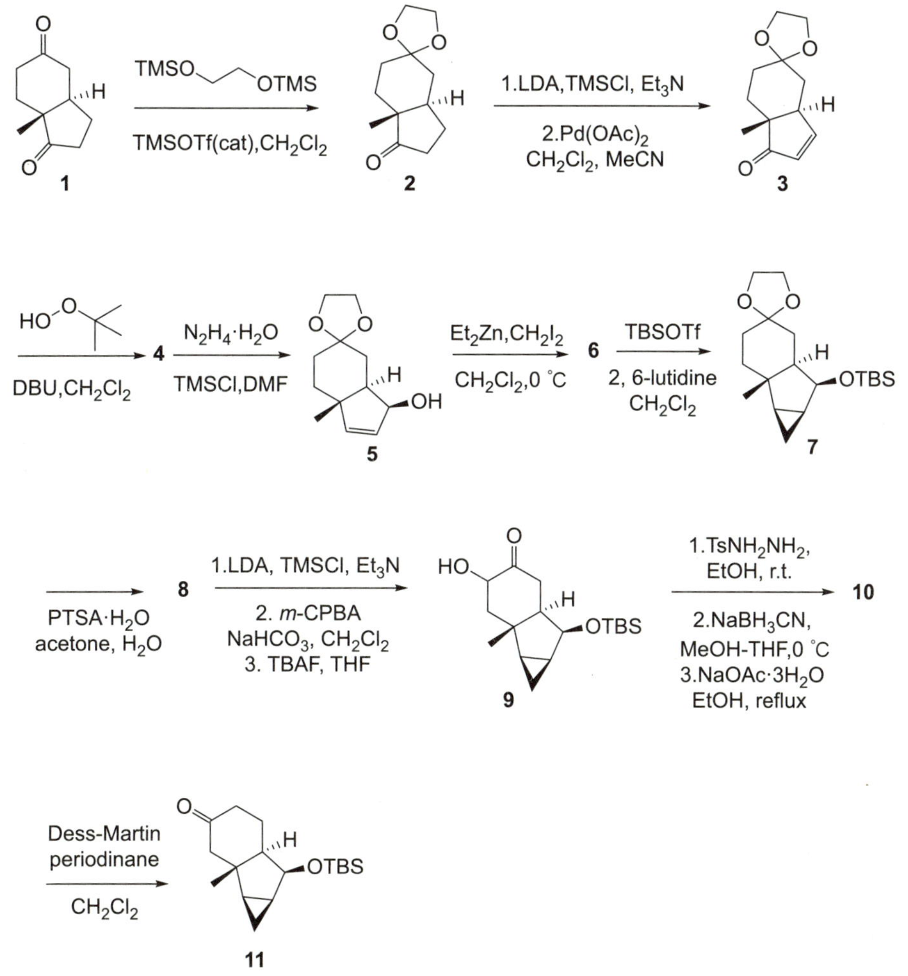

解答参见 P488

149. 灵芝酚是一种新型的杂萜类化合物，具有前所未有的5/5/6/6四环核心结构，以外消旋形式从灵芝中分离出来。下面是该化合物全合成路径的片段，试完成空缺处的结构式（3、5和7）并画出中间体7至化合物8的反应机理。

解答参见 P488

2 第二部分 问题解析

第五章 基础篇问题解析

认识有机结构

1. 什么是 Lewis 结构式和 Kekulé 结构式？画出甲烷、氨、水、甲醇、乙烯、乙炔、乙醛、乙酸的 Lewis 结构式和 Kekulé 结构式。

解答： Lewis 结构式用“圆点”描述原子核外电子的成键方式，一对共价电子（covalent electrons）用“∶”表示；Kekulé 结构式用“短线”描述原子核外电子的成键方式，一条短线表示一对共价电子，式中孤对电子（lone pair electrons）用“∶”表示。一对共价电子可来自同一个原子亦可来自不同的原子。

分子	甲烷	氨	水	甲醇	乙烯	乙炔	乙醛	乙酸
分子简式	CH_4	NH_3	H_2O	CH_3OH	$CH_2{=}CH_2$	$HC{\equiv}CH$	CH_3CHO	CH_3COOH
Lewis 结构式	H H:C:H H	H:N̈:H H	H:Ö: H	H H:C:Ö:H H	H:C::C:H H H	H:C⋮⋮C:H	H :O: H:C:C H H	H :O: H:C:C H :Ö:H
Kekulé 结构式	H H—C—H H	H—N̈—H H	H—Ö: H	H H—C—Ö: H H	H H C=C H H	H—C≡C—H	H :O: H—C—C H H	H :O: H—C—C H :Ö—H

2. 什么是元素的电负性？有机化学中常见元素如碳、氢、氧、氮、氟、氯、硅、锂、钠、钾等的电负性，分别是多少？

解答： 元素的电负性（electronegativity, EN）指的是原子核束缚核外电子的能力，电负性越大，束缚核外电子的能力越强。元素周期表中，同一周期主族元素中，从左到右元素电负性增大；同一主族元素中，从上到下元素电负性减小。

H 2.20							He 4.16
Li 0.98	Be 1.57	B 2.04	C 2.55	N 3.04	O 3.54	F 4.08	Ne 4.79
Na 0.93	Mg 1.31	Al 1.61	Si 1.98	P 2.19	S 2.58	Cl 3.16	Ar 3.24
K 0.82	Ca 1.01	Ga 1.81	Ge 2.01	As 2.18	Se 2.55	Br 2.96	Kr 3.00

3. 什么是八隅规则？

解答： 惰性气体氦、氖、氩、氪等非常稳定，不易失去电子或得到电子，因为它们核外电子结构（electronic configuration）的价电子层（valence shell）是满壳状态，如氖的价电子层为 $2s^2\ 2p^6$，有 8 个电子。有机化学研究的主要对象是含碳的共价化合物，主要元素包括碳、氧、氮、氟等，基本上是第二周期的元素，当这些元素的最外层达到 8 个电子时，它们呈稳定的状态。所以，当价电子数为 8 时，结构是稳定的，称为八隅规则（octet rule）。

4. 什么是式电荷？画出臭氧、叠氮负离子和硝基甲烷的 Kekulé 式，并标出式电荷。

解答： 共价电子来自于成键的双方，称为共享电子对（shared electrons）。有时，共价电子对来自于一方，类似于一方给电子，一方得电子，此时，给电子的一方类似于失去电子，用“+”表示，得电子的一方类似于得到电子，用“−”表示，这些“+/−”称为式电荷（formal charge）。

氧原子核外价电子层有 6 个电子；氧气分子中，两个氧原子通过共享两对电子各自满足八隅规则，达到稳定状态；结合第三个氧原子时，可以看成共享电子对是来自于中间氧原子，由此中间氧原子带式电荷“+”，端基氧原子带式电荷“−”。

$2s^2\ 2p^4$　　来自双方　　来自中间氧原子一方

叠氮根负离子中除了三个氮原子原有的 15 个价电子以外，因为是负离子，从外界还得到了一个电子，所以共有 16 个价电子。两个氮原子之间通过共享三对电子成叁键，和另一个氮原子通过电子得失成单键，由此中间氮原子带式电荷“+”，端基氮原子结合外界得到的电子，式电荷为双负“=”。

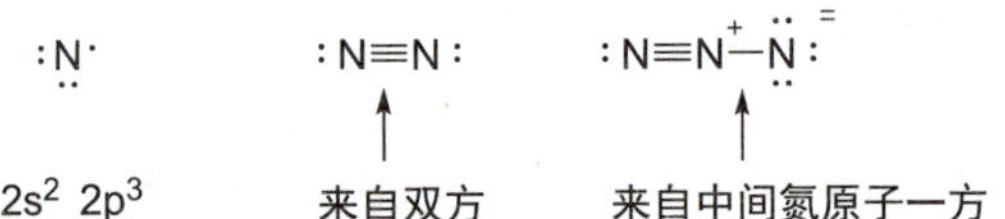

硝基甲烷中有两种氮氧键，可以看成一种是通过共享两对电子形成的氮氧双键，一种是通过电子得失形成的氮氧单键，由此氮原子带式电荷“+”，氧原子带式电荷“−”；

$H_3C-N^+(=O)-O^-$

式电荷也可以用如下通式进行计算得到：

式电荷 = 中性原子价电子数 − （未共享价电子数 + 一半的共享电子数）

硝基甲烷中氮原子的式电荷 = 5 − (0 + 4) = +1

硝基甲烷中双键氧原子的式电荷 = 6 − (4 + 2) = 0

硝基甲烷中单键氧原子的式电荷 = 6 − (6 + 1) = −1

5. 对于乙基三甲基铵阳离子，正电荷分布在氮原子上还是碳原子上？当亲核试剂（nucleophile, Nu）靠近的时候，进攻的是氮原子还是碳原子？当碱（base, B）进攻的时候，攫取的是哪一个质子？

解答： 用“+”或“−”表示式电荷，并不代表该原子是缺电子性的（electron deficient）或富电子性的（electron rich）。

乙基三甲基铵阳离子中，甲基碳原子缺电子，当富电子性的亲核试剂进攻时，进攻的是缺电子性的碳原子；当富电子性碱进攻乙基三甲基铵阳离子时，进攻 *β*-H 发生消除：

Nu　B−H　B　H　Nu−CH3　H

quaternary ammonium

6. 什么是不饱和度？如何计算分子的不饱和度？

解答：根据碳四价、氢一价、氧二价，当分子骨架的含氢数达到饱和状态时，称为饱和化合物（saturated compounds）。在此基础上少两个氢，就可以形成一个双键或是一个环，含有不饱和键或环的化合物称为不饱和化合物（unsaturated compounds），一个双键或一个环，不饱和度为 1，叁键的不饱和度为 2。不饱和度通常用 $\varDelta$ 表示。

对于烃类化合物（hydrocarbon），当分子式为 C_nH_m 时，$\varDelta=(2n+2-m)/2$。

对于含氧化合物，不饱和度只和分子式中的碳氢数有关，直接使用上述方程式。

对于含卤化合物，因为卤素和氢都是一价，把卤素的数目计算在氢的数目里，再使用上述方程式。

对于含氮化合物，当分子式为 $C_nH_mN_x$ 时，$\varDelta=[2n+2-(m-x)]/2$。

7. 什么是官能团？写出常见官能团及它们的中、英文名称及代表性化合物。

解答：官能团（functional group）指决定化合物性质的基团。常见的官能团有：

中文名	英文名	官能团	代表化合物/名称
烷烃	alkane	C—C，C—H	$CH_3—CH_3$/乙烷
烯烃	alkene	C=C	$CH_2=CH_2$/乙烯
炔烃	alkyne	C≡C	HC≡CH/乙炔
芳烃	arene	C=C	C_6H_6/苯
卤代烃	haloalkane	C—X	CH_3CH_2Cl/氯乙烷
醇	alcohol	C—OH	CH_3CH_2OH/乙醇
酚	phenol	C—OH	C_6H_5OH/苯酚
醚	ether	C—O—C	CH_3OCH_3/二甲醚
醛	aldehyde	CHO	CH_3CHO/乙醛
酮	ketone	C=O	CH_3COCH_3/丙酮
醌	quinone	C=O	$O=C_6H_4=O$/对苯醌
羧酸	carboxylic acid	COOH	CH_3COOH/乙酸
酰卤	acyl halide	COX	CH_3COCl/乙酰氯
酐	anhydride	COOCO	$(CH_3CO)_2O$/乙酸酐
酯	ester	COOR	CH_3COOCH_3/乙酸甲酯
酰胺	amide	$CONR_2$	CH_3CONH_2/乙酰胺

原子轨道和杂化轨道理论

8. 什么是原子轨道？ s、p、d 轨道是什么形状？

解答：原子由原子核和核外电子组成，核外电子受核的束缚在一定区域内运动，运动的区域称为原子轨道（atomic orbital，AO）。原子轨道是有形状、方向、相位和能级的。如下图所示：

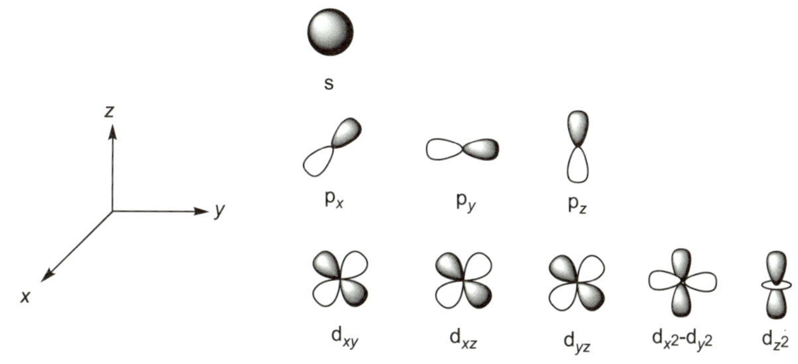

9. 核外电子排布原则是什么？写出碳原子的核外电子排布。

解答：原子轨道是有能级的，按照 1s2s2p3s3p…由低到高进行排列。电子由低到高进行填充，每个轨道填 2 个电子，自旋方向相反。

三个 p 轨道为简并轨道（degenerate orbitals）。当能级相同时，每个轨道先按自旋方向相同的方式填 1 个电子，多出来的电子再按自旋方向相反的方式进行填充。

碳的核外电子结构为：$1s^2\,2s^2\,2p^2$　　　　碳的核外电子排布为：

10. 什么是杂化轨道理论？碳原子的杂化类型分别有哪些？它们分别代表什么样的几何形状？

解答： 杂化（hybridization）指的是原子轨道的重组，碳可以有三种杂化方式。

一个 s 轨道和三个 p 轨道的轨道重组得到四个 sp^3 杂化轨道（hybrid orbital），四个轨道指向四面体（tetrahedron）顶点：

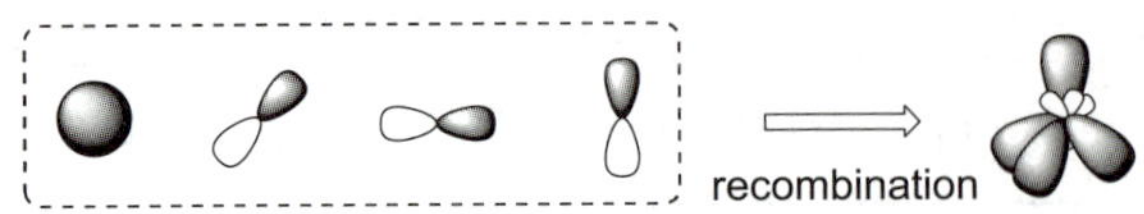

一个 s 轨道和两个 p 轨道的轨道重组得到三个 sp^2 杂化轨道，三个轨道呈平面结构（planar structure），留下一个未参与杂化的 p_z 轨道和平面垂直：

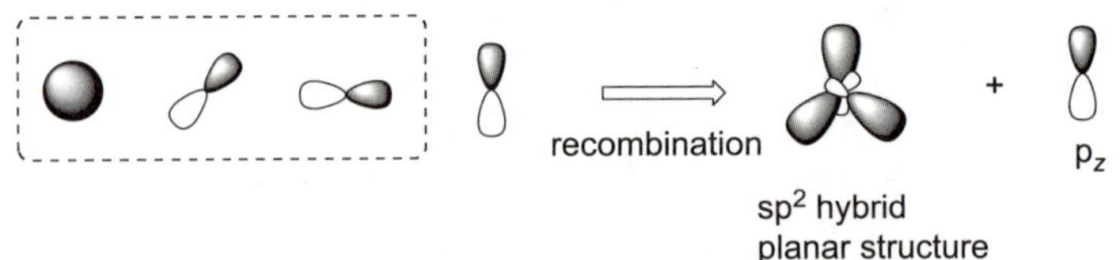

一个 s 轨道和一个 p 轨道的轨道重组得到二个 sp 杂化轨道，二个轨道呈直线结构（linear structure），留下两个未参与杂化的 p_y 和 p_z 轨道，相互垂直：

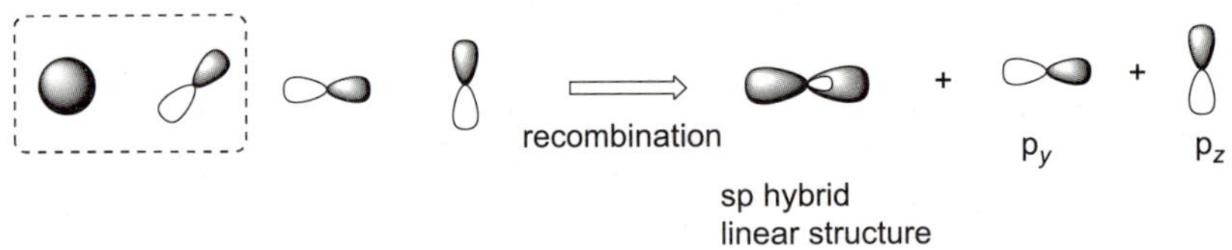

11. 对于不同杂化的碳原子，它们的电负性有没有差别？

解答： 不同杂化的碳原子，其电负性是有所差别的。sp 杂化的碳原子电负性最大，sp^3 杂化的碳原子电负性最小。

在 s 和 p 轨道中运动的电子受核的束缚是不同的，s 轨道球形对称，p 轨道向外伸展，即 s 轨道上的电子受核的束缚大，而 p 轨道上的电子受核的束缚小。杂化轨道含 s 成分越多，电子受核的束缚越大。所以，sp 杂化的碳原子电负性最大，sp^3 杂化的碳原子电负性最小。

12. 如何从杂化轨道理论理解甲烷的成键？

解答： 甲烷中，碳采用 sp^3 杂化，碳的 sp^3 轨道分别和四个氢的 1s 轨道重叠，形成 4 个 C—H 键，碳位于四面体中心，4 个氢位于四面体 4 个顶点：

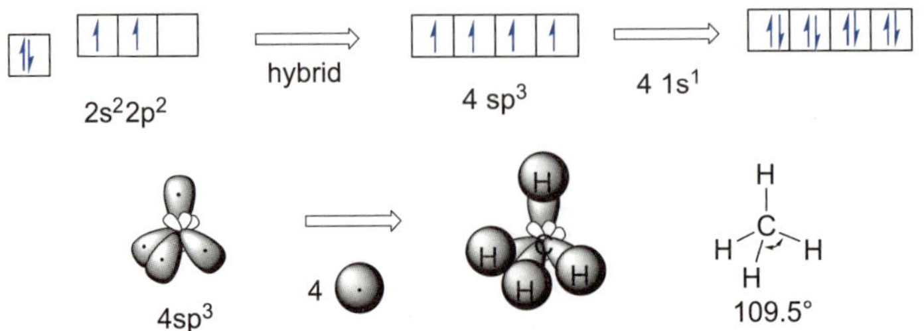

13. 什么是孤对电子？水中氧原子有几对孤对电子？氨中氮原子有几对孤对电子？水和氨的空间结构是什么样的？

解答： 孤对电子（或孤电子对）指的是非成键电子对（non-bonding electrons）。

水中氧原子是 sp^3 杂化，2 个 sp^3 杂化轨道用于形成 2 个 O—H 键，2 个 sp^3 杂化轨道被两对孤对电子所占有；HOH 的键角为 104.5°，比甲烷中 HCH 的键角 109.5° 小，是 2 对孤对电子静电排斥导致的。

氨中氮原子也是 sp^3 杂化，3 个 sp^3 杂化轨道用于形成 3 个 N—H 键，1 个 sp^3 杂化被 1 对孤对电子所占有；受孤对电子影响，HNH 的键角为 107.3°：

14. 乙醇和乙胺中，氧原子和氮原子是什么杂化？

解答： 乙醇中氧原子和乙胺中氮原子均为 sp^3 杂化：

15. 苯酚和苯胺中，氧原子和氮原子是什么杂化？和乙醇、乙胺中氧原子、氮原子的杂化有哪些不同？

解答： 苯酚和乙醇中的氧原子所采用的杂化轨道类型是有所不同的，苯酚中氧原子的杂化介于 sp^2 和 sp^3 之间。苯酚中氧原子上孤对电子所占的非键轨道（n）和苯环上六个 p 轨道可以部分重叠，发生 n-p 共轭，电子离域导致 C—O 键的键长比乙醇中 C—O 键长短，COH 的键角比乙醇中 COH 的键角大，氧原子的杂化介于 sp^2 和 sp^3 之间。苯胺有类似的现象。

16. 杂原子的孤对电子有哪些作用？

解答： 带有孤对电子的杂原子是富电子性物种，可以给出孤对电子成键；得电子的一方若是质子，体现杂原子的碱性（basicity）；得电子的一方若是缺电子性的碳，体现杂原子的亲核性（nucleophilicity）。

17. 什么是价键理论？共价键和离子键的定义是什么？它们之间的最大差别是什么？

解答： 价键理论（valence bond theory, VBT）指的是电子配对理论，两个成键电子来自于两个原子，被两个原子共享。

共价键和离子键的差别在于形成键的两个原子的电负性差异。经验上讲，当两个原子的电负性差异大于等于 2 的时候，形成的键称为离子键（ionic bond），电子对明显偏向于一个原子，形成正、负离子；当两个原子的电负性差异小于 2 的时候，形成的键称为共价键（covalent bond），电子对被两个原子所共享，电子对偏向电负性比较大的原子，形成缺电子和富电子中心。

18. 共价键的三要素是什么？

解答：共价键的三要素是键长（bond length）、键角（bond angle）和键能（bond energy）。

19. 碳碳双键的键能小于碳碳单键键能的 2 倍，碳碳叁键的键能小于碳碳单键键能的 3 倍，但对于氮原子而言，氮氮叁键的键能远大于氮氮单键键能的 3 倍。为什么？

解答：碳碳和氮氮的单键、双键、叁键键能如下：

键	C—C	C═C	C≡C	N—N	N═N	N≡N
键能 /（kcal/mol）	83	146	200	38.4	109	226

根据杂化轨道理论，碳碳双键中，一个是 2 个 sp^2 轨道以“头碰头”形式形成的 σ 键（C_{sp^2}—C_{sp^2}），一个是 2 个 p 轨道以“肩并肩”形式形成的 π 键（p-p）。所以，双键键能不是简单的单键键能的 2 倍。π 电子云处于平面的上下方，π 电子受核的束缚小，比 σ 键易极化变形而参与反应，所以，碳碳双键的键能小于碳碳单键键能的 2 倍。碳碳叁键也是如此。

对于氮氮形成的单键、双键、叁键，由于氮原子上有孤对电子，孤对电子对结构的稳定性将产生一定的影响。考虑到氮的杂化类型及超共轭效应等因素，若氮原子上连的是氢原子，NH_2—NH_2、NH═NH 和 N≡N 的稳定构象分别如下所示。其中 NH_2—NH_2 中两对孤对电子靠得最近，排斥最大，所以 N—N 单键键能比 C—C 单键小得多。NH═NH 中，有两种结构，一种是顺式，另一种是反式，由于孤对电子和 N—H 反键的超共轭效应，顺式结构比反式结构稳定。虽然两对孤对电子更向外伸展些，但还是存在一定的排斥。只有在 N≡N 叁键中，2 对孤对电子的排斥最小，结构最稳定。

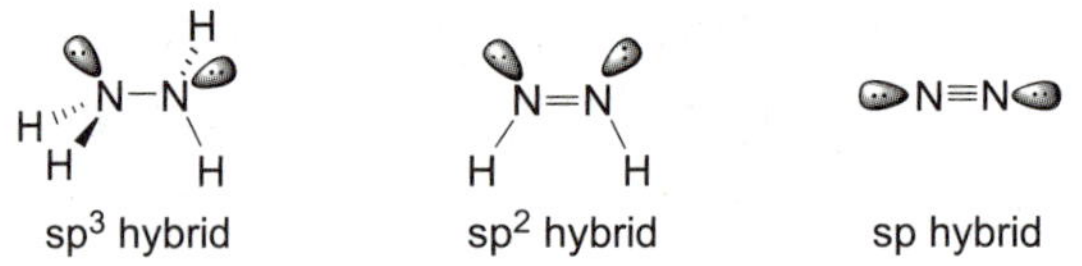

sp³ hybrid　　sp² hybrid　　sp hybrid

20. 碳碳单键、双键和叁键的键长、键能、键角有什么特点？它们的空间取向和结构是什么样的？

解答：碳碳单键、双键和叁键的键长、键能、键角如下图所示：

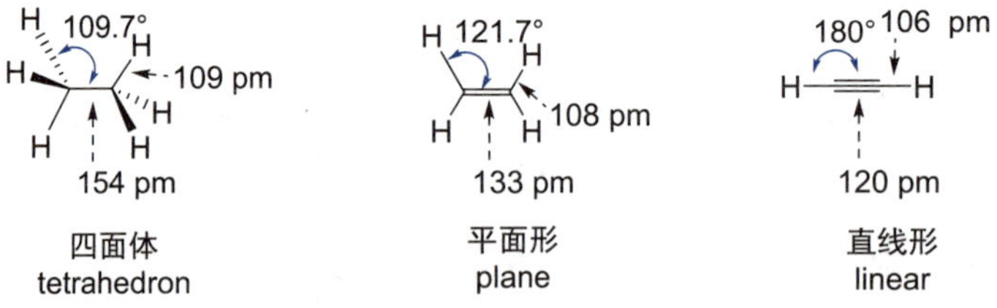

109.7°　109 pm　154 pm　四面体 tetrahedron

121.7°　108 pm　133 pm　平面形 plane

180°　106 pm　120 pm　直线形 linear

21. 碳氧单键和碳氧双键的键长和键角有什么特点？它们的空间取向是什么样的？

解答：以甲醇和甲醛为例，其键长和键角如下图所示，甲醇中碳原子是四面体，甲醛中碳原子是平面的：

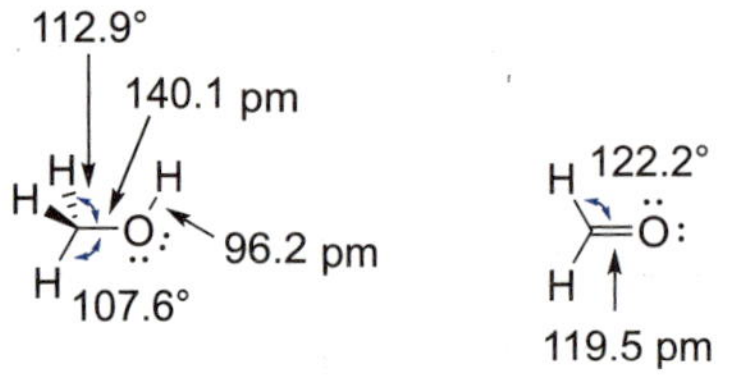

112.9°　140.1 pm　96.2 pm　107.6°

122.2°　119.5 pm

22. 碳氮单键、双键和叁键有什么特点？它们的空间取向是什么样的？

解答： 以甲胺、甲亚胺和氰化氢为例，其键长和键角如下图所示，甲胺中碳原子是四面体，甲亚胺中碳原子是平面的，氰化氢中氮原子是直线形的：

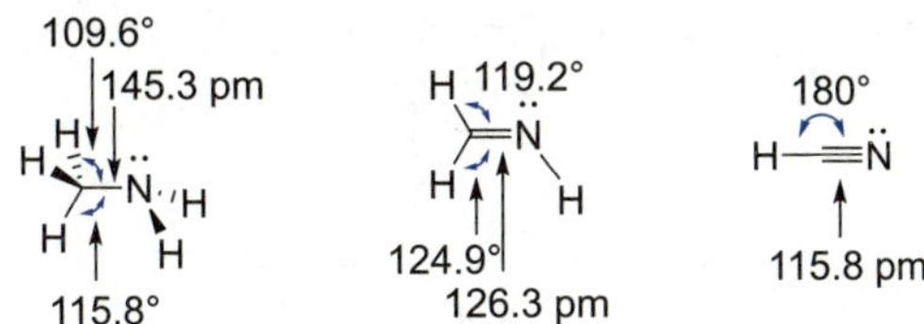

23. 比较乙烯和甲醛的结构，哪个双键更长？哪个∠HCH 更大？

解答： 乙烯中的双键长，乙烯中∠HCH 键角更大：

121.7°　108 pm　133 pm　122.2°　119.5 pm

分子轨道理论

24. 什么是分子轨道理论？ 两个原子轨道组成两个分子轨道时，反键轨道上升的能量和成键轨道下降的能量，哪个值更大些？

解答： 分子轨道（molecular orbital, MO）是原子轨道的重组。

当两个能级相同的原子轨道重组成分子轨道时，轨道数目不变，即重组成两个分子轨道，一个能级下降的成键轨道（bonding orbital），一个能级上升的反键轨道（antibonding orbital），下降的值要比上升的值小：

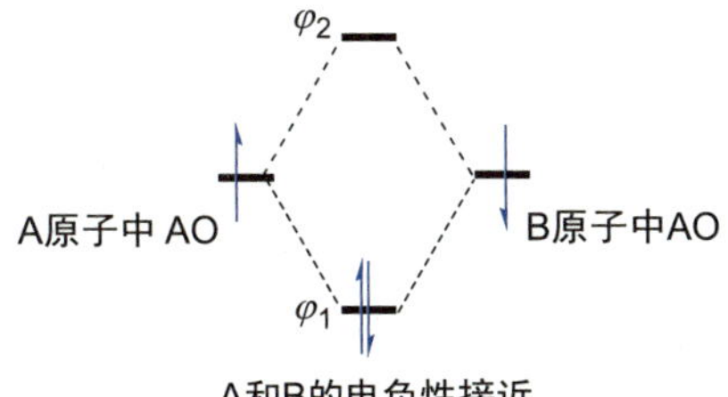

A和B的电负性接近

当两个能级不同的原子轨道重组成两个分子轨道时，成键轨道的能级更靠近电负性大的原子，反键轨道则更靠近电负性小的原子，若 A 原子电负性比 B 原子的电负性大，则：

A的电负性大于B的电负性

25. 什么是相位？什么是节点？什么是能级？什么是简并轨道？

解答： 轨道是核外电子运动所出现的概率，轨道是有相位（phase）的，用“+/−”表示；相位相反的地方是节面（node plane），表示电子运动出现的概率为零；节面落实到点上就是节点（node）。轨道是有能级的，能级相同的轨道称为简并轨道（degenerated orbitals）。

26. 分子轨道的电子排布规则是什么？

解答： 和原子轨道的电子排布规则类似，电子由低到高排布，一个轨道填充两个自旋相反的电子，碰到简并轨道时，先是自旋相同的电子逐个排，再是自旋相反的电子逐个添加。

27. 碳碳单键的成键轨道和反键轨道能级和形状是什么样的？

解答： 两个 sp^3 碳原子形成单键时，生成一个 σ（C—C）成键轨道，一个 σ*（C—C）反键轨道，两个轨道都是轴对称的：

σ*(C-C)

C　　C

σ(C-C)

键自由旋转的时候，电子云重叠的程度不变。因此，σ 键可以自由旋转。

28. 碳卤单键的成键轨道和反键轨道能级和形状是什么样的？

解答： 由于碳和卤素的电负性不同，σ（C—X）成键轨道能级更靠近卤素的 sp^3 轨道，σ*（C—X）反键轨道的能级则更靠近碳的 sp^3 轨道能级；受电负性不同的影响，成键轨道电子云偏向杂原子，反键轨道电子云偏向碳原子，成键轨道和反键轨道都是轴对称的：

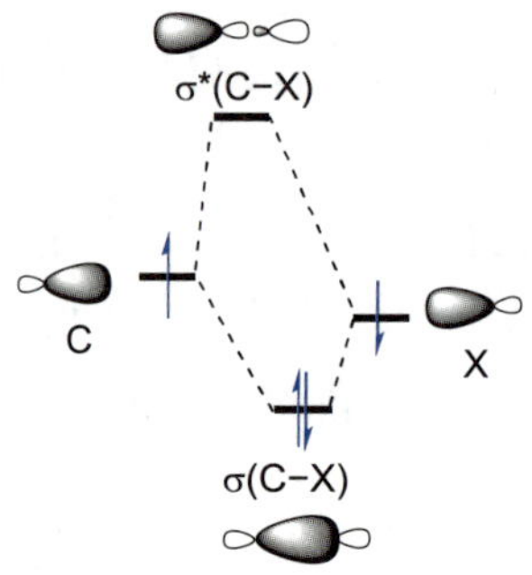

29. 碳碳双键中 π 键的成键轨道和反键轨道能级和形状是什么样的？

解答： 碳碳双键中，一个键是两个 sp^2 轨道以“头碰头”形式形成的 σ 键（C_{sp^2}—C_{sp^2}），一个键是两个 p 轨道以“肩并肩”形式形成的 π 键（p-p）。由于 σ 键成键轨道能级比 π 键成键轨道能级低，σ 键反键轨道能级比 π 键反键轨道能级高，根据休克尔分子轨道理论的处理方法，碳碳双键的性质由前线轨道所决定，即 π 键所决定。

由于碳原子的电负性相同，两个 p 轨道重组成两个 π 键分子轨道，一个是 π（C═C）成键轨道，一个是 π*（C═C）反键轨道；成键轨道和反键轨道的电子云都是面对称的，反键轨道的电子云是蝴蝶状的：

σ*(C=C)

π*(C=C)
π(C=C)　前线轨道

σ(C=C)

π*(C=C)

π(C=C)

30. 碳氧双键中 π 键的成键轨道和反键轨道能级和形状是什么样的？

解答： 由于氧和碳的电负性差异，C 和 O 的 p 轨道能级是不同的，O 的 p 轨道能级更低；重组后的 π（C═O）成键轨道的电子云更偏向于氧原子，其能级更靠近 O 的 p 轨道能级；π*（C═O）反键轨道的电子云更靠近碳原子，呈蝴蝶状向外伸展：

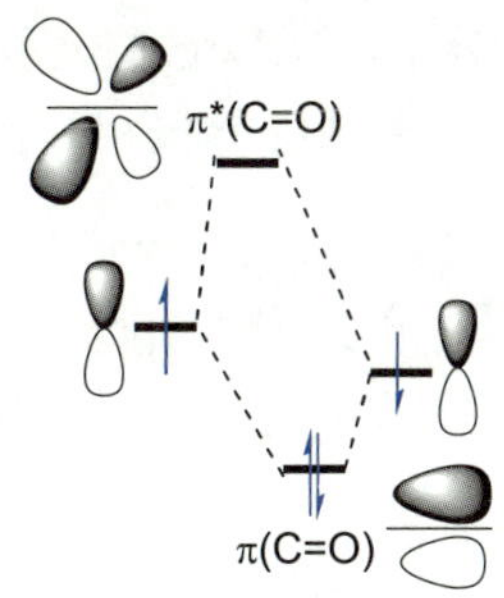

31. 苯环分子中 π 键的分子轨道能级图是什么样子的？

解答： 6 个 p 轨道重组成 6 个分子轨道，3 个成键轨道，3 个反键轨道；φ_1 没有节点，能级最低；φ_2 和 φ_3 是简并的，各自有两个节点；φ_4 和 φ_5 是简并的，各自有 4 个节点；φ_6 有 6 个节点，能量最高；6 个电子填充在 3 个成键轨道上：

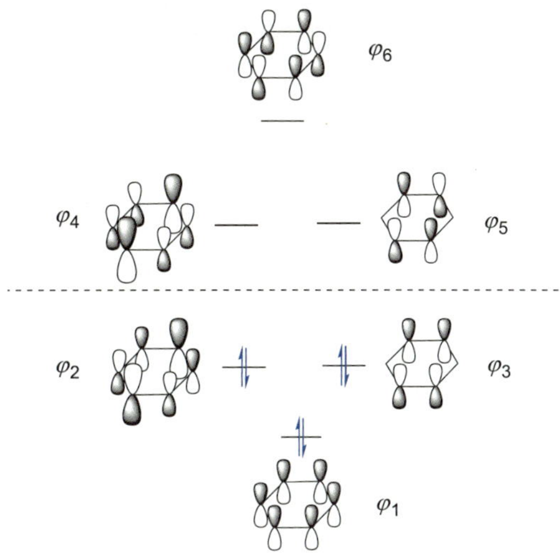

苯的分子轨道图

分子间相互作用

32. 什么是键偶极矩？什么是分子偶极矩？

解答： 两个电负性不同的原子通过共享电子对成键时，共享电子对偏向于电负性大的原子，形成的共价键有一定的极性。键的极性用键偶极矩来描述。键偶极矩和距离成正比，和电荷成正比。由多个共价键组成有机分子时，分子偶极矩是键偶极矩的矢量和。

33. 为什么二甲醚的偶极矩（1.30）比水（1.85）和环氧乙烷（1.89）都要小？

解答： 二甲醚和水相比较，氢原子的电负性比碳小，H—O 键偶极矩比 C—O 键偶极矩大，所以，键偶极矩的矢量和是水大；二甲醚和环氧乙烷相比较，二甲醚中∠COC 的键角大，键偶极矩的矢量和小。

H—O—H　　H_3C—O—CH_3　　(环氧乙烷结构式)

34. 什么是分子间相互作用力？

解答： 分子间相互作用力指分子之间的非共价键相互作用。

根据极性大小，分子分为三种类型，非极性分子（nonpolar molecule）、极性分子（polar molecule）和离子分子（ionic molecule）。

三种分子各自相互作用力有诱导偶极-诱导偶极相互作用力，偶极-偶极相互作用力，静电作用力；它们相互之间有偶极-诱导偶极相互作用力，离子-偶极相互作用力，离子-诱导偶极相互作用力。

有机分子主要是非极性分子和极性分子，所以它们之间的相互作用力主要是诱导偶极-诱导偶极相互作用力，偶极-偶极相互作用力和偶极-诱导偶极相互作用力。

35. 分子极性和分子极化度有什么区别？

解答： 偶极矩有永久偶极和诱导偶极。分子极性（polarity）指的是由电负性引起的分子永久偶极。分子极化度（polarizability）指的是外加电场作用下，分子电子云的变形能力，是除永久偶极外产生的诱导偶极。

36. 如何理解乙烷的极化度（4.45 $cm^3/10^{-24}$）大于乙烯（4.25）和乙炔（3.6）？环己烷的极化度（11.0）大于环己烯（10.7）和苯（10.32）？

解答： 分子体积越大，分子可极化度越大；元素周期表从左到右电负性越大，分子可极化度越小（$CH_4 > NH_3 > H_2O$）；元素周期表从上到下体积越大，分子可极化度越大（$H_2S > H_2O$）。所以，乙烷、乙烯和乙炔中，体积和电负性都决定了乙烷的可极化度是最大的。

37. C、Cl、I 的电负性分别为 2.5、3.0 和 2.5，C—Cl 键具有更大的极性，但发生 S_N2 和 E_2 反应的时候，为什么 C—I 键具有更好的反应性？

解答： C—I 键的可极化度大，易变形，更容易发生反应。

38. 正辛烷和 2,2,3,3-四甲基丁烷具有相同的分子式，它们的沸点分别为 126 ℃和 106 ℃，但它们的熔点分别为−57 ℃和 +100 ℃，为什么？

解答： 正辛烷和 2,2,3,3-四甲基丁烷的结构是不同的，前者是线形的，后者是球形的。

沸点与液相分子跃出液面成为气相分子的难易程度有关，沸点高低代表着液相中分子与分子的相互作用力大小。对于线形分子来讲，其比表面积比球形分子的比表面积大，分子间的诱导偶极和诱导偶极相互作用力就大，沸点就高。

熔点和固体的堆积程度有关，堆积得越好，晶格能越大，变成液相的温度也就越高。对于球形分子而言，比线形分子更容易堆积，熔点更高。

39. 什么是氢键？氢键的受体和氢键的给体分别指的是什么？

解答： 电负性比较大的杂原子（如 F、O、N）和氢形成强极性共价键时，共享电子对偏向于杂原子一方，氢具有质子的性质，另一分子中的杂原子就可以提供孤对电子填充到近似于裸露的氢核上，从而氢介于两个杂原子之间，将两个分子拉在一起，产生分子之间的相互作用，称为氢键（hydrogen bond）。

氢键可以产生于相同分子间，也可以产生于不同分子间，用 X—H···Y 表示。提供氢的一方（X—H）称为氢键的给体（hydrogen donor），接受氢的一方（Y）称为氢键的受体（hydrogen acceptor），如下图所示：

40. 以六氟异丙醇为例，分子中有多少氢键给体？多少氢键受体？

解答： 六氟异丙醇的结构如下所示，其中 O—H 是强极性共价键，可以作为氢键的给体；六个氟和一个氧均可以作为氢键的受体。所以，六氟异丙醇共有一个氢键给体，七个氢键受体。

41. 什么是疏水亲酯相互作用？

解答： 疏水亲酯相互作用（hydrophobic lipophilic interaction）指非极性分子之间产生的弱相互作用，非极性分子在溶液中自发地有序组装成聚集体（aggregates）、胶束（micelles）、囊泡（vesicles）等。

十二烷基苯磺酸钠含有极性的磺酸基和非极性的烷基，当它溶解在水中的时候，相似者相溶，烷基亲烷基，磺酸基亲磺酸基，组装成聚集体和胶束等，如下图所示。

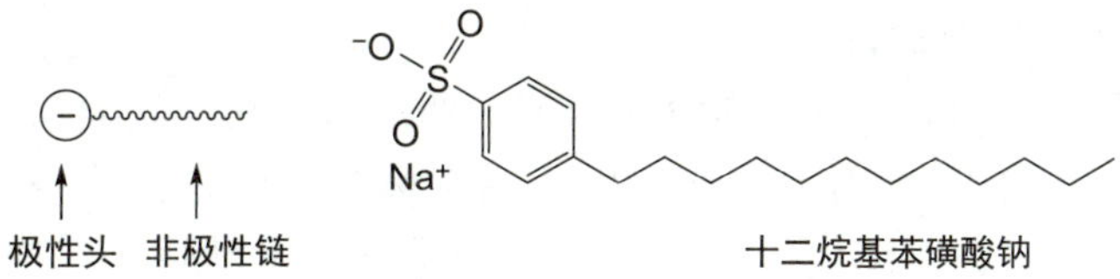

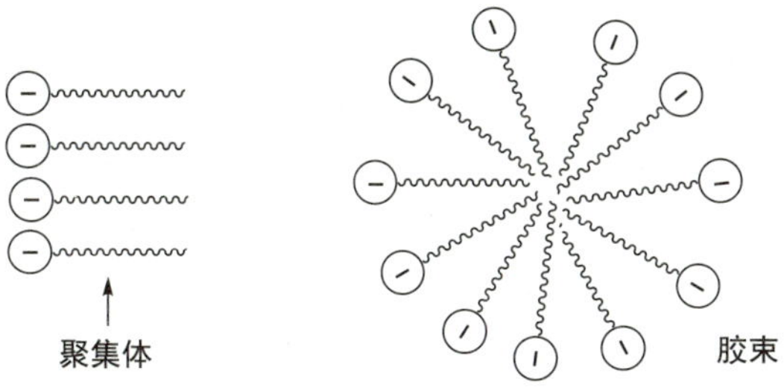

极性头　非极性链

十二烷基苯磺酸钠

聚集体

胶束

42. 肥皂洗涤油污的原理是什么？临界胶束浓度（CMC）的含义是什么？

解答： 肥皂有表面活性剂成分，如上述的十二烷基苯磺酸钠，在水溶液中超过一定浓度时，即临界胶束浓度（critical micellar concentration，CMC）时，十二烷基苯磺酸钠聚集成胶束的形状，内部是疏水的内穴，外部是亲水的极性层。洗涤的时候，疏水性的油污溶解在胶束的内穴，分散在水相中，通过水的冲洗可以洗净油污。

43. 相转移催化剂的种类有哪些？相转移催化剂的原理是什么？

解答： 相转移（phase transfer）指的是溶质从油相转移到水相，或从水相转移到油相。

相似者相溶，有机反应通常在有机相发生，但有时要在水相先发生反应，将那些不溶解于水相的反应物通过载体运输进入到有机相，这种载体叫相转移催化剂（phase transfer catalyst, PTC）。常用的相转移催化剂有季铵盐、冠醚等。

以四丁基溴化铵为例，转移亲核性叠氮根阴离子的机理如下所示。四丁基溴化铵和叠氮化钠在水相发生阴离子交换，因四丁基叠氮化铵在有机相有一定的溶解度，顺利将叠氮根阴离子带入到有机相，发生亲核取代反应（$R'Br \rightarrow R'N_3$）后，因为四丁基溴化铵在水相中有较大的溶解度，四丁基溴化铵又回到水相。

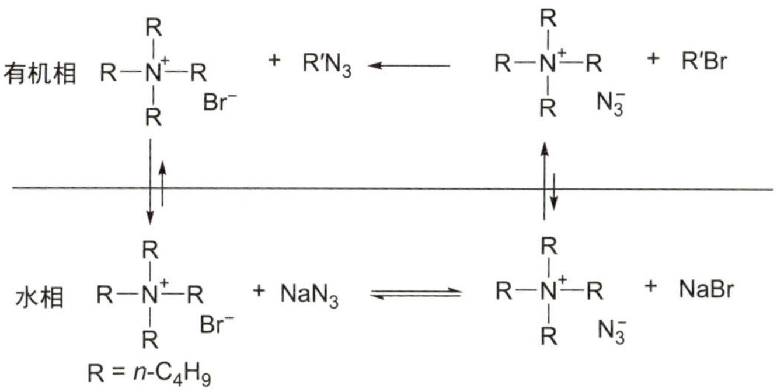

有机相　$R_4N^+Br^-$ + $R'N_3$ ← $R_4N^+N_3^-$ + $R'Br$

水相　$R_4N^+Br^-$ + NaN_3 ⇌ $R_4N^+N_3^-$ + $NaBr$

$R = n\text{-}C_4H_9$

44. 溶剂的介电常数指的是什么？和分子偶极矩有什么关系？

解答： 溶剂的介电常数（dielectric constant）指溶剂对溶质分子或离子的溶剂化能力，介电常数大的溶剂具有较强的溶剂化能力，介电常数和分子偶极矩成正比。水、甲酸、*N*, *N*-二甲基甲酰胺、甲醇、乙醇、丙酮和苯的介电常数分别为：78.5、58.5、36.7、32.7、24.5、20.7 和 2.28。

45. 溶剂的种类有哪些？什么是非极性溶剂？什么是极性溶剂？什么是极性质子性溶剂？什么是极性非质子性溶剂。举例说明。

解答： 按照极性，溶剂有非极性溶剂（nonpolar solvent）和极性溶剂（polar solvent）；按照电离质子的能力，溶剂有质子性溶剂（protic solvent）和非质子性溶剂（aprotic solvent）。因此，溶剂可分为三类：非极性溶剂（正己烷、苯、氯仿等）、质子性极性溶剂（甲醇、乙醇、甲酸等）和非质子性极性溶剂（二甲亚砜、乙腈、*N,N*-二甲基甲酰胺等）。

46. 什么是溶剂化作用？举例说明。

解答： 溶剂化作用（solvation），也称溶剂效应，通过溶剂化稳定有机物种，可以改变有机反应的速率。有机反应进程图的横坐标是反应时间，纵坐标是有机物种的势能，表示有机物种随时间变化的相对稳定性。以一个一步反应为例，当溶剂化稳定原料胜过溶剂化稳定过渡态的时候，溶剂化作用将减缓反应速率；当溶剂化稳定过渡态胜过溶剂化稳定原料的时候，溶剂化作用将提高反应速率。

47. 什么是卤键？举例说明。

解答： 卤键（halogen bond）指的是卤原子和富电性物种之间的非共价键相互作用力，类似于氢键。用—X⋯LB 表示，X 指的是卤素，是卤键给体（halogen donor），LB 指的是富电性路易斯碱（Lewis base），是卤键受体（halogen acceptor）。如下所示：

卤键受体

卤键给体

48. 什么是 π-π 堆积？举例说明。

解答： π-π 堆积并非字面意义上的两个 π 体系面对面堆积在一起。如下所示，苯环和苯环之间的相互作用主要是边对面堆积和错位堆积，若是两个苯环面对面堆积，π 电子云的斥力太大。苯和六氟苯的堆积是四级-四级相互作用的结果，因为 C—F 和 C—H 键偶极矩的方向是反着的。苯和六氟苯的熔点分别为 5.5 ℃和 4.0 ℃，但苯和六氟苯以 1∶1 混合，熔点是 24.0 ℃。

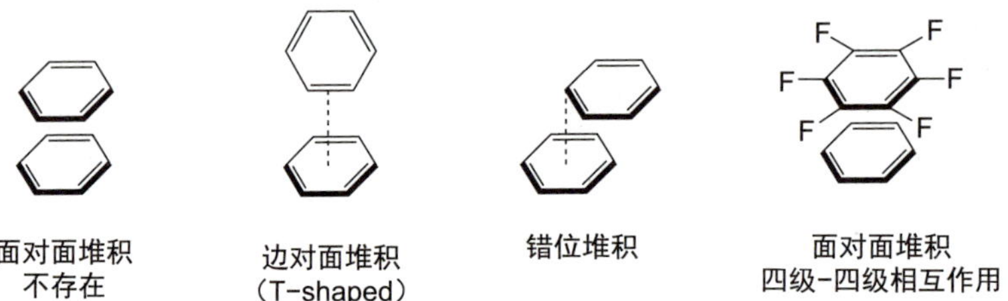

烷烃的结构

49. 什么是构造异构体？

解答： 构造异构体（constitutional isomer）指分子式相同原子连接次序不同而形成的结构。如丁烷和异丁烷。

50. 烷烃结构中，碳有伯碳、仲碳、叔碳和季碳之分，氢有伯氢、仲氢、叔氢之分，它们分别代表的是什么？

解答： 碳可以有四个共价单键，若四个单键都是和碳原子相连，这个碳称为季碳（quaternary carbon）；三个和碳、一个和氢相连接，这个碳称为叔碳（tertiary carbon）；两个和碳、两个和氢相连接，这个碳称为仲碳（secondary carbon）；一个和碳、三个和氢相连接，这个碳称为伯碳（primary carbon）。

在叔碳、仲碳和伯碳上的氢分别称为叔氢（tertiary hydrogen）、仲氢（secondary hydrogen）和

伯氢（primary hydrogen）。

51. 烃基结构中分别有正、异、新和伯、仲、叔基团之分，它们分别代表的是什么？

解答： 正（*n*）、异（iso）、新（neo）表示的是烷基端基的结构不同，而伯、仲、叔表示的是烷基和母体相连的碳原子种类，以戊基为例：

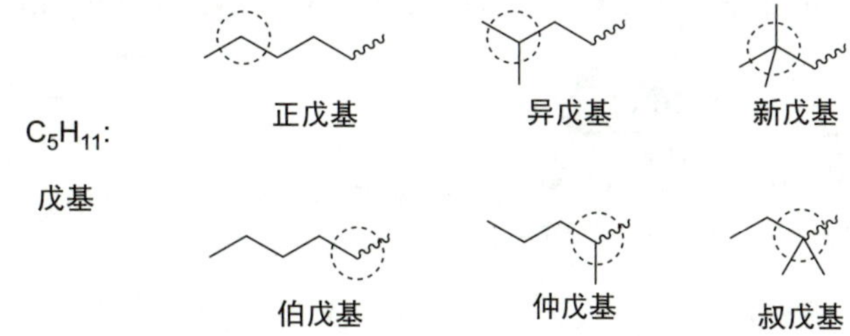

52. 什么是构象异构体？产生的原因是什么？

解答： 有机分子中，单键的自由旋转将产生无数个具有不同势能的分子结构，这些结构之间的关系互为构象异构体（conformational isomer）。构象异构体由单键的自由旋转引起，所以是不能分离的。温度降低达到一定值，单键的自由旋转受到抑制时，构象异构体在波谱中是可以区分的。

53. 什么是楔形式？什么是木架式？什么是 Newman 投影式？什么是 Fischer 投影式？它们之间是如何转化的？

解答： sp^3 碳原子采用四面体的结构，是三维的。下面是同一分子不同的描述方法：

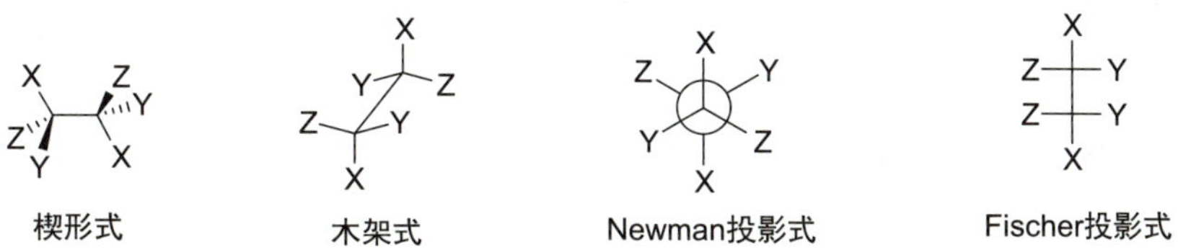

楔形式（wedge-hatched bond structure）用虚实线表示共价键的前后，▬ 表示键在纸平面的前方，┈ 表示键在纸平面的后方；

木架式（Sawhorse representation）采用三维坐标系，比较直观；

Newman 投影式（Newman projection）前后两个碳原子取重叠，用“圈”表示后面碳原子，用“人”表示前面碳原子；

Fischer 投影式规定横键朝外，竖键朝里。

54. 乙烷分子中，碳碳单键自由旋转产生的极限构象异构体有哪些？

解答： 乙烷的极限构象异构体有交叉式（staggered）和重叠式（eclipsed）两种，交叉式比重叠式稳定。

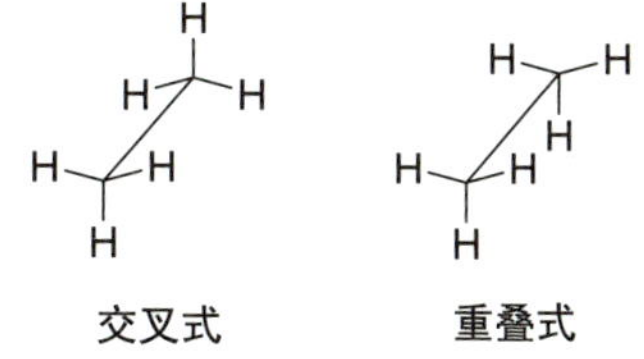

55. 影响乙烷重叠式构象的不稳定因素有哪些？扭转力、排斥力分别指的是什么？

解答： 重叠式中，三对氢取重叠的构象。排斥力（repulsion strain）由同平面上两个氢之间的空间位阻引起；扭转力（tortional strain）指通过单键旋转可以释放同平面两个 C—H 键上 4 个电子的静电排斥所需的力。

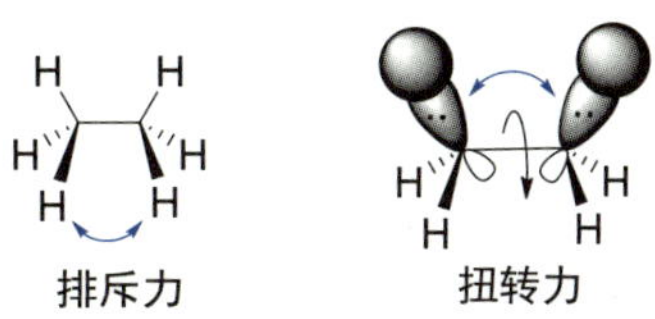

56. 影响乙烷交叉式构象稳定性的因素有哪些？超共轭效应指的是什么？

解答： 乙烷交叉式构象中有三对相邻的处于反式共平面的C—H键。当一个C—H的成键轨道σ(C—H)和一个相邻的C—H反键轨道σ*(C—H)处于反式共平面（coplanar structure）时，σ(C—H)上的电子可以对σ*（C—H）进行填充，从而拉近两个碳原子的距离，增加结构的稳定性。这种σ成键轨道和σ*反键轨道之间的相互作用，称为超共轭效应（hyperconjugation）。

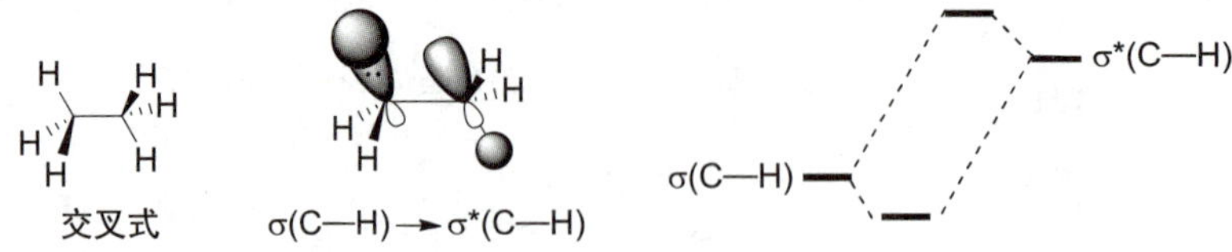

如下所示，产生超共轭效应的前提是C—X和C—Y处于反式共平面，Y的电负性大于等于X的电负性，X和Y的电负性差别越大，超共轭效应越强。

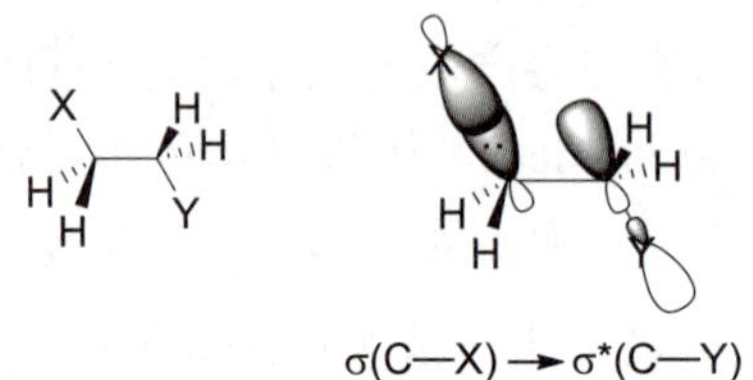

57. 对于A/B双组分平衡体系，势能差和A、B的占比呈什么关系？

解答： 对于如下所示的双组分平衡体系：

$$A \rightleftharpoons B$$

根据 $\Delta E = -RT\ln K_{eq}$，$K_{eq} = [B]/[A]$，$T = 298$ K时，势能差和平衡体系中A和B占比的关系为：

ΔE	K	B/%	A/%
0	1	50	50
−1.36	10	90.9	9.1
−2.72	100	99	1
−4.08	1000	99.9	0.1

乙烷C—C键的旋转能为3.0 kcal/mol，交叉式构象占比大于99%。

58. 丁烷分子中C2—C3键旋转有几种极限构象异构体？

解答： C2—C3键旋转过程中，前面的碳原子不动，后面的C—Me顺时针旋转，每转60°产生一个构象，有四种极限构象异构体。其中全交叉式最稳定，邻位交叉为次稳定构象，全重叠式最不稳定：

A 全交叉式 staggered　**B** 部分重叠式 partial eclipsed　**C** 邻位交叉 gauche　**D** 全重叠 eclipsed　**C′** 邻位交叉 gauche　**B′** 部分重叠 partial eclipsed

相邻C—Me键的排斥，根据以上二面角的角度不同，有如下两种情况，一种是面内相互作用（in-plane interaction），一种是面外相互作用（out-of-plane interaction）。面内相互作用如下图所示：

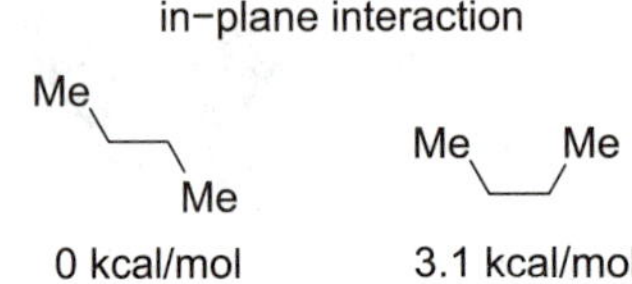

面外相互作用有两种：一种是后一个 C—Me 键右转 60°，用“g^+”表示，另一种是后一个 C—Me 键左转 60°，用“g^-”表示：

面外相互作用
out-of-plane interaction

0.9 kcal/mol　　0.9 kcal/mol

59. 画出正戊烷的极限构象异构体，分析它们的相对稳定性。

解答： 戊烷中围绕 C2—C3 和 C3—C4 单键的旋转，产生四种极限构象异构体，其中 tt 最稳定，tg^+ 含有一个邻位交叉，g^+g^+ 含有两个邻位交叉，g^-g^+ 不仅含有两个邻位交叉，还有一个 1,3-面内相互作用：

tt　　tg^+

t(C2—C3)　t(C3—C4)　　t(C2—C3)　g^+(C3—C4)

1 gauche

g^+g^+　　g^-g^+

g^+(C2—C3)　g^+(C3—C4)　　g^-(C2—C3)　g^+(C3—C4)

2 gauche　　2 gauche
1,3-in-plane interaction

1,3-面内相互作用指的是 1,3-空间位阻，一种是顺式-戊烷型，另一种是顺式-烯丙基型，距离越近，空间位阻越大：

面内相互作用
in-plane interaction

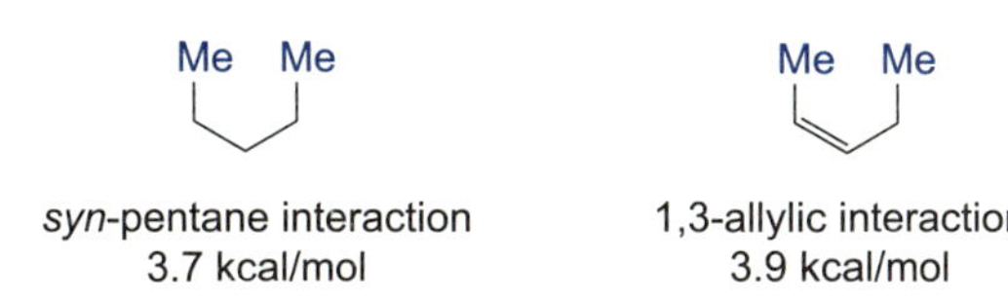

60. 分析 2,3-二甲基丁烷的构象异构，哪个更稳定？偕二甲基效应是如何产生的？

解答： 同碳原子上两个甲基在空间上的排斥导致∠MeCMe 键角变大的现象称为偕二甲基效应（geminal effect）。

∠HCH　<　∠MeCMe

2,3-二甲基丁烷有两种交叉式构象，右边的构象比较稳定。如下所示：

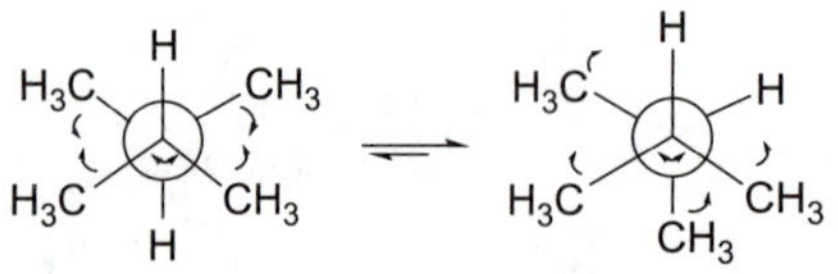

左边构象含有两个邻位交叉（gauche），右边构象含有三个邻位交叉。但是，左边构象中由于前后两个碳原子上的偕二甲基效应使得邻位交叉引起的两个甲基之间的空间排斥更加严重，导致构象变得不稳定。

邻位交叉和偕二甲基效应共同作用下，右边构象更为稳定。

61. 在成环过程中，偕二甲基起到了什么作用？

解答： 如下所示的对溴苯酚酯在分子内羧基的邻基参与下发生水解反应，其关键步骤是邻基参与形成六元环中间产物，反应速率受到甲基个数的影响。当两个甲基同时连接在一个碳原子上时（$R^1=R^2=Me$），两个甲基之间的空间排斥使得 MeCMe 键角变大，有利于成环，从而提高反应速率。

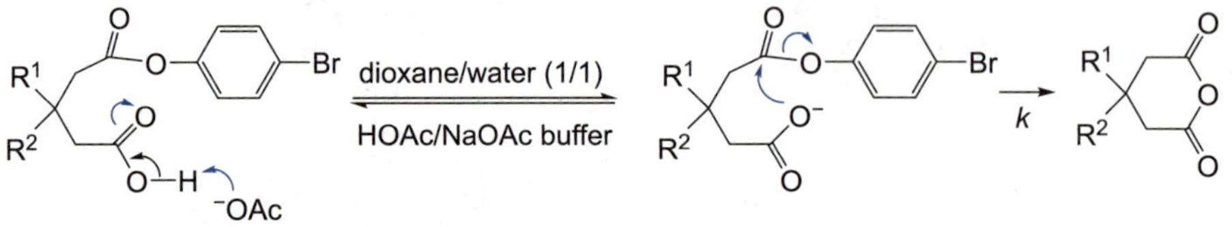

62. 以 1,2-二氯乙烷为例说明偶极作用力是如何影响卤代烃的构象稳定的？

解答： 1,2-二氯乙烷中 Cl—C—C—Cl 二面角为 180°时，构象最稳定，此时构象中两个 C—Cl 键是反式共平面，键偶极矩方向相反，分子偶极矩为 0，也使构象更为稳定。

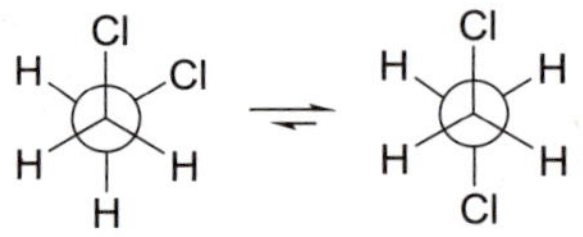

63. 1,2-二氟乙烷存在邻位交叉效应（gauche effect），即邻位交叉式比对位交叉式更稳定，为什么？

解答： 1,2-二氟乙烷中 F—C—C—F 二面角为 60°的时候，构象中存在两个 σ（C—H）和 σ*（C—F）的反式共平面，由于氟比氯有着更大的电负性，σ*（C—F）和 σ*（C—Cl）相比，更易接受 σ（C—H）成键电子，产生超共轭效应，使得 1,2-二氟乙烷取邻位交叉式更稳定。

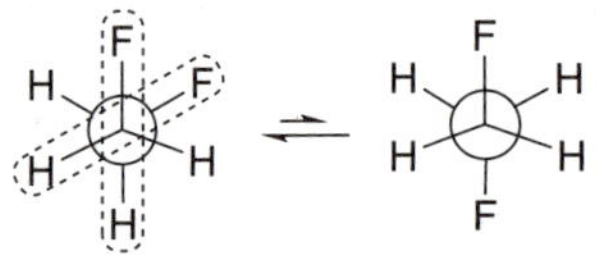

64. 什么是端基效应？

解答： 当一个碳原子上连有两个杂原子的时候，如下所示的二氟甲烷，一个氟原子非键轨道（n）上的孤对电子可以填充到与之平行的 σ*（C—F）反键轨道上去，发生 n 到 σ*（C—F）的超共轭效应，构象得到稳定。这种现象称为端基效应（anomeric effect）。

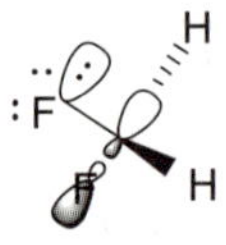

n → σ*(C—F)

65. 分析 1,1-二甲氧基甲烷的构象异构，用 Newman 投影式画出其最稳定的构象异构体。

解答： 如下图所示的对位交叉式中，O—C—O—C 的二面角为 180°，分子内孤对电子排斥带来的静电作用力使得分子不稳定；邻位交叉式中，O—C—O—C 的二面角为 60°，分子内含有 n 到 σ*（C—O）的超共轭效应，端基效应的存在使分子稳定性增加。

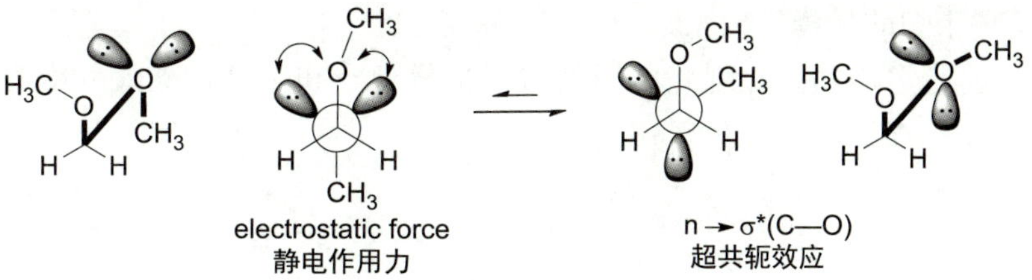
electrostatic force
静电作用力
n → σ*(C—O)
超共轭效应

66. 1,2-乙二醇中，邻位交叉式比对位交叉式更稳定，为什么？质子化后，稳定性差别是增大的还是减弱的？

解答：当1,2-乙二醇中O—C—C—O的二面角为60°，即分子采用邻位交叉式时，分子内存在氢键使得分子稳定性增加。

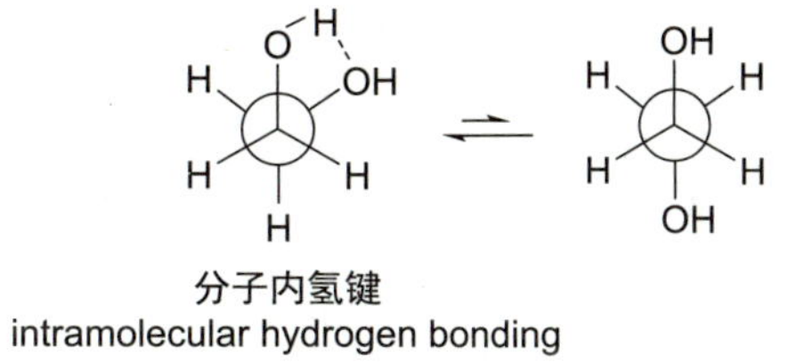
分子内氢键
intramolecular hydrogen bonding

构象和质子化的程度有关。当一个羟基质子化时，邻位交叉式构象中的分子内氢键是加强的；当两个羟基都质子化时，静电排斥使其稳定性降低。

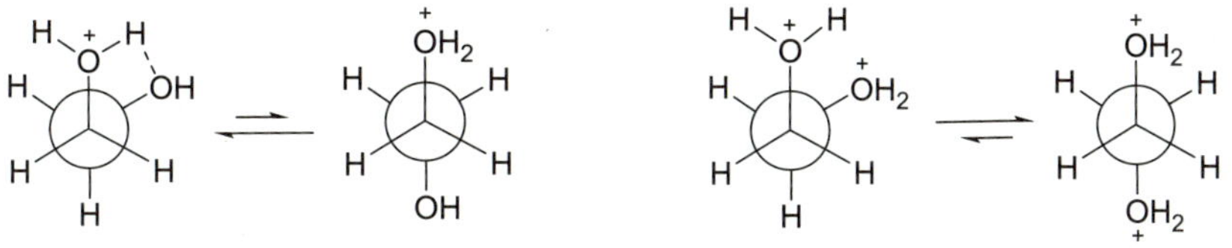

67. 环丙烷结构中不稳定因素有哪些？碳碳键的键级是多少？为什么环丙烷容易和溴发生加成反应？

解答：环丙烷分子结构如图所示：

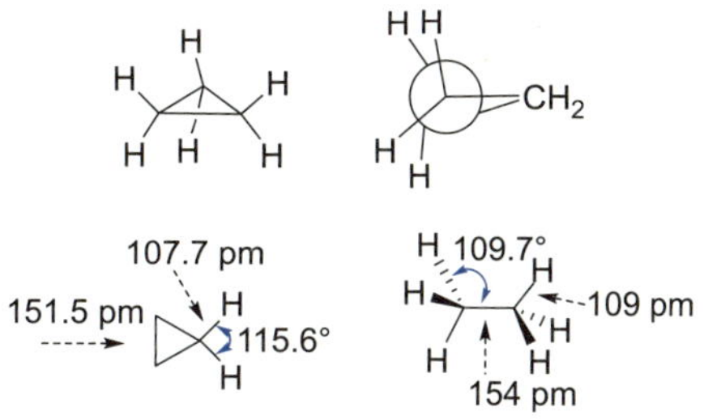
107.7 pm
151.5 pm
115.6°
109.7°
109 pm
154 pm

环丙烷分子中，相邻两个碳原子取重叠式构象，有最大的扭转力和排斥力，同时由于正三角形的内角是60°，远远偏离sp^3杂化碳原子109.5°的键角，因此，环丙烷有最大的角张力（angle strain）。根据环丙烷中C—C和C—H键的键长及∠HCH的角度，碳碳键的键级在单键和双键之间，碳的杂化介于sp^3和sp^2之间，有给出电子的能力，可以和溴发生亲电加成反应生成1,3-二溴丙烷。

68. 环丙烷结构中稳定因素有哪些？环丙烷的氢核磁共振有哪些特征？

解答：环丙烷具有σ芳香性，使得分子稳定性增加。

在外加磁场作用下，σ芳香性带来的环电流产生感应磁力线，处于环丙烷平面上下方的是屏蔽区，处于环丙烷平面外侧的是去屏蔽区。环丙烷上的六个氢处于屏蔽区，和乙烷相比，环丙烷中的氢有着更小的化学位移。

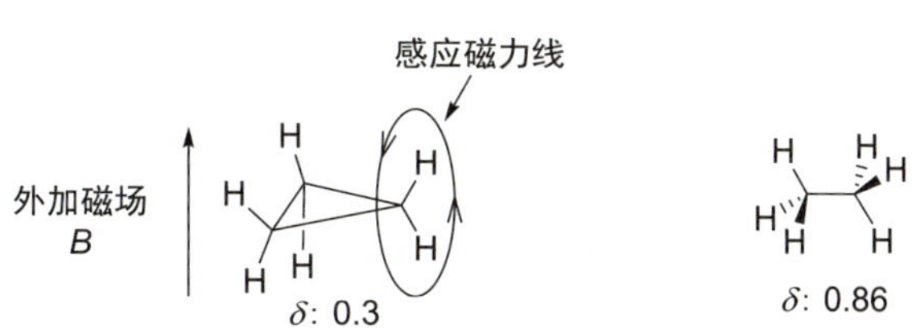
感应磁力线
外加磁场
B
δ: 0.3
δ: 0.86

69. 画出甲基环丁烷的最稳定构象。

解答：环丁烷的稳定构象呈蝴蝶状，甲基占据平伏键。和甲基占据直立键时相比，能量差为 1 kcal/mol。

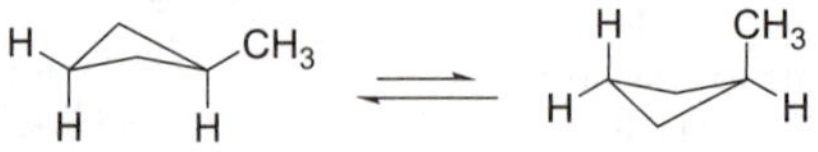

70. 画出甲基环戊烷的最稳定构象。

解答：环戊烷的稳定构象呈信封式，四个碳原子一个平面，甲基向外伸展，甲基处于外侧和内侧的能量差为 3.4 kcal/mol。

71. 环己烷环翻转过程中存在无数个构象异构体，经典构象异构体有哪些？分析它们的相对稳定性，并按照稳定性的次序进行排列。

解答：环己烷椅式构象反转过程中，经历半椅式、扭船式、船式，共有四种经典构象，其中椅式最稳定，扭船式次之，半椅式最不稳定：

椅式 chair form 0 kJ/mol	半椅式 half-chair form 45 kJ/mol	扭船式 twist-boat form 23 kJ/mol	船式 boat form 30 kJ/mol

72. 环己烷椅式构象中 C—C—C—C 的二面角为 55°，而并非 60°，为什么？

解答：环己烷有 6 个直立的 C—H 键，相邻的 2 个直立 C—H 键呈反式共平面，存在超共轭效应。碳谱中，氢对碳的耦合常数越大，说明 C—H 键键长越短。如下所示直立 C—H 键具有更长的键长，说明分子中有 σ（C—H）→ σ*（C—H）的超共轭效应，二面角为 55°，而并非理想的 60°。

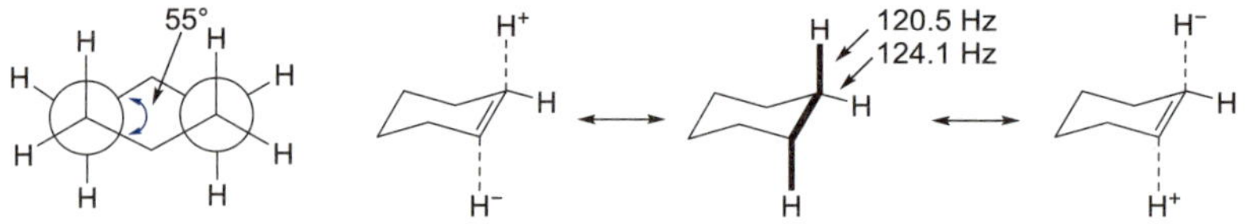

55°　120.5 Hz　124.1 Hz

73. 环己烷构象中 1,3-双直立键相互作用指的是什么？单取代环己烷应采用的稳定构象是什么？

解答：丁烷构象中，对位交叉比邻位交叉稳定 0.9 kcal/mol，相当于两个甲基的邻位交叉增加 0.9 kJ/mol 的能量。

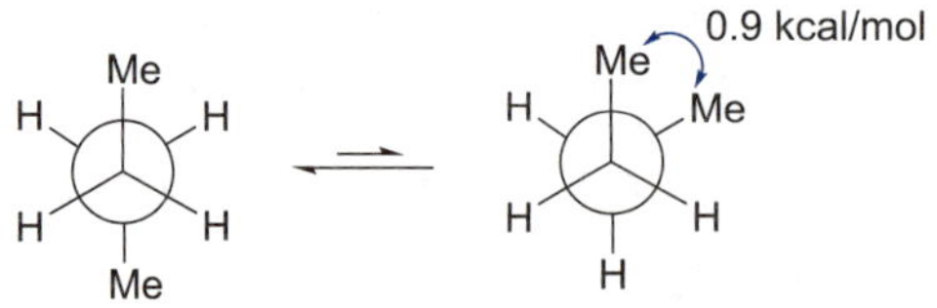

0.9 kcal/mol

1 gauche

当甲基环己烷中的甲基处于直立键（axial）时，甲基带来的邻位交叉有两个；而甲基处于平伏键（equatorial）时，不存在邻位交叉，因此，甲基处于平伏键比处于直立键稳定 1.8 kcal/mol：

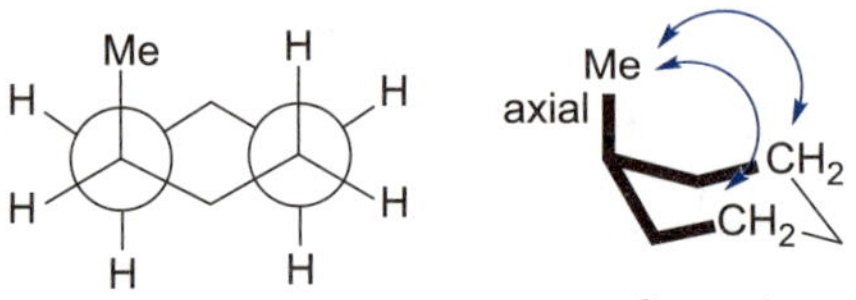

axial

2 gauche

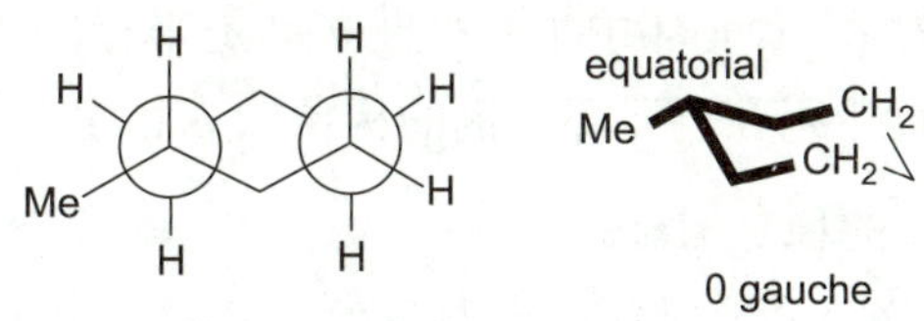

事实上，甲基处于直立键的不稳定性还可以看成是两个双直立键（C—H 和 C—CH_3）平行伸展带来的空间位阻，这种由 1,3-双直立键带来的空间位阻称为 1,3-双直立键相互作用（1,3-diaxial interaction），作用力的大小用 ***A*** 表示，因此，甲基的 ***A*** 值为 1.8 kcal/mol：

1,3-双直立键相互作用

74. 取代环己烷构象中，甲基、乙基、甲氧基、异丙基和叔丁基的 1,3-双直立键作用力分别为 1.8、1.8、0.6、2.2 和 4.7 kcal/mol，甲基、乙基、甲氧基、异丙基和氢之间的 1,3-双直立键作用力差别不是很大，而叔丁基和氢之间的 1,3-双直立键作用力陡增，为什么？

解答： 从如下结构可以看出，叔丁基中有三个甲基，C—Bu-*t* 单键自由旋转过程中，始终有一个甲基在环的内侧，故排斥力很大：

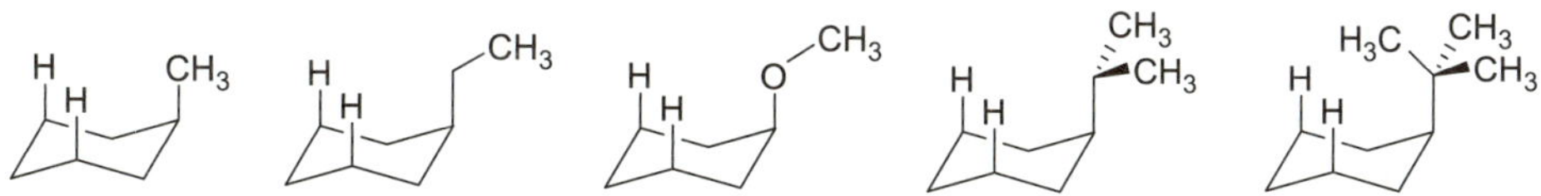

其中叔丁基的势能增加值特别的大，导致叔丁基只能在平伏键上：

75. 画出顺-1,4-二叔丁基环己烷的稳定构象。

解答： 由于叔丁基不能在直立键，顺-1,4-二叔丁基环己烷取次稳定的扭船式构象（twist boat），两个顺式的叔丁基向外伸展：

76. 甲基在如下所示六元环的直立键上，2-甲基-1,3-二氧六环中 1,3-双直立键作用力最大，为什么？

A/(kcal/mol)　1.8　4.0　0.8

解答： 由于氧原子的电负性，C—O 键长比 C—C 键长短，使得 2-甲基-1,3-二氧六环中的 1,3-双直立键（C—CH_3，C—H）更加靠近，排斥力增大。在 5-甲基-1,3-二氧六环中，和甲基互斥的是氧原子上的孤对电子，排斥力小：

77. 解释下列构象的相对稳定性：

解答： 双环 [3.2.1] 结构中右侧六元环取椅式构象，左侧五元环取信封式构象。

如右所示的双环 [3.2.1] 辛烷，六元环中 1,3-双直立键是平行的，两个氢靠得更近，排斥力更大，因此甲基在五元环一侧的构象较为稳定。

78. 画出反-1,2-二氟环己烷的稳定构象。

解答：氟是单原子基团，1,3-双直立键作用力为 0.25 ～ 0.42，排斥很小。

当两个氟处于直立键的时候，两个 C—F 键分别和两个反式共平面的 C—H 键发生超共轭作用，增加了结构稳定性；当两个氟处于平伏键的时候，和两个 C—F 单键成反式共平面的是两个 C—C 单键，由于碳和氢电负性的差别，C—C 单键给电子能力没有 C—H 单键强，没有超共轭的稳定作用。

79. 分别用木架式和 Newman 投影式画出顺-十氢萘和反-十氢萘的构象。

解答：

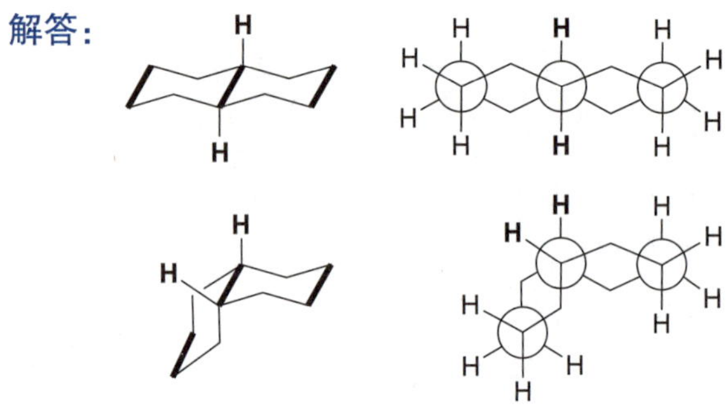

80. 若丁烷中 C2—C3 之间单键旋转引起的邻位交叉比对位交叉不稳定 3.8 kJ/mol，估算顺-、反-十氢萘的能量差是多少？顺-、反-9-甲基十氢萘的能量差是多少？甲基取代后，能量差是增加了还是减少了？

解答：顺-、反-十氢萘分别含有 2 个邻位交叉和 5 个邻位交叉，它们的差值是 3 个邻位交叉，为 11.4 kJ/mol：

顺-、反-9-甲基十氢萘分别含有 6 个邻位交叉和 7 个邻位交叉，它们的差值是 1 个邻位交叉，为 3.8 kJ/mol：

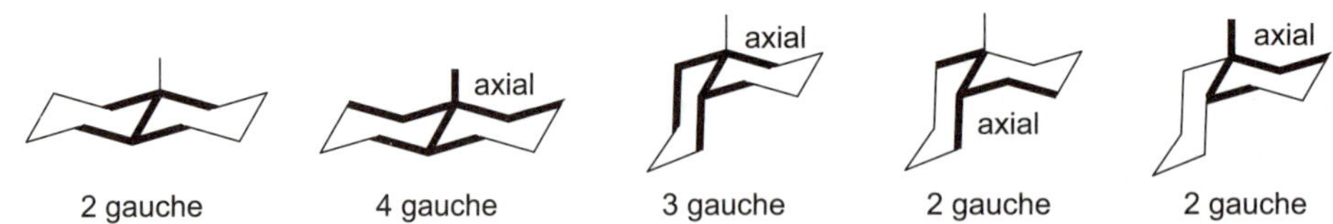

甲基取代后，能量差值减小了。

81. 双环化合物中，*endo* 和 *exo* 是如何定义的？

解答：双环化合物中，取代基和长桥在同一侧的称为 *endo*，取代基和短桥在同一侧的称为 *exo*。

共轭和超共轭

82. σ 键和 π 键的差别在哪里？什么是定域电子？什么是离域电子？

解答： σ 键是轨道以“头碰头”的方式成键的，具有轴对称性，即 σ 键可以自由旋转，旋转过程中，σ 键的电子云重叠程度不变：

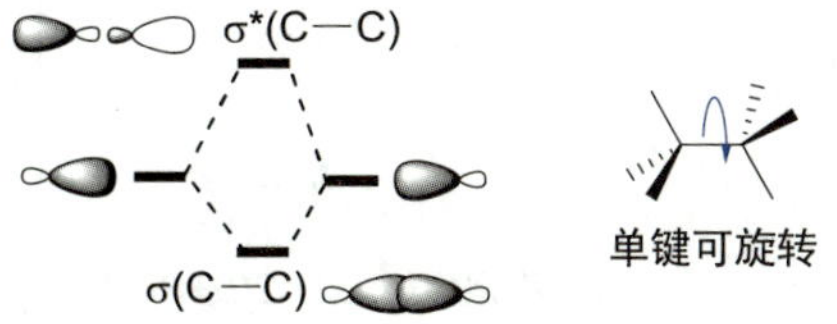

σ*(C—C)

σ(C—C)

单键可旋转

σ 电子是定域电子（localized electrons），被两个原子所共享，若共享电子对完全偏向于一方，就会发生键的断裂，形成两个碎片：

σ电子是定域的

π 键是轨道以“肩并肩”的方式形成的，具有面对称性，即 π 键不可以自由旋转，若旋转的话，π 键的电子云重叠程度将会改变。当两个 p 轨道平行时，电子云重叠程度最大，键最牢固；当两个 p 轨道成垂直时，电子云重叠程度最小，不成键。

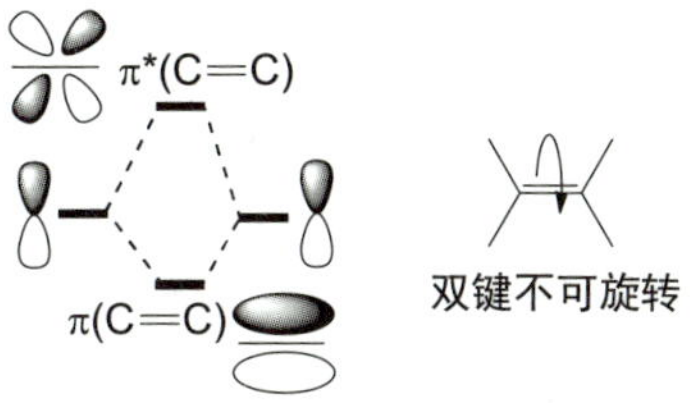

π*(C=C)

π(C=C)

双键不可旋转

π 电子是离域电子（delocalized electrons），若 π 电子完全偏向于一方，不会发生键的断裂，π 电子的离域可以用共振式表示：

π电子是离域的

83. 什么是立体异构体？*Z*/*E* 和 *cis*/*trans* 分别指的是什么？

解答： 立体异构体（stereoisomers）指原子连接的次序相同，但在空间的位置不同。当双键两端同时连有不同基团时，产生构型异构体（configurational isomers），是立体异构体的一种。

顺（*cis*）、反（*trans*）是基于相同基团在同侧还是异侧命名的；*Z*/*E* 是基于优先基团在同侧还是异侧命名的：

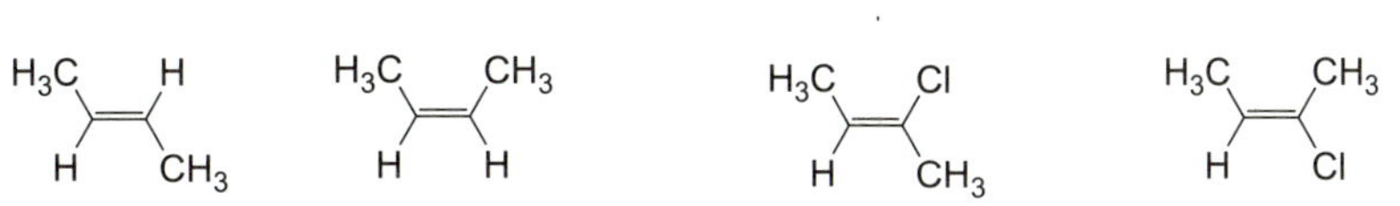

反-丁-2-烯	顺-丁-2-烯	反-2-氯-丁-2-烯	顺-2-氯-丁-2-烯
trans-丁-2-烯	*cis*-丁-2-烯	*trans*-2-氯-丁-2-烯	*cis*-2-氯-丁-2-烯
E-丁-2-烯	*Z*-丁-2-烯	*Z*-2-氯-丁-2-烯	*E*-2-氯-丁-2-烯

84. 什么是共轭？什么是共振？

解答： 以共轭烯烃为例，p 轨道平行重叠形成共轭体系，共振（resonance）是共轭（conjugation）体系里离域电子的运动，运动的结果导致键长平均化，电荷平均化，体系能量下降，结构得到相对稳定。

85. 常见的共轭体系有哪些？

解答： 常见的共轭体系有 p-p 共轭、p-π 共轭和 π-π 共轭。

乙烯分子中，2 个 p 轨道之间的相互作用产生 π 键，2 个 p 轨道的电子填充到 π 成键轨道，体系能量降低，这种现象称为 p-p 共轭，共振稳定化能为 2β。

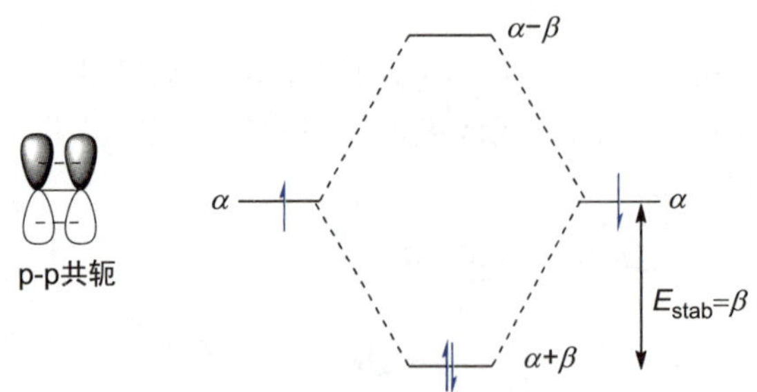

共振稳定化能: $\Delta E=2(\alpha+\beta)-2\alpha=2\beta$

烯丙基自由基结构中，p 轨道和 π 成键 /π* 反键两两相互作用产生 3 个 π 轨道，3 个电子填充到 π_1 和 π_2 轨道上，和乙烯相比，体系的共振稳定化能为 0.828β：

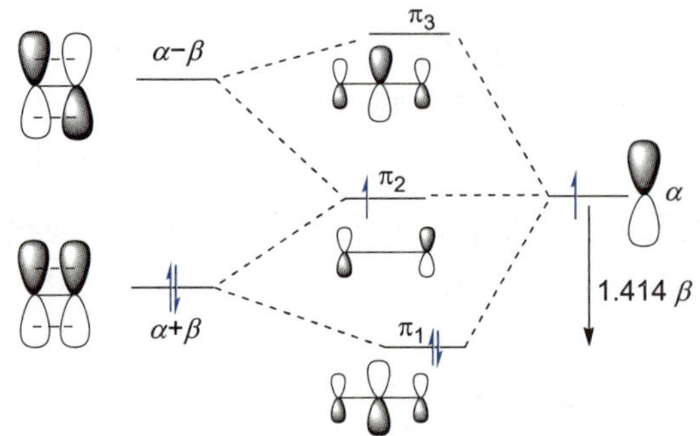

烯丙基结构中的p-π共轭
$\Delta E = 2(\alpha+1.414\beta)+\alpha-2(\alpha+\beta)-\alpha = 0.828\beta$

事实上，不论烯丙基共轭体系上填充 4 个电子（烯丙基负离子）还是 2 个电子（烯丙基正离子），其共振稳定化能是一样的，因为 π_2 的能级和 p 轨道能级一样：

$\Delta E= 2(\alpha+1.414\beta) + 2\alpha - 2(\alpha+\beta) - 2\alpha = 0.828\beta$　　$\Delta E = 2(\alpha+1.414\beta) - 2(\alpha+\beta) = 0.828\beta$

丁二烯分子中，2 个 π 键相互作用，形成 4 个 π 轨道，4 个电子填充到 π_1 和 π_2 轨道上，和乙烯相比，体系的共振稳定化能为 0.472β：

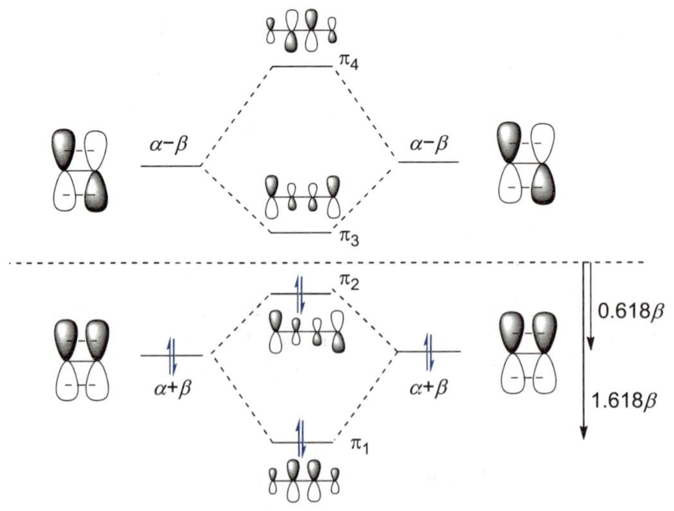

丁二烯结构中的π-π共轭
$\Delta E = 2(\alpha+1.618\beta)+2(\alpha+0.618\beta)-4(\alpha+\beta) = 0.472\beta$

86. 判断电子能否发生离域的依据是什么？

解答： σ 电子是定域电子，π 电子是离域电子，所以，π 键是电子发生离域的基础，可以是 C═C 双键、C═X 双键等。单双键交替能使共轭体系变大，前提是参与共轭的原子必须共平面，p 轨道能平行重叠。

87. 什么是共振式和共振杂化体？书写共振式和共振杂化体的要点有哪些？

解答：共振式（resonance form）是共轭体系上电子离域运动带来的极限式。共振式用 Lewis 式表示，共振式之间骨架不变，变的是电子的分布。共振杂化体（resonance hybrid）是极限共振式的平均化结构，包括键长平均化和电荷平均化，共振杂化体接近分子的真实结构，代表着分子中的电荷分布。

88. 如何判断共振式对分子的贡献大小，即共振式的相对稳定性？

解答：极限共振式的分子势能是不同的，对化合物真实结构的贡献也不同。极限共振式中，共价键越多越稳定，电荷越分散越稳定，电荷更易集中在电负性大的原子上。

89. 以 σ 成键电子、孤对电子、π 成键电子为给体，以空的 p 轨道、σ* 反键和 π* 反键轨道为电子受体，画出它们在相邻状态下的电子离域形式，指出共轭和超共轭的区别。

解答：以 σ 成键电子、孤对电子、π 成键电子为给体，以空的 p 轨道、σ* 反键和 π* 反键轨道为电子受体，有如下九种离域形式：

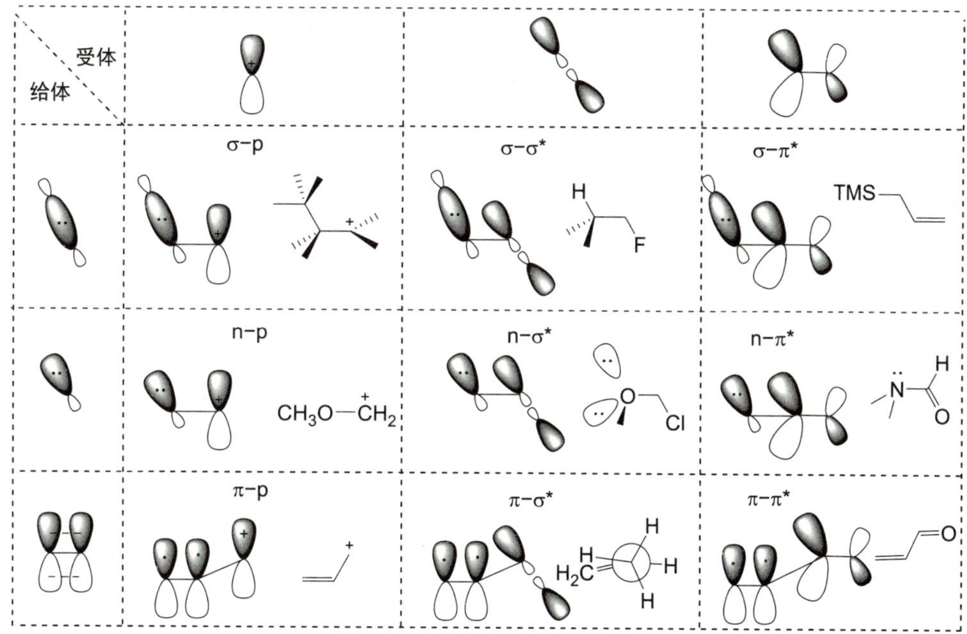

共轭和超共轭的区别在于，共轭是离域电子做电子给体，超共轭是定域电子做给体。

90. 什么是立体电子效应？

解答：有机反应的本质是电子的转移，电子转移以轨道重叠为基础，如下所示的反应只发生简单的 1,2-加成 / 消除，不发生 *N*-Michael 加成即 1,4-共轭加成：

这个反应的选择性有两个原因。一是受静电作用的影响，氮原子上的孤对电子更靠近羰基而不是碳碳双键；二是羰基反键轨道接受氮原子上孤对电子的进攻更能满足轨道方向性（orbital orientation）。这种受轨道方向性控制的反应现象也称为立体电子效应（stereoelectronic effect）。

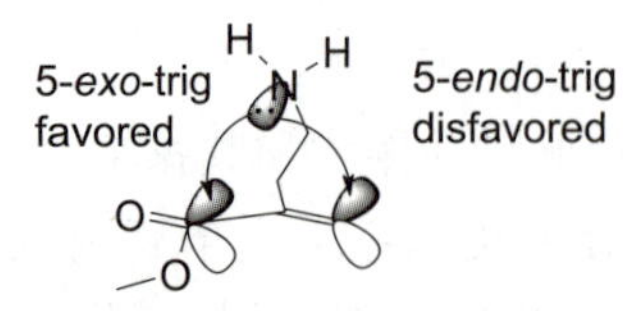

91. 判断 σ 键给出电子能力的主要依据有哪些？

解答： 单键的给电子能力一是取决于轨道的方向，即是不是能和接受电子的轨道发生有效的重叠；二是取决于元素的电负性。通常情况下，C—H 的给电子能力要比 C—C 强，因为氢的电负性比碳的电负性小。

92. 通常情况下，为什么 C—Si 单键给电子能力强于 C—H 单键的给电子能力？

解答： 一方面，硅的电负性小于氢，Si 是 1.98，H 是 2.2，C 是 2.5，C—Si 键更易给出电子；另一方面，如下所示，单键给出电子稳定邻位空轨道后硅基或氢将带有部分正电荷，硅基具有更大的体积效应（size effect），能更好容纳并稳定部分正电荷。所以，一般情况下，C—Si 具有较强的给电子能力。

σ(C—Si)→p

σ(C—H)→p

93. 基团的诱导效应指的是什么？有哪些特点？

解答： 诱导效应由元素的电负性差异引起。如 1-氯丙烷分子，由于氯的电负性比碳大，C1—Cl 上的共价电子偏向于氯，使得 C1 具有缺电子的性质；因为 C1 的缺电子，导致 C2—C1、H—C1 上的共价电子都偏向 C1，C2 也具有了缺电子的性质。但最缺电子的碳原子还是 C1，因为它直接和氯相连。这种电子效应称为诱导效应（inductive effect，I），诱导效应随着碳链的增长迅速减弱。因为氯表现出吸电子的性质，所以氯是诱导吸电子基，用“−I”表示。丙烯分子中，C2 和 C3 因为杂化类型不同，电负性是不同的，C3 的电负性小，因此甲基是诱导给电子基，用“+I”表示。

Cl: −I　　CH_3: +I

94. 基团的共轭效应指的是什么？有哪些特点？

解答： 共轭效应（conjugative effect，C）是由离域电子的运动导致的。甲基乙烯基醚含有 p-π 共轭体系，氧原子孤对电子给出电子，使烯烃成为富电子烯烃，甲氧基为共轭给电子基，用“+C”表示；丙烯醛含有 π-π 共轭体系，羰基的极化导致双键缺电子为缺电子烯烃，羰基为共轭吸电子基，用“−C”表示。

OCH_3: +C　　p-π共轭

O=O: −C　　π-π共轭

95. 基团的体积效应指的是什么？有哪些特点？

解答： 体积效应（size effect）指的是基因尺寸大小对分散电荷能力的影响。如甲氧基负离子和叔丁氧基负离子相比，都是带一个负电荷，叔丁氧基负离子的尺寸远比甲氧基负离子的尺寸大，其分散负电荷的能力就大。所以，气相中，叔丁醇的酸性比甲醇的酸性强。

96. 影响碳正离子相对稳定性的因素有哪些？

解答： 取代基对正电荷的分散程度，电荷越分散，结构越稳定。主要的影响因素有取代基的诱导效应、共轭效应、超共轭效应、尺寸效应等。

97. 为什么叔碳正离子比仲碳正离子、伯碳正离子稳定？

解答： 通过邻位σ(C—H) 和 p 轨道的超共轭作用，正电荷得到分散。其中叔丁基中邻位σ(C—H) 有 9 个，所以碳正离子最稳定。

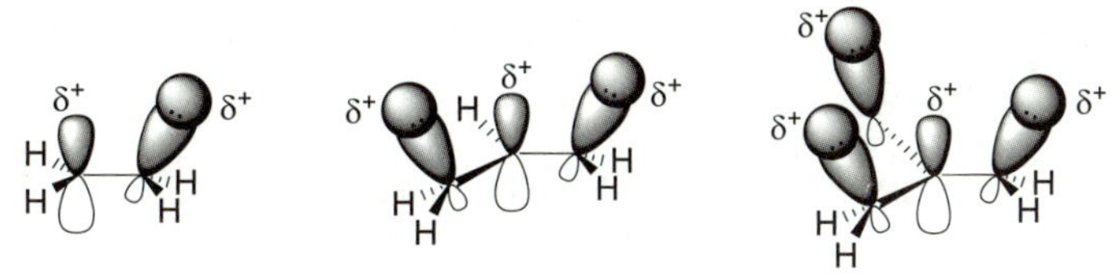

σ(C_{sp^3}–H)-p hyperconjugation

98. 什么是 *β*-硅基效应、*γ*-硅基效应和 *δ*-硅基效应？画出它们超共轭效应的轨道重叠和电子离域形式。

解答： *β*-、*γ*-、*δ*-硅基效应是根据 C—Si 和缺电性碳的相对位置定义的。*β*-硅基效应（*β*-silicon effect）是邻位 C—Si 键对空的 p 轨道的填充，C—Si 键变长，C—C 变短；*γ*-硅基效应是通过三元环稳定碳正离子的，因为间隔了一个 CH_2；*δ*-硅基效应是通过两个超共轭稳定碳正离子的：

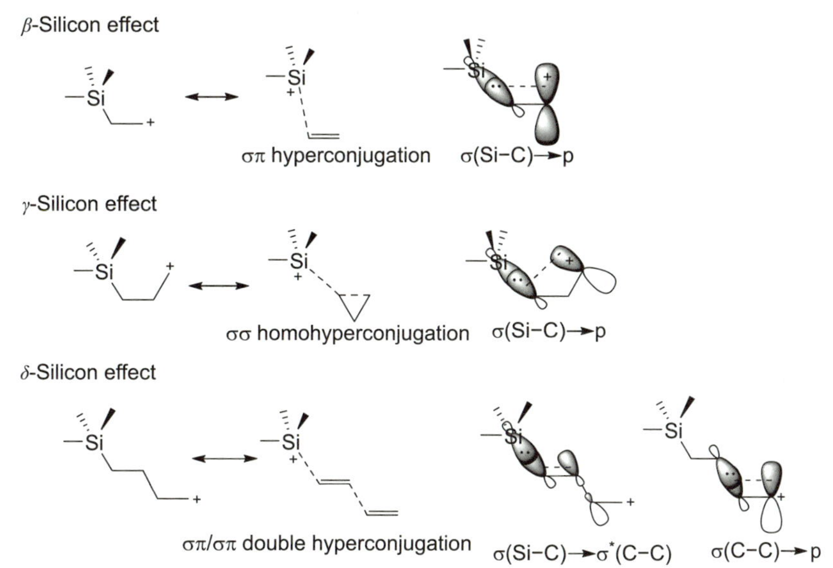

99. 高烯丙基正离子和环丙基甲基正离子的结构稳定性因素分别有哪些？

解答： 高烯丙基正离子通过 π-p 同共轭（homoconjugation）分散正电荷；环丙基甲基正离子通过 σ（C—C）给电子的超共轭（hyperconjugation）分散正电荷。高烯丙基正离子和环丙基甲基正离子可以看成同一个物种的两种结构，环丙基甲基正离子要稳定得多：

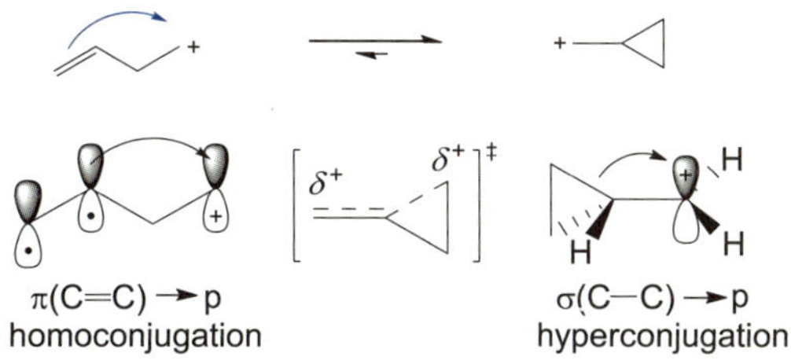

100. 环丙基甲基正离子具有一定的稳定性，而环丙基甲基自由基为什么倾向于开环？

解答： 自由基是富电子的。环丙基甲基自由基结构中，存在自由基和 C—C 单键的静电排斥，所以倾向于开环形成高烯丙基自由基，这样更加稳定：

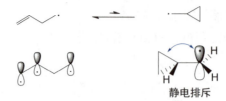

101. 什么是非经典碳正离子？举例说明。

解答： 经典碳正离子是缺电子的，碳的价电子层有 6 个电子；p 轨道从 σ 键获得两个电子，中心碳原子以五价碳的形式存在，称为非经典碳正离子（non-classical carbocation）。

Meerwein 重排经过三中心两电子三元环非经典碳正离子：

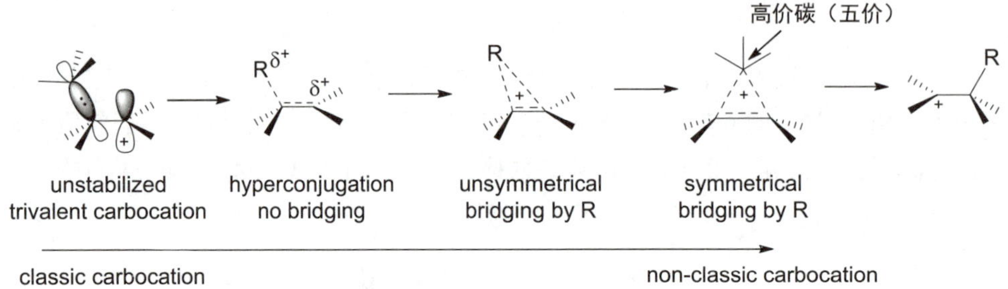

非经典碳正离子在双环体系中较为常见：

102. 影响碳自由基中间体稳定性的因素有哪些？为什么吸电子基（如 CN）和给电子基（如 CH_3O）都能起到稳定自由基的作用？

解答： 碳负离子是锥形的，碳正离子是平面的，碳自由基更接近平面，自由基的稳定性取决于电子是分散的还是集中的。中心原子的电负性越大越不稳定，共轭体系越大越稳定，空间位阻越大越稳定。

若碳自由基的邻位有不饱和键，能发生 p-π 共轭，自由基得到分散而稳定：

若碳自由基直接和杂原子相连，可通过轨道相互作用而稳定：

103. 三苯基甲基自由基采用什么样的形状？发生二聚时的反应位点在哪里？

解答： 三苯基甲基自由基是螺旋状的，三个苯环不共平面，自由基可以分别离域到三个苯基的对位。受空间位阻的影响，中心碳原子不直接二聚成六苯基乙烷：

104. 影响碳负离子相对稳定性的因素有哪些？

解答： 负电荷越集中，结构越不稳定；负电荷越分散，结构越稳定。

如下碳负离子的相对稳定性从左到右逐渐增强：

乙基给电子，使得碳负中心的负电荷更加集中。

乙烯基和碳负的 sp^3 轨道可以发生重叠，电子离域电荷得到分散；另一方面离域后的碳负离子是伯碳负离子，和离域前的叔碳负离子相比，更加稳定。

羰基和 sp^3 轨道共轭离域的结果使得氧带有负电荷，结构更加稳定。

105. 卡宾的种类有哪些？通过哪些途径可以获得？

解答： 卡宾（carbene）中心碳原子的价电子数为 6，有两个取代基，两个取代基和中心碳原子成一个平面。根据键角和电子排布，卡宾分为两种，单线态卡宾（singlet carbene）和三线态卡宾（triplet carbene）：

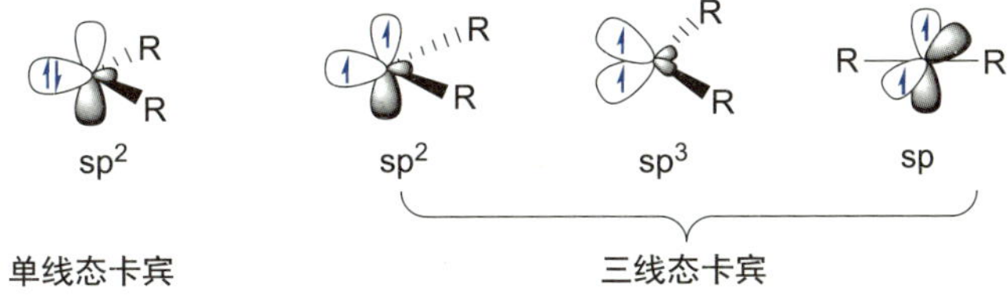

单线态卡宾中心碳原子为 sp^2 杂化，两个电子占据其中一个 sp^2 杂化轨道，具有亲核性；三线态卡宾中心碳原子的杂化是可变的，可以认为是双自由基。

106. 丙烯的构象异构体有哪些？它们的相对稳定性如何判断？

解答： 如下图所示，丙烯的构象异构体有两种，一种是重叠式（eclipsed, E）（前面的 C—H 键和后面的双键重叠），一种是二分式（bisected, B）（前面的 C—H 键和后面的 C—H 键重叠），两者之间旋转能为 2 kcal/mol。重叠式构象稳定的主要原因是 σ（C—H）和 π*（C=C）的超共轭效应：

E (ecplised)　　B (bisected)

2 σ(C—H) → π*(C=C)　2 π(C=C) → σ*(C—H)　2 σ(C—H) → π*(C=C)　2 π(C=C) → σ*(C—H)

107. 丁-1-烯的构象异构体有哪些？它们的相对稳定性如何判断？

解答： 丁-1-烯的构象异构体有如下四种。重叠式比二分式稳定；重叠式中 E1 更稳定，E2 中存在 1,3-烯丙基相互作用，属于 1,3-面内相互作用的一种：

E1 > E2 > B1 > B2

allylic 1,3-strain　allylic 1,2-strain

108. 分析乙醛和丙醛的构象，判断相对稳定性。

解答： 乙醛构象中，重叠式（**E**）比二分式（**B**）稳定，主要原因是 σ(C—H) 和 π*(C=O) 的超共轭效应：

2 σ(C—H) → π*(C=O)
2 π(C=O) → σ*(C—H)　E　B　2 σ(C—H) → π*(C=O)
2 π(C=O) → σ*(C—H)

丙醛有两个重叠式构象，E2 更加稳定，主要原因是 σ(C—H) 和 π*(C=O) 的超共轭效应有两个：

1 σ(C—H) → π*(C=O)　E1 < E2　2 σ(C—H) → π*(C=O)

109. 二氟乙烯有几个异构体？它们的相对稳定性如何判断？

解答： 二氟乙烯有三个异构体，其中 1,1-二氟乙烯最稳定，分子结构中存在一个端基效应和二个超共轭效应：

n(F) → σ*(C—F)
2 σ(C—H) → σ*(C—F)　2 σ(C—H) → σ*(C—F)

芳香性

110. 什么是 Hückel 规则？根据 Hückel 规则，哪些结构具有芳香性？

解答： Hückel 规则是判断化合物是不是具有芳香性（aromaticity）的一条经验规则，指的是闭环的、单双键交替共平面的化合物，当 π 电子数为 $4n+2$ 时，有一定的芳香稳定性。

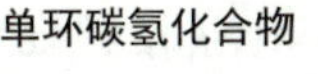

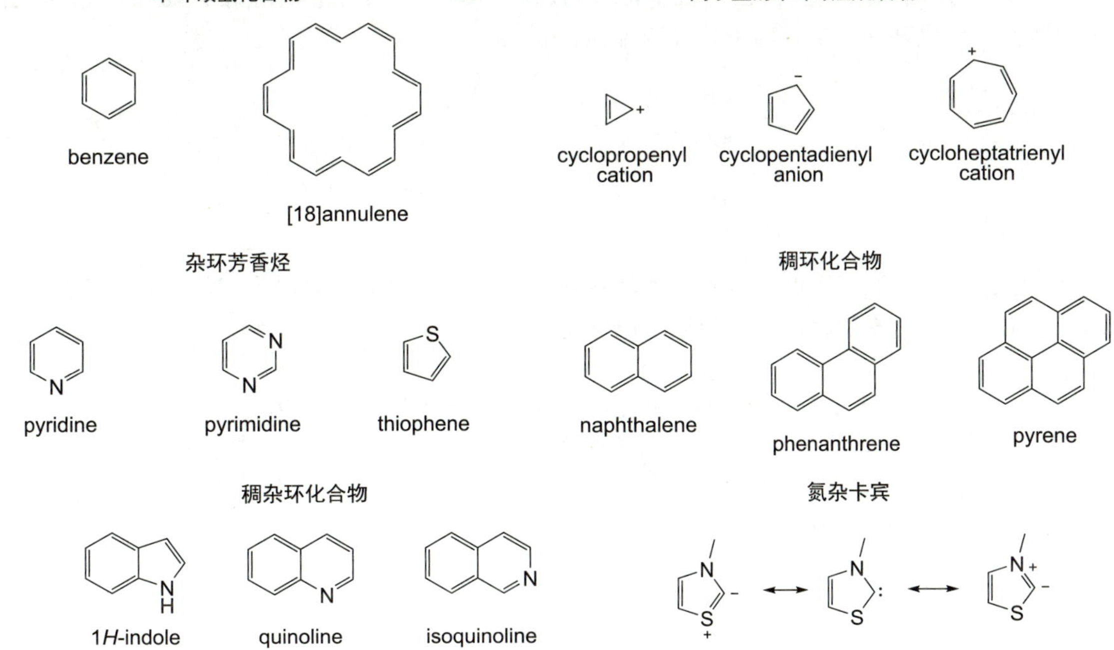

111. 为什么核磁共振氢谱也可以作为芳香性的判断依据？

解答： 以苯为例，苯环有 π 电子，易极化。在外加磁场（applied field，**B**）作用下，π 电子离域带来的环电流（ring current）将产生感应磁力线（induced magnetic field）。苯环平面外侧的区域，感应磁力线方向和外加磁场方向相同，是去屏蔽区（deshielded area）；苯环平面上下方的区域，感应磁力线方向和外加磁力线方向相反，是屏蔽区（shielded area）。感应磁力线形成屏蔽区和去屏蔽区，称为磁各向异性（anisotropy）。处于去屏蔽区的质子具有较大的化学位移（chemical shift）。

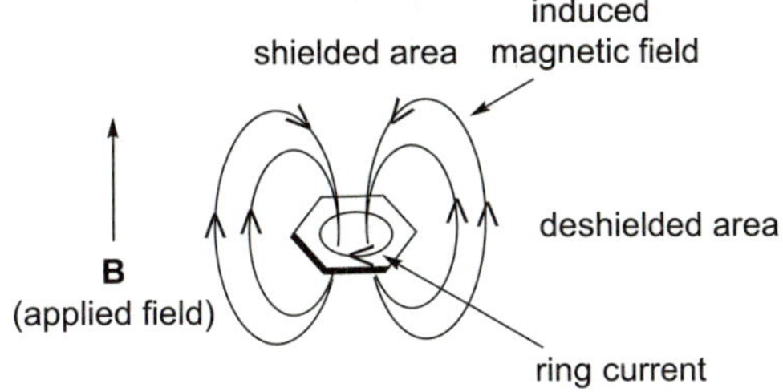

和乙烯、乙烷相比较，苯环上的氢具有特别大的化学位移值，是苯环环电流产生的磁各向异性导致的。所以，化学位移可以用作芳香性的判断依据。

7.24　　5.29　　0.86

112. 什么是反芳香性、非芳香性、同芳香性、σ-芳香性？举例说明。

解答： 反芳香性（anti-aromaticity）指闭环、单双键交替、共平面、π 电子数为 4*n*，例如环丁二烯。

非芳香性（non-aromaticity）指闭环、单双键交替，但不共平面，例如环辛四烯中碳碳键键长没有像苯环一样完全平均化，环上氢的化学位移是 5.80，和乙烯相近。

1.567 Å　1.346 Å

环丁二烯

1.33 Å　1.462 Å

环辛四烯

5.80

同芳香性（homo-aromaticity）指闭环、越过 CH_2 的同共轭体系，共平面上的 π 电子数为 4*n*+2。例如环辛三烯正离子中，亚甲基的两个具有不同的化学位移，环上方的质子处于屏蔽区，化学位移为−0.3，环外侧的质子处于去屏蔽区，化学位移为 5.1。共轭体系上氢的化学位移在 6.4 ～ 8.5 之间，处于去屏蔽区，所以环辛三烯正离子具有芳香性。

σ 芳香性指的是 σ 键引起的芳香性。如环丙烷分子存在环电流，有磁各向异性。环丙烷上的 6 个氢均处于屏蔽区，化学位移比乙烷的化学位移还要小：

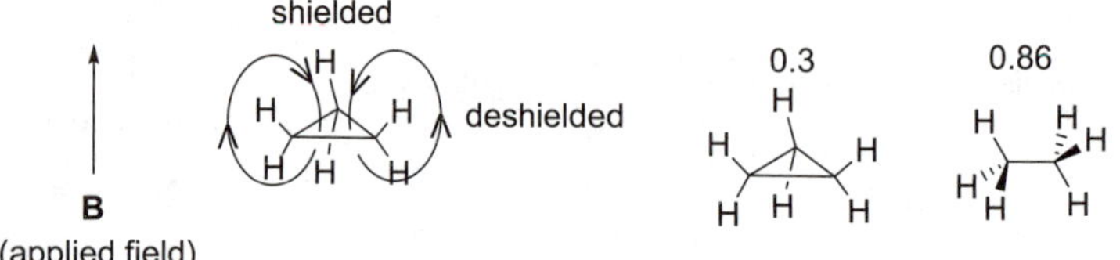

113. 环丁二烯和丁-1,3-二烯相比，更不稳定，为什么？

解答： 环丁二烯 4 个 p 轨道组成的四个分子轨道如下图所示：

和 2 个乙烯相比：$2(\alpha + 2\beta) + 2\alpha - 2\times2(\alpha + \beta) = 0$

和丁二烯相比：$2(\alpha + 2\beta) + 2\alpha - 2(\alpha+1.618\beta) - 2(\alpha + 0.618\beta) = -0.472\,\beta$

如上结果表明，丁-1,3-二烯比环丁二烯更稳定。

114. [10] 轮烯具有什么样的形状？有没有共振稳定化能？

解答： [10] 轮烯中 10 个碳原子不可能共平面，没有共振稳定化能。

1,6-亚甲基 [10] 轮烯分子中，处于环平面外侧氢的化学位移为 6.95 和 7.27，处于平面上方亚甲基氢的化学位移为−0.51，表明分子有磁各向异性，1,6-亚甲基 [10] 轮烯是有芳香性的：

脱氢 [10] 轮烯环上 6 个质子的化学位移分别是 7.81 和 8.45，在去屏蔽区域。结构中含有 4 个 sp 杂化碳原子，脱氢 [10] 轮烯是有芳香性的：

115. [18] 轮烯具有什么样的形状？有没有共振稳定化能？

解答：[18] 轮烯是共平面的，有磁各向异性。内侧的 6 个氢在屏蔽区，化学位移为−2.99，外侧的 12 个氢在去屏蔽区，化学位移为 9.28。结构是闭环、单双键交替、共平面的，π 电子数为 18，符合 $4n+2$，[18] 轮烯是芳香性的：

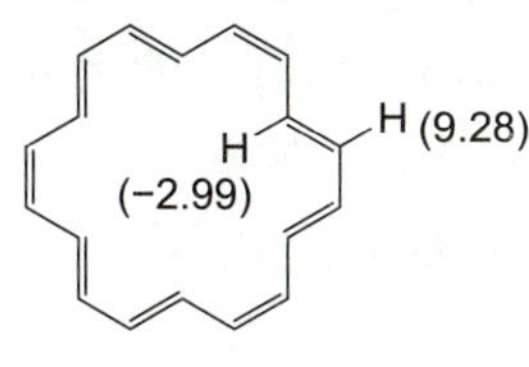

[18]annulene

116. 薁是极性分子，分子偶极矩的方向是什么样的？

解答：薁（azulene）由环戊二烯和环庚三烯稠环而成，当一个双键上的 π 电子按照图示的方向发生离域，五元和七元两个环都有芳香性。偶极矩的方向为从富电子的五元环指向缺电子的七元环：

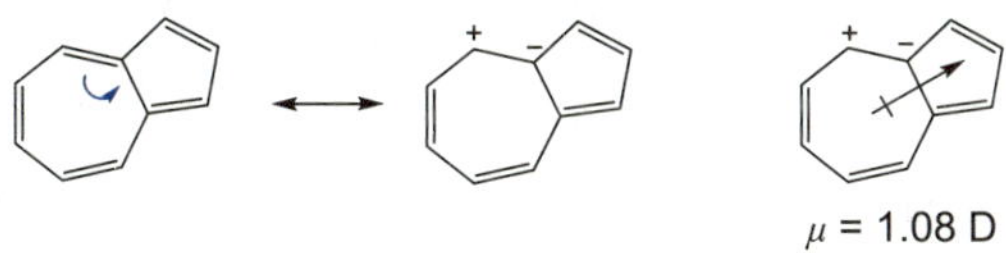

117. 和苯相比，吡咯、呋喃和噻吩的共振稳定化能逐渐下降，说明了什么？它们的分子偶极矩的方向又是如何？

解答：苯、吡咯、呋喃、噻吩的共振稳定化能如下所示：

	苯	吡咯 (1.8 D)	呋喃 (0.7 D)	噻吩 (0.5 D)
共振能/(kcal/mol)	38	16	16	11

苯的芳香稳定性能好，吡咯、呋喃、噻吩环更容易发生反应，去芳构化。

吡咯和呋喃具有不同的偶极矩方向，体现了氮原子有着较强的共轭给电子能力和氧原子有着更强的诱导吸电子能力。

118. 氮杂卡宾（NHC）指的是什么？它是如何共振稳定的？

解答：氮杂卡宾（*N*-heterocyclic carbene）指的是卡宾被邻位氮杂原子的孤对电子所稳定。如下所示，环上有 6 个离域电子，环有一定的芳香稳定性：

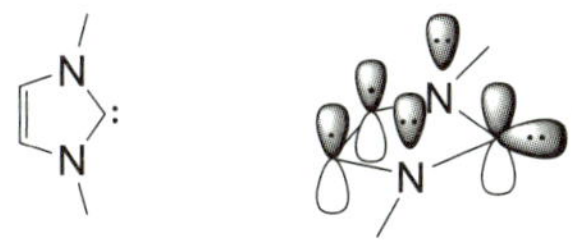

119. 为什么 NHC 既有亲核进攻的能力，又有接受电子的能力？

亲电性
亲核性

解答：卡宾的两个电子占据一个 sp^2 轨道，具有亲核性；给出电子后成正电荷，空的 p 轨道可以接受电子，具有亲电性。

立体异构

120. 什么是光学活性？物质的光学活性是如何评价的？

解答：能使平面偏振光发生偏转的化合物，称为光学活性化合物（optical active compound），也称手性化合物（chiral compound）。

121. 什么是平面偏振光？旋光仪由哪几个部分组成？

解答： 平面偏振光（plane polarized light）是具有单一振动方向的光，多振动方向的光通过一个过滤镜就得到平面偏振光。旋光仪（polarimeter）由光源、起偏镜、样品池、检偏镜等组成。

122. 什么是左旋？什么是右旋？如何确定样品是右旋 15°还是左旋 345°？

解答： 能使平面偏振光发生左旋（levorotatory）的化合物称为左旋化合物，用（−）表示；能使平面偏振光发生右旋（dextrorotatory）的化合物称为右旋化合物，用（+）表示。判断化合物是右旋 15°还是左旋 345°，只要将样品的浓度稀释一倍就能确定。

123. 比旋光度的影响因素有哪些？

解答： 比旋光度（specific rotation）和光源、温度有关，和旋光度成正比，和浓度及样品池的长度成反比：

$$[\alpha]_{\mathrm{D}}^{20}=\frac{\alpha}{c\cdot l}$$

124. 什么是对称元素？判断分子有无手性的因素有哪些？

解答： 对称元素（symmetry elements）指的是分子结构的对称性，结构通过线、点、面对映有对称轴（axes of symmetry）、对称中心（center of symmetry）、对称面（plane of symmetry）。分子中存在对称面或对称中心（对映对称因素，reflective symmetry element）时，分子没手性，是非手性化合物（achiral compound）。如下图所示，顺-1,2-二甲基环己烷分子中有对称面，所以分子没手性：

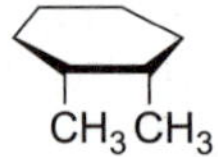

(1*R*,2*S*)-1,2-dimethylcyclohexane

没有对称面的分子，有两种情况。没有对称面但有对称中心的分子没手性；既没有对称面也没有对称中心的分子有手性。如下图所示的分子没有对称面但有对称中心，分子没手性：

(3*R*,6*S*)-1,3,4,6-tetramethylpiperazine-2,5-dione

对称轴（旋转对称因素，rotational symmetry element）和分子的手性没有直接的关系。如下图所示，(1*S*, 2*S*)-1,2-二甲基环己烷和 (1*R*,2*R*)-1,2-二甲基环己烷分子中均含有对称轴，但它们是手性化合物，互为镜像：

(1*S*,2*S*)-1,2-dimethylcyclohexane (1*R*,2*R*)-1,2-dimethylcyclohexane

125. 什么是手性碳原子？手性中心除了碳原子以外，还可以有哪些元素？

解答： 饱和碳原子是 sp^3 杂化的，当碳原子连有四个不同的基团时，有两种结构，它们互呈镜像对称的关系，一个使平面偏振光右旋，一个使平面偏振光左旋。因此，连有四个不同基团的碳原子称为手性碳原子（asymmetric carbon），也称手性中心（chiral center）：

镜像
mirror image

手性中心除了碳原子以外，还可以是处于四面体中心的 Si，Ge，N，Mn，Cu，Bi 和 Zn 等原子。

126. 什么是绝对构型？什么是相对构型？

解答： 绝对构型（absolute configuration）反映分子内在的结构，和旋光仪给出的左旋 / 右旋没有关系。相对构型（relative configuration）是在比较的基础上得出的，和旋光仪给出的左旋 / 右旋也没有关系。

单糖的 Fischer 投影式规定碳氧化数高的放在上端，依次对碳原子进行编号，将倒数第二个碳原子的构型和甘油醛构型相比较，如果羟基的取向和 D-(+)-甘油醛相同，则命名为 D 型糖；如果和 L-(−)-甘油醛相同，则命名为 L 型糖。根据甘油醛构型得出的 D-/L-是相对构型：

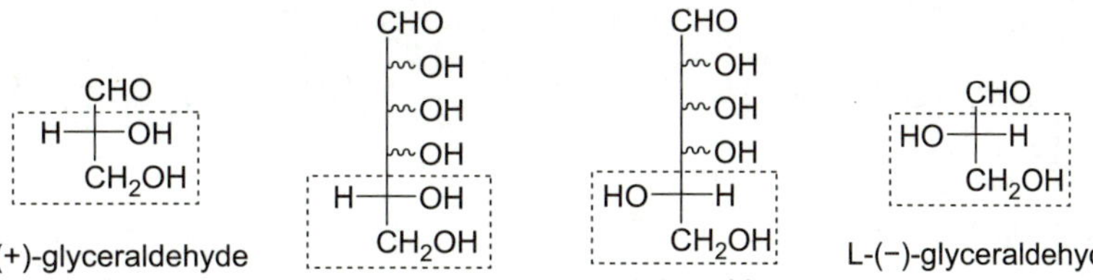

D-(+)-glyceraldehyde　　D-hexaldose　　L-hexaldose　　L-(−)-glyceraldehyde

氨基酸的 Fischer 投影式规定羧基在上端，侧链在下端，将 *α*-碳的构型和丙氨酸相比较，氨基取向和 L-丙氨酸构型相一致的命名为 L 型，反之为 D 型。根据丙氨酸构型得出的 D-/L-也是相对构型：

L-alanine　　L-amino acids

127. 什么是 Cahn-Ingold-Prelog 次序规则？叙述它的等级规则。

解答： Cahn-Ingold-Prelog 次序规则（sequence rule）是将基团按优先权（priority）进行排序，原子序数大的优先（H— < C— < N— < O— < Cl—）；当原子序数一致时，看连接在此原子上的基团（CH_3— < C_2H_5— < $ClCH_2$— < $BrCH_2$—）；当连接的是双键或叁键时，按两次单键或三次单键处理（C_2H_5— < CH_2=CH— < HC≡C—）。

128. 手性中心的绝对构型（*R* 和 *S*）是如何判断的？

解答： 如下图所示，将大拇指指向最小的基团，其他三个基团按照次序规则的优先权进行编号，1 → 2 → 3 是顺时针符合右手握拳的为“R”型，1 → 2 → 3 是逆时针符合左手握拳的为“*S*”型。“*R*”和“*S*”是绝对构型，和旋光仪得出的左旋和右旋没有直接的关系：

R　　S

129. 苏式和赤式的定义是什么样的？

解答：“苏”和“赤”分别来自于赤藓糖和苏阿糖，如下图所示。赤式和苏式表示两个相同基团在同侧和异侧：

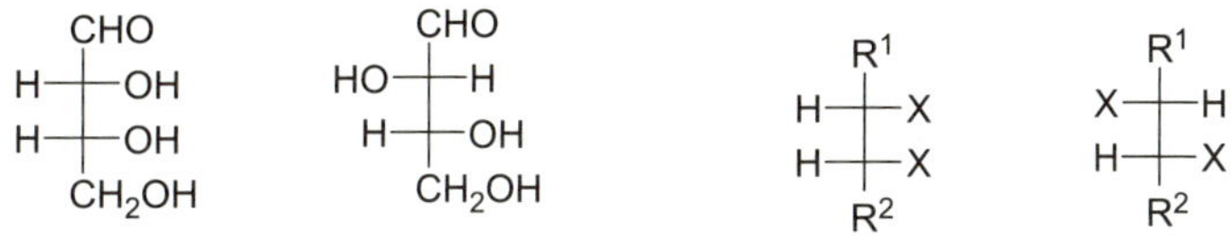

D-(−)-Erythrose 赤藓糖　　D-(−)-Threose 苏阿糖　　赤式　　苏式

130. 分子含有 *n* 个手性碳原子时，异构体的数目最多可以达到多少？

解答： 分子含有 *n* 个手性碳原子时，异构体的数目最多可以达到 2^n 个。

131. 什么是对映异构体？什么是非对映异构体？

解答： 对映异构体（enantiomers）指的是呈镜像关系的立体异构体；非对映异构体（diastereomers）

指的是除了对映异构体之外的立体异构体。

除了使平面偏振光旋光的方向不一致以外，一对对映异构体的其他性质都一样，比如它们具有相同的熔、沸点等。

非对映异构体除了原子连接的次序相同，其他的都不同，比如它们具有不同的熔、沸点。

132. 什么是内消旋体？什么是外消旋体？外消旋体的拆分有几种方法？

解答： 内消旋体（meso compound）指的是分子结构中含有对称面或对称中心，可以假设结构的一半使平面偏振光左旋，结构的另一半使平面偏振光右旋，所以是非光学活性的（optical inactive），不能进行拆分（resolution）。

外消旋体（racemate）是一对对映体以等量方式混合的物质，也是非光学活性的，可以通过形成非对映体的方式进行拆分。

133. 什么是手性面？如何命名？

解答： 如下图所示，环不能自由旋转的时候，分子没有对称面，也没有对称中心，是含手性面（plane of chirality）的手性分子。手性面用“R_p”和“S_p”命名，命名时，先选择手性面，再选择导航原子（pilot atom，直接和手性面中氧原子相连接的亚甲基碳原子），将原子连接的顺序按照 1（氧原子）、2（和氧相连的碳原子）、3（最近的支路，和溴相连的碳原子）进行编号，按路径 1 → 2 → 3，顺时针为 R_p，逆时针为 S_p：

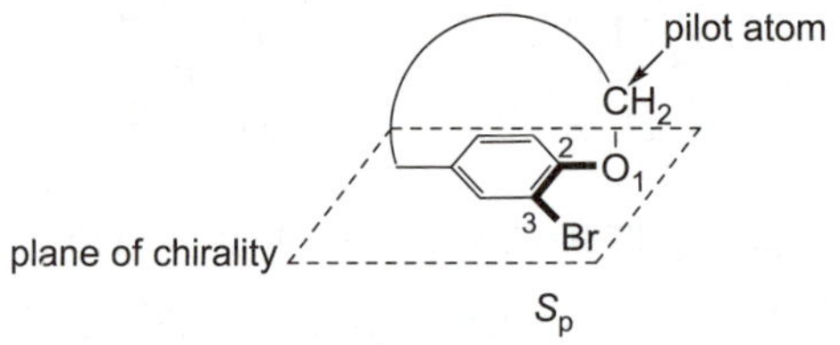

pilot atom
CH_2
2 O 1
3 Br
plane of chirality
S_p

134. 什么是潜手性面？ *re* 和 *ri* 面是如何判断的？

解答： 羰基连有两个不同基团时，羰基的亲核加成将产生一个手性中心，称为潜手性面（plane of prochirality）。如下图所示，从上往下看，按次序规则将基团编号，按路径 1 → 2 → 3，顺时针为 *re* 面，逆时针为 *si* 面：

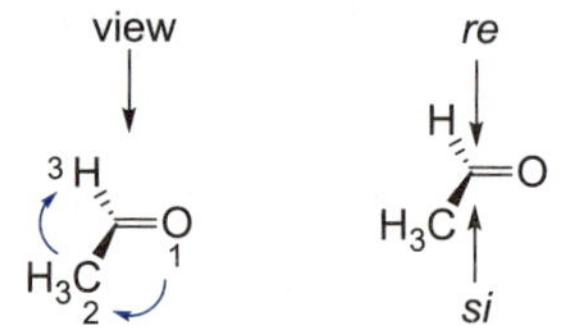

view
3 H
O 1
H_3C 2
re
H
O
H_3C
si

135. 什么是手性轴？如何命名？

解答： 如下图所示的累积二烯烃，两端有不同基团时，分子没有对称面，也没有对称中心，是含手性轴（axis of chirality）的手性分子，手性轴用“R_a”和“S_a”命名。命名时，沿着手性轴，将靠近自己一端的两个基团按次序规则编号为 1 和 2，远离自己一端的两个基团编号为 3 和 4，用楔形式表示基团的远近，轴缩合成中心点，采用手性中心 *R/S* 的判断方法进行判断。将大拇指指向最小基团，其他三个基团按路径 1 → 2 → 3，顺时针为 R_a，逆时针为 S_a。从左到右和从右到左，判断的结果是一致的：

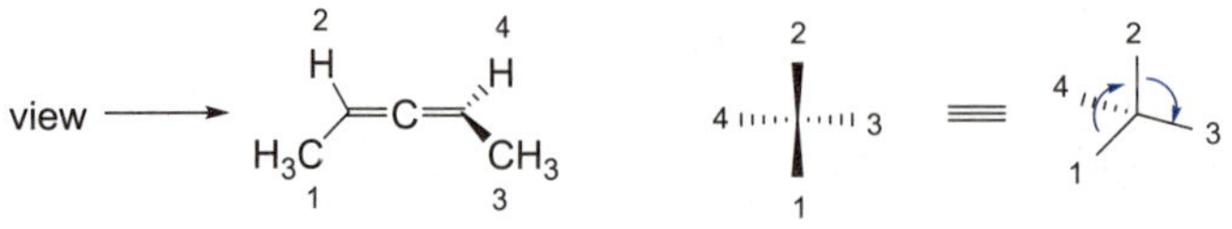

view
2 H
4 H
H_3C 1
CH_3 3
(R_a)-penta-2,3-diene

4 H
H 2
H_3C 3
CH_3 1
view
(R_a)-penta-2,3-diene

136. 什么是螺手性？如何命名？

解答： 一些含有手性轴的螺形分子是有手性的，如六并苯的比旋光度是3700。螺手性用“P”和“M”命名。从上往下看，以顺时针方向远离自己的为“P”型，以逆时针方向远离自己的为“M”型。

M　　mirror image　　P

酸碱性

137. Brønsted 酸碱理论和 Lewis 酸碱理论分别指的是什么？

解答： Brønsted 酸碱是根据得失质子定义的，解离质子的是 Brønsted 酸，结合质子的是 Brønsted 碱；Lewis 酸碱是根据得失电子对定义的，得到电子对的是 Lewis 酸，给出电子对的是 Lewis 碱。

138. pK_a 值指的是什么？ pK_a 值和酸性的关系是什么？

解答： 根据如下的酸碱平衡及 pK_a 的计算方式，酸性越强，电离质子的能力越强，平衡常数 K 越大，pK_a 值越小。HA 在水中的电离平衡如下所示：

$$\mathrm{H{-}A} + \mathrm{H_2O} \rightleftharpoons \mathrm{A^-} + \mathrm{H_3O^+}$$

$$\mathrm{p}K_a = -\lg K = -\lg \frac{[\mathrm{A^-}][\mathrm{H_3O^+}]}{[\mathrm{HA}][\mathrm{H_2O}]}$$

139. 有机分子的酸性通常指的是 C—H 的酸性，结构是如何影响酸碱性的？

解答： C—H 异裂成碳负离子和质子，电离出质子后的碳负离子越稳定，C—H 酸性越强。影响碳负离子稳定性的有很多因素，如取代基效应、立体电子效应、氢键、溶剂等。

140. 如下所示，溶剂不同，有机酸的 pK_a 值不同。溶剂由水换成二甲基亚砜、乙腈，pK_a 值逐渐变大，为什么？

	苯甲酸（PhCOOH）	苯酚（PhOH）	乙酸（CH_3COOH）
pK_a (H_2O)	4.2	9.99	4.8
pK_a (DMSO)	11.1	18.0	12.8
pK_a (CH_3CN)	21.51	29.14	22.3

解答： pK_a 和酸碱平衡有关，HA 电离质子的能力越强，pK_a 越小。电离前是中性的 HA，电离后是 A^-，极性是不同的。极性越大的溶剂越容易溶剂化电离后的 A^-，从而有利于电离平衡，pK_a 值变小。极性越小的溶剂越容易溶剂化电离前的 HA，从而不利于电离，pK_a 值越大。H_2O、DMSO 和 CH_3CN 的介电常数分别为 78、47 和 37。所以，水的 pK_a 值最小，其次是 DMSO，最后是 CH_3CN。

141. 有机化合物的碱性用其共轭酸的 pK_a 值来衡量，共轭酸的 pK_a 值受溶剂的影响。如下所示，和溶剂对酸性影响不同的是，在 H_2O、DMSO 和 CH_3CN 中，共轭酸的 pK_a 值在 H_2O 和 DMSO 中相差不大，在乙腈中有较大的值。为什么？

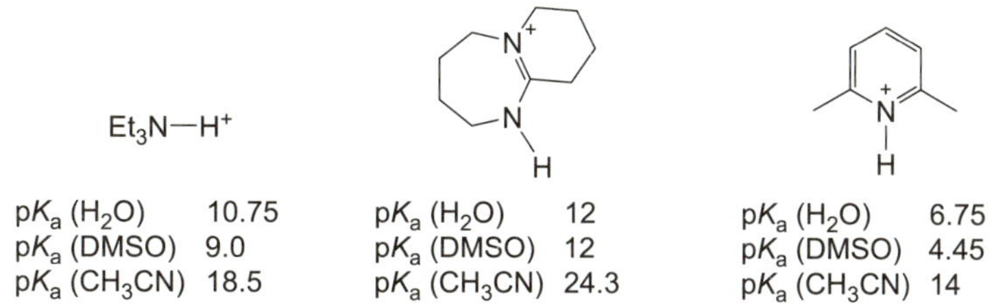

解答： 和有机酸电离不同的是，共轭酸的电离平衡方程中，电离前后都是以阳离子的形式存在，被溶剂化的程度相似，因此受溶剂介电常数的影响就小。相反，溶剂的碱性起了决定性的作用，DMSO 的碱性略大于水，乙腈的碱性较弱不及水和 DMSO。

$$B{-}H^+ + Sol \rightleftharpoons Sol{-}H^+ + B$$

142. 三乙胺和乙酸在水中发生快速质子转移，形成酸根阴离子和季铵阳离子。当两个化合物在 DMSO 中混合时，几乎不发生质子的转移，为什么？

解答： 根据以上两问，乙酸和三乙胺共轭酸在水和 DMSO 中的 pK_a 值如下所示：

$$CH_3COOH + Et_3N \rightleftharpoons Et_3N{-}H^+ + CH_3COO^-$$

pK_a (H_2O)	4.8	pK_a (H_2O)	10.75
pK_a (DMSO)	12.8	pK_a (DMSO)	9.0

从 pK_a 的值可以得出，水中乙酸的酸性比三乙胺共轭酸强得多，能发生快速的质子转移；而在 DMSO 中，三乙胺共轭酸比乙酸的酸性强，逆反应是有利的。

143. 比较乙烷、乙烯、乙炔分子，哪一个分子中 C—H 键最容易发生异裂形成碳负离子和质子？哪一个酸性最强？

解答： 乙炔分子中的 C—H 键最容易异裂成炔基负离子和质子，因为 sp 碳的电负性最大，最易容纳电子。

144. 比较环丙烯、环戊二烯、环庚三烯，哪一个酸性最强？

解答： 环丙烯、环戊二烯、环庚三烯电离质子后的阴离子中，只有环戊二烯基负离子的共轭体系是 6 电子，符合闭环、共轭、4*n*+2 的 Hückel 原则，是芳香性的。所以环戊二烯基阴离子最稳定，环戊二烯酸性最大。事实上，环丙烯和环庚三烯电离的质子是 sp^2 碳原子上的质子，而不是 sp^3 碳上的质子：

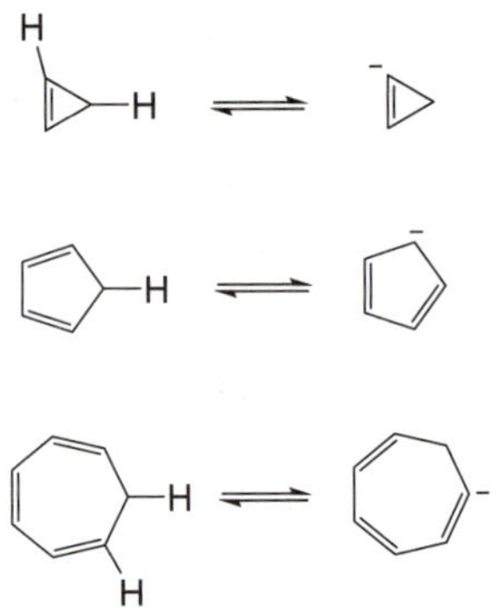

H H

H

H H

H

145. 比较环戊二烯、茚和芴，哪一个酸性最强？

解答： 环戊二烯的酸性最强。环戊二烯、茚和芴电离质子后得到的阴离子中，环戊二烯基阴离子有五个共振式，负电荷分散在五个碳原子上；茚负离子有两个共振式，负电荷分散在两个碳原子上，苯环有芳香性，虽然对共振杂化体有贡献，但牺牲芳香性的贡献可以忽略；芴只有一个共振式，负电荷相对集中，最不稳定。

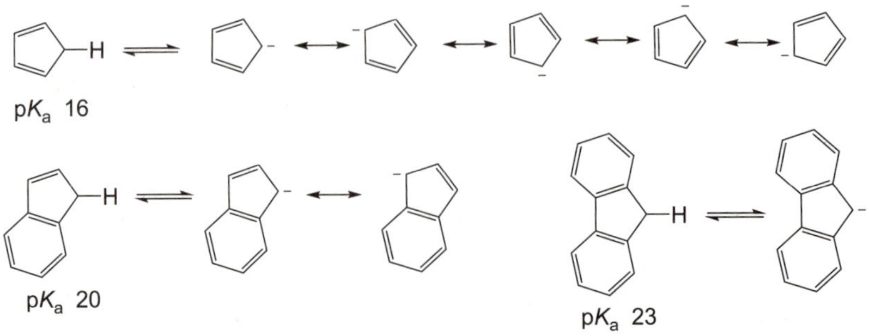

H

pK_a 16

H H

pK_a 20 pK_a 23

146. 为什么吡咯具有一定的酸性，而吡啶具有一定的碱性？吡咯的酸性和哪些化合物相当，吡啶的碱性和哪些化合物相当？

解答：吡咯和吡啶上的氮原子均为 sp^2 杂化，吡咯分子中氮原子的孤对电子参与芳香性；吡啶中的孤对电子向外伸展，具有碱性。吡咯（$pK_a \sim 15$）的酸性和醇相当，吡啶 [pK_a（HB^+）~ 5.2] 的碱性和苯胺的碱性相当。

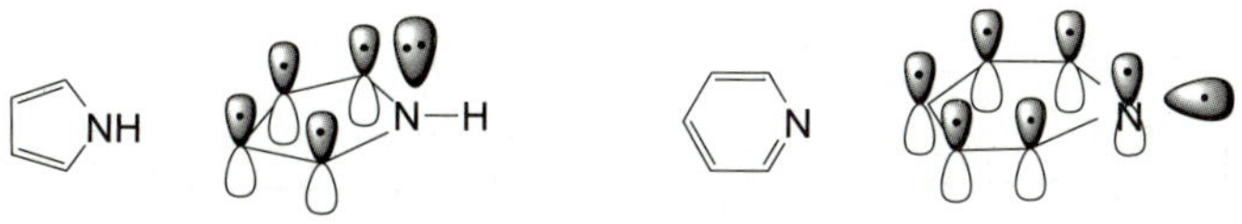

NH　N—H　N　N

147. 吡咯、吲哚和咔唑相比，哪一个酸性更强？为什么？

解答：和环戊二烯、茚和芴不同的是，氮和碳的电负性差值比较大，负电荷主要集中在氮原子上；另一方面，负电荷的分散和尺寸有关，体积越大分散负电荷越容易。所以咔唑的酸性最大。

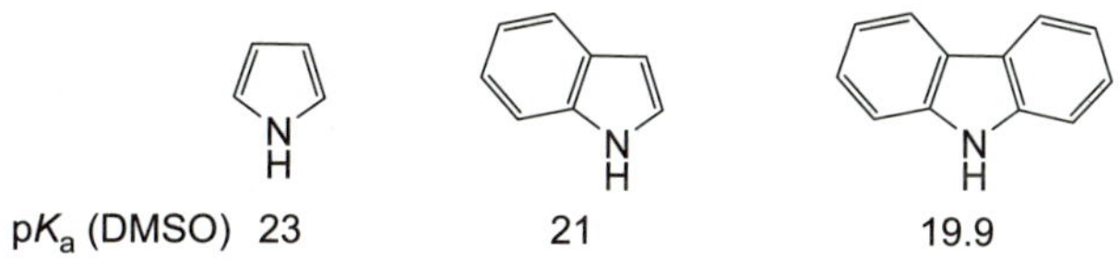

pK_a (DMSO)　23　21　19.9

148. *p*-环丙基苯甲酸和 *p*-甲基苯甲酸相比，哪一个酸性更弱？

解答：*p*-环丙基苯甲酸的酸性更弱。甲基和环丙基均为给电子基，使羧酸根阴离子更不稳定，所以，两者的酸性均比苯甲酸弱；甲基给出电子的是 σ（C—H），环丙基给电子的是 σ（C—C），因环丙基中 C—C 是弯曲键，有部分双键的性质，给出电子的能力更强，所以，*p*-环丙基苯甲酸的酸性更弱。

pK_a 4.20　pK_a 4.34　pK_a 4.45

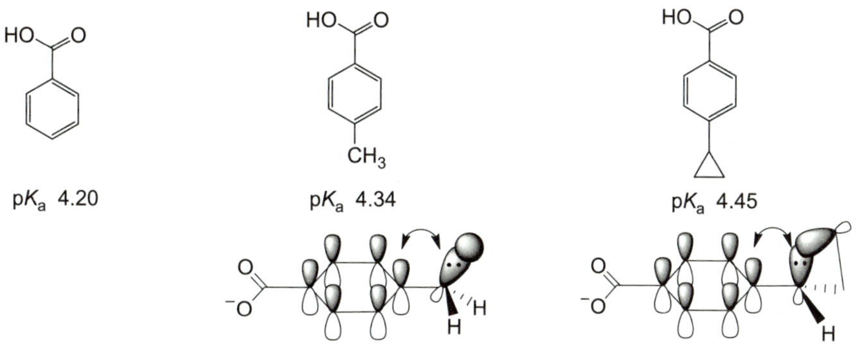

149. 甲氧基和羟基，哪一个的共轭给电子能力更强？比较 *p*-甲氧基苯甲酸和 *p*-羟基苯甲酸，哪一个酸性更强？

解答：*p*-甲氧基苯甲酸的酸性大。甲氧基和羟基都属于诱导吸电子 / 共轭给电子基团，当它们处在羧酸根的对位时，由于共轭给电子使羧酸根负电荷更加集中，不能稳定羧酸根阴离子，所以它们的酸性均比苯甲酸弱；但是，它们共轭给电子的能力是不同的，氢和碳的电负性分别是 2.2 和 2.5，羟基共轭给电子的能力强，所以，*p*-羟基苯甲酸的酸性更弱。

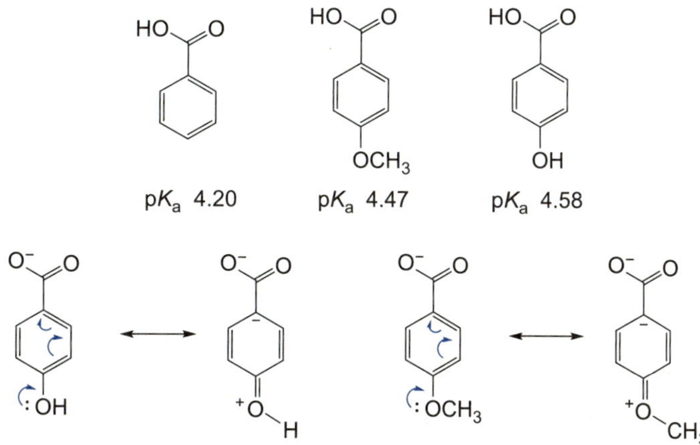

pK_a 4.20　pK_a 4.47　pK_a 4.58

150. 4-羟基-3,5-二甲基苯甲酸甲酯和 4-羟基-2,6-二甲基苯甲酸甲酯相比较，哪个酸性更强？为什么？

解答：4-羟基-3,5-二甲基苯甲酸甲酯的酸性更强。比较相对酸性，看的是电离质子后阴离子的相对稳定性。4-羟基-2,6-二甲基苯甲酸甲酯电离质子后，负电荷不能很好地被酯基所分散；4-羟基-3,5-二甲基苯甲酸甲酯电离质子后的负电荷能被酯基分散，以醌式存在：

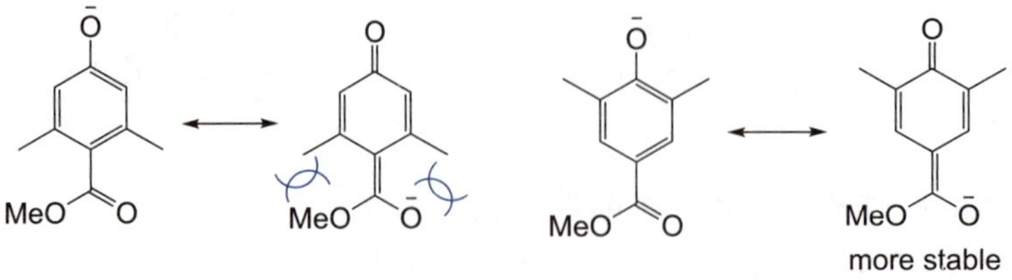

MeO　O　　MeO　O　　MeO　O　　MeO　O

more stable

151. 比较甲醇、乙醇、异丙醇、叔丁醇，哪一个在气相中的酸性更强？哪一个在水相中的酸性更强？为什么？

解答：甲醇、乙醇、异丙醇、叔丁醇电离质子后以氧负离子的形式存在，氧原子负电荷越分散，结构越稳定。

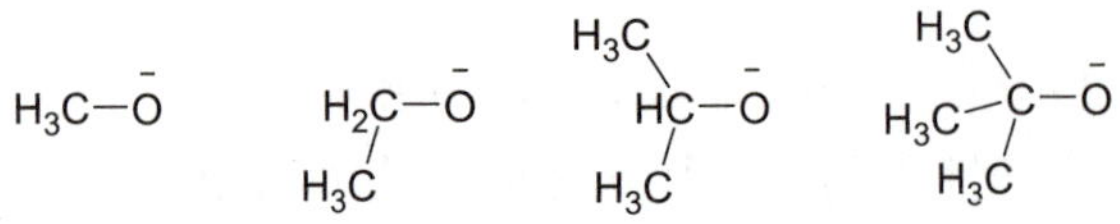

$H_3C-\bar{O}$　　$H_3C-CH_2-\bar{O}$　　$(H_3C)_2HC-\bar{O}$　　$(H_3C)_3C-\bar{O}$

气相中，以游离形式存在，负电荷分散靠的是尺寸，叔丁基氧负离子的尺寸最大最稳定，因此，叔丁醇在气相中的酸性最大。

液相中，这些阴离子被溶剂化，负电荷分散靠的是溶剂化。甲氧基负离子的溶剂化程度最高最稳定，因此，甲醇在溶液中的酸性最大。

152. 三氟乙醇和三氯乙醇的 pK_a 值分别为 12.37 和 12.24，而三氟乙酸和三氯乙酸的 pK_a 值分别为 0.52 和 0.64，为什么？

解答：卤素对酸性的影响主要有两个因素，电负性引起的吸电子诱导和分子内氢键。在醇的结构中，三氟乙醇存在羟基和氟原子之间的邻位交叉式的分子内氢键，氢键的存在使得质子难以解离，从而三氟乙醇的酸性减弱，尽管氟原子的电负性大于氯原子；在羧酸结构中，由于羰基碳的 sp^2 杂化使得 OH 和 F 之间远离，氢键被削弱，吸电子诱导使得三氟乙酸的酸性比三氯乙酸的酸性大。

stable conformer　　disfavored

153. 比较甲胺、二甲胺和三甲胺，哪一个在气相中的碱性更强？哪一个在水相中的碱性更强？

解答：胺的碱性用质子化以后铵盐的稳定性来判断，铵盐越稳定，碱性越强。

气相中，起决定作用的是单分子的结构，液相中，除了分子结构的影响之外，溶剂化作用对碱性的影响很大。

在气相中，烷基的增加有利于铵盐正电荷的分散，甲胺、二甲胺和三甲胺的碱性随之增加；在水相中，铵盐中含的 N—H 键越多，和水之间通过氢键的溶剂化作用越强，两种作用影响下，水相中二甲胺的碱性最大。甲胺、二甲胺和三甲胺，它们共轭酸的 pK_a 值分别为：10.6, 10.8 和 9.8。

154. 氮原子和氧原子相比较，哪个电负性更大？水和氨质子化时，哪个更容易接受质子？

解答：氧原子和氮原子的电负性分别为 3.54 和 3.04，给出电子夺质子的能力是氮原子强。水和氨接受质子后的 pK_a 的值分别为−1.7 和 9.24。

155. 苯甲酸接受质子时，哪个氧原子容易质子化？是羟基氧原子还是羰基氧原子？

解答：羰基氧原子易质子化。n-π 共轭导致羰基氧原子电子云密度增加而夺质子。

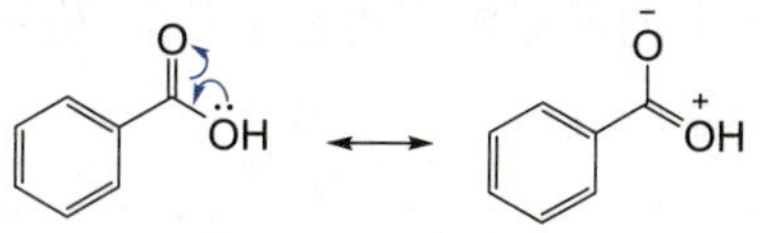

也可以从夺得质子后的阳离子稳定性进行解释。羟基氧夺质子后的结构没有其他共振式，正电荷集中在一个氧原子上；而羰基氧夺质子后，正电荷可以通过离域而稳定：

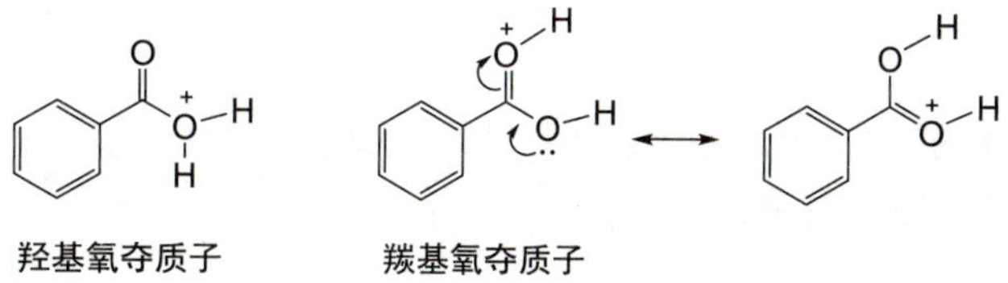

羟基氧夺质子　　羰基氧夺质子

156. 对于酰胺分子而言，哪一个杂原子更容易接受质子？

解答： 氧原子易质子化。n-π 共轭导致氧原子电子云密度增加而夺质子。也可以从夺得质子后的阳离子稳定性进行解释：

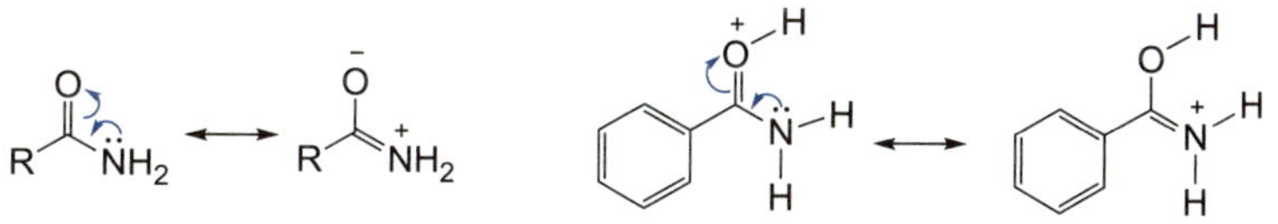

157. 4-（*N*,*N*-二甲基氨基）吡啶（DMAP）质子化时，哪一个氮原子更容易接受质子？

解答： 吡啶氮原子易夺质子。该分子存在 Donor-Acceptor 体系，共振离域使得吡啶氮原子更加容易夺质子。

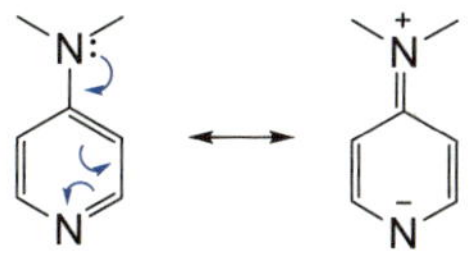

也可以从质子化后阳离子的稳定性进行判断。吡啶氮原子质子化（route a）以后有两个共振式，正电荷分散在整个分子中，而二甲氨基氮原子质子化（route b）以后只有一个共振结构，正电荷是集中在氨基氮原子上。电荷越分散结构越稳定。

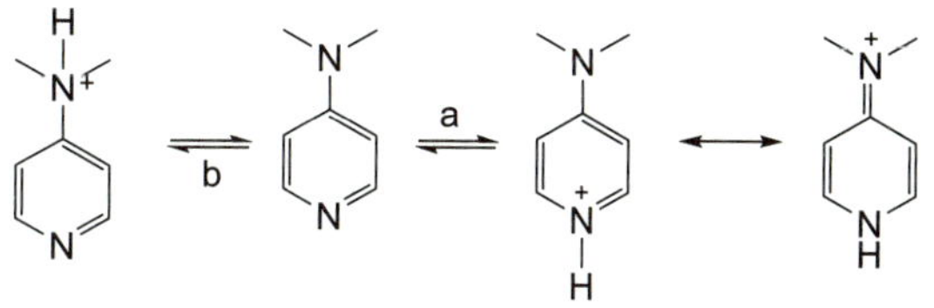

158. 1,8-二氮杂二环十一碳-7-烯（DBU）质子化时，哪一个氮原子更容易接受质子？

解答： 和上面的 DMAP 分子类似，夺质子的是亚胺氮原子：

159. *N*, *N*-二甲基-2,4,6-三硝基苯胺和 2,4,6-三硝基苯胺相比较，哪个是更强的碱？

解答： *N*, *N*-二甲基-2,4,6-三硝基苯胺是更强的碱。

N, *N*-二甲基-2,4,6-三硝基苯胺结构中，二甲氨基氮原子上的孤对电子不能离域到苯环上去，更易夺质子体现出碱性：

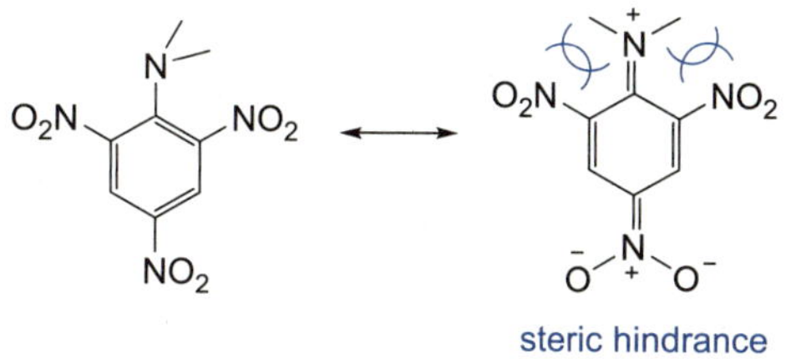

steric hindrance

2,4,6-三硝基苯胺中氨基氮原子上的孤对电子更容易和苯环共轭，而失去夺质子的能力：

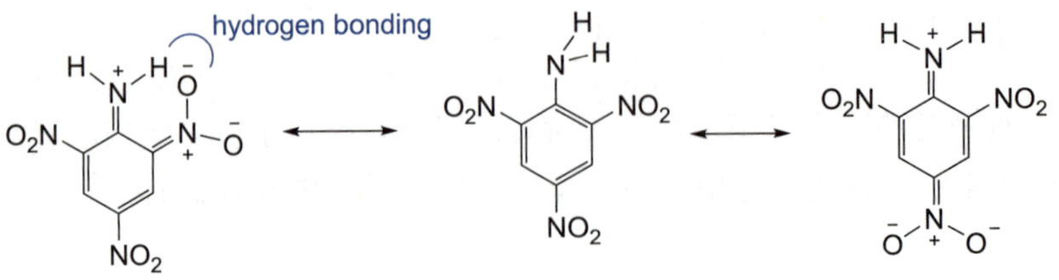

hydrogen bonding

160. 4-吡喃酮质子化时，哪一个氧原子更容易接受质子？

解答： 羰基氧原子更易夺得质子，体现出其碱性：

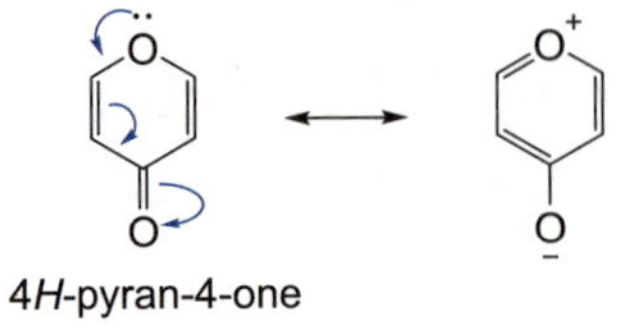

4*H*-pyran-4-one

161. 氟正试剂有哪些？

解答： 常用的氟正试剂有：

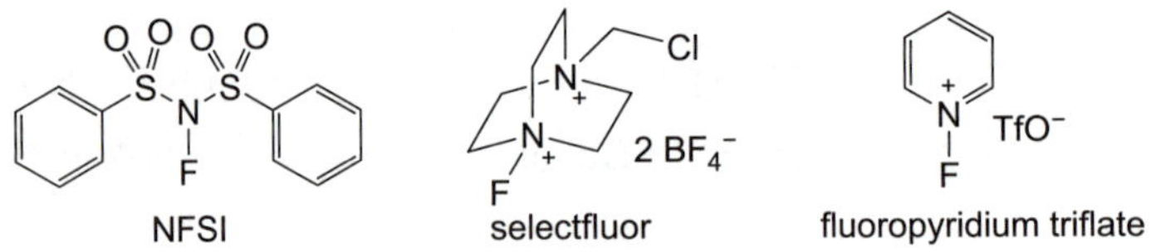

NFSI　　selectfluor　　fluoropyridium triflate

162. 氯正试剂有哪些？

解答： 常用的氯正试剂有：

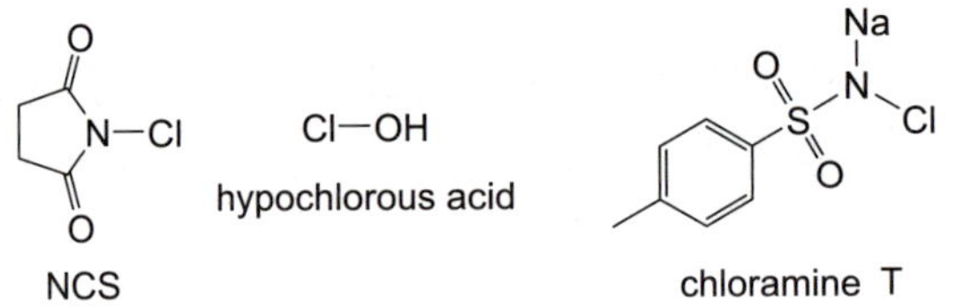

NCS　　Cl—OH hypochlorous acid　　chloramine T

163. 吖丙啶和哌啶相比，哪一个碱性更大？为什么？

解答： 哌啶的碱性强。

吖丙啶是氮杂三元环，有σ芳香性，氮原子的杂化处于 sp^2 和 sp^3 之间，不易给出电子。

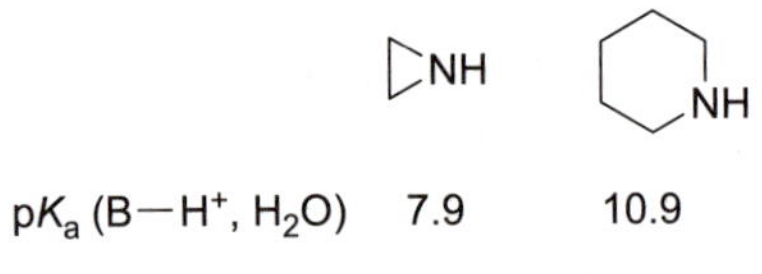

	NH（吖丙啶）	NH（哌啶）
pK_a (B—H$^+$, H_2O)	7.9	10.9

164. 碱性和亲核性的区别是什么？判断碱性的依据是什么？判断亲核性的依据又是什么？

解答： 碱性（basicity）指的是富电子物种进攻质子的能力，碱性强弱用它和质子的平衡来评价，是热力学问题；亲核性（nucleophilicity）指的是富电子物种进攻缺电性碳的能力，缺电性碳原子上有 3 ～ 4 个取代基，亲核能力用它的反应性来评价，是动力学问题。

因此，碱性用共轭酸的 pK_a 值来判断的，共轭酸的 pK_a 值越大，碱性越强；亲核性是通过和标准反应相比较得出的。

165. 水和硫化氢相比，哪一个酸性更强？羟基负离子和巯基负离子相比，哪一个碱性更强？哪一个亲核性更强？

解答： 水和硫化氢相比，硫化氢的酸性更强；羟基负离子和巯基负离子相比，羟基负离子的碱性更强，巯基负离子的亲核性更强。

166. 水和双氧水，哪一个酸性更强？羟基负离子和过氧氢根负离子相比，哪一个碱性更强？哪一个亲核性更强？

解答：水、双氧水和次氯酸的 pK_a 值如下所示，双氧水的酸性比水强，次氯酸更强，这缘于氧和氯的诱导吸电子作用。HO^-和HOO^-相比较，HO^-更硬、碱性强；HOO^-更软、亲核性强。

HO—H	<	HOO—H	<	ClO—H
15.7		12		8

167. 氨和肼相比，哪一个具有更强的碱性？哪一个具有更强的亲核性？

解答：氨和肼的共轭酸的 pK_a 值如下所示：

	NH_3	NH_2NH_2
pK_a (B—H^+, H_2O)	9.25	8.12

氨的碱性更强，一是质子化以后溶剂化程度高，二是肼中氨基的吸电子诱导使得另一个氨基的夺质子能力降低。肼的可极化程度大，亲核性更强。

168. 羟胺分子中，氮原子和氧原子相比较，哪一个具有更强的亲核性？

解答：羟胺分子中，氮原子的亲核性更强。

波谱分析

169. 光是电磁波，其频率、波长和能量的关系如何？

解答：光是电磁波（electromagnetic wave），利用一定的波长范围，仪器可给出有机结构的信息，如 X-ray（10^{-11} ～ 10^{-9} m）、UV-vis（10^{-9} ～ 10^{-6} m）、IR（10^{-6} ～ 10^{-4} m）等。

频率（ν）、波长（λ）和能量（E）的关系为（$h=6.62\times10^{-34}$ J·s，$c=3\times10^{10}$ cm/s）：

$$\nu=\frac{c}{\lambda} \qquad E=h\nu=h\frac{c}{\lambda}$$

170. 什么样的核可以有核磁共振信息？

解答：原子核有如下三种：奇数质量原子核，其磁自旋量子数（spin，I）为分数，如 $I=1/2$（^1H, ^{13}C, ^{19}F），$I=3/2$（^{11}B），$I=5/2$（^{17}O）；质子和中子均为奇数的偶数质量原子核，其磁自旋量子数为整数，如 $I=1$（^2H, ^{14}N）；质子和中子均为偶数的偶数质量原子核，其磁自旋量子数为零，如 $I=0$（^{12}C, ^{16}O）。

只有磁自旋量子数为分数的核才有核磁共振吸收，常见的核磁共振谱是磁自旋量子数为 1/2 的 ^1H、^{13}C、^{19}F、^{31}P、^{29}Si 等。

171. 外加磁场强度和分裂能之间有何关系？

解答：分裂能和核磁矩（μ）及外加磁场强度（B_x）成正比，和磁自旋量子数（I）成反比：

$$\Delta E=h\nu=\frac{\mu B_x}{I} \qquad \nu=\frac{\mu B_x}{hI}$$

^1H、^{13}C、^{19}F 的磁矩分别为 2.7927、0.7022 和 2.6273 核磁子（5.0508×10^{-27} J/T），当外加磁场为 2.35T 时，^1H、^{13}C、^{19}F 产生相应的分裂能，对应的频率分别 100 Hz、25 Hz 和 94 Hz。

172. 为什么做一个氢谱几秒钟就可以了，而做一个碳谱需要比较长的时间？

解答：氢（^1H）、氘（^2H）、^{12}C 和 ^{13}C 的自然丰度分别为 99.985%、0.015%、98.93% 和 0.0111%。^1H 和 ^{13}C 有核磁共振吸收，由于 ^{13}C 的自然丰度较低，为了有足够的信噪比，碳谱的扫描次数较多，需要的时间较长。

173. 氢谱的横坐标和纵坐标分别代表什么？

解答：氢谱的横坐标是化学位移值，从右到左数值增加；纵坐标是峰值，峰的面积和氢的个数相关。

174. 可以从氢谱中得到哪些信息？

解答：可以从简单的氢谱获得三个信息，化学位移（chemical shift）、积分面积（peak area）和耦合常数（coupling constant）。化学位移代表氢所处的环境，积分面积代表同种氢的个数，耦合常数代表相邻氢之间的关系。

175. 化学位移值是如何得到的？

解答：化学位移值是相对值，表达式如下：

$$\delta = \frac{V_{\text{samp}} - V_{\text{ref}}}{V_{\text{ref}}} \times 10^6$$

因为所得商值太小，通常乘 10^6 以方便记录和读数。由于是相对值，化学位移和外加磁场强度无关。

176. 四甲基硅烷通常作为氢谱和碳谱的内标，为什么？

解答：有机化合物研究的对象是碳化合物，硅比碳有着更小的电负性（C：2.55，Si：1.98），和碳化合物相比较，四甲基硅烷（TMS，tetramethylsilane）中的氢有着更大的屏蔽效应，将它定义为“0”，绝大多数有机化合物中的氢将出现在 TMS 的左边。

177. 氢谱化学位移的范围大致是多少？影响氢化学位移的因素有哪些？

解答：用四甲基硅烷做内标，其化学位移定为“0”，氢谱化学位移一般范围为 0 ～ 10，可以出现负值，也可以在 10 以上。化学位移反映了氢核外的电子云密度、氢在分子中所处的位置、在屏蔽区还是去屏蔽区等。因此，影响化学位移的有元素电负性，共轭体系产生的环电流等因素。

178. 等同氢、非等同氢、对映异位氢、非对映异位氢分别指的是什么？它们有什么样的氢谱特征？如何利用氢谱识别对映异位氢？

解答：等同氢（homotopic hydrogens）指的是分子中含有 C_2 对称轴，将其中一个氢替换成其他基团得到同一个化合物：

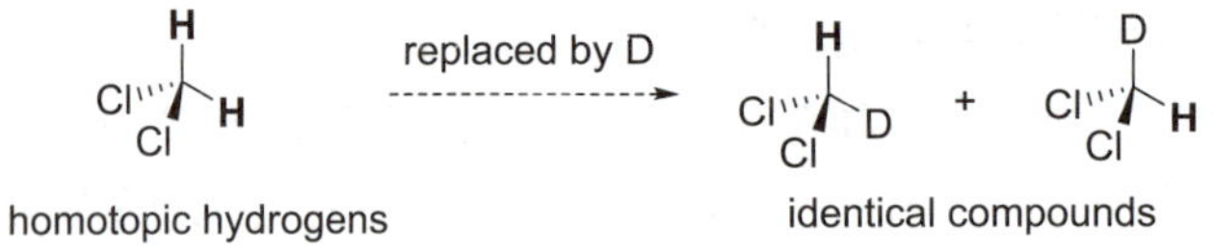

replaced by D

homotopic hydrogens　　identical compounds

对映异位氢（enantiotopic hydrogens）指的是分子中含有对称面，将其中的一个氢替换成其他基团得到一对对映体：

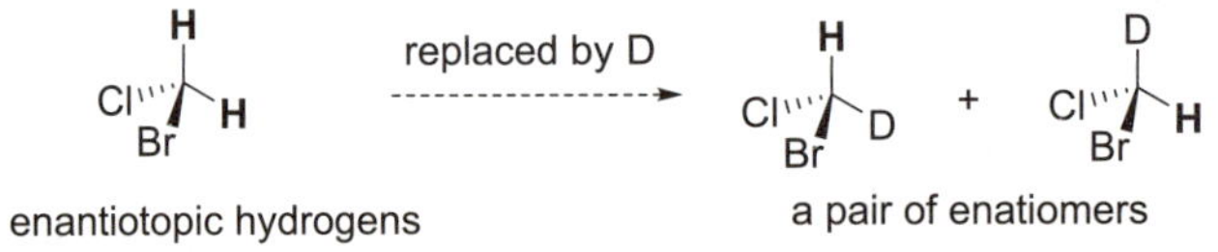

replaced by D

enantiotopic hydrogens　　a pair of enatiomers

非对映异位氢（diastereotopic hydrogens）指的是将其中的一个氢替换成其他基团得到一对非对映体：

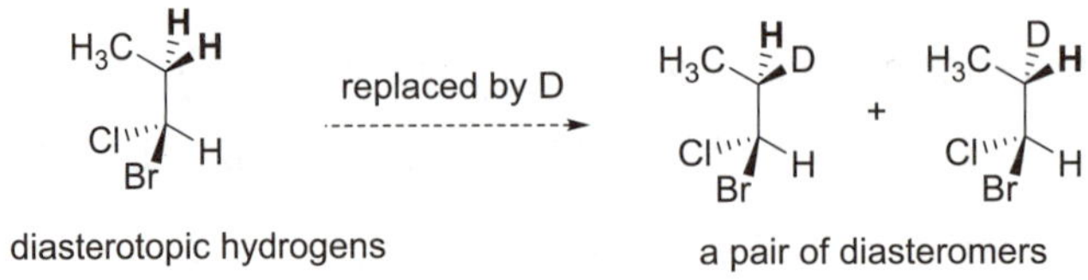

replaced by D

diasterotopic hydrogens　　a pair of diasteromers

不等同氢（non-equivalent hydrogens）指的是将其中的一个氢替换成其他基团得到一对构造异构体：

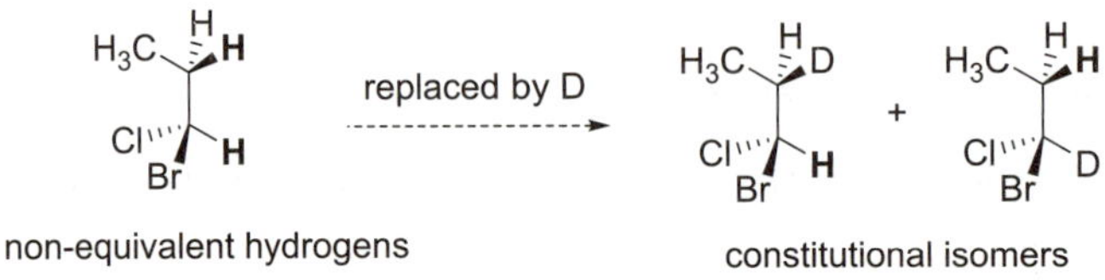

replaced by D

non-equivalent hydrogens　　constitutional isomers

等同氢在氢谱中是一类氢，只有一个化学位移。对映异位氢在没有手性试剂的条件下是一类氢，只有一个化学位移；在手性位移试剂条件下有所区分。非对映异位氢和不等同氢是不同的氢，具有不同的化学位移值。

179. 碳谱的范围大致是多少？影响碳化学位移的因素有哪些？

解答： 常见的碳谱是宽带去耦的，氢对碳的耦合裂分是去掉的，从而使碳谱得到了有效简化。如甲基碳原子，如果不去耦，碳是四重峰；如果去耦，碳是单峰。碳谱的范围在 0 ～ 280 之间，也可以突破这个范围，因为碳谱比氢谱有着更宽的范围，通常情况下一个峰就代表着一种碳。影响碳化学位移的因素和影响氢化学位移的因素是一样的。

180. 氢谱和碳谱中溶剂峰是如何产生的？常用溶剂如氘代氯仿、氘代丙酮和氘代二甲基亚砜的溶剂峰在氢谱和碳谱中的位置分别在哪里？它们的峰形是什么样的？

解答： 做核磁共振谱时，要先将有机化合物配成稀溶液。溶剂有两类，不含氢的溶剂如四氯化碳；含氢的溶剂是不可以直接做溶剂的，因为溶剂的量远大于溶质的量，溶剂中氢的吸收也将远大于溶质中氢的吸收，所以含氢溶剂都是氘代的，如氘代氯仿、氘代丙酮和氘代二甲基亚砜等，因为氘的 $I = 1$，在氢谱中没有吸收。商品化的氘代溶剂不可能做到百分之百氘代，残余的氢将反映在氢谱上，称为溶剂峰。氘代氯仿、氘代丙酮和氘代二甲基亚砜中残余氢的化学位移和碳谱的化学位移如下所示：

solvent	boiling point/℃	δ（^{1}H residue）	δ（^{13}C）
CD_3COCD_3	55.5	2.05	206, 29.8
$CDCl_3$	60.9	7.16	77.2
CD_3SOCD_3	190	2.50	39.5

对于氘代氯仿，氢谱中氢残留（$CHCl_3$）是单峰，碳谱中受一个氘（$I = 1$）的耦合裂分（$2I + 1$），碳是三重峰，且是等高的。

对于氘代丙酮，氢谱中氢残留（CD_2HCOCD_3）受两个氘（$I = 1$）的耦合裂分（$2NI + 1$），是五重峰，碳谱中羰基碳是单峰，甲基碳（CD_3COCD_3）受三个氘（$I = 1$）的耦合裂分（$2NI + 1$），是七重峰。

对于氘代二甲亚砜，氢谱中氢残留（CD_2HSOCD_3）受两个氘（$I = 1$）的耦合裂分（$2NI + 1$），是五重峰，碳谱中甲基碳（CD_3SOCD_3）受三个氘（$I = 1$）的耦合裂分（$2NI + 1$），是七重峰。

181. 什么是旋转边带峰？如何区分旋转边带峰和三重峰？

解答： 核磁谱中，样品浓度偏大的时候，峰的左右会出现旋转边带峰，类似于三重峰。旋转边带峰和转速相关，面积之比不是 1:2:1。三重峰是耦合分裂导致的，它的面积之比是 1:2:1。

182. 如何判断分子中是否含有活泼氢？醇、酚和酸上的活泼质子大致的化学位移值是多少？

解答： 有一定酸性的氢如羟基、羧基、活泼亚甲基上的氢称为活泼氢，活泼氢通常是宽峰，加重水后发生氢 / 氘交换，宽峰消失。

醇、酚和酸上的活泼质子酸性不同，它们的 pK_a 值大致为 16、10 和 5，核外电子受质子核的束缚能力逐渐减小，去屏蔽效应增强，因此，醇、酚和酸上的活泼质子的化学位移分别为 2、5 和 10 左右。

183. 和炔烃上的氢相比，烯烃上的氢具有更大的化学位移，为什么？

解答： 烯烃和炔烃中碳原子的杂化类型不同，电负性不同。炔烃的碳有着更大的电负性，更大的去屏蔽作用；然而烯烃和炔烃上的氢所处的环境是不同的，烯烃上的氢处于磁各向异性的去屏蔽区，炔烃上的氢处于磁各向异性的屏蔽区，两个因素作用的结果，烯烃氢具有更大的化学位移值。

184. 耦合裂分是如何产生的？常见的 AB、AB_2 和 AB_3 裂分是什么样的？

解答： 氢谱中氢的耦合裂分指的是通过 n 个共价键相连的两个氢之间的相互作用。

如烃类结构中的 AB 体系，H_a 和 H_b 通过三个单键连在两个相邻的碳原子上，H_b 的自旋有两个方向，一个和外加磁场平行，一个和外加磁场相反，前者对 H_a 的影响是去屏蔽，化学位移变大，后者对 H_a 的影响是屏蔽，化学位移变小。反映在氢谱上，原来 H_a 的一个峰变成等面积的两个峰，两个峰面积之和与分裂前的峰面积相等，两个峰的化学位移距中心位置相等，它们的差值称为耦合裂分常数（coupling constant, ^3J），H_a 对 H_b 的影响和 H_b 对 H_a 的影响是一致的，即 $^3J_{ab} = {}^3J_{ba}$（左上角的 3 指的是 H_a 和 H_b 之间的共价键的数目）：

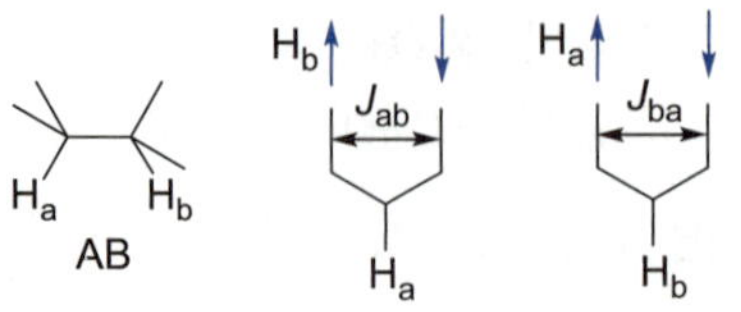

如下为 AB_2 体系，H_a 受两个相邻的 H_b 的影响，裂分成三重峰，面积比为 1∶2∶1：

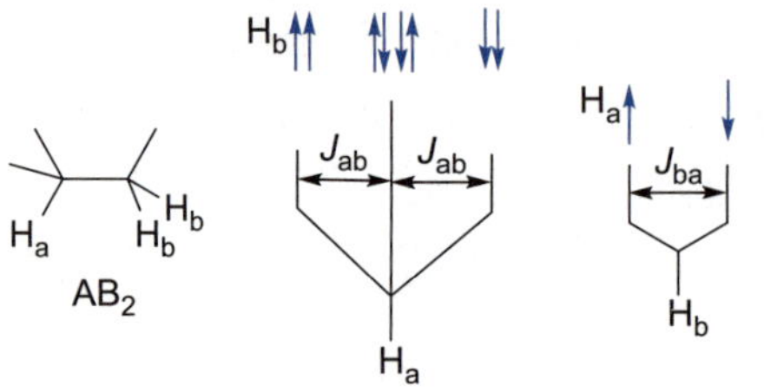

如下为 AB_3 体系，H_a 受三个相邻的 H_b 的影响，裂分成四重峰，面积比为 1∶3∶3∶1：

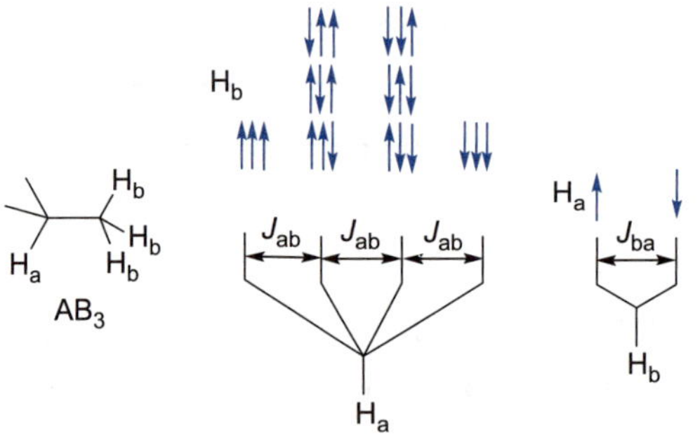

185. 乙氧基出现两组氢，它们的峰形如何？面积比如何？异丙氧基的峰形和面积比如何？

解答： 乙氧基中乙基为 A_2B_3 体系，亚甲基受氧原子的吸电子诱导去屏蔽作用较强，有着较大的化学位移值；亚甲基和甲基的峰面积之比为 2∶3，亚甲基被甲基裂分成面积比为 1∶3∶3∶1 的四重峰，甲基被亚甲基裂分成面积比为 1∶2∶1 的三重峰。

异丙氧基中异丙基为 AB_6 体系，次甲基受氧原子的吸电子诱导去屏蔽作用较强，有着较大的化学位移值；次甲基和甲基的峰面积之比为 1∶6，次甲基被甲基裂分成面积比为 1∶6∶15∶20∶15∶6∶1 的七重峰，甲基被次甲基裂分成面积比为 1∶1 的两重峰。

186. 如何快速鉴别乙酸乙酯和丙酸甲酯？

解答： 乙酸乙酯和丙酸甲酯具有相同的分子式，受氧原子去屏蔽效应的影响，和氧原子直接相连的亚甲基上的氢化学位移较大，在 4 左右。和羰基直接相连的亚甲基上的氢化学位移较小，在 2.5 左右。

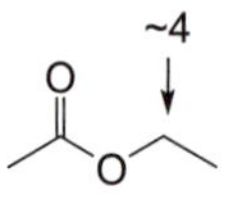

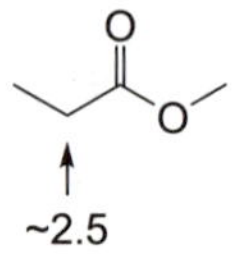

187. 氢谱中氢和氢之间的耦合常数受哪些因素的影响？

解答： 影响耦合常数的因素有很多，结构上的影响因素有共价键的数目、构型、键级等。

如乙烯基中三个氢相互裂分均为 dd（doublet of doublet）峰，H_a 受到 H_b 和 H_c 的裂分，顺式氢之间耦合常数为 10 Hz，反式氢之间耦合常数为 16 Hz；H_b 受到 H_a 和 H_c 的裂分，顺式氢之间为 10 Hz，同碳上的 ^2J 耦合常数为 4 Hz；H_c 受到 H_a 和 H_b 的裂分，反式氢之间为 16 Hz，同碳上氢裂分为 4 Hz。

一般情况下，反式烯烃的耦合常数要比顺式烯烃的耦合常数大，要比同碳耦合裂分常数大：

$J \approx 10\sim12$ Hz　　$J \approx 14\sim18$ Hz

萘的结构中，1,2 位之间的键级（1.72）大于 2,3 位之间的键级（1.6），1,2 位之间的耦合常数（8 Hz）大于 2,3 位之间的耦合常数（6.5 Hz）：

188. 二面角是如何影响耦合常数的？

解答： 烃类分子中，$^3J_{ab}$ 受 H—C—C—H 二面角的影响如下所示，当二面角接近 90°时，耦合常数最小，二面角为 0°或 180°时，耦合常数较大：

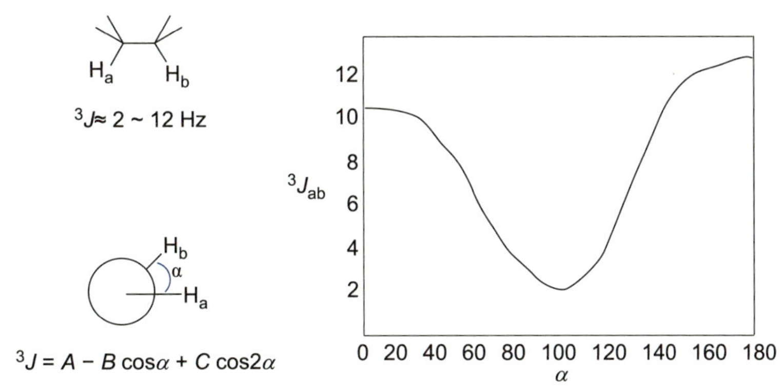

189. 质谱仪由哪些部分构成？质谱图中横坐标和纵坐标分别代表什么？

解答： 质谱仪由三部分组成：离子源（ion source），使样品离子化，失去一个电子成阳离子自由基，或得到一个电子失去两个电子成阳离子自由基；质量分析仪（mass analyzer），在高真空环境中，带正电荷物种通过高磁场弯管加速器，根据质荷比被有效分开，轻的碎片受磁场的影响大，弯曲的程度大，太轻的和太重的碎片撞在管壁上没能到达检测器（detector），只有具有一定质荷比的碎片才能到达检测器被检测到；检测器测得质荷比和丰度的关系，以谱图的形式展现结果。

质谱中横坐标是质荷比（mass-to-charge ratio, m/z），碎片通常带一个正电荷，因此质荷比就代表着碎片的质量；纵坐标是带电荷粒子的丰度，一定程度上代表着碎片的相对稳定性。

190. 质谱电离的方式有哪几种？EI 源指的是什么？化学电离指的是什么？

解答： 电离方式常见的有电子轰击（electron impact，EI）电离、化学电离（chemical ionization，CI）等。

电子轰击电离用的是高能电子束轰击样品产生阳离子自由基，碎片化成阳离子和自由基，对于不稳定化合物，经过电子轰击电离，结构信息容易丢失。

化学电离指的是过程中有化学反应，通常观察到 M+1 峰。

191. 可以从质谱中得到哪些信息？什么是分子离子峰？什么是基峰？质谱的主要碎裂方式有几种？同位素峰又指的是什么？

解答： 质谱中获得的三个主要信息是分子量（molecular weight, MW）、碎裂方式（fragmentation type）、同位素含量（isotope abundance）。

一般情况下，分子离子峰（molecular ion peak）出现在质谱的最右侧，具有最大的质荷比，但不是所有的质谱都能观察到分子离子峰，有些观察到的最大质荷比是 $M-1$，$M-15$，$M-18$ 等。分子离子峰是奇数时，通常含有奇数个氮原子。

基峰（base peak）指的是最大峰值的峰，通常代表分子离子的碎裂方式，基峰和碳正离子的稳定性有关。

质谱的碎裂方式和官能团密切相关。直链烷烃没有孤对电子，失去电子的阳离子自由基通过 C—C 键断裂的形式继续碎裂成阳离子和自由基，可以看到相隔 14 的同系列碎片；分子中含有杂原子时，主要的碎裂方式有以下几种：

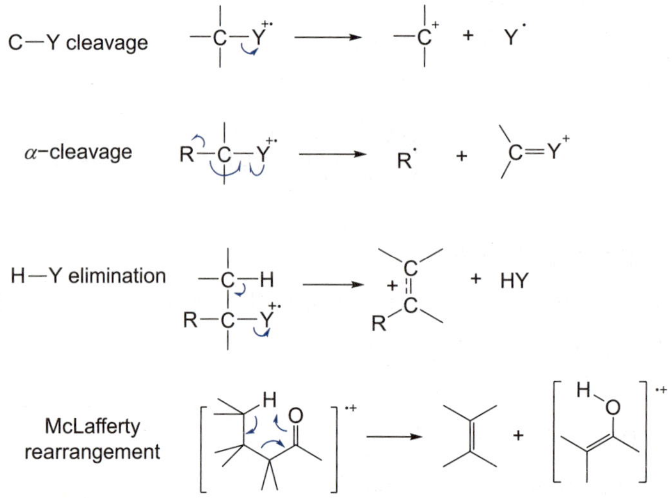

C—Y cleavage

α-cleavage

H—Y elimination

McLafferty rearrangement

同位素峰是元素的同位素带来的，^{2}H、^{13}C 的自然丰度很低，但 ^{35}Cl 和 ^{37}Cl 的自然丰度比值接近 3∶1，^{79}Br 和 ^{81}Br 的比值接近 1∶1，在质谱中就能反映出来。

含有一个氯的碎片，M 和 M+2 的高度比是 3∶1；含有两个氯的碎片，M、M+2 和 M+4 的高度比是 9∶6∶1；含一个溴的碎片，M 和 M+2 的高度比是 1∶1，含有两个溴的碎片，M、M+2 和 M+4 的高度比是 1∶2∶1。

192. 基峰为 43 时，分子中通常含有什么样的基团？

解答： 乙酰基的分子量为 43。乙酰基正离子较为稳定，含有乙酰基的化合物的质谱，基峰通常是 43。

193. 基峰为 91 时，分子中通常含有什么样的基团？

解答： 苄基分子量为 91。苄基正离子较为稳定，含有苄基的化合物的质谱，基峰通常是 91。

194. 高分辨质谱的含义是什么？为什么可以用于确认元素组成？

解答： 高分辨质谱给出的质荷比取 4 位小数，能给出单一的分子式，即元素组成。

如 C_5H_{12} 和 C_4H_8O 的分子量均为 72。用精确原子量计算，取 ^{12}C 为 12.0000，^{1}H 为 1.00783，^{16}O 为 15.99491，C_5H_{12} 的精确分子量为 72.0939，C_4H_8O 的精确分子量为 72.0575。

195. 红外图谱的横坐标和纵坐标分别代表什么？

解答： 红外光谱（infrared spectroscopy）的横坐标代表波长（wavelength, μm）或波数（wavenumber, cm^{-1}），纵坐标代表透光率（transmittance，T/%）。

196. 可以从红外图谱中得到哪些信息？

解答： 不同官能团的伸缩振动和弯曲振动的频率是不同的，因此，红外光谱得到的是官能团的结构信息。

197. 键的振动模式有几种？是不是所有振动都有红外吸收？

解答： 键的振动模式有两种，一种是伸缩振动，包括对称伸缩和不对称伸缩，伸缩振动的频率通常比弯曲振动的频率大：

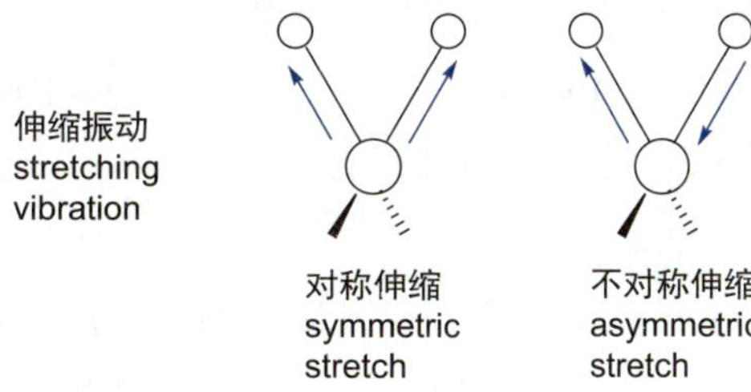

另一种是弯曲振动，包括面内弯曲和面外弯曲：

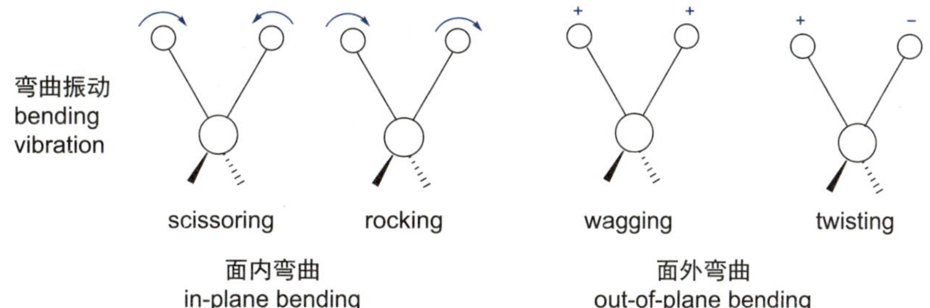

不是所有的振动都有红外吸收，如二氧化碳的对称伸缩振动，振动过程不发生偶极矩的改变，红外光谱中没有对称伸缩振动吸收。

198. 红外吸收的频率和什么因素有关？折合质量如何计算？

解答： 当一个弹簧连着两个小球时，势能和弹簧力常数（k）及两小球间的距离（x）存在一定的关系（左式）。当一个共价键连着两个原子或基团的时候，一定的核间距是成键的必要条件，距离太小会存在核之间的排斥，距离太大会发生共价键的断裂，其势能是量子化的，和键振动频率相关（右式）。当照射光频率和键振动频率匹配时，发生跃迁有红外吸收：

$$E=\frac{1}{2}kx^2 \qquad E=\left(n+\frac{1}{2}\right)h\nu$$

键振动频率（ν）和键的力常数（k）成正比，和折合质量（m）成反比，表达式中 σ 是波数，c 是光速，折合质量（m）是两基团质量（m_1 和 m_2）的积除以两基团质量的和：

$$\sigma(\mathrm{cm}^{-1})=\frac{1}{\lambda}=\frac{\nu}{c}=\frac{1}{2\pi c}\sqrt{\frac{k}{m}} \qquad m=\frac{m_1m_2}{m_1+m_2}$$

199. 红外光谱中，碳氮单键、双键和叁键的伸缩振动峰频率是如何变化的？当羟基被氘代时，红外吸收的波数变大还是变小？

解答： 红外光谱中，单键、双键和叁键的力常数约为 5、10 和 15，C—N、C=N 和 C≡N 的伸缩振动峰频率分别为 1100 cm^{-1}、1660 cm^{-1} 和 2220 cm^{-1}。O—H 和 O—D 的伸缩振动峰频率分别为 3600 cm^{-1} 和 2600 cm^{-1}，氘代以后波数变小。

200. 红外光谱的选择性规律指的是什么？什么是基峰，什么是倍频峰？为什么倍频峰的频率小于基峰的 2 倍？什么是指纹区？

解答： 红外光谱的选择性规律（selection rule）指红外吸收要符合能级量子化的前提。基峰指的是键的本征吸收（$h\nu$），倍频峰指的是频率是基峰 2 倍的吸收（$2h\nu$）。由于能级上升，能极差减小，因此倍频峰的吸收 $<2h\nu$。指纹区（fingerprint region）指的是 600 ～ 1500 cm^{-1} 的吸收，每一个化合物在这里的吸收都不一样，像是人的指纹，因此称为指纹区。

201. 分子中含有 n 个原子时，分子振动最多有多少种方式？

解答： 当分子中含有 n 个原子时，分子振动模式有 $3n-6$ 种，受分子对称性、偶极矩改变和红外选择性规律等因素影响，分子振动模式减少。

202. 做固体红外的时候，通常选用 KBr 做基质进行压片，为什么用 KBr？为什么要用干燥的 KBr？样品制备时，为什么要在红外灯下戴口罩进行研磨？

解答： KBr 是透明的，在 4000 ～ 400 cm^{-1} 无吸收，使用干燥 KBr 或在红外灯下研磨样品等都是为了确保无水，确保吸收峰有尖锐的丰度和足够的强度。

203. 羰基的红外吸收峰大致是多少？

解答： 羰基的红外吸收在 1700 cm^{-1} 左右。受基团的诱导效应和共轭效应影响，羰基碳原子的缺电子性不同，羰基的键级也有所不同，其伸缩振动频率有很大的改变。酮和醛相比，醛的吸收波数大；酰氯、酯和酰胺的吸收波数逐渐减小：

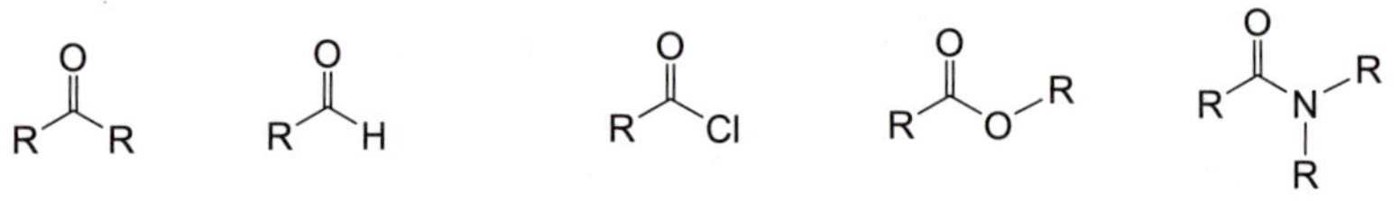

$\bar{\nu}$/cm^{-1}	1725~1700	1740~1720	1815~1770	1750~1730	1690~1630

酐的吸收有两个，一是对称伸缩，一是不对称伸缩：

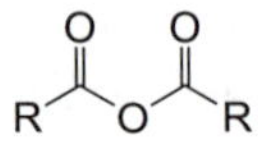

$\bar{\nu}$/cm^{-1} 1820 & 1750

204. 环丙酮、环丁酮、环戊酮和环己酮中羰基的红外吸收是如何改变的？

解答： 由于角张力的影响，环丙酮中羰基碳的 s 成分最大，C═O 的键长最短，力常数最大，吸收频率最大。它们结构中羰基的红外吸收分别如下：

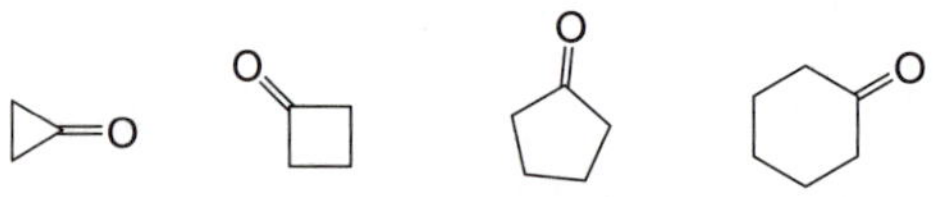

$\bar{\nu}$/cm^{-1}	1813	1780	1745	1715
bond length	120.1 pm	120.4 pm	120.8 pm	121.0 pm

205. 红外光谱能否区别伯胺、仲胺和叔胺？

解答： 能。伯胺在 3500 ～ 3400 cm^{-1} 有两个吸收峰，一个是 H—N—H 的对称伸缩振动，一个是 H—N—H 的不对称伸缩振动；而仲胺在此区域只有一个 N—H 吸收峰；叔胺没有。

206. 红外光谱中 2200 cm^{-1} 左右有吸收，表明分子中可能含有哪些基团？

解答： 红外光谱中 2200 cm^{-1} 左右有吸收，表明分子中可能含有 C≡C 键，C≡N 键和重氮盐中的 N≡N 键，或分子中含有 N═C═O、N═C═S、N═C═N、C═C═O 等。

207. 紫外光谱的横坐标和纵坐标分别代表什么？

解答： 紫外光谱的横坐标是波长，纵坐标是吸收率。

208. 从紫外光谱中可以得到哪些信息？

解答： 紫外光谱给出吸收峰的最大吸收波长和它的摩尔吸光系数，最大吸收波长和它的共轭结构有关，共轭体系越大，HOMO 和 LUMO 能级差越小，最大吸收波长越长。

209. 紫外光谱中有哪几种吸收？

解答： 有机化合物通常含有 C、H、O、N 等原子，有单键、双键和叁键，有共轭体系等结构，所以电子可以在非键轨道（n）、σ 成键轨道或 π 成键轨道上，电子跃迁的种类有很多，主要是 $n \rightarrow \pi^*$ 及 $\pi \rightarrow \pi^*$ 跃迁：

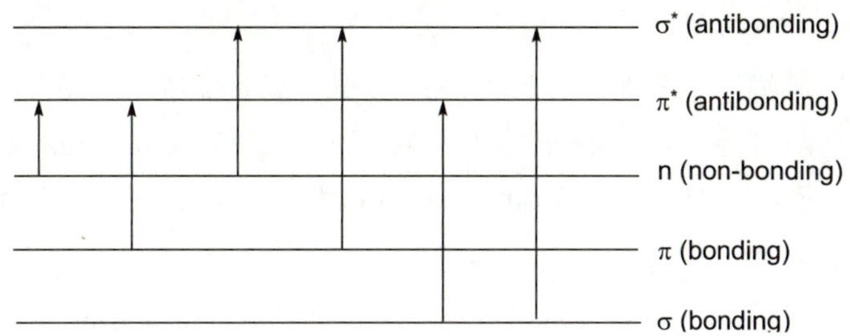

210. 共轭二烯烃上加一个甲氧基或一个二甲氨基，哪一个基团对紫外最大吸收波长影响比较大？它们分别红移多少纳米？

解答： 共轭二烯烃上连一个二甲氨基对最大吸收波长的影响比较大。一般来讲，共轭二烯烃上连一个二甲氨基最大吸收波长将红移 60 nm，而甲氧基和甲基的影响差不多，为 5 ～ 6 nm。

如果是 α,β-不饱和羰基化合物，二甲氨基连在 β 位可以使最大吸收波长红移 95 nm，甲氧基连在 β 位上可以红移 35 nm，甲基连在 β 位上可以红移 12 nm。

211. 有三种物质，分别是邻硝基甲苯、间硝基甲苯和对硝基甲苯，如何快速做出判断？

解答： 可以用氢谱做快速的判断，它们在芳香烃区域的峰形是不一样的。间硝基甲苯在芳香区有一个单峰和一个多重峰；对硝基甲苯在芳香区有两组双重峰；邻硝基甲苯的芳香区峰形较为复杂。

212. 如何迅速判断相同 CH 组成的氟代烃、氯代烃、溴代烃和碘代烃？

解答： 可以用质谱做快速判断。一是分子量不同，二是含一个氯的 M 和 M+2 峰高比是 3∶1，含一个溴的 M 和 M+2 峰高比是 1∶1。

213. 醛和酮是同分异构体的情况下，如何做出快速判断？

解答： 可用氢谱做出判断。和羰基相连的氢的化学位移在 9 左右。

214. 对共轭二烯烃和炔烃的同分异构体，如何进行快速判断？

解答： 可用紫外光谱进行快速判断，共轭二烯烃在紫外光谱中有着更大的最大吸收波长。

215. 环己烷构象中有六个直立键氢和六个平伏键氢，在环己烷环的翻转受到抑制时（如低温条件），哪种氢具有更大的化学位移值？

解答： σ 芳香性带来的 σ 环电流，导致分子的磁各向异性。平伏键上的氢具有更大的去屏蔽效应，有更大的化学位移值。

216. 和环丁烷、环戊烷、环己烷相比，环丙烷上的氢具有最大的屏蔽效应、最小的化学位移值，为什么？

解答： 因为环丙烷具有 σ 芳香性，产生的环电流使得环丙烷中的六个氢处于屏蔽区，因此环丙烷中的氢有着最小的化学位移值。

H H H H

0.198 1.96 1.504 1.429

有机反应机理

217. 共价键断裂的方式有几种？

解答： 共价键断裂的方式有两种，一种是均裂（homolytic fission），产生两个自由基，一种是异裂（heterolytic fission），产生一个带正电的碎片和一个带负电的碎片。

218. 四大有机反应类型分别指的是什么？

解答： 四大有机反应类型有共价键增加的加成反应（addition reaction），共价键减少的消除反应（elimination reaction），共价键数目不变的取代反应（substitution reaction）和骨架发生变化的重排反应（rearrangement reaction）。

219. 用什么样的箭头描述电子对的转移？用什么样的箭头描述单电子转移？

解答： 电子转移有两种方式，一种是单电子转移（single electron transfer），用鱼钩箭头表示（fish hook arrow）；一种是电子对转移（electron pair transfer），用箭头（curly arrow）表示。

220. 如何书写有机反应方程式？原料、产物、试剂、条件分别在方程式中什么位置？

解答： 书写有机反应时，用箭头表示转化，左边是原料（starting material, SM），右边是产物（product, P），上面是试剂（reagent），下面是条件（reaction conditions）：

$$\text{原料}\xrightarrow[\text{条件}]{\text{试剂}}\text{产物}$$

221. 什么是亲核试剂？什么是亲电试剂？

解答： 亲核试剂（nucleophiles）是富电子的物种，和缺电子的物种发生反应。亲核的能力称为亲核性（nucleophilicity）。

亲电试剂（electrophiles）是缺电子的物种，和富电子的物种发生反应。亲电的能力称为亲电性（electrophilicity）

222. 什么是反应进程图？什么是反应的中间体？什么是反应的过渡态？

解答： 反应进程图（energy profile diagram）描述的是有机物种势能（energy）随反应进程（extent of reaction）而变化的曲线，横坐标是反应进程，纵坐标是势能。

反应中间体（reaction intermediate）是有机物种势能变化在波谷时候的物种状态，有一定的寿命，可以被捕获。过渡态（transition state）是有机物种势能变化在波峰时候的物种状态，是反应需要克服的能垒（energy barrier），不能被捕获。

223. 常见的反应中间体有哪些？

解答： 碳正离子、碳负离子、碳自由基、卡宾、乃春等。

224. 过渡态是如何书写的？

解答： 过渡态用“[有机结构]‡”表示，过渡态结构是原料和产物结构平均化后的一种状态，包括键长平均化和电荷平均化。

225. 前过渡态和后过渡态分别指的是什么？过渡态的相对稳定性是如何判断的？

解答： 过渡态更接近原料的称为前过渡态（early transition state），一步放能反应中，其过渡态更接近原料，过渡态结构也接近原料结构，称为类原料过渡态（substrate-like transition state），其相对稳定性按照原料的相对稳定性进行判断。

过渡态更接近产物的称为后过渡态（late transition state），一步吸能反应中，其过渡态更接近产物，过渡态结构也接近产物结构，称为类产物过渡态（product-like transition state），其相对稳定性按照产物的相对稳定性进行判断。

226. 什么是平衡常数？如何计算？

解答： 对于一个平衡反应，两物种之间的势能差（$\Delta G^{\ominus}$，标准 Gibbs 自由能，kJ/mol）和平衡常数（K）之间的关系如下，其中 R 是气体常数，8.314 J/（K·mol），T 是温度，K。

$$\Delta G^{\ominus}= - RT\ln K$$

若平衡偏向于产物，$K>1$，$\Delta G^{\ominus}<0$；若平衡偏向于原料，$K<1$，$\Delta G^{\ominus}>0$；若原料和产物拥有相同的势能，$K=1$，$\Delta G^{\ominus}=0$。

227. 熵变是如何影响反应平衡的方向的？

解答： 有机反应通常忽略熵变，但有一些反应，尤其是加成反应和消除反应等，熵变对反应的方向起着重要的作用。$\Delta G^{\ominus}$（Gibbs 自由能）、$\Delta H^{\ominus}$（焓变，Enthalpy）和 $\Delta S^{\ominus}$（熵变，Entropy）有如下的关系，其中 $\Delta H^{\ominus}$和原料的、产物的稳定性有关，即和旧键键能、新键键能有关，$\Delta S^{\ominus}$和原料的、产物的分子数目有关，温度对熵变变化大的反应影响更大：

$$\Delta G^{\ominus}=\Delta H^{\ominus}-T\Delta S^{\ominus}$$

228. 什么是反应速率常数？反应速率常数和什么因素有关？什么是反应速率？什么是动力学和热力学？

解答： 根据 Arrhenius 公式，反应速率常数（rate constant, k）和反应活化能（activation energy, E_a）成反比，和反应温度 T 成正比，活化能越大，反应速率常数越小；温度越高，反应速率常数越大：

$$k = Ae^{\frac{-E_a}{RT}}$$

反应速率和原料的浓度有关，一个 A 和 B 的反应，它们的浓度分别为 [A] 和 [B]，反应速率（rate of reaction）如下所示：

$$\text{rate of reaction}=k*[A][B]$$

动力学（kinetics）考察的是反应的速率，热力学（thermodynamics）讨论的是原料和产物的稳定性，是平衡常数。

229. 什么是活化能？其和哪些因素有关？温度升高，活化能是降低了还是升高了？

解答： 对一步放能反应而言，活化能是过渡态势能和原料势能的差值，即原料转化为产物需要克服的能垒，用 E_a 表示。它和过渡态的结构及反应条件有关。温度升高，活化能降低，反应速率增大。

230. 什么是放能反应？什么是吸能反应？

解答： 原料和产物的相对势能进行比较，产物势能较低的反应是放能反应（exergonic reaction），产物势能较高的是吸能反应（endergonic reaction）。

231. 反应机理的研究方法有哪些？

解答： 反应机理的研究方法有很多，如分离中间体、在线监测中间体的存在、捕获中间体、添加疑似中间体、同位素标记、获得立体化学证据、获得动力学证据、同位素效应等。

232. 什么是同位素效应？

解答： 用同位素替代做反应动力学研究，如下面的丙酮溴代反应：

O RDS H(D) O Br$_2$ O Br H(D)

k_H/k_D：7

丙酮和氘代丙酮的反应速率之比（k_H/k_D）等于 7，说明烯醇化是反应的决速步骤（rate determining step, RDS），而并非后续的 C—Br 键的生成。

233. 反应的选择性有哪些？化学选择性、区域选择性和立体选择性分别指的是什么？

解答： 当一个反应有多种产物生成，一种产物优于另外几种产物形成的时候，反应具有选择性（selectivity）。化学选择性（chemoselectivity）指的是底物中含有的不同官能团对试剂的反应性不同，一种产物优于另一种产物生成；区域选择性（regioselectivity）指的是一种构造异构体由于另一种构造异构体生成；立体选择性（stereoselectivity）指的是一种立体异构体优于另一种立体异构体生成。

234. 什么是对映选择性？对映体过量如何计算？

解答： 对映选择性是立体选择性的一种，产物是对映异构体，用对映体过量（enantiomer excess, ee）描述反应的选择性：

$$ee=\frac{|R-S|}{|R+S|}\times 100\%$$

235. 什么是非对映选择性？非对映体过量如何计算？

解答： 非对映选择性是立体选择性的一种，产物是非对映异构体，用非对映体比例（diastereomeric ratio, dr）描述反应的选择性：

$$dr = \frac{\text{moles of one diastereomer} - \text{moles of other diastereomer}}{\text{total moles of both diastereomers}} \times 100\%$$

碳碳重键

236. 烯烃和炔烃相比，哪一个更容易给出 π 电子？为什么？

解答： 烯烃更易给出 π 电子，叁键碳原子的电负性大，更抓得住核外电子。

237. 双键亲电加成反应中，常用的亲电试剂有哪些？

解答： 常见的亲电试剂有卤素、氢卤酸、汞盐、硼烷、碳正离子等。

238. 为什么 *cis*-丁-2-烯和溴加成得到一对对映体？而 *trans*-丁-2-烯和溴加成得到一个内消旋体？

解答： 双键加溴是轨道控制的反式加成（*anti*-addition），溴负离子进攻溴鎓离子（brominium）时，溴负离子进入的是 C—Br 键的反键轨道，Br—C—Br 呈线性：

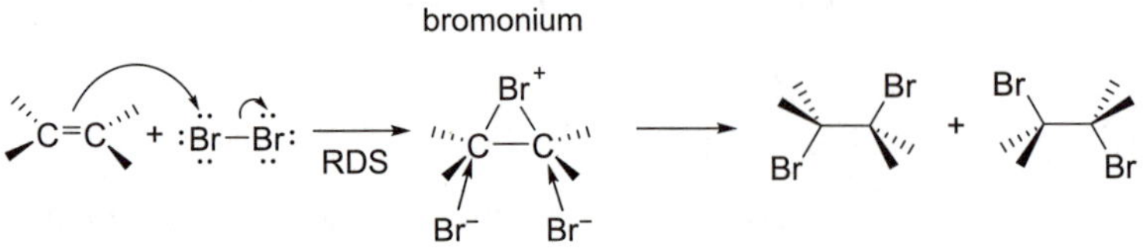

cis-丁-2-烯和溴加成得到一对对映体：

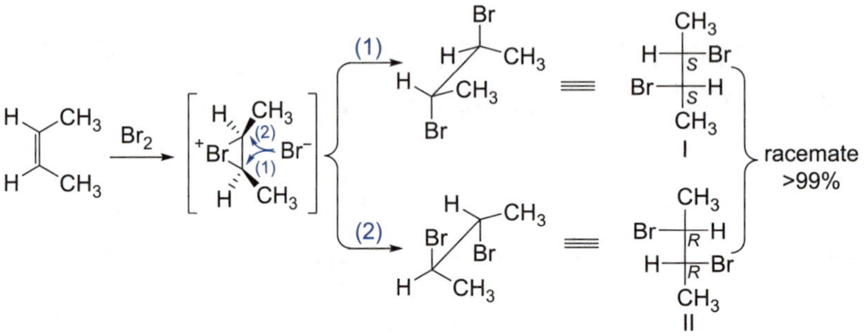

trans-丁-2-烯和溴加成得到一个内消旋体：

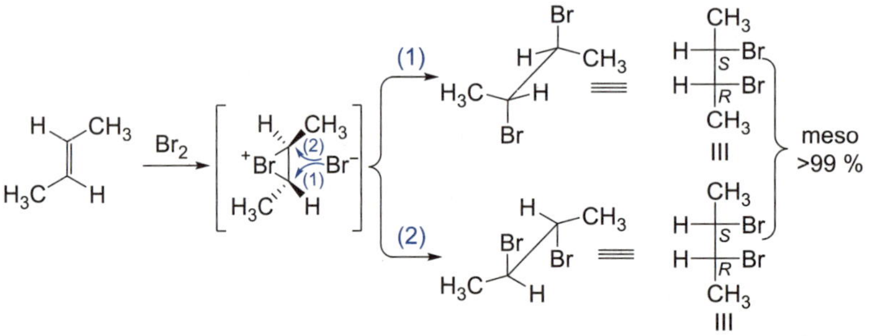

239. 为什么环己烯和溴发生亲电加成反应时选择 1,2-反式双直立键加成的模式？

解答： 环己烯反式加成得到 **A** 和 **B**，**A** 必须通过扭船式才能得到椅式构象产物，而 **B** 只要改变一点点构象即可获得 1,2-双直立键的椅式构象产物。所以，对于环己烯加溴，通常得到的是 1,2-双直立键加成（1,2-diaxial addition）的产物，尤其是当环上有大体积位阻基团，环不能自由翻转的时候。

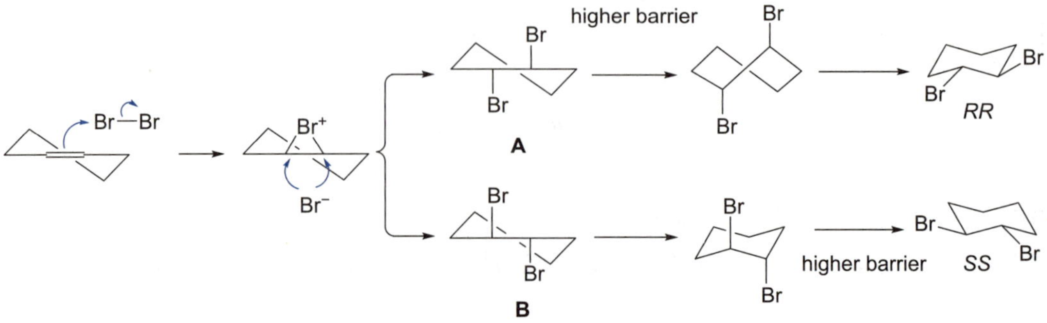

240. 反应过程中采用“构象改变为最小”的模式进行，为什么？

解答： 构象的改变是单键旋转导致的，构象改变越小，需要的能量越小，如同环己烯加溴容易得到 1,2-双直立键产物，而并非 1,2-双平伏键产物一样，这种现象称为“构象改变为最小”原理。

241. 双键通过羟汞化 / 还原水合时，需要用等量的汞盐及等量的硼氢化钠。为什么叁键通过羟汞化水合时，只需要催化量的汞盐，后续也不需要硼氢化钠？

解答： 双键发生羟汞化反应（oxymercuration）得到的 C—Hg 键必须用还原试剂（如硼氢化钠）才能将 C—Hg 还原得到醇：

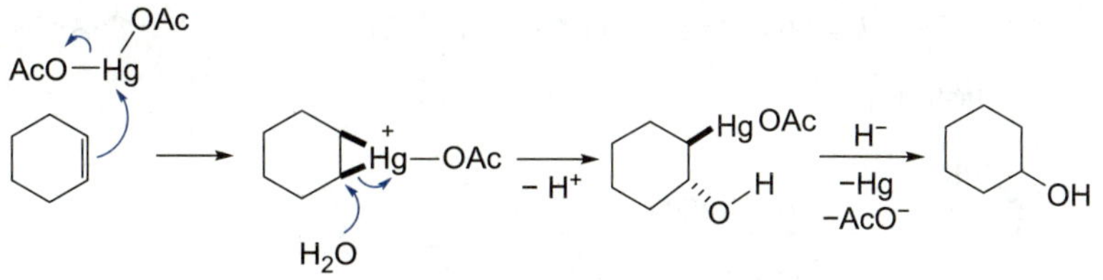

叁键发生羟汞化反应得到的是烯醇，能互变异构成含 α-Hg 的羰基化合物，受羰基吸电子的影响，Hg/H 通过烯醇互变发生交换，释放的 Hg^{2+} 可以循环使用，最后得到甲基酮：

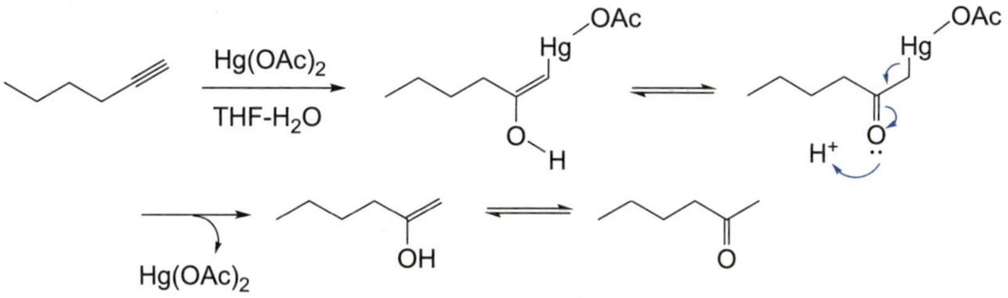

因此，双键的羟汞化 / 还原反应需要等物质的量的醋酸汞和硼氢化钠；而叁键的羟汞化反应水合只需要催化量的醋酸汞，而且不需要还原试剂。

242. 双键通过硼氢化 / 氧化水合时，如何理解反应的立体选择性和区域选择性？

解答： 双键硼氢化是经环状过渡态进行的，有区域选择性（极性和位阻）和立体选择性（同面加成）：

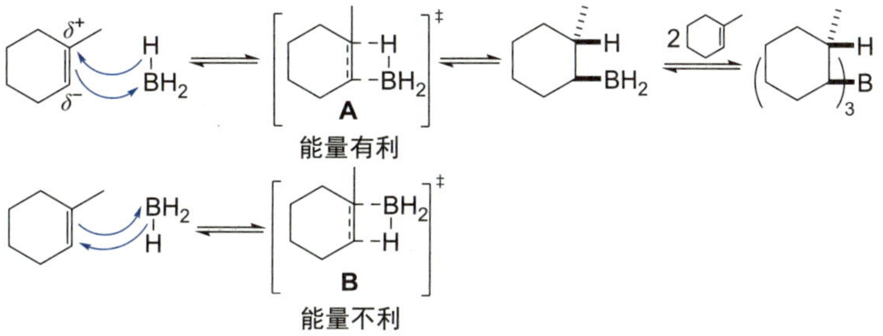

能量有利

能量不利

双键硼氢化得到的三烷基硼在碱性过氧化氢条件下发生氧化，涉及烷基在碱性条件下迁移到邻位缺电子氧原子，迁移过程是构型保持，和碳正离子重排不同的是烷基的迁移能力是伯碳 > 仲碳 > 叔碳：

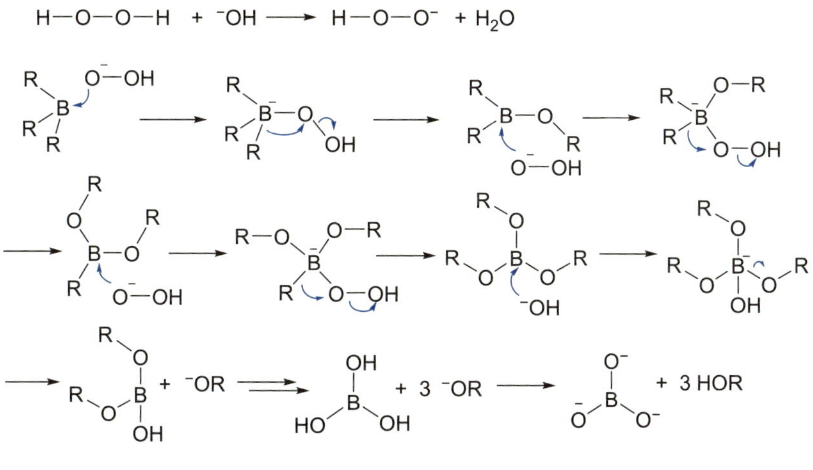

$$H—O—O—H + {}^{-}OH \longrightarrow H—O—O^{-} + H_2O$$

243. 什么是“邻基参与”？其对轨道方向性有没有要求？可以发生邻基参与的基团通常指的是能给出电子的基团，它们有哪些？

解答： 邻基参与（neighboring group participation, NGP）指的是分子中邻近的亲核基团会对反应中心发生亲核取代反应的速率和立体选择性产生影响。

如下所示的顺 / 反异构体在醋酸 / 醋酸钠体系中发生溶剂解，反式原料的反应速率是顺式原料的 671 倍。反式原料得到构型保持的产物，顺式原料得到部分外消旋化的产物。

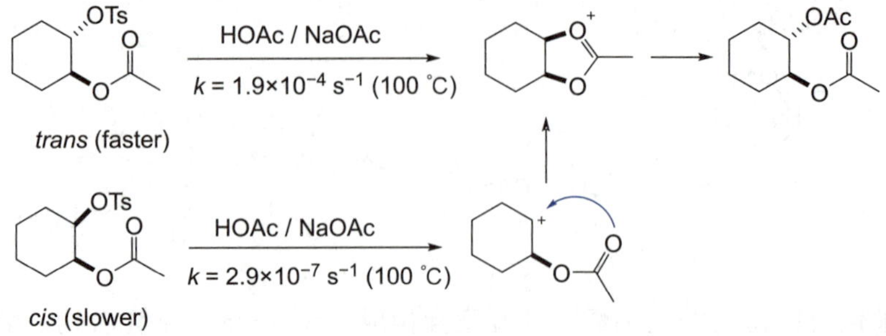

OTs
O
O
trans (faster)
HOAc / NaOAc
k = 1.9×10⁻⁴ s⁻¹ (100 °C)
OAc
OTs
cis (slower)
HOAc / NaOAc
k = 2.9×10⁻⁷ s⁻¹ (100 °C)

反式原料中，羰基上的孤对电子可以填充到C—OTs的反键轨道上去，满足轨道方向性的要求，直接发生邻基参与；顺式原料中，C—OTs 解离后先生成碳正离子，再被分子内 OAc 邻基参与得到五元环。所以反式不仅速率快，而且具有立体专一性：

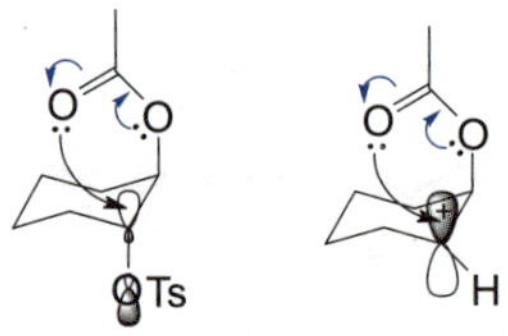

OTs
H

邻基参与形成的五元环中间体可以通过原酸酯的形成得到证明：

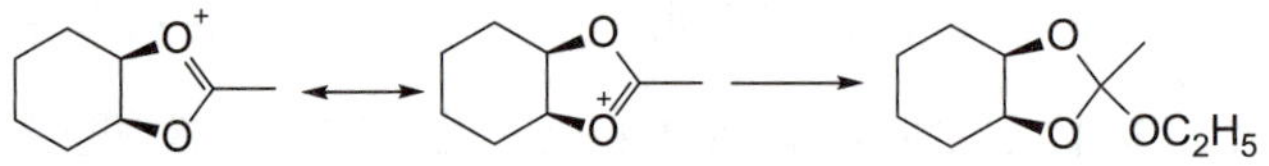

OC2H5

邻基参与基团可以为杂原子上的孤对电子、双键、叁键甚至单键等，但前提是给电子轨道和受电子轨道的部分重叠，即要满足轨道方向性的要求。

244. 什么是碳正离子的 Meerwein 重排？重排的动力是什么？

解答： Meerwein 重排指的是 σ 键上电子迁移到邻位空的 p 轨道中去，形成新的碳正离子，重排的动力是生成更稳定的碳正离子：

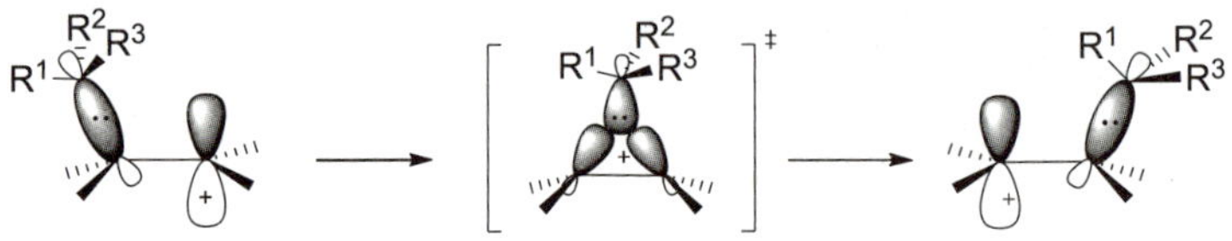

R1
R2
R3

245. [1,2]-H 迁移和 [1,2]-R 迁移分别指的是什么？烷基链上伯、仲、叔烷基的相对迁移能力如何？

解答： [1,2]-H 迁移和 [1,2]-R 迁移分别指的是迁移的基团是 H 和 R：

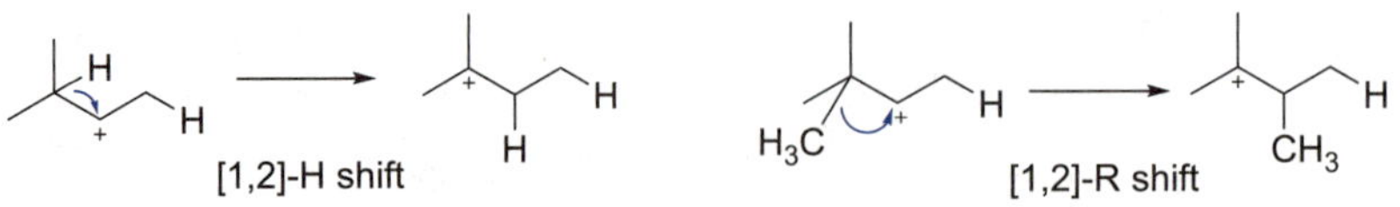

H
[1,2]-H shift
H3C
CH3
[1,2]-R shift

由于经过缺电子性的三元环状过渡态，正电荷越分散，过渡态的能垒越低，反应越有利。所以，伯、仲、叔烷基的相对迁移能力是 $R_3C > R_2CH > RCH_2$：

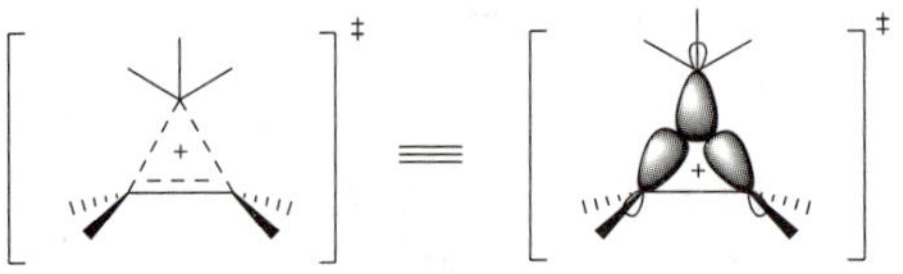

246. 发生在环烃上的 [1,2]-迁移和发生烷基链上的 [1,2]-迁移，有什么本质的区别？

解答： 当烷基链上发生碳正离子重排的时候，C—C 键的自由旋转容易达到三元环状过渡态，迁移的顺序与容纳正电荷的能力有关，即叔碳优于仲碳，伯碳最难迁移；当环烃上烷基发生迁移时，迁移首先满足的是轨道方向性，其次才是容纳正电荷的能力。

247. 立体选择性和立体专一性的区别是什么？为什么说 [1,2]-R 迁移是立体专一性的？

解答： 立体选择性（stereoselective）指的是一个立体异构体优于另一个立体异构体形成；立体专一性（stereospecific）指的是唯一。

烯烃和溴的亲电加成是具有立体选择性的，反-丁-2-烯和溴发生反式加成主要得到内消旋产物，即（2*R*,3*S*）-2,3-二溴丁烷，副产物是（2*R*,3*R*）-或（2*S*,3*S*）-2,3-二溴丁烷。

[1,2]-R 迁移过程中，烷基没有离开分子的骨架，σ（C—C）键直接迁移到邻位；若碳原子上连有三个不同的基团，它们连接的次序不会改变，即是烷基构型保留的迁移，称为立体专一性。

248. 发生 [1,2]-Ar 迁移时，迁移的速度和芳基上的取代基有密切的关系。*p*-硝基苯基和 *p*-甲氧基苯基，哪一个更容易发生迁移，为什么？

解答： 对甲苯磺酸苯乙醇酯在醋酸和醋酸钠体系中溶剂解，其中的一个碳用 ^{14}C 同位素标记，以 1∶1 的收率得到两个产物，一个是骨架不变产物，一个是苯基迁移的产物。

HOAc / NaOAc；OAc⁻；a；b；50%；50%

苯基迁移产物

苯基迁移过程中，经过三元环螺苯鎓离子中间体，若苯环对位有甲氧基给电子，则能稳定此中间体，若对位有硝基吸电子，苯环的迁移难以发生：

H_3CO　　O_2N

249. 双键容易在酸性条件下发生异构化，为什么？

解答： 双键容易在酸性条件下质子化形成碳正离子，如果有 2 个或 2 个以上 *β*-H，脱质子的时候就会有选择，从而发生双键的异构化，生成更稳定的烯烃：

H^+；$-H_b$；$-H_c$

250. 什么是均相催化？什么是异相催化？

解答： 均相催化（homogeneous catalysis）指的是催化剂溶解在反应体系中，和反应体系成一相；异相催化（heterogeneous catalysis）指的是催化剂不溶解在反应体系中，以固体形式分散在体系中。

251. 什么是 Lindlar 催化剂？它对炔烃还原的立体选择性如何？

解答： Lindlar 催化剂是钝化的 Pd 催化剂。将 Pd 沉积在 $CaCO_3$ 上，可以看作中毒的 Pd 催化剂，加氢还原叁键的时候，反应停留在生成双键的阶段。反应过程中叁键吸附在催化剂表面发生加氢，产物是 *cis*-alkene。

252. Na/NH_3 和 $NaNH_2$，哪一个是还原剂，哪一个是碱？

解答： Na/NH_3 是金属钠溶解在液氨体系中，易给出电子，是还原剂；$NaNH_2$ 是强碱，氨基负离子夺质子表现出碱性。

253. 用溶解金属还原炔烃得到的是反式烯烃？为什么？

解答： 溶解金属还原炔烃的机理如下：

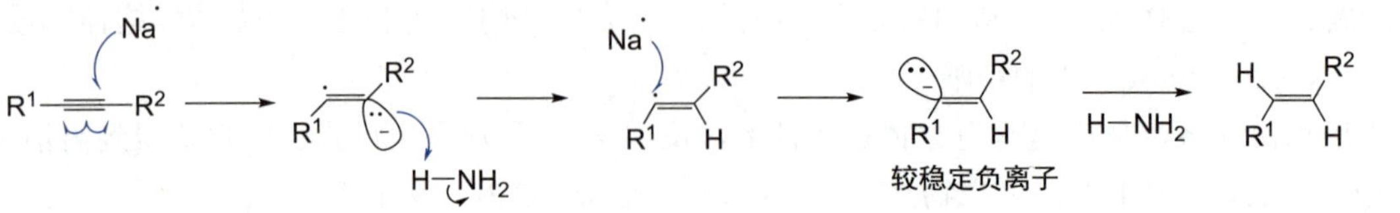

Na
R1
R2
H—NH2
Na
R1
R2
H
较稳定负离子
H—NH2
H

反应过程经历了阴离子自由基、自由基、负离子中间体，当 R^1 和 R^2 在同侧时，三种中间体均不稳定。

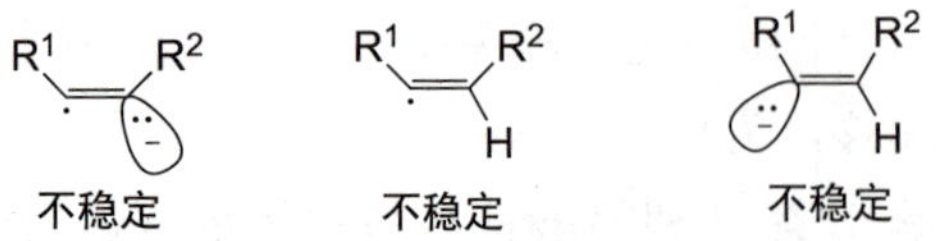

R1
R2
不稳定
H
不稳定
不稳定

254. 烯烃和炔烃相比，哪一个更容易得到单电子形成阴离子自由基？为什么？

解答： 炔烃得到电子后形成的阴离子自由基更为稳定：

e
e

255. 用稀的高锰酸钾氧化双键时，过渡态的结构是什么样子的？得到什么样的产物？

解答： 用稀的高锰酸钾氧化双键的时候，反应经过五元环状过渡态，因此两个羟基是顺式加成到双键上的：

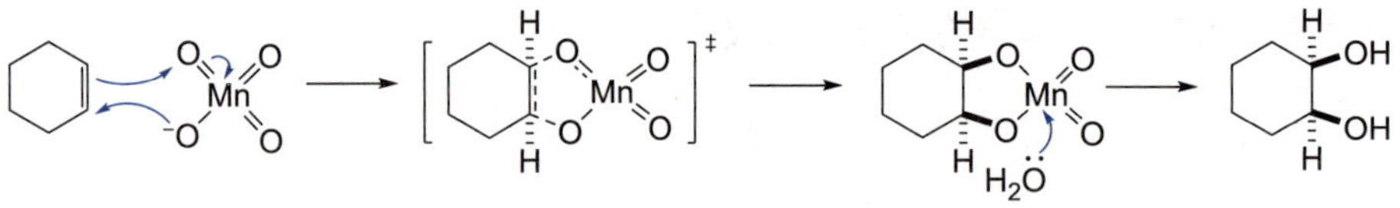

Mn
H
‡
H2O
OH

256. 用 *m*-CPBA 氧化双键时，双键的电子云密度是如何影响反应速率的？

解答： "*m*-CPBA 氧化双键" 用的是双键的 HOMO 轨道给电子和 O—O 单键的 LUMO 轨道得电子，通过螺环过渡态进行。双键的电子云密度越强，反应速率越快。

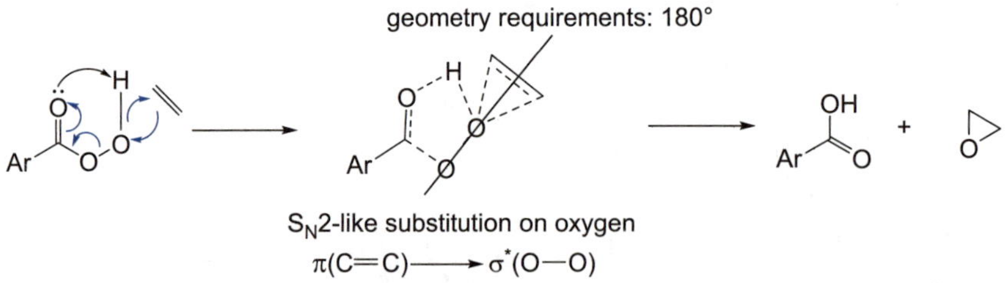

geometry requirements: 180°
Ar
H
OH
SN2-like substitution on oxygen
π(C=C)——→σ*(O—O)

257. 对环己烯进行双羟基化，如何得到顺式双羟基化产物？如何得到反式双羟基化产物？

解答： 结合以上两题，用稀高锰酸钾氧化双键得到顺式双羟基化产物；用 *m*-CPBA 环氧化 / 再水解将得到反式双羟基化产物：

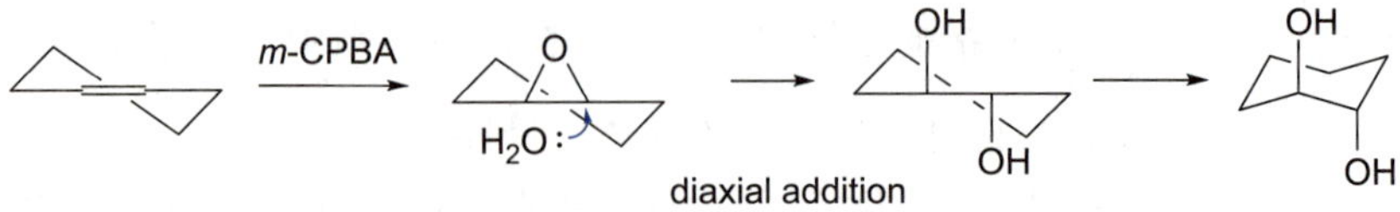

m-CPBA
H2O:
OH
diaxial addition

258. 臭氧对双键进行氧化断裂，不同的后处理方式得到不一样的产物。还原后处理和氧化后处理分别指的是什么？

解答： 烯烃的臭氧化反应通过偶极环加成-逆偶极环加成-偶极环加成得到臭氧化物（ozonide）：

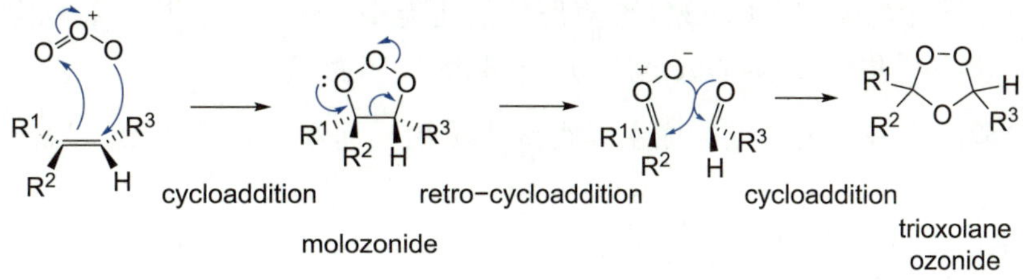

cycloaddition　molozonide　retro−cycloaddition　cycloaddition　trioxolane ozonide

得到的臭氧化物是不稳定的，本身具有氧化性，如果不加还原剂进行后处理，则得到进一步氧化的产物：

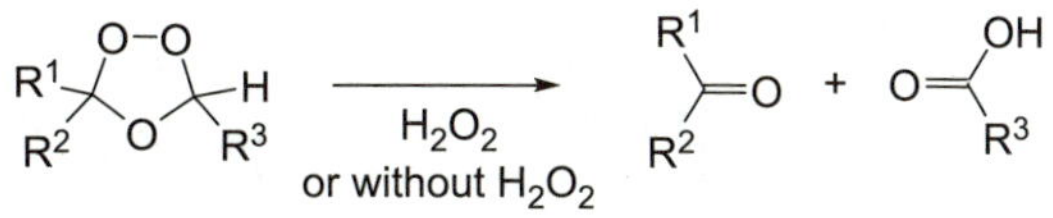

H_2O_2 or without H_2O_2

如果在还原的条件下进行，则得到醛：

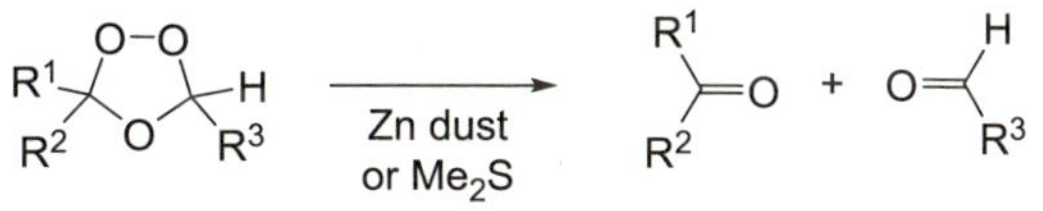

Zn dust or Me_2S

259. 高碘酸氧化断裂邻二醇，对邻二醇的空间需求是什么样的？

解答： 如下所示，邻二醇和高碘酸的反应通过五元环状过渡态进行，对邻二醇的要求是要能形成五元环：

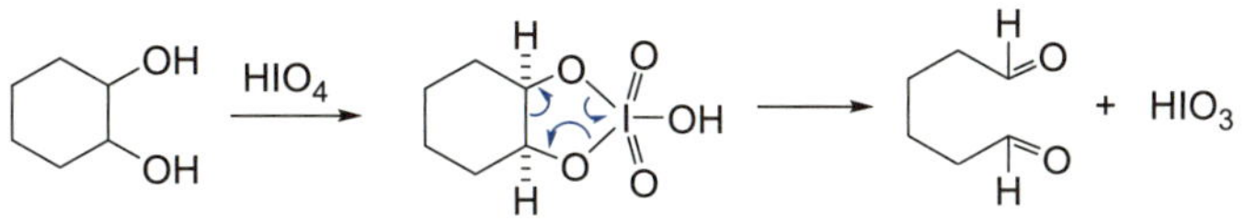

HIO_4　+ HIO_3

260. 4-叔丁基环己-1,2-二醇有几个立体异构体？用高碘酸氧化这些邻二醇时，哪几个可以被高碘酸氧化？

解答： 4-叔丁基环己-1,2-二醇有三个手性中心，8 个立体异构体。其中叔丁基在 a 键上的 4 个不予考虑，不是优势构象；高碘酸氧化过程中涉及五元环状中间体，两个羟基取顺式的有两种，**A** 和 **B** 均能形成五元环被高碘酸氧化；两个羟基取反式的也有两种，**C** 和 **D**，**C** 不能形成五元环而被高碘酸氧化。

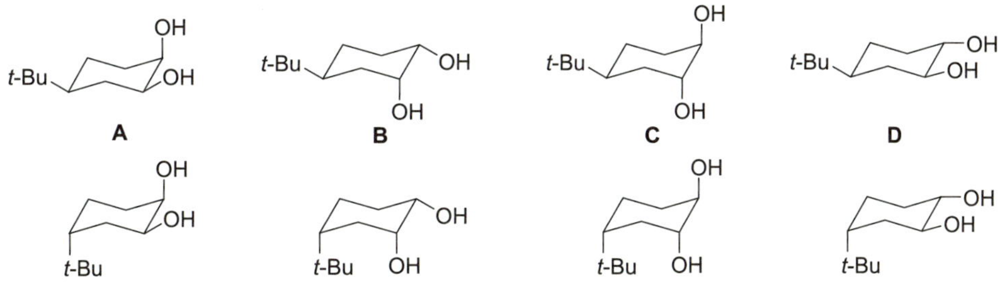

A　B　C　D

261. 共轭二烯的亲电加成将得到 1,2-加成和 1,4-加成产物。为什么说 1,2-加成是动力学控制的？ 1,4-加成是热力学有利的？产物选择性受什么因素控制？

解答： 以共轭二烯加溴为例：

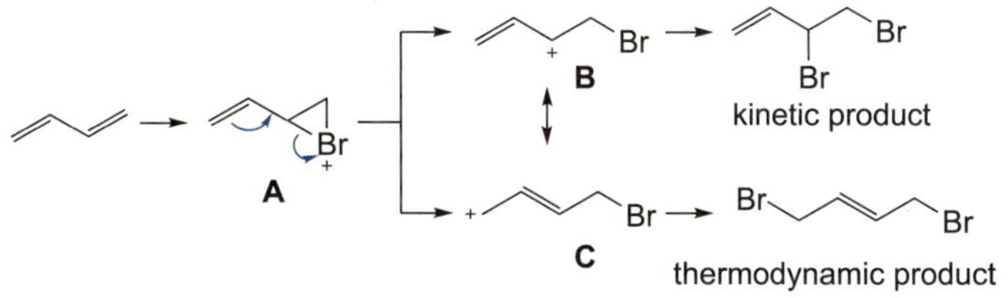

A　B　kinetic product　C　thermodynamic product

1,2-加成是双键加成，通过中间体 **A** 和 **B**（也可以认为只通过 **A** 的 S_N2），1,4-加成是共轭加成，

通过中间体 **A** 和 **C**（也可以认为只通过 **A** 的 S_N2'）。共轭加成要发生双键的位移，但共轭加成得到的是多取代双键。换句话说，共轭加成需要克服的活化能高，但产物结构相对稳定。所以 1,2-加成是动力学控制的（容易发生），1,4-加成是热力学控制的（产物稳定）。

262. 丙二烯和溴化氢发生亲电加成主要得到 2-溴丙烯而不是烯丙基溴，为什么？如何得到烯丙基溴？

解答： 生成烯丙基溴产物的机理是中间碳先形成 C—H 键，生成不稳定的伯碳正离子中间体，经过键的旋转形成稳定的烯丙基碳正离子。这个过程中，第一步过渡态的活化能是很高的。生成 2-溴丙烯的机理是末端碳原子先形成 C—H 键，生成烯基碳正离子，其可以被邻位的三个 C—H 键超共轭稳定。反应温度升高有利于烯丙基溴产物的生成。

1° carbocation

2° vinyl carbocation

芳香烃亲电取代反应

263. 芳香烃亲电取代反应的机理是什么？形成什么样的中间体？

解答： 一般来讲，芳香烃亲电取代是通过加成消除（addition elimination, AE）的机理进行的，通过苯鎓离子中间体（**A**、**B**、**C**），反应分步进行，对大部分的亲电取代来讲，芳香烃和亲电试剂的加成是反应决速步骤：

A　B　C

264. 发生芳香烃亲电取代反应的亲电试剂通常有哪些？它们是如何产生的？

解答： 芳香烃亲电取代有芳香烃的卤代反应、硝化反应、磺化反应和 Friedel-Crafts 烷基化 / 酰基化。亲电试剂分别为卤正离子、硝基正离子、质子化三氧化硫和碳正 / 酰基正离子：

$$X{-}X \xrightarrow{FeX_3} X^+ + FeX_4^-$$

$$HO{-}NO_2 \xrightarrow{H^+} H_2\overset{+}{O}{-}NO_2 \longrightarrow NO_2^+$$

$$SO_3 \xrightarrow{H^+} SO_2{-}\overset{+}{O}H$$

$$R{-}Cl \xrightarrow{FeCl_3} R^+ + FeCl_4^-$$

$$RCOCl + FeCl_3 \longrightarrow RCO^+ + FeCl_4^-$$

265. 芳香烃亲电取代反应的反应速率取决于什么？什么是致活基？什么是致钝基？

解答： 一般来讲，芳香烃亲电取代反应的反应速率取决于加成一步。当苯环上的取代基能提高苯环的电子云密度，即提高苯环的给电子能力的时候，取代苯的反应速率比苯快，取代基称为致活基（activating group）。当取代苯的反应速率小于苯环的反应速率时，取代基称为致钝基（deactivating group）。

266. 甲苯、苯、氯苯进行硝化反应时，其相对反应速率如何？为什么？

解答： 甲苯、苯和氯苯发生硝化反应时，反应速率随之下降，体现出甲基是致活基，氯是致钝基。这是因为甲基的超共轭给电子和诱导给电子使得苯环的电子云密度增大，苯环给电子能力增强；虽然氯具有共轭给电子的性质，但氯强的诱导吸电子使得苯环的电子云密度降低，反应速率下降。

267. 芳香烃亲电取代反应的定位效应取决于什么？什么是邻、对位定位基？什么是间位定位基？

解答： 芳香烃亲电取代反应的定位效应取决于底物的结构和中间体的相对稳定性。单取代苯发生苯环亲电取代反应时，产物以邻、对位取代为主的，称为邻、对位定位基（*o*-,*p*-director）；以间位取代为主的，称为间位定位基（*m*-director）。

268. 常见的致活基有哪些？致钝基有哪些？邻、对位定位基有哪些？常见的间位定位基有哪些？

解答： 常见的致活基有：$—O^-$, —OH, —OR, $—OC_6H_5$, $—OCOCH_3$, $—NH_2$, —NHR, $—NR_2$, $—NHCOCH_3$, —R, $—C_6H_5$

常见的致钝基有：$—NO_2$, $—N^+R_3$, $—SO_3H$, $—SO_2R$, —COOH, —COOR, $—CONH_2$, —CHO, —COR, —CN, —F, —Cl, —Br, —I

常见的邻、对位定位基有：$—O^-$, —OH, —OR, $—OC_6H_5$, $—OCOCH_3$, $—NH_2$, —NHR, $—NR_2$, $—NHCOCH_3$, —R, $—C_6H_5$，—F, —Cl, —Br, —I

常见的间位定位基有：$—NO_2$, $—N^+R_3$, $—SO_3H$, $—SO_2R$, —COOH, —COOR, $—CONH_2$, —CHO, —COR, —CN

卤素是致钝基，但又是邻对位定位基。

269. 当苯环上有两个取代基时，两个取代基的定位效应冲突的时候，如何定位？

解答： 当两个取代基的定位能力有冲突的时候，定位取决于给电子能力强的取代基。

270. 为什么说卤素是致钝基，但又是邻、对位定位基？1-溴-2-乙基苯发生单硝化反应时，主要产物是什么？

解答： 卤素的致钝来自于卤素的诱导吸电子，卤素的邻对位定位来自于卤素的共轭给电子对苯鎓离子中间体的稳定作用。

1-溴-2-乙基苯发生单硝化反应主要得到 1-溴-2-乙基-4-硝基苯：

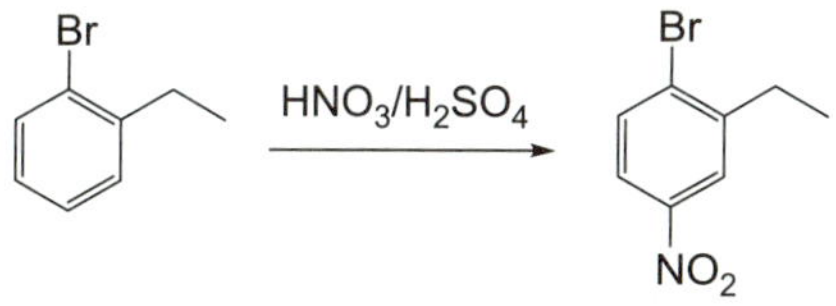

Br　$\xrightarrow{HNO_3/H_2SO_4}$　Br　NO_2

271. 苯酚的氢谱有四组峰，从低场到高场，四组峰的面积比为 2:1:2:1，加重水后，三组峰消失。哪三组峰消失？为什么？

解答： 苯酚的四组峰分别为：羟基上的氢和邻、间、对位上的氢。通过烯醇互变和 H/D 交换，羟基上氢及邻对位上的氢可以被 D 置换，这三组峰将消失，间位上的氢将保留下来：

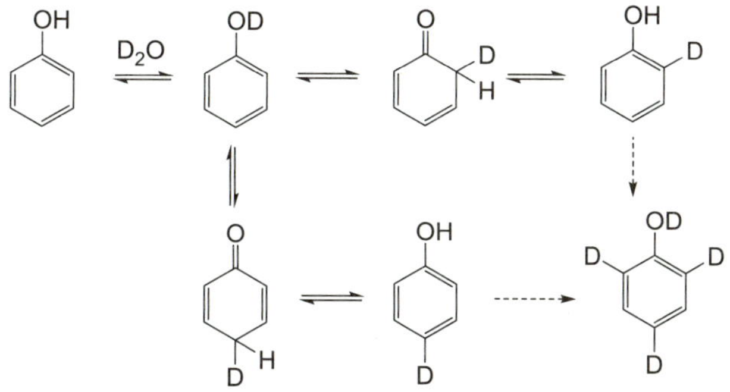

OH　D_2O　OD　O　D　H　OH　D　O　H　D　OH　D　OD　D　D　D

272. 苯酚和溴发生反应，最多可以上 4 个亲电的溴，产物的结构是什么？含 4 个溴的产物是如何形成的？

解答：苯酚上三个溴以后得到2,4,6-三溴苯酚，还能继续和溴反应得到四溴代产物：

273. 如何降低苯酚中羟基的活性得到单取代的产物？

解答：羟基的共轭给电子使得苯环的电子云密度增加，从而活化苯环，提高苯环亲电取代的反应速率，并得到多取代的产物，如下图所示：

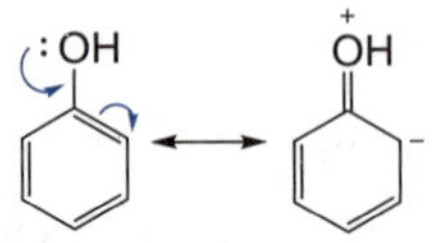

将苯酚乙酰化得到乙酸苯酯，酚氧的孤对电子部分共振到羰基上，从而降低了共轭给电子到苯环的能力，即降低了苯环亲电取代的反应性，如下所示：

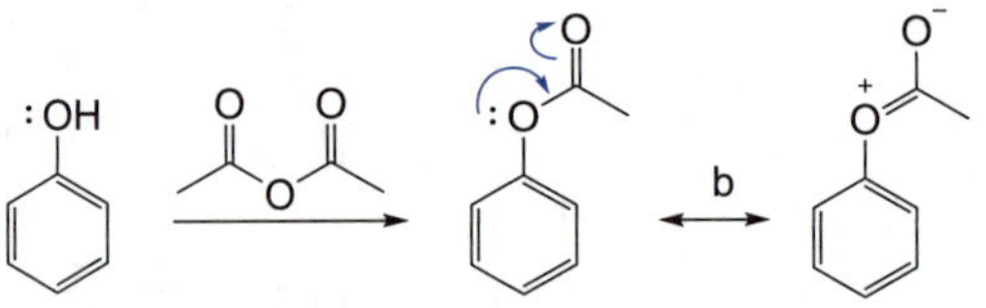

274. 如何降低苯胺中氨基的活性，得到单取代的产物？

解答：和上一问的策略相同，将苯胺乙酰化，可以达到降低芳环亲电取代反应活性的目的：

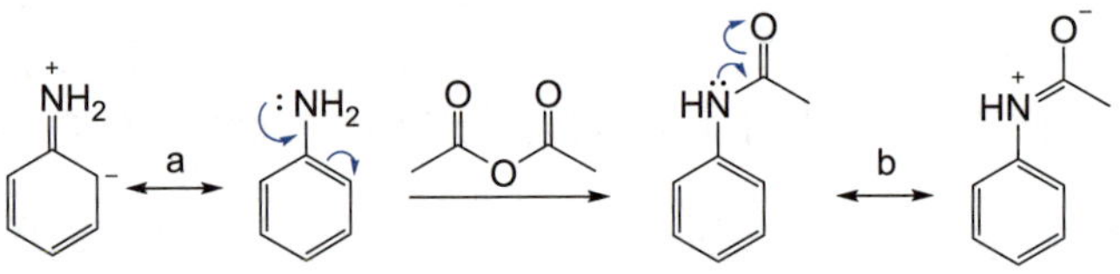

275. 什么是基团的保护和去保护？合成中保护和去保护的意义何在？

解答：当反应物中有两种或两种以上官能团时，反应就会有化学选择性。有时希望活性低的官能团发生反应，反应性强的官能团保留，这个时候就需要对活性高的官能团进行保护（protection），反应完了以后进行去保护（deprotection）。

276. 为什么磺化反应可以作为芳基C—H键的保护基？而硝化反应则不行？

解答：以苯酚为原料制备邻溴苯酚时，需要将羟基对位的C—H键保护起来，再进行溴代。磺酸基可以做保护基使用是因为磺酸基可以在热酸性条件下脱除。硝基不能做保护基是因为硝化反应不可逆。

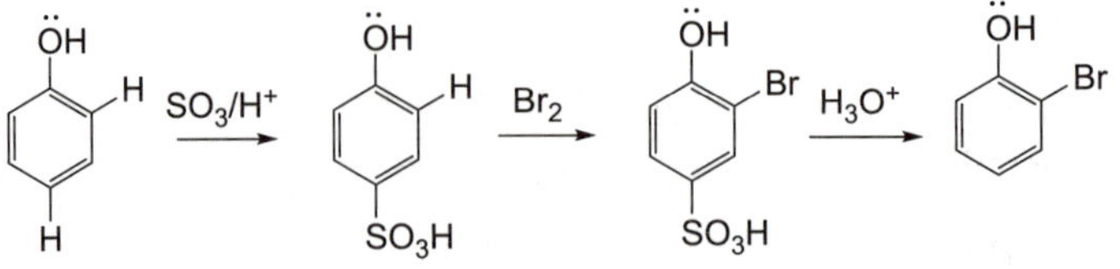

protection of *para* C—H　　deprotection

277. 硝化反应在有机合成上的主要用途是什么？

解答：硝化反应有一定的合成应用，主要原因是硝基可以转化为氨基。硝基和氨基的定位作用是互补的，硝基是间位定位基，氨基是邻对位定位基，而且氨基可以通过重氮盐进行去氨化。

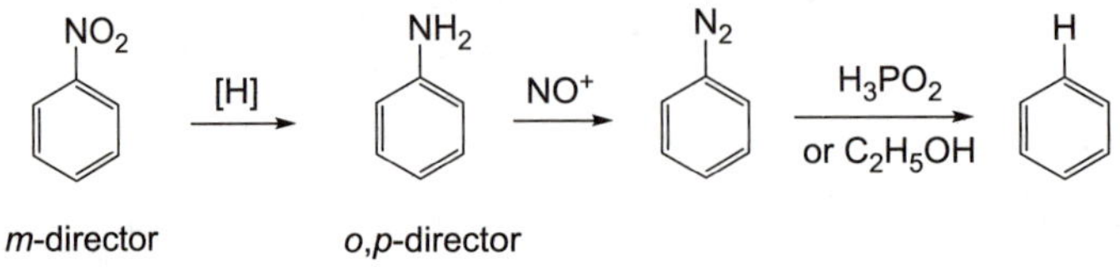

m-director　　*o*,*p*-director

278. 亚硝基是致活基还是致钝基？亚硝基的定位取向又是如何？

解答：亚硝基中氮原子是 sp^2 杂化，孤对电子占据一个 sp^2 轨道，p 轨道和氧原子中 p 轨道成双键，并与苯环共轭。因此亚硝基是吸电子基，是致钝基，是间位定位基：

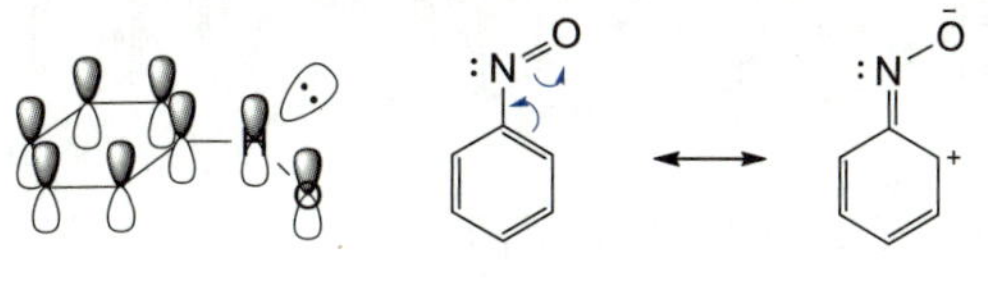

m-director

279. *N*-亚硝基苯胺在 HCl 中可以重排成 *p*-亚硝基苯胺。如果体系中含有 *N,N*-二甲基苯胺，主要产物为 *p*-亚硝基-*N,N*-二甲基苯胺。重排反应是分子内的还是分子间的？

解答：反应过程中有自由的亚硝基正离子产生，重排反应是分子间的：

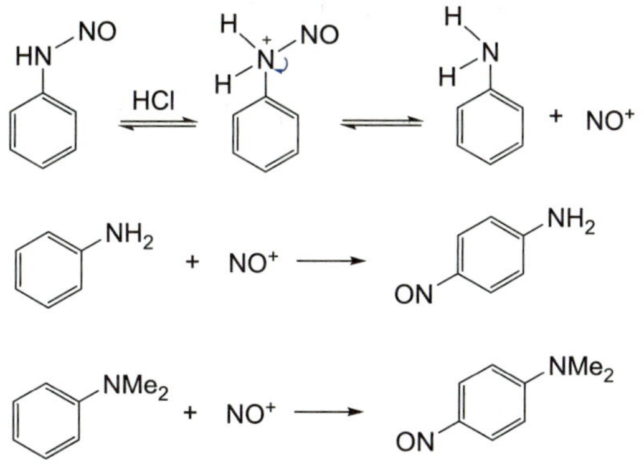

280. 用 HCl 处理 *N*-氯代乙酰苯胺得到 *o*-氯乙酰苯胺和 *p*-氯乙酰苯胺，试解释之（有 Cl_2 产生）。

解答：反应机理如下所示，过程中产生氯气：

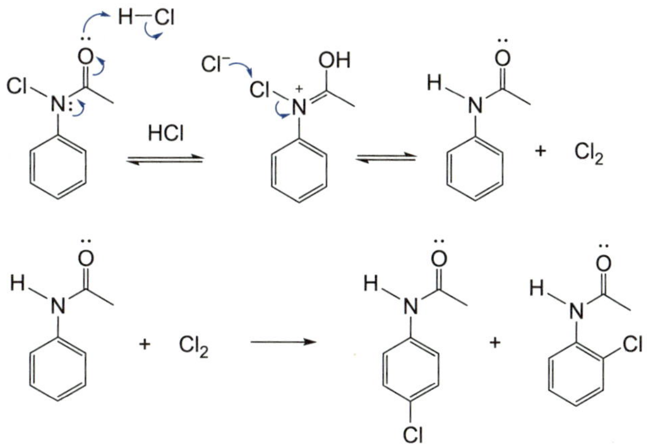

281. 硝基正离子和亚硝基正离子相比，哪一个是更强的亲电试剂？

解答：硝基正离子更缺电子，是更强的亲电试剂。

282. *N,N*-二甲基苯胺进行硝化反应时，质子酸的酸性过强将得到间位硝化的产物，为什么？

解答：*N,N*-二甲基苯胺是碱，在强的质子酸条件下将被质子化，二甲氨基是邻对位定位基，铵盐是间位定位基：

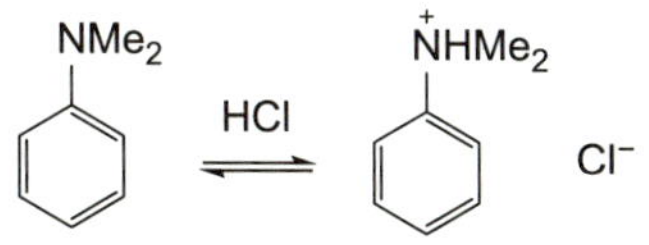

283. 对于芳烃的 Friedel-Crafts 烷基化 / 酰基化反应，芳烃上取代基的限制性条件是什么？两个反应的合成意义何在？

解答：芳环电子云密度大于苯环的，可以发生 Friedel-Crafts 烷基化 / 酰基化反应。

芳烃 Friedel-Crafts 烷基化是制备烷基苯的方法之一，但由于反应经过碳正离子中间体，碳正离子的重排会使产物复杂化。如下所示，反应得到的主要产物是异丙苯，副产物是正丙苯：

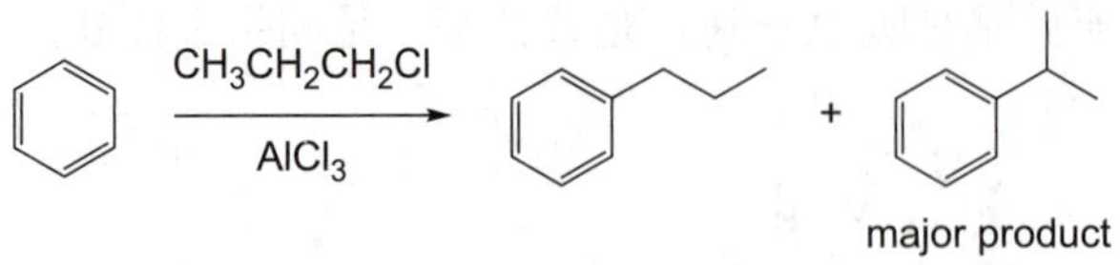

$CH_3CH_2CH_2Cl$
$AlCl_3$
+
major product

通过 Friedel-Crafts 酰基化反应，可以得到正丙苯：

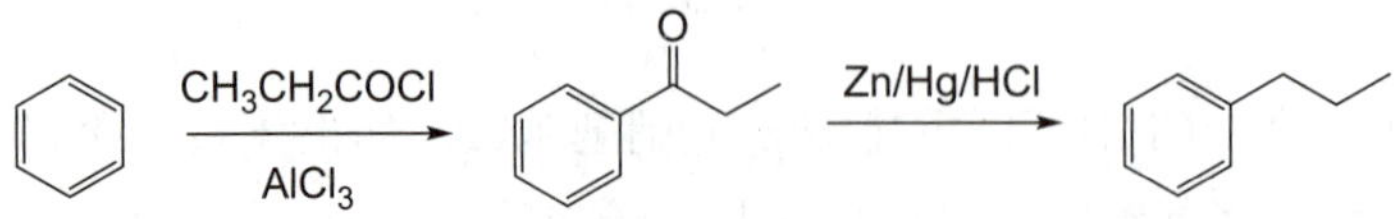

CH_3CH_2COCl
$AlCl_3$
Zn/Hg/HCl

284. 用三氟醋酸铊和苯反应，继而和 KI 的水溶液反应，是制备碘代苯的方法之一。用苯甲醇做底物得到 100% 的 *o*-碘苯甲醇；用正丙基苯做底物的时候得到 *o*-、*m*-和*p*-碘代正丙苯的比例为 3∶6∶91。试解释之。

解答： 三氟醋酸铊是 Lewis 酸，和苯反应，继而和 KI 的水溶液反应得到碘苯的机理如下：

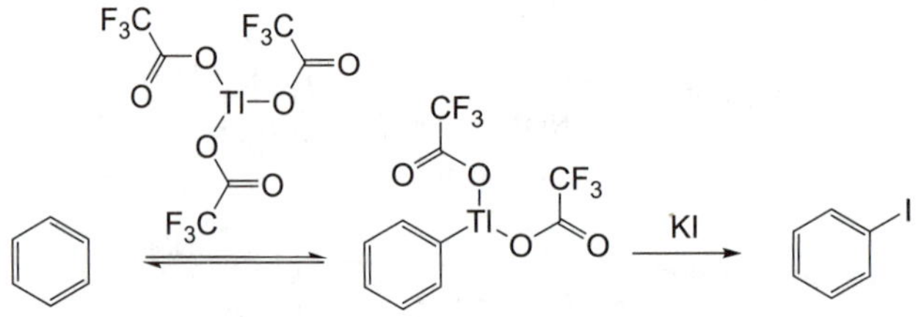

KI

苯甲醇中的羟基具有导向作用，铊化反应发生在邻位：

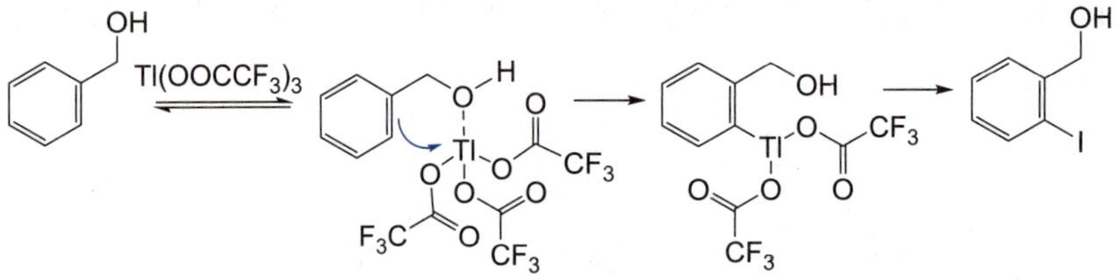

$Tl(OOCCF_3)_3$

正丙苯发生铊化反应时，得到对位最多的产物是因为丙基的定位效应和空间位阻；得到少量间位产物是因为铊化反应是可逆的，间位是反应时间长了得到的热力学产物：

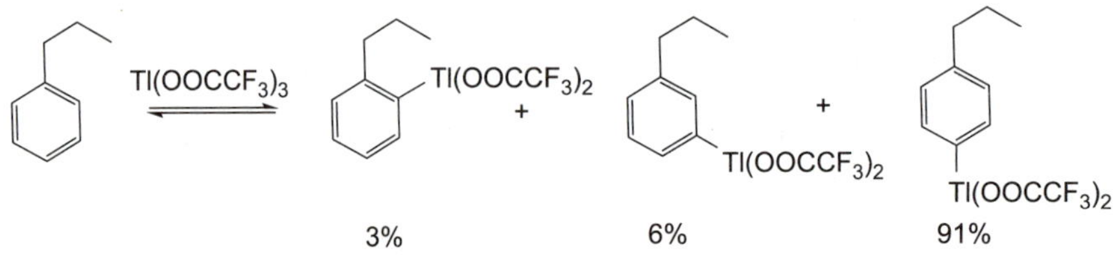

$Tl(OOCCF_3)_3$
$Tl(OOCCF_3)_2$
+
$Tl(OOCCF_3)_2$
+
$Tl(OOCCF_3)_2$
3%
6%
91%

285. 如果反应试剂和反应条件许可，为什么苯发生乙基化会形成 1,3,5-三乙基苯？

解答： 芳烃 Friedel-Crafts 烷基化是可逆的，1,3,5-三乙基苯中乙基之间的空间位阻小，是反应的热力学产物。

286. 氟代杜烯（3-氟-1,2,4,5-四甲基苯）在 30 ℃乙酸介质中发生溴代反应的速率是杜烯（1,2,4,5-四甲基苯）的 2.31 倍，为什么？

解答： 取代基分类是经验总结，并不是一成不变的。一般来讲，卤素是致钝基但是是邻对位定位基。当氟代杜烯发生反应时，生成如下苯鎓离子中间体，其被氟的共轭所稳定，有效降低了反应的活化能，反应速率比没有氟代的快：

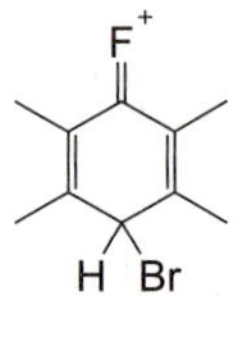

287. 萘和蒽分别进行亲电取代反应时，容易发生在哪一个位置？

解答： 萘的亲电取代发生在萘的 α-位，即萘的 1,4,5,8-位；蒽的亲电取代发生在蒽的 9,10-位：

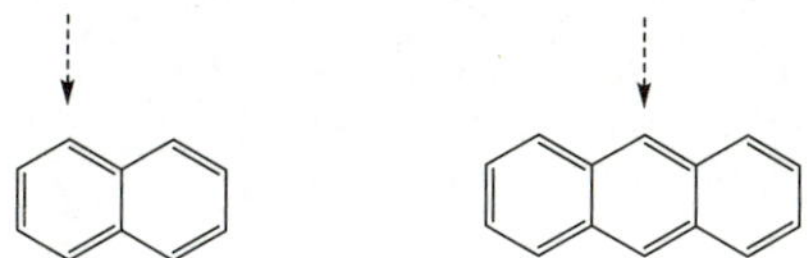

288. 苯、吡咯、吡啶相比较，哪一个最富电子，最容易发生亲电取代？

解答： 吡咯最富电子，最易发生亲电取代；吡啶最缺电子，最不易发生亲电取代。

289. 吡咯、呋喃和噻吩进行亲电取代时，容易发生在哪个位点？

解答： 呋喃和噻吩进行亲电取代发生在 2 位，吡咯发生在 2 位和 3 位。

290. 吲哚发生亲电取代时，最容易发生在哪个位点？当 3 位上有取代基时，亲电取代反应将如何发生？

解答： 吲哚发生亲电取代时在 3 位上：

当 3 位上有取代基时，亲电取代反应先发生在 3 位上，然后重排得到产物：

291. 苯环发生 Birch 还原经过哪几个中间体？取代基是如何影响 Birch 还原的区域选择性的？

解答： 和液氨中溶解金属还原炔烃相类似，苯的 Birch 还原经过阴离子自由基、自由基和阴离子中间体，它们的醌式结构均比共轭二烯烃式结构稳定：

对于有吸电子基团的还原，质子化先发生在取代基的对位，生成的自由基更稳定；对于有给电子基团的还原，质子化先发生在取代基的邻位，生成的自由基更稳定。反应的选择性如下：

COOH $\xrightarrow[C_2H_5OH]{Li,\ NH_3}$ $\xrightarrow{H_3O^+}$ COOH　　OMe $\xrightarrow[C_2H_5OH]{Li,\ NH_3}$ OMe

自由基化学

292. 产生自由基的方式有哪些？

解答： 自由基产生的方式有：共价键在加热或光照条件下的均裂，π 电子在光照条件下的电子跃迁，单电子转移等多种方式。

293. 常用的自由基引发剂有哪些？

解答： 常用的自由基引发剂有过氧化物、偶氮化合物等。如过氧苯甲酰，其 O—O 键裂解的温度为 150 ℃，偶氮二异丁腈裂解成异丁腈自由基和氮气的温度为 70 ℃左右。

294. 常见的自由基反应有哪些？

解答： 常见的自由基反应有自由基加成、自由基取代等。

295. 烷烃发生自由基卤代反应时，叔氢、仲氢、伯氢的相对反应性如何？

解答： 叔氢、仲氢、伯氢的反应性依次减弱，因为叔碳、仲碳、伯碳自由基的相对稳定性降低。

296. 烷烃发生自由基卤代反应时，溴代反应和氯代反应相比，哪一个反应速率快？哪一个选择性好？为什么？

解答： 氯代反应速率快，选择性低。

氯代反应中氯自由基拔氢生成烷基自由基的一步是放能的，过渡态是前过渡态，其结构更接近烷烃：

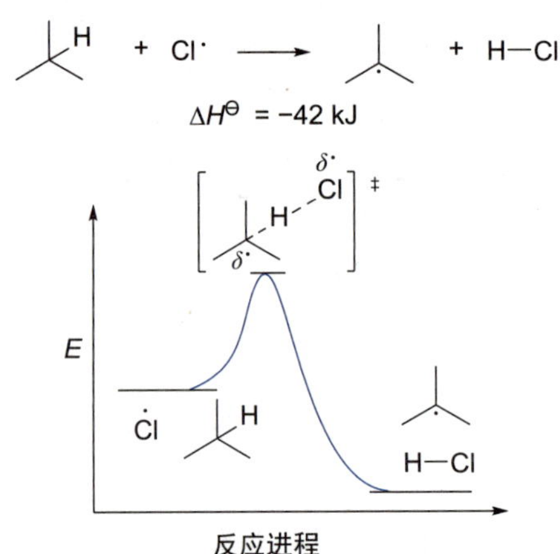

溴代反应中溴自由基拔氢生成烷基自由基的一步是吸能的，过渡态是后过渡态，其结构更接近烷基自由基，是“类自由基过渡态”。叔碳、仲碳、伯碳自由基稳定性有着较大的区别，这一区别在溴代反应中得到体现，所以，溴代反应有着更好的选择性。

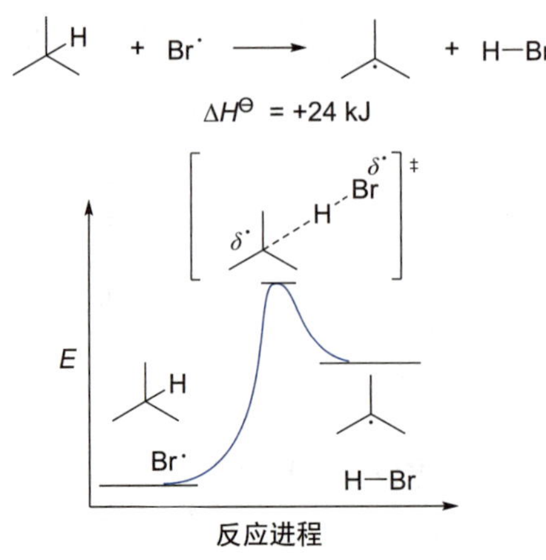

297. 什么是过氧效应？为什么过氧化物存在下，烯烃和 HBr 有过氧效应，而和 HCl 及 HI 没有过氧效应？

解答： 过氧效应（peroxy effect）指烯烃在过氧化物存在下加溴化氢时，主要产物是“氢加在含氢较少的碳原子上”。

烯烃和 HBr 的加成是亲电加成反应，主要产物受底物极性和中间体相对稳定性的控制，先加到底物上的是质子：

较稳定

在过氧化物存在下，烯烃和 HBr 的加成是自由基加成，先加到底物上的是溴自由基：

RO· + H—Br

较稳定

上述自由基链增长的两步（**1** 和 **2**）均为放能的，反应能够顺利进行并得到自由基加成的产物。类似条件下烯烃和 HCl 的反应，第 **2** 步是吸能的；和 HI 反应第 **1** 步是吸能的，自由基加成均不能很好地发生。因此，烯烃和 HCl 或 HI 发生的是亲电加成，得到“氢加在含氢多的碳原子上”产物。

298. NBS 在什么反应条件下做亲电试剂？什么反应条件下做自由基溴代？

解答： 在非极性溶剂（如 CCl_4 等）中，加热或光照的条件下，*N*-溴代丁二酰亚胺（*N*-bromo-succinimide, NBS）通常做自由基取代；在极性溶剂（如 H_2O 等）中，少量的 HBr 使 NBS 释放 Br_2，NBS 作为亲电试剂使用。

299. 在光照条件下，末端烯烃和一溴三氯化碳发生自由基加成的区域选择性是什么样的？

解答： 在光照条件下，一溴三氯化碳中 C—Br 键发生均裂，三氯甲基自由基先加成到双键上，区域选择性如下：

$$RCH{=}CH_2 + BrCCl_3 \xrightarrow{h\nu} RCHBrCH_2CCl_3$$

300. 在自由基引发剂存在下，用三丁基锡氢还原卤代烃时，自由基的链引发、链增长是如何进行的？如何避免使用等摩尔量的三丁基锡氢？

解答： 在 AIBN 引发下，卤代烃可以被三丁基锡氢还原，根据 Sn—H、C—Br、H—C 及 Sn—Br 的键能变化，反应是放能反应：

$$\underset{308\ \text{kJ/mol}}{H{-}SnBu_3} + \underset{280\ \text{kJ/mol}}{Br{-}R} \xrightarrow{AIBN} \underset{418\ \text{kJ/mol}}{H{-}R} + \underset{552\ \text{kJ/mol}}{Br{-}SnBu_3}$$

自由基的链引发、链增长如下所示：

initiation: AIBN $\xrightarrow{70\ ^\circ C}$ 2 $(CH_3)_2\dot{C}CN$ + N_2

propagation: $\cdot C(CH_3)_2CN + H—SnBu_3 \longrightarrow H—C(CH_3)_2CN + Bu_3Sn\cdot$

$Bu_3Sn\cdot + R—Br \longrightarrow Br—SnBu_3 + R\cdot$

$R\cdot + H—SnBu_3 \longrightarrow Bu_3Sn\cdot + H—R$

利用硼氢化钠可以还原三丁基锡溴的性质，可以用等摩尔量的硼氢化钠和催化量的三丁基锡氢代替等摩尔量的三丁基锡氢。

301. 当用三丁基锡氢还原卤代烃，继而对丙烯腈发生加成时，三丁基锡自由基先攫取溴还是先对丙烯腈发生共轭加成？为什么丙烯腈需要大大过量？

解答： 三丁基锡氢和含有丙烯腈的卤代烃将发生如下反应：

$CH_2{=}CHCN + Br—R \xrightarrow[AIBN]{H—SnBu_3} RCH_2CH_2CN$

生成的三丁基锡自由基先攫取溴而不是先加成到丙烯腈上：

$Bu_3Sn\cdot + Br—R \longrightarrow Bu_3SnBr + R\cdot$

$Bu_3Sn\cdot + CH_2{=}CHCN \dashrightarrow Bu_3SnCH_2\dot{C}HCN$ (weak bond)

丙烯腈用量需要大大过量，因为形成的烷基自由基攫取氢和进攻丙烯腈的速率差不多：

$R\cdot + H—SnBu_3 \longrightarrow H—R + Bu_3Sn\cdot$

$R\cdot + CH_2{=}CHCN \longrightarrow RCH_2\dot{C}HCN$

same rate

302. 当用三丁基锡氢还原含有不饱和键的卤代烃时，将发生自由基环化，通常情况下以小环产物为主？为什么？当链的长度足够时，反应的区域选择性又取决于什么？

解答： 以如下反应为例，得到小环为主的产物：

6-溴-1-己烯 $\xrightarrow{Bn_3SnH,\ AIBN,\ C_6H_6}$ 甲基环戊烷 (85%) + 环己烷 (5%) + 1-己烯 (10%)

当链短的时候，进攻受双键轨道方向性的控制；当链足够长的时候，受取代基效应的控制：

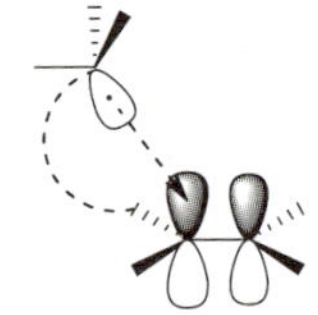

303. 三乙基硼常用作自由基引发剂，引发的机制如何？

解答： 引发是通过单电子转移进行的：

$Et_3B + O{=}O \longrightarrow Et_2B—O—O\cdot + Et\cdot$

304. 为了证明自由基反应机理，通常加顺-1,2-二苯基乙烯或 TEMPO，为什么？

解答： 一般反应条件下，顺、反烯烃不容易发生异构化。如果体系中有自由基生成，自由基加成到双键上，形成的单键可自由旋转，自由基再离去时将形成热力学稳定的反式烯烃。也就是说，反应过程有自由基形成，顺-1,2-二苯基乙烯将异构化成反式：

$R\cdot$ + 顺-PhCH=CHPh $\longrightarrow$ PhCH(R)—$\dot{C}$HPh $\longrightarrow$ (旋转) $\longrightarrow$ 反-PhCH=CHPh

TEMPO 是稳定的自由基，将直接捕获自由基得到稳定的产物：

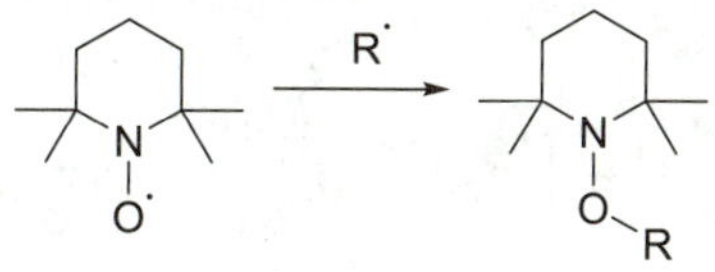

碳卤单键

305. 氟代烃、氯代烃、溴代烃和碘代烃中，哪一个 C—X 键最不容易发生异裂？哪一个 C—X 键最不容易发生均裂？

解答： C—F 键键能最大，不易发生均裂，氟负离子不是好的离去基团，也不容易发生异裂。

306. 饱和卤代烃双分子亲核取代反应（S_N2）对底物和亲核试剂的要求是什么？

解答： 饱和卤代烃的双分子亲核取代反应（nucleophilic substitution, bimolecular, S_N2）受过渡态空间位阻的影响，伯卤代烃最容易发生反应，仲卤代烃其次，叔卤代烃几乎不发生；反应是双分子的，反应速率和亲核试剂的亲核性及浓度有关，亲核性越强，浓度越大，反应越容易发生：

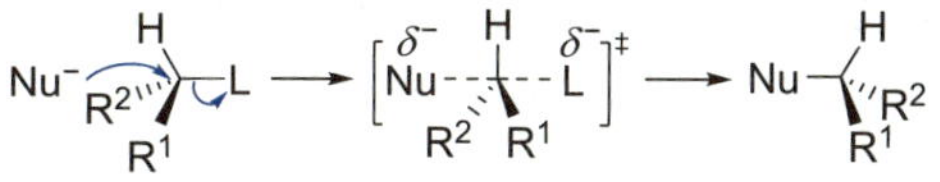

307. 饱和卤代烃单分子亲核取代反应（S_N1）对底物和亲核试剂的要求是什么？

解答： 饱和卤代烃的单分子亲核取代反应（nucleophilic substitution, monomolecular, S_N1）分步进行，经过碳正离子中间体；反应速率只和底物结构和浓度有关，有利于碳正离子稳定的、离去基团离去能力强的，则有利于反应的进行；反应速率和亲核试剂的亲核性和浓度无关：

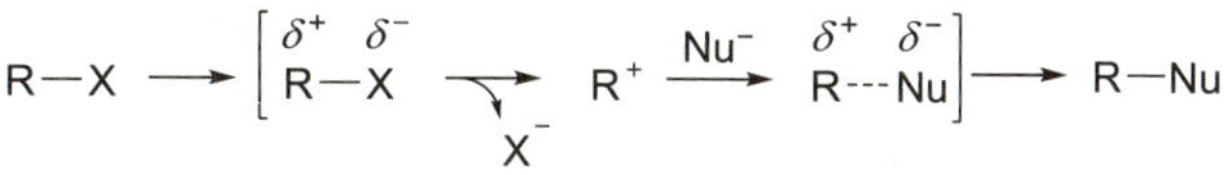

308. 什么是好的离去基团？如何判断基团的离去能力？

解答： 离去以后的中性分子（如水）或阴离子（如碘负离子）的相对稳定性越好，离去能力越强。通常用它们共轭酸的酸性来判断，共轭酸的酸性越强，离去能力越强。

309. 溶剂极性是如何影响 S_N2 和 S_N1 反应的？

解答： 非质子性极性溶剂（如 DMSO）能配位稳定阳离子（如钠正离子），从而削弱阳离子和阴离子的相互作用，提高阴离子的亲核性，对 S_N2 反应有利；质子性极性溶剂（如甲醇）有利于稳定 C—X 键异裂后的碳正离子和阴离子，对 S_N1 反应有利。

310. Walden 翻转指的是什么？为什么 S_N2 反应具有立体专一性？

解答： S_N2 反应受轨道的控制，亲核试剂进入到 C—X 的反键轨道，过渡态中 Nu—C—X 呈直线关系，最后形成 Nu—C 键，离去基团离去，烷基的构型发生翻转，称为 Walden 翻转，反应具有立体专一性（stereospecific）。

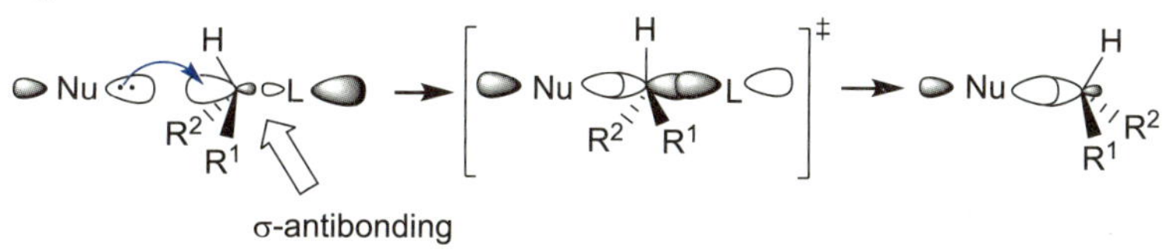

S_N2 中轨道方向性/Walden翻转：

σ-antibonding

311. 卤代环己烷进行 S_N2 反应的立体化学需求是什么样的？

解答： 离去基团在环己烷上有 a 键和 e 键两种情况。如果离去基团在 a 键上，产物中的亲核试剂在 e 键上，反之亦然；亲核试剂分别按下图所示方向靠近底物，提供电子到 C—X 的反键轨道；离去基团在 a 键上时，亲核试剂靠近 C—X 键的位阻较小。如果有体积大的烷基（R）固定环己烷的构象，则离去基团在 a 键的反应更加有利。

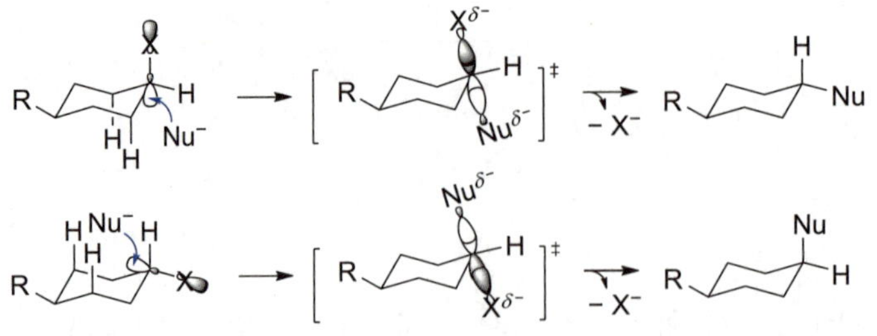

312. 离子对理论指的是什么？为什么 S_N1 反应产物中，构型翻转产物始终大于构型保持产物？

解答： S_N1 反应过程中，C—X 键异裂是有过程的，先解离成紧密离子对，再解离成溶剂间隔离子对，最后完全解离成阳离子和阴离子，并各自通过溶剂化而稳定：

$$R—X \xrightleftharpoons{\text{共价键异裂}} \underset{\text{紧密离子对}}{R^+X^-} \rightleftharpoons \underset{\text{溶剂分隔离子对}}{R^+\|X^-} \rightleftharpoons \underset{\text{溶剂化的碳正离子和阴离子}}{R^+ + X^-}$$

过程中，对于紧密离子对，亲核试剂只能从离去基团的背面进攻，类似于 S_N2 的进攻方式得到构型翻转的产物；对于溶剂间隔离子对，构型翻转产物要大于构型保持产物；只有在最后完全解离后的碳正离子，构型翻转产物和构型保持产物是等同的。因此，S_N1 反应过程中，构型翻转产物始终大于构型保持产物。

313. 什么是 S_N2' 反应？S_N2' 反应的立体化学需求是什么样的？

解答： 烯丙基卤代烃和卤代烃相比较，发生 S_N2 反应速率快，因为双键稳定了过渡态：

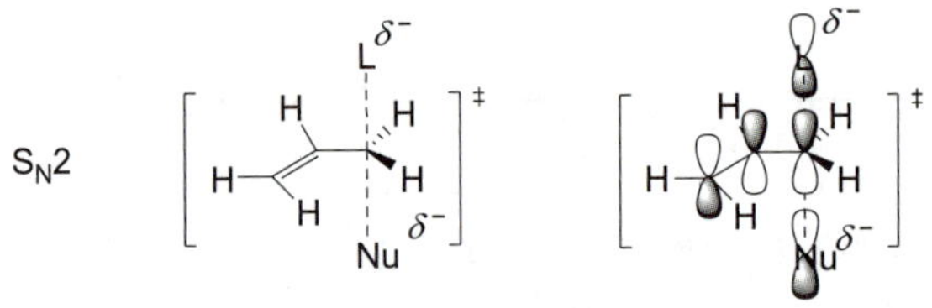

烯丙基型卤代烃得到两种取代产物，一是正常 S_N2，另一个是双键碳原子发生取代，称为 S_N2' 反应。用烯丙基的 π_2 轨道接受亲核试剂，正常 S_N2 发生构型翻转，S_N2' 反应时，亲核试剂从离去基团（L）同侧进入 π_2 轨道：

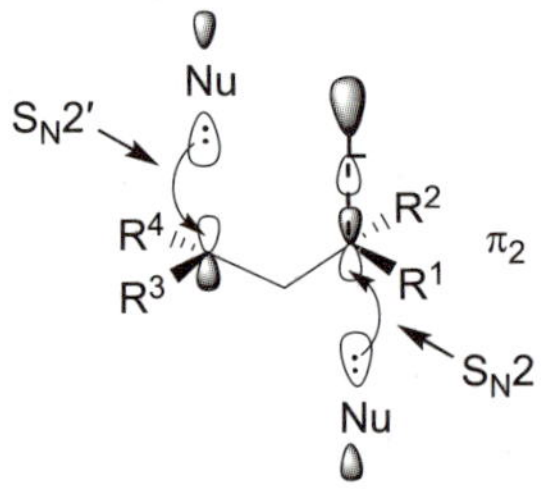

314. 什么是 Baldwin 规则？分子内亲核取代成环有没有轨道方向性的要求？

解答： 根据轨道方向性（orbital orientation），分子内关环反应有些可以发生，有些不可以发生。Baldwin 在轨道方向性的基础上对关环反应进行总结得出的规则，称为 Baldwin 规则。

如下所示的分子内亲核取代关环反应，形成 3 ～ 7 元环都是轨道方向性允许的：

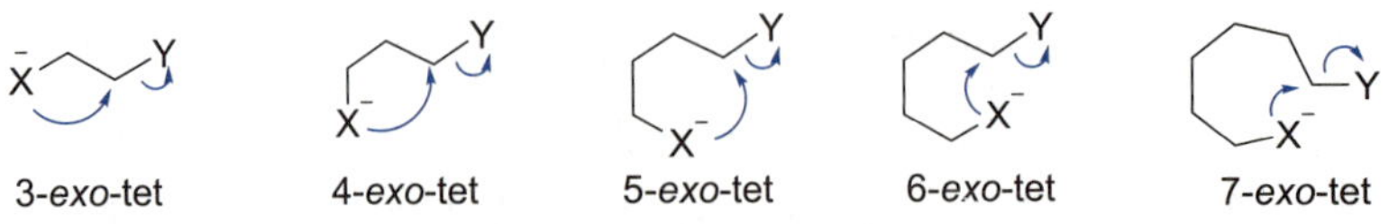

3-*exo*-tet　4-*exo*-tet　5-*exo*-tet　6-*exo*-tet　7-*exo*-tet

315. α-消除反应和 β-消除反应分别指的是什么？

解答： α-消除反应是卤代烃的同碳消除得到卡宾；β-消除反应是卤代烃的邻位消除得到烯烃。

316. 如下所示的卤代烃在不同碱性环境中有着很好的消除选择性，为什么？

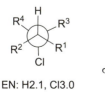

	100%	0%
MeONa:	100%	0%
PhNa:	6%	94%

解答：甲醇钠的碱性远不如苯基钠，苯基钠夺动力学酸性氢，和氯紧密相连的 α-H 具有更强的酸性，α-消除得到卡宾，1,2-迁移得到产物：

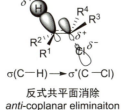

α-elimination　1,2-migration

甲醇钠作用下经 E2 消除得到产物，是 β-消除反应：

β-elimination

317. 双分子消除反应（E2）指的是什么？对底物结构和碱的要求如何？

解答：双分子消除反应（E2）指的是卤代烃在碱性条件下发生消除得到烯烃，其反应速率和亲核试剂及碱同时相关。E2 消除是一步反应，经过类烯烃过渡态，所以叔卤代烃的反应速率最快；同时碱性越强，反应速率也越快。

318. 单分子消除反应（E1）指的是什么？对底物结构和碱的要求如何？

解答：单分子消除反应（E1）指的是 C—X 键先解离，经过碳正离子的消除反应，其反应速率只和卤代烃相关。因为 E1 消除是经过碳正离子的消除反应，所以叔卤代烃的反应速率最快。E1 反应和碱没有太大关系，但和溶剂性质有关。质子性极性溶剂容易溶剂化碳正离子，易于进行 E1 反应。

319. 共轭碱单分子消除反应（E1cB）指的是什么？对底物结构要求如何？

解答：共轭碱单分子消除反应（E1cB）是经过碳负离子中间体（conjugated base, cB）的消除反应，卤代烃中 β-H 的酸性越大，越有利于 E1cB 反应。

320. 什么是 Saytzeff 烯烃？什么是 Hofmann 烯烃？为什么通常情况下得到的都是 Saytzeff 烯烃？什么情况下将得到 Hofmann 烯烃？

解答：Saytzeff 烯烃是取代基多的烯烃；Hofmann 烯烃是取代基少的烯烃。不论是 E1 还是 E2 均要经过类烯烃过渡态，取代基越多，越有利于类烯烃过渡态的稳定。当卤代烃上离去基团不易离去、质子优先离去时，通常得到 Hofmann 烯烃。

321. 反式共平面消除和顺式共平面消除有什么区别？分别适合什么样的底物？

解答：卤代烃的优势构象是 σ(C—H) 和 σ*(C—Cl) 成反式共平面，σ(C—H) 和 σ*(C—Cl) 的超共轭效应使结构得到稳定。直链烷烃中由于单键可以自由旋转，很容易达到这种优势构象。当单键自由旋转受到抑制，满足不了 σ(C—H) 和 σ*(C—Cl) 反式共平面的时候，它们取顺式共平面的构象。顺式共平面的构象中，轨道重叠程度没有反式共平面好，但是满足轨道方向性要求：

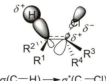

EN: H2.1, Cl3.0

σ(C—H)→σ*(C—Cl)

反式共平面消除

anti-coplanar eliminaiton

σ(C—H)→σ*(C—Cl)

顺式共平面消除

syn-coplanar eliminaiton

EN: H2.1, Cl3.0

反式共平面消除　　　　顺式共平面消除

322. 卤代环己烷进行 E2 反应的立体化学需求是什么样的？

解答： 卤代环己烷构象中，当卤原子在平伏键上时，和 C—Cl 键反式共平面的是 C—C 键，不能发生消除；只有当构象翻转卤原子在直立键上时，有反式共平面的氢，才可以发生反式消除，称为双直立键消除反应（diaxial elimination）；消除邻位哪一个氢，取决于消除过程中类双键过渡态的相对稳定性：

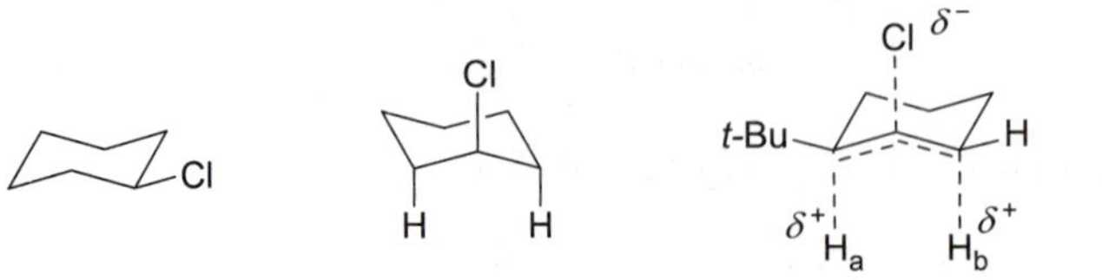

反式双直立键消除
anti-diaxial-elimination

323. 取代和消除是竞争反应，什么情况下取代占优势？什么情况下消除占优势？

解答： 取代反应共价键数目不变，分子数不变，消除反应共价键减少，分子数目增加。所以，伯卤代烃、仲卤代烃在强亲核试剂条件下有利于取代；强碱有利于消除；温度高有利于消除。

324. 什么是 Bredt's 规则？

解答： 当双环化合物发生消除反应时，桥头碳不能形成双键。如下消除反应，C—Cl 键有六个邻位 C—H 键，只有甲基上的三个 C—H 键和 C—Cl 键可以满足反式共平面，得到消除产物。满足不了反式共平面消除，取顺式消除，但是不能在桥头碳上消除：

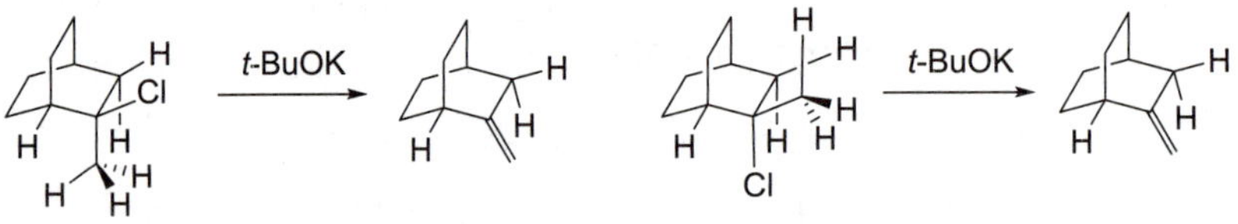

反式共平面消除　　　　反式共平面消除

325. 芳基卤代烃亲核取代的种类有哪些？

解答： 芳基卤代烃发生亲核取代反应有三种类型，加成 / 消除（S_NAr AE）、消除 / 加成（S_NAr EA）、间接亲核取代（VNS）。

326. 底物结构和试剂是如何影响芳基卤代烃的亲核加成 / 消除（S_NAr AE）反应的？

解答： 加成 / 消除（S_NAr AE）反应指的是亲核试剂先加到芳环上，经过碳负离子中间体（**A**/**B**/**C**），随后离去基团离去得到亲核取代的产物：

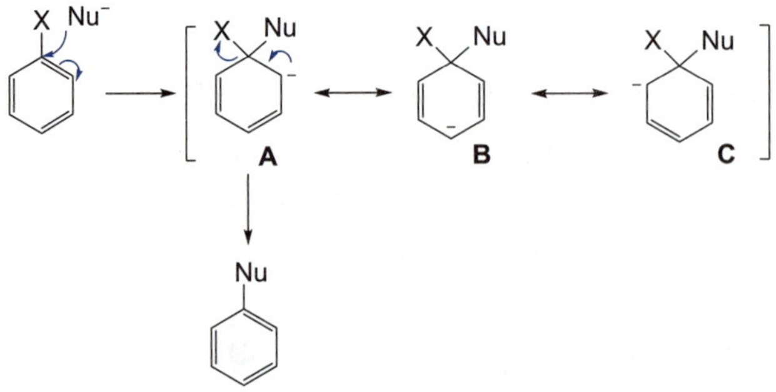

对底物结构的要求有两个，一是芳环上有吸电子基且位于离去基团的邻对位时，对反应有利；二是离去基团的吸电子性和离去基团的能力。凡是能有效稳定碳负离子中间体（**A**/**B**/**C**）的，对反应都有利。亲核试剂的亲核性越强，对反应越有利。

327. 底物结构和试剂是如何影响芳基卤代烃的亲核消除 / 加成（S_NAr EA）反应的？

解答： 亲核消除 / 加成（S_NAr EA）反应指的是卤代芳烃先发生消除，得到苯炔中间体（**B**），再被亲核试剂捕获：

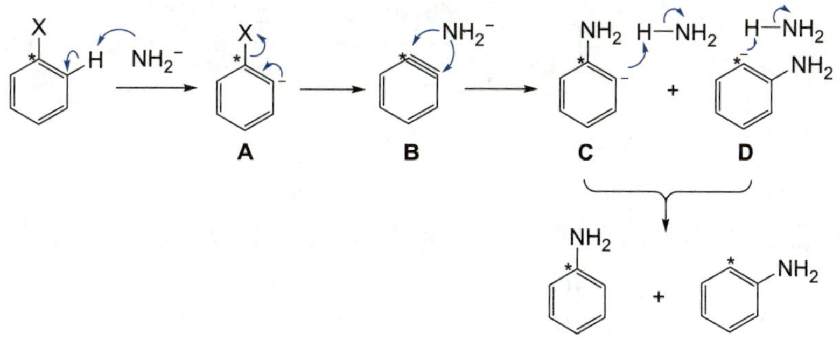

A B C D

底物结构含有和离去基团相邻的 C—H 键，反应在强碱性条件下发生。

328. 苯炔作为 S_NAr EA 反应的中间体，其结构是怎么样的？S_NAr EA 反应的区域选择性如何解释？

解答： 苯炔中的第三个键是由两个 sp^2 轨道部分重叠而形成的，和经典的碳碳叁键有所不同，苯炔具有很高的反应活性，易被亲核试剂所捕获：

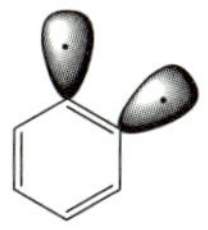

反应的选择性取决于形成苯炔叁键时，Ar—H 的酸性和被亲核试剂捕获时碳负离子的稳定性。

329. 苯炔的形成方式有哪些？

解答： 基本上都是通过 1,2-消除得到的，如下所示：

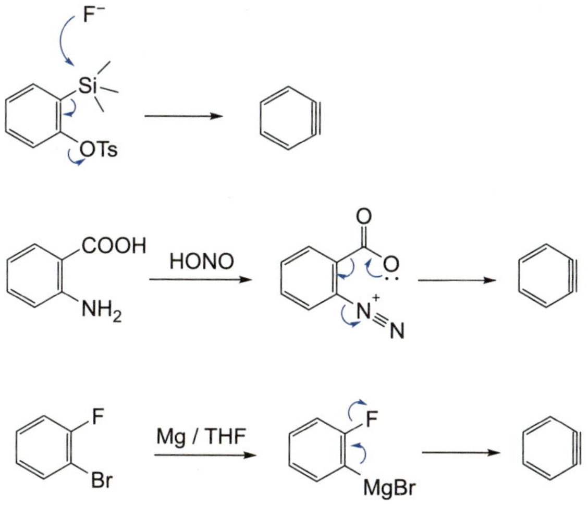

HONO

Mg / THF

330. 苯炔可以被哪些单键所捕获？能不能和二烯烃发生 Diels-Alder 反应？

解答： 苯炔可以被 C—X、C—C 等单键所捕获，也可以发生 Diels-Alder 反应：

C—C insertion

C—Br insertion

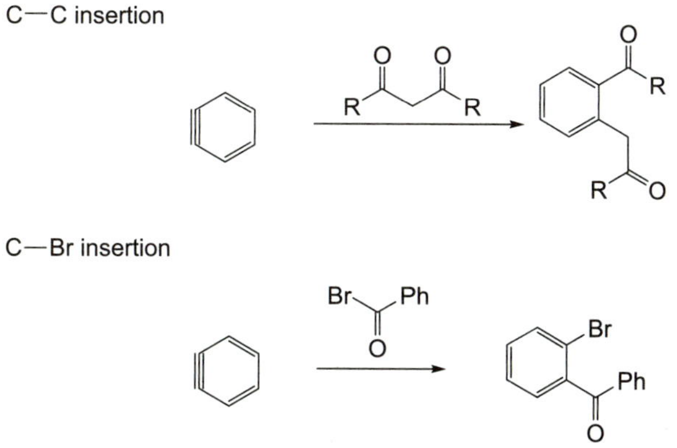

Diels-Alder reaction

331. 间接芳香烃亲核取代（VNS）机理是什么样的？

解答：间接亲核取代（vicarious nucleophilic substitution, VNS）反应在强碱性条件、缺电子芳香烃上进行，亲核试剂中含有易离去的基团，通过去质子化 / 加成 / 消除 / 质子化完成：

332. 画出卤代烃和还原金属发生氧化加成的机理。

解答：

$$R-X \xrightarrow{Mg} R-X^{\cdot -}\ Mg^{\cdot +} \longrightarrow R^{\cdot} + X^{-}\ Mg^{\cdot +} \longrightarrow RMgX$$

333. 氯代烃、溴代烃和碘代烃，哪一个最容易和镁发生氧化加成？

解答：理论上，碘代烃最容易和镁发生氧化加成。实际应用中，碘代烃太贵，溴代烃是常见的原料，氯代烃的活性不够。

334. 什么是极性反转？为什么说卤代烃形成格氏试剂的反应是极性反转的反应？

解答：反应前后，碳原子的极性发生反转，如下所示：

$$\overset{\delta^+}{R}-X \xrightarrow{Mg} \overset{\delta^-}{R}-MgX$$

卤代烃和镁反应得到烃基溴化镁（格式试剂），烃基被还原，镁被氧化，烃基的极性发生了反转。

335. C—M 键的性质取决于什么？二甲基汞、二甲基锌和二甲基镁，哪一个离子性最强？哪一个离子性最弱？

解答：C—M 键的离子性取决于金属的电负性，电负性小的金属，C—M 键中碳带越多的负电荷，C—M 键的离子性越强。二甲基镁的离子性最强，二甲基汞的共价性最强。

H_3C-M的离子性：	$(CH_3)_2Hg$ <	$(CH_3)_2Cd$ <	$(CH_3)_2Zn$ <	$(CH_3)_2Mg$ <	CH_3Li
M的电负性：	2.00	1.69	1.65	1.31	0.98

336. 二甲基镁、甲基溴化镁和溴化镁，哪一个 Lewis 酸性最强？

解答：溴化镁的 Lewis 酸性最强：

increasing Lewis acidity: $(CH_3)_2Mg$ < $Mg(CH_3)Br$ < $MgBr_2$

337. 金属试剂的制备方法有哪几种？

解答：常见的制备金属试剂的方法有：

Eq 1: 强酸制弱酸

$$R-M + R'-H \rightleftharpoons R'-M + R-H$$

如：

$$\text{2-}CH_3O\text{-}C_6H_4\text{-}H + C_4H_9Li \longrightarrow \text{2-}CH_3O\text{-}C_6H_4\text{-}Li + H—C_4H_9$$

Eq 2: 生成活泼性差的金属

$$R—M + M' \rightleftharpoons R—M' + M$$

如：

$$Et_2Hg + Mg \longrightarrow Et_2Mg + Hg$$

Eq 3: 生成活泼金属盐

$$R—M + M'X \rightleftharpoons R—M' + MX$$

如：

$$2\,EtMgBr + CdCl_2 \longrightarrow Et_2Cd + 2\,MgBrCl$$

Eq 4: 锂卤交换 (M=Li; X=I, Br)

$$R—M + R'—X \rightleftharpoons R—X + R'—M$$

如：

$$\text{2-}CH_3O\text{-}C_6H_4\text{-}Br + C_4H_9Li \longrightarrow \text{2-}CH_3O\text{-}C_6H_4\text{-}Li + Br—C_4H_9$$

338. 叔丁基锂、仲丁基锂和正丁基锂，哪一个碱性最强？和 LDA 相比，相对碱性如何？

解答： 叔丁基锂碱性最强，其次是仲丁基锂，正丁基锂碱性最弱。

烷基锂共轭酸（C—H）的 pH 值大于 45，二异丙基氨基锂（LDA）共轭酸（N—H）的 pH 值大于 25，所以 LDA 是更弱的碱。

碳氮单键

339. 胺、氨和铵分别指的是什么？

解答： 胺分子结构中含 C—N 键，有伯胺 RNH_2、仲胺 R_2NH 和叔胺 R_3N。氨分子指的是 NH_3。铵指的是季铵盐，分子中含 4 个 C—N 键。

340. 含氮化合物有哪些？

解答： 含氮化合物种类繁多，有脂肪胺、芳香胺、季铵盐、叔胺氧化物、季铵碱、亚胺、烯胺、硝酮、羟胺、肟、腙、肼、腈、异腈、酰胺、脲、碳酰胺、叠氮化物、重氮化合物、芳基重氮盐、偶氮化合物、硝基化合物、亚硝基化合物、亚胺叶立德等。

341. 常见的胺的制备方法有哪些？

解答： 胺的制备方法很多，以从卤代烃出发的亲核取代和从羰基化合物出发的还原胺化为主。

卤代烃和氨的直接亲核取代，得到的 RNH_2 比原来 NH_3 的亲核性更强，如果不控制原料投入的比例，将得到季铵盐：

$$R—X \xrightarrow[S_N2]{NH_3} R—NH_2 \longrightarrow R_2NH \longrightarrow R_3N$$

利用邻苯二甲酰亚胺做亲核试剂，能有效抑制多烷基化的产物：

$$R—X \xrightarrow[\text{NaOH},\ S_N2]{\text{邻苯二甲酰亚胺}} \text{N-R-邻苯二甲酰亚胺} \xrightarrow{\text{NaOH}} RNH_2$$

利用叠氮化钠或氰化钠做亲核试剂，经还原得到伯胺：

$$R-X \xrightarrow[S_N2]{NaN_3} R-N_3 \xrightarrow{LiAlH_4} RNH_2$$

$$R-X \xrightarrow[S_N2]{NaCN} R-CN \xrightarrow{LiAlH_4} RCH_2NH_2$$

羰基化合物和氨形成亚胺，不用分离，可以直接被还原，该类反应称为还原胺化：

环己酮 $\xrightarrow[Ni,\ H_2]{NH_3}$ 环己胺（NH_2）

还原胺化的“胺源”可以是伯胺也可以是仲胺，还原剂可以是 HCOOH、$NaBH_3CN$ 等。

哌啶（N—H）$\xrightarrow[Ni,\ H_2]{CH_3CHO}$ N-乙基哌啶

$$RNH_2 \xrightarrow[HCOOH]{HCHO} RNH(CH_3) \xrightarrow[HCOOH]{HCHO} RN(CH_3)_2$$

342. 伯胺、仲胺和叔胺的结构是什么样的？如何利用 Hinsberg 反应区别伯胺、仲胺和叔胺？

解答：伯胺、仲胺和叔胺的结构分别为 RNH_2、R_2NH 和 R_3N。伯胺和苯磺酰氯反应得到的固体能溶解在氢氧化钠溶液中；仲胺和苯磺酰氯反应得到的固体不能溶解在氢氧化钠的溶液中，叔胺和苯磺酰氯反应得到盐，不能被分离：

$$RNH_2 + PhSO_2Cl \longrightarrow PhSO_2NHR \xrightarrow{NaOH} PhSO_2NR(Na)$$

PhSO₂NHR: solid, soluble in base solution

$$R_2NH + PhSO_2Cl \longrightarrow PhSO_2NR_2$$

$PhSO_2NR_2$: insoluble solid

$$R_3N + PhSO_2Cl \rightleftharpoons PhS(=O)_2-N^+R_3\ Cl^-$$

water soluble

343. 烷基伯胺、仲胺和叔胺与亚硝酸的反应性如何？

解答：当质子和亚硝酸作用时，亚硝酸先形成亚硝基正离子：

$$H^+ + HO-NO \longrightarrow H_2O^+-NO \longrightarrow \overset{+}{N}{=}O: \longleftrightarrow N{\equiv}O^+$$

亚硝基正离子被伯胺捕获，通过质子转移等步骤得到重氮盐。烷基重氮盐是不稳定的，易分解成碳正离子和氮气：

$$R-\ddot{N}H_2 + N{\equiv}O^+ \longrightarrow R-\overset{+}{N}H_2-N{=}O \xrightarrow{P.\ T.} R-\ddot{N}H-N{=}\overset{+}{O}H \longleftrightarrow R-\overset{+}{N}H{=}N-OH$$

$$\xrightarrow{P.\ T.} R-N{=}N-\overset{+}{O}H_2 \longrightarrow R-\overset{+}{N}{\equiv}N \longrightarrow R^+ + N_2$$

若是仲胺作为底物，生成 *N*-亚硝基胺：

$$R_2NH \xrightarrow{HNO_2} R_2N-N{=}O$$

N-nitrosoamine insoluble oil

若是叔胺作为底物，叔胺和亚硝酸成盐：

$$R_3N \xrightarrow{HNO_2} R_3\overset{+}{N}H \quad NO_2^- \quad \text{ammonium salt soluble}$$

344. 芳基伯胺、仲胺和叔胺与亚硝酸的反应性如何？

解答： 芳基伯胺和亚硝酸反应得到芳基重氮盐，通过共振离域得到稳定：

$$Ar{-}NH_2 \xrightarrow{HNO_2} Ar{-}\overset{+}{N}_2$$

stabilized by resonance

芳基仲胺和亚硝酸反应得到 *N*-亚硝基芳胺：

$$Ar(R)NH \xrightarrow{HNO_2} Ar(R)N{-}N{=}O$$

芳基叔胺和亚硝基反应得到芳香烃亲电取代反应的产物。由于亚硝基正离子是弱的亲电试剂，只有富电子性的芳环才能作为底物发生取代反应：

$$N{\equiv}\overset{+}{O} + C_6H_5NR_2 \xrightarrow[S_EAr]{HNO_2} O{=}N{-}C_6H_4{-}NR_2$$

345. 芳基重氮盐被各种卤负离子取代时的反应条件是什么样的？对应的人名反应有哪些？

解答： 芳基重氮盐在低温条件下制备，通常 0 ~ 10 ℃，发生取代反应产生氮气，是能量有利的反应。铜盐催化的取代反应称为 Sandmeyer 反应（X=Cl, Br, CN）：

$$Ar{-}\overset{+}{N}{\equiv}N \xrightarrow[CuX]{KX} Ar{-}X + N_2$$

金属铜催化下的反应称为 Gatterman 反应：

$$Ar{-}\overset{+}{N}{\equiv}N \xrightarrow[Cu]{KX} Ar{-}X + N_2$$

氟代反应通过阴离子交换进行，称为 Schiemann 反应：

$$Ar{-}\overset{+}{N}{\equiv}N \xrightarrow{NaBF_4} Ar{-}\overset{+}{N}{\equiv}N\ BF_4^- \xrightarrow{heat} Ar{-}F + N_2$$

碘代反应不用催化剂，直接用 KI 进行亲核取代：

$$Ar{-}\overset{+}{N}{\equiv}N \xrightarrow{KI} Ar{-}I$$

用酸性水溶液处理得到酚：

$$Ar{-}\overset{+}{N}{\equiv}N \xrightarrow{H_3O^+} Ar{-}OH$$

346. 芳基重氮盐是弱的亲电试剂，可以和苯酚、苯甲醚、吡咯、吲哚等富电子芳烃偶联形成偶氮化合物，它们的反应条件应如何加以控制？

解答： 芳基重氮盐是弱亲电试剂，有如下共振式，和富电子芳烃反应时，反应的位点在末端氮原子上，生成的偶氮化合物有顺、反式，以反式为主：

$$Ar{-}\overset{+}{N}{\equiv}N \longleftrightarrow Ar{-}N{=}\overset{+}{N} \xrightarrow{Ar'{-}H} Ar{-}N{=}N{-}Ar'$$

Ar′—H = electron-rich arene

对富电子酚类化合物，弱碱性有利于偶联反应的进行。弱碱性能提高酚的亲核性，但太强的碱容易使重氮盐失活：

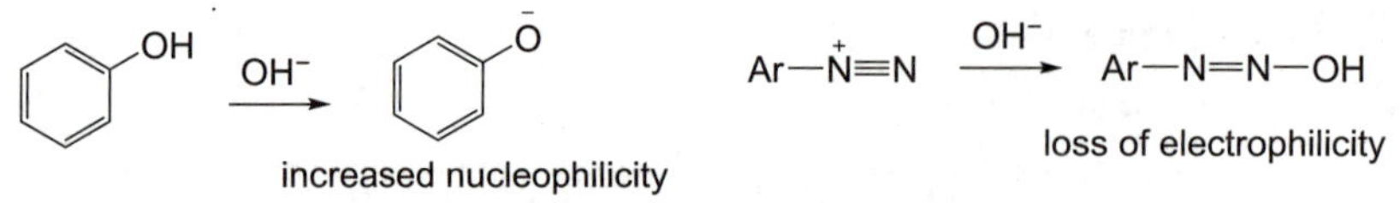

increased nucleophilicity

loss of electrophilicity

对富电子芳胺类化合物，弱酸性有利于偶联反应的进行。太强的酸性容易质子化芳胺而失去芳胺的亲核性：

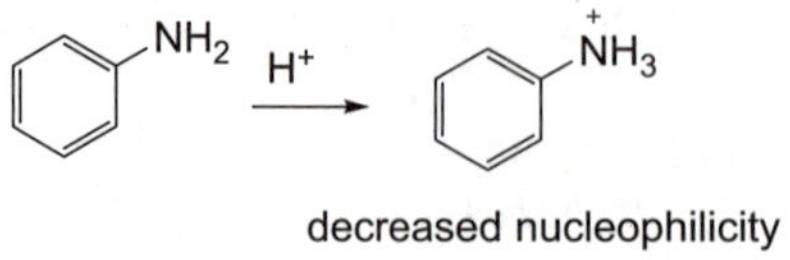

decreased nucleophilicity

347. 芳胺通过重氮化可以发生去氨化反应，得到 Ar—H 键，常用的还原剂有哪些？

解答： 常用的还原剂有次磷酸或乙醇。和重氮盐的反应如下所示，称为去氨化反应（deamination reaction）：

$$Ar-\overset{+}{N}\equiv N \xrightarrow[\text{or } C_2H_5OH]{H_3PO_2} Ar-H$$

348. 应用重氮化策略，可以合成多取代苯，尤其是当取代基的定位规则发生冲突时，本方法的优越性突显。如何以苯为原料，合成 1,2,3-三溴苯和 1,3,5-三溴苯？

解答： 1,3,5-三溴苯和 1,2,3-三溴苯的合成如下：

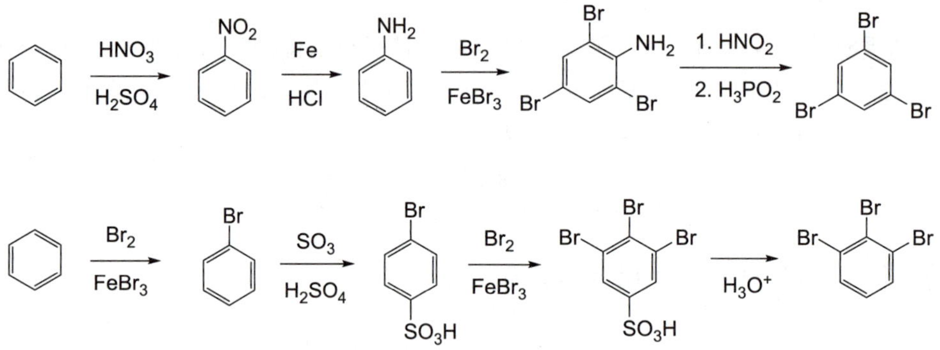

349. 叔胺氧化合物进行 Cope 消除时，为什么采用同面消除的方式？

解答： 叔胺氧化合物进行消除时是经过五元环状过渡态进行的，所以是顺式消除。反应称为 Cope 消除：

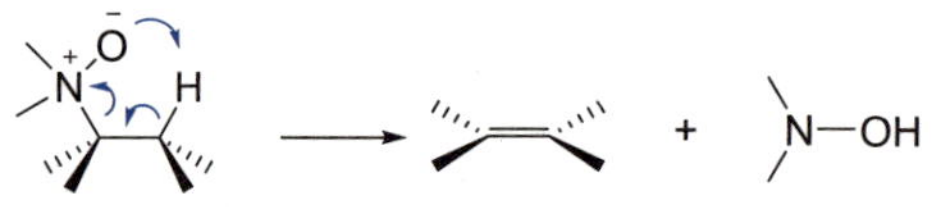

350. 季铵碱化合物进行消除时，为什么得到以 Hofmann 烯烃为主的产物？

解答： 季铵碱消除反应如下所示，叔胺烷基化得到季铵盐，阴离子交换得到季铵碱，加热发生反式共平面消除得到双键：

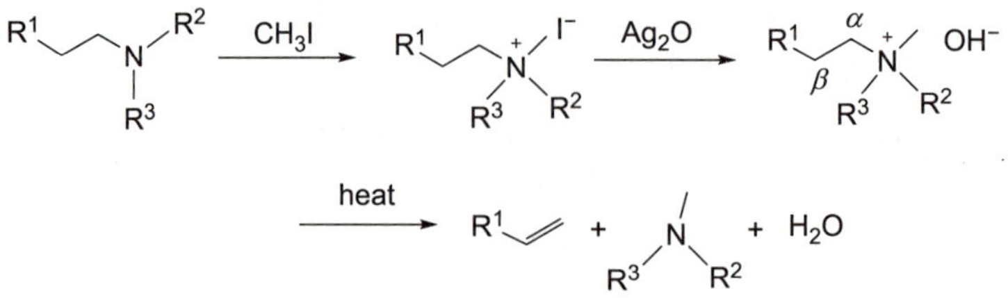

如下所示的季铵碱，有三个 β-H 和两个 β'-H，消除时，把它们放在 C—N 键的反式共平面满足轨道方向性，可以有三种 Newman 投影式，消除得到一个 Hofmann 烯烃和两个 Saytzeff 烯烃，其中生成 Hoffman 烯烃经过的构象最为稳定，所以产物以 Hofmann 烯烃为主：

351. 活化 C—N 键有哪些常用的方法？

解答：活化 C—N 键最常用的方法是将氮原子上的孤对电子给出去，C—N 键得到活化：

H+ or LA

R—NH2 ⟶ R—NH2+ (LA (H))

形成重氮盐，C—N 键也可得到活化：

$$R{-}NH_2 \xrightarrow{HNO_2} R{-}\overset{+}{N}_2 \longrightarrow R^+ + N_2$$

352. 胺和膦相比，它们的相对碱性和相对亲核性是什么样的？

解答：氮的原子半径小，电负性大，不容易极化。胺具有更强的碱性，膦具有更强的亲核性。

碳氧单键

353. 酸性条件下醇脱水成醚或烯烃，为什么温度越高越有利于成烯？

解答：酸性条件下，醇发生质子化使得 C—O 单键得到活化，若被另一分子的醇所捕获得到醚（route a），若发生 β-H 消除则得到烯烃（route b）。前者反应前后分子数不变，后者由一分子变成两分子，熵变增加。温度升高更有利于熵变变化大的反应。

354. 醇具有一定的酸性，合成过程中通常需要对它进行保护和去保护。常用的醇保护基有哪些？如何上保护？

解答：将醇转化为醚是常用的方法。有两种方法，一种是酸性条件下的保护，另一种是碱性条件下的保护：

R—O—CH₃ ← CH_3I — R—O⁻

ROMOM ←(CH_3OCH_2Cl)— R—O⁻ ←— R—OH —(3,4-二氢吡喃, H^+)→ RO-THP

PhCH₂OR ←($PhCH_2Br$)— R—O⁻

R—OH —($CH_2=C(CH_3)OCH_3$, H^+)→ $(CH_3)_2C(OCH_3)OR$

R—OH —(异丁烯, H^+)→ R—O—C(CH₃)₃

355. 酚羟基有哪几种保护方法？

解答： 酚羟基可以通过乙酰化反应、醚化反应得到保护。

356. 伯醇、仲醇和叔醇的结构是什么样的？如何利用 Lucas 试剂区别伯醇、仲醇和叔醇？

解答： 根据和氧原子相连碳原子的种类，可以将醇分为伯醇、仲醇和叔醇。它们的结构分别为：RCH_2OH、R_2CHOH 和 R_3COH。它们和 Lucas 试剂的反应得到卤代烃，根据反应速率进行区分，叔醇反应最快，伯醇最慢：

$$R-OH \xrightarrow[ZnCl_2]{HCl} R-\overset{+}{O}H_2 \longrightarrow R-Cl$$

357. Williamson 醚合成法通常用来合成不对称醚，甲基叔丁基醚应如何制备？茴香醚如何制备？苯基叔丁基醚又是如何制备的？

解答： Williamson 醚合成法指的是烷氧基负离子和卤代烃发生亲核取代合成醚的方法。反应在强碱性条件下进行，反应类型是 S_N2，对卤代烃的要求是甲基卤代烃、伯卤代烃和仲卤代烃。叔卤代烃或芳基卤代烃不能做底物。

用叔丁醇钠和碘甲烷反应可以制备甲基叔丁基醚：

$$(CH_3)_3C-ONa + CH_3I \longrightarrow (CH_3)_3C-OMe$$

用苯酚负离子和碘甲烷可以制备茴香醚：

$$PhONa + CH_3I \longrightarrow PhOMe$$

苯基叔丁基醚可以通过异丁烯和苯酚在酸性条件下的反应制备：

$$PhOH + CH_2=C(CH_3)_2 \xrightarrow{H^+} PhO-C(CH_3)_3$$

358. 醚键断裂的时候，酸碱性不同断裂的方式是不同的，它们的依据是什么？环氧化合物开环的区域选择性是如何判断的？

解答： 酸性条件下的醚键断裂，看形成碳正离子的稳定性；碱性条件下的醚键断裂指 C—O 单键被亲核试剂进攻所发生的反应，看进攻时的空间位阻。环氧开环也是如此，酸性条件下开环取决于碳正离子的相对稳定性，碱性条件下的开环取决于空间位阻。

359. 18-冠-6、15-冠-5 和 12-冠-4 能络合的阳离子分别是什么？

解答： 根据这些冠醚的尺寸，它们分别能络合钾、钠、锂阳离子。

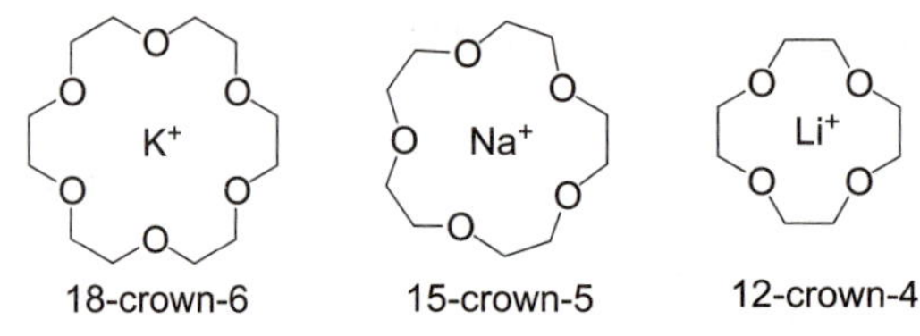

360. 活化 C—O 键有哪些常用的方法？

解答：活化 C—O 键常用的方法是将氧原子上的孤对电子给出去，造成氧中心缺电子，从而活化 C—O 单键。如下所示：

$$R{-}\ddot{O}H \xrightarrow{H^+ \text{ or } LA} R{-}\overset{+}{O}H_2$$

361. HOTs（对甲苯磺酸）、HOMs（甲磺酸）、HOTf（三氟甲磺酸）、HOBs（对溴苯磺酸）、HONs（对硝基苯磺酸）的相对酸性如何？它们的阴离子相对离去能力又是如何？

解答：它们的相对酸性：HOTf > HOMs > HONs > HOBs > HOTs

共轭酸的酸性越强，离去能力越强。

362. 氯铬酸吡啶盐（PCC 氧化剂）和 Jones 试剂相比，哪个氧化性更强？

解答：Jones 试剂是铬酸（H_2CrO_4），具有更强的氧化性。

363. 硫醇、次磺酸、亚磺酸、磺酸、亚硫酸酯、硫酸酯、硫醚、二硫醚、亚砜、砜等结构分别是什么样的？它们的氧化态又是如何？

解答：硫化合物及它们的氧化态如下：

氧化态				
−2	H_2S	R—SH thiol	R—SR sulfide	$R{-}\overset{+}{S}R_2$ sulfonium ion
−1		R—SSR disulfide		
0	S	R—S(=O)—R sulfoxide	R—S—OH sulfenic acid	
+2		R—S(=O)(=O)—R sulfone	R—S(=O)—OH sulfinic acid	
+4	SO_2	R—S(=O)(=O)—OH sulfonic acid	RO—S(=O)—OR sulfite ester	
+6	SO_3	HO—S(=O)(=O)—OH sulfuric acid	RO—S(=O)(=O)—OR sulfate ester	

364. 用硫脲制备硫醇的优势在哪里？

解答：用硫脲制备硫醇的过程如下，可以避免多烷基化：

$$(H_2N)_2C{=}S + R{-}Br \longrightarrow R{-}\overset{+}{S}{=}C(NH_2)_2\ Br^- \xrightarrow[H_2O]{NaOH} R{-}SH$$

365. 对于 Swern 氧化，关键的中间体有哪些？为什么要形成锍盐后再发生消除，而不是直接消除得到羰基？

解答：Swern 氧化指的是用 DMSO 作为氧化剂，亲电试剂（三氟乙酸酐、草酰氯等）作为脱水剂，在碱性条件下将伯醇或仲醇氧化成羰基化合物：

$$R^1CH(OH)R^2 \xrightarrow[\text{DMSO, } Et_3N]{\text{TFAA or } (COCl)_2} R^1C(=O)R^2$$

反应机理如下所示，锍叶立德是关键中间体，在三乙胺协助下脱质子得到：

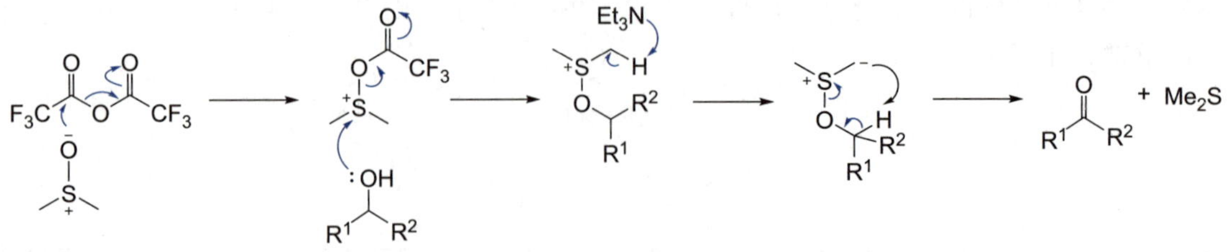

碳氧双键

366. 什么是互变异构现象？以烯醇和酮互变异构为例，影响平衡方向的因素有哪些？

解答： 物质以多种形式共存于一相中，并且可以相互转变的现象称为互变异构（tautomerism）。如羰基化合物和烯醇之间可以在某一特定条件下相互转化达到平衡：

ketone form　　enol form

影响上述平衡的因素有：底物的结构、溶剂、温度等。

367. 羰基与烯醇互变和亚胺与烯胺互变相比较，哪一个更容易以 C=X 双键的形式存在？

解答： 相关化学键键能如下所示：

共价键	C=C	O—H	C=O	C—H	N—H	C=N
键能 /（kJ/mol）	620	500	720	440	389	614

ketone form　　enol form

键的形成 − 键的断裂 = (500 + 620) − (440 + 720) = −40 (kJ/mol)

imine form　　enamine form

键的形成 − 键的断裂 = (389 + 620) − (440 + 614) = −45 (kJ/mol)

从键能变化分析，两个互变均有利于 C=X 的形式。当仲胺为底物形成亚胺盐时，平衡以烯胺为主：

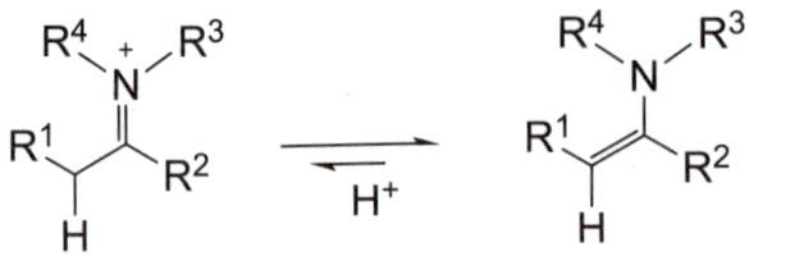

iminium form　　enamine form

368. 醛羰基和酮羰基相比，哪一个羰基更容易接受亲核试剂的进攻？芳香醛和芳香酮相比，哪一个羰基更容易接受亲核试剂的进攻？

解答： 受羰基碳缺电子和空间位阻的影响，和酮羰基相比，醛羰基更容易受到亲核试剂的进攻；同理，芳香醛比芳香酮更容易受到亲核试剂的进攻。

369. 为什么偕二醇不稳定？什么情况下偕二醇可以稳定存在？

解答： 偕二醇指的是一个碳原子上连有两个羟基。C—O 单键旋转时偕二醇的稳定构象如下所示，分子中存在氧孤对电子和 C—O 反键的超共轭，发生部分的离域，因此偕二醇易脱水形成羰基化合物。

n→σ*(C—O)

甲醛、三氯乙醛和环丙酮等，它们的偕二醇可以稳定存在。

370. 不对称羰基化合物发生 Baeyer-Villiger 氧化反应时，哪个基团先发生迁移？迁移过程中，迁移基团的立体化学是保留的还是翻转的？

解答： Baeyer-Villiger 氧化反应指的是羰基化合物用过酸氧化成酯的反应，属于重排到缺电子性氧原子上的反应。如下所示，烷基迁移的份额随着甲基变成叔丁基逐步增大，但还是以苯基迁移为主。迁移过程中，烷基带着一对电子迁移，故构型保留：

RCOOOH

R	
R = CH_3—	very small
R = C_2H_5—	7×10^{-2}
R = $CH_3CH_2CH_2$—	7×10^{-2}
R = $(CH_3)_2CH$—	1.9
R = $(CH_3)_3C$—	39
R = $C_6H_5CH_2$—	1.3

371. 重排到缺电子性氧原子上的反应有哪些特征？

解答： 重排到缺电子性氧原子上可以发生在酸性条件下，也可以发生在碱性条件下，迁移时迁移基团和离去基团保持反式共平面：

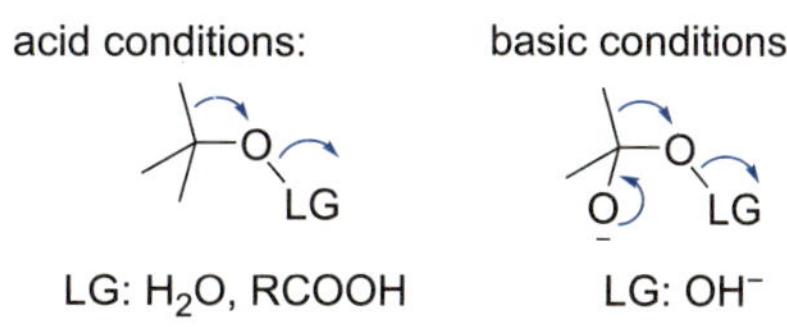

372. 常用的过氧化物氧化剂有哪些？三氟过氧乙酸（TFPAA）、间氯过氧苯甲酸（*m*-CPBA）、过氧苯甲酸（PBA）和过氧乙酸（PAA）的相对氧化性如何？

解答： 三氟过氧乙酸的氧化性最强，因为它的离去基团酸性最强，最容易离去。

	F_3CCOOH	间氯苯甲酸	苯甲酸	乙酸
pK_a	0.23	3.80	4.20	4.76

373. 环己酮和亲核试剂发生亲核加成的时候，亲核试剂有哪几种进攻方式？什么样的亲核试剂以直立键进攻为主？什么样的亲核试剂以平伏键进攻为主？

解答： 亲核试剂进攻到羰基的反键轨道，受轨道方向性的控制，如下所示有两种进攻的方向，上方进攻受 1,3-直立键空间位阻的影响，下方进攻受 1,2-直立键空间位阻的影响，相比较而言，上方进攻的空间位阻小一些；但上方进攻后亲核试剂占据的是直立键，是空间上不利的因素。因此，上方进攻是动力学控制的，那些小的、反应活性强的、反应不可逆的亲核试剂，如炔基负离子等选择上方进攻；下方进攻是热力学控制的，那些大的、活性差一些的、反应可逆的亲核试剂选择从下方进攻获得亲核试剂在平伏键的产物，如苯基负离子、异丙基负离子、叔丁基负离子等：

Nu⁻ thermodynamically ← → kinetically Nu⁻

Nu: large, inactive, reversible　　Nu: samll, active, irreversible

374. 羰基和伯胺、羟胺及肼反应，分别得到什么？

解答： 羰基和伯胺、羟胺及肼反应，分别得到亚胺、肟和腙。亚胺是 Schiff 碱，反应可逆，在超分子组装领域有很大的用处；肟可以发生 Beckmann 重排得到酰胺；羰基化合物和 2,4-二硝基苯肼反应得到的腙曾被用于鉴别羰基化合物，因为得到的腙具有不同的熔点：

$R^1R^2C{=}O \xrightarrow{RNH_2} R^1R^2C{=}NR$　　$R^1R^2C{=}O \xrightarrow{NH_2OH} R^1R^2C{=}N{-}OH$　　$R^1R^2C{=}O \xrightarrow{NH_2NH_2} R^1R^2C{=}N{-}NH_2$

375. 羰基化合物在酸性条件下的存在形式有几种？在碱性条件下的存在形式有几种？哪几种具有亲核性，可以作为亲核试剂？

解答： 酸性条件下有四种形式 **A**、**B**、**C**、**D**，碱性条件下有三种 **A**、**E**、**F**。其中具有亲核性的有三种，**D**、**E** 和 **F**。

H^+　A　B　C　D　HO^-　E　F

376. 羰基 α-H 具有一定的酸性，为什么？

解答： C═O 双键的电子云偏向于氧原子，因为氧有着更大的电负性，双键氧不仅诱导吸电子，而且共轭吸电子：

δ^+　δ^-

EN: C2.5 O3.5

当羰基的邻位有 α-H，且 HCCO 二面角为 90°时，由于氢和氧电负性的巨大差异，C—H 成键轨道上的电子填充到 C═O 反键轨道上形成超共轭效应，使得 C—H 键和 C—O 键增长，C—C 键变短，这样，羰基的 α-H 有一定的酸性，在碱性条件下就非常容易脱质子形成烯醇负离子：

base

σ(C—H)⟶π*(C═O)

perpendicular hyperconjugation

377. 烯醇含量和羰基 α-H 的酸性有什么样的关系？

解答： 烯醇含量越高，羰基 α-H 的酸性越强，O—H 键比 C—H 键更容易异裂。

378. 2,4-戊二酮在水中的烯醇比例为 20%，在正己烷中的比例为 92%，为什么？

解答： 酮式有四对孤对电子，烯醇有三对孤对电子。水相中，酮式通过分子间氢键的溶剂化程度高，酮式结构得到稳定，烯醇比例仅为 20%；正己烷相中，分子内氢键使得烯醇结构比酮式稳定，烯醇比例达 92%。

379. 不对称羰基化合物形成烯醇负离子时，有哪几种选择性？

解答： 不对称羰基化合物形成烯醇负离子时，有两个 *α*-H 可以被攫取。攫取 H_a，经类碳负离子过渡态 **I** 得到烯醇负离子 **A**；攫取 H_b，经类碳负离子过渡态 **II**，得到烯醇负离子 **B**。**I** 和 **II** 相比较，**II** 更稳定，经过 **II** 的活化能更低，所以，途径 b 是动力学控制的途径；**A** 和 **B** 相比较，双键上取代基多的 **A** 更稳定，所以，途径 a 是热力学控制的途径。**A** 和 **B** 的选择性是区域选择性：

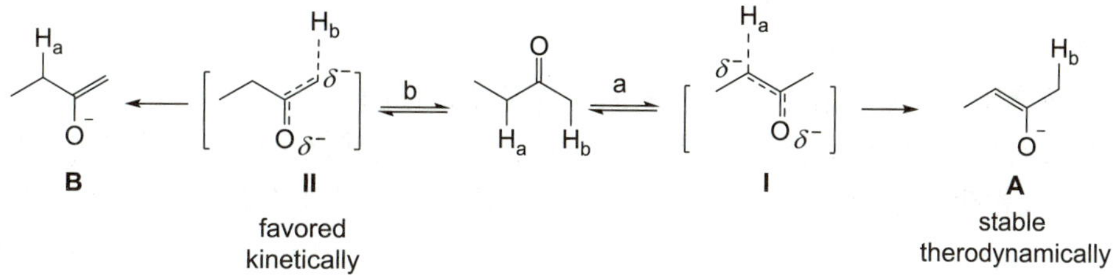

B　II favored kinetically　I　A stable therodynamically

烯醇负离子有顺反异构现象存在，**C** 为 *Z*-enolate，**D** 为 *E*-enolate，**C** 和 **D** 的选择性是立体选择性：

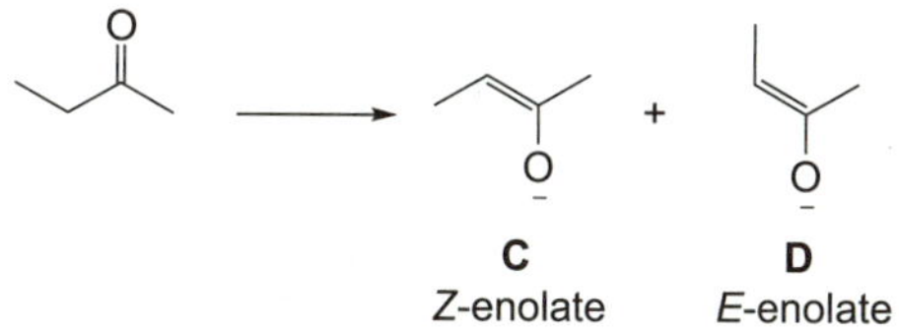

C *Z*-enolate　D *E*-enolate

380. 什么是动力学酸性氢？什么是热力学酸性氢？

解答： 用碱攫取不同的氢得到不同的烯醇负离子。如下所示，H_a 容易被拔，不仅因为有三个等同 H_a，还因为生成的碳负离子较为稳定，所以 H_a 是动力学酸性氢；H_b 被拔以后得到的双键比较稳定，所以是热力学酸性氢：

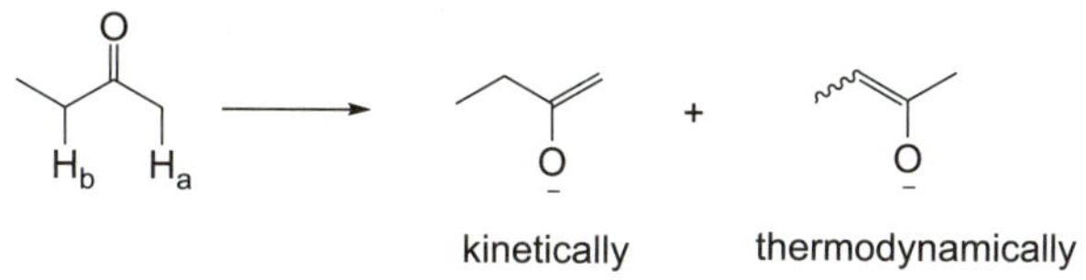

kinetically　thermodynamically

381. 烯醇锂盐和烯醇钾盐相比，哪个 M—O 键具有更多的离子键特性？如何影响烯醇负离子形成的区域选择性？

解答： 烯醇负离子 **A**（或 **A′**）和碳负离子 **B**（或 **B′**）存在如下平衡：

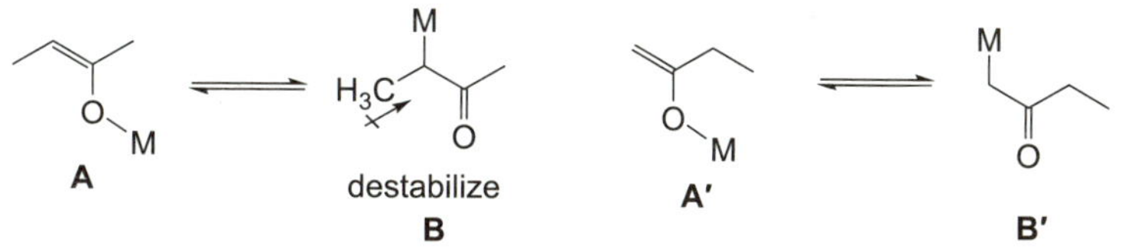

A　destabilize B　A′　B′

和 Li—O 键相比，K—O 键具有更多的离子性，因为钾的电负性更小。M—O 的离子性越强，氧负的反共轭能力越强，**B**（或 **B′**）的成分就会增多。和 **B′** 相比较，**B** 更不稳定，它的不稳定性来自于甲基的诱导给电子。因此，当 Li—O 键变成 K—O 键时，**A′** 和 **B′** 的平衡份额就会增大。换句话说，锂盐有利于热力学烯醇负离子 **A** 的形成，钾盐有利于烯醇负离子 **A′** 的形成。

382. 什么是烯醇负离子的 *C*-烷基化和 *O*-烷基化？

解答： 烯醇负离子是两可离子（ambident anion），氧的电负性大，电荷集中在氧原子上。理论上讲，应该得到 *O*-烷基化为主的产物。

ambident anion

不管是得到 *C*-烷基化还是 *O*-烷基化产物，都是经过 S_N2 反应进行的：

R—X
S_N2
O-alkylation *C*-alkylation

C-烷基化和 *O*-烷基化的比例受负电荷密度、溶剂化程度、阳离子配位能力和产物相对稳定性等因素的影响。

383. 烯醇负离子发生烷基化反应，对碱的需求是什么样的？

解答： 和水溶液中的羟醛缩合等反应不同，烯醇负离子烷基化需要很高的烯醇负离子浓度，反应需要强碱以完全转化羰基化合物成烯醇负离子。对普通的羰基化合物而言，合适的试剂有 LDA/THF、NaH/THF、$NaNH_2$、Ph_3CNa 等，对活泼亚甲基类的羰基化合物而言，合适的试剂有 NaOEt 等。

384. 烯醇负离子容易和酰氯发生 *O*-酰基化，和卤代烃发生 *C*-烷基化，为什么？

解答： 烯醇负离子中碳负和氧负的差别是软硬度，氧的电负性大，硬度更大。酰氯和卤代烃的差别是碳的缺电子性，酰氯中的碳更缺电子，更硬。根据软亲软硬亲硬的反应原则，烯醇负离子容易和酰氯发生 *O*-酰基化，和卤代烃发生 *C*-烷基化。

base
Cl
Br

385. 烯醇负离子容易和碘甲烷发生 *C*-烷基化，和三甲基氯硅烷发生 *O*-烷基化，为什么？

解答： 三甲基氯硅烷是强亲电试剂（Si 和 Cl 的电负性差别大），和三甲基氯硅烷发生 *O*-烷基化反应得到烯基硅醚，还有一个原因是 Si—O 的键能特别大。

386. 极性非质子性溶剂能够增加 *O*-烷基化产物的比例，为什么？

解答： 在极性非质子性溶剂（DMF，DMSO 等）中，烯醇负离子和阳离子得到很好的电离，尤其在钾盐情况下，K—O 键的离子键性质使得电离化程度进一步增加，得到的 *O*-烷基化产物比例得到进一步的提升：

EtOM / DMSO　　EtOTs / DMF

	C-alkylation	*O*-alkylation
M = Li	54%	46%
M = K	23%	75%

387. 烯醇负离子的合成等当体有哪些？

解答： 烯胺、烯基硅醚、亚胺负离子等可以作为烯醇负离子的合成等当体（synthetic equivalent）。烯胺通过羰基和仲胺在酸性条件下脱水形成，反应具有区域选择性：

TsOH
not found

上述反应的区域选择性来自于产物的相对稳定性。A 结构中 N—C═C 能够共平面发生电子的离域，而 B 结构中 N—C═C 共平面将导致甲基和亚甲基的空间位阻（1,3-allylic interaction）：

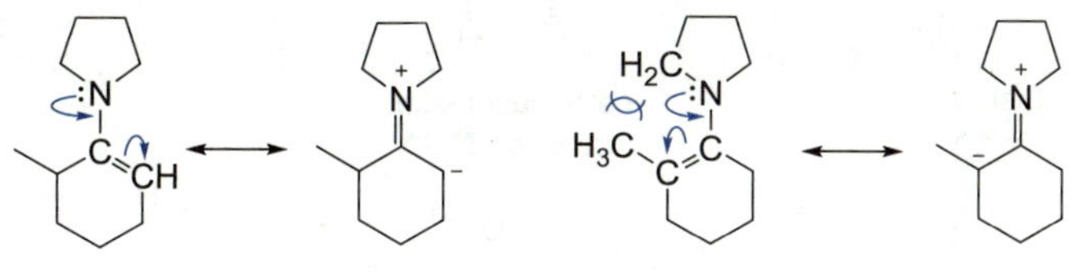

A　　B

烯基硅醚通过羰基化合物和氯硅烷在碱性条件下获得，得到的烯基硅醚可以被分离而获得选择性：

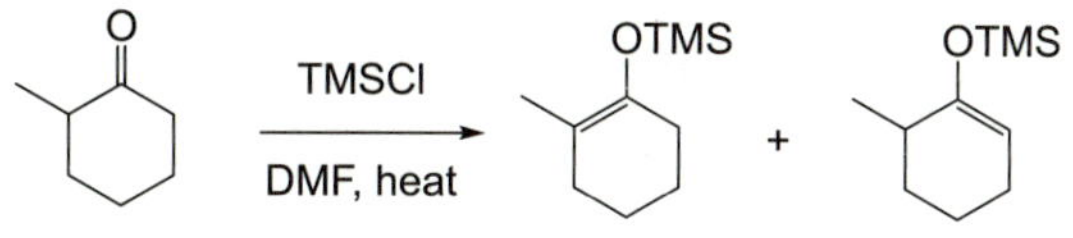

TMSCl / DMF, heat　OTMS　OTMS　A　B

亚胺负离子可以通过羰基化合物和伯胺的反应获得：

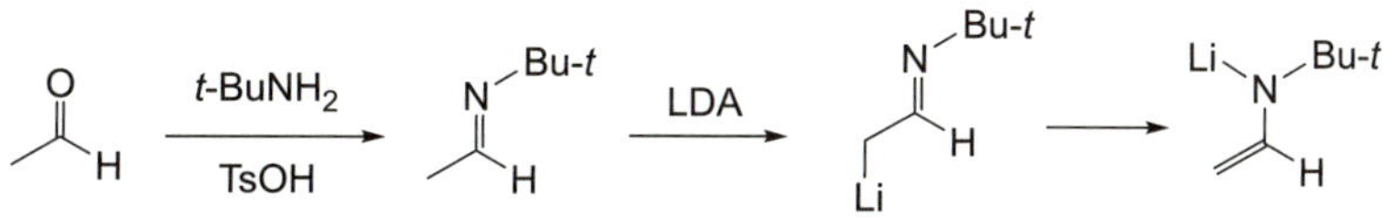

t-$BuNH_2$ / TsOH　LDA　Bu-t　Li

388. 酸性条件下羰基化合物 α-H 卤代反应的区域选择性和碱性条件下羰基化合物 α-H 卤代反应的区域选择性相比，有什么不同？为什么？

解答：酸性条件下，不对称羰基化合物发生卤代在取代基多的一侧；第二次卤代的反应速率降低，且发生在异侧：

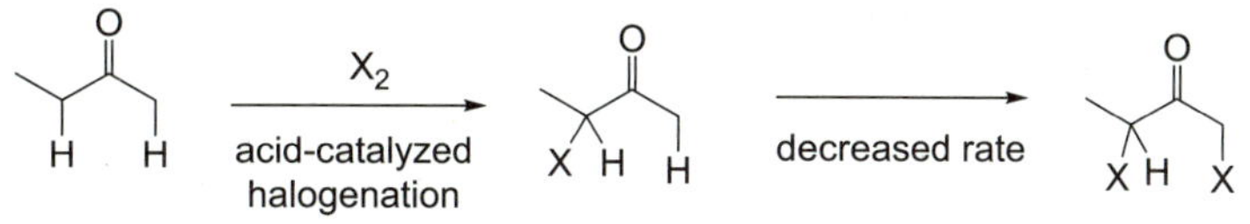

X_2 / acid-catalyzed halogenation　decreased rate

碱性条件下，不对称羰基化合物发生卤代在取代基少的一侧；第二次卤代的反应速率更快，且发生在同侧，得到三卤代物后易在碱性条件下发生水解反应得到卤仿：

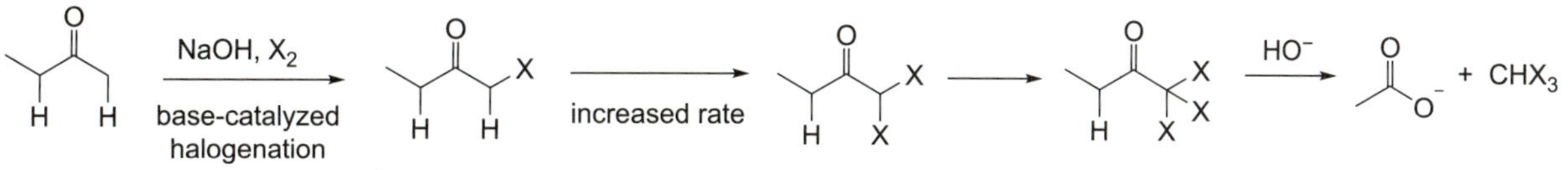

NaOH, X_2 / base-catalyzed halogenation　increased rate　HO^-　+ CHX_3

酸性条件下，羰基质子化，经过类碳正离子过渡态，取代基一侧的类碳正离子更稳定，所以发生在取代基多的一侧：

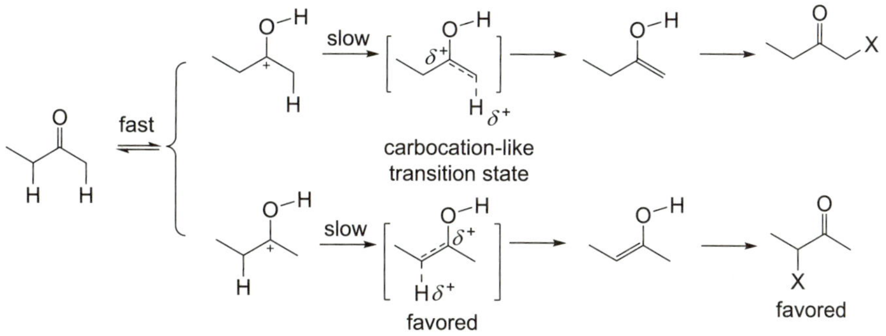

fast　slow　carbocation-like transition state　slow　favored　favored

继续发生卤代的时候，还是经过类碳正离子过渡态，卤素的吸电子诱导不利于类碳正离子过渡态的形成，所以反应速率下降，且发生在异侧：

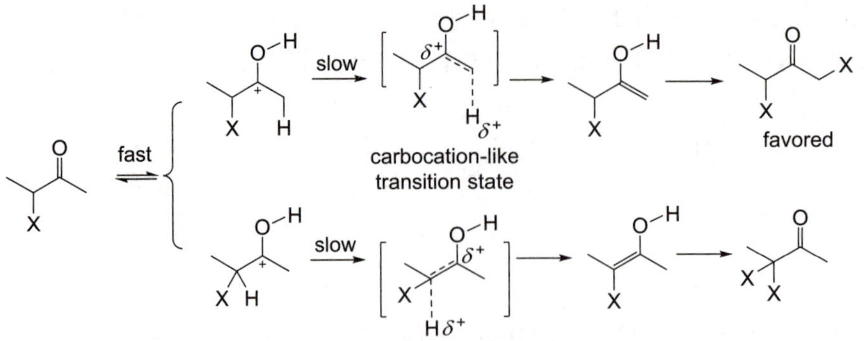

碱性条件下，经过类碳负离子过渡态，取代基少的一侧类碳负离子更稳定，所以发生在取代基少的一侧：

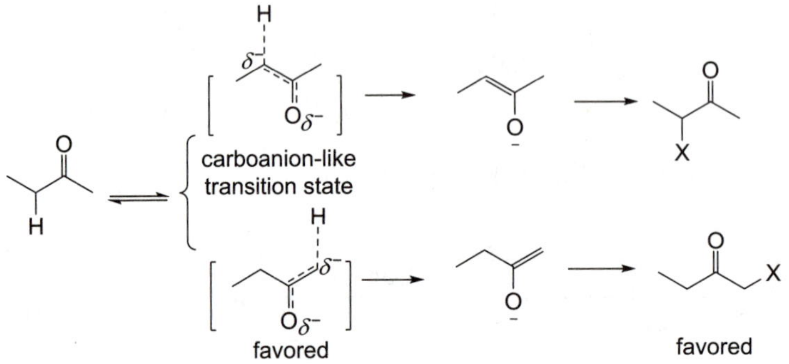

继续发生卤代的时候，受卤素吸电子的影响，C—H酸性增强，反应更容易进行，且发生在同侧：

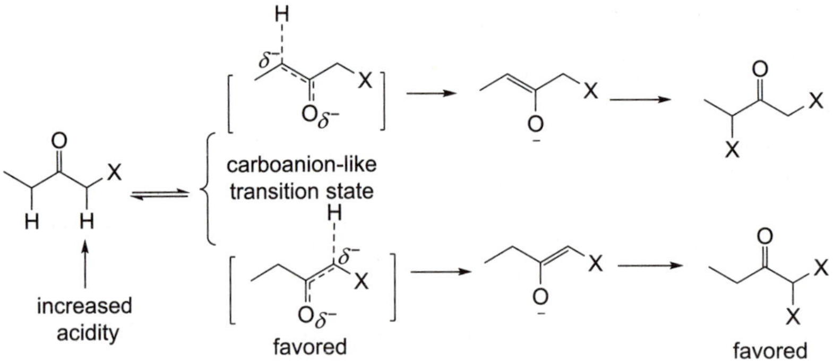

389. 碘仿反应指的是什么？

解答： 甲基酮或能被碘氧化成甲基酮的有机化合物在碱性条件下和碘反应，得到碘仿（CHI_3）沉淀，称为碘仿反应。

390. 烯醇负离子和羰基化合物发生亲核加成时，非对映选择性是如何控制的？

解答： 烯醇负离子和不对称羰基化合物反应，产生一个手性中心，若试剂和环境没有手性，得到一对对映体：

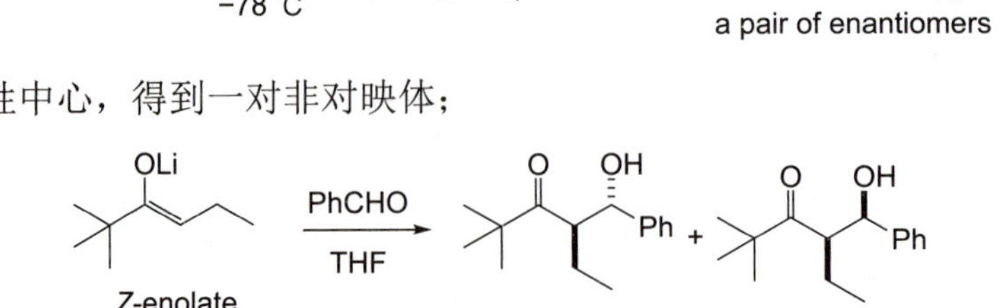

若产生两个手性中心，得到一对非对映体：

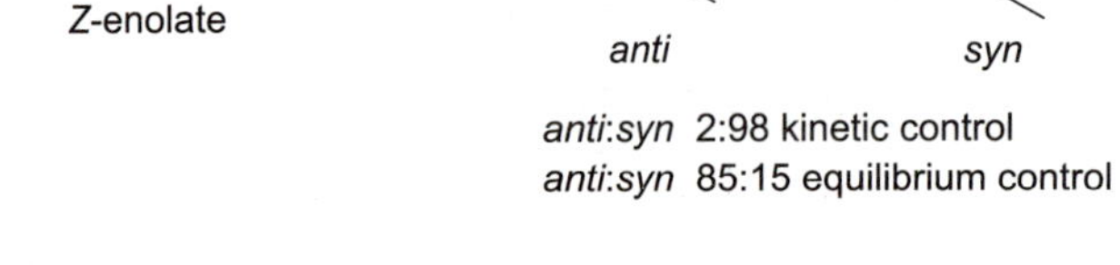

根据条件不同，动力学反应条件下，*Z*-enolate 得到 *syn* 为主的产物：

Z-烯醇盐

syn-产物

热力学反应条件下，烯醇负离子通过碳负离子进行转化，经过如下较为稳定的过渡态得到 *anti* 为主的产物：

391. Cannizzaro 反应对底物的要求有哪些？有 α-H 存在时，能否发生 Cannizzaro 反应？不同醛之间发生 Cannizzaro 反应的选择性如何？

解答： 没有 α-H 的羰基化合物在强碱性条件下发生的氧化还原反应，称为 Cannizzaro 反应。反应通过六元环传递氢负离子，一分子醛被氧化，一分子醛被还原，如下所示：

$$2\,R{-}CHO \xrightarrow[2.\ H_3O^+]{1.\ OH^-} R{-}CO_2H + R{-}CH_2OH$$

有 α-H 存在时，先通过羟醛缩合消耗 α-H 再发生 Cannizzaro 反应：

$$H_3C{-}CHO \xrightarrow[HO^-]{3\ HCHO} (HOCH_2)_3C{-}CHO \xrightarrow[HO^-]{HCHO} C(CH_2OH)_4 + HCOONa$$

不同醛之间的反应，活泼性大的醛先受到羟基负离子的进攻被氧化，活泼性小的醛被还原：

$$PhCHO + HCHO \xrightarrow[2.\ H^+]{1.\ KOH} PhCH_2OH + HCO_2H$$

392. Cannizzaro 反应能不能发生在分子内？

解答： Cannizzaro 反应可以发生在分子内：

nucleophilic addition → hydride shift → proton transfer

393. Cannizzaro 反应能不能在酸性条件下发生？

解答： Cannizzaro 反应可以在酸性条件下发生，称为 Tishchenko 反应：

$Al(OR')_3$

Evans 对这一个反应进行了进一步拓展，反应在二碘化钐催化下进行，具有非对映选择性，负氢从羟基的同侧进入：

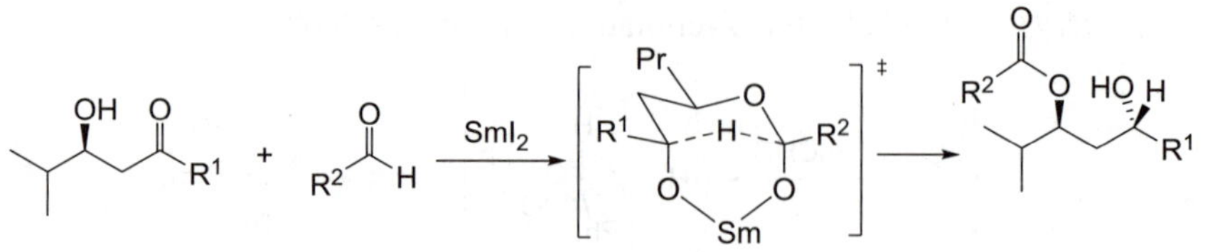

394. 多组分反应的特点有哪些？

解答：三个或三个组分以上的化合物一锅合成一个大分子，称为多组分反应。它的特点有过程不分离、反应高效、简洁。反应过程可以是串联型的，也可以是并联型的。

395. 什么是 Mannich 反应？相应的原料和产物是什么？

解答：酸催化下，含 α-H 的羰基化合物、醛、二级胺缩合生成 β-氨基羰基化合物的反应称为 Mannich 缩合反应：

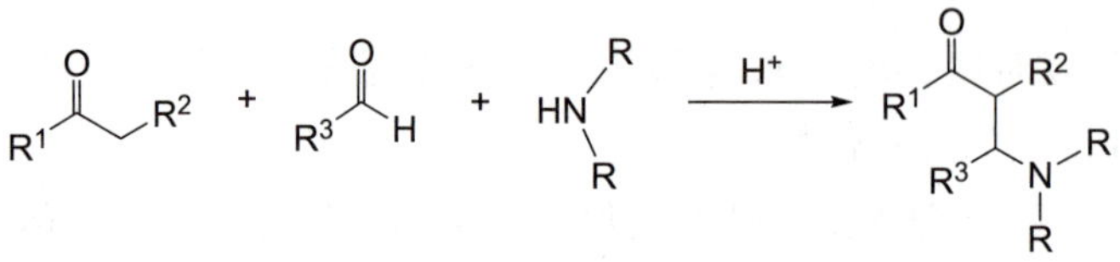

反应过程中醛和二级胺反应生成的亚胺盐是反应的关键中间体：

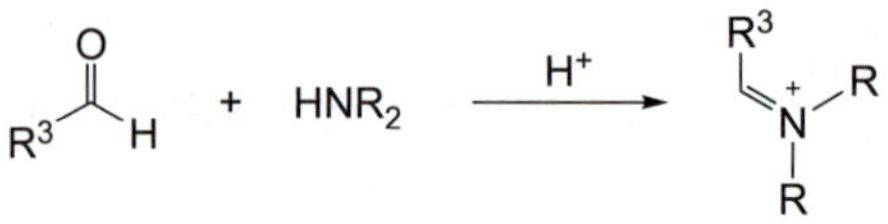

含 α-H 的羰基化合物通过互变异构生成的烯醇是亲核试剂，对亚胺盐捕获得到 β-氨基羰基化合物。因此，分子结构中含有烯醇结构的底物都可以作为亲核试剂，如苯酚：

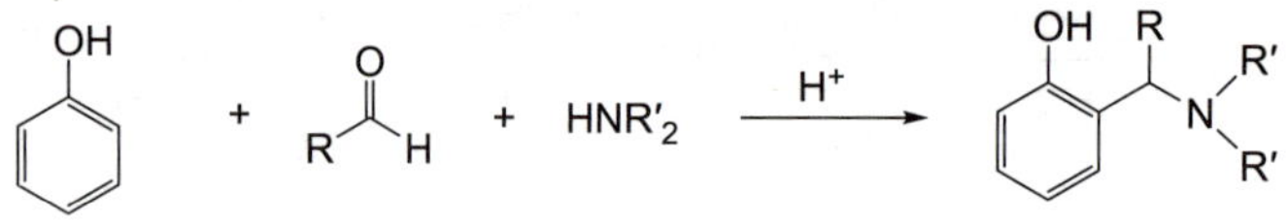

396. 什么是 Streker 反应？相应的原料和产物是什么？

解答：羰基化合物、胺、HCN 缩合生成 α-氨基腈的反应称为 Streker 反应：

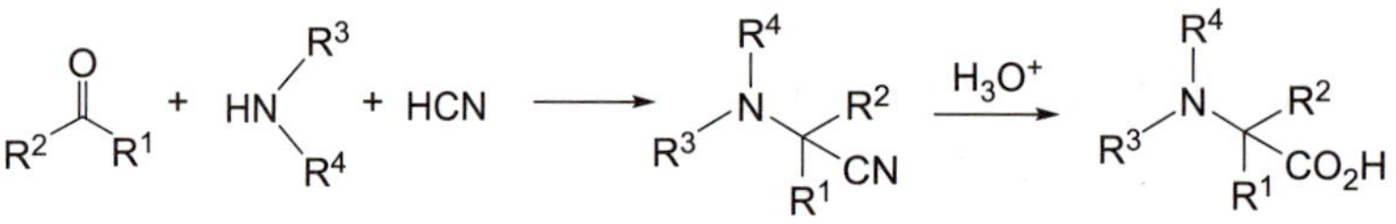

和上述 Mannich 反应类似，反应的过程是羰基化合物和胺先缩合，再被氰根负离子捕获：

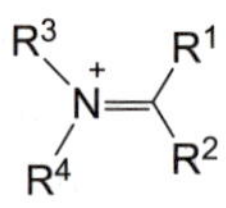

397. 什么是还原胺化？相应的原料和产物是什么？

解答：还原胺化（reductive amination）指的是羰基化合物和胺缩合而成的亚胺或亚胺盐被氢所捕获，羰基还原的同时发生氨基化：

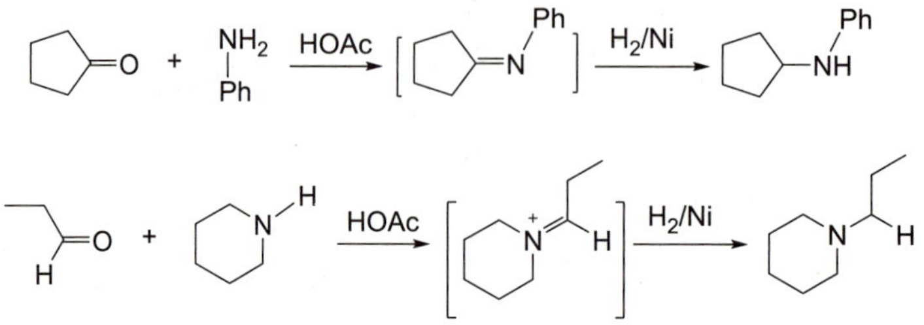

胺的甲基化可以通过这个反应实现，其中甲酸是还原剂：

$$R—NH_2 \xrightarrow[HCHO]{HCOOH} R—NMe_2$$

398. 鳞叶立德和羰基发生亲核加成消除是制备双键的常用方法。双键的构型可以通过鳞叶立德的种类得到控制，为什么？

解答： 根据鳞叶立德上连的基团，鳞叶立德分为不稳定叶立德、半稳定叶立德和稳定叶立德，它们和羰基化合物作用，得到的双键构型是不同的：

反应性

PhCHO

活泼
不稳定

Z-构型

半稳定

Z/E-构型

不活泼
稳定

E-构型

不稳定叶立德上没有稳定碳负离子的基团，反应是动力学控制的。叶立德给电子用的是 HOMO 轨道，羰基得电子用的是 LUMO 轨道，反应采用同面-异面的加成方式进行：

$\pi^2s + \pi^2a$

Ph_3PO

稳定叶立德上有强的吸电子基团分散碳负离子，反应是热力学控制的，产物的构型取决于四元环形成的相对稳定性：

(±)-**A**　RDS　*trans*-**B**　E-构型

(±)-**A′**　RDS　*cis*-**B′** 不利的　$-Ph_3PO$　Z-构型

399. 对于 Mitsunobu 反应，C—O 键是如何被活化的？反应的立体专一性又是如何得到控制的？

解答： 羟基不是好的离去基团，C—O 上的亲核取代是不容易发生的。用膦化合物（如三苯基膦）和偶氮化合物（如偶氮二甲酸二乙酯，DEAD）相结合能活化 C—O 键，从而顺利发生取代反应。对如下所示的反应：

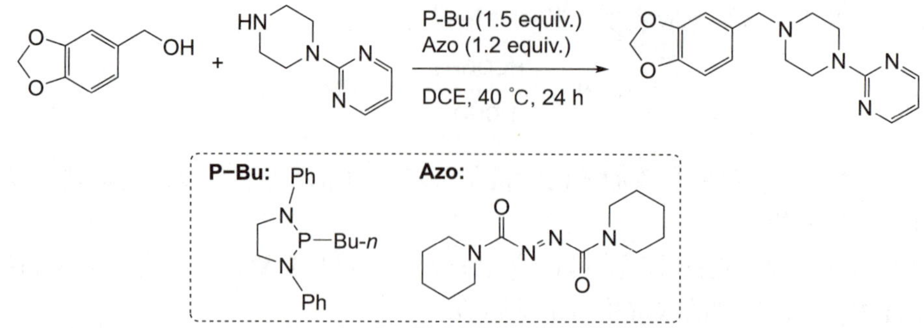

反应过程中，膦化合物进攻偶氮并获得仲胺上的质子，一方面磷给出电子后能和羟基结合形成P—O 键，从而活化 C—O 键；另一方面失去质子后的氨基负离子具有更好的亲核性，最后，亲核进攻 C—O 键得到取代产物：

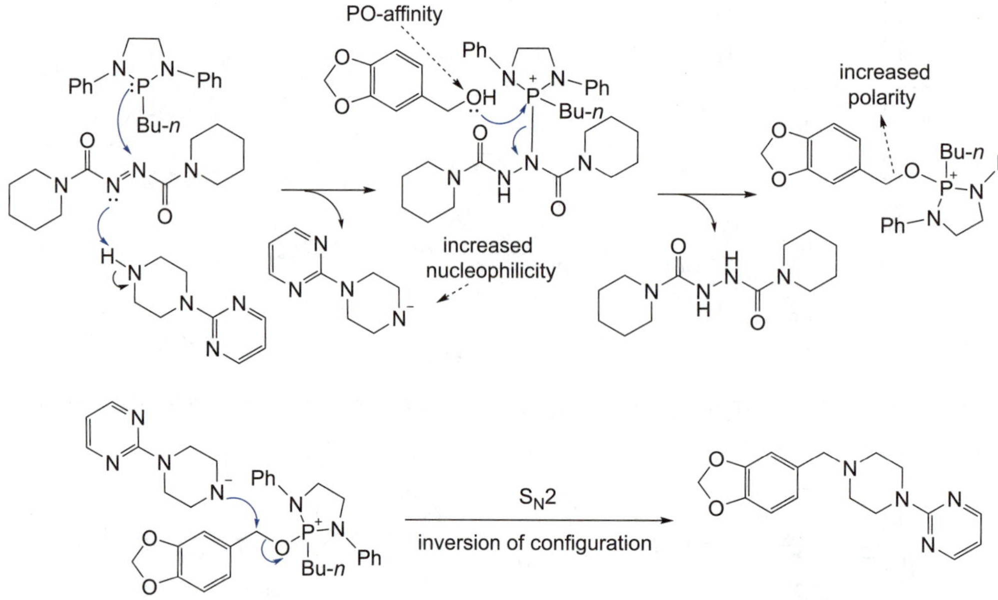

400. 常见的羰基的保护方法有几种？

解答：羰基最简单的保护方法是形成缩醛（acetal）或缩酮（ketal）。缩醛或缩酮在酸性条件下脱水形成，在酸性条件下发生水解。

401. 为什么用硫醇保护羰基的时候，通常选用 1,3-二硫醇，而不是 1,2-二硫醇？

解答：用 1,2-二硫醇保护羰基的时候得到五元环。保护后的硫缩醛如果在碱性条件下发生反应，五元硫缩醛在碱性条件下不稳定，六元硫缩醛在碱性条件下是稳定的：

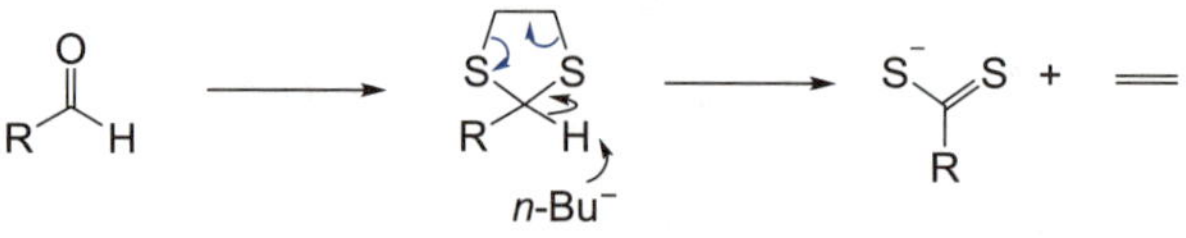

402. 如何用软硬酸碱理论解释亲核试剂和 α,β-不饱和羰基化合物作用时的区域选择性？

解答：α,β-不饱和羰基化合物是一个共轭体系，有如下共振式，共振式表明 C2 和 C4 均是缺电子的，亲核试剂进攻 C2 称为 1,2-加成，进攻 C4 称为 1,4-加成，也称为共轭加成，当亲核试剂为碳时，称为 Michael 加成：

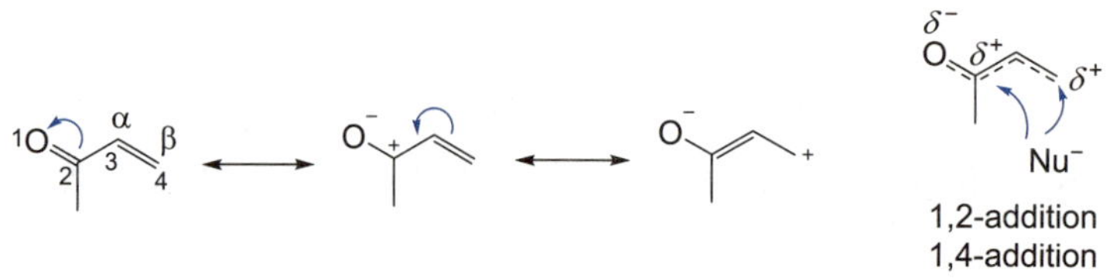

C2 和 C4 相比较，C2 直接和氧原子相连更硬，C4 更软。当硬亲核试剂进攻时，发生 1,2-加成；当软亲核试剂进攻时，发生 1,4-加成。

脱水反应发生的是 1,2-加成：

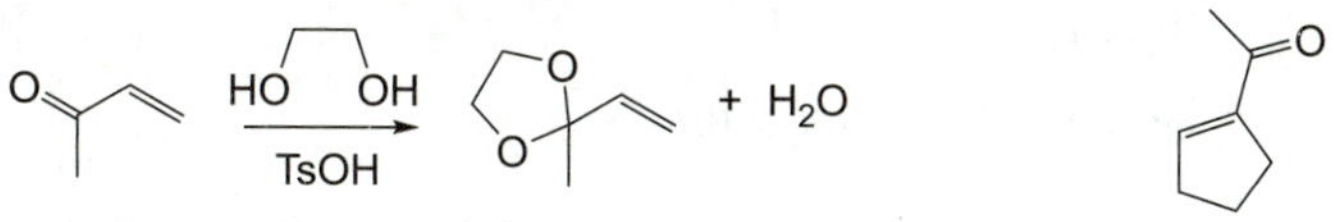

403. 和 α,β-不饱和羰基化合物作用时，为什么吡咯容易发生 Michael 加成，而呋喃容易发生 Diels-Alder 反应？

解答： 氮原子共轭给电子的能力强，因此，吡咯体现亲核性，发生 Michael 加成；呋喃体现二烯烃的性质，发生 Diels-Alder 反应。

羧酸及其衍生物

404. 影响羧酸 pK_a 值的因素有哪些？

解答： 从羧酸的结构看，羧酸的 pK_a 值取决于和羧基相连的基团，若该基团能分散羧酸电离后的羧酸根负电荷，对羧酸根阴离子起到稳定作用，羧酸的酸性变强，pK_a 值变小；若该基团不利于羧酸根负电荷的分散，使负电荷更加集中，羧酸的酸性变更弱，pK_a 值变大。考虑到环境，若溶剂能更好地溶剂化稳定羧酸根阴离子，对羧酸根阴离子起到稳定作用，有利于羧酸的电离，羧酸的酸性变强，pK_a 值变小。

405. 相同取代基条件下，为什么邻位取代苯甲酸的酸性总是比对位取代苯甲酸的酸性强？

解答： 酸性指的是电离平衡，电离质子的能力。对于邻位取代的苯甲酸，电离后张力得到释放，产物较稳定；对于对位取代的苯甲酸，原料中羰基和苯环共轭，原料较稳定。所以，相同取代基条件下，邻位取代苯甲酸的酸性大。

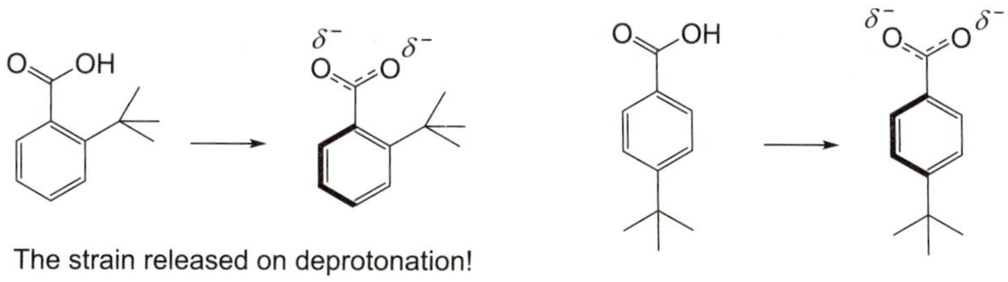

The strain released on deprotonation!

406. 和对羟基苯甲酸相比，为什么邻羟基苯甲酸的一级电离常数较大，而二级电离常数较小？

解答： 邻羟基苯甲酸电离一个质子后，存在分子内氢键，所以一级电离常数较大，二级电离常数较小：

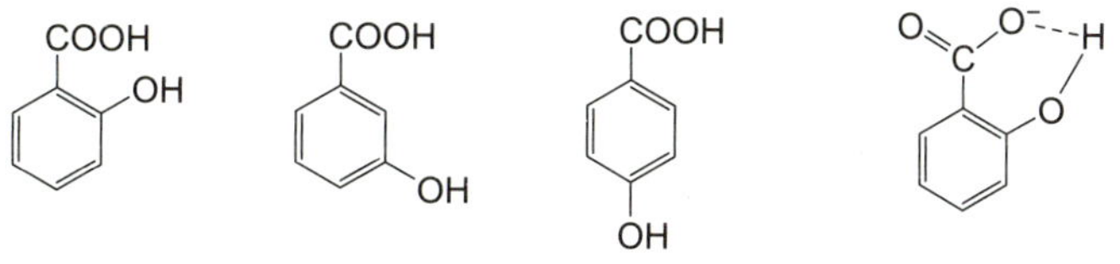

	邻羟基苯甲酸	间羟基苯甲酸	对羟基苯甲酸
pK_{a1}	2.97	4.08	4.58
pK_{a2}	13.44	9.94	9.39

407. 什么是插烯作用？

解答： 插烯作用指双键插入到酰氧键中，其对羧酸的酸性影响不大：

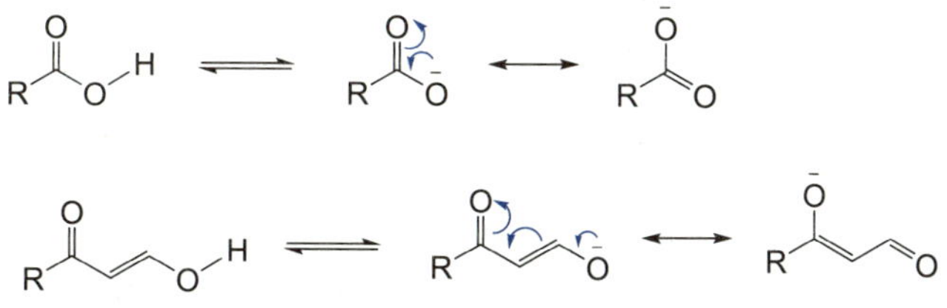

如下所示，化合物的酸性和普通羧酸酸性相差不大：

pK_a = 4.8　　pK_a = 6.7

408. 酯和羧酸共存时，硼烷能选择性还原羧酸，氢化铝锂能选择性还原酯，为什么？画出硼烷还原羧酸的机理。

解答： 氢化锂铝和羧酸作用时，先攫取质子成锂盐，和酯相比较，羧酸盐是负离子，更难受到氢负离子的进攻，所以氢化锂铝选择性还原酯：

$$\mathrm{RCOOH} \xrightarrow{\mathrm{LiAlH_4}} \mathrm{RCOOLi} \qquad \mathrm{RCOOR'}$$

硼烷和羧酸作用，先生成硼酸酯，硼酸酯结构中由于硼的缺电子，使得羧酸酯中的羰基碳缺电子，更易被硼烷还原：

$$\mathrm{RCOOH} \xrightarrow{\mathrm{BH_3}} \mathrm{(RCOO)_3B} \longrightarrow \mathrm{RCH_2OH} \qquad \left[\mathrm{RCOOB(OR')_2}\right]$$

409. 羧酸衍生物有哪些？

解答： 常见的羧酸衍生物有酰氯、酐、酯和酰胺，它们的结构如下所示：

$$\mathrm{RCH_2COX} \qquad \mathrm{RCH_2COOCOR'} \qquad \mathrm{RCH_2COOR'} \qquad \mathrm{RCH_2CONR'_2}$$

410. 酰氯、酸酐、酯、酰胺和亲核试剂发生酰基取代反应时，相对反应性如何？

解答： 酰氯、酸酐、酯、酰胺和亲核试剂反应时，根据羰基碳的缺电子性和羰基碳的空间位阻，相对反应性如下所示：

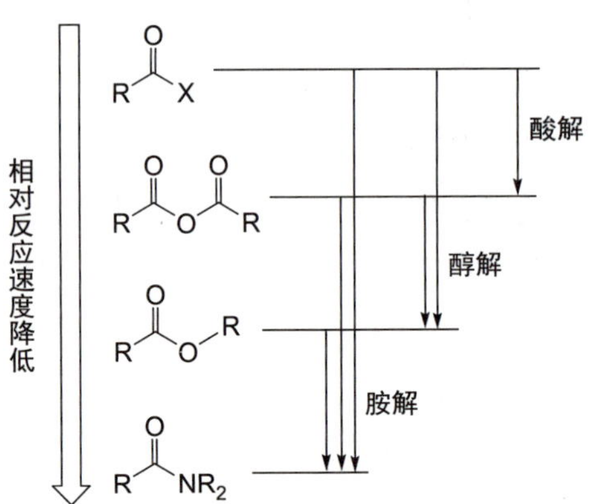

411. 酰氯和羧酸相比，哪个更容易发生羰基 α-H 的卤代反应？

解答： 酰氯更容易，因为酰氯中羰基 α-H 的酸性比羧酸中羰基 α-H 的酸性大。HVZ 反应中羧酸的羰基 α-H 卤代反应是将羧酸转化成酰氯后进行的：

$$\mathrm{RCH_2COOH} \xrightarrow{\mathrm{X_2/PX_3}} \mathrm{RCH_2COX} \longrightarrow \mathrm{RCHXCOX} \longrightarrow \mathrm{RCHXCOOH}$$

increased acidity

412. 酰基化试剂有哪些？

解答： 常用的酰基化试剂有羧酸的衍生物酰氯、酸酐、酯等，酰胺也可以做酰基化试剂，但前提是要将酰胺活化。除了酰氯和酐等，二环己基碳化二亚胺（DCC）、羰基二咪唑（CDI）、三氯化磷 /DMF、烯酮等均可以做酰基化试剂。

413. 二环己基碳化二亚胺（DCC）是如何促进酸和醇脱水成酯的？

解答： 羧酸和 DCC 之间的质子转移使得羧酸根有一定的亲核性、二亚胺盐有一定的亲电性，亲核加成得到类似于酸酐结构的中间产物，其中羧酸的酰氧键（Ac—O）被活化，和醇或其他亲核试剂（Nu—H）反应得到酰基化产物：

414. 羰基二咪唑（CDI）是如何活化羧基的？

解答： 羰基二咪唑（CDI）中咪唑是很好的离去基团，尤其是在酸性条件下。CDI 和羧酸的质子转移使得后续的亲核加成 / 消除更容易发生，生成类似于酸酐一样的中间产物，继续和咪唑作用后得到酰基咪唑关键中间体，其和 Nu—H 发生反应得到酰基化产物：

415. 考虑到酯水解反应可以是酸或碱催化、单分子或双分子动力学、酰氧断裂或烷氧断裂，酯水解机理可以有几种？最常见的是哪两种？

解答： 根据催化剂、C—O 的断裂方式和反应动力学，酯水解反应可以有八种反应机理：

催化剂	酸（A）	碱（B）
C—O 断裂方式	酰氧断裂（Ac—O）	烷氧断裂（Al—O）
反应动力学	双分子（2）	单分子（1）

其中最常见的有酸催化下酰氧断裂双分子反应（$A_{Ac}2$）和碱催化下酰氧断裂双分子反应（$B_{Ac}2$）。

416. 为什么说酰胺结构中，碳氮具有部分双键的性质？

解答：这是由氮原子的共轭给电子能力所决定的。如下酰胺的共振杂化体显示碳氮具有部分双键的性质：

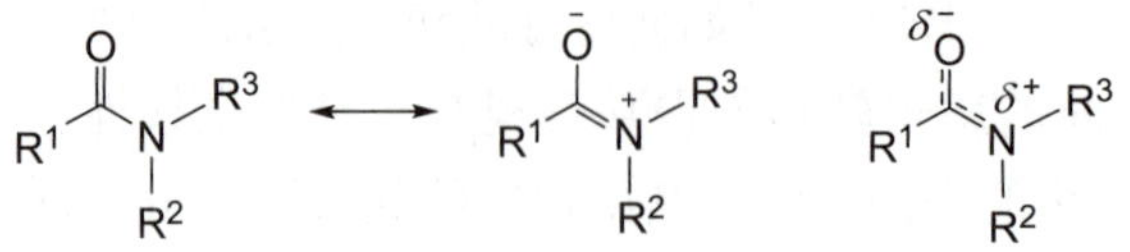

417. 氘代氯仿溶剂中，室温条件下，DMF 中的两个甲基具有不同的化学位移值，为什么？什么情况下，这两个甲基峰可以成为一个单峰？

解答：室温条件下，由于酰胺键的旋转受阻，DMF 的两个甲基有不同的化学位移，所以出现两个峰；温度升高，单键可以自由旋转，两个甲基峰将成为一个峰：

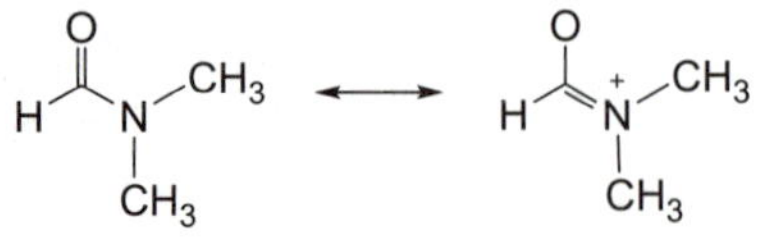

418. 常见的活化酰胺的方法有几种？

解答：常见的活化酰胺的方法有两种，一种是抑制氮原子孤对电子对羰基的反共轭，削弱 C—N 键，发生 C—N 键的解离；另一种是增加氮原子上孤对电子对羰基的反共轭，增强 C—N 键，发生 C—O 键的解离：

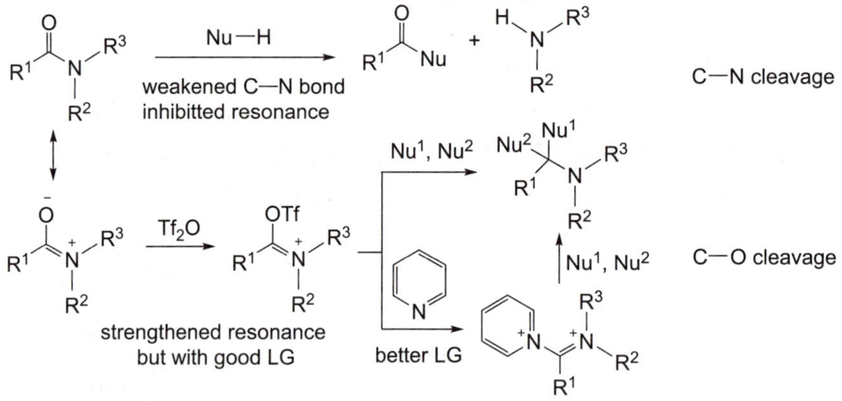

419. 三氟甲磺酸酐和吡啶是如何活化酰胺键的？

解答：酰胺和三氟甲磺酸酐 / 吡啶反应将羰基氧转化成容易离去的基团（—OTf），酰胺的中心碳原子变成强缺电子性，达到活化酰胺的目的：

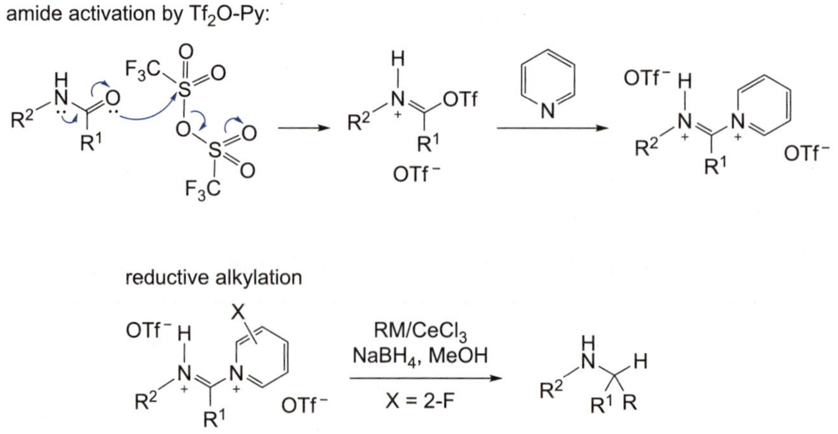

420. 三氯氧磷和 DMF 是如何成为甲酰化试剂的？

解答：通过氮原子上孤对电子的 push-pull，得到缺电子中间体 **A**，从而活化了酰胺：

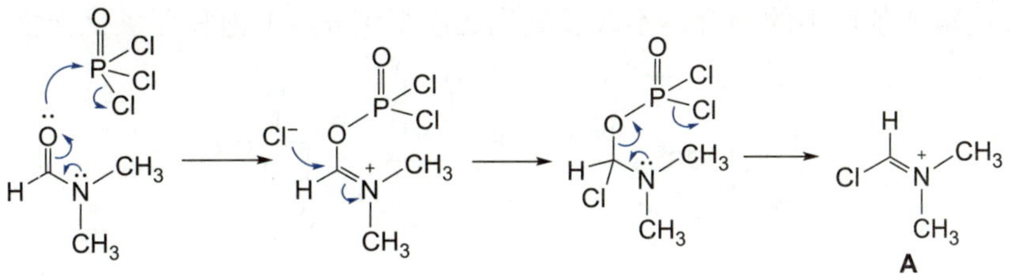

421. 烯酮具有什么样的结构？又是如何获得的？

解答： 烯酮中心碳原子是 sp 杂化，未参与杂化的两个 p 轨道相互垂直，分别和碳、和氧成两个双键，所以两个双键平面是垂直的，通过酰氯脱 HCl，或羧酸脱水可以获得：

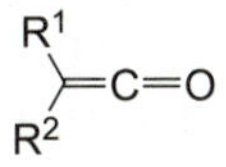

422. 活泼亚甲基指的是什么样的结构？常用的活泼亚甲基有哪些？

解答： 亚甲基上连有两个吸电子基，如羰基、酯基、氰基等，由于吸电子基的影响，活泼亚甲基 C—H 键的酸性比一般烃类的 C—H 键的酸性强得多：

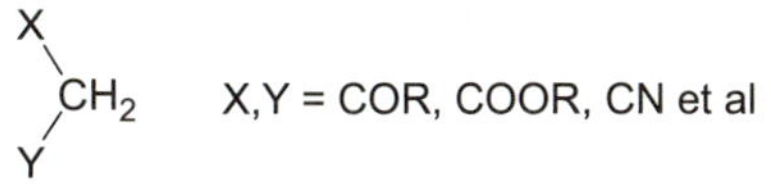

X,Y = COR, COOR, CN et al

423. 乙酰乙酸乙酯是如何制备的？在合成中通常是如何被应用的？

解答： 乙酰乙酸乙酯可以通过 Claisen 缩合得到：

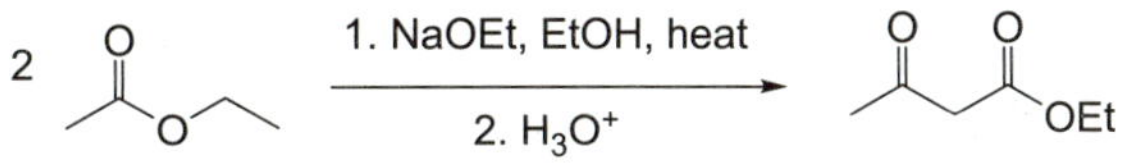

1. NaOEt, EtOH, heat
2. H_3O^+

也可以通过乙烯酮二聚被乙醇捕获而得到：

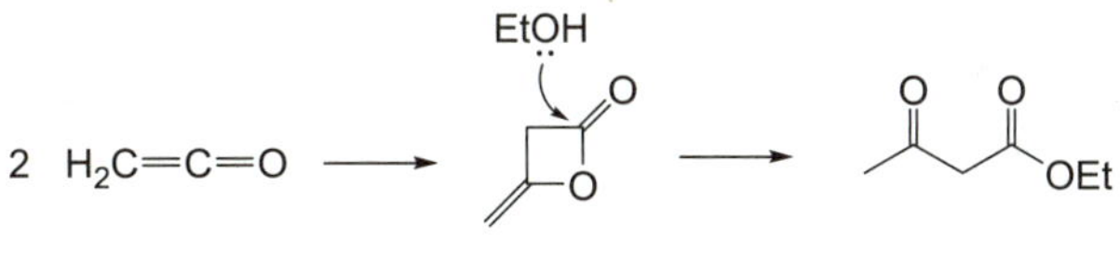

2 $H_2C{=}C{=}O$ → → OEt

乙酰乙酸乙酯用来制备甲基酮衍生物。碱性条件下，生成的烯醇负离子烷基化，经水解、酸化、脱羧，得到甲基酮衍生物：

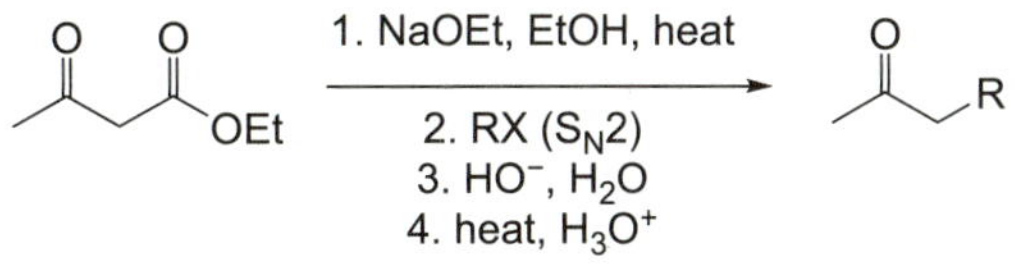

1. NaOEt, EtOH, heat
2. RX (S_N2)
3. HO^-, H_2O
4. heat, H_3O^+

424. 丙二酸酯是如何制备的？在合成中通常是如何被应用的？

解答： 丙二酸酯通过丙二酸的酯化获得，丙二酸酯可用来制备羧酸衍生物：

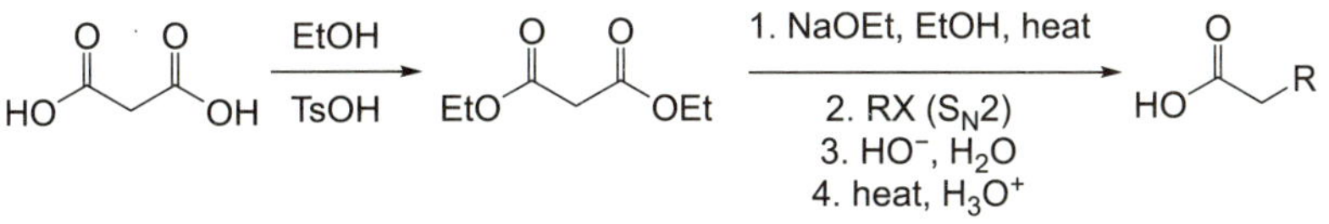

EtOH / TsOH

1. NaOEt, EtOH, heat
2. RX (S_N2)
3. HO^-, H_2O
4. heat, H_3O^+

425. Reformasky 反应和 Darzen 反应的区别在哪里？

解答： 两个人名反应的相似之处是原料相似，都是 α-卤代酸酯和羰基化合物。

Reformasky 反应用锌做还原剂得到 β-羟基酯：

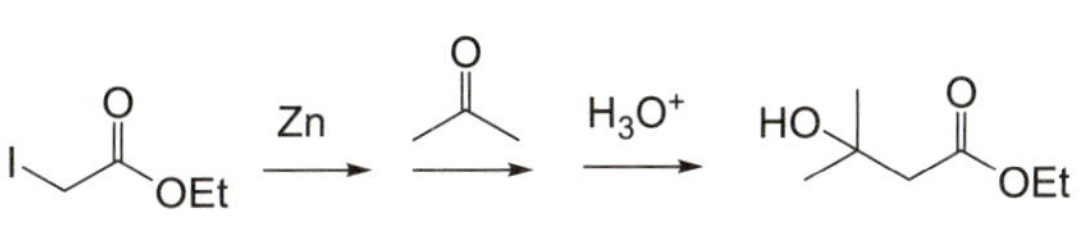

Zn → 丙酮 → H_3O^+

Darzen 反应是碱性条件下的缩合，不涉及氧化还原得到 α,β-不饱和环氧化合物：

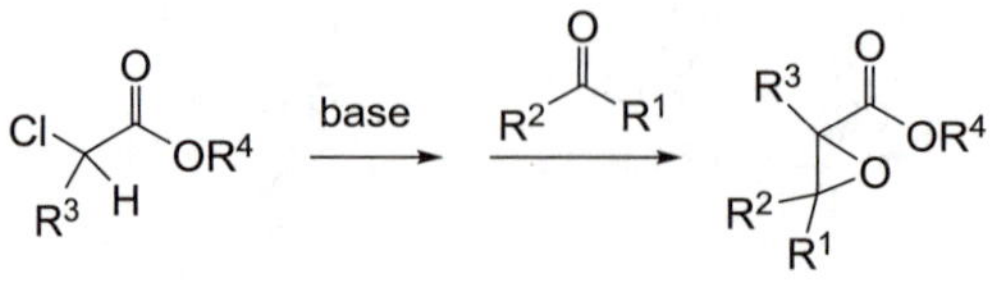

426. 酰胺的 Hofmann 重排，常用的亲电试剂有哪些？

解答： 重排到缺电子性的氮原子上有两类，一类是胺的重排，氮原子上有好的离去基团（leaving group，LG）是反应的驱动力：

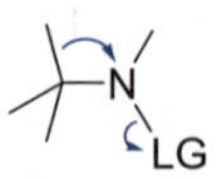

LG: Cl^-, $POCl_3$, H_2O, OTs^-, N_2

另一类是酰胺的重排，羰基容纳负电荷是反应的驱动力。酰胺的 Hofmann 重排属于这一类。酰胺和亲电试剂作用先形成 *N*-取代酰胺，再在碱性条件下发生重排生成异氰酸酯：

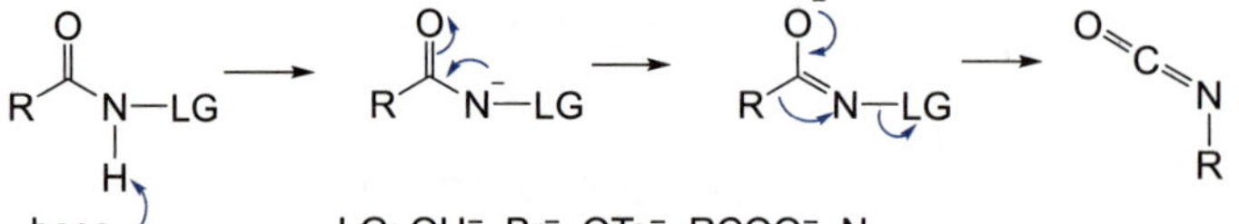

LG: OH^-, Br^-, OTs^-, $RCOO^-$, N_2

427. 重排到缺电子性氮原子上的人名反应有哪些？

解答： 经典的重排到缺电子性氮原子上的重排反应有：Beckmann 重排，Hofmann 重排，Lossen 重排，Curtius 重排，Schmidt 重排等。

428. 腈和异腈在结构上有什么区别？用什么方法可以快速测定是腈还是异腈？

解答： 腈和异腈的结构如下，腈是羧酸衍生物，其共振结构表明碳是缺电子中心，可以受到亲核试剂的进攻；异腈碳是六电子的，碳具有亲核性：

nitrile　　isonitrile

腈和异腈可以用碳谱进行鉴别，腈中碳的化学位移 125 左右；异腈中碳的化学位移 150 左右。

429. 什么是两可离子？

解答： 两可离子指的是物种有两个富电子中心，比如烯醇负离子，碳端和氧端均是富电子中心，其中氧端较硬，而碳端较软。当发生 S_N1 反应，被碳正离子所捕获时，硬的氧端发生反应，当发生 S_N2 反应，进攻带有部分正电荷的碳时，较软的碳端发生反应。氰基负离子中，较硬的氮端发生反应得到异腈，较软的碳端发生反应得到腈：

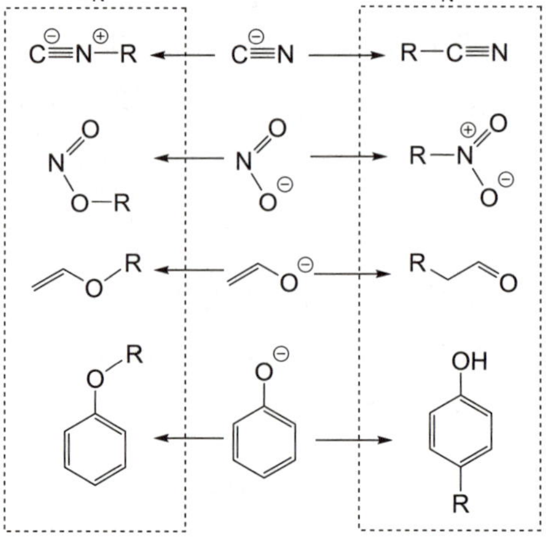

S_N1　　S_N2

430. 异腈是如何获得的？

解答： 除了用氰基做亲核取代以外，甲酰胺的脱水、胺和二氯卡宾的反应等都是获得异腈的制备方法：

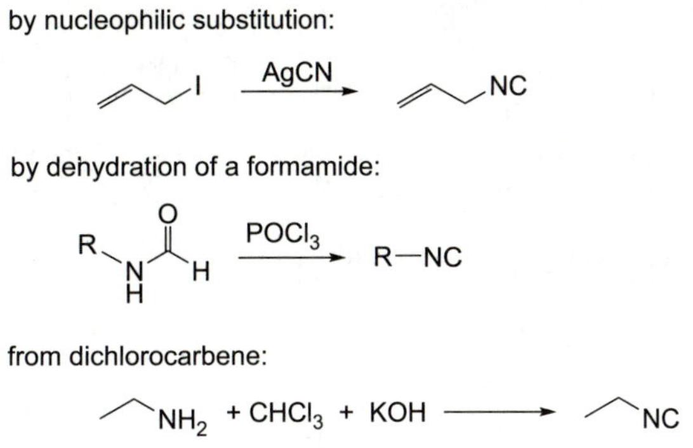

by nucleophilic substitution:
AgCN
I
NC
by dehydration of a formamide:
POCl3
R—NC
from dichlorocarbene:
NH2 + CHCl3 + KOH
NC

431. 写出 Passerini 三组分反应的机理。

解答： Passerini 三组分反应条件温和，反应式如下所示：

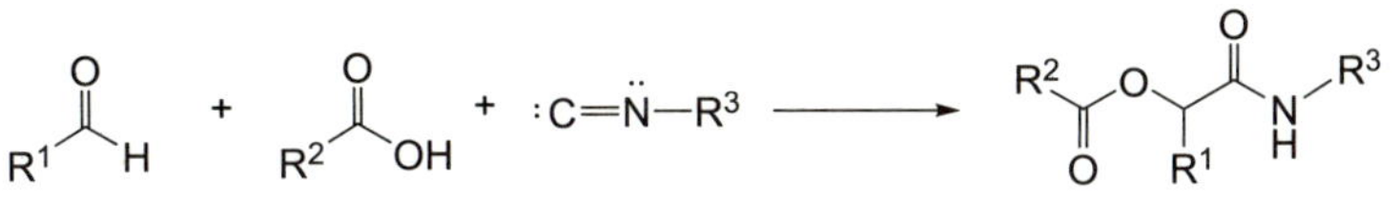

反应机理包括：质子转移形成质子化的醛（**A**），被异腈亲核进攻得到 Ritta 盐（**B**），被羧酸根捕获得到类似于酐的结构（**C**），分子内酰基转移得到产物：

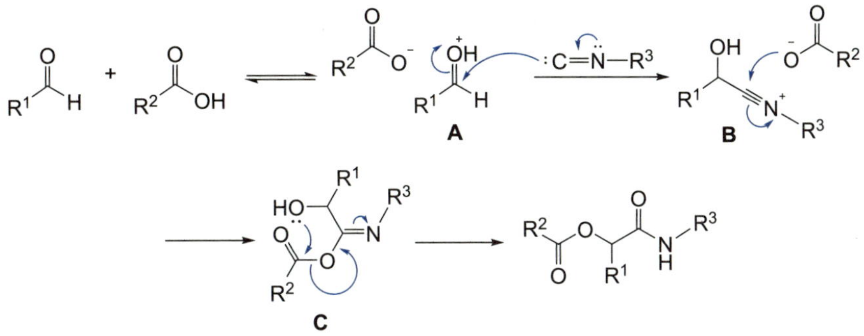

432. 写出 Ugi 四组分反应的机理。

解答： Ugi 四组分是在 Passerini 三组分基础上发展起来的，额外加了伯胺，得到了 α-酰氨基酰胺：

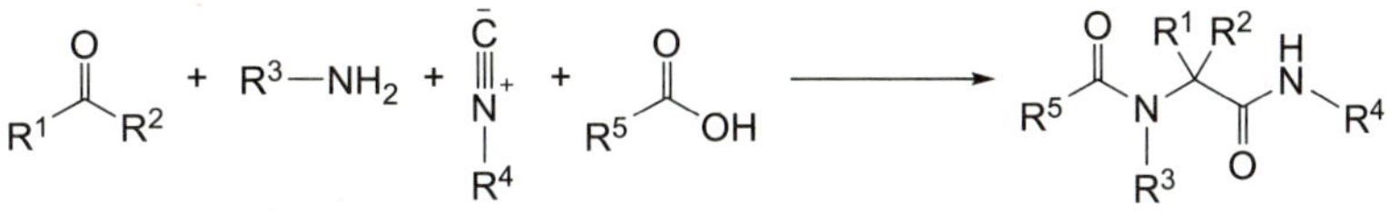

羰基化合物和伯胺首先缩合成亚胺，用亚胺代替 Passerini 三组分中的羰基，后续的反应机理是类似的：

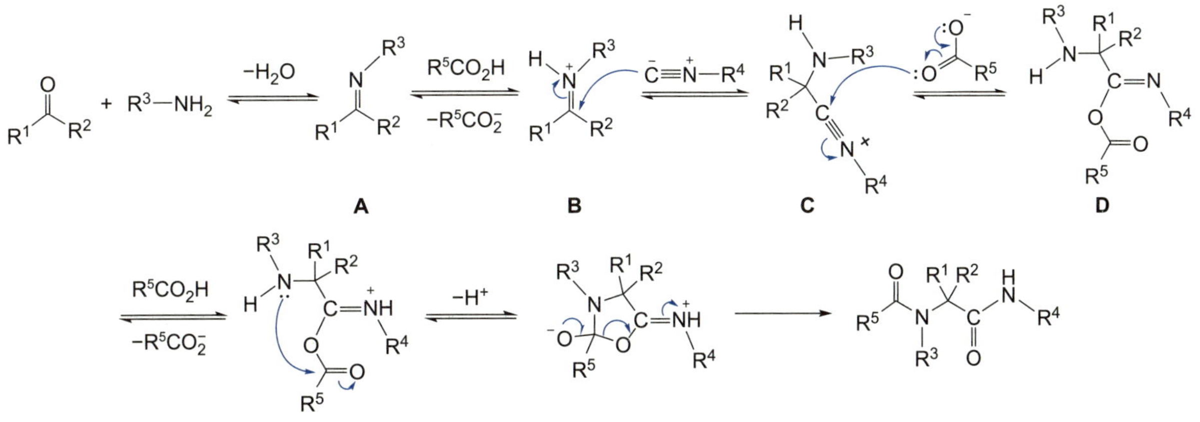

杂环化合物

433. 列举一些含氮脂环化合物，写出它们的结构。

解答： 一些含氮的脂环化合物及其结构：

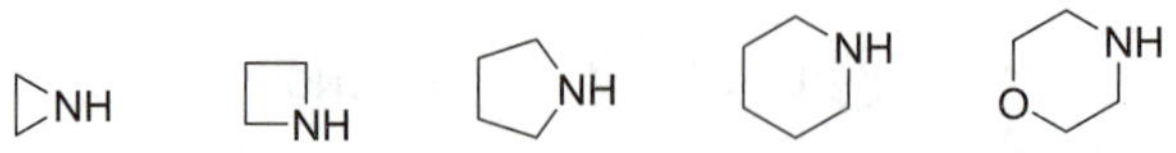

aziridine 吖丙啶　azetidine 吖丁啶　pyrrolidine 四氢吡咯　piperidine 六氢吡啶　morpholine 吗啡啉

434. 列举一些含氮芳香化合物，写出它们的结构。

解答： 一些含氮芳香化合物及其结构：

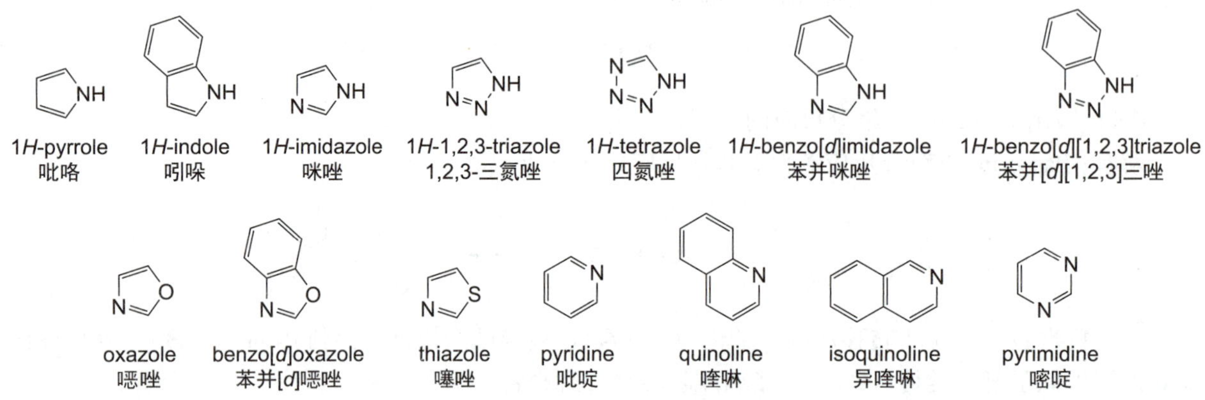

435. 氮原子在杂环化合物里有哪两种连接方式？吡咯和吡啶相比较，哪个具有更强的碱性？

解答： 如下所示，氮原子在杂环化合物里有两种连接方式。吡咯中氮原子孤对电子参与环的芳香性，没有碱性和亲核性；吡啶中氮原子孤对电子不参与环的芳香性，朝外伸展，有碱性和亲核性：

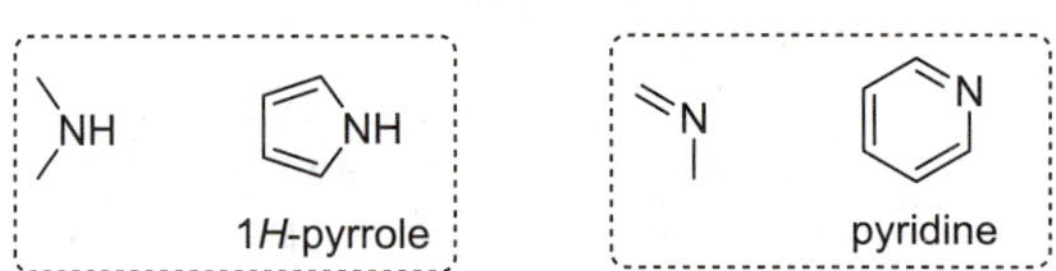

436. 为什么 1,8-双（二甲氨基）萘被称为质子海绵？写出其质子化后的共振式。

解答： 1,8-双（二甲氨基）萘攫取质子后，张力得到释放，结构得到稳定。其共轭酸的 pK_a 值为 18.2，远比苯胺共轭酸的 pK_a 值大得多：

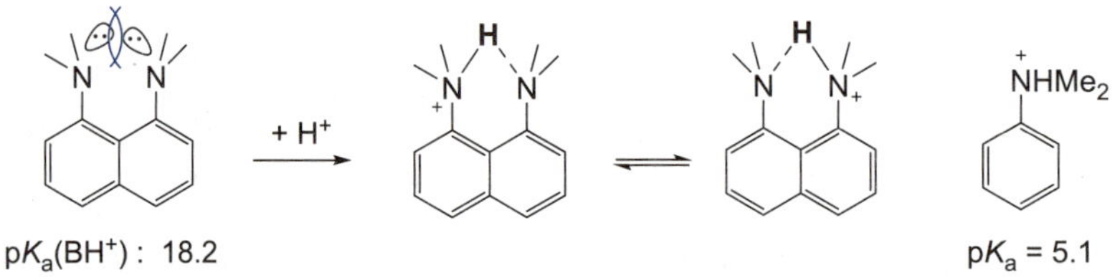

+ H^+

pK_a(BH^+)：18.2　　pK_a = 5.1

437. 2-氟吡啶、2,5-二氟吡啶和 2-氟-5-三氟甲基吡啶在乙醇和乙醇钠溶液中发生亲核取代的相对反应速率为 1∶0.67∶3100，其中三氟甲基的作用是显著的，为什么？

解答： 根据题意，吡啶衍生物和乙醇 / 乙醇钠溶液的相对反应速率是：

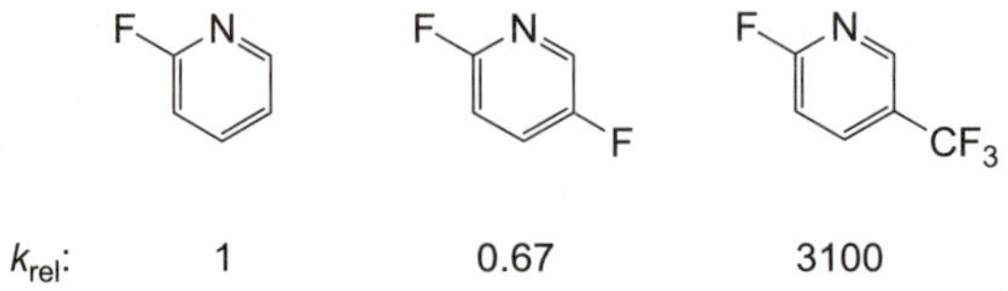

k_{rel}:　1　0.67　3100

反应过程中生成的中间体如下所示，和 **A** 相比较，**B** 中的碳负离子直接和氟原子相连，氟的孤对电子反共轭致使其相对不稳定；**C** 中碳负离子和三个 C—F 反键的负超共轭效应［n → σ*（C—F）］使得中间体 **C** 的稳定性增加：

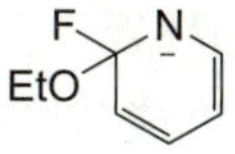

A 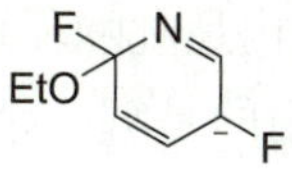　　B 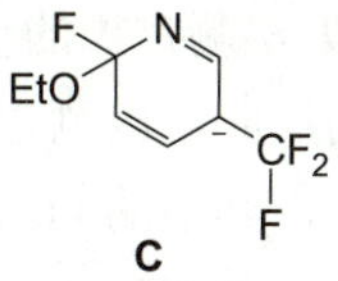　　C

碳水化合物

438. 碳水化合物有哪些结构特征？含有的主要官能团有哪些？

解答： 单糖的分子简式为 $C_n(H_2O)_n$，故称为碳水化合物。碳水化合物主要含有羟基和羰基。

439. 画出 D-(+)-甘油醛的 Fischer 投影式。

解答： D-(+)-甘油醛的 Fischer 投影式为：

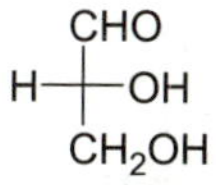

D-(+)-glyceraldehyde

440. 画出赤藓糖和苏阿糖的 Fischer 投影式。

解答： 赤藓糖（erythrose）和苏阿糖（threose）的 Fischer 投影式如下所示。相同基团在同侧的称为赤式，相同基团在异侧的称为苏式：

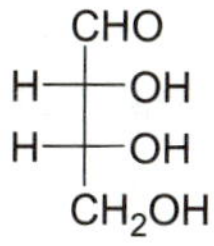

D-(−)-erythrose 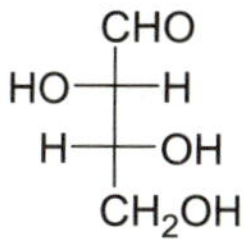　　D-(−)-threose

441. 画出核糖、2-脱氧核糖的 Fischer 投影式。

解答： 核糖、2-脱氧核糖的 Fischer 投影式为：

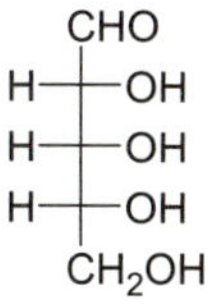

D-(−)-ribose 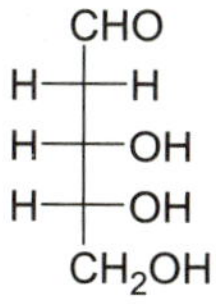　　2-deoxyribose

442. D-己醛糖共有多少个异构体？

解答： D-己醛糖的结构如下所示。分子中含有 4 个手性碳，可以有 16 个异构体；倒数第二个碳原子构型固定，D-己醛糖有 8 个异构体：

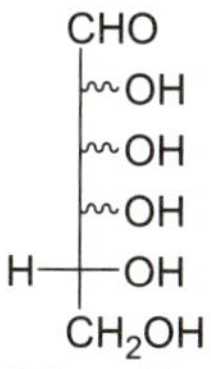

D-hexaldose

443. 葡萄糖可以以半缩醛的环状结构存在，写出 α-D-(+)-吡喃葡萄糖和 α-D-(+)-呋喃葡萄糖的结构。

解答： 将成半缩醛的羟基氧原子放在环的右后方，α-D-(+)-呋喃葡萄糖和 α-D-(+)-吡喃葡萄糖的结构如下：

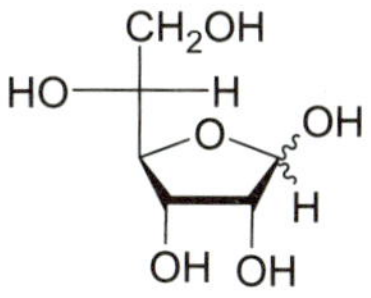

D-glucofuranose 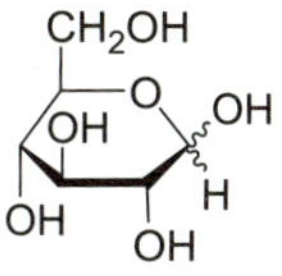　　D-glucopyranose

444. 如何通过化学方法测定糖的环状结构是吡喃环还是呋喃环？

解答： 通过如下序列反应可以测定成环用的是哪一个羟基。以成呋喃环为例，葡萄糖的五甲基化产物，只有一个是缩醛，其他的 OCH_3 都是醚键。在酸性条件下水解得到半缩醛，和开链形式达到一个平衡，用硝酸氧化得到碎片化产物。通过鉴定两个碎片化产物的结构，便可得知成的是五元环还是六元环：

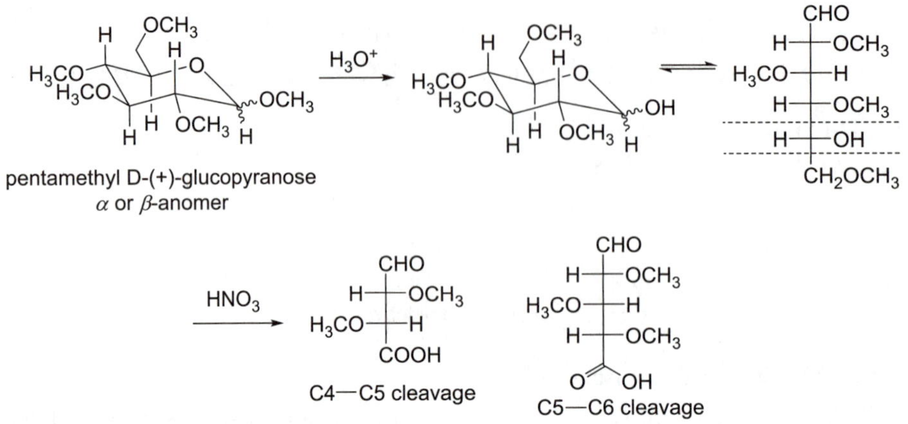

pentamethyl D-(+)-glucopyranose
α or β-anomer

C4—C5 cleavage　　C5—C6 cleavage

445. 什么是端基异构？写出吡喃葡萄糖的两个端基异构体，哪一个更稳定？

解答： 端基异构体（anomer）是立体异构体的一种，是非对映异构体。如下所示的葡萄糖在成吡喃糖的时候，有两个异构体生成，一是 α-D-(+)-吡喃葡萄糖，另一个是 β-D-(+)-吡喃葡萄糖，除了 C1 的构型不同之外，其他的手性碳构型是一致的。β-D-(+)-吡喃葡萄糖更为稳定：

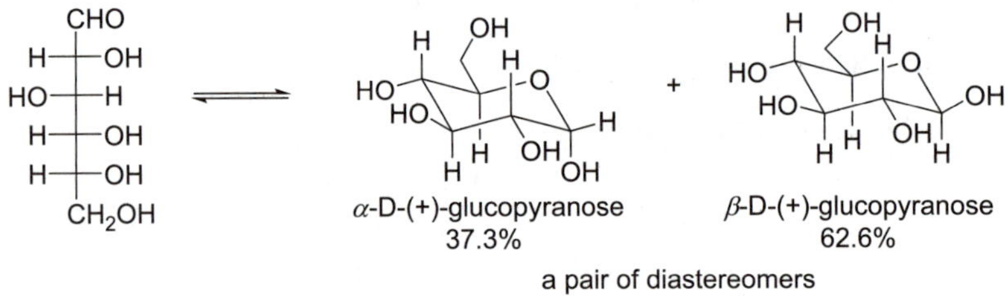

α-D-(+)-glucopyranose 37.3%　　β-D-(+)-glucopyranose 62.6%

a pair of diastereomers

446. 写出甲基吡喃葡萄糖苷的两个端基异构体，哪一个更稳定？

解答： 葡萄糖在干的甲醇中通 HCl 气体，得到两个异构体，一个是甲基-α-D-(+)-吡喃葡萄糖苷，另一个是甲基-β-D-(+)-吡喃葡萄糖苷，其中 α 体更为稳定：

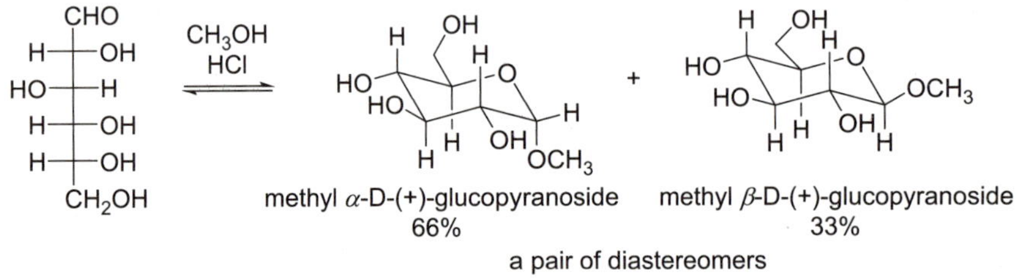

methyl α-D-(+)-glucopyranoside 66%　　methyl β-D-(+)-glucopyranoside 33%

a pair of diastereomers

447. 为什么甲基-α-吡喃葡萄糖苷比甲基-β-吡喃葡萄糖苷稳定，而 β-吡喃葡萄糖比 α-吡喃葡萄糖稳定？

解答： 当环己烷骨架上有甲氧基的时候，由于 1,3-直立键的排斥，甲氧基倾向于处于平伏键；当环骨架有氧原子且结构为缩醛的时候，甲氧基倾向于处于直立键，称为 α-异构体：

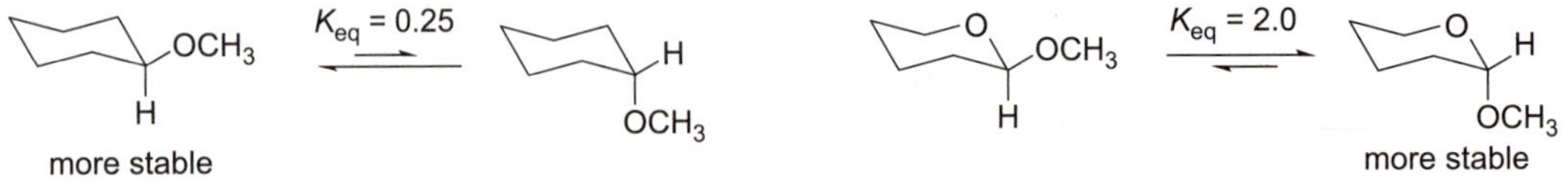

$K_{eq} = 0.25$　　$K_{eq} = 2.0$

more stable　　more stable

α-异构体中，超共轭效应有两个，一个是内向型端基效应（**B**），对六元环起到稳定的作用，另一个是外向型端基效应（**C**），对六元环起到去稳定的作用。β-异构体的超共轭效应只有去稳定化的外向型端基效应（**A**）。

甲基-α-吡喃葡萄糖苷比甲基-β-吡喃葡萄糖苷稳定，也称为异头碳效应，内向型端基效应（**B**）起了决定作用。当 OCH_3 变为 OH 的时候，外向型端基效应（**C**）增强，因为 OH 的共轭给电子比 OCH_3 的共轭给电子强，它的去稳定作用导致 α-吡喃葡萄糖的比例下降，β-吡喃葡萄糖的比例上升。

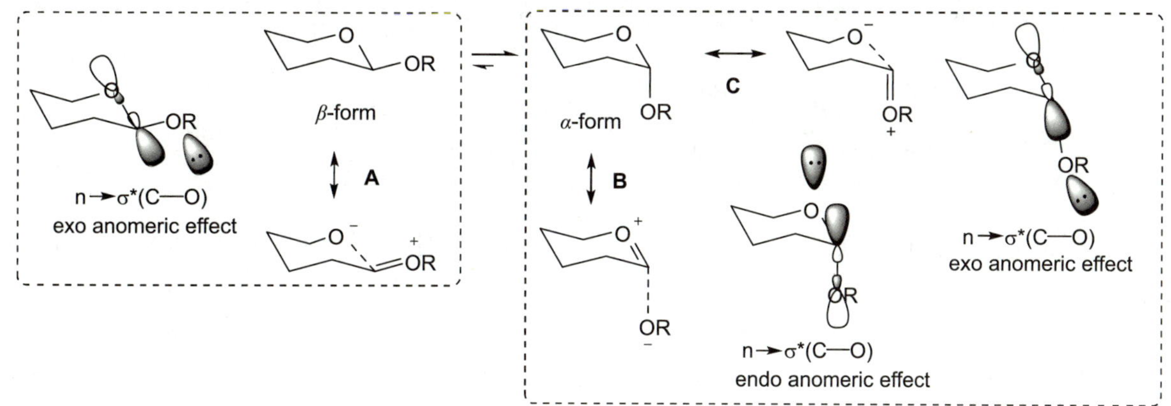

448. 什么是糖的变旋作用？

解答： 葡萄糖有 β-型和 α-型，它们是非对映异构体，有不同的熔点和不同的比旋光度，α-型的比旋光度是 +112.2，β-型的比旋光度是 +18.7。将它们的任意一个异构体溶解在水溶液中，它们将达到一个平衡（α∶β=37∶63），这种比旋光度的改变称为变旋作用（mutarotation）。

449. 什么是差向异构体？分别画出葡萄糖的 C2、C3、C4 差向异构体？它们分别叫什么？

解答： 在含有多个手性碳的分子中，只有一个手性碳构型不同的一对非对映异构体称为差向异构体，是立体异构体的一种。端基异构体是差向异构体的一个特例，是 C1 差向异构体。葡萄糖的 C2、C3、C4 差向异构体分别为甘露糖、古洛糖和半乳糖：

glucose	C2-epimer mannose	C3-epimer allose	C4-epimer galactose
CHO	CHO	CHO	CHO
H—OH	HO—H	H—OH	H—OH
HO—H	HO—H	H—OH	HO—H
H—OH	H—OH	H—OH	HO—H
H—OH	H—OH	H—OH	H—OH
CH_2OH	CH_2OH	CH_2OH	CH_2OH

450. 葡萄糖、甘露糖和果糖分别和苯肼作用得到同一种脎，为什么？

解答： 以醛糖成脎为例，要消耗 3 mol 苯肼才能成脎：

$PhNHNH_2$ → PhHNN ⇌ Ph, HN–NH, H, O, R → ($-PhNH_2$) HN, O, R → 2 $PhNHNH_2$ ($-NH_3$) → PhHNN, PhHNN, R

葡萄糖、甘露糖和果糖的结构如下，它们之间可以通过 C1 和 C2 的烯醇互变实现转化，因为 C3、C4 和 C5 具有相同的构型。根据上述的成脎反应，葡萄糖、甘露糖和果糖的 R 基团完全相同，所以成同一种脎：

glucose	mannose	frucose
CHO	CHO	CH_2OH
H—OH	HO—H	=O
HO—H	HO—H	H—OH
H—OH	H—OH	H—OH
H—OH	H—OH	H—OH
CH_2OH	CH_2OH	CH_2OH

451. 通过哪些步骤可以实现糖的碳数递升和递降？

解答： 糖递升和递降通过如下反应序列进行：

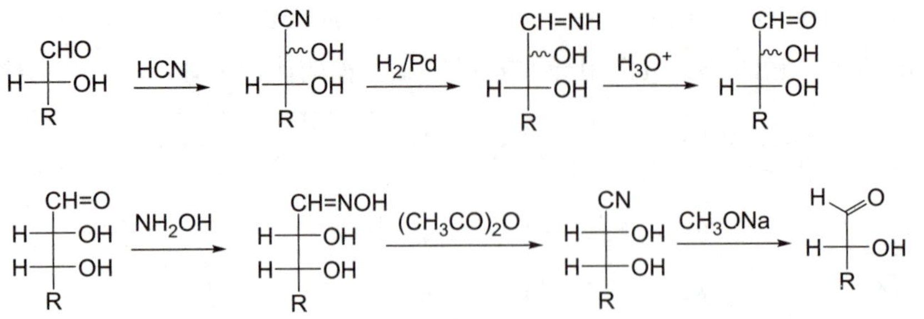

452. 常见的二糖有纤维二糖、麦芽糖、乳糖、蔗糖，分别画出它们的结构，并指出糖苷键的连接方式。

解答： 纤维二糖、麦芽糖、乳糖、蔗糖的结构和连接方式如下所示。纤维二糖和麦芽糖均由两个葡萄糖组成，纤维二糖通过 β-1,4′-糖苷键相连，麦芽糖通过 α-1,4′-糖苷键相连；乳糖由葡萄糖和半乳糖通过 β-1,4′-糖苷键相连，是纤维二糖的差向异构体；蔗糖是葡萄糖和果糖通过 1,2′-糖苷键相连。

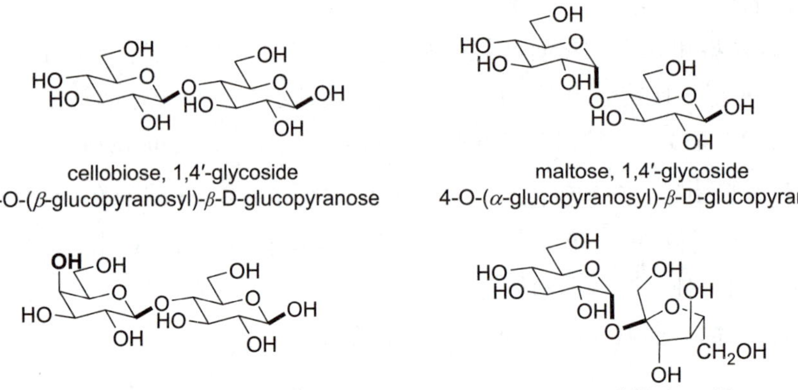

cellobiose, 1,4′-glycoside
4-O-(β-glucopyranosyl)-β-D-glucopyranose

maltose, 1,4′-glycoside
4-O-(α-glucopyranosyl)-β-D-glucopyranose

lactose, 1,4′-glycoside
4-O-(β-galactopyranosyl)-β-D-glucopyranose

sugar, 1,2′-glycoside
2-O-(α-glucopyranosyl)-β-D-fructofuranoside

453. 什么是还原性糖、非还原性糖？上述四个二糖中，哪些是还原性糖？哪些是非还原性糖？

解答： 含有半缩醛的醛糖，能体现醛基性质的是还原性糖，所以纤维二糖、麦芽糖和乳糖是还原性糖（reducing sugar），蔗糖是非还原性糖（non-reducing sugar）。

454. 为什么说蔗糖是转化糖？

解答： 蔗糖水解得到果糖和葡萄糖，水解前后溶液的比旋光度方向不同，故称为转化糖（invert sugar）。

氨基酸、肽、碱基、核苷酸

455. 常见的氨基酸有哪些？写出符合下列描述的氨基酸结构：一个没有手性的氨基酸；一个绝对构型为 *R* 型的氨基酸；一个仲胺氨基酸；两个碱性氨基酸；两个酸性氨基酸。

解答： 常见的氨基酸有 20 个，有特点的氨基酸有：丙氨酸是一个没有手性的氨基酸，脯氨酸是一个仲胺氨基酸，半胱氨酸是 *R*-型氨基酸：

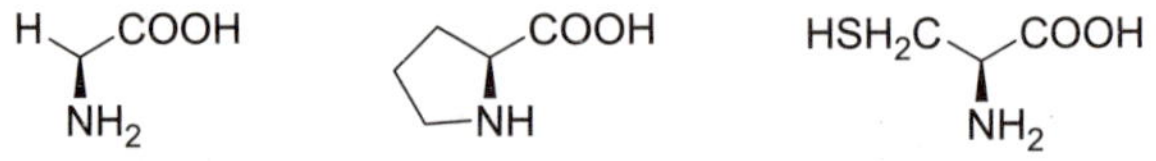

glycine　　proline　　cysteine

有两个手性碳的氨基酸，分别是异亮氨酸和苏氨酸：

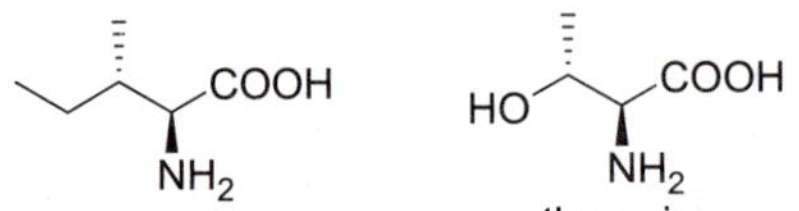

leucine　　threonine

有两个酸性氨基酸，分别是天冬氨酸和谷氨酸：

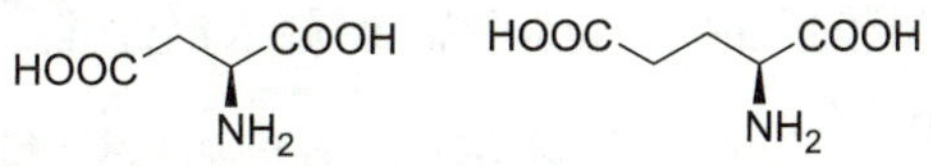

aspartic acid　　glutamic acid

有两个碱性氨基酸，分别是赖氨酸和精氨酸：

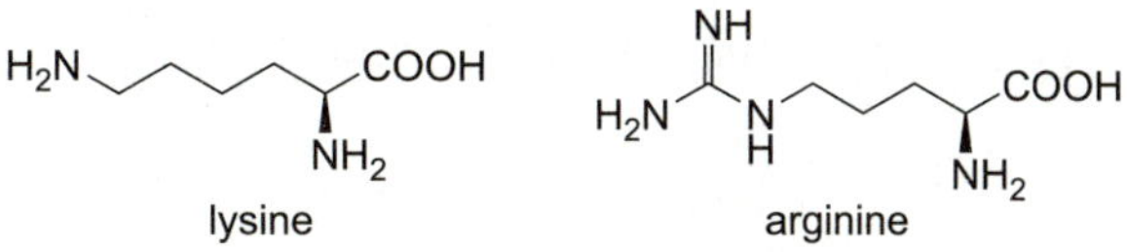

lysine　　arginine

456. 画出 L-丙氨酸的 Fischer 投影式，氨基酸相对构型是如何确定的？

解答：L-丙氨酸的结构如下所示。其他氨基酸的相对构型是根据 L-丙氨酸来确定的。将氧化态高的碳原子写在上方，侧链放在下方，氨基在左侧是 L-型：

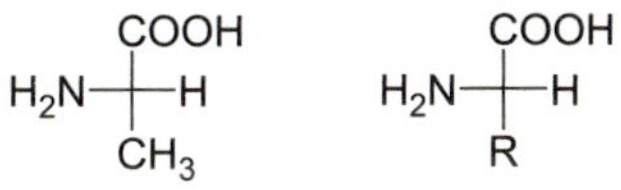

L-alanine　　L-amino acids

457. 什么是氨基酸的等电点？ pH 等于等电点的时候，氨基酸具有哪些性质？

解答：当氨基酸静电荷数等于零时，为氨基酸的等电点（isoelectric points，pI），此时溶液的 pH 值就是氨基酸的等电点。等电点时，氨基酸既不移向阴极，也不移向阳极，氨基酸的溶解度最小。对于中性氨基酸，等电点是一级质子电离（pK_{a1}）和二级质子电离（pK_{a2}）和的一半：

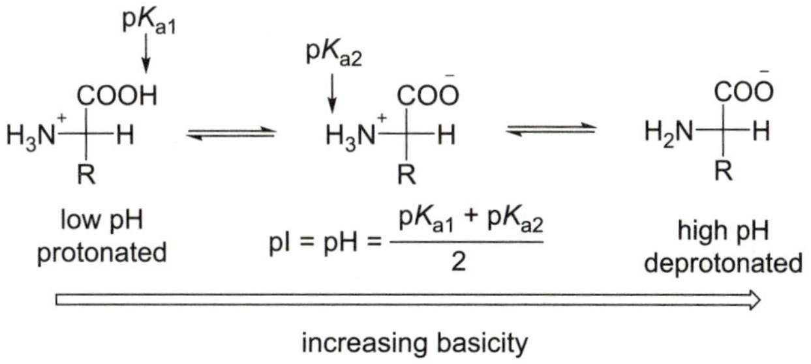

pK_{a1}　　pK_{a2}

low pH protonated　　$pI = pH = \dfrac{pK_{a1} + pK_{a2}}{2}$　　high pH deprotonated

increasing basicity

458. 氨基是如何保护和去保护的？羧基是如何保护和去保护的？

解答：氨基可以通过酰胺键的形成进行保护 / 去保护：

NaOH, THF, H_2O　　HCl or CF_3COOH　　t-BOC

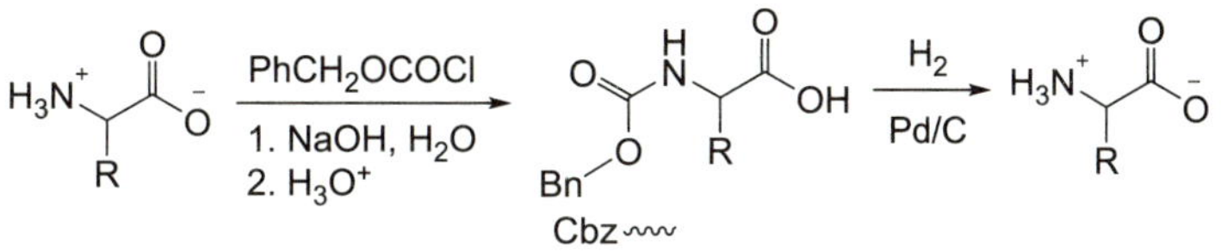

$PhCH_2OCOCl$　1. NaOH, H_2O　2. H_3O^+　　H_2, Pd/C　　Cbz

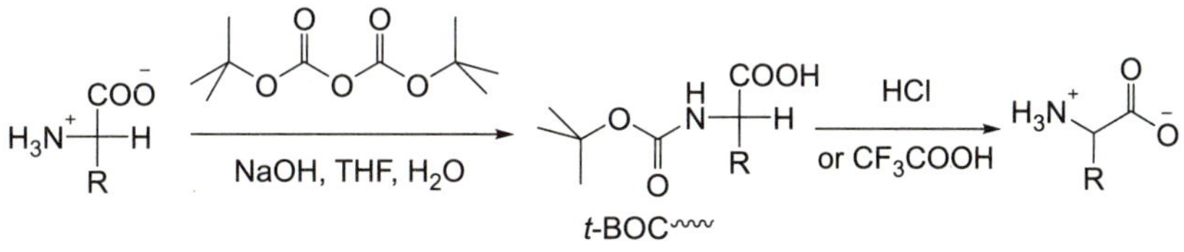

羧基可以通过酯的形成进行保护 / 去保护：

$H_3C—OH$, HCl　　1. NaOH　2. H_3O^+

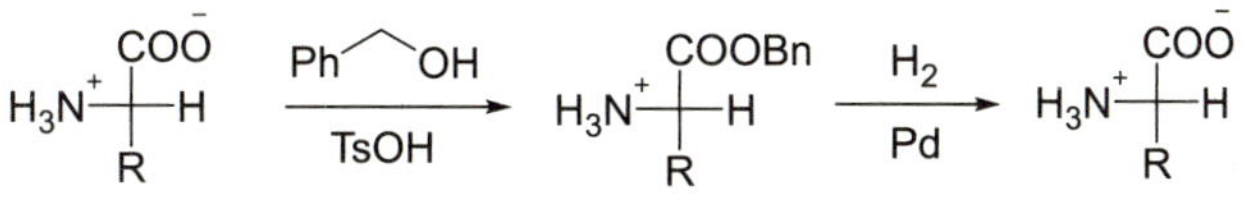

Ph⌒OH, TsOH　　H_2, Pd

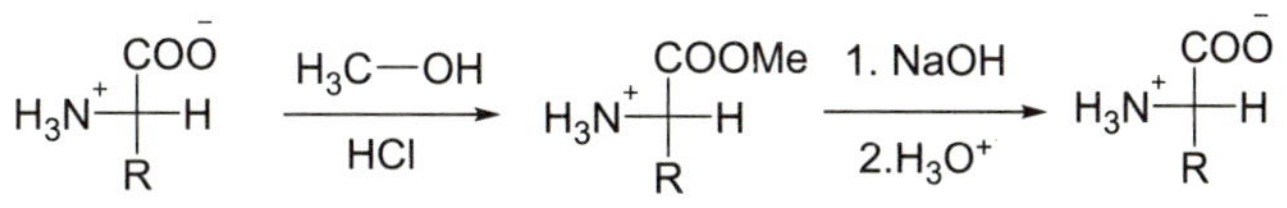

459. 酰胺键是如何形成的？画出用 DCC 做脱水剂形成酰胺键的机理。

解答：氨基保护的氨基酸和羧基保护的氨基酸，用脱水剂处理形成酰胺键：

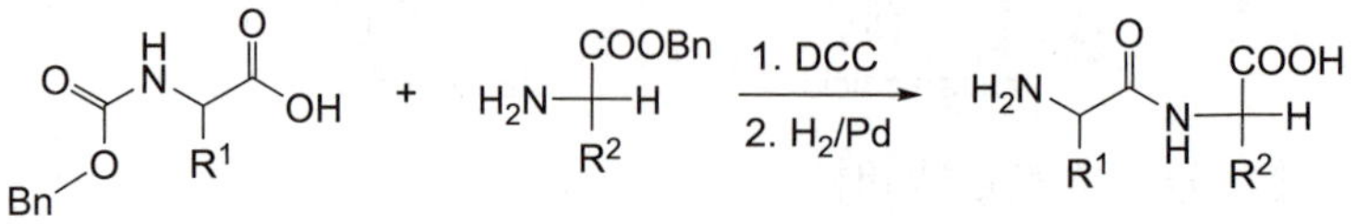

二环己基碳化二亚胺（DCC）是常用的脱水剂，和羧酸反应活化了羧基中的酰氧键，可以被氨基进攻得到酰胺键：

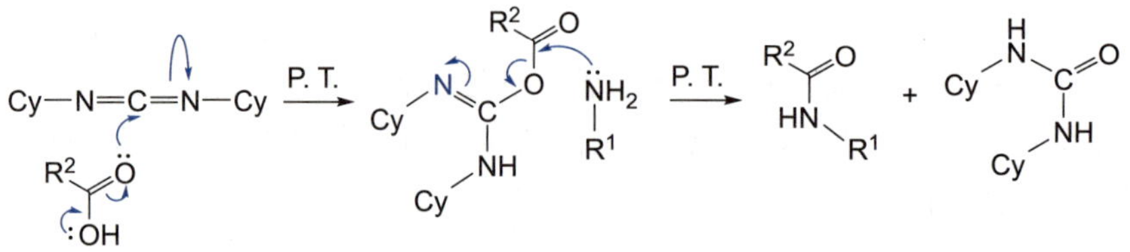

460. 肽链的氨基酸顺序是如何测定的？

解答：肽链的氮端测定方法如下，和硫代异氰酸苯酯反应形成一个带侧链（R^1）的五元环，继而得到第二个、第三个……五元环，通过五元环结构的测定，测得肽链的结构：

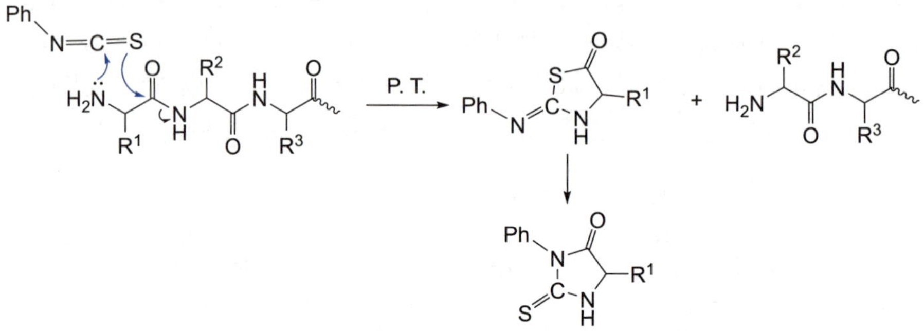

肽链的碳端测定是使用羧肽酶对肽链进行水解测得其结构。但是这个方法很受限制，只能测定碳端 3 ～ 4 个氨基酸。

461. 肽链的一级结构、二级结构、三级结构、四级结构分别指的是什么？

解答：肽链的一级结构指肽链的氨基酸顺序，二级结构指 *α*-helix 和 *β*-sheet 如何定向形成肽链片段的，三级结构指肽链分子如何缠绕成 3D 结构的，四级结构指的是多个肽链如何形成更大聚集体的。

462. 常见的碱基有哪些？通过氢键如何配对？

解答：常用的碱基有尿嘧啶（uracil, U），胞嘧啶（cytosine, C），胸腺嘧啶（thymine, T），腺嘌呤（adenine, A），鸟嘌呤（guanine, G）。其中 DNA 中出现的是 AGTC，RNA 中出现的是 AGUC：

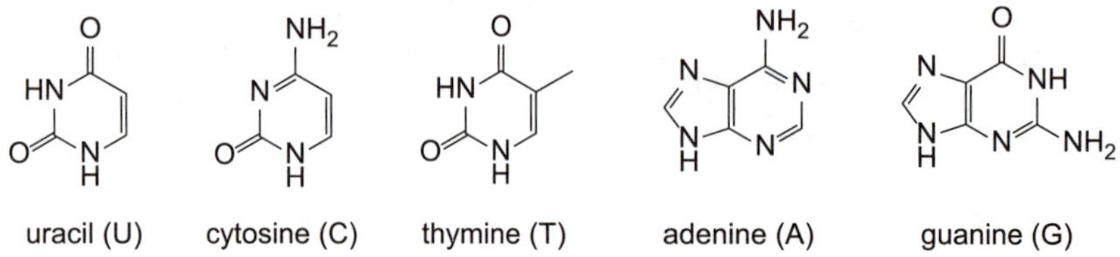

uracil (U)　cytosine (C)　thymine (T)　adenine (A)　guanine (G)

A 和 T，G 和 C 通过氢键的方式进行配对：

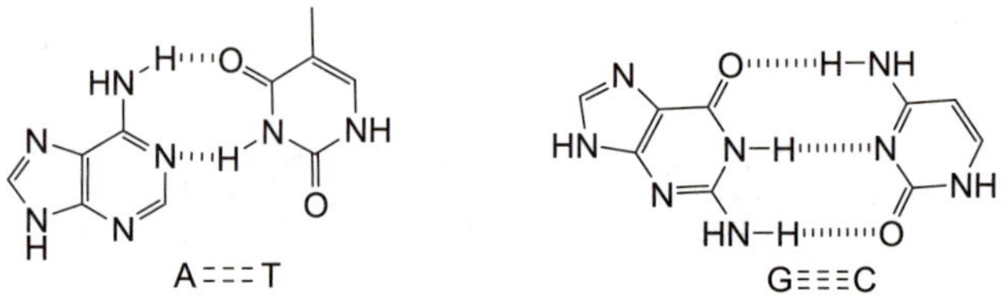

A≡T　G≡C

周环反应

463. 周环反应的特点有哪些？四个代表性的周环反应指的是什么？

解答： 周环反应经过环状过渡态一步完成，反应可逆，产物有立体专一性。四个代表性的周环反应为：

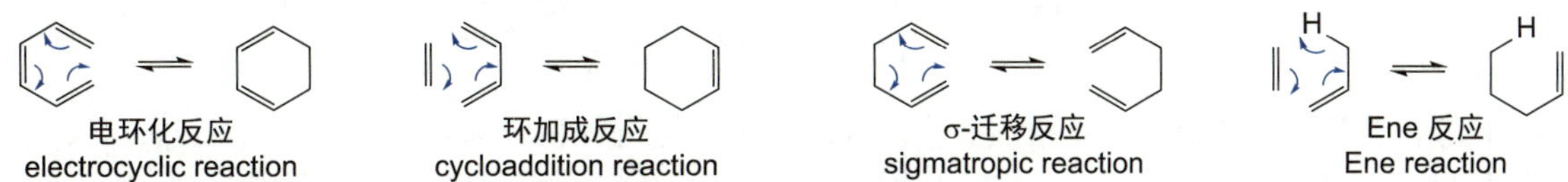

464. 周环反应通常是可逆的，反应以原料为主还是以产物为主，取决于什么？

解答： 取决于原料和产物的相对稳定性。

465. 什么是前线分子轨道理论？ HOMO 轨道、LUMO 轨道和 SOMO 轨道分别指的是什么？

解答： 前线分子轨道理论（frontier molecular orbital theory，FMO）指的是反应由前线轨道，即最高已占轨道（the highest occupied molecular orbital, HOMO）和最低空轨道（the lowest unoccupied molecular orbital, LUMO）所决定。SOMO 指的是单电子占据轨道（the single electron occupied molecular orbital）。

466. HOMO 和 LUMO 的能级差取决于什么？

解答： HOMO 和 LUMO 的能级差和共轭体系相关，共轭体系越大，能级差越小。

467. 用前线分子轨道理论解释 4 电子环化。

解答： 当 n 个 p 轨道线性组合成 n 个分子轨道时，将 Ψ 能级由低向高进行排列，两端相位做“相同-不同-相同-不同-……”的改变。以丁二烯为例，基态（加热）条件下，Ψ_2 和 Ψ_3 分别是 HOMO 和 LUMO 能级，发生 4 电子电环化时，反应的立体专一性由 Ψ_2 决定。若 C1—C2 和 C3—C4 按轴方向进行顺旋操作时，两端相位相同，可以成键；若 C1—C2 和 C3—C4 按轴方向进行对旋操作时，两端相位不同，不可以成键。所以，在加热条件下，共轭二烯发生顺旋电环化生成环丁烯，对称性允许：

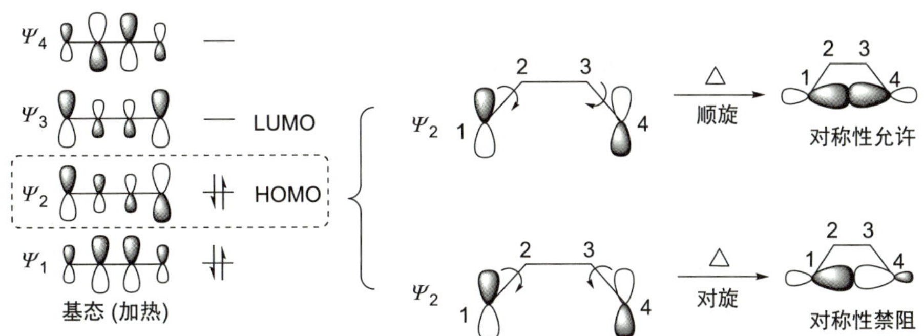

激发态时（光照条件下），反应的立体专一性由 Ψ_3 决定。在光照条件下，共轭二烯发生对旋电环化生成环丁烯，对称性允许：

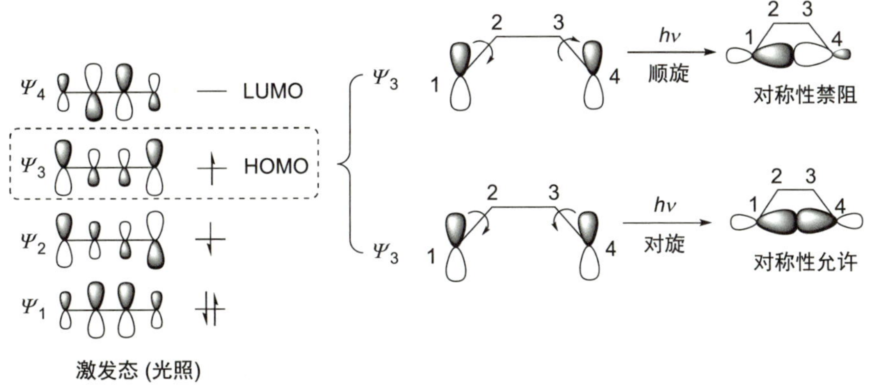

468. 什么是分子轨道对称守恒原理。用分子轨道对称守恒原理解释 4 电子环化的立体专一性。

解答： 分子轨道对称守恒（principle of conservation of molecular orbital symmetry）指的是反应

的立体专一性由原料和产物的分子轨道对称性所决定，在原料和产物对称守恒的前提下，采取能量有利的途径。

电环化有顺旋和对旋两种，顺旋操作是轴对称的操作，对旋操作是面对称的操作：

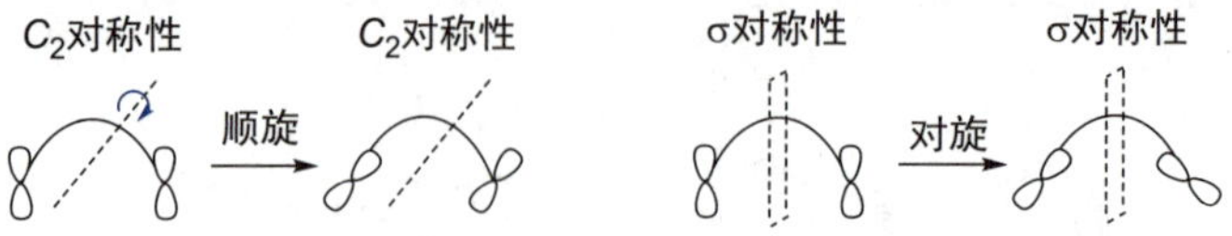

C_2对称性 顺旋 C_2对称性 σ对称性 对旋 σ对称性

对丁二烯的基态（加热）分子轨道和环丁烯的分子轨道进行轴对称分析，丁二烯的 Ψ_1、Ψ_2、Ψ_3 和 Ψ_4 分别是轴不对称（asymmetry, A）、轴对称（symmetry, S）、轴不对称（A）和轴对称（S），环丁烯的轴对称性分别为S、A、S和A。四个π电子按照对称守恒填充到产物的π和σ轨道，能量有利：

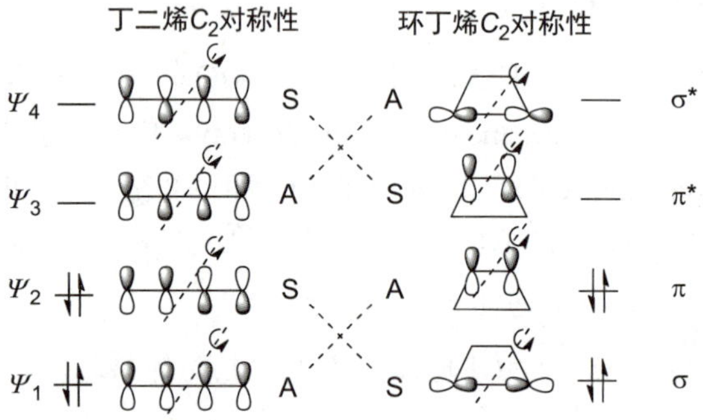

丁二烯C_2对称性 环丁烯C_2对称性

Ψ_4 S A σ*
Ψ_3 A S π*
Ψ_2 S A π
Ψ_1 A S σ

对丁二烯和环丁烯的轨道进行面对称分析，四个π电子按照对称守恒填充到产物的σ和π* 轨道，能量不利：

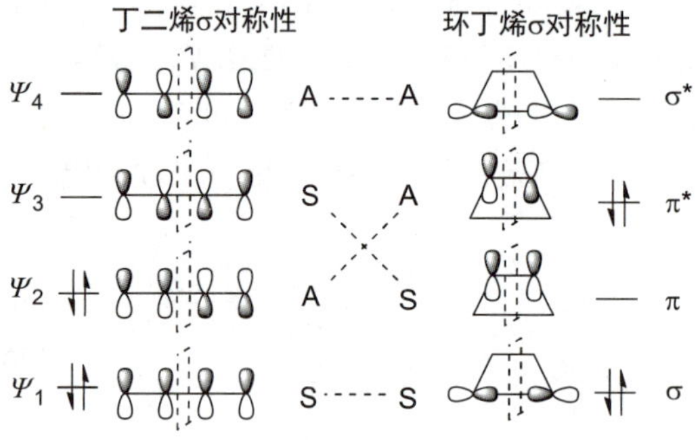

丁二烯σ对称性 环丁烯σ对称性

Ψ_4 A-----A σ*
Ψ_3 S A π*
Ψ_2 A S π
Ψ_1 S-----S σ

因此，加热条件下，对四电子体系进行轴对称操作能保持分子轨道的对称守恒，且能量有利。

469. Nazarov 关环反应对底物结构的要求是什么？反应的区域选择性是如何得到控制的？

解答： Nazarov 关环反应指的是酸性条件下戊二烯基正离子的电环化反应，能形成戊二烯基正离子的底物均能很好地关环得到环戊烯酮或环戊酮。

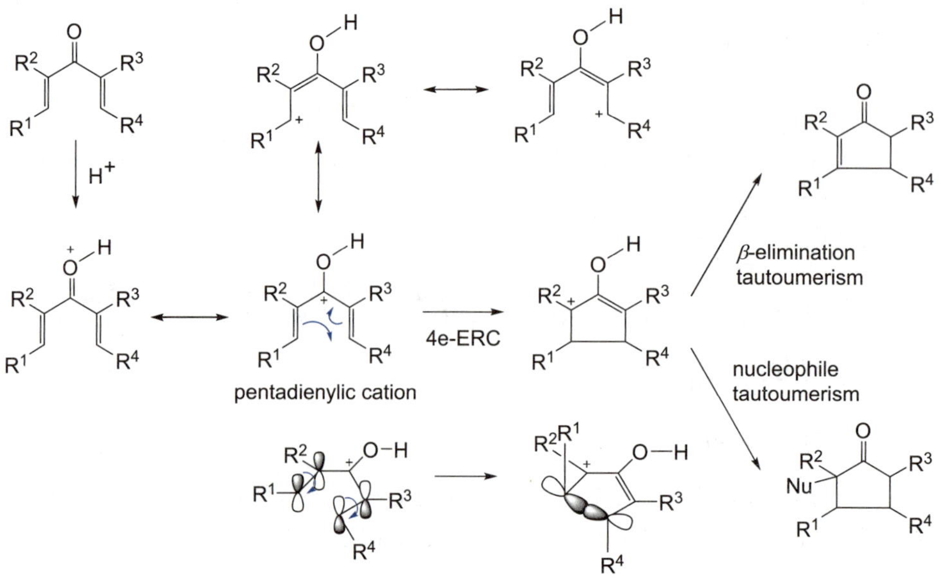

H+

pentadienylic cation

4e-ERC

β-elimination tautoumerism

nucleophile tautoumerism

反应的区域选择性取决于环合后烯丙基碳正离子的稳定性：

470. 环加成反应的种类有哪些？

解答： 按照电子数的总和有 $4n$ 和 $4n+2$；按照反应条件有加热和光照；按照共轭链加成时的方向有同面加成和异面加成：

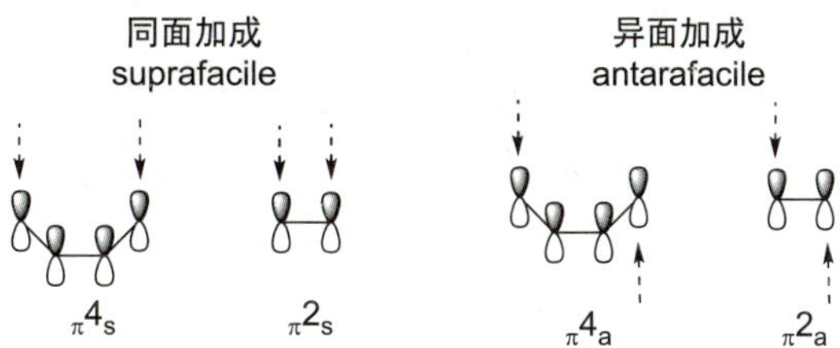

471. [2+2] 环加成反应最多可以有多少种异构体？

解答： [2+2] 环加成反应最多产生 4 个手性中心，16 个异构体。反应条件（加热或光照）产生同面 / 同面 8 个或同面 / 异面 8 个，取代基效应产生头碰头 4 个或头碰尾 4 个，两个双键靠近时的面选择性产生空间位阻小的 2 个或大的 2 个，最后环境手性诱导产生对映选择性 1 个：

472. 用前线分子轨道理论解释 [2+2] 环加成反应的立体专一性。

解答： 加热条件下的 [2+2] 环加成反应，用一个分子的 HOMO 和另一个分子的 LUMO 进行成键的对称性分析，同面 / 同面加成（$_{\pi}2_s + {}_{\pi}2_s$）是禁阻的，而同面 / 异面加成（$_{\pi}2_s + {}_{\pi}2_a$）是对称性允许的，但同面 / 异面加成的情况不多：

如下所示的同面异面加成，所有大基团取同侧：

将烯烃双键的平面远离自己，当烯酮中碳碳双键靠近的时候，连有羰基的一端位阻较小，和烯烃中两个大基团（L）同侧，另一端中 S′ 位阻较小，更有利于靠近烯烃的双键；根据同面 / 异面加成的对称性，得到所有大基团在同侧的结论：

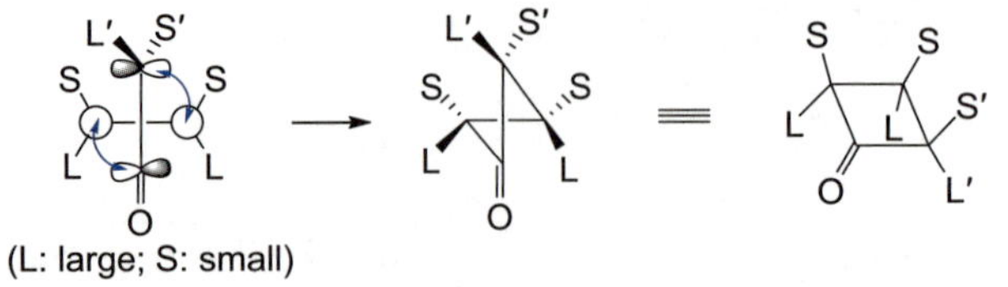

(L: large; S: small)

473. 光照条件下 [2+2] 环加成反应的立体专一性是如何解释的？区域选择性又是如何解释的？

解答： 光照条件下，[2+2] 环加成反应的立体专一性可以用 SOMO 轨道按照协同机理进行解释。当两个烯烃分子受激发的时候，分别得到两个 SOMO 轨道，低能级之间和高能级之间同面 / 同面加成（$_{\pi}2_s + _{\pi}2_s$）对称性允许：

乙烯激发态　　乙烯激发态

同面-同面加成 对称性允许　　同面-异面加成 对称性禁阻

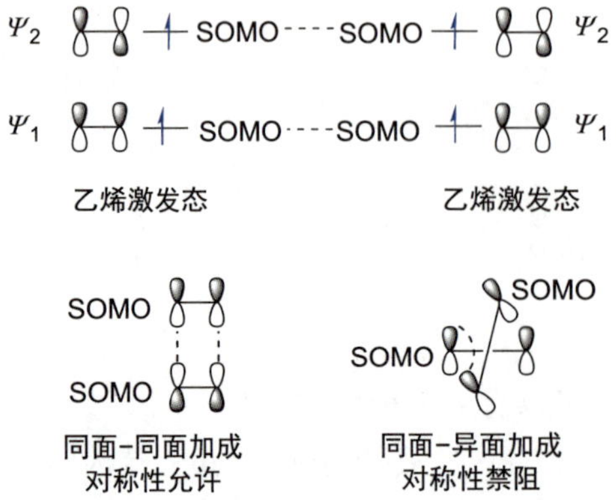

也可以用一个分子的基态和另一个分子的激发态按照协同机理进行解释。两个烯烃的 Ψ_1 和 Ψ_2 重组成新的分子轨道，重组前两个 Ψ_1 轨道中的 3 个电子填充到一个成键轨道和一个反键轨道，重组前的两个 Ψ_2 轨道中的 1 个电子填充到一个成键轨道，净结果是同面 / 同面加成（$_{\pi}2_s + _{\pi}2_s$）对称性允许且能量有利：

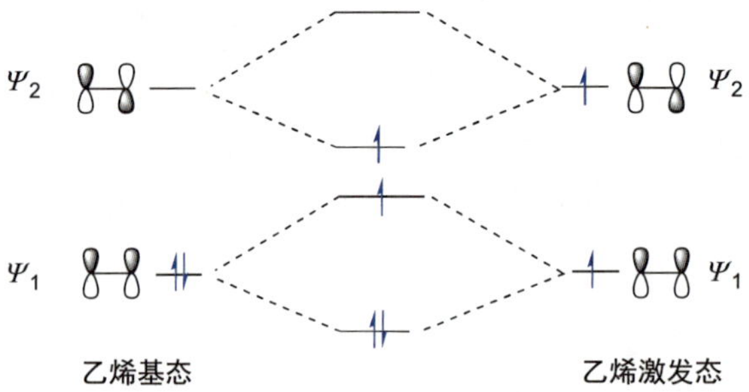

乙烯基态　　乙烯激发态

还可以用经过三线态的分步机理进行解释。当羰基受激发成双电子自由基（diradical）后，对双键进行区域选择性的自由基加成得到新的双自由基，最后得到环加成产物：

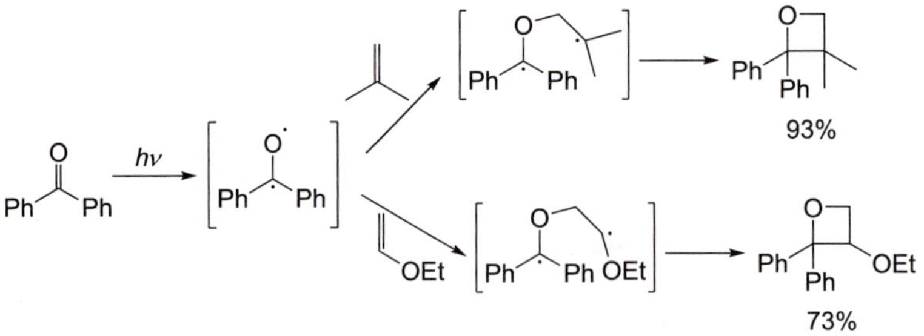

93%

73%

474. Diels-Alder 反应对二烯烃的立体结构有什么要求？反应经过的过渡态是椅式的还是船式的？反应的立体专一性如何？为什么是同面-同面加成？

解答： 丁二烯单键旋转能为 5.9 kcal/mol，最稳定的构象是 s-*trans*，但是适合 Diels-Alder 反应是 s-*cis*。如下二烯烃含有内在的 s-*cis* 构象：

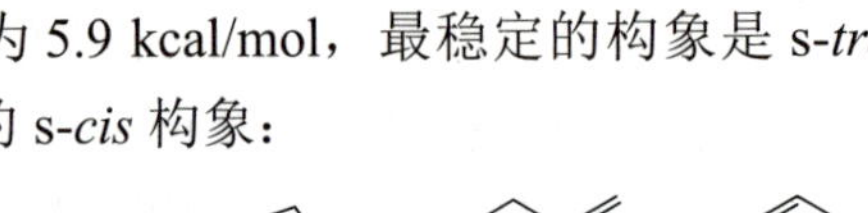

[4+2] 环加成的过渡态结构采用船式构象，尤其是当二烯烃是环状的时候：

475. 什么是正常电子需求的 Diels-Alder 反应？什么是逆电子需求的 Diels-Alder 反应？对于一个正常电子需求的 Diels-Alder 反应来讲，反应的区域选择性如何？

解答： 正常电子需求的 Diels-Alder 反应是富电子的二烯烃（diene）和缺电子的亲二烯体（dienophile）之间的反应，用二烯烃的 HOMO 和亲二烯体的 LUMO 进行反应。

normal electron demanding Diels-Alder reaction:

EDG　EWG　diene HOMO　dienophile LUMO

逆电子需求的 Diels-Alder 反应是缺电子的二烯烃（diene）和富电子的亲二烯体（dienophile）之间的反应，用二烯烃的 LUMO 和亲二烯体的 HOMO 进行反应：

inverse electron demanding Diels-Alder reaction:

EWG　EDG　diene LUMO　dienophile HOMO

对正常电子需求的 Diels-Alder 反应而言，取代基的电子效应决定了加成反应的区域选择性：

OMe　$COOCH_3$　δ^+　δ^-　→　OMe　$COOCH_3$

1,2-adduct

MeO　δ^-　$COOCH_3$　δ^+　→　$COOCH_3$　MeO

1,4-adduct

476. 当环状二烯烃用于 Diels-Alder 反应的底物时，将产生双环化合物，反应的立体选择性如何？

解答： 产物的立体选择性受到两个因素的影响，一是轨道次级作用，二是环加成可逆，反应是热力学控制还是动力学控制。当次级轨道相互作用比较强的时候，主要产物是动力学控制的内型（*endo*）产物：

R　O　O–C　R　H　次级轨道相互作用　H　O　R　内型产物　主要产物

R　O　H　C–O　R　无次级轨道相互作用　O　H　R　外型产物

当如下 α,β-不饱和羰基化合物和环戊二烯发生 Diels-Alder 反应时，原料和内型 / 外型产物比的关系如下：

α,β-不饱和羰基化合物	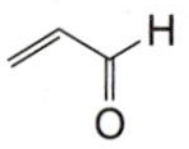 (丙烯醛)	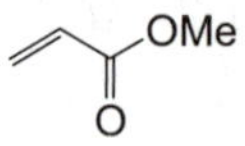 (丙烯酸甲酯)	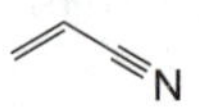 (丙烯腈)	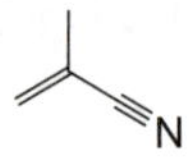 (甲基丙烯腈)
endo∶*exo*	80∶20	73∶27	58∶42	12∶88

477. 如何理解并书写非环二烯烃发生 Diels-Alder 反应时的立体选择性？

解答： 非环二烯烃发生 Diels-Alder 反应时，也表现出一定的非对映选择性，选择性来自于羰基和二烯烃的次级轨道效应：

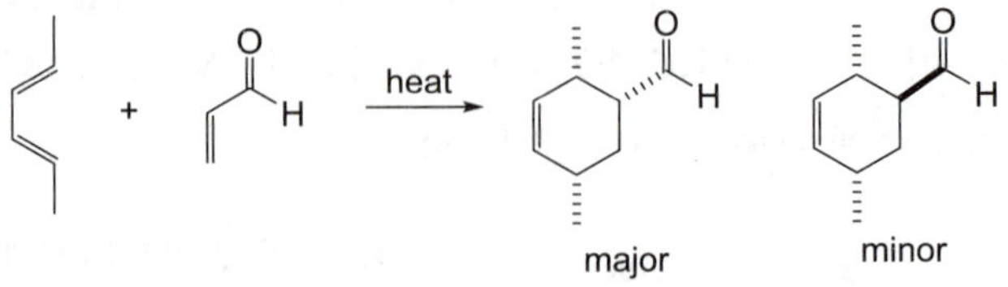

heat

major minor

将二烯烃和亲二烯体面对面叠放在一起，羰基放在二烯烃的同侧利于形成次级轨道效应。如下所示虚线内所有氢在同一侧：

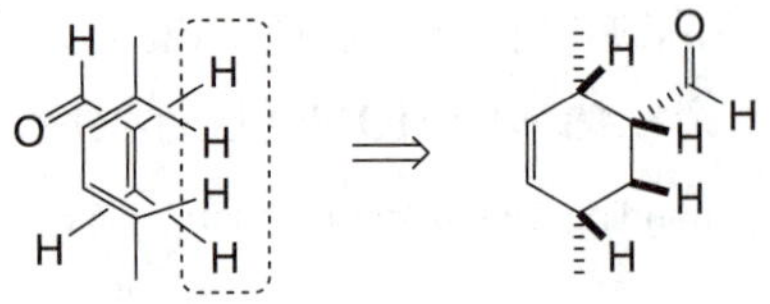

478. 什么是 imine Diels-Alder（IDA）反应？有几种类型？

解答： 氮杂双键（C═N）是缺电子性的，在质子酸或 Lewis 酸的条件下更缺电子：

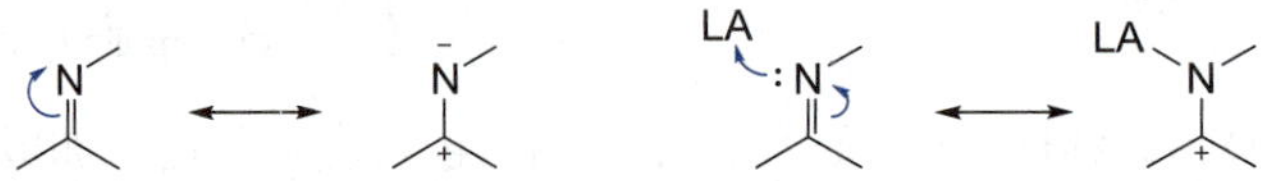

LA LA

氮杂 Diels-Alder 反应称为 imine Diels-Alder（IDA）反应，氮杂在二烯烃或亲二烯体上有如下几种情况。由于 C═N 双键的缺电子性，发生环加成反应时通常用它的 LUMO 轨道：

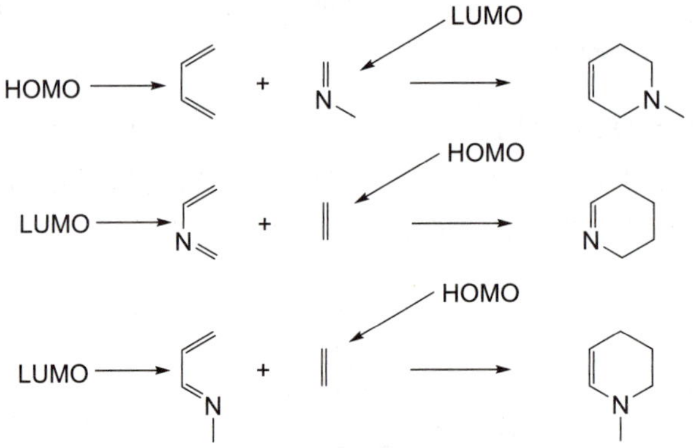

HOMO → (二烯) + (亚胺) ← LUMO

LUMO → (氮杂二烯) + (烯) ← HOMO

LUMO → (氮杂二烯) + (烯) ← HOMO

479. IDA 反应的区域选择性和立体选择性是如何控制的？

解答： 亚胺氮原子上孤对电子和富电子二烯烃的互斥导致它们两个远离。当反式亚胺做底物的时候，得到 R^2 和 R^1 反式的产物：

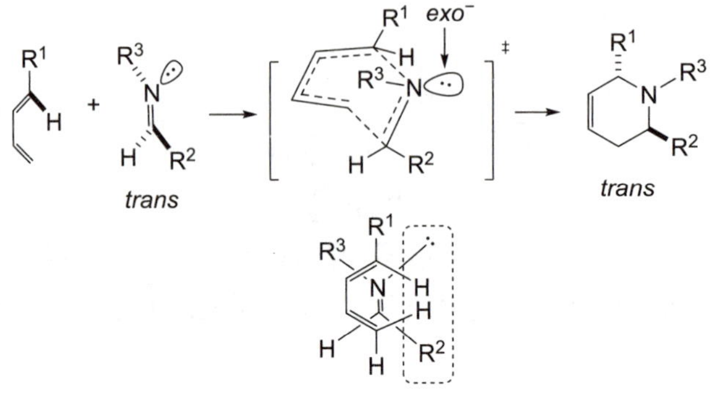

trans exo⁻ ‡ trans

当顺式亚胺做底物的时候，得到 R^2 和 R^1 顺式的产物：

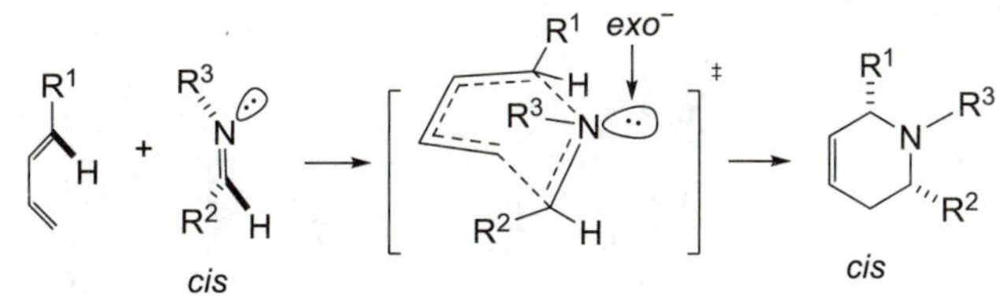

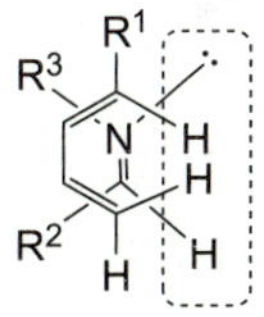

cis

cis

480. 什么是1,3-偶极子？常见的1,3-偶极子有哪些？

解答： 1,3-偶极子指杂原子参与的三原子四电子共轭体系，通式为：

常见的有臭氧等，如下所示：

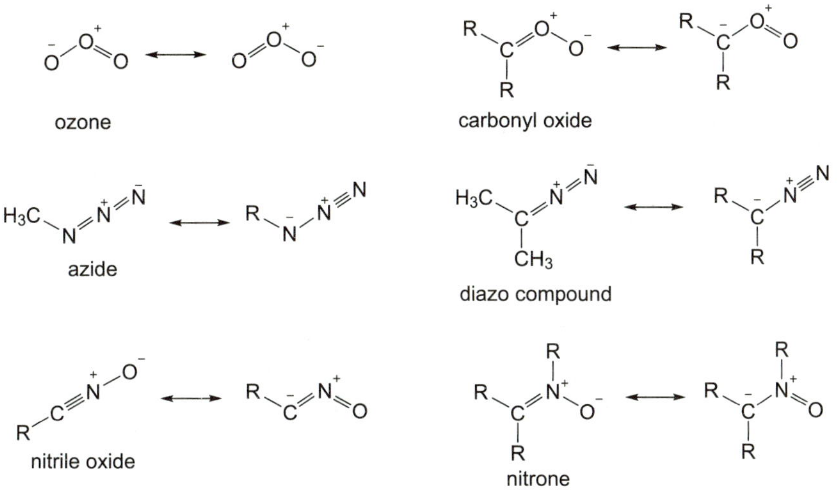

ozone

carbonyl oxide

azide

diazo compound

nitrile oxide

nitrone

481. 为什么炔烃和叠氮的1,3-偶极环加成称为Click反应？

解答： Click反应的特点是常温、快速、唯一，炔烃和叠氮的1,3-偶极环加成具有这些特征。叁键和叠氮官能团均是生命体系中少见的官能团，如果在两个蛋白质上分别标记这两个官能团，就可以通过这两个官能团之间的偶极环加成迅速地将两个蛋白质连在一起，而不受常见官能团的干扰。

482. σ-迁移反应是如何命名的？

解答： σ-迁移反应指的是基团（H或R）在一共轭烯烃链上发生迁移，迁移的同时发生单双键的位移。如下所示，迁移基团是H，H发生迁移的同时单双键发生了位移。反应过程中涉及旧单键的断裂和新单键的形成，从旧单键断裂的两端开始编号，形成新单键的位置分别为1和5′，因此称为H[1,5]迁移：

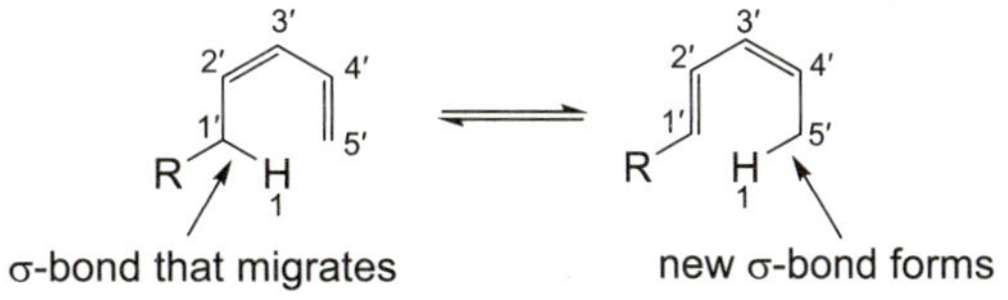

σ-bond that migrates

new σ-bond forms

483. 为什么在加热条件下H[1,3]迁移反应同面对称性禁阻，H[1,5]迁移反应同面对称性允许？

解答： 对于H[1,3]迁移反应，可以将丙烯看成氢原子和烯丙基自由基，加热条件下烯丙基 Ψ_2

的两端相位相反，氢发生同面迁移对称性禁阻，发生异面迁移对称性允许，但异面 H[1,3] 氢迁移空间上不利：

同面的H[1,3]迁移
对称性禁阻

对于 H[1,5] 迁移反应，可以将戊二烯看成氢原子和戊二烯基自由基，加热条件下戊二烯基 Ψ_3 的两端相位相同，氢发生同面迁移对称性允许：

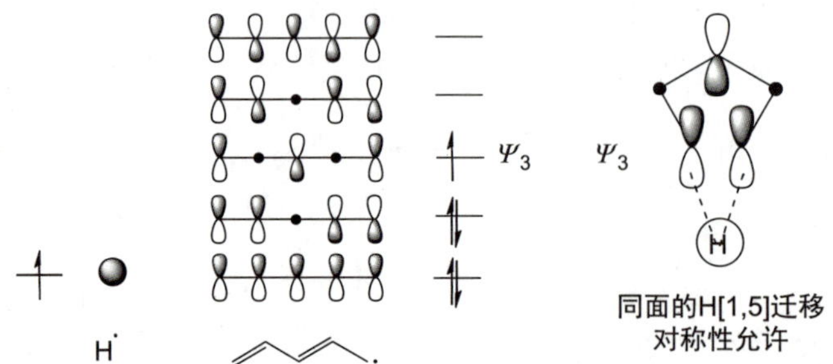

同面的H[1,5]迁移
对称性允许

484. 为什么 C[1,3] 迁移反应中是碳原子构型翻转，而在 C[1,5] 迁移反应中是构型保持的？

解答： 对于 C[1,3] 迁移反应，烯丙基 Ψ_2 的两端相位相反，连有三个不同取代基的碳原子发生同面迁移时，只有构型翻转才能对称性允许：

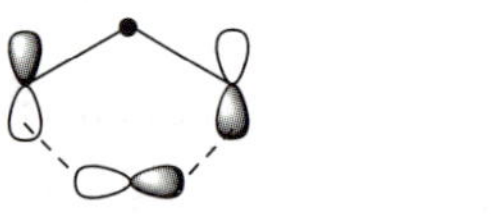
C[1,3]同面迁移
构型翻转，对称性允许

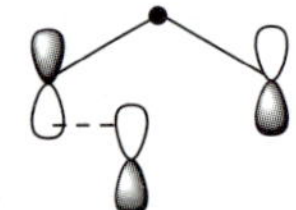
C[1,3]同面迁移
构型保持，对称性禁阻

对于 C[1,5] 迁移反应，戊二烯基 Ψ_3 的两端相位相同，连有三个不同取代基的碳原子发生同面迁移时，只有构型保持才能对称性允许：

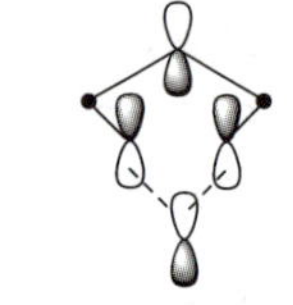
C[1,5]同面迁移
构型保持，对称性允许

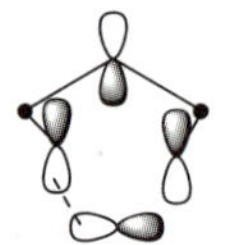
C[1,5]同面迁移
构型翻转，对称性禁阻

485. [3,3] 迁移反应中，过渡态采用椅式构象还是船式构象？

解答： 对于 [3,3] 迁移反应，可以将己-1,5-二烯看成两个烯丙基自由基，两个 Ψ_2（SOMO）轨道之间的相互作用，过渡态采用椅式构象：

486. 烯丙基亚砜可以经过 σ-[2,3] 迁移生成次磺酸酯，通过该反应，手性的烯丙基亚砜可以发生外消旋化，为什么？

解答： 如下所示，烯丙基亚砜的 σ-[2,3] 迁移是通过五元环状过渡态进行的，由于该反应可逆，且次磺酸酯没有手性，所以可以外消旋化。

heat solvent heat solvent

487. Ene 反应指的是什么？如何理解它的立体专一性？

解答： Ene 反应和 Diels-Alder 反应相似，用 C—H 单键代替一个双键，通常亲烯体有缺电子性的特征：

ene enophile

($X = CH_2$, CHR, CR_2, O, S, NH, NR)

过渡金属有机化学

488. 过渡金属配合物的特征有哪些？

解答： 过渡金属配合物由中心金属和配体组成，中心金属得电子，配体给电子，中心金属的杂化类型决定了过渡金属配合物的立体结构。

489. 试列举三例和过渡金属催化相关的 Nobel 奖。

解答： 2001 年，W. S. Knowles & R. Noyori（不对称氢化），K. B. Sharpless（不对称氧化）。

2005 年，Y. Chauvin, R. H. Grubbs, R. R. Schrock（烯烃复分解）。

2010 年，R. F. Heck, E. Negishi, A. Suzuki（钯催化交叉偶联）。

490. 过渡金属氧化态是如何定义的？

解答： 过渡金属氧化态指的是配体以满壳层离开中心金属时，金属保留的正电荷数。

491. 过渡金属配合物的几何构型和中心金属的杂化类型有什么关系？

解答： 过渡金属配合物的几何构型取决于中心金属的杂化类型：

d 电子数	杂化方式	配位数	几何构型	例子	金属
d^{10}	sp^3	4	正四面体	$Pd(PPh_3)_4$	Zn^{2+}, Ni^0, Pd^0, Pt^0
d^9	dsp^2	4	正方形	$[Cu(NH_3)_4]^{2+}$	Cu^{2+}
d^8	dsp^2	4	平面四边形	$RhCl(CO)(PPh_3)_2$	Ni^{2+}, Pd^{2+}
d^7, d^6	d^2sp^3	6	正八面体	$[Co(CN)_6]^{4-}$	Co^{2+}
d^5, d^4	d^2sp^3	6	正八面体	$Mo(CO)_6$	Fe^{3+}, Mn^{2+}

492. 常用的配体有哪些类型？

解答： 和中心金属以单键形式结合的 1-电子给体（F—,Cl—,H—,R—等），给出孤对电子或给出 π 电子和中心金属配位的 2-电子给体（R_3N，alkene，alkyne 等），两者相结合的 n-电子给体（$CH_2=CH—CH_2—$等）。

493. 双键和过渡金属配位后，双键的伸缩振动频率是变小了还是增大了？

解答： 红外的伸缩振动频率和力常数成正比，双键给出电子与金属配位后，力常数变小，伸缩振动频率表小。

494. 双键和中心金属是如何配位成键的？

解答： 双键给出 HOMO 轨道上电子到金属空的 d 轨道，金属满的 d 轨道填充到双键的 LUMO 轨道：

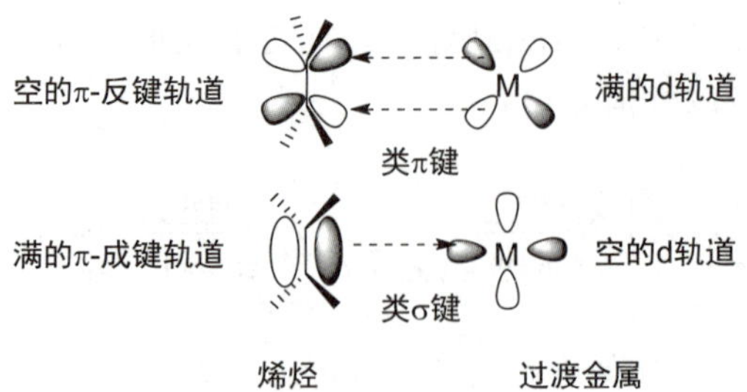

如果双键和金属作用强，形成金属环丙烷结构；如果金属和双键作用弱，形成金属烯烃络合物的形式：

金属环丙烷
metallocyclopropane

金属烯烃络合物
Metal alkene π-complex

495. 什么是 18 电子规则？

解答：过渡金属外层有 s、p、d 三种，共 9 个轨道，能填 18 个电子。当过渡金属外层电子数和配体提供的电子数总和为 18 时，该金属络合物为热力学稳定，称为 18 电子规则。

496. 什么是过渡金属有机化学的四大基元反应？

解答：过渡金属有机化学的四大基元反应有配体的配位和解离、氧化加成和还原消除、插入反应和反插入反应及配合物中配体接受外来试剂的进攻。

497. 什么是配体的配位和解离？

解答：配体的配位和解离存在如下的平衡：

$$ML_n + L' \underset{}{\overset{k}{\rightleftharpoons}} ML_nL'$$

络合常数越大，配位化合物（ML_nL'）越稳定，易分离纯化；络合常数越小，配体解离生成 ML_n，易发生相关反应。

498. 什么是氧化加成和还原消除？氧化加成和还原消除过程中有什么样的立体要求？

解答：中心金属氧化态上升，配位数增加，称为氧化加成：

Ir: d^9 $IrL_2(CO)X \xrightarrow{H_3C-I} IrL_2(CO)X(CH_3)I$

Ir(I) 16 electrons → Ir(III) 18 electrons

常用的氧化加成的物质有极性或非极性的 H_2, RH, ArH, RCHO, R_3SiH, R_3SnH 等；和亲电性的 HX, X_2, RCOOH, ArX, RCOX, RCN, $SnCl_2$ 等。

中心金属氧化态下降，配位数降低，称为还原消除，如偶联反应和氢化反应：

$$M(R)(R') \longrightarrow R-R' + M$$

$$M(CH_2CH_2R)(H) \longrightarrow RCH_2CH_3 + M$$

还原消除的必要条件是两个配体处于顺式：

$$Ir(H)(Cl)(^*Cl)(CO)(PPh_3)_2 \xrightarrow{-HCl} Ir(^*Cl)(CO)(PPh_3)_2$$

499. 什么是插入反应和反插入反应？什么是 1,2-迁移插入？什么是 1,1-迁移插入？插入反应和反插入反应过程中有什么样的立体要求？

解答： 插入反应不涉及金属氧化数的改变，有 1,1-迁移插入和 1,2-迁移插入两种。1,1-迁移插入构型保持：

Ph, H_3C, H, CO, Pt—Cl, CO —CO, 1,1-migratory insertion→ Ph, H_3C, H, O, CO, Pt—Cl, CO

retention of configuration

1,2-迁移插入经过四元环状过渡态，金属和配体是顺式加到双键上去的：

M—C ⇌ M---C —1,2-migratory insertion→ M C

planar transition state

syn-addition

500. 什么是配体的反应？

解答： 不饱和键和金属配位后，被活化而发生的反应，称为配体的反应：

M------ Nu ⇌ M, Nu

anti-addition

第六章　入门篇问题解析

1\. 解答：

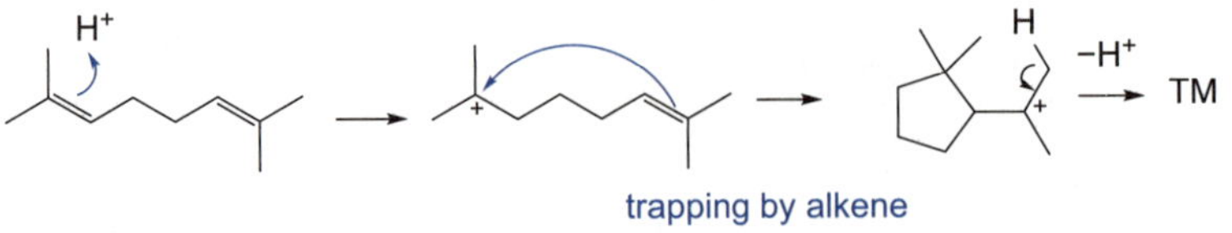

trapping by alkene

点评：

原料和产物的元素组成不变，骨架发生变化。此反应在酸性条件下发生，碳正离子或中性分子是反应的合理中间体。本问题涉及碳正离子的产生、碳正离子的相对稳定性及碳正离子被分子内富电子物种（C=C）捕获、发生亲电环化反应的可行性。

2\. 解答：

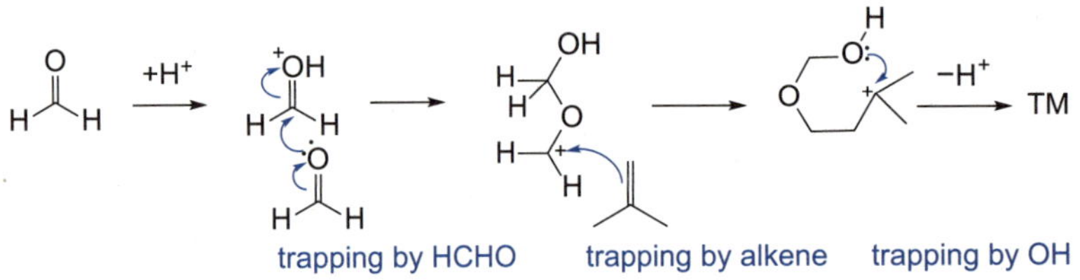

trapping by HCHO　　trapping by alkene　　trapping by OH

点评：

此反应在酸性条件下进行，由于羰基孤对电子夺得质子的能力强于双键，羰基优于双键发生质子化，质子化后的羰基碳原子更缺电子，其 LUMO 轨道的能级更低，从而先被甲醛、继而被烯烃所捕获。对产物结构进行分析，搞清楚原料各组分在产物中的位置是本题的关键。

3\. 解答：

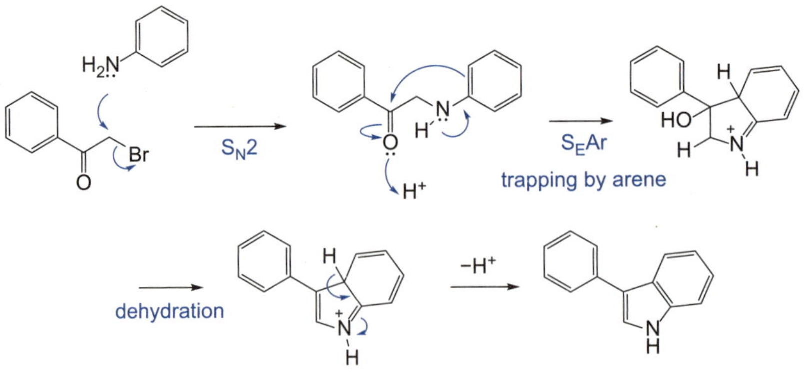

S_N2　　S_EAr trapping by arene　　dehydration

点评：

ω-溴代苯乙酮中含有两个缺电子碳原子，分别是 C=O 和 C—Br；苯胺中含有两个富电子中心，氨基氮原子和氨基邻位碳原子，形成五元环的极性合理，只要按照产物的结构、原料的相对反应性将它们连接起来就可以了。由此，先发生饱和碳原子上的亲核取代，然后在酸性条件下，质子化的羰基被分子内的富电子芳烃所捕获，这一步也可以认为是芳香烃的亲电取代。

4. 解答:

trapping by CN

6-endo-dig

trapping by OH

点评:

酸性条件下，叔醇易脱水形成稳定叔碳正离子，被腈捕获得到 Ritta 盐，继而继续被分子内的羟基捕获得到关环产物，关环符合 Baldwin 经验规则。理解官能团的相对反应性是本题的关键。

5. 解答:

acidolysis of anhydride

nucleophilic addition-elimination

6-endo-trig

trapping by carboxylic acid

点评:

本反应利用酐作为脱水剂制备丙二酸亚异丙酯。丙二酸乙酰化得到混酐，使得丙二酸中的一个羰基更加缺电子，羧酸的酰氧键被活化，可以被丙酮弱的亲核进攻所捕获，然后发生亲电环化得到产物。

6. 解答:

hydroboration

regioselective & stereoselective

oxidation

retension of configuration

retro-acetal

acetal formation

retro-acetal

hemi-acetal formation

点评:

烯醚区域选择性地发生硼氢化，硼加在远离氧原子的双键碳原子上；同时，硼氢化反应具有非对映选择性，其立体化学又在后续的氧化过程中得以保留，最终羟基和氢加在双键的同侧，得到中间产物 **A**。缩醛 **A** 在酸性条件下发生 C—O 键断裂，并被分子内羟基所捕获得到新的缩醛，最后乙二醇解离，结合水生成产物半缩醛。

7. 解答:

tautomerism

Aldol condensation

Aldol condensation

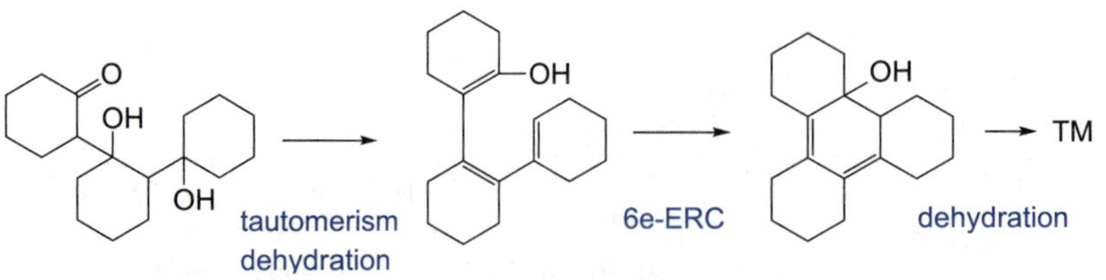

点评：

分析原料和产物的结构，可以看出产物是由 3 个环己酮按规律连在一起，脱掉三分子水形成了苯环的结构。要使 2 个环己酮连在一起，其中一个要具有亲核性，酸性条件下的烯醇互变可以达到这个目的，即烯醇具有亲核性。后续的 Aldol 缩合将 3 个环己酮连接在一起，进一步在酸性条件下脱水得到己三烯醇骨架，6 电子关环形成中心六元环的骨架，最后在酸性条件下脱水成产物。

8. 解答：

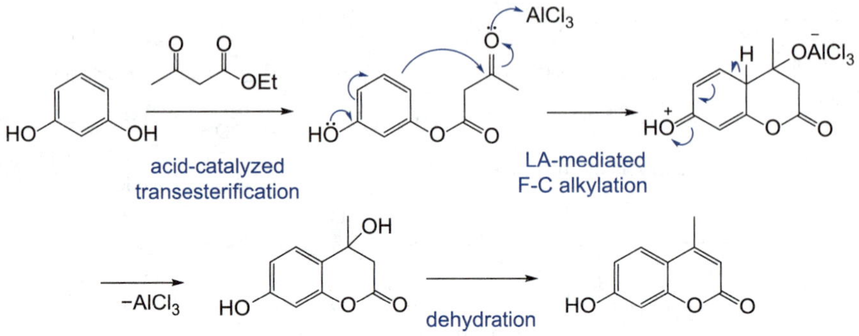

点评：

比较原料和产物，可知失去一分子乙醇和一分子水。C—C 键的形成应该是通过芳香烃亲电取代实现的。酸性条件下酯交换将两个分子连接在一起，分子内的芳香烃亲电取代形成 C—C 键，最后脱水芳构化。分子内的 F-C 烷基化要比分子间的 F-C 烷基化容易得多。

9. 解答：

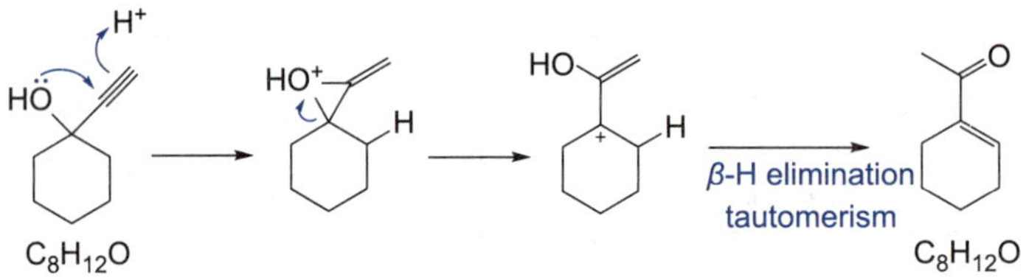

点评：

原料和产物的分子式一样，是重排异构化。该重排反应在酸性条件下发生，氧原子在原料和产物中的位置不同，可以由此推出合理的机理。酸性条件下，氧原子进攻缺电子叁键得到环氧结构，经 β-H 消除和互变异构得到产物。

10. 解答：

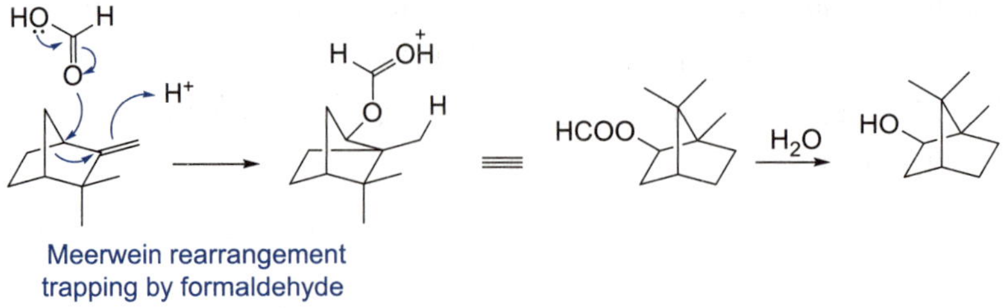

点评：

碳正离子生成以后，避免不了发生骨架重排形成更稳定的碳正离子。重排的前提是轨道的重叠，即相邻 σ-成键轨道和空的 p 轨道之间相互重叠、相互作用，这样才能发生电子的有效转移。链状分子中σ-成键轨道和p轨道之间重叠不成问题，因为链状分子中C—C键可以自由旋转，迁移的难易程度由基团的种类所决定。一般来讲，叔碳比仲碳容易迁移，仲碳比伯碳容易迁移。环状化合物和桥环化合物结构相对固定，单键的自由旋转受到有效的抑制，哪一个σ键迁移是由结构决定的，即由轨道的方向性决定的。

如下图所示，当C2形成碳正离子时，C1和C6成键轨道上的电子能有效填充到C2空的p轨道上去；亲核试剂也只有从如图所示的方向进攻缺电性的C1，因为只有这样的进攻方式，亲核试剂上的电子才能填充到C1和C6的反键轨道上去。

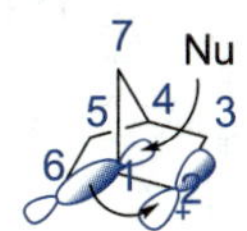

11. 解答：

protonation

1,2-R shift

β-H elimination

sulfonation of alkene

1,2-R shift

deprotonation

点评：

比较原料和产物的结构，骨架没有发生变化，唯一不同的是桥头甲基发生了C—H磺化反应，形成了C—SO_3H键，而底物中甲基的C—H键并不具有酸性，甲基碳没有亲核性。因此，如何使这个甲基碳具有亲核性成了问题的关键，碳碳双键是不错的选择。反应从原料羰基的质子化开始，通过经典的Meerwein重排，*β*-H消除就可以得到末端双键，使甲基碳具有了亲核性。

12. 解答：

C–O activation

trapping by alkene

fragmentation

点评：

反应使用二烷基氯化铝（Lewis酸）做催化剂，络合氧原子活化C—O键，从而引发一系列桥环化合物的Meerwein重排，得到产物。

13. 解答：

abnormal Beckmann rearrangement

hydrolysis of nitrile

点评：

比较原料和产物的骨架可以得出原料中的 C1—C2 键发生了断裂。脂肪酮和羟胺首先发生亲核加成消除得到缩合产物——肟，肟在酸性条件下发生 Beckmann 重排是经典的反应，但这里 C1—C2 键发生断裂可以得到稳定的叔碳正离子，并形成碳氮叁键，是 Beckmann 重排变异的一种。

14. 解答：

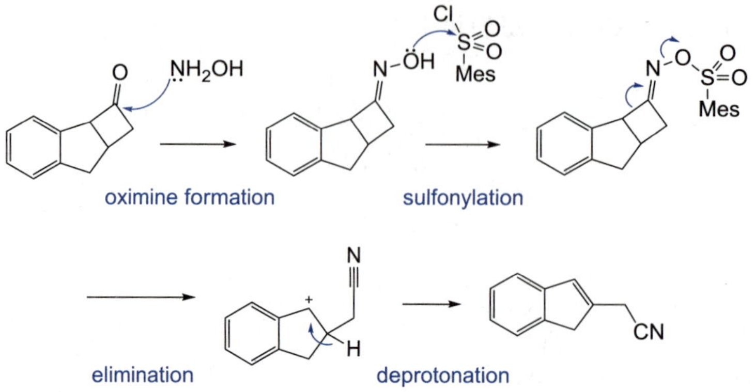

oximine formation　sulfonylation

elimination　deprotonation

点评：

和上题相类似，通过肟形成氰基。共同点是形成稳定的碳正离子，不同点是离去基团，这里的离去基团是 $MesSO_3^-$。

15. 解答：

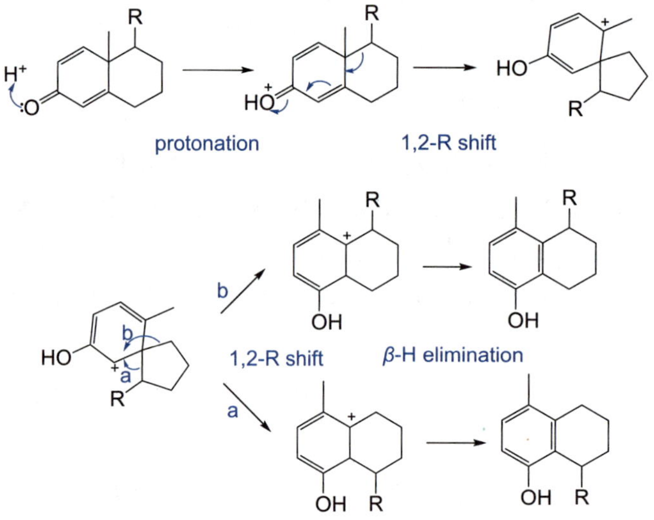

protonation　1,2-R shift

1,2-R shift　β-H elimination

点评：

原料和产物中的氧原子和甲基保持对位，左边的六元环骨架没有改变。反应在酸性条件下进行，区域选择性取决于烷基迁移的途径是经过 a 还是经过 b。

16. 解答：

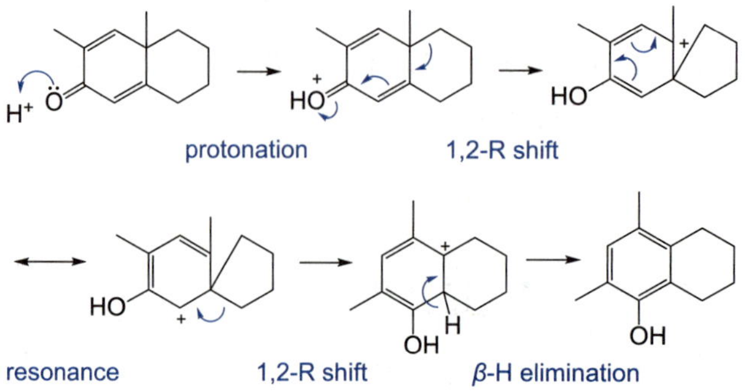

protonation　1,2-R shift

resonance　1,2-R shift　β-H elimination

点评：

和上题类似，两个甲基和氧原子的相对位置不变，不同的是形成的螺环中间体具有对称面，两种迁移均得到同一个产物。

17. 解答：

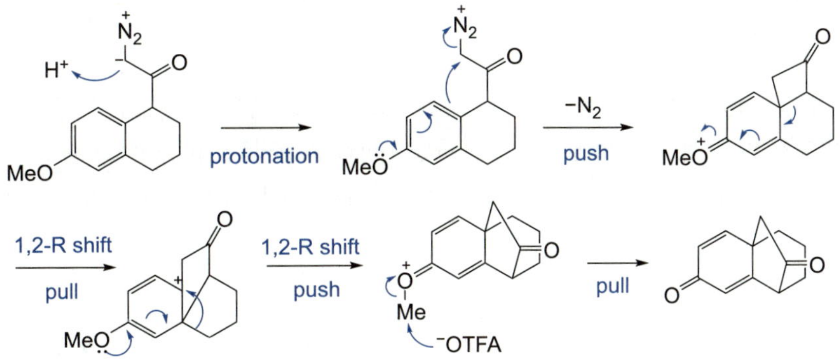

H+
O
MeO
protonation
MeO
−N2
push
MeO
O
1,2-R shift
pull
MeO
O
1,2-R shift
push
O
Me
−OTFA
O
pull
O
O

点评：

比较原料和产物的结构，发现少了一分子氮气和一个甲氧基上的甲基，且骨架发生了变化，但好在甲氧基的氧原子是一个定位原子，因为在该反应条件下不可能发生 Ar—OMe 的断裂。重氮化合物在酸性条件下质子化为亲电试剂，被富电子芳烃所捕获，在甲氧基的对位形成季碳，继而引发一系列的 Meerwein 重排，反应通过氧原子上孤对电子的 push-pull（推-拉电子）得到产物。即，氧原子含有孤对电子，是富电子的，给出（push）孤对电子后成为缺电子，一定要将电子对再拉（pull）回来。

18. 解答：

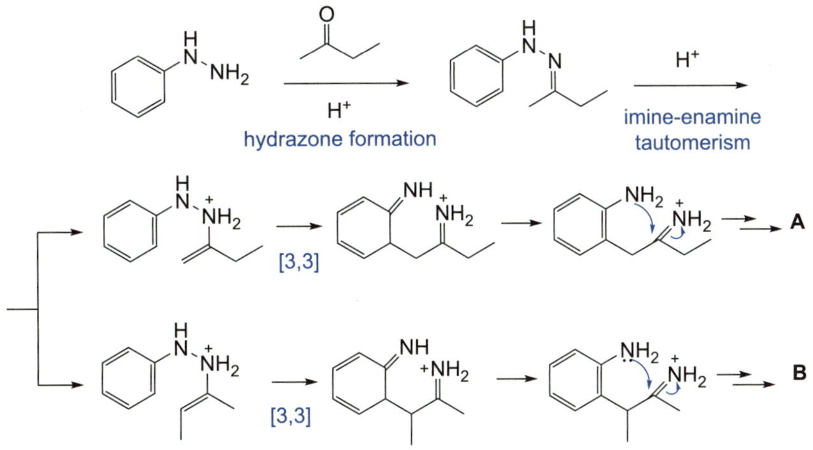

H+
hydrazone formation
H+
imine-enamine
tautomerism
[3,3]
A
[3,3]
B

点评：

这是经典的 Fischer 吲哚合成法，反应涉及腙的形成及后续的 [3,3] 重排。值得注意的是反应的区域选择性。如果使用的羰基化合物是丁-2-酮，如上图所示，将得到 **A** 和 **B** 的混合物，因为丁-2-酮有两种 α-H。

19. 解答：

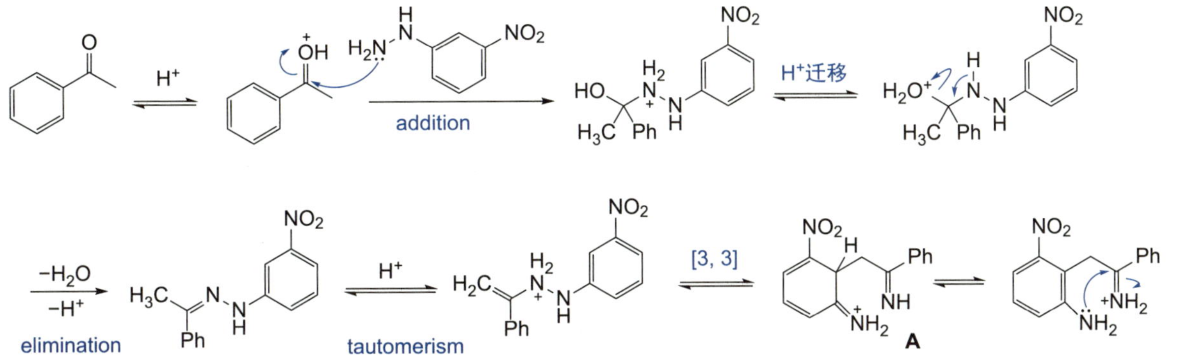

H+
addition
H+迁移
−H2O
−H+
elimination
H+
tautomerism
[3, 3]
A

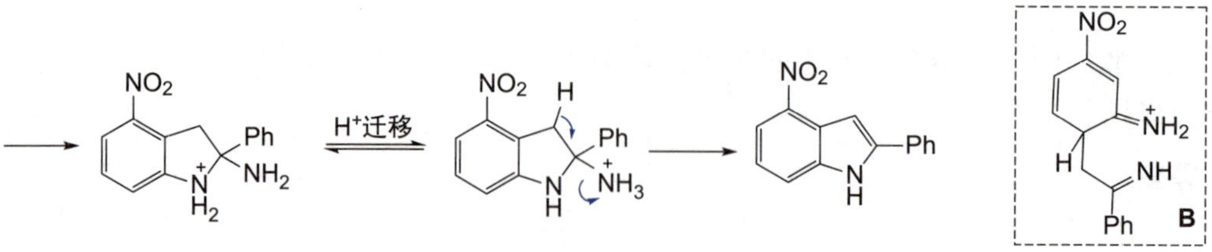

H⁺迁移

点评：

和上题不同的是，这里虽然没有羰基化合物带来的区域选择性问题，但存在芳烃部分的区域选择性，即发生 [3,3] 重排时是在硝基的邻位形成中间体 **A** 还是在硝基的对位形成中间体 **B**。[3,3] 重排微观可逆，如果发生在邻位，后续的亚胺-烯胺互变则更有利，因为硝基邻位氢具有更强的酸性。

20. 解答：

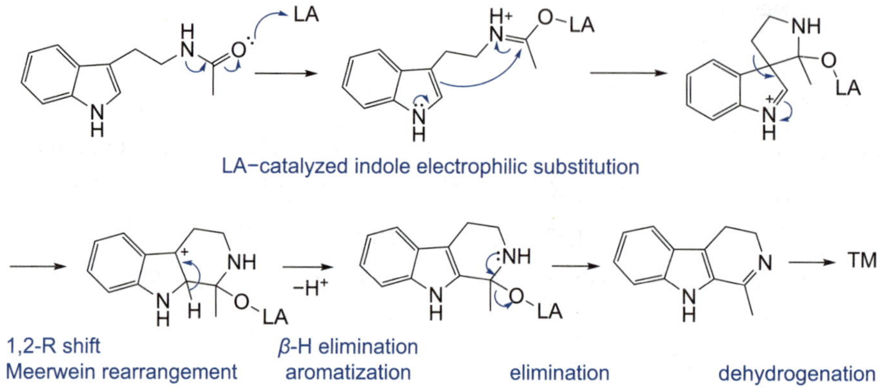

LA-catalyzed indole electrophilic substitution

1,2-R shift Meerwein rearrangement　　β-H elimination aromatization　　elimination　　dehydrogenation

点评：

和原料相比较，产物少了一分子水。酰胺在 Lewis 酸的条件下活化成亲电试剂，被分子内的芳烃所捕获。吲哚的共振式表明，吲哚的 C3 具有富电子性，当吲哚作为亲核试剂时，一定是富电子性的 C3 位先进攻去成键。如果 C3 位上有氢，继而发生 β-H 消除得到吲哚环；如果 C3 位有取代基，则先得到季碳，再发生 Meerwein 重排重新得到吲哚环。

21. 解答：

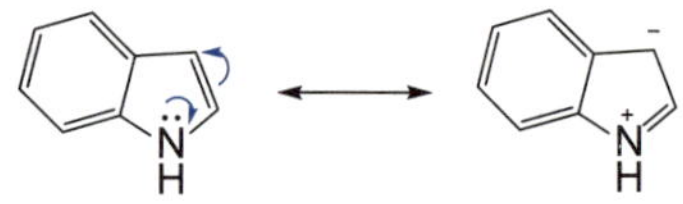

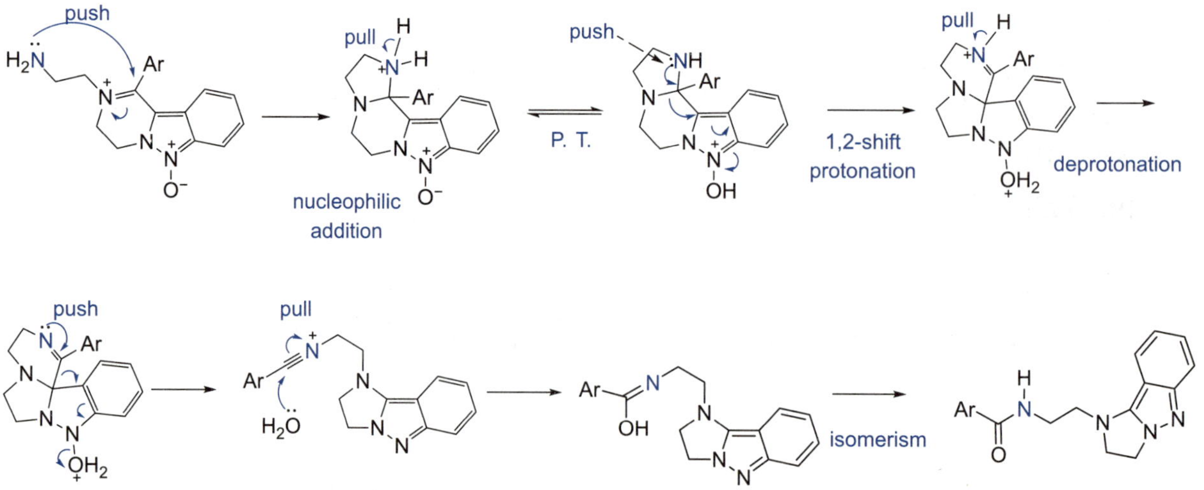

push　　pull　　nucleophilic addition　　P. T.　　push　　1,2-shift protonation　　pull　　deprotonation

push　　pull　　isomerism

点评：

底物中存在富电子中心（氨基）和缺电子中心（亚胺盐），本身就不稳定，会自发地发生反应，最后重排成稳定的产物。氨基直接亲核进攻亚胺盐得到五元环。蓝色标记的氮原子进行了一系列的电子对 pull-push 运作，最后得到产物。氮原子给出电子后呈正电性，要拿回电子成中性后，才能再给出电子。

22. 解答：

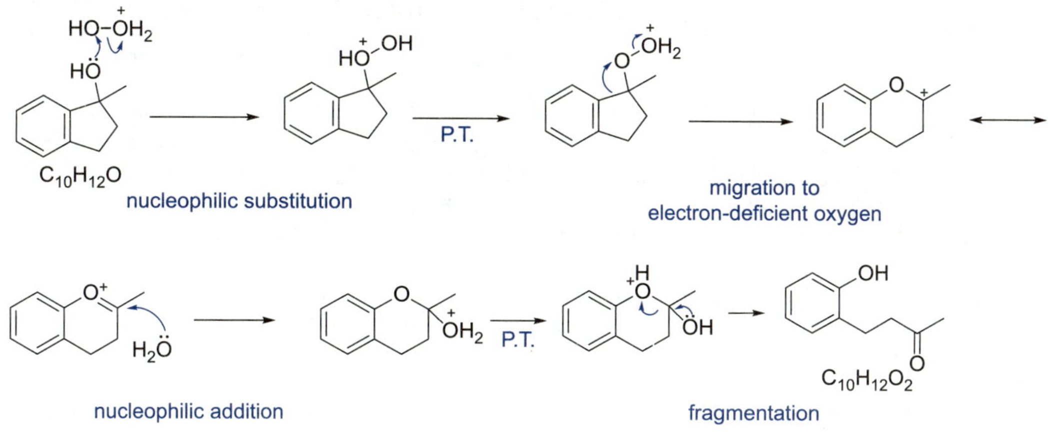

$C_{10}H_{12}O$

nucleophilic substitution

P.T.

migration to electron-deficient oxygen

nucleophilic addition

P.T.

fragmentation

$C_{10}H_{12}O_2$

点评：

比较原料和产物的分子式得出反应结果是多了一个氧原子，发生了氧化反应。如果将产物中的羟基进攻羰基将得到一个六元环，和原料相比，环中多了一个氧原子，并且直接和芳基相连接（Ar—O），可能来自于过氧化氢。

在酸性条件下，过氧化氢中的 O—O 键极化形成一个缺电子性氧中心，被底物中的羟基亲核取代，得到新的 O—O 键，发生质子转移后形成一个离去基团（水）和一个缺电子性氧原子，芳基重排到邻位缺电子性氧原子上，构筑 Ar—O 键，最后得到产物。

23. 解答：

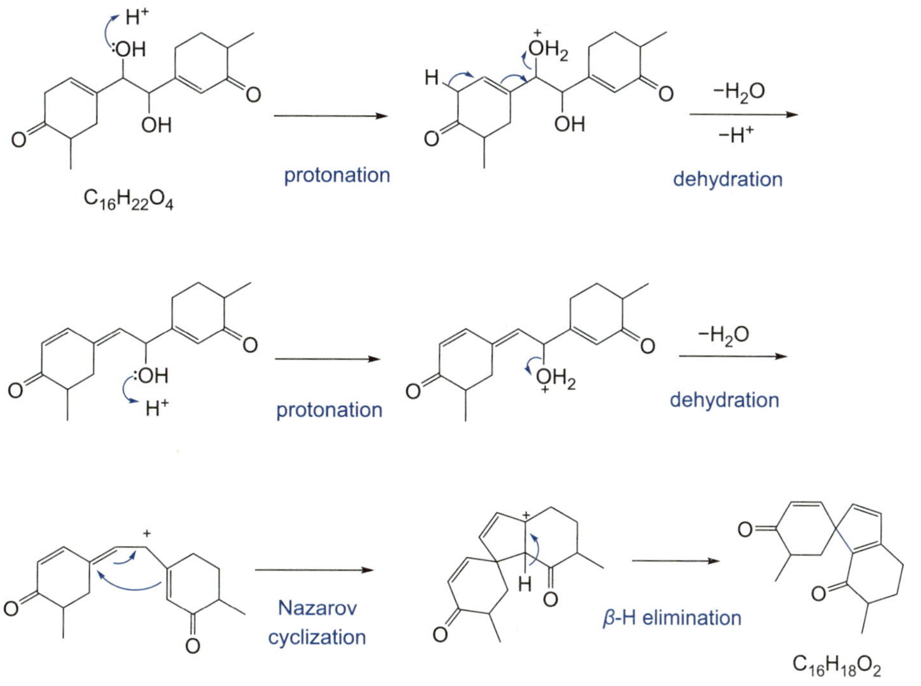

$C_{16}H_{22}O_4$

protonation

$-H_2O$

$-H^+$

dehydration

protonation

$-H_2O$

dehydration

Nazarov cyclization

β-H elimination

$C_{16}H_{18}O_2$

点评：

比较原料和产物的结构，脱了 2 分子水，并在产物的螺环处形成了一个 C—C 键，中间的五元环可以通过 Nazarov 关环得到，两个甲基的位置给出了关环的方向。因此，如何形成一个适合 Nazarov 关环的 4 电子体系是解决本问题的关键。第一次脱水是酸性条件下醇的脱水，得到相对稳定的共轭羰基化合物；第二次脱水得到五原子四电子的戊二烯基正离子，适合进行 Nazarov 关环。

24. 解答：

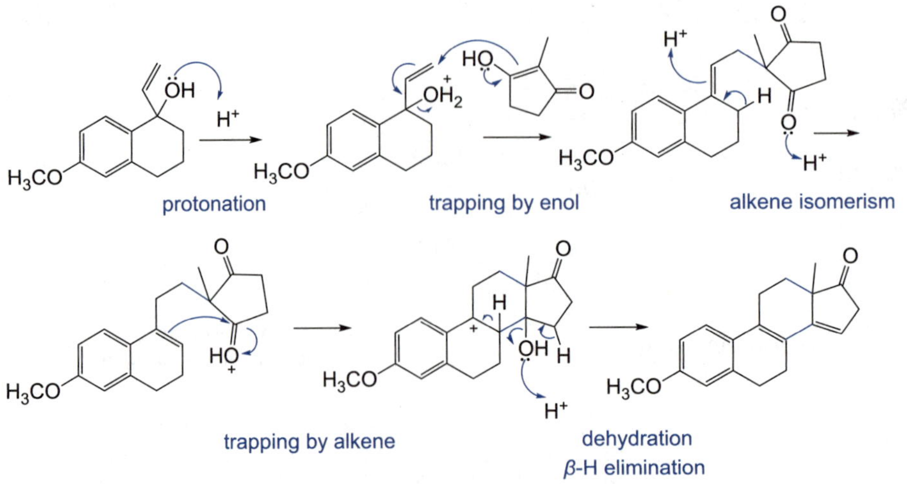

protonation

trapping by enol

alkene isomerism

trapping by alkene

dehydration
β-H elimination

点评：

仔细分析原料和产物的结构，可以找出新生成的两个 C—C 键的位置，得出反应的位点。底物中共有四个富电子中心：甲氧基、羟基、双键和芳基，其中羟基质子化脱水可以形成烯丙基正离子，并被对甲氧基苯基所稳定，所以反应从烯丙醇的质子化开始。质子化的烯丙醇脱水形成缺电子中心，被另一个分子烯醇捕获形成第一个 C—C 键；酸性条件下双键异构化得到环内双键，分子内碳碳双键进攻质子化的羰基形成第二个 C—C 键，得到最后的四环结构。

25. 解答：

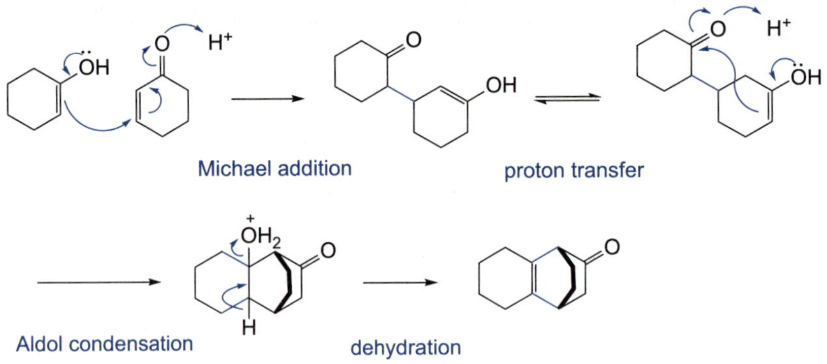

Michael addition

proton transfer

Aldol condensation

dehydration

点评：

Robinson 稠环反应的基本模式是烯醇和 α,β-不饱和酮发生 Michael 加成反应形成第一个 C—C 键，再进行分子内的 Aldol 缩合形成第二个 C—C 键，最后脱水给出含 α,β-不饱和酮的六元环。本题的不同之处在于 α-碳是桥头碳不能成双键，故双键形成在 β,γ 位上。

26. 解答：

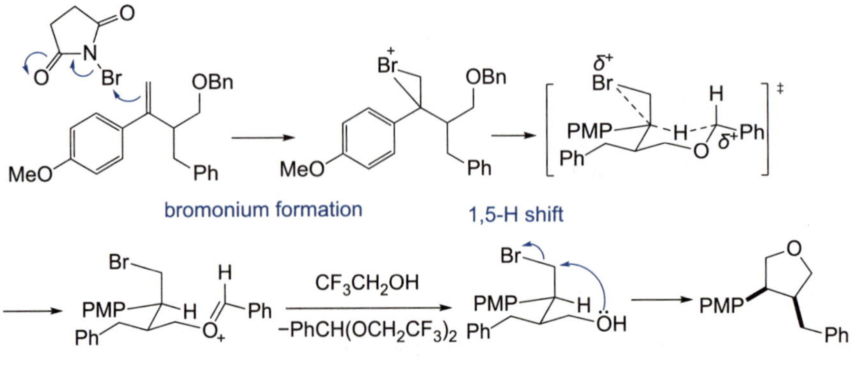

bromonium formation

1,5-H shift

CF_3CH_2OH

$-PhCH(OCH_2CF_3)_2$

点评：

本机理涉及亲电试剂诱导下的 1,5-H 迁移，迁移过程受轨道的控制，因此具有非对映选择性。

27. 解答：

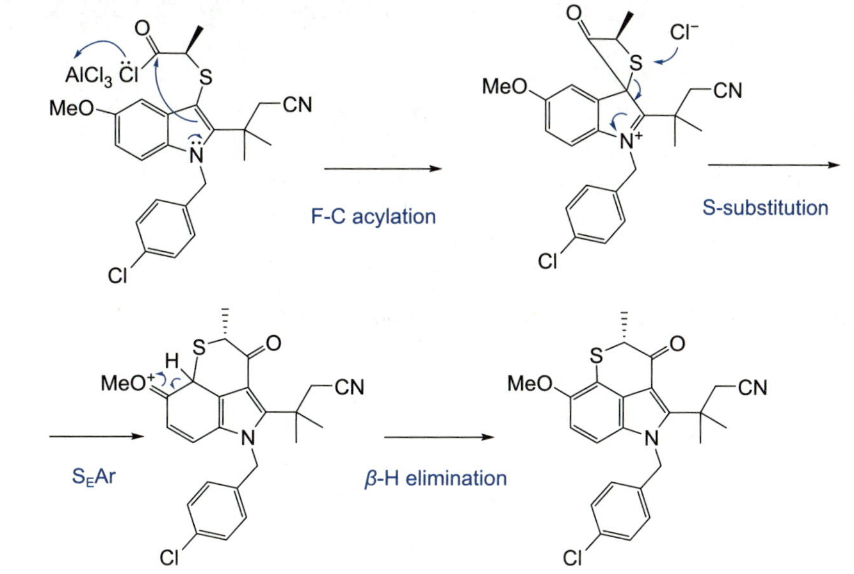

F-C acylation

S-substitution

S_EAr

β-H elimination

点评：

分析反应物和产物结构可知，芳香烃部分的结构并没有改变，改变的是吲哚 3-位（C3）的取代基，原料中 C3 和硫原子相连，产物中 C3 和酰基相连，并且生成了 C4—S 键。三氯化铝活化酰氯得到酰基正离子，被吲哚的 C3 捕获，形成螺环，受亚胺盐吸电子的影响，氯负离子亲核进攻硫原子得到 S—Cl，S—Cl 中的共价电子受电负性的影响偏向氯原子，缺电性硫被富电子性芳烃捕获，最后形成产物。反应过程中，和手性中心碳相连的四个共价键没有发生键的断裂和形成，所以不对称 C 的构型保留。

28. 解答：

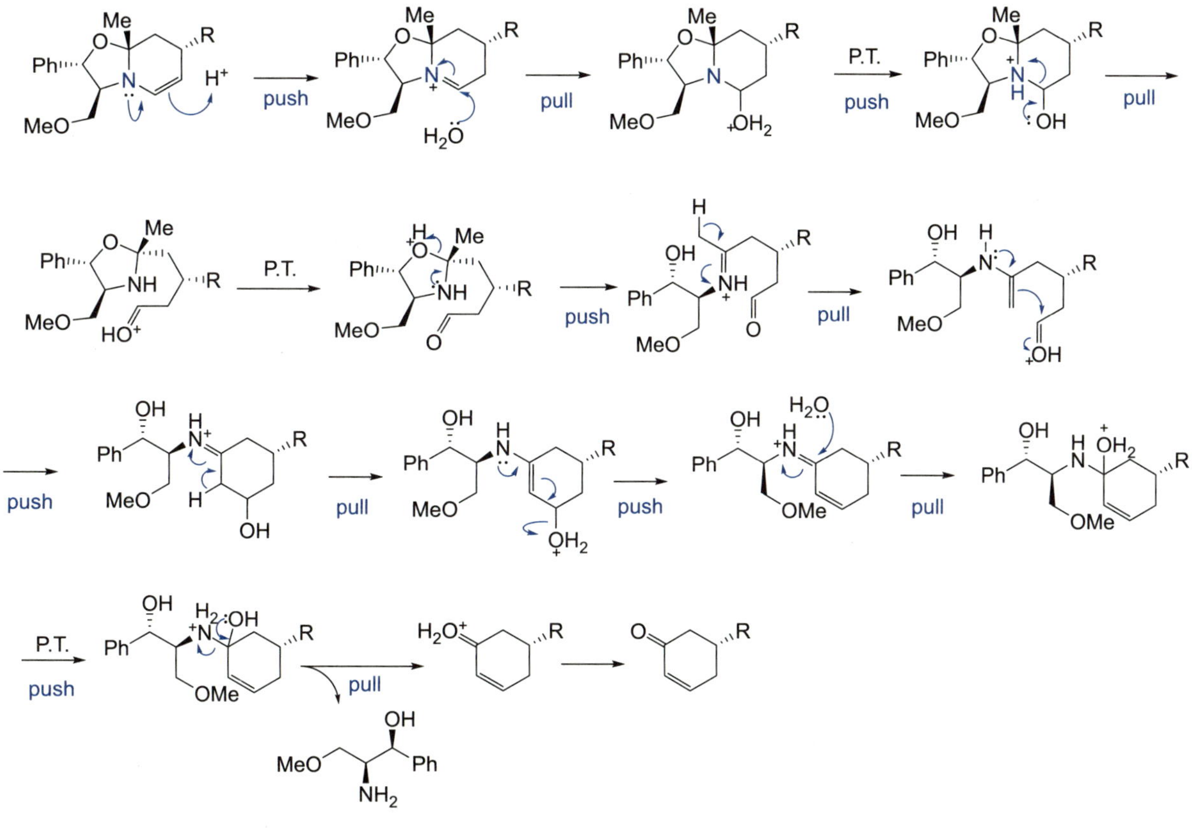

push　pull　P.T. push　pull

P.T.　push　pull

push　pull　push　pull

P.T. push　pull

点评：

原料和产物的碳原子数目不变，原料中的角甲基碳要出现在六元环己烯酮中，不是通过烯胺就是通过烯醚中间体来实现这一过程。机理围绕 N 原子的 push-pull 展开，反复进行推-拉电子达六次之多，和太极里面的“云手”动作一样，把氮原子上孤对电子的作用发挥得淋漓尽致，其实反应就是烯胺的水解和 Aldol 缩合。

29. 解答：

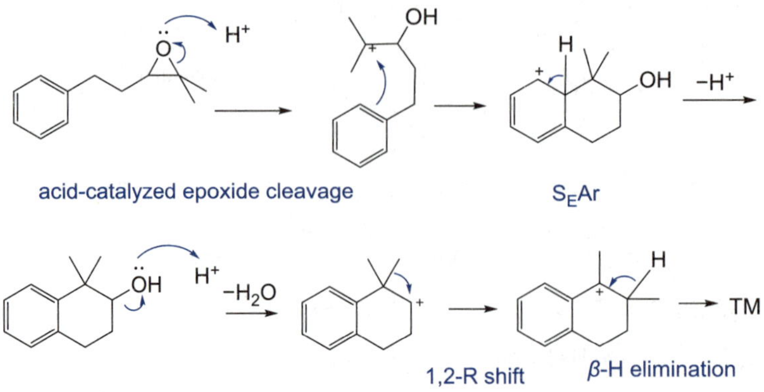

acid-catalyzed epoxide cleavage

S_EAr

1,2-R shift

β-H elimination

点评：

环氧在酸性条件下断裂形成稳定叔碳正离子，被分子内芳烃捕获，最后脱水、烷基迁移成稳定的结构。

30. 解答：

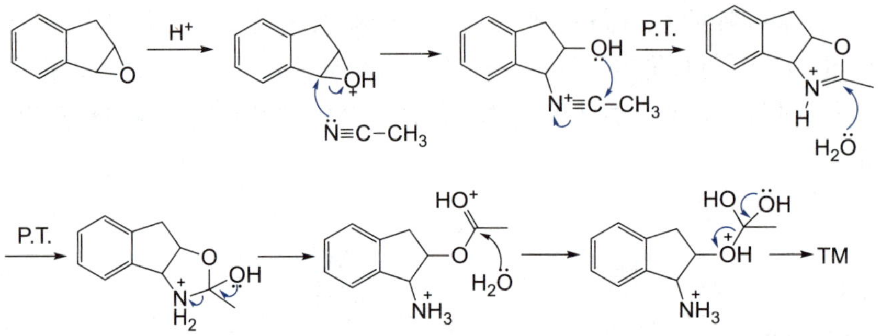

点评：

从反应物到产物，碳原子数不变，产物中的氮原子来自于乙腈，因此，乙腈中的两个碳原子还得水解掉。酸性条件下环氧结构发生选择性断裂，并被乙腈捕获，形成 C—N 键得到 Ritta 盐。分子内的羟基进攻 Ritta 盐得到五元环，最后水解脱乙酰基得到产物。问题的关键在于形成 Ritta 盐以后是直接水解还是分子内羟基参与的水解。一般来讲，分子内的反应比分子间的反应速率快。

31. 解答：

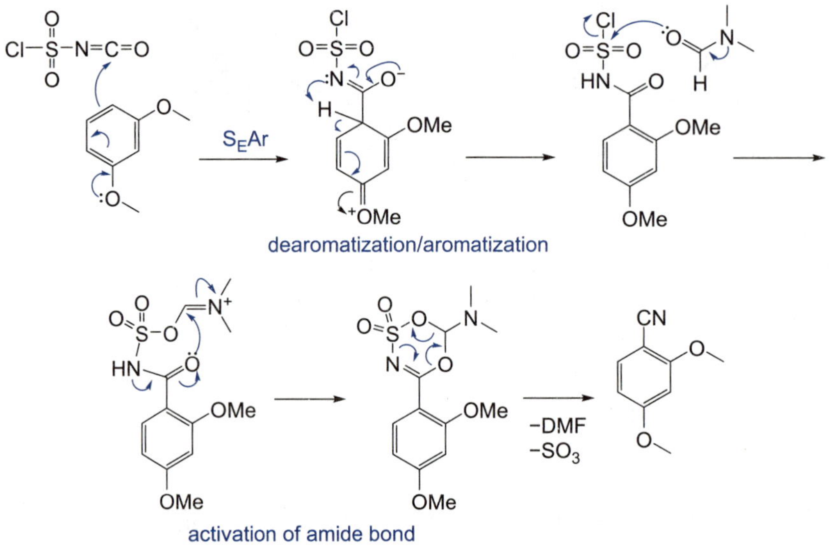

S_EAr

dearomatization/aromatization

$-DMF$
$-SO_3$

activation of amide bond

点评：

此反应为芳香烃的亲电取代，最后引入了一个“⁺CN”。间二甲氧基苯对异氰酸酯发生亲核加成，去芳构化 / 芳构化完成芳香烃的亲电取代，接下来是碳氮叁键的形成。DMF 的介入是为了活化酰胺键，最后脱除三氧化硫的同时，DMF 离去。

32. 解答：

protonation on 4-position　nucelophilic addition　tautomerism　H_2O　NH_3

点评：

反应显然不是通过芳香烃的亲核取代能够完成的，因为芳环上没有强的吸电子基可以进行亲核加成消除，条件中也没有强碱适合进行消除加成（苯炔），反应是通过亚硫酸氢钠的介入完成的。酸性条件下，质子加到萘酚电子云密度较高的 C4 上，然后一个亚硫酸氢根离子（两可离子）加到缺电子性的 C3 上，并经烯醇-酮互变异构得到更为稳定的酮式，交换成亚胺最后经芳构化得到产物萘胺。酮-亚胺的相互转化是不同酸、碱条件下萘酚和萘胺转化的前提。

33. 解答：

1,2-H shift　TM

点评：

从原料和产物的结构上分析，氨基葡萄糖中的 C6—OH 和 C2 成环了，C1 被还原 C2 被氧化了。因此，反应过程中发生了开环 / 关环，1,2-H 迁移使得 C2 被氧化 C1 被还原，这个过程是关键。

34. 解答：

push　pull　push　pull

点评：

甲酰胺衍生物与三氯氧磷作用失水生成异腈，这是合成异腈的经典方法之一，异腈常用于多组分反应。反应过程中，利用氮原子的 push-pull，形成碳氮叁键。这个反应和 Vielsmeyer 甲酰化反应有类似之处。Vielsmeyer 反应用的是三氯氧磷和 DMF，酰胺结构中氮原子上没有氢，所以形成了 $ClCH=N^+Me_2$ 亲电试剂。

35. 解答：

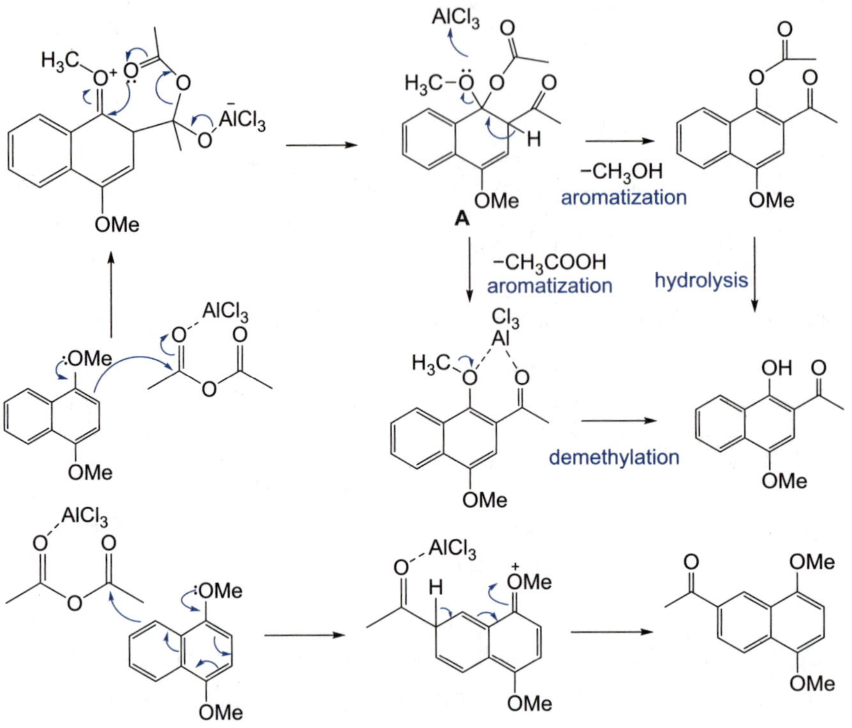

点评：

这里涉及的反应是芳香烃的亲电取代。有两个甲氧基的苯环较富电子，容易上乙酰基，得 70% 乙酰化产物，另一个环得 30% 乙酰化产物。值得注意的是，在富电子环上乙酰基时，发生了脱甲基反应，这是因为通过六元环过渡态可以将乙酰氧基连到 C1 位置上得到中间体 **A**，然后脱甲醇 / 水解得到产物；或是脱乙酸得到 2-乙酰基-1,4-二甲氧基萘，此结构中两个氧原子和三氯化铝可以形成六元环配位中间体，活化了甲氧基中的 C—O 键，从而发生脱甲基得到 2-乙酰化的产物。6-位乙酰化的产物是通过经典的芳香烃亲电取代反应进行的，没有空间位阻，不受邻位甲氧基的干扰，也不发生脱甲基反应，得到 30% 的产物。

36. 解答：

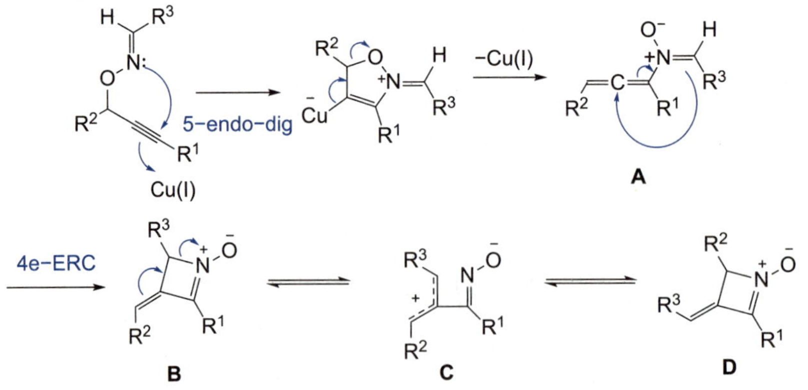

点评：

首先是 Lewis 酸（LA）催化下的亲电环化，符合 Baldwin 经验规则。Lewis 酸解离，将电子还给底物得到联烯中间体 **A**，联烯中间体不稳定发生 4 电子电环化生成四元环 **B**。**B** 可以通过开环 / 关环经过烯丙基正离子中间体 **C** 和 **D** 达到平衡，取决于取代基的种类。

Lewis 酸做催化剂总是先得到电子再给出电子使得催化剂再生，正所谓“出来混始终是要还的”。

37. 解答：

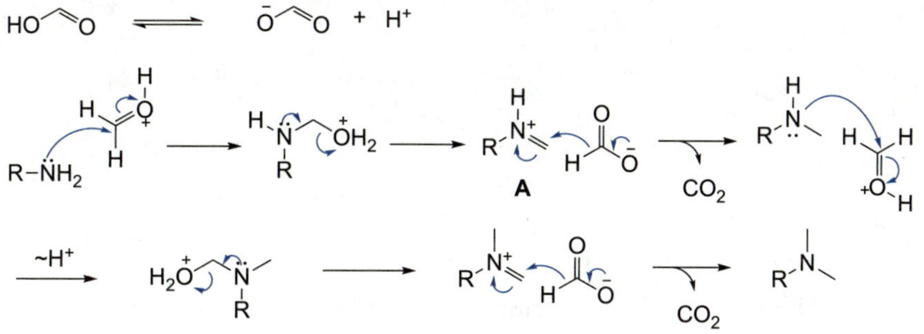

点评：

这是一个三组分反应，净结果是氨的甲基化。胺和甲醛缩合得到亚胺盐（**A**）被甲酸根还原，得到甲基化产物；底物是伯胺时，可以发生二次甲基化。本题的关键是亚胺盐中间体的形成。

38. 解答：

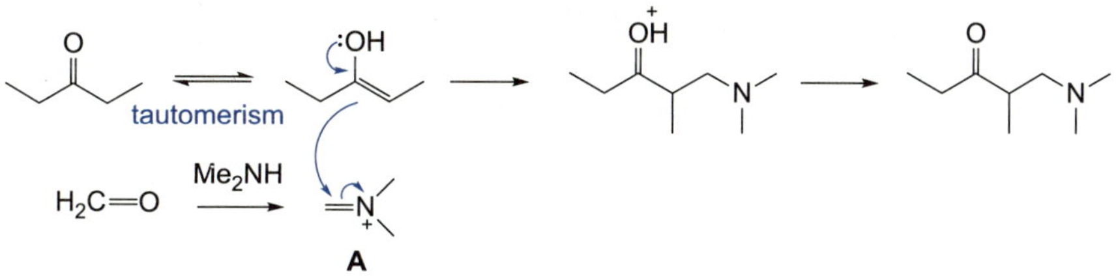

点评：

这是一个三组分反应，称为 Mannich 反应，即弱酸环境下羰基邻位发生胺甲基化。仲胺对甲醛进行羰基的亲核加成，得到亚胺正离子（**A**），被亲核性烯醇所捕获。

39. 解答：

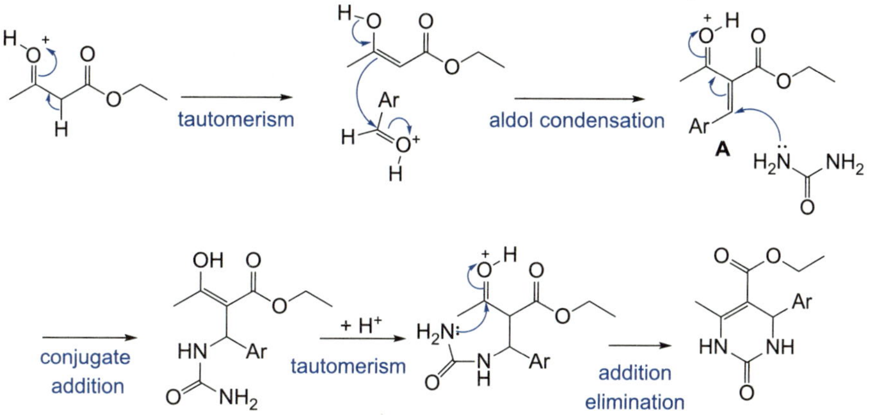

点评：

从原料和产物的结构组成分析，骨架没有改变，脱了两分子水，反应位点也一目了然。酸性条件下，乙酰乙酸乙酯中活泼亚甲基和醛进行缩合得到交叉共轭体系 **A**，被尿素捕获，最后得到关环的产物。

40. 解答：

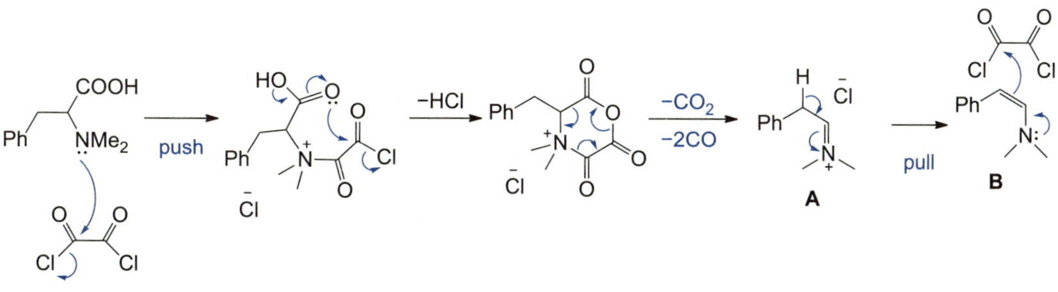

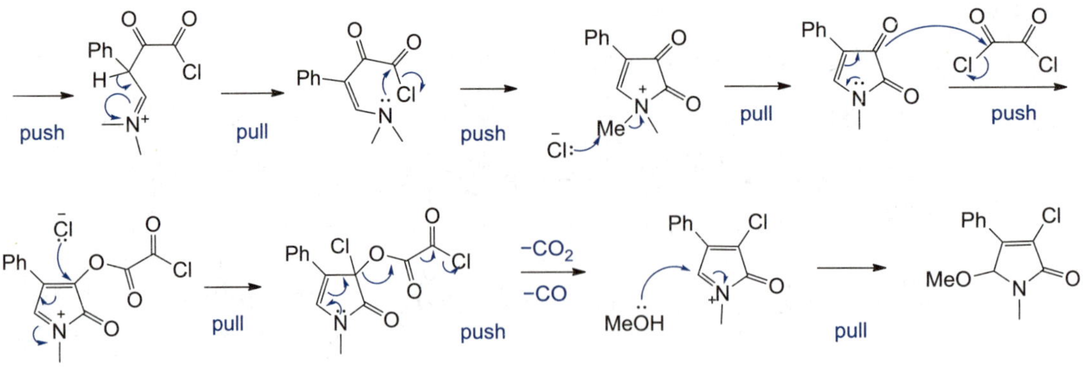

点评：

本题是酯化反应的条件，但意外得到了 N 杂五元环。原因在于（COCl）$_2$ 是大大过量的，且其反应活性高，不仅能活化—COOH，也能与—NMe_2 结合。形成六元环后经消除得到亚胺盐 **A**（不经过六元环直接碎片化也能得到 **A**），再经过脱质子得到关键中间体烯胺 **B**，**B** 是一个很好的亲核试剂，进攻缺电性草酰氯，经多步反应得到 N 杂五元环的骨架，最后被 MeOH 捕获得到最终的产物。注意整个过程中氮原子的 push-pull，打好氮原子上孤对电子的“云手太极”，把动作做到位，就能很好理解含氮化合物的反应机理，尤其是含氮杂环形成的机理。

41. 解答：

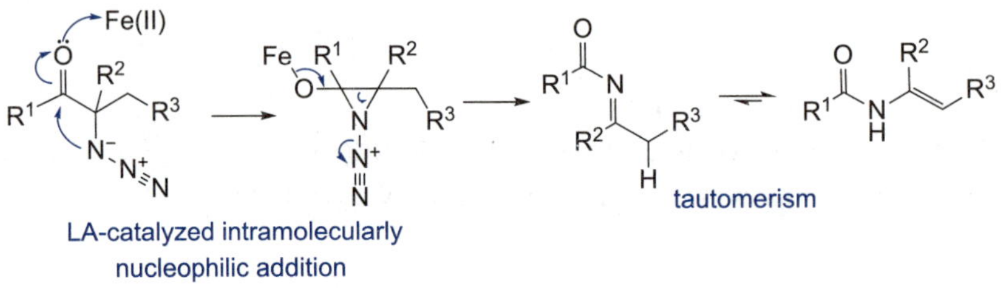

点评：

这是一个重排反应，骨架发生了变化，氮原子插入到 C—C 键之间。羰基和 Lewis 酸结合使得碳的亲电性增强，叠氮的氮负可以亲核进攻羰基得到三元环，最后再转变成较稳定的形态。二价铁作为 Lewis 酸活化羰基，氮气作为中性分子离去，都是反应发生的动力。

42. 解答：

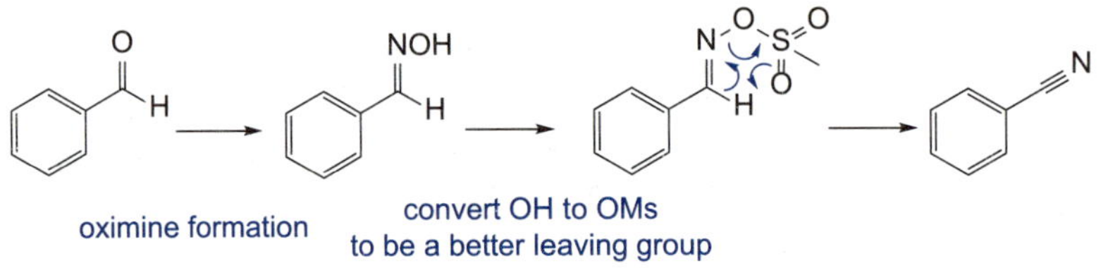

点评：

这是芳香醛制苯甲腈的一种方法。醛和羟胺生成肟，和甲磺酰氯反应形成好的离去基团 OMs，随后消除得到碳氮叁键。

43. 解答：

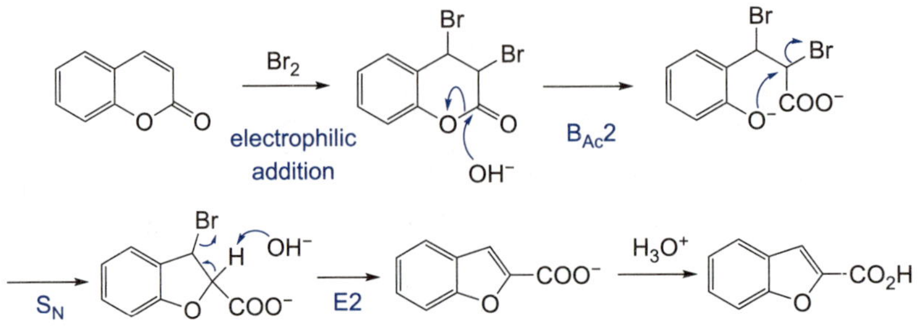

点评：

分析骨架得知碳原子数没有改变，增加了一个氧原子，底物被氧化，溴被还原。

44. 解答：

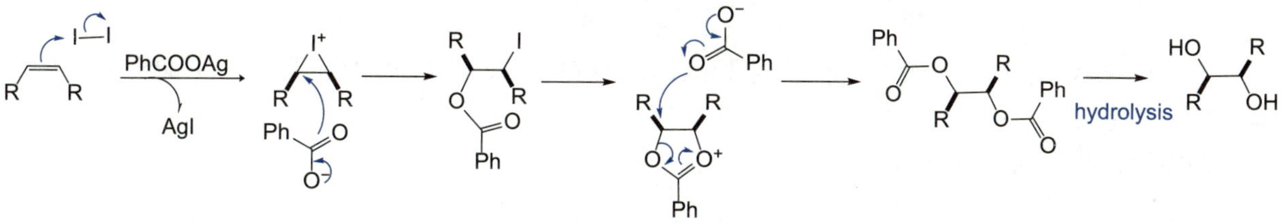

PhCOOAg　AgI　hydrolysis

点评：

和上题有类似之处，碳的氧化数升高，底物被氧化，碘被还原。注意过程中的邻基参与及反应的立体化学。

45. 解答：

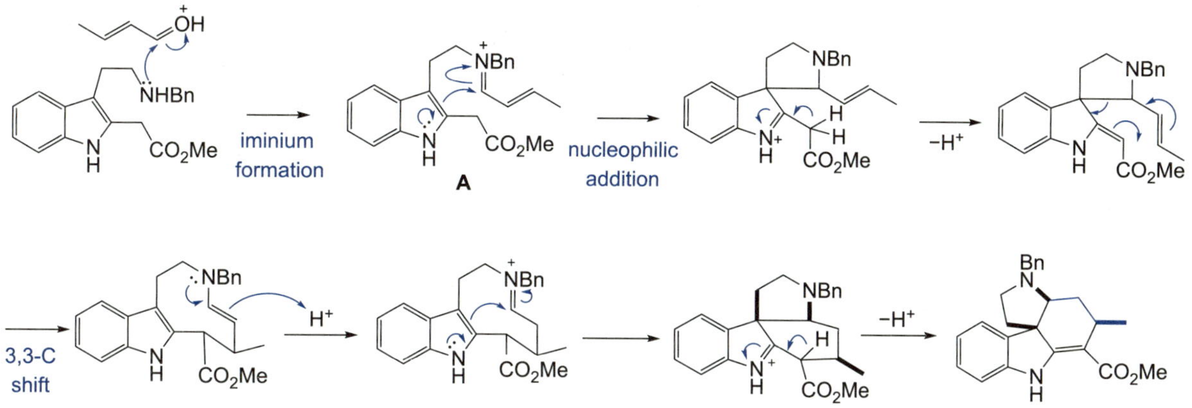

iminium formation　A　nucleophilic addition　$-H^+$　3,3-C shift　H^+　$-H^+$

点评：

分析原料和产物的结构，没有发生骨架的变化，生成了两个 C—C 键。从底物的反应性着手，仲胺和醛在弱酸性条件下生成的亚胺离子（**A**）成为缺电子中心，其和吲哚富电子性中心 C3 通过亲核加成相结合，脱质子之后发生 Cope 重排，形成一个 C—C 键；烯胺质子化得到亚胺离子成缺电子中心，再次发生亲核加成得到稠环产物，形成第二个 C—C 键，去质子之后便得到最终产物。注意顺式成环的非对映选择性。

46. 解答：

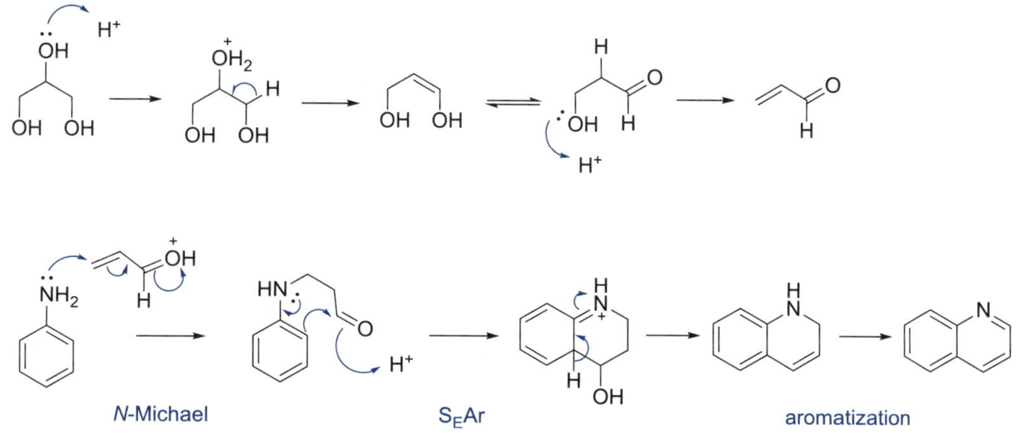

N-Michael　S_EAr　aromatization

点评：

本反应由四个基元反应构成，甘油在酸性条件下脱水成 *α*, *β*-不饱和醛；*N*-Michael 共轭加成；分子内芳香烃亲电取代；氧化芳构化。本反应可用于合成 8-羟基喹啉：

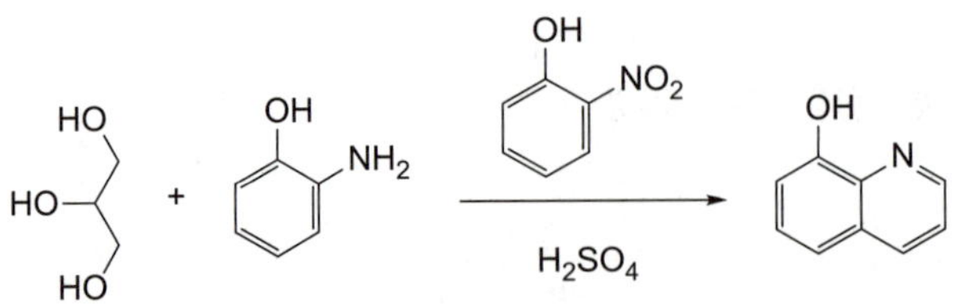

8-羟基喹啉不仅在无机配体中有着重要应用，在有机合成中也是重要的原料，下面给出一些以8-羟基喹啉为原料合成的一些例子。

药特灵治痢剂的合成：

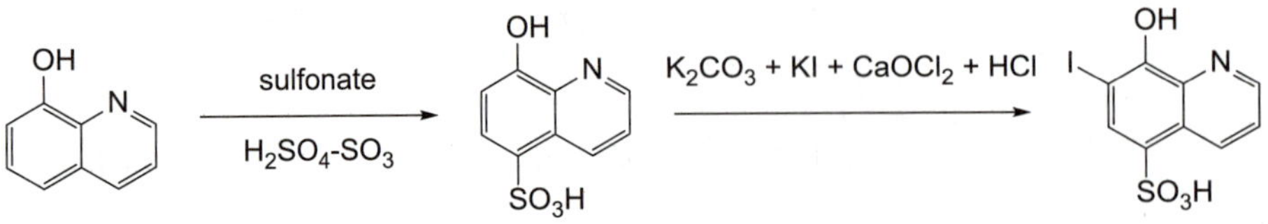

Vioform 防腐剂的合成：

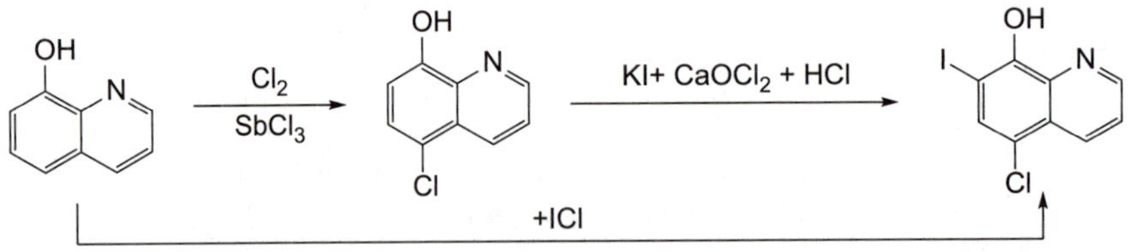

47. 解答：

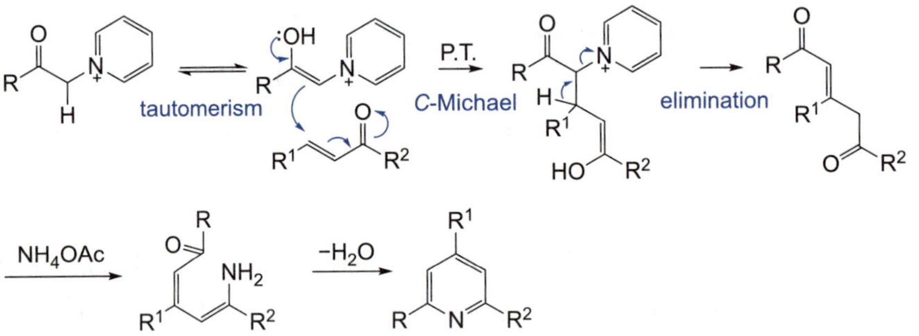

点评：

分析原料和产物的结构可以得出，吡啶作为离去基团，产物中的氮原子是从醋酸铵中获得的。由于吡啶盐的作用，α-H 酸性较强，羰基烯醇互变成的烯醇具有亲核性，发生 *C*-Michael 加成得到1,5-二羰基化合物，是制备吡啶的前体。最后，NH_3 进攻羰基关环成吡啶。

该反应的一个主要应用是可以通过调节取代基合成理想的2,4,6-取代的吡啶（也可合成其他如2,5,6-取代的吡啶）。比如，2,4,6-三苯基吡啶的合成：

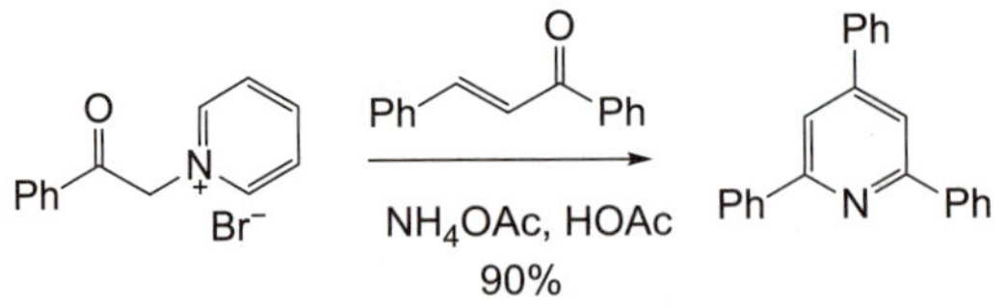

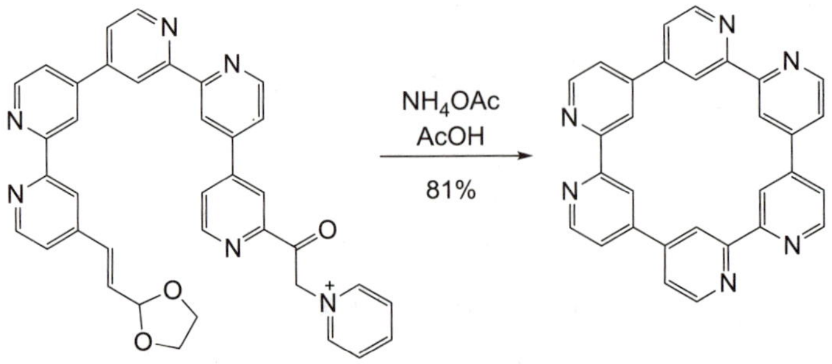

48. 解答：

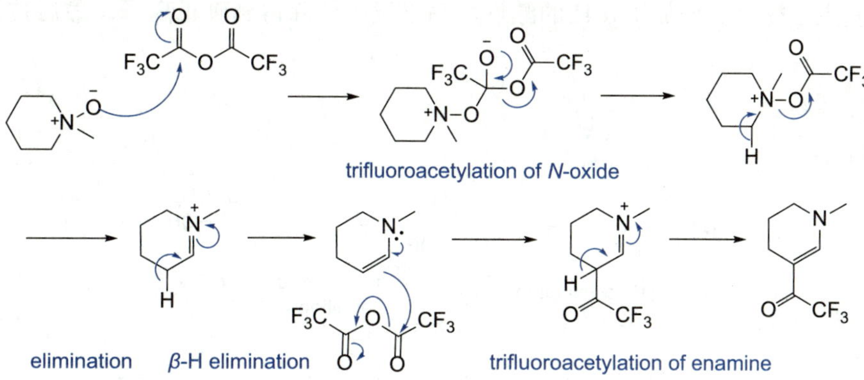

trifluoroacetylation of *N*-oxide

elimination　β-H elimination　trifluoroacetylation of enamine

点评：

反应从氮氧化合物的三氟乙酰化开始，因为三氟乙酸根是很好的离去基团，可以发生后续的消除反应得到亚胺盐。β-H 消除得到的烯胺具有亲核性，可进行再一次的三氟乙酰化，最后脱质子成产物。

49. 解答：

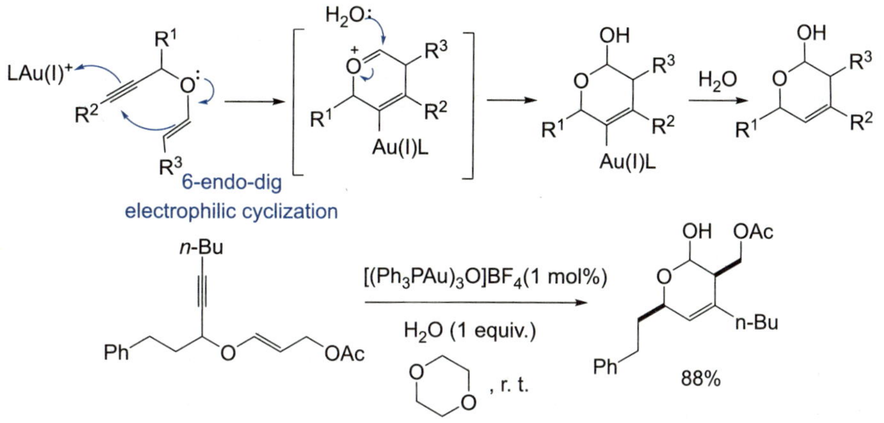

6-endo-dig electrophilic cyclization

$[(Ph_3PAu)_3O]BF_4$(1 mol%), H_2O (1 equiv.), dioxane, r. t.　88%

点评：

LA 催化下亲电环化得到六元环，继而被亲核试剂捕获得到产物。

50. 解答：

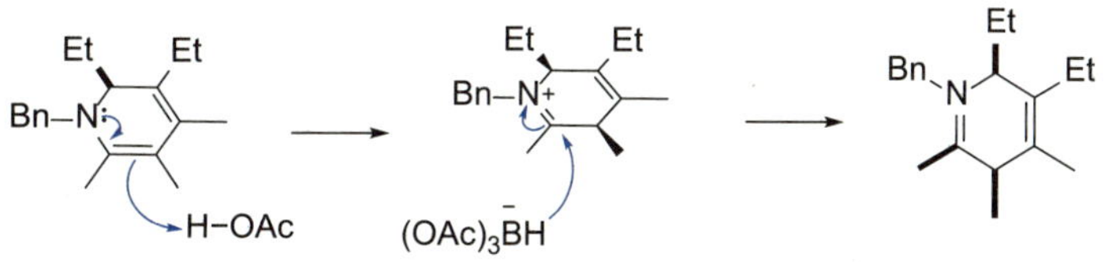

点评：

不饱和化合物在酸性条件和硼氢化试剂下发生还原的机理，应为质子化-负氢进攻过程。由于氮原子共轭给电子，质子化的位点发生在烯胺的β-碳上，由于苄基和邻位的乙基存在较大位阻，无论乙基碳初始的绝对构型如何，质子化都发生在异面，负氢的加成由硼的配合物作为亲核试剂，同样进攻空间位阻小的一面，导致产物所有烷基都处于顺式。

51. 解答：

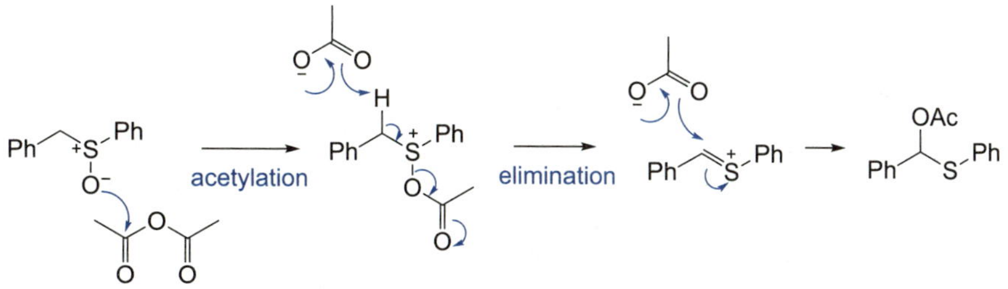

acetylation　elimination

点评：

亚砜首先发生乙酰化，增加了 α-H 的酸性，易于发生消除得到碳正离子，最后被乙酸根捕获得到产物。

52. 解答：

可能的机理 1：

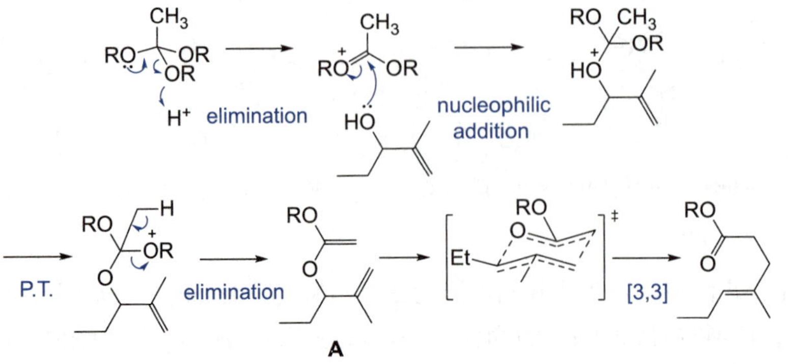

elimination　nucleophilic addition　P.T.　elimination　A　[3,3]

可能的机理 2：

−ROH　S_N2'　E-form

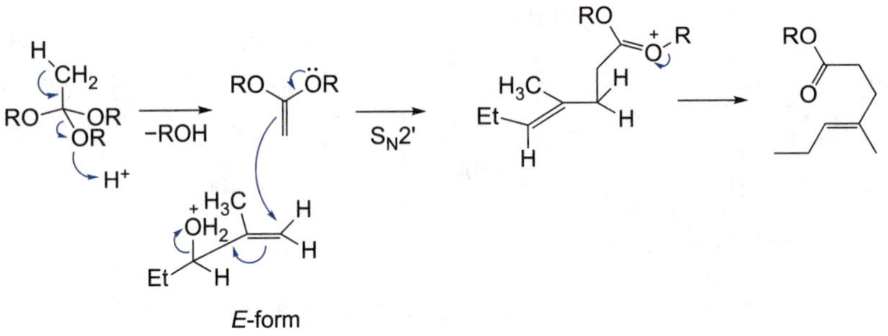

点评：

有两种可能的机理。一种是原甲酸酯在酸性条件下发生消除得到正离子，被烯丙醇捕获，经过质子转移和消除得到中间体 **A**，中间体 **A** 经过六元环椅式过渡态，过渡态（Ⅰ）比过渡态（Ⅱ）的能量低，因此产物中的双键是 E-构型。

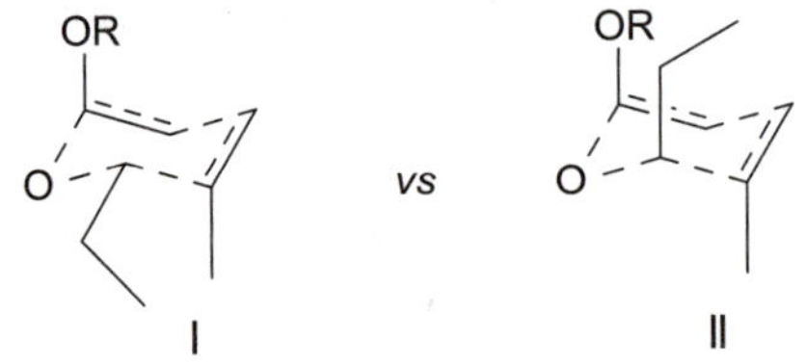

Ⅰ　vs　Ⅱ

另一种是消除得到烯醚，富电子的烯烃对质子化的烯丙醇做一个 S_N2' 进攻，烯丙基采用较稳定的重叠式构象（E-form），S_N2' 反应时采用和离去基团同面的进攻方式，最后得到的双键是 E-构型。

53. 解答：

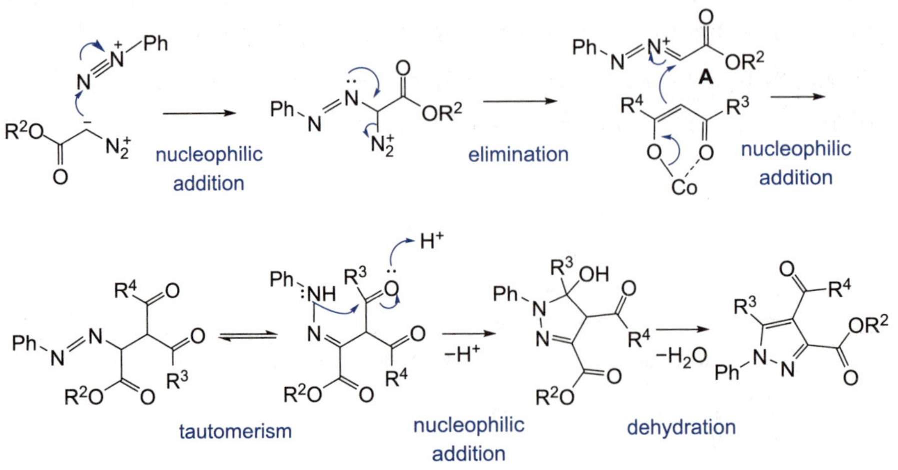

nucleophilic addition　elimination　A　nucleophilic addition

tautomerism　−H^+　nucleophilic addition　−H_2O　dehydration

点评：

通过原料和产物的组成分析，骨架没有变化，脱除了一分子水和一分子氮气。重氮化合物既可以做亲核试剂又可以做亲电试剂。芳基重氮盐是弱的亲电试剂，可以接受亲核性 α-重氮羰基化合物的进攻，脱除氮气得到中间体 **A**。在极性 CH_3CN 和 LA 的作用下，1,3-二羰基化合物通过互变成烯醇式体现出亲核性，对缺电性的中间体 **A** 进行亲核进攻得到偶氮，偶氮和腙互变异构，最后亲核进攻 / 脱水形成产物。

54. 解答：

点评：

Lewis 酸辅助下，三元环开环并形成稳定的对甲氧基苄基正离子，最后关环。副产物少，可能是中间体比较稳定，且氧负离子被 Lewis 酸所结合。

55. 解答：

点评：

该反应的条件是三氯氧磷，其是强的亲电试剂，通常用于活化酰胺。酰胺活化后被富电子性苯环所捕获，得到螺环结构 **C**。**C** 经过消除得到新的缺电子中心——亚胺阳离子（**D**），**D** 继续被分子内烯醚捕获（邻基参与，NGP）得到关键中间体 **E**。**E** 有两种断裂方式，分别得到扩环的 **B** 和环保留的 **A**。苯环上的甲氧基发挥了很大的作用，通过氧原子对孤对电子的 push-pull 作用完成一系列的反应。

56. 解答：

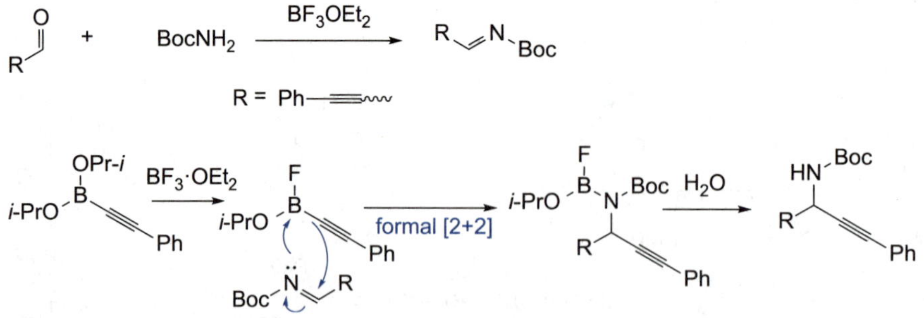

点评：

$BF_3 \cdot OEt_2$ 有两个作用：一是与原料中的羰基氧络合，作为生成亚胺的 Lewis 酸催化剂；二是与硼酸酯进行配体交换，活化硼酸酯，使其成为更活泼的 Lewis 酸，有利于后续 formal [2+2] 反应过渡态的形成。过渡态的结构为：

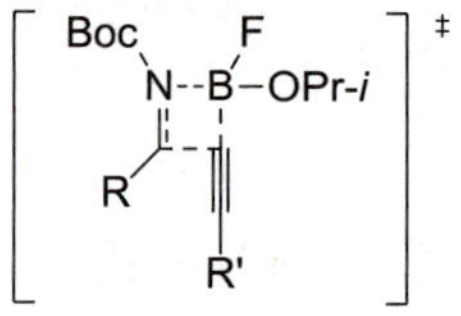

57. 解答：

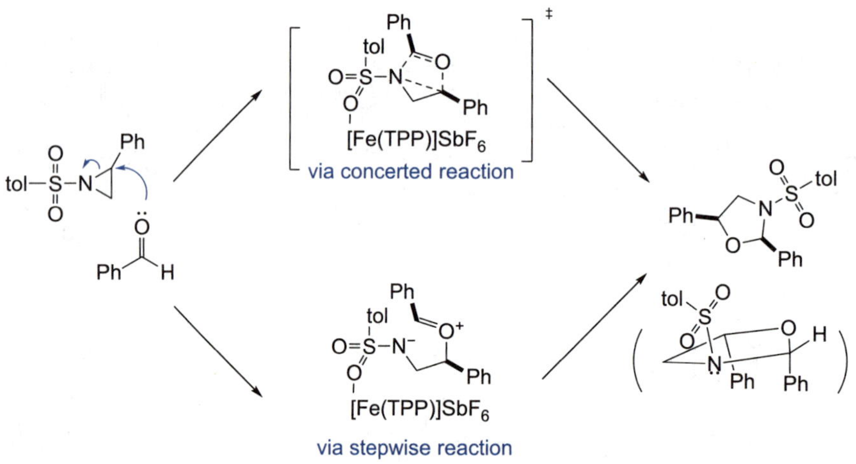

点评：

协同和分步都有可能，反应的非对映选择性是由对甲苯磺酸基的空间位置所决定的。

58. 解答：

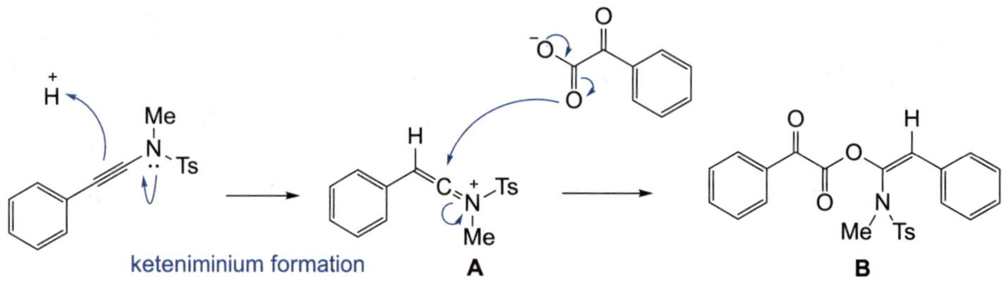

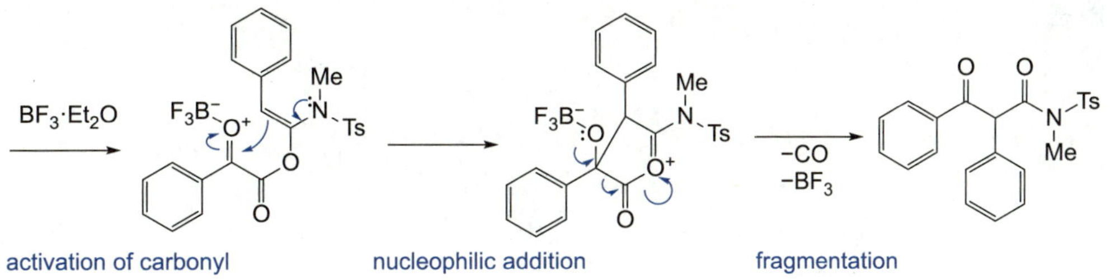
BF3·Et2O
activation of carbonyl
nucleophilic addition
−CO
−BF3
fragmentation

点评：

炔胺在酸性条件下共振夺得质子形成烯酮亚胺盐 **A**，**A** 是反应的关键中间体，被羧酸根捕获得到中间体 **B**（也可以看成是富电子叁键的亲电加成）。**B** 中间体中的酮羰基被 Lewis 酸活化，继而被分子内烯胺所捕获得到五元环，最后断裂成产物。

59. 解答：

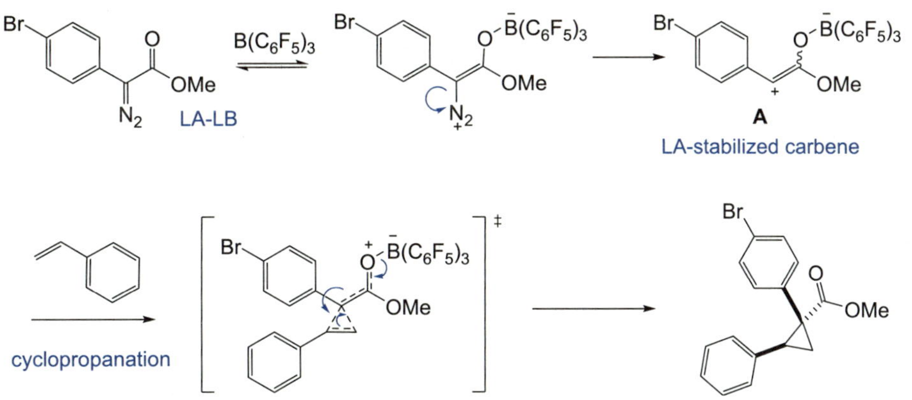
B(C6F5)3
LA-LB
A
LA-stabilized carbene
cyclopropanation

点评：

$B(C_6F_5)_3$ 作为强 Lewis 酸，与重氮化合物上的酯配位生成 Lewis 酸碱结合物，脱去氮气得到 Lewis 酸稳定的卡宾中间体（**A**）。该中间体与苯乙烯发生环丙烷化反应，并再生 Lewis 酸催化剂。反应的高非对映选择性是由苯乙烯芳基和大体积的 $B(C_6F_5)_3$ 之间的空间位阻引起的，由此，两个芳基在同侧。

60. 解答：

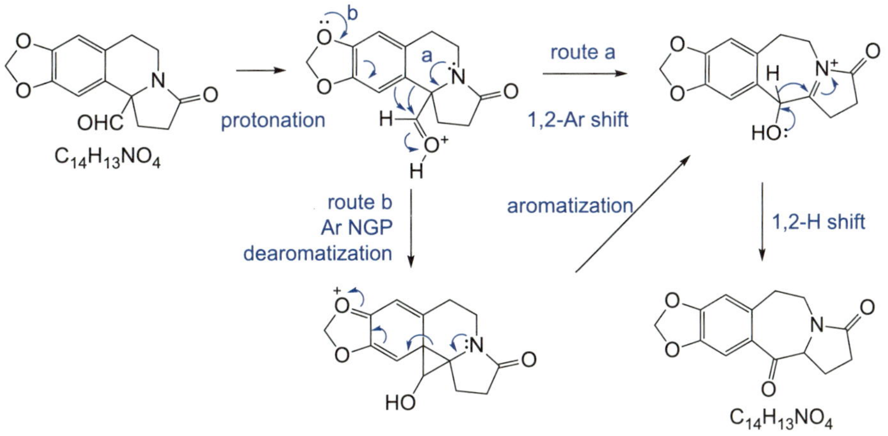
C14H13NO4
protonation
route a
1,2-Ar shift
route b
Ar NGP
dearomatization
aromatization
1,2-H shift
C14H13NO4

点评：

原料和产物具有相同的分子式，是酸性条件下的重排反应，发生碳骨架的变化。醛羰基质子化成缺电子中心，氮原子给电子，发生 1,2-芳基迁移（路径 a）得到七元环，最后 1,2-H 迁移得到重排产物。也可以认为氧原子给电子（路径 b），发生芳基的邻基参与（NGP）得到三元环，恢复芳香性，继而发生 1,2-H 迁移得到产物。路径 a 的缺陷是酰胺氮原子给出电子；路径 b 的缺陷是环张力比较大，且要破坏芳环的芳香性。从计算中间体相对稳定性和过渡态的能垒来看，路径 a 比较合理。

61. 解答：

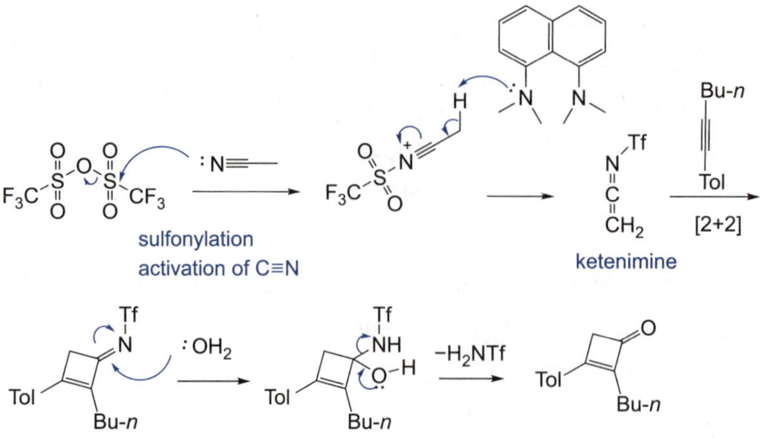

点评：

此反应抑制了乙腈碳氮叁键的环加成反应，发生反应的是乙腈中的碳碳键。反应的关键是三氟甲磺酸酐有较强亲电性，乙腈中的 N 进攻硫原子，从而实现了乙腈碳氮叁键的活化，生成烯酮亚胺中间体，与炔发生 [2+2] 环加成反应，生成较稳定的环丁烯亚胺。环丁烯亚胺水解，得到环丁烯酮。

62. 解答：

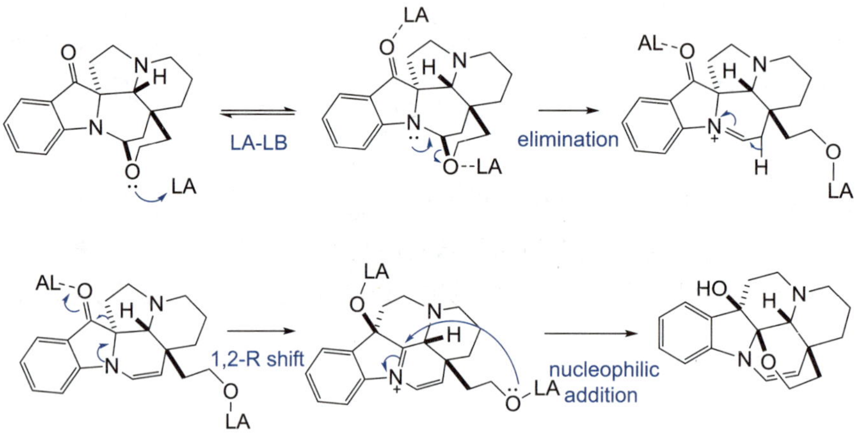

点评：

通过对原料与产物的结构进行比对，判断旧键的断裂和新键的生成。

63. 解答：

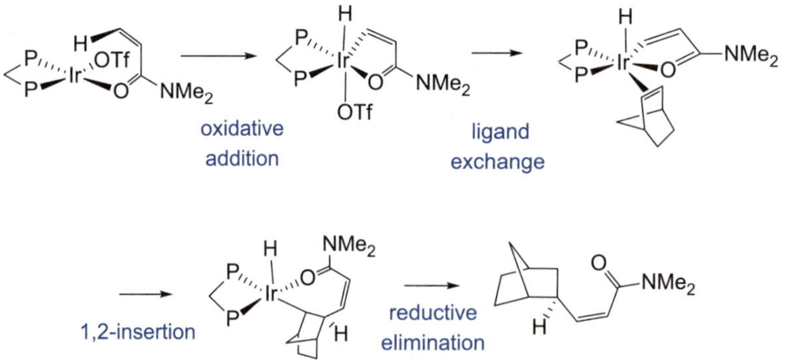

点评：

这是过渡金属催化的一个例子。过渡金属参与的反应通常由四步组成：氧化加成，配体交换，迁移插入，还原消除。该反应由氧化加成开始，经过配体交换，将两个反应底物拉在一起，经过 1,2-迁移插入，两个反应底物通过共价键结合在一起，最后还原消除得到产物，催化剂进入催化循环。

64. 解答：

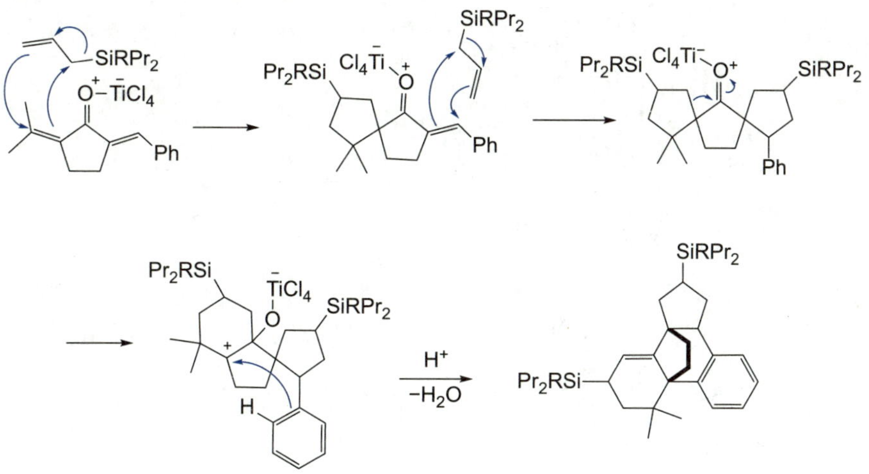

点评：

这是一个烯丙基硅烷和双键发生 [3+2] 反应的实例。在 LA 的作用下，α,β-不饱和羰基化合物更加缺电子，被烯丙基硅烷的双键捕获，发生 Michael 加成；双键给出电子后可以被 C—Si 键所稳定。最后，烯醇分子内捕获碳正离子得到 [3+2] 的产物。反应模型如下所示：

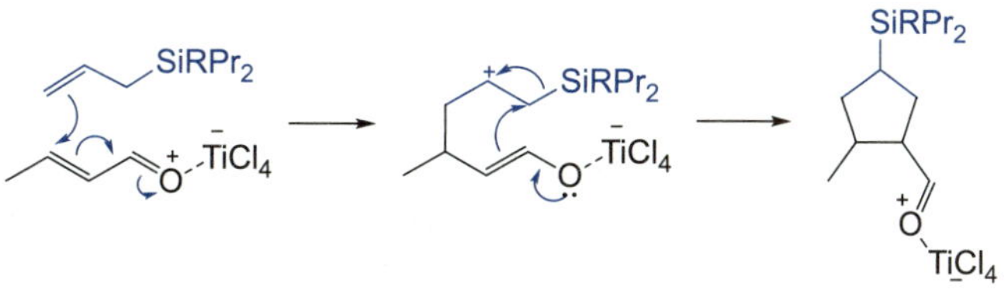

65. 解答：

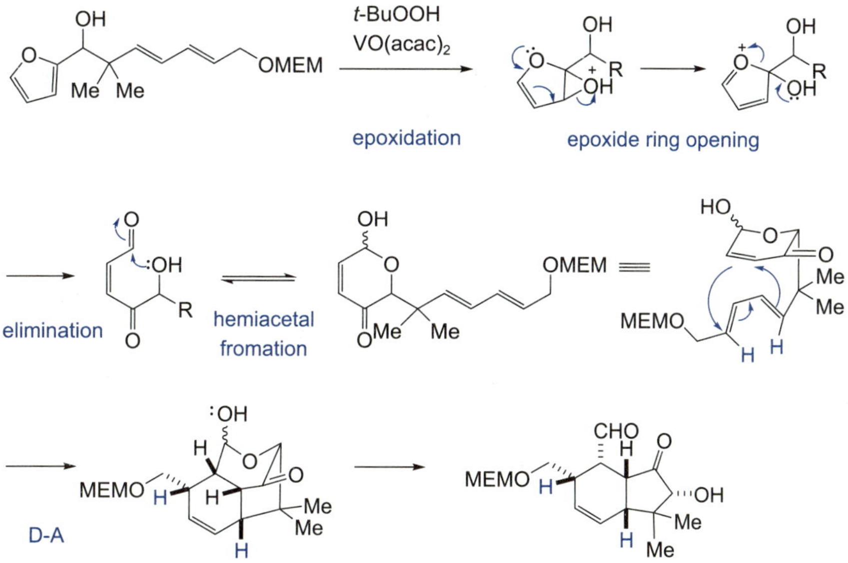

epoxidation

epoxide ring opening

elimination

hemiacetal fromation

D-A

点评：

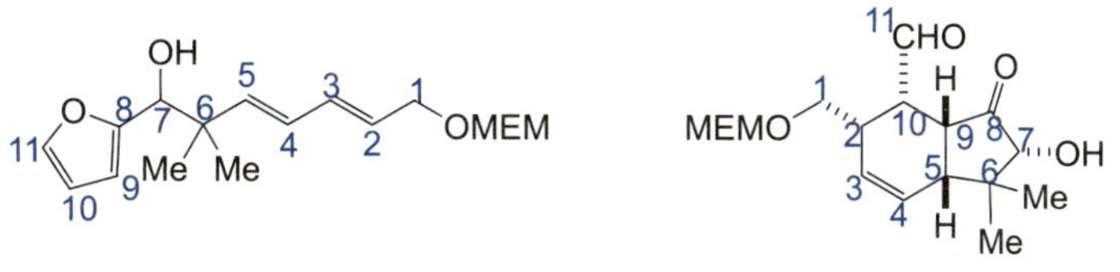

原料　　　　产物

比较原料和产物的碳序列发现，碳原子数不变，连接的顺序也没有改变，改变的是 C8 和 C11 的氧化态，而且反应过程中有一个 D-A 形成六元环。

66. 解答：

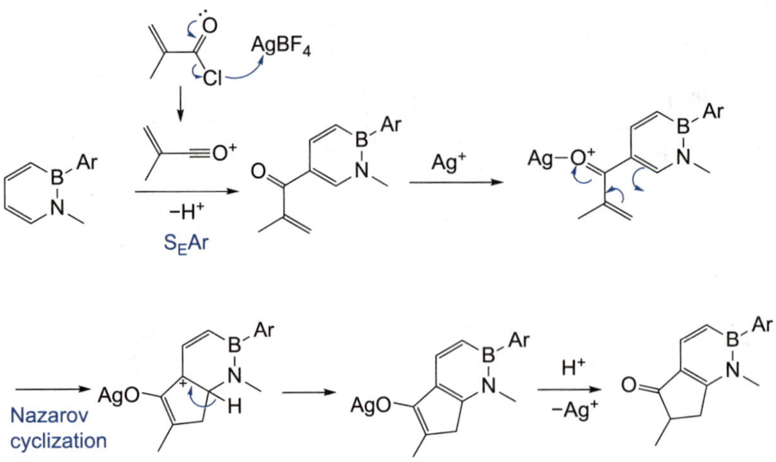
AgBF$_4$
−H$^+$
S$_E$Ar
Ag$^+$
Nazarov
cyclization
H$^+$
−Ag$^+$

点评：

B—N 键是 C═C 的等电子体，原料具有芳香性。

反应始于酰氯的活化，得到酰基正离子，非常活泼的亲电试剂，继而发生硼氮杂苯环的酰基化反应。进一步的 Lewis 酸催化，发生 Nazarov 四电子关环，得到产物。

67. 解答：

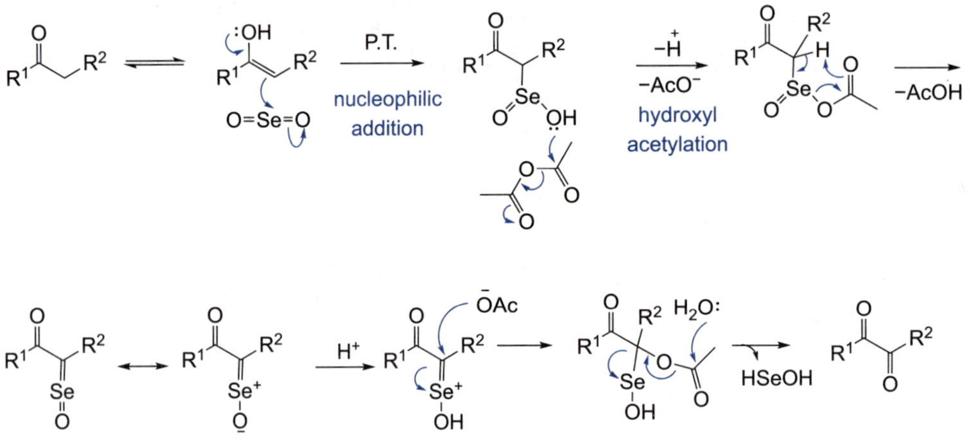
P.T.
nucleophilic
addition
−H$^+$
−AcO$^-$
hydroxyl
acetylation
−AcOH
H$^+$
H$_2$O:
HSeOH

点评：

烯醇作为亲核试剂进攻缺电子的硒原子，发生亲核加成，同时氧原子乙酰化，继而经过六元环发生酯的热解生成硒 ylide。此时羰基的 α-碳原子已经成功被氧化。后续的步骤是水解得到目标产物。

68. 解答：

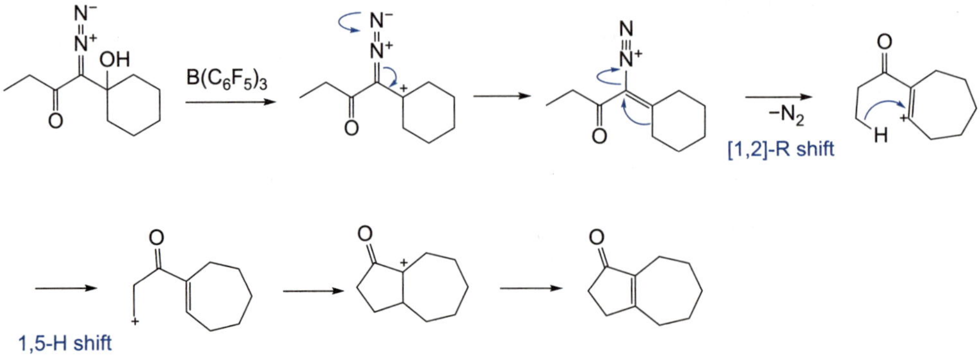
B(C$_6$F$_5$)$_3$
−N$_2$
[1,2]-R shift
1,5-H shift

点评：

在三（五氟苯基）硼的作用下，叔醇形成碳正离子，引发后续的反应。

69. 解答：

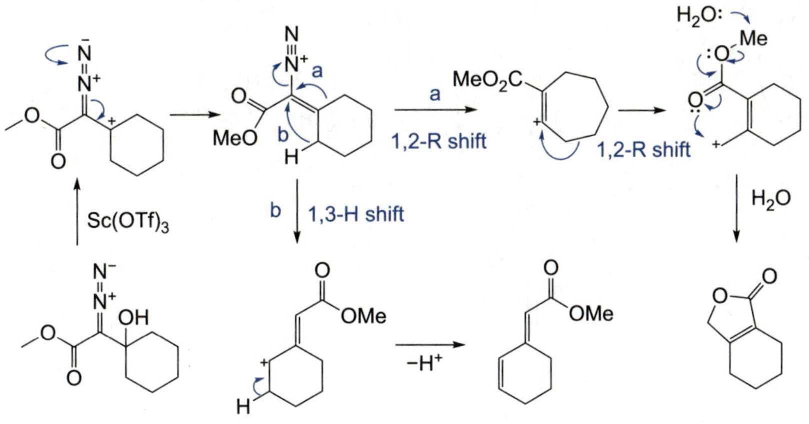

点评：

用 LA 活化 C—O 键，产生缺电子中心，继而发生后续的迁移反应。和上题不同的是底物的结构和 LA 的强度。由于底物由羰基变为酯基，1,5-H 迁移受到抑制，取而代之的是继续的 1,2-R 迁移，最后得到六并五元环。与之竞争的是分子内的 1,3-H 迁移，得到 α,β-不饱和酯。过程中的中间体都不那么地稳定，反应得益于酸性的条件及产物的相对稳定性。

70. 解答：

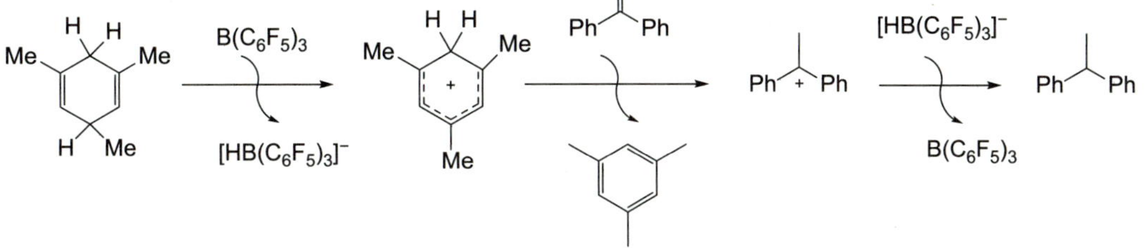

点评：

该方法用超强 Lewis 酸实现了“负氢”的迁移。反应过程中，三（五氟苯基）硼作为负氢的载体。

71. 解答：

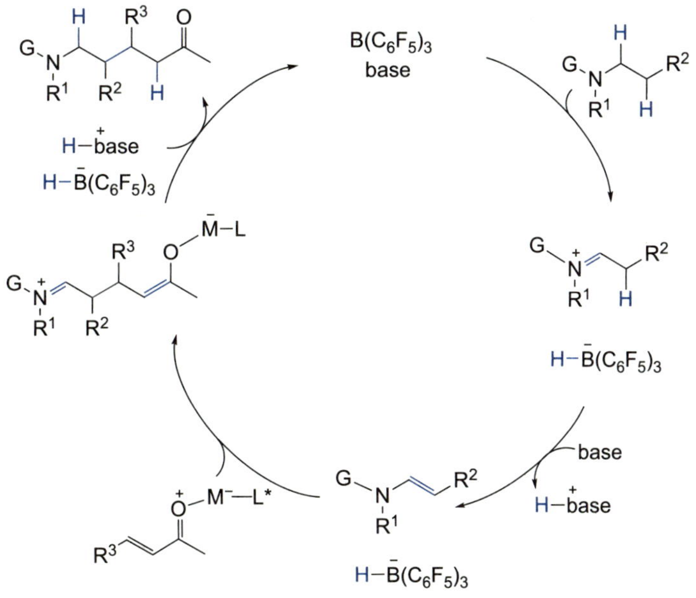

点评：

利用 $B(C_6F_5)_3$ 极强的 Lewis 酸性，实现负氢的迁移，并构建具有强亲核性的烯胺结构，从而实现了对 α,β-不饱和羰基化合物的共轭加成，完成反应。

72. 解答:

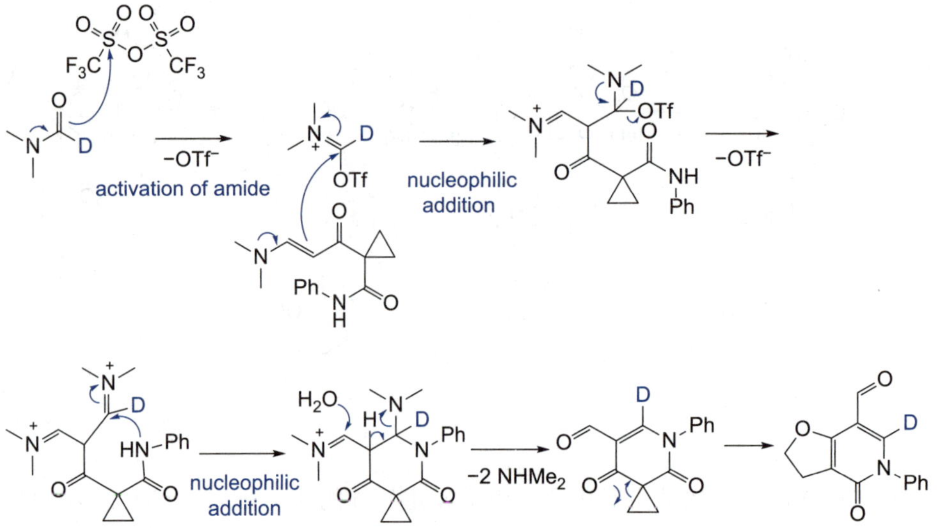

O_2S...

点评:

反应的核心是 DMF 的活化。DMF 的 N 孤对电子反共轭，氧进攻 Tf_2O 形成类 Vilsmeier 试剂，从而 DMF 的中心碳变得更缺电子而被活化，随后接受底物中烯胺的亲核进攻，及分子内酰胺对亚胺盐的亲核加成成环。最后，可以将三元环看成是一个类似双键的官能团，发生 4 电子关环（4e-ERC）得到五元环。

73. 解答:

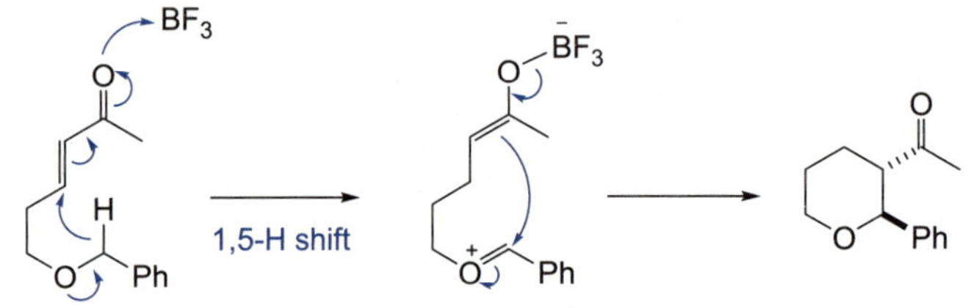

点评:

在 Lewis 酸的催化下，发生 1,5-H 迁移，产生缺电子和富电子中心，通过六元环状过渡态形成新的 C—C 键，成键的非对映选择性是空间位阻决定的，如下所示：

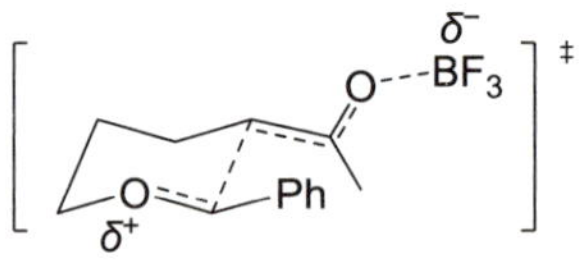

74. 解答:

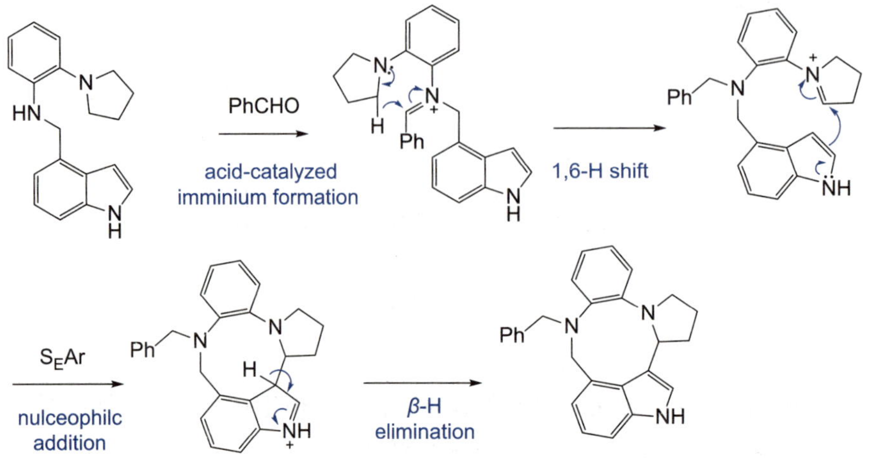

点评：

酸性条件下，仲胺和苯甲醛形成亚胺盐，形成缺电子中心，发生 1,6-H 迁移，也称为自氧化还原，形成新的缺电子中心，最后被富电子的吲哚捕获，得到产物。

75. 解答：

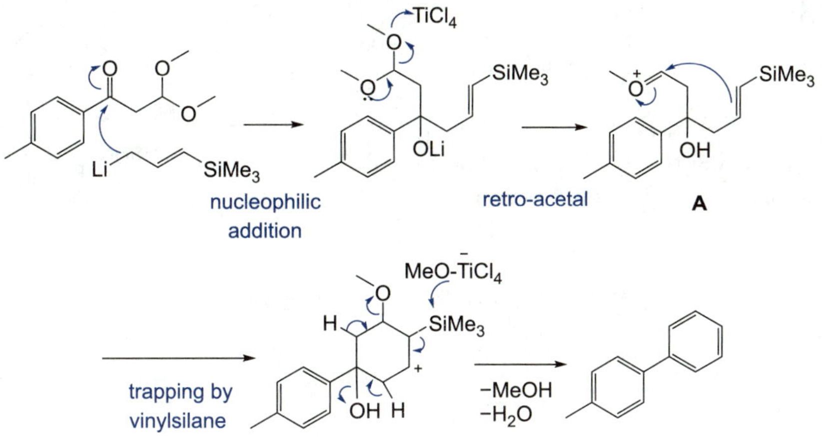

点评：

烯丙基锂盐亲核进攻芳香酮得到高烯丙醇，在 Lewis 酸的催化下，retro-acetal 过程得到的缺电子碳被烯基硅捕获，形成的碳正离子被硅基所稳定，最后脱掉硅基及甲醇、水小分子得到联苯衍生物。β-硅基效应稳定碳正离子得到六元环是本机理的关键。

76. 解答：

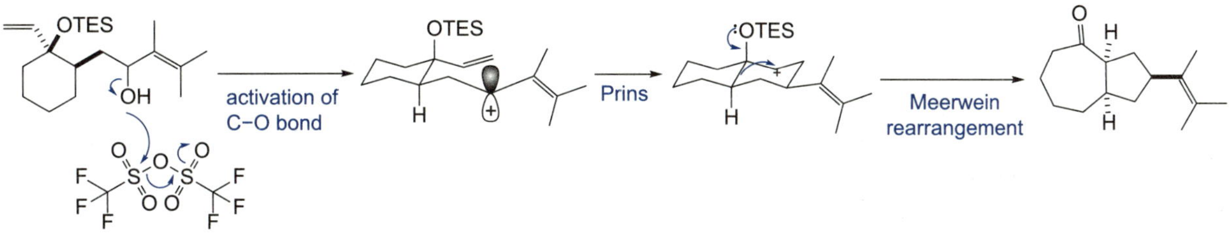

点评：

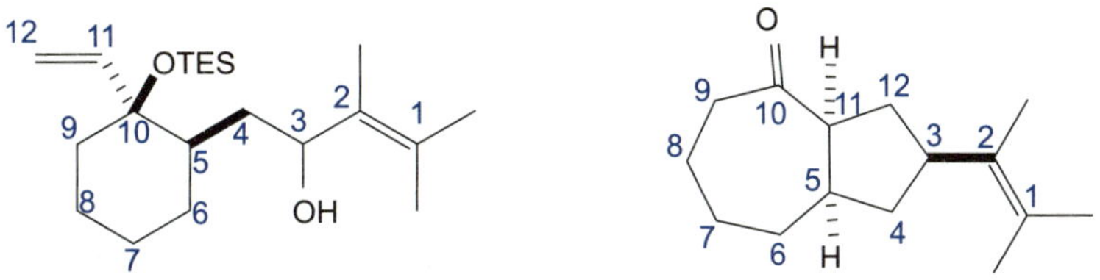

从原料和产物的结构出发，双键用来捕获缺电子的 C3，同时发生 C5 的 1,2-迁移。反应的非对映选择性是由优势构象得出的。

77. 解答：

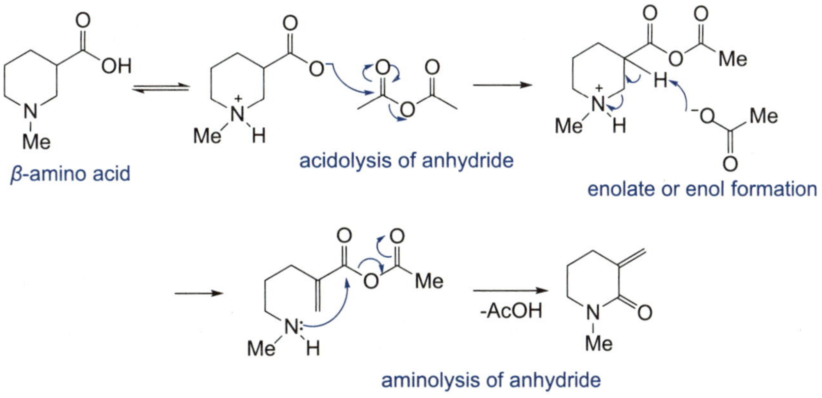

点评：

乙酸酐活化了 β-氨基酸的羧基。酐和羧酸相比，α-H 的酸性更大，更容易发生消除。

78. 解答：

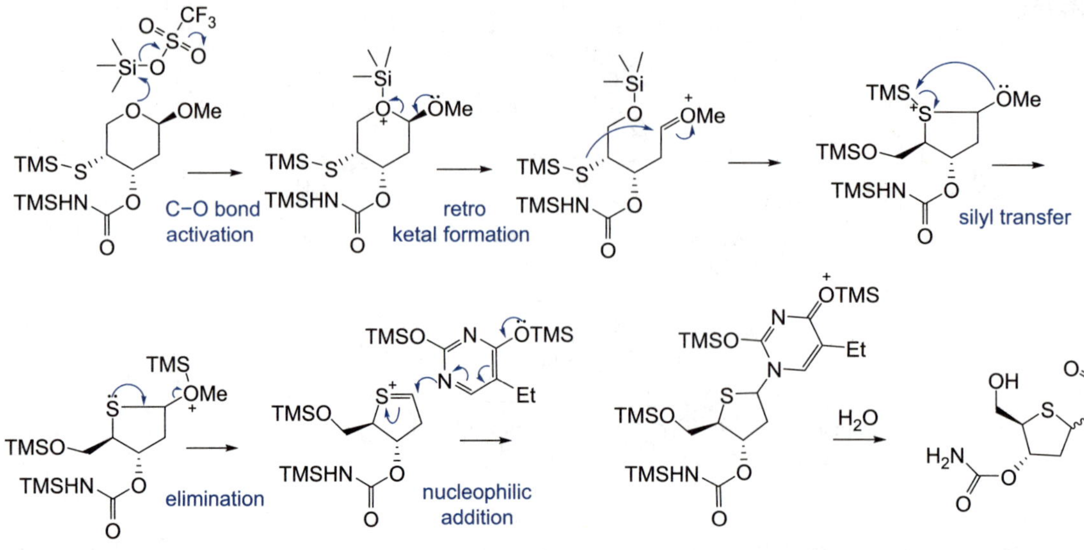

C–O bond activation

retro ketal formation

silyl transfer

elimination

nucleophilic addition

H_2O

点评：

因为$^-$OTf 是很好的离去基团，加上 O 和 Si 的亲和力，所以 TMSOTf 是 C—O 键的活化试剂。

79. 解答：

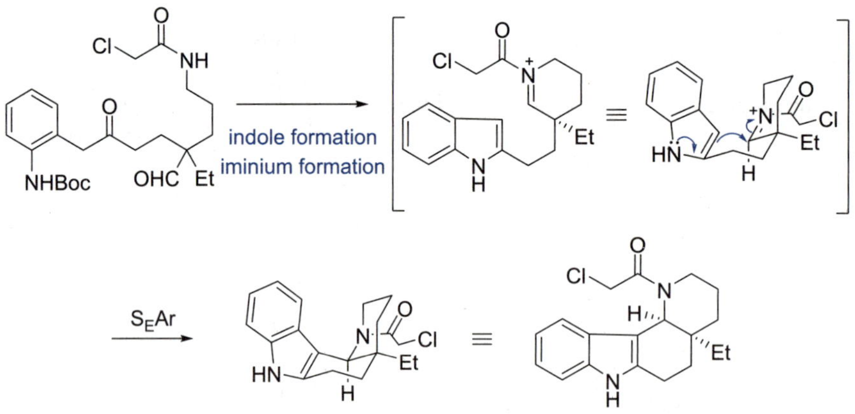

indole formation

iminium formation

S_EAr

点评：

当有多个反应位点的时候，先判断反应性。在很多实例中，醛和亚胺先生成亚胺盐，形成缺电子中心，然后被富电子吲哚所捕获。

80. 解答：

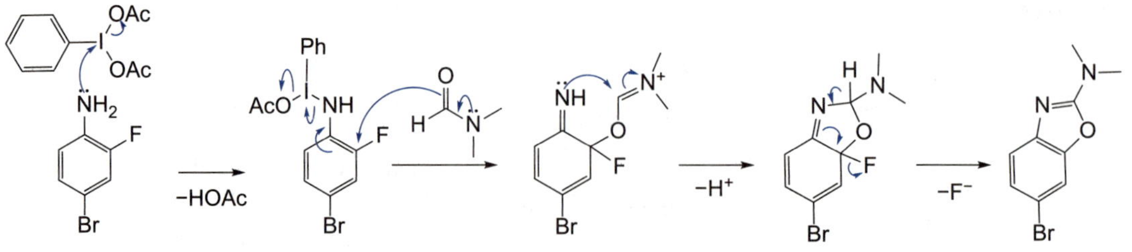

$-HOAc$

$-H^+$

$-F^-$

点评：

高碘化合物是氧化剂，为缺电子体系。本反应通过形成 N—I 键来形成新的高碘化合物，构筑新的缺电子中心，使得后续的芳香烃亲核取代反应能顺利进行，即使用弱亲核试剂 DMF 也能进行。

81. 解答：

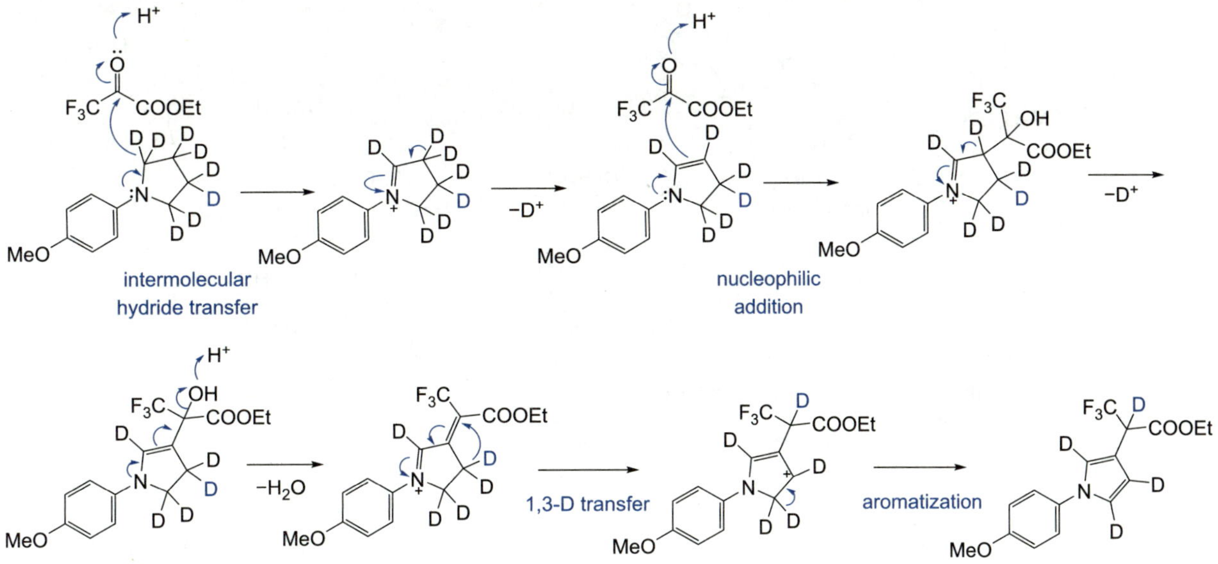

intermolecular hydride transfer

$-D^+$

nucleophilic addition

$-D^+$

$-H_2O$

1,3-D transfer

aromatization

点评：

本机理涉及“负氢迁移”。在质子酸催化下，缺电性的三氟丙酮酸乙酯变得更加的缺电子，可以诱导分子间“负氢迁移”发生，脱质子得到烯胺后具有亲核性，进攻缺电性的三氟丙酮酸乙酯构筑 C—C 键，继续脱质子、脱水，引发分子内的“负氢迁移”，最后芳构化得到产物。问题的关键是看清楚是哪一个氘连到三氟丙酮酸乙酯上去的。

82. 解答：

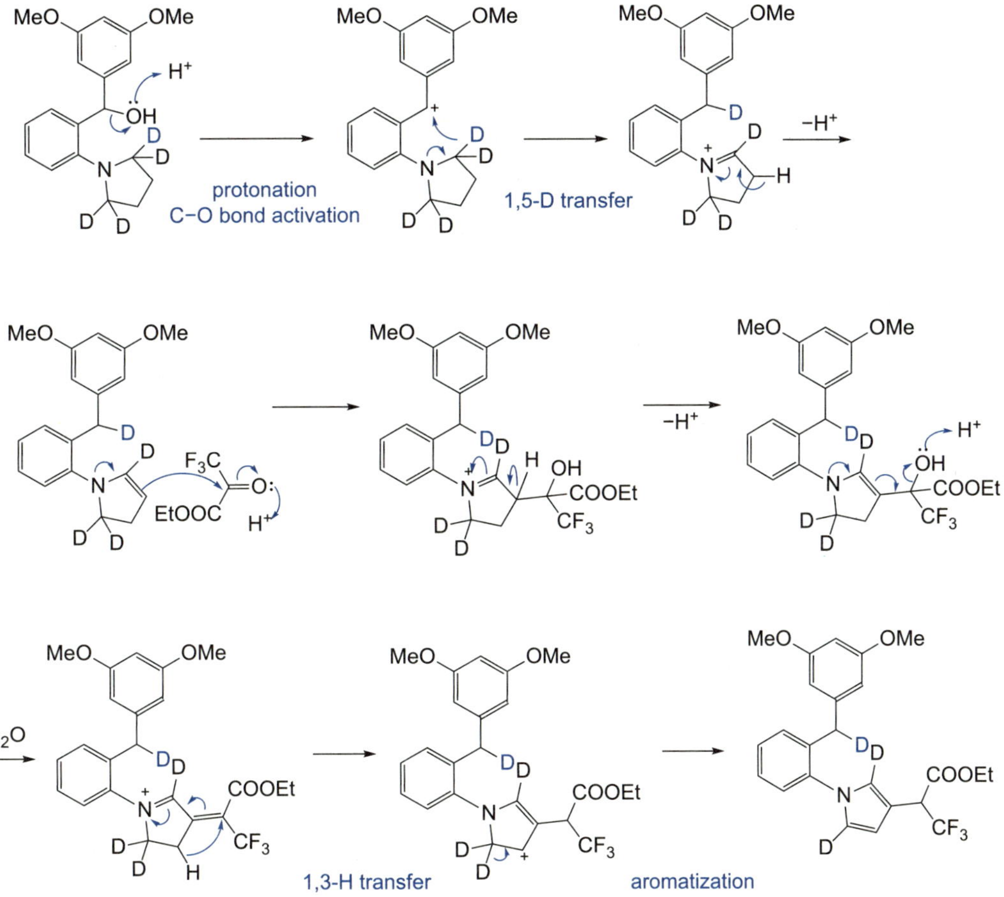

protonation C—O bond activation

1,5-D transfer

$-H^+$

$-H^+$

$-H_2O$

1,3-H transfer

aromatization

点评：

和上题类似，发生 1,5-D 迁移，D 连在苄位上是最好的证据。

83. 解答：

MeO⁻ CO$_2$Me H → retro-Claisen condensation → DBU H OMe O COOMe → Michael addition → O⁻ MeOOC COOMe → P. T. → O MeOOC COOMe

→ Aldol condensation → O O⁻ O O → transesterification → O CO$_2$Me O H DBU → E → H⁺ → HO O MeO$_2$C

点评：

书写这类反应机理时，一是要清楚各种 C—H 键的相对酸性，二是要清楚骨架是如何构建的。碱性条件下的逆 Claisen 缩合（这里也称逆 Dieckmann 缩合）得到 1,6-二元酸酯，和 α,β-不饱和羰基化合物的 Michael 加成得到烯醇负离子，然后质子转移，发生 Aldol 缩合构建七元环。通过双环的形成及消除，形成双键。

84. 解答：

⇌ retro-Claisen condensation ⇌ ⇌ P.T. ⇌ −CH$_3$O⁻ Claisen condensation ⇌ → H⁺ →

点评：

原料和产物的结构都是 β-羰基酯，都是 Claisen 缩合的产物，不同的是两个结构的稳定性是不一样的，产物结构在 Claisen 缩合条件下更稳定，因为含有活泼亚甲基，在碱性条件下可以以烯醇负离子的形式存在。Claisen 反应是可逆的，利用这一可逆的性质，问题就迎刃而解了。

85. 解答：

O OH⁻ ⇌ hydration O⁻ H−OH OH ⇌ O H O OH⁻ ⇌ retro-Aldol O⁻ H−OH O ⇌ O O H OH⁻

⇌ O O⁻ ⇌ Aldol O O⁻ H−OH ⇌ O H OH⁻ OH ⇌ O⁻ OH ⇌ dehydration O

点评：

Aldol 缩合是一个可逆反应，从左到右的动力是右边的结构比较稳定。逆羟醛缩合把骨架打开，正向的羟醛缩合进行闭环。

86. 解答：

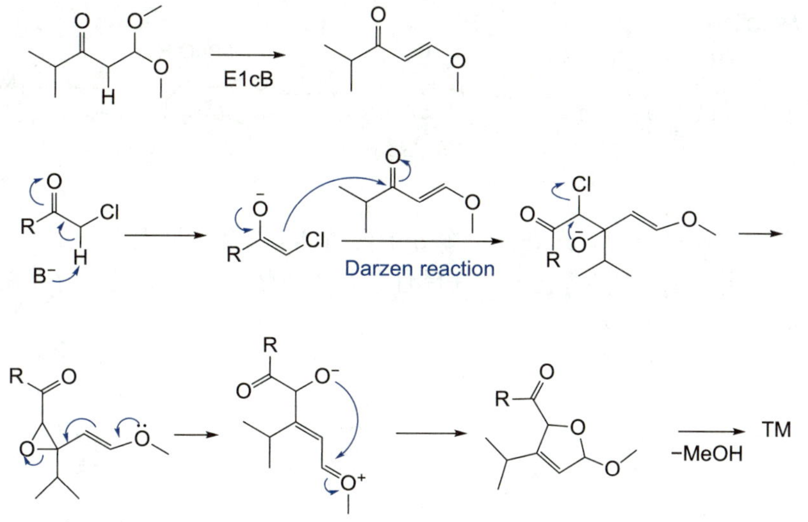

E1cB

Darzen reaction

$-MeOH$ TM

点评：

在碱性条件下，α-卤代烃和羰基化合物反应得到 α,β-环氧羰基化合物，是经典的 Darzen 反应。环氧和甲氧基通过双键形成 D-A 体系，甲氧基的共轭给电子作用使得环氧开环，最后关环得到五元环。

87. 解答：

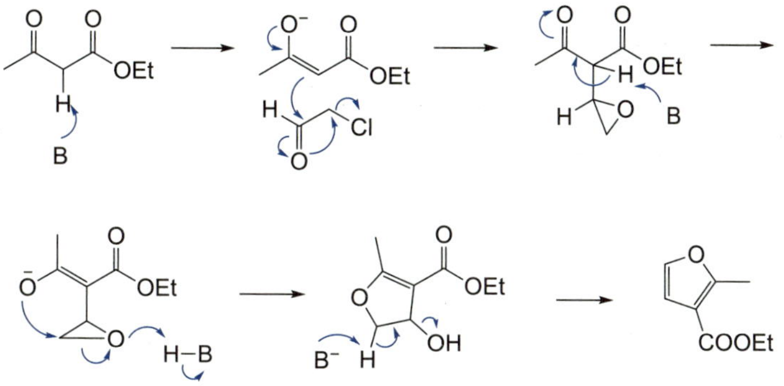

点评：

本题和上题类似，最后得到 2,3-取代的呋喃衍生物。上题利用的是 1,3-二羰基的缩醛形式，而不是 1,3-二羰基，所以 α-H 的酸性不够。反应从 α-氯代羰基化合物开始，这里，乙酰乙酸乙酯 α-H 的酸性较大，因此，在碱性条件下，乙酰乙酸乙酯脱质子后得到的碳负离子进攻醛基，继而成环氧，最后生成 2,3-取代的呋喃衍生物。

88. 解答：

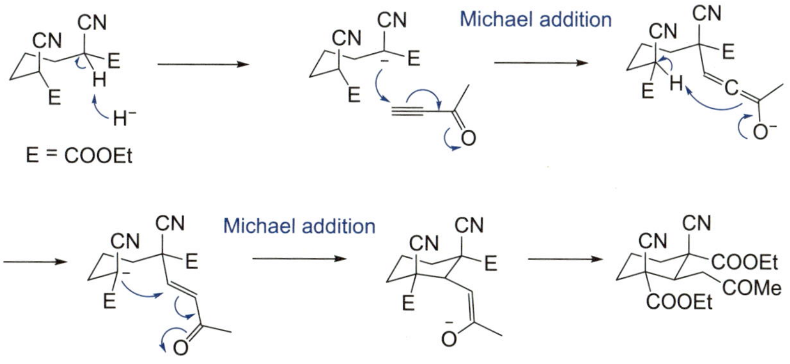

E = COOEt

Michael addition

Michael addition

点评：

对原料和产物的结构进行分析，发现进行了两次 Michael 加成。需要注意的是反应的非对映选择性，尤其第二个键形成的时候，是由空间位阻决定的。

89. 解答：

t-BuO⁻ H O O → O⁻ O → t-BuO-H O O⁻ → TM

点评：

醛基是不会自动迁移过去的。先进行一个分子内 Aldol 缩合，再进行一个逆 Aldol 缩合，就把醛基迁移过去了，得到的 1,3-二羰基化合物在碱性条件下以烯醇盐的形式稳定存在是本反应的驱动力，反应微观可逆。

90. 解答：

$^{-}$OEt → → → H−OEt → EtO⁻ ⇌ Na⁺

点评：

和上题类似，要把环己烯酮 4-位上的羰基转移到 2-位上来，得到 1,3-二羰基化合物。碱性条件下形成烯醇负离子，引发C4−CO键的断裂，形成如图所示的烯酮结构，最后得到C2−CO的产物。1,3-二羰基在碱性条件下以六元环的形式存在是反应的驱动力。

91. 解答：

Br NaOH HO−H HO⁻ → OH → ONa

点评：

碳原子数不变，为 Farvoski 重排，环的尺寸小了一号。

92. 解答：

H OCC$_6$H$_5$ ≡ H OCC$_6$H$_5$ t-BuO⁻ / t-BuOH H OCC$_6$H$_5$ acyl transfer → H Ph → H H Ph ⇌ Ph H → Ph H retro-Aldol → → Ph COO⁻ H−OBu-t → Ph COOH

点评：

这是一个原子经济性反应，原料和产物的碳氢氧数目没有改变，苯甲酰基发生了迁移。碱性条件下拔去有一定酸性的质子，发生苯甲酰基的同面转移，得到的氧负离子同面亲核进攻羰基，逆

Aldol 缩合得到内酯，内酯不稳定，被分子内的烯醇负离子邻基参与，最后得到三元环。

93. 解答：

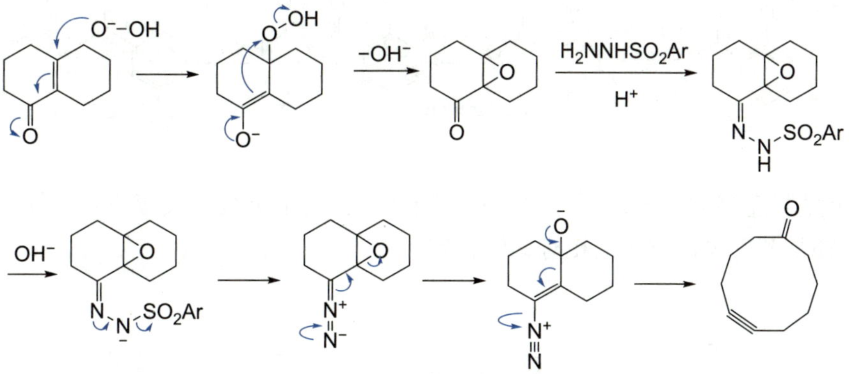

点评：

比较原料和产物的结构，碳原子数不变，不饱和度不变，少一个环，双键变叁键。碱性条件下过氧化氢氧化 α,β-不饱和羰基化合物形成 α,β-环氧羰基化合物；磺酰肼和羰基成磺酰腙，N 上的氢有一定的酸性，在碱性条件下通过推拉电子，最后形成碳碳叁键，氮气分子离去。第一步是氧化，那么什么基团被还原了？苯磺酸以亚磺酸根的形式离去，硫被还原。

94. 解答：

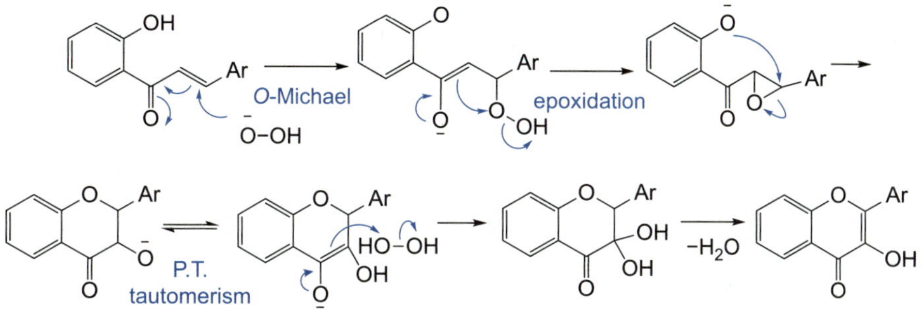

点评：

比较原料和产物，原料被氧化了，双键上做了一个双羟基化，而且还保留双键。碱性条件下过氧化氢氧化 α,β-不饱和羰基化合物成 α,β-环氧羰基化合物，继而被分子内的酚负离子所捕获，最后是脱水芳构化得到产物。

95. 解答：

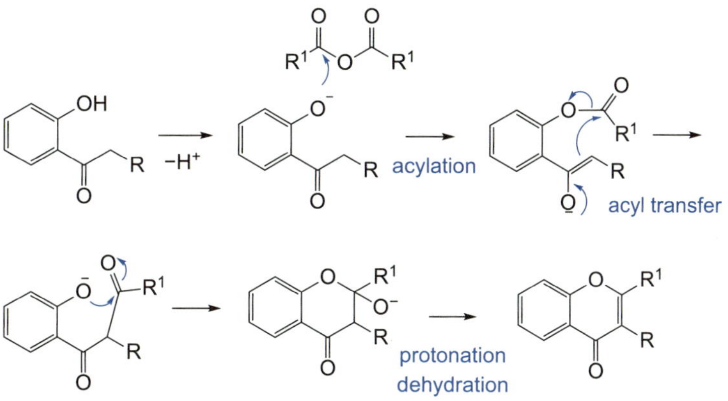

点评：

碱性条件下酰基化，羰基的 α-H 有一定酸性导致分子内酰基迁移。和上题不同的是，最后是脱水芳构化成产物，因为羟基在氧原子边上，存在氧孤对电子和 C—OH 反键的超共轭，此结构特点使其容易脱水。

96. 解答：

acyl transfer

点评：

这也是一个酰基迁移的例子，生成的 1,3-二羰基化合物不再继续反应成环，原因是这里得到的 1,3-二羰基化合物是芳香酮，结构上相对比较稳定。

97. 解答：

P. T.

Michael addition

Aldol condensation

$-H_2O$

点评：

这是一个 Robinson 稠环反应的例子，一个 Michael 加成和一个 Aldol 缩合得到双环骨架。

98. 解答：

Michael addition

Aldol condensation

retro-Aldol

P.T.

Aldol condensation

retro-Aldol

P.T.

点评：

从反应条件和反应过程来看，产物不唯一，有很多种可能。

99. 解答：

deprotonation

nucleophilic addition

P.T.

nucleophilic addition

deprotonation

fragmentation

N-Michael

protonation

点评：

体系中缺电子中心是氰基和醛基的碳，醛基碳更活泼，易接受亲核试剂的进攻。体系中富电子试剂是硝基化合物失去 α-H 后的碳负离子。电子从最富的地方到最贫的地方得到五元环亚胺酯，亚胺酯不稳定，在碱性条件下发生转化，最后得到稳定的内酰胺。书写杂环化合物机理的时候，通过开环-关环重新构筑新杂环是常见的现象，正所谓不破不立，产物取决于结构的相对稳定性。

100. 解答：

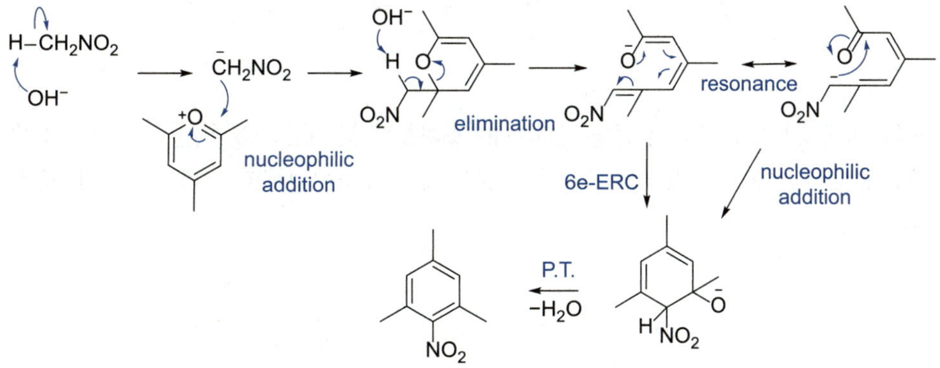

点评：

骨架发生了改变，需要开环再关环，最后形成稳定的苯环。

101. 解答：

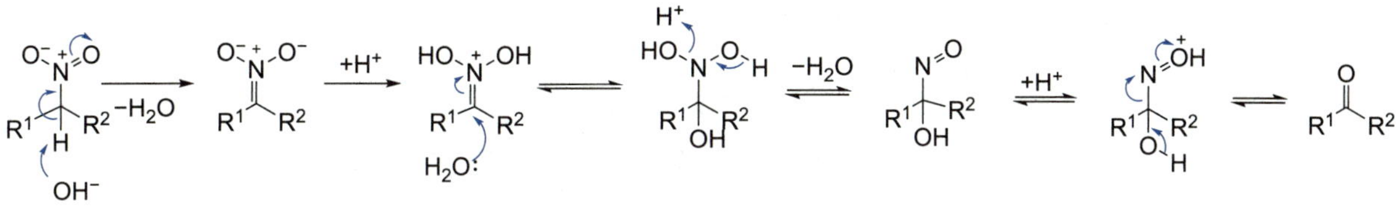

点评：

反应条件是先碱后酸，但反应是一个氧化还原反应，从硝基化合物 α-H 的酸性开始，被氧化的是碳原子，被还原的是氮原子。

102. 解答：

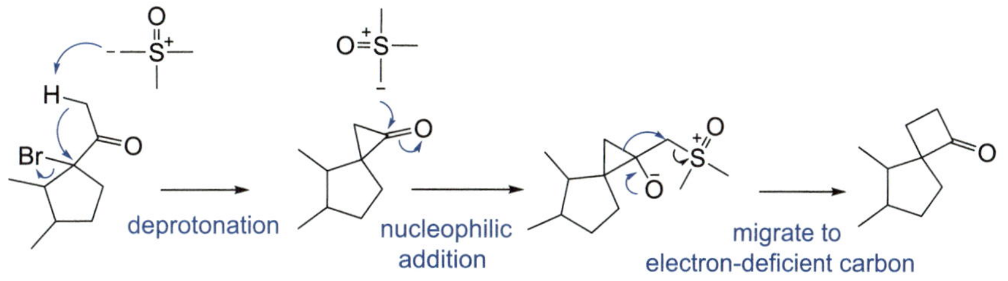

点评：

第一分子锍叶立德做碱，第二分子锍叶立德做亲核试剂。

103. 解答：

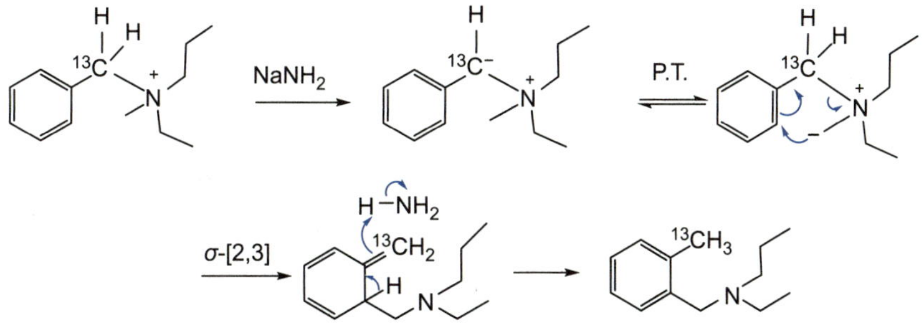

点评：

此反应包括氮叶立德的形成和 σ-[2,3] 迁移，同位素标记判断反应的位点，本题关键是理解底物中 C—H 的相对酸性。

104. 解答：

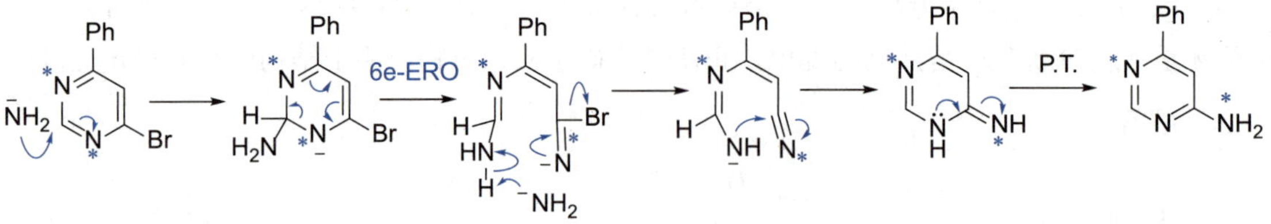

Ph, N, NH2, Br, 6e-ERO, H, H2N, HN, NH2, CN, NH, P.T.

点评：

从同位素标记可以看出，产物不是通过简单的苯炔机理得到的，要经过开环和关环的步骤。氨基进攻亲核加成到嘧啶环，继而发生 6 电子开环，溴负离子离去得到碳氮叁键，最后形成新的嘧啶环。

105. 解答：

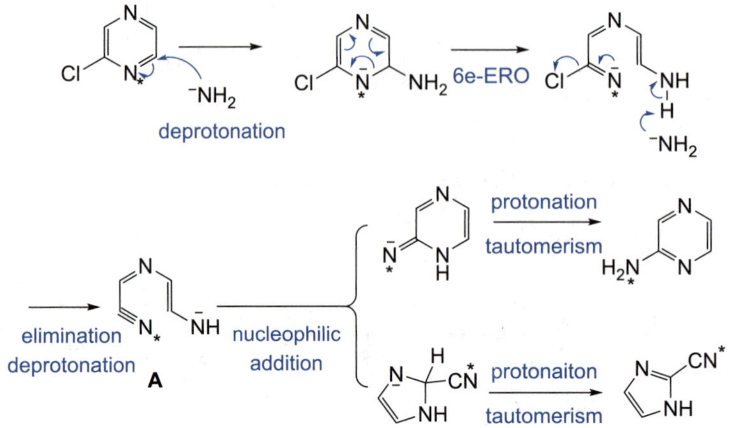

Cl, N, NH2, deprotonation, 6e-ERO, elimination deprotonation, A, nucleophilic addition, protonation tautomerism, H2N, CN, protonaiton tautomerism

点评：

和上题相类似，但杂环有所不同，这里是吡嗪。开环消除后的中间体（**A**）除了可以形成吡嗪之外，还可以形成咪唑环，氰基在 C2 位置上。

106. 解答：

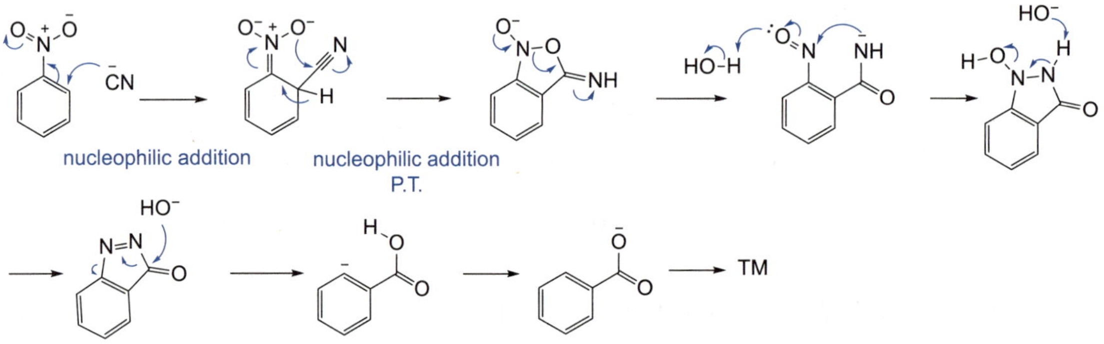

CN, nucleophilic addition, nucleophilic addition P.T., HO-H, HO⁻, TM

点评：

两个氮原子以氮气分子的形式去掉，因此，羧基不可能是 CN 水解得到的，因为 CN 水解得到的是氨气，如何逐级形成氮氮叁键是理解本反应的关键。

107. 解答：

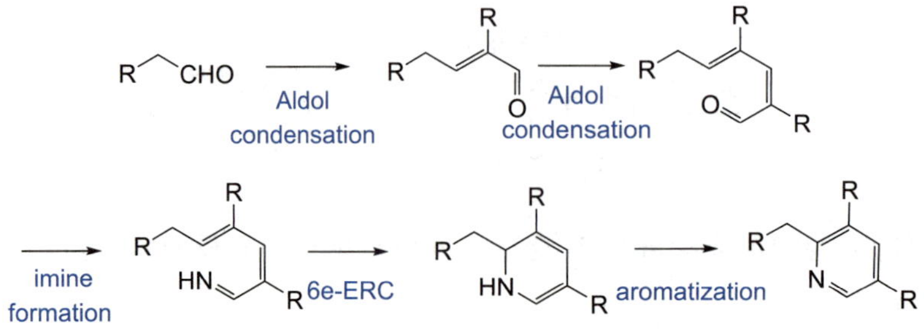

R, CHO, Aldol condensation, Aldol condensation, imine formation, HN, 6e-ERC, aromatization, N

点评：

这是一个四组分反应，羟醛缩合脱水即可得到α,β-不饱和羰基化合物，骨架还可以通过羟醛缩合继续延伸。形成不饱和亚胺后通过6电子关环得到二氢吡啶，芳构化得到吡啶。

108. 解答：

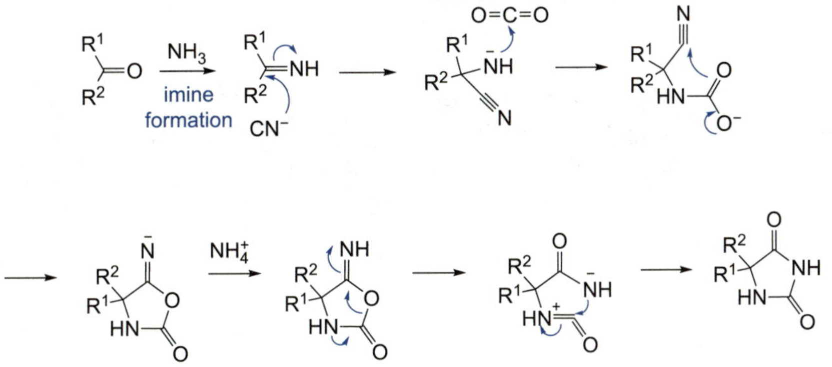

imine formation

点评：

和原料羰基化合物相比，多了2个C、2个N，它们来自KCN和碳酸铵。如果没有碳酸根（提供CO_2），羰基化合物和氨、氰根阴离子反应将得到α-氨基腈（Strecker反应）。

109. 解答：

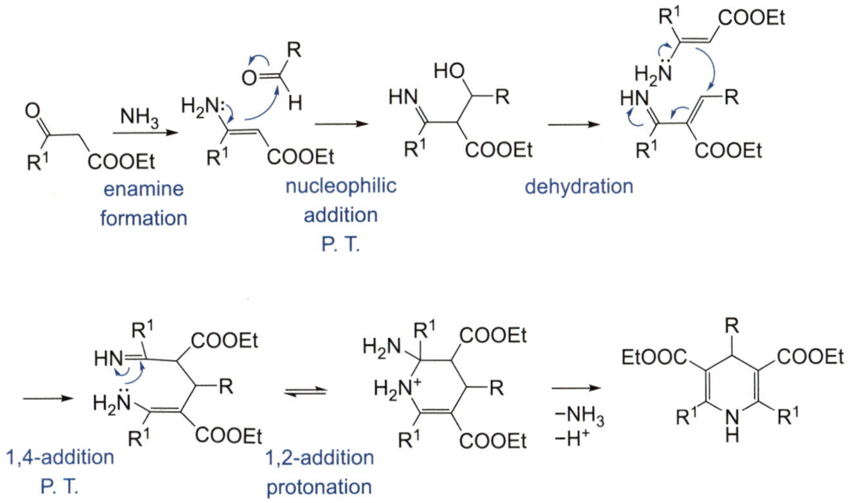

enamine formation

nucleophilic addition P. T.

dehydration

1,4-addition P. T.

1,2-addition protonation

点评：

这是一个四组分反应，考察了烯胺的形成、两分子烯胺和醛的缩合，及1,5-二羰基化合物和氨缩合成二氢吡啶环的反应。

110. 解答：

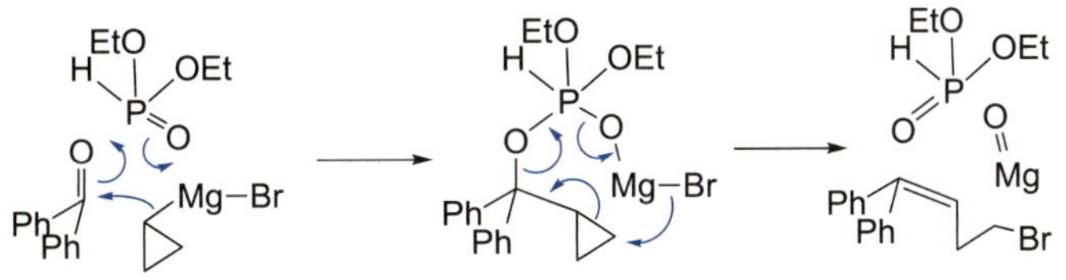

点评：

由于P和O、Mg和O具有较强的亲和力，通过六元环状过渡态，环丙基碳和二苯甲酮碳形成C—C键，继而溴负离子进攻环丙烷基，P=O和Mg=O双键离去。

111. 解答：

electrophilic substitution

[H]

KOH

heat

点评：

这是一个三组分串联反应。第一步是 α 活泼氢和亚硝酸的反应，发生羰基化合物 α-H 的亲电取代；第二步是肟还原形成伯胺，继而和另一分子乙酰乙酸乙酯反应；第三步是成环，并在碱性条件下脱羧脱水生成 2,4-二甲基吡咯。

112. 解答：

$-H^+$

base

acylation of ylide

点评：

膦叶立德和羰基形成的是碳碳双键，但和酐发生的是酰基化，因为酐有个羧酸根离去基团。如果强碱用的是锂试剂，锂试剂进攻羰基，继而形成四元环，最后得到四取代烯烃。

113. 解答：

deprotonation

C-Michael

protonation

enamine formation

H_2O

T.M.

点评：

仲胺既可促进 Michael 加成，亦可催化 Aldol 缩合。

114. 解答：

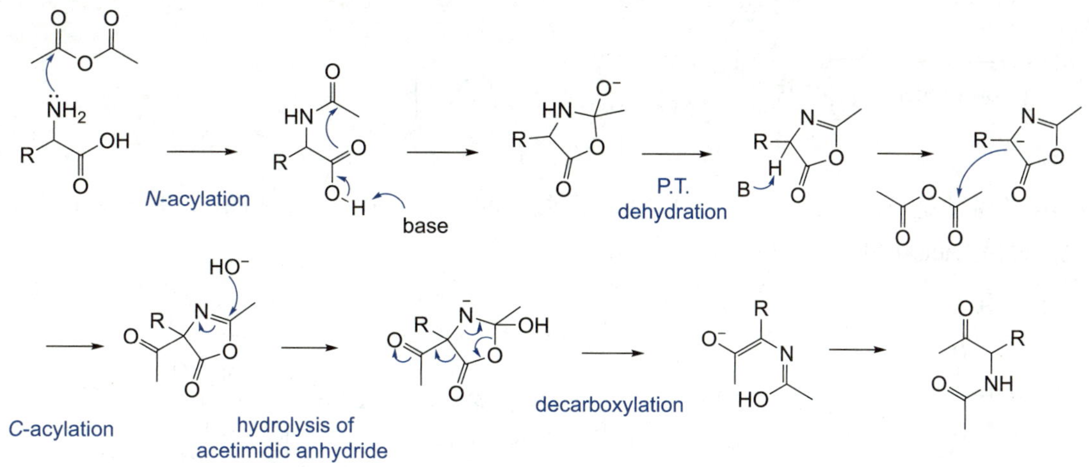

点评：

产物中有两个乙酰基均来自乙酸酐。氨基酸的羧基最后是脱除的。氨基酸 *N*-酰基化成噁唑杂环，碱拔质子后 *C*- 酰基化，然后水解脱羧成产物。

115. 解答：

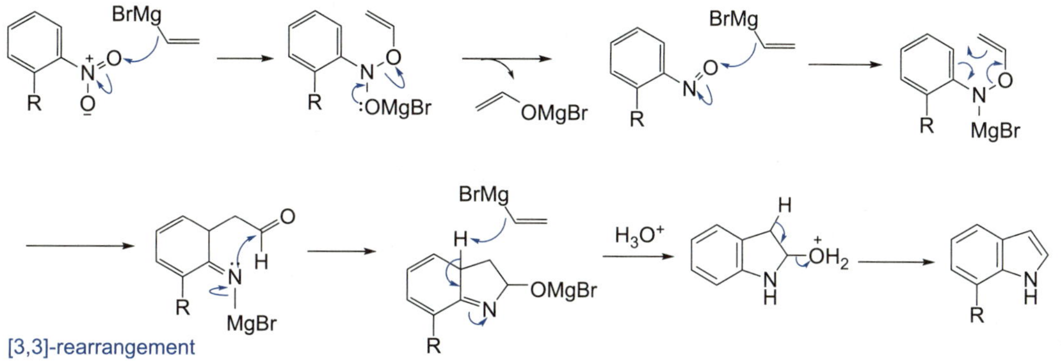

点评：

硝基逐步被还原，最后得到 N—O 单键，发生 [3,3]-重排，形成吲哚环，反应消耗了 3 倍量的格氏试剂。

116. 解答：

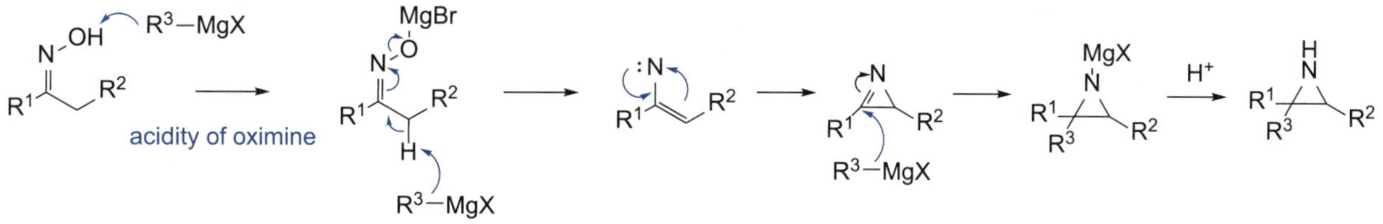

点评：

本机理涉及烯基氮卡宾的形成及重排。格氏试剂既可夺取质子体现其碱性，也可发生亲核加成体现其亲核性。

117. 解答：

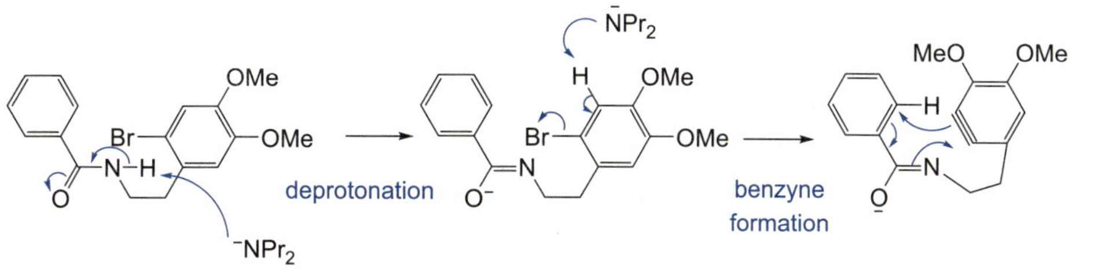

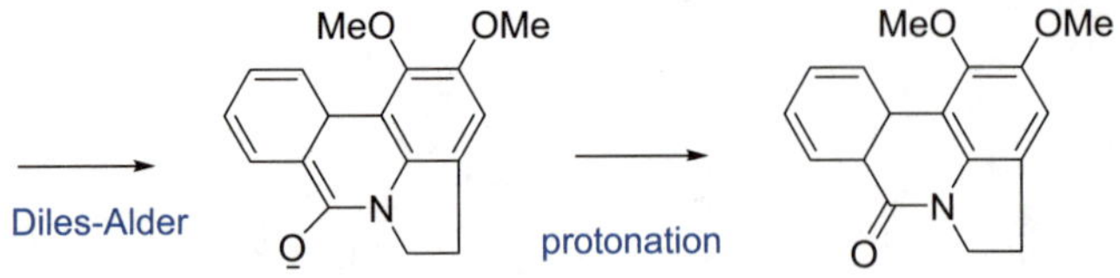

Diles-Alder

protonation

点评：

LDA 的碱性是反应关键，一分子 LDA 夺酰胺上的质子，另一分子 LDA 夺溴代苯上的溴化氢成苯炔，最后 Diels-Alder 反应成环。

118. 解答：

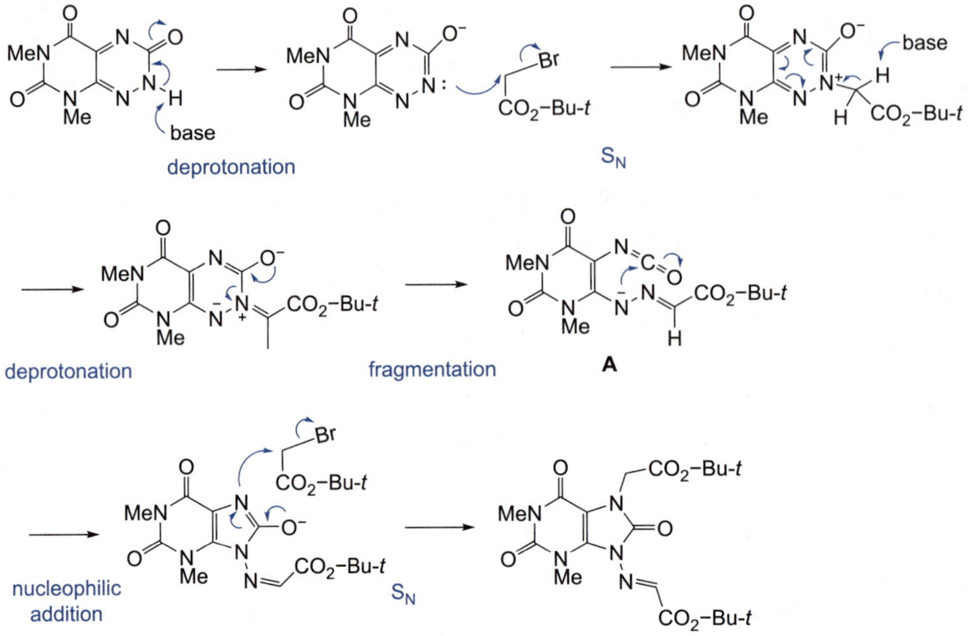

deprotonation

S_N

deprotonation

fragmentation

A

nucleophilic addition

S_N

点评：

利用亲核取代引入了 2 个溴乙酸叔丁酯，而且六元环变成了五元环。碱性条件下的反应，从最强的酸性氢开始。过程中，异氰酸酯是关键中间体，在这个结构中氮原子的负电荷通过共振稳定。

119. 解答：

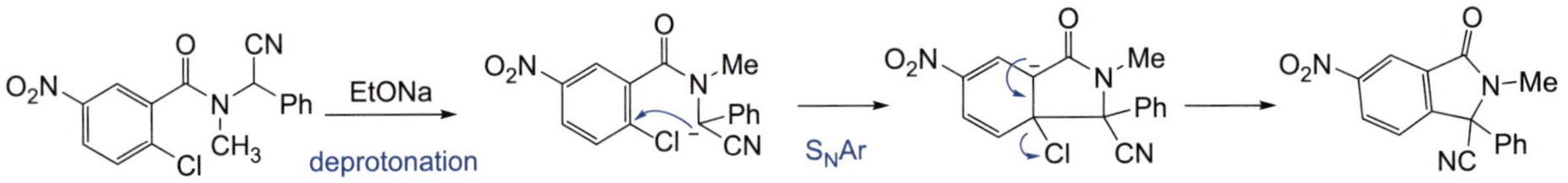

EtONa

deprotonation

S_NAr

点评：

从反应物和产物的结构来看，是碱性条件下失去一分子 HCl。也就是碱性条件下先失去质子成碳负离子，继而发生芳香烃的亲核取代。

120. 解答：

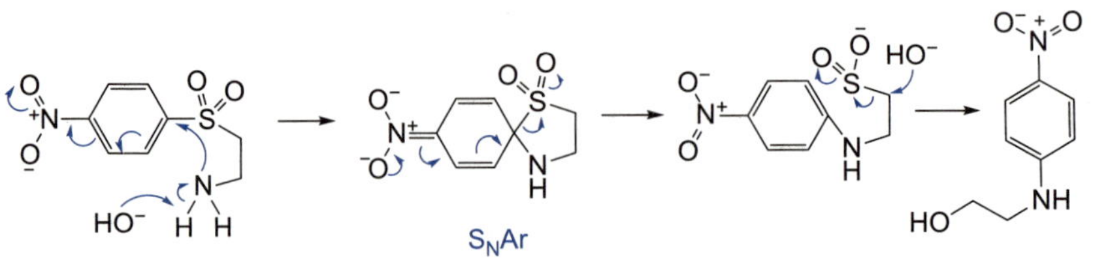

S_NAr

点评：

分子内的芳香烃亲核取代，形成 C—N 键，断裂 C—S 键。

121. 解答：

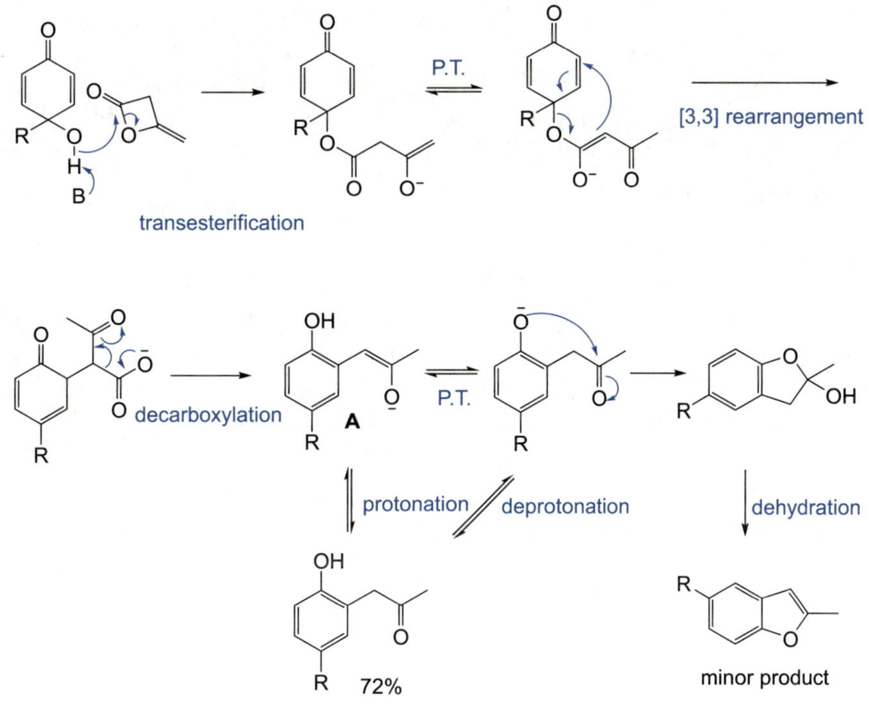

transesterification

P.T.

[3,3] rearrangement

decarboxylation

A

P.T.

protonation

deprotonation

dehydration

72%

minor product

点评：

副产物由主产物转变而来。醇的酰基化得到一个适合 [3.3]-σ 迁移的结构，通过烯醇互变和脱羧形成中间体 **A**。同时酚羟基作为亲核试剂也可以分子内亲核进攻羰基，形成苯并呋喃。

122. 解答：

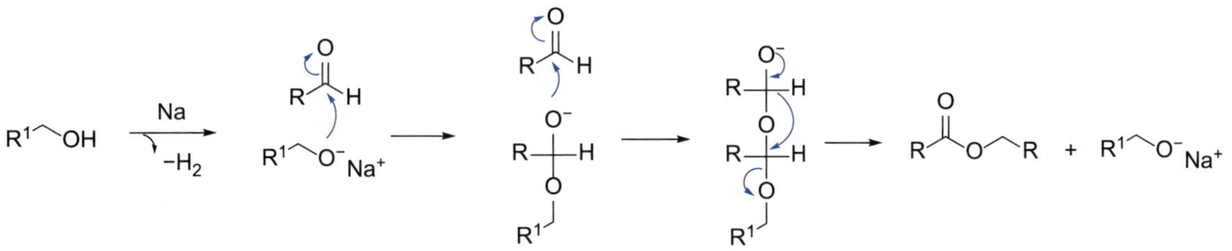

Na

$-H_2$

点评：

由两分子的醛生成了酯，一定发生了氧化还原，原理和安息香缩合相类似，经过了负氢迁移。醇和金属钠之间通过单电子转移得到醇钠和氢气，烷氧基负离子作为强亲核试剂进攻醛，继续进攻另一分子的醛得到缩醛结构，氧负离子反共轭，1,3-H 迁移，烷氧基负离子离去得到产物。

123. 解答：

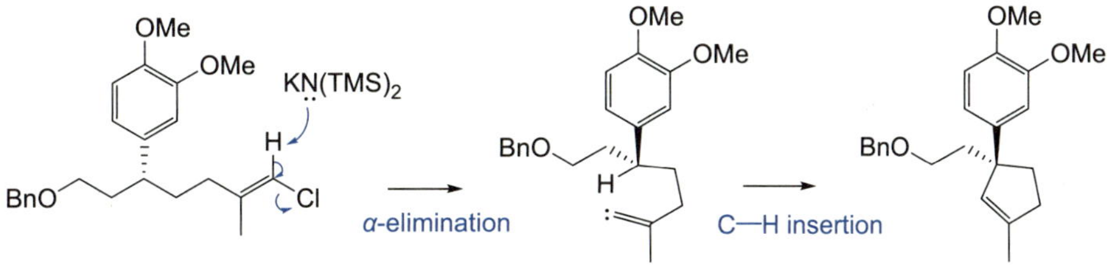

$KN(TMS)_2$

α-elimination

C—H insertion

点评：

考查了在强碱条件下，卤代烃同碳消除（α-消除）生成卡宾的反应，及卡宾对 C—H 键的插入。

124. 解答:

NC–CH₂–C(=O)–OR¹ + NH₃ → (P.T., aminolysis of ester) → ... (P.T.) → deprotonation → nucleophilic addition, protonation → dehydration → nucleophilic addition (P.T.) → dehydration

点评:

对产物的结构进行分析，吡啶环的氮原子来自于氨，另两个组分的骨架没有发生变化，是三组分反应。α-氰基酯的氨解得到 α-氰基酰胺，碱性条件下和 1,3-二羰基化合物缩合得到缩合产物，继续稠环脱水得到吡啶酮。

125. 解答:

P.T.

polar inversion

点评:

产物由两个苯甲醛缩合而成，是经典的安息香缩合反应。从碳原子的氧化值来看，一个碳原子被氧化，一个被还原，两个缺电性的碳原子还得连在一起，一个碳原子发生了极性反转。

126. 解答:

P.T.

polar inversion

C-Michael

P.T.

elimination

点评:

一个类安息香缩合的机理，氰根阴离子进攻醛基之后发生极性反转，碳负离子对丙烯腈发生 Michael 加成，最后脱掉氰根负离子。

127. 解答:

nucleophilic addition

P.T.

polar inversion

C-Michael

P.T.

elimination

点评:

和上题类似，这里的底物是呋喃醛。

128. 解答：

$\xrightarrow{C\text{-Michael}}$ $\xrightarrow[\text{polar inversion}]{\text{P.T.}}$ $\xrightarrow{S_N}$ PO_4^{3-} HPO_4^{2-}

点评：

用氰根阴离子实现羰基化合物的极性反转关键的一步是过程中的质子转移，质子转移后的碳负离子能够被氰根阴离子所稳定。氮杂卡宾（NHC）在原理上可以替代氰根阴离子，实现羰基的极性反转，反应更安全具有可操作性。

常用的 NHC 极性逆转试剂除了三氮唑环以外，还可以是 *N*-取代的噻唑鎓盐。碱性条件下失去质子成 NHC，亲核进攻苯甲醛的羰基，质子转移后得到 Breslow 中间体。从苯甲醛中带有部分正电荷的醛基碳，到 Breslow 中间体中带有部分负电荷的碳原子，极性得到了反转。

base　NHC　Breslow intermediate

129. 解答：

点评：

Baylis-Hillman 反应是一个涉及碳-碳键形成的原子经济性反应，看上去和安息香缩合有点类似，但机理上不涉及极性反转。反应通过叔胺对甲基乙烯基酮的 Michael 加成，生成具有两性离子结构的烯醇离子中间体，然后再亲核进攻苯甲醛，经过关键的分子内质子氢转移，最后脱掉催化剂，得到的骨架是 1,3-二氧化合物，发生的是 α,β-不饱和羰基化合物的 α-烷基化。反应过程中生成的烯醇负离子可以亲核进攻苯甲醛也可以进攻 3-丁烯酮，进攻后者则生成副产物。

130. 解答：

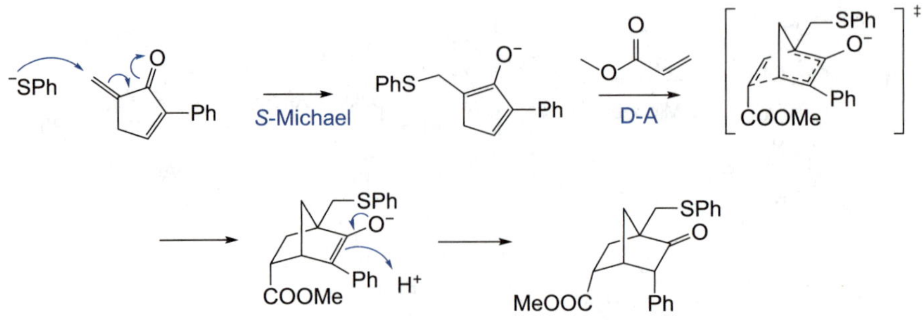

点评：

S-Michael 加成得到富电子二烯，继而和缺电子丙烯酸甲酯反应得到双环结构。

131. 解答：

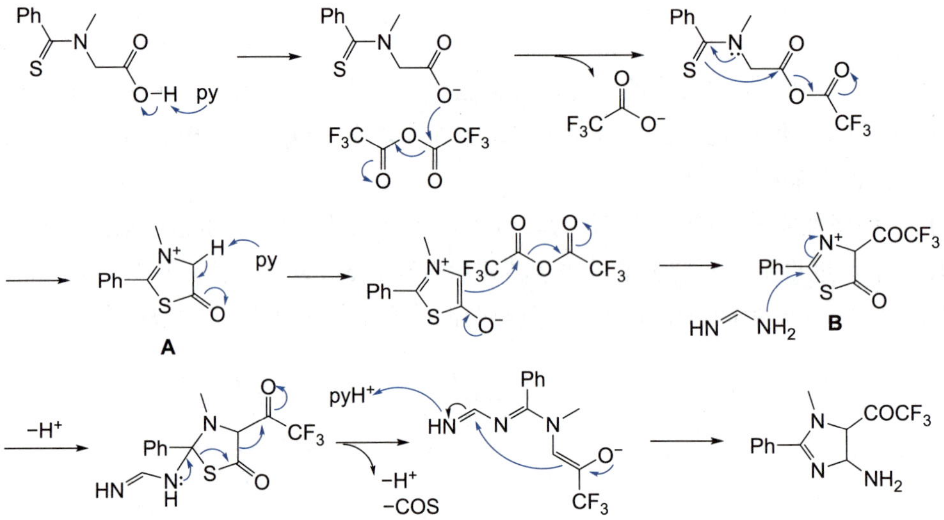

点评：

酐的酸解得到混合酐，底物中形成了可以离去的基团（三氟乙酸根），造了一个缺电子中心，羧酸被活化发生酰氧断裂，被分子内硫亲核进攻捕获得到五元环 **A**，**A** 中质子具有较强的酸性，形成烯醇负离子后三氟乙酰化得到 **B**，被脒捕获，开环后脱硫代二氧化碳，成环得到产物。

132. 解答：

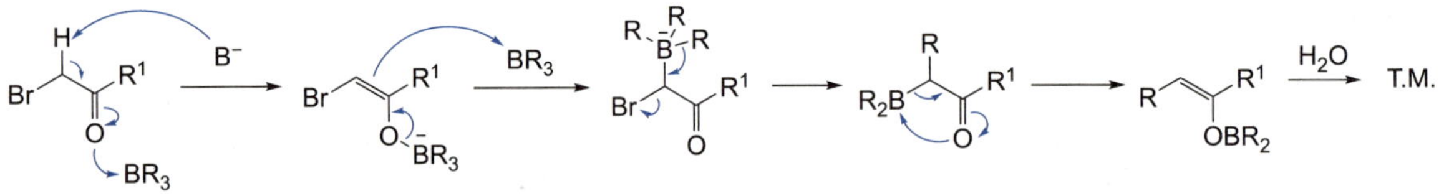

点评：

碱性条件下形成烯醇负离子，被缺电子硼捕获，硼上的烷基带着电子转移到邻位 C—Br 反键轨道上去，溴带着一对电子离开。和三烷基硼的碱性过氧化氢氧化相类似，硼原子的稳定态是 6 电子，易得 2 个电子，但得电子后一定要给出烷基或芳基，因此硼试剂是很好的烷基或芳基的转移试剂。

133. 解答：

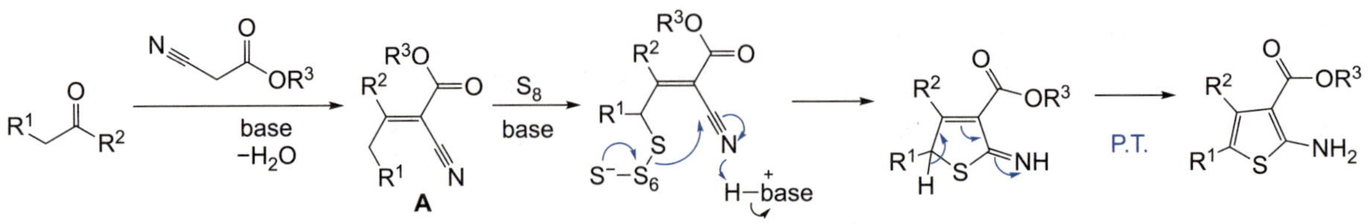

点评：

这是一个三组分反应，碳连接的次序并没有改变。首先发生的是酮与 α-氰基酯的 Knoevenagel 缩合，生成具有交叉共轭体系的中间产物（**A**），**A** 在碱的作用下脱质子转化成亲核试剂，和 S_8 反应形成 C—S 键，也可以看成是羰基化合物 α-H 的亲电取代。生成的硫代产物对氰基进行亲核加成，完成关环，再经过质子转移得到最终产物。

134. 解答：

deprotonation

acyl substitution
acidolysis of acyl chloride

acyl substitution

migrate to electron deficient N

点评：

羧酸根负离子和氯甲酸乙酯反应得到混合酐，羧酸被活化，形成一个好的离去基团，其可以被叠氮阴离子亲核取代。后续是 Curtius 反应，烷基重排到缺电子性的氮原子上，释放出氮气分子得到异氰酸酯。

135. 解答：

decomposition

$H_3C\text{-}\overset{+}{P}Ph_3\ Br^-$ / t-BuOK

Wittig reaction

N-Michael

[3,3]

deprotonation

6e-ERC

protonation

点评：

原料是一个二聚体，首先发生解聚释放出醛基，然后进行碱性条件下的 Wittig 反应得到连有吖丙啶的双键；吖丙啶亲核进攻丁炔二酸甲酯得到适合 *N*-[3,3] 重排的底物，经过船式过渡态得到七元环；碱性条件下脱质子，最后成稠环化合物。

136. 解答：

P-Michael addition

N-Michael addition

isolated intermediate

t-BuO$^-$

P.T.

C-Michael addition

P.T.

点评：

这是一个关于𬭸叶立德中间体的反应，关键的一步是中间过程中质子的转移，生成稳定的叶立德。反应过程中涉及 *P*-Michael 加成、*N*-Michael 加成和 *C*-Michael 加成，并环的时候以顺式并环为主。

137. 解答：

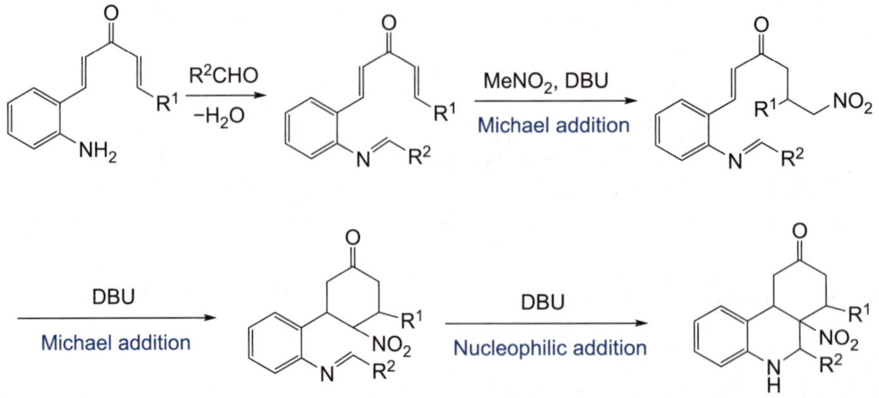

R^2CHO, $-H_2O$; $MeNO_2$, DBU, Michael addition; DBU, Michael addition; DBU, Nucleophilic addition

点评：

本题考查的是 Michael 加成的应用。通过 $MeNO_2$ 在 DBU 作用下对 *α*, *β*-不饱和羰基化合物和 N=C 键的加成构筑了一个多环体系。反应过程中，硝基甲烷中的三个氢逐一被拔。对于一个三组分反应而言，需要考虑底物中官能团的相对活性，这里，醛和伯胺先生成亚胺。

138. 解答：

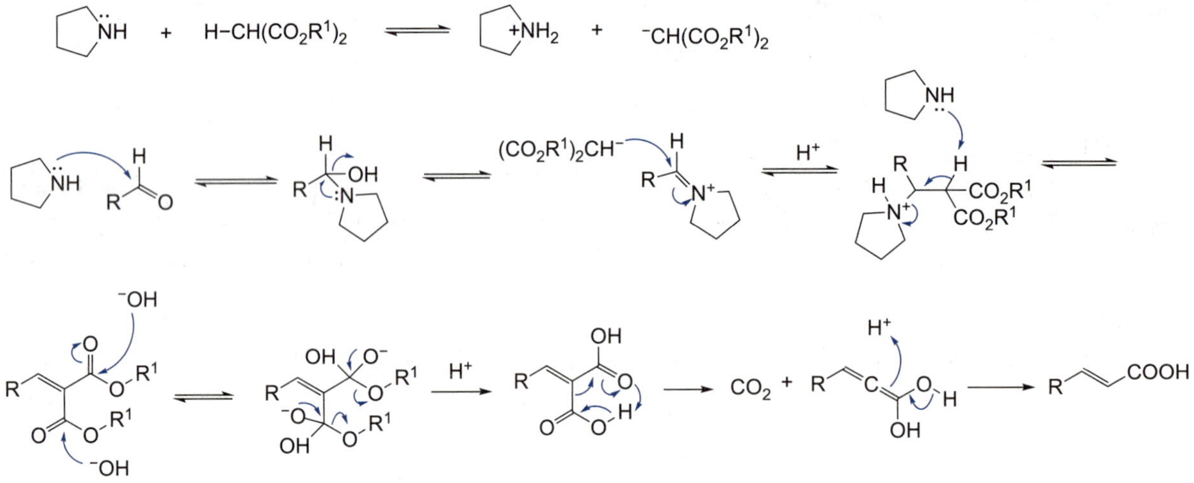

NH + $H-CH(CO_2R^1)_2$ ⇌ NH_2^+ + $^-CH(CO_2R^1)_2$

CO_2 + … → R–CH=CH–COOH

点评：

仲胺一方面和醛反应得到亚胺盐提高其缺电子性，另一方面夺得丙二酸酯上的活泼质子提高其亲核性，两者缩合脱水，得到双键。最后在碱性条件下发生酯的水解得到 *α*, *β*-不饱和羧酸。

139. 解答：

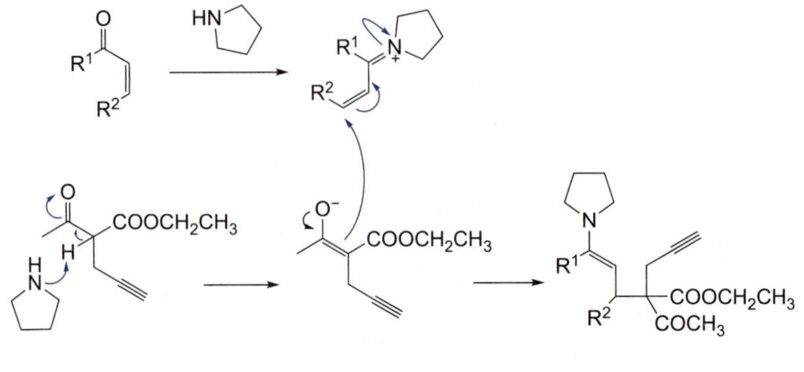

Cu+ → R1, R2 ... COOCH$_2$CH$_3$, COCH$_3$ → Cu, R1, R2, H$_3$COC, COOCH$_2$CH$_3$ $\xrightarrow[\text{heat}]{H_2O}$ T.M.

点评：

和上题类似，也是四氢吡咯催化反应的一个例子。一方面，仲胺通过亚胺盐的形成活化 α,β-不饱和羰基化合物，使其变得更加缺电子；另一方面，仲胺夺得活泼亚甲基上的质子，使其亲核性更强。最后，烯醇负离子对 α,β-不饱和亚胺的亲核加成得到 C—C 键，并在亚铜催化下发生亲电环化得到五元环。

140. 解答：

imine formation; nucleophiic addition; P.T.; Michael addition; E1cB; T.M.

点评：

这是碱性条件下三组分反应的例子，伯胺和醛生成亚胺，成为新的缺电子中心，继而被烯醇负离子所捕获。

141. 解答：

TMSO; Li; H_2O; $NaHCO_3$; OH

点评：

丙烯基锂对羰基进行亲核加成，形成适合 [3,3]-重排的底物，[3,3]-重排后得到八元环，分子内 Aldol 缩合得到稠环化合物。

142. 解答：

Aldol condensation; P.T.; nucleophilic addition; P.T.; elimination; P.T.; retro-Claisen

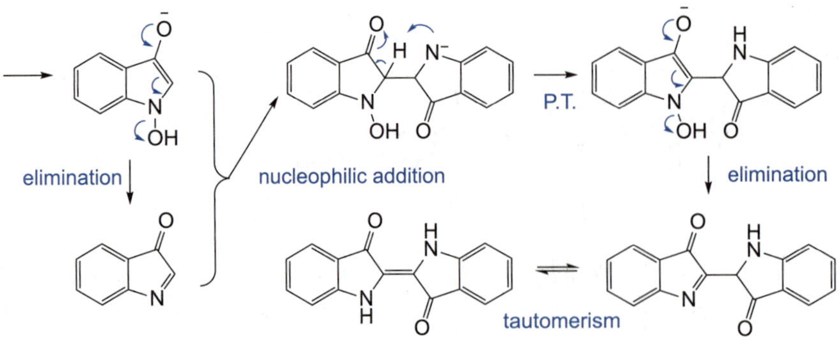

点评：

该反应早期用于合成靛蓝，靛蓝主要用于染棉布或棉纱。

143. 解答：

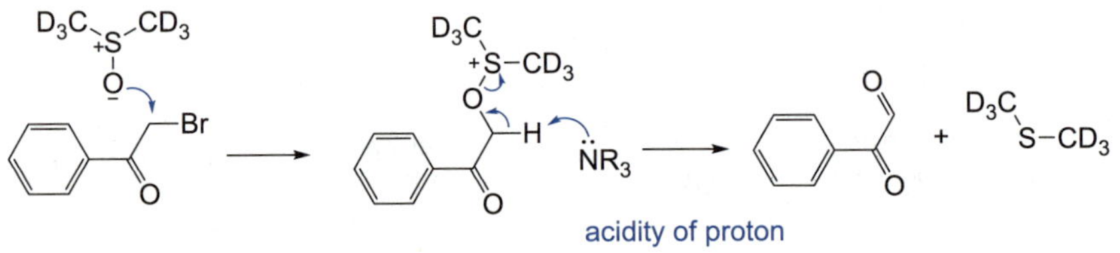

点评：

产物氘代二甲硫醚中的 D 没有损失，说明过程中并没有经过 Swern 氧化的锍叶立德中间体。这是由于邻位羰基的存在，使得 C—H 的酸性增强，比较容易直接发生消除得到醛基。

144. 解答：

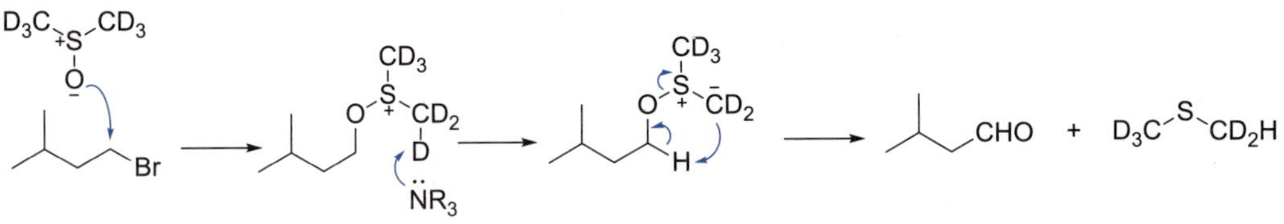

点评：

两个反应的差异在于碱夺取质子的位置不同，对于 α-卤代羰基来说，由于连有一个羰基，α-H 的酸性增强；对于伯卤代烃来讲，生成锍叶立德更加容易。

145. 解答：

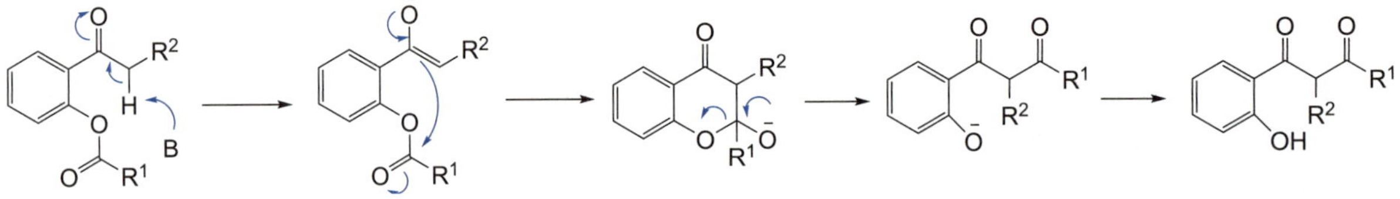

点评：

该反应是酰基的迁移，得到 1,3-二羰基化合物。产物经酸性处理可应用于黄酮化合物的合成。

146. 解答：

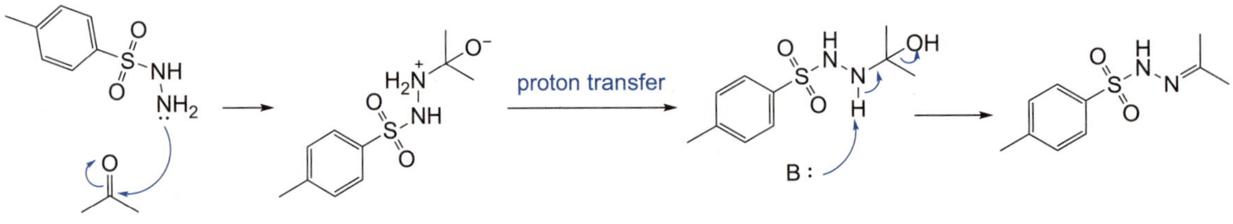

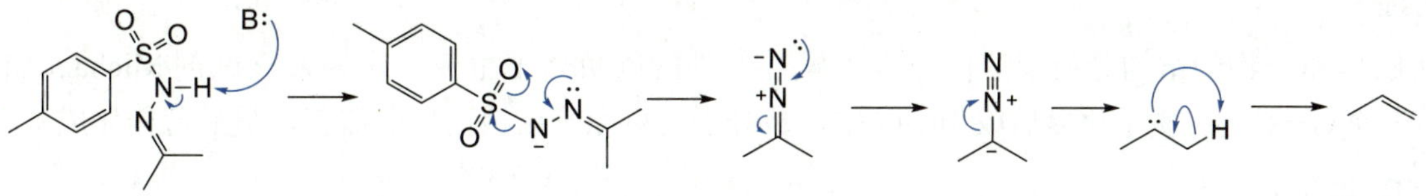

点评：

第一步对甲苯磺酰肼对脂肪酮加成生成腙；

第二步在强碱下夺取氮上的质子同时消除对甲苯磺酰根，失去一分子氮气形成卡宾，卡宾插入邻近 C—H 键进一步生成烯烃。该反应在质子溶剂中也可进行，其中生成的重氮化合物质子化并放出氮气，生成碳正离子后消除也得到烯烃。由非质子溶剂中生成的卡宾造成该反应在非质子溶剂中以 *Z* 型烯烃为主，质子溶剂中则 *Z*、*E* 型烯烃均存在。

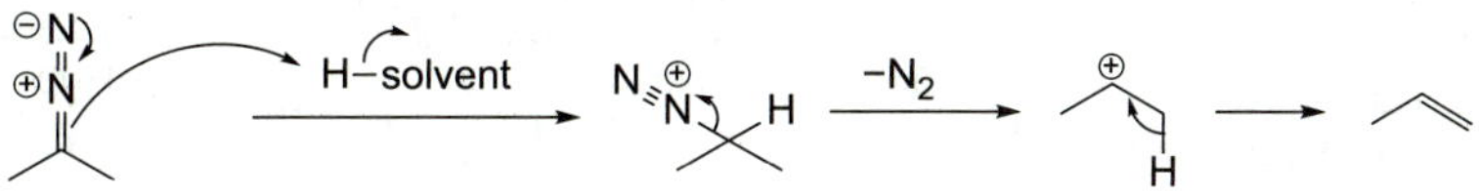

该反应可用于制备重氮化合物。若原料是 α,β-不饱和醛，可以得到环丙烯：

147. 解答：

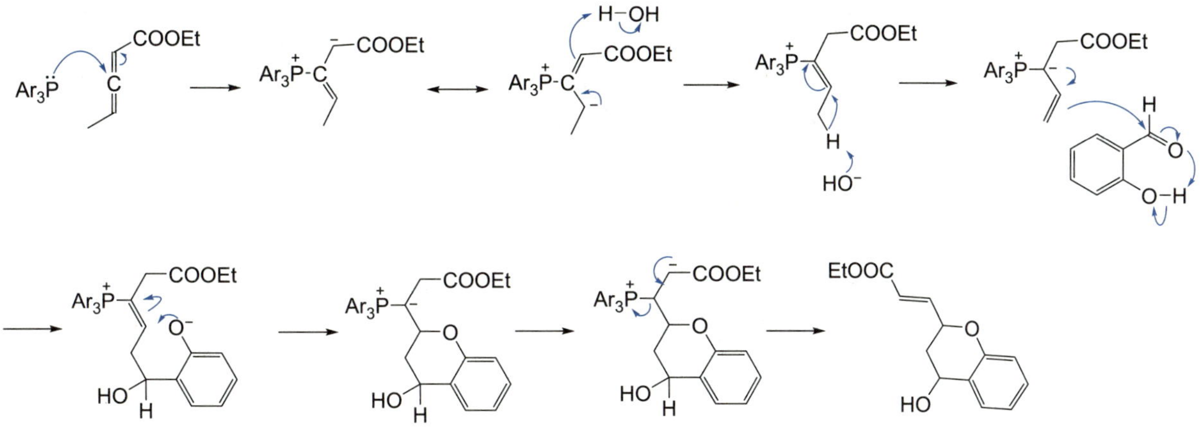

点评：

烯丙基磷叶立德除了与羰基化合物发生 Wittig 反应和 vinylogous Wittig 反应外，还可通过 vinylogous 途径实现类型多样的环化反应。本反应过程中质子转移是问题的关键。

148. 解答：

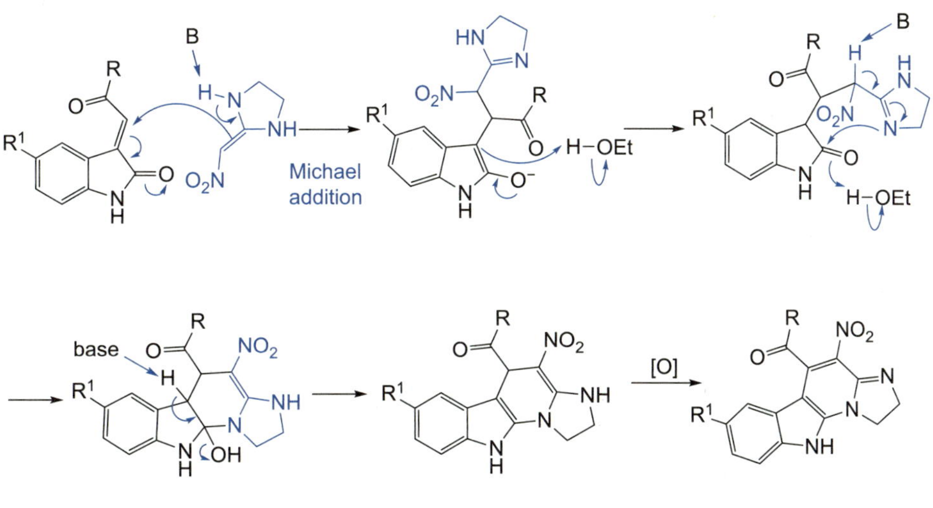

点评：

从原料和产物的结构分析反应的位点。碱性条件的碳负离子生成，作为亲核试剂 Michael 加成形成第一个C—C键；质子化以后成为吲哚酮，被分子内氮原子亲核进攻而捕获，最后芳构化成产物。

149. 解答：

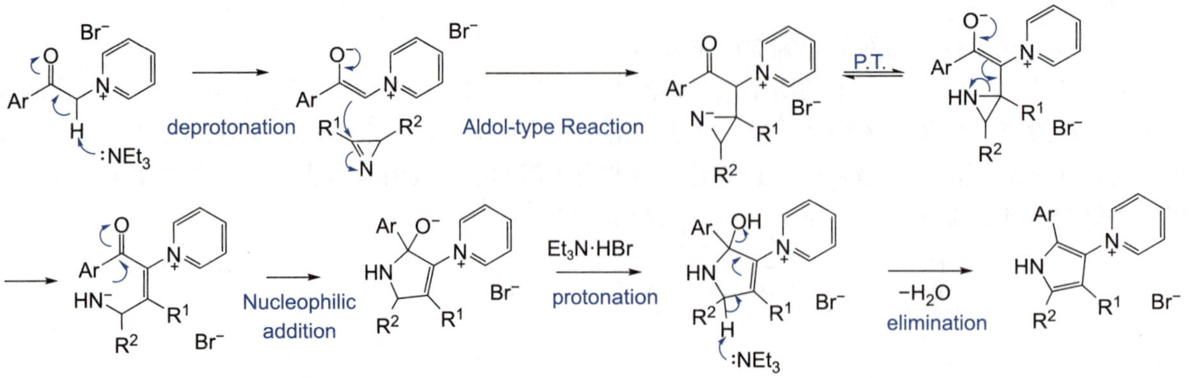

deprotonation

Aldol-type Reaction

P.T.

Nucleophilic addition

$Et_3N \cdot HBr$ protonation

$-H_2O$ elimination

点评：

本反应构造了多取代吡咯。碱催化下底物脱去质子，发生类 Aldol 反应，再经过开环、成环、脱水最终生成吡咯。

150. 解答：

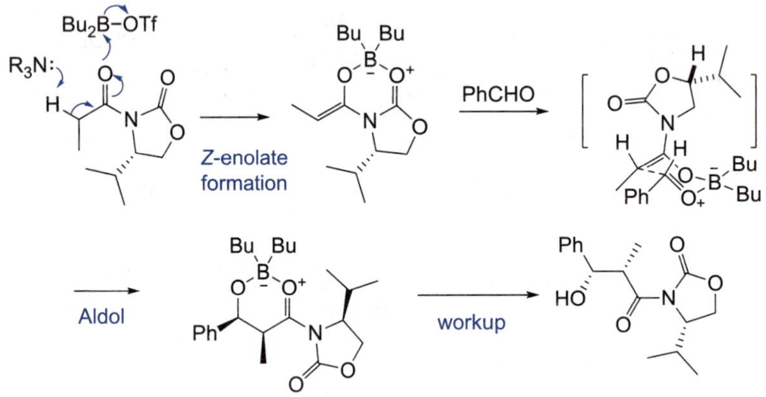

Z-enolate formation

PhCHO

Aldol

workup

点评：

本题考查的是碱性条件下的羟醛缩合反应，反应原理不难，难的是反应的立体选择性。注意产物的空间结构，羟基和甲基同侧。

反应使用 Bu_2BOTf 作催化剂，且反应物中的杂环化合物是很好的手性助剂。第一步形成烯醇，六元环的螯合结构是 *Z*-烯醇负离子的成因；第二步羟醛缩合，硼选择和苯甲醛上的氧配位形成六元环过渡态，由于硼上的基团较大，所以助剂上的 H 会和硼同侧，从而形成了产物的结构。

151. 解答：

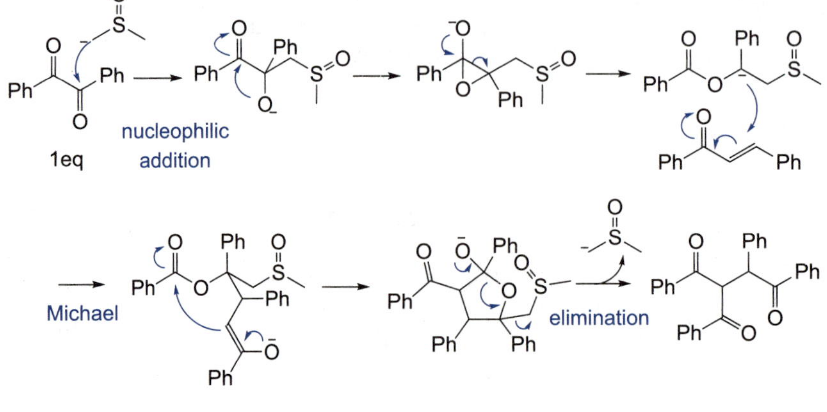

1eq

nucleophilic addition

Michael

elimination

点评：

叔丁醇钾不作亲核试剂使用，在该反应中拔 DMSO 上的质子形成锍叶立德，作为催化剂参与反应。

152. 解答：

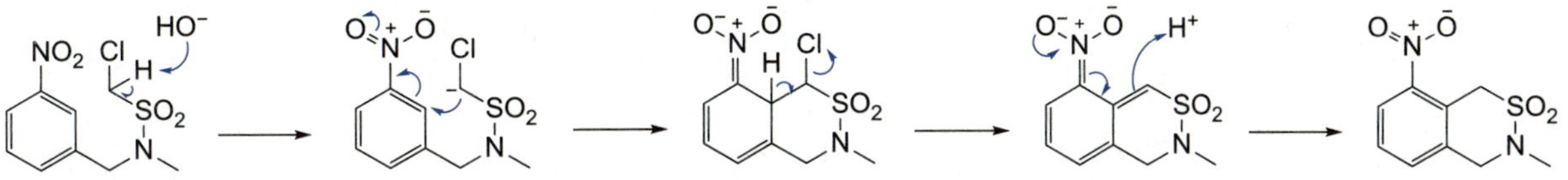

点评：

芳香亲核取代反应常常受制于卤素或其他离去基团的离去能力。在基础有机化学中，芳香亲核取代反应常见的机理有：1）经加成消除的 S_NAr；2）经单电子转移的 $S_{RN}1$；3）经消除加成的苯炔机理。1987年，提出了间接芳香烃亲核取代反应（VNS 反应）。VNS 是一类特殊的芳香亲核取代反应，亲核基团带有离去基团，取代芳环上的氢，净结果发生硝基的邻位或对位烷基化。

153. 解答：

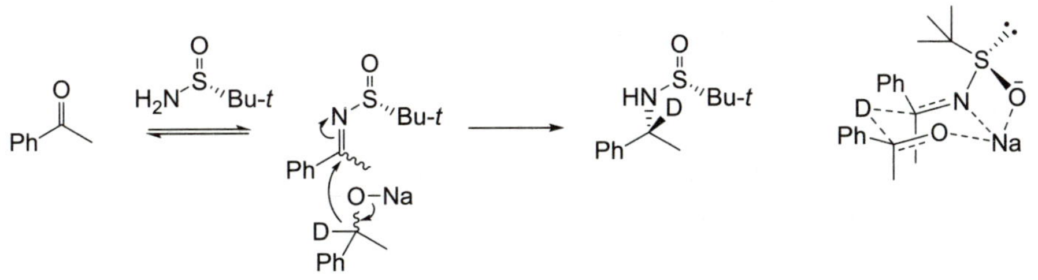

立体选择性来源于氘转移过程中的六元环状过渡态，此过渡态的形成得益于 Na^+ 和氮原子、氧原子之间的络合作用。

154. 解答：

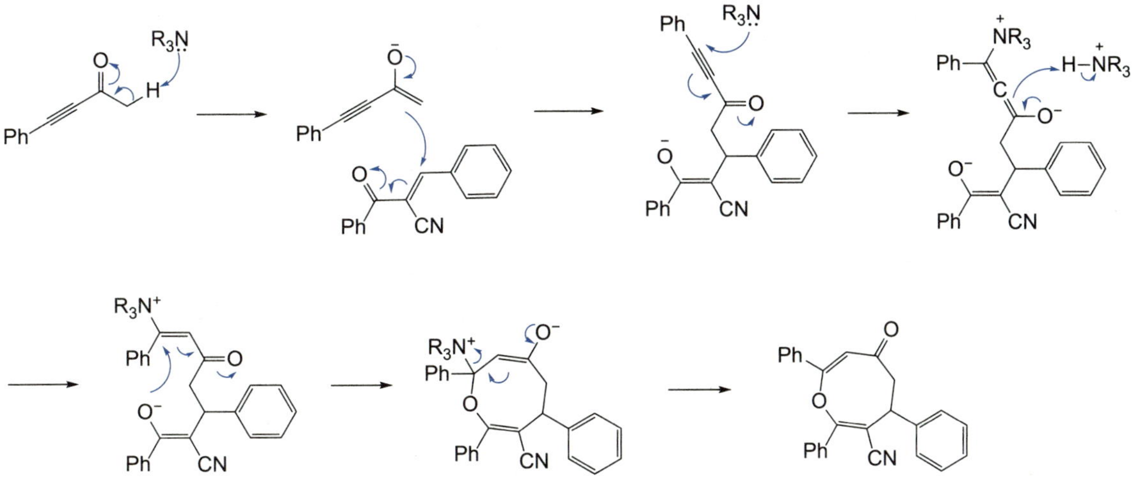

点评：

该合成方法实现炔酮和 α,β-不饱和酮的分子间 [4+4] 环加成反应，发展了一个新的多取代八元环状醚类化合物的高效合成方法。

155. 解答：

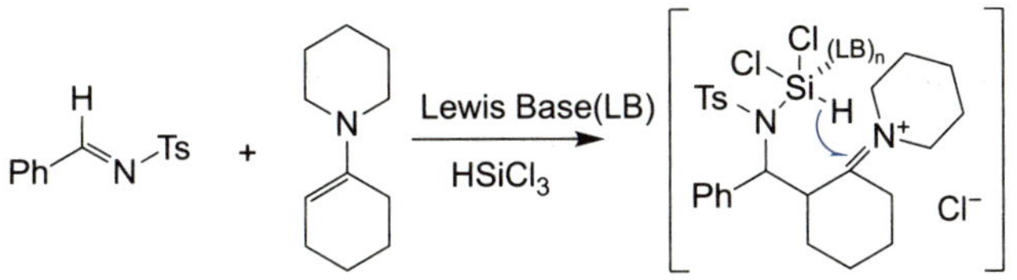

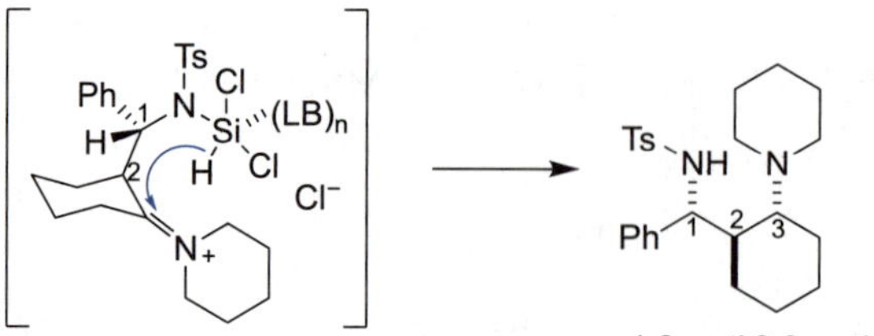

1,2-*anti*-2,3-*anti*

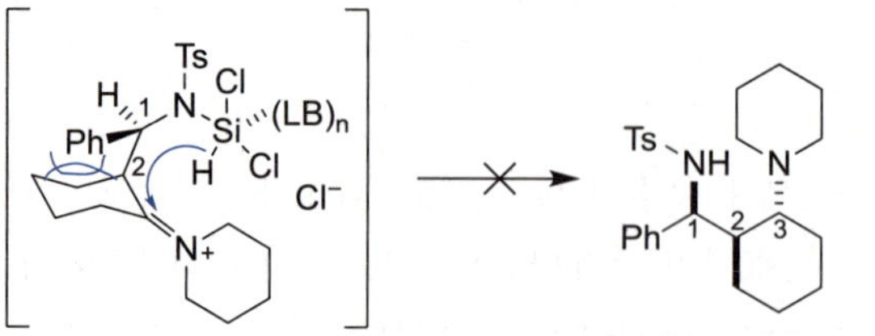

1,2-*syn*-2,3-*anti*

点评：

本反应是由亚胺、烯胺和三氯硅烷一锅合成高非对映选择性的 1,3-二胺的多米诺反应。利用取代基之间基团的空间位阻来实现高非对映选择性。

156. 解答：

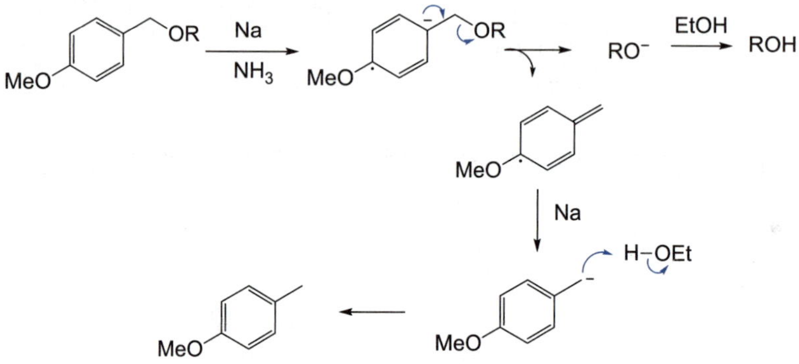

157. 解答：

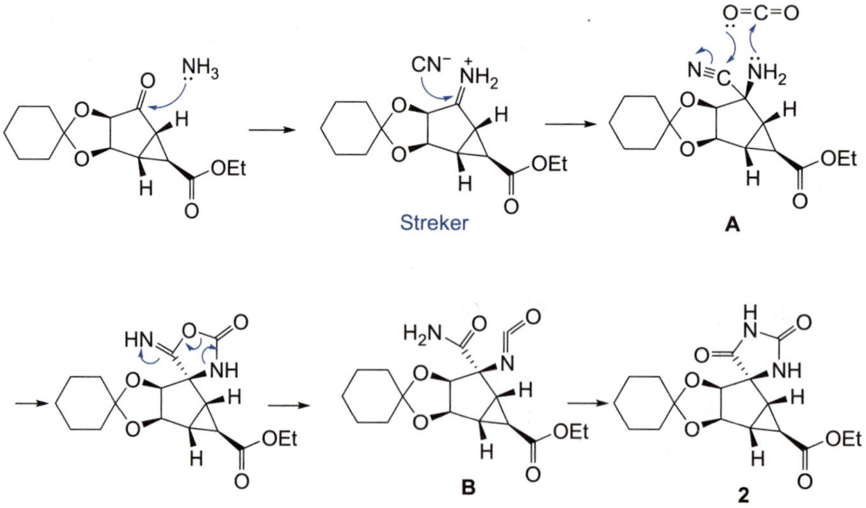

Streker

A

B

2

点评：

本反应属于 Bucherer-Bergs 反应的应用，是羰基化合物在氰化钾与碳酸铵共同作用下的反应，其本质上属于多组分串联反应（MCRs），是 Streck 反应的变种。对于本反应的选择性，氰根负离子进攻亚胺的 C═N 双键的时候，位阻为主要考虑因素，因此氰根负离子从平面的下方进攻。

158. 解答：

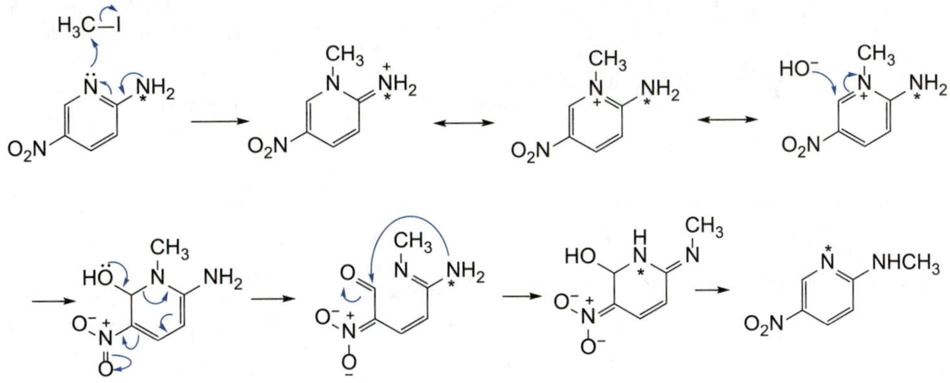

点评：

吡啶环烷基化以后，水解变得容易。开环后重新关环的动力是产物的芳香性。

159. 解答：

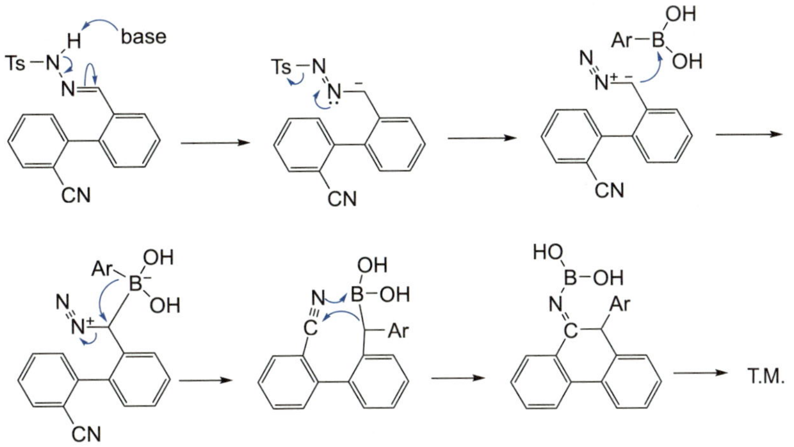

点评：

对甲苯磺酰腙在碱性条件下生成重氮化合物，和芳基硼试剂结合，芳基转移，继而和氰基作用得到产物。

160. 解答：

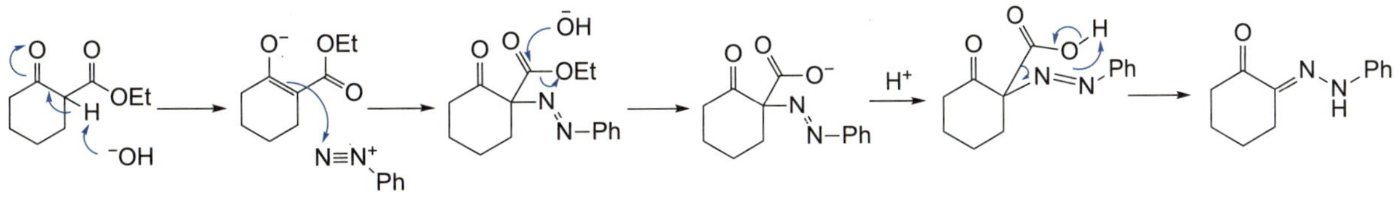

点评：

考查了 β-酮酸酯在碱性条件下和重氮的偶联，在碱性条件下酯的水解，酸性条件下的脱羧。

161. 解答：

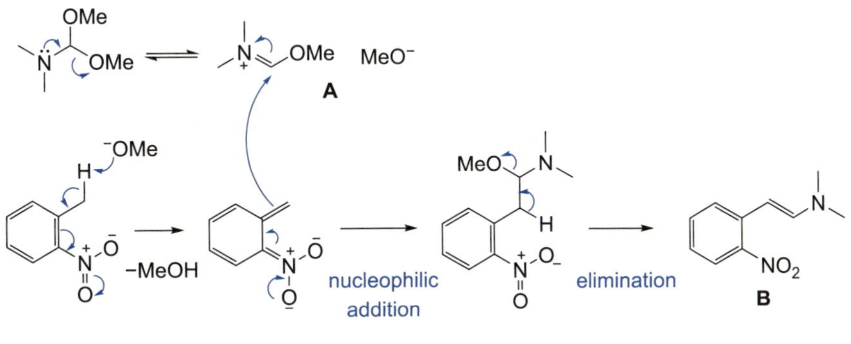

[H]

C

iminium formation

elimination

点评：

这是 Batcho-Leimgruber 吲哚合成反应。DMFDMA 是 DMF 的活化形式，可以以亚胺阳离子和甲氧基负离子的形式（**A**）存在，一方面亚胺阳离子的缺电子性更强，可作为亲电试剂；另一方面甲氧基负离子可以作为碱夺质子。本反应从甲氧基负离子夺得底物中的质子开始，形成碳负离子，进攻缺电性亚胺盐，继而消除形成中间产物烯胺（**B**）。中间产物经过还原得到的分子（**C**）同时含有氨基和烯胺，均是富电子性的官能团，烯胺质子化形成缺电子性亚胺阳离子，可以接受分子内氨基的进攻得到吲哚环。

应用该反应可以合成 4-取代的吲哚：

1. MeI, $NaHCO_3$; 2. $Me_2NCH(OMe)_2$, DMF, heat; Pd/C, H_2

还可以合成氮杂吲哚、吡咯并喹啉等芳环杂环化合物：

$Me_2NCH(OMe)_2$, DMF, heat; Pd/C, H_2

162. 解答：

nucleophilic addition → P.T. → nucleophilic addition (**A**) → P.T. → → nucleophilic addition → tautomerism → P.T. →

生成中间体 **A** 以后，还可以通过双自由基中间体的途径得到产物：

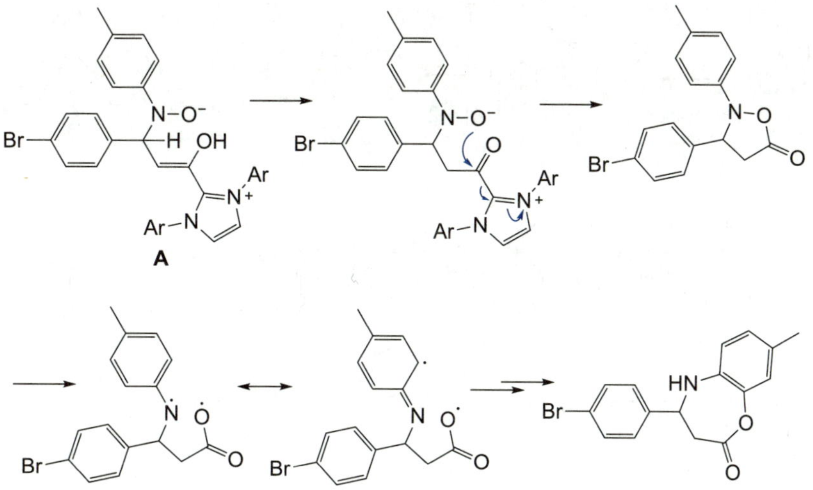

点评：

反应是通过离子性机理还是双自由基中间体机理，可以通过实验条件的控制进行甄别。

163. 解答：

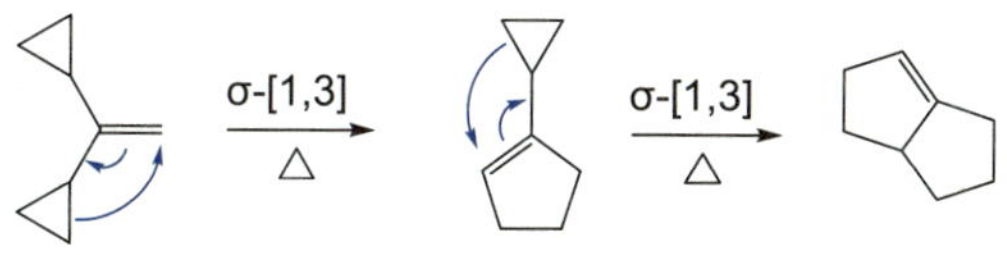

点评：

两次 σ-[1,3] 迁移即得产物。

164. 解答：

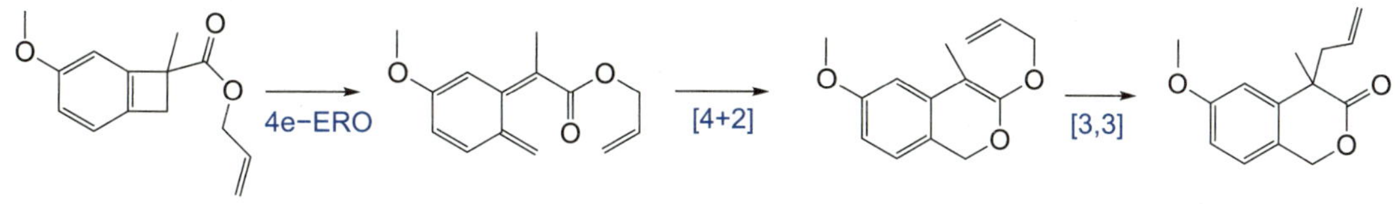

点评：

原料和产物的原子数一样，结构发生了变化。反应在加热条件下进行，苯并四元环开环得到环外两个双键，可以做 Diels-Alder 反应的二烯烃，[4+2]-环加成恢复苯环结构，继而再做一个 [3,3]-重排得到产物。

165. 解答：

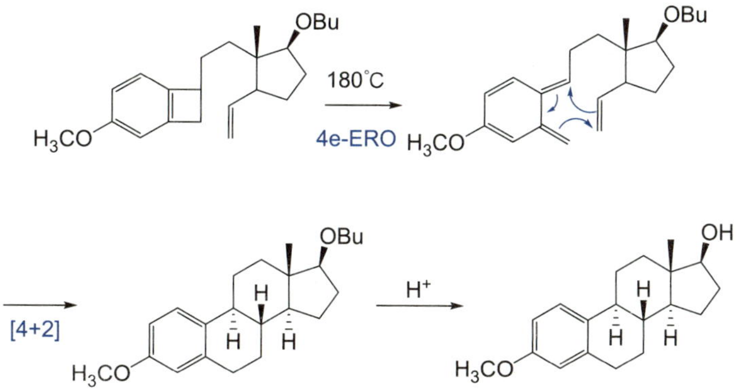

点评：

和上题相类似，苯并四元环一般都是先开环再关环，难点是构筑两个 C—C 键时的非对映选择性。

166. 解答：

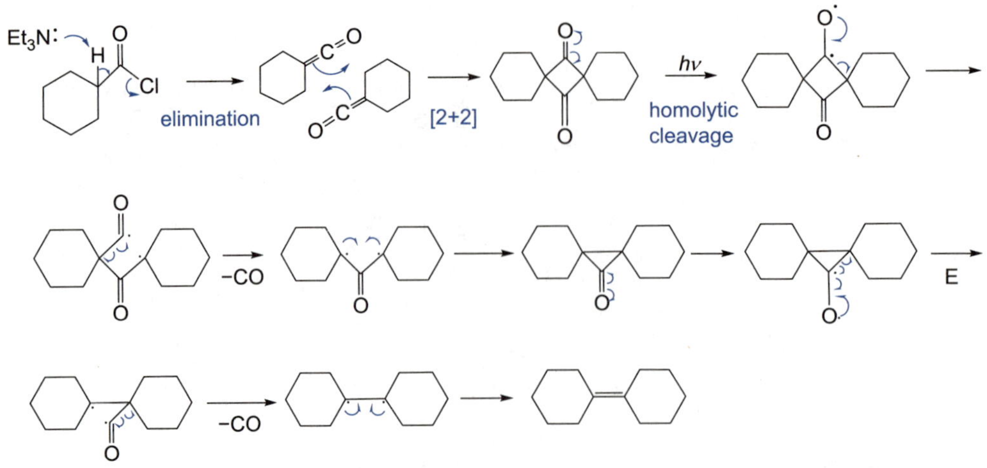

Et3N:
H
O
Cl
elimination
C=O
O=C
[2+2]
O
O
hν
homolytic
cleavage
O
O
O
O
−CO
O
O
O
E
O
−CO

点评：

原料在三乙胺作用下脱去一个 HCl 分子生成烯酮，两分子烯酮发生 [2+2] 环加成反应生成中间产物。此后，中间产物在光照条件下发生自由基反应，脱去两分子 CO 小分子生成最终产物。

167. 解答：

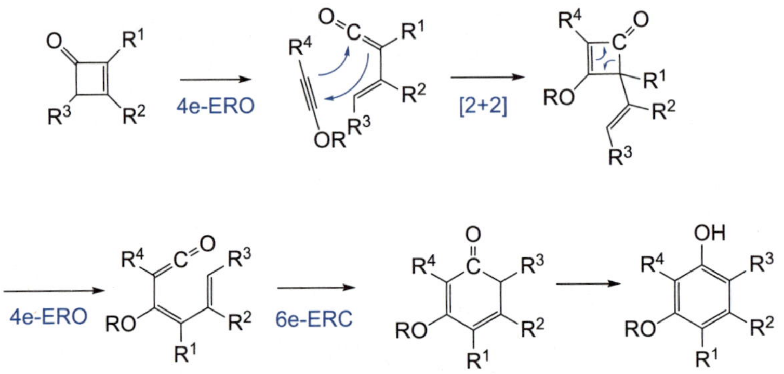

O
R1
R3
R2
4e-ERO
O=C
R4
R1
R2
OR3
[2+2]
R4
C=O
RO
R1
R2
R3
4e-ERO
R4
C=O
R3
RO
R2
R1
6e-ERC
O
R4
R3
RO
R2
R1
OH
R4
R3
RO
R2
R1

点评：

4 电子电环化开环得到烯酮，如果二烯烃直接和炔烃发生 [4+2] 反应将得不到产物，因为产物中取代基次序是反着的。从底物的结构来看，炔烃是富电子炔烃，烯酮是缺电子烯烃，可以发生形式 [2+2]，再 4 电子开环 /6 电子关环，这样就把取代基的位次给倒过来了。

168. 解答：

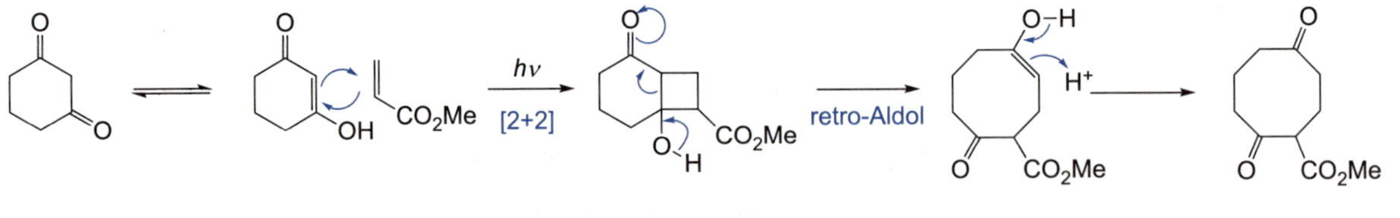

O
O
O
OH
CO2Me
hν
[2+2]
O
O
H
CO2Me
retro-Aldol
O–H
H+
O
CO2Me
O
O
CO2Me

点评：

光照条件下，富电子烯醚和缺电子丙烯酸酯发生 [2+2] 环加成得到四元环，正好是 β-羟基酮结构，适合做逆 Aldol 缩合，最后质子化得到产物。

169. 解答：

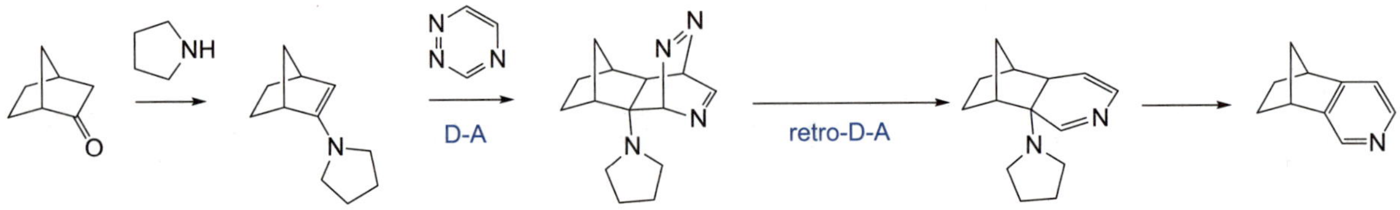

O
NH
N
N
N
N
N
D-A
N
N
N
N
retro-D-A
N
N
N

点评：

原料和产物相比较，少了一分子氮气。仲胺和羰基化合物得烯胺，是富电子性的，可以和缺电子的三嗪发生正常电子需求的 [4+2] 环加成得到双环化合物，逆 [4+2] 环加成将氮气不可逆地从底物中剔除，最后消除仲胺得到吡啶环产物。

170. 解答：

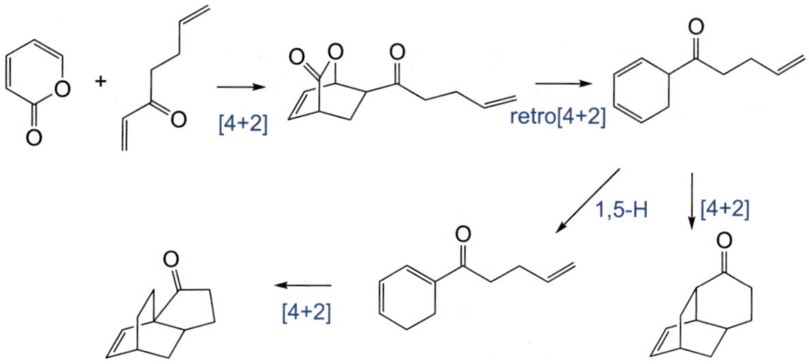

[4+2]

retro[4+2]

1,5-H

[4+2]

[4+2]

点评：

这个反应考查对周环反应的理解。在热反应条件下失去一分子二氧化碳，可能是通过逆 Diels-Alder 反应。第一步反应离羰基较近的双键做了亲双烯体，是因为羰基的吸电子效应使双键相对比较缺电子，就容易与富电子的双烯体发生反应。第二步发生了逆 Diels-Alder 脱除 CO_2。1,5-氢迁移是通过分析产物结构推理的。

171. 解答：

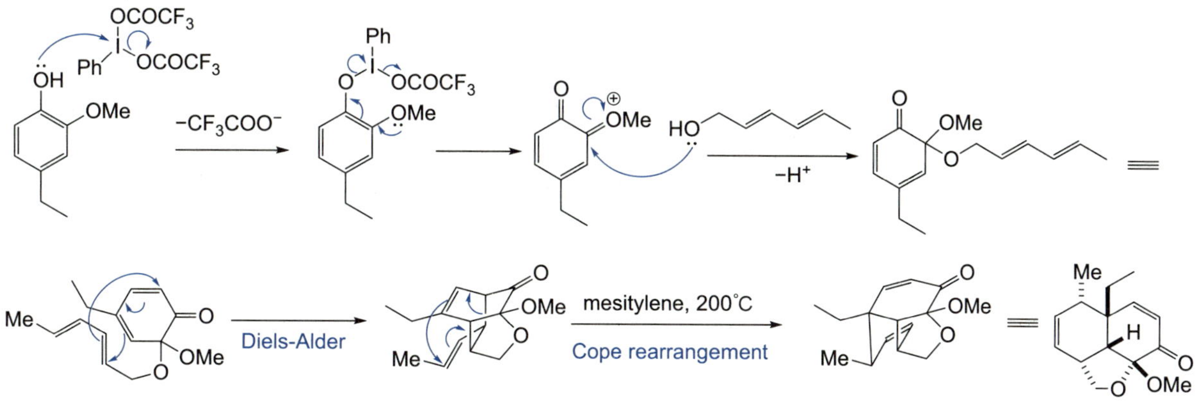

$-CF_3COO^-$

$-H^+$

Diels-Alder

mesitylene, 200℃

Cope rearrangement

点评：

本反应涉及到四个单元反应。第一个是三氟醋酸碘苯氧化苯酚环得到邻位醌式结构中间体；第二个是羰基的亲核加成，将二烯烃和烯烃结合在一起；第三个是反电子需求的 [4+2] 环加成；第四个是 Cope 重排。把三个单元反应综合起来，对立体结构有一定的要求。这里 D-A 反应有两种可能，还有一种机理如下：

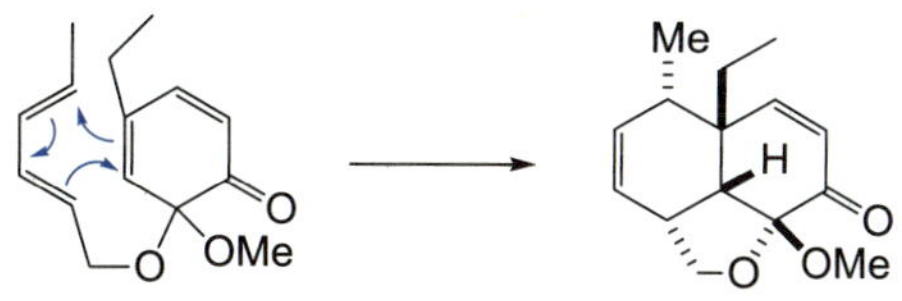

这个机理看似正确，但未必如此进行。实验事实证实了这一点，当原料换成 *cis*-penta-2,4-dienol 时，由于不能形成六元环状过渡态进行 Cope 重排，最终得到如下图所示的产物结构：

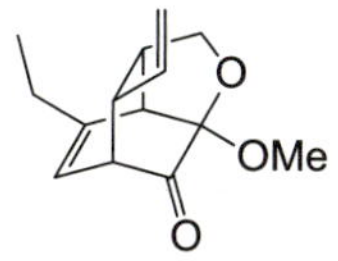

172. 解答:

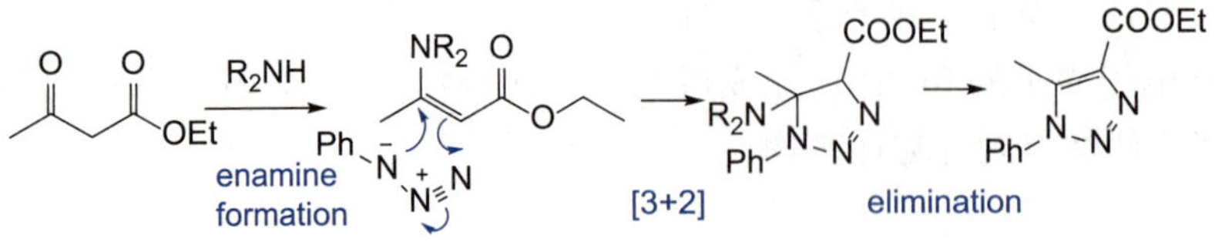

点评:

这是一个 Click 反应，偶极环加成生成三氮唑。仲胺和羰基形成烯胺，提高了烯烃的给电子能力，有利于偶极环加成反应的发生。

173. 解答:

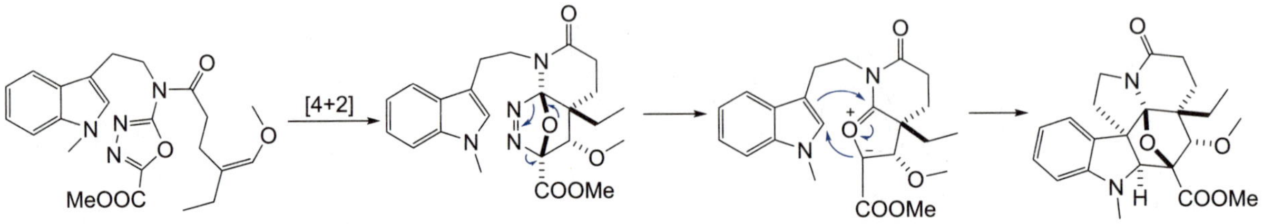

点评:

原料和产物相比，掉了一分子氮气，先要生成氮氮双键，然后再氮氮叁键离去。富电子吲哚和缺电子噁二唑发生反电子需求的 Diels-Alder 环加成形成氮氮双键，脱除氮气即得 1,3-偶极子（羰基叶立德），和吲哚发生偶极环加成得到产物。

174. 解答:

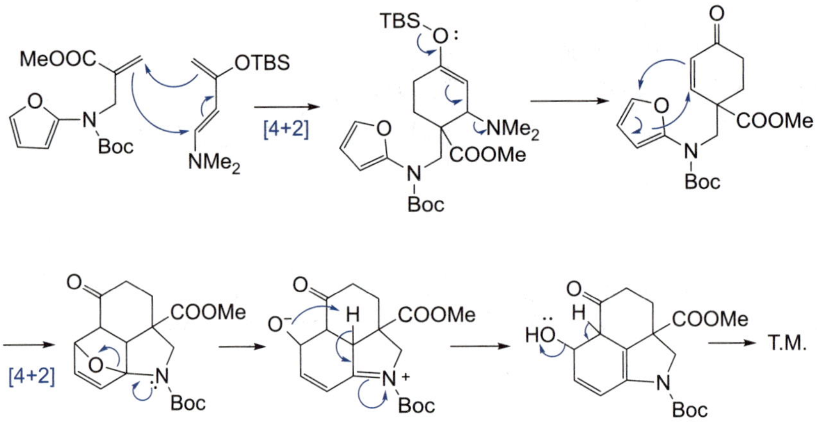

点评:

第一步是加热条件下正常电子需求的 Diels-Alder 反应，发生 1,4-消除反应得到 α,β-不饱和羰基化合物，作为亲二烯体和呋喃环发生 Diels-Alder 反应，最后 α-消除开环、质子转移、脱水得到产物。

175. 解答:

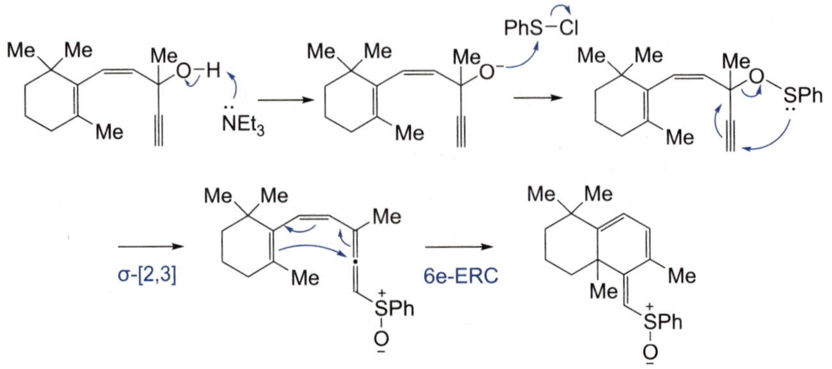

点评：

碱性条件下，与亲电试剂反应得到次磺酸酯，继而发生 σ-[2,3] 迁移得到亚砜取代的联烯，正好适合 6 电子关环得到底物。

176. 解答：

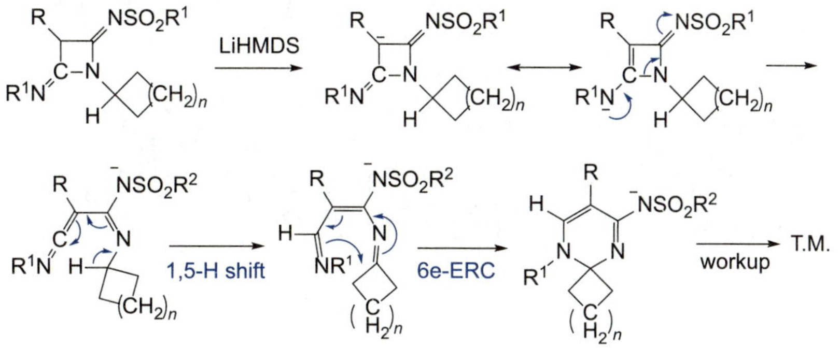

点评：

强碱条件下夺得活泼氢，打开四元环形成烯酮亚胺，分子内的 H-[1,5] 迁移得到共轭三烯，6 电子关环得到产物。

177. 解答：

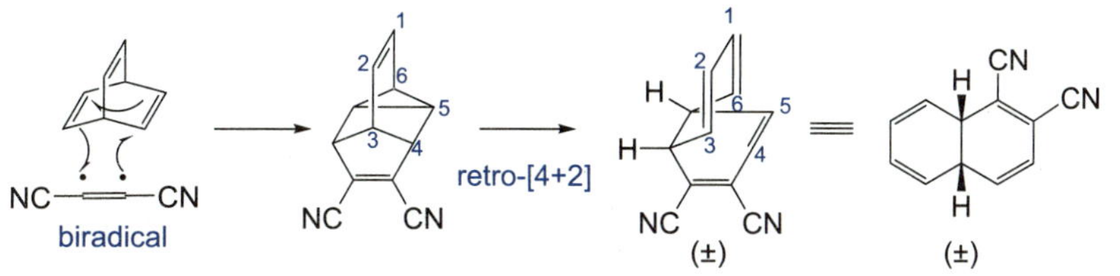

点评：

该反应第一步是 [2+2+2] 环加成，也可以认为是双自由基加成；第二步是逆 D-A 反应得到产物。虽然步骤较少，但此题要求有较好的空间想象力。

178. 解答：

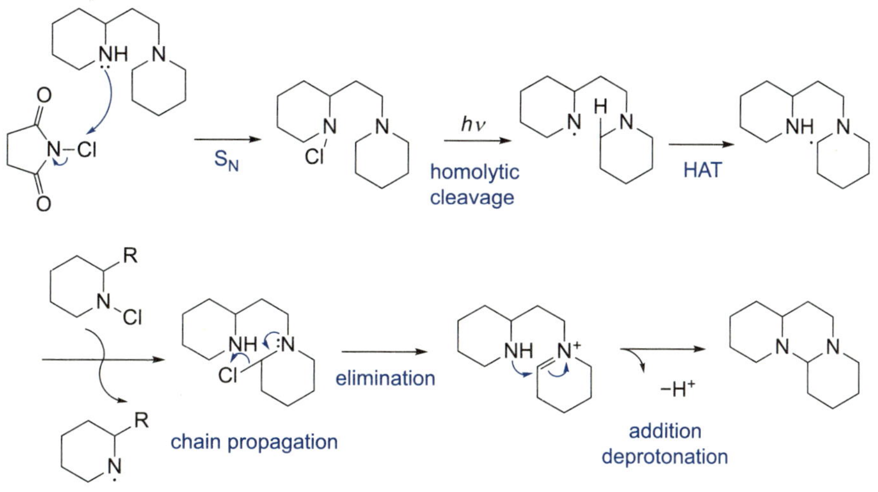

点评：

两个电负性大的原子之间成的 σ 键比较容易均裂，引发自由基反应。

179. 解答：

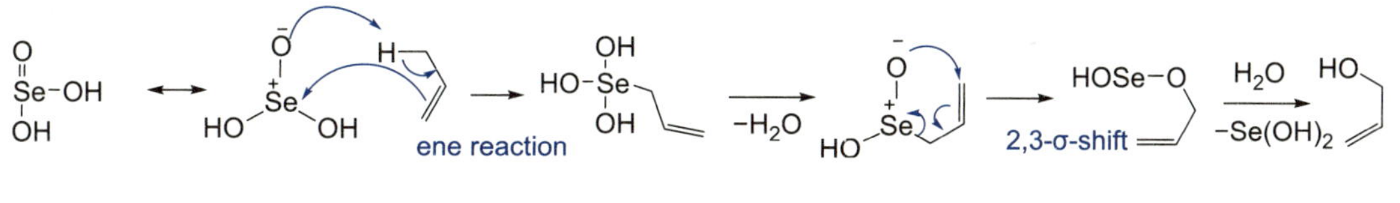

点评：

本反应是二氧化硒对烯丙位 C—H 键的氧化。硒氧双键和 ene 发生发应得到烯丙基硒氧化物，经 2,3-σ 迁移，硒得电子被还原，最后水解成产物。在这一系列反应中，碳氢键变成了碳氧键，丙烯氧化成烯丙醇，硒被还原。

180. 解答：

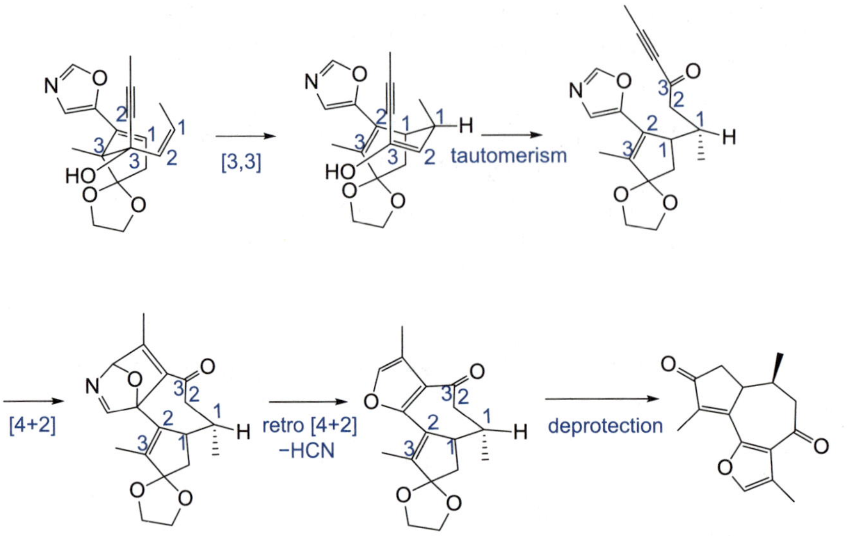

点评：

原料（$C_{18}H_{21}NO_4$）和产物（$C_{15}H_{16}O_3$）相比，少了三个碳原子和一个氮原子。其中乙二醇作为羰基保护基离去，一个 C 和一个 N 作为 CN 离去。对原料进行编号，进行 Cope 重排、烯醇互变，噁唑环和炔烃的 Diels-Alder 反应，脱除一分子 HCN，即可构建呋喃环。

181. 解答：

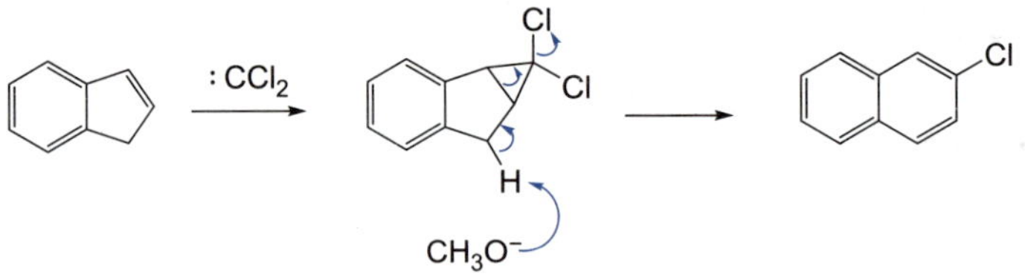

点评：

碱性条件下氯仿生成二氯卡宾发生环丙烷化，在碱性条件下发生消除得到 2-氯代萘。

182. 解答：

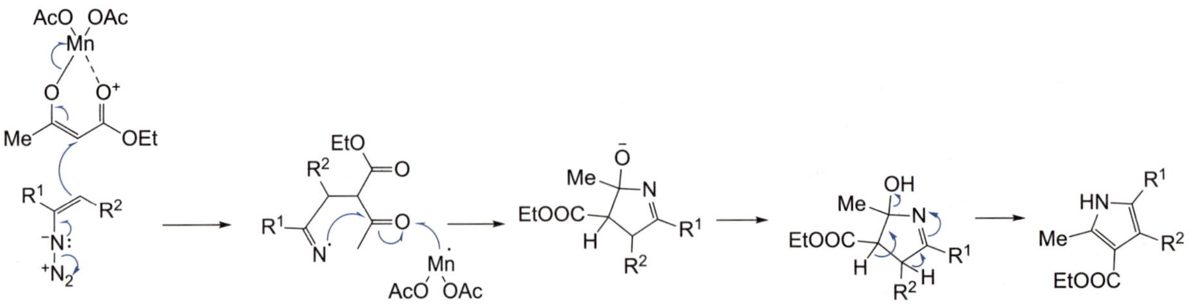

点评：

本反应涉及叠氮烯烃的反应，在三价锰条件下形成氮自由基，继而环化得到五元环。自由基环化、芳构化得到吡咯衍生物。

183. 解答：

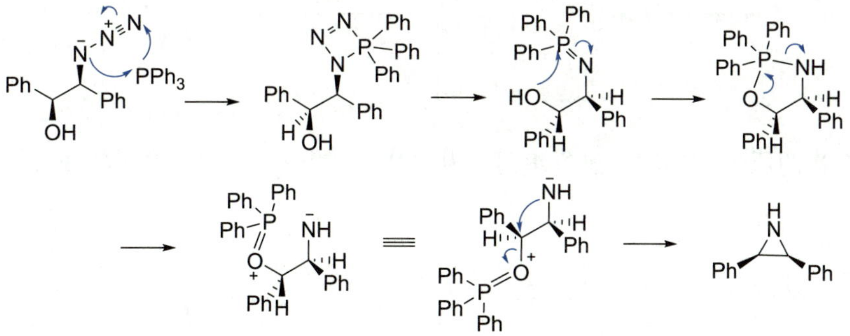

点评：

三苯基膦和叠氮官能团形成四元环，脱去氮气形成膦亚胺官能团被分子内羟基捕获，形成五元环，发生三苯基膦由氮到氧的转移，之后分子内 S_N2 脱去三苯氧膦。该反应是 Staudinger 反应的一个衍生，在三苯基膦作用下由叠氮化合物还原制备胺的反应，这里是利用一个类邻基参与作用形成一个吖丙啶的反应。Staudinger 反应在化学生物学中有很广泛的应用，例如此反应可用于荧光标记的核苷的合成：

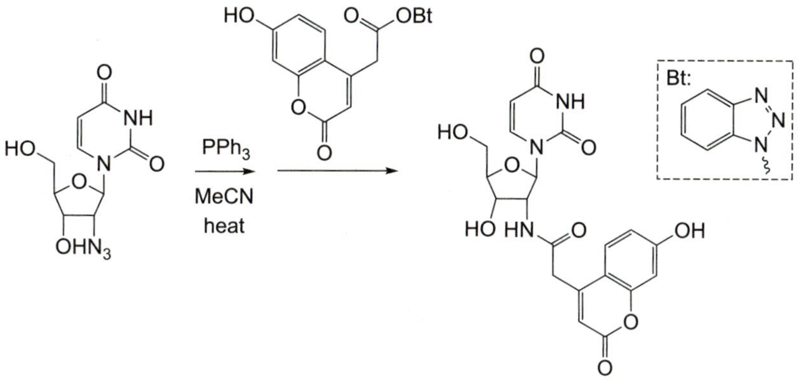

184. 解答：

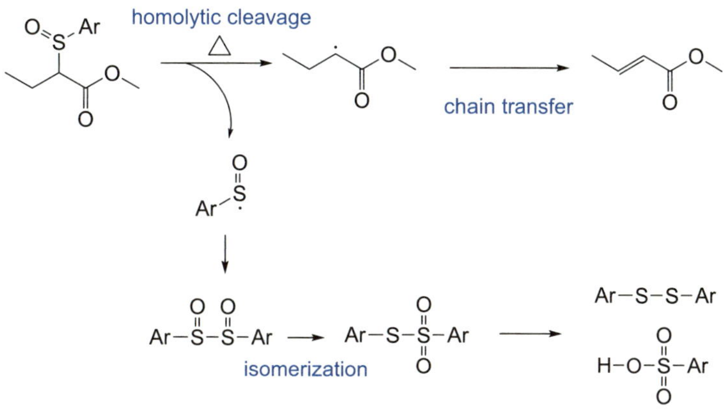

homolytic cleavage

chain transfer

isomerization

点评：

从副产物可以看出，有 S—S 键的形成，可能是自由基反应机理，和分子内经五元环状过渡态热消除的机理有所不同。

185. 解答：

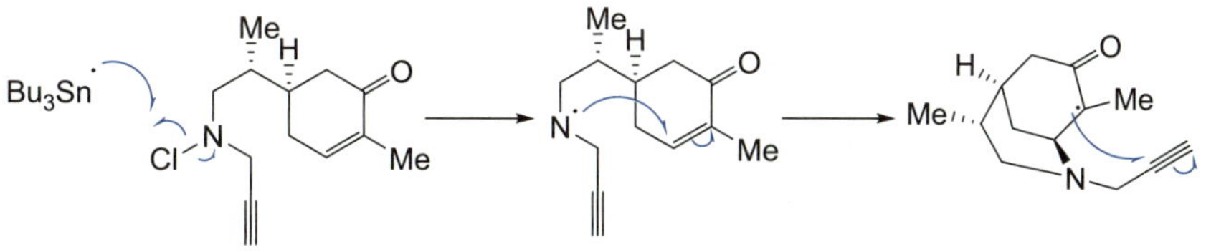

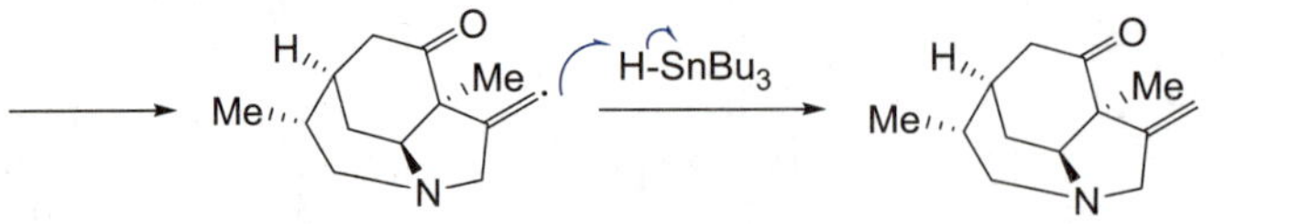

点评：

将原料和产物的原子连接次序进行编号，从 AIBN 均裂产生自由基夺取 Bu_3SnH 中氢开始，反应的位点一目了然。

186. 解答：

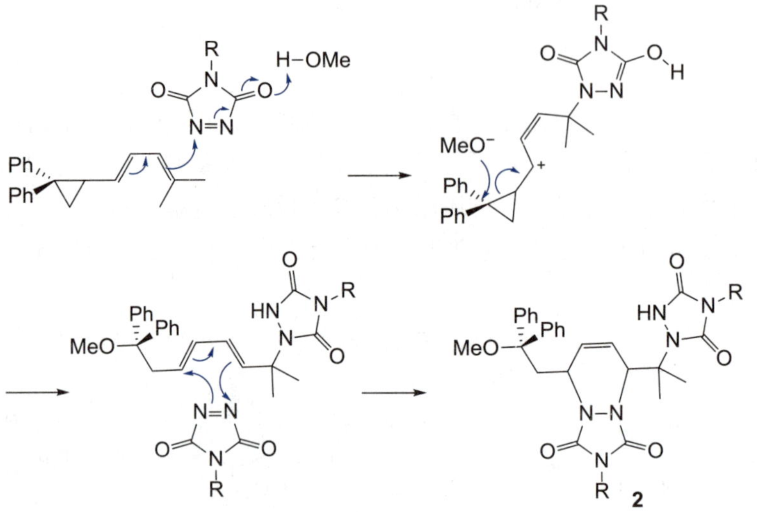

点评：

产物 **1** 是由两个原料直接进行 Diels-Alder 反应得到的。产物 **2** 中含有甲氧基、两个含三个氮原子的五元环，说明此反应可能是按多步反应机理进行的。

187. 解答：

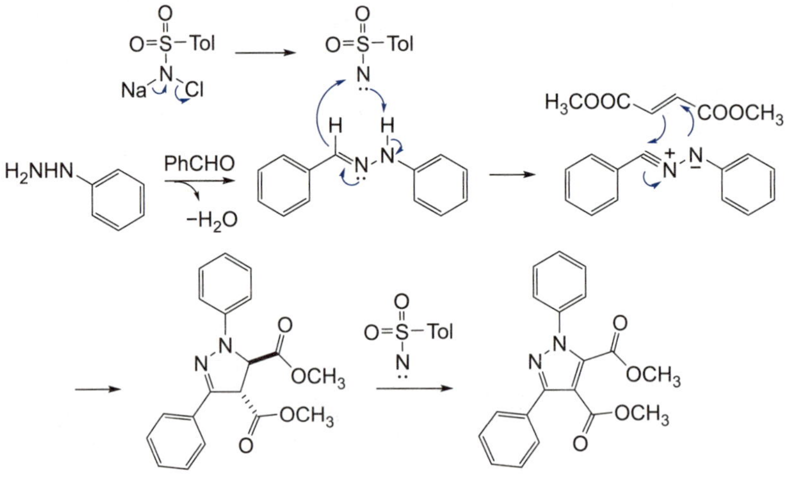

点评：

氯胺-T（CAT）失去 NaCl 得到氮宾，是一个非常好的还原试剂。还原苯肼和苯甲醛形成的腙，得到重氮化合物。重氮化合物是 1,3-偶极子，和缺电子烯烃发生偶极环加成得到五元环，在氮宾的作用下氧化芳构化得到产物。

188. 解答：

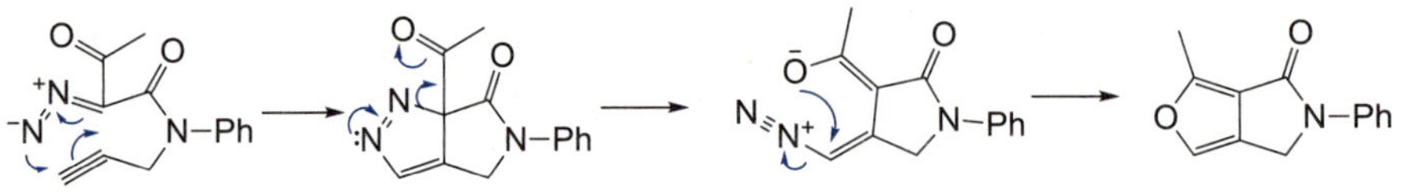

点评：

重氮化合物作为1,3-偶极子，可以和不饱和键发生偶极环加成得到五元杂环化合物。这是一个分子内偶极环加成的例子，最后由于羰基吸电子的作用，吡唑环打开形成呋喃环。

189. 解答：

2 TMSN$_3$ —PhI(OAc)$_2$, −2 TMSOAc→ PhI(N$_3$)$_2$ —−PhI→ 2 N$_3$· —THF, −HN$_3$→ —PhSe—SePh, −PhSeN$_3$→ SeR

点评：

PIDA 和 TMSN$_3$ 作用形成叠氮自由基，从而引发自由基反应，使得醚的 α-H 官能团化。

190. 解答：

OBn OBn H 150 ℃

点评：

两个电负性大的原子连接在一起，容易均裂形成自由基，引发自由基反应。

191. 解答：

正极：

OH −e, −H$^+$ −e, −H$^+$

负极：

$$2e + 2\,H^+ \longrightarrow H_2$$

点评：

这是一个电化学反应，有机物在正极失去电子，氢离子在负极得到电子。

192. 解答：

H N OH R OMe H$_2$C N$^+$ [3,3] 6 H$_2$ C 5 N$^+$ 1 2 3 4 MeO N5

点评：

仲胺和甲醛形成亚胺盐，继而发生 [3,3] 重排，分子内亲核加成得到产物。

193. 解答：

COOMe OH NMe$_2$ LA-mediated [2+2] MeOOC NMe$_2$ ERO O-Micheal aromatization

点评：

产物和原料的碳数相比，产物多一个碳原子，来自 DMF。

194. 解答：

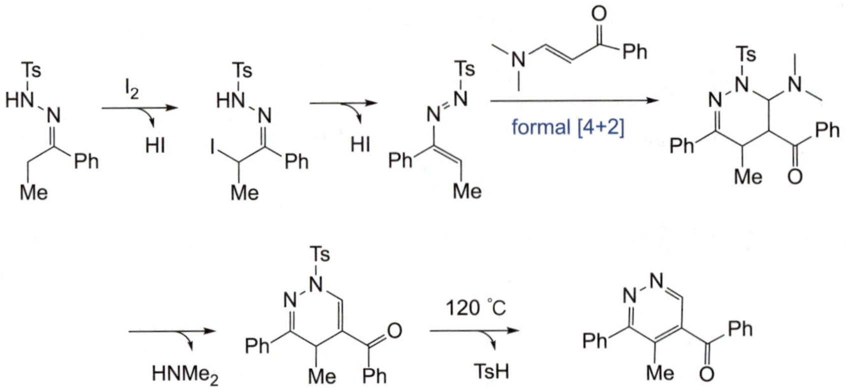

点评：

温度升高，有利于芳构化生成稳定的芳香产物。

195. 解答：

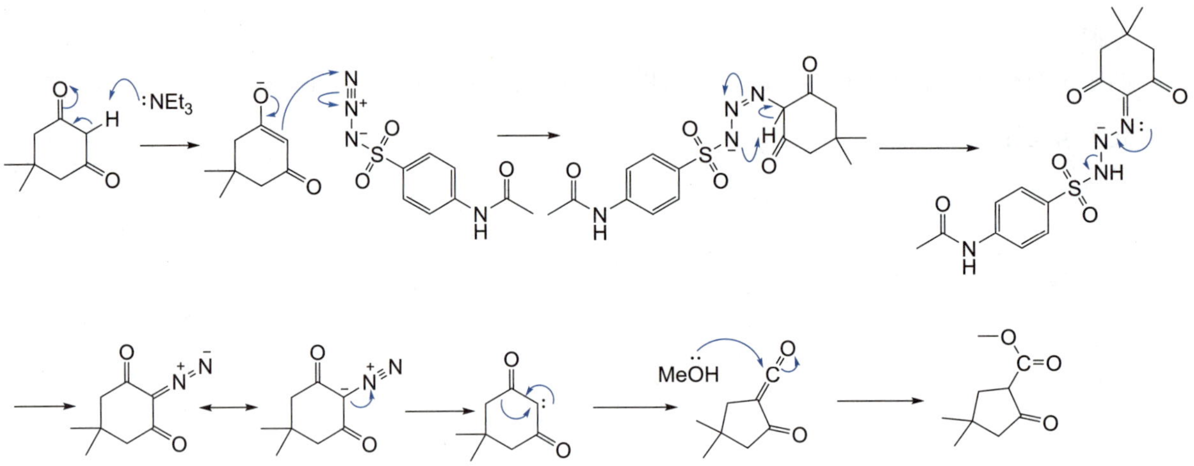

点评：

第一个反应是羰基 α 位的重氮化反应，第二个反应是光照条件下 Wolff 重排成烯酮的反应。

196. 解答：

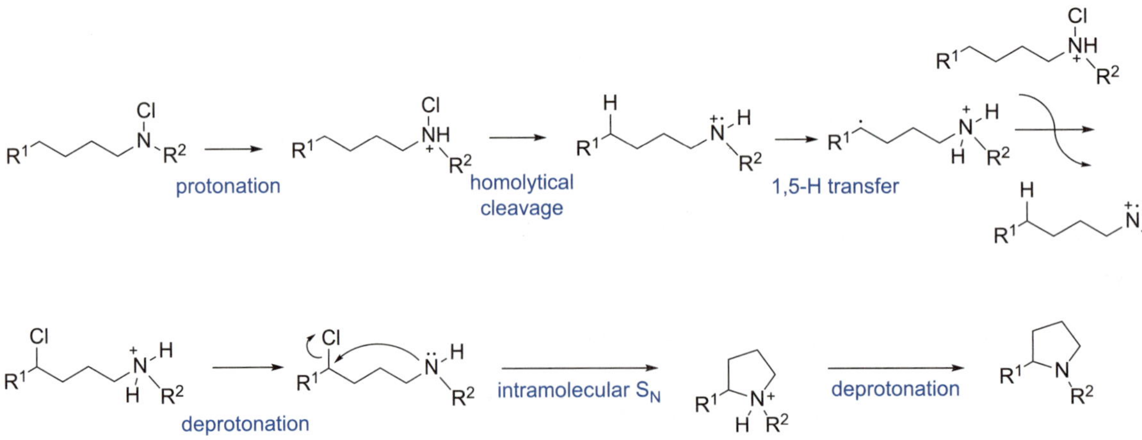

点评：

N—Cl 在酸性条件下质子化后均裂，产生的阳离子自由基通过六元环状过渡态攫取氢，得到 C—Cl 键，分子内的亲核取代得到五元环产物。该反应可用于合成含氮的复杂桥环，如下所示：

NCS, DCM
273 K, 85%

1. Hg-lamp, TFA, 5h, r.t.
2. 2.5% KPOH, EtOH reflux, 2 h, 38.7%

85% H_2SO_4
65 ℃, 30 min
25%

197. 解答:

HBr → Br_2 → Et_2NH / Et_2O → △ [4+2] → $h\nu$ [2+2] → 1. OH^- 2. H^+ → 脱羧

198. 解答:

$C_6H_5CO_2H$ → OSiMe₃ / OSiMe₃, $SnCl_2$ → $Me_4N^+F^-$, MeCl → H^+ → O_2

199. 解答:

HNO_3 / H_2SO_4 → Fe, HCl → $(CH_3CO)_2O$ → HNO_3 / H_2SO_4 → Fe, HCl → Cl_2 → $NaNO_2$, HCl 0～5℃ → CuCl → OH^-, H_2O → $NaNO_2$, HCl 0～5℃ → KI

200. 解答:

OH, H_2/Ni, OH, 浓HNO_3, HO_2C, CO_2H, C_2H_5OH / H^+, 加热, EtO_2C, CO_2Et

1.NaOEt / 2.CH_3COOH, CO_2Et, O, NaOEt, O, O, CO_2Et, O, NaOEt, CO_2Et, O

201. 解答:

CH_3COCl / $AlCl_3$, H_3C, O, Ph

浓HNO_3 / 浓H_2SO_4, O_2N, NO_2, $(NH_4)_2S$, O_2N, NH_2, $NaNO_2$, HCl, O_2N, $N_2^+Cl^-$

$NaHSO_3$, O_2N, N, N, $SO_3^-Na^+$, HCl / $NaHSO_3$, O_2N, H, N, NH, $SO_3^-Na^+$, HCl, H_2O / △, O_2N, H, N–NH_2, HCl

NaOH, O_2N, H, N–NH_2, H_3C, O, Ph / AcOH, H_3C, Ph, N, N, H, NO_2, $ZnCl_2$ / △, H, N, Ph, NO_2

202. 解答:

O, 1.CH_3MgI / 2. H_3O^+, heat, 1. O_3 / 2.Zn, H_2O, O, O, 1.EtONa, EtOH / 2.H_3O^+, heat, O

HCN, O, CN, 1. $HOCH_2CH_2OH$ / 2.TsOH, CN, O, O, 1.$LiAlH_4$ / 2.H_2O, H_2N, O, O, TsOH,H_2O / heat, N

203. 解答:

CH_2O, HCl / $ZnCl_2$, Cl, NaCN, CN, 1.H_3O^+ / 2.$SOCl_2$, Cl, O

Pd, $BaSO_4$, O, O, NH_2 / $NaOC_2H_5$, H_2N, O, $NaNO_2$ / HCl, $Cl^-N_2^+$, O, NaOH

CHO, Br_2, COOH

204. 解答:

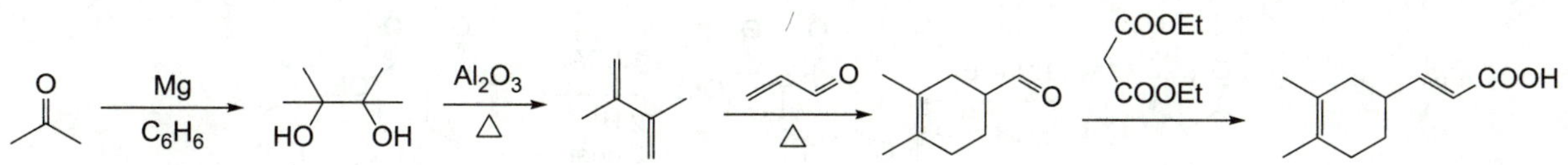

205. 解答:

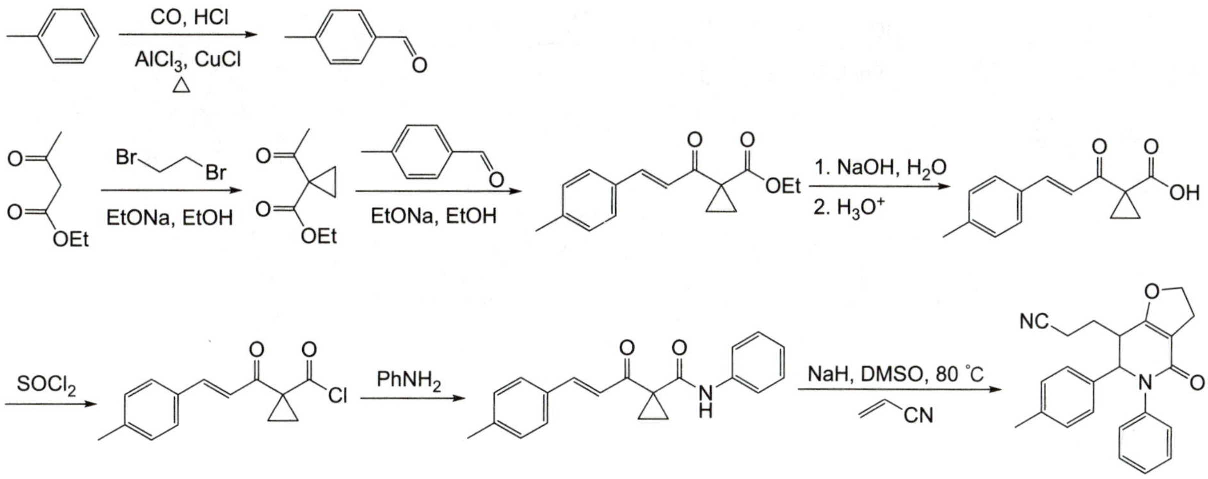

206. 解答:

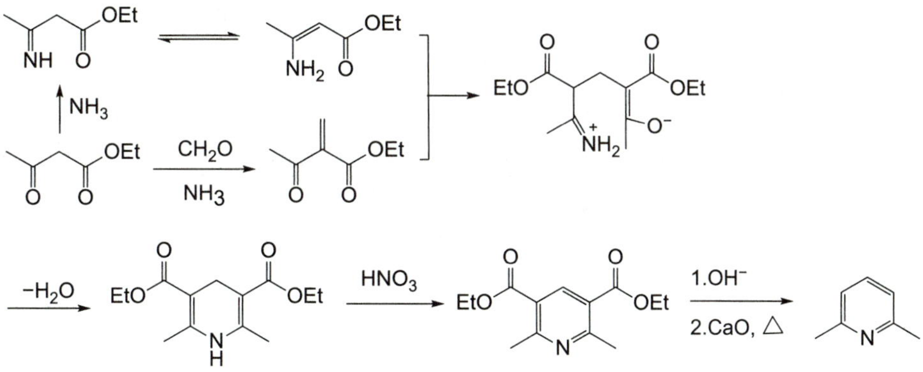

207. 解答:

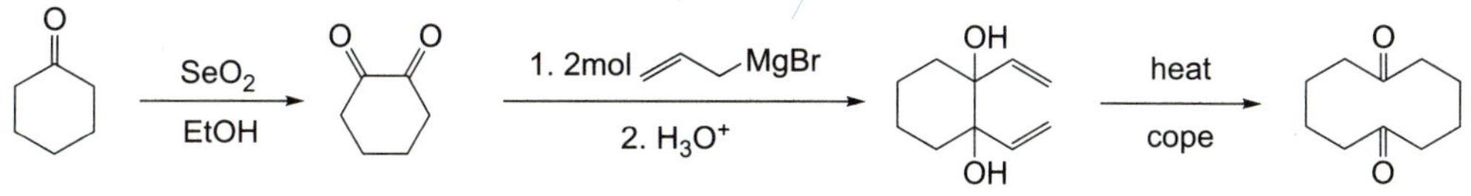

208. 解答:

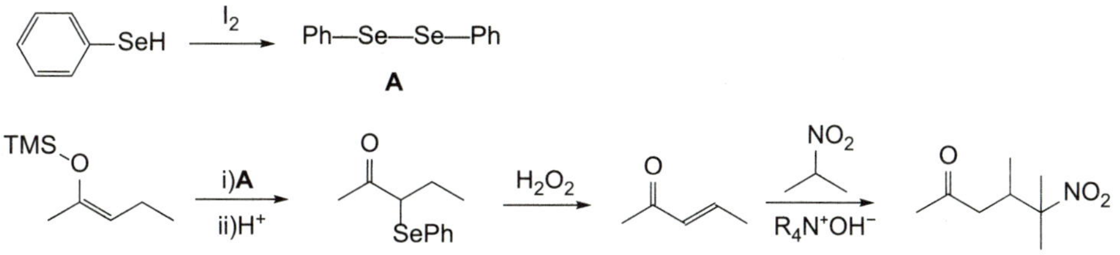

209. 解答:

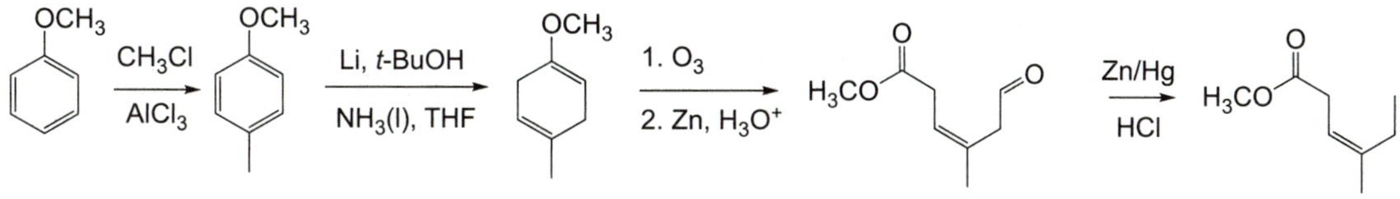

210. 解答：

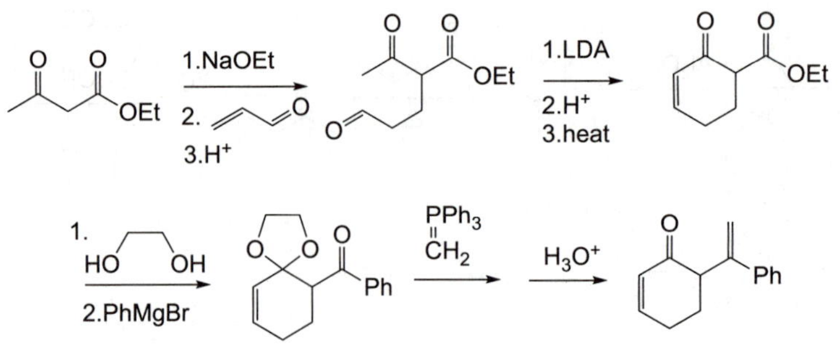

211. 解答：

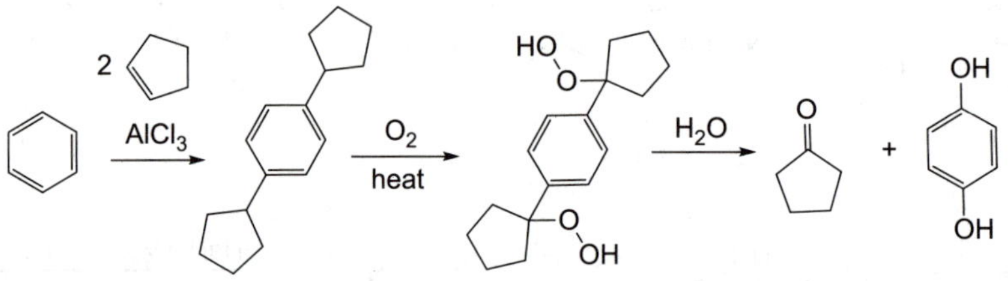

212. 解答：

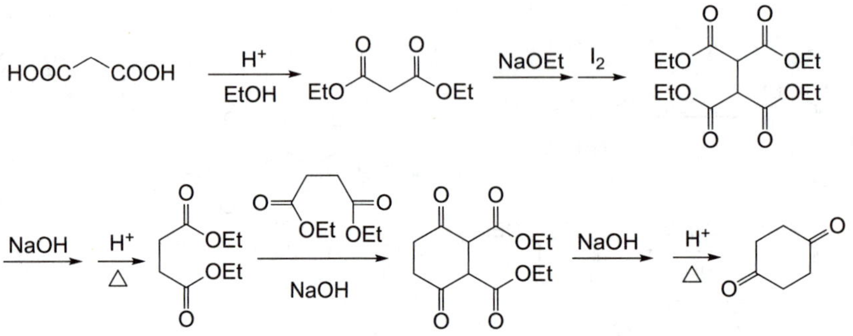

213. 解答：

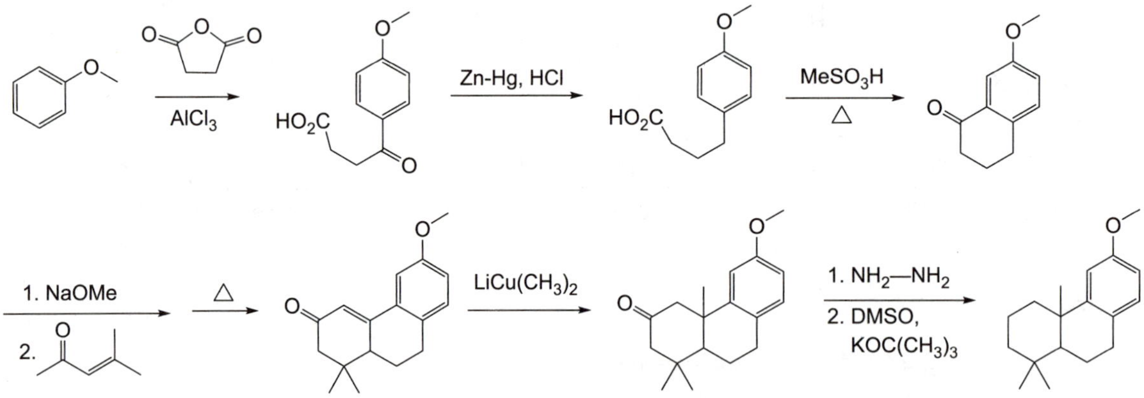

214. 解答：

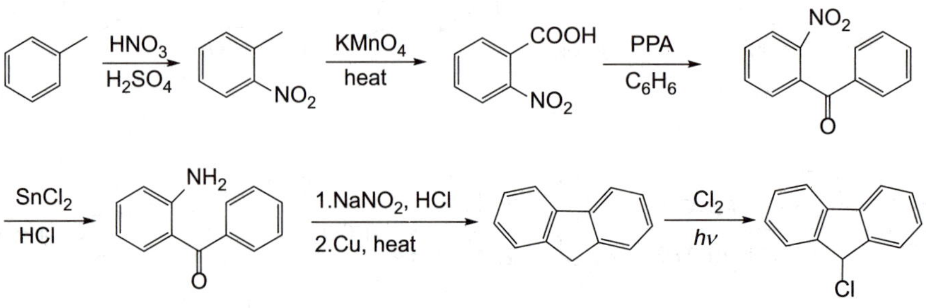

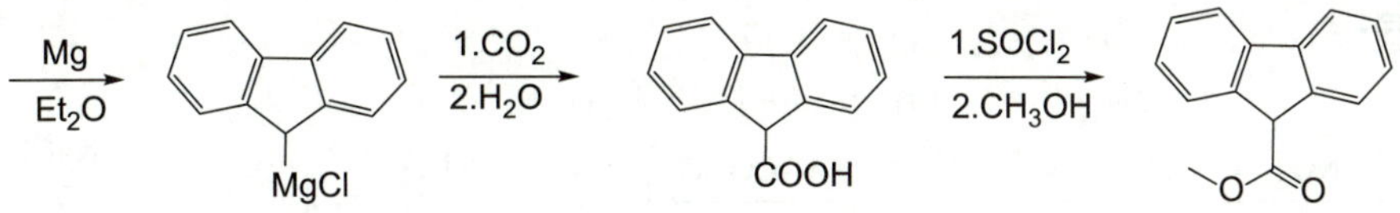

215. 解答:

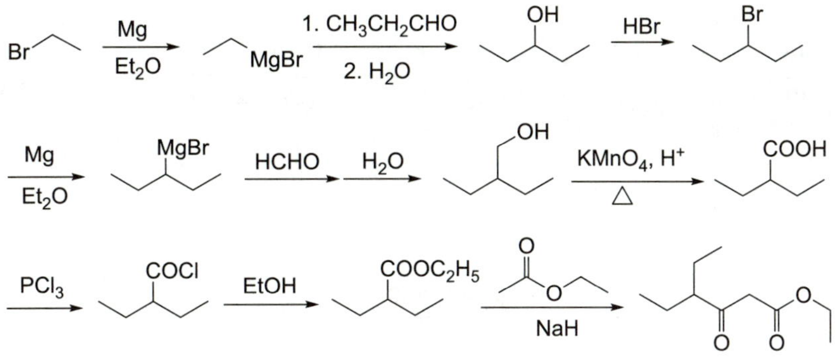

216. 解答:

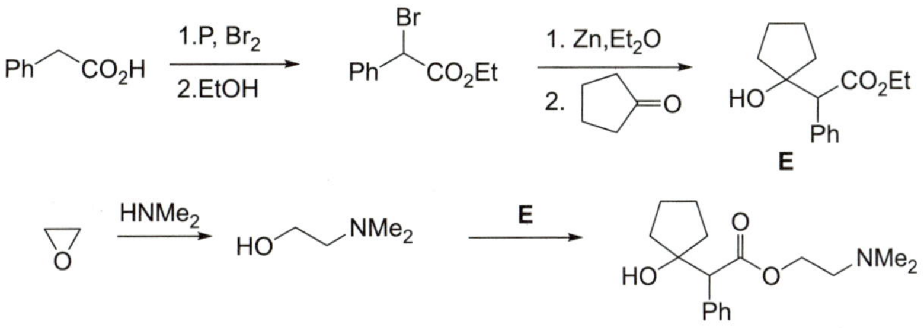

E

217. 解答:

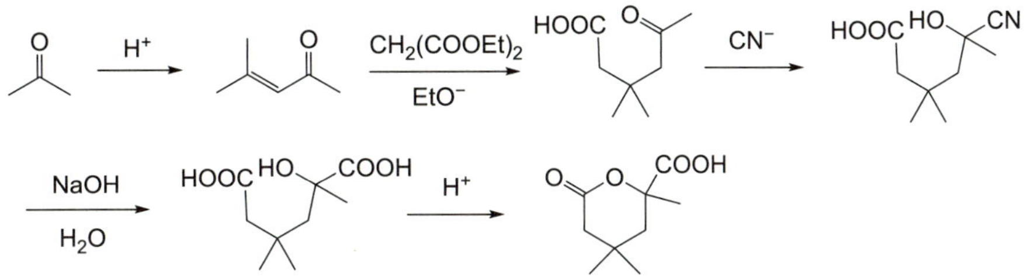

218. 解答:

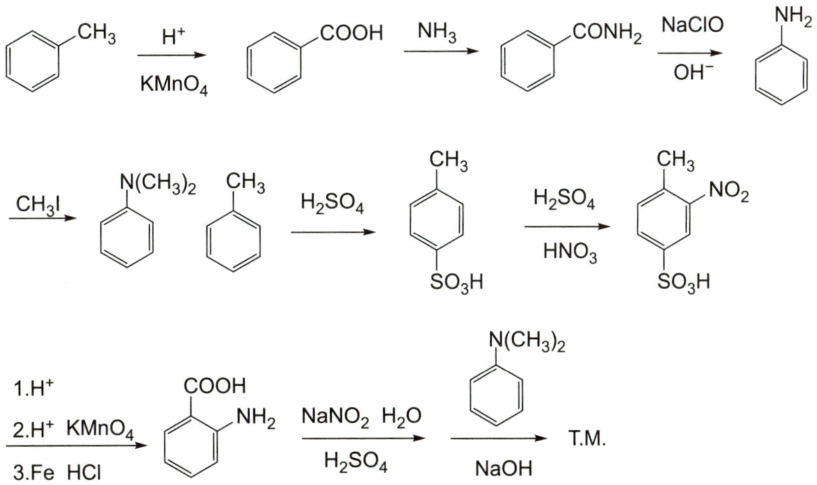

T.M.

219. 解答：

HNO_3, H_2SO_4, △; Fe, HCl; $(CH_3CO)_2O$; H_2SO_4, △; NaOH, △; H_3^+O

$NaNO_2$, HCl, 0～5 ℃; EtOH; HCl; HNO_3, H_2SO_4; 1. NaOH 2. CH_3I

220. 解答：

base; Al_2O_3; Lindlar, H_2

C_2H_5OH

1.$KMnO_4$ 2.EtOH, H^+; EtONa

221. 解答：

1. $NaNH_2$ 2. 3. H_3O^+; PBr_3; Lindlar H_2

HCl heat; NaOH

222. 解答：

NaOH CH_3I; $AlCl_3$; Zn-Hg/HCl; H_3PO_4

1.HC≡CNa 2.H_2 Lindlar; 1.H_2SO_4 2.

223. 解答：

1. HNO_3, H_2SO_4 2. Fe, HCl; Br_2; 1. $NaNO_2$, HCl 2. C_2H_5OH

224. 解答：

HNO_3 / H_2SO_4; Fe / HCl; $(CH_3CO)_2O$; HCl,CO / $AlCl_3$; Br_2 / Fe; H^+; CH_3OH / H^+; $NaNO_2$ / HCl; OH^-; H^+; $SOCl_2$; CH_2N_2

NO_2 NH_2 HN CH_3 O CHO Br COOH HOOC H_3COOC OH ClOC $HOOCH_2C$

225. 解答：

HO O NH_2 $NaNO_2$ / HCl $\overset{+}{N_2}$ NaBr Br t-BuOAc / BF_3 t-BuO

$\bar{C}H(COOEt)_2$ $CH(COOEt)_2$ HCOOH / $Me_2S{\cdot}BH_3$ 1. 5% NaOH 2. H_3O^+

TsCl / EtOH TsO CH_2COOEt 1. NaN_3 2. KOH, H_2O 3. H_2, Pd/C H_2N OH O

226. 解答：

HCHO,HBr Br

$NaNH_2$ $PhCH_2Br$ Ph $NaNH_2$ O HO Ph

H_2 / Lindlar HO Ph CH_2I_2 / Zn/Cu Ph CH_2OH $KMnO_4$ Ph COOH

227. 解答：

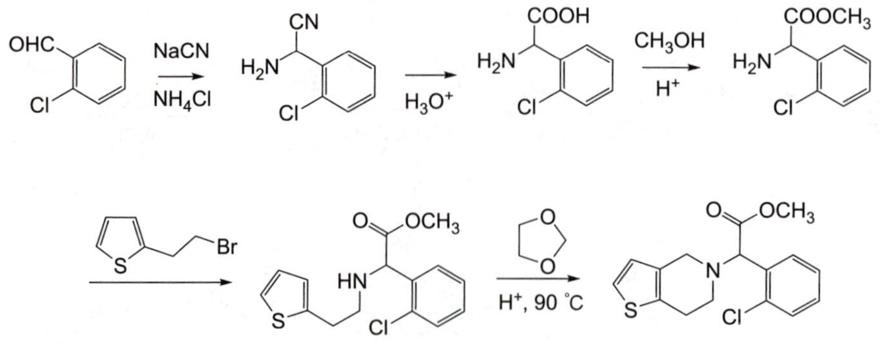

228. 解答：

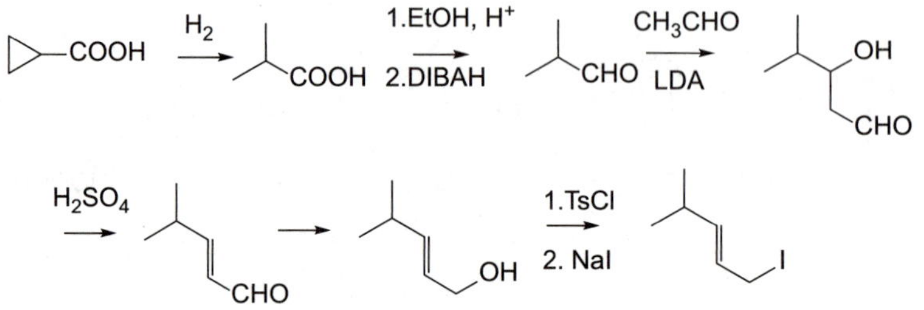

229. 解答：

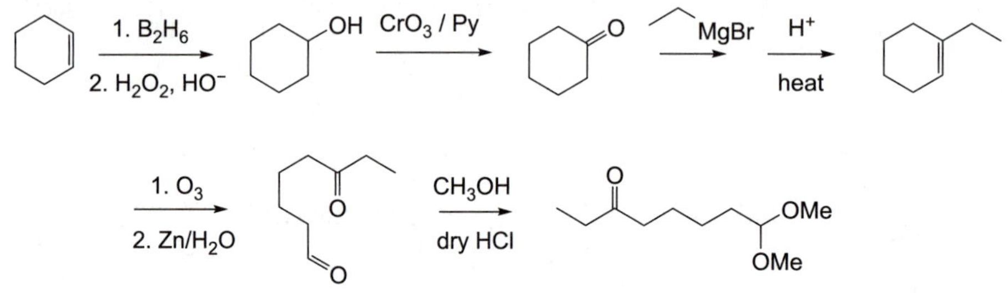

第七章　巩固篇问题解析

1. 解答：

activation of acyl chloride

trapping by vinyl silane

desilylation

95%, *E*

可以用碳正离子的 Newman 投影式解释脱硅基为什么得到 *E* 式双键：

β-Si effect

当使用末端烯烃做底物的时候，由于伯碳正离子的不稳定性，导致关成六元环，发生如下的反应：

activation of acyl chloride

trapping by vinyl silane

Meerwein rearrangement

desilylation

tautomerism

76%

2. 解答：

A 和 **B** 的结构如下：

A　**B**

反应机理如下所示：

1,2-addition retension of alkene configuration

elimination

A: $C_{13}H_{22}OSi$

3. 解答：

4. 解答：

5. 解答：

反应机理如下所示，中间体 **A** 由于邻位 C—Si 键的超共轭而稳定，中间体 **B** 由于邻位 C—H 键的超共轭而稳定。

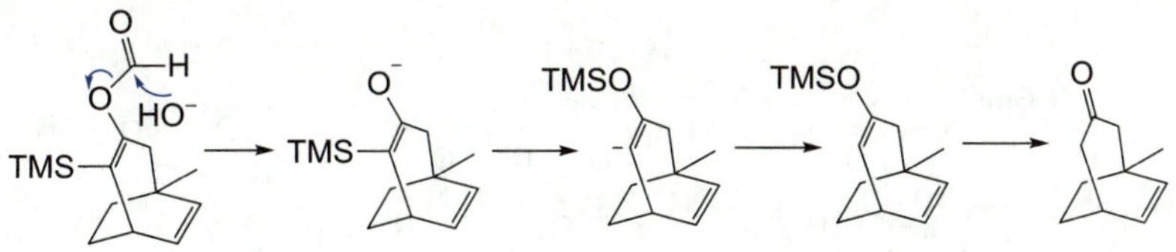
HO⁻
TMS
TMSO

6. 解答：

反应的关环选择性取决于形成碳正离子以后的相对稳定性。如下所示，**A** 比 **B** 更稳定：

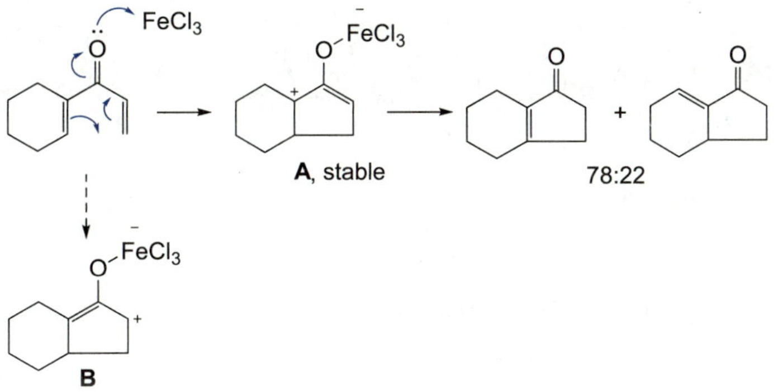
FeCl3
A, stable
78:22
B

C 比 **D** 更稳定：

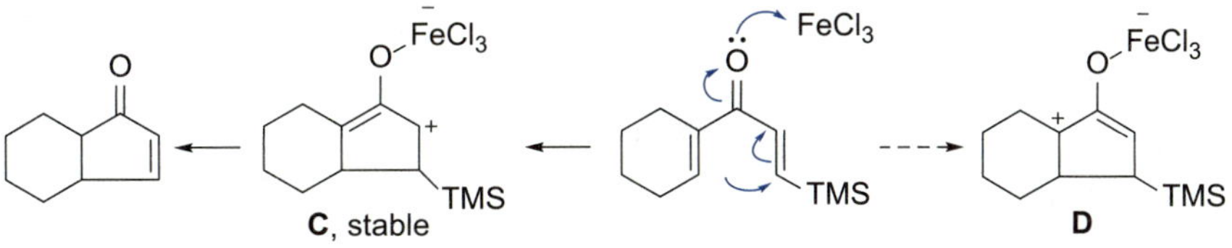
FeCl3
TMS
C, stable
D

7. 解答：

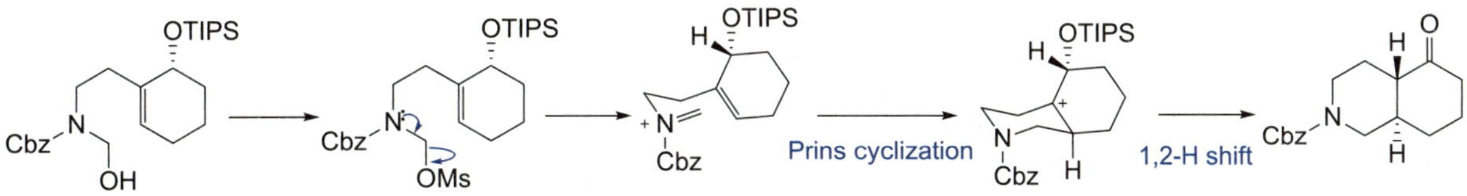
OTIPS
Cbz
OH
OMs
Prins cyclization
1,2-H shift

8. 解答：

A 的结构为：

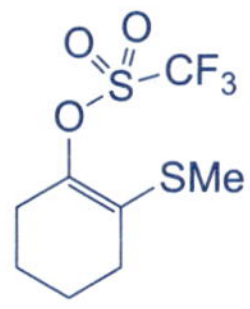
CF3
SMe

A 到产物的机理为：

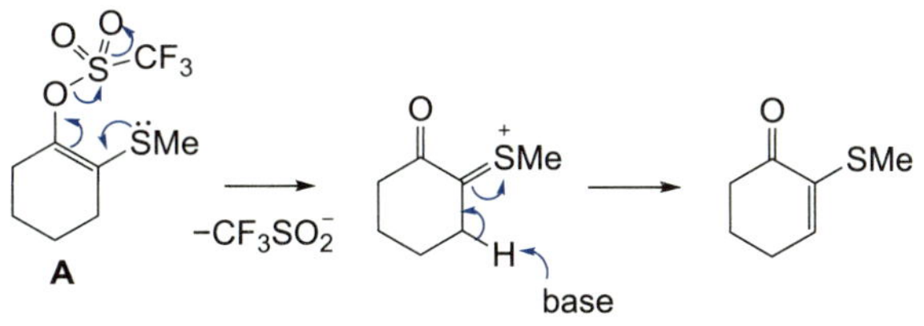
CF3
SMe
A
−CF3SO2⁻
base

9. 解答：

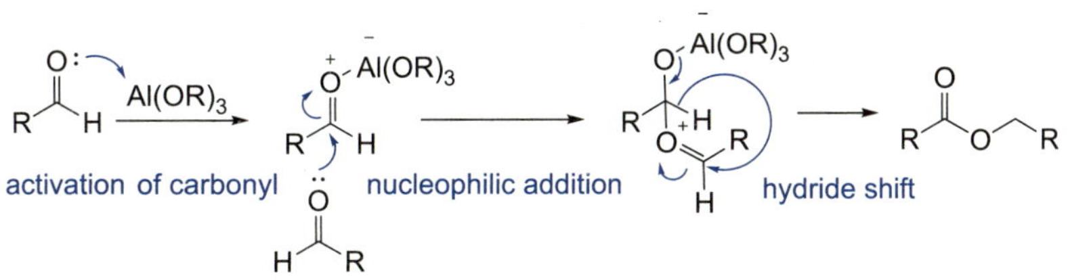
Al(OR)3
activation of carbonyl
nucleophilic addition
hydride shift

10. 解答：

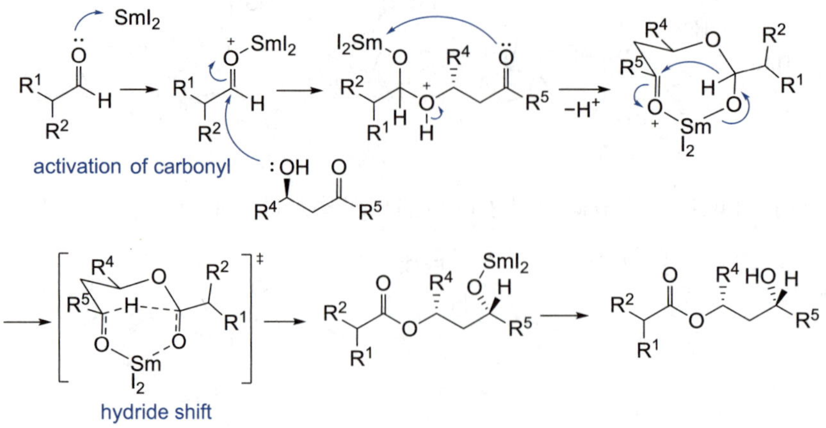

activation of carbonyl

$-H^+$

hydride shift

11. 解答：

（1）汞鎓离子的形成及其被含氧溶剂的捕获：

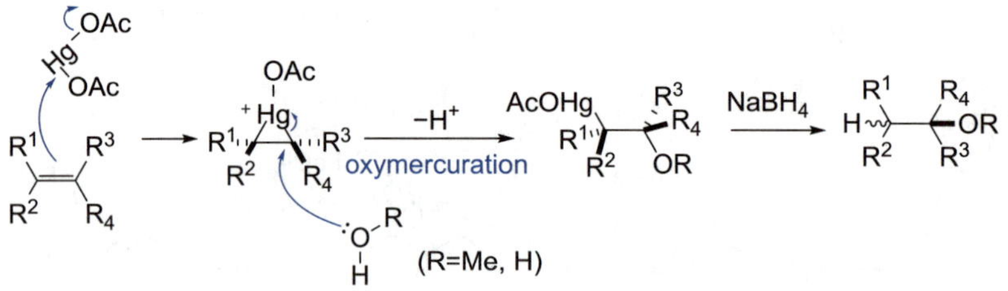

$-H^+$

oxymercuration

$NaBH_4$

(R=Me, H)

（2）化合物 **A** 和碘在甲醇中的反应机理：

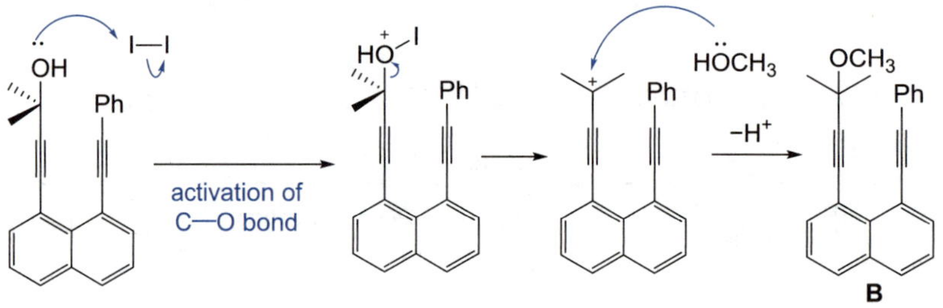

activation of C—O bond

$-H^+$

B

化合物 **A** 和碘在异腈中的反应机理：

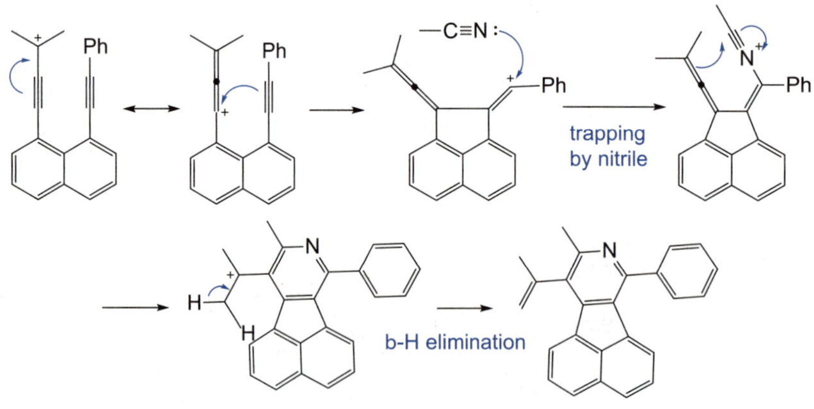

trapping by nitrile

b-H elimination

C

化合物 **A** 和碘在醚溶液中的反应机理：

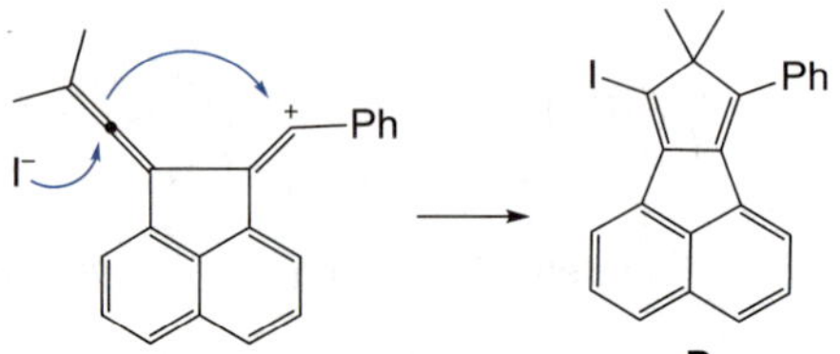

D

12. 解答：

（1）

NH_2NH_2

$-H^+$

重氮化合物中氮气分子是很好的离去基团，离去后会产生碳卡宾，孤对电子能与过渡金属配位，其空轨道能被金属原子的电子所填充，形成更为稳定的金属卡宾。

（2）

$Cu(acac)_2$, Cs_2CO_3

dioxane, 100 °C

DCE, $Cu(semicorrin)_2$

82 °C

1. NaH (1.02 equiv), PhMe

0 °C to rt, 0.5 h

2. NuH (3 equiv), $Pd_2(dba)_3$(2.5 mol%)

PTC (5 mol%), CO, ballon, 60°C

13. 解答：

cat.$Rh_2(OAc)_4$

1,3-dipolar cycloaddition

14. 解答：

PhI, CO_2

homolytic cleavage

I_2

$-I\cdot$

15. 解答：

（1）**6, 7** 和 **8** 的结构：

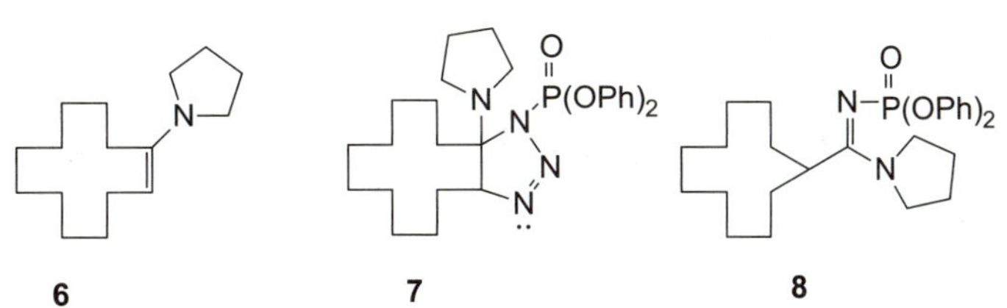

（2）**7** 到 **8** 的机理：

N P(OPh)$_2$ −N$_2$

16. 解答：

当 R[1] 是异丙基时：

TMS—Br H$^+$ electrophilic addition Br R^1 MeO O In$_3^+$ LA-midated D-A

R^1 1,4-conjugated addition Br H COOMe

O OMe D-A MeOOC H Br R^1 H COOMe

17. 解答：

Aldol reaction deprotection

vinylogous retro-aldol single bond rotation aldol reaction

protonation H-OMe 1,4-addtion tautomerism

18. 解答：

19. 解答：

20. 解答：

21. 解答：

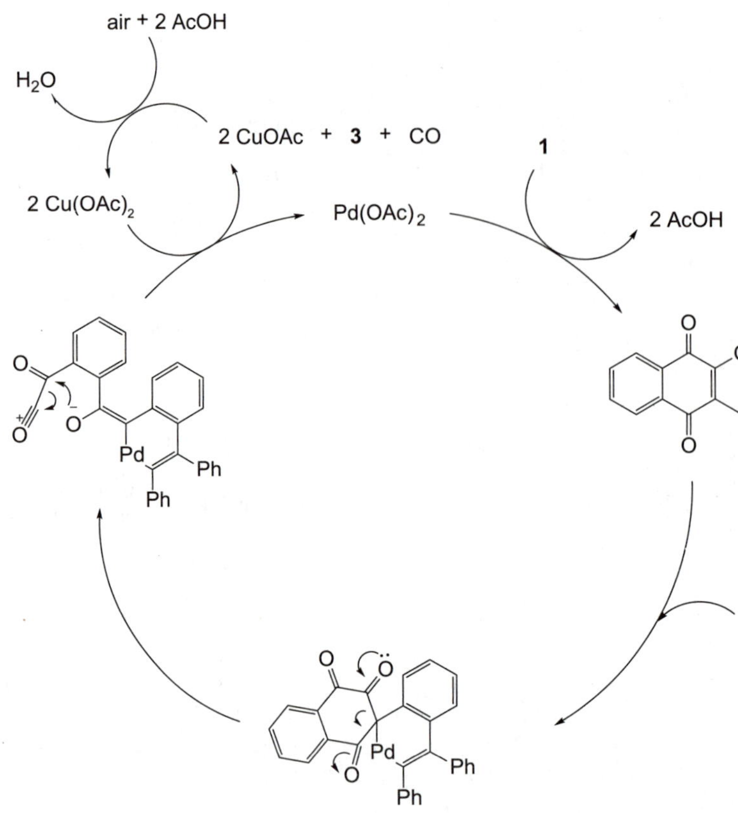

air + 2 AcOH
H_2O
2 CuOAc + **3** + CO
2 $Cu(OAc)_2$
$Pd(OAc)_2$
1
2 AcOH
Ph
Ph
2

22. 解答：

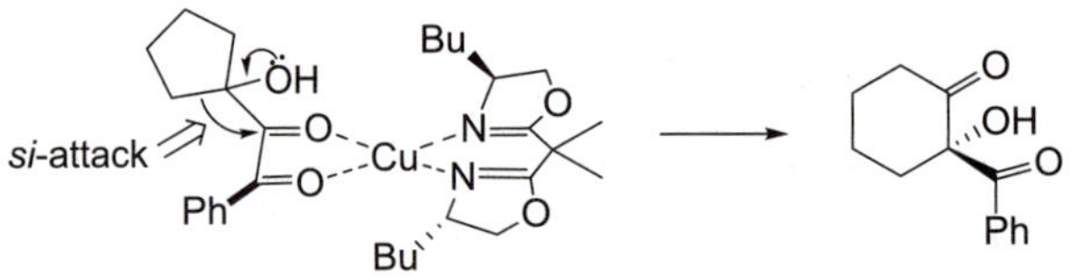

si-attack

23. 解答：

机理：

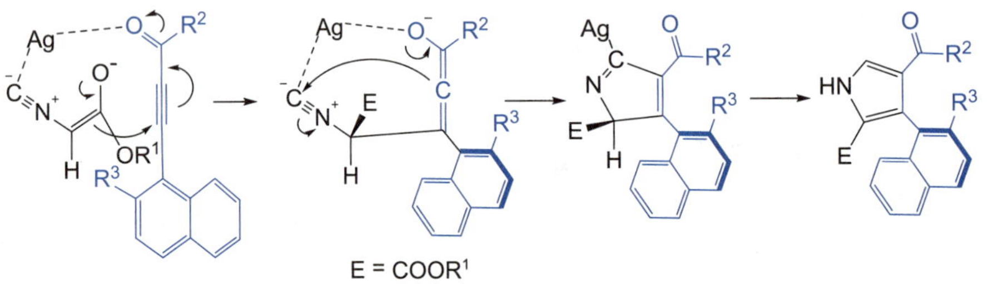

E = COOR[1]

合成：

Ag$_2$O (10 mol%)
4(20 mol%)
K_3PO_4
THF:TBME = 1:4
5Å MS, 273 K

MeI
K_2CO_3

MeSO$_2$Cl
NaOH, MeOH
Et_3N

Pd(OTf)$_2$, Bu$_4$NOAc

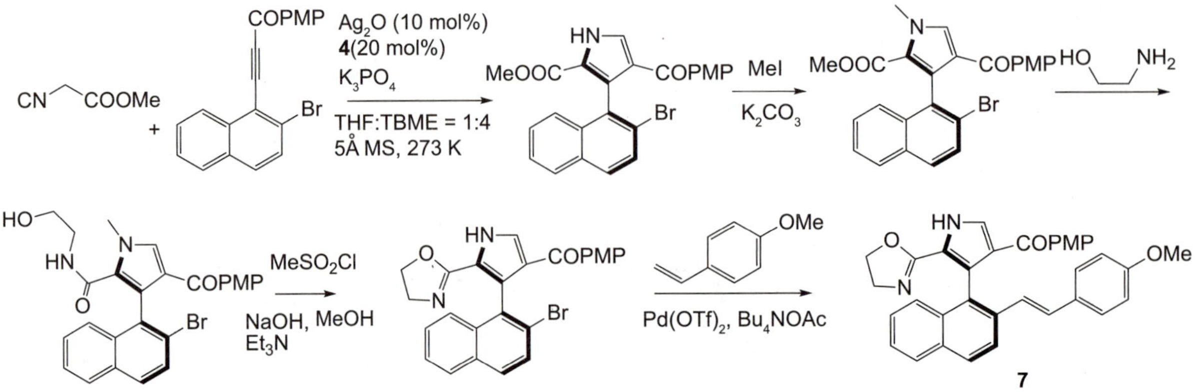

7

24. 解答：

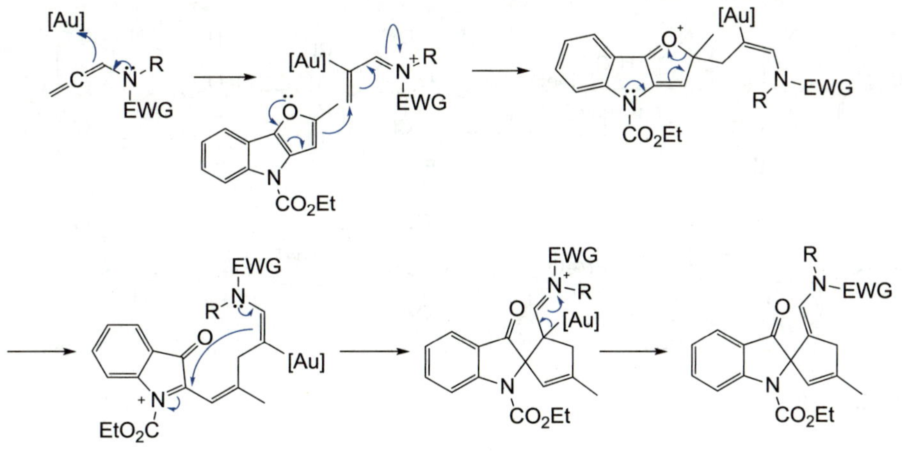

25. 解答：

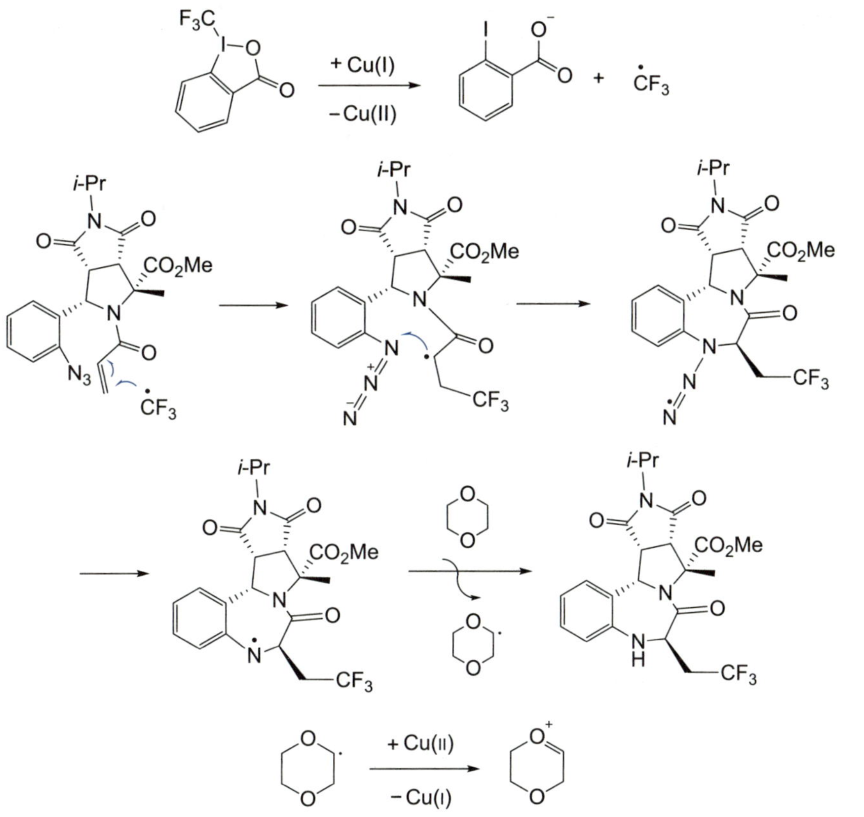

二氧六环不仅是溶剂而且提供氢形成产物，给出电子还原 Cu（Ⅱ）到 Cu（Ⅰ），完成催化循环。

26. 解答：

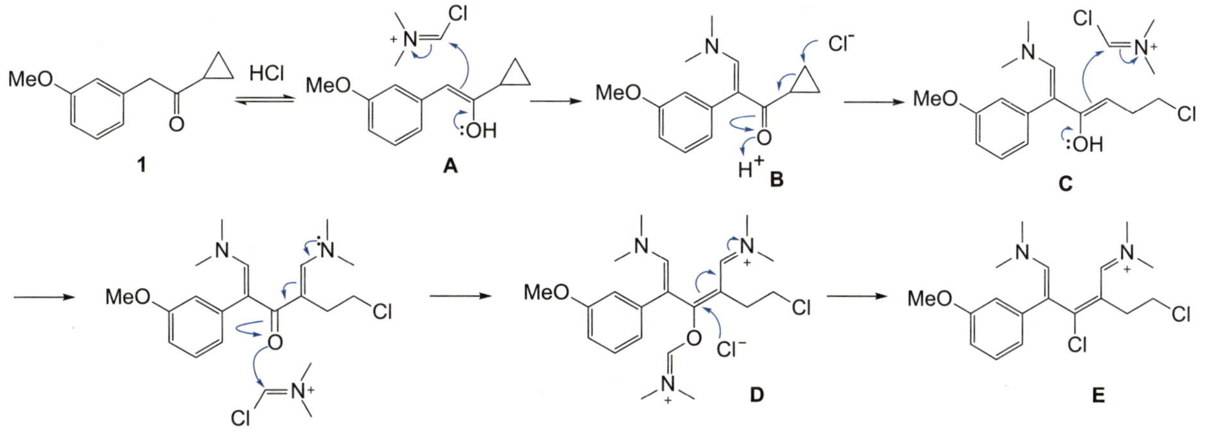

从 **E** 生成 **2** 的机理为：

H_2O

80~100℃

E

F

2, 69%

从 **E** 生成 **3** 的机理为：

120~135 ℃

Friedel-Crafts reaction

E

H

H_2O

3, 78%

27. 解答：

（1）非正常 Beckmann 重排的发生，取决于消除形成 C≡N 叁键的一步能不能形成稳定的碳正离子。

$-HCl$

$-POCl_3$

stability of tertiary carbocation

（2）反应机理为：

$-AcO^-$

$-Ac_2O$

H_3O^+

28. 解答：

（1）可能的机理为：

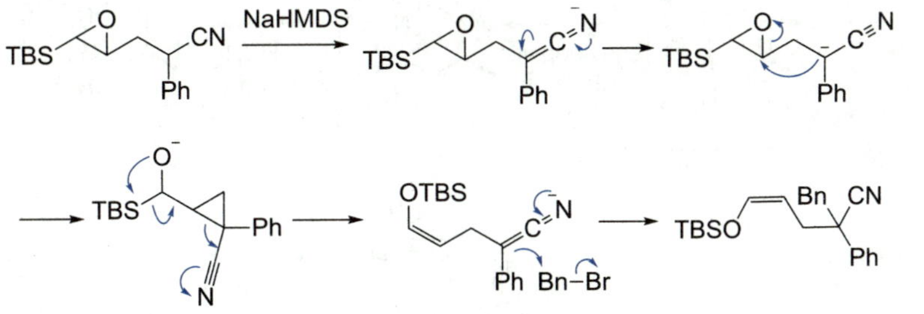

（2）反应过程如下所示：

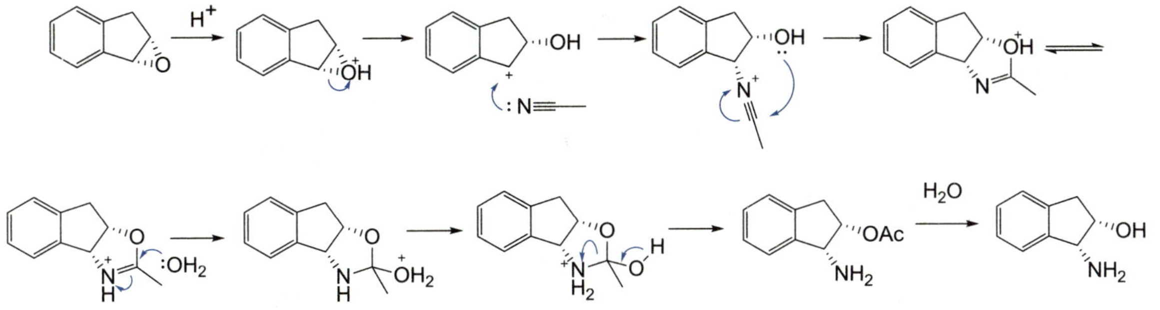

29. 解答：

（1）热条件下，发生 ene 反应：

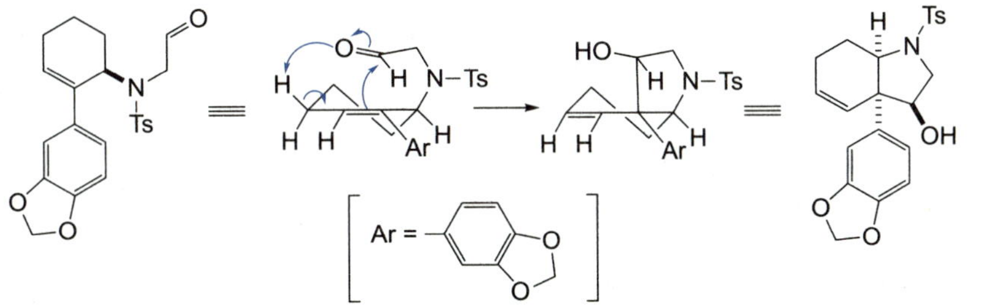

（2）在 Lewis 酸催化下，倾向于进行 Prins 反应，生成稳定的苄基正离子。与此同时，氮的参与发生进一步的重排反应：

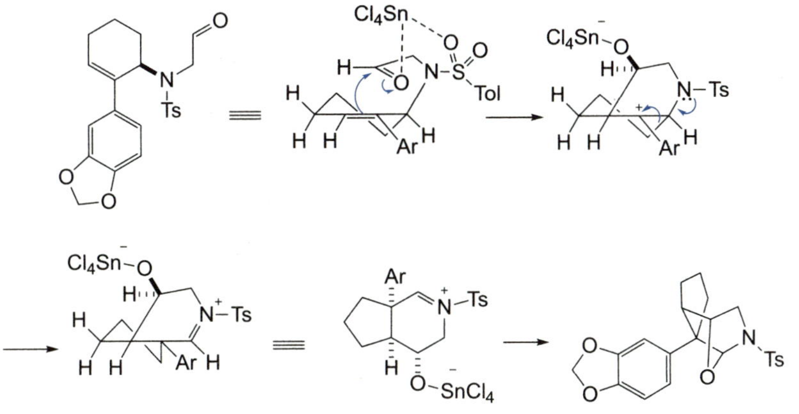

30. 解答：

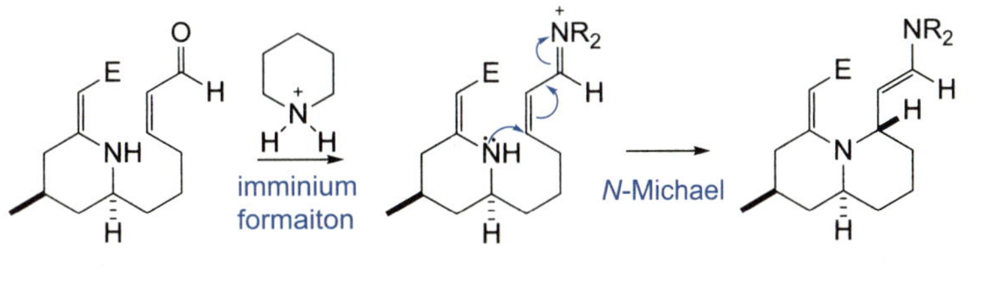

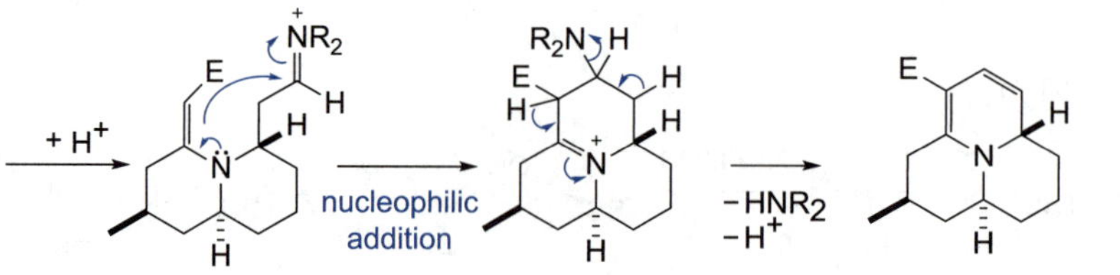

第二步进攻的时候具有非对映选择性：

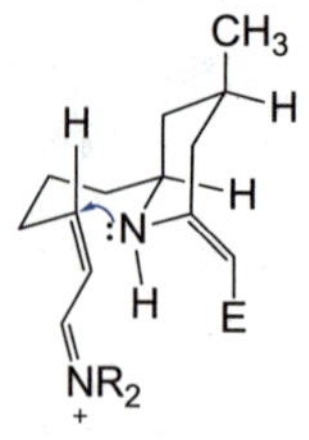

31. 解答：

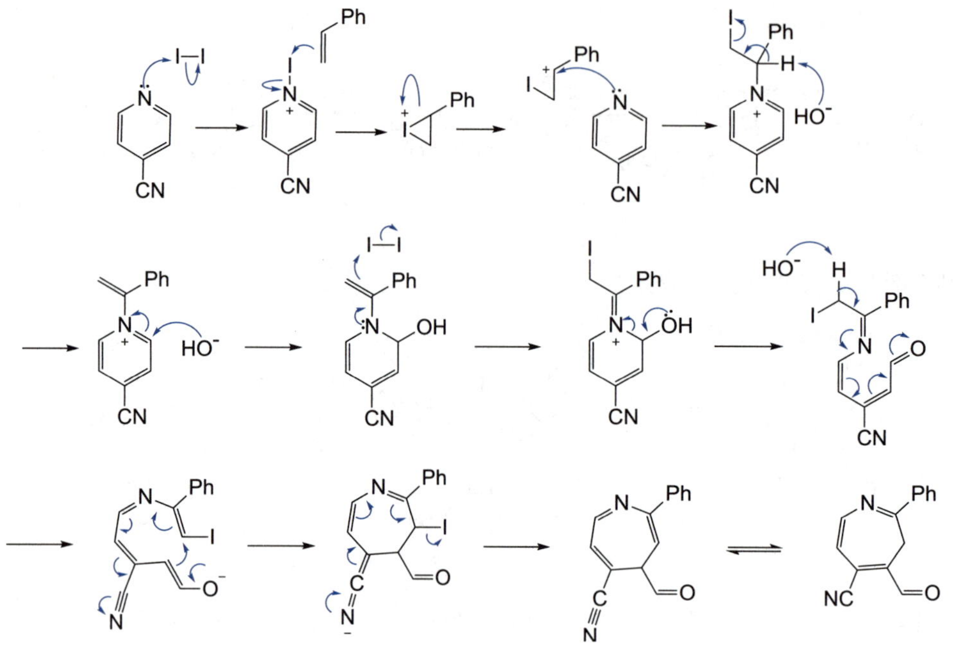

32. 解答：

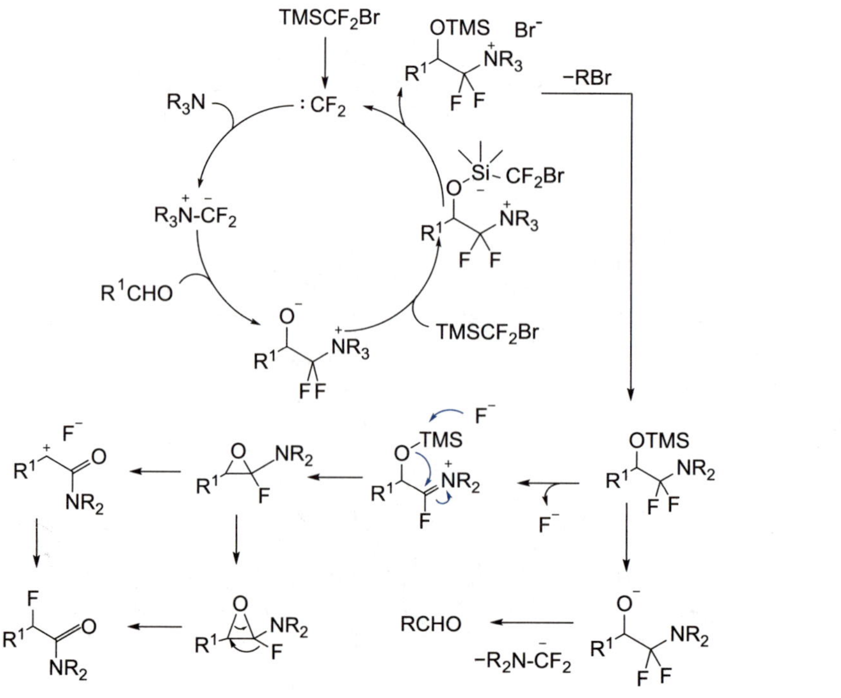

33. 解答：

（1）中间产物 **A** 的结构为：

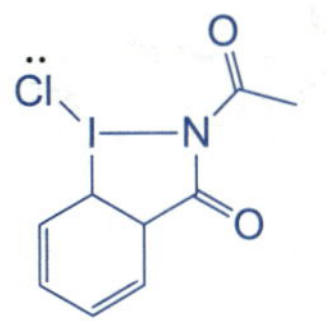

（2）反应的机理为：

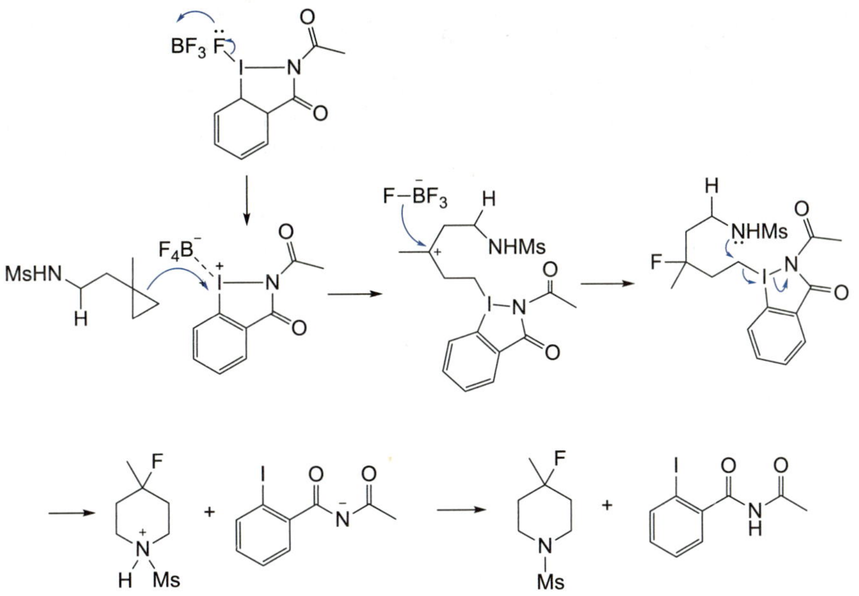

34. 解答：

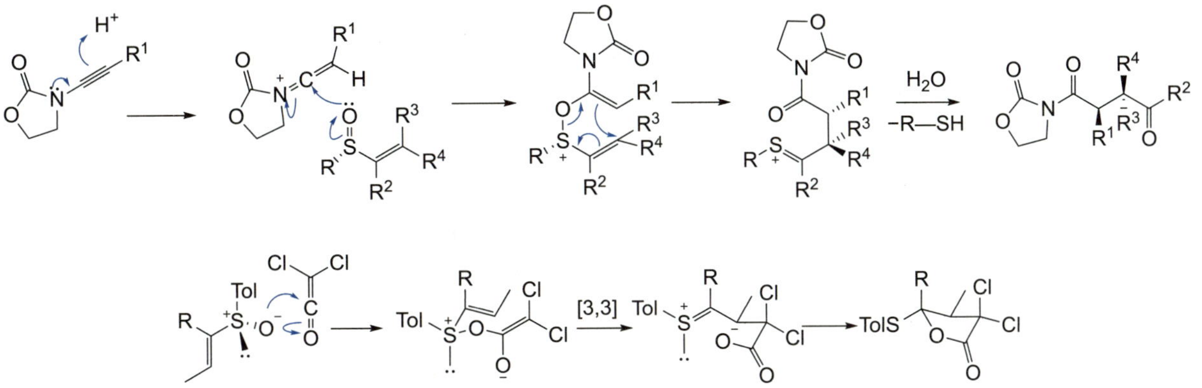

35. 解答：

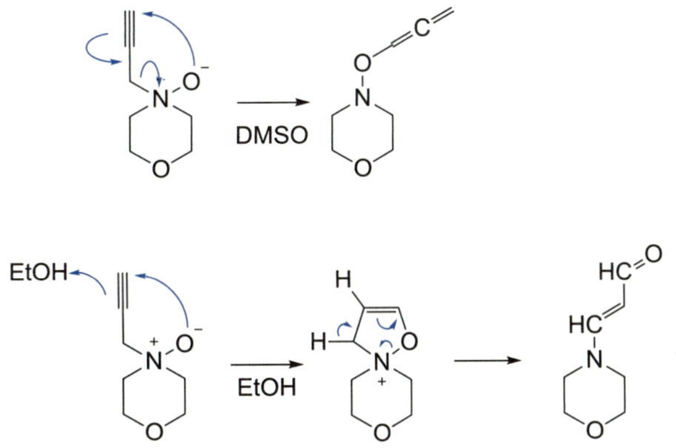

36. 解答：

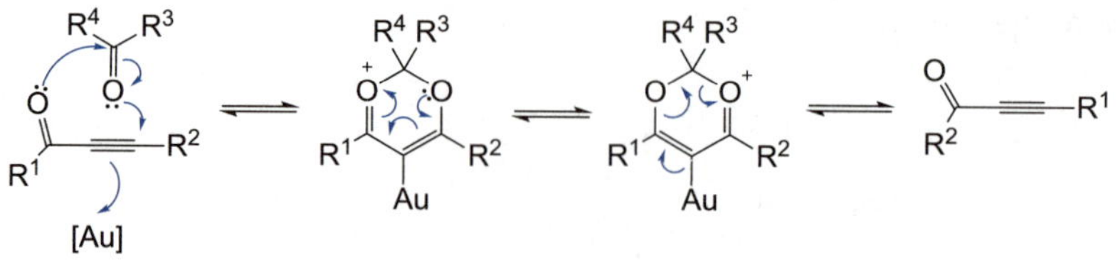

37. 解答：

2 到 **3** 的机理如下：

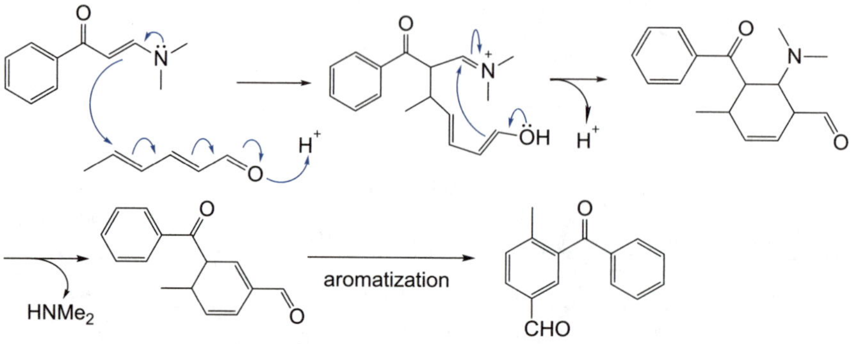

H^+

H^+

$HNMe_2$

aromatization

CHO

3 到 **4** 的机理如下：

$-HCl$

P.T.

$-H_2O$

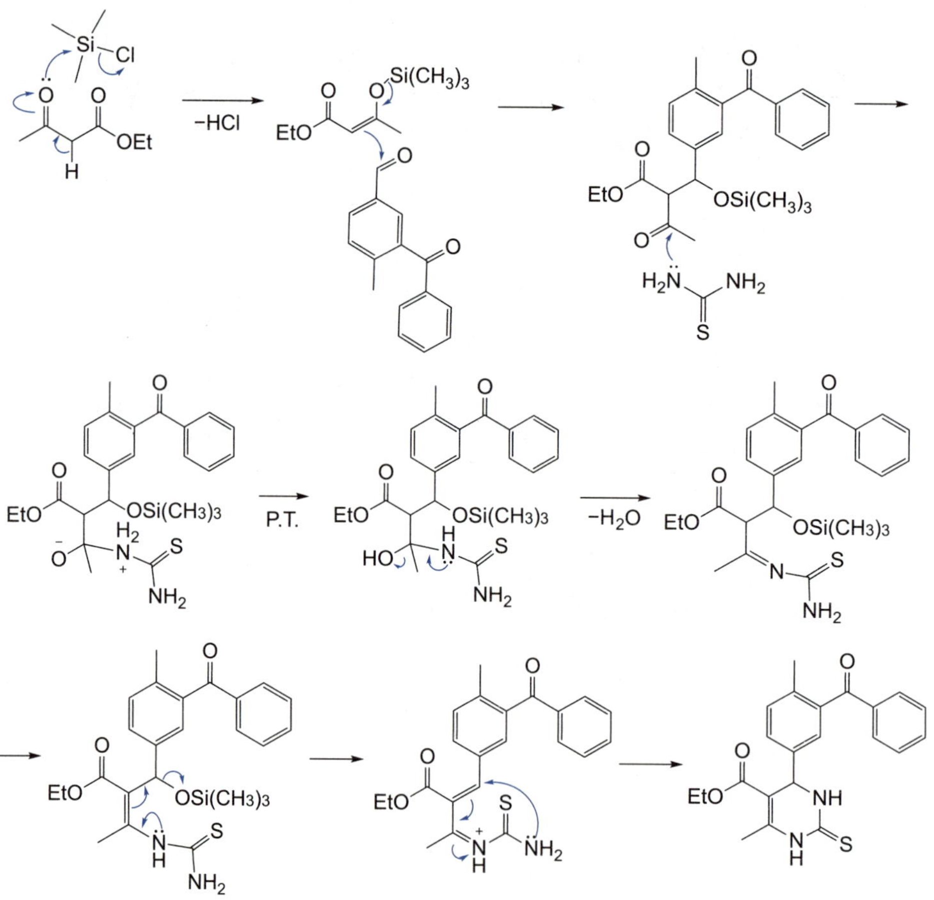

38. 解答：

A 的结构为：

由化合物 **3** 转变成化合物 **4** 的可能机理：

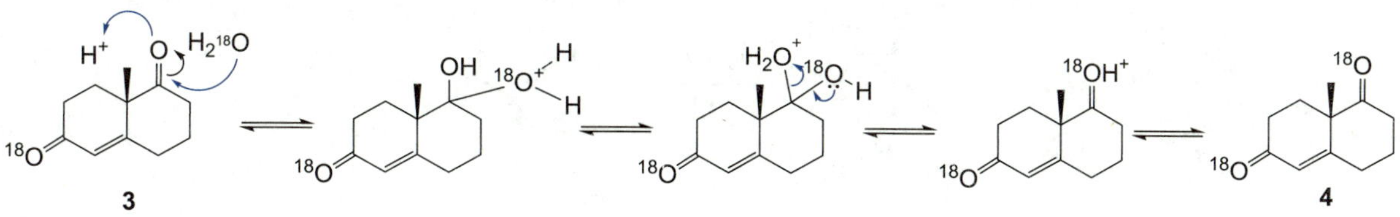

39. 解答：

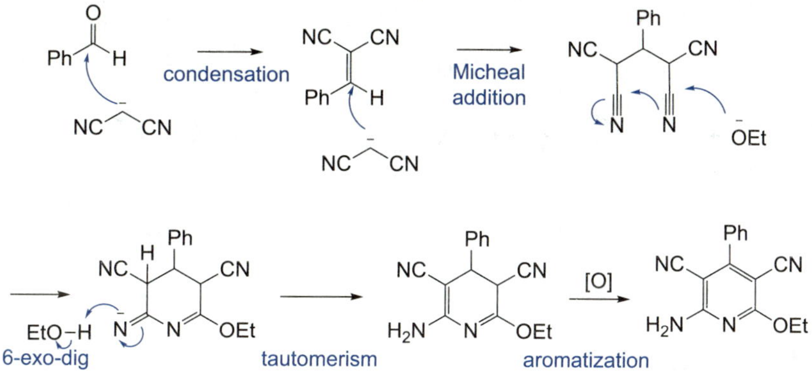

丙二腈中活泼亚甲基上的 H 具有较强的酸性，在乙醇中的弱电离可以去质子化；结构中的氰基性质也很活泼，易被亲核加成。反应从缩合开始，经过 Michael 加成、亲核试剂（乙醇）促进下的 6-exo-dig 关环，最后芳构化得到 2-氨基吡啶衍生物。此类化合物大多具有生理及药理活性，在工农业生产上发挥了重要的作用。当亲核试剂分别是甲胺、二甲胺和甲醇时，能得到如下的产物：

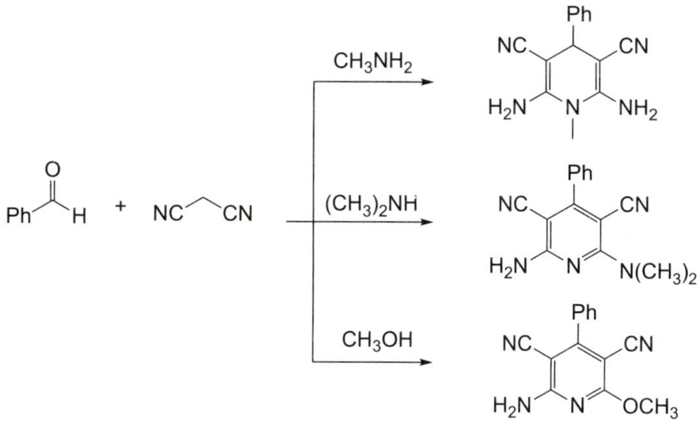

40. 解答：

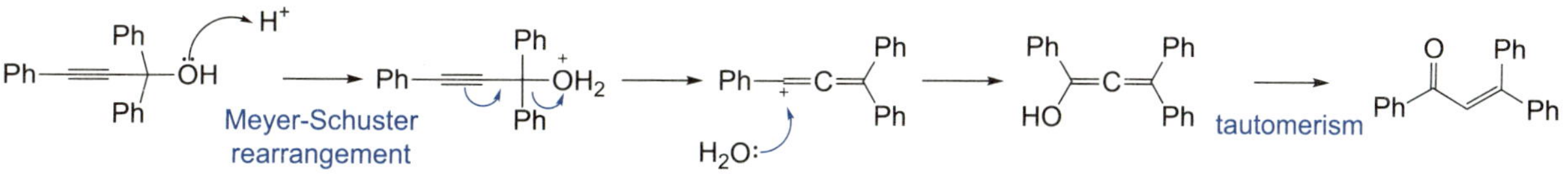

当炔丙醇含有 α-H 时，反应通过烯炔中间体进行：

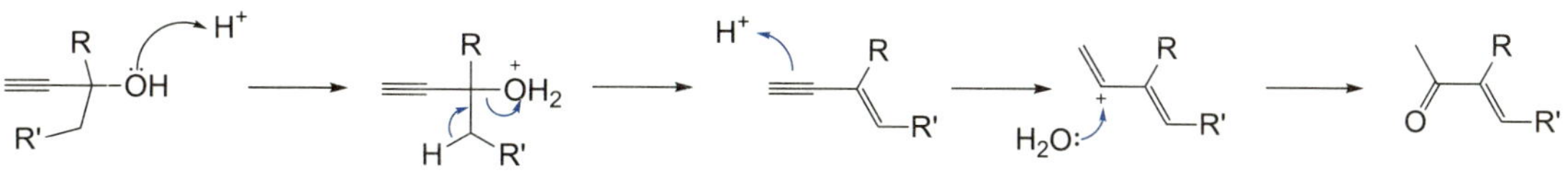

本反应可用于复杂分子的合成。例如，应用本反应合成紫杉醇的一个片段的过程中，得到了单一的、热力学控制的 *E*-烯烃。

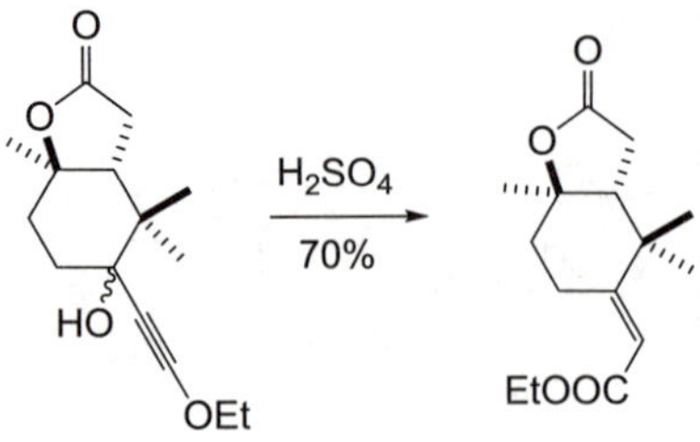

E-烯烃的形成机理为：

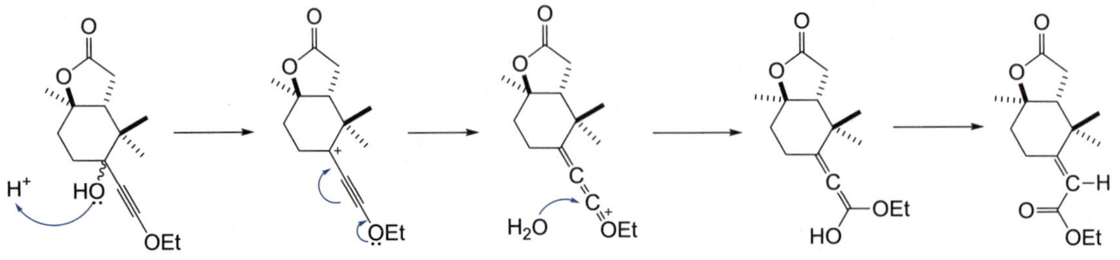

41. 解答：

（1）化合物 **A** 和 **B** 的结构为：

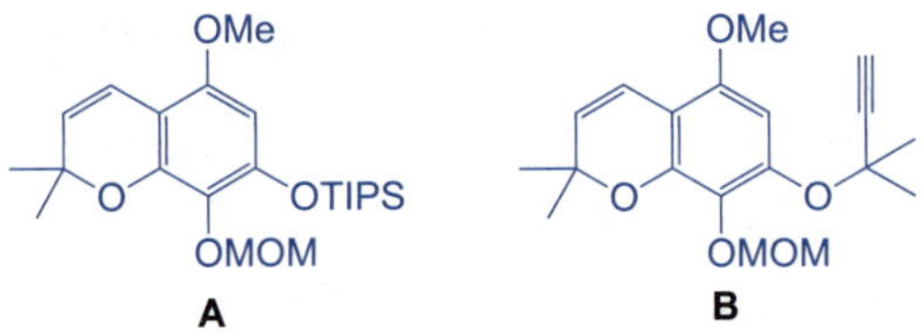

A **B**

c 的反应条件为：H_2, Lindlar 催化剂。

（2）脱去硅基保护基，TBAF 可提供自由的氟负离子作为亲核试剂进攻硅原子，从而使碳硅键断裂，属于 S_N2 亲核取代反应。

（3）根据反应条件，第一步是热反应条件，底物结构适合做一个 [3,3] 重排，恢复芳环结构得到联烯取代的苯酚衍生物。酚有一定的酸性，关环后得到中间产物 **A**。第二步是在 TBAF 的作用下脱去硅基，并在 LA 酸的作用下完成 O-炔丙基化。**B** 和最终产物相比较，炔丙基的位置发生变化，可以通过 [3,3] 重排实现，不饱和度发生变化，可以通过还原实现。所以，反应机理为：

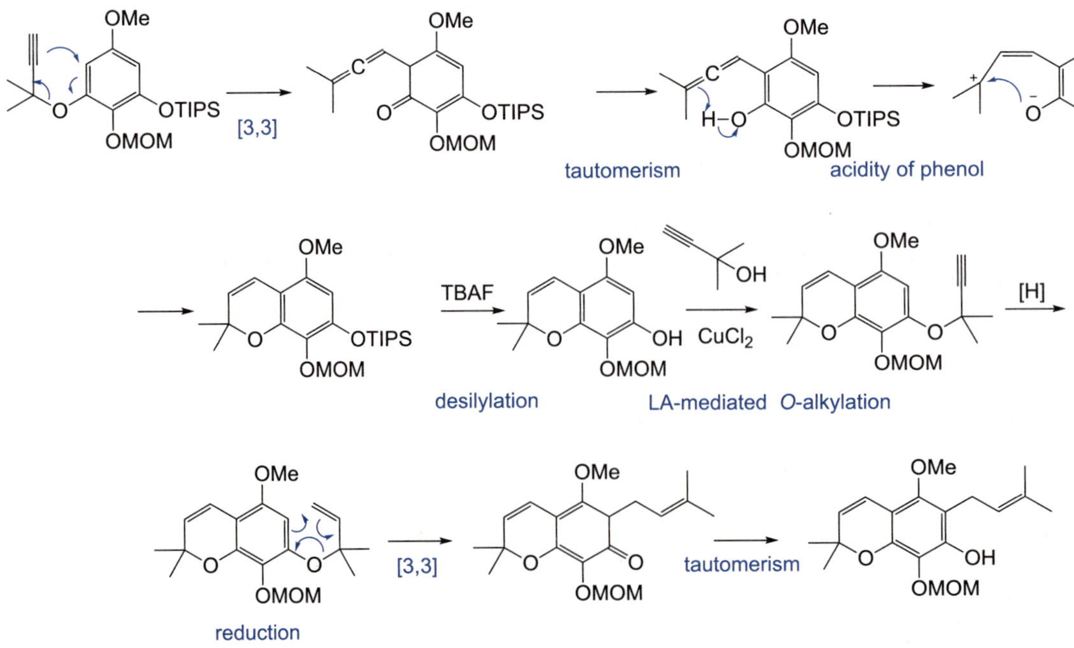

42. 解答：

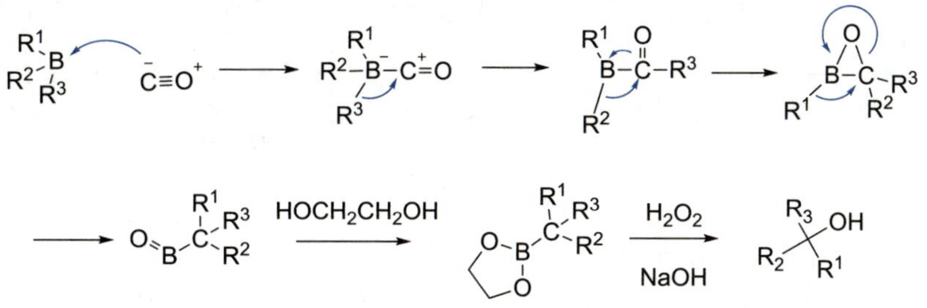

从原料和产物的结构进行比较分析，把硼原子换成碳原子，这个碳原子来自于一氧化碳。

从硼烷和一氧化碳的结构和反应性着手，得到 Lewis 酸碱加合物，发生一系列的烷基迁移到缺电子性碳原子上，得到中间体：

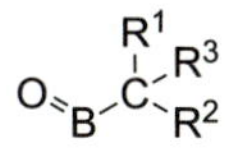

反应在乙二醇中进行，乙二醇直接捕获硼氧化物成五元环。若在水中进行，硼氧化物会生成难以氧化的聚合体。这个反应比较实用，通过烯烃与乙硼烷的定量反应可以制备不对称硼烷，并应用于制备不对称叔醇。

43. 解答：

A 的结构为：

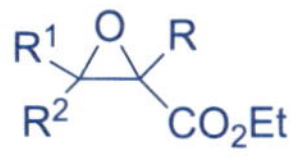

反应机理为：

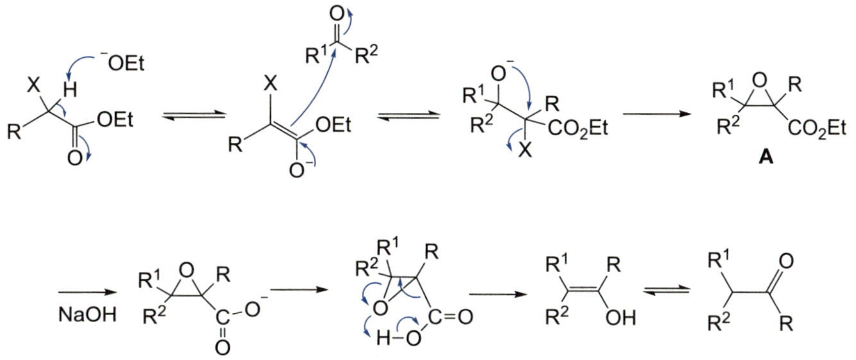

第一步是 Darzen 反应，α-卤代酯和羰基化合物在碱性条件下得到 α,β-环氧酯 **A**。碱性条件下酯水解、酸化脱羧，最后生成羰基化合物。此反应的巧妙之处在于 α,β-环氧酸经过六元环过渡态的脱羧，β-紫罗兰酮制备维生素 A 的过程中有一中间体的合成用到了此反应：

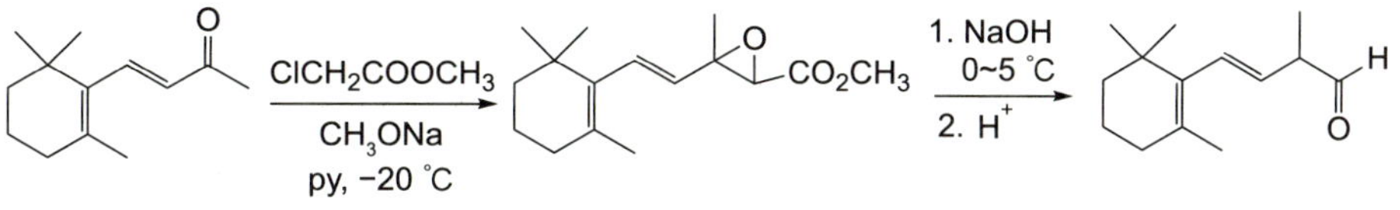

44. 解答：

这个反应使用催化量的 HCl，从交叉亚硝基化产物来看，亚硝基正离子是反应的活泼中间体。反应从 *N*-亚硝基的质子化开始，得到 ClNO 活泼中间体（亚硝基正离子的等当体），其被芳胺所捕获，经芳香亲电取代得到最后亚硝基化的产物：

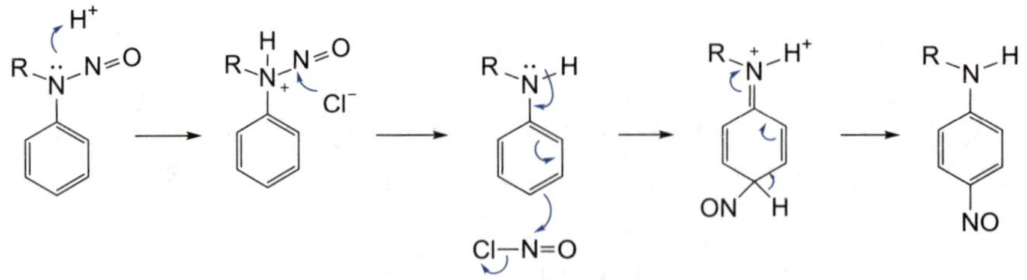

此方法可以实现二芳胺的亚硝基化，如偶氮类燃料的合成：

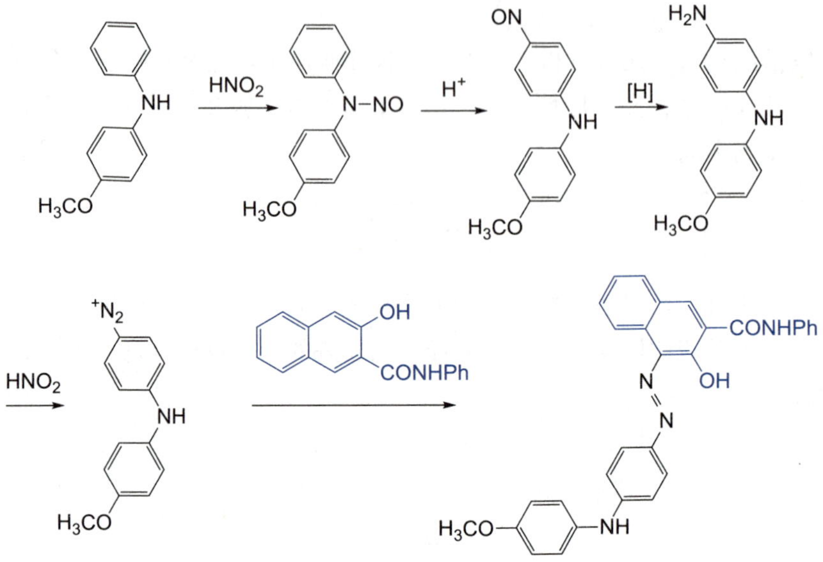

45. 解答：

（1）叠氮酸首先质子化羰基氧原子，接着发生叠氮根亲核进攻，质子化后失水，R 基团向缺电子的氮原子迁移重排，同时伴随氮分子离去，形成 Ritta 盐。重排后，水亲核进攻，接着互变异构后得到酰胺。

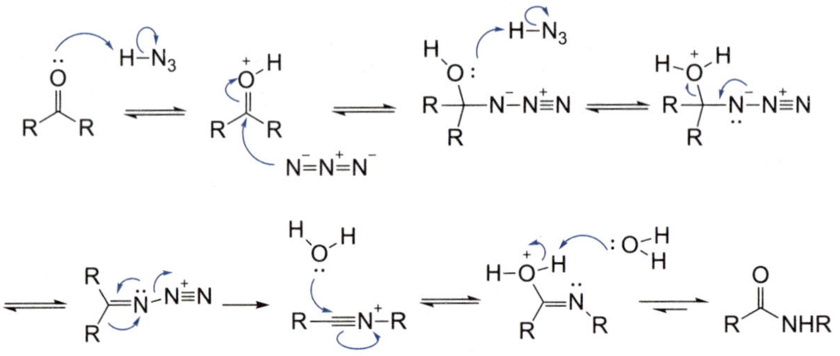

（2）烯基叠氮化物质子化也将得到酰胺：

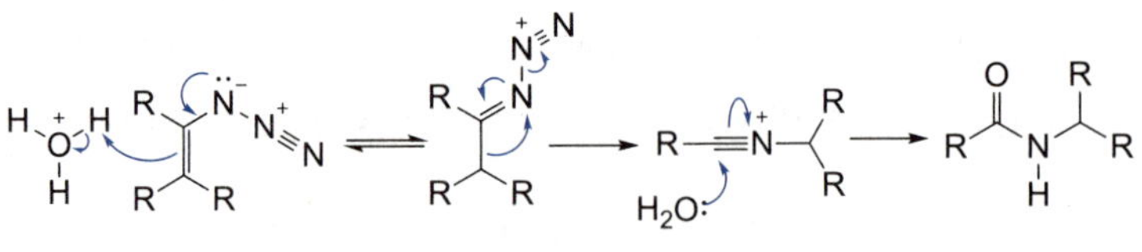

（3）Curtius 重排的反应机理：

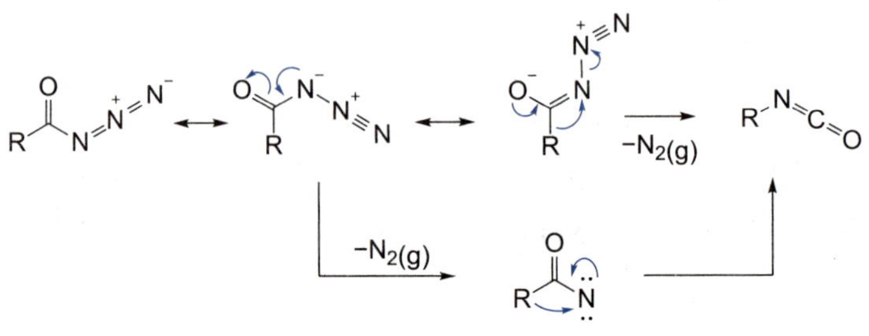

46. 解答：

Mannich 反应的机理：

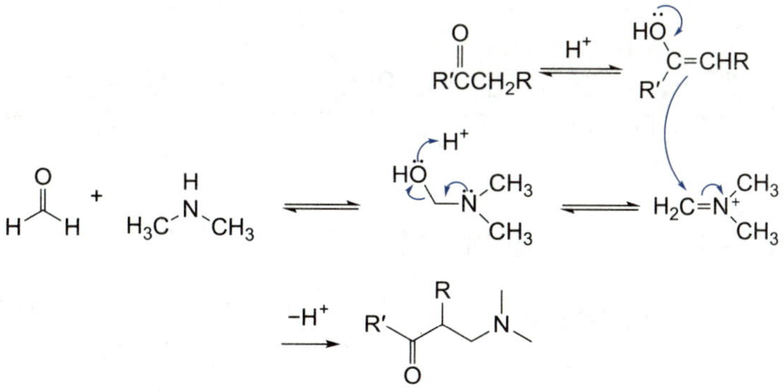

Pictet–Spengler 反应的机理：

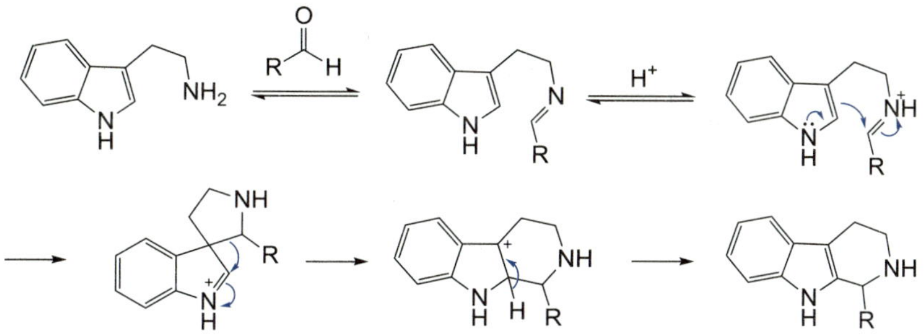

他达那非合成路线：

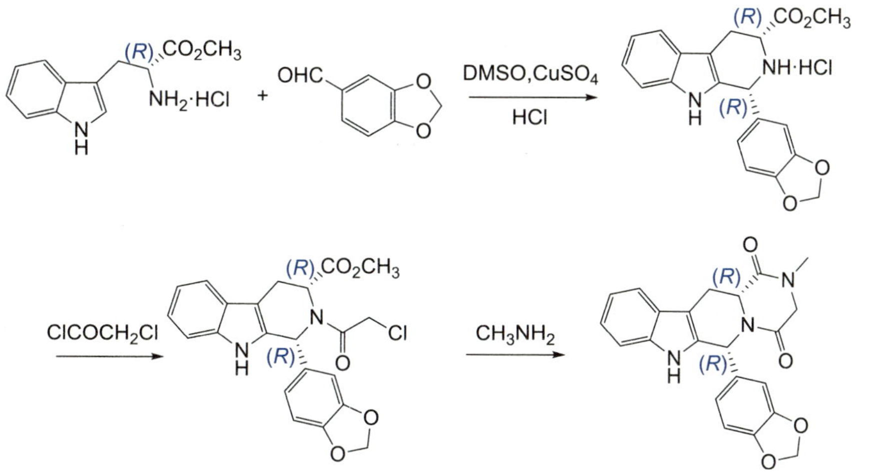

他达那非合成机理：

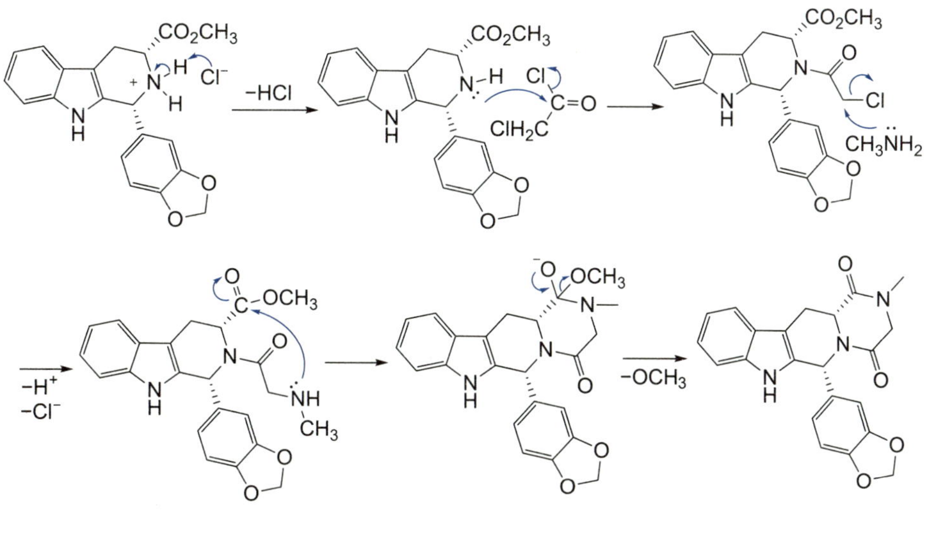

47. 解答：

中间产物 A 的生成是不容置疑的，通过两次的亲核加成-消除得到硫代碳酸脂 **A**：

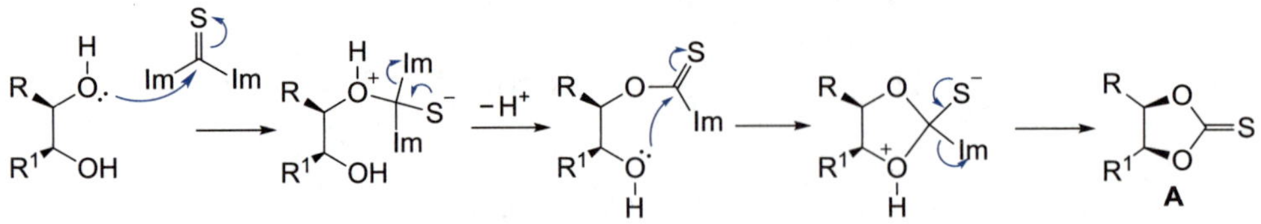

A 在三甲氧基膦作用下经过磷叶立德中间体得到烯烃：

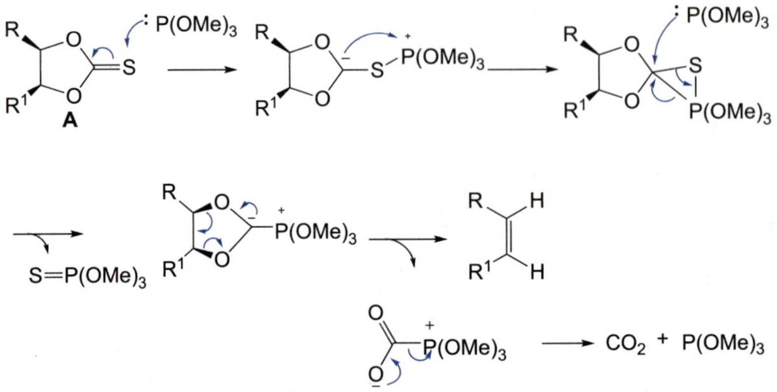

此反应的特点是立体专一性，消除一步是经过五元环状过渡态的顺式消除，得到高产率的顺式烯烃；若底物的立体化学不同，也可以得到反式烯烃。因此，此反应可用于张力大的烯烃、反式中环烯烃的合成，也用于实现烯烃顺反构型的相互转化。改进方法是用硫光气代替硫羰基二咪唑，使反应温度降低很多，温和的条件使带有多种官能团的复杂分子也可应用。Corey-Winter 反应在糖化学的官能团转化中也有着重要作用：

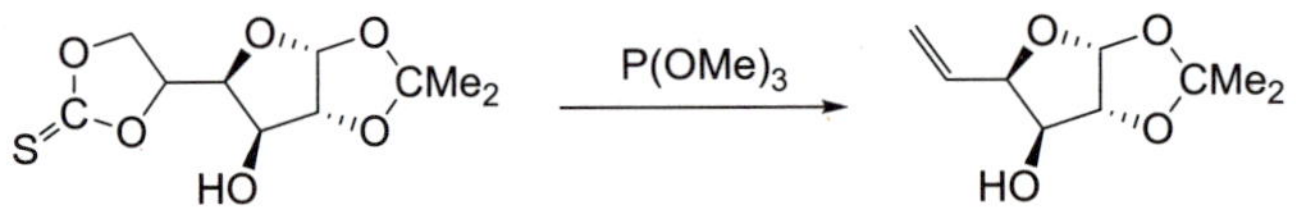

48. 解答：

反应经过 Claisen 重排，再进行 Diels-Alder 反应。通过串联反应，直接构成了目标所需的笼状骨架分子。**A** ～ **D** 的结构为：

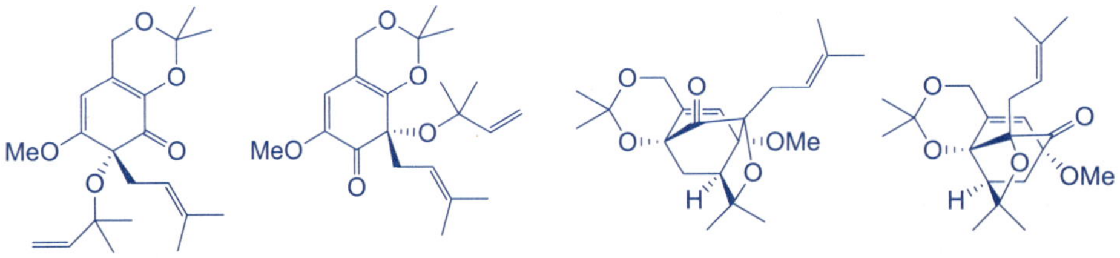

49. 解答：

（1）**C** 和 **D** 的结构式分别为：

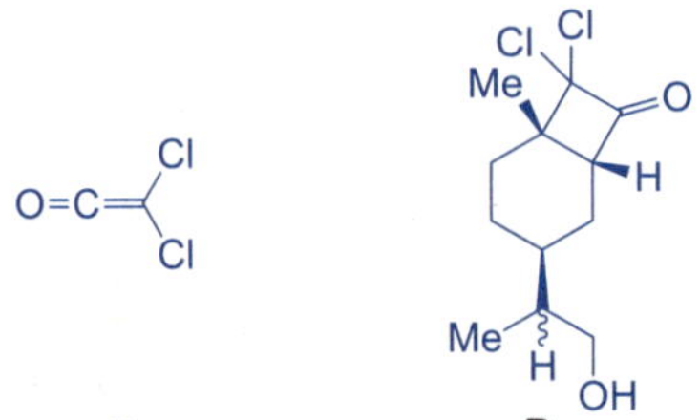

（2）**D** 到 **B** 的机理：

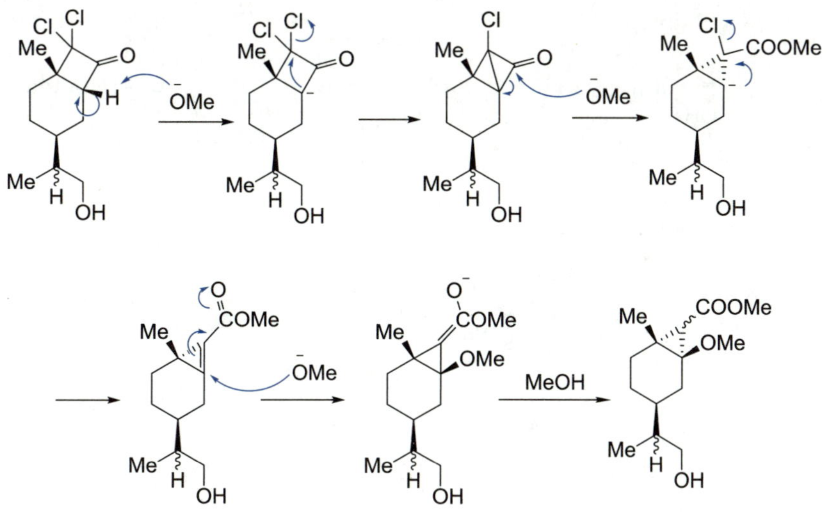

（3）**B** 中甲氧基和相邻的甲基呈顺式，这是因为三元环并六元环只能采取顺式构象。

50. 解答：

第一步是活泼亲电中间体 **A** 的生成：

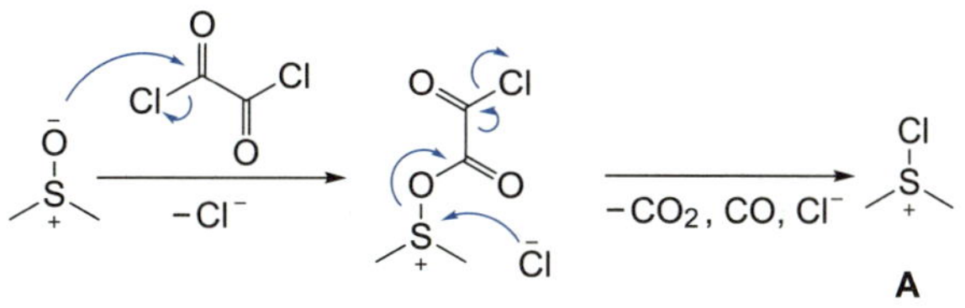

第二步是吖丙啶的氧化：

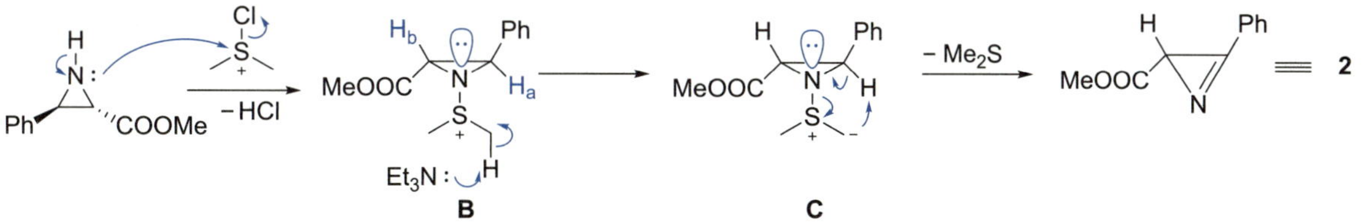

这个反应是 Swern 氧化，决速步骤是分子内质子转移消除二甲硫醚的一步。氮原子构型的翻转是迅速的，苯基和 COOMe 处于反式，使得吖丙啶环两个面的位阻是不同的，苯基比 COOMe 的位阻更大。故 Me_2S^+ 基团与 COOMe 处于同侧，经过五元环状过渡态消除苯基的 α-氢，得到 **2**。

51. 解答：

（1）**A**、**B** 的结构分别如下：

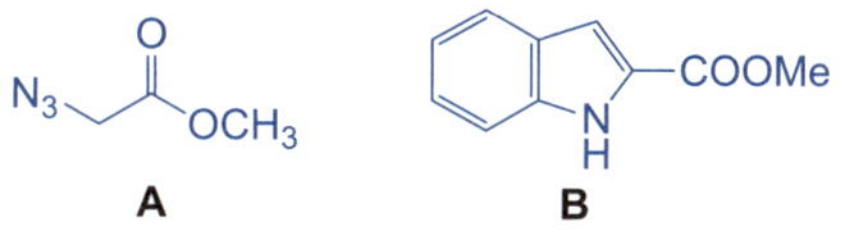

（2）机理如下：

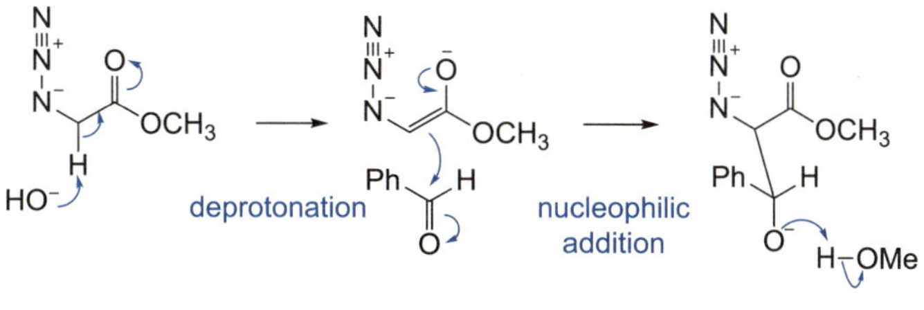

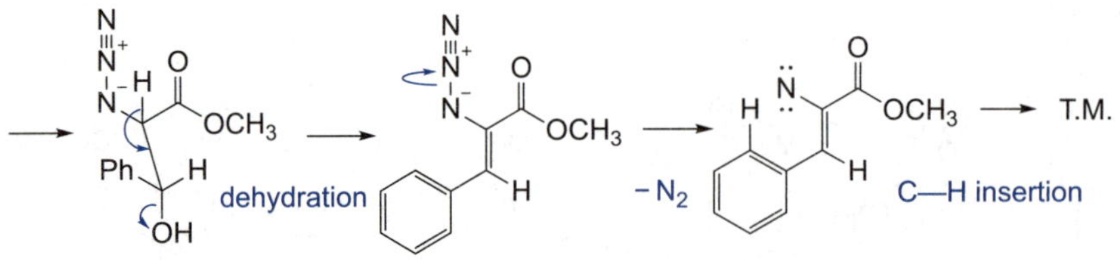

dehydration

$-N_2$

C—H insertion

T.M.

52. 解答：

（1）**A** 和 **B** 的结构分别为：

A **B**

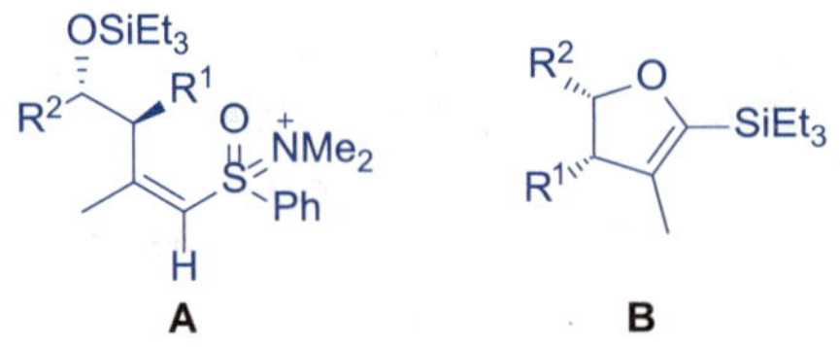

（2）从离去基团可以推断甲基化发生在氮原子上，强碱的作用夺得有一定酸性的质子，同时引发亲电环化，最后亚磺酰胺离去，发生硅基的迁移。机理如下所示：

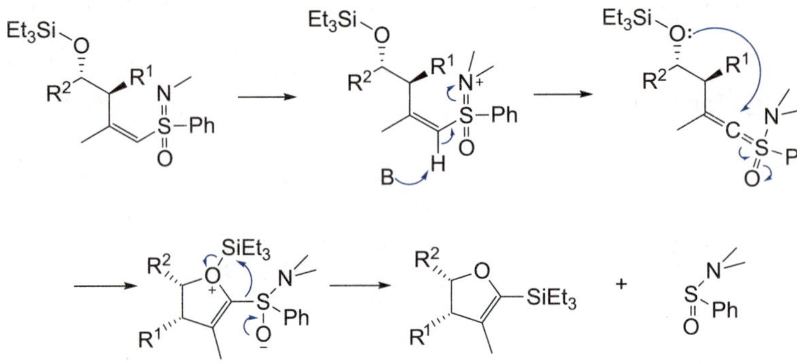

53. 解答：

（1）**A** 和 **B** 的结构分别为：

A **B**

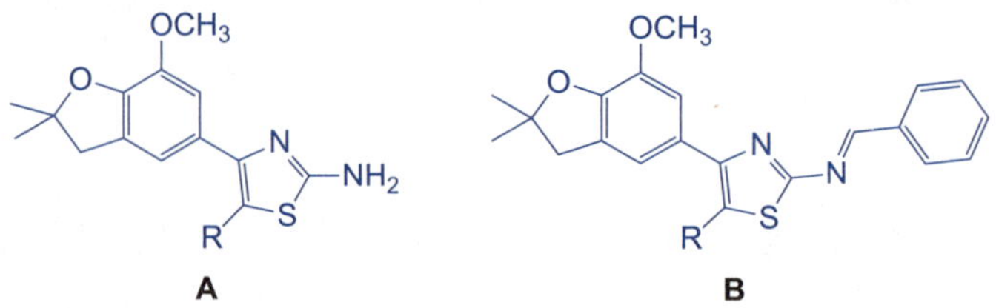

（2）底物中有两个缺电子中心，硫脲中有三个给电子中心。反应的机理为：

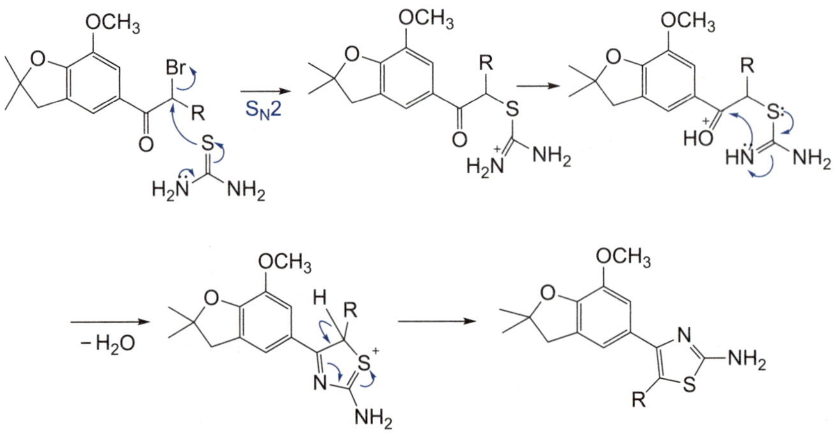

S_N2

$-H_2O$

54. 解答：

A 和 **B** 的结构分别为：

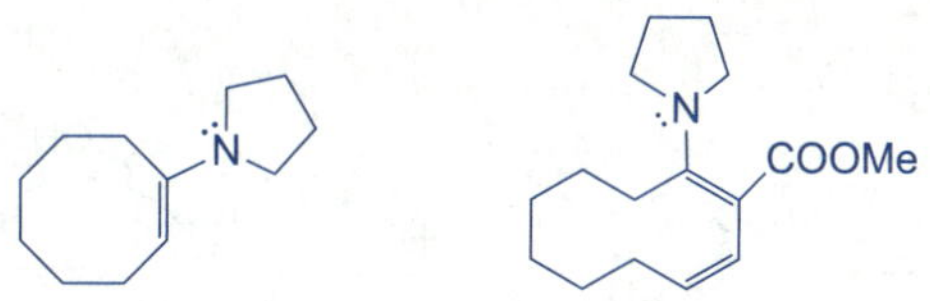

反应机理如下：

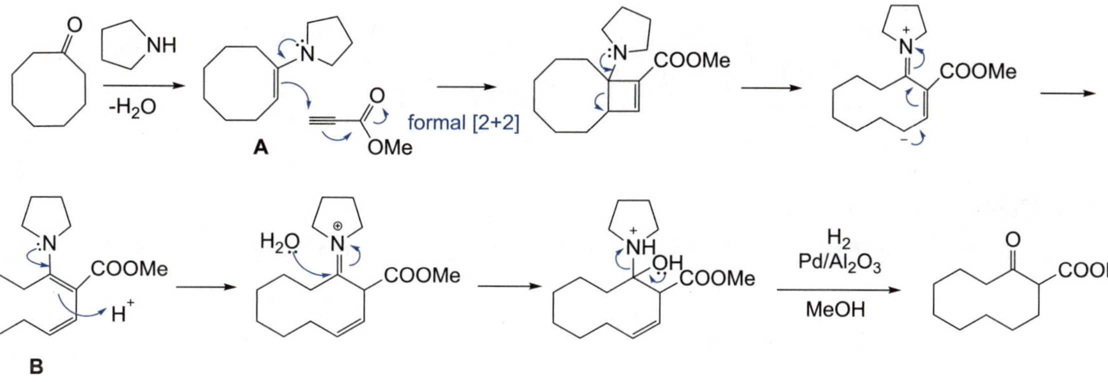

55. 解答：

三苯基膦和偶氮二甲酸二乙酯（DEAD）是活化 C—O 键发生 Mitsunobu 反应的条件。反应机理如下所示：

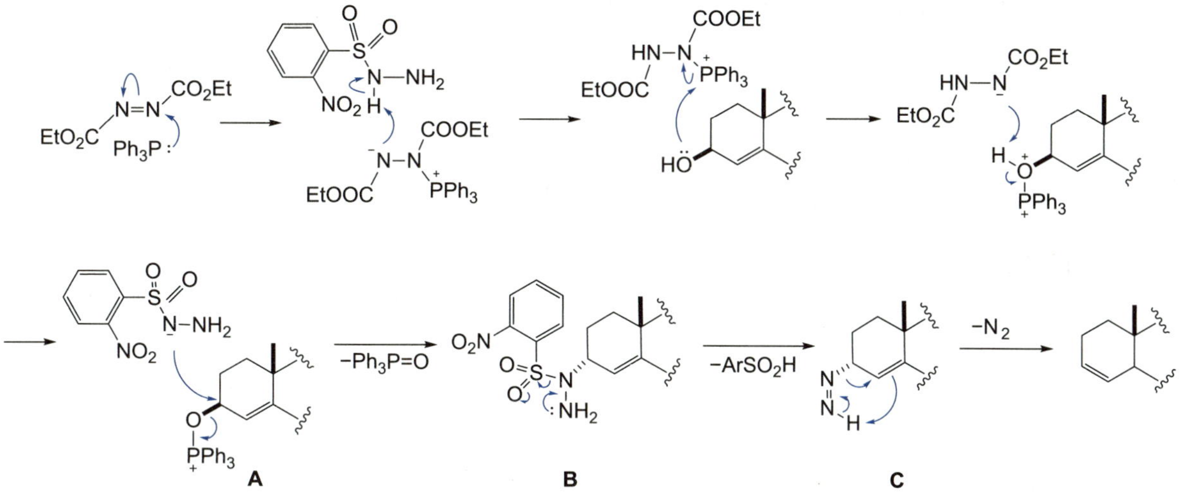

56. 解答：

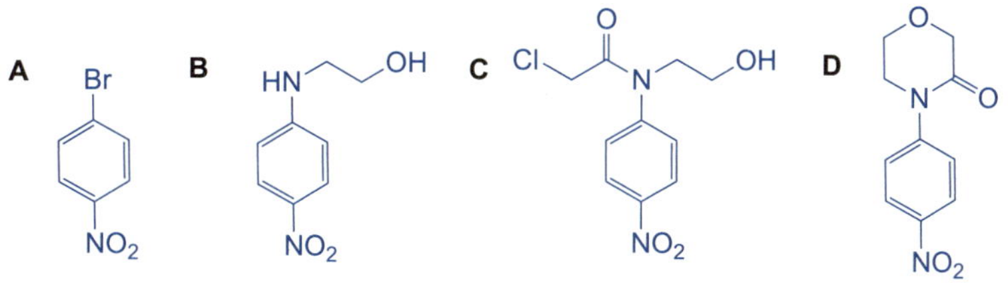

57. 解答：

A ～ **F** 的结构为：

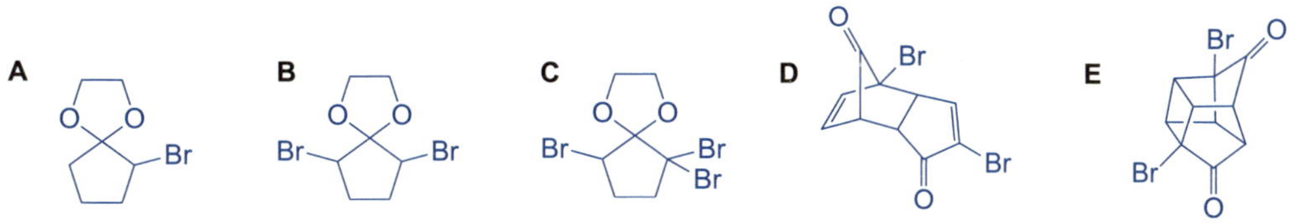

形成 **A** 的机理为：

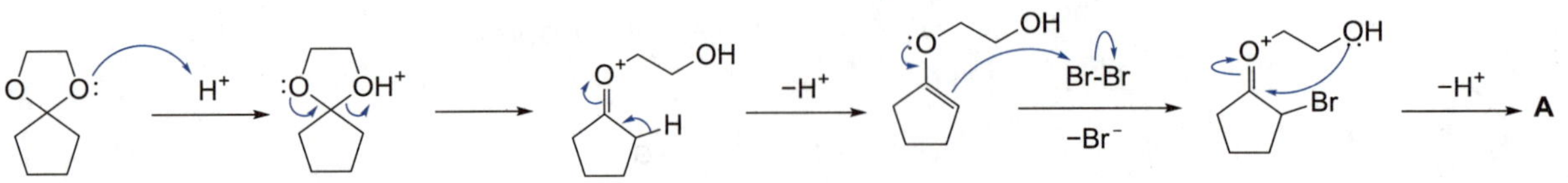

58. 解答：

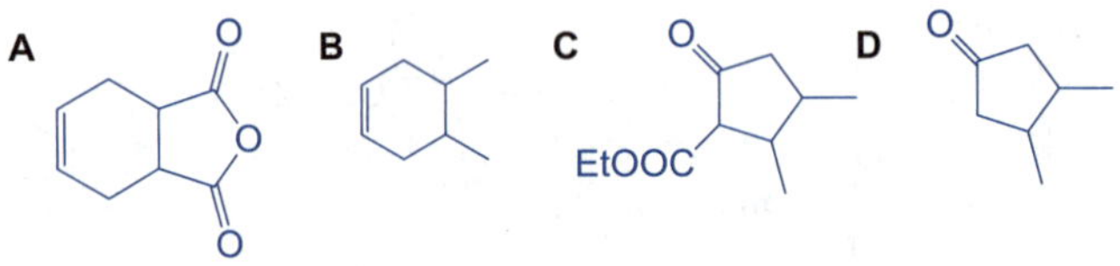

59. 解答：

通过氨基和酚羟基亲核能力的显著差别，实现烷基化/酰基化反应的选择性。合成路线如下：

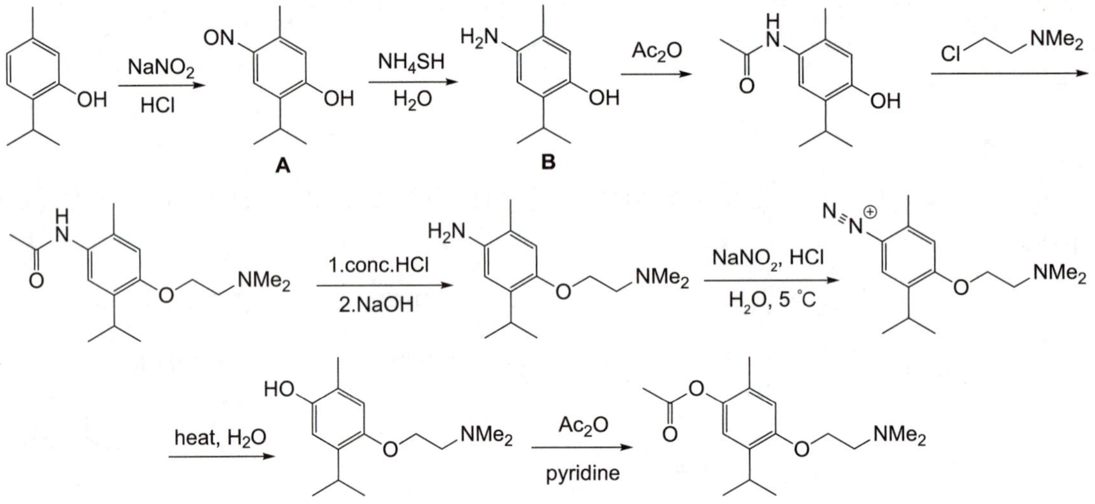

60. 解答：

可以由1,4-二羰基化合物合成呋喃环，1,4-二羰基化合物可以由Stetter极性翻转反应合成。逆合成分析如下：

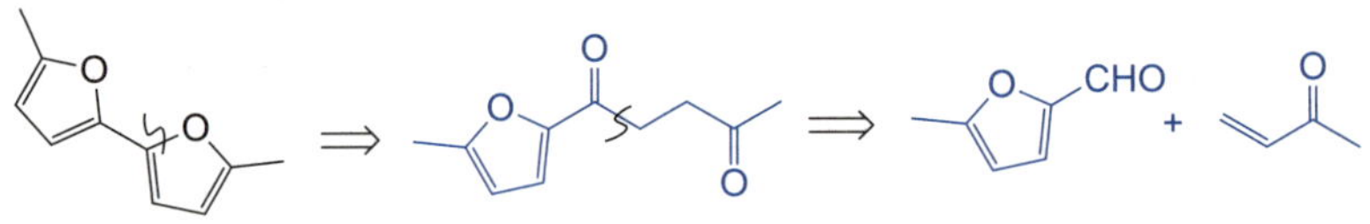

合成路线：

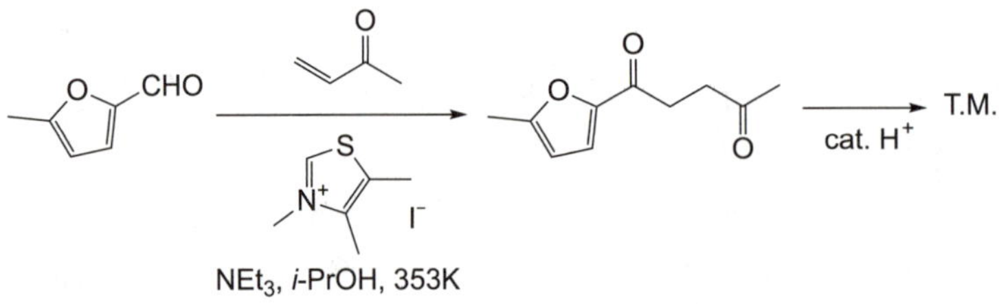

61. 解答：

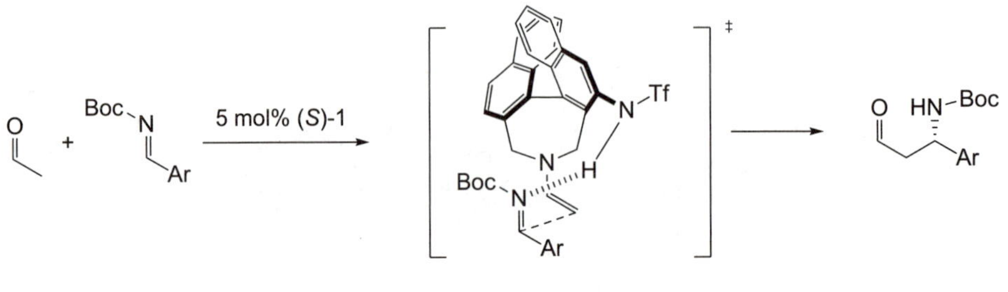

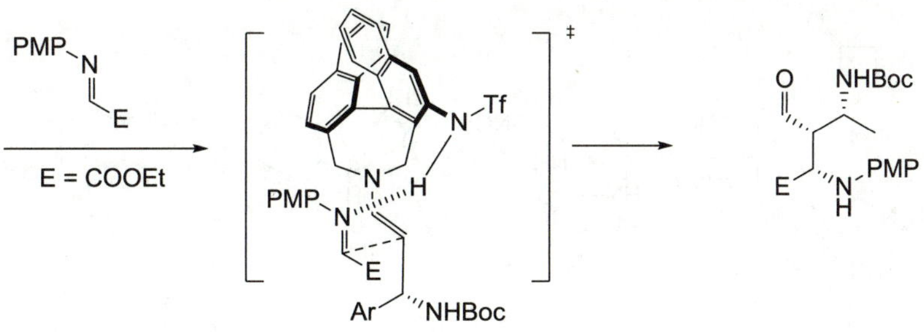

Boc 基团和 PMP 是氨基的常用保护基，它们降低了氮原子的电荷密度，加大了空间位阻，在 Mannich 反应中避免了亚胺作为亲核试剂进攻醛基，使醛与催化剂 (*S*)-1 生成烯胺，进一步得到目标产物。第一步是仲胺和乙醛生成烯胺，具有亲核进攻另一亚胺分子的能力，TfNH—上的 N—H 键通过与亚胺的氢键作用，将烯胺和亚胺两个分子拉在一起，使得亲核进攻具有立体选择性。

62. 解答：

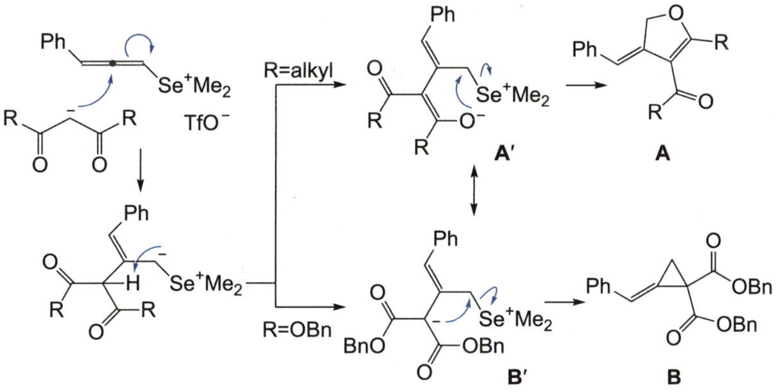

本题涉及活泼亚甲基的反应性，*C*-烷基化和 *O*-烷基化的选择性。活泼亚甲基和联烯在碱性条件下反应以后，经过质子转移得到新的碳负离子 **A′** 和 **B′**，羰基比酯基更易形成烯醇负离子。因此，羰基的时候，烯醇负离子进攻发生 *O*-烷基化生成五元环；酯基的时候，碳负离子进攻发生 *C*-烷基化得到三元环。

63. 解答：

（1）**3**、**4**、**6**、**7** 的结构为：

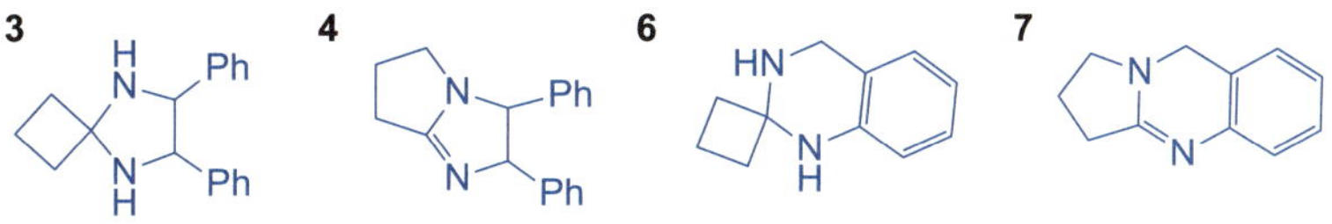

（2）由 **3** 生成 **4** 的机理：

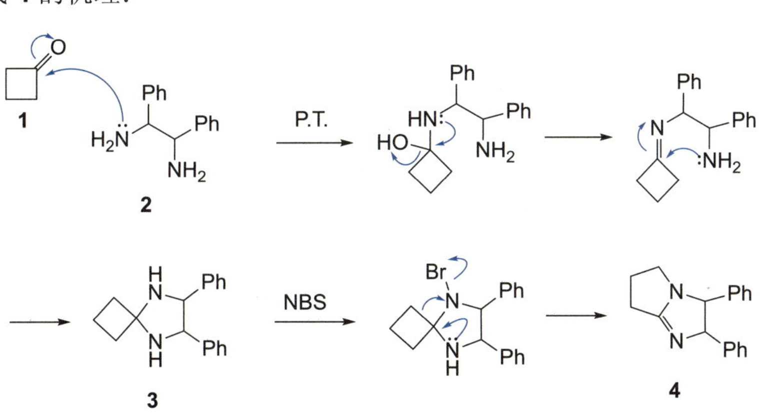

（3）**7** 有两种可能的途径，其中 **7** 为主要产物：

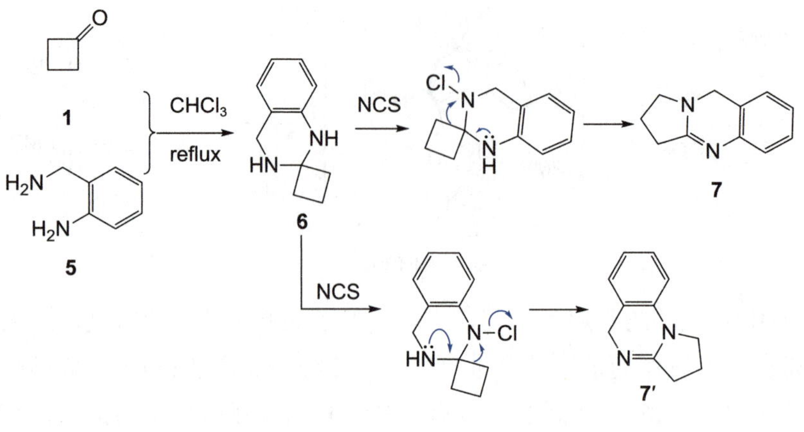

1

5

CHCl$_3$

reflux

6

NCS

7

NCS

7′

64. 解答：

A 的结构为：

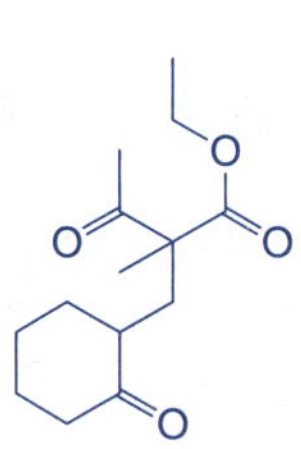

各步反应的机理为：

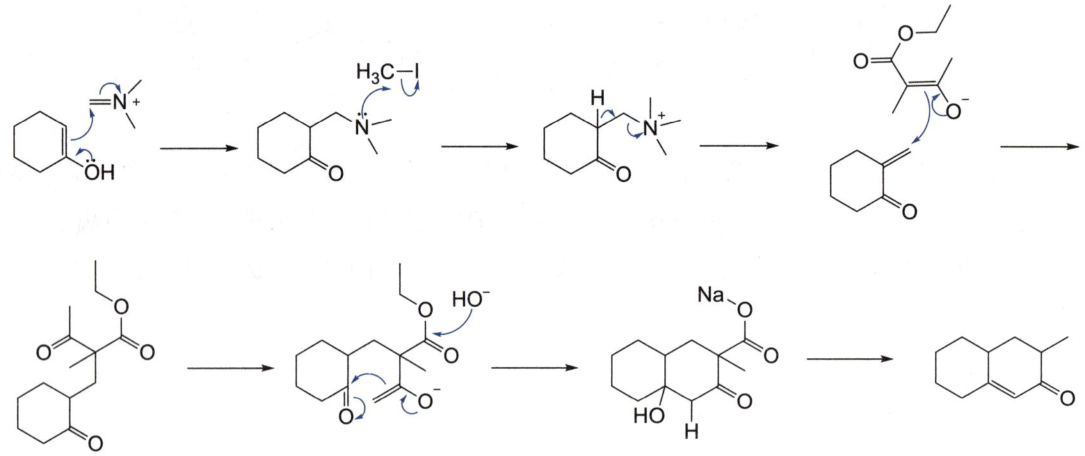

65. 解答：

（1）$NaCH_2SOCH_3$ 的作用是碱。

（2）机理如下所示，得到的是结构 **A**：

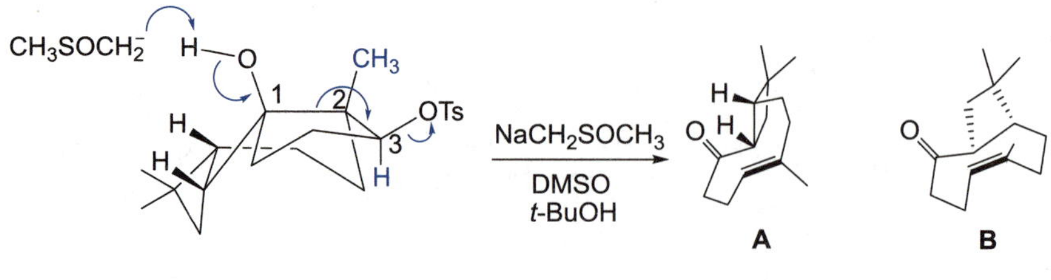

$NaCH_2SOCH_3$

DMSO

t-BuOH

A **B**

碱拔羟基质子后，电子对反共轭形成 C═O 双键，同时断裂 C1—C2 键，形成 C2═C3 双键。双键形成过程中，要求 C1—C2 和 C3—OTs 键成反式共平面，因此得到的双键上甲基和氢成反式：

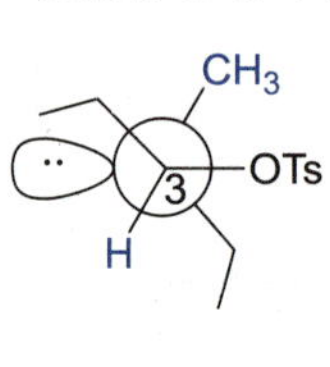

66. 解答:

(1) 反应机理如下:

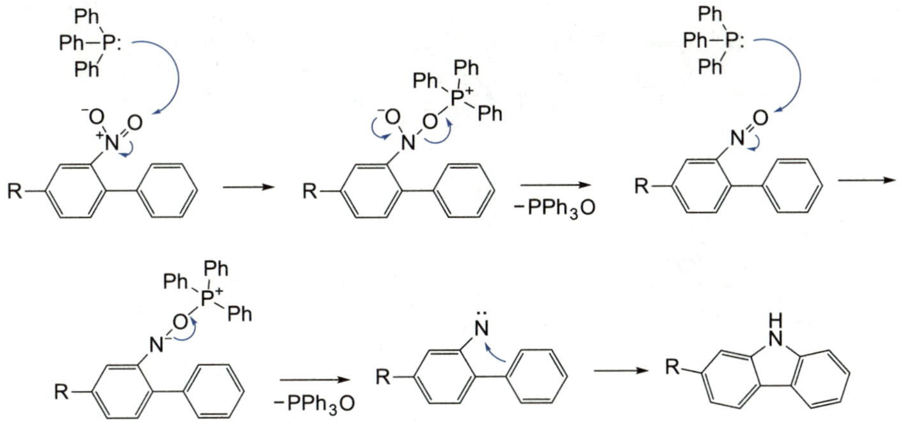

(2) 当 R 是吸电子基团时，对反应有利。

(3) 当 R = t-BuNHCO 时，产物和三苯氧磷之间形成氢键，难以分离。

67. 解答:

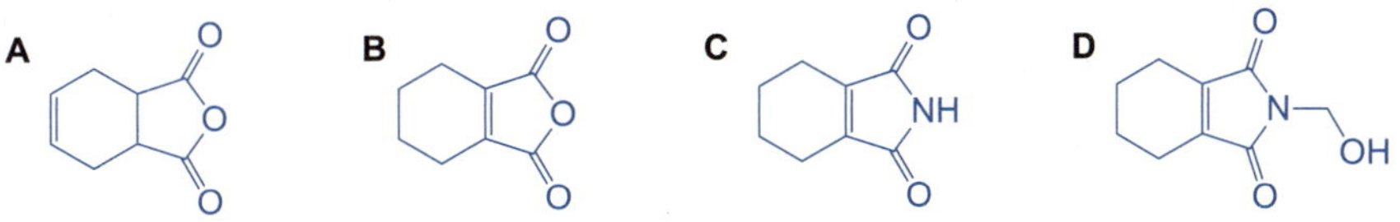

68. 解答:

A 的结构为:

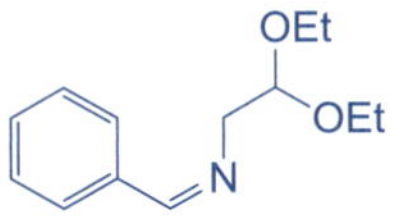

反应机理为:

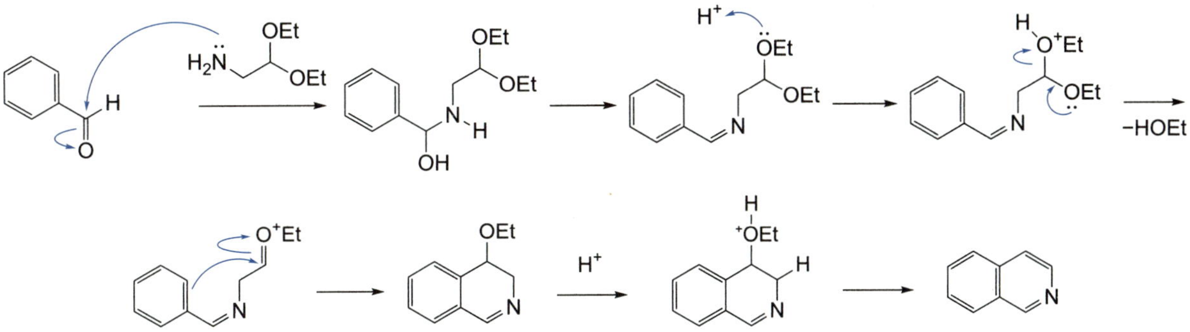

69. 解答:

本反应利用胺、醛和烯丙基硼酸酯获得手性胺类化合物，是 Mannich 反应的延伸。第一步胺和醛形成亚胺中间体，第二步亚胺和烯丙基硼酸酯配位，亚胺的亲电性得到增强，通过六元环过渡态将烯丙基亲核试剂传递到亚胺上，反应具有非对映选择性:

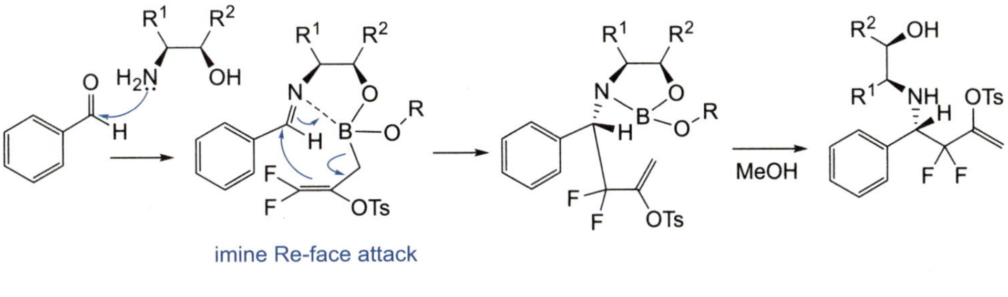

imine Re-face attack

70. 解答：

铑卡宾是缺电子性的，可以被乙酰异丙酯捕获。反应机理如下：

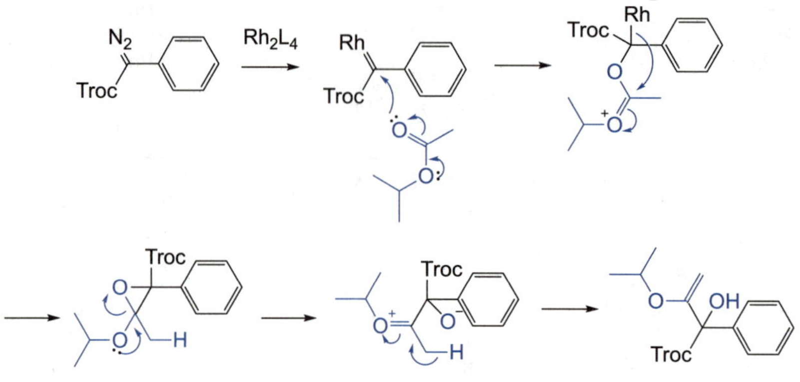

71. 解答：

第一个反应是 Ugi 四组分反应。对于多组分反应而言，判断反应的起始点非常重要。这里，羰基和甲酸铵作用生成亚胺盐脱去 1 分子 H_2O 是反应的开始，被异腈捕获得到 Ritta 盐，继续被甲酸根阴离子捕获得到类似于酐的结构，此结构不稳定，发生酰基迁移得到稳定的含有两个酰胺的结构 **A**。

第二步反应是酰胺活化的反应条件，在碱性条件下进行。四溴化碳和三苯基膦作用得到季鏻盐，活化甲酰胺官能团，被分子内酰胺负离子捕获，最后得到螺环产物。

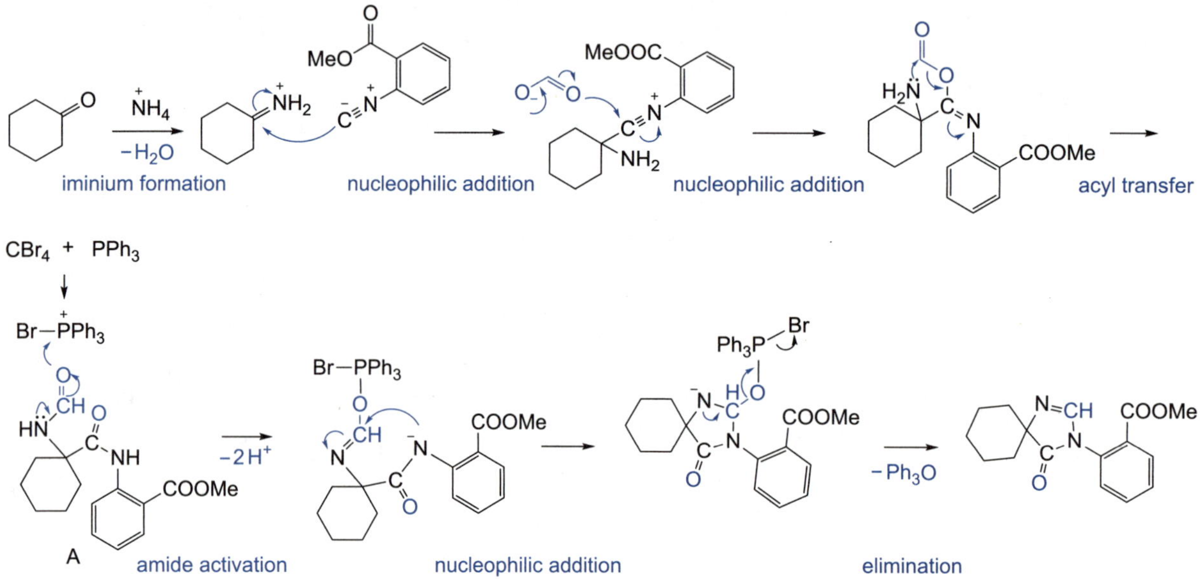

72. 解答：

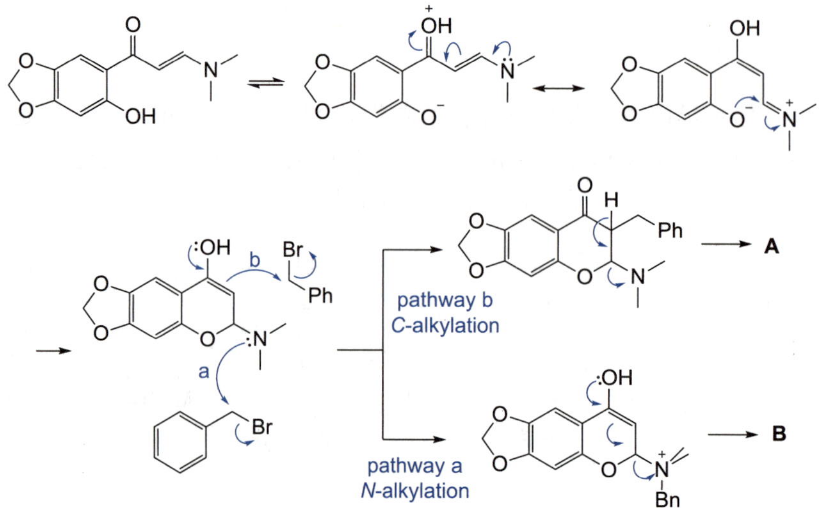

产物比例取决于烯醇或叔胺对苄基溴发生亲核取代反应的相对反应速度，烯醇和叔胺相比是更软的亲核试剂。当加入碘化钠以后，发生了卤离子的交换，苄碘比苄溴更软，*C*-烷基化比例增加。

73. 解答：

形成 **2** 的机理如下：

6e-ERC　[1,5]-H　6e-ERO　[4+2]

形成 **3** 的机理如下：

[3,3]　[3,3]

74. 解答：

A 和 **B** 的结构如下所示：

可能的机理如下：

aminolysis of anhydride　[4+2]　elimination　protonation　dehydration　T.M.

75. 解答：

DABCO　NHC formation　Breslow intermediate formation　Michael addition

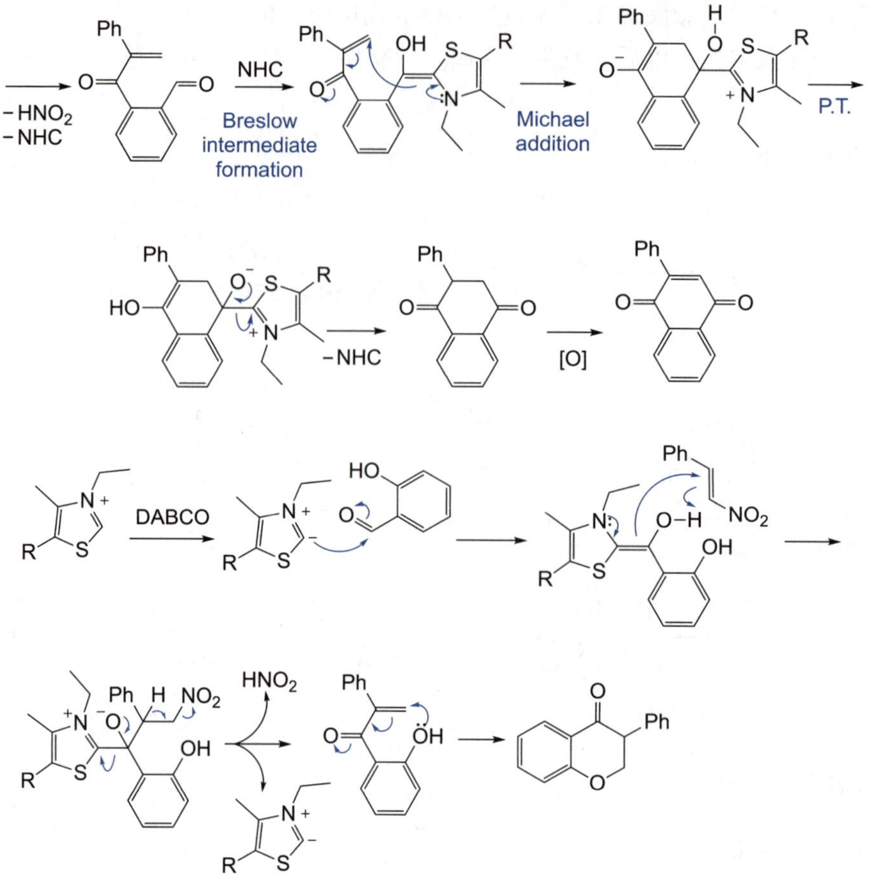

76. 解答:

77. 解答:

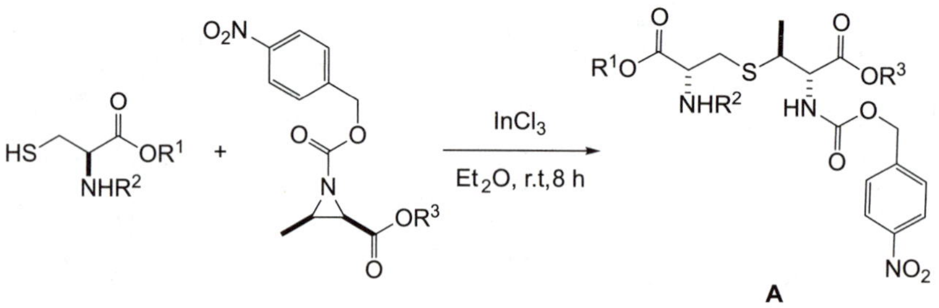

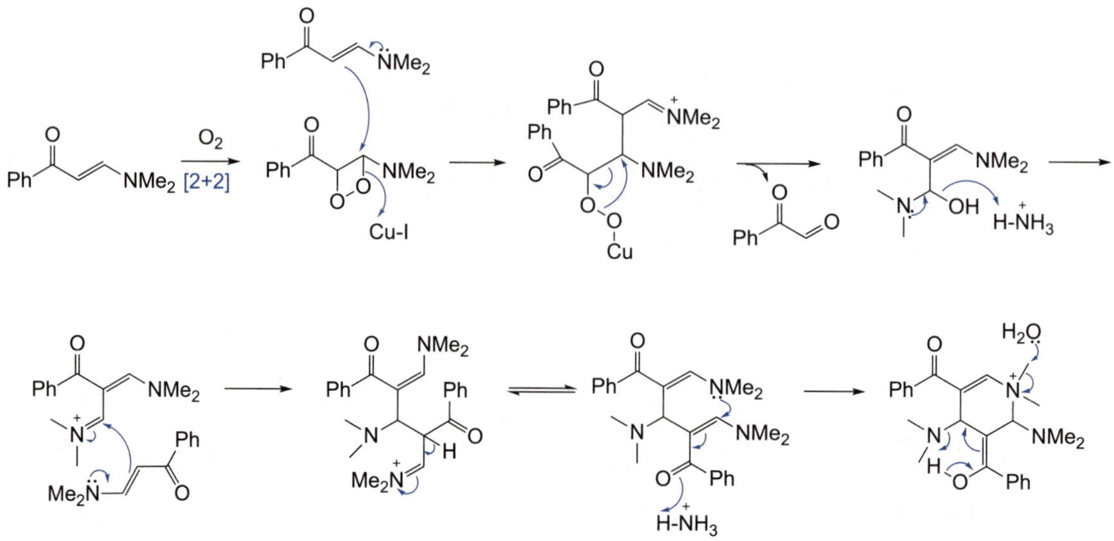

78. 解答：

79. 解答：

（1）芳香产物 **D** 的结构如下：

（2）基态下，TMM 的分子轨道能级及电子排布如左下图所示。

（3）激发态为单线态，电子排布如右下图所示。产生姜-泰勒畸变，从原来的双自由基变成了单线态，更倾向协同反应，立体选择性高（类比三线态氧和单线态氧）。

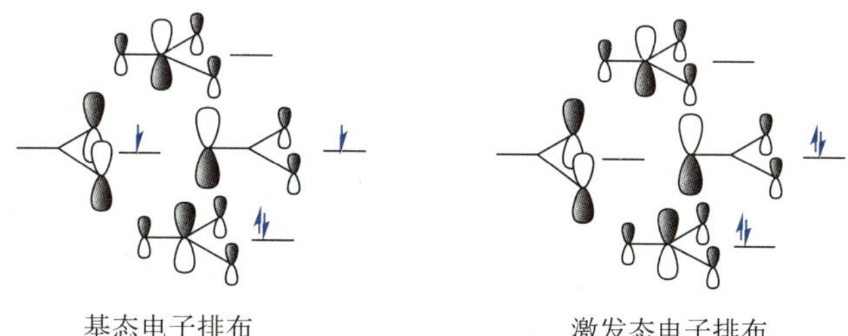

基态电子排布　　　　激发态电子排布

（4）前者由于环张力，不倾向于形成三元环；后者开环后有氧的共轭给电子稳定。

80. 解答：

（1）共振式如下：

（2）

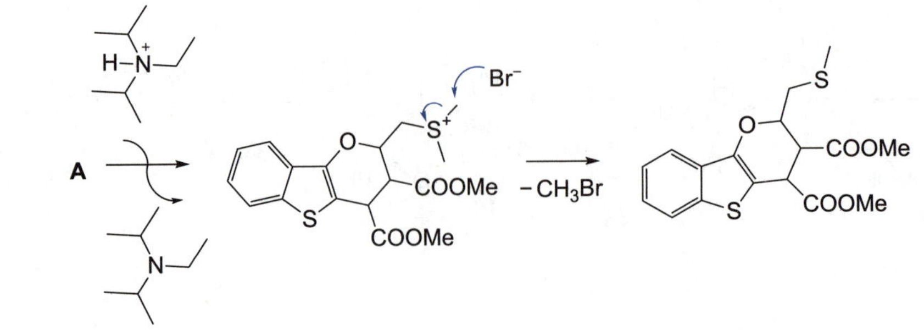

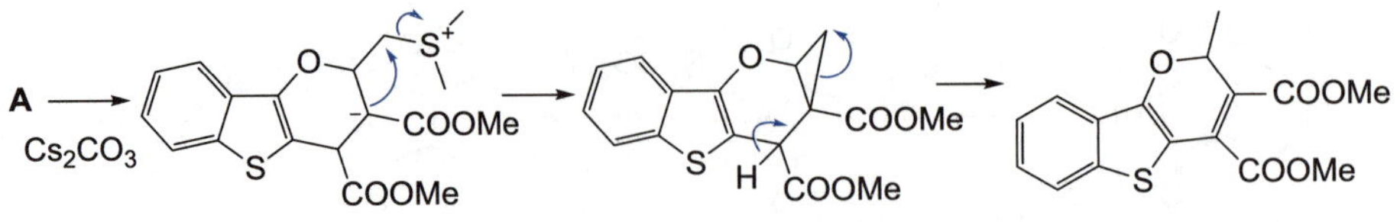

有机碱条件下，**A** 和 DIEPA-H$^+$ 发生质子交换，溴亲核取代得到最后产物。

碳酸铯夺得质子后成碳酸氢根，不会像 DIEPA-H$^+$ 一样再给出质子，此碱性条件有利于 **A** 发生质子转移形成碳负离子，继而成三元环。

（3）

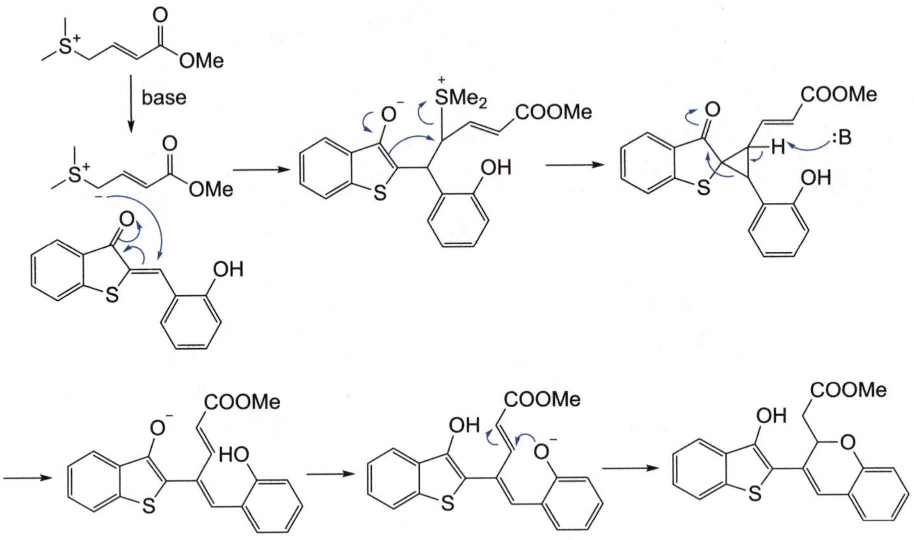

81. 解答：

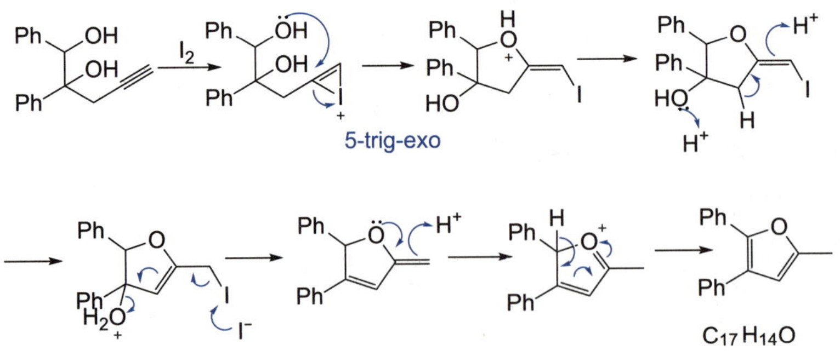

5-trig-exo

$C_{17}H_{14}O$

82. 解答：

（1）首先生成苯炔，然后与 S═O 键发生 [2+2] 环加成。

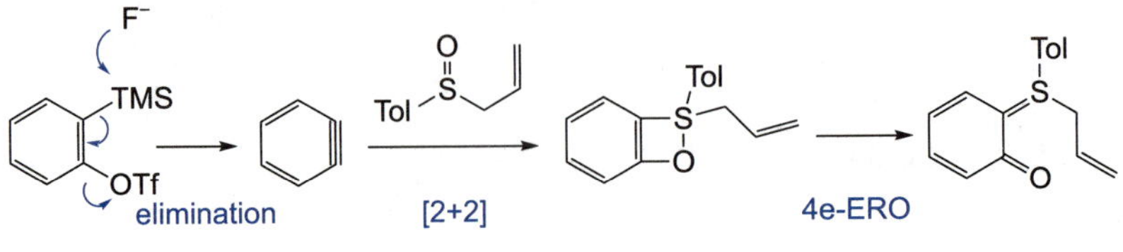

elimination [2+2] 4e-ERO

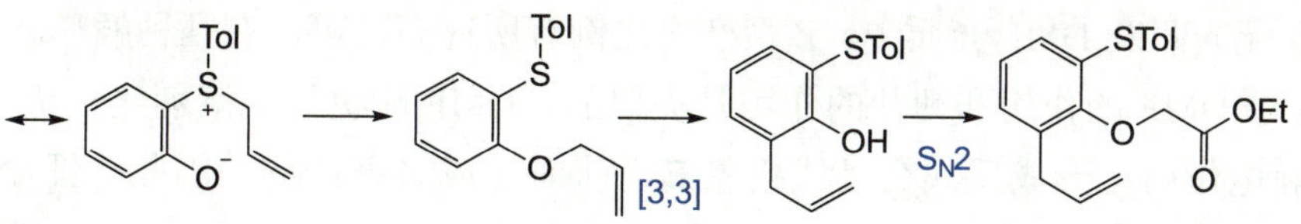

（2）反应如下：

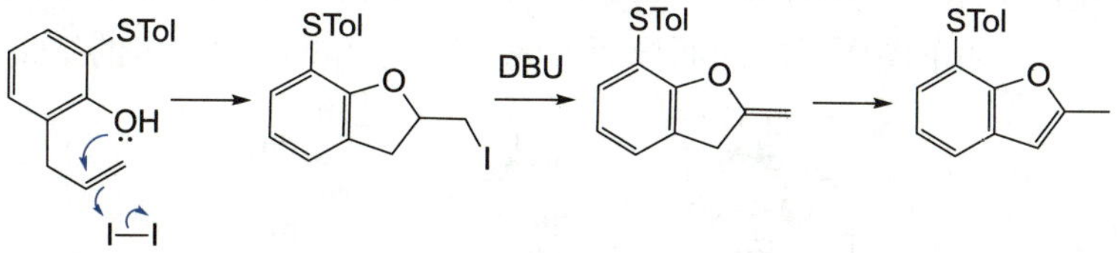

83. 解答：

（1）NHC 催化剂的共振式：

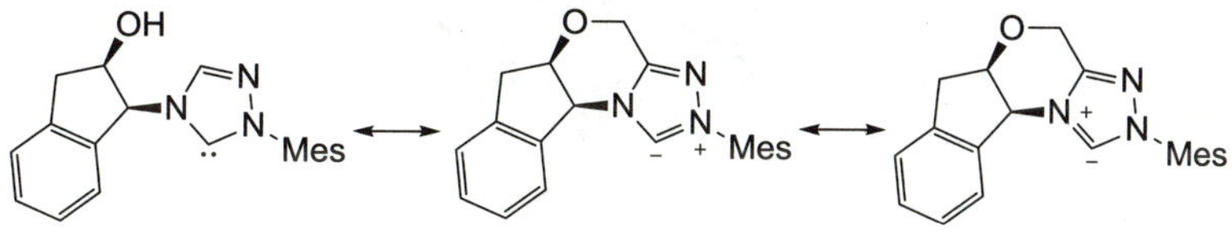

（2）反应可能的机理：

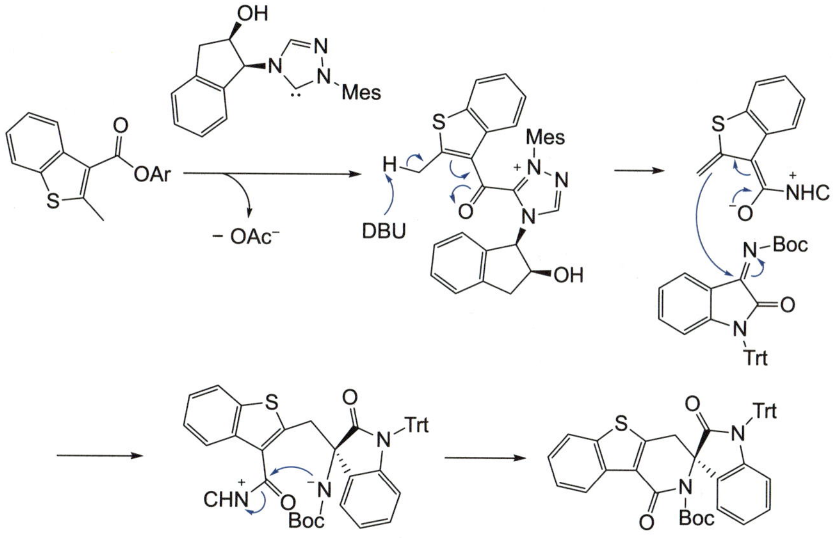

84. 解答：

（1）a<b<c。负电荷越分散，结构越稳定。

（2）反应的立体选择性取决于 **A** 或 **B** 生成的速度和相对稳定性，以及第一步 C—C 键形成的可逆性。当苯作溶剂时，P 和 O 的静电作用占主导作用，加上邻位交叉式构象的相对稳定性，生成中间体 **A**，从而生成 *E* 式产物；锂盐的存在降低了 O 和 P 之间的静电作用，形成反式交叉式构象 **B** 中间体，从而生成 *Z* 式产物。

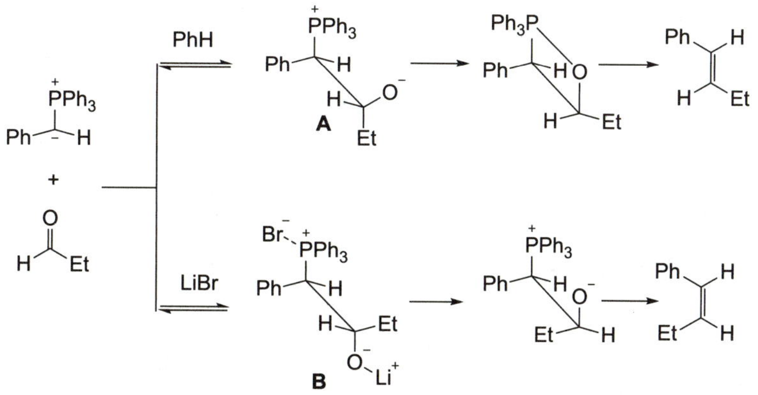

（3）在室温无光照及 DMF 介质中，Z 型产物比例有所提高，可以有几种解释。

按上图所示，DMF 的作用和锂盐的作用是类似的，DMF 能更好地溶剂化正负电荷中心，削弱 O 和 P 之间的静电作用，形成反式交叉式构象 **B**，从而生成 Z 型产物。因此，锂盐的存在或 DMF 做介质都将提高产物中 Z 型的比例。

从分子轨道相互作用来看，ylide 提供 HOMO，羰基提供 LUMO。根据 [2+2] 环加成规则，同面异面加成对称性允许。如下图所示的同面异面加成，得到 Z 型产物增多的结果。

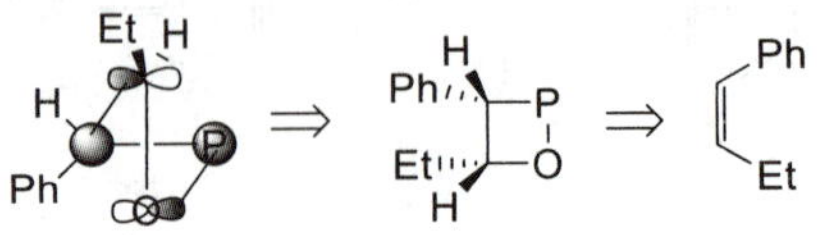

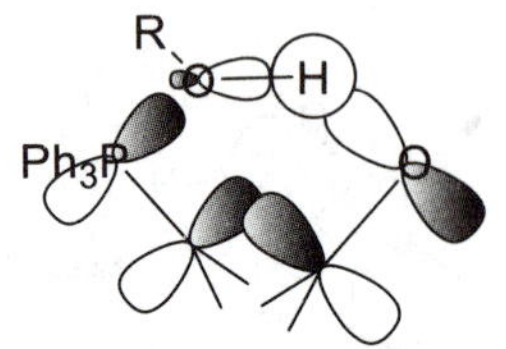

（4）核心六元环状过渡态为：

经过过渡态后，可以有不同的反应途径得到不同的产物。

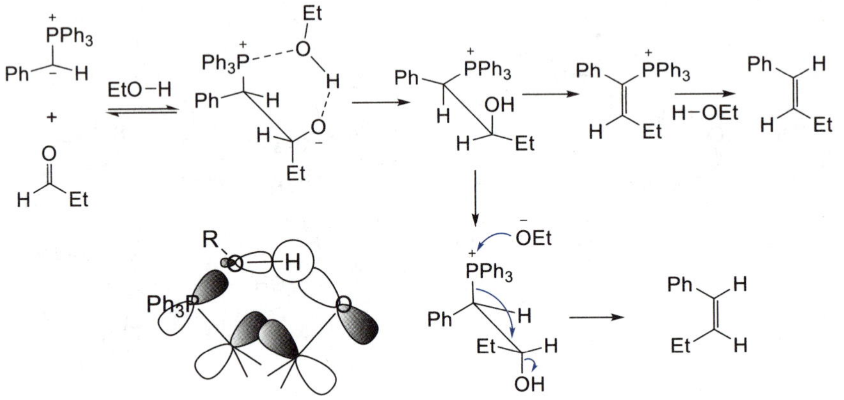

85. 解答：

时间越长，热力学产物比例越多：

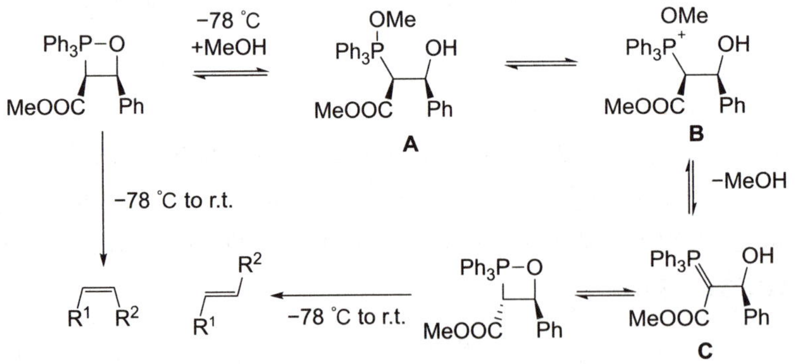

86. 解答：

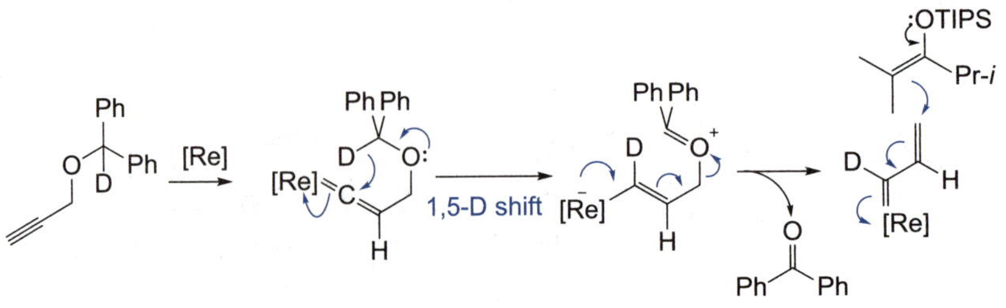

1,4-addition　　1,5-D shift

87. 解答：

（1）**A**、**B** 的结构式为：

A　　1,2-*Si*-shift　　**B**

（2）

88. 解答：

（1）

$CH_3NH—NH_2$
EtOH, r.t. ,45 min

A　　**B**

aq. HCl (3 equiv.)
THF, reflux
30 min

B　　**C** ($C_{10}H_{10}N_2OF_2$)　　$NaIO_4$　　**D** ($C_7H_8N_2O_2F_2$)

aq. NaClO　　**E**　　$(COCl)_2$, CH_2Cl_2
Et_3N, DMAP, $R^1—NH_2$　　**F**

（2）

a　　**A**

b　　**B**

（3）甲基取代的氨基电子云密度稍大，进攻有氟取代基的羰基；由于氮上有取代基，脱水形成亚胺盐或烯胺的速率较慢。由于没有脱水，无法形成芳香体系，另一个氨基与羰基生成亚胺后反应停止，双键不位移。

89. 解答：

（1）

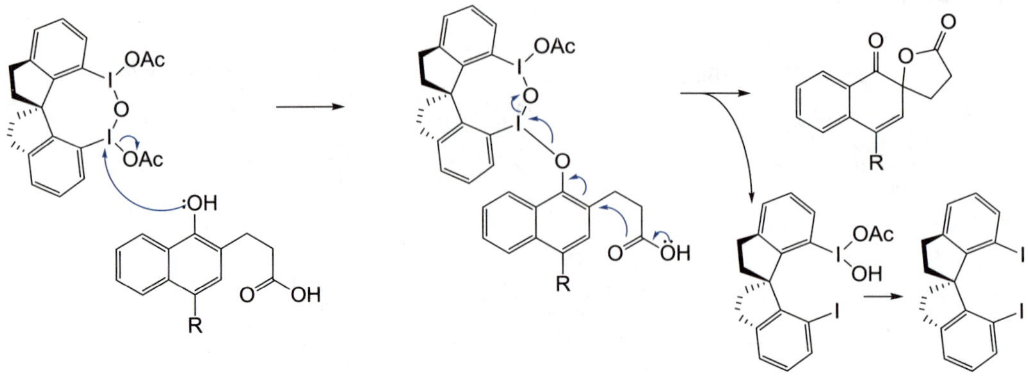

OAc, O, I, OAc, OH, O, OH, R

（2）**B**、**C** 结构分别为：

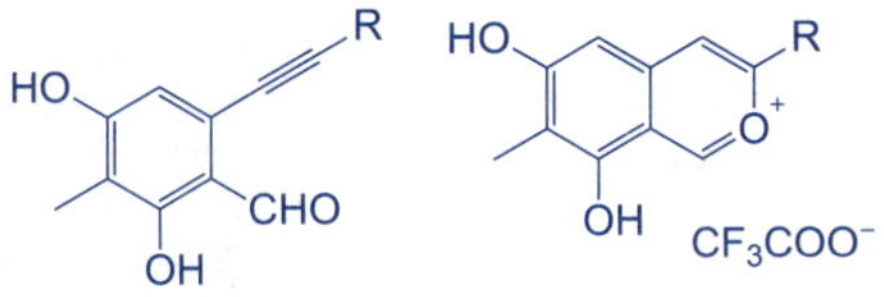

HO, R, CHO, OH, **B**; HO, R, O^+, OH, CF_3COO^-, **C**

由 **C** 到 **D** 的机理为：

$OCOCF_3$, $OCOCF_3$, substitution, [3,3], elimination, deprotonation

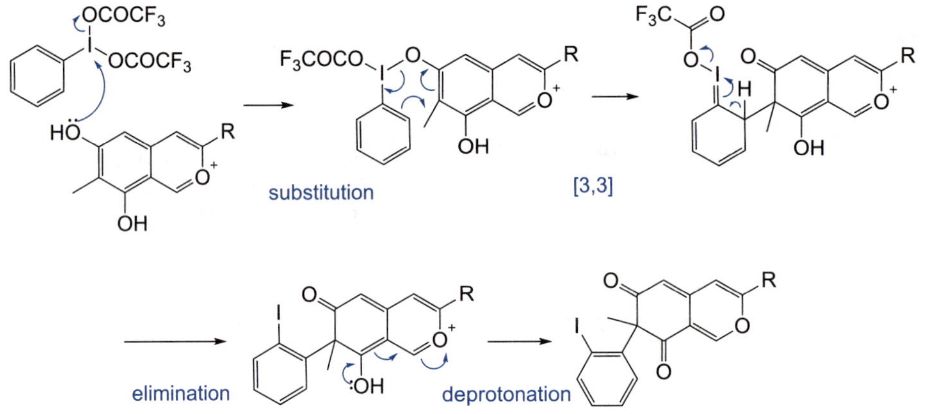

90. 解答：

（1）机理如下：

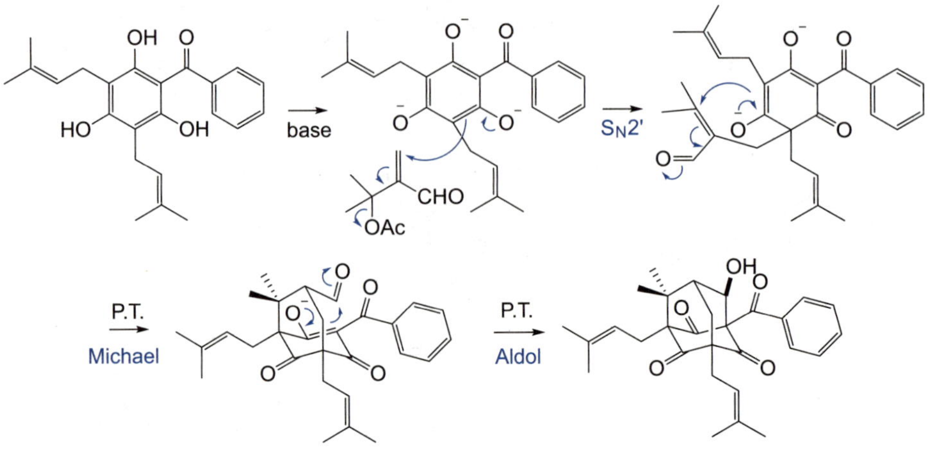

base, S_N2', CHO, OAc, P.T. Michael, P.T. Aldol

（2）

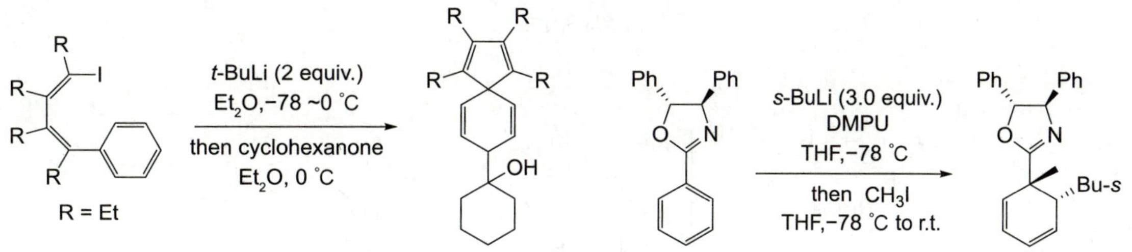

第一个反应是串联反应，通过酚氧负离子的 C- 烷基化构筑第一个 C—C 键，去芳构化以后发生后续的 Michael 加成和 Aldol 缩合，最后巧妙地构筑金刚烷骨架。第二个反应是锂卤交换形成烯基锂，分子内进攻苯环，去芳构化后对环己酮进行亲核加成。第三个反应是仲丁基锂作亲核试剂进攻了苯环，去芳构化后发生甲基化，得到产物。

91. 解答：

（1）**B** 的结构为：

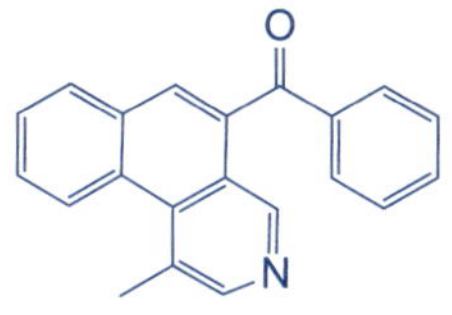

B

（2）本反应涉及两次碘作用下的亲电环化，机理如下：

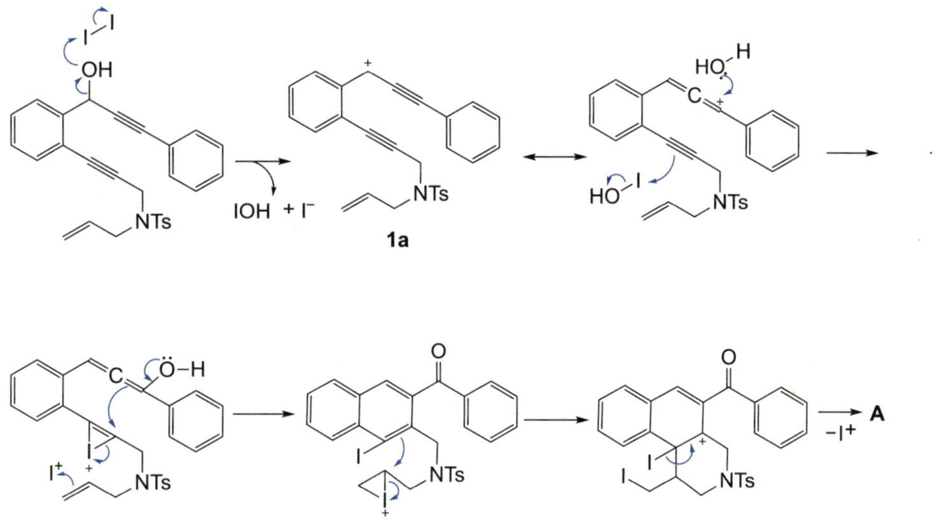

1a

92. 解答：

A 的结构如下：

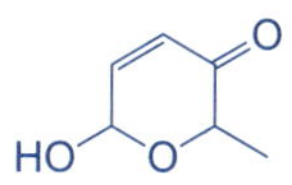

A

反应机理为：

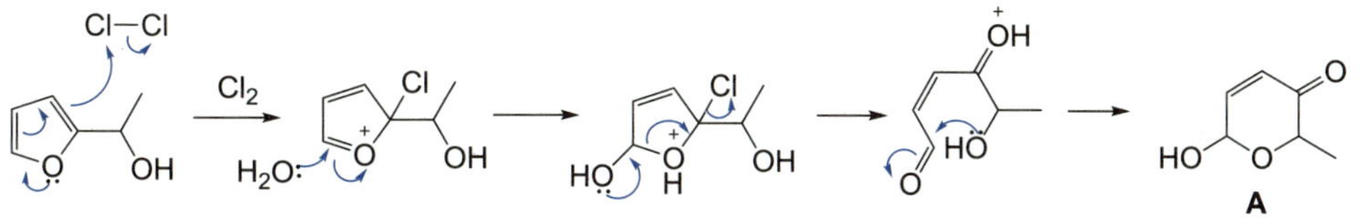

A

93. 解答：

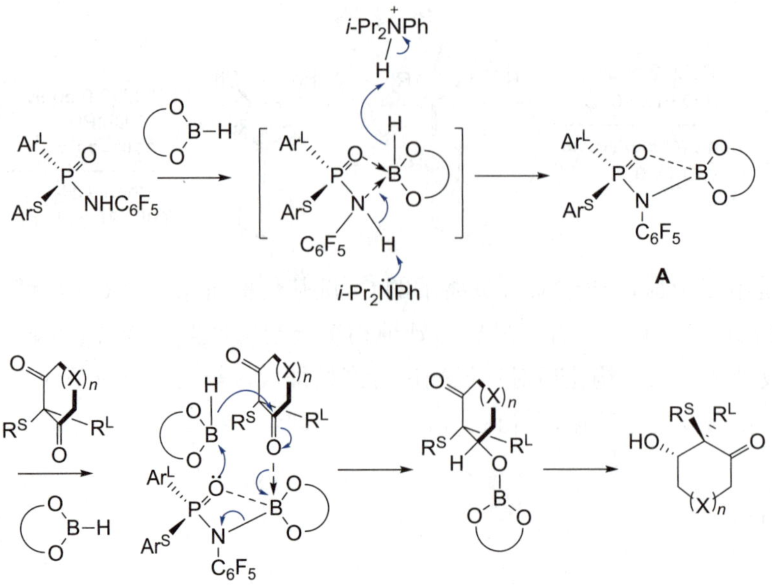

94. 解答：

在甲醇溶液中：

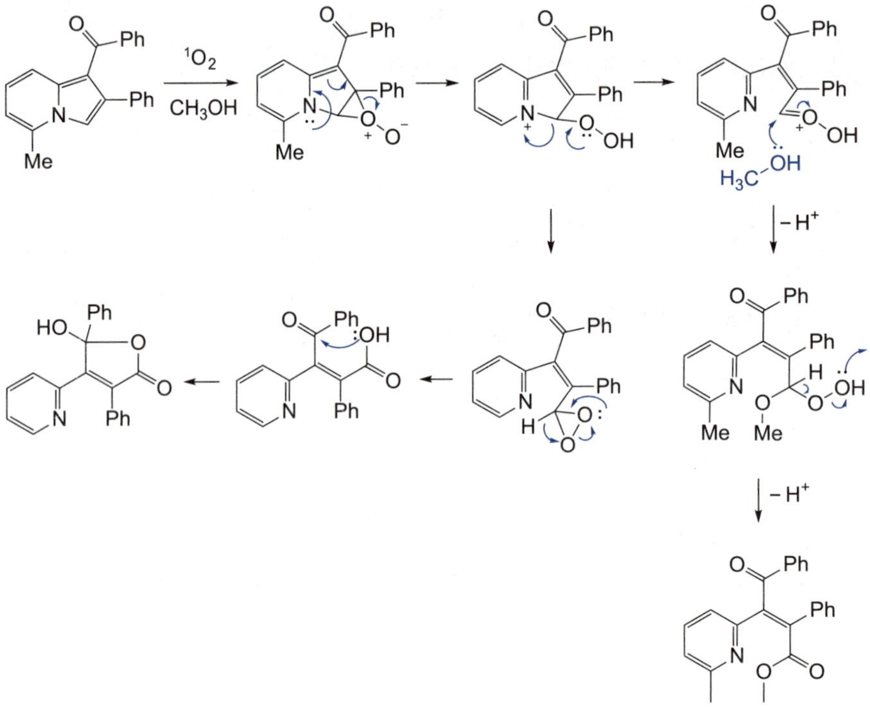

在乙腈溶液中：

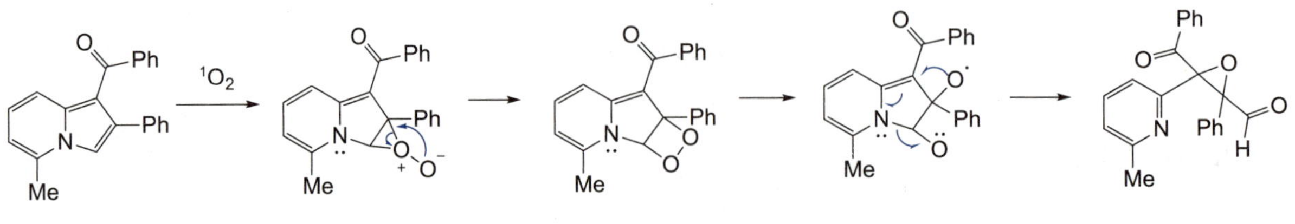

在甲醇中，这种过氧化物两性离子被醇在C3原子处拦截，导致C3—N键断裂，从而生成3-（2-吡啶基）丙烯酸甲酯。

在乙腈中，形成了二氧杂环丁烷中间体，在二氧杂环丁烷中的氧-氧键均裂产生3-（2-吡啶基）-2-环氧乙烷甲醛产物。

95. 解答：

（1）柠檬酸循环的前过程中出现了 NHC 催化的极性反转，硫辛酸两个硫都可以作为被进攻位点，硫辛酸可再生。形成乙酰辅酶 A 的机理为：

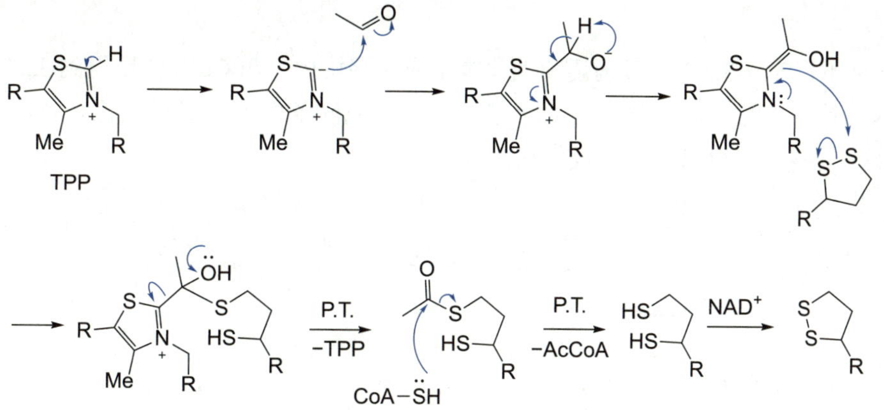

TPP

P.T. −TPP　P.T. −AcCoA　NAD+

CoA−SH

（2）NAD^+ 的形成机理及其结构如下：

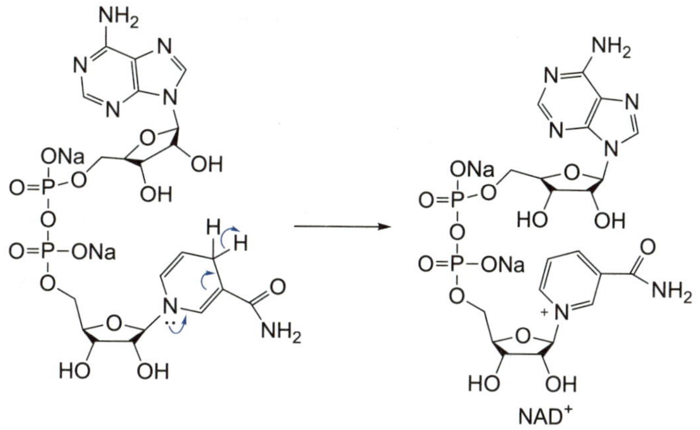

NAD^+

96. 解答：

（1）

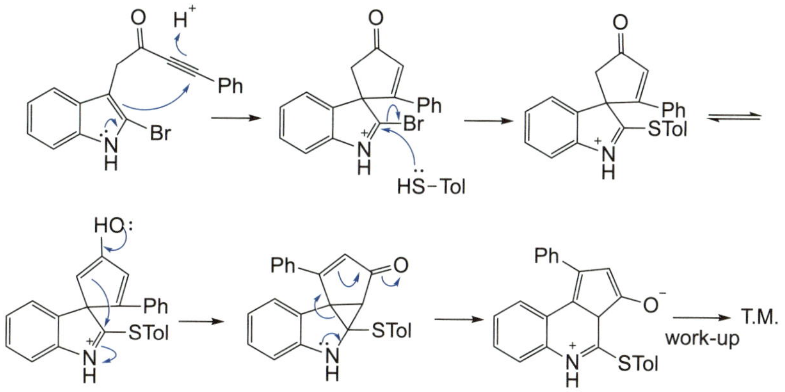

HS−Tol　work-up　T.M.

（2）**A** 和 **B** 的结构为：

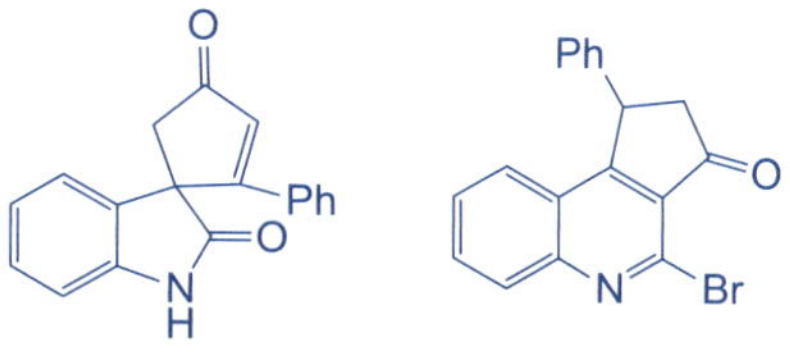

A　**B**

a. 苯酚中氧原子的亲核性不如硫酚中硫原子的亲核性强，不容易发生亲核加成。而且苯酚酸性比苯硫酚弱，电离出氢离子的量少，互变异构为烯醇式的速率慢。

b. TFA 提供了足够的酸性，使得反应第一步的加成可以进行，也提高了之后烯醇互变异构的速率。

c. 提高酸性、使用亲核性好的试剂、选用好的离去基团等，均可提高扩环产物的比例。

97. 解答：

在碱性条件下，2-溴-3,3,3-三氟丙烯脱溴化氢生成末端炔烃，与 CuCl 作用得到 3,3,3-三氟丙炔铜。另一方面，Ts—具有良好的离去能力，对甲苯磺酰腙在碱性条件下生成重氮化合物，利用三氟甲基的强吸电子性，亲核关环得以实现。反应机理如下：

Br CF$_3$ H base → CF$_3$ —CuCl→ Cu CF$_3$

OH N N Ts H base → OH N N H—base → OH N N CF$_3$ Cu

—Cu^+→ O$^-$ CF$_3$ H—base → O CF$_3$ H base H → O CF$_3$

98. 解答：

R-COOAg —I_2, −AgI→ R-COOI —slow→ R—I

fast, R-COOAg ↓

R-C(O—I—O)(O—Ag—O)C-R

Heat, −AgI ↓ 2 RCOO· → [RCOO· + R·] → RCOOR

RCOOI, −AgI ↓ I(OCOR)$_3$ —I_2, heat→ 3R—I

heat ↓ RCOOI + 2 RCOO· → RCOOR + R—I

该反应中，羧酸银盐与碘比例的不同会使反应按不同的路线进行，但在一开始会有酰基次碘酸盐生成，其分解形成烷基碘是相当缓慢的过程，但会与另一份的银盐形成络合物，该络合物可进一步分解为酰氧基自由基，同时形成酯。当银盐与碘的比例保持在 3∶2 时，所形成的碘三酰基为主要中间体，分解会形成酯和碘代烃。

99. 解答：

（1）两种可能的产物为：

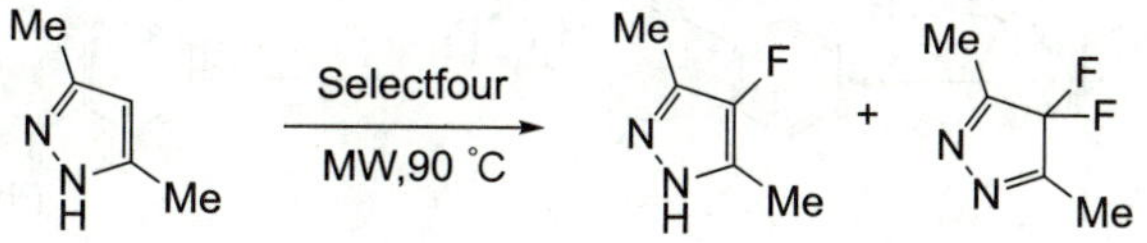

（2）**A** 和 **B** 的结构如下：

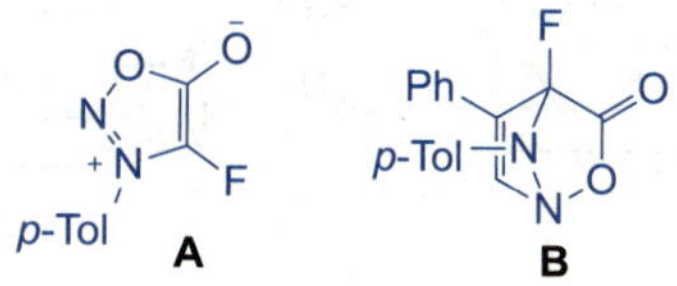

（3）**C** 形成的机理如下所示：

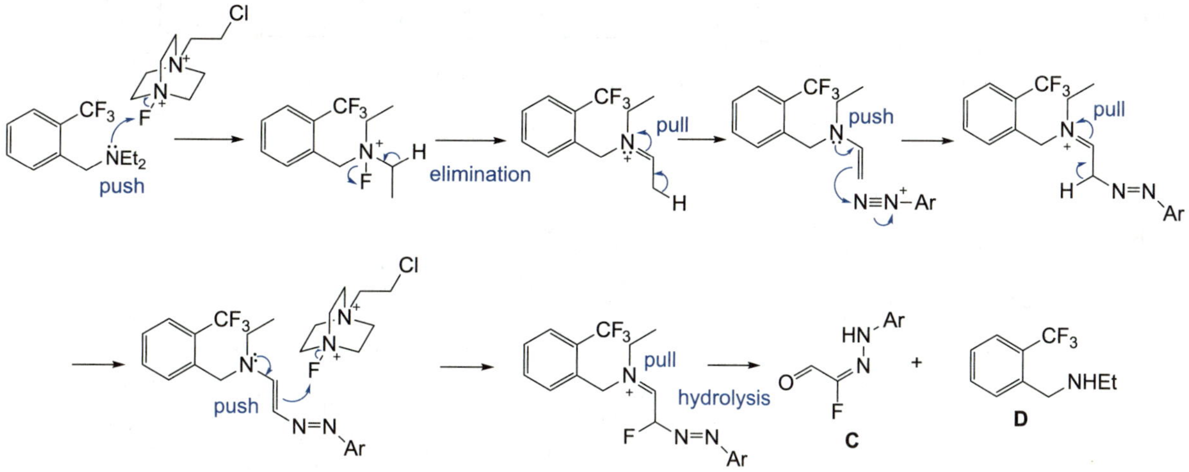

本题以 Selectflour 作为氟供体，介绍了三种氟代吡唑的制备方式。第一个是直接亲电氟化，属于芳香亲电取代反应。第二个引入了正 3+2 环加成反应成骨架，逆 3+2 环加成反应脱去 CO_2。第三个是利用氟正对胺进行氧化成烯胺，利用氮原子孤对电子的 push-pull 得到 **C**，最后和 ω-溴代苯乙酮反应得到吡唑环。

100. 解答：

（1）**A** 和 **B** 的可能机理如下：

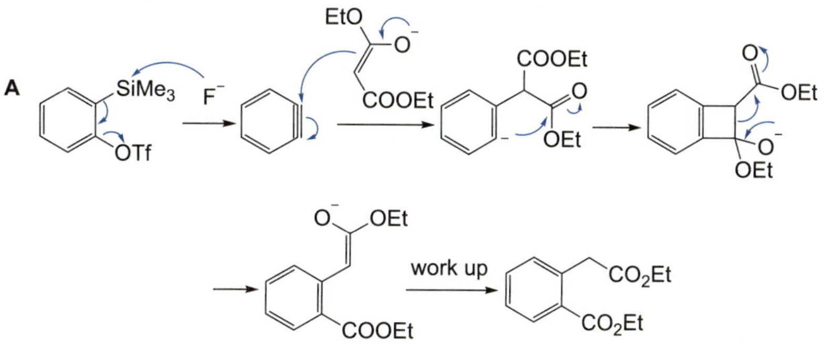

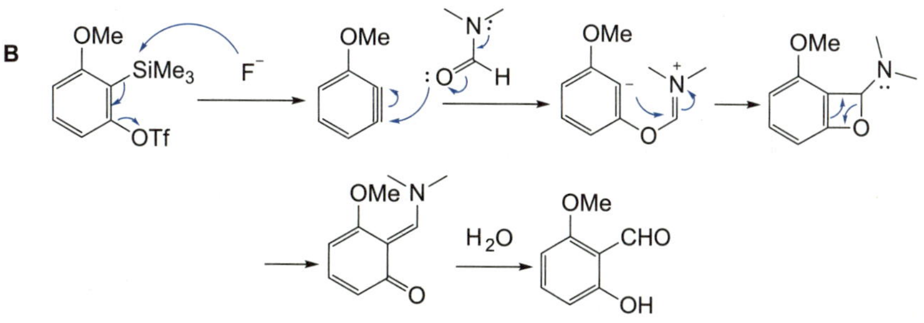

（2）**C**、**D**、**E** 的可能机理如下：

C

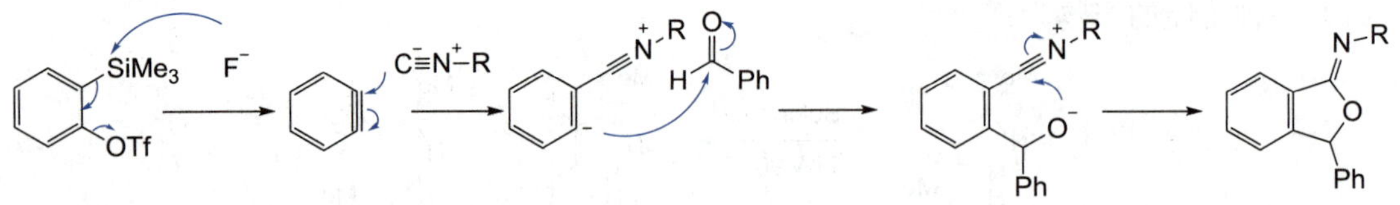

D

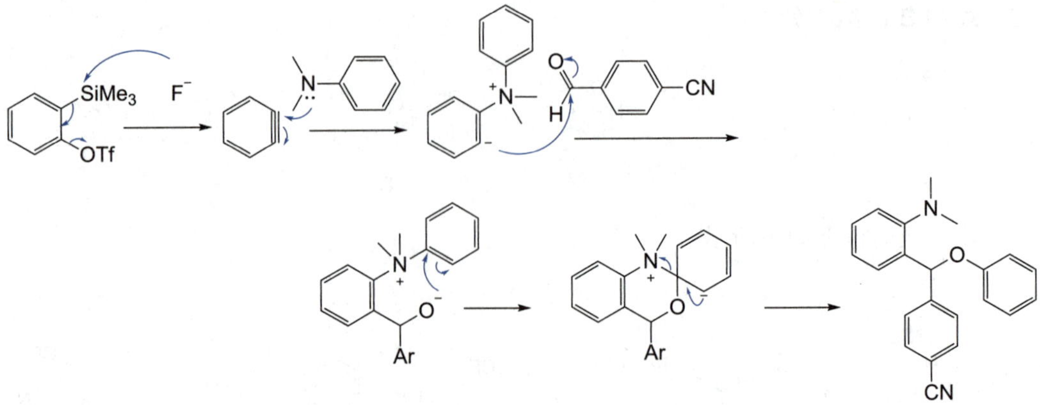

E

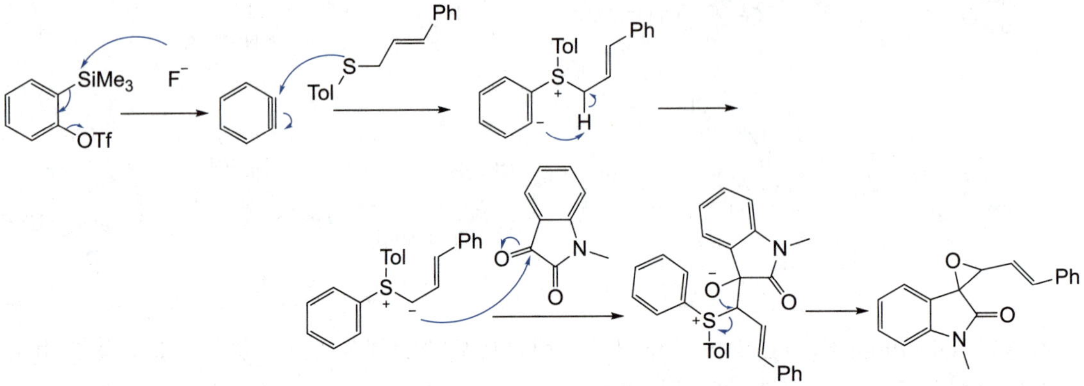

苯炔的强亲电性来源于叁键的 π 键共轭效果很差，键的强度事实上介于双键与叁键之间（由红外数据可得），存在部分双自由基性质，如图所示：

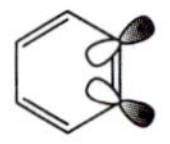

这导致平面内的那个 π 键键能极小，非常容易断键，又导致叁键碳不完全满足 8 电子规则，非常缺电子。

101. 解答：

可能的机理如下所示：

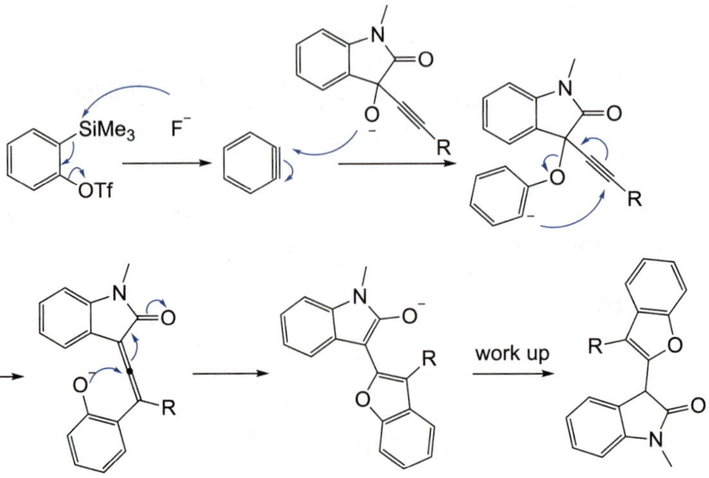

当 R 为苯基的时候，生成副产物的机理如下所示：

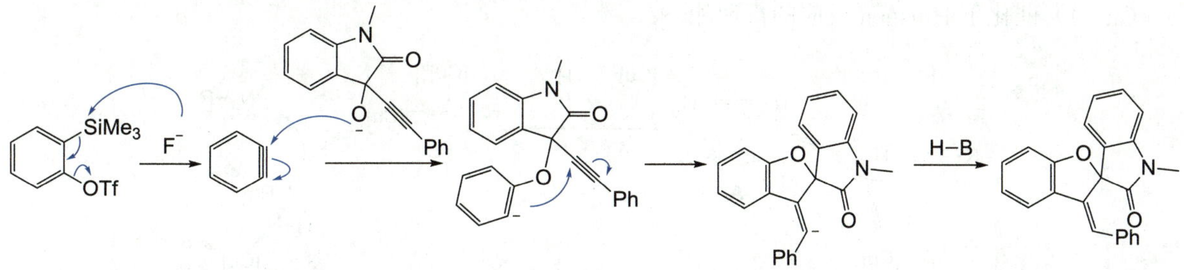

当 R 是苯基的时候，进攻的选择性将有所改变。由于碳碳叁键与苯环的共轭性，苯基负离子在进攻时会倾向于进攻未被共轭的平面内的 π 键，若苯基负离子进攻叁键右边的碳，苯基邻位氢对其有很大的位阻，所以苯基负离子会进攻叁键左边的碳，如右所示。

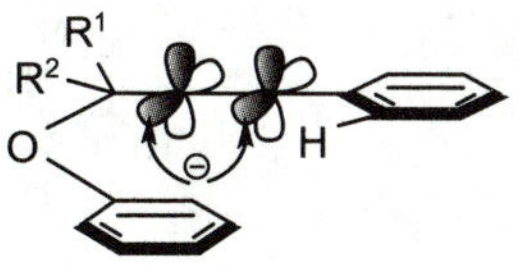

102. 解答：

（1）**A** 和 **B** 的结构分别为：

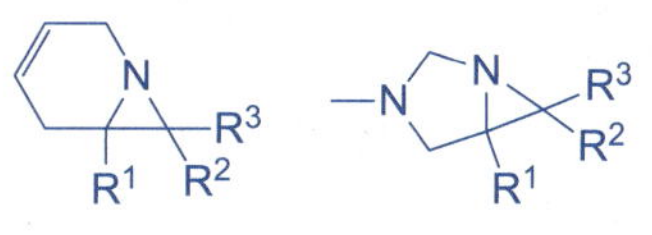

（2）**C**、**D**、**E** 的结构分别为：

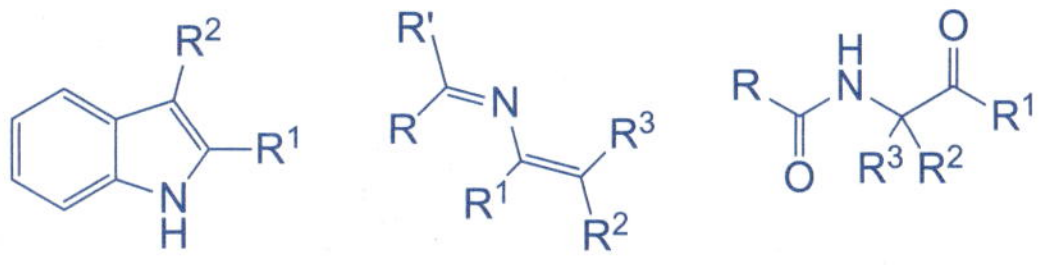

（3）催化反应的可能机理为：

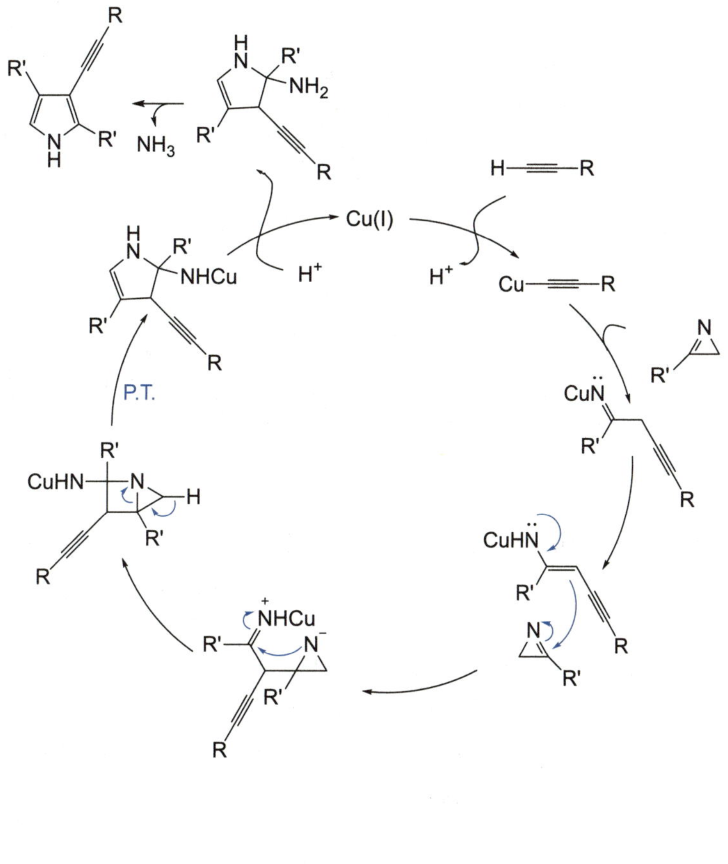

103. 解答：

Cu（I）催化下 Huisgen 反应的机理如下：

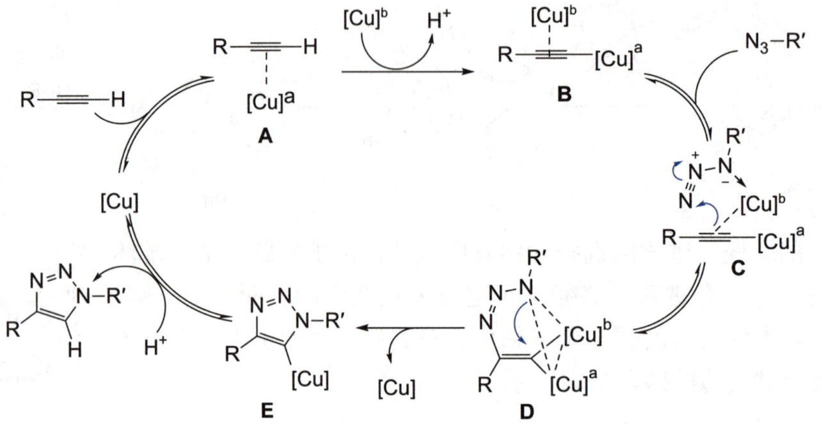

根据机理，得到1,4-二取代产物，反应式如下：

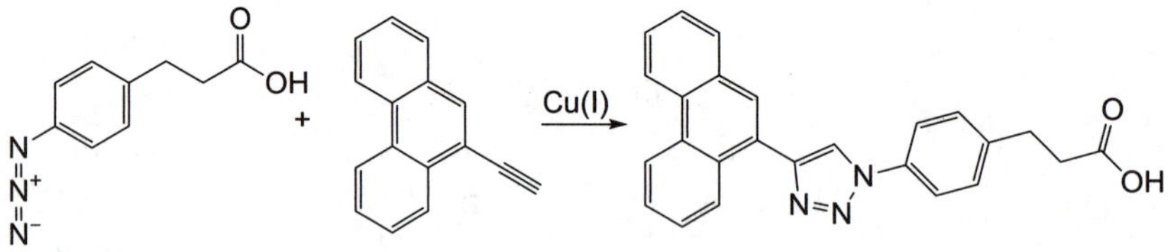

104. 解答：

可能的机理如下：

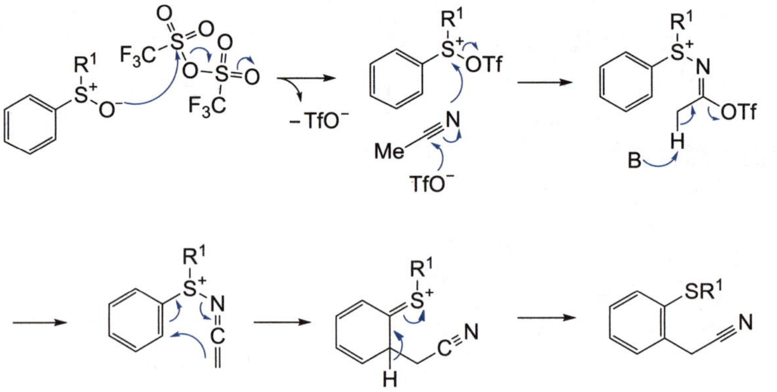

目标分子的合成：

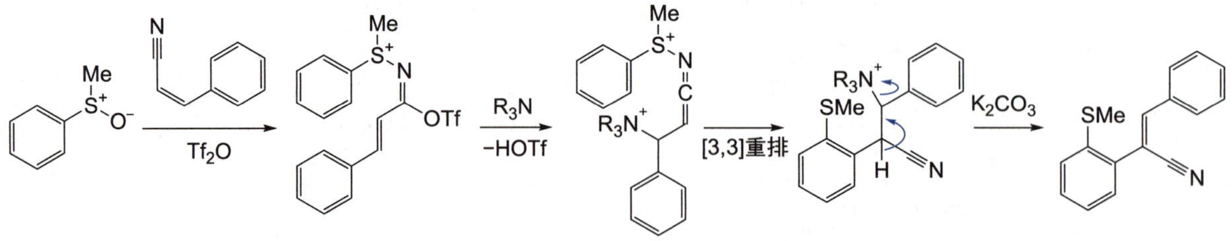

叔胺的作用是模拟 MBH 型加成反应，得到可以发生 [3,3] 重排的底物，最后经过芳构化、消除等步骤得到最终产物。最后一步消除具有很好的立体专一性，是由两个苯基的位阻所决定的：

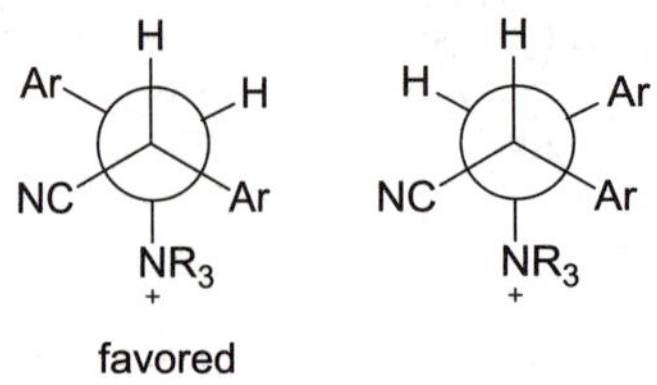

105. 解答:

（1）机理如下:

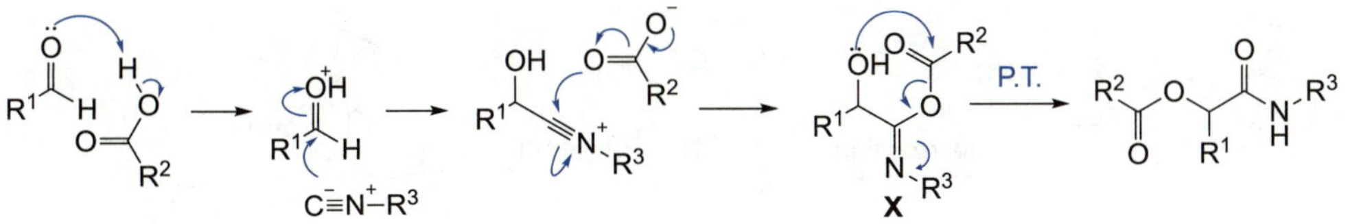

产物酰胺的稳定性大于 **X**，**X** 的结构类似于酐的结构（将氮原子换成氧）。

（2）**A** 和 **B** 的结构简式如下:

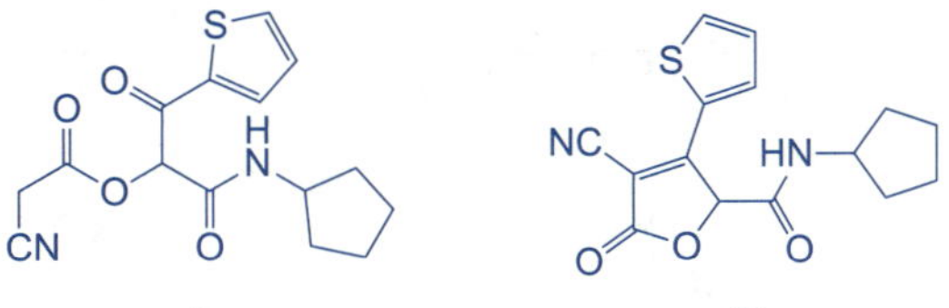

A　　**B**

A 到 **B** 的机理如下:

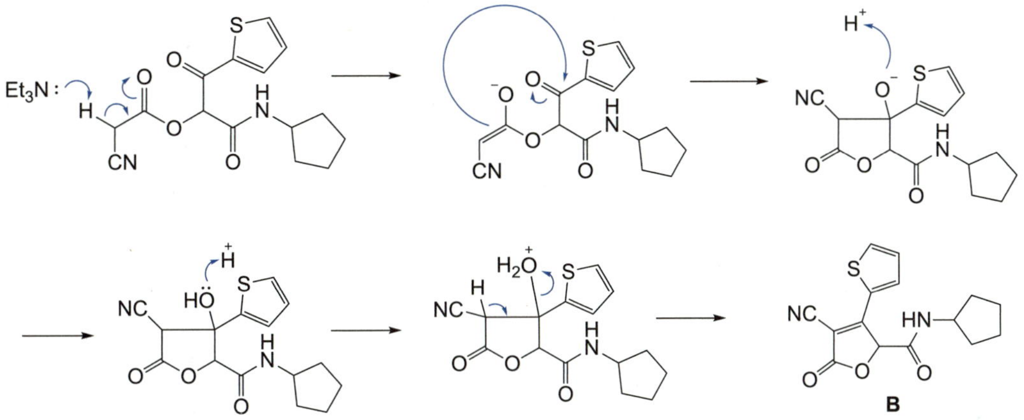

（3）可能的机理如下:

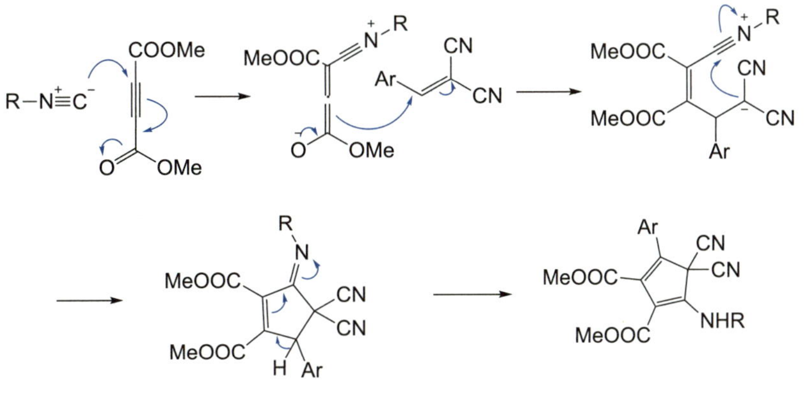

（4）**Y** 的结构为:

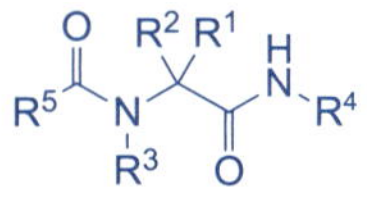

Y

（5）合成路线为:

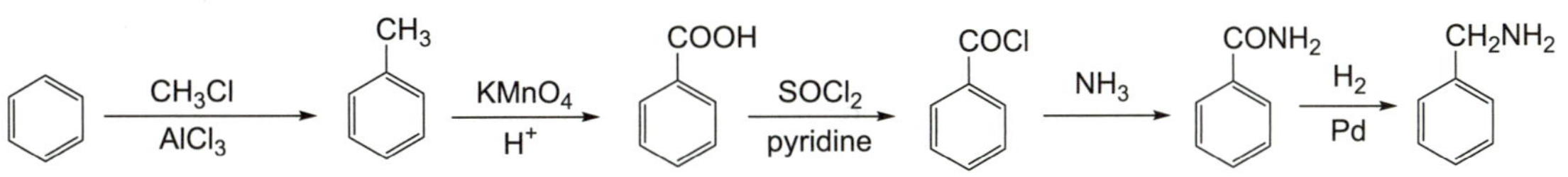

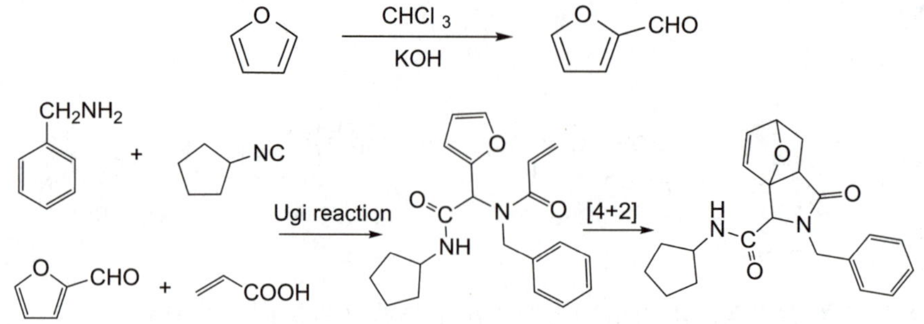

106. 解答：

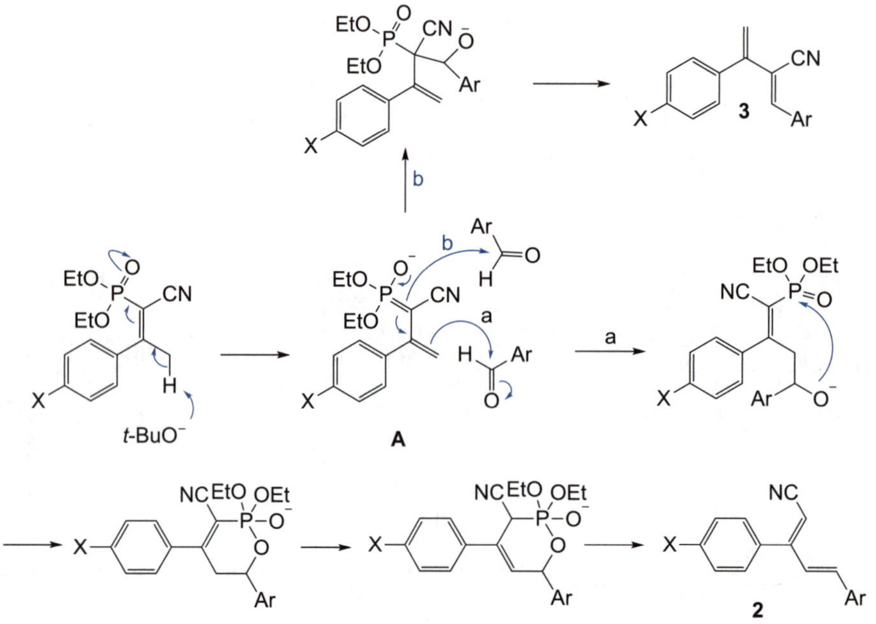

107. 解答：

A 和 **B** 的结构式如下所示：

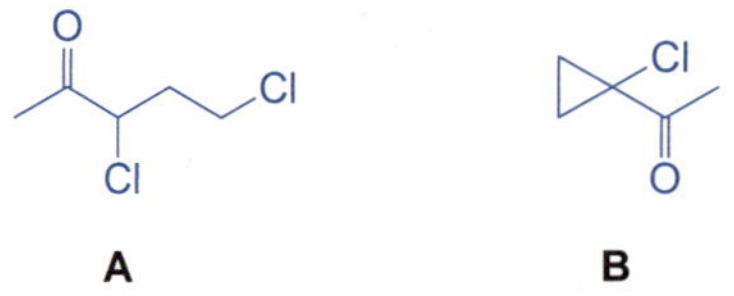

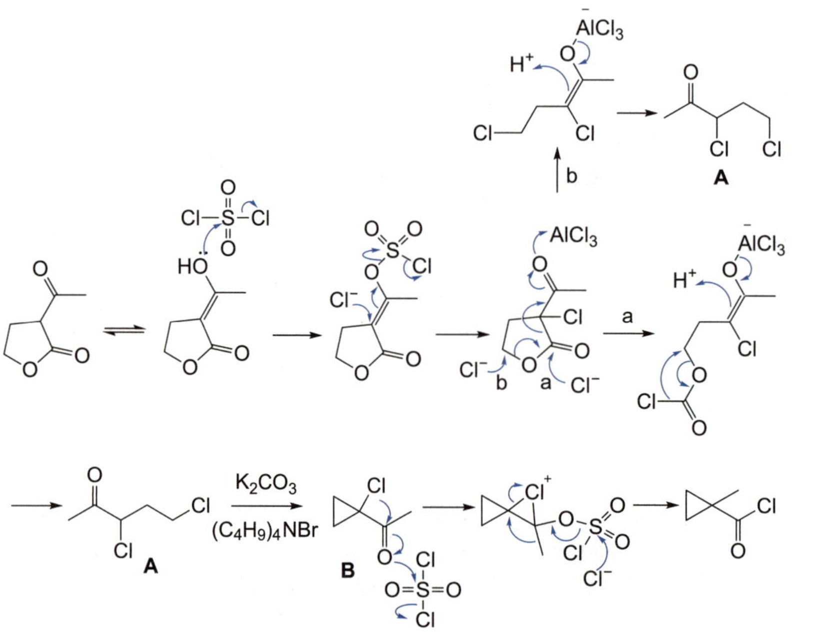

两次利用 SO_2Cl_2，作用不同。第一次利用 SO_2Cl_2 得到活泼亚甲基的 C—H 键被氯取代的产物，上去的是氯负离子，硫被还原；第二次利用 SO_2Cl_2 的 Lewis 酸性，得到螺氯鎓离子的中间体，最后发生烷基迁移得到产物，硫的价态不变。

108. 解答：

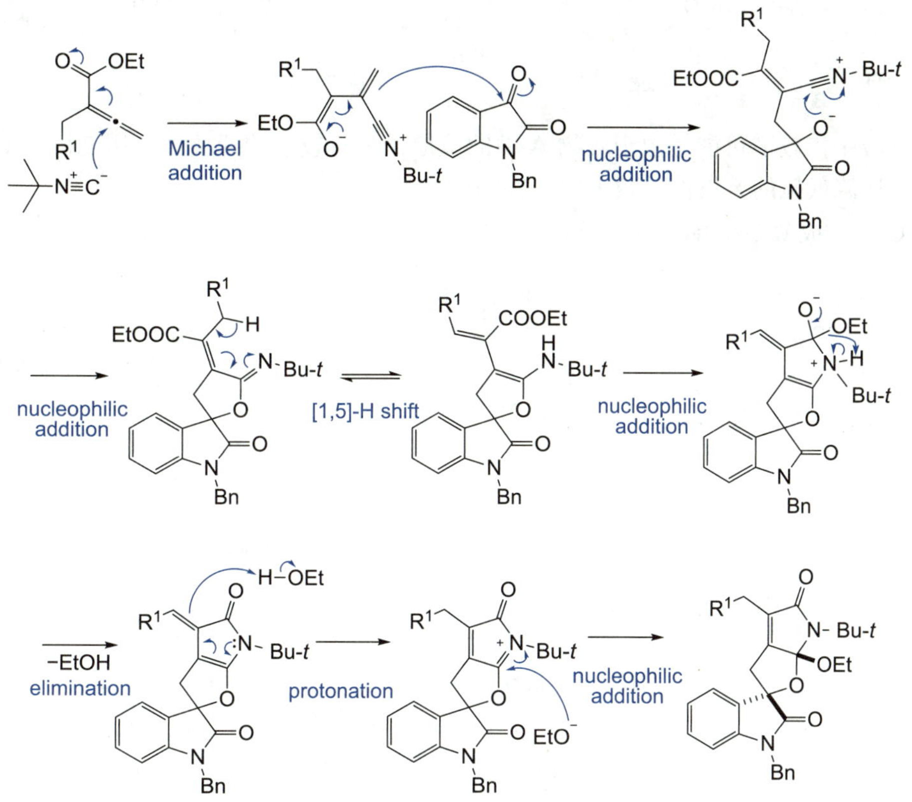

Michael addition

nucleophilic addition

nucleophilic addition

[1,5]-H shift

nucleophilic addition

−EtOH elimination

protonation

nucleophilic addition

109. 解答：

（1）

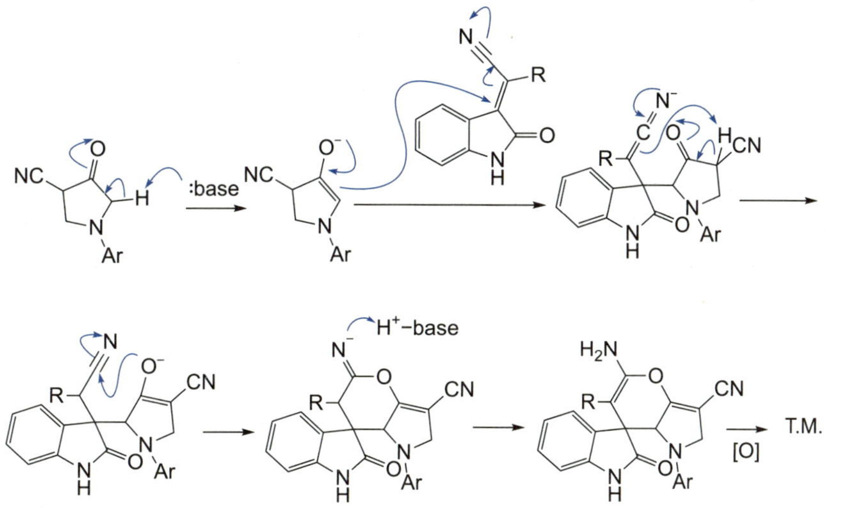

:base

[O]

T.M.

（2）前者为主要产物，生成的机理为：

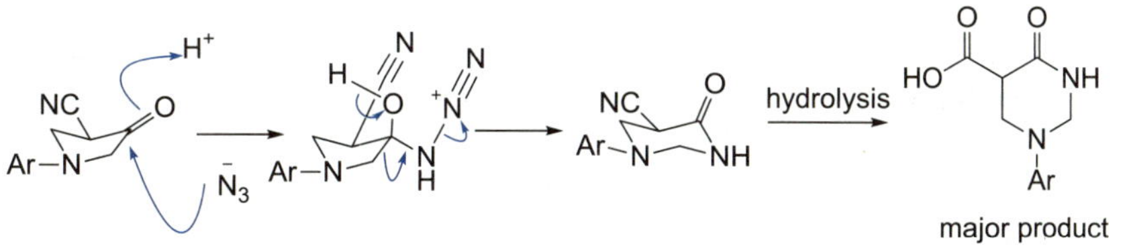

hydrolysis

major product

110. 解答：

（1）由 **A** 转变成 **C** 的可能机理如下：

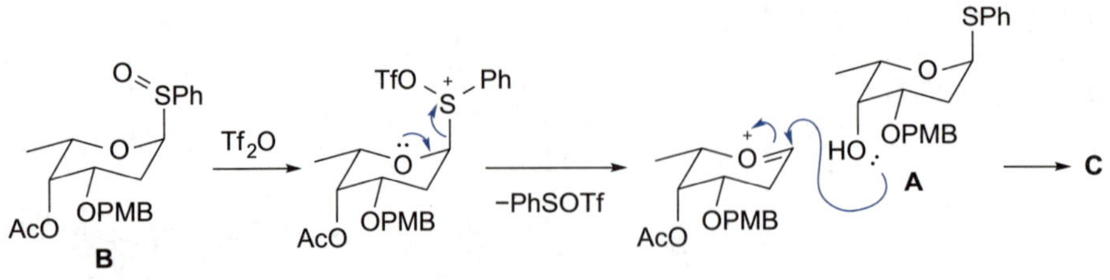

（2）该反应杂点较多可能是由于底物 **A** 中的硫原子具有较强的亲核性，用 2,6-二氯苯基代替苯基，能够有效地降低硫的亲核性，减少副产物的生成。

（3）由 **C** 转变成 **D** 的可能机理如下：

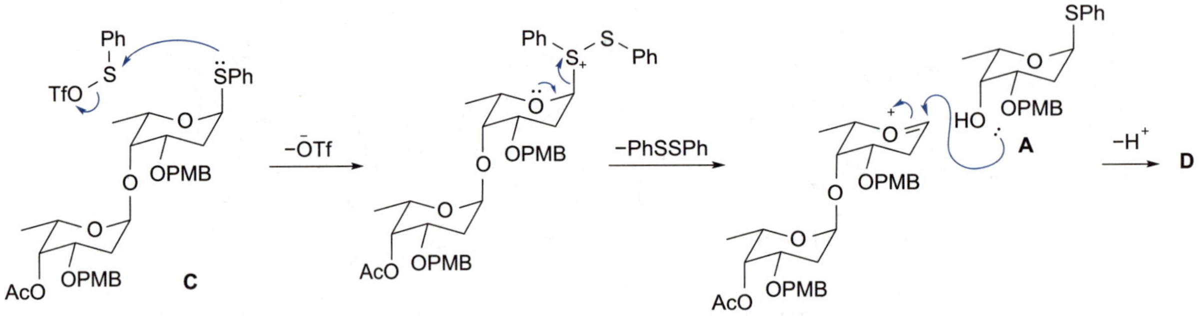

（4）DDQ 脱去 PMB 的可能机理如下：

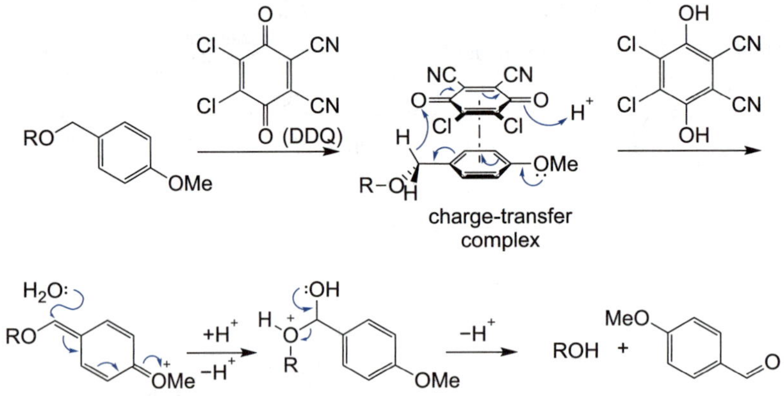

PMB 能够被 DDQ 氧化脱去，关键原因是对位有甲氧基。相比于苄基，一方面甲氧基的给电子共轭效应大大增加了苯环上的电子云密度，使得 PMB 与 DDQ 的给-受电子复合体更容易形成；另一方面，氧上的孤对电子能够很容易地推动苯环向醌式结构转变，并轻松地将负氢转移到形成了给-受电子复合体的 DDQ 上。而苄基对位没有甲氧基这个关键基团，故无法被 DDQ 脱去。

111. 解答：

（1）**C** 和 **D** 的结构分别为：

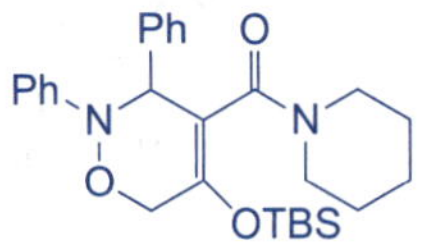

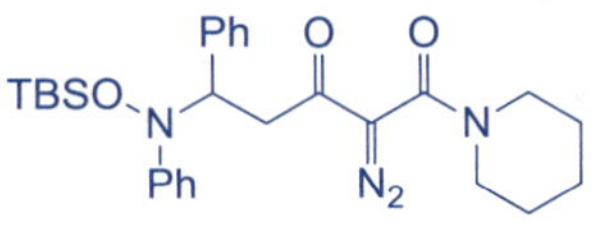

（2）

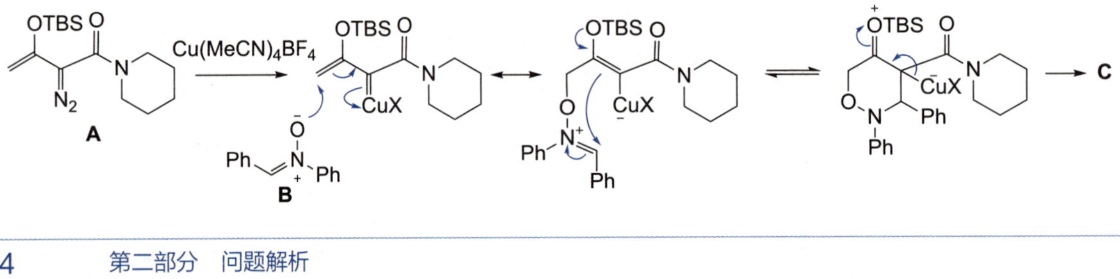

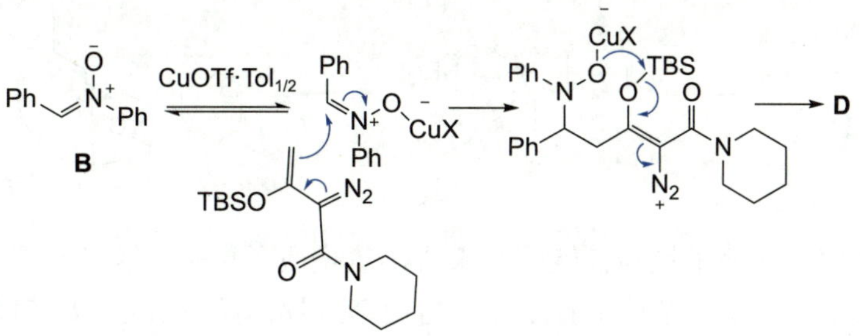

在生成化合物 **C** 时，$Cu(MeCN)_4BF_4$ 作为过渡金属催化剂，化合物 **A** 脱去 N_2 形成卡宾；在生成化合物 **D** 时，$CuOTf\cdot Tol_{1/2}$ 作为 Lewis 酸，可逆地与化合物 **B** 络合，降低了化合物 **B** 的 LUMO 轨道能级，更易接受化合物 **A** 的亲核进攻，发生 Mannich 型的反应。

112. 解答：

（1）a 有手性，另外两个都没有手性。可画出三个分子的结构，a 找不到对称面，对称中心，也没有 *S*4 反轴，所以 a 有手性。

（2）产物结构和 ^{1}H NMR 归属如下：

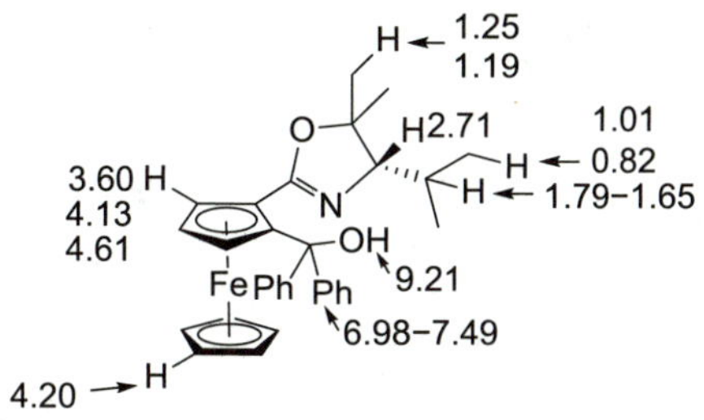

113. 解答：

（1）化合物 **C** 的结构为：

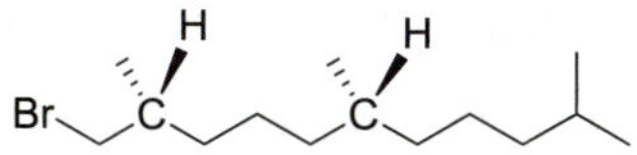

（2）合成过程中涉及到的 **1** ～ **5** 化合物结构和试剂如下：

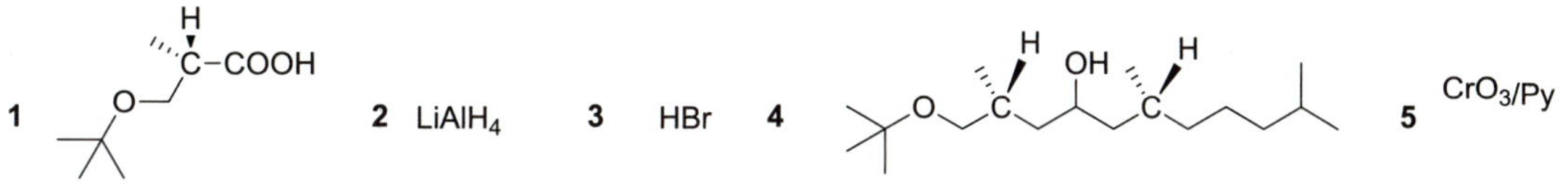

1 **2** $LiAlH_4$ **3** HBr **4** **5** CrO_3/Py

114. 解答：

中间体的结构如下所示：

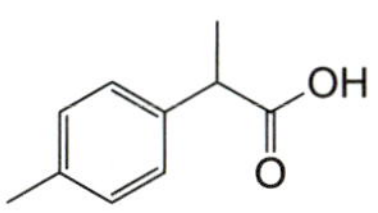

可能的反应机理为：

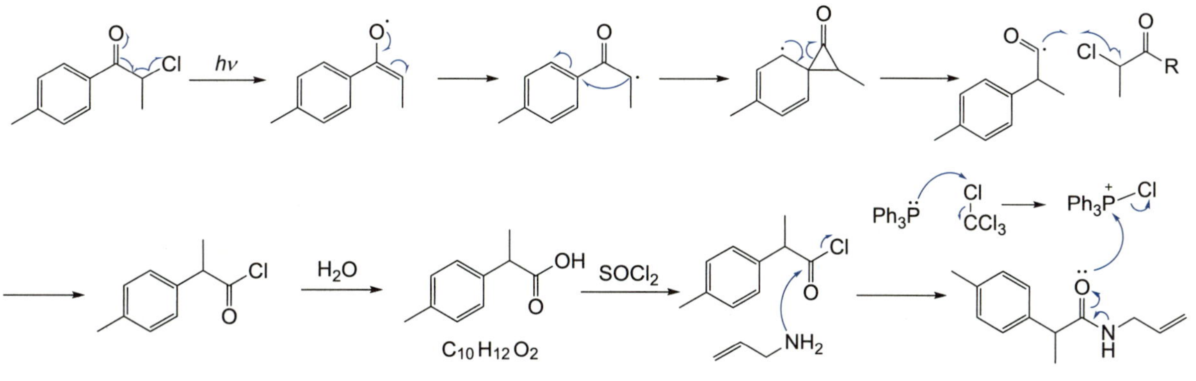

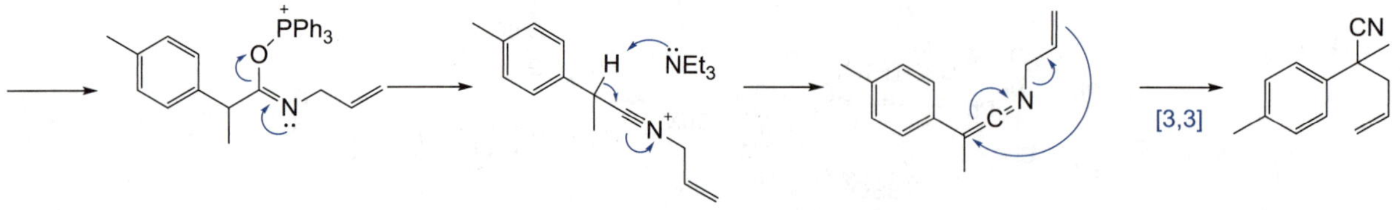

从给出的中间体信息（分子量和官能团）来看，氯换成了羟基，羰基和羟基组成一个羧基，其他的元素组成没有改变。从反应条件来看是一个自由基过程，反应从 C—Cl 键的均裂开始，经过环丙酮骨架得到含有羧基官能团的结构。

115. 解答：

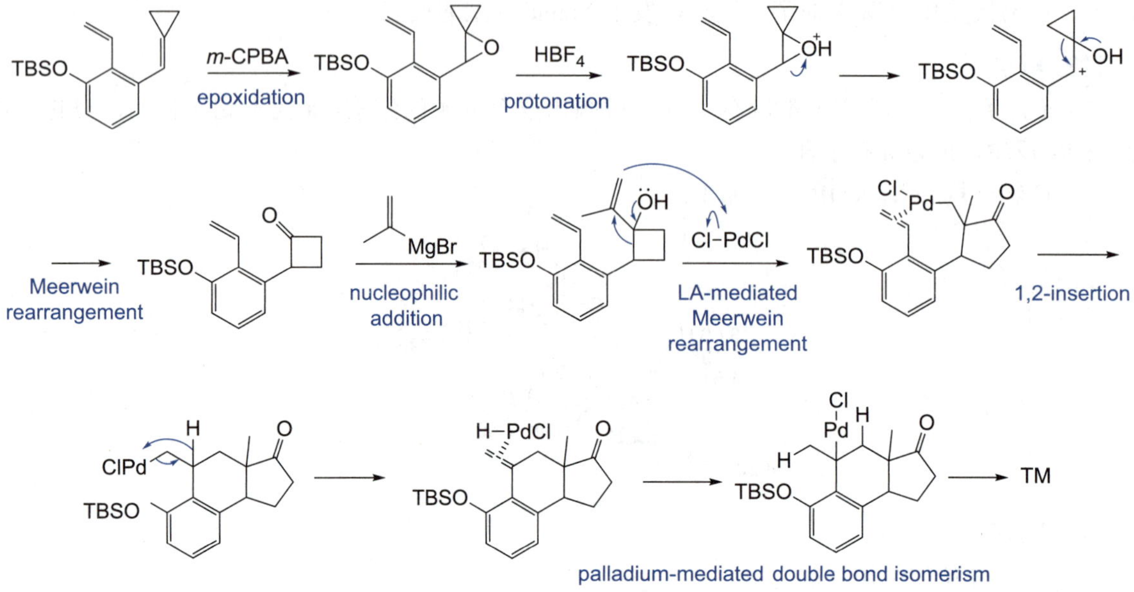

第一步是选择性环氧化，亚甲基环丙烷的双键更富电子，先被过氧酸环氧化；

第二步是质子酸条件下不对称环氧的选择性开环及碳正离子的重排；

第三步是三氯化铈作用下羰基和格氏试剂的亲核加成；

第四步是过渡金属催化下的 domino 反应，包括钯催化下的碳正离子重排（这里也可以认为是 Lewis 酸催化下的碳正离子重排），分子内双键的碳钯化反应，也称过渡金属的 1,2-插入反应；

最后是过渡金属催化下的双键移位，通过氢钯化反应及其可逆而实现。

116. 解答：

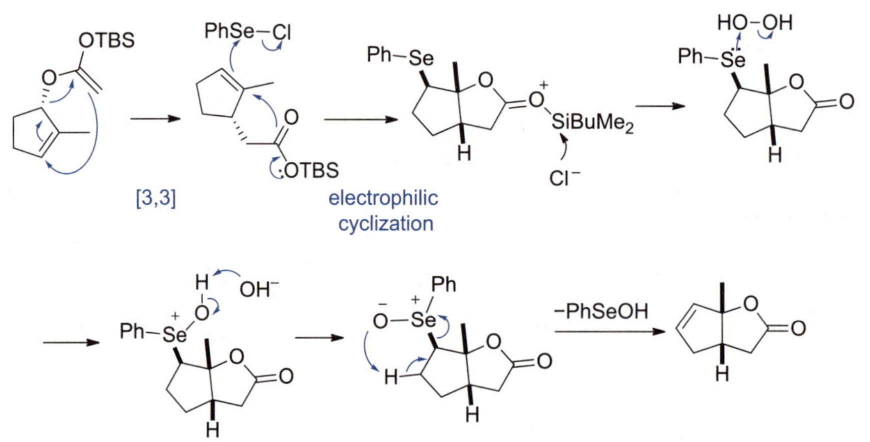

第一步是热反应，[3,3]-重排，具有立体选择性；

第二步是亲电试剂诱导下的关环反应，顺式关环是关键；

最后一步是硒醚用双氧水氧化后得到硒氧化物，常温下发生热消除形成双键，热消除过程中内酯得到保留。

117. 解答：

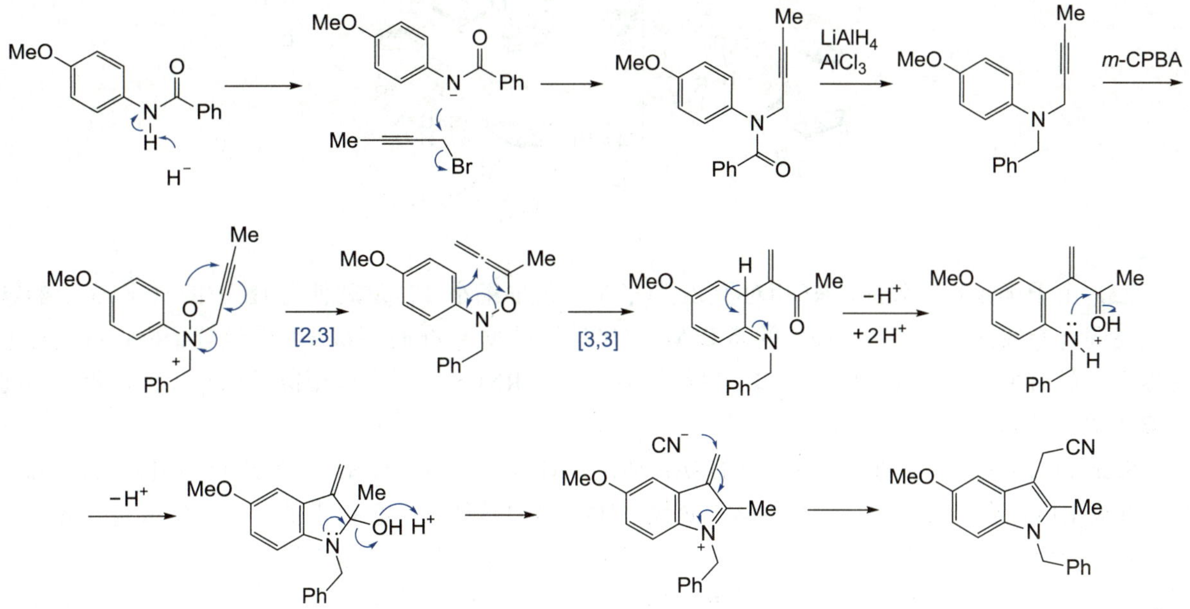

第一步是碱性条件下的亲核取代（S_N2）；

第二步是氢化锂铝还原酰胺到胺；

第三步是过氧酸氧化叔胺成氮的氧化物、叔胺氧化物的 [2,3]、[3,3] 重排成环、互变异构脱水、被氰根阴离子所捕获。

118. 解答：

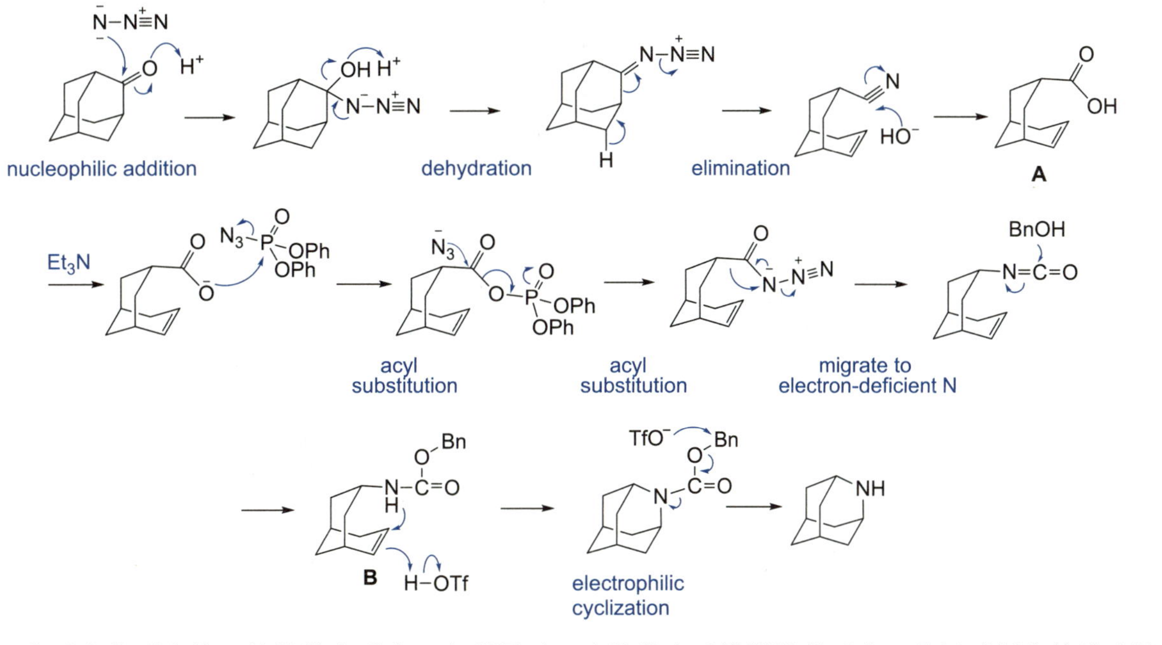

从反应物到产物，从结构上看少一个碳原子，应该发生重排脱羧的反应。叠氮试剂亲核进攻羰基，得到腈。腈在碱性条件下水解得到羧酸，形成酰基叠氮后发生重排，生成异氰酸酯，被苄醇所捕获得到碳酰胺。最后在质子酸的作用下发生亲电环化，脱羧成产物。

119. 解答：

（1）

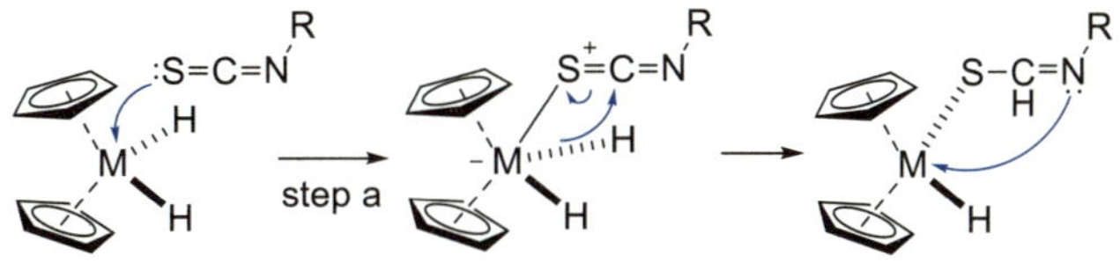

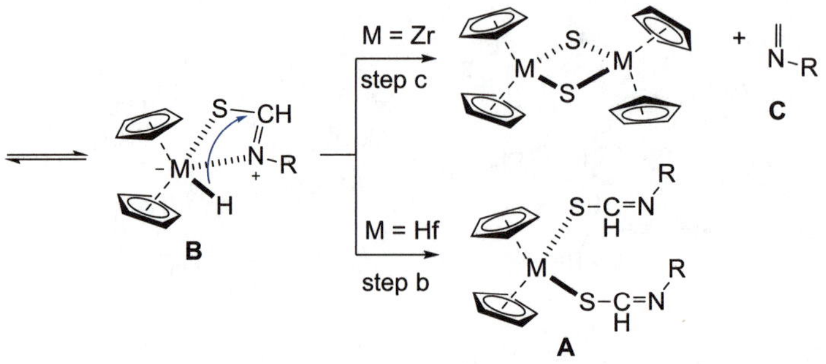

（2）由于镧系收缩效应，Hf 相对于 Zr 原子半径反而缩小了。这就使得 Hf 上的氢比 Zr 上的氢负电性弱，亲核性就弱了；从而中间体 **B** M = Hf 时相对 M = Zr 时不易发生负氢分子内迁移到正电性碳上，最后生成希夫碱型化合物 **C**，也使得另一分子 RNCS 有机会以相似于 Step a 的过程与中间体 **B** 结合而生成双插入产物。

Step a 可能是 S 或 N 进攻，考虑到 HSAB 理论，M 较软，易结合 S，且 N 进攻位阻较大。因此，S 先进攻生成加合物 **B**。根据信息推断，负氢（H^-）是要转移到中心 C 上的，分子生成螯合环而稳定。但 sp 杂化 C 不可能形成那样的螯环，所以应该先发生负氢的亲核重排，让 sp 杂化 C 变成 sp^2 杂化 C，而后自然进攻成环生成中间体 **B**。如果 M = Zr，分子内负氢转移希夫碱脱去；而如果 M = Hf，虽然 H 和中心 C 在空间上更近了，但是 H 的亲核性不强，于是当平衡向开环方向进行时，另一分子异氰酸酯也可以参与反应进攻 16e-Hf，而后新结合的异氰酸酯分子，负氢迁移，最终生成双插入产物 **A**。

120. 解答：

4 的结构为：

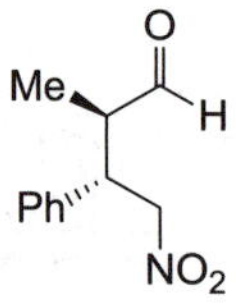

可能的反应机理为：

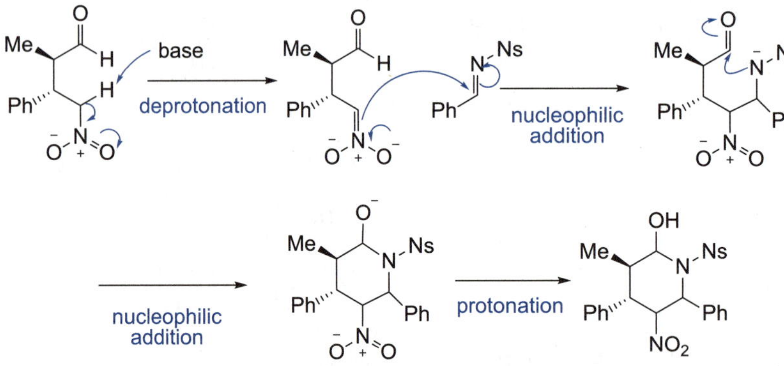

生成 **4** 的过程是一个有机分子催化的立体选择性 Michael 加成。**1** 作为 Michael donor，**2** 作为 Michael acceptor，**1** 和 **3** 先生成反式烯胺，再与 **2** 发生选择性 Michael 加成生成 **4**，从 **6** 的结构可以确定 **4** 的绝对构型。

由于 $TMSOPh_2C$—的存在，反式烯胺的双键会远离此取代基，并且通过两个氮原子之间的静电作用，以如下图所示的过渡态模型进行 Michael 加成，得出反应的非对映选择性：

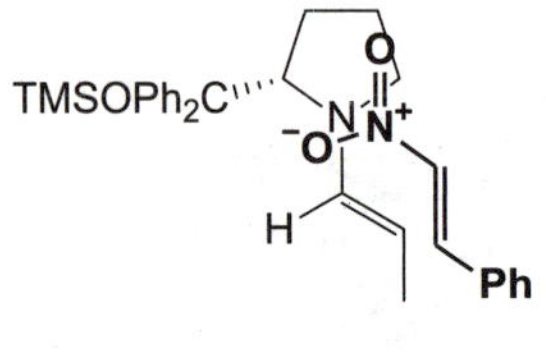

121. 解答：

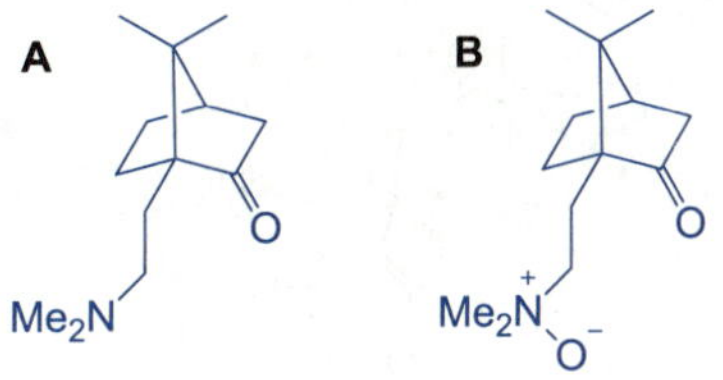

A B

Me_2N $Me_2\overset{+}{N}-O^-$

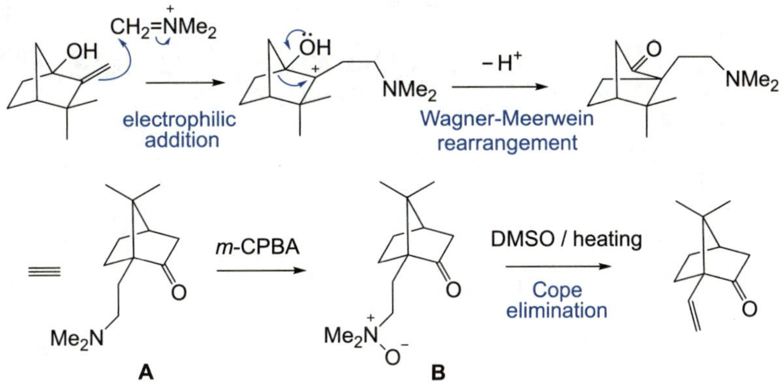

$CH_2=\overset{+}{N}Me_2$ OH electrophilic addition OH NMe_2 $-H^+$ Wagner-Meerwein rearrangement O NMe_2

≡ Me_2N A m-CPBA $Me_2\overset{+}{N}-O^-$ B DMSO / heating Cope elimination

122. 解答：

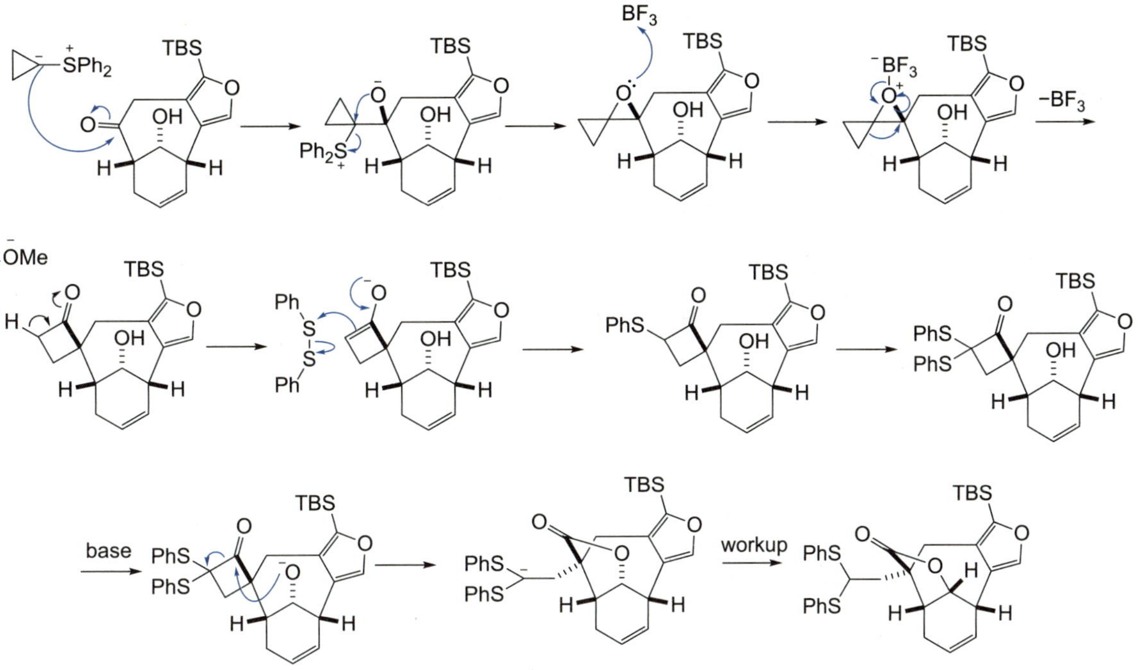

$\overset{+}{S}Ph_2$ TBS O OH H H → Ph_2S^+ → BF_3 → $^-BF_3$ → $-BF_3$ →

^-OMe H O TBS OH H H → Ph S S Ph → PhS → PhS PhS

base PhS PhS O TBS → PhS PhS → workup PhS PhS O H

123. 解答：

OTBDPS OSiEt$_3$ Br SmI_2 oxidative addition Sm Br I Et_3SiO OTBDPS ⇌ OTBDPS $OSiEt_3$ O Sm-I Br

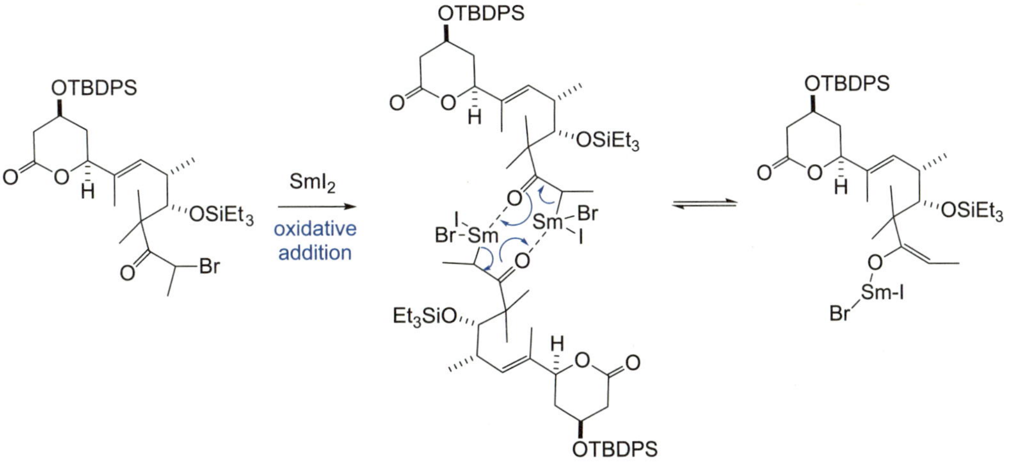

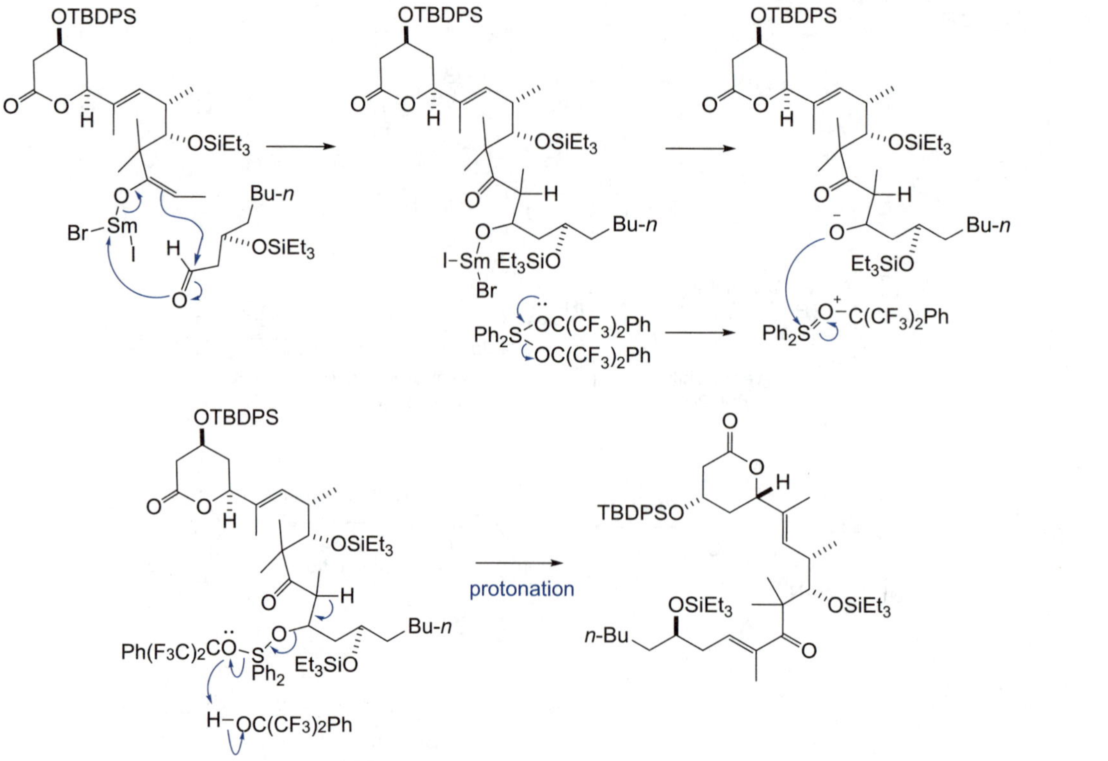

124. 解答：

（1）

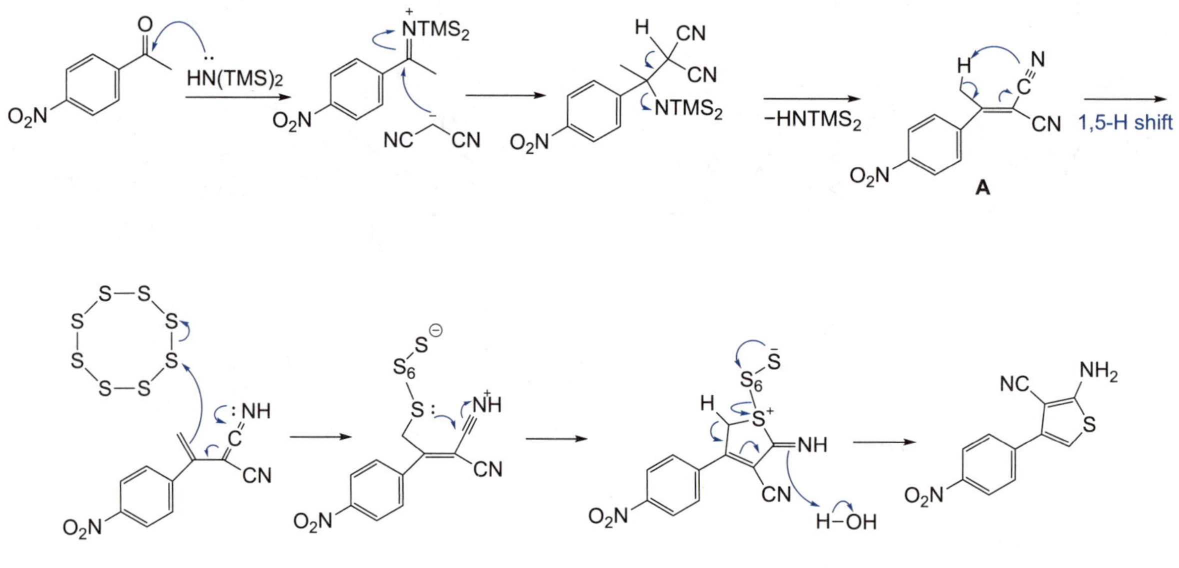

（2）可能存在二聚体副产物：

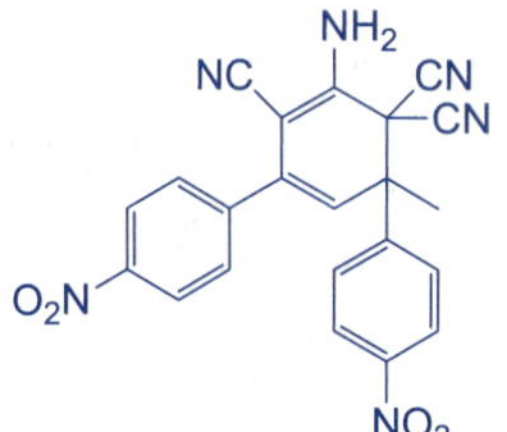

B

第一步为Knoevenagel反应，用仲胺活化芳香酮，经过亚胺盐中间体再和丙二腈发生缩合反应。第二步为Gewald合成。在碱的作用下，碳负离子对 S_8 进行亲核取代，再利用硫孤对电子的亲核性对氰基进行亲核加成而关环。

125. 解答：

（1）**A** ～ **E** 的结构如下：

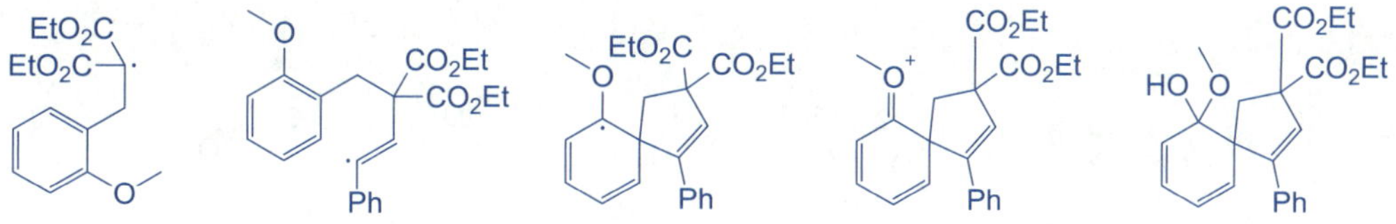

A **B** **C** **D** **E**

（2）**D** 到 Ⅱ 的过程为：

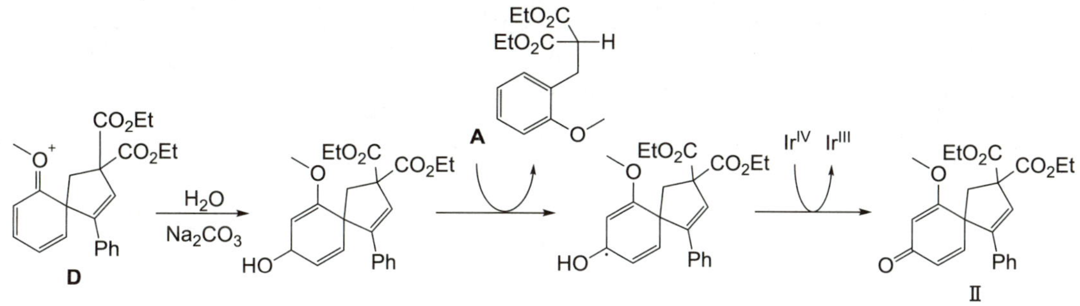

H_2O Na_2CO_3 **A** Ir^{IV} Ir^{III}

D Ⅱ

126. 解答：

hν

ene reaction

migrate to electron deficient O

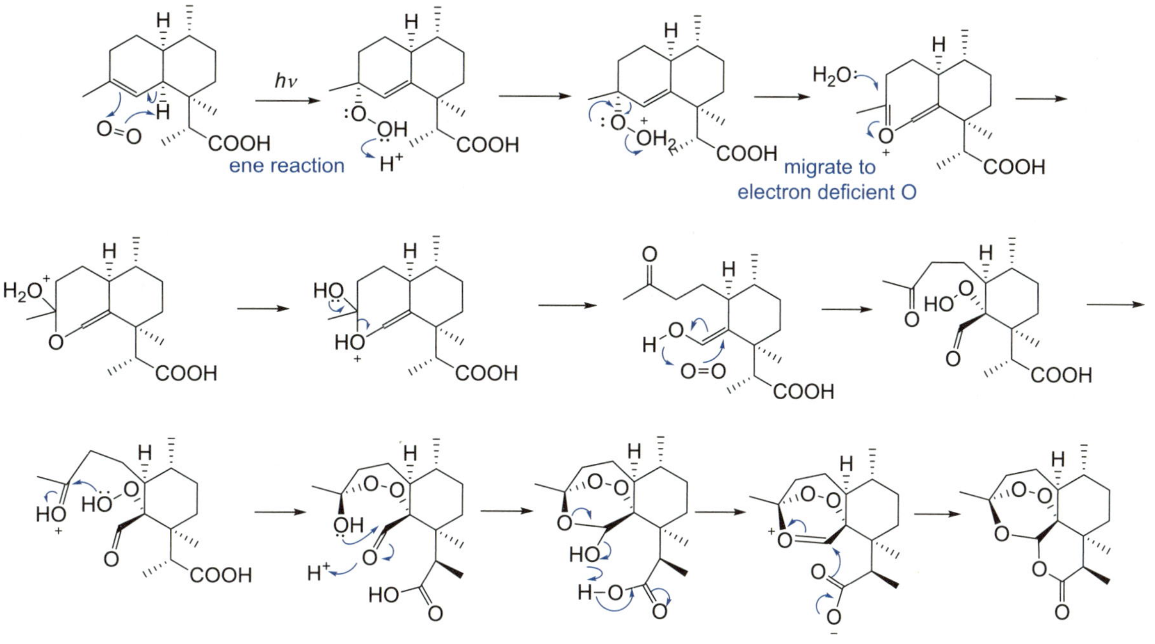

127. 解答：

（1）试剂 **A** 和产物 **4** 的结构：

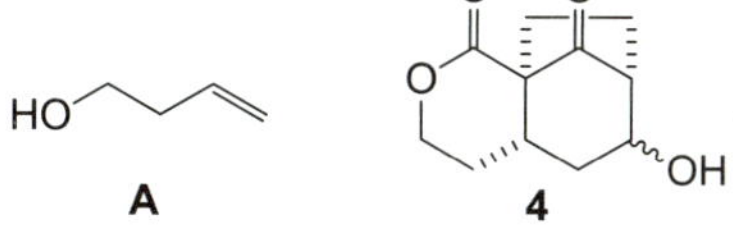

A **4**

（2）由 **1** 转变成 **2** 和 **3** 的机理：

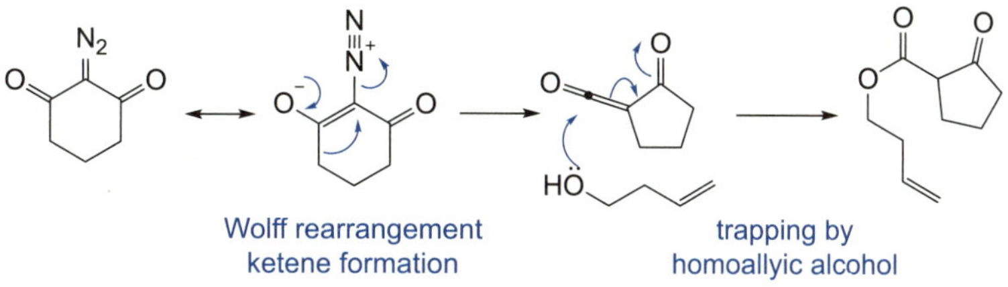

Wolff rearrangement ketene formation

trapping by homoallyic alcohol

alkene metathesis

2

LA-catalyzed Michael addition

3

（3）由 **2** 转变成 **5** 的机理：

2

Michael addition

P.T.

Aldol

4a

4b

[O]

5

5

（4）由 **2** 转变成 **6** 的机理：

MeO$^-$

OMe

c

COOMe

6a

COOMe

6b

（5）**8** 的结构：

Bn–N

8

（6）由 **8** 转变成 **10** 的机理：

8

silica gel

AcOEt

r.t.,16 h

10a, major

10b

（7）**11a** 和 **11b** 的结构：

DBU

10a, major　**11a**, major　**11b**, minor

128. 解答：

（1）由 **C** 到 **D** 的机理：

C　**D**

（2）由 **E** 到 **F** 的机理：

radical initiation

radical propagation

radical propagation　radical propagation　β-fragmentation

6-endo cyclization　reduction

（3）由 **F2** 到 **G** 的机理：

Bu_3SnBr

LA-catalyzed tautomerism　Retro-oxa-Michael

129. 解答：

A　Bu_3SnH AIBN　free radical reaction

130. 解答：

A、**B**、**C** 的结构：

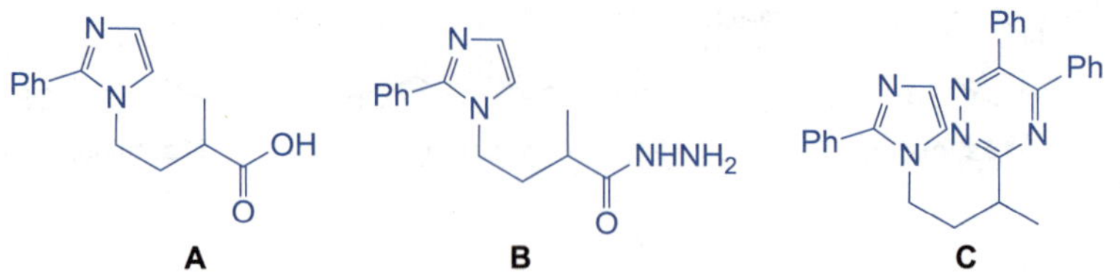

A　　B　　C

由 **C** 转成 **D** 和 **E** 的机理：

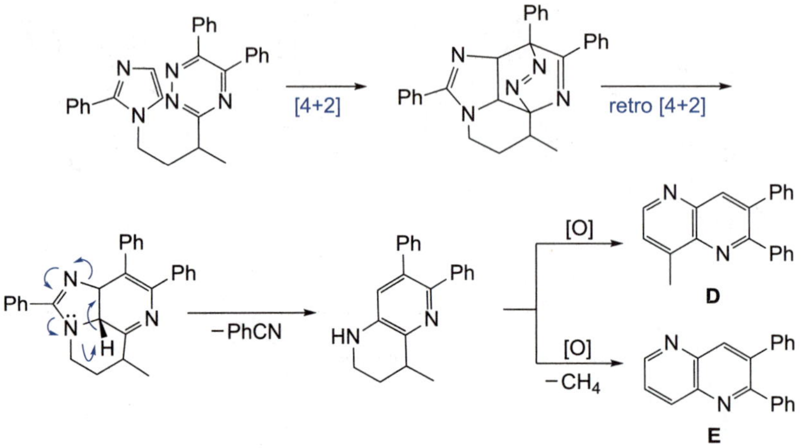

[4+2]　retro [4+2]　−PhCN　[O]　D　[O] $-CH_4$　E

131. 解答：

A ～ **D** 的结构：

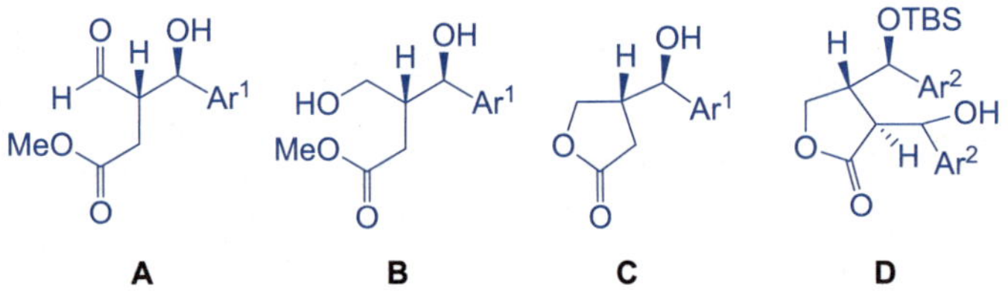

A　　B　　C　　D

由 **C** 到产物的转变过程：

C　TBSCl　PhSH Cs_2CO_3　$BrCH_2Cl$ Cs_2CO_3　1. LiHMDS THF, −78 ℃ 2. Ar^2CHO　D　$NaBH_4$ $CaCl_2$ EtOH　AcCl $HC(OMe)_3$

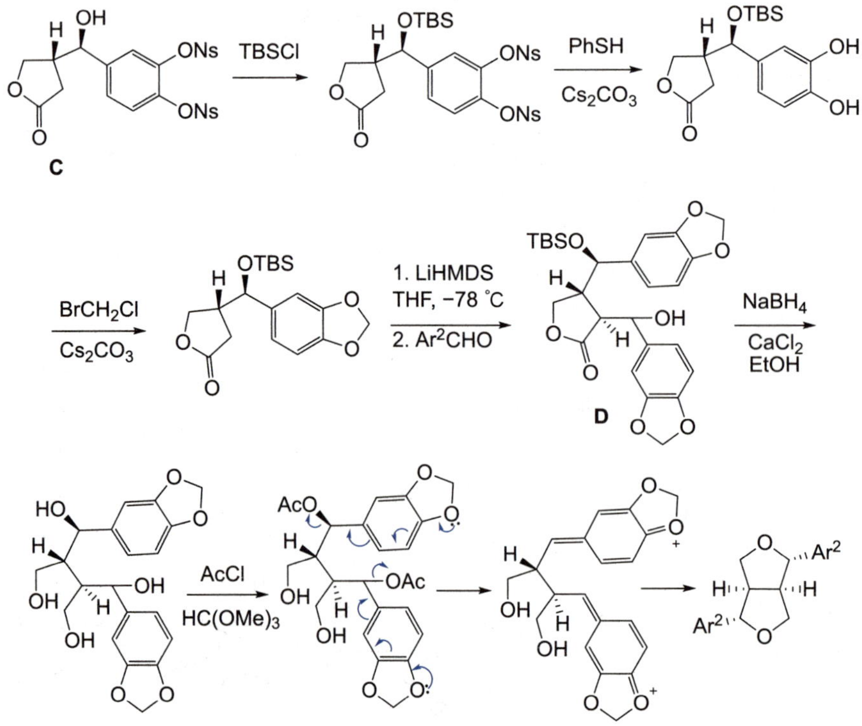

132. 解答：

（1）中间体 **B** 的结构为：

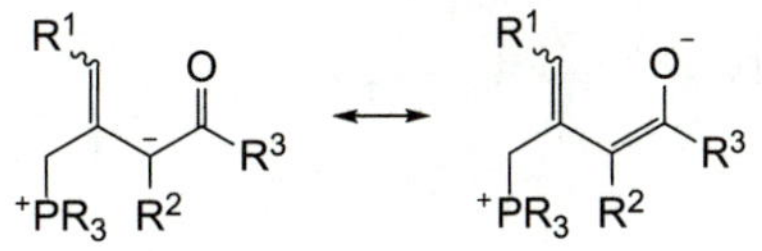

（2）生成 **C** 的机理为：

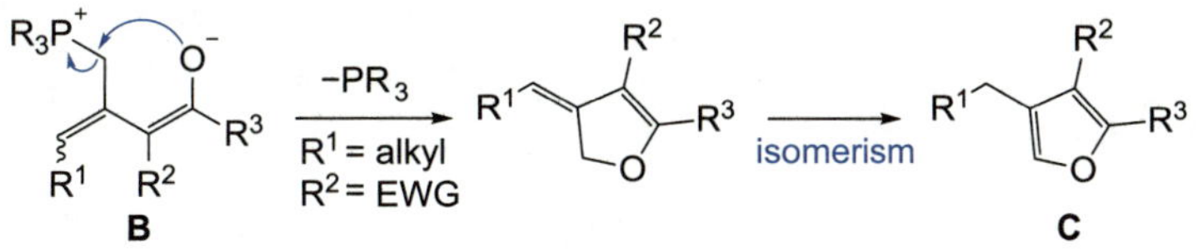

（3）生成 **D** 的机理为：

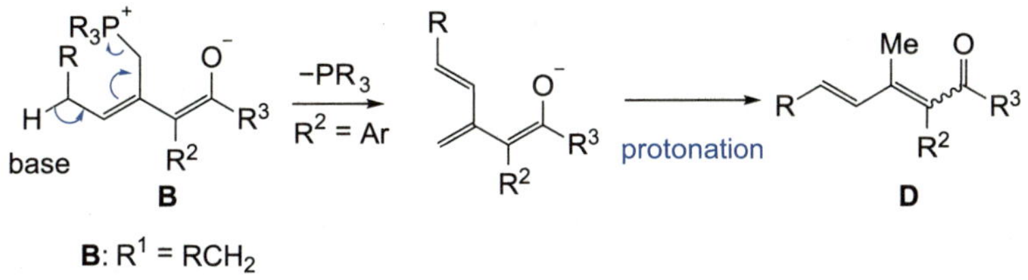

B: $R^1 = RCH_2$

（4）生成 **E** 的机理为：

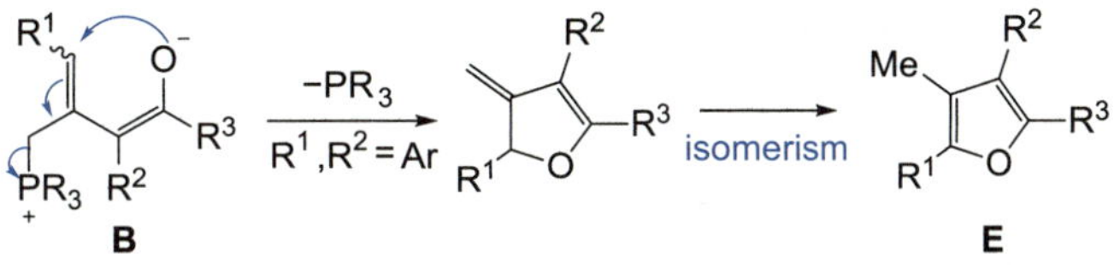

133. 解答：

A 和 **B** 的结构为：

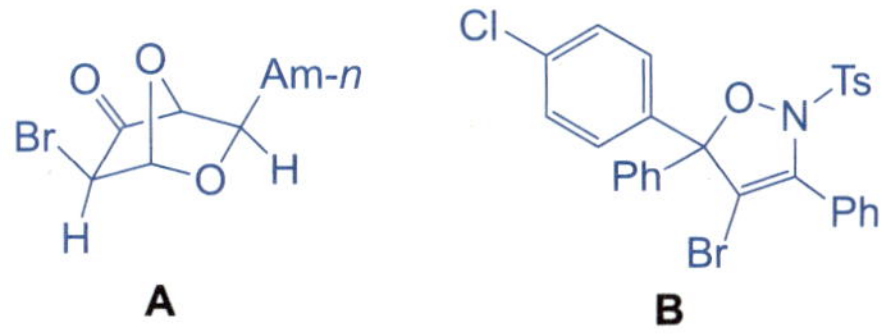

134. 解答：

反应的区域选择性和立体选择性源于砜基的邻基参与（NGP）：

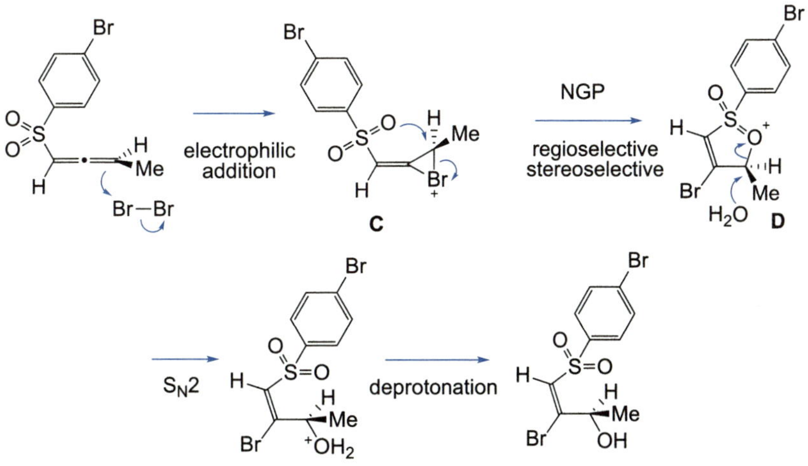

135. 解答：

关键中间体为：

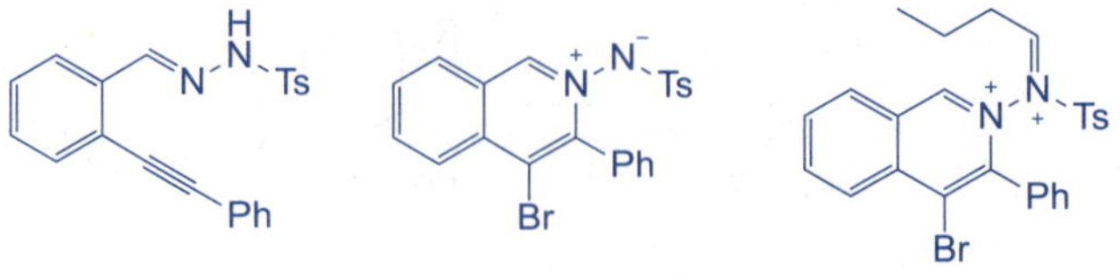

E　　F　　G

136. 解答：

（1）产物结构分别为：

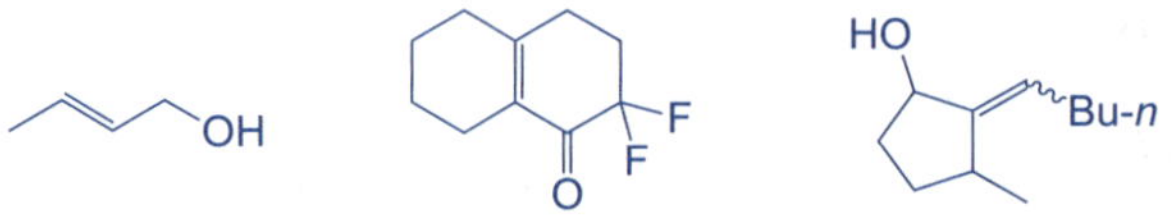

A　　B　　C

（2）反应机理为：

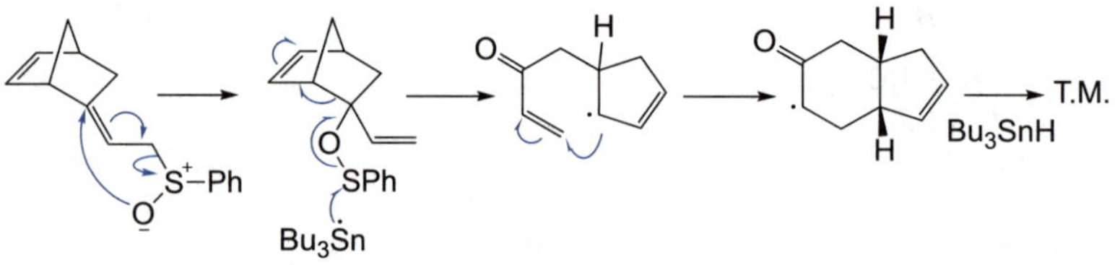

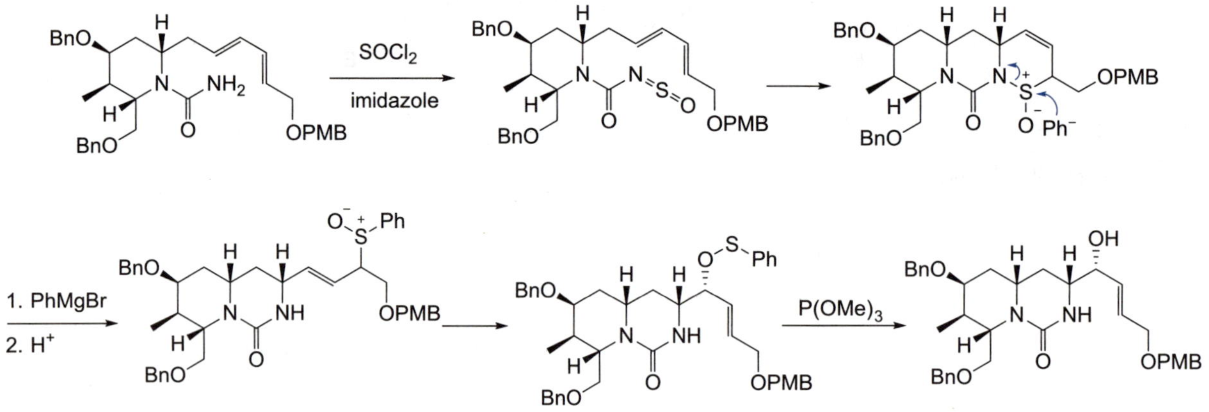

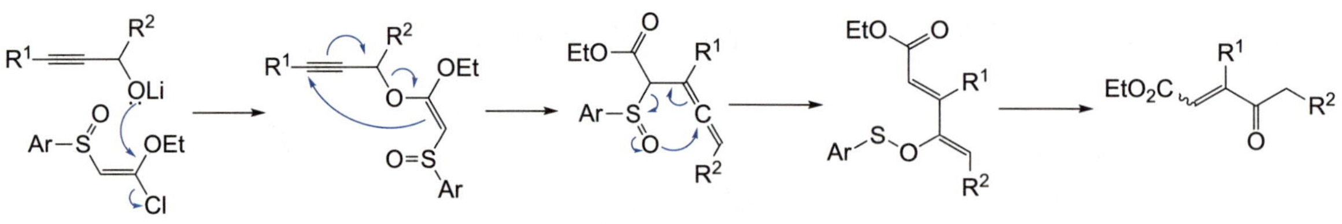

T.M.

137. 解答：

C 的结构为：

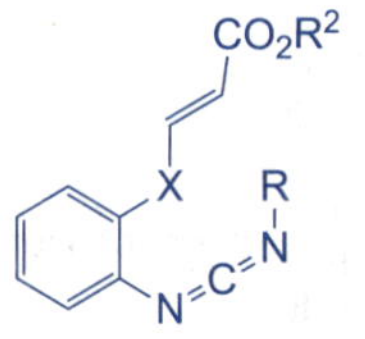

C

C 到 **G** 的机理为：

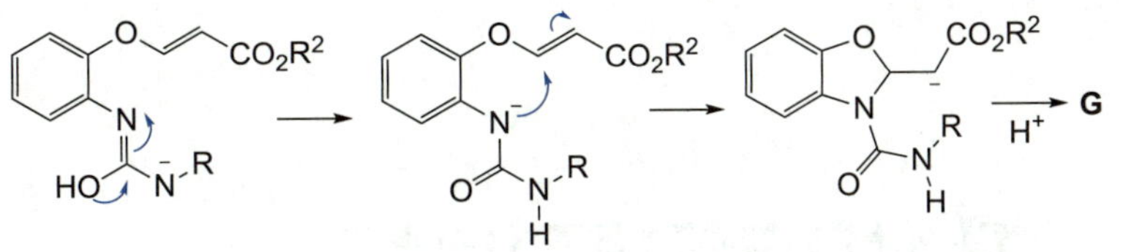

C 到 **E** 的机理为：

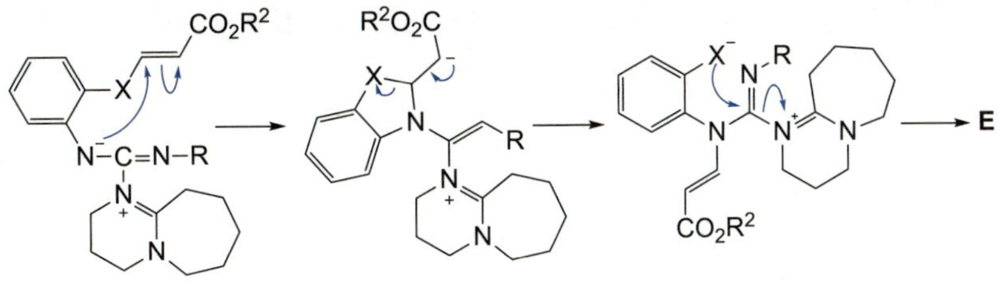

138. 解答：

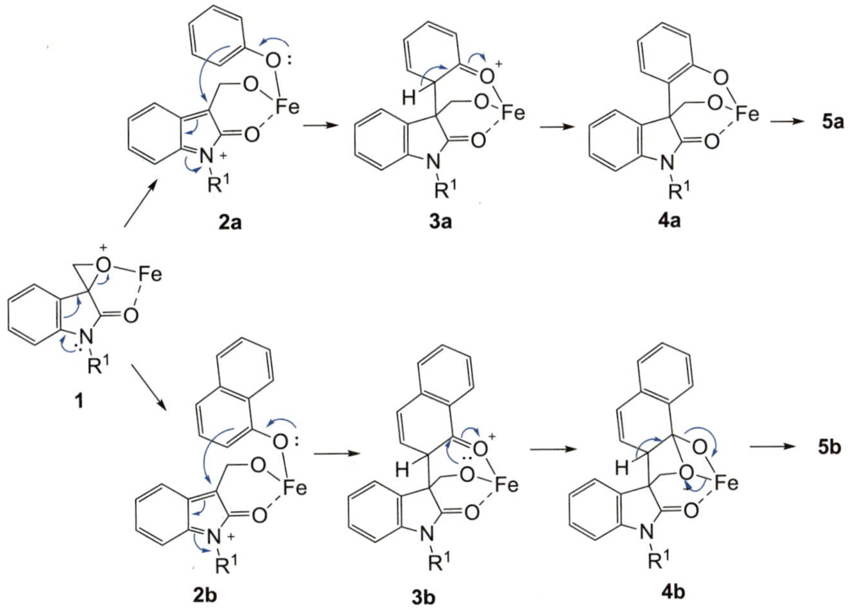

这个问题反映了苯酚和萘酚作为亲核试剂的区别。苯环的芳香性比萘环的芳香性强，**3b** 中的羰基比 **3a** 中的羰基更容易接受分子内的亲核进攻，而 **3a** 更容易失去质子恢复芳香性。

139. 解答：

氧杂环丁酮不稳定，反应由此而引发。酯的氨解得到酰胺，出现一个活泼亚甲基，在后续的碱性条件下 Aldol 缩合得到喹啉骨架。

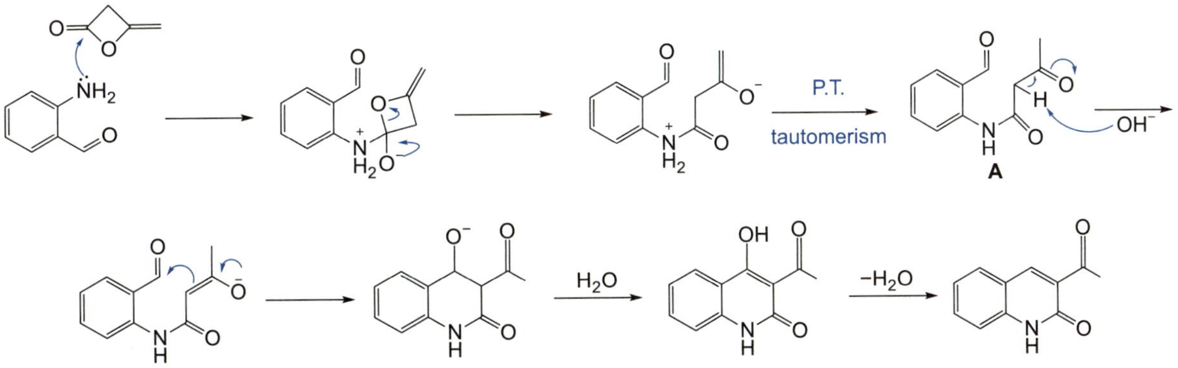

第八章　升华篇问题解析

1. 解答：

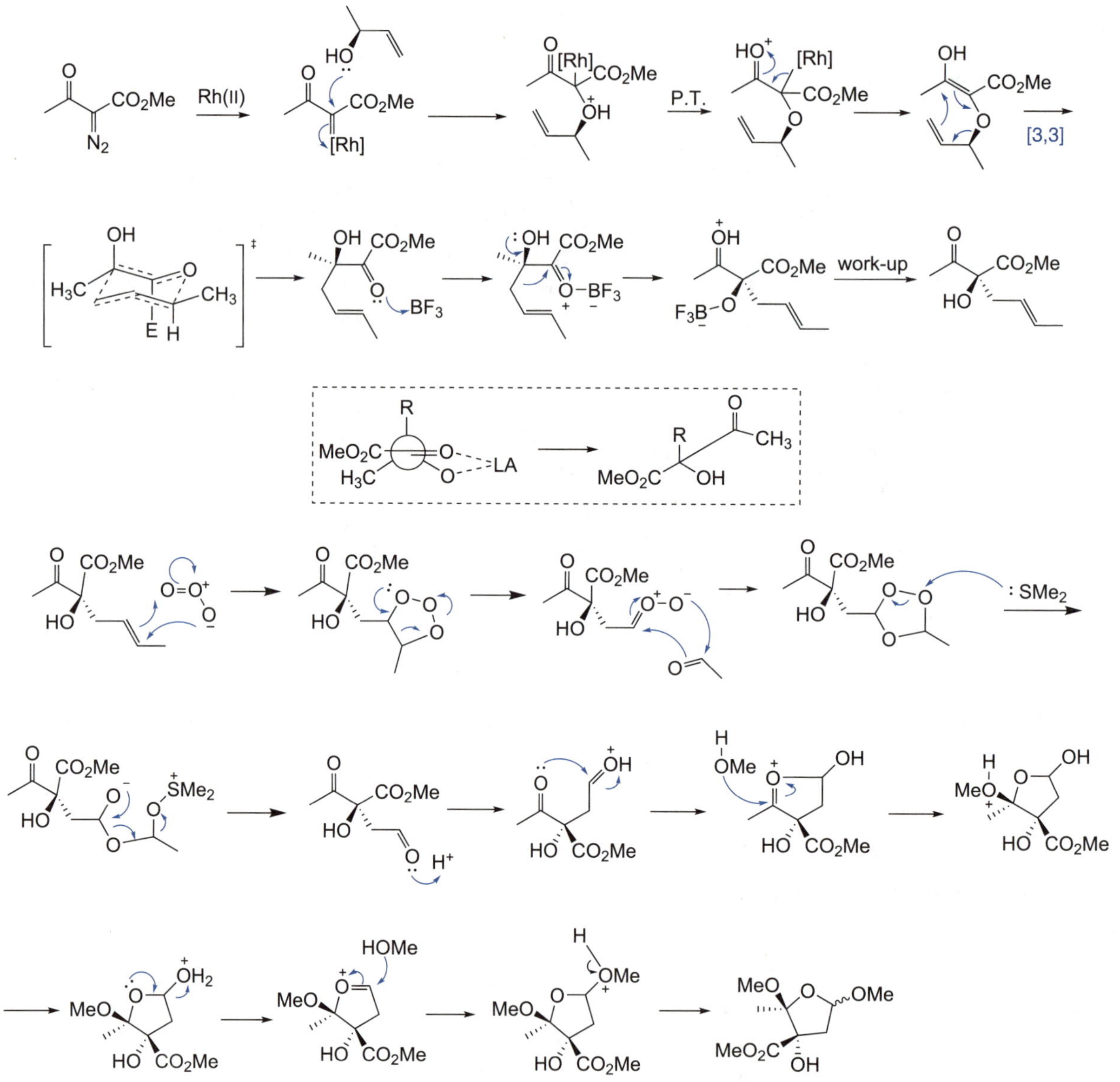

第一步：重氮化合物与 $Rh_2(OAc)_4$ 反应生成金属卡宾，然后接受亲核试剂的进攻得到加成产物，再经质子转移之后脱去 [Rh]，最后经 Claisen 重排得到第一步反应的产物，关键是反应的立体选择性控制。

第二步：路易斯酸催化下，烷基发生 1,2-迁移。关键是烷基迁移的轨道方向性，即 RCCO 的二面角应为 90°（参见虚线框内示意）。

第三步：在还原剂（二甲硫醚）中发生臭氧化反应，双键氧化断裂得到醛。

第四步：醛的活性比酮的活性大，质子化后发生分子内的亲核加成反应（分子内反应速率比分子间要快），再进行分子间的亲核加成，质子转移脱水，最后经过一次分子间的亲核加成得到目标产物。

2. 解答：

（1）**a**～**d** 代表的试剂或条件，及 **C** 和 **D** 的结构如下：

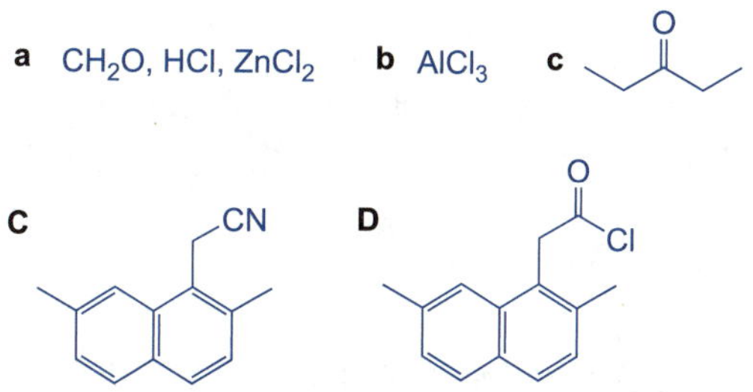

a CH_2O, HCl, $ZnCl_2$　**b** $AlCl_3$　**c**　**d** Br_2, *hν*

C　**D**

（2）**G** 到 **H** 的机理如下：

−CO

G　**H**

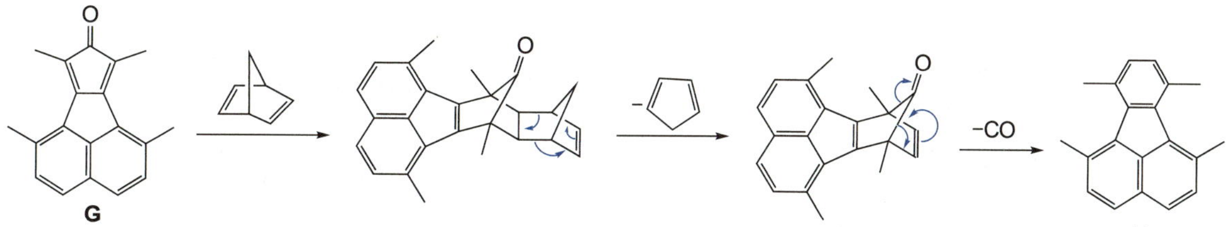

这是一个多步合成的例子，随着反应的深入，骨架逐步得到构建。在 **G** 转变成 **H** 的过程中，通过逆 Diels-Alder 的方法脱除两个小分子，先脱环戊二烯再脱一氧化碳，经过的活化能可能小一些。

3. 解答：

（1）**H**、**J**、**L**、**M** 的结构如下：

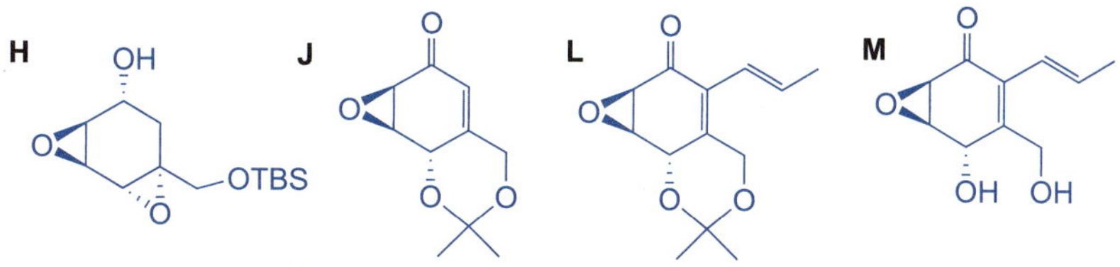

H　OH　O　OTBS　O　**J**　**L**　**M**　OH　OH

（2）**C** 到 **D** 机理如下：

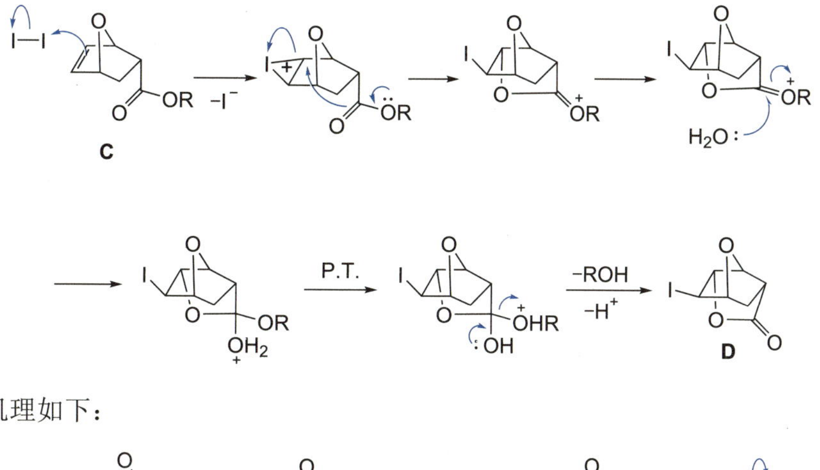

I—I　OR　$-I^-$　**C**　H_2O　P.T.　−ROH　$-H^+$　**D**

D 到 **E** 的机理如下：

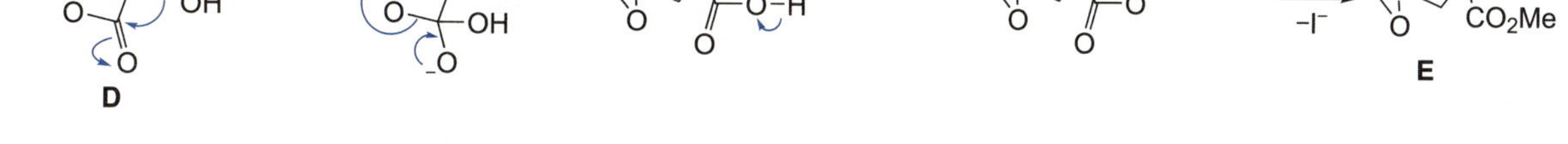

^-OH　**D**　CH_3-I　$-I^-$　CO_2Me　**E**

4. 解答：

（1）**3**,**4**,**5**,**7**,**8** 的结构如下：

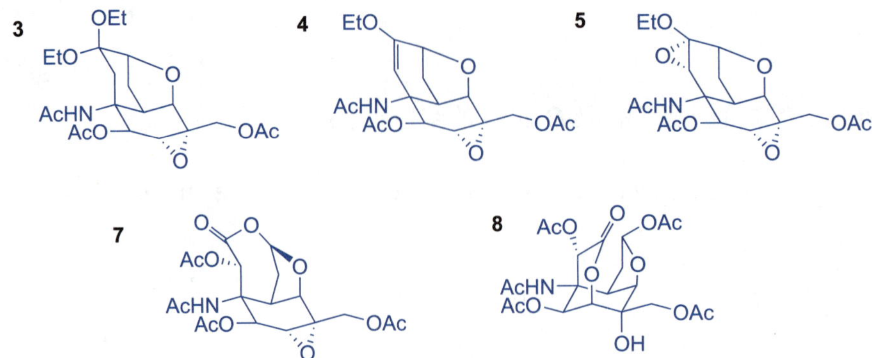

7　8

（2）在原甲酸三乙酯的条件下，一级醇上的乙酰保护基会被脱去，因此需要重新乙酰化进行保护。

（3）**4** 到 **5** 的反应机理如下：

7 到 **8** 的反应机理如下：

5. 解答：

A　B　C　D　E

F　I　J　K

L　M　H　N

6. 解答：

A　B　C　X　D

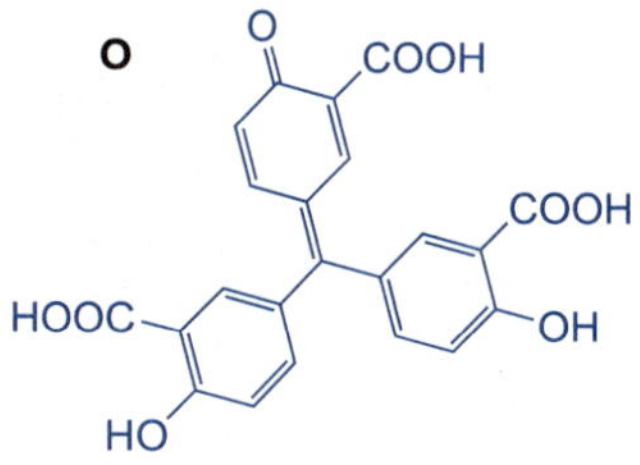

从 **M** 是阿司匹林可以导出 **X** 是苯酚；结合双酚 **A** 的结构导出 **D** 是丙酮。**A** 到 **X** 是工业生产苯酚的合成路线，**X** 到 **J** 或 **O** 是苯酚的性质和反应。

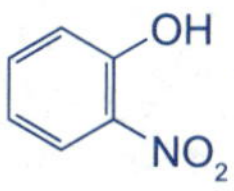

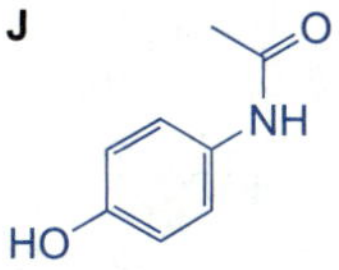

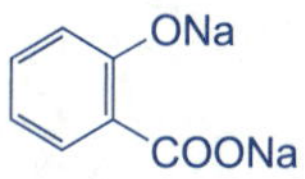

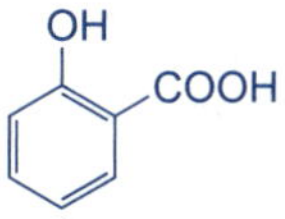

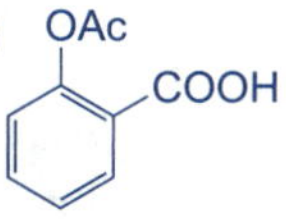

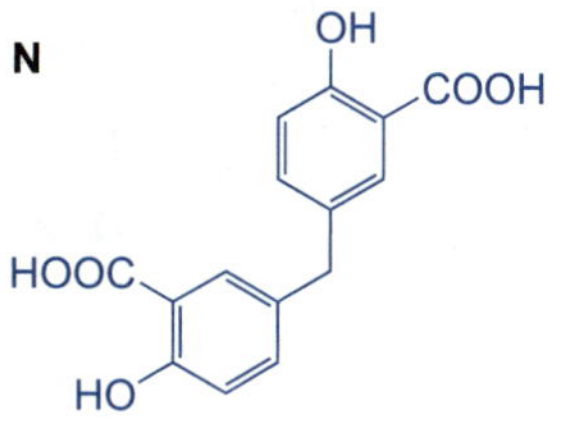

7. 解答：

（1）

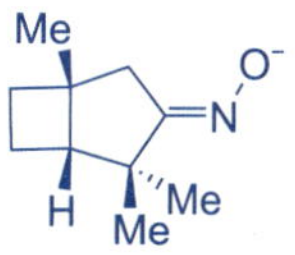

（2）a. i）$HSCH_2CH_2SH$, PTSA; ii）H_2 Ra-Ni EtOH。b. DIBAL-H。 c. $LiAlH_4$。

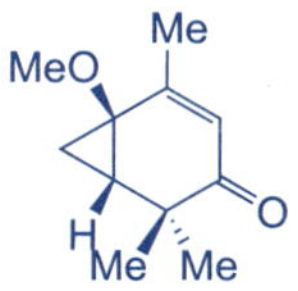

（3）

I 的机理：

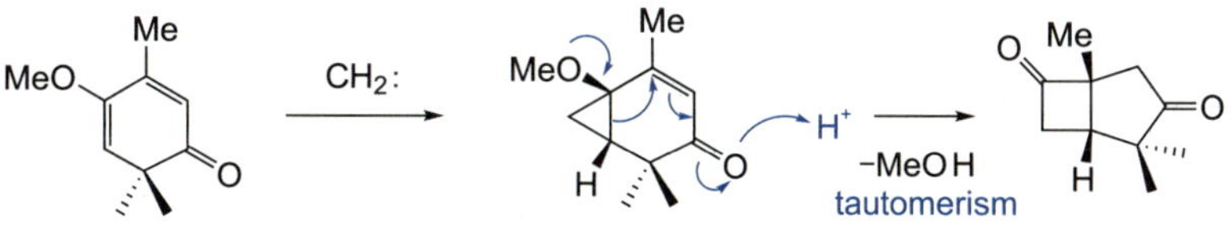

II 的机理：

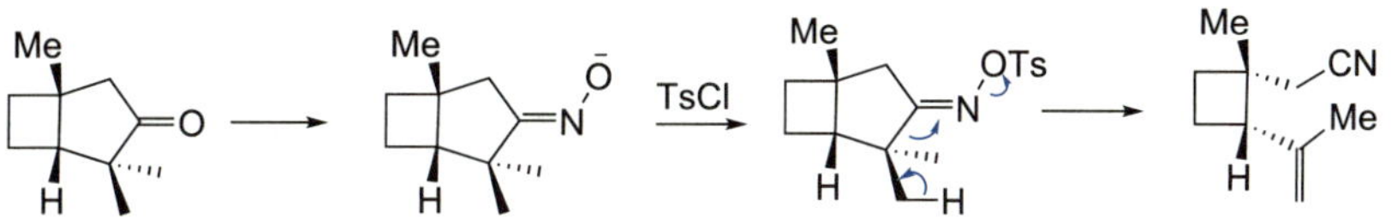

环丙烷化反应发生在富电子的双键上，酸性条件下的 Meerwein 重排使三元环成四元环，abnormal Beckmann 重排得到腈，经还原最后得到产物。

8. 解答：

（1）**A** ～ **F** 的结构分别为：

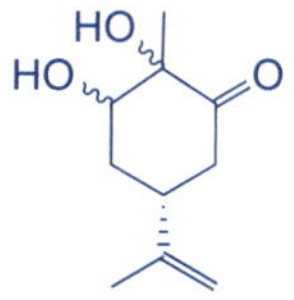

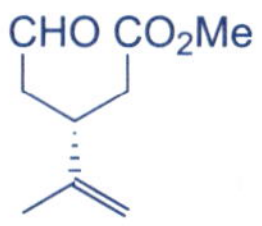

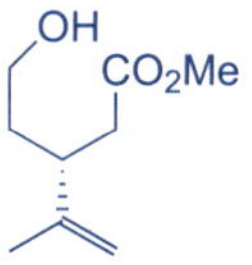

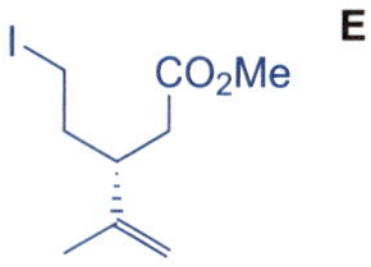

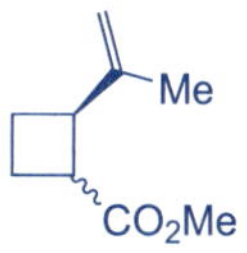

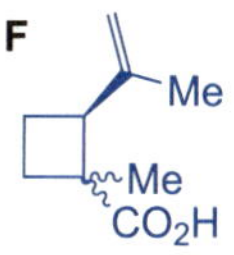

（2）**G** 到 **H** 的合成路线

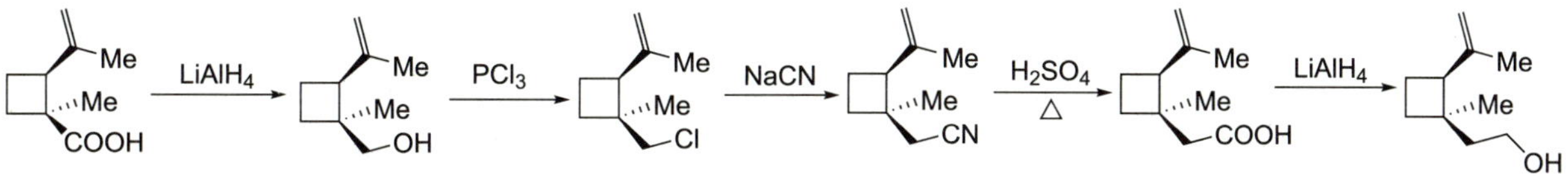

9. 解答：

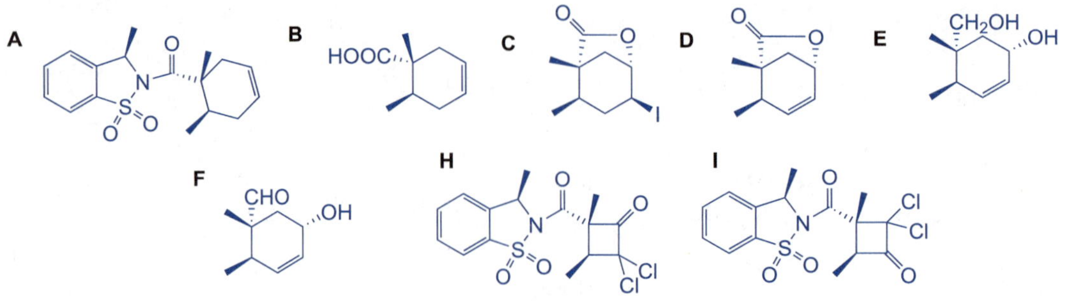

10. 解答：

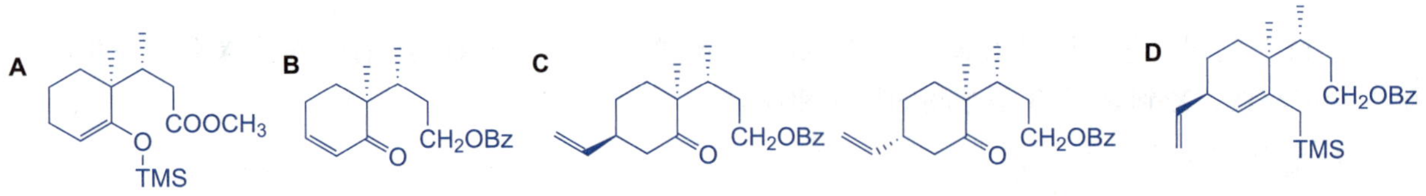

11. 解答：

（1）**B**、**D**、**E** 的结构分别为：

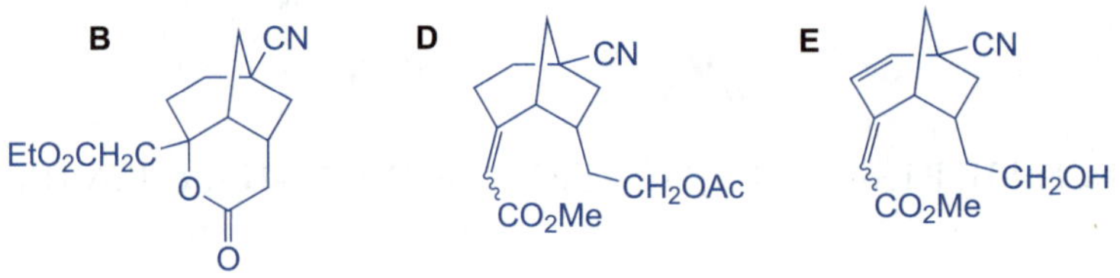

（2）**F** → **G** 可能的反应机理为：

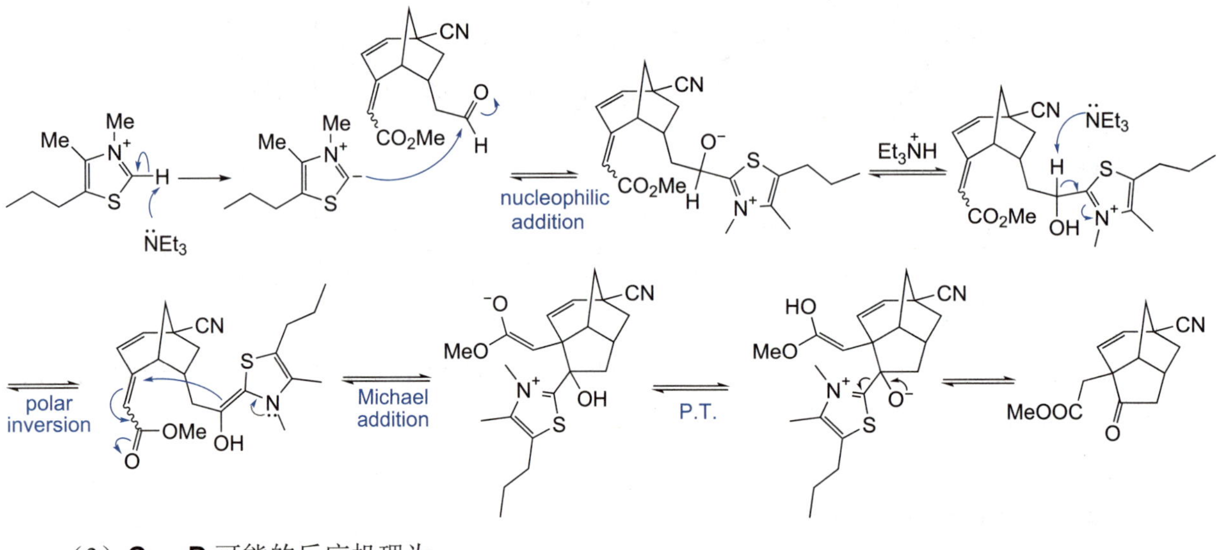

（3）**C** → **D** 可能的反应机理为：

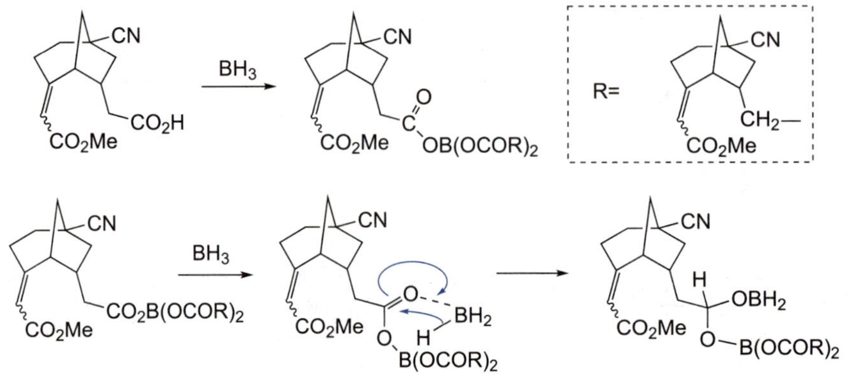

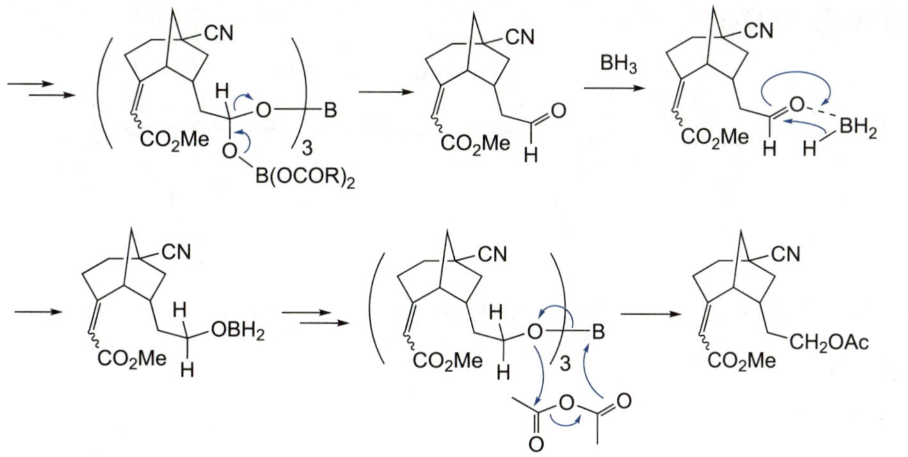

值得注意的是 **B** 的结构，这是因为内酯比较稳定。**E** 可由 **F** 推得，再结合 **C**、**E** 可以得到 **D**。

Stetter 反应的关键在于噻唑盐的酸性与羰基碳的极性翻转，噻唑盐是不可缺少的催化剂，失去之子后存在如下共振稳定：

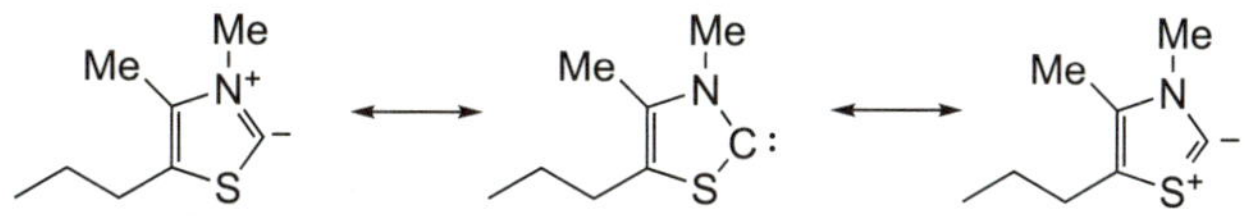

极性翻转后碳负离子的稳定性也是得益于其共振稳定：

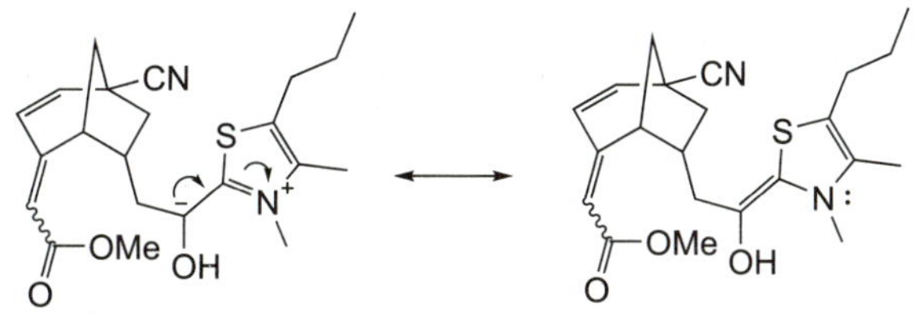

硼烷对 C═O 双键发生硼氢化的难易程度取决于 C═O 双键的结构，羰基氧的给电子能力越强该反应越易进行，各含羰基化合物的硼氢化还原反应次序如下：

—COOH > RR′C═O > —C≡N > —COOR > —COCl

这里，硼烷先与羧酸脱氢气生成三酰氧基硼，羧酸中的羰基得到活化，羰基氧与硼配位的能力增强，羰基被硼烷还原成醛基。随后，醛羰基被硼氢化，最后和乙酸酐反应得到乙酸酯。

12. 解答：

（1）合成路线如下：

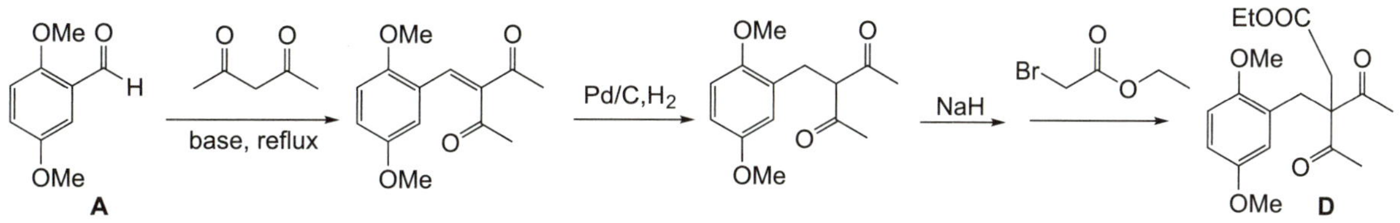

（2）**D** 到 **E** 的反应机理为：

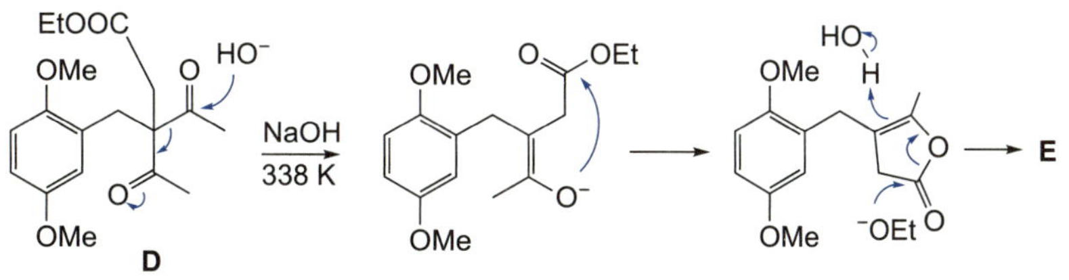

（3）**L** 和 **M** 的结构为：

BH_4^-离子从环下方进攻空间位阻较小，因此还原后顺式产物为主。

13. 解答：

C、**D**、**E** 的结构分别为：

A 到 **B** 的反应机理：

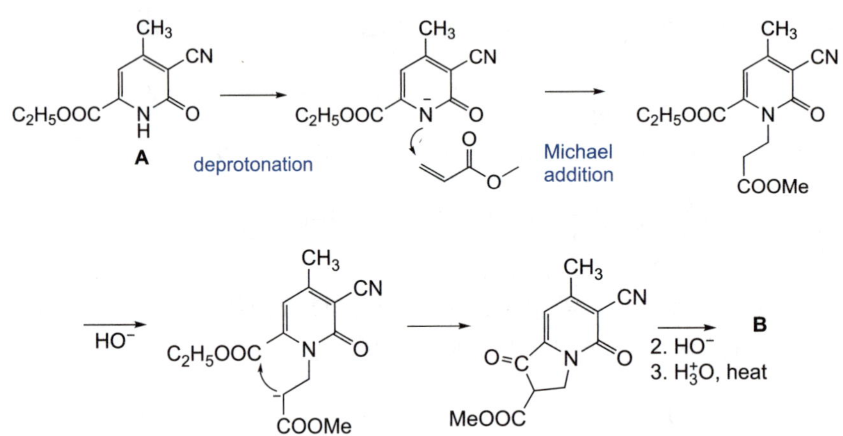

14. 解答：

（1）第一条合成路线从 3,4-二甲氧基苯乙腈出发制备得到环丙基亚胺 **B**，再进行酸催化的热重排反应得到芳基取代吡咯啉，与甲基乙烯基酮发生 Michael 加成 /Mannich 串联反应得到产物。

（2）第二条合成路线苯环经 Birch 还原，并用烯丙溴捕获负碳离子中间体得 **E**，**E** 先酸催化脱甲醚，再 Cope 重排得手性季碳化合物，经臭氧化反应切断双键，再经还原胺化、加成等反应得 **F**。

15. 解答：

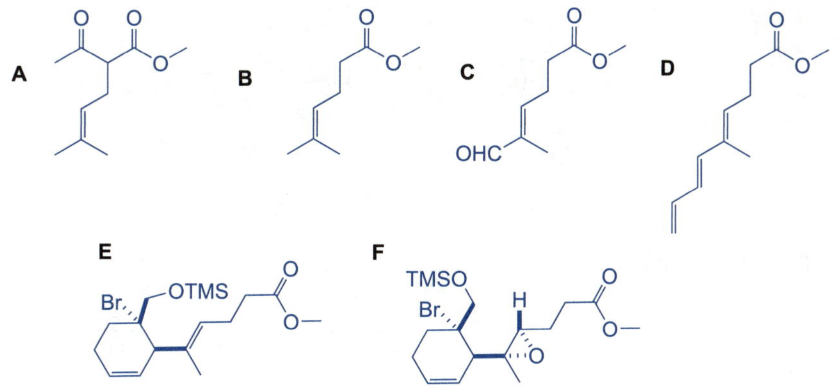

A　B　C　D

E　F

16. 解答：

（1）化合物 **A** ～ **E** 的结构为：

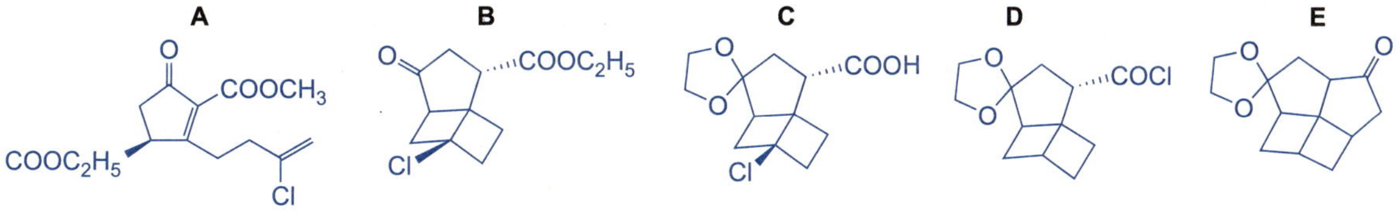

A　B　C　D　E

（2）由 **1** 生成 **2** 的机理为：

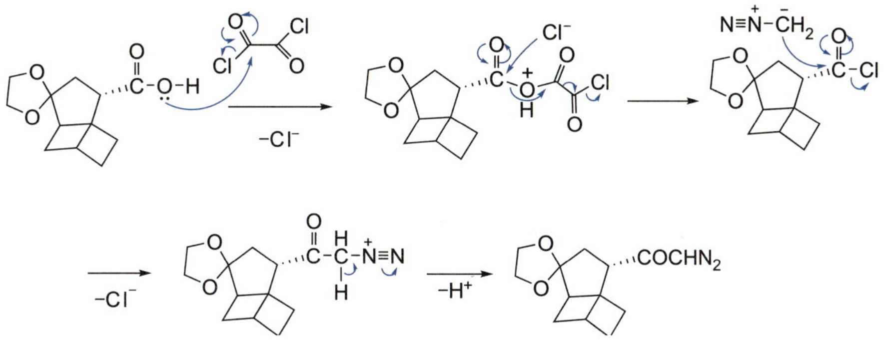

17. 解答：

化合物 **4** 和 **5** 的结构为：

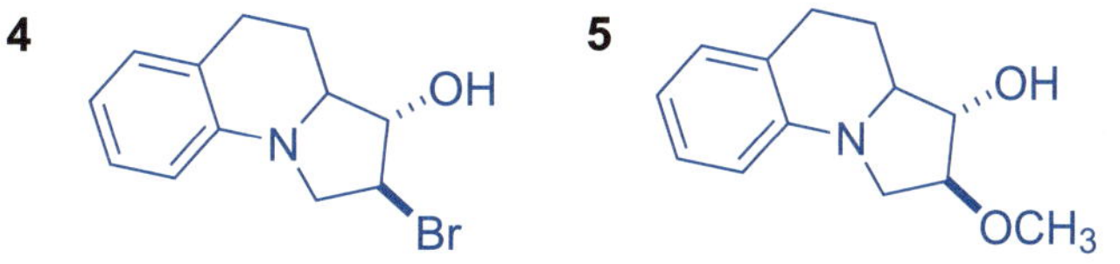

4　5

反应机理如下所示：

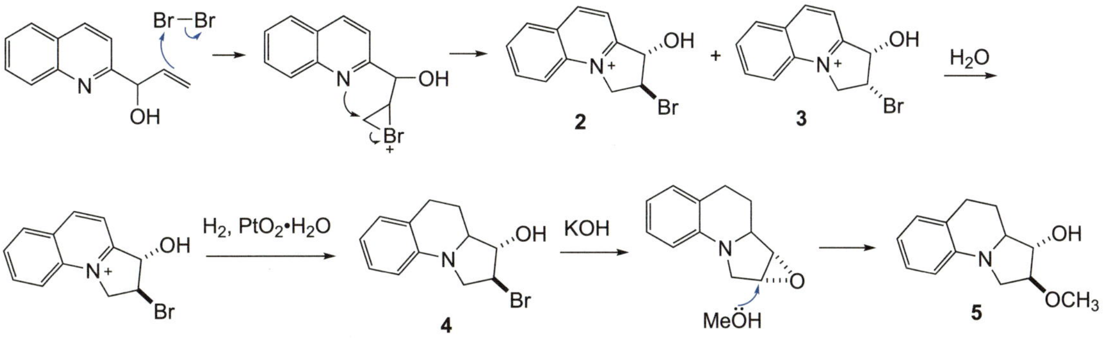

反应从溴鎓离子形成出发，被分子内喹啉环亲核捕获得到 1:1 的 **2** 和 **3** 离子对混合物，在质子性溶剂中发生构型翻转得到稳定的化合物 **2**，最后经过一系列的反应得到化合物 **5**。

18. 解答：

（1）**A**、**B** 的结构为：

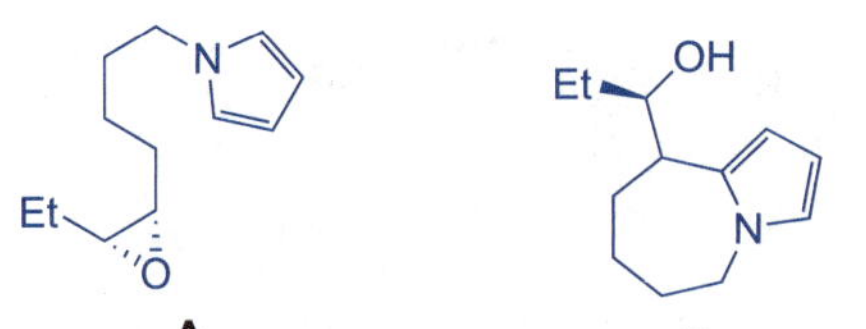

A　　B

（2）最后一步反应的机理为：

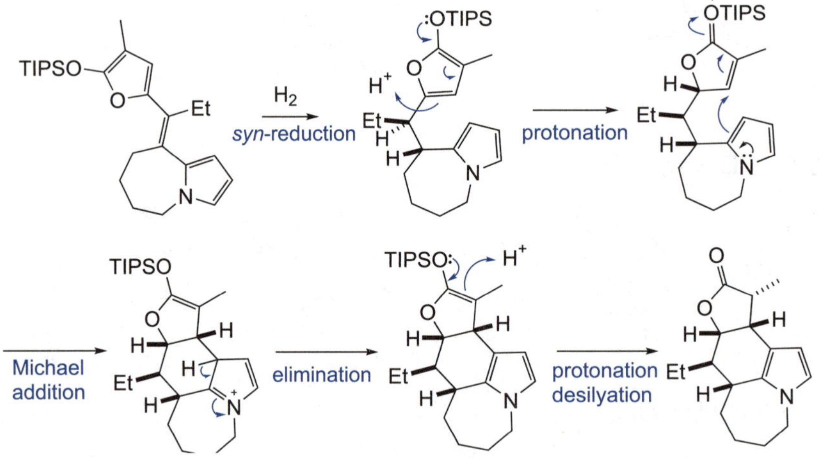

H_2 *syn*-reduction　protonation　Michael addition　elimination　protonation desilyation

（3）一份用于成环过程中呋喃的质子化，另一份用于烯基硅醚向酮的转化。

19. 解答：

（1）物质 **A** 的结构：

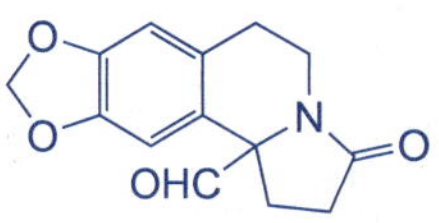

A

A 到 **B** 的机理：

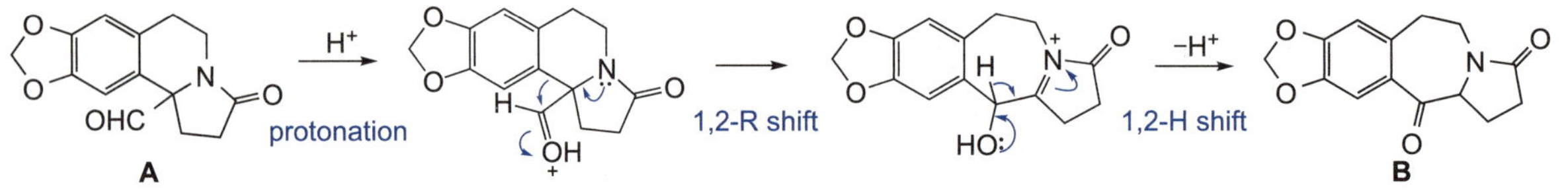

H^+ protonation　1,2-R shift　$-H^+$ 1,2-H shift

（2）物质 **E**、**F**、**G** 以及最终产物的结构：

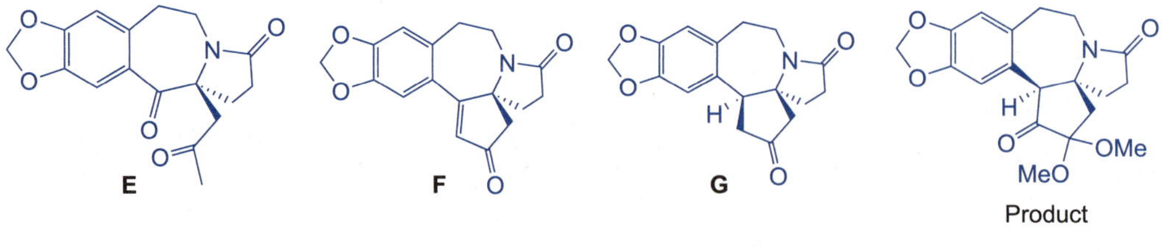

E　F　G　Product

（3）G 可通过分子内消除生成 **N1**，**N1** 通过酮-烯醇式互变生成 **M**，又通过烯醇-酮式互变生成 **N2**，发生分子内亲核进攻得到外消旋产物。

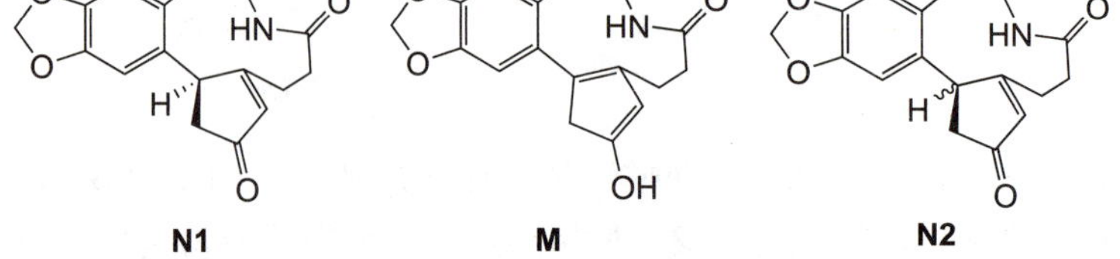

N1　M　N2

20. 解答：

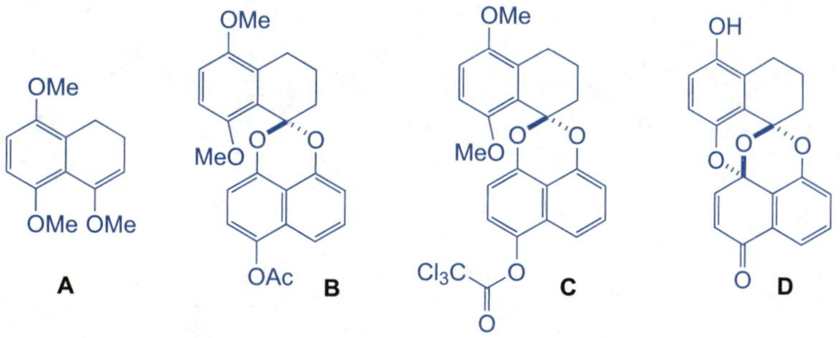

A B C D

F → D 反应可视为酚氧负离子向醌羰基的氧进行 1,6-亲核加成，形成的两个分离的苯环获得更高的共振稳定化能是反应的驱动力。

21. 解答：

（1）文献中的合成路线：

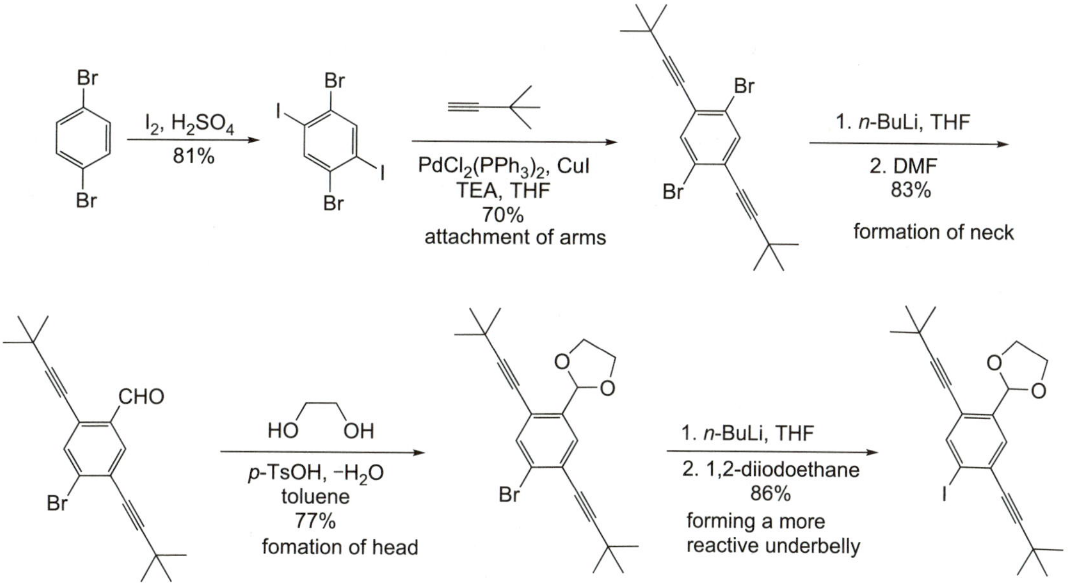

I_2, H_2SO_4 81%

$PdCl_2(PPh_3)_2$, CuI TEA, THF 70% attachment of arms

1. *n*-BuLi, THF 2. DMF 83% formation of neck

HO OH *p*-TsOH, $-H_2O$ toluene 77% fomation of head

1. *n*-BuLi, THF 2. 1,2-diiodoethane 86% forming a more reactive underbelly

（2）文献中的合成路线：

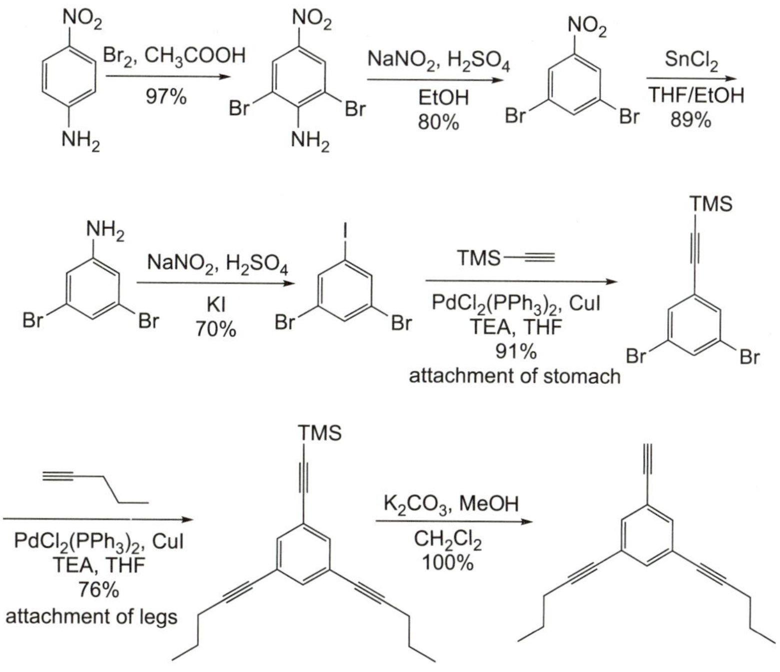

Br_2, CH_3COOH 97%

$NaNO_2$, H_2SO_4 EtOH 80%

$SnCl_2$ THF/EtOH 89%

$NaNO_2$, H_2SO_4 KI 70%

TMS— $PdCl_2(PPh_3)_2$, CuI TEA, THF 91% attachment of stomach

$PdCl_2(PPh_3)_2$, CuI TEA, THF 76% attachment of legs

K_2CO_3, MeOH CH_2Cl_2 100%

（3）**B** 和 **C** 的结构式分别为：

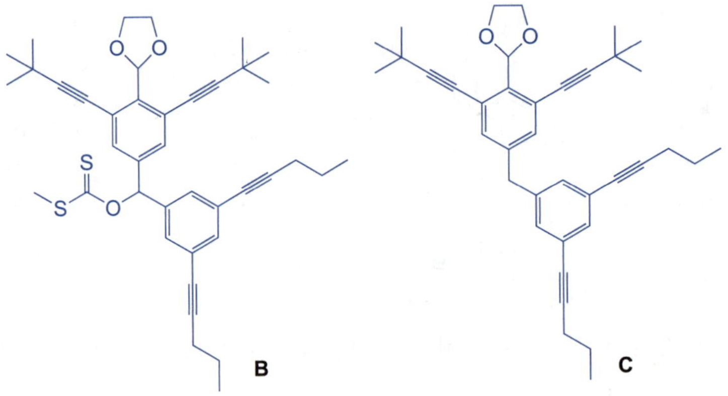

B　**C**

22. 解答：

A、**B** 的结构式如下所示：

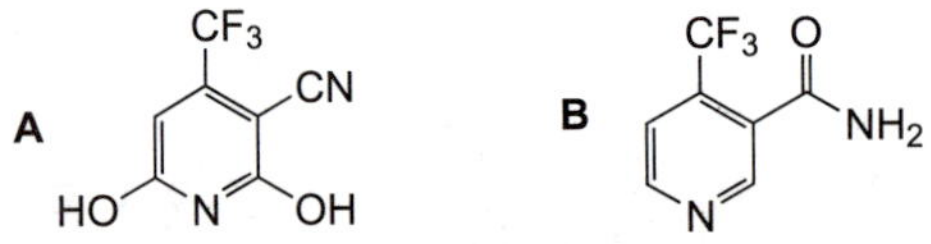

A　**B**

通过原料和 **A** 之间的分子式差别，可以判断失去了一分子的乙醇，反应是碱性条件下的缩合成环。成环有两个方向，可以从底物的反应位点活性判断缩合的方向，也可以根据 **A** 和 **B** 中间产物的取代基相对位置判断缩合的方向。

23. 解答：

（1）**C** 到 **D** 的反应机理为：

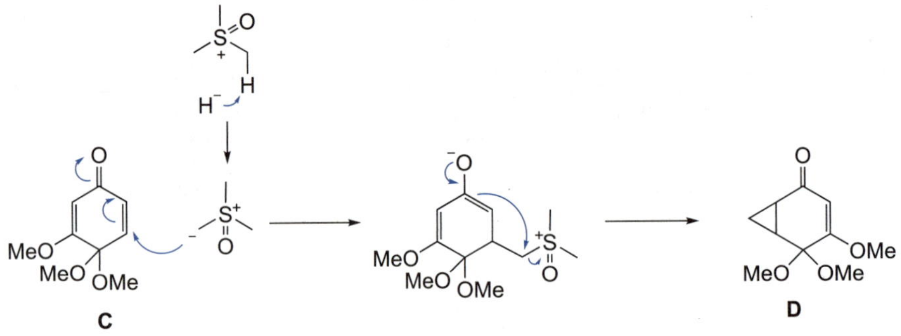

C　**D**

（2）在三氟乙酸回流的条件下，**G1**、**G2** 分别通过 **H1**、**H2** 中间体，形成 **I1**、**I2** 产物：

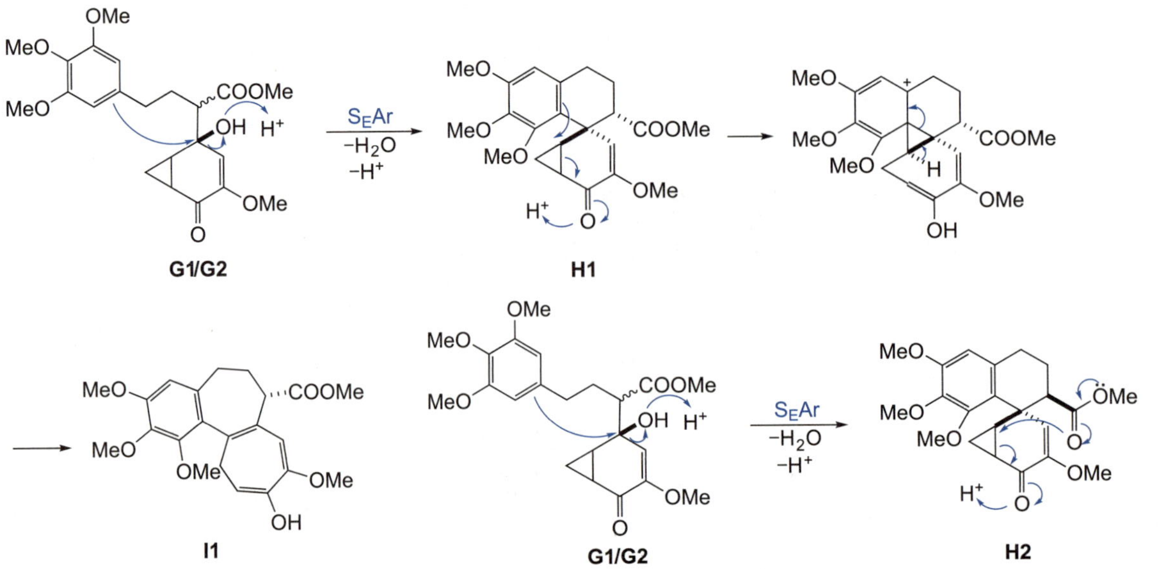

G1/G2　**H1**　**I1**　**G1/G2**　**H2**

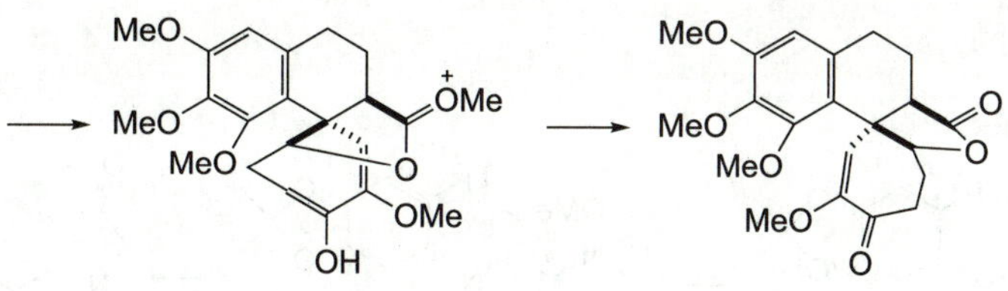

I2

（3）**K**、**L**、**M** 的结构以及 **K** 到 **L** 的机理如下：

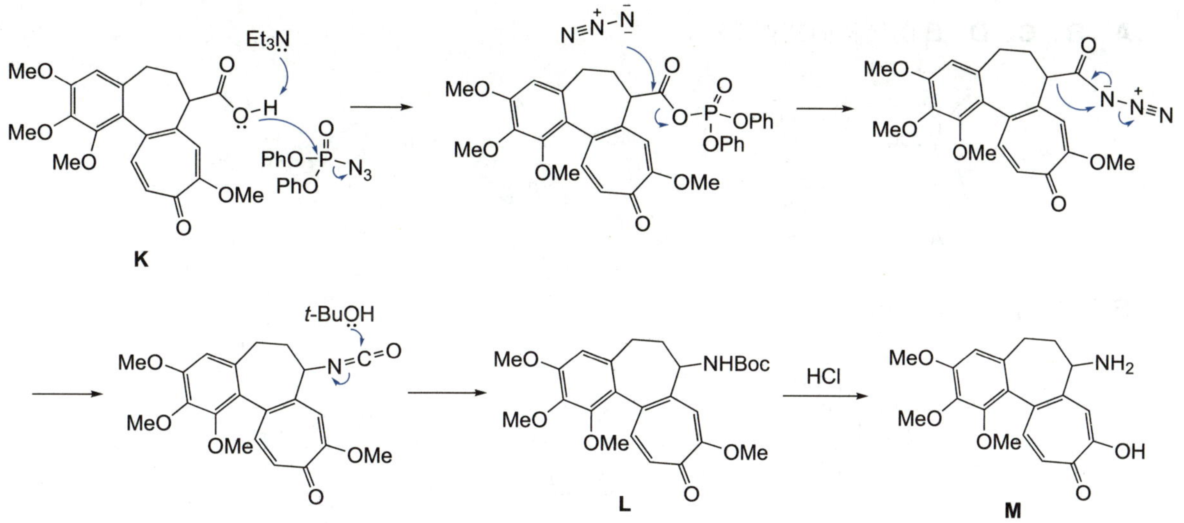

K

L　　M

G1、**G2** 在三氟乙酸作用下发生芳香烃亲电取代反应，生成非对映异构的螺环化合物 **H1**、**H2**。其中 **H2** 的—COOMe 基团在平面上方，靠近三元环，在质子酸的作用下发生酯基的邻基参与，生成内酯 **I2**。而 **H1** 的酯基在平面下方，远离三元环，在质子酸的作用下发生芳基的邻基参与，扩环并形成双键，得到产物 **I1**。

K 到 **L** 的反应是 Curtius 重排。**K** 的羧基与叠氮基磷酸二苯酯反应生成酰基叠氮，氮气离去生成酰基氮宾中间体，然后发生重排，生成异氰酸酯，被溶剂叔丁醇捕获，生成 Boc 保护的氨基。**L** 到 **M** 是在稀盐酸中加热的过程，Boc 基被水解，同时卓酚酮的甲醚被水解掉，**M** 的氨基首先被乙酰化，然后羟基被甲基化得到目标产物 Colchicine。

24. 解答：

（1）**A** ～ **F** 的结构简式如下：

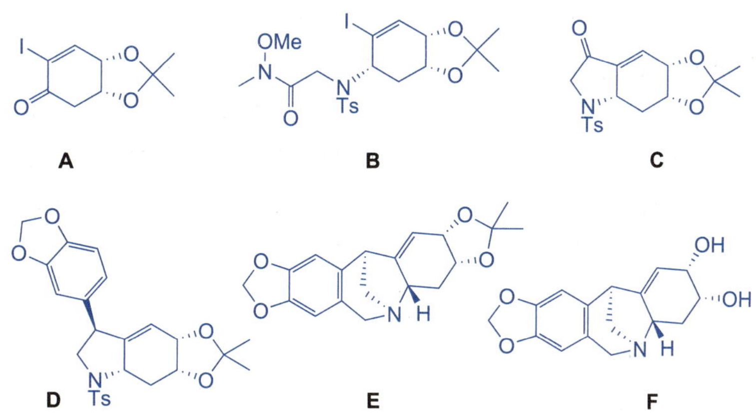

A　　B　　C

D　　E　　F

（2）**A** 形成的机理如下：

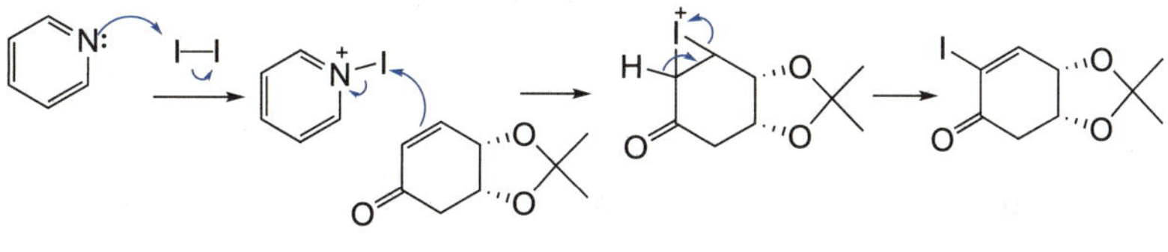

B 到 **C** 的机理如下：

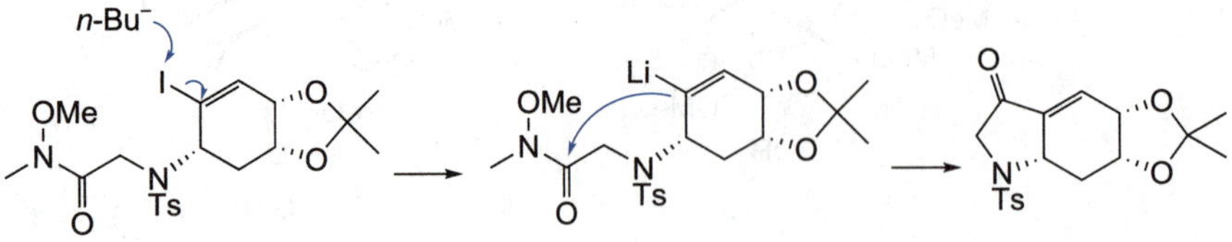

25. 解答：

A、**B**、**C**、**D**、**E** 的结构简式如下：

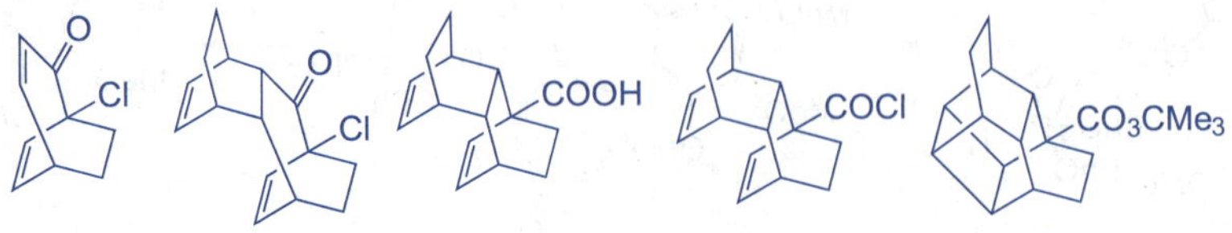

B 到 **C** 的反应机理为：

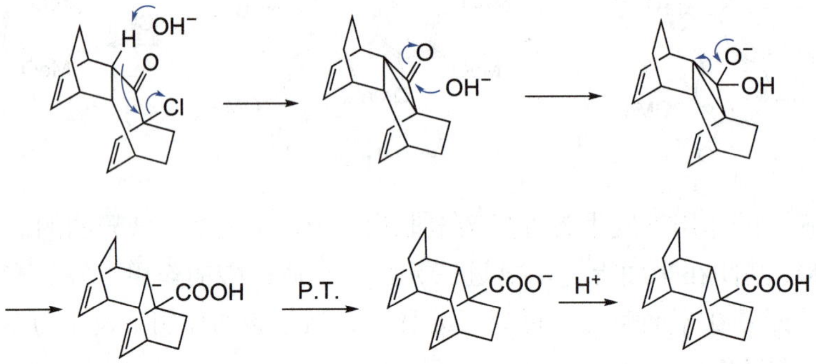

26. 解答：

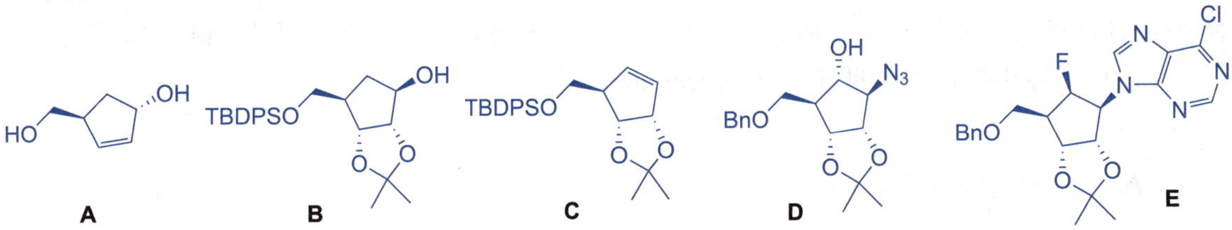

路线中运用了 Mitsunobu 反应两次，第一次翻转了手性碳上羟基的方向，第二次在较长时间的加热下实现了羟基的消除，是一个类 Mitsunobu 消除反应，此处用法较特殊。路线中涉及了三种生成醇的方式，分别是 Fleming-Tamao 氧化反应将有机硅转化为羟基，OsO_4 氧化碳碳双键为邻二醇，*m*-CPBA 氧化双键为环氧后再开环。此外还运用了三种保护羟基的方法，有机硅试剂，缩酮，苄基保护和脱保护。此合成较为全面地涉及了羟基的多种反应。

27. 解答：

（1）**B**、**D** 和 **F** 的结构如下：

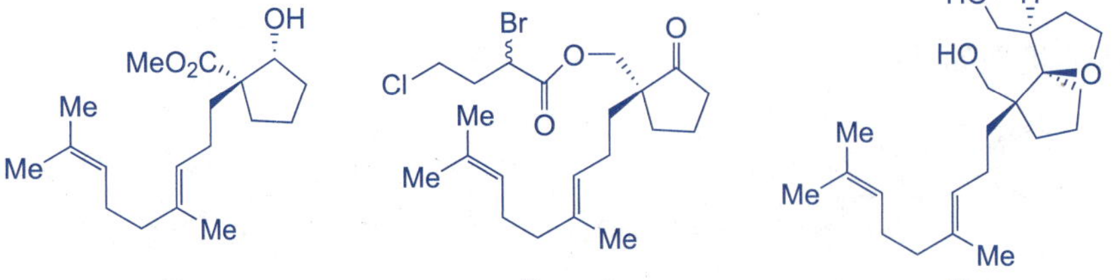

（2）**D** 到 **E** 的机理如下：

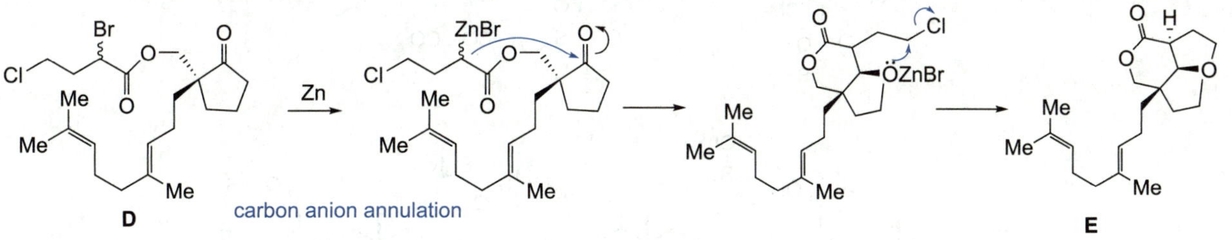

carbon anion annulation

G 到 **H** 的机理如下：

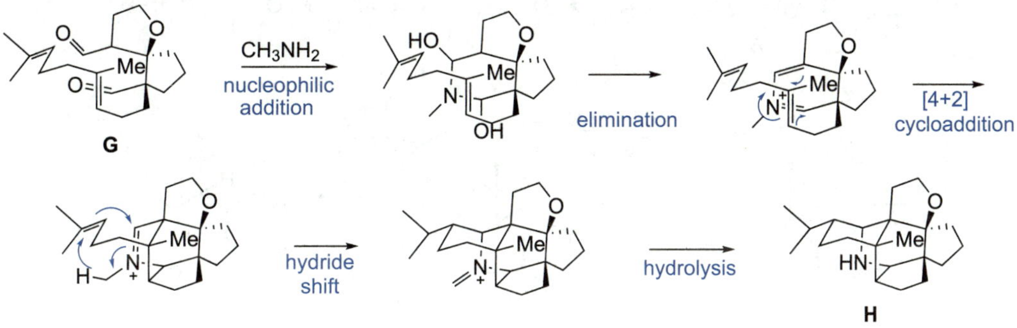

本合成涉及 α-烷基化、Swern 氧化、羰基的保护、酯的还原、酰氯的醇解、锌的氧化加成及稠环、卤代烃的亲核取代、分子内 [4+2] 加成和负氢迁移。

28. 解答：

（1）醛和手性脯氨酸作用形成亚胺盐，由于脯氨酸衍生物的空间位阻，形成如下过渡态：

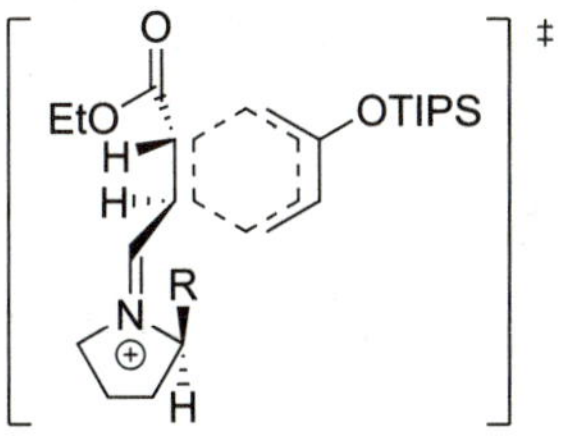

（2）三甲基铝和氧形成的络合物共价性更强，因此不易解离，从而起到了保护产物的醇负离子结构的作用，抑制醇负离子进一步反应成内酯。二氯甲烷作为一卤代烃可以容纳该格氏试剂反应的原因可能是偕二卤代烷的端基效应，使得 C—Cl 键有部分双键性质而不易被破坏，表现出异于寻常的卤代烃的反应惰性。

（3）反应 C）为 Dess-Martin 氧化反应，属于醇类氧化的经典反应，其中醇被氧化，高碘被还原：

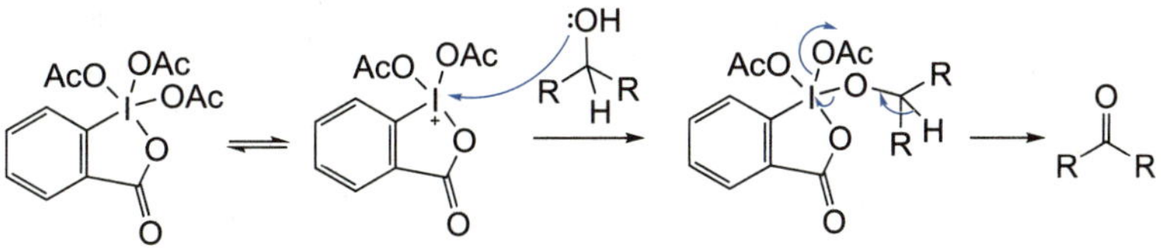

29. 解答：

（1）**B** 和 **D** 的结构如下所示。**B** 形成的立体选择性是由处于双键 β 位的甲基的位阻导致的。

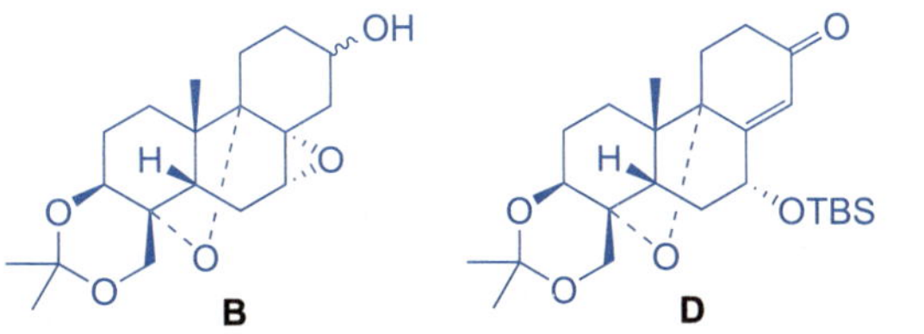

（2）Swern 氧化的机理如下：

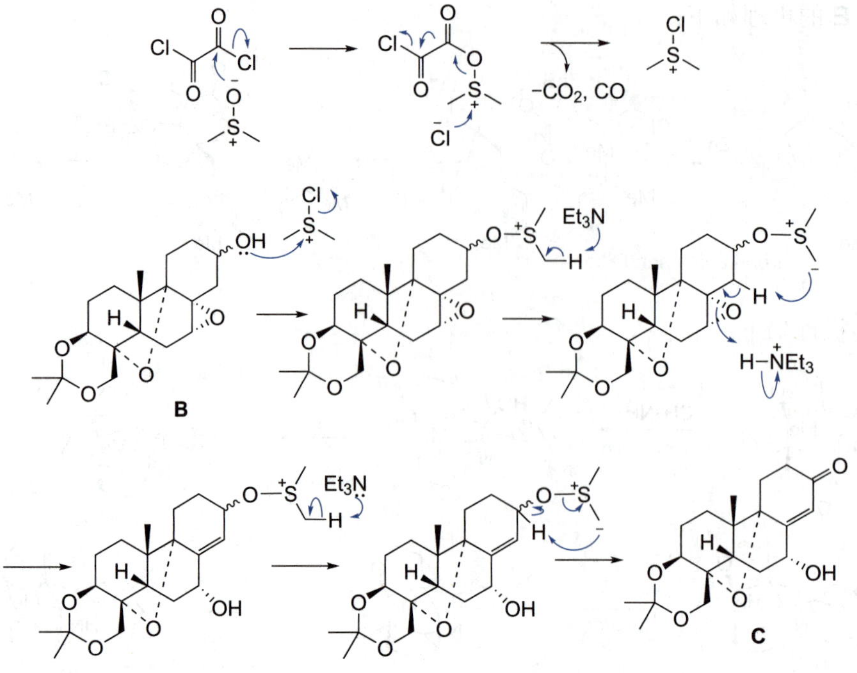

30. 解答：

B 和 **E** 的结构分别如下：

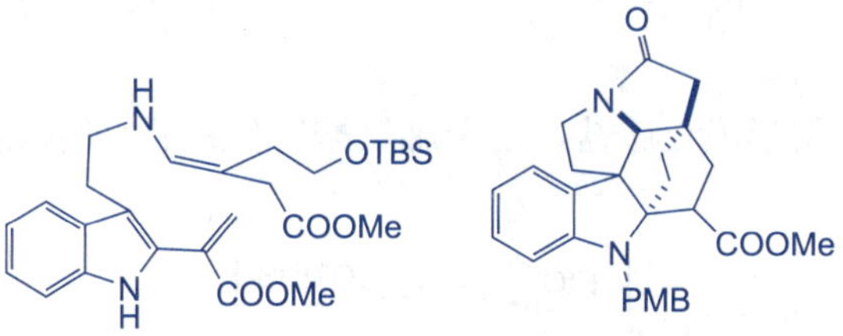

如图所示，在进行 Diels-Alder 反应时，氨基和—CH_2COOMe 处于同侧进行反应：

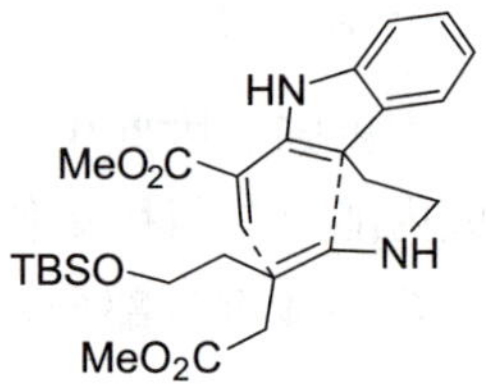

实际得到的产物 **E** 有两种（*trans*∶*cis* = 1∶2）：

31. 解答：

（1）**A**、**B**、**C** 的结构简式：

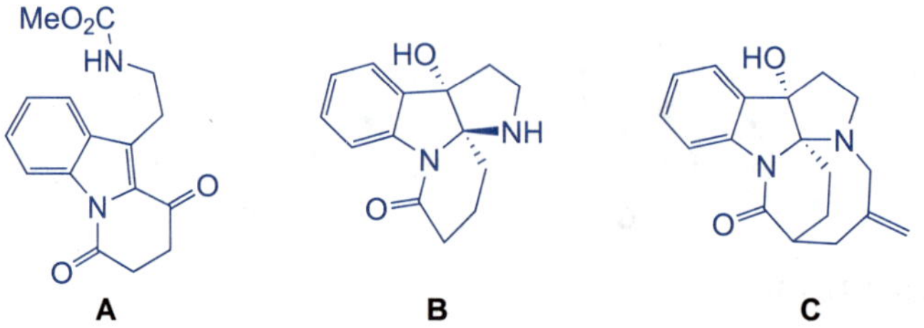

（2）由底物到 **A** 的反应机理：

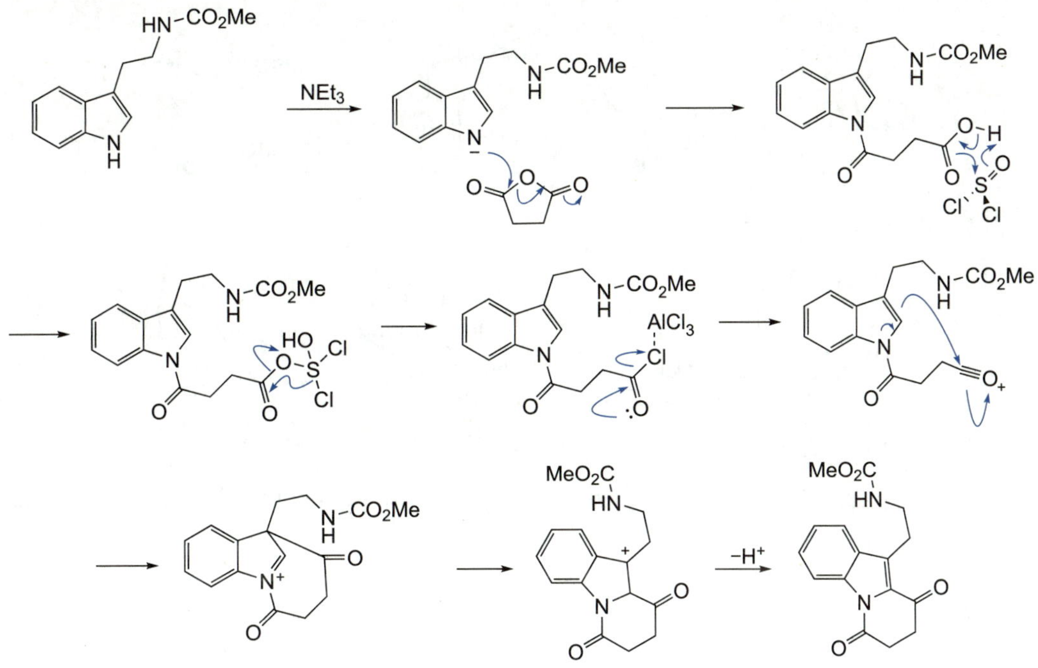

（3）

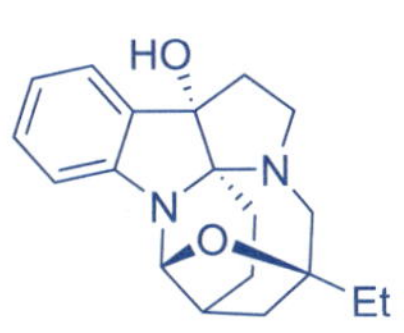

colonutinine 的结构 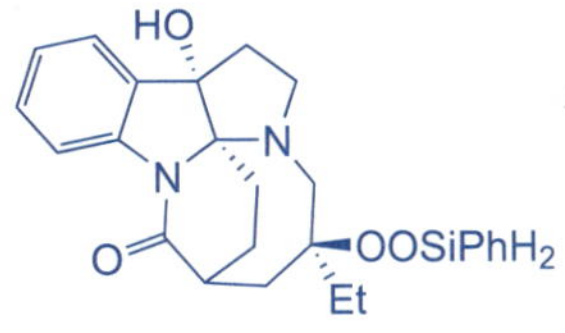　　　　**C′** 到 **E′** 的关键中间体

D 和 **D′** 的结构差别在于 **D** 少一个碳原子。第一种方法用的是 **C** 双键氧化断裂生成酮以后，用 EtMgBr 亲核加成得到羟基朝下的 **E**；第二种方法用的是 **C′** 在硅烷作用下空气氧化得到羟基朝上的 **E′**，空间上适合关环成 colonutinine。

32. 解答：

A-G、**CoQ2** 的结构如下：

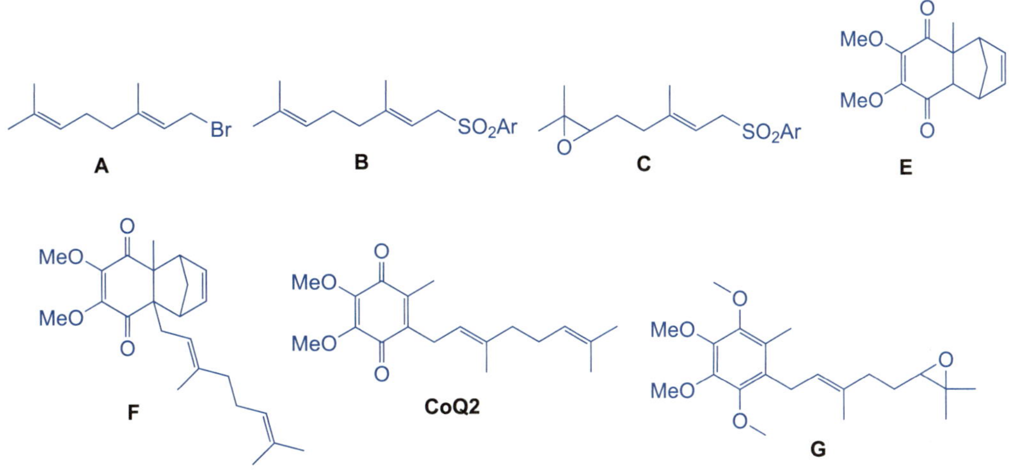

该合成创造性地使用了 D-A 反应辅助进行侧链连接，并通过减压蒸馏直接逆 D-A 脱除环戊二烯，由 **CoQ0** 合成了 **CoQ2**。

33. 解答：

（1）**A** ～ **D** 的结构如下：

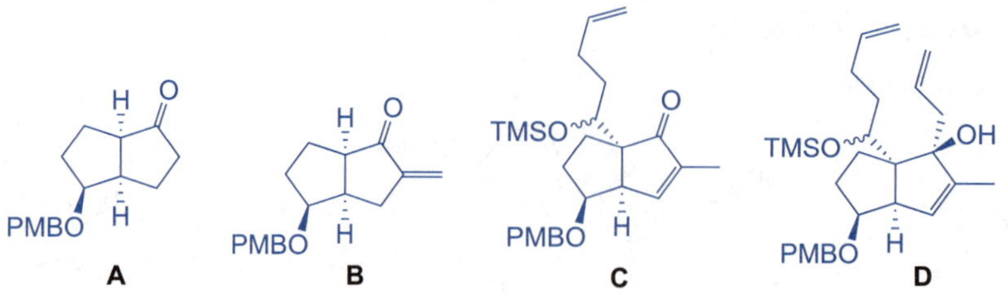

（2）甲基化的非对映选择性如下所示：

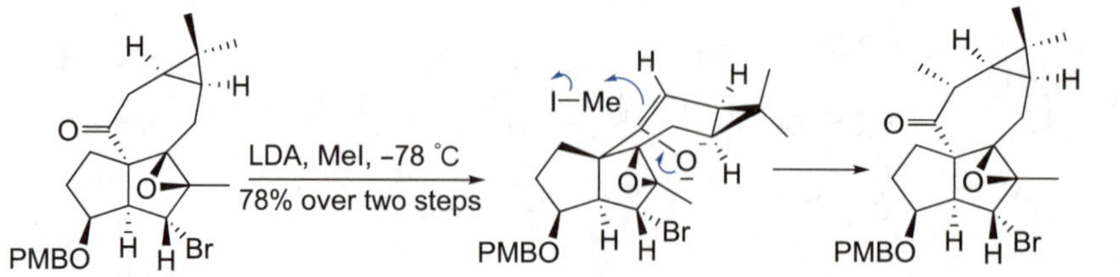

这个工作的主要难度在于大环的手性控制。此题主要是考察一些基本的羰基化合物反应，另外涉及到大环参与的立体化学问题。

34. 解答：

（1）**A** ～ **C** 结构如下：

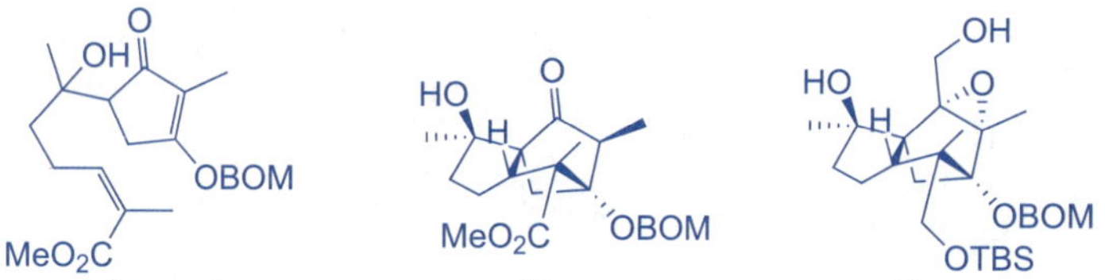

（2）**E** 形成的机理：

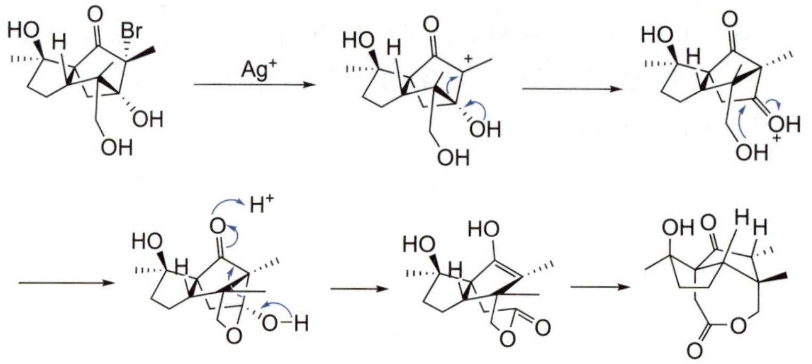

35. 解答：

（1）**A** 的结构如下：

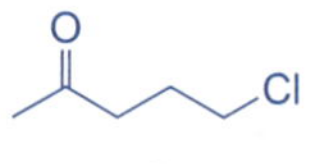

（2）所用试剂和中间体结构如下：

a. $HOCH_2CH_2OH$ p-TsOH　b. CrO_3, Py　c. $MeNH_2$　d. OsO_4, $NaIO_4$　e. $NaBH_4$

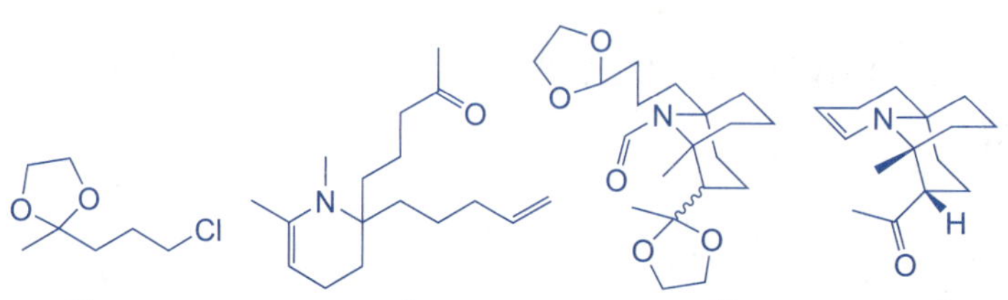

（3）由 **E** 到 **F** 的机理：

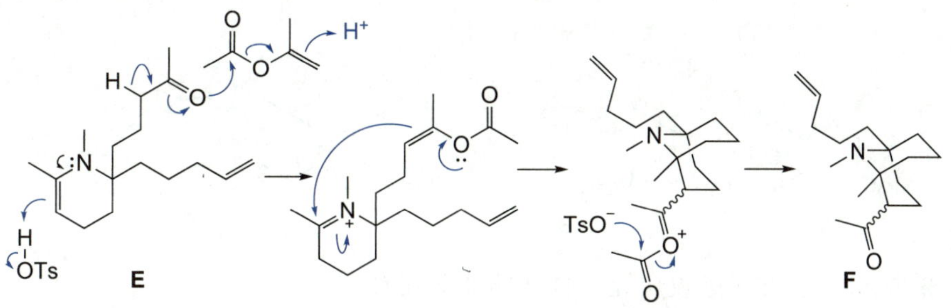

（4）因为在较强的酸性条件下，酮羰基可以更容易地进行烯醇异构，从而达到空间位阻更小的热力学稳定状态，所以 **J** 具有较好的立体选择性。

36. 解答：

（1）**A** 的结构及合成如下：

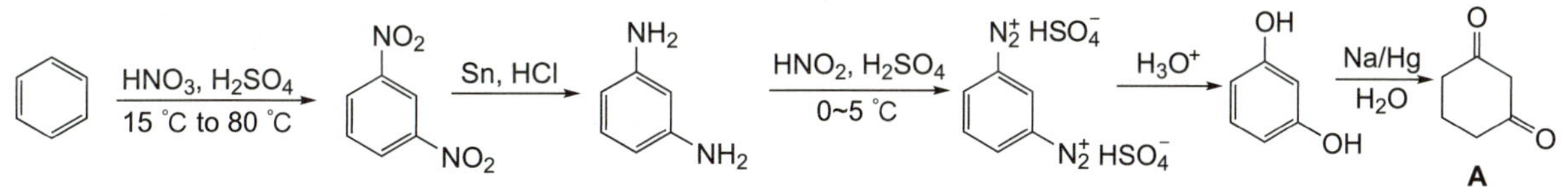

（2）中间体结构如下：

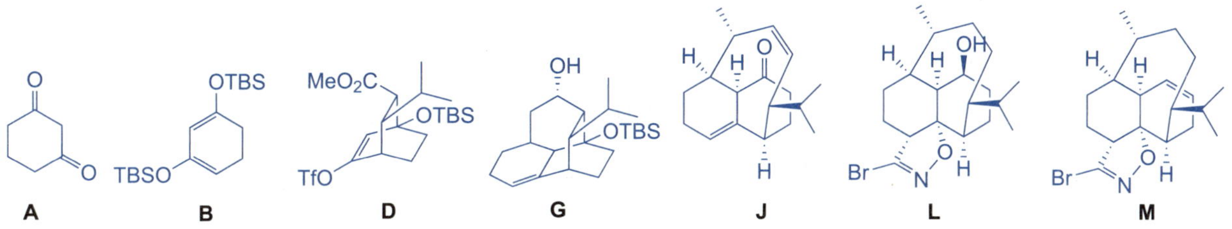

（3）**a** ～ **d** 试剂如下：

a. DIBAL, CH_2Cl_2（其他还原剂如 $LiAlH_4$ 也可）

b. LDA, MeI, THF（其他合理试剂也可）

c. MsCl, Py（其他合理试剂也可）

d. $LiAlH_4$（其他含较强氢负离子的还原剂也可）

（4）**I** 到 **J** 的反应机理：

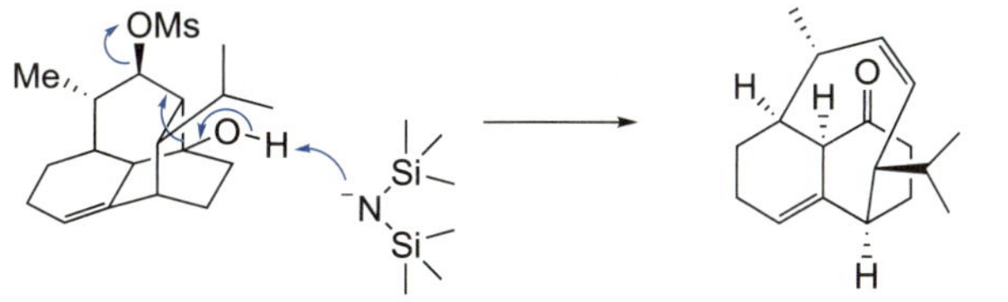

（5）四次周环反应如下：

从化合物 **B** 到化合物 **C**：[4+2] 环加成

从化合物 **F** 到化合物 **G**：[4+2] 环加成

从化合物 **J** 到化合物 **K**：1,3-偶极子环加成

从化合物 **L** 到化合物 **M**： 逆 ene 反应

（6）原料反应生成中间体 1,3-偶极子：

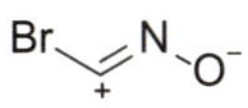

由于大环位阻的存在，1,3-偶极子只能选择从背面进攻六元环上的烯烃。

37. 解答:

（1）

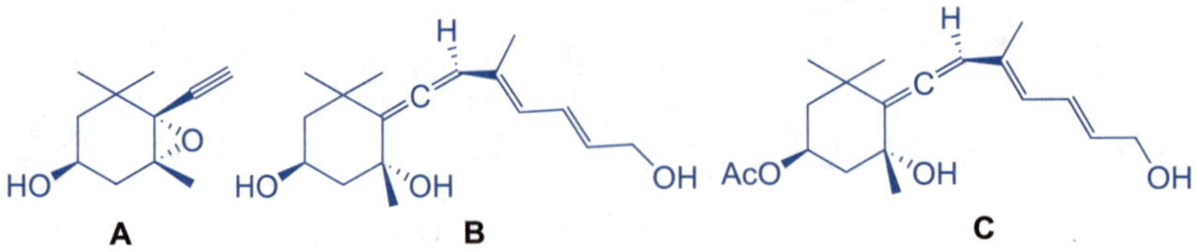

A　　B　　C

（2）负氢采取 S_N2' 的方式进攻炔烃，打开环氧得到 **C**。

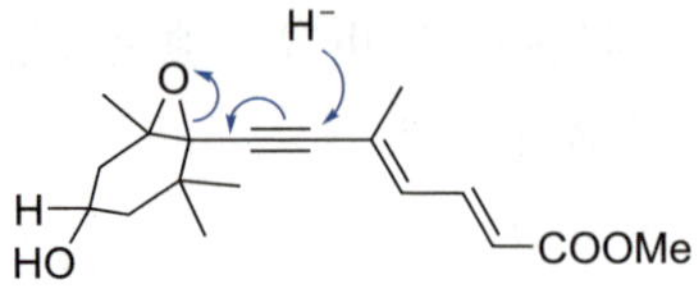

38. 解答:

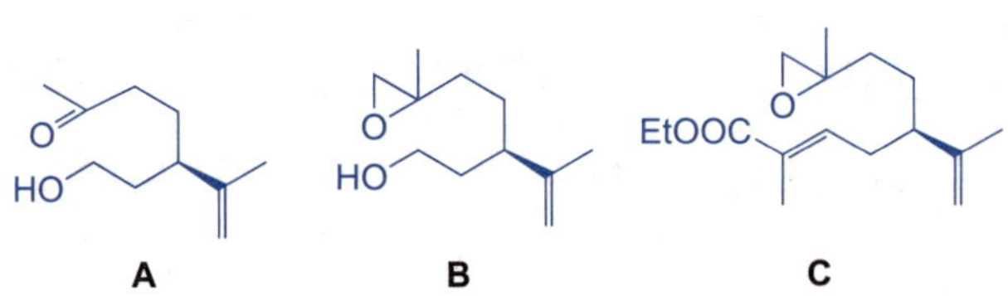

A　　B　　C

得到 **B** 的机理为：

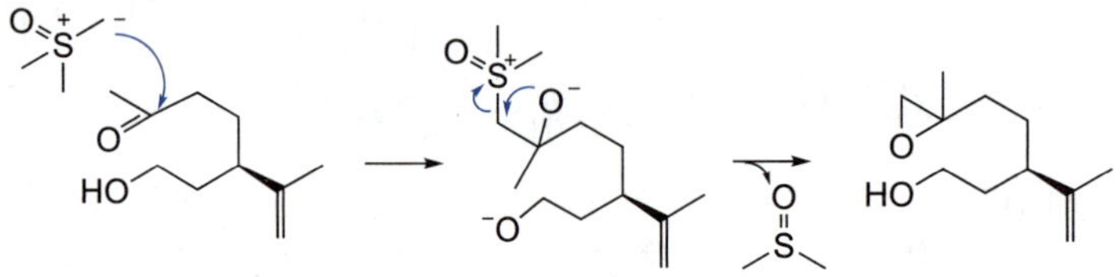

A 生成的重点是 $NaBH_4$ 选择性还原了更缺电子的醛；当 **A** 推测正确后，将其和锍叶立德反应，就可以写出 **B** 的正确结构，而从 PCC 氧化的结果反推更加容易；**C** 仍然是由 Horner-Wadsworth-Emmons 反应得到，对此不熟悉的情况下，由最终的结构反推也是易于写出的。

39. 解答:

（1）三氟化硼用于活化羰基，使得羰基 β 位更具正电性，更容易被进攻。呋喃的 5 位做亲核试剂，而不是呋喃的 3 位，这是因为 5 位进攻形成的中间体有更多的共振杂化体：

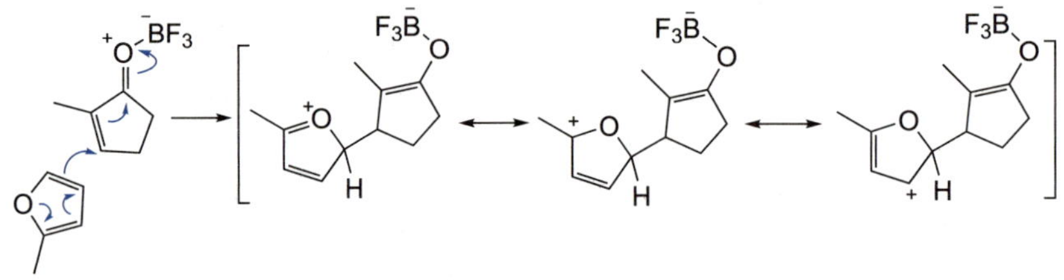

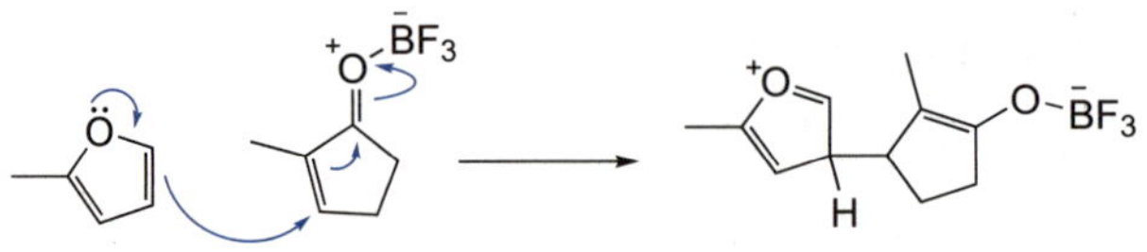

（2）化合物 **4**、**5** 以及中间体 **6** 的结构如下：

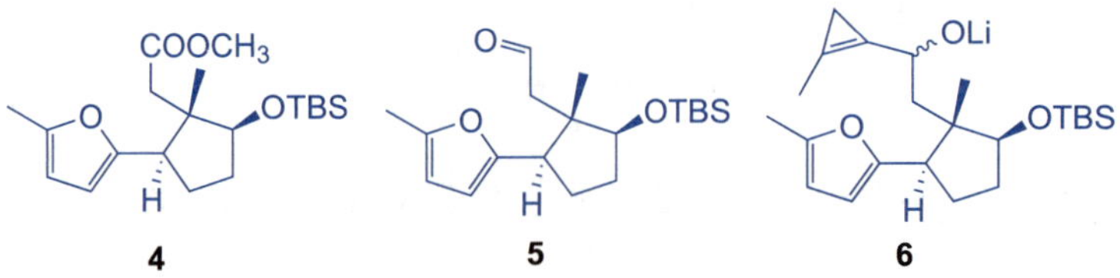

4　　5　　6

（3）化合物**7**重排的时候，迁移的C—C成键轨道的方向应该大致和将要断开的C—O键反键轨道平行。而对于化合物**8**，不符合轨道方向性要求，迁移难以发生。机理如下：

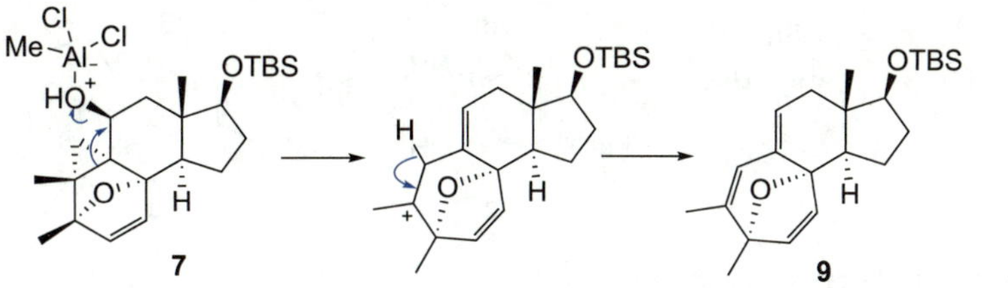

（4）羟基变成OTf以后，C—O键更容易断裂，会直接形成一个碳正离子，然后发生迁移，所以就与羟基立体构型无关了。

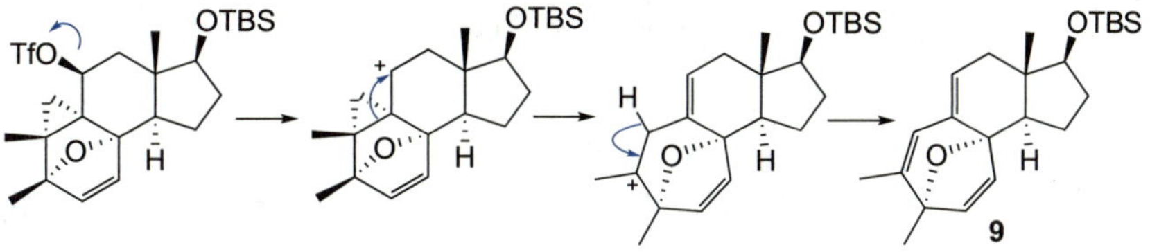

40. 解答：

（1）Os（Ⅷ）与烯烃反应以后，变成Os（Ⅵ），然后与铁氰化钾反应就能恢复到Ⅷ氧化态。由于Os（Ⅷ）毒性很大且价格高昂，所以就使用催化量Os和常量铁氰化钾，方便且安全。

（2）**6**、**7**和**8**的结构及转化机理如下：

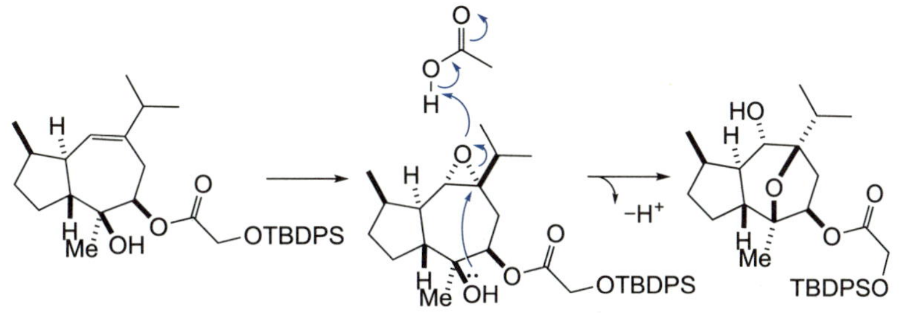

（3）2,4,6-三氯苯甲酰氯（2,4,6-TCBC）起到了活化肉桂酸的作用。肉桂酸和TCBC反应先得到一个混合酸酐，然后被DMAP进攻得到活泼的中间体，这个中间体和化合物**8**的羟基可以反应，得到所需要的产物。

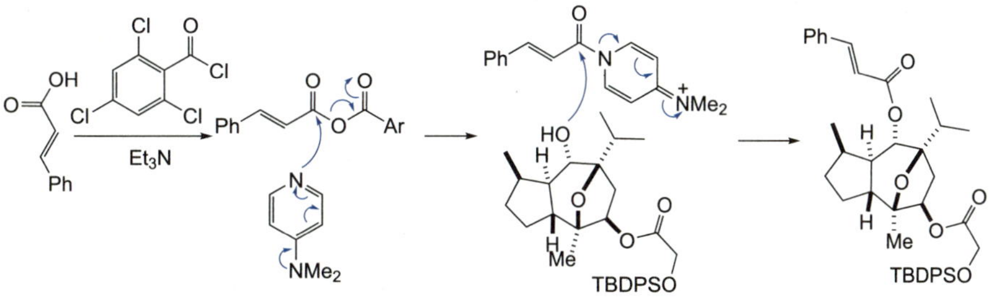

（4）从立体结构看，环内的那个双键，很明显DMDO要从下方进攻，在第（2）问已经体现了，其立体选择性很明显。而下方这个环外双键，其氧化速率慢，所以它被氧化的时候，往往另一个双键已经被氧化了，所以双键下方位阻稍大，所以有了非对映选择性。化合物**10**的结构如下：

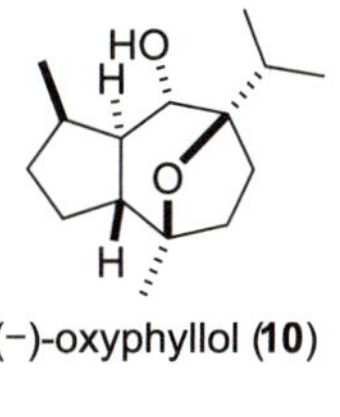

(−)-oxyphyllol (**10**)

41. 解答：

1、**2**、**3** 的结构简式为：

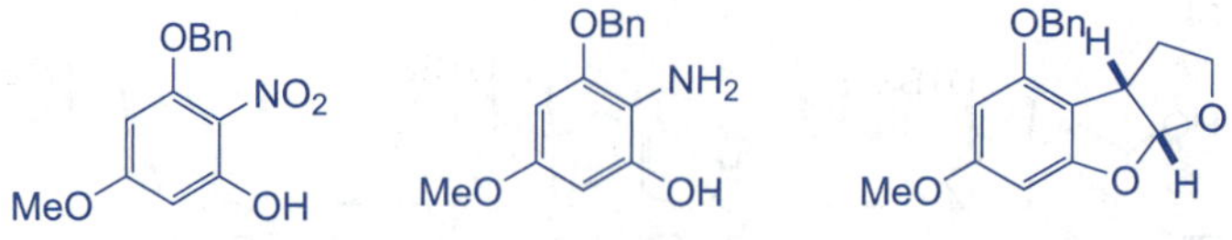

由 **2** 到 **3** 经过的中间体结构简式：

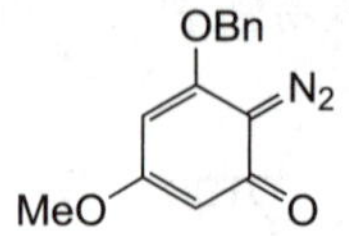

42. 解答：

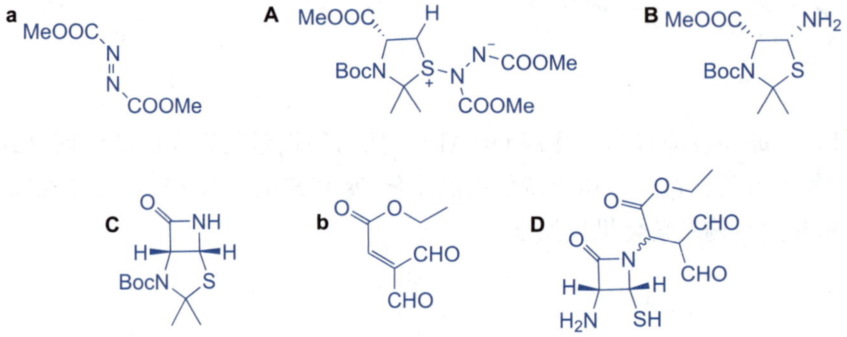

43. 解答：

（1）**A** ～ **E** 的结构如下：

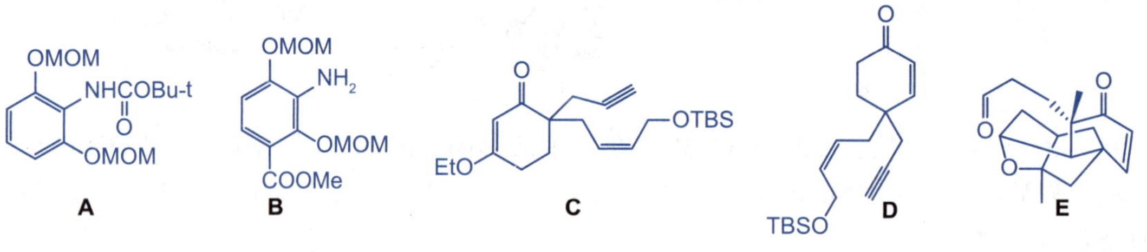

（2）**C** 到 **D** 的可能机理如下：

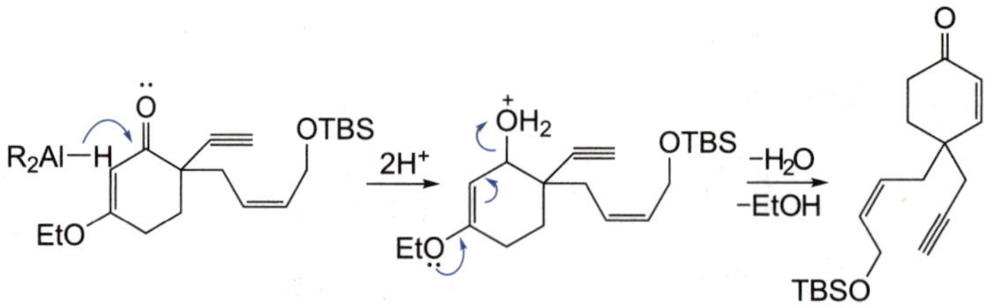

（3）（**1**）到 **E** 的可能机理如下：

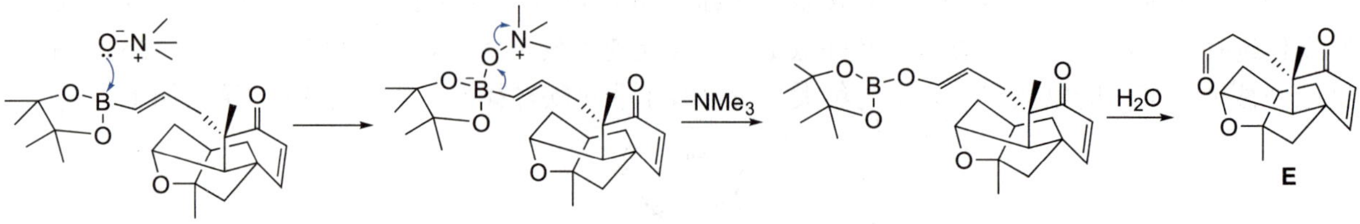

44. 解答：

（1）**A** 和 **B** 的结构如下：

OCH3
A
OMe
COOH
B

（2）**B** 到 **C** 的机理如下：

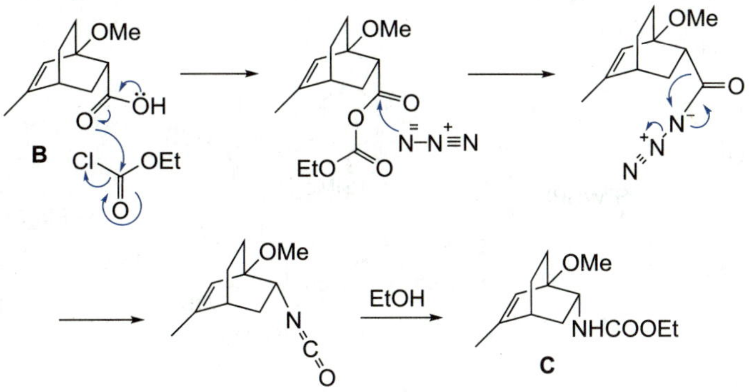

OMe OH O B Cl OEt O → OMe O O EtO O N=N≡N → OMe O N N N → OMe N C O —EtOH→ OMe NHCOOEt C

D 到 **E** 的机理如下：

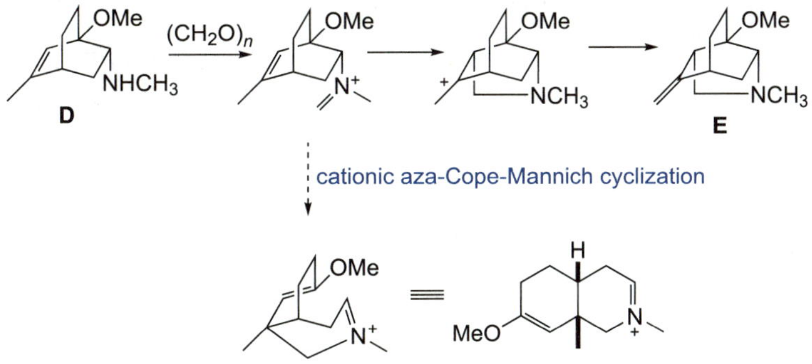

OMe NHCH3 D —$(CH_2O)_n$→ OMe N+ → OMe NCH3 → OMe NCH3 E

cationic aza-Cope-Mannich cyclization

OMe N+ ≡ H MeO N+

（3）**F** 到 **G** 的机理如下：

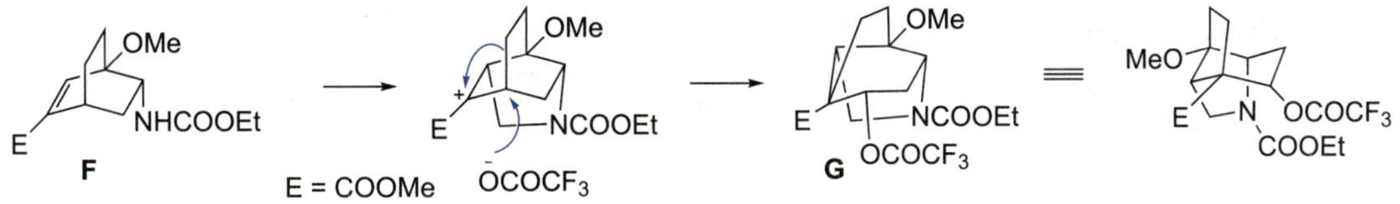

OMe NHCOOEt E F E = COOMe → OMe NCOOEt E OCOCF3 → OMe NCOOEt E G OCOCF3 ≡ MeO E N OCOCF3 COOEt

（4）**H** 到 **J** 的机理如下：

OH H3C NHCH2CN H → O H3C N → O H3C N ≡ N O H

base-promoted aza-cope Mannich

—HCN→ HN NC O H I → N+ OH H ≡ OH N+ → O N J

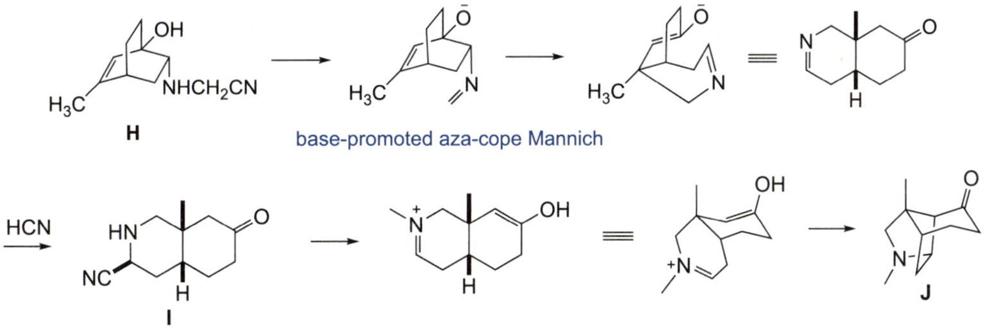

45. 解答：

（1）**A** ～ **D** 的结构：

OH A O NHPh O B CHO I OH OMe C CHO I OBn OMe D

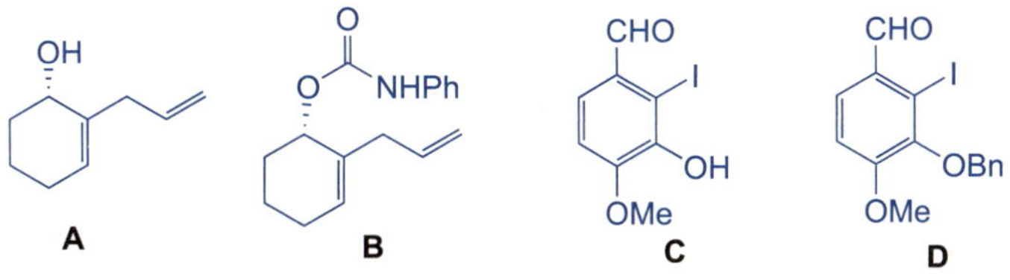

（2）**3** 到 **4** 的机理如下：

SiMe$_2$Ph
H$^+$
SiMe$_2$Ph
OH
OH
HIO$_4$
SiMe$_2$Ph
O
DBS-NH$_2$
NaCNBH$_3$
SiMe$_2$Ph
H
N
DBS
3
4
cleavage of acetonide
oxidative cleavage of diol
reductive amination

（3）**6** 到 **7** 的机理如下：

CHO
I
OBn
OMe
6
SiMe$_2$Ph
H
N
DBS
4
ZnI$_2$
iminium formation
N$^+$ DBS
SiMe$_2$Ph
I
OBn
OMe
PhMe$_2$Si
Ar
N
H
DBS

iminium-allylsilane cyclization
PhMe$_2$Si
Ar
N
H
DBS
desilylation
Ar
N
H
DBS
SBD–N
H
MeO
I
OBn
7

（4）**E** 的结构：

N
Dbs
N
Br
H
E

E 的形成机理：

Br
O–ZnI$_2$
N
SiMe$_2$Ph
HN
Dbs
N
Dbs
HN
Br
I$_2$Zn
O
SiMe$_2$Ph
N
Dbs
N
Br
I$_2$Zn
OH
SiMe$_2$Ph

Lewis acid-catalyzed imminium formation
N
Br
Dbs–N$^+$
H
H
SiMe$_2$Ph
N
Dbs
N
Br
H

46. 解答：

O
Me
A
O
TBS
CO$_2$Me
B
TBSO
MeO$_2$C
C
O
Me
OH
D

由 **B** 转化成 **C** 的过渡态结构：

TBSO
MeO$_2$C
‡

47. 解答：

（1）化合物 **A** 的结构：

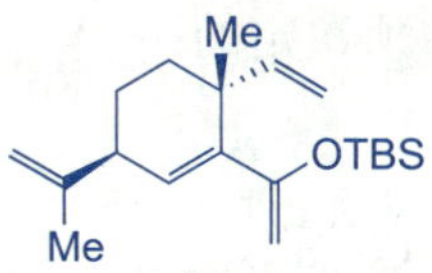

A

（2）化合物 **B** 到 (−)-Ambiguine P 的机理：

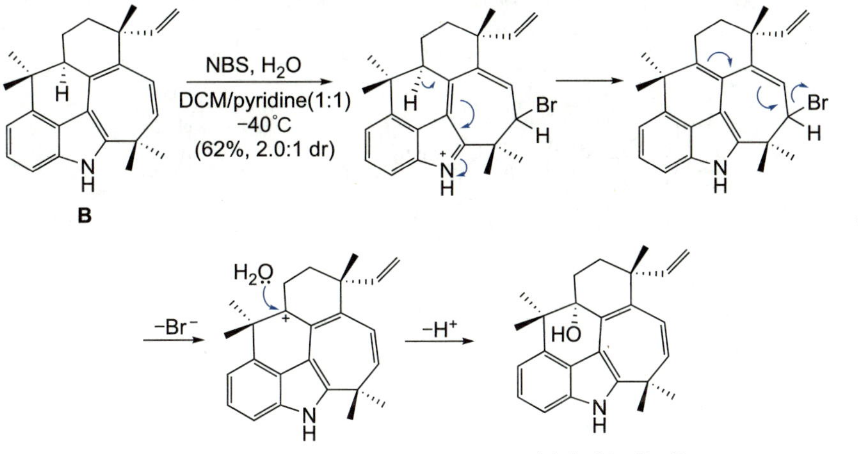

B

(−)-Ambiguine P

48. 解答：

（1）

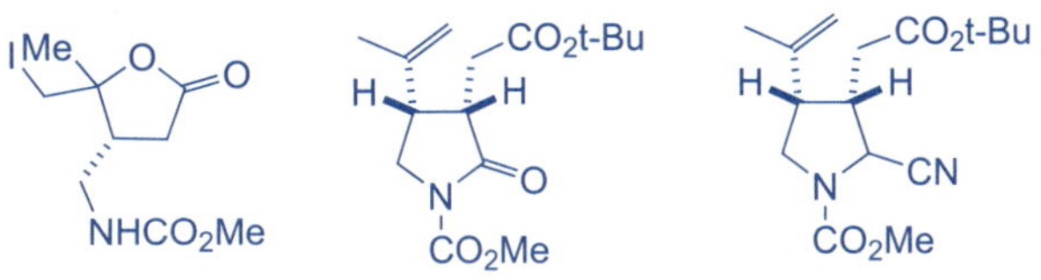

C F H

（2）由 **B** 到 **C** 的机理：

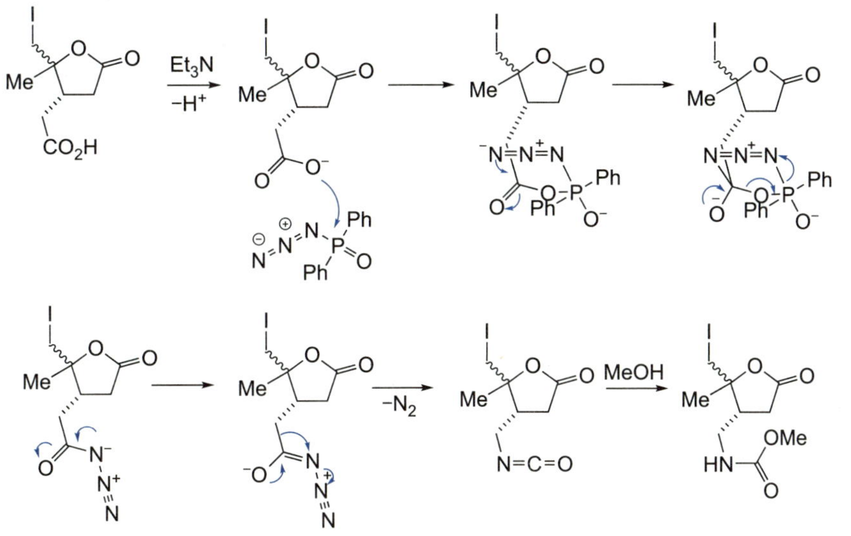

49. 解答：

（1）**A** 和 **B** 的结构：

A B

（2）优先形成 **C** 是由于 PIDA 的性质所决定的：

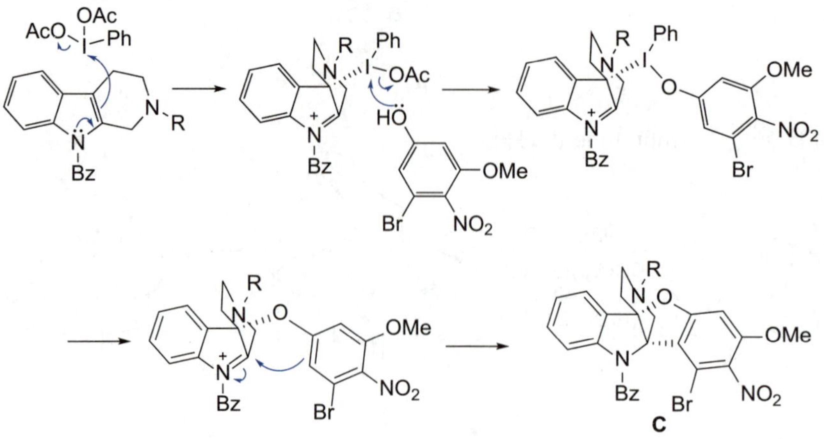

C

50. 解答：

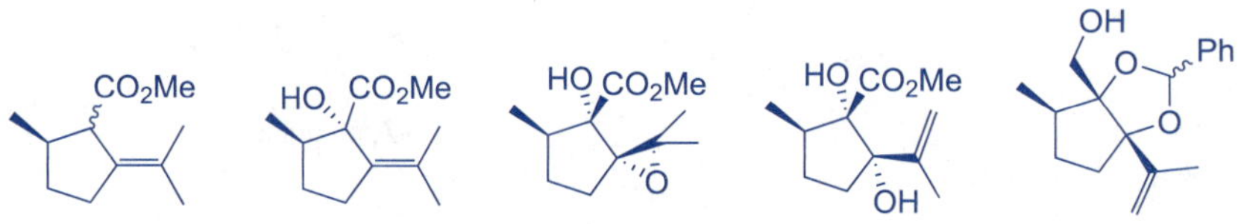

A **B** **C** **D** **E**

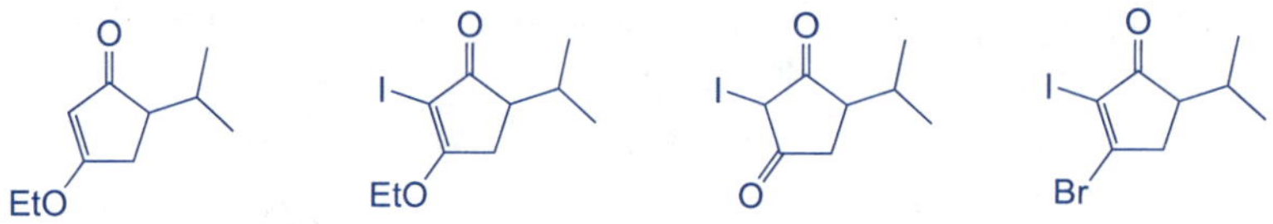

F **G** **H** **I**

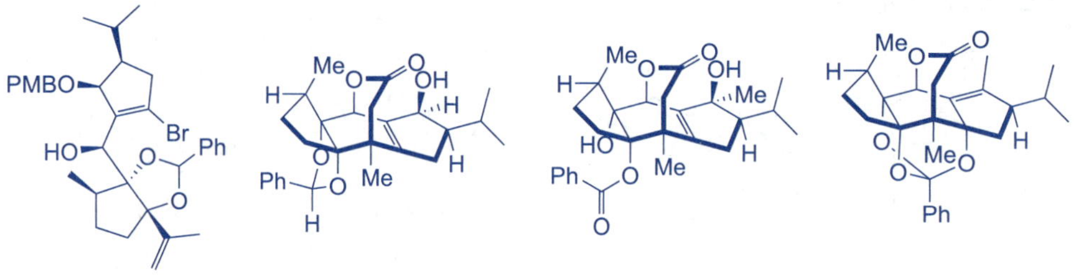

J **K** **L** **M**

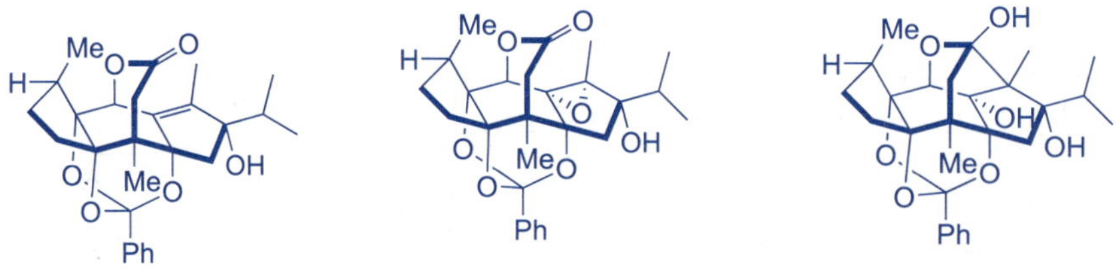

N **O** **P**

51. 解答：

（1）**3** 和 **5** 的结构为：

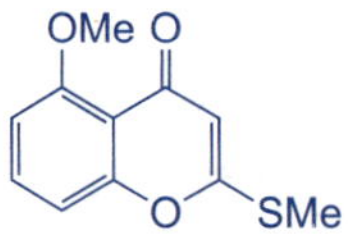

3 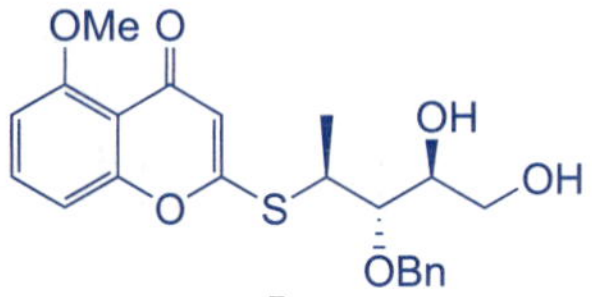 **5**

（2）化合物 **1** 至化合物 **3** 的反应机理：

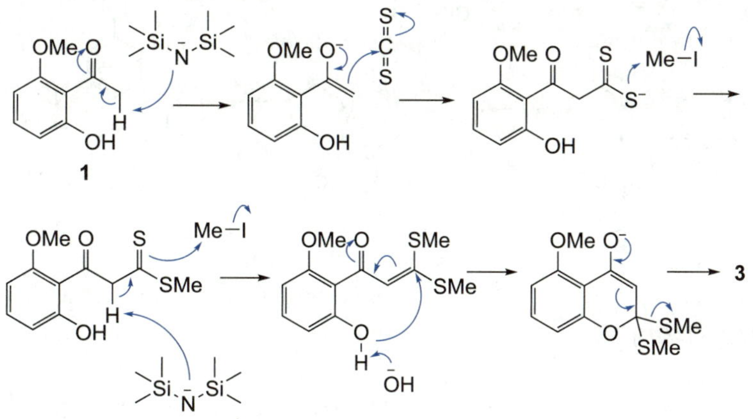

（3）**9** 到 **10** 反应生成非对映异构体的原因是：

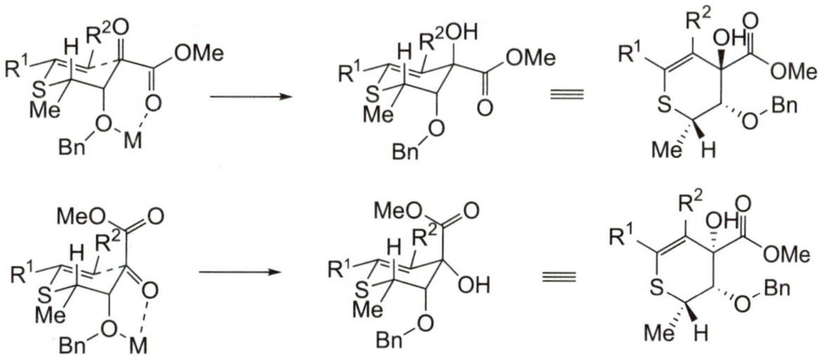

非对映异构体的形成涉及六元环过渡态，其中 M 为路易斯酸，甲氧羰基应处于 e 键。这样，酯羰基、苄基醚和路易斯酸的六环螯合物固定了这种过渡态，并激活了双键对酮羰基的亲核进攻，如上图所示。若甲氧羰基处于 a 键，形成五元螯合过渡态，并且要克服酯基直立键带来的空间位阻。

52. 解答：

（1）化合物 **3** 的结构为：

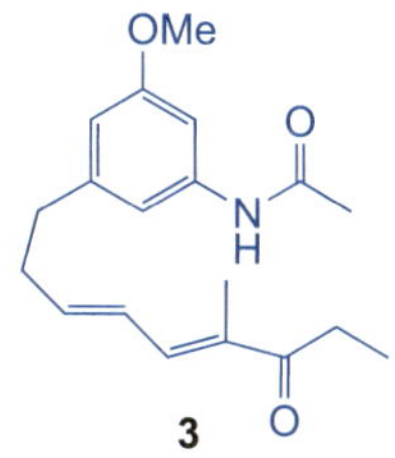

（2）反应机理如下：

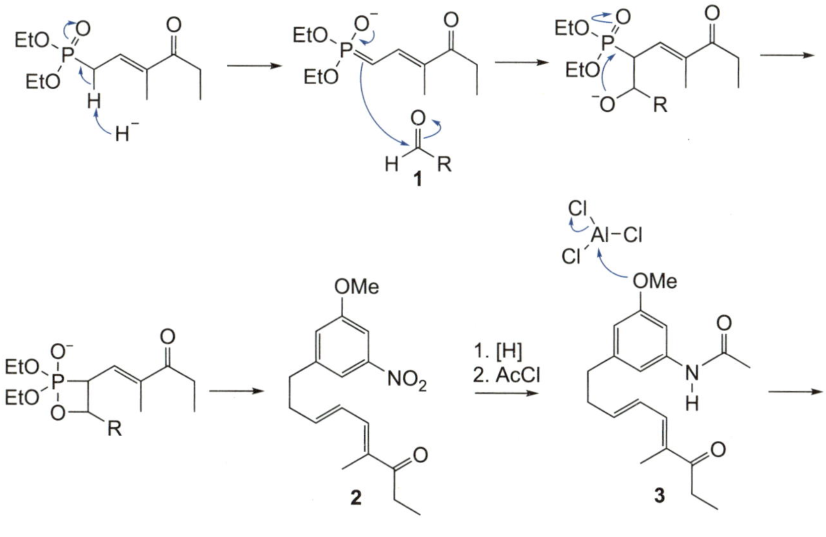

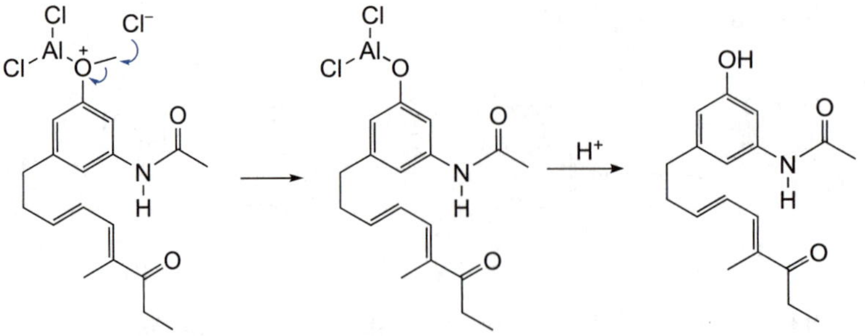

53. 解答：

化合物 **3, 6, 8, 9** 的结构为：

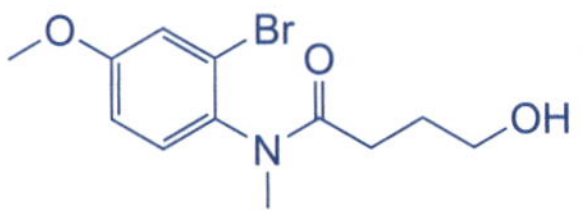

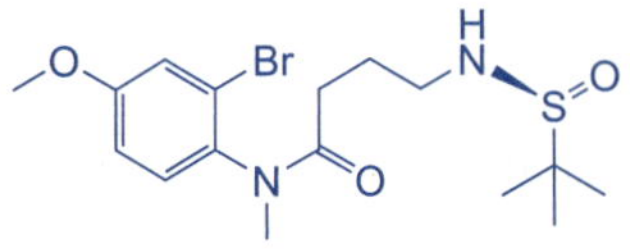

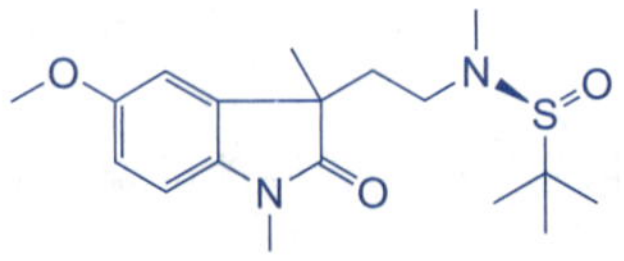

54. 解答：

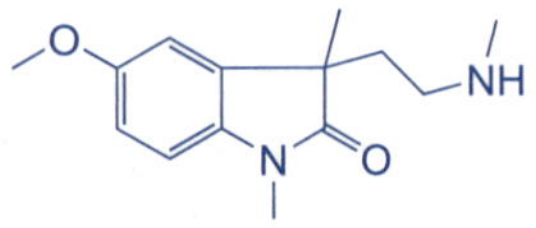

（1）**2**，**6**，**8** 的结构为：

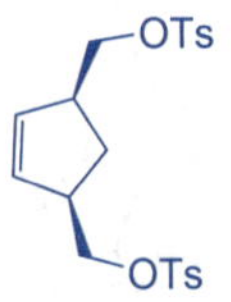

（2）**8** 到 **9** 的机理是 Pinnick 氧化反应，用廉价的次氯酸选择性地将醛氧化成酸：

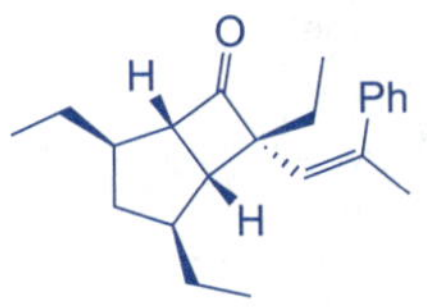

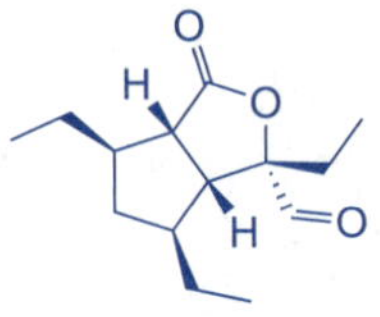

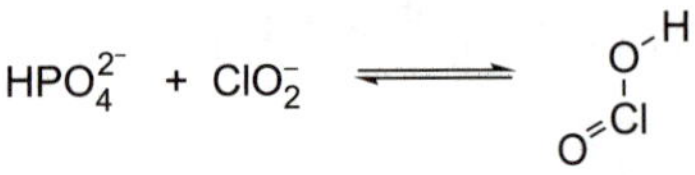

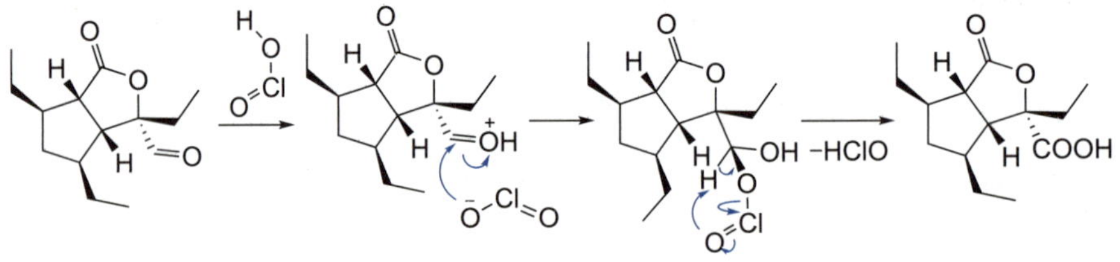

55. 解答：

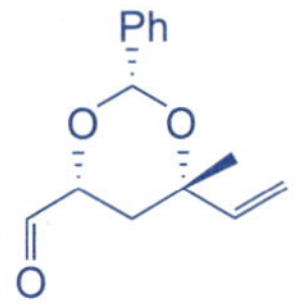

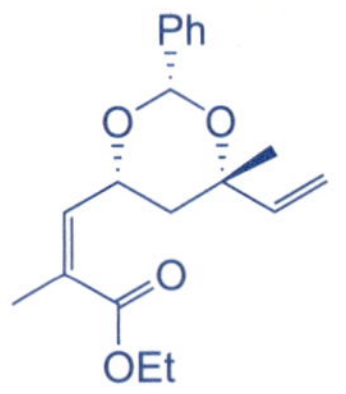

化合物 **3** 至 **4** 的反应机理：

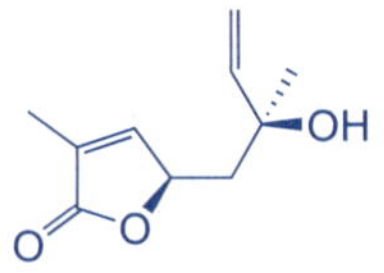

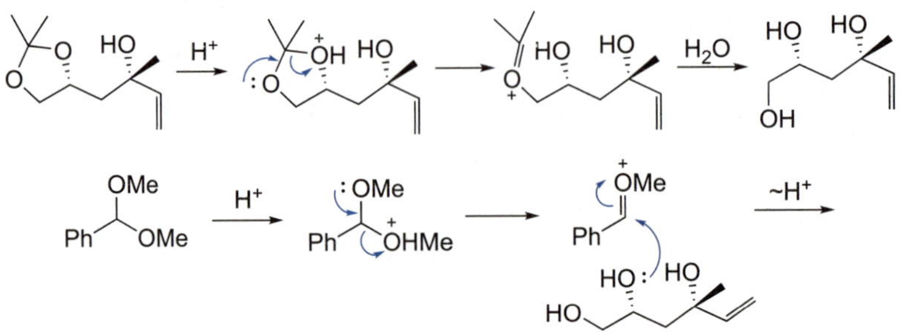

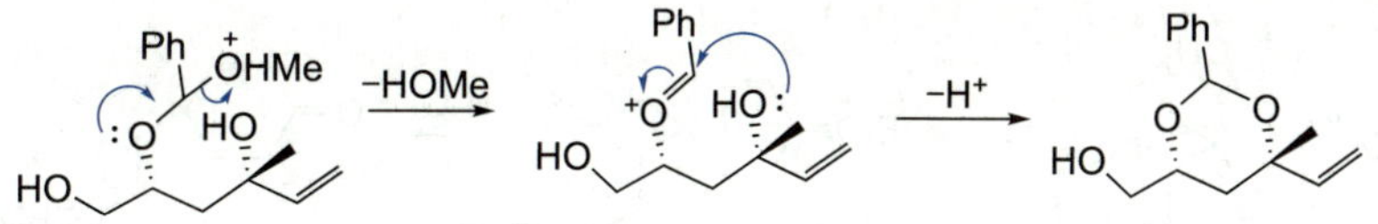

56. 解答：

化合物 **3**、**5**、**6**、**7** 的结构为：

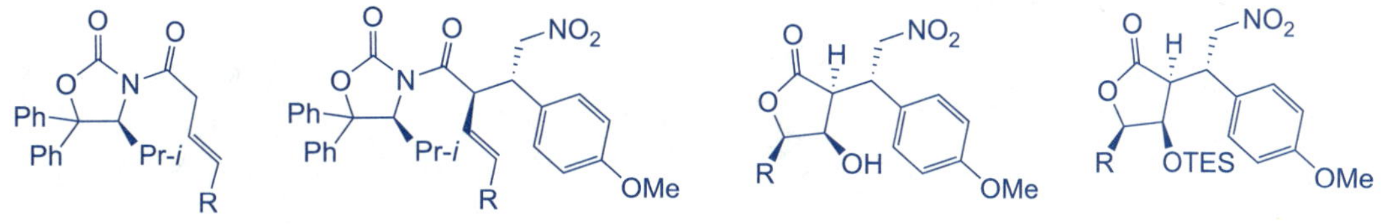

化合物 **3** 至 **5** 立体选择性：

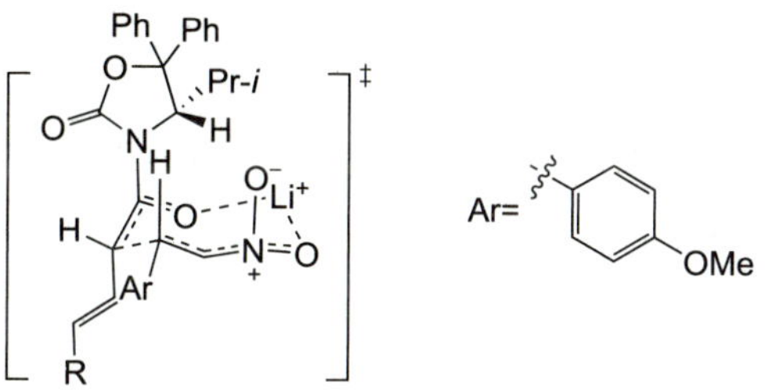

化合物 **7** 至 **8** 的反应机理：

$RuCl_3 + NaIO_4 \longrightarrow RuO_4$

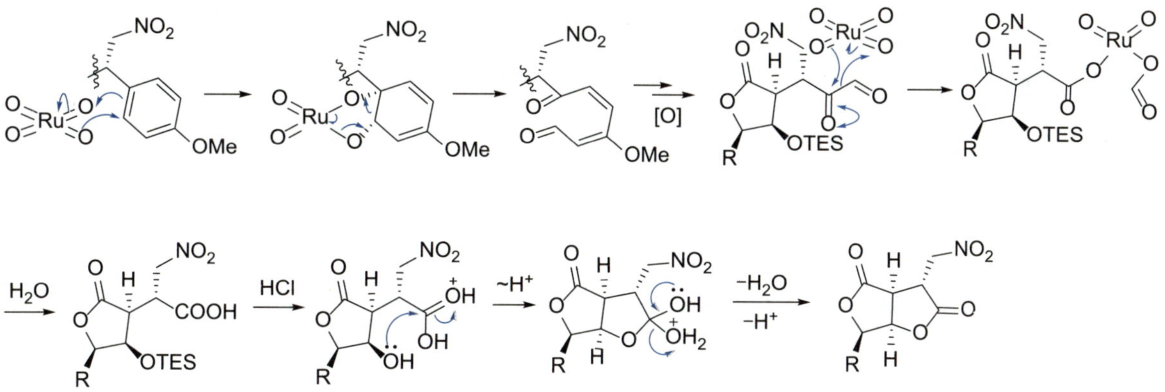

57. 解答：

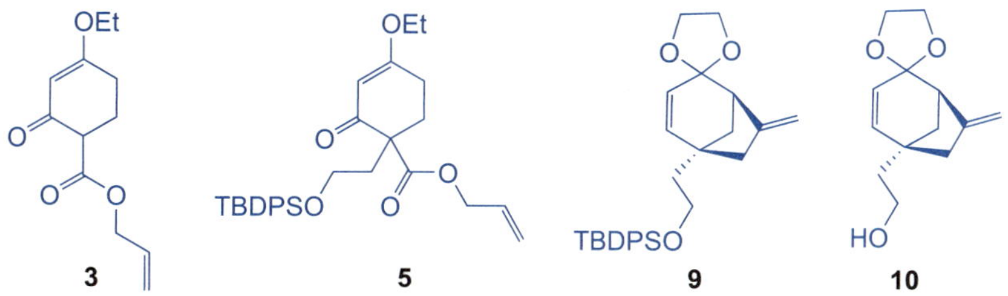

化合物 **6** 至化合物 **7** 的反应机理：

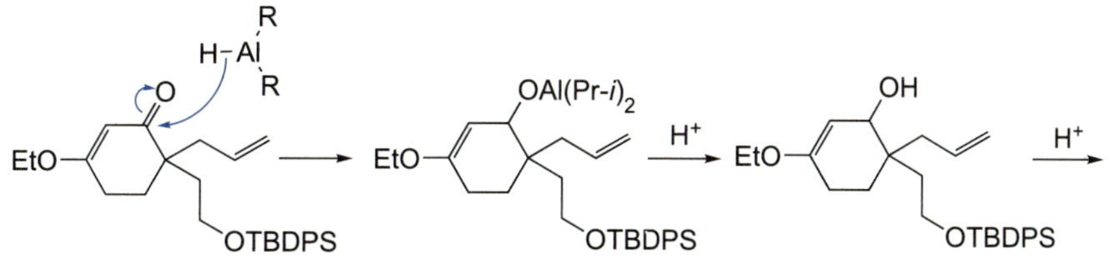

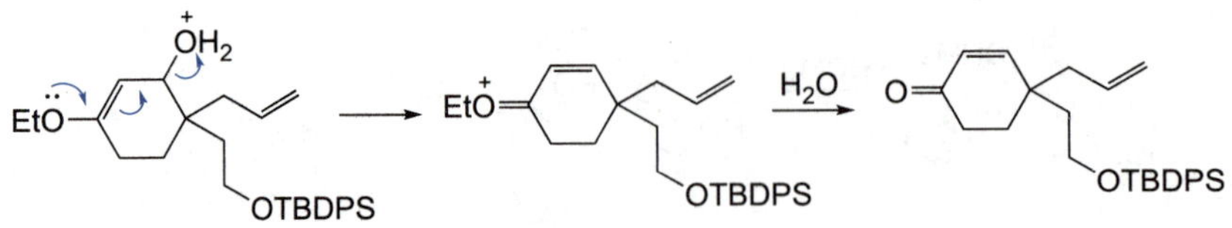

58. 解答:

化合物 **3**、**4** 和 **7** 的结构为:

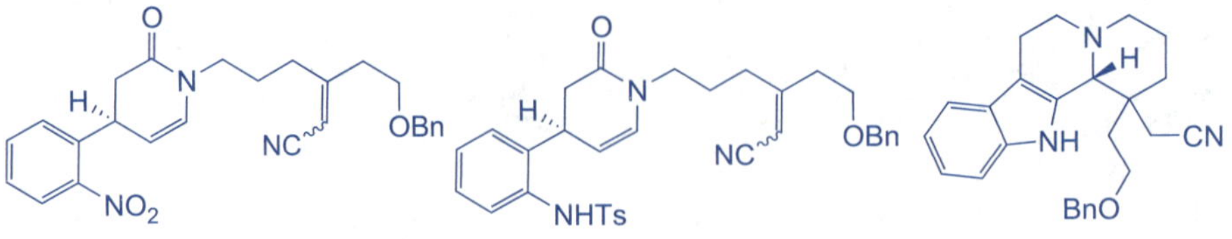

化合物 **4** 到 **5** 的反应机理:

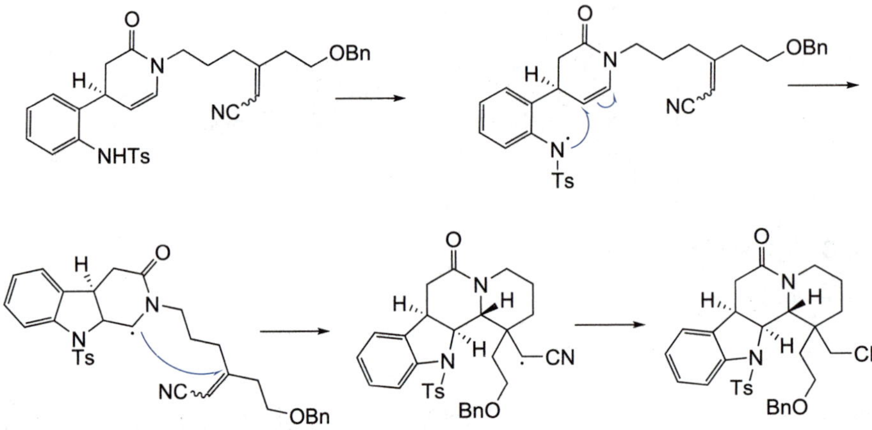

化合物 **5** 到 **6** 的机理:

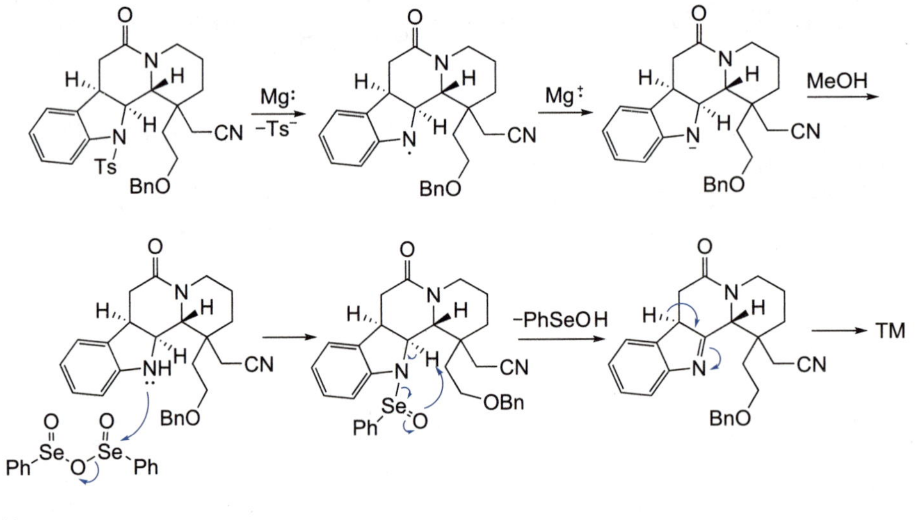

59. 解答:

(1) **A** 和 **B** 分别为:

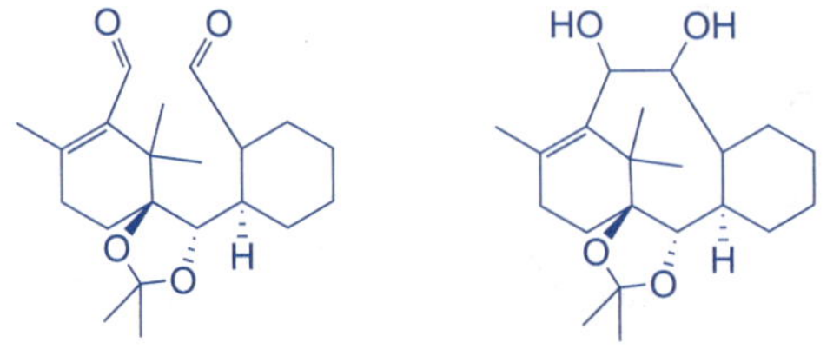

（2）反应产物为：

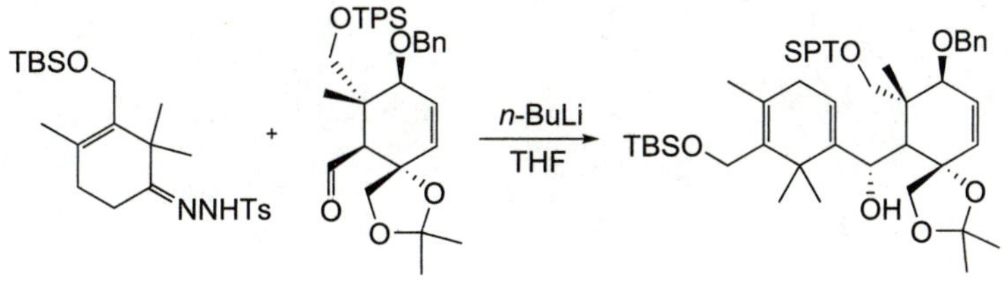

（3）空间位阻导致的：

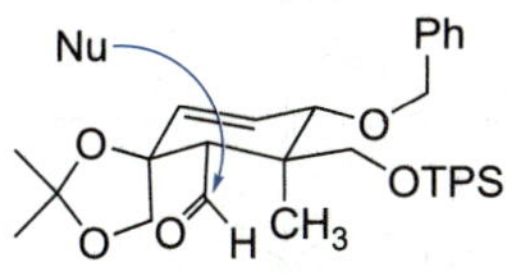

Re-face attack

60. 解答：

化合物 **3**、**5**、**6** 的结构为：

3 **5** **6**

3 到 **4** 的机理为：

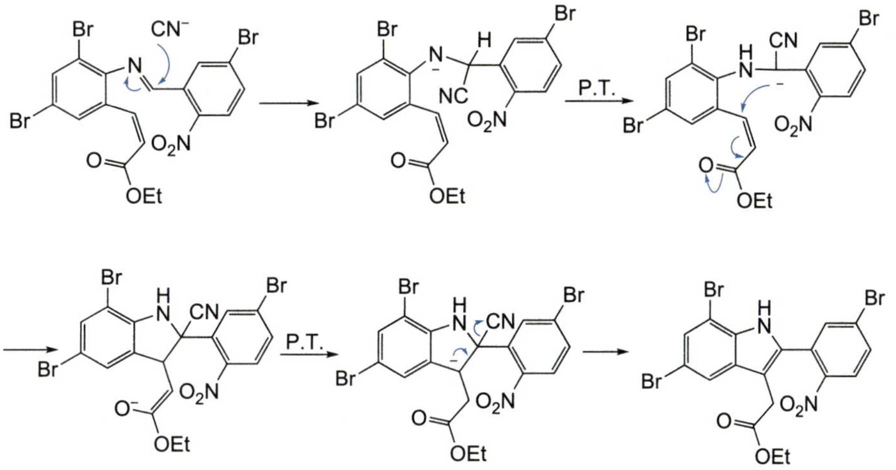

8 到 **9** 的机理为：

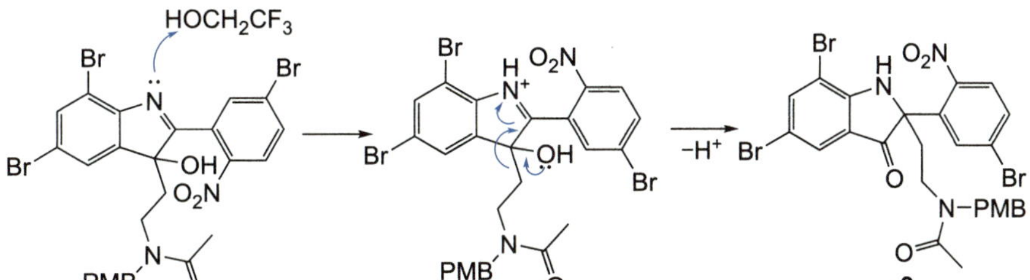

9

61. 解答：

化合物 **2**、**4**、**7** 的结构为：

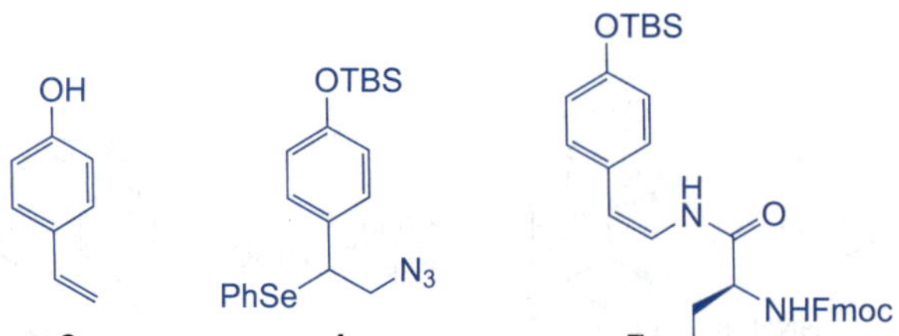

2　　4　　7

6 到 **7** 的机理为：

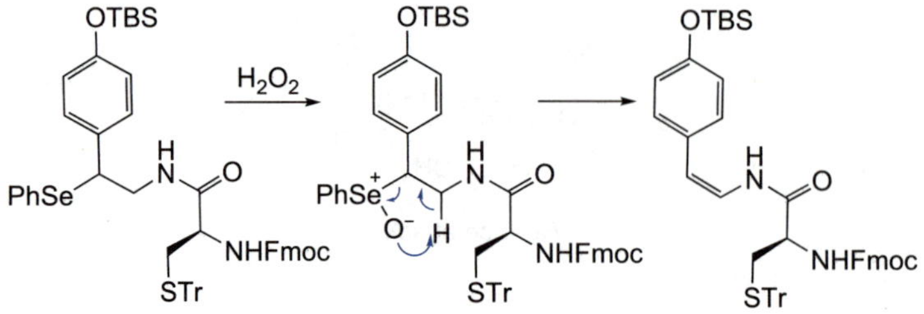

化合物 **4** 的区域选择性解释：

自由基在苄位受到苯环的共轭而更加稳定，因此 Se 上在苄位，具有区域选择性。具体的反应机理如下所示：

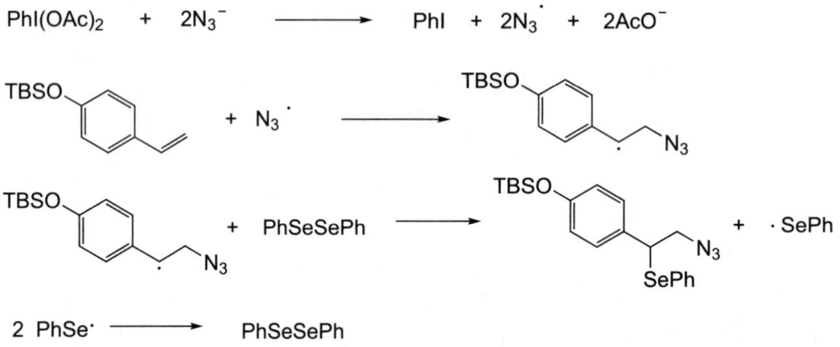

$$PhI(OAc)_2 + 2N_3^- \longrightarrow PhI + 2N_3^{\cdot} + 2AcO^-$$

$$2\ PhSe^{\cdot} \longrightarrow PhSeSePh$$

62. 解答：

化合物 **1** 和 **2** 的结构为：

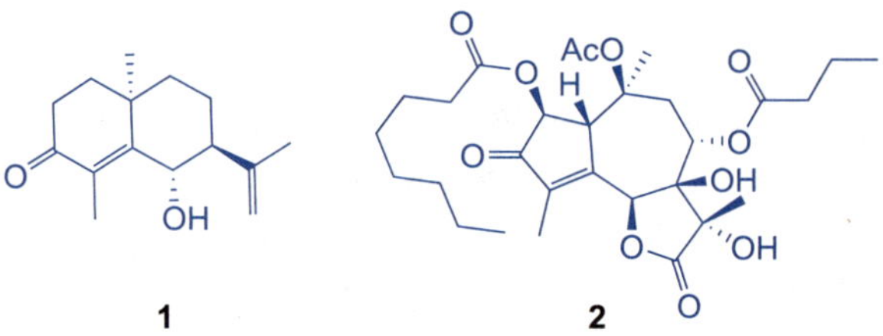

1　　2

Burgess 脱水反应为：

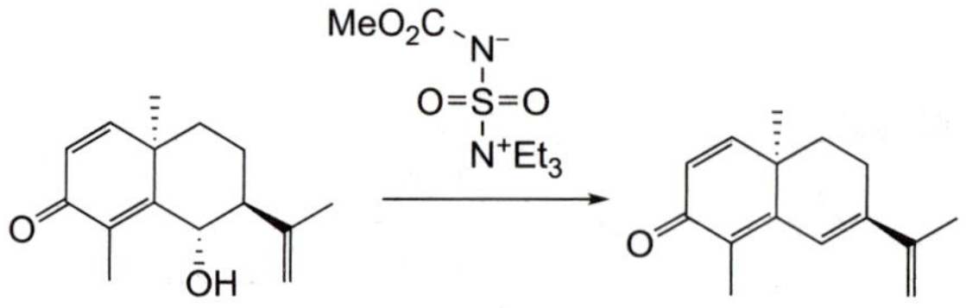

Burgess 脱水的机理：

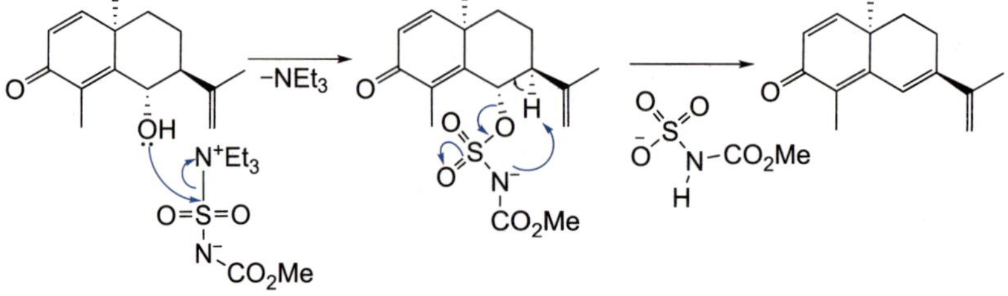

点评：

了解 Burgess 脱水剂的结构及作用机制。

63. 解答：

化合物 **1**、**2**、**3** 的结构为：

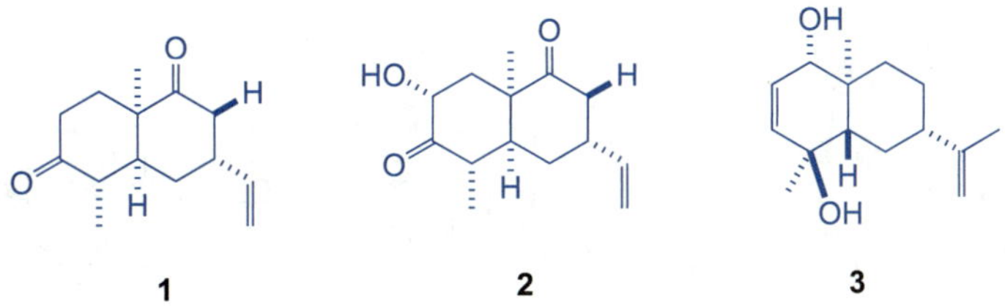

1 **2** **3**

Dess Martin 的机理为：

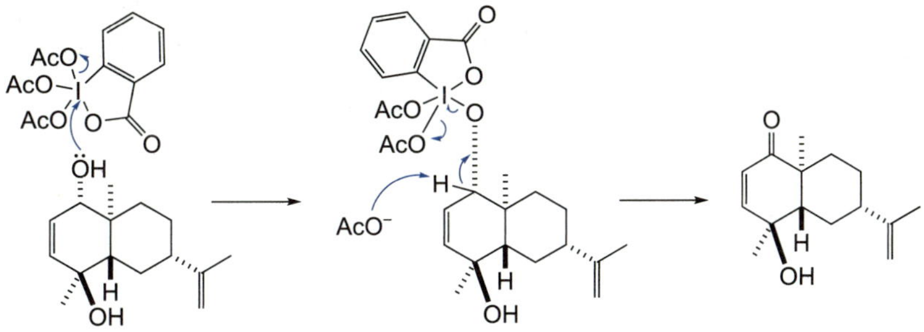

64. 解答：

化合物 **A** ～ **H** 的结构式为：

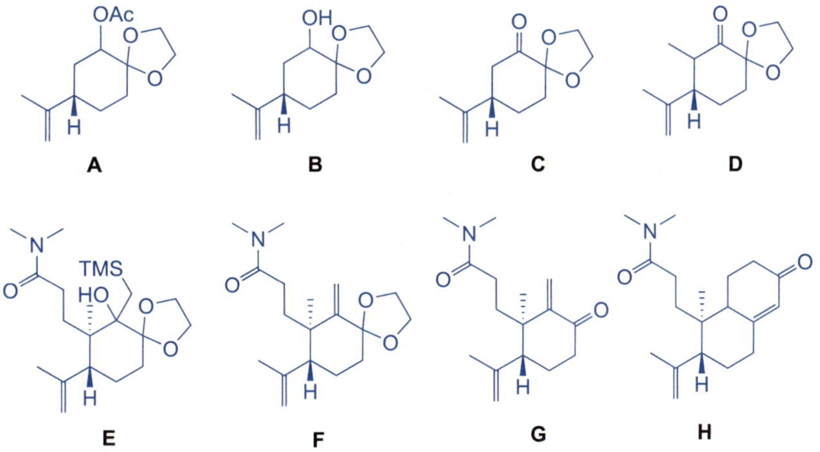

A **B** **C** **D**

E **F** **G** **H**

65. 解答：

中间产物 **7**、**9**、**13**、**16** 的结构式为：

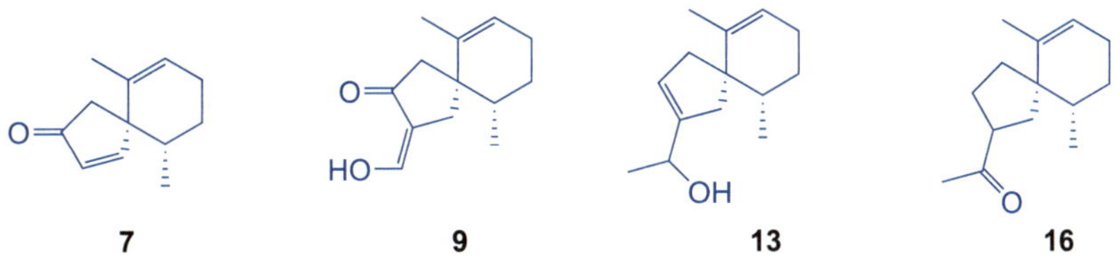

7 **9** **13** **16**

化合物 **4** 至化合物 **5** 的机理为：

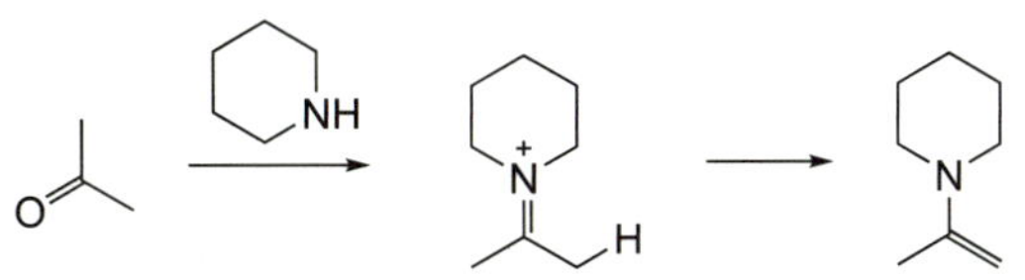

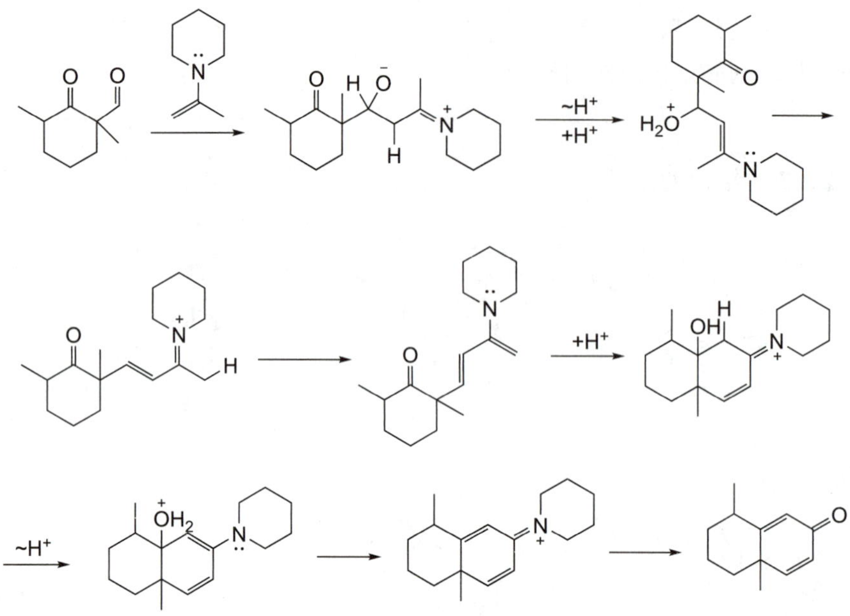

66. 解答：

化合物 **4**、**5**、**7** 的结构为：

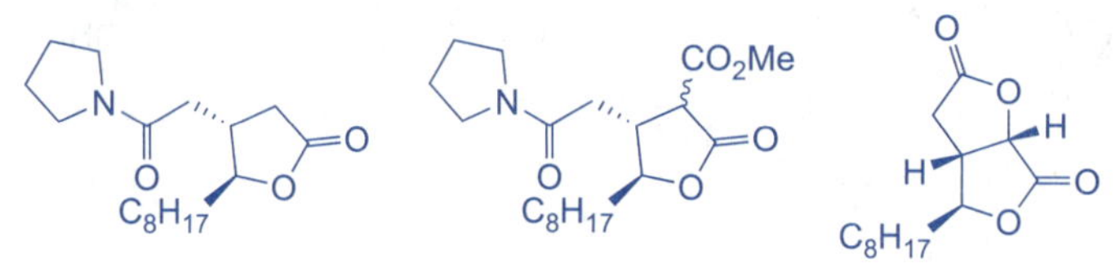

4 **5** **7**

化合物 **1** 至 **2** 的机理为：

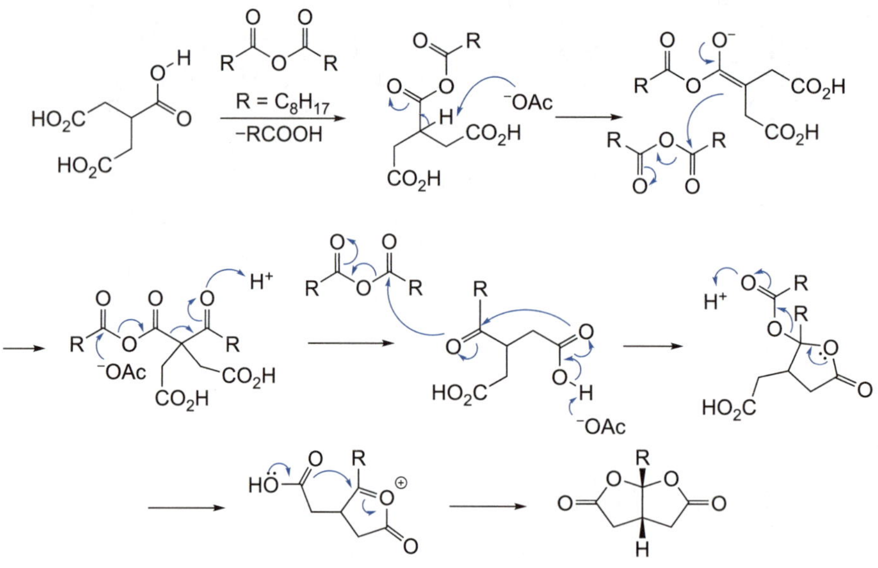

67. 解答：

化合物 **4**、**5**、**11** 的结构式为：

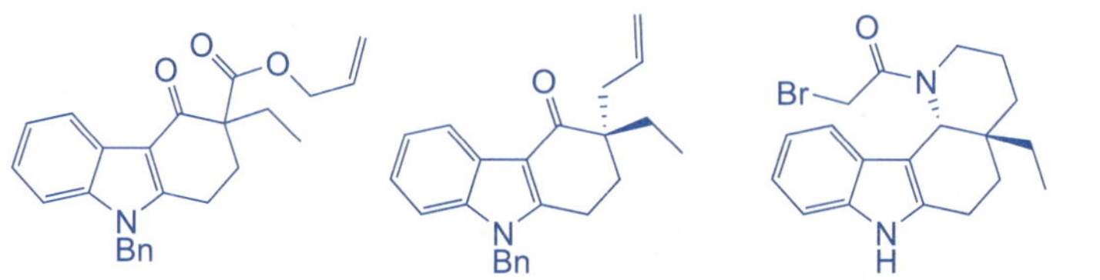

4 **5** **11**

化合物 **7** 到 **8** 的机理为：

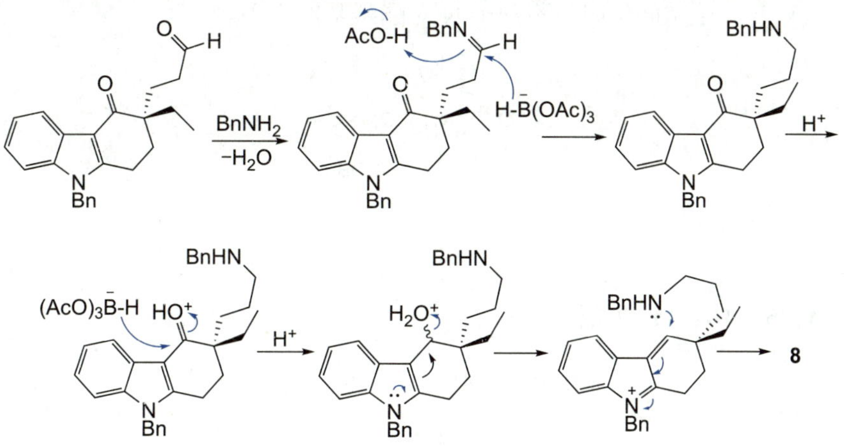

68. 解答：

（1）化合物 **1** ～ **4** 的结构为：

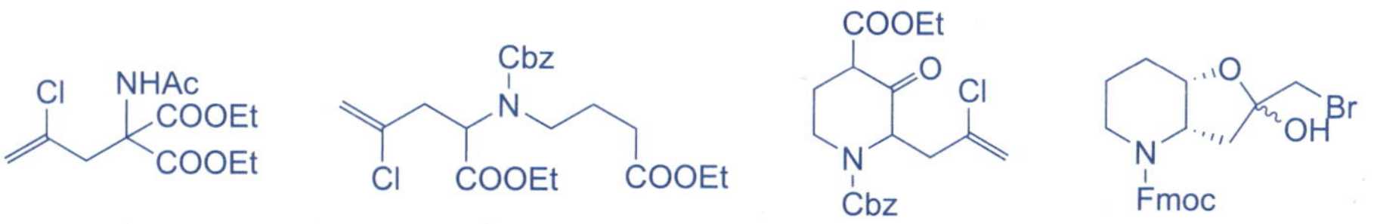

（2）**2** 到 **A** 的机理为：

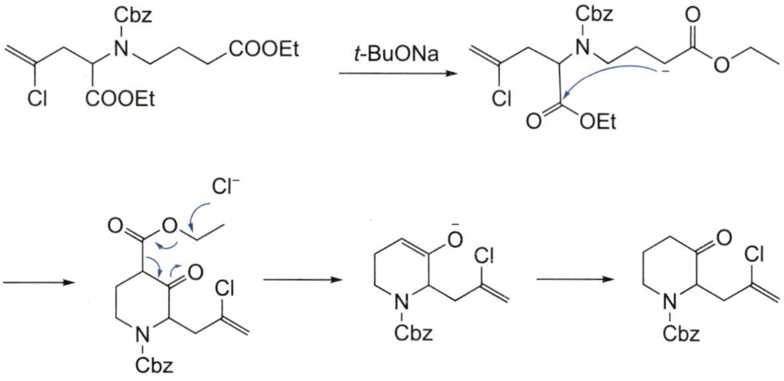

69. 解答：

（1）化合物 **A** ～ **D** 的结构为：

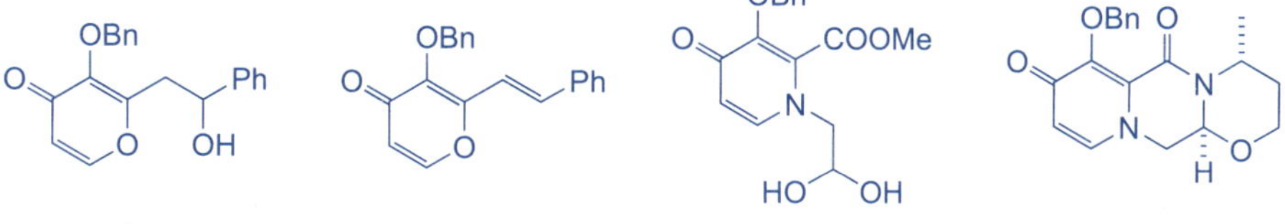

（2）化合物 **C** 生成 **D** 的反应机理为：

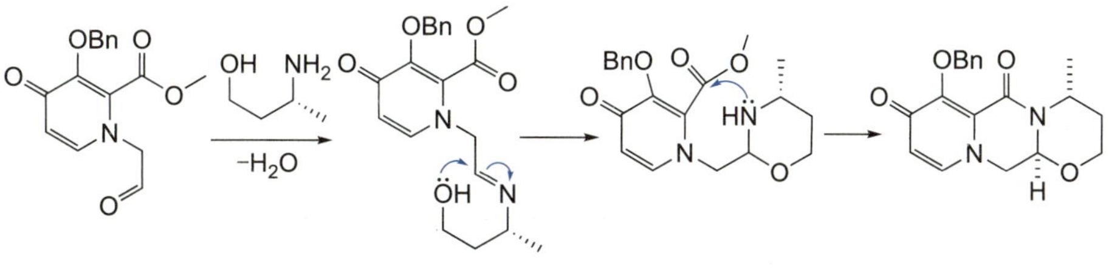

（3）化学计量的二氧化硒有毒，不适合于大规模生产（其他原因还有衍生自二氧化硒的副产物会粘附到反应器上，反应温度较高）。

（4）甲基处于直立键的稠环，空间位阻较小，得到甲基和氢同侧的非对映选择性；若将甲基放在平伏键，和甲氧羰基产生空间位阻，不利于 N 对酯羰基的进攻。

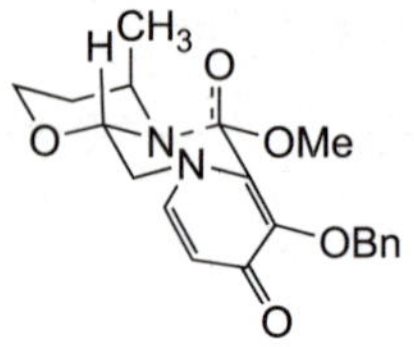

70. 解答:

（1）**2**、**3**、**4**、**5**、**10**、**11** 的结构如下：

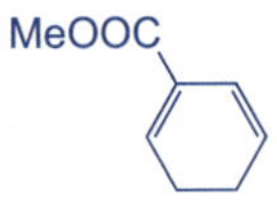

2 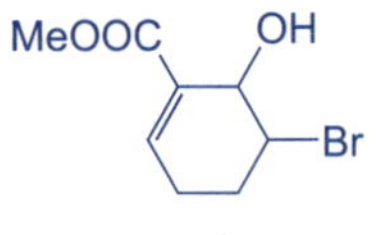　**3** (racemic) 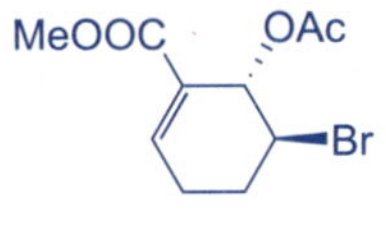　**4** 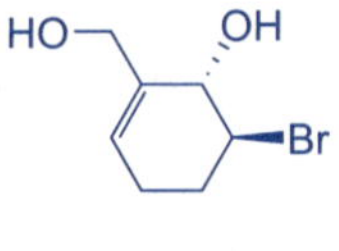　**5**

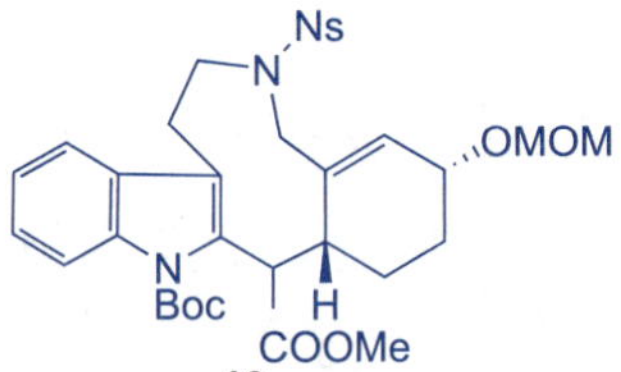

10 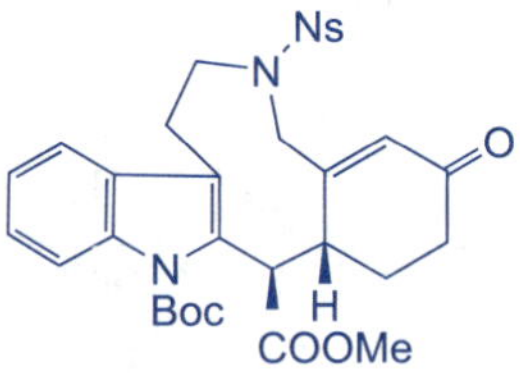　**11**

（2）**9** 到 **10** 的反应机理为：

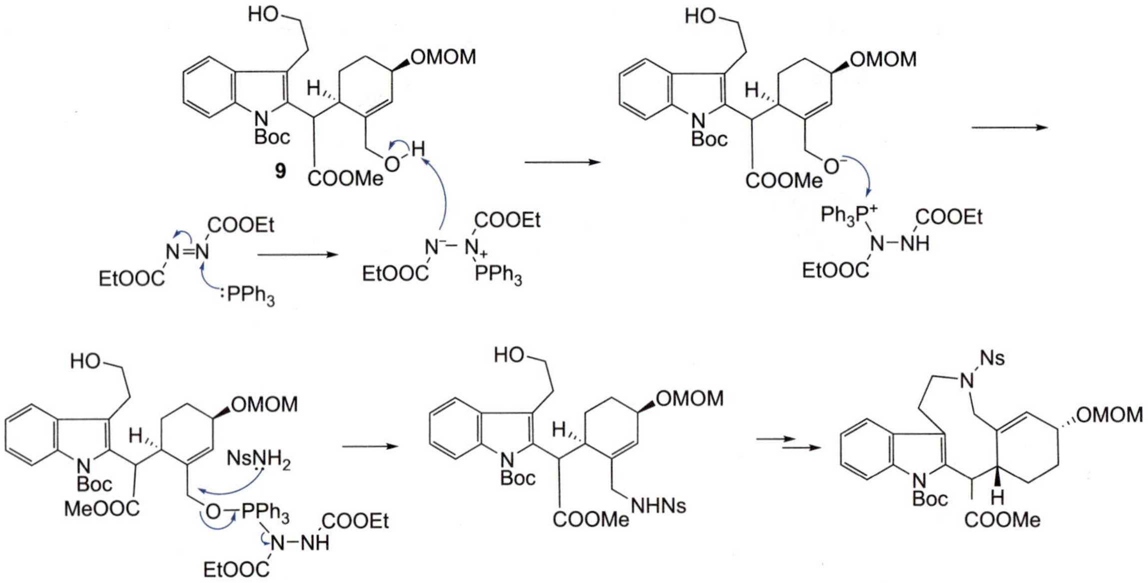

9

（3）

保护基	保护的基团	产物	稳定性	上保护方法	脱保护方法	其他性质
TBS	—OH	硅醚	在酸性和碱性条件下易水解	TBSCl，碱性环境	F^-试剂（例如 Me_4NF）	比 TMS 体积大、更耐水解
MOM	—OH	缩甲醛	在碱性以及一般酸性条件下稳定	MOMCl，碱性环境（例如 n-Pr_2NEt）	强酸（例如 HCl）	
Boc	—NH_2	NHBoc	对碱、一般亲核试剂、催化氢解稳定	$(Boc)_2O$，碱性环境	酸（例如 TFA）	

71. 解答:

（1）**N** 和 **A** 的结构为：

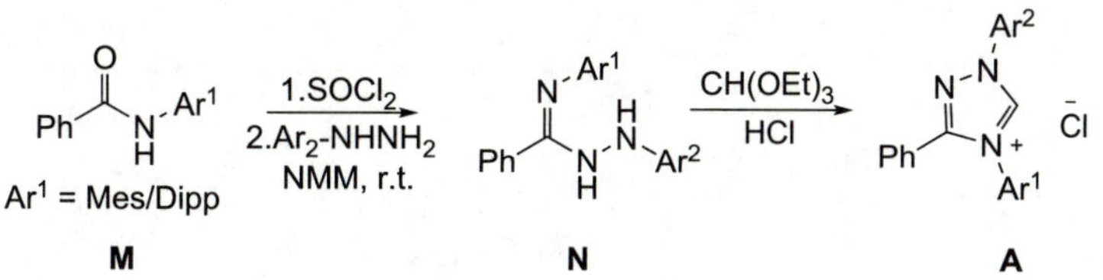

M N A

（2）**B**、**C** 和 **F** 及中间体 **E** 的结构为：

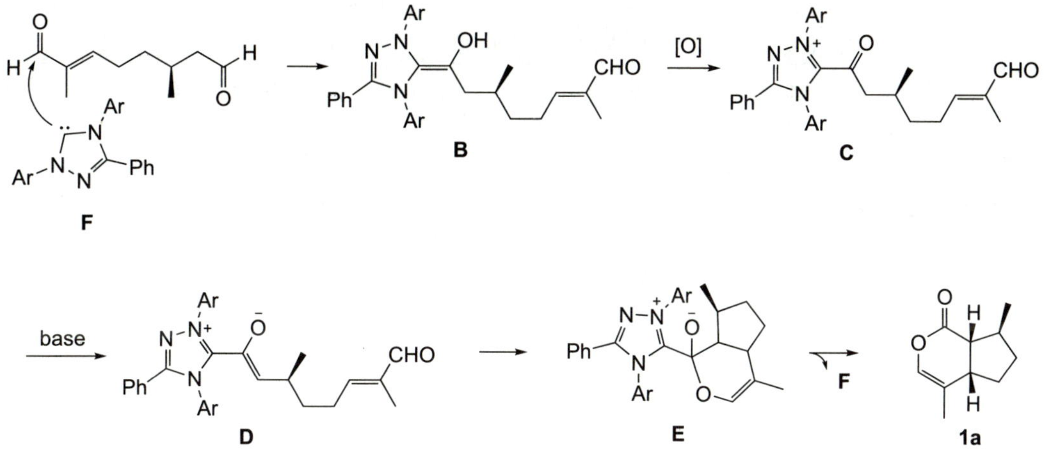

B C F D E 1a

B 到 **C** 的机理为：

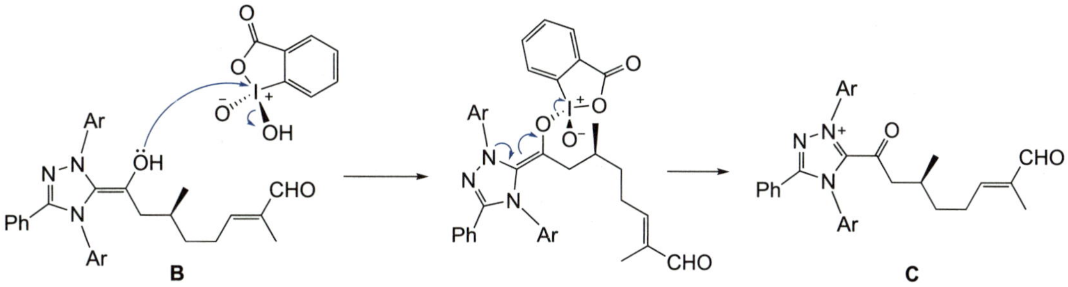

B C

72. 解答：

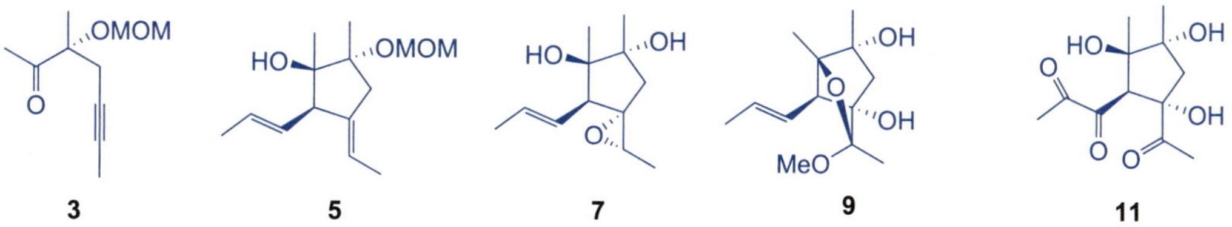

3 5 7 9 11

化合物 **8** 至 **9** 的反应机理为：

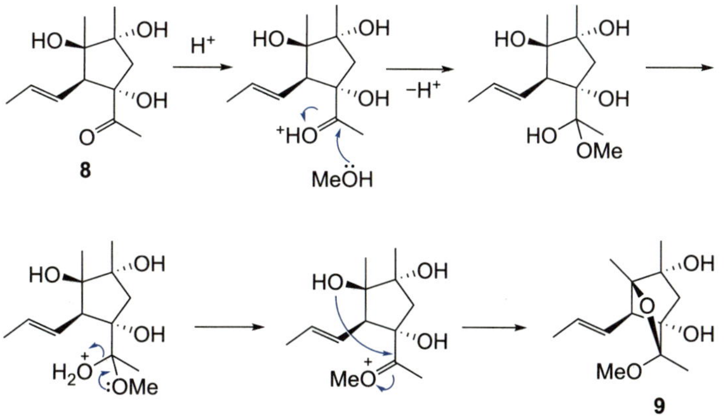

8 9

73. 解答：

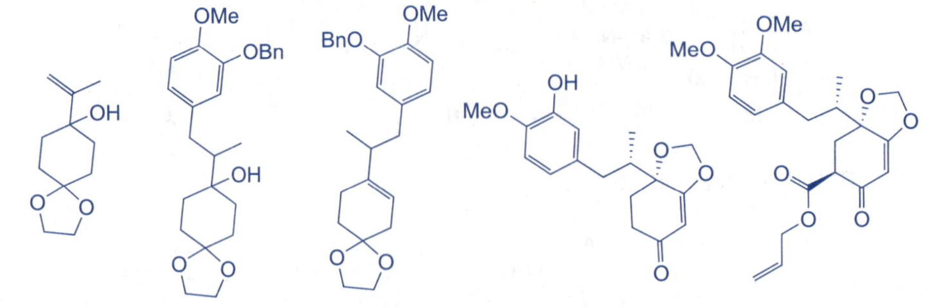

2　5　6　8　10

74. 解答：

化合物 **1** 和 **2** 的结构为：

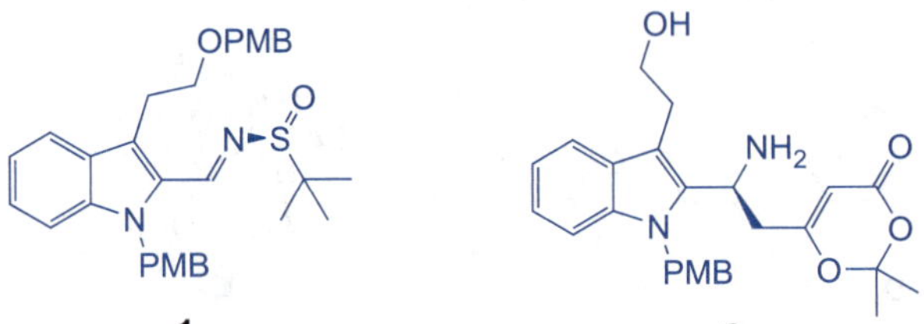

1　**2**

3 到 **4** 的反应机理为：

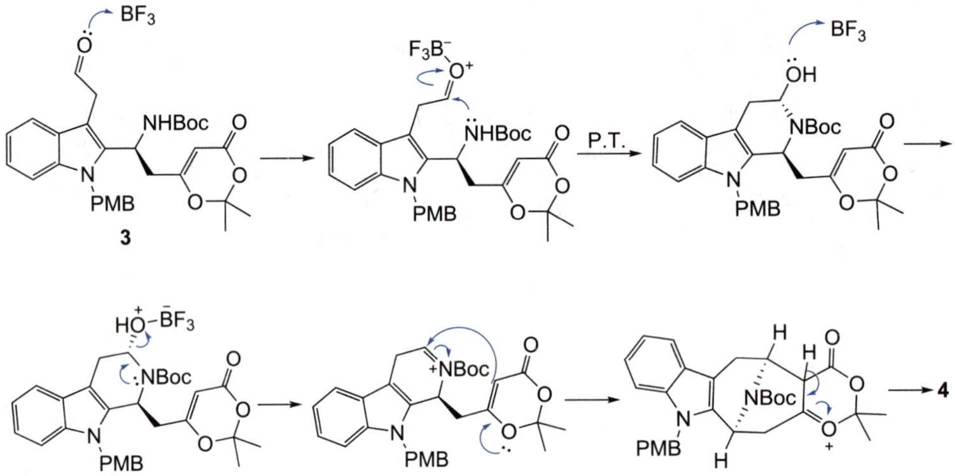

3　P.T.　→ **4**

75. 解答：

中间产物 **3** 的结构，中间体 **5** 的结构及电子转移：

3　**5**

化合物 **1** 到 **2** 的反应机理：

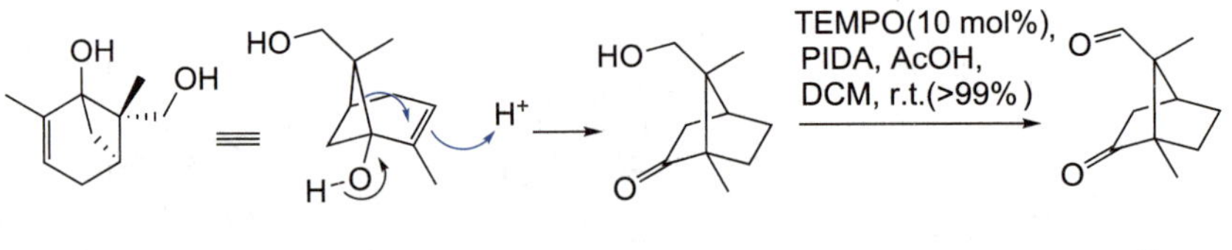

TEMPO(10 mol%), PIDA, AcOH, DCM, r.t.(>99%)

1　**1**　**2**

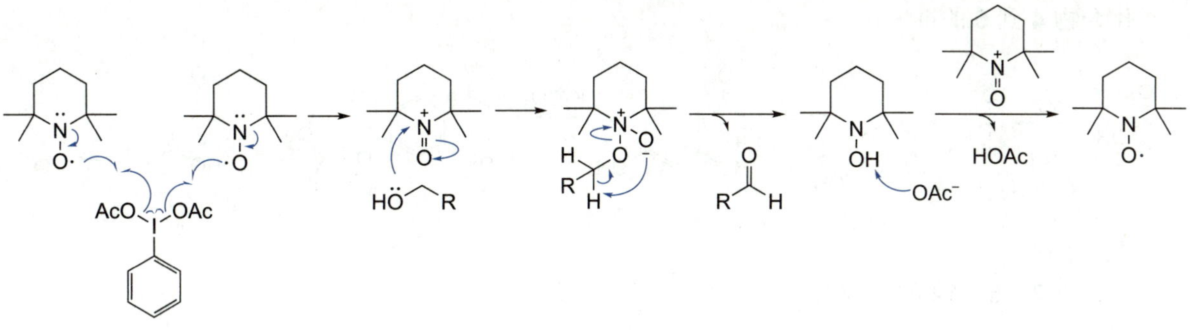

76. 解答：

（1）**C** 和 **E** 的结构为：

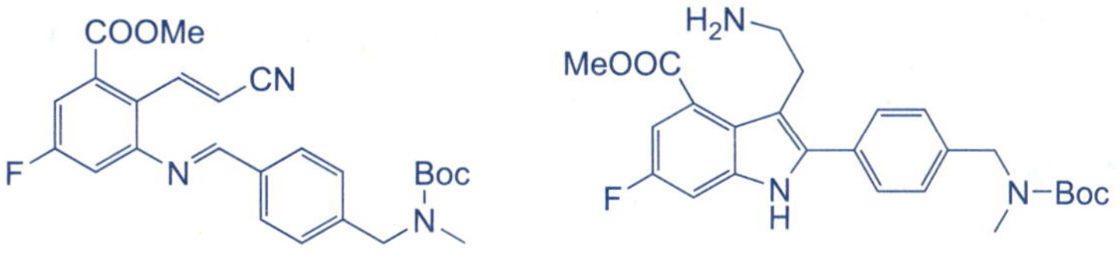

C **E**

（2）**B** 到 **C** 再到 **D** 的可能机理如下：

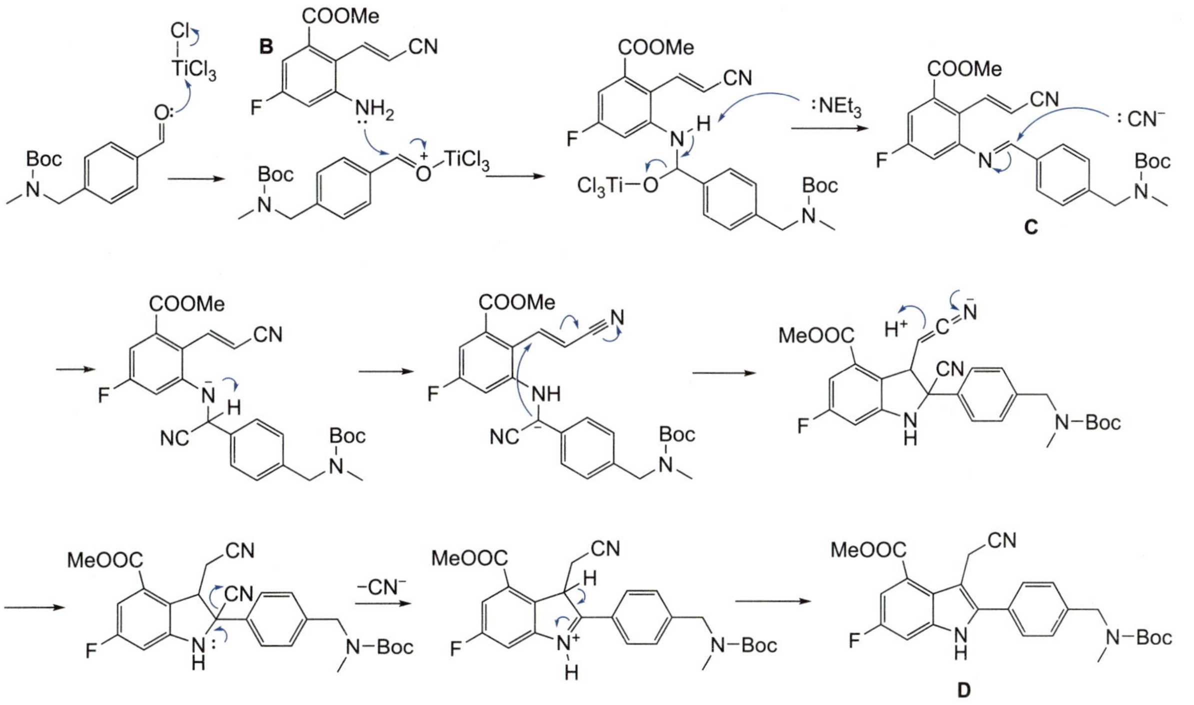

C

D

77. 解答：

化合物 **3**、**5**、**8** 的结构为：

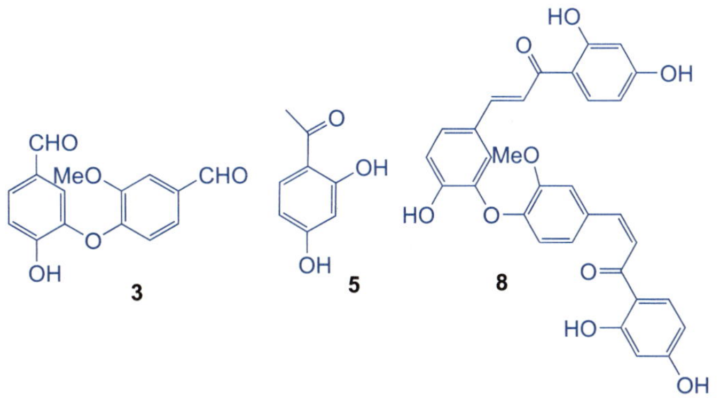

3 **5** **8**

化合物 **4** 到 **6** 的机理：

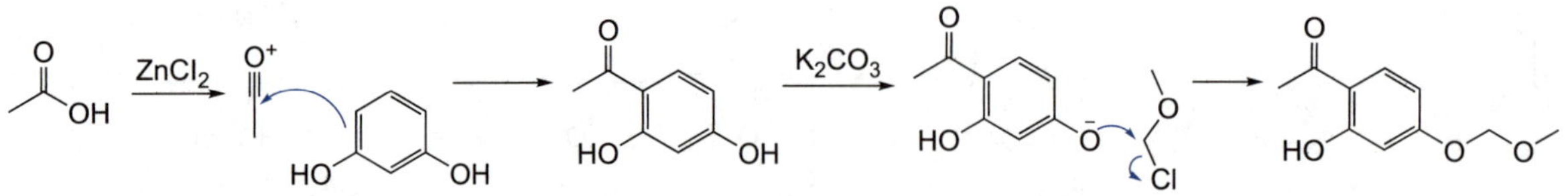

$ZnCl_2$　K_2CO_3

78. 解答：

化合物 **2**、**5**、**12** 的结构为：

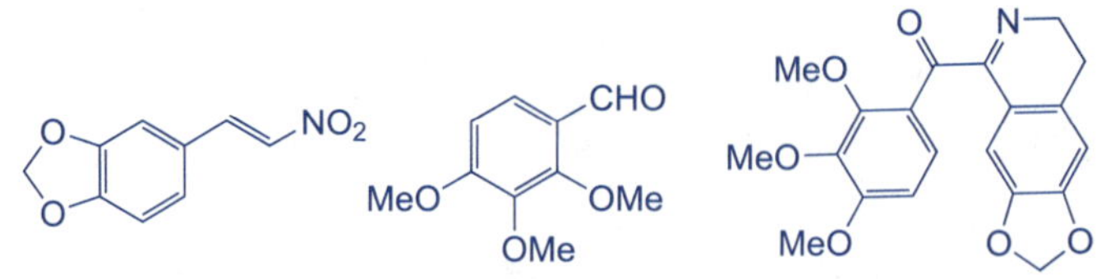

2　**5**　**12**

化合物 **10** 到 **11** 的机理：

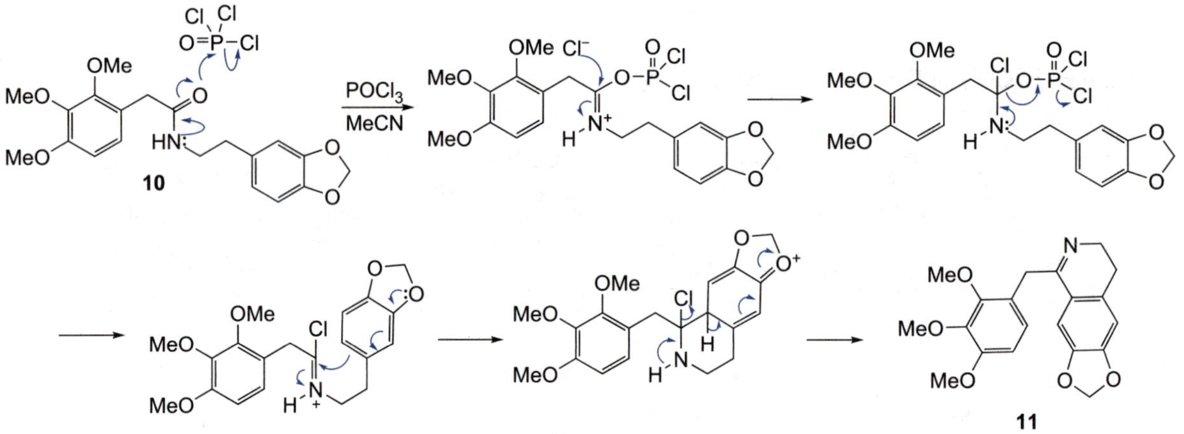

$POCl_3$ / MeCN

10　**11**

79. 解答：

化合物 **2**、**5**、**8** 的结构为：

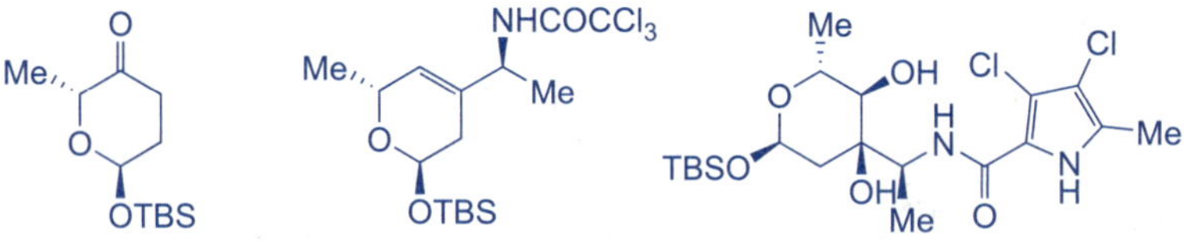

2　**5**　**8**

1 到 **2** 的机理：

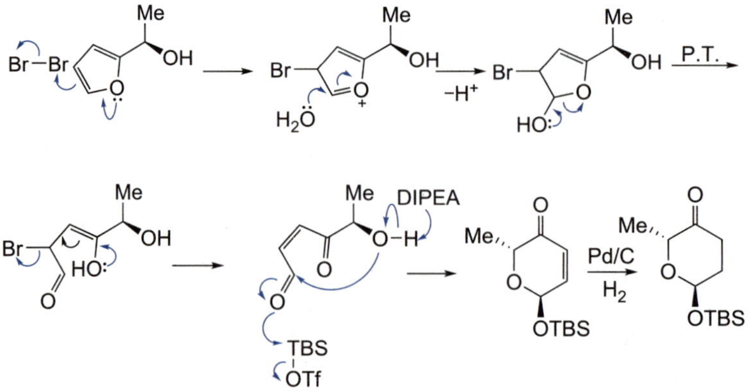

P.T.　$-H^+$　DIPEA　Pd/C, H_2

80. 解答：

化合物 **2**、**4**、**8** 的结构为：

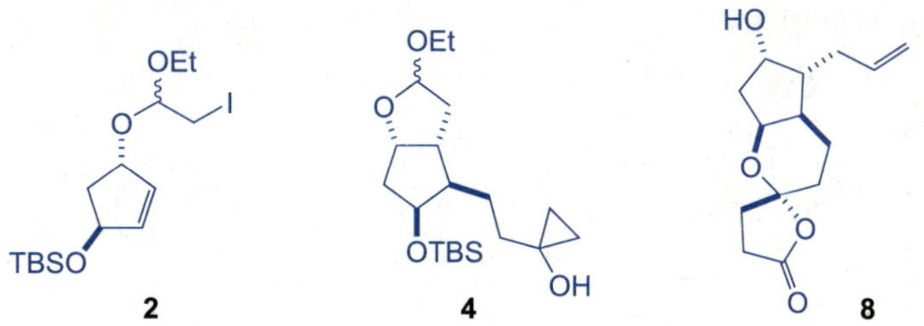

化合物 **3** 到 **4** 的机理：

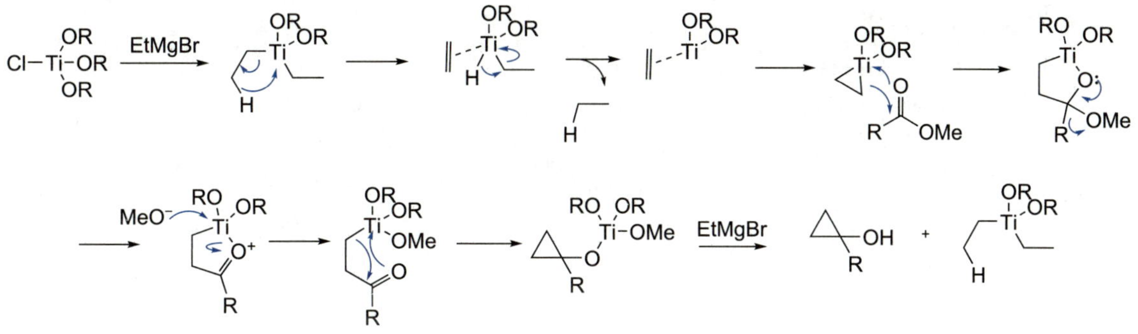

81. 解答：

化合物 **2**、**4**、**9** 的结构为：

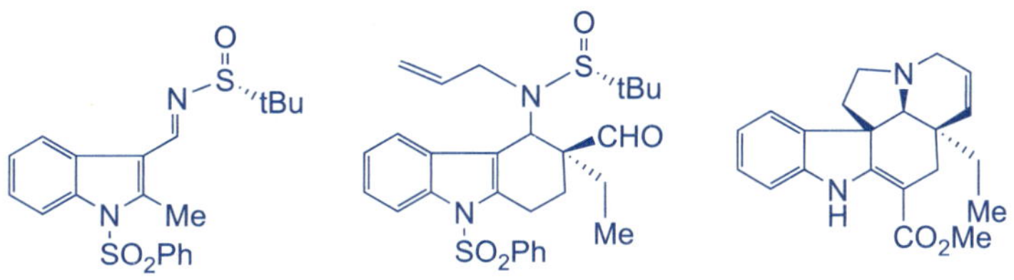

化合物 **2** 到 **3** 的反应机理为：

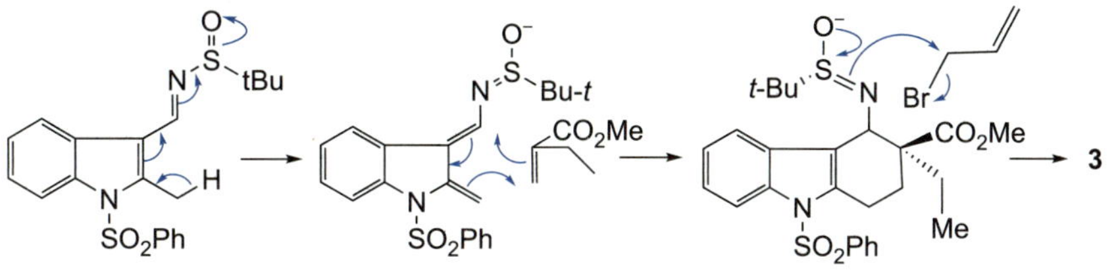

化合物 **5** 到 **6** 的机理为：

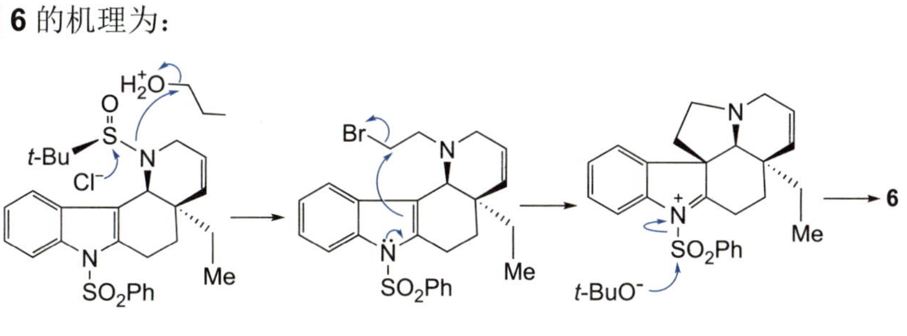

82. 解答：

化合物 **5** 和 **7** 的结构为：

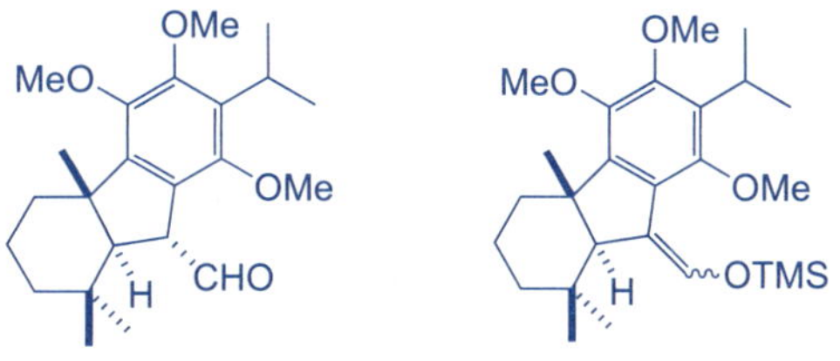

化合物 **1** 到 **2** 的转变机理为：

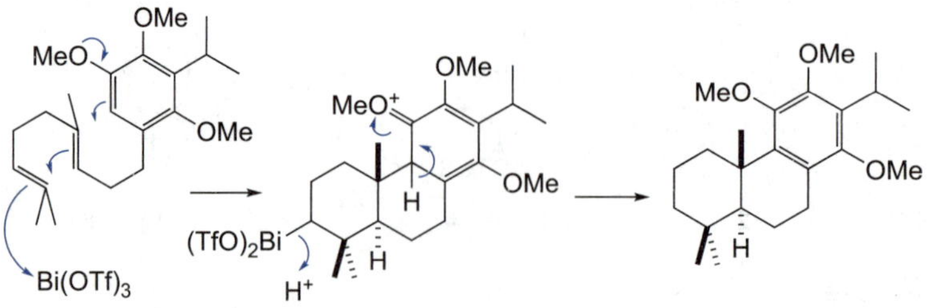

化合物 **3** 到 **4** 的转变机理为：

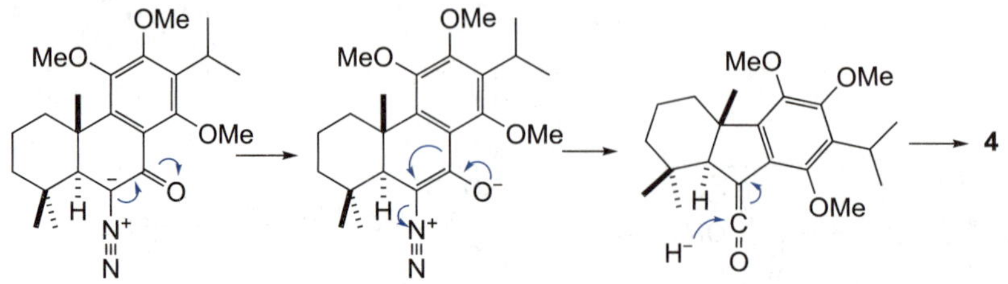

83. 解答：

（1）**2**，**4**，**6**，**8**，**9** 的结构如下：

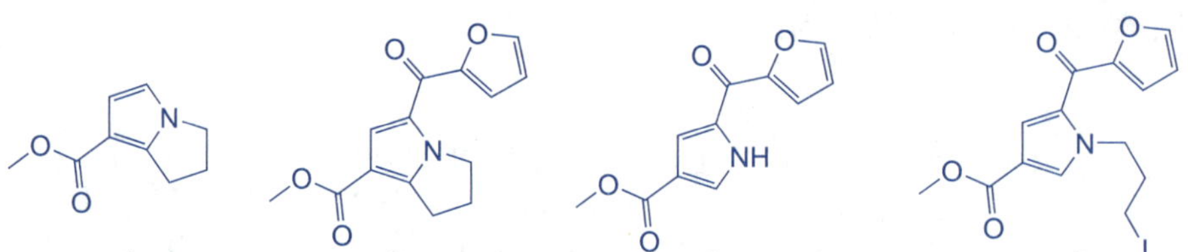

（2）化合物 **2** 到 **4** 的参考机理：

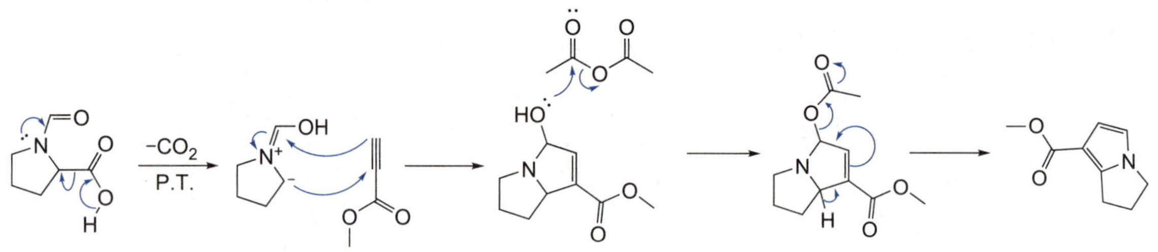

84. 解答：

（1）从化合物 **7** 到 **8** 是氧化反应。硝酸铈铵是一个强氧化剂，在酸性条件下氧化性更强，仅次于 F_2、XeO_3、Ag^{2+}、O_3 等。

（2）化合物 **3**，**5**，**6**，**8** 的结构为：

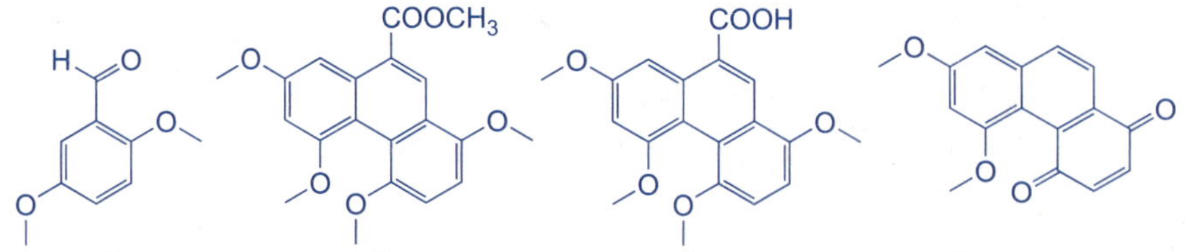

（3）化合物 **3** 到化合物 **4** 的反应机理为：

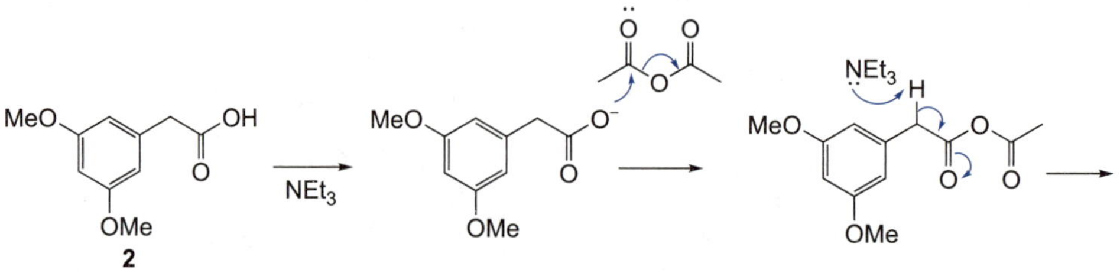

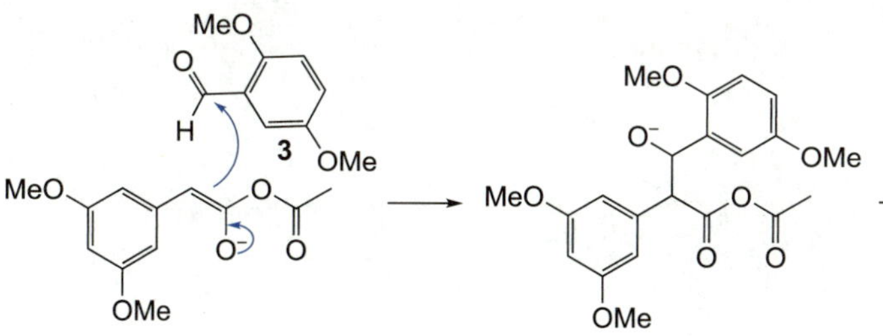

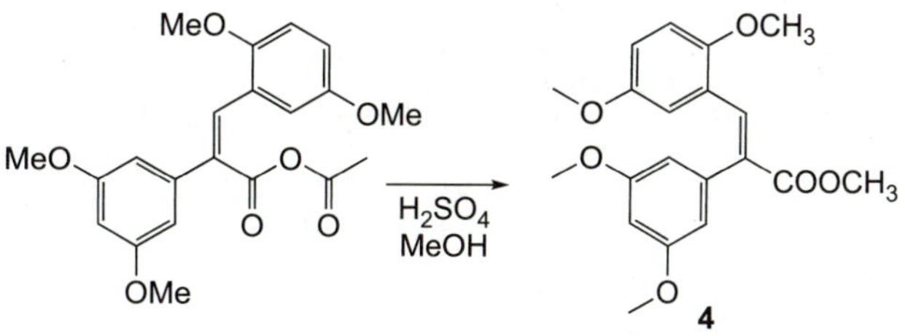

85. 解答：

（1）**A**、**B**、**C** 的结构为：

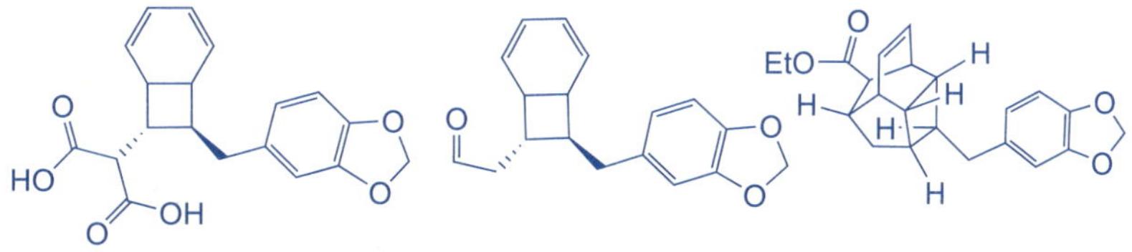

A **B** **C**

（2）由 **A** 转化到 **C** 的机理为：

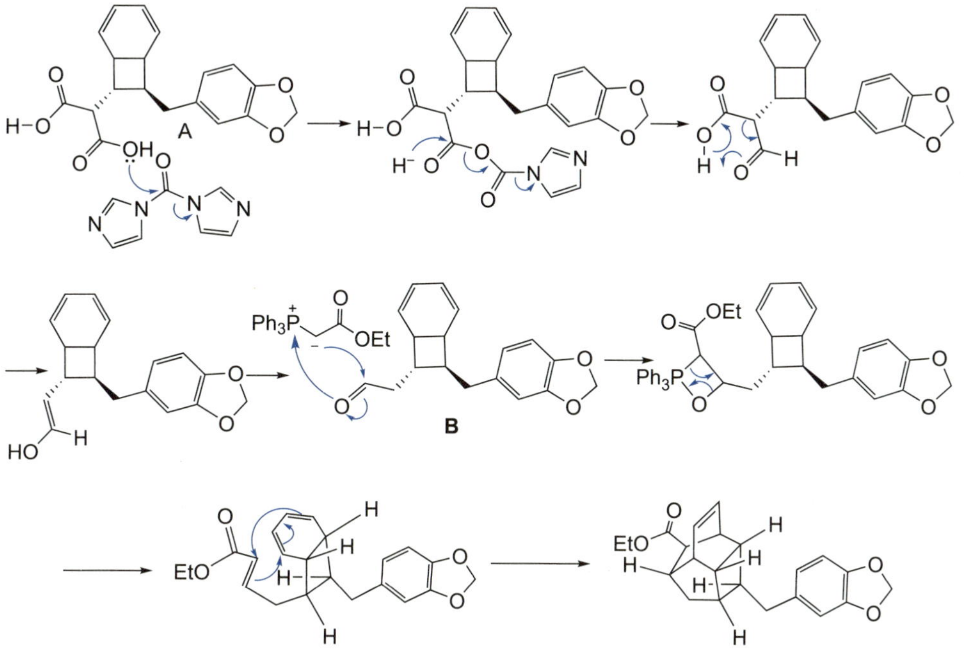

86. 解答：

A、**B**、**C**、**D** 的结构为：

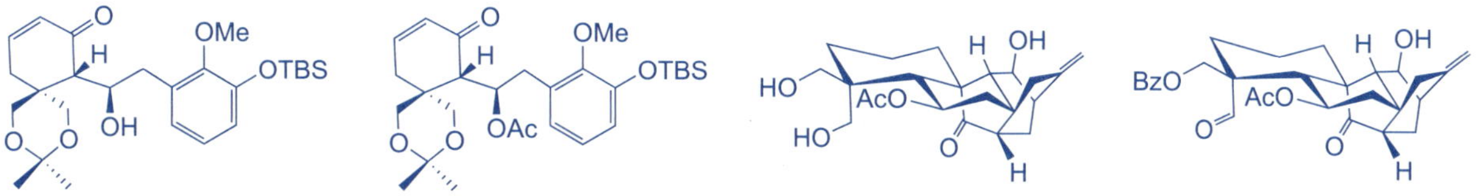

A **B** **C** **D**

87. 解答：

B、**C**、**F** 的结构：

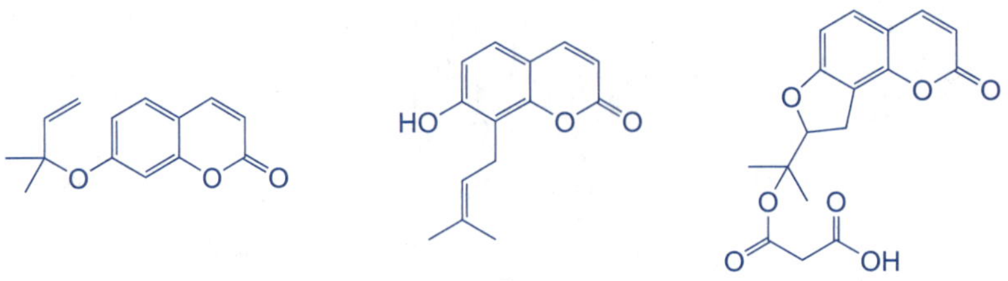

B　　C　　F

D 到 **E** 的反应机理：

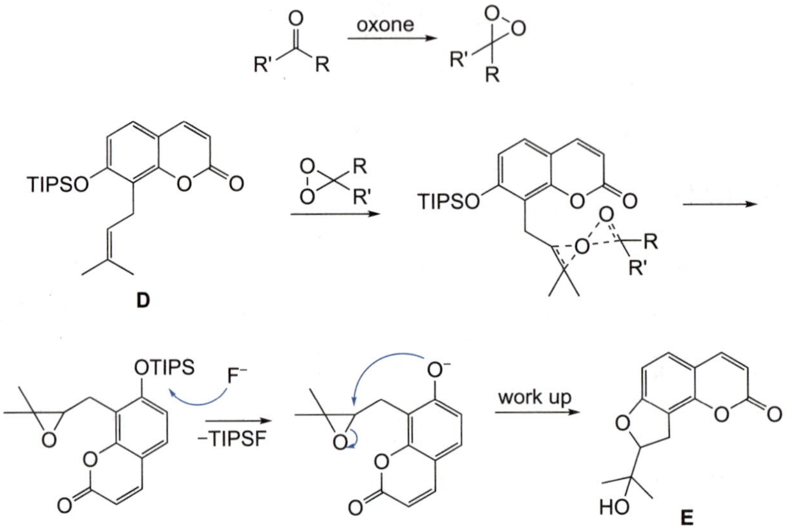

oxone

R'　R　　R'　R

TIPSO　D　TIPSO　R　R'

OTIPS　F⁻　−TIPSF　O⁻　work up　HO　E

88. 解答：

C、**D**、**F** 的结构：

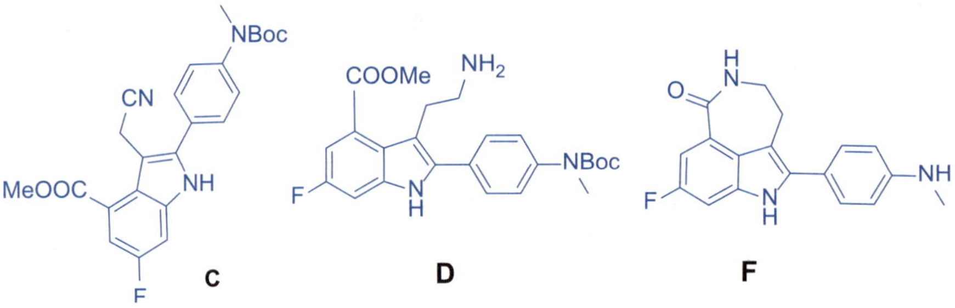

C　D　F

B 到 **C** 的反应机理为：

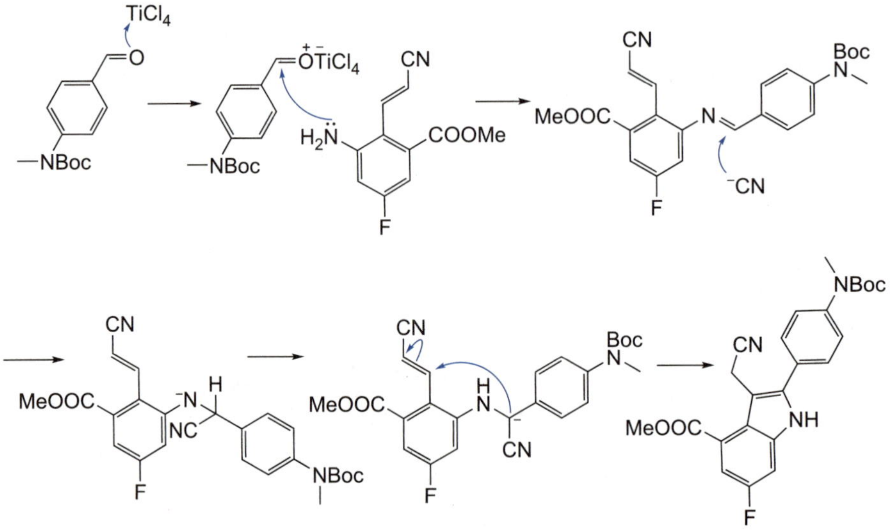

89. 解答：

（1）中间产物 **6** 的结构为：

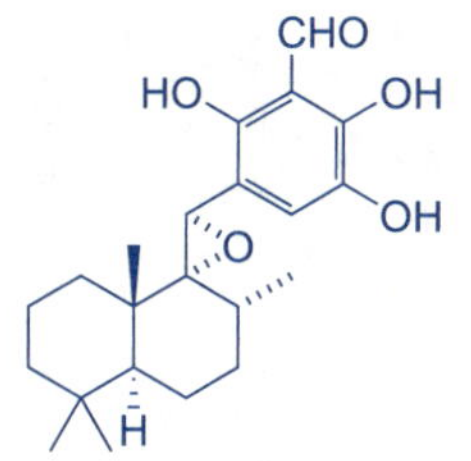

6

（2）**2** 到 **3** 的机理：

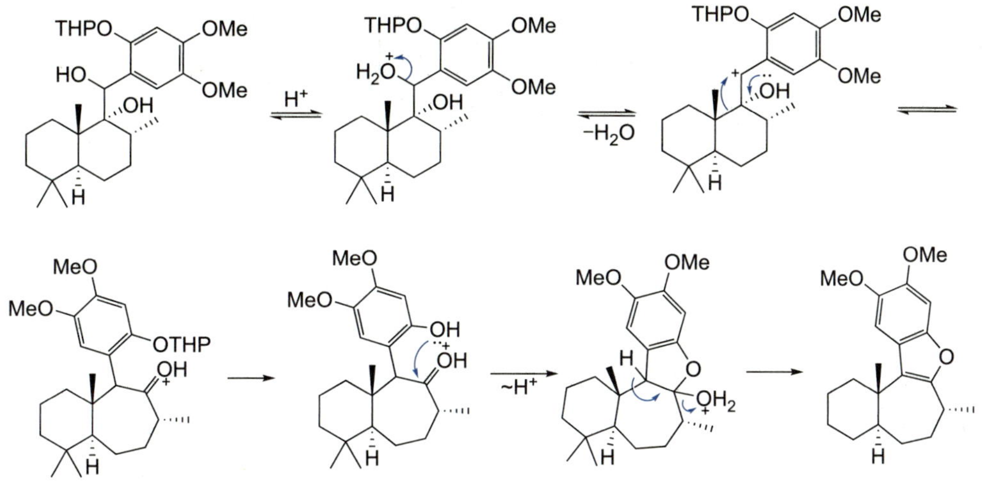

H^+　$-H_2O$　$\sim H^+$

（3）**3** 到 **4** 的合成路线：

HI　CO + HCl　$AlCl_3$,CuCl　heat

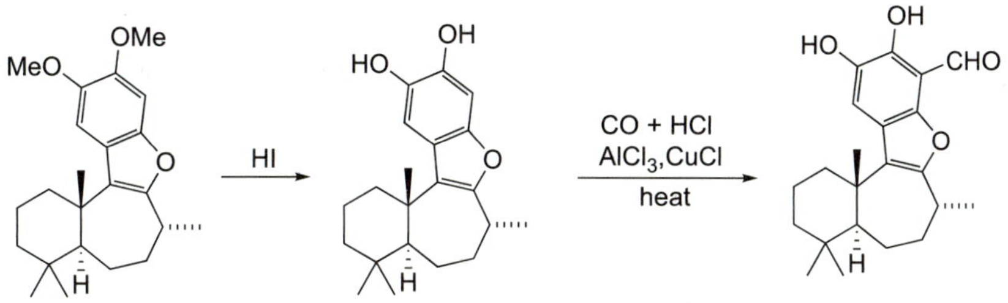

90. 解答：

（1）化合物 **2** 的结构：

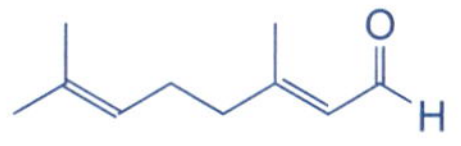

2

（2）**4** 到 **5** 第二步反应的机理：

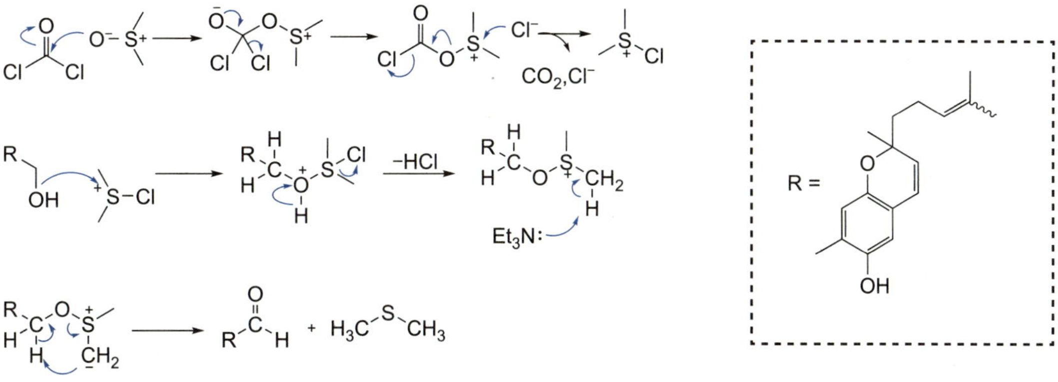

$-HCl$　Et_3N:　R =

（3）化合物 **7** 的结构：

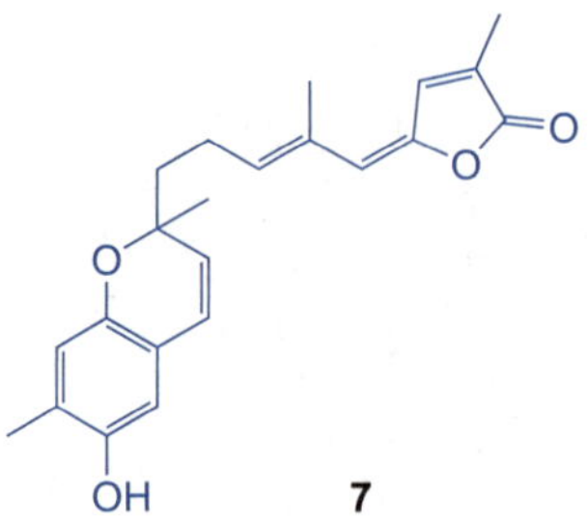

7

（4）**8** 到 **9** 的过渡态：

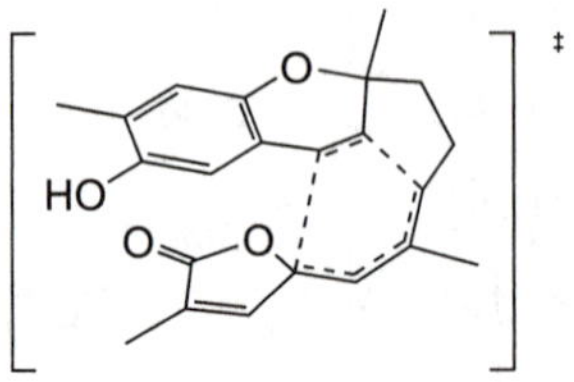

91. 解答：

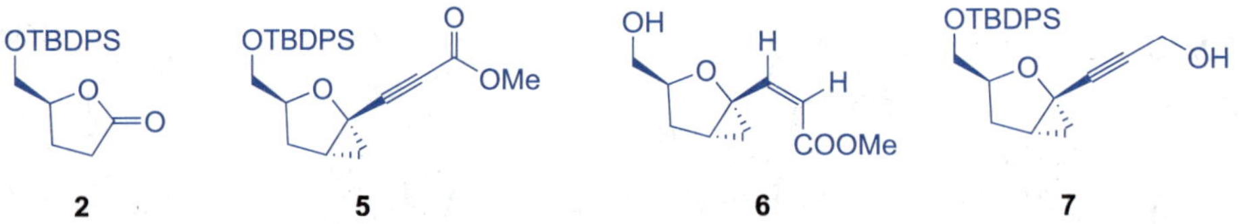

2　5　6　7

3 到 **4** 的可能机理：

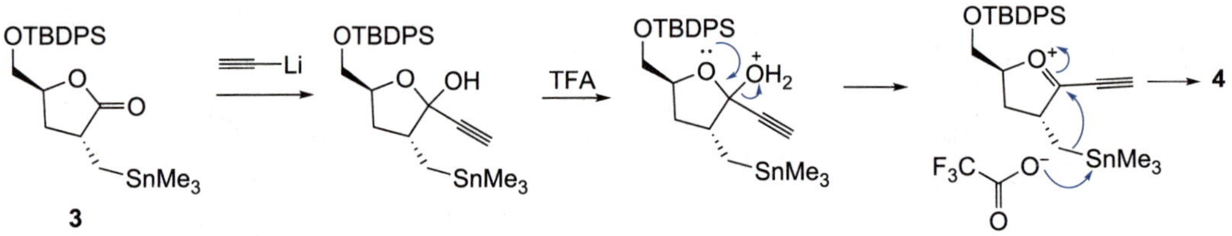

7 到 **8** 的可能机理：

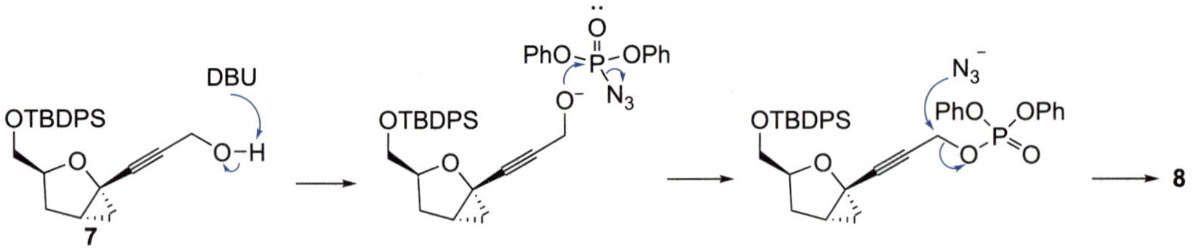

11 到 **12** 的可能机理：

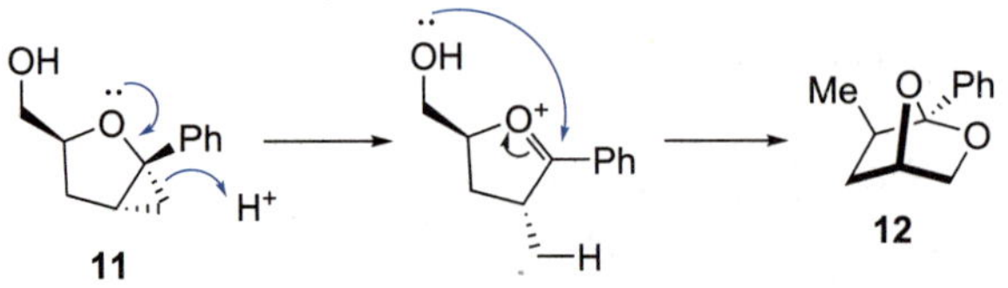

92. 解答：

3、**5** 和 **9** 的结构：

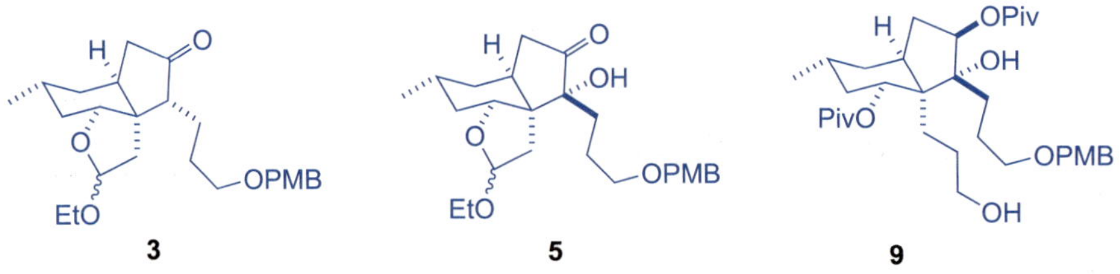

3　5　9

a ～ **e** 的反应分别为：

还原反应，Wittig 烯基化反应，羟基的保护，OPMB 去保护 / 氧化反应，羟基的脱保护。

9 到 **10** 的可能机理：

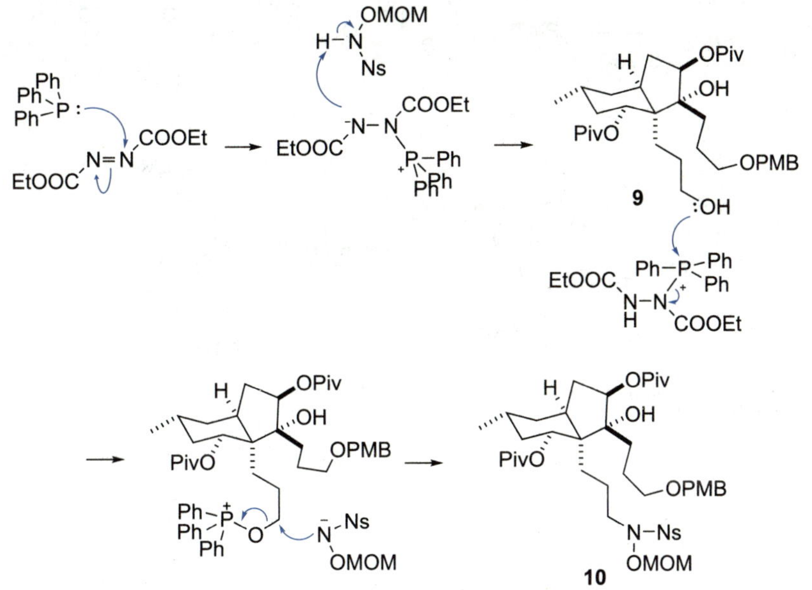

11 到 **12** 的可能机理：

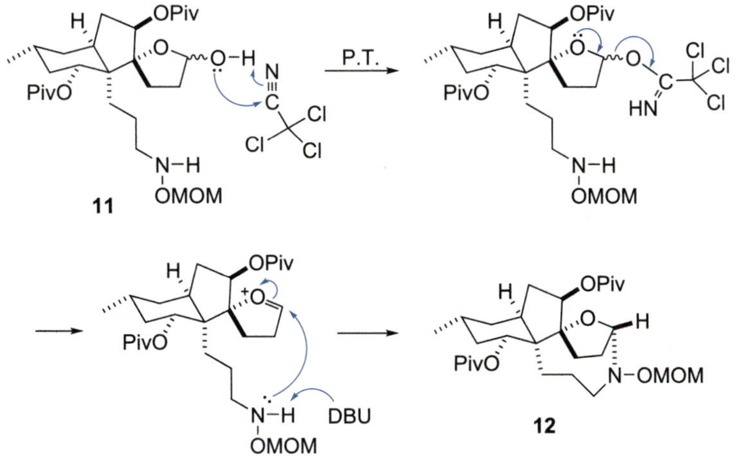

93. 解答：

化合物 **A** 的制备及其结构：

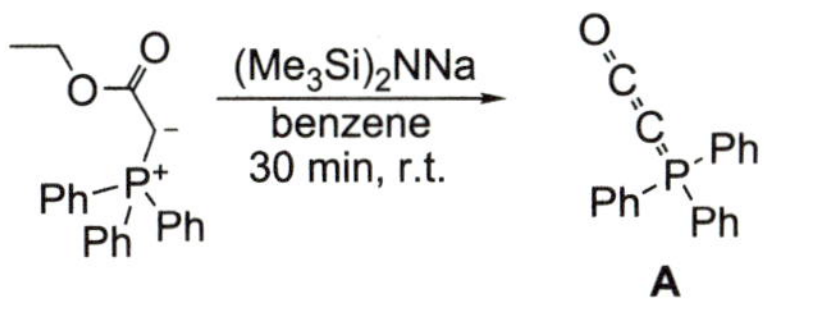

REACTION 1 的可能机理为：

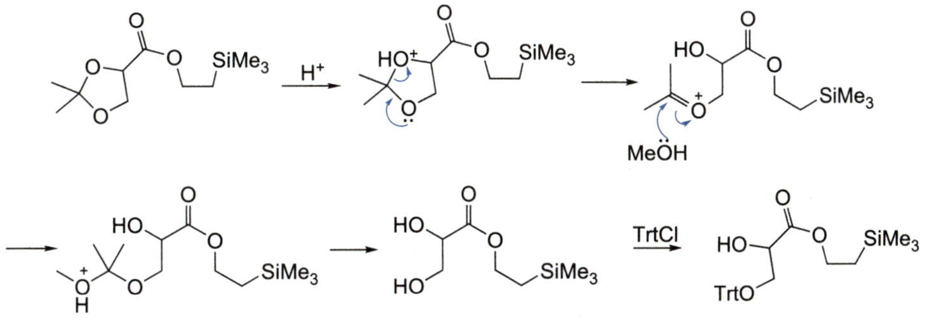

REACTION 2 的可能机理为：

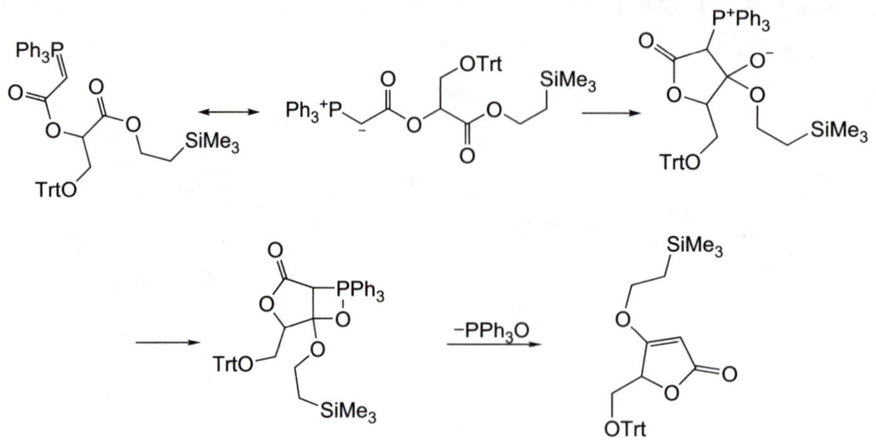

REACTION 3 的可能机理为：

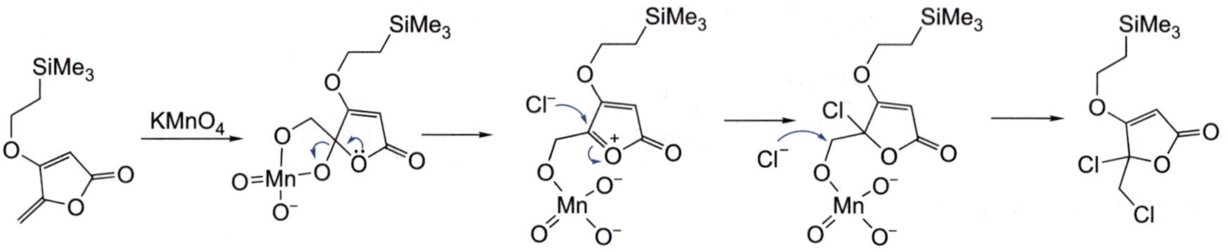

94. 解答：

B、**C**、**E**、**G**、**I**、**H** 的结构为：

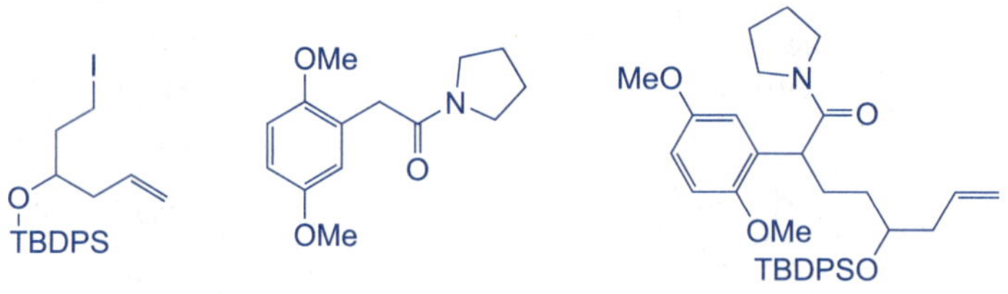

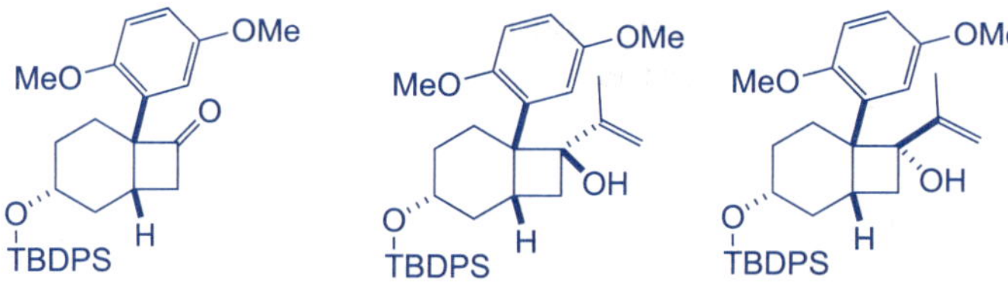

95. 解答：

（1）**C**、**E**、**H**、**I**、**K** 的结构为：

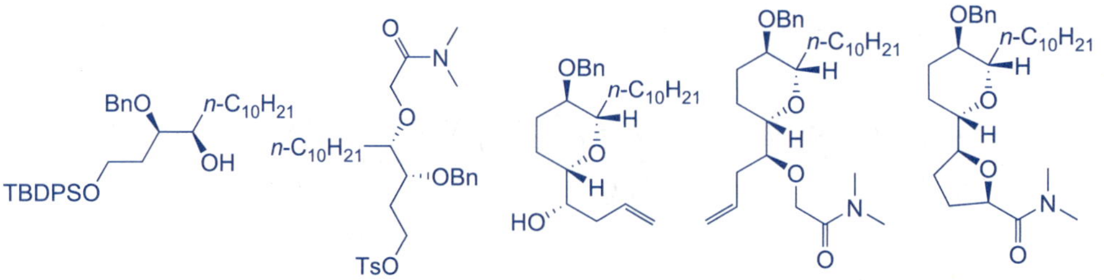

（2）**E** 生成 **F** 的过程中，两个氧对 **K** 的螯合导致反应经历的六元环过渡态的构象固定，因此得到单一立体构型的产物，其中间体结构为：

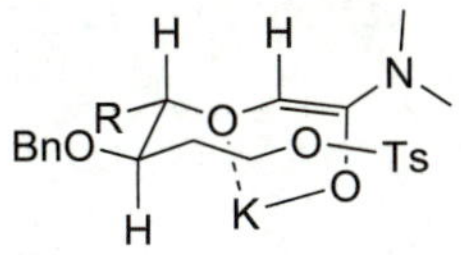

$R=n\text{-}C_{10}H_{21}$

96. 解答：

（1）中间产物的结构为：

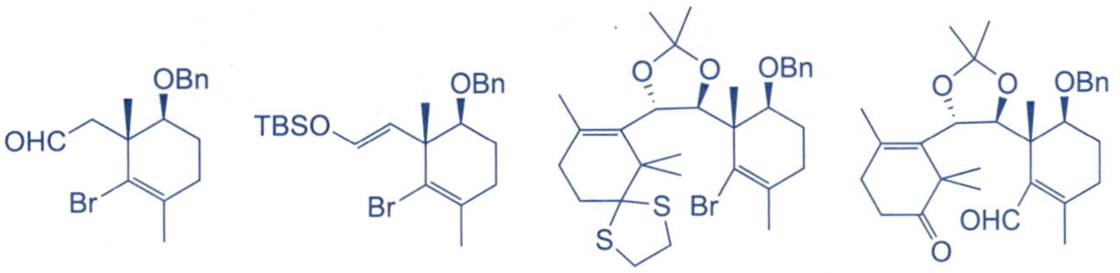

3　4　7　8

（2）**6** 到 **7** 转化的机理为：

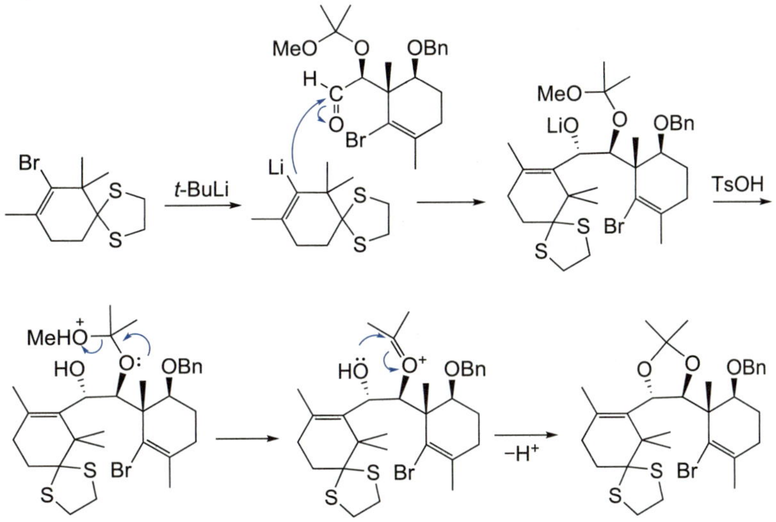

t-BuLi　TsOH　$-H^+$

97. 解答：

（1）**A** ~ **E** 的结构简式为：

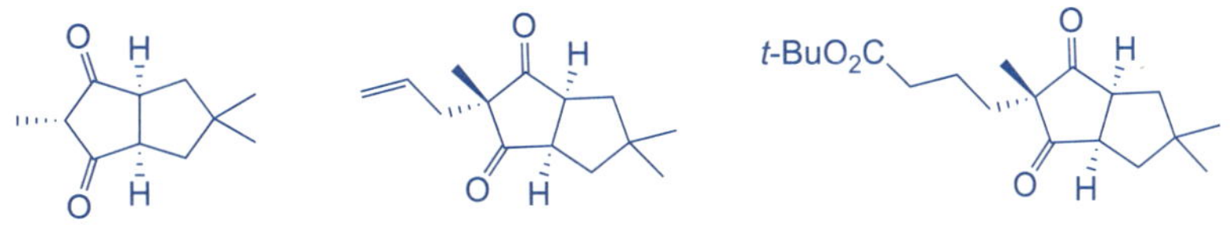

A　B　C 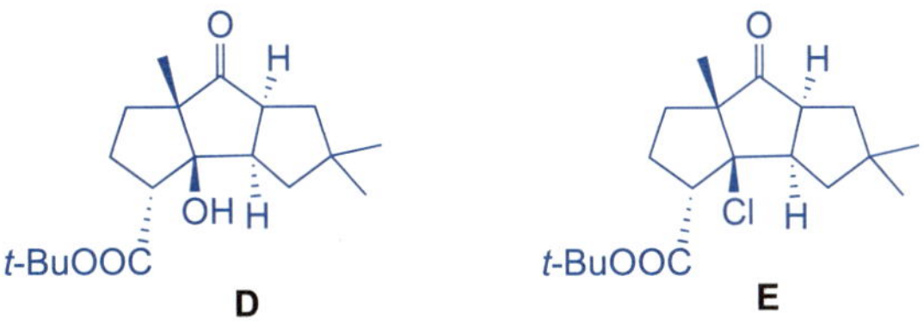　D　E

（2）**B′** 的结构为如下所示，是 Claisen 重排的产物：

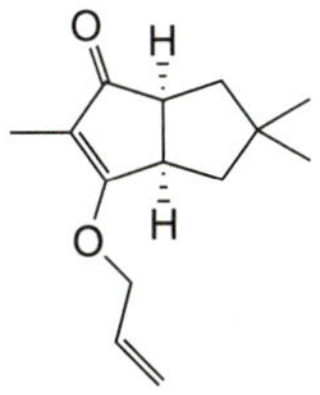

（3）烯丙基比甲基更庞大，所以烯丙基朝下远离右侧五元环，排斥更小，能量低。

98. 解答：

（1）

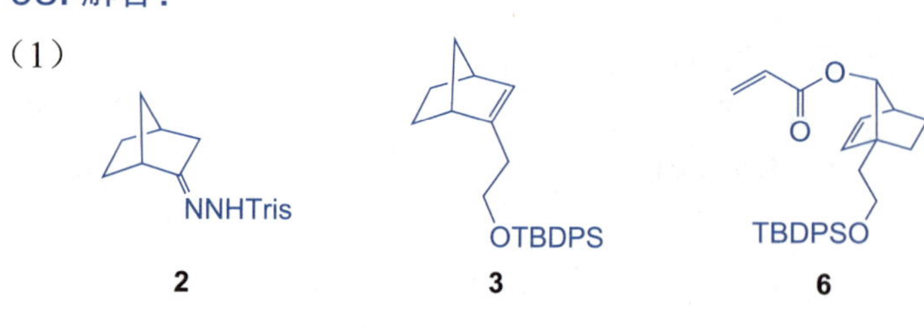

（2）

99. 解答：

（1）**1** 和 **3** 的结构为：

（2）化合物 **4** 至 **5** 的反应机理为：

100. 解答：

（1）**B**、**F**、**I** 和 **L** 的结构式为：

（2）化合物 **C** 转化为 **D** 的机理为：

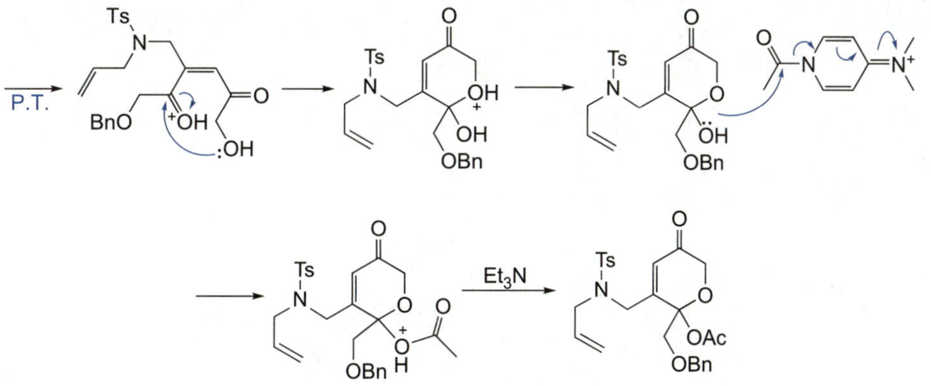

（3）化合物 **G** 转化为 **H** 的机理：

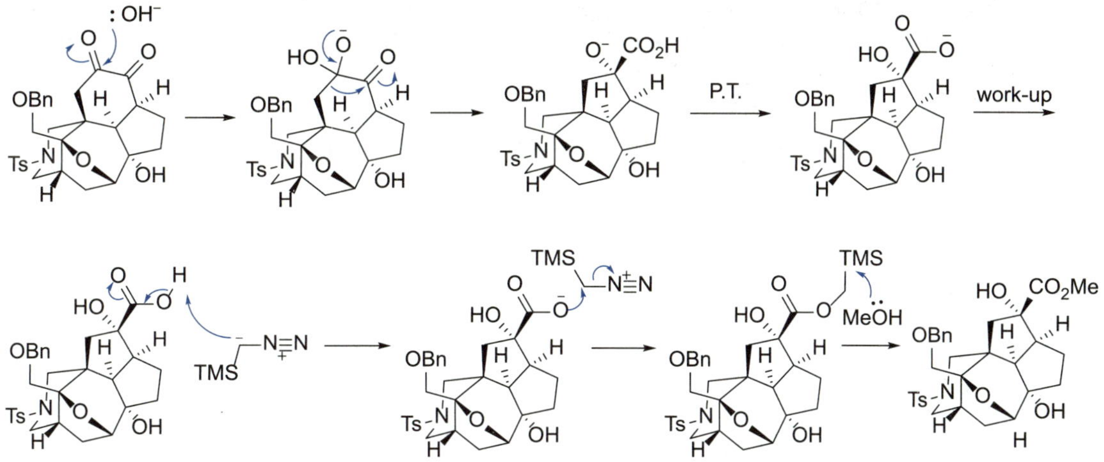

（4）中间产物 **M**、**N** 和中间体 **P** 的结构式为：

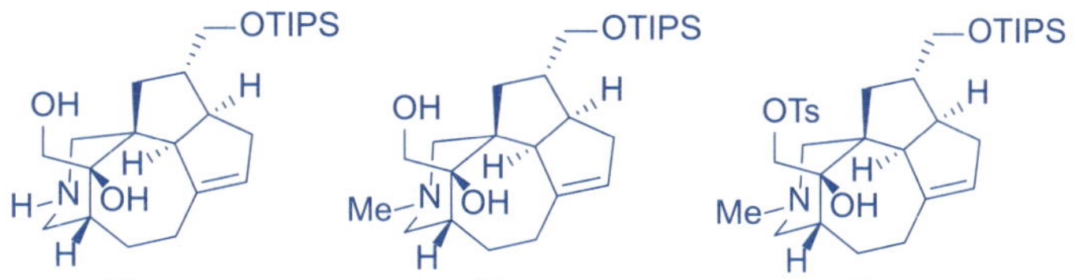

101. 解答：

（1）

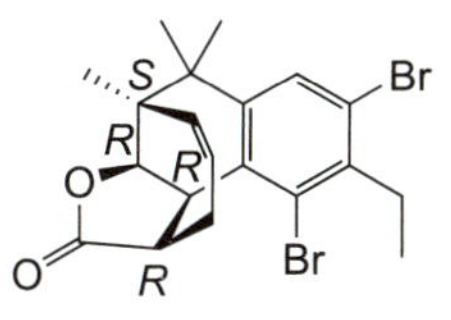

（2）**5** 为顺式构型，形成过程如下：

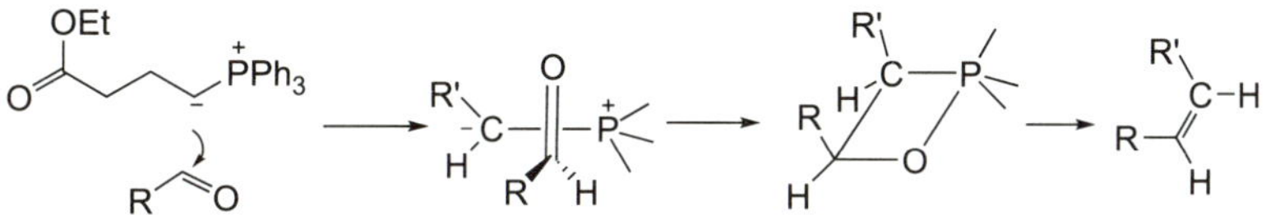

（3）

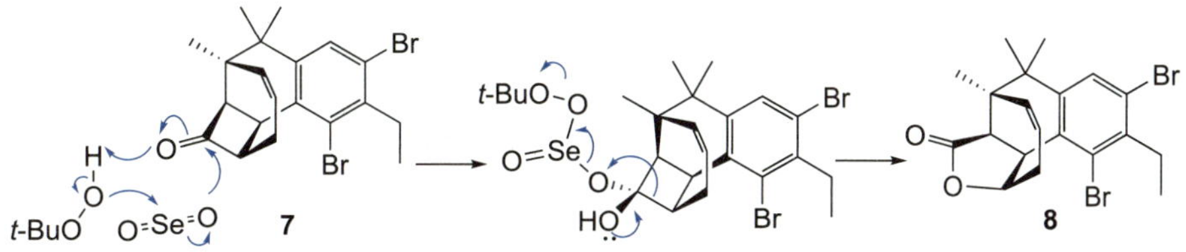

102. 解答:

（1）

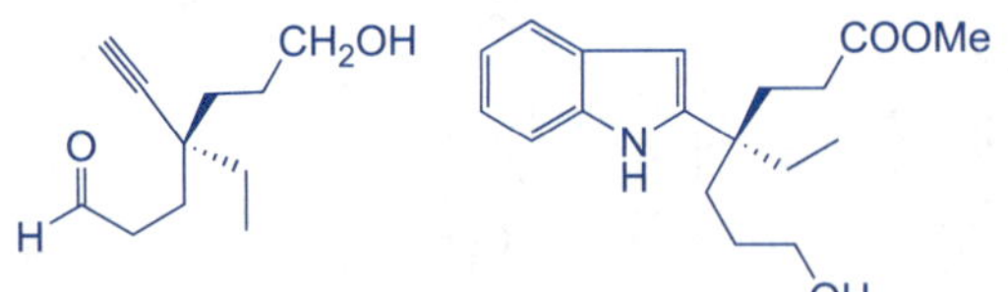

6　　7

（2）

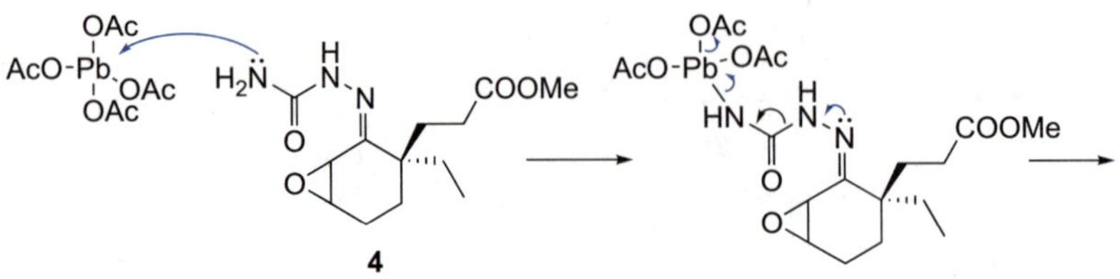

$AcO-Pb(OAc)_3$　4

（3）

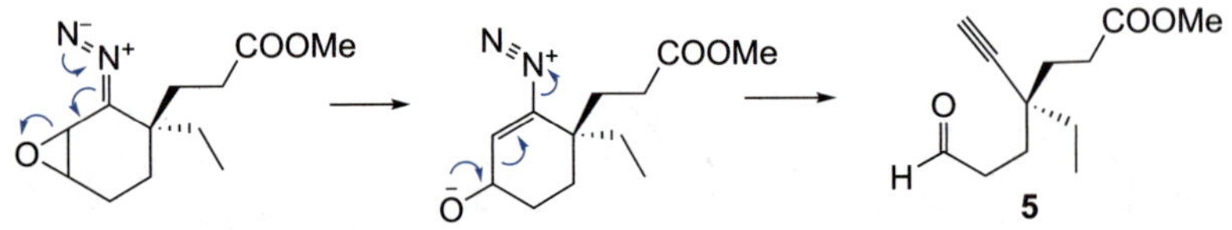

5

重氮盐作为弱亲电试剂占据吲哚的 3-位，调换反应次序将导致环合在 3-位上发生，而不是在吲哚的 1-位发生。

103. 解答:

化合物 **3**、**4**、**6** 的结构式：

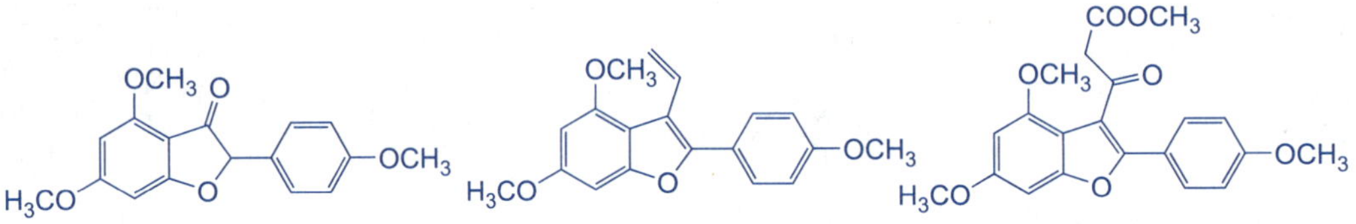

3　　4　　6

化合物 **1**、**2** 至 **3** 的反应机理：

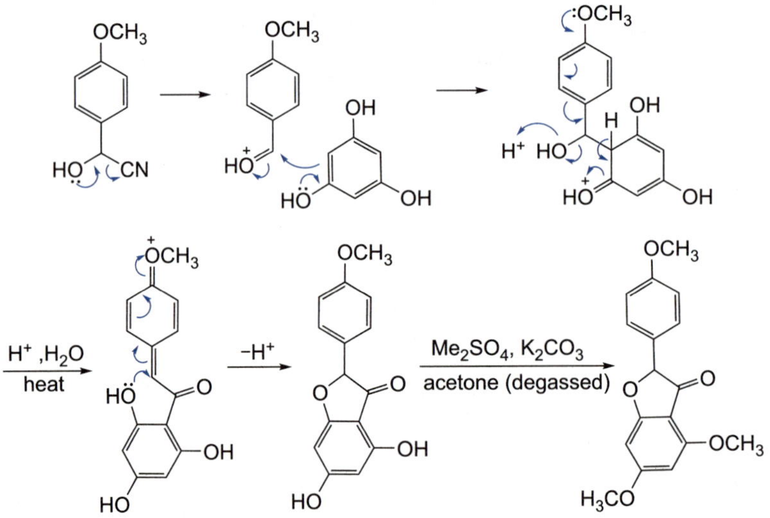

H^+, H_2O heat　$-H^+$　Me_2SO_4, K_2CO_3 acetone (degassed)

化合物 **6** 至 **7** 的反应机理：

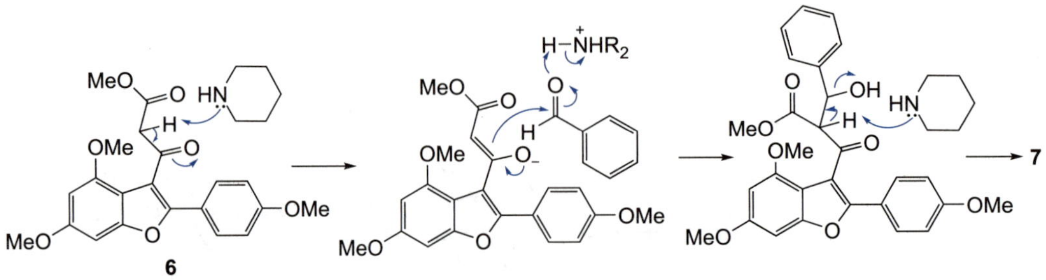

6　→ 7

104. 解答：

化合物 **2**、**3**、**4**、**5** 的结构为：

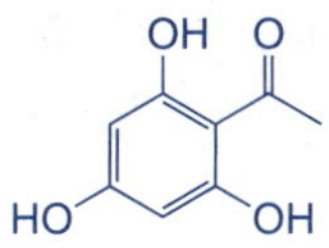

2 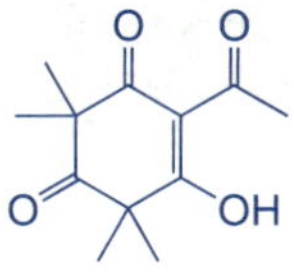 **3** 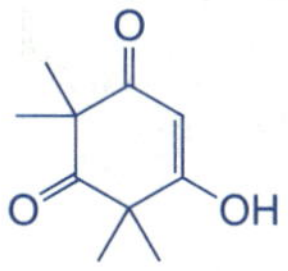 **4** 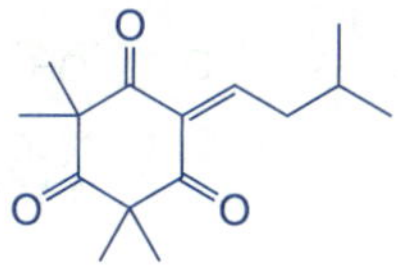 **5**

化合物 **4** 到 **5** 的反应机理为：

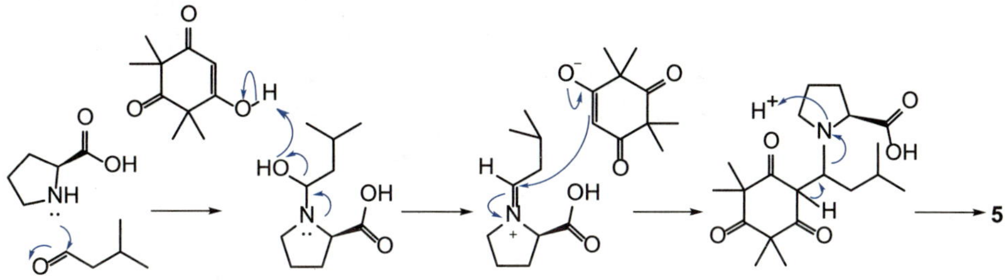

化合物 **5** 到 **7**、**8** 的反应关键中间体

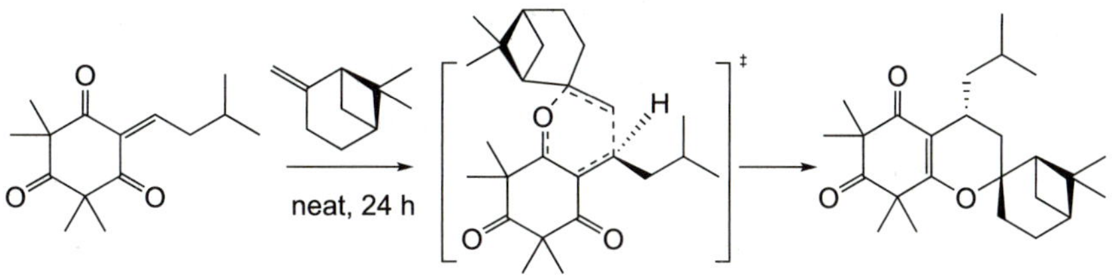

neat, 24 h

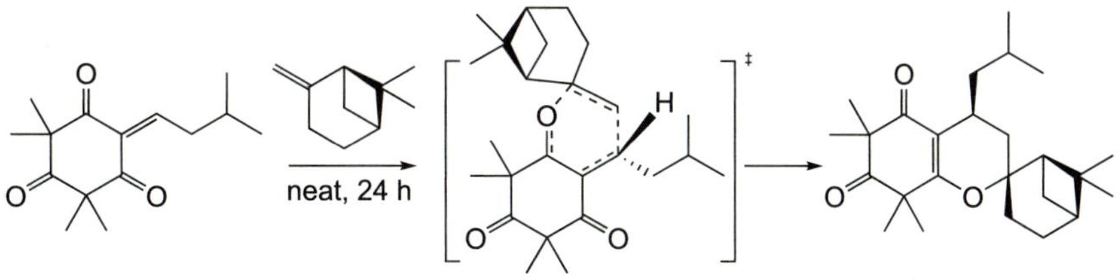

neat, 24 h

105. 解答：

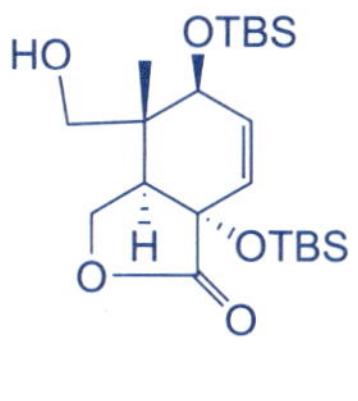

2 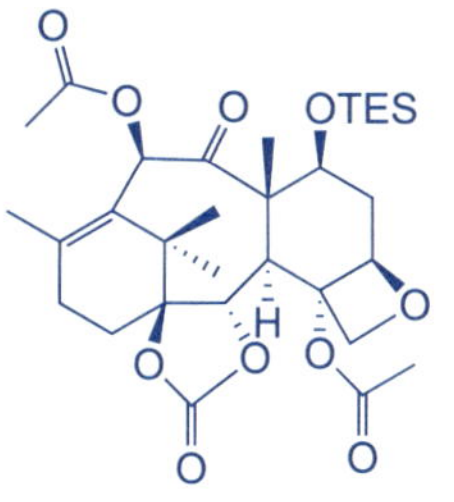 **5** 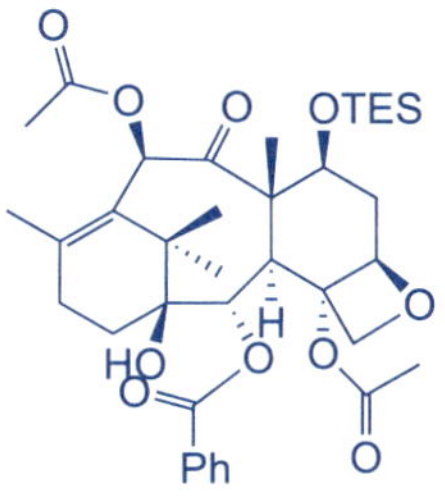 **6** 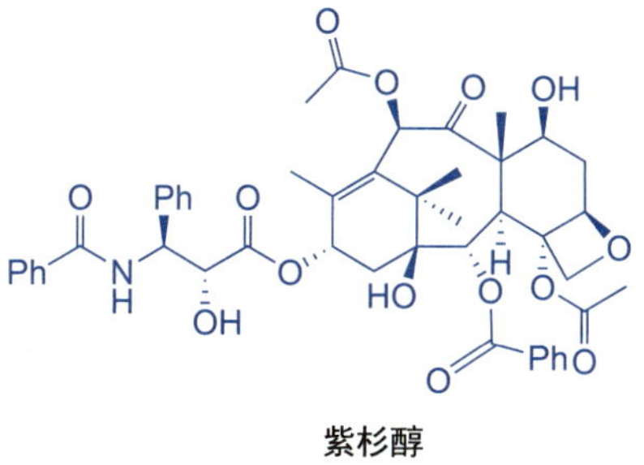 紫杉醇

106. 解答：

（1）

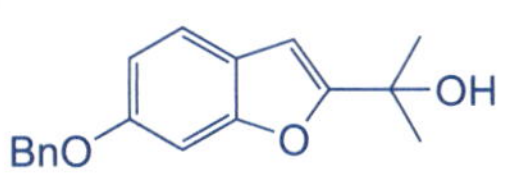

A 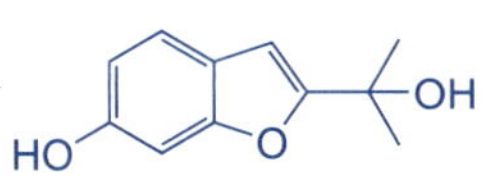 **B** 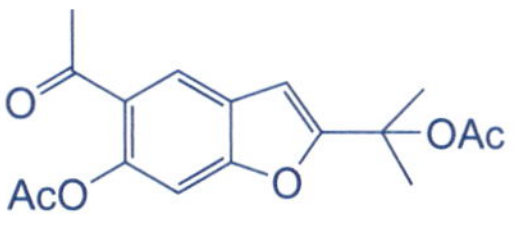 **C** 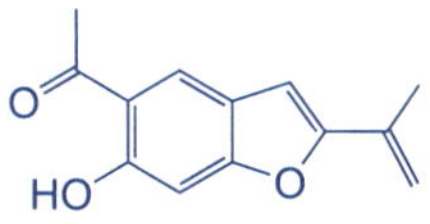 **D**

（2）

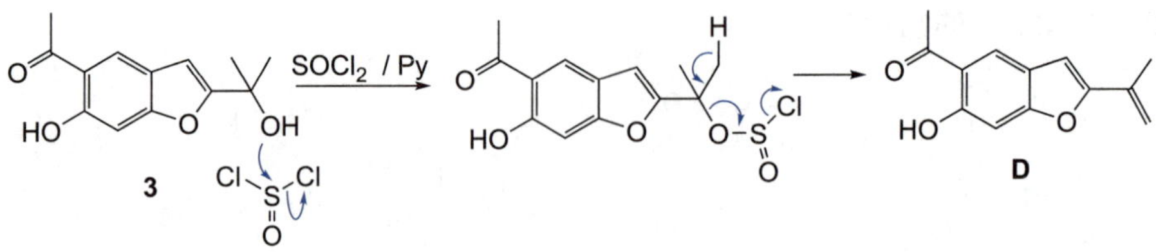

3

SOCl$_2$ / Py

D

107. 解答：

B 和 **D** 的结构为：

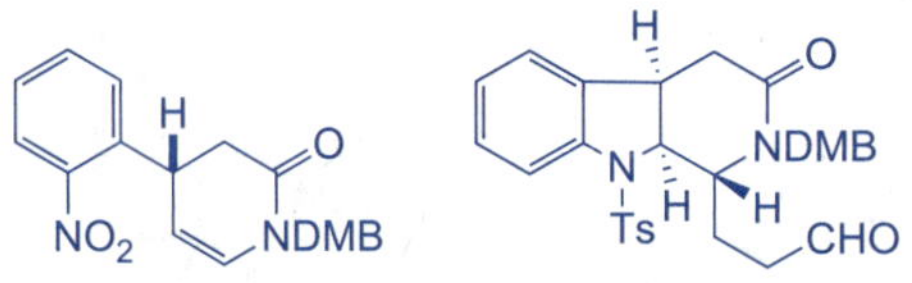

B　　D

E 到 **F** 转化的机理为：

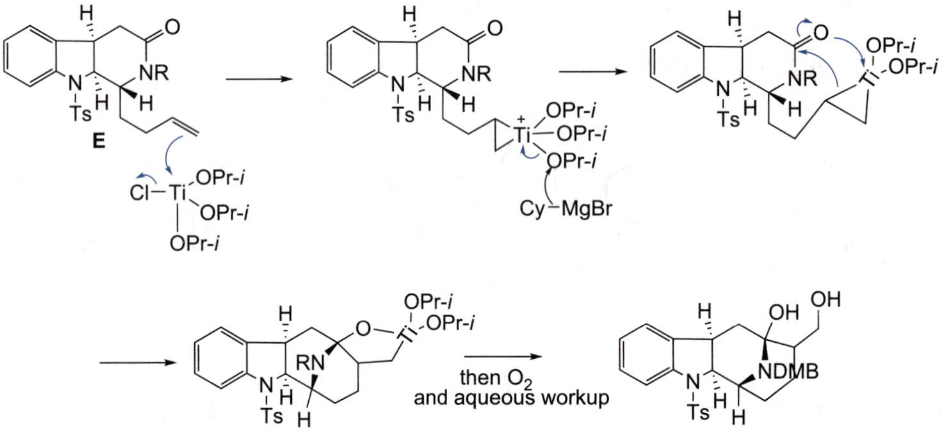

E

then O_2
and aqueous workup

108. 解答：

（1）化合物 **C**、**D**、和 **F** 为：

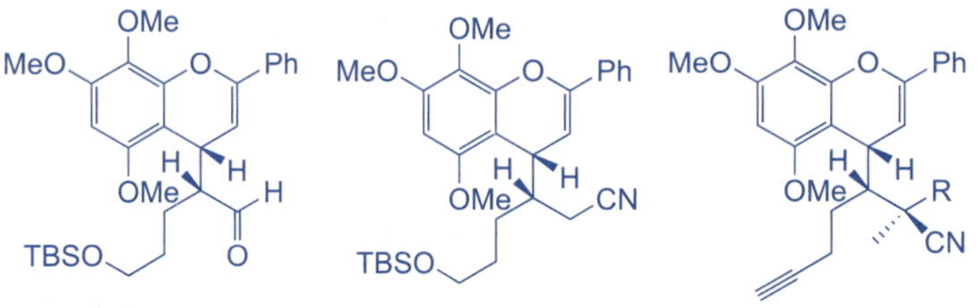

C　　D　　F

（2）**E** 到 **F** 的转化机理为：

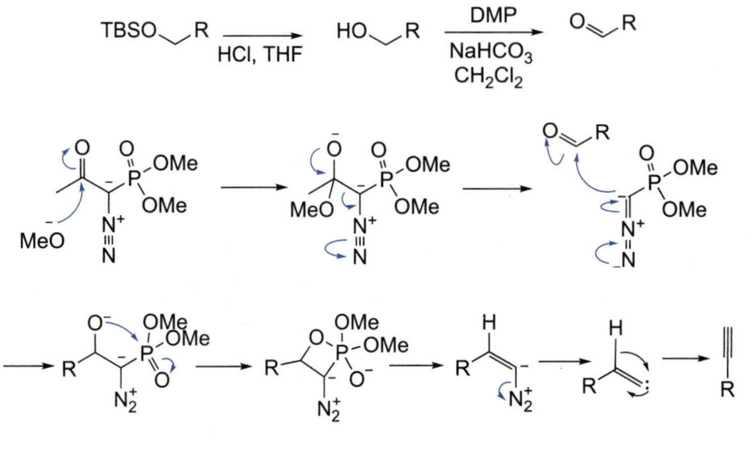

HCl, THF

DMP
$NaHCO_3$
CH_2Cl_2

109. 解答：

4、**5**、**6** 的结构式为：

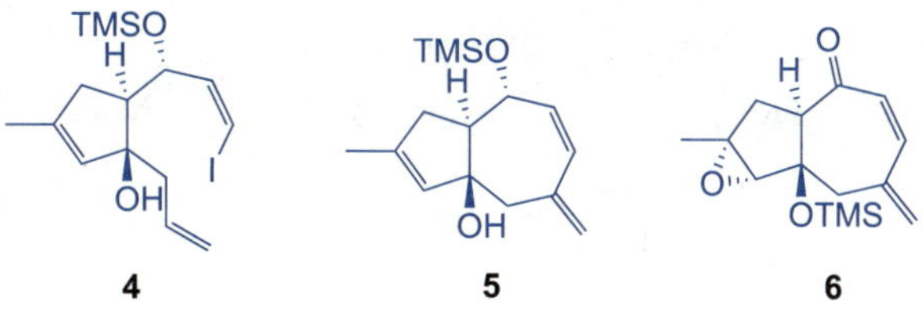

4 **5** **6**

9 到 **10** 的转化机理为：

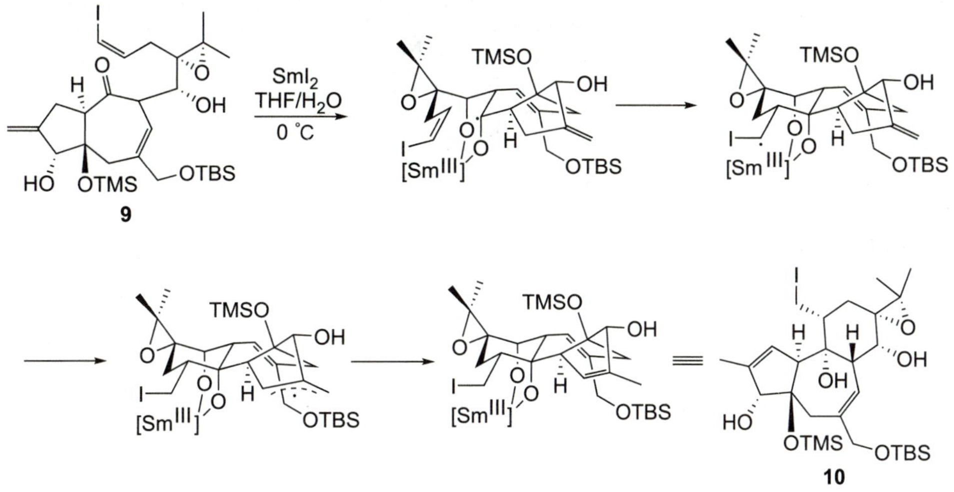

SmI_2
THF/H_2O
0 ℃

9 **10**

110. 解答：

2、**3**、**4**、**5** 的结构式为：

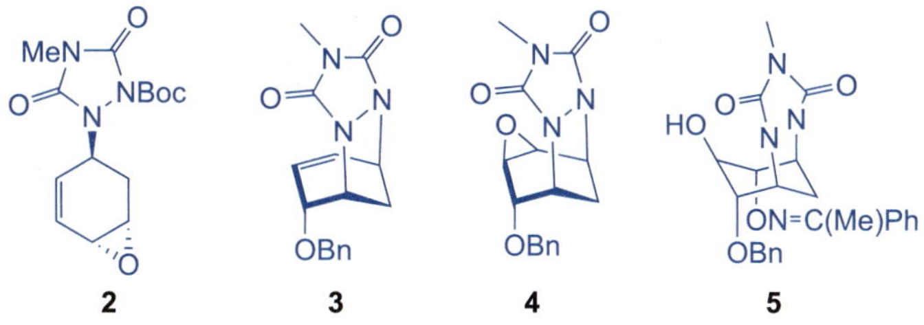

2 **3** **4** **5**

111. 解答：

化合物 **3**、**4**、**7** 的结构分别为：

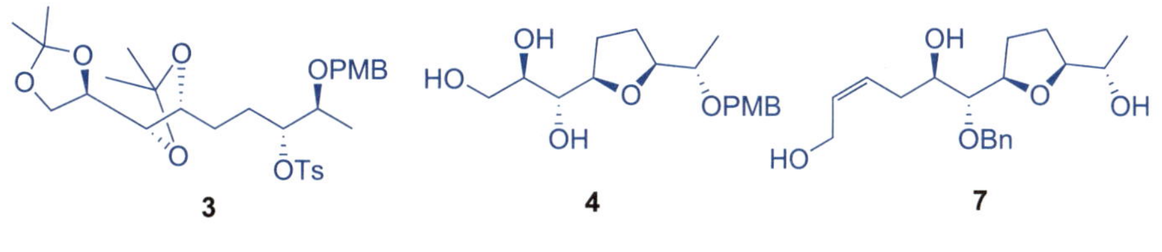

3 **4** **7**

化合物 **4** 到 **5** 的反应机理为：

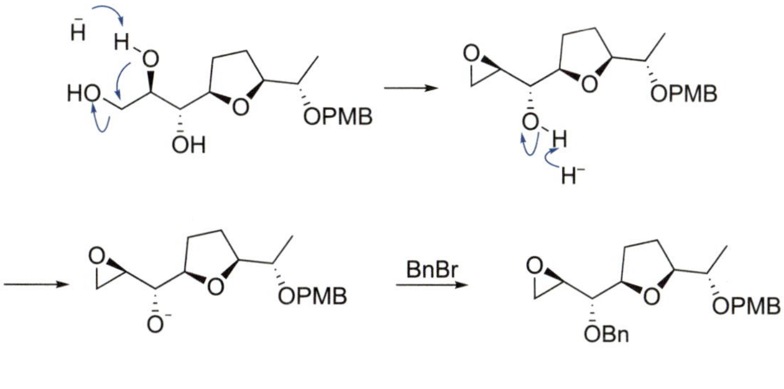

BnBr

112. 解答：

（1）中间体 **C**、**E**、**J**、**K** 的结构式为：

（2）醛从背面靠近分子：

113. 解答：

（1）反应流程中的中间体为：

（2）如下所示，受空间位阻的影响，左图进行自由基环化比较有利：

114. 解答：

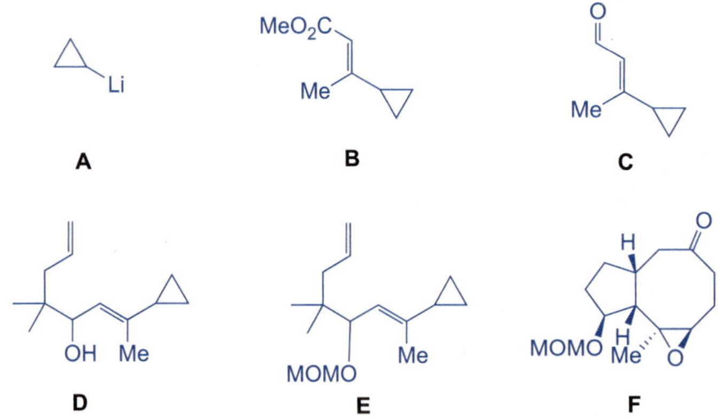

115. 解答：

A ~ **D** 的结构为：

C 到 **1** 的机理为：

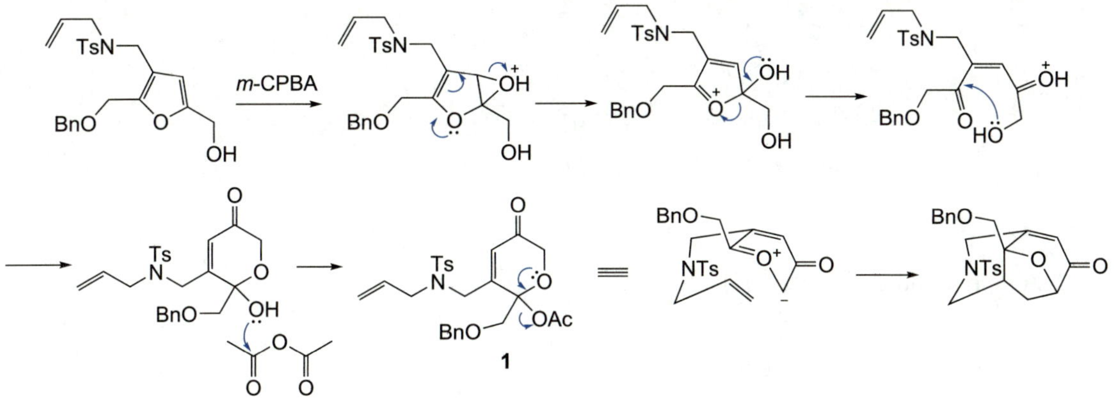

化合物 **E** 的结构为：

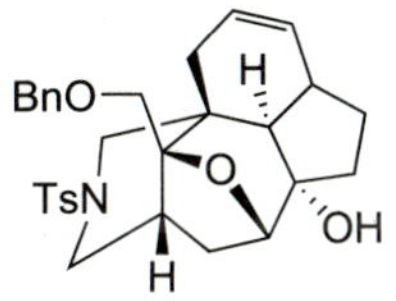

E

116. 解答：

（1）**E** 的结构为：

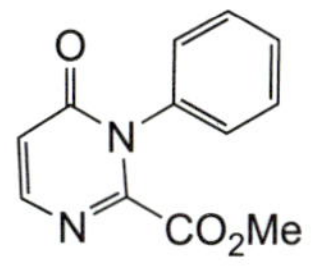

E

（2）生成 **G** 的反应机理为：

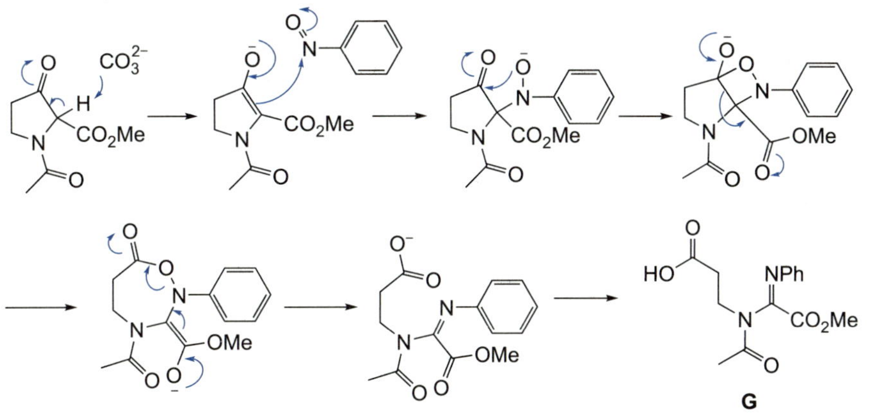

G

（3）生成 **C** 的反应机理为：

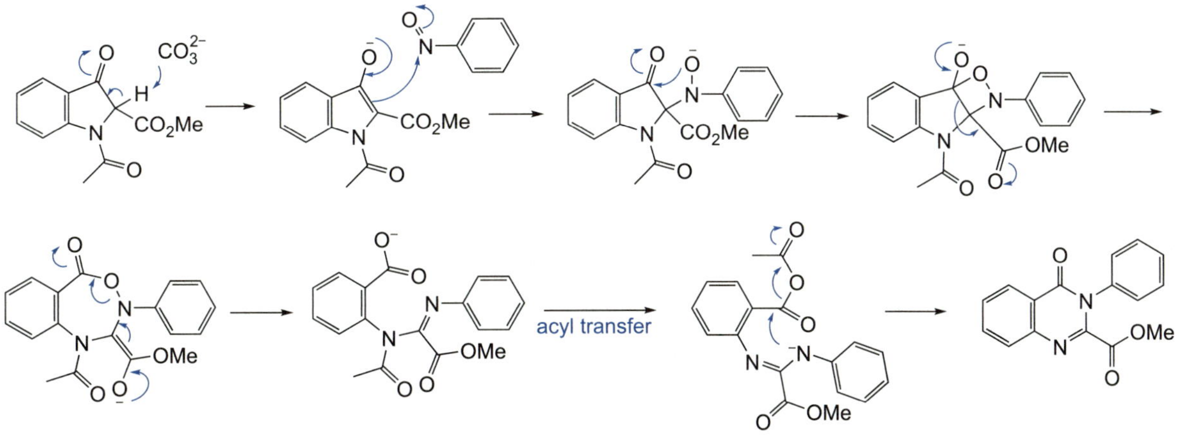

acyl transfer

（4）**J**、**K**、**L** 的结构为：

117. 解答：

（1）**A** ～ **I** 和 Sidenafil 的结构为：

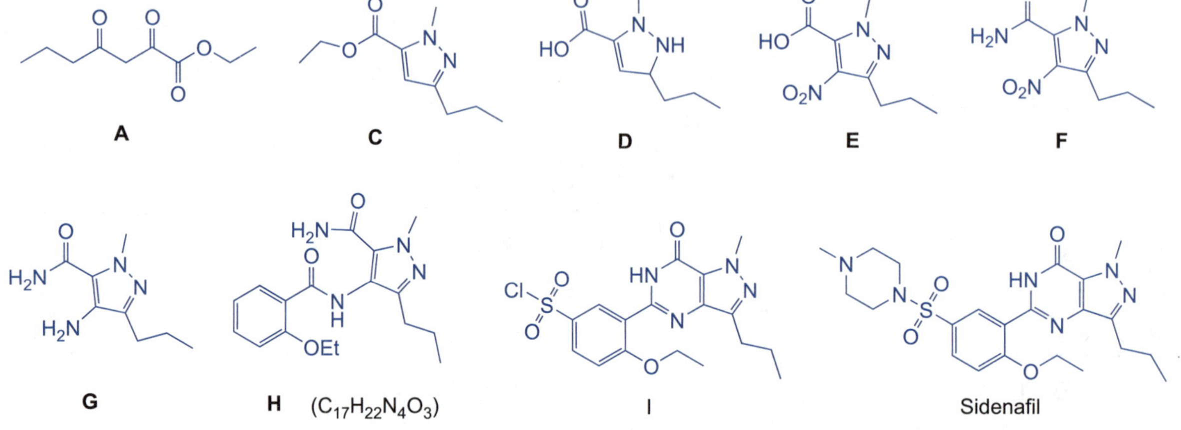

（2）2-乙氧基苯甲酰氯的合成路线：

118. 解答：

C、**D**、**E** 的结构为：

F 到 **G** 的机理为：

119. 解答：

C、**D** 的结构为：

B 的立体选择性：

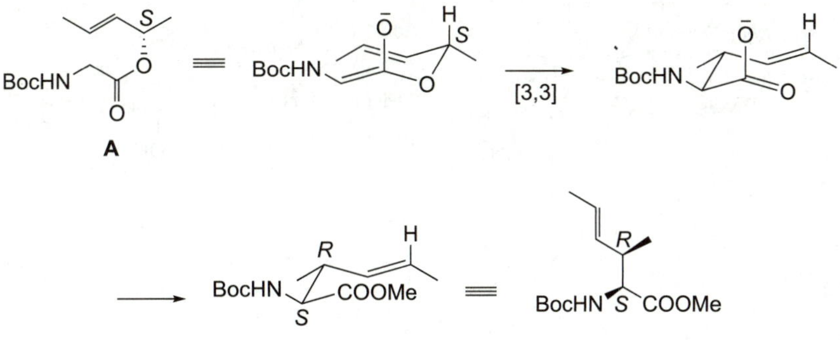

120. 解答：

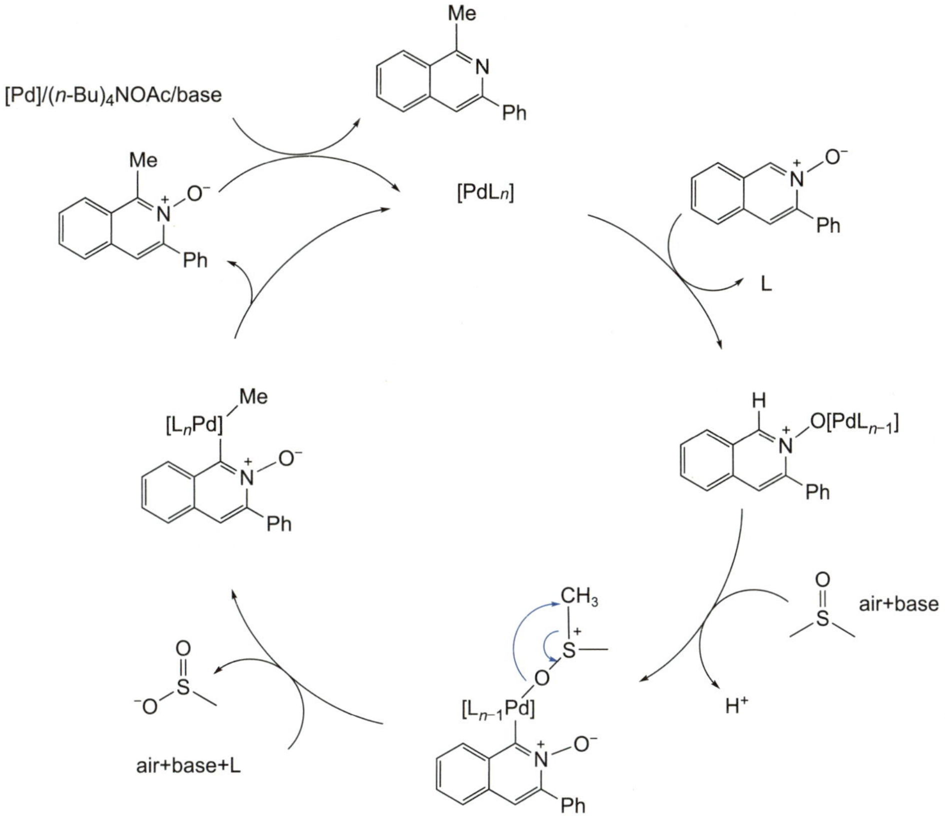

Pd 的作用：先与 O 配位形成第一个中间体，之后在空气和碱的作用下插入 C-H 键，形成 C-Pd 的中间体，并吸引 DMSO 靠近，进行甲基化。

121. 解答：

4 和 **8** 的结构为：

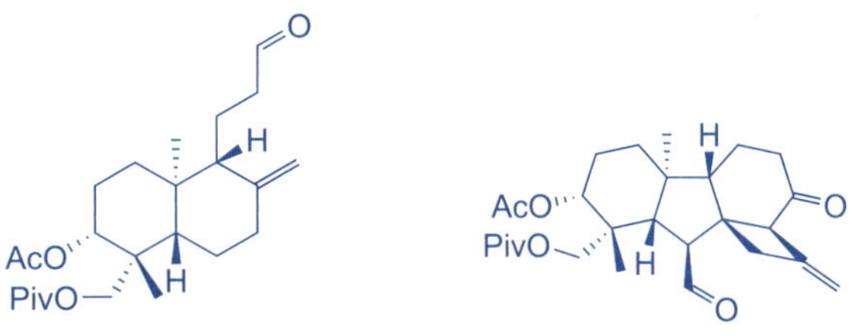

立体选择性是由反应过渡态的优势构象所决定的：

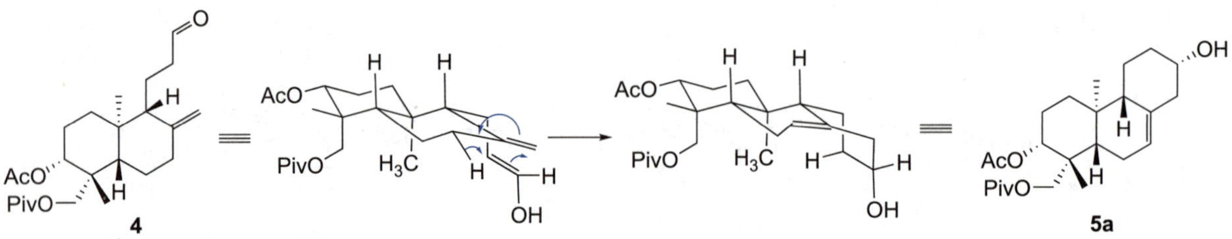

122. 解答：

2 和 **3** 的结构为：

123. 解答：

（1）**2**、**4**、**6** 的结构为：

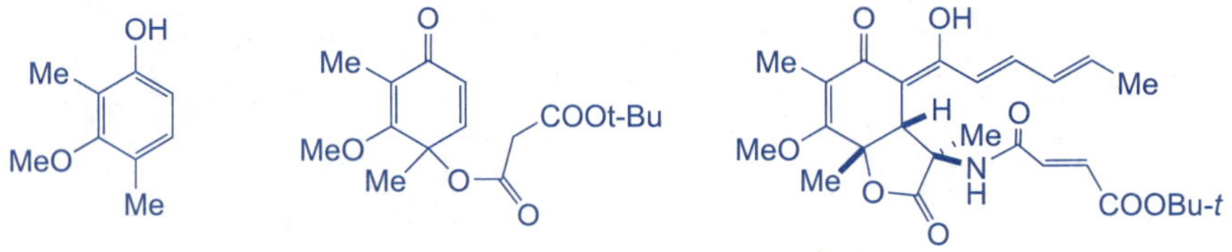

（2）化合物 **3** 至化合物 **4** 的反应机理为：

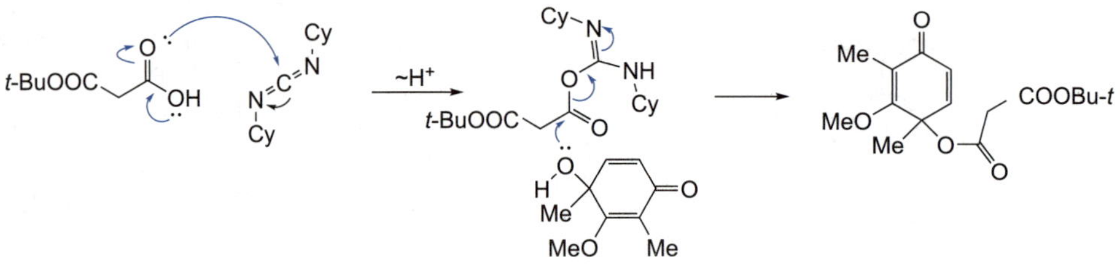

化合物 **6** 至化合物 **7** 的反应机理为：

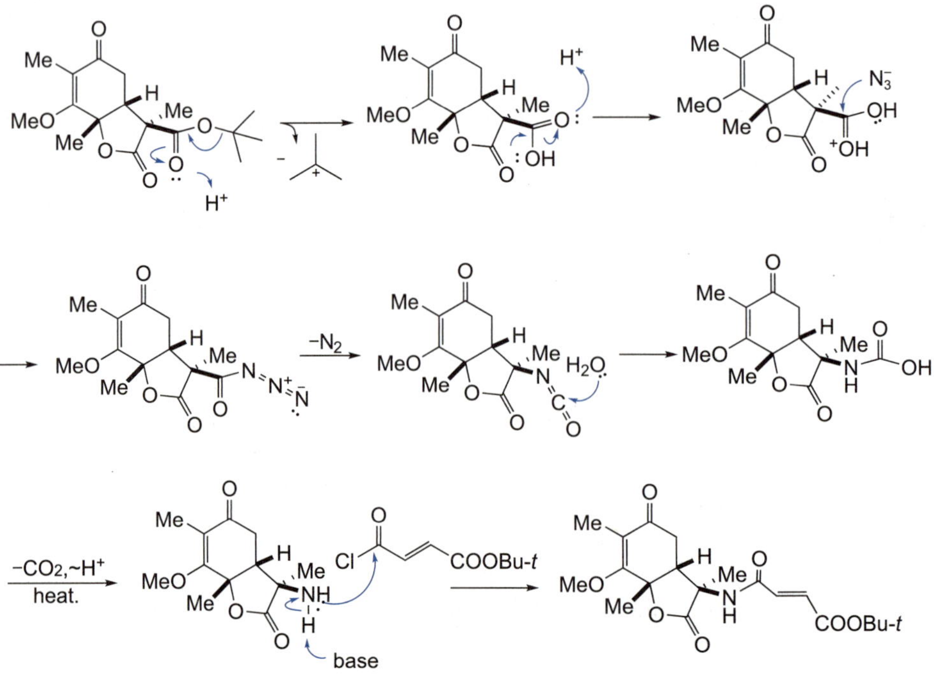

124. 解答：

（1）化合物 **2**、**6** 的结构：

2 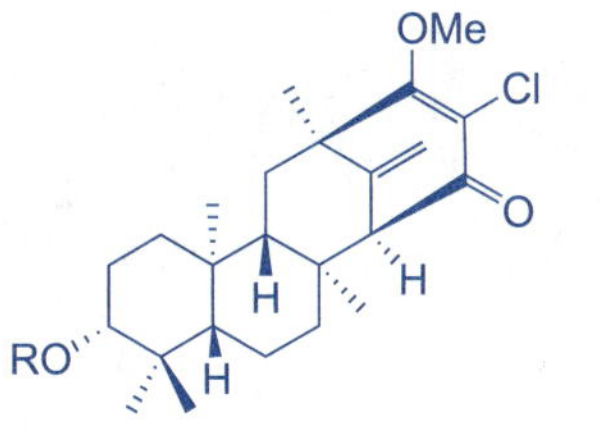　　6

（2）化合物 **3** 至 **5** 的反应机理：

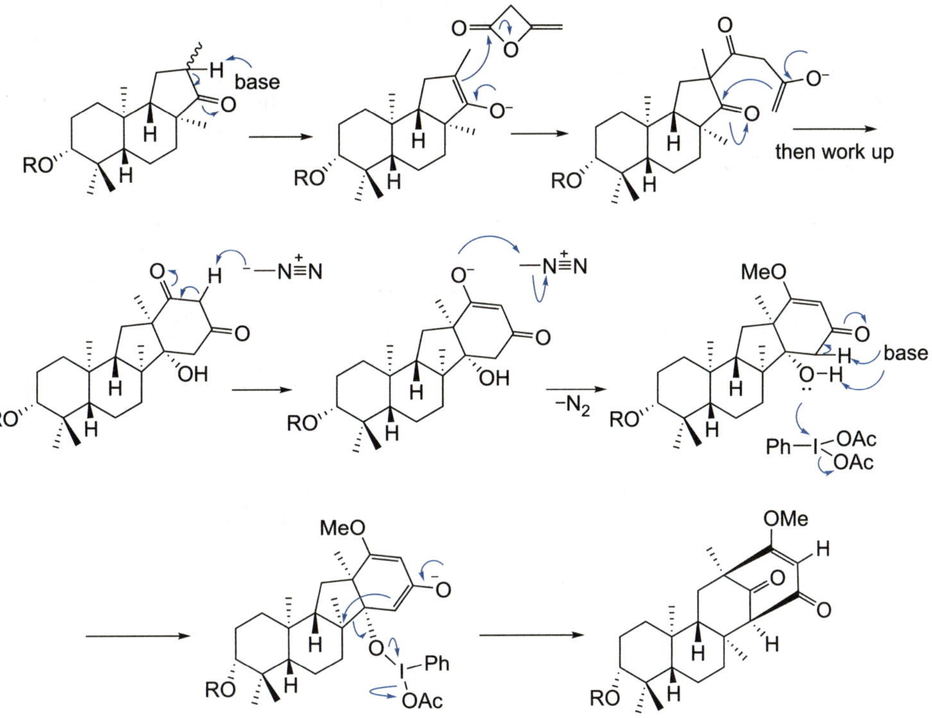

base

then work up

$-N_2$

base

125. 解答：

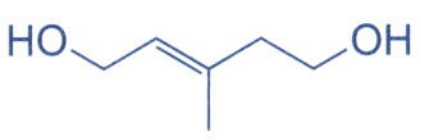

1 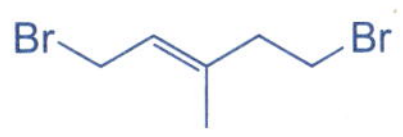　　2 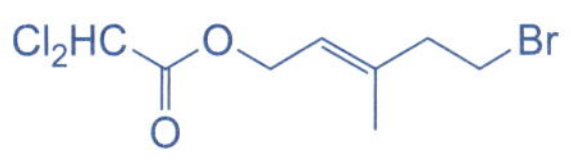　　3

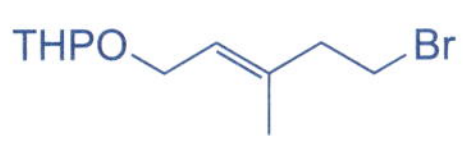

4 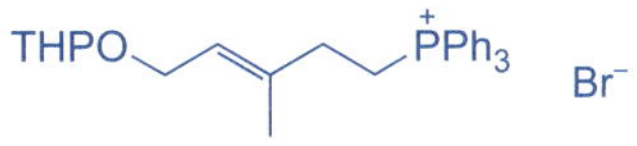　　A

B 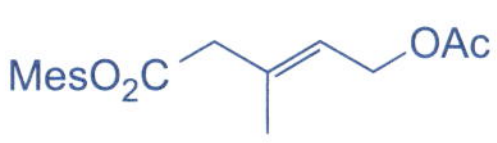　　5 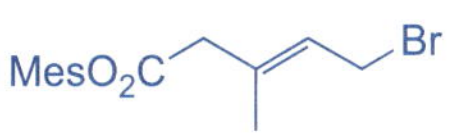　　6

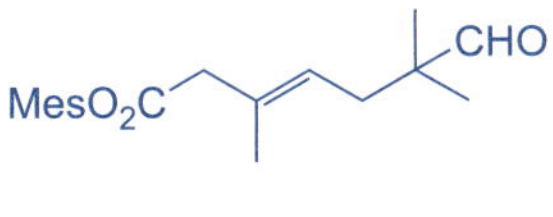

C 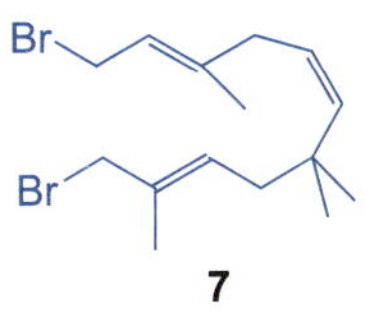　　7

126. 解答：

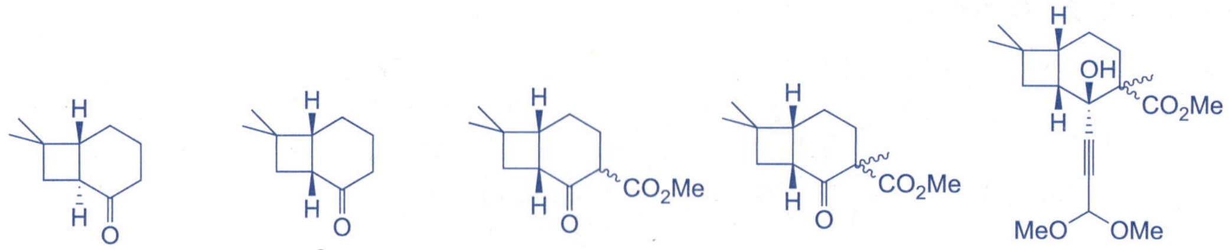

1 2 3 4 5

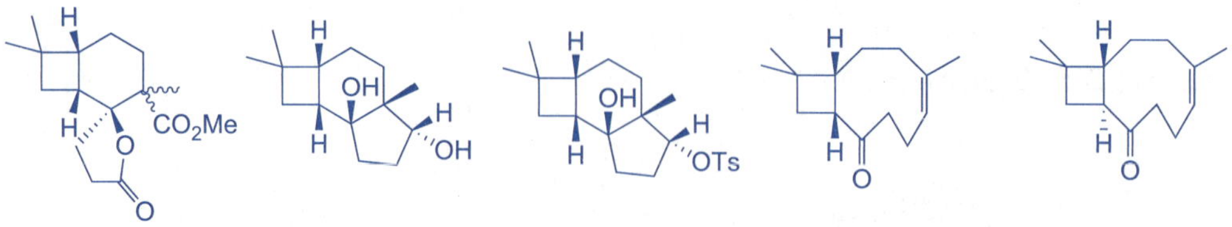

6 8 9 10 11

从 **6** 至 **7** 的反应机理为：

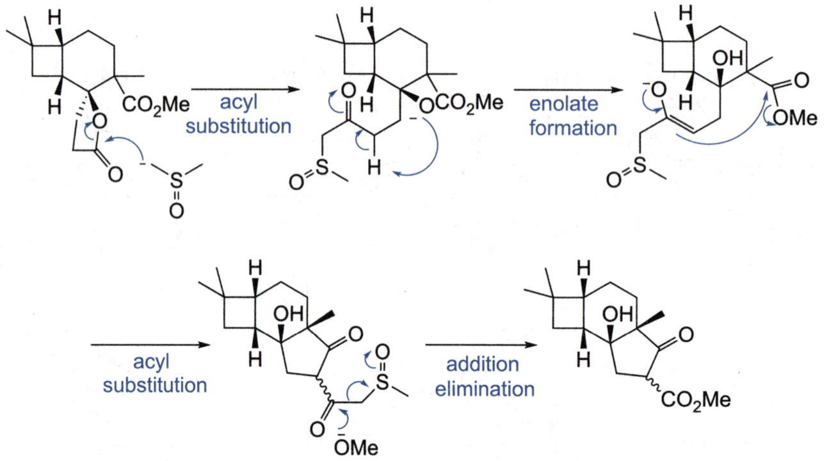

acyl substitution

enolate formation

acyl substitution

addition elimination

127. 解答：

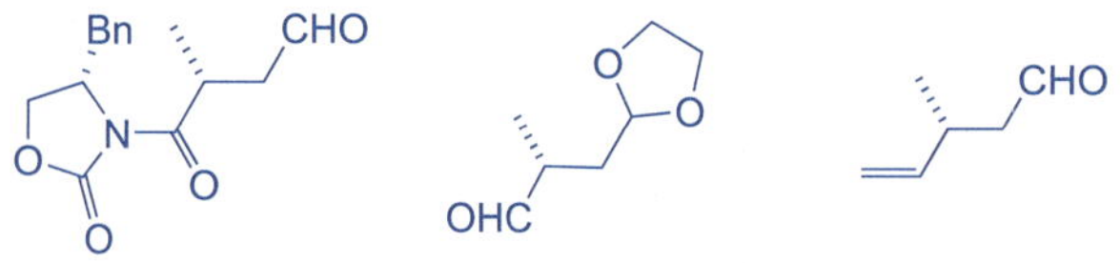

3 6 8

化合物 **5** 到 **6** 的反应为 Swern 氧化：

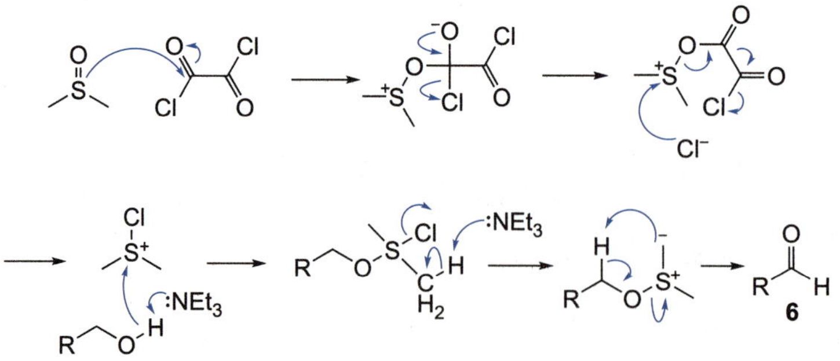

128. 解答：

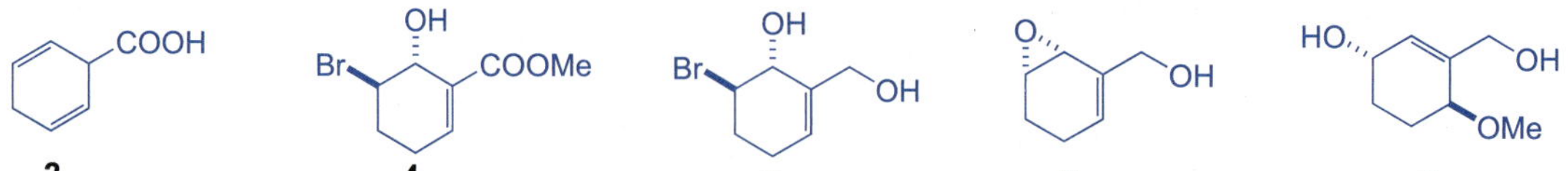

2 4 6 7 9

形成 **9** 的原因：

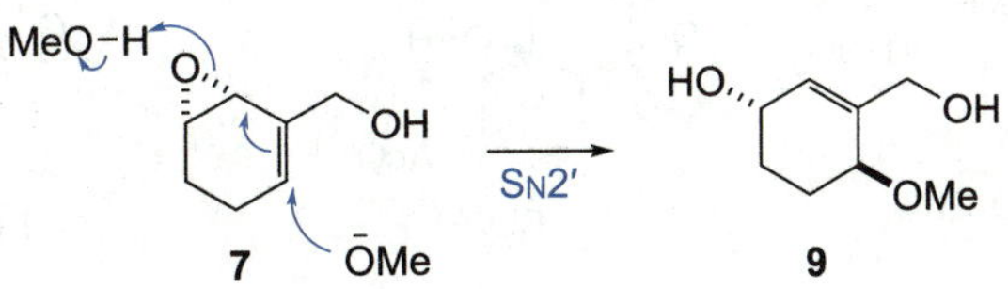

MeO−H, 7, ⁻OMe, S_N2', HO, OH, OMe, 9

129. 解答：

（1）**2**、**3**、**4** 和 **6** 的结构

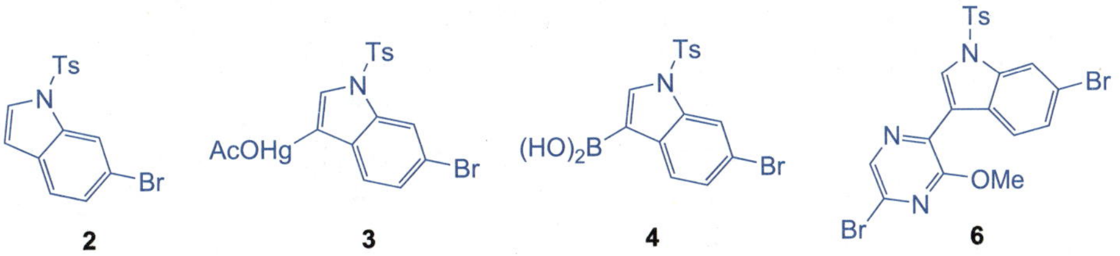

Ts, N, Br, AcOHg, $(HO)_2B$, OMe, 2, 3, 4, 6

（2）由 **4**、**5** 到 **6** 的可能机理如下：

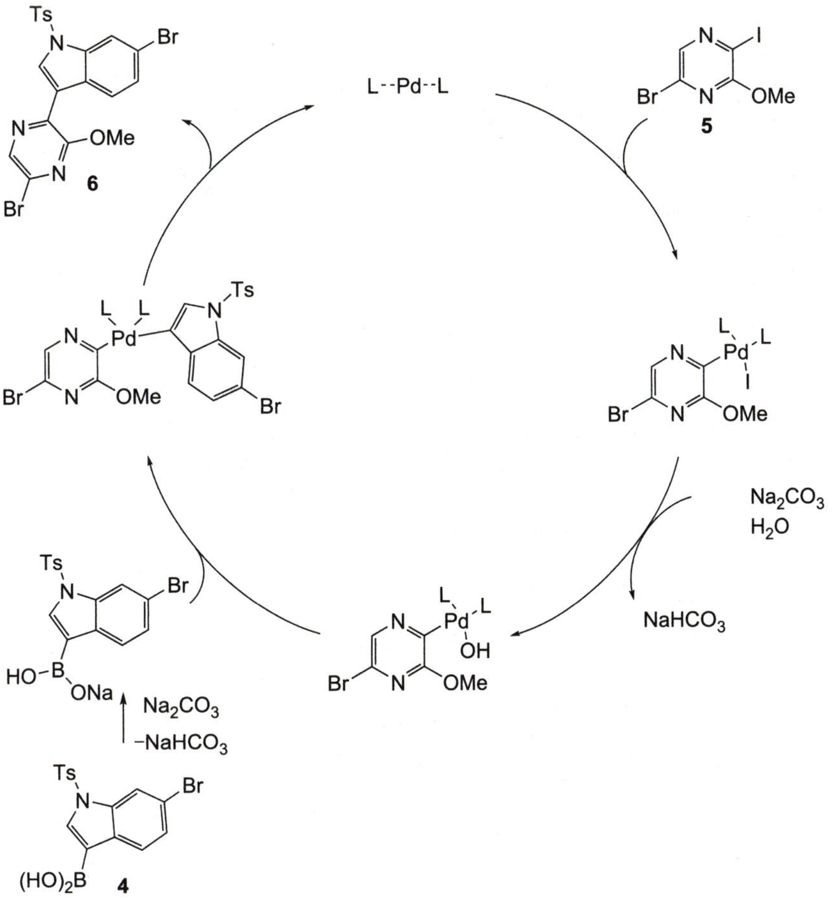

L--Pd--L, I, OMe, Br, 5, 6, Na_2CO_3, H_2O, $NaHCO_3$, HO−B, ONa, $-NaHCO_3$, $(HO)_2B$, 4

130. 解答：

（1）空缺有机物结构如下：

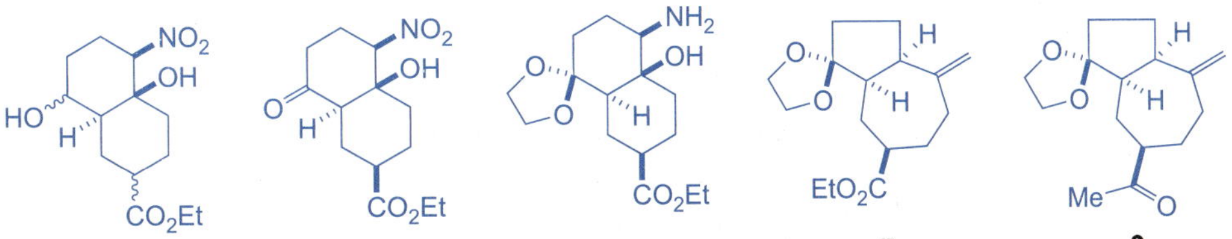

NO_2, OH, HO, H, CO_2Et, NH_2, EtO_2C, Me, O, 2, 3, 5, 7, 9

（2）**5** 到 **6** 的机理如下：

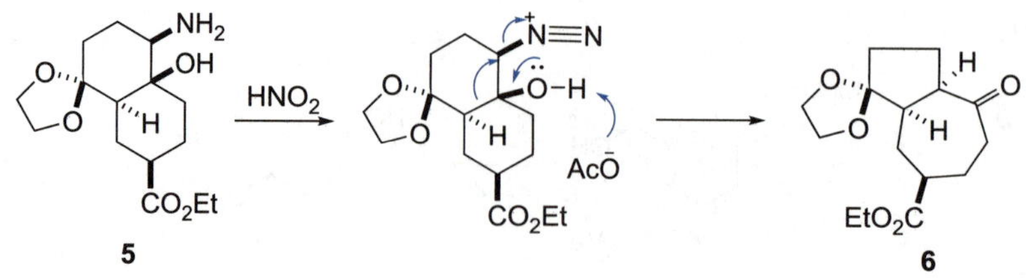

131. 解答：

（1）**5**、**6** 的结构为：

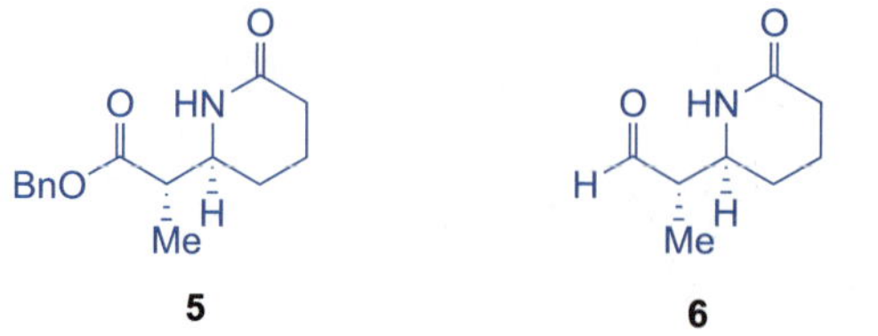

反应 **4** 到 **5** 的机理为：

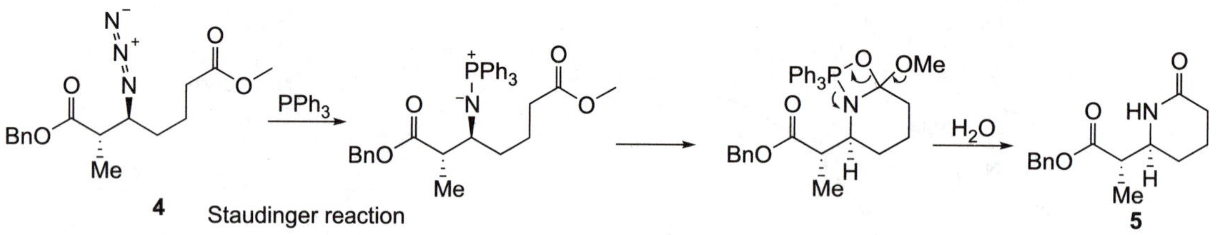

Staudinger reaction

（2）反应 **1+2→3** 可能的机理：

生成亲核试剂的双键构型是固定的，如下 **A** 所示：

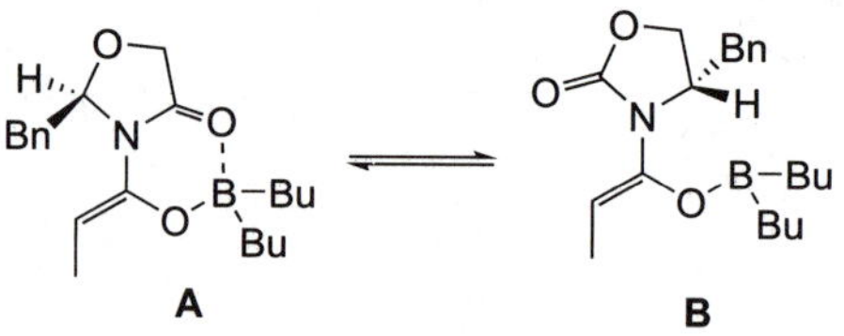

反应时，以 **B** 的形式接近亲核试剂，通过如下优势构象 **C** 形成产物。一是因为苄基的位阻只能从纸平面的前方，二是因为五元环和醛的偶极-偶极相互作用：

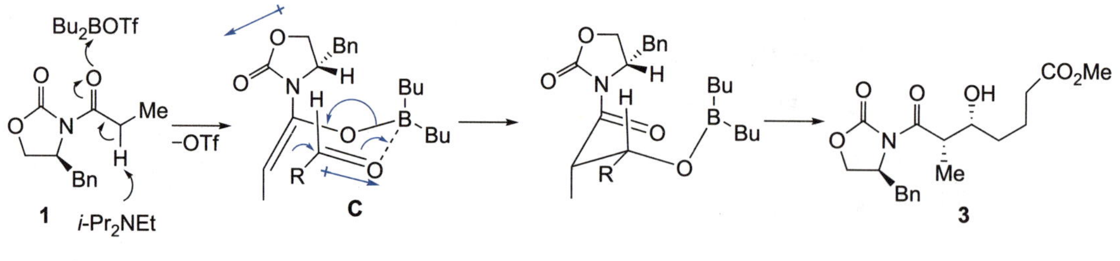

132. 解答：

（1）**8**、**10** 的结构为：

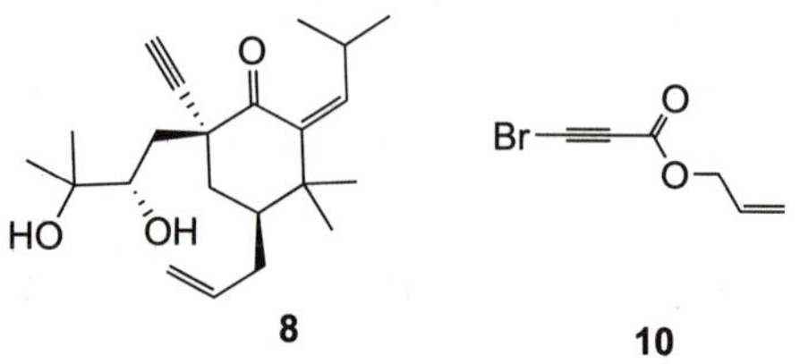

（2）反应 **3→4** 可能的机理为：

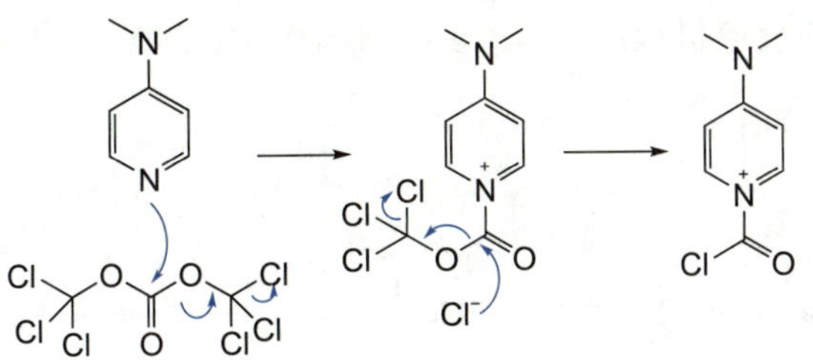

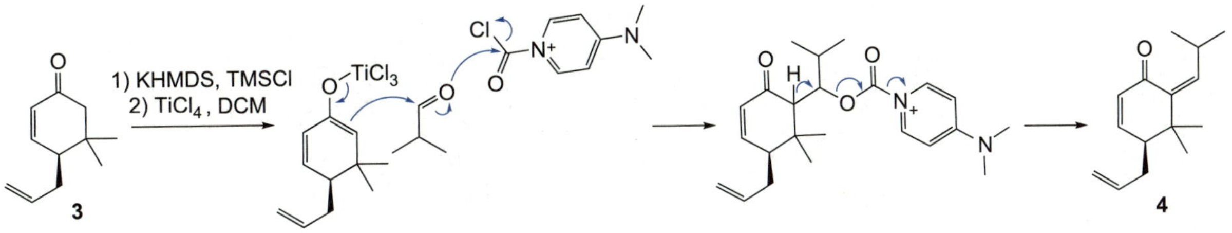

133. 解答:

（1）**A**、**B**、**C**、**D**、**E** 的结构简式为:

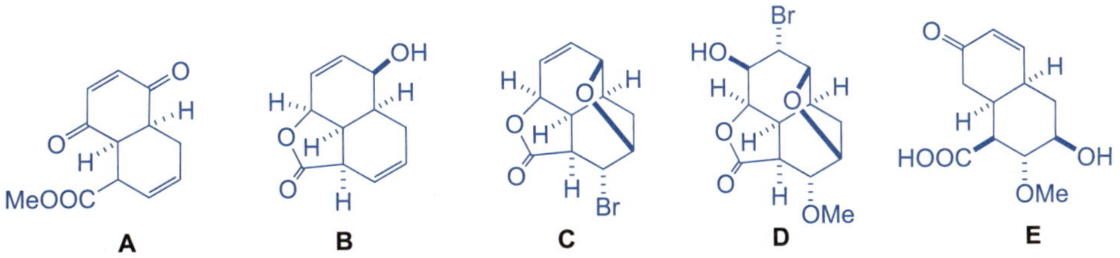

A **B** **C** **D** **E**

（2）反应 **1** 的立体选择性：在碱性条件下，羰基 α 位形成烯醇负离子，经过一步 $E1_{cb}$ 消除得到 α,β-不饱和羰基化合物，并被 MeO^-离子加成。加成从位阻小的一面进行，形成构型保持的产物。

反应 **2** 的区域选择性：该化合物呈一内扣碗型，其中，氧桥面位阻较大。溴鎓离子在位阻较小的背面形成后，水从位阻较小的酯键侧进攻，得到以上区域选择性的产物。

（3）**A** → **B** 的反应机理为:

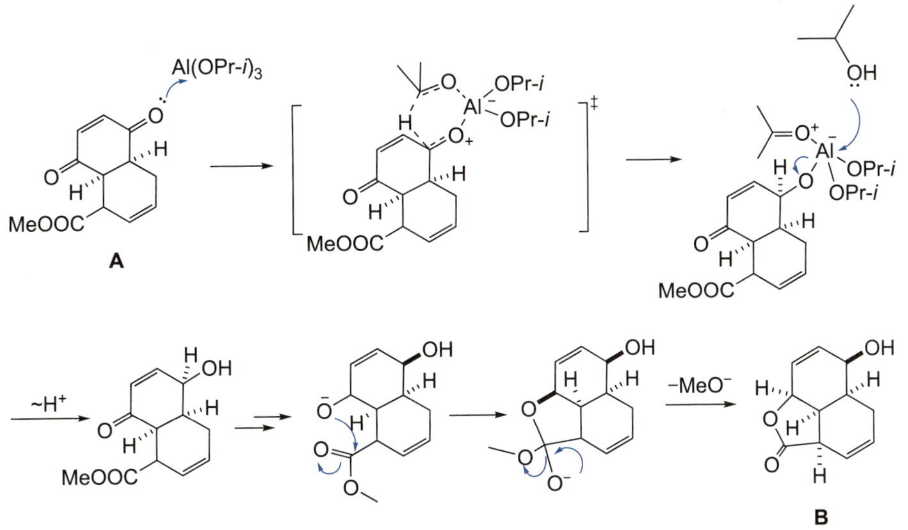

134. 解答:

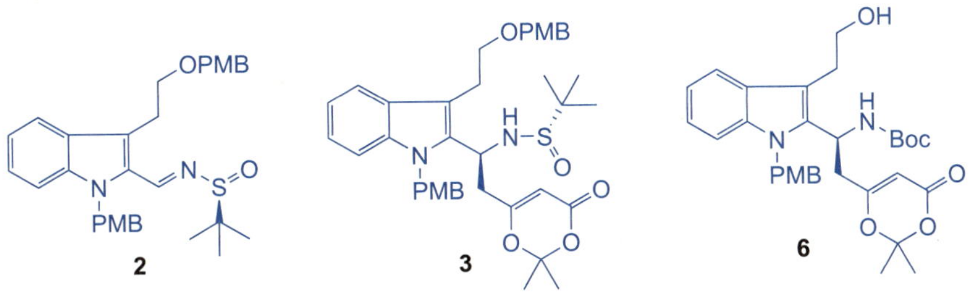

化合物 **7** 至化合物 **8** 的反应机理：

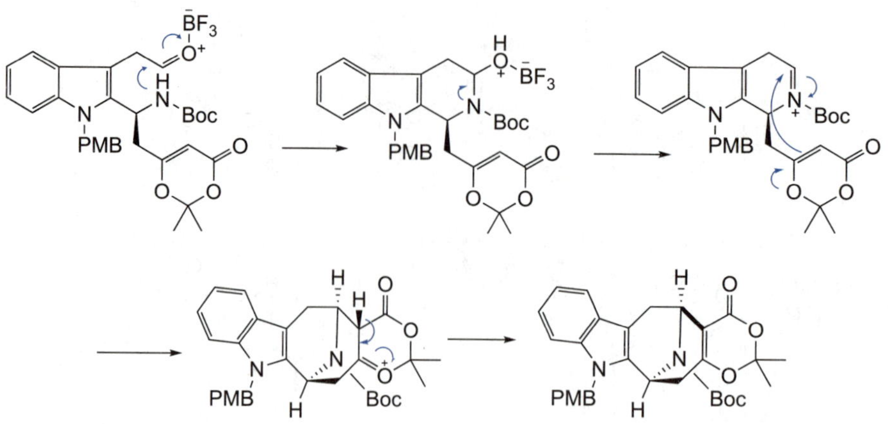

135. 解答：

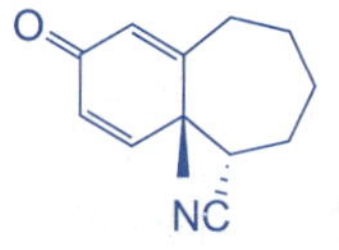

2 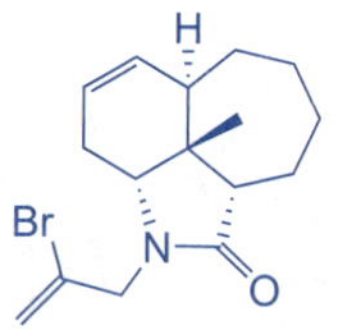　**5** 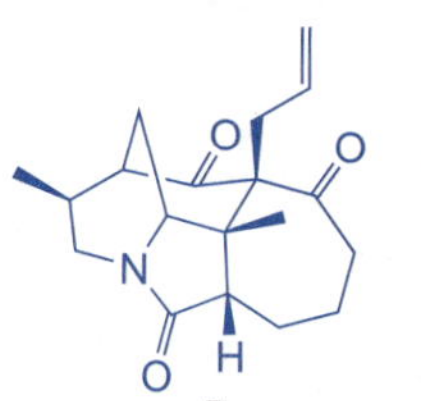　**7** 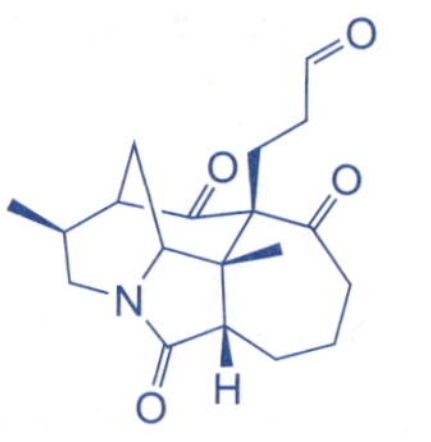　**8**

化合物 **3** 至化合物 **4** 的反应机理：

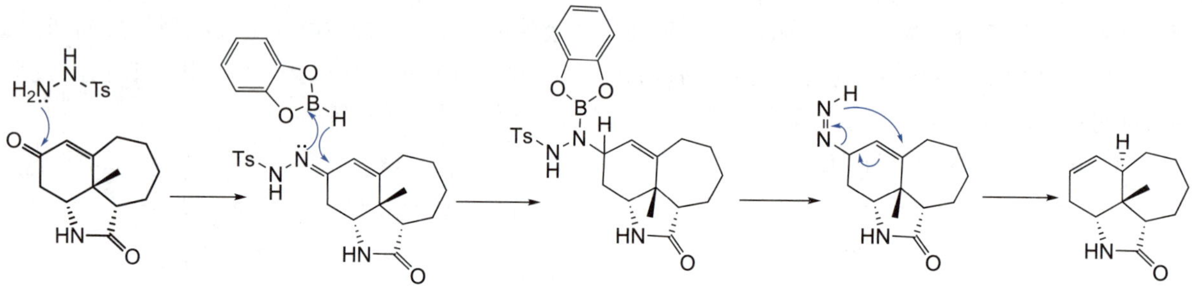

136. 解答：

（1）**A** ～ **F** 的结构为：

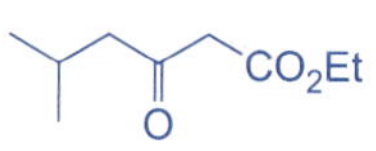

A 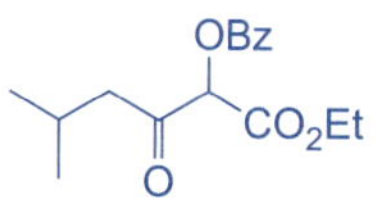　**B** 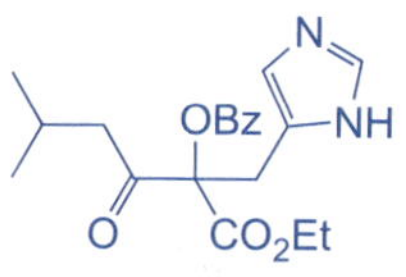　**C**

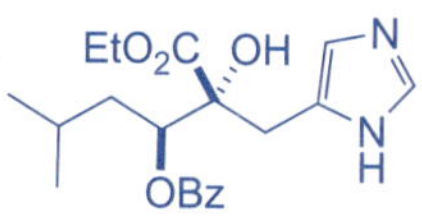

D 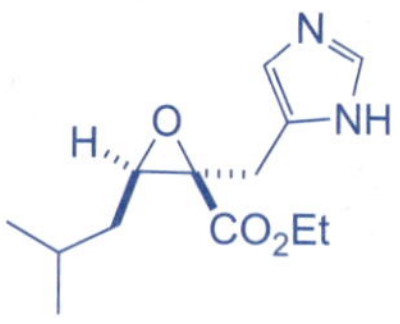　**E** 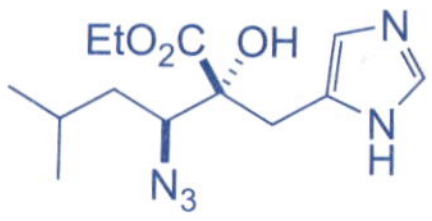　**F**

（2）**G**、**H** 的结构为：

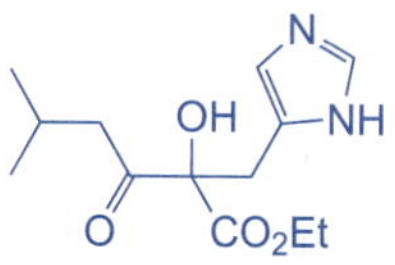

G 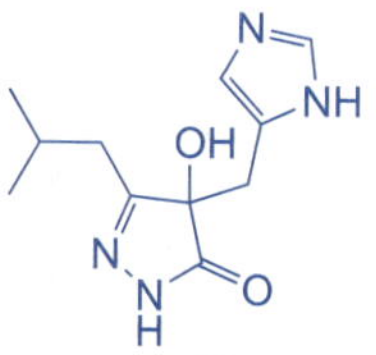　**H**

H 的还原机理为：

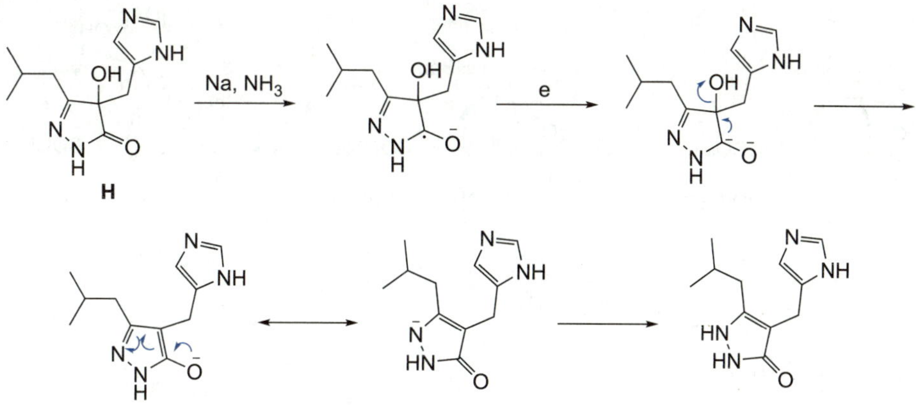

137. 解答：

（1）产物的结构为：

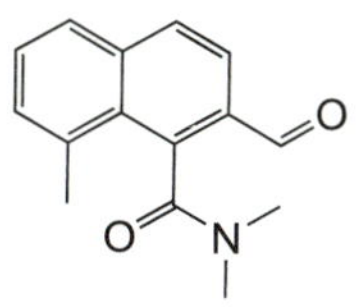

（2）产物分子存在手性轴，因为萘环 2、8 位的取代基空阻使得 1 位取代基单键不能自由旋转，即萘环和酰胺两个平面结构之间不能自由旋转。如果原料或催化剂有手性，将得到一对对映体。

（3）该反应的机理如下所示，得到的手性轴为 S_a：

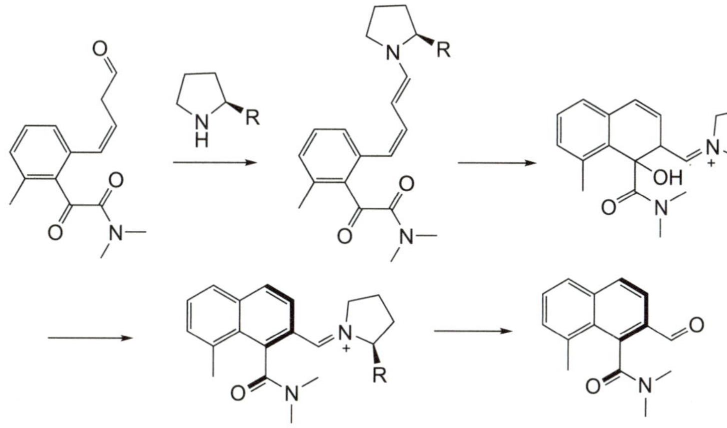

（4）**A** ～ **E** 的结构为：

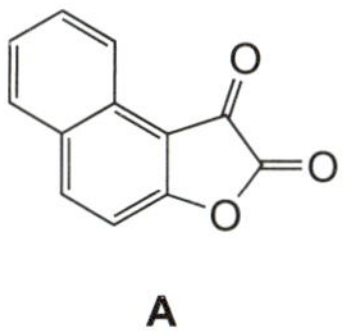

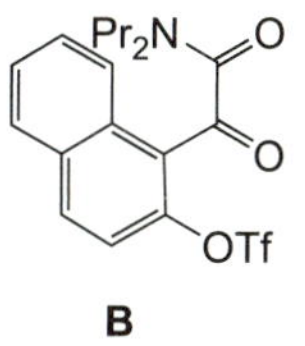

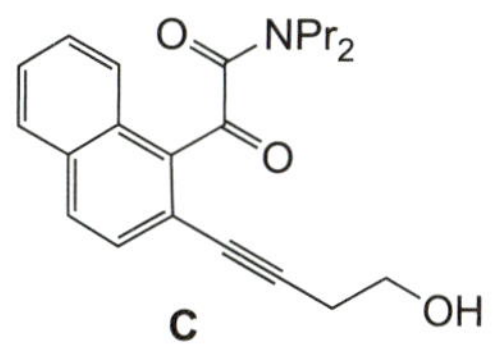

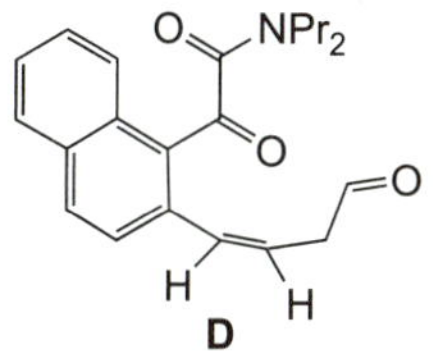

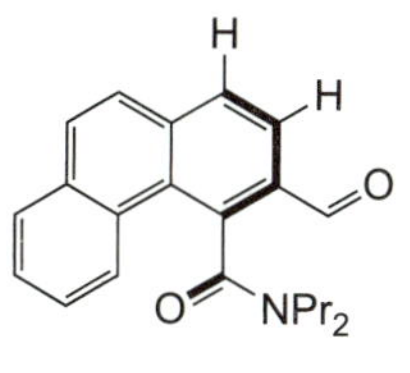

138. 解答：

（1）化合物 **2**、**4**、**7**、**9** 的结构为：

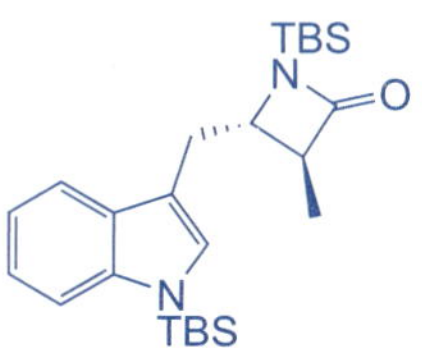

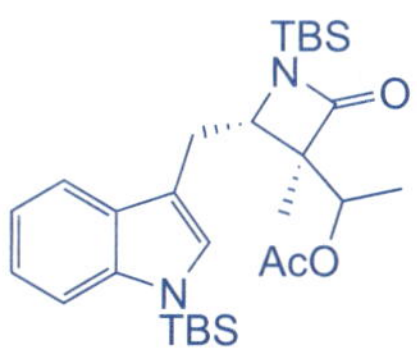

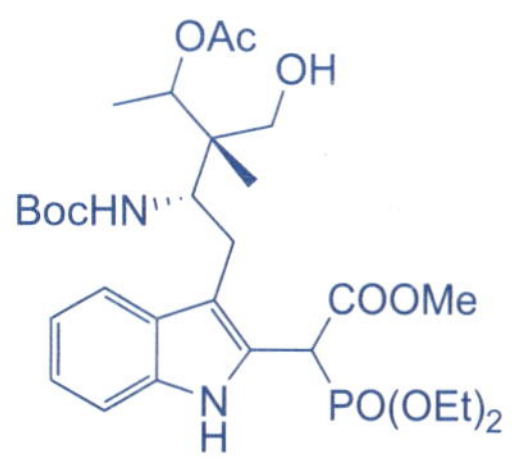

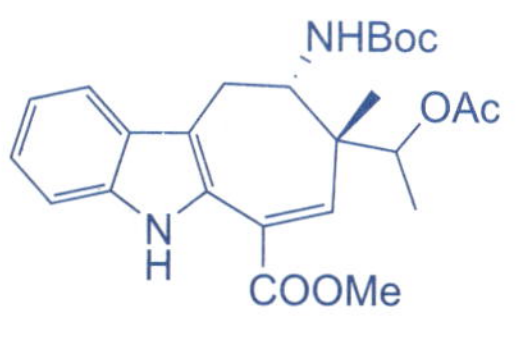

（2）化合物 **6** 到 **7** 经过两次还原：

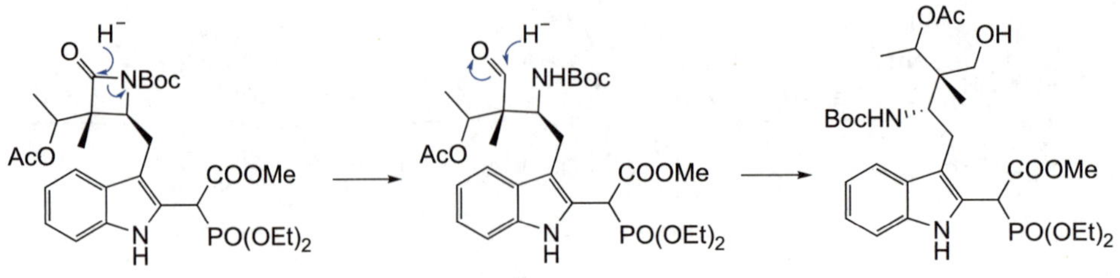

6 **7**

139. 解答：

化合物 **2**、**4**、**7** 的结构分别为：

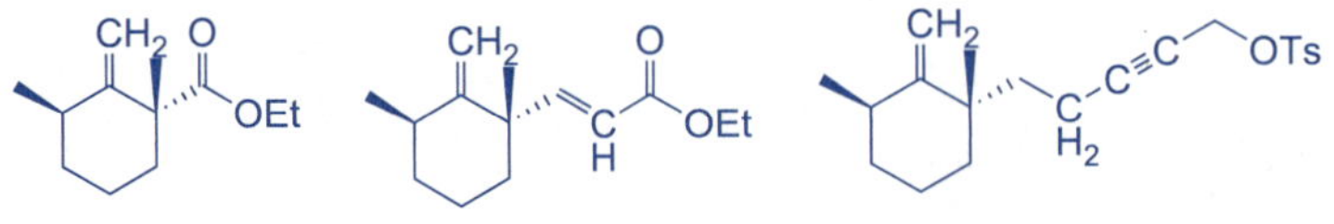

2 **4** **7**

140. 解答：

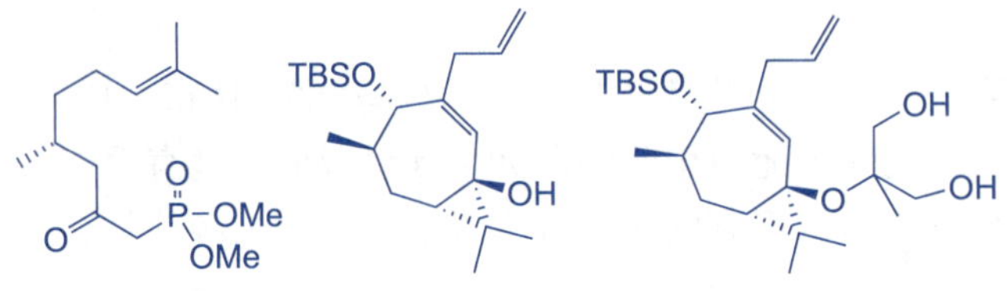

2 **6** **8**

反应机理：

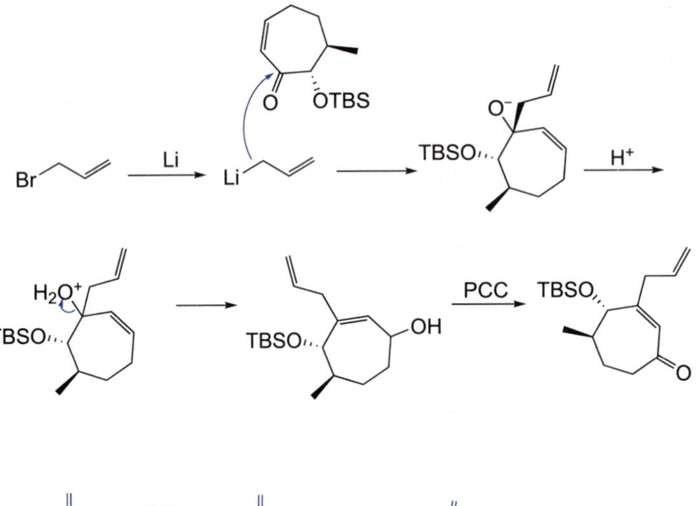

Li PCC H^+

141. 解答：

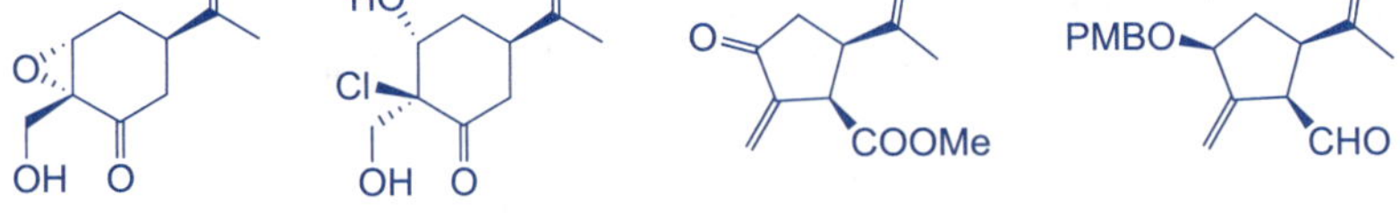

2 **3** **8** **10**

从 **4** 到 **5** 的反应机理为：

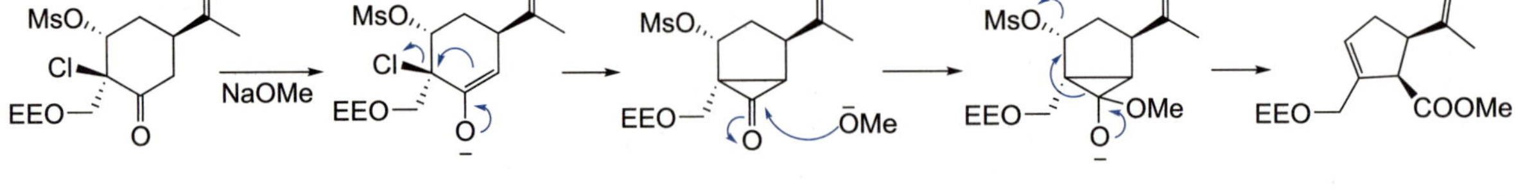

NaOMe

142. 解答：

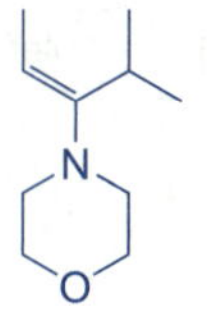

3 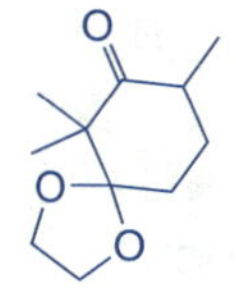　　7

化合物 **3** 至化合物 **5** 的反应机理：

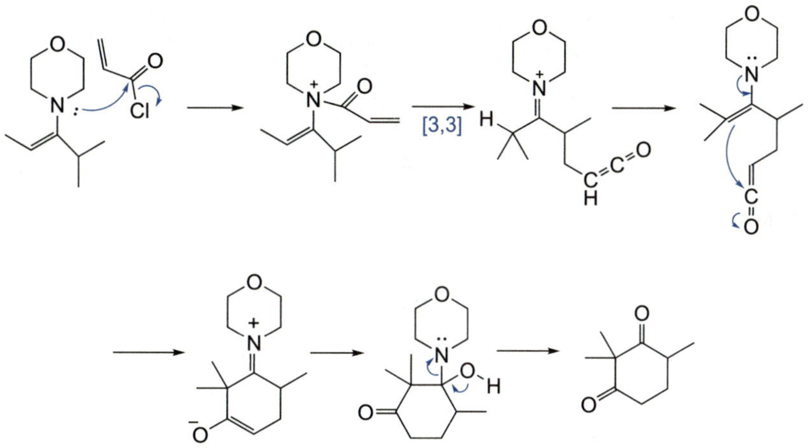

[3,3]

化合物 **7** 至化合物 **8** 的反应机理：

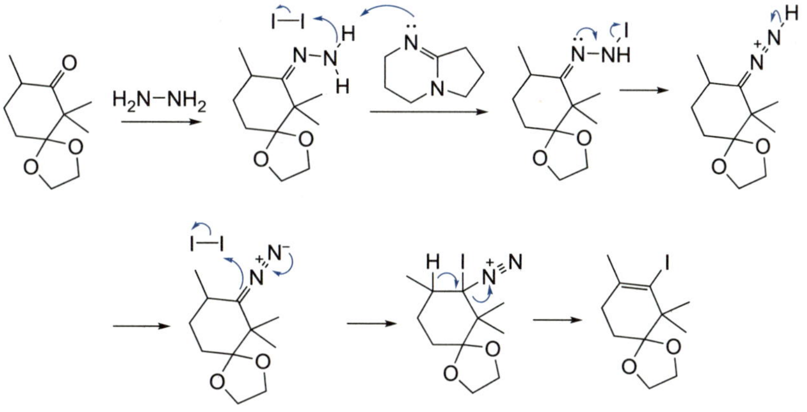

H_2N-NH_2

化合物 **6** 的作用是保护羰基。

143. 解答：

A 和 **B** 及副产物的结构为：

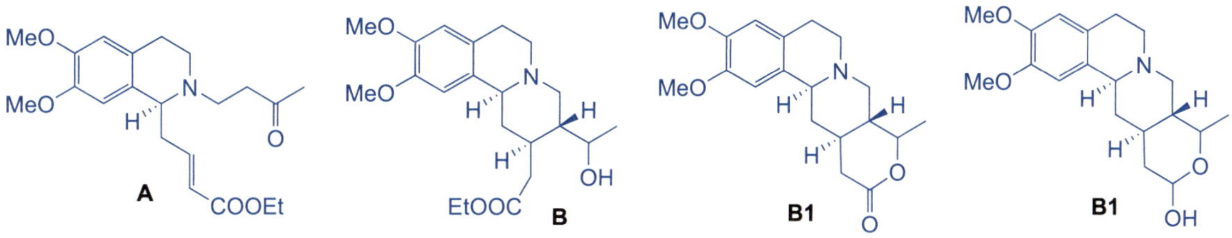

A　B　B1　B1

A 到 **B** 的机理为仲胺催化的 Michael 加成：

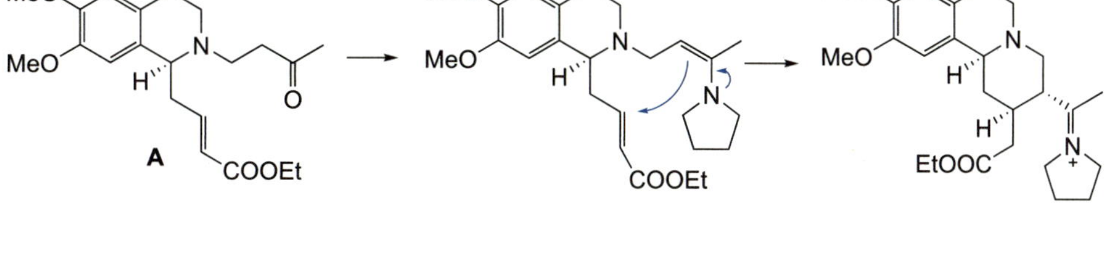

A

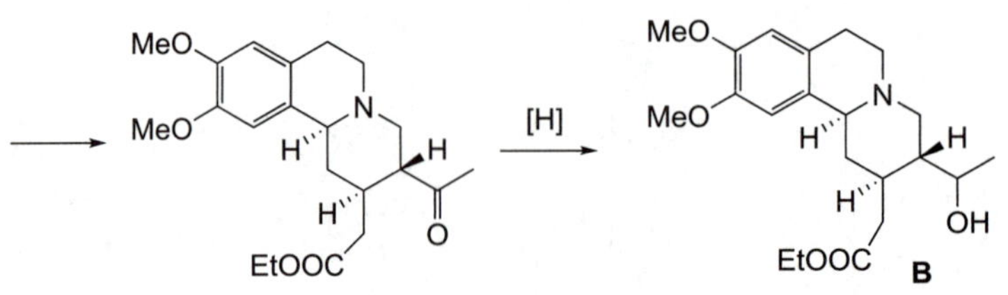

144. 解答:

中间体 **A** 的结构为:

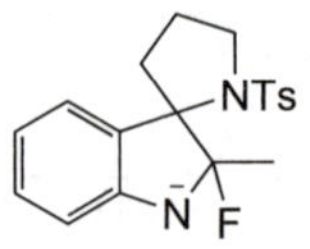

B 到扩环产物的机理为:

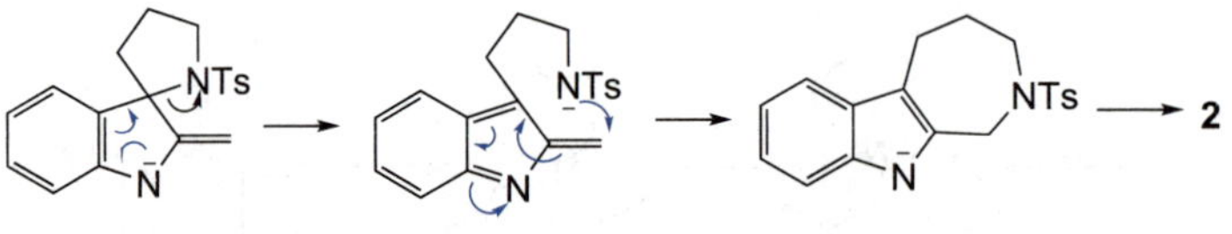

控制性实验排除了 path b 的机理。化合物 **1′** 的反应速率更快。

145. 解答:

化合物 **2** 和 **4** 的结构为:

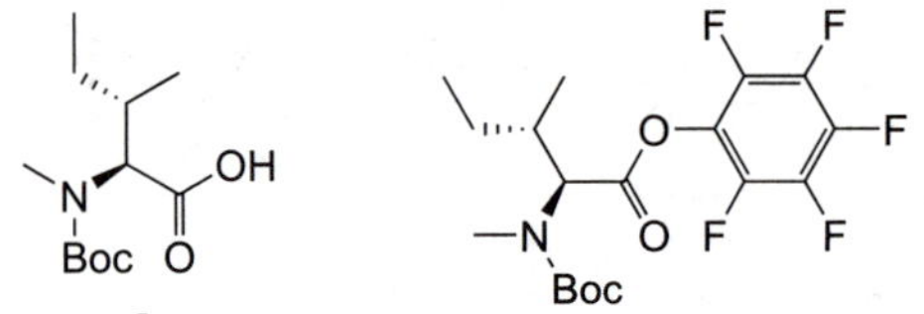

化合物 **2** 至 **4** 的反应机理:

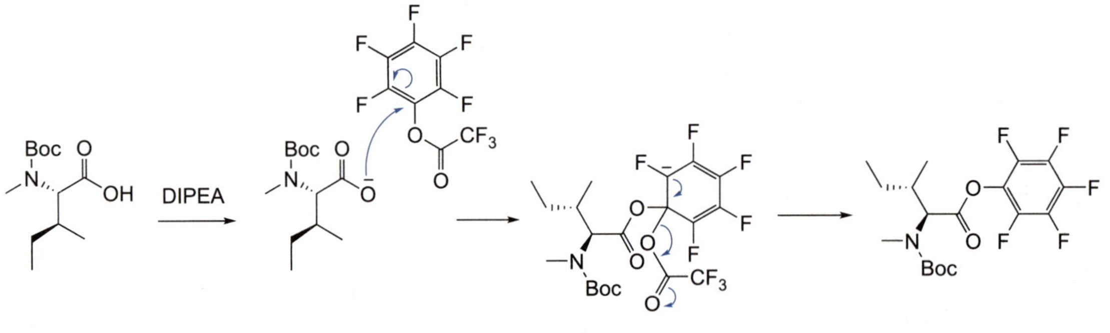

146. 解答:

2 的结构:

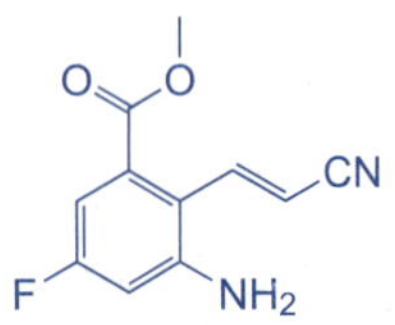

1 到 **2** 的机理:

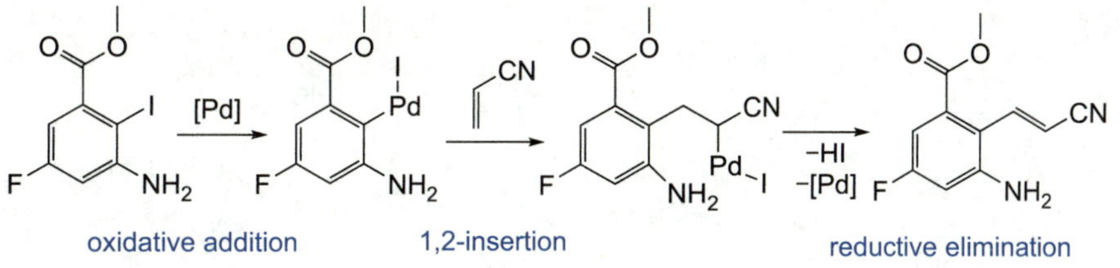

oxidative addition

1,2-insertion

reductive elimination

2 到 **3** 的机理：

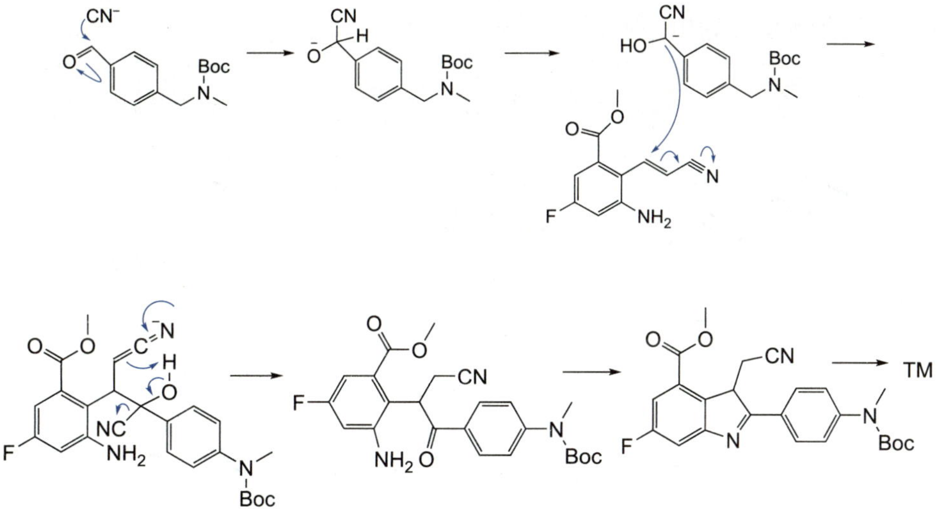

147. 解答：

6

4

2 到 **3** 的机理：

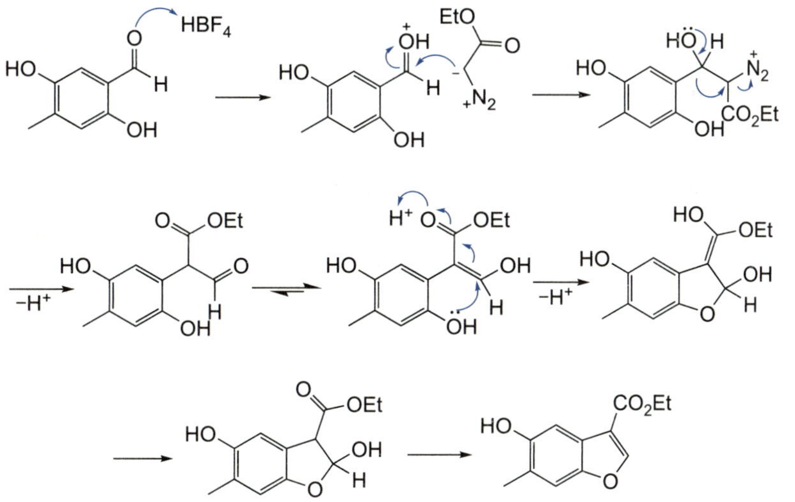

4 和 **6** 反应生成 **7** 的机理：

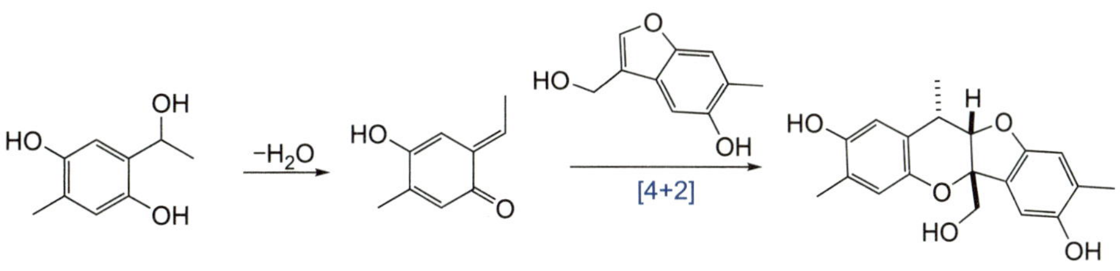

148. 解答：

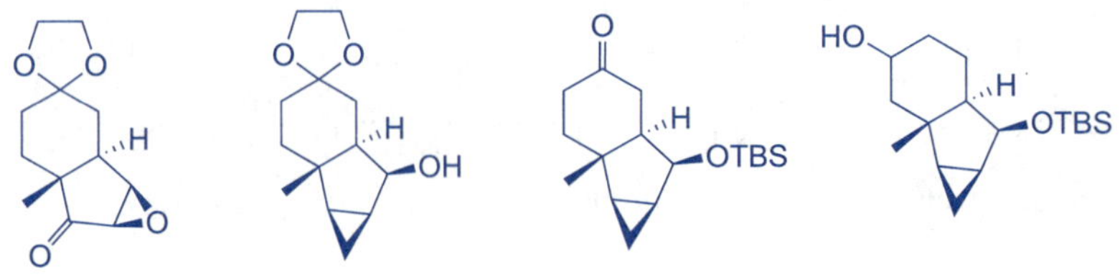

4　6　8　10

化合物 **3** 至化合物 **5** 的反应机理：

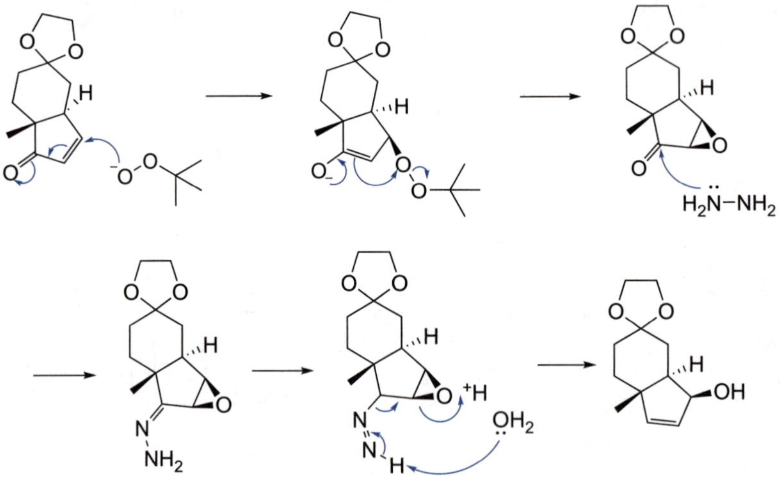

149. 解答：

3、**5** 和 **7** 的结构为：

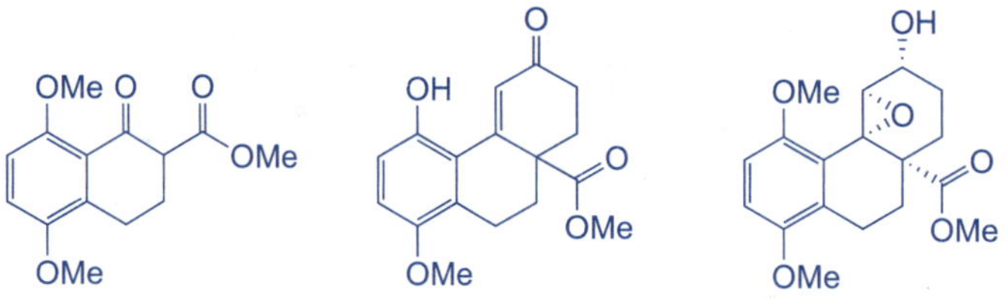

3　5　7

中间体 **7** 至化合物 **8** 的反应机理：

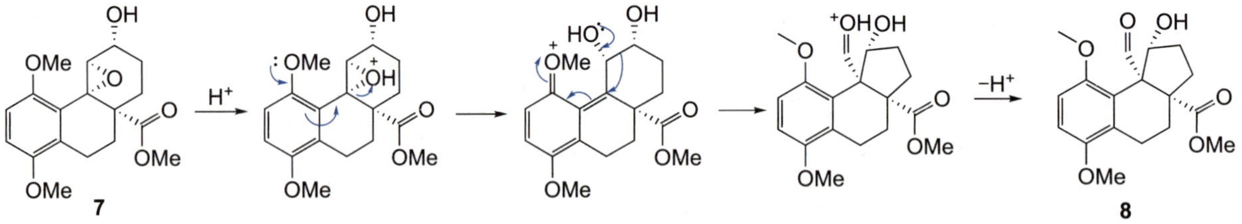

7　H^+　$-H^+$　8